U0396937

中国古代科技名著译注丛书

齐民要术 译注

（修订本）

[北朝] 贾思勰 著

缪启愉 缪桂龙 译注

上海古籍出版社

图书在版编目（CIP）数据

齐民要术译注/（北魏）贾思勰著；缪启愉,缪桂龙译注.—修订本.—上海：上海古籍出版社，2020.9
（中国古代科技名著译注丛书）
ISBN 978-7-5325-9719-2

Ⅰ.①齐⋯　Ⅱ.①贾⋯②缪⋯③缪⋯　Ⅲ.①农学-中国-北魏②《齐民要术》—译文③《齐民要术》—注释
Ⅳ.①S-092.392

中国版本图书馆CIP数据核字（2020）第151899号

中国古代科技名著译注丛书
韩寓群　徐传武　主编
齐民要术译注（修订本）
［北魏］贾思勰　著
缪启愉　缪桂龙　译注
上海古籍出版社出版发行
（上海瑞金二路272号　邮政编码200020）
（1）网址：www.guji.com.cn
（2）E-mail：guji1@guji.com.cn
（3）易文网网址：www.ewen.co
江阴金马印刷有限公司印刷
开本890×1240　1/32　印张24.875　插页5　字数624,000
2020年9月第1版　2020年9月第1次印刷
印数：1—2,100
ISBN 978-7-5325-9719-2
S·3　定价：96.00元
如有质量问题，请与承印公司联系

出版说明

中华民族有数千年的文明历史，创造了灿烂辉煌的古代文化，尤其是中国的古代科学技术素称发达，如造纸术、印刷术、火药、指南针等，为世界文明的进步，作出了巨大的贡献。英国剑桥大学凯恩斯学院院长李约瑟博士在研究世界科技史后指出，在明代中叶以前，中国的发明和发现，远远超过同时代的欧洲；中国古代科学技术长期领先于世界各国：中国在秦汉时期编写的《周髀算经》比西方早五百年提出勾股定理的特例；东汉的张衡发明了浑天仪和地动仪，比欧洲早一千七百多年；南朝的祖冲之精确地算出圆周率是在3.1415926~3.1415927之间,这一成果比欧洲早一千多年……

为了让今天的读者能继承和发扬中华民族的优秀传统——勇于探索、善于创新、擅长发现和发明，在上世纪八十年代，我们抱着"普及古代科学技术知识，研究和继承科技方面的民族优秀文化，以鼓舞和提高民族自尊心与自豪感、培养爱国主义精神、增进群众文化素养，为建设社会主义的物质文明和精神文明服务"的宗旨，准备出版一套《中国古代科技名著译注丛书》。当时，特邀老出版家、科学史学者胡道静先生（1913—2003）为主编。在胡老的指导下，展开了选书和组稿等工作。

《中国古代科技名著译注丛书》得到许多优秀学者的支持，纷纷担纲撰写。出版后，也得到广大读者的欢迎，取得了良好的社会效益。但由于种种原因，此套丛书在上个世纪仅出版了五种，就不得不暂停。此后胡老故去，丛书的后继出版工作更是困难重重。为了重新启动这项工程，我社同山东大学合作，并得到了山东省人民政府的大力支持，特请韩寓群先生、徐传武先生任主编，在原来的基础上，重新选定书目，重新修订编撰体例，重新约请作者，继续把这项工程尽善尽美地完成。

在征求各方意见后，并考虑到现在读者的阅读要求较十余年前已有了明显的提高，因此，对该丛书体例作了如下修改：

一、继承和保持原体例的特点，重点放在古代科技的专有术语、名词、概念、命题的解释；在此基础上，要求作者运用现代科学的原理来解释我国古代的科技理论，尽可能达到反映学术界的现有水平，从而展示出我国古代科技的成就及在世界文明史上的地位，也实事求是地指出所存在的不足。为了达到这个新的要求，对于已出版的五种著作，此次重版也全部修订，改正了有关的注释。希望读者谅解的是，整理古代科技典籍在我国学术界还是一门较年轻、较薄弱的学科，中国古代科技典籍中的许多经验性的记载，若要用现代科学原理来彻底解释清楚，目前还有许多困难，只能随着学术研究的进步而逐步完成。

二、鉴于今天的读者已不满足于看今译，而要阅读原文，因此新版把译文、注释和原文排列在一起，而不像旧版那样把原文仅作为附录。

三、为了方便外国友人了解古老的中国文化，我们将书名全部采用中英文对照。

四、版面重新设计，插图在尊重原著的前提下重新制作，从而以新的面貌，让读者能愉快地阅读。

五、对原来的选目作了适当的调整，并增加了新的著作。

《中国古代科技名著译注丛书》的重新启动，得到了许多老作者的支持，特别是潘吉星先生，不仅提出修订体例、提供选题、推荐作者等建议，还慨然应允承担此套丛书的英文书名的审核。另外，本丛书在人力和财力上都得到了山东省人民政府和山东大学的大力支持。在此，我们向所有关心、支持这项文化工程的单位和朋友们表示衷心的感谢；同时希望热爱《中国古代科技名著译注丛书》的老读者能一如既往地支持我们的工作，也期望能得到更多的新读者的欢迎。

上海古籍出版社

二〇〇七年十一月

前　言

一

　　《齐民要术》(以下简称《要术》)是中国现存最早最完整保存下来的古代农学名著，也是世界农学史上最早最有价值的名著之一。书中的"齐民"，意思就是平民百姓，"要术"是指谋生的重要方法，四字合起来说，就是民众从事生活资料生产的重要技术知识。

　　作者贾思勰(xié)，是南北朝时的后魏人，到晚年，后魏灭亡，跨入东魏时期，东魏只存在十多年，所以他主要生活在后魏期间，人们仍称"后魏贾思勰"。

　　贾思勰，史书中没有他的传记，别的文献也没有关于他的只言片语，他的一生事迹，可说是一纸空白。现在唯一确凿的"信史"只有十个字，那就是原书原刻本的卷首作者的署名，题称"后魏高阳太守贾思勰撰"。遗憾的是，就是这点信息也还存在着分歧，因为那时后魏有两个高阳郡：一个在河北，郡治在今河北高阳境内；一个在山东，郡治在今山东桓台东。究竟贾氏在哪个高阳郡任太守，从清代到今天，中外学者做了不少考证，各主一说。虽然各有理由，毕竟史证缺乏，推测的意见说服力不强，不能取得一致认识，所以现在还难以作出定论。

　　一般说法是，贾思勰是山东益都人。益都旧治在今山东寿光南。他的书成于公元六世纪三十年代到四十年代之间。

　　贾思勰除山东故乡外，到过今山西、河南、河北等省，足迹遍及黄河中下游。他书中反映的农业地区，主要是黄河中下游地区，而以山东地区为重心。这一地区的气候、土壤等条件基本相似，就耕作栽培特点来说，同属于北方旱作农业地区。书中常提到"中国"，指的是后魏的疆域，主要指汉水、淮河以北，不包括江淮以南。书中也提到"漠北寒乡"和"吴中"，一个在沙漠以北，一个在江南，这只是举例说那里有那种情况，不在《要术》所述农业经营的范围之内。这些是必须注意分清的。

《要术》全书十卷，九十二篇，共约十一万五千余字。其中贾氏自序后、卷一前的《杂说》，非贾氏本文，是后人插进去的。《杂说》在北宋最早的刻本中已有，作者以善于经营农业生产自负，大概是唐代的一个经营者，为了流传他的经营方法而夹带进名著。今人援引《要术》往往把《杂说》当作贾氏本文引录，是很不妥当的。书中有很多小字注文，基本上是贾氏自注，但引《汉书》却出现了唐代颜师古的注文，自然是后人的乱插。另外，最初的写书形式，注文往往以单行小字接写在正文下面，这样，在传抄过程中很容易将单行小字误写为大字，就变成了正文。这种原应是注文而后来以正文的形式出现的情况，在今本《要术》中还是不少的。

《要术》世称"难读"，这是历史原因造成的。主要有两种情况：一是书里面确实有不少不能用常规意义来解释的词语，大都是那时的民间"土语"和生产"术语"。由于时代久了，方言又有地区性的局限，所以后人对这些词语就感到陌生而难以理解。但是，经过细心探索、论证和比较研究，还是可以理解的。二是《要术》在长期流传的过程中，抄刻不可避免地产生错、脱、窜、衍，更增添了阅读的困难。这种人为的错乱，是《要术》难读的主要方面。廓清了这种种错乱，《要术》的行文还是浅近平易，不雕琢，"不尚浮辞"，清楚明快的。

《要术》自宋代以后到近代，相继有20多种版本，版本好坏相差很大。

北宋天圣（1023—1031）年间由皇家藏书馆"崇文院"校刊的《要术》本子，是《要术》脱离手抄阶段的最早刻本（本书简称"院刻"），是最好的本子。可惜该本在我国早已散失，现在唯一的孤本在日本，但十卷已丢失八卷，只残存第五、第八两卷。1838年有日人小岛尚质曾就该两卷原刻细心工整地影摹下来。此影摹本后为杨守敬

（1839—1915）所得，现存北京中国农业科学院图书馆。1914年罗振玉（1866—1940）曾借得该影摹本，用珂罗版影印，编入《吉石盦丛书》，国内才有院刻影印本流传。本书所用院刻就是这两个本子。

北宋本的抄本，现存有日人依据崇文院刻本的抄本再抄的卷子本（抄好后装裱成卷轴，未装订成册），抄成于1274年，原藏于日本金泽文库，通称"金泽文库抄本"（本书简称"金抄"）。但现在已非完帙，缺第三卷，只存九卷。1948年日本有这九卷的影印本，量少，在我国能得到该影印本的很少。本书所用即此影印本。虽然抄写粗疏，错脱满纸，但由于它源出崇文院刻本，在不错不脱的地方，具有相当高的正确性，仍不失为一较好之本。

继北宋崇文院官刻本之后，经过110多年，才有第一次的私家刻本，就是南宋绍兴十四年（1144）的张辚刻本。但原本早已亡佚，现在保存下来的只有残缺不全的校宋本（就是以某一部《要术》作底本，再拿张辚原本来校对，把原本上不同的内容校录在这个底本上）。校宋本有两个：一个是黄丕烈（荛圃）（1763—1825）所得的校宋本，一个是劳格（季言）所得的校宋本，但都没有校完全书，黄本只校录了前面的六卷半，劳本更少，只校录到卷五的第五页。校录时容易发生错校和漏校，所以校宋本只是第二手资料，不及原本。本书所用为黄校本；劳校本未见，参考日译本（见下）所校。

明代有根据南宋刻本抄的抄本（本书简称"明抄"）。1922年商务印书馆将该抄本影印，编入《四部丛刊》中，有线装本和平装缩印本两种。十卷完整不缺，为残缺不全的院刻、金抄、校宋本所不及。抄写精好，影印清晰，没有脱页和错页，没有一处涂抹和勾乙，虽然也有些错字脱文，质量还是相当好的。明抄与院刻、金抄，在《要术》版本中可谓鼎足而三，用三本参校，取长舍短，作用就大，能解决不少问题。

明抄主要有1524年马直卿刻于湖湘的湖湘本、1603年胡震亨刊刻的《秘册汇函》本和1630年毛晋的《津逮秘书》本。胡震亨将《秘册汇函》（以下简称《秘册》）原版转让给毛晋，毛晋编入他的《津逮秘书》（本书简称《津逮》本）中，所以这两个本子实际是同一个版本(虽然毛晋作了少量的改动)。明代刻本是最差的,湖湘本已经开始变差,出自湖湘本的《秘册》—《津逮》本更差,它错字、脱空、墨钉、错简、脱页很多,还有臆改、删削的严重弊病,不堪卒读。胡立初评为"疮痍满目",杨守敬斥责说:"卤莽如此,真所谓刊刻之功,不蔽其僭妄之罪。"(见《日本访书志》卷七)但该本名气大,财力足,销路广,印数最多,流传最广,长期占着《要术》流传的统治地位。

清代乾嘉间开始对《要术》明代坏本进行校勘,1804 年始有张海鹏刊印的《学津讨原》本(本书简称"《学津》本")。《秘册》—《津逮》坏本独占《要术》市场长达 200 年之久的局面才告结束。90 多年之后,又有 1896 年袁昶刊印的《渐西村舍丛刊》本(本书简称"《渐西》本")。这两本都是经过反复校勘的比较好的本子。

从嘉庆到清末,对《要术》进行校勘的人很多,主要有黄廷鉴(出版了"《学津》本")、刘寿曾、刘富曾(出版了"《渐西》本")、吾点、张定均、张步瀛、丁国钧、黄麓森等,但吾点以下各人所校的稿本都没有出版。吾点所校极为精审,黄麓森所校也不错,二张所校也有可观,丁国钧则平平。各人所校,本书择善采录之。

现代的整理本,成绩超过任何旧本,有石声汉的《齐民要术今释》(本书简称《今释》),四册,1957 年至 1958 年科学出版社出版;有日本西山武一、熊代幸雄合写的《校订译注齐民要术》(删去卷十不译注,本书简称"日译本"),上下两册,1957 年至 1959 年日本农林省农业综合研究所出版,以后以合订本一册重印;有缪启愉的《齐民要术校释》,精装一册,1982 年农业出版社出版,1985 年荣获农牧渔业部科学技术进步二等奖,1992 年荣获国家新闻出版署全国首届古籍整理图书评比二等奖,1995 年获国家教委会全国首届人文社科优秀成果二等奖。

二

《要术》的资料来源,《自序》中清楚地揭示来自四个方面,那就是"采捃(jùn,摘取)经传,爰及歌谣,询之老成,验之行事"。用现代的话来说，就是：

（一）尊重历史发展：有选择地摘录古人有关农业政策和农业生产的文献，尊重历史的延续性和在延续基础上的发展，作为当前的精神激励和生产上的借鉴。

（二）采收农业谚语：农谚是活跃在群众中的生产经验总结，是经过长期考验，具有旺盛生命力的活教材，也是高度概括的科学技术格言，必须重视。

（三）采访群众经验：向富有经验的老农和内行请教，吸收当时广大群众的宝贵经验，把理论建立在丰富扎实的基础上。

（四）注重亲身验证：来自各方面的生产经验，究竟是否完全正确合理，最后通过亲身实践加以验证和提高。

四个方面除农业文献来自书本外，其他三个方面都建立在实践的基础上，说明贾思勰非常重视实践，实践的经验通过思考验证加以总结提高，升华为农业科学技术的精华，作为农业生产的指南，因而深受历代群众的欢迎和赞扬。

《要术》所涉及的农业地区范围很广，记述的生产项目很多，包括农、林、牧、渔、副"大农业"的全部，即从植物栽培、动物饲养一直到农副产品加工，如酿造酒、醋、酱、豆豉，制饴糖，做各种饼饵和荤素菜肴，制作文化用品，以及介绍南方热带亚热带植物，等等。凡是人们生产上生活上所需要的项目，无不记载下来，几乎囊括了古代农家经营活动的所有事项，以百科全书式的全面性结构展现在我们面前。如此规模巨大、内容庞杂的全面性大农书，始创于《要术》，不是以前的任何农书可比的。《要术》以前的农书，现存只有西汉的《氾胜之书》和东汉的《四民月令》两种，而且都不是原书，都因后人的引录而保存其主要内容的，两书都只有三千多字，比起《要术》十一万多字的巨著来相差太远了。

所以，《要术》的写作没有任何先例可循，它的宏观规划、布局、体裁，完全是独创的，自出心裁的。《要术》本身虽然没有先例可循，却给后代农书开创了总体规划的范例，后代综合性的大型农书，无不以《要术》的编写体例为典范。

《要术》十卷的主次安排,层次分明,有条不紊。前六卷是种植业和养殖业,是主要的。谷类作物历来是我国人民的主食,《要术》在《耕田》《收种》的总论之后最先加以记述(卷一及卷二);主食不能没有佐餐的副食,所以接着记述蔬菜(卷三);水果丰富了食物品种,但不是像粮食、蔬菜那样每顿少不了的,所以果树次于蔬菜之后(卷四);前四卷都是讲吃的,讲过了再讲衣着和建造林木,所以栽桑养蚕和栽树列在卷五;肉类也是重要的副食,不过属于动物,其中大家畜不以育肥宰杀为目的,而是供役用的,是另一种属性,所以动物饲养(牧、渔)列在卷六。如此安排,无疑是经过作者深思熟虑后形成的体系,层次井然,也是具有代表性的传统农业概念和范畴。以后的农书往往把它作为仿效的榜样。

卷七、八、九是属于农副产品加工的副业生产和保藏,看似次要,其实有着很重要的技术内容和史料价值,荤素菜肴是我国最早的"中国菜谱"。最后一卷是南方热带亚热带植物资源,虽然是引录文献资料,却是我国最早的"南方植物志"(旧题晋代嵇含写的《南方草木状》是伪书),具有特别重要的意义,而且引录南方植物的各书现在几乎全都失传,故尤其值得珍视。

《要术》收集采访前代和当代劳动大众创造的生产技能,融会贯通于观察和实践中,通过分析研究,系统地写成一部农业科技知识的集成书。但是贾思勰为什么要写这样集大成的全面性农书?为什么从前的人没有写,而贾思勰第一个写了?首先是因为他重视农业生产,将它视为"资生之业"。他在自序中明白揭示了预定的写作目标,就是"资生之业,靡不毕书"。在传统的小农经济条件下,所谓资生之业的经济构成是农、林、牧、渔、副,都和家庭生活息息相关。谋生技能,就全社会来说,不能偏废哪一方面,现在叫做"多种经营",实质上《要术》所写就是具有中国特色的传统的多种经营方式,所以面面俱到。

其次,决定于作者的思想认识,而思想认识决定于当时的社会现实。贾思勰生活在后魏末年到东魏的大动乱年代,当时政治上腐败黑暗,战乱由边境向内地蔓延,经济上破坏严重,土地荒芜,生产凋敝，战火和饥荒吞噬了千千万万勤劳善良的劳动民众，面临的问题比氾胜之、崔寔那时的"承平世界"严峻得多。这一切，贾思勰都是亲身经历、耳闻目睹的，感到问题的严重性，故他从"国以民为本，民以食为天"的传统"农本"观念出发，强调振兴农业的急迫性，专心研究发展农业生产的方法，为"农本"提供科学技术"装备"。但谋生方法多种多样，考虑问题不能不全面，眼光不能不放大放远，局限于种庄稼的"小农"经济是远远不够的，于是他产生全方位编写农书的想法。他目睹当前饥荒的悲惨景象，十分重视救荒植物的生产和利用，从而构成了《要术》包含多方面谋生技能的写作框架。

谋生技能，各展所长，"行行出状元"，农、林、牧、渔、副各个方面都有发家致富的可能。《要术》在这些方面反映得很多，诸如区种粮食，种蔬菜，种染料作物，都可以致富；种果树，则是"木奴千，无凶年"；种树木，卖木料也可以致富；养母畜，收买驴、马、牛、羊等怀孕将产的母畜，以及养鱼，同样可以致富，包括农、林、牧、渔四个方面。酿造副业，虽然没有提到出卖赚钱，但像小酒坊、小酱坊，技术精细合理，产高质优，也足以鼓舞人心仿效着去做。总之，他所写都具有一种激励人们奋发前进的魅力，诱导人们在所提供的多种渠道中各就所爱，各展所长，从而通往改善生活以至富裕的康庄大道，充分体现了他拯救人民于水火之中的拳拳之忧。

贾思勰在自序中明确表示："舍本逐末，贤哲所非，日富岁贫，饥寒之渐，故商贾之事，阙而不录。"可是，《要术》卷七有引录《汉书·货殖传》的《货殖》一篇，讲的全是生产交易发家致富的事，因此有人怀疑这篇东西是假的，为后人加添。其实不然，这是没有深切理解贾氏书中"货殖"和"商贾"两个词的含义而造成的误解。

贾氏认为，"货殖"是以生产为基础的生财之道，"货"从生产中出来，没有脱离农业和副业生产，买卖是以"自产自销"的方式进行，与空头"商贾"根本不同。行商坐贾是脱离生产，专门贩卖别人的产品并以此为生的人，他们一天可以暴富，也可以终年贫穷，用现在的话来说，等于投机倒把，买空卖空，随时有破产的可能。这种人丢掉"农本"，专搞买卖或投机，"舍本逐末"，才是贾氏极力反对的。

《要术》中讲的谷物、蔬菜、木材、牲畜等等的交易换钱，都是自己生产的农产品，钱从"农"出来，又回到"农"中去（用于再生产），根本没有离开"务本"，根基是扎扎实实的，贾氏认为这样做是农家分内之事，也是农家应有的"货殖"项目，与《汉书》的"货殖"完全符合，但与舍本逐末的"商贾"行径大相径庭。

进一步来说，《汉书·货殖传》记录的富"与千户侯等"的生产经营者，正是包罗着农、林、牧、渔、副五个方面，这和《要术》开展的这五个方面的多种经营规模完全吻合，所以它加以采录，作为自己多种经营的格局的衬托，也起到了相得益彰的作用。从事农业和副业生产致富，历来是农本政策的高标准要求，所以司马迁首创《史记·货殖列传》，对这种不探测市场，不异地贩运而是专靠就地生产、就地经营致富的"素封"平民，不但不斥为"商贾"，而且还加以赞赏。贾思勰的"货殖"观点，正和司马迁一脉相承，所以《货殖》篇是《要术》书中应有的组成部分，不是什么"冒牌货"。

贾思勰从传统的"农本"观念出发，目睹当时战乱、灾荒、生产凋敝的社会现实，经过深入思考，最后形成他关于农业生产的思想体系。这在全书中得到明显的反映，主要如下：（一）"农本"的思想根源；（二）革新前进，反对保守的历史观；（三）朴素的辩证观点；（四）必须尊重自然规律办事；（五）"人定胜天"，发挥人的主观能动作用；（六）强调实践，强调积极劳动；（七）强调节俭，强调防荒备荒。这些思想认识，构成他指导和发展农业生产的完整体系。

《要术》的科学成就，表现在如下若干方面：（一）华北旱作农业以保墒防旱为中心的精细技术措施；（二）种子处理和选种育种，包括晒种，选种，对桃、梨、板栗和瓜子的特殊处理，浸种，催芽，种子的鉴别和测试，良种培育等；（三）播种技术、轮作和间混套种，包括播种期，播种量，播种深度和均匀度，多种合理的轮作方式，豆科作物作为绿肥加入轮作，桑、树木和谷物蔬菜的间作、混种的特殊技术，独具匠心的胁使桑柘主干挺直上长的技术措施等；（四）动植物的保护和饲养，包括防治杂草猖獗，多种方法防治病虫害，防止鸟、畜破坏，重视作物品种的抗逆性，预防霜冻，家畜的安全越冬问题，仔猪肥育法,养鸡速肥法等;(五)对生物的鉴别和对遗传变异的认识,包括对植物性别和种类的鉴别,对马、牛体形的鉴别,以及选留植物种子、繁殖材料,选留种畜、种禽,乃至人工杂交,作物成熟早晚、抗逆性、适应性、寿命长短等等方面,都反映着生物体的遗传性和变异性问题;(六)第七、八、九卷副业生产是有关微生物学、生物化学的广阔领域,涉及微生物所产生的酶的广泛利用,包括酒化酶、醋酸菌、蛋白酶、乳酸菌和淀粉酶的利用,产品繁多,广及各种酒,各种醋,各种豆酱、肉酱,各种菹菜,酸的、咸的、素的、肉的,各种鱼肉鲊,各种饴糖等。这些不见于以前农书,也不见于以前任何文献,《要术》独树一帜地对这些饮食工艺作了集中的记载。

1993 年 2 月于南京农业大学
2017 年 12 月修订于南京农业大学

校译体例

一、《要术》没有一个本子可作校勘底本，所以不遵循"常规"以某本为底本，而采用各本汇校方式，择善而从。

二、汇校之本以院刻本、金抄本、明抄本为主，校宋本、《学津》本、《渐西》本次之，湖湘本、《津逮》本等又次之。院刻、金抄合称北宋本，明抄、校宋本合称南宋本，此四本合称两宋本，其他各本合称明清刻本。

三、清代嘉庆以后校勘《要术》较精而未出版的稿本，如吾点稿本、黄麓森稿本等，以及今人整理本，本书亦用以参校。

四、《要术》本书以外之书用以参考者，农书有唐代韩鄂《四时纂要》，元代官撰的《农桑辑要》（元刻本和殿本两种，简称《辑要》），元代王祯《东鲁王氏农书》（简称《王氏农书》），明代徐光启《农政全书》，以及今人《氾胜之书》《四民月令》整理本等。其他书有隋代杜台卿《玉烛宝典》，隋代虞世南《北堂书钞》，唐代欧阳询《艺文类聚》（简称《类聚》），徐坚等《初学记》，段公路《北户录》，北宋李昉等《太平御览》（中华书局影印本和清代鲍崇城刻本，简称《御览》），北宋吴淑《事类赋》，以及各种本草书等。

五、原文一字异写者很多，本书一律改用当今规范字，但不能改者仍其旧，故酌情保留了异体字、古字等。原文注中又有小字注，用圆括号"（　）"标出之。

六、原文尽可能保存原样不改，但显误则改之，争取最少。对校、本校、他校一无可据之误文，偶以"理校"出之，争取最少。

七、原文各卷卷首均列有该卷篇目，今书前已做总目录，故各卷前目录均予删去，以免重复。

八、译文改字、补字之处，或篇名、书名误题必须改正者，均加六角括号"〔　〕"标明；其原意未尽或欠明晰必须加以申说时，亦加〔　〕号标出其所加字。

　　九、原文有颠倒、错简之处，译文中加圆括号"（　）"标明，其可调整者调整之。

　　一〇、译文中尽可能不用现代科技术语，但有时用一术语可以省去不少注解者，控制极少量用之。

　　一一、原文存在问题，但不予改动照样译出者，在译文后加问号"？"存疑，其说明见注释。

目　录

附录

修订后记

齐民要术序

后魏高阳太守贾思勰撰

《史记》曰:"齐民无盖藏。"[1]如淳注曰:"齐,无贵贱,故谓之'齐民'者,若今言平民也。"

盖神农为耒耜[2],以利天下;尧命四子[3],敬授民时;舜命后稷[4],食为政首;禹制土田[5],万国作乂[6];殷周之盛,《诗》、《书》所述,要在安民,富而教之。

《管子》曰:"一农不耕,民有饥者;一女不织,民有寒者。"[7]"仓廪实,知礼节;衣食足,知荣辱。"丈人曰:"四体不勤,五谷不分,孰为夫子?"[8]《传》曰:"人生在勤,勤则不匮。"[9]古语曰:"力能胜贫,谨能胜祸。"盖言勤力可以不贫,谨身可以避祸。故李悝为魏文侯作尽地力之教[10],国以富强;秦孝公用商君急耕战之赏[11],倾夺邻国而雄诸侯。

【注释】

〔1〕见《史记·平准书》。这是贾思勰引来解释书名"齐民"的。

〔2〕神农:传说中创始农业的人。　　耒耜:原始的翻土农具。

〔3〕尧:传说中的上古帝王。　　四位大臣:羲仲、羲叔、和仲、和叔,传说是尧时掌管天象四时、制订历法的官吏。

〔4〕舜:传说中的上古帝王,尧让位给他。　　后稷:相传是周的始祖,善于种植粮食,在尧舜时做农官。

〔5〕禹:相传舜让位给他。他建立起我国历史上第一个父子传位的王

朝——夏朝。相传他治好洪水之后，第一件大事就是规划土地田亩和尽力于开挖沟洫通到大川（灌排渠系），作为经理和发展农业生产的基本保证。

〔6〕作乂（yì）：安定。

〔7〕见《管子·揆度》，又见《轻重甲》，文字稍异。下条见《管子·牧民》，二"知"字上均多"则"字。

〔8〕这是《论语·微子》篇中荷蓧丈人讥诮孔子的话。

〔9〕见《左传·宣公十二年》，"人"作"民"。《要术》作"人"，唐人避李世民讳改。

〔10〕李悝（kuī）（前455—前395）：战国初年的政治家，任魏文侯的相。他帮助魏文侯施行"尽地力之教"，就是地尽其利的政策。办法是鼓励开荒，奖励努力耕作，使粮食大量增产，农业很快得到发展。终于使魏国成为战国初期最强的国家。

〔11〕商君：即商鞅（约前390—前338），战国时著名政治改革家。秦国国君秦孝公任用他主持变法，厉行法治，极力奖励农耕和英勇作战，招诱邻国农民参加农业生产，并开拓领土，使秦国成为战国后期最强的国家，最后终于统一了六国。

【译文】

　　《史记》说："齐民是没有储藏的。"如淳解释说："齐，就是没有贵贱，所以所谓'齐民'，好像现在叫平民一样。"

　　相传神农制作了〔翻土农具〕耒耜，有利于天下人民耕作；尧命令四位大臣，认真地将农事季节颁发给老百姓；舜指示后稷，要把粮食问题作为施政中的首要问题；禹规划了土地和田亩制度，全国各地才得以安定下来生产；商代和周代之所以昌盛，据《诗经》和《尚书》的记载，重要的就在于使人民生活安定，衣食丰足了，然后教化他们。

　　《管子》说："一个农民不耕种，百姓就会有挨饿的；一个妇女不织布，百姓就会有受冻的。""粮仓满了，人们才会讲礼节；衣食丰足了，人们才会追求光荣，不干耻辱的事。"有个老丈〔讥诮孔子〕说："四肢不劳动，五谷分不清，算什么夫子！"《左传》上说："人生全靠勤劳，勤劳就不会贫乏。"古话说："力能胜贫，谨能胜祸。"这就是说，勤力劳动可以克服贫穷，谨慎做人可以避免灾祸。所以李悝帮助魏文侯制订了地尽其利的政策，魏国因此富强起来；秦孝公采用了商鞅积极奖励农耕和作战的策略，使秦国在同邻国的竞争中取得压倒的优势,从而称雄于诸侯。

《淮南子》曰[1]:"圣人不耻身之贱也,愧道之不行也;不忧命之长短,而忧百姓之穷。是故禹为治水,以身解于阳盱之河[2];汤由苦旱[3],以身祷于桑林之祭。""神农憔悴,尧瘦癯,舜黎黑,禹胼胝[4]。由此观之,则圣人之忧劳百姓亦甚矣。故自天子以下,至于庶人,四肢不勤,思虑不用,而事治求赡者,未之闻也。""故田者不强,囷仓不盈[5];将相不强,功烈不成。"

【注释】

〔1〕下面三条引文,均出自《淮南子·修务训》。因系节引,故不用省略号,分条加引号。其引他书有类似情形时,亦仿此例。

〔2〕阳盱(xū)之河:即阳盱河,《淮南子》高诱注:"在秦地。"

〔3〕汤:商朝的开国君王。传说汤时有连续七年的旱灾。

〔4〕胼(pián)胝(zhī):因长期劳作,手掌脚底长出的茧子。

〔5〕囷(qūn)仓:粮仓。

【译文】

《淮南子》说:"圣人并不因为自身地位的低贱感到可耻,而是为自己的政治抱负不能实行感到羞愧;他们不担心个人寿命的长短,而是忧虑百姓的贫穷。所以禹为了根治洪水,在阳盱河上不惜献身,为解除洪害祈祷;汤由于遇到了连年的旱灾,甘愿牺牲自己在桑林之旁,祈求上天降雨。""神农的脸色憔悴,尧的身体消瘦,舜的皮肤晒黑,禹的手脚都长着老茧。从这些事情中可以看到,圣人为百姓真是操劳到极点了。所以从帝王以下,一直到老百姓,如果四肢不劳动,又不开动脑筋,要想办好事情,衣食又得到满足,这是从来没有听到过的。""因此,种田的人不努力耕作,谷仓里不会有充足的粮食;文官武将不竭力尽职,不可能建立丰功伟绩。"

《仲长子》曰[1]:"天为之时,而我不农,谷亦不可得而取之。青春至焉,时雨降焉,始之耕田,终之簠簋[2],惰者釜之,勤者钟之。矧夫不为，而尚乎食也哉？"《谯子》曰[3]："朝发而夕异宿，勤则菜盈倾筐[4]。且苟无羽毛[5]，不织不衣；不能茹草饮水，不耕不食。安可以不自力哉？"

【注释】

〔1〕《仲长子》：东汉末仲长统（180—220）的著作，今已失传。仲长，复姓。《隋书·经籍志三》著录有《仲长子昌言》十二卷，所谓《仲长子》即其书《昌言》。据《后汉书·仲长统传》说其书十余万言，并采录一小部分。唐代魏徵等《群书治要》中收有《《仲长子昌言》》，与崔寔《政论》合成一卷，亦极简略。《要术》所引《仲长子》各条，均不为以上二书所采录。

〔2〕簠（fǔ）簋（guǐ）：簠和簋，古代盛放黍稷稻粱的礼器。

〔3〕《谯子》：已失传。可能是三国时蜀人谯周（201—270）的著作。

〔4〕倾筐：即"顷筐"（"倾"的本字为"顷"）。《诗经·周南·卷耳》："采采卷耳，不盈顷筐。"顷筐为斜口之筐，前低后高，像现在的敞口筲箕之类。

〔5〕"无"，各本均作"有"，仅殿本《农桑辑要》（以下简称《辑要》）引《要术》作"无"，可能是《四库全书》编者改的，但改得对。因为"不织不衣"，循下句"不耕不食"例，应作"不织布就没有衣穿"解释，不作"可以不织布不穿衣"解释，故字宜作"无"。

【译文】

《仲长子》说："天安排了时令，到时候我们不去耕种，粮食也不可能得到。春天到了，时雨也下了，从耕种开始，到最后的收获，懒惰的人只收到'六斗四升'，勤快的人却收到'六石四斗'。何况根本不劳动，还想有得吃吗？"《谯子》说："人们早上同时出发，〔走得快的和走得慢的〕晚上投宿的地方不相同，〔同样道理，比方挑菜，〕也只有勤快的人才能挑到满筐的野菜。况且〔人不是禽兽，〕身上不长羽毛，不纺织就没有衣穿；人不能靠吃草喝水过日子，不耕种就没有饭吃。这样看来，怎么可以不自己努力生产呢！"

晁错曰[1]："圣王在上，而民不冻不饥者，非能耕而食之，织而衣之，为开其资财之道也。""夫寒之于衣，不待轻暖；饥之于食，不待甘旨。饥寒至身，不顾廉耻。一日不再食则饥，终岁不制衣则寒。夫腹饥不得食，体寒不得衣，慈母不能保其子，君亦安能以有民？""夫珠、玉、金、银，饥不可食，寒不可衣。……粟、米、布、帛……一日不得而饥寒至。是故明君贵五谷而贱金玉。"〔2〕刘陶曰〔3〕："民可百年无货，不可一朝有饥，故食为至急。"〔4〕陈思王曰〔5〕："寒者不贪尺玉而思短褐〔6〕，饥者不愿千金而美一食。千金、尺玉至贵，而不若一食、短褐之恶者，物时有所急也。"诚哉言乎！

【注释】

〔1〕晁错（前200—前154）：西汉初期著名政治家。汉景帝时任御史大夫。他持重农抑商政策，重视粮食生产，强调发展农业为国家根本之计。其政论《论贵粟疏》为后世所称誉。

〔2〕以上三段晁错的话节引自《汉书·食货志上》，文句无甚差别。

〔3〕刘陶：东汉后期人。汉灵帝时多次上书，要求改革内政，反对宦官专权。后为宦官所害。《后汉书》有传。

〔4〕刘陶语见《后汉书·刘陶传》，文同。

〔5〕陈思王：即曹植（192—232），三国时著名诗人，字子建，曹操第三子。封陈王，思是谥号，世称陈思王。《隋书·经籍志》著录有《曹植集》三十卷。今传本《曹子建集》十卷，是后人辑集之本，则散佚者已多。今集不载此条。《艺文类聚》（以下简称《类聚》）卷五"寒"引到此条，文句稍异，并有脱文。

〔6〕短褐（hè）：粗布短衣。

【译文】

晁错说："贤明的帝王当政，百姓能够不受冻不挨饿，并不是帝王种出粮食来给大家吃，织出布来给大家穿，只不过是替百姓开辟了创造财富的门路罢了。""受冻的人对于衣服，不会挑剔质地的轻软；挨饿的人对于食物，不会讲究味道的鲜美。冻着饿着的人，顾不得廉耻。一天只吃一顿饭，人就会饥饿；整年不添一件衣服，人就会受冻。肚子饿了没得吃，身体冻着没得穿，就连亲娘也保不住自己的儿子会怎样，国君又怎能保得住民心归顺呢？""珍珠、宝玉、金子、银子，饿了不能当饭吃，冷了不能当衣穿。……小米、大米、麻布、绸子……那是一天没有就会饥寒交迫的。所以贤明的君王重视五谷而轻视金玉。"刘陶说："百姓可以一百年没有财宝，可不能有一天挨饿，所以粮食是最最急需的。"陈思王说："受冻的人不贪图一尺长的宝玉，而只想得到一件粗布衣服；挨饿的人不想得到千斤黄金，而只想吃到一顿饭就很美了。千斤黄金和一尺宝玉是极其珍贵的，反而不如轻微的一顿饭和一件粗布衣服，这是因为在那样的时候这两种东西是最迫切需要的。"这些话真是讲得很有道理啊！

神农、仓颉[1]，圣人者也；其于事也，有所不能矣。故赵过始为牛耕[2]，实胜耒耜之利；蔡伦立意造纸[3]，岂方缣、牍之烦？且耿寿昌之常平仓[4]，桑弘羊之均输法[5]，益国利民，不朽之术也。谚曰："智如禹汤，不如尝更。"是以樊迟请学稼[6]，孔子答曰："吾不如老农。"[7]然则圣贤之智，犹有所未达，而况于凡庸者乎？

【注释】

〔1〕仓颉：相传是黄帝时的史官，汉字的创造者。

〔2〕赵过：汉武帝时任"搜粟都尉"（中央高级农官），曾总结前人经验创制三脚耧和"代田法"，促进了当时的农业生产。但牛耕不是从赵过开始的，至迟在春秋时已经知道牛耕。

〔3〕蔡伦（？—121）：东汉和帝、安帝时宦官。他总结西汉以来造纸经验，改进造纸方法，使造纸技术前进一大步。

〔4〕耿寿昌：西汉宣帝时中央农官。他建议在西北边郡建置"常平仓"，谷贱时以高价收进，谷贵时以低价卖出，以调节和平抑粮价，为后世"义仓"、"社仓"、"惠民仓"等的滥觞。

〔5〕桑弘羊（前152—前80）：汉武帝时中央高级农官。他创立的"均输法"：一种利用物价的差异进行异地运输来调节和平抑物价的措施，借以防止商人投机倒把，而增加政府收入。

〔6〕樊迟（前515—？）：孔子学生，一名须。他不专心读书，要学种庄稼种菜，孔子感叹道："小人哉！樊须也。"

〔7〕樊迟的故事和孔子的话，见《论语·子路》。孔子原意是说老农之事为细事，非治国治人之学问，非我所宜从事者，贾氏引之，则谓不如老农之能治农事，反其意而用之也。

【译文】

神农、仓颉，都是圣人，然而对于某些事情来说，他们仍然有办不到的。所以说，赵过开始用牛耕地，它的功效就超过神农的耒耜；蔡伦积极想办法造出纸来，比起古代用细绢和木片写字就省事多了。再说，耿寿昌的常平仓，桑弘羊的均输法，都是有利于国家和人民的不朽方法。俗话说："即使有禹和汤那样的智慧，终不如亲身实践得来的知识高明。"所以樊迟请教孔子怎样种庄稼时，孔子〔因为没有实践经验，〕便老实答道："我不如老农。"那么，凭着圣贤那样的智慧，尚且还有不知道的地方，更何况一般人呢？

猗顿[1]，鲁穷士，闻陶朱公富[2]，问术焉。告之曰："欲速富，畜五牸。"乃畜牛羊，子息万计。九真、庐江，不知牛耕，每致困乏。任延、王景[3]，乃令铸作田器，教之垦辟，岁岁开广，百姓充给。敦煌不晓作耧犁；及种，人牛功力既费，而收谷更少。皇甫隆乃教作耧犁[4]，所省庸力过半，得谷加五。又敦煌俗，妇女作裙，挛缩如羊肠，用布一匹。隆又禁改之，所省复不赀。茨充为桂阳令[5]，俗不种桑，无蚕织丝麻之利，类皆以麻枲头贮衣[6]。民惰窳羊主切[7]，少粗履，足多剖裂血出，盛冬皆然火燎炙。充教民益种桑、柘，养蚕，织履，复令种纻麻。数年之间，大赖其利，衣履温暖。今江南知桑蚕织履[8]，皆充之教也。五原土宜麻枲，而俗不知织绩；民冬月无衣，积细草，卧其中，见吏则衣草而出。崔寔为作纺绩织纴之具以教[9]，民得以免寒苦。安在不教乎？

黄霸为颍川[10]，使邮亭、乡官皆畜鸡、豚，以赡鳏、寡、贫穷者；及务耕桑，节用，殖财，种树。鳏、寡、孤、独有死无以葬者，乡部书言，霸具为区处：某所大木，可以为棺；某亭豚子，可以祭。吏往皆如言。龚遂为渤海[11]，劝民务农桑，令口种一树榆，百本薤，五十本葱，一畦韭；家二母彘[12]，五鸡。民有带持刀剑者，使卖剑买牛，卖刀买犊，曰："何为带牛佩犊？"春夏不得不趣田亩；秋冬课收敛，益蓄果实、菱、芡。吏民皆富实。召信臣为南阳[13]，好为民兴利，务在富之。躬劝耕农，出入阡陌，止舍离乡亭，稀有安居。时行视郡中水泉，开通沟渎，起水门、提阏[14]，凡数十处，以广溉灌。民得其利，蓄积有余。禁止嫁娶送终奢靡，务出于俭约。郡中莫不耕稼力田。吏民亲爱信臣，号曰"召父"。僮种为不其令〔15〕，率民养一猪，雌鸡四头，以供祭祀，死买棺木。颜斐为京兆〔16〕，乃令整阡陌，树桑果；又课以闲月取材，使得转相教匠作车；又课民无牛者，令畜猪，投贵时卖，以买牛。始者，民以为烦；一二年间，家有丁车、大牛，整顿丰足。王丹家累千金〔17〕，好施与，周人之急。每岁时农收后，察其强力收多者，辄历载酒肴，从而劳之，便于田头树下，饮食劝勉之，因留其余肴而去；其惰懒者，独不见劳，各自耻不能致丹，其后无不力田者。聚落以至殷富。杜畿为河东〔18〕，课民畜牸牛、草马，下逮鸡豚，皆有章程，家家丰实。此等岂好为烦扰而轻费损哉？盖以庸人之性，率之则自力，纵之则惰窳耳。

【注释】

〔1〕猗顿：春秋时鲁国人，在猗氏（今山西临猗南）牧养牛羊致富。以邑为姓，故名猗顿。

〔2〕陶朱公：即范蠡，春秋末人。曾帮助越国灭吴国。后游齐国，又到陶（今山东定陶西北），改名陶朱公，以经商致巨富。

〔3〕任延：东汉光武帝时任九真太守。　王景：东汉章帝时任庐江太守，他还是著名的水利专家。　九真：汉郡名，在今越南北边地方。　庐江：汉郡名，今安徽庐江等地。

〔4〕皇甫隆：三国时魏人，魏嘉平（249—253）中任敦煌太守。他不仅向当地引进播种器，还改进了耕作和灌溉技术，所以粮食得到增产。　敦煌：郡名，今甘肃敦煌等地。

〔5〕茨充：东汉人，姓茨名充，光武帝时任桂阳太守（据《东观汉记》及《后汉书·茨充传》）。《要术》说任"桂阳令"，与本传不同，疑"令"是衍文。　桂阳郡：今湖南郴州等地。

〔6〕麻枲（xǐ）：即麻。

〔7〕惰窳（yǔ）：懈怠，懒惰。

〔8〕今：现在。此处为《东观汉记》原文，非贾氏语，"今"指写《茨充传》的时代，非指贾思勰的时代。

〔9〕崔寔（？—170）：东汉桓帝时任五原太守，著有《四民月令》、《政论》等书。　五原：汉郡名，今内蒙古的河套一带地方。

〔10〕黄霸（？—前51）：西汉大臣。汉宣帝时两次出任颍川太守，先后8

年,提倡农业和栽桑养蚕。　　颖川:汉郡名,今河南禹州等地。

〔11〕龚遂:西汉宣帝时年七十余,初任渤海太守,政绩卓著。他和黄霸,世称"良吏",并称"龚黄"。　　渤海:汉郡名,约有今河北的沿渤海地区。

〔12〕豸(zhì):猪。

〔13〕召信臣:西汉元帝时任南阳太守,很重视农田水利,兴建灌溉陂渠多处,受益田亩"三万顷"。　　南阳:汉郡名,今河南南阳等地。

〔14〕提(dī)阏(è):水闸。

〔15〕僮种:东汉时人。　　不其(jī):今山东即墨。

〔16〕颜斐:三国魏文帝时任京兆太守。汉代的京兆,魏改为京兆郡,郡治在今西安附近。"颜斐",各本均作"颜裴",《辑要》各本引《要术》同,《册府元龟》卷六七八所载亦同,"裴"是形似之误,而沿误已久。《三国志·魏书·仓慈传》作"京兆太守济北颜斐",南朝宋裴松之注引《魏略》称:"颜斐,字文林。……黄初(220—226)初,转为黄门侍郎,后为京兆太守。……"下文叙事与《要术》相同。宋郑樵《通志》卷一一五下所载亦作"颜斐"。颜字"文林",其名亦应为"斐"。今据《魏略》等改为"斐"。

〔17〕王丹:西汉末东汉初人,做过地方官,后隐居。

〔18〕杜畿:东汉末魏初人,任河东太守16年。　　河东:郡名,今山西西南隅地。

【译文】

　　猗顿,鲁国的一个穷士人,听说陶朱公很富,便去请教他致富的方法。陶朱公告诉他说:"要想很快致富,该养多种母畜。"猗顿听了,就去多养母牛、母羊,后来就繁殖到数以万计的牲口。九真、庐江地方不知道用牛耕田,常使人民生活贫困。经过任延、王景在当地教老百姓铸造铁犁农具,教他们开垦荒地,从此耕地面积一年年扩大,百姓的生活也充裕起来。敦煌地方不知道用耧车播种;种的时候,要花费很大的人工牛力,而且粮食产量特别低。皇甫隆在那里教给大家制作耧车播种,省去劳力一半多,粮食产量却提高了五成还多。此外,敦煌有个风俗,妇女做裙子,要打很多的褶叠,像羊肠般绉缩着,一条裙子要用去成匹的布。皇甫隆又下令禁止,并加以改正,节省了很多布匹。茨充任桂阳县令(?),当地习俗不种桑树,得不到养蚕织丝、绩麻织布的好处,一般人都用乱麻脚塞进夹衣里御寒。老百姓平时懒惰,连草鞋也是少有的,脚都冻得皲裂出血,寒冬腊月都只有烧火烘烤来取暖。

茨充就教导百姓多种桑树、柘树，养蚕，打麻鞋，又叫大家种苎麻。几年之后，大获其利，大家都有了衣服鞋子，穿得暖暖的。现在江南人懂得种桑、养蚕、打鞋，都是茨充教导的结果。五原的土地宜于种大麻，但当地人不知道绩麻织布；百姓冬天没有衣服穿，就堆些细草睡在草里面，官吏来了，就裹着草出来相见。崔寔到那里做官，帮他们制造了绩麻、纺缕、织布的工具，并教会他们使用，老百姓才免除了受冻的苦楚。由此看来，怎么可以不教会百姓去做呢？

黄霸任颍川太守，规定驿站和乡官等下级官吏，都要养上鸡和猪，用来资助鳏夫、寡妇和穷苦的人；还要他们努力种田种桑，节约费用，增殖财富，种植树木。鳏夫、寡妇、孤儿、孤老头中有人死了没法安葬的，由乡里送上书面报告，黄霸都一一给予分别处置，指出：某处有大树，可以用来做棺材；某驿站上有生猪，可以用来祭祀。承办人员到那里去，果然都符合黄霸所指出的，就照着办理了。龚遂任渤海太守，劝督百姓努力种田栽桑，规定每人种一棵榆树，一百窠薤，五十窠葱，一畦韭菜；每家养两头母猪，五只鸡。百姓中有拿刀带剑的，就叫他们卖掉剑买牛，卖掉刀买小牛，并且开导说："为什么把牛带在腰间，把小牛拿在手里？"这样，到了春夏，老百姓不得不赶紧到田里去劳动；到了秋冬，他就检查评比收获蓄积的多少，使得老百姓更加多多收蓄果实、菱角、芡实之类的食物。因此，地方上的官吏和老百姓都富足起来了。召信臣任南阳太守时，热心为人民兴利办好事，力求使大家富裕起来。为此，他亲自劝督农业生产，往来深入田间，遍历各乡各村，到哪村就在哪村住宿，很少有安定的住处。又经常巡行勘查郡中的水道和泉源，开通灌溉沟渠，兴建了几十处水闸和堤堰，从而开广了灌溉面积。人们得到了农田水利的利益，大家都有余粮积蓄着。他还禁止婚丧喜事的铺张浪费，厉行省俭节约。由此，一郡的人无不尽力耕种。官吏和大众都亲近、爱戴召信臣，敬称他为"召父"。僮种当不其县令，倡导每家养一头猪，四只母鸡，平时供祭祀之用，有人死了用来买棺木。颜斐当京兆太守，命令农家整治田亩，种植桑树和果树；又督促大家必须做到：农闲时采伐木材，让大家以能者为师，转相传授制造车辆的技术，家里没有牛的要养猪，到猪价贵的时候把猪卖掉，买回来牛。开始大家都嫌烦乱；不过一两年的工夫，家家都有了好车和壮牛。这样整顿以后，农民生活都丰足了。王丹家有千金之富，做人乐善好施，救人急难。每年农家收获后，察访知道哪家劳动努力而收获多的，总是载着酒菜一家家去慰劳，就在田头树下请他们喝酒吃菜，奖励他们，离开时还把多余的菜肴留下来；唯独那懒惰的人得不到慰劳，个个都为没能让王丹来慰劳自己而感到羞愧，从这以后，再没有一个不努力种庄稼的了。因此整个村落终于殷实富裕起来。杜畿任河东太守，督促老百姓养母牛、母马，直到养鸡养小猪，都有规定指标，所以家家都丰衣足食。上面说的这些人，难道是喜欢麻烦搅扰百姓而轻率地耗费财物吗？只是因为一般人的常情，有人去引导他们，就会努力去干，让他们放任自流，那就不免偷懒散漫了。

　　故《仲长子》曰："丛林之下，为仓庾之坻[1]；鱼鳖之堀[2]，为耕稼之场者，此君长所用心也。是以太公封而斥卤播嘉谷[3]，郑、白成而关中无饥年[4]。盖食鱼鳖而薮泽之形可见，观草木而肥墝之势可知[5]。"又曰："稼穑不修，桑果不茂，畜产不肥，鞭之可也；杝落不完[6]，垣墙不牢，扫除不净，笞之可也[7]。"此督课之方也。且天子亲耕，皇后亲蚕[8]，况夫田父而怀窳惰乎？

　　李衡于武陵龙阳泛洲上作宅[9]，种甘橘千树。临死敕儿曰："吾州里有千头木奴[10]，不责汝衣食，岁上一匹绢，亦可足用矣。"吴末，甘橘成，岁得绢数千匹。恒称太史公所谓"江陵千树橘，与千户侯等"者也[11]。樊重欲作器物[12]，先种梓、漆[13]，时人嗤之。然积以岁月，皆得其用，向之笑者，咸求假焉。此种植之不可已已也。谚曰："一年之计，莫如树谷；十年之计，莫如树木。"此之谓也。

　　《书》曰："稼穑之艰难。"[14]《孝经》曰："用天之道，因地之利，谨身节用，以养父母。"[15]《论语》曰："百姓不足，君孰与足？"[16]汉文帝曰[17]："朕为天下守财矣，安敢妄用哉？"[18]孔子曰："居家理，治可移于官。"[19]然则家犹国，国犹家，是以"家贫则思良妻，国乱则思良相"，其义一也。

【注释】

〔1〕仓庾：贮藏粮食的仓库。　　坻（chí）：原指水中高地。这里形容谷堆。

〔2〕堀（kū）：通"窟"。穴。

〔3〕太公：姜姓，吕氏，名尚，一说字子牙。相传周文王见到他时对他说："吾太公望子久矣！"因又号"太公望"，俗称姜太公。助周灭商，封于齐，是齐国始祖。

〔4〕郑：郑国渠，在陕西关中地区，是秦王政时韩国水工郑国主持开凿的大型渠道，故以人名名渠。　白：白渠，汉武帝时白公建议在郑国渠南开凿的渠道，因以"白"为名。二渠开成后，大大改善了灌溉条件，粮食获得了大面积的高产。

〔5〕肥垮（qiāo）：土地肥沃或贫瘠。

〔6〕杝（lí）落：篱笆。

〔7〕笞（chī）：用鞭子、竹板等打人。

〔8〕古代天子和皇后在春耕前和养蚕月份分别举行亲自推犁耕地和亲临蚕事的典礼，象征性地劳动一下，表示重视和倡率农蚕生产。

〔9〕李衡：三国吴时人，曾任丹阳太守。曾派奴仆在武陵郡龙阳县（今湖南汉寿）的洞庭湖冲积沙洲上建造住宅，并种了千株柑橘。吴末柑橘长成，家道殷富。

〔10〕木奴：这里指柑橘。后世扩而展之，也泛称果树乃至树木为"木奴"。

〔11〕太史公：即《史记》的作者司马迁。　江陵：今湖北江陵一带。　千户侯：食邑千户（提供千户农户的赋税和力役）的侯。太史公语见《史记·货殖列传》。

〔12〕樊重：东汉初人，善于经营生产，家累巨富。

〔13〕梓：梓树。作为家具木材，栽种十年以后可用。　漆：漆树。土地条件较好的栽培漆树，八九年后可以割漆。

〔14〕见《尚书·无逸》。

〔15〕见《孝经·庶人章》。

〔16〕见《论语·颜渊》。

〔17〕汉文帝：即刘恒（前202—前157），西汉第三个皇帝。执行"与民休息"政策，减轻地税、赋役和刑狱，厉行节俭，使农业生产有所恢复和发展。汉景帝继行其制，史称"文景之治"。

〔18〕汉文帝语，《史记》、《汉书·文帝纪》及《汉书·食货志》等未见，出处未详。

〔19〕孔子语出《孝经·广扬名章》。

【译文】

　　所以《仲长子》上说："丛林底下可以成为囷储粮食的地方，鱼鳖的潭穴可以变成浇灌庄稼的源泉：这都是君王长官该用心策划的事。因此，姜太公封在齐国，改造了盐碱地，种出了好庄稼；郑国渠和白渠开成之后，关中再没有饥荒的年岁。这就是说，吃到鱼鳖，可以想见沼泽的水利；看到草木，可以知道地力的肥瘦。"又说："庄稼种不好，桑树果木不茂盛，牲畜不肥壮，可以用鞭子打他；篱笆不完整，围墙不牢固，打扫不干净，可以用竹板揍他。"这是督促责罚的方法。况且天子还要亲自耕地，皇后还要亲自养蚕，庄稼人怎么可以存心偷懒呢？

李衡在武陵郡龙阳县的大沙洲上盖了宅院，种上一千棵柑橘。临死时，嘱咐儿子说："我村庄上有一千个'木奴'，它们不向你要吃要穿的，一个的收入等于每年向你献上一匹绢，也尽够你花销了。"到三国吴时末年，柑橘长成结果了，每年可以收得几千匹绢的利益。〔这就是李衡〕经常称道的太史公的"江陵的千株柑橘，跟千户侯的收益相等"那句话的意思了。樊重要做家用器具，先种梓树和漆树，当时人都嘲笑他。然而日积月累，〔十几年之后，〕都派上了用场，过去嘲笑他的人，反而都向他来求借了。这说明种植树木是无论如何不能放松的。俗话说："一年的计划，总不如种谷；十年的计划，总不如种木。"正是这个道理。

《尚书》说："庄稼从种到收是艰难的。"《孝经》说："遵循自然界的规律，凭借土地的利益，〔从事生产，〕保重身体，省吃俭用，用来供养父母。"《论语》说："百姓不富足，君主又怎能富足？"汉文帝说："我替天下看管财物罢了，怎么敢随便乱花呢？"孔子说："家务管理得好，可以移用它的办法来治理国家。"这样看来，家就像是国，国就像是家，所以"家穷了想得到一位贤妻，国家乱了想得到一位贤宰相"，道理是一样的。

夫财货之生，既艰难矣，用之又无节；凡人之性，好懒惰矣，率之又不笃；加以政令失所，水旱为灾，一谷不登，胔腐相继[1]。古今同患，所不能止也，嗟乎！且饥者有过甚之愿，渴者有兼量之情。既饱而后轻食，既暖而后轻衣。或由年谷丰穰，而忽于蓄积；或由布帛优赡，而轻于施与：穷窘之来，所由有渐。故《管子》曰[2]："桀有天下而用不足[3]，汤有七十二里而用有余，天非独为汤雨菽粟也。"

盖言用之以节。

【注释】

〔1〕胔（zì）腐：指腐尸。

〔2〕节引自《管子·地数》。

〔3〕桀：夏代的末代君王，有名的暴君，被汤（商代的创建者）所灭。

【译文】

物质财富的生产已是艰难，花费又没有节制；人的习性是喜逸恶劳的，上面又不认真去组织引导；加上政策法令的不适当，水涝干旱的灾害，只要有一季粮食没有收成，便会有接踵而来的饿死发臭的尸体。这是从古代到现在同样存在的祸患，不能防止，真是可叹啊！而且饿着的人想吃过量的食物，口渴的人想喝成倍的水。然而，饱了又会不爱惜食物，暖了又会不爱惜衣服。或是由于粮食丰收，而忽视了储蓄；或是由于布帛充裕，因而随便赠送人家。这是说，穷困的到来，总是由于平时不注意节约而逐渐造成的。所以《管子》说："桀占有天下的疆土，费用反而不够；汤只有七十里的地方，开支却有余。老天并没有独独为汤落下豆子和谷物呀！"这讲的就是费用要节俭。

《仲长子》曰："鲍鱼之肆，不自以气为臭；四夷之人，不自以食为异：生习使之然也。居积习之中，见生然之事，夫孰自知非者也？"斯何异蓼中之虫，而不知蓝之甘乎？[1]

【注释】

〔1〕这段话插在这里好像很特别，跟上下文没有什么联系。其实不然。这是在全序中铺开论述勤力农耕、强调节俭以及列举大量发展农业生产的历史事迹之后，到这里用简短的几句话急速煞住，运用比喻的手法过渡到所以要写这本书的宗旨上来，而语言是婉转含蓄的。意思是说，虽然农业生产很重要，勤俭也很重要，但没有发展生产的进步技术是不行的。可是人们习以为常，往往忽视新技术，一方面是官吏的昏庸无能，安于现状，根本没有促进生产的心思和技能，好像吃惯了蓼叶的虫，只知道蓼的辣味，不知道还有蓝是不辣的，也可以吃；另一方面

是一般农民对生产技术的因循守旧,只知老一套,好像腌鱼店里的人一样,不觉得自己店里的气味是臭的,不去换换新鲜味儿。经过这样一搭桥援引,下面就很自然地过渡到要为革新农业技术和发展农业生产而写《要术》了。蓼,一年生草本植物,蓼科,茎叶有辣味。蓝,指蓼蓝,一年生草本植物,蓼科,没有辣味,可制蓝靛。

【译文】

《仲长子》说:"腌鱼店里的人,并不感到自己店里的气味是臭的;少数民族的人,并不觉得自己的食物有什么特别:这都是长期的生活习惯使他们如此的。所以,生活在已经习惯了的环境中,看到的都是一向就是这样的事,有谁能自觉地知道里面还有不对的地方呢?"这个道理,跟专吃蓼的虫子只知道蓼的辣味,而不知道还有蓝是甜的,又有什么两样呢?

今采捃经传,爰及歌谣,询之老成,验之行事;起自耕农,终于醯醢[1],资生之业,靡不毕书,号曰《齐民要术》。凡九十二篇,束为十卷[2]。卷首皆有目录[3],于文虽烦,寻览差易。其有五谷、果蓏非中国所殖者[4],存其名目而已;种莳之法,盖无闻焉。舍本逐末,贤哲所非;日富岁贫,饥寒之渐,故商贾之事,阙而不录。花草之流,可以悦目,徒有春花,而无秋实,匹诸浮伪,盖不足存。

鄙意晓示家童,未敢闻之有识,故丁宁周至,言提其耳,每事指斥,不尚浮辞。览者无或嗤焉。[5]

【注释】

〔1〕醯(xī)醢(hǎi):用鱼肉等制成的酱,制酱需用盐醋等作料。醯,醋。醢,酱。

〔2〕"束",日本金泽文库抄北宋本(简称金抄)如字,他本作"分"。"束"谓卷束。那时写书卷束成圆轴,以一轴为一卷,还没有分页装订成册。

〔3〕按,原书每卷卷首均有目录,今书前已做目录,故各卷前之目录均予删削,以免重复。

〔4〕果蓏(luǒ):瓜果的总称。蓏,瓜类的果实。

〔5〕这最后一段落实到写书,揭明写书的基本原则和态度:(一)取材准

则：（1）尊重历史，选录有关农业文献，阐明农业发展的历史继承性，同时作为补充说明和充实农业设施；（2）尊重现实，吸收民间从实践形成的富有生命力的谚语；（3）向富有经验的老农和内行请教，群众经验是最可宝贵的技术源泉；（4）亲自去做，通过亲身实践加以验证和提高。（二）写作范围：从农耕、畜牧到农产品加工利用以至菜肴、糕点等等，都写在里面。另外，采录了有食用价值的不是"中国"（后魏疆域）的南方植物。（三）摒弃对象：丢掉农业根本去追求空头买卖赚钱的事，好看不管用的花花草草，一概不录。（四）写作态度：不以辞藻炫耀自己，力求朴素无华，切切实实交代清楚该怎样做和说明问题，做到如说家常，使人人易懂，不厌其详，说透道理。

【译文】

现在我采摘了文献资料，搜集了民间的谚语，请教了有经验的老行家，并亲身加以实践和验证，从耕作栽培起，到制醋造酱等的方法为止，凡是对生产和生活有帮助的事项，无不统统写在里面。书名题为《齐民要术》，一共九十二篇，卷束为十卷。每卷的开头都有目录，虽然烦琐了点，但查看起来却比较方便。至于那些不是"中国"所产的五谷、瓜果，只是录存其名目而已，栽培的方法，却没有听到过。丢掉农业的根本去追逐投机买卖，这是贤明的人所反对的；投机买卖可以一天赚了大钱暴富起来，但脱离农业生产，终究是终年贫困的根源，挨饿受冻就渐渐跟着来了，所以做买卖的事情，本书一概不录。花草之类，虽然好看，但是徒有春花，没有秋实，好比浮华虚伪的东西，没有录存的价值。

我写这本书是教导家中生产劳动的人的，不是给有学识的人看的，所以详尽地反复嘱咐，恳切地关照他们，每件事都是直截了当地说明，不崇尚浮华的辞句。希望读者们不要见笑。

杂　说[*]

　　夫治生之道,不仕则农;若昧于田畴,则多匮乏。只如稼穑之力,虽未逮于老农;规画之间,窃自同于"后稷"^[1]。所为之术,条列后行。

　　凡人家营田,须量己力,宁可少好,不可多恶。假如一具牛^[2],总营得小亩三顷——据齐地大亩,一顷三十五亩也。每年一易,必莫频种。其杂田地,即是来年谷资。

　　欲善其事,先利其器。悦以使人,人忘其劳。且须调习器械,务令快利;秣饲牛畜,事须肥健;抚恤其人,常遣欢悦。

　　观其地势,干湿得所,禾秋收了,先耕荞麦地^[3],次耕余地。务遣深细,不得趁多。看干湿,随时盖磨着切^[4]。见世人耕了,仰着土块,并待孟春盖,若冬乏水雪,连夏亢阳,徒道秋耕不堪下种!无问耕得多少,皆须旋盖磨如法。

【注释】

　　〔1〕后稷:这里不是指后稷这个人,也许是当时流传着的托名后稷的农书,或者是农业生产的方法,如《氾胜之书》(简称《氾书》)提到的"后稷法"。

　　〔2〕一具牛:具,通"犋",北方耕地使用畜力的能量单位。通常以两牛或两牛以上共拉一犁为"一犋";大牲畜一头能拉动一张犁,也可叫一犋。

　　〔3〕先耕荞麦地:指荞麦收割后的地,非指准备种荞麦的地,因为下文明

＊　启愉按:《要术》卷三已另有《杂说》一篇,这一插在《序》和卷前之间的《杂说》,并非贾思勰原作,已为研究《要术》者所公认。据文内名物和用词,疑是唐代人所伪托。

说阴历五月耕翻种荞麦的地，立秋前后播种。荞麦从种到收大约两个月，如果七月立秋播种，到九月可收，与收粟黍类作物先后临近，所以安排在收谷后先耕收割后的荞麦地。如果是秋耕播种荞麦地，到翌年立秋下种，那片地要休闲一年，坐失地利，《杂说》的作者以善于规划自负，那算什么经营能手？

〔4〕"切"，各本相同，作密切解释。但《东鲁王氏农书》（简称《王氏农书》）《耙劳篇》引《要术》作"窃"，似是王祯改的，则连下句读。

【译文】

谋生的方法，不做官便是当农民；种田如果糊里糊涂不懂得怎样经营，那就往往会贫乏。我种庄稼的体力，虽然比不上老农，但在经营规划方面，自己觉得同"后稷"没有两样。经营的方法，分条列在下面。

凡是庄户人家经营田地，必须衡量一下自己的能力，宁可种得少些好些，不可贪多带来恶果。比如拿一犋牛来说，总共管得小亩三顷的地——折算成齐地的大亩，一共是一顷又三十五亩〔不可贪多超过负荷〕。〔谷子地〕要每年更换一次，一定不能连种。这样，其他杂项作物的地，就可作为明年的谷田。

要想工作做得好，一定要先有精良的工具。用人要使人心里畅快，就会忘记疲劳。并且一定要把农具调试得好，务必使之快利；饲养耕畜，一定要做到体肥力壮；安慰体恤下面的人，常常使他们高高兴兴。

察看地里的情况，干湿合适，秋谷收割之后，先耕荞麦地，再耕其余的地。务须耕得深耕得细，不得贪多图快。再看干湿情况，随即耢盖着使贴切。我看到一般人秋耕的地，总是仰着土块暴露着，一直到正月里才耢盖，要是冬天雨雪稀少，入夏又碰上连续干旱，白白地埋怨秋耕之地不好播种！所以无论耕得多少，都必须随时依法耢盖好。

如一具牛，两个月秋耕，计得小亩三顷。经冬加料喂。至十二月内，即须排比农具使足。一入正月初，未开阳气上，即更盖所耕得地一遍。

凡田地中有良有薄者，即须加粪粪之。

其踏粪法：凡人家秋收治田后，场上所有穰、谷穊等〔1〕，并须收贮一处。每日布牛脚下，三寸厚；每平旦收聚堆积之；还依前布之，经宿即堆聚。计经冬一具牛，踏成三十车粪。至十二月、正月之间，即载粪粪地。计小亩亩别用五车，计粪得六亩。匀摊，耕，盖着，未须转起[2]。

自地亢后，但所耕地，随饷盖之；待一段总转了，即横盖一遍。计正月、二月两个月，又转一遍。

然后看地宜纳粟：先种黑地、微带下地，即种糙种[3]；然后种高壤白地。其白地，候寒食后榆荚盛时纳种[4]。以次种大豆、油麻等田。

然后转所粪得地，耕五六遍。每耕一遍，盖两遍，最后盖三遍；还纵横盖之。候昏房、心中[5]，下黍种无问。

谷，小亩一升下子，则稀概得所。

候黍、粟苗未与垅齐，即锄一遍。黍经五日，更报锄第二遍。候未蚕老毕，报锄第三遍。如无力，即止；如有余力，秀后更锄第四遍。油麻、大豆，并锄两遍止；亦不厌早锄。谷，第一遍便科定，每科只留两茎，更不得留多。每科相去一尺。两垅头空，务欲深细。第一遍锄，未可全深；第二遍，唯深是求；第三遍，较浅于第二遍；第四遍较浅。

凡荞麦，五月耕；经二十五日，草烂得转；并种，耕三遍。立秋前后，皆十日内种之。假如耕地三遍，即三重着子[6]。下两重子黑，上头一重子白，皆是白汁，满似如浓，即须收刈之。但对梢相答铺之，其白者日渐尽变为黑[7]，如此乃为得所。若待上头总黑，半已下黑子，尽总落矣。

其所粪种黍地，亦刈黍了，即耕两遍，熟盖，下穬麦[8]。至春，锄三遍止。

凡种小麦地，以五月内耕一遍，看干湿转之，耕三遍为度。亦秋社后即种[9]。至春，能锄得两遍最好。

凡种麻地，须耕五六遍，倍盖之。以夏至前十日下子。亦锄两遍。仍须用心细意抽拔全稠闹细弱不堪留者，即去却。

一切但依此法，除虫灾外，小小旱，不至全损。何者？缘盖磨数多故也。又锄耰以时。谚曰："锄头三寸泽。"此之谓也。尧汤旱涝之年，则不敢保。虽然，此乃常式。古人云："耕锄不以水旱息功，必获丰年之收。"

【注释】

〔1〕谷穟（yì）：谷糠。

〔2〕转起："转"是农耕术语，即再耕、第二次耕。《要术》有"再转"，是第三次耕。

〔3〕种糙种：按：《广雅·释诂一》："造……始也。"造，念cāo，即糙字，是糙有"早"义，今河南仍称早麦子为"糙麦"。这里"糙种"即指谷子的早熟品种。

〔4〕寒食：旧时时节名，在清明前一日或两日。

〔5〕房、心：星宿名，各为二十八宿之一。我国古代以观测二十八宿的某一星宿在黄昏或破晓时运行到正南方的节候而定某种作物的播种期。房、心二宿也可总名"大火"。"大火"黄昏中在南方，一般说在阴历四月。

〔6〕三重着子：结三层的子。荞麦根系纤细，必须精细整地，才能有利于出苗、生长和发育。整地精细或粗放，无论植株高度、分枝数以及单株结实率等，都相差悬殊。这里所谓结三层的子，当是指整地较细，出现有三级分枝，但结子的层数与耕地遍数不可能有相应的关系。

〔7〕其白者日渐尽变为黑：这只是强调及早收割而已。这里种的是秋荞，北方立秋后种，容易遭到早霜之害，趁早收割，还有避免霜害的作用。所谓青子灌满了白浆（原文"白汁"，即乳白色的稠汁），实际只能是即将成熟的子粒，后熟作用可以使之变黑，但最上层的幼嫩子粒是不能跟着变黑的，万一遭到早霜，也只能变成黑褐色的瘪壳。下文说的一半黑子便会掉尽，这倒是千真万确的。

〔8〕"穅"，各本同，无可解释，疑"矿"之误。矿麦即裸大麦，亦称元麦。

〔9〕秋社：古代祭祀土神的日子，在立秋后第五个戊日，在秋分前或秋分后。

【译文】

比如一犋牛，安排两个月秋耕，共耕得小亩三顷的地。过冬要加精料喂养。到十二月里，就该安排整治好农具使充足。一到正月初，土面还没有升温化冻的时候，就把秋耕的地顶凌耢盖一遍。

凡田地中有肥有瘦的，瘦地必须上粪粪过。

踏粪的方法：庄户人家在大田秋收后，打谷场上的所有秸秆、壳秕等等，都必须收聚起来堆贮在一处。每天拿它来铺垫在牛圈里牛脚底下，铺上三寸厚；第二天清早，耙出来堆积在另外的地方；又照样铺进去，过一夜又耙出来堆聚着。这样经过一冬的积聚，一犋牛可以踏成三十车的厩肥。到十二月、正月之间，就把粪载运出去粪地。每一小亩载上五车粪，一共可以粪六亩地。把粪均匀地摊开来，将地耕翻，耢盖着，无须急着再次耕翻。

地显得有些干燥之后，只要是再耕的地，都要随时〔纵向〕拖耢盖过；等到一段地都再耕完了，随即再横向盖一遍。正月、二月两个月，又再耕翻一遍。

然后看土地所宜，种下谷子：先种黑土的地和稍微低下的地，就种早谷子；之后，种高田白土的地。这白土地，等寒食节后榆荚旺盛时下种。接下来依次种大豆、油麻等地。

然后再耕翻上过踏粪的地，要耕五六遍。每耕一遍，盖两遍，最后一次耕，盖三遍；都要一纵一横地盖过。候看到黄昏时房星、心星运行到正南方的节候，就种黍子，切勿迟疑。

谷子，每一小亩下一升种子，稀密正合适。

候到黍、粟苗还没有与垅沟齐平的时候，就锄第一遍。黍，五天之后，回头锄第二遍。到蚕还没上簇时，再锄第三遍。如果人力不足，就停止不锄；倘若还有余力，孕穗后再锄第四遍。油麻、大豆，都锄两遍停止；也不嫌早锄。谷子，锄第一遍时便间苗留定，每窠只留两株，再不能多留。窠间相距一尺。两垅之间的空余土壤，须要锄得深细些〔，以利扎根〕。第一遍锄，还不能过深；第二遍锄，尽量深些；第三遍，比第二遍浅些；第四遍，又比较浅。

种荞麦，五月耕地；耕后二十五天，草腐烂了，可以耕第二遍；连种前耕一遍，共耕三遍。都是在立秋前后的十天内下种。假如地耕得三遍，荞麦便会结三层的子。到下面两层的子已经黑熟了，上面一层还是青的，里面灌满着白浆，像脓一样，这时便该收割。割下来只要梢对梢地搭铺起来，过几天青子渐渐地全会变黑，这样才是合规矩的收获。如果等到上面的子全黑了才收，那下面的黑子有一半便会掉落尽了。

至于那上过基肥种黍的地，一到黍收割完了，就耕两遍，纵横反复地盖过，种下〔矿〕麦。到来年春天，锄过三遍停止。

种小麦的地，五月里耕一遍，看干湿合适时，再耕第二遍，要耕三遍才合适。到秋社后就下种。到了春天,能锄两遍最好。

种大麻的地,须要耕五六遍,盖的遍数要加倍。在夏至前十天下种。以后也是锄两遍。照样要细心地拔出那些极为稠密细弱、不堪留养的苗,都给丢掉。

一切只要依照上面的办法去做,除去虫灾之外,小小的干旱,不至于全部失收。什么道理呢? 就因为盖耱的次数多,加之锄草松土又及时。农谚说:"锄头自有三寸泽。"说的就是这个道理。除非遇上尧时的大水,汤时的大旱,那就不敢保证。不过话得说回来,在平常的年景下,这样的常规法则是不能丢的。古人说:"耕田锄地不因水旱灾害而松懈,定能获得丰年的收成。"

如去城郭近,务须多种瓜、菜、茄子等,且得供家,有余出卖。只如十亩之地,灼然良沃者,选得五亩,二亩半种葱,二亩半种诸杂菜;似校平者种瓜、萝卜[1]。其菜每至春二月内[2],选良沃地二亩熟,种葵、莴苣。作畦,栽蔓菁,收子[3]。至五月、六月,拔诸菜先熟者,并须盛裹[4],亦收子讫。应空闲地种蔓菁、莴苣、萝卜等[5],看稀稠锄其科。至七月六日、十四日[6],如有车牛,尽割卖之;如自无车牛,输与人。即取地种秋菜。

葱,四月种。萝卜及葵,六月种。蔓菁,七月种。芥,八月种。瓜,二月种;如拟种瓜四亩,留四月种[7];并锄十遍。蔓菁、芥子,并锄两遍。葵、萝卜,锄三遍。葱,但培锄四遍。白豆、小豆[8],一时种,齐熟,且免摘角。但能依此方法,即万不失一。

【注释】

〔1〕"校平",金抄等如字,明抄等作"邵平"。启愉按:邵平即召平,以种瓜著称(卷二《种瓜》有引述),但无种萝卜事迹,湖湘本校语已疑其讹。"校"通"较","平"谓平常、一般,"似"为比拟之词,含有"超过"的意思。似校平者是说比一般的土地要好些的拿来种瓜、萝卜,这是比较"灼然良沃"(明显肥沃)的土地说的。

〔2〕"其菜",指什么菜,是回指上文二亩半的"诸杂菜"? 还是悬拟之词,另作一端,如说"至于种别的菜"? 如指前者,则"良沃地二亩",少了半亩,应补"半"字;如指后者,虽可解释,但很勉强。

〔3〕"作畦,栽蔓菁,收子。"启愉按:这是秋种蔓菁至冬选收种株,假植在荫室内或避风冻处,到来春移植于露地,至夏收子。移植时可预先作畦栽植。《农桑辑要》卷五《萝卜》"新添"记载至冬拔取萝卜,去叶留心,埋藏在窖内,中间放通气草一把,至春芽生,取出,"作垅或畦,下粪栽之","夏至后收子,可为秋种"。这里移植蔓菁收子,与此相类。

〔4〕"并须盛裹",不大好理解。阴历五六月老熟收子的菜是不少的,作一年生、两年生或三年生栽培的有春葵、莴苣、芥菜、蔓菁、萝卜、大葱等等。菜老熟了自然要收,但为什么都要包裹起来,不明。如果是指留种的植株,拔后包裹起来以免交叉混杂,那该说"留种者并须盛裹",则有脱文。可又为什么不留种的不早早拔去,争取早些整地,却留着消耗地力? 总之,本篇叙述,颇多不明,疑传刻中有错乱。

〔5〕莴苣:这是夏莴苣。上文二月种的是春莴苣。

〔6〕这两天的后一天,是七月初七"乞巧节"和七月十五日"中元节",城市里需要较多的瓜果蔬菜,所以先一日准备好赶节去卖。旧时乞巧节,妇女陈设瓜果于庭院中以乞巧;道观在中元节作斋醮,佛寺在中元节作盂兰盆会,需要百味瓜菜供祭,僧俗仕女麇集,百戏纷呈,瓜菜消费量也大。

〔7〕留四月种:等到四月里种。也可以解释为留四月熟的瓜子作种。不过,上句二月种瓜,四月不可能有老熟瓜子作种。"留"是延迟、等待的意思,所以这句应作推迟播种解释。其所以推迟,大概因为播种面积较大,而夏日成熟快,好凑在炎热天消费量大时上市,也可以去盂兰盆会赶闹市。

〔8〕白豆:当指饭豆(Phaseolus calcaratus)之白色者。　　小豆:现在通常指赤豆(Phaseolus angularis)。但古时非指一种,赤豆、赤小豆、绿豆、黑小豆等等都可以叫小豆。绿豆、赤小豆一般先后分批成熟,但也有不少是一齐成熟整株拔收的。《杂说》取其一齐成熟,则亦不排除绿豆、赤小豆之一齐成熟者。但白豆、小豆同时种,不一定同时成熟,所谓"一齐成熟"只是指其本种一齐成熟而已。

【译文】

如果距离城市近,一定要多种瓜、蔬菜、茄子等,可以供给自家吃用,有余还可以出卖。比如有十亩的地,选得显然肥沃的五亩,拿二亩半种葱,二亩半种各种杂菜;其余比一般的地肥些的种瓜、萝卜。种菜,每年春天二月里,选择肥熟的地二亩,种葵菜、莴苣。作好畦,移植蔓菁〔种株〕,收种子。到五月、六月,拔掉各种先成熟的菜,都必须包裹起来(?),并把种子打收完毕。该在空出地上种上蔓菁、莴苣、萝卜等,看稀稠情况锄间定苗。到七月初六和十四日这两天,如果自家有车有牛，全都割下来运到城里去卖；如果没有车牛，可以整批地盘给人家。随即在那空菜地接着种秋菜。

葱，四月种。萝卜和葵菜，六月里种。蔓菁，七月种。芥，八月种。瓜，二月种；如果准备种四亩地的瓜，等到四月里种；都要锄十遍。蔓菁、芥子，都锄两遍。葵、萝卜，锄三遍。葱，特别边锄边培土四遍。白豆、小豆，同时种，〔各自〕一齐成熟，免得分批摘荚。只要依照这些方法去做，万无一失。

齐民要术卷第一

耕田第一

《周书》曰[1]:"神农之时,天雨粟,神农遂耕而种之。作陶,冶斤斧,为耒耜、锄、耨[2],以垦草莽,然后五谷兴,助百果藏实。"

《世本》曰[3]:"倕作耒耜。"[4]"倕,神农之臣也。"[5]

《吕氏春秋》曰[6]:"耜博六寸。"[7]

《尔雅》曰:"斪斸谓之定。"[8] 犍为舍人曰[9]:"斪斸,锄也,名定。"

《纂文》曰[10]:"养苗之道,锄不如耨,耨不如铲。铲柄长二尺,刃广二寸,以划地除草。"[11]

许慎《说文》曰:"耒,手耕曲木也。""耜,耒端木也。""斸,斫也,齐谓之镃基[12]。一曰,斤柄性自曲者也。""田,陈也,树谷曰田,象四口,十,阡陌之制也。""耕,犁也。从耒,井声。一曰,古者井田。"[13]

刘熙《释名》曰[14]:"田,填也,五谷填满其中。""犁,利也,利则发土绝草根。""耨,似锄,妪耨禾也。""斸,诛也,主以诛锄物根株也。"[15]

【注释】

〔1〕《周书》:也叫《逸周书》,是记载周代史事的先秦古书。今传本并非完秩,本条不见于今本,当是佚文。《太平御览》(简称《御览》)卷七八"炎帝神农氏"及卷八四〇"粟"均有引到,文句基本相同。

〔2〕耨(nòu):短柄锄。《吕氏春秋·任地》:"耨,柄尺,此其度也。"柄长只有一尺,操作时只能俯身或蹲着单手使用,就是《释名·释用器》说的"妪耨禾也"("妪"通"伛",曲背弯腰)。《说文》:"鉏,立薅斫也。""鉏"即"锄"字,才是立着薅草的长柄锄。

〔3〕《世本》：已佚。《汉书·艺文志》著录有《世本》十五篇，注云："古史官记黄帝以来讫春秋时诸侯大夫。"（后人增补至汉）有《帝系》、《氏姓》、《居》、《作》等篇。本条出《作篇》。原书宋代亡佚。清人有多种辑佚本。

〔4〕南宋罗泌《路史·余论》引《世本》同《要术》（"倕"作"垂"）。

〔5〕此为东汉末宋衷的注。倕（chuí），相传是古代的巧匠。

〔6〕《吕氏春秋》：战国末秦相吕不韦（？—前235）集合门客编写，内容以儒、道思想为主，兼及名、法、墨、农及阴阳家言。其中《上农》、《任地》、《辩土》、《审时》四篇是我国最早论述农学的专篇。有东汉高诱注本。

〔7〕《吕氏春秋·任地》所记是耜宽八寸，耨宽六寸，《要术》引作"耜博六寸"，疑有误。

〔8〕见《尔雅·释器》，文同。斪（qú），锄头一类的工具。

〔9〕犍为舍人：汉武帝时人，《尔雅》的最早注释者，曾任犍为郡文学卒史，后内迁舍人（唐陆德明《经典释文叙录》），故又称犍为文学。或谓姓郭。其他不详。其注本已亡佚。

〔10〕《纂文》：南朝宋何承天（370—447）撰，纂录杂记之作。书已佚失。

〔11〕本条《御览》卷八二三"耨"引到，脱讹颇多，不及《要术》完好。铲，短把狭刃的小手铲，比耨更狭小，用它俯身划除苗间杂草时更方便。

〔12〕镃（zī）基：古代的锄头。

〔13〕《要术》所引以上5条《说文》，与今本《说文》颇有差异。《说文》有"枱"无"耜"，"木"部："枱，耒耑也。"即"耜"字。"斸"字所释云云，见于"木"部"欘"字下，而"斤"部"斸"字只是："斫也。从斤，属声。""田"字的"象四口"，《说文》作"象四囗"，"囗"即古"围"字。"耕"字的"一曰，古者井田"，徐锴本《说文》是"古者井田，故从井"。而"一曰"之说，与"耕"字不协，据唐释慧琳《一切经音义》卷四一"耕"字注引《说文》尚有"或作畊，古字也"一语，则异释的"古者井田"是对异写的"畊"字说的。古书流传至今，每多嬗变，《说文》亦然。

〔14〕《释名》：东汉刘熙撰，训诂书，特点以音同、音近的字解释字义，推究其所以命名的由来，为汉语语源学的重要著作。

〔15〕以上所引《释名》第一条见《释名·释地》，下三条见《释名·释用器》，有个别字差异，不碍原义。

【译文】

《周书》说："神农时候，天上落下了粟，神农就垦地把它种下去。创制陶器；铸造斧头,作成耒耜、锄头和耨,用来垦辟草莽荒地,然后五谷才能兴盛起来,在天然百果之外,扩大了食物储藏。"

《世本》说:"倕,创作了耒耜。"〔注说:〕"倕是神农之臣。"

《吕氏春秋》说:"耜的宽度是六寸(？)。"

《尔雅》说:"斫斸叫作'定'。"犍为舍人注解说:"斫斸就是锄,也叫作定。"

《纂文》说:"养苗的方法,用锄不如用耨,用耨不如用铲。铲的柄二尺长,刃二寸宽,用来贴地平推划除杂草的。"

许慎《说文》说:"耒是手工翻土的弯曲木杖。""耜是耒头上的木刃。""斸,就是斫,齐地叫作'镃基'。一说,用天然弯曲的木柄装的横刃斧头叫作斸。""田,陈列的意思,种植谷物的地叫作田,形状是四面的'口'围着,当中的'十'是纵横的阡陌分布着。""耕,就是犁。从耒,从井的声。一说〔或作畊〕,是古时的井田。"

刘熙《释名》说:"田是填的意思,是说在里面填满着五谷。""犁是利的意思,锐利了就能起土断绝草根。""耨,像锄,是弯着腰除草的。""斸是诛的意思,靠它刨土诛杀杂草的根株。"

凡开荒山泽田,皆七月芟艾之[1],草干即放火,至春而开垦。根朽省功。其林木大者劀乌更反杀之[2],叶死不扇,便任耕种。三岁后,根枯茎朽,以火烧之。入地尽矣[3]。耕荒毕,以铁齿镉榛俎候反再遍耙之[4],漫掷黍穄,劳郎到反亦再遍[5]。明年,乃中为谷田。

凡耕高下田,不问春秋,必须燥湿得所为佳。若水旱不调,宁燥不湿。燥耕虽块,一经得雨,地则粉解。湿耕坚垎(胡格反)[6],数年不佳。谚曰:"湿耕泽锄,不如归去。"言无益而有损。湿耕者,白背速镉榛之,亦无伤;否则大恶也。春耕寻手劳,古曰"耰"[7],今曰"劳"。《说文》曰:"耰[8],摩田器。"今人亦名劳曰"摩",鄙语曰"耕田摩劳"也。秋耕待白背劳。春既多风,若不寻劳,地必虚燥。秋田塌(长劫反)实[9],湿劳令地硬。谚曰:"耕而不劳,不如作暴。"盖言泽难遇[10],喜天时故也。桓宽《盐铁论》曰:"茂木之下无丰草,大块之间无美苗。"[11]

【注释】

〔1〕芟(shān)艾(yì):除去杂草。艾,通"刈"。

〔2〕劓(yīng)杀之：劓，环割。这是在主干近根处环割去一圈宽阔的树皮，使不能愈合，深及新的木质部，阻止树体内营养物质的上下输送，使树自然枯死。有些像现在的"环状剥皮"，但措施和目的要求不同。

〔3〕入地尽矣：连地下的根也死尽了。大树在环割去树皮后，第二年虽然不再长叶遮阴，但还没有全部枯死。三年后可以砍掉全枯的树干，堆在根桩上添柴草引火燃烧，连带烧及地下的根系。烧过有暖土作用，并在一定程度上促进腐殖质的分解转化，有利于作物的吸收。灰烬可以增加土壤中的钾肥含量。

〔4〕铁齿镉(lòu)楱(còu)：这是牲畜拉的铁齿耙，不是手持的钉耙。《东鲁王氏农书》(简称《王氏农书》)认为就是人字耙，但也不排斥方耙，今采其图作参考(见图一)。它用于耕翻后的耙细土块，平整土地，灭茬除草。也用于苗期的中耕松土。都是有利于保墒抗旱的。

〔5〕劳：耢，无齿耙，是用荆条、藤条之类编成的整地农具，也叫"盖"或"摩"(今写作"𥻆")。用于耙后进一步平地和碎土，兼有轻微压土保墒作用，故又得"摩"、"盖"之名。也用于下种后覆土和苗期中耕。见图二(采自《王氏农书》)。

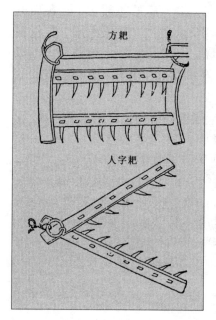

方耙

人字耙

图一　耙

〔6〕垎(hè)：土板结坚硬。

〔7〕欘：一种木制的大椎，最早的碎土、平地农具，也用于覆土。现在也还有应用。所谓古时叫欘，现在叫耢，只是就两者的功用和整地作业而言，不是说两者的形制等同。见图三。

〔8〕"欘"，今本《说文》从木作

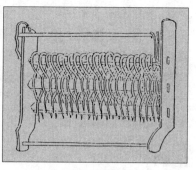

图二　耢

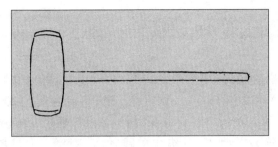

图三 耰

"耰",入"木"部,"从木,憂声"。

〔9〕塓(zhí):低洼田。塓,同隰。

〔10〕泽:指土壤水分。从水分来源说,指雨水,灌溉水;就水分含量说,包括渍水、潮湿、湿润适度、水分不足等状况。这里是指土壤有良好的墒情。这样,就要想法保住它。耢就是为保墒创造良好条件。这在华北旱作地区是尤其重要的。所以,耕而不耢,就等于自己捣乱胡闹了。

〔11〕见《盐铁论·轻重》,"木"作"林",余同。

【译文】

　　凡在山地和低洼地开荒,都要在七月里先把草割下来,草干了就放火烧它,到第二年春天再开垦。这时草根腐朽了就省功力。其中那些大的树木,在树干上切割去一圈树皮,使树枯死,叶死了就不再遮阴,便可以耕种了。三年之后,树根枯了,枝干也朽了,再放火烧它。这样,连地下的根也死尽了。耕垦完毕,便用铁齿耙耙两遍,撒播上黍或稷,接着耢盖两遍。到明年,便可以用来种谷子了。

　　凡耕高田低地,不论春季还是秋季,都必须在土壤燥湿合宜的时候去耕为好。如果雨水或多或旱不调匀,宁可在干燥时去耕,切不可湿时去耕。干燥时耕,虽然土垡成大块,只要一下雨,土块就会碎解开来。湿时去耕,土垡干后结成硬块,〔土圪垯散不开,〕那地几年搞不好。农谚说:"湿时去耕,雨后去锄,还不如回去。"这是说不但无益,而且有害。万一湿耕了,到稍微干燥土面发白时,赶紧用铁齿耙耙过,还不妨事;不然的话,结果很坏很坏。春耕的地,随手就耢过,古时叫作"耰",现在叫作"耢"。《说文》说:"耰,是摩田的农器。"现在人也还有称耢为"摩"的,俗话就说"耕田摩耢"嘛。秋耕的地,等到土背发白时再耢。春天干风多,如果不随手耢盖,土壤便会透风干燥。秋天多雨,土壤下塌紧实,湿时耢盖,便会板结坚硬。农谚说:"耕后不耢,如同作耗胡阘。"这就是说,土壤润泽是难得的机会,要珍惜不容易碰上的好时机啊!桓宽《盐铁论》说:"茂密的林木之下没有丰草,大块的土壤中间没有好苗。"

凡秋耕欲深,春夏欲浅^[1]。犁欲廉,劳欲再。犁廉耕细,牛复不疲;再劳地熟,旱亦保泽也^[2]。秋耕掩一感反青者为上。比至冬月,青草复生者,其美与小豆同也。初耕欲深,转地欲浅。耕不深,地不熟;转不浅,动生土也。菅茅之地^[3],宜纵牛羊践之,践则根浮。七月耕之则死。非七月,复生矣。

凡美田之法,绿豆为上^[4],小豆、胡麻次之。悉皆五、六月中穬粪懿反种^[5],七月、八月犁掩杀之,为春谷田,则亩收十石,其美与蚕矢、熟粪同。

凡秋收之后,牛力弱,未及即秋耕者,谷、黍、穄、粱、秫芟方末反之下^[6],即移赢速锋之^[7],地恒润泽而不坚硬。乃至冬初,常得耕劳,不患枯旱。若牛力少者,但九月、十月一劳之,至春稴汤历反种亦得^[8]。

【注释】

〔1〕秋耕欲深,春夏欲浅:华北秋季常有阵雨,秋耕深了有利于收墒、蓄墒,为来年春播提供好墒情;秋耕后经冬入春,土壤经过反复冻融,促进风化,使土体酥散,结构良好,而且深耕加深了耕作层,有利于深土熟化,所以秋耕宜深。春夏没有这样的条件,而且北方春多风旱,夏天进入高温,如果深翻,等于揭底跑墒,土壤又不易熟化,所以不宜深耕。

〔2〕旱亦保泽也:天旱也能保住下墒。启愉按:北方旱作农业最重要的一环是保墒防旱。仅仅做到解冻后及时耕地,远远解决不了春播要求,必须进一步设法保住土壤中的原有水分,才能满足出苗生长的要求。这就要依靠耕后随即耙地,把土块耙碎耙细,切断和打乱毛细管通道,使上行水分阻断在细土层之下,因而保住下层的墒。《要术》强调耕后耙地,金元时期的北方旱作农书《种莳直说》要求犁一次耙六次,都是这个道理。但是,仅仅依靠耙松土壤还是不能保证不跑墒的。因为耙后虽然切断了毛管水的上升蒸发,但松土层存在着大量的非毛管孔隙,水分会以气态水的形式通过松土层孔隙而扩散损失。随着气温的继续上升,底墒、深墒上升到松土层之下而以水汽的形态散失更加严重。因此,必须采取另一种措施予以补救。这补救措施就是"耢"。因为耢有盖压的功效,

通过耢，使上层松土轻轻压紧，堵塞非毛管孔隙，避免漏风汽化失墒，也阻断了底、深墒的跑失。《要术》对耢比耙更强调，更随处关照，卷前《杂说》尤其谆谆告诫耢的重要和急迫，都是这个原因。所以，耕后不耙不行，耙后不耢更不行。这里说天旱也能保住下墒，并非虚语。

〔3〕菅茅：茅草。菅、茅本是两种禾本科的杂草，但古时常是统指茅草。茅草具有长根茎，蔓延很深很广，生长力极强，生命力亦极顽固，很难根除，最为可恶。《要术》采取的办法，短期间有效，要根绝仍有困难，因为没有踩断的深层根茎，要不了很久仍会死灰复燃。

〔4〕把青草耕埋在地里作绿肥，《氾书》已有记载，《要术》叫作"掩青"。这里是进一步有意识地播种豆科作物作绿肥，并已认识到豆科作物有提高土壤肥力的作用。种豆科作物作绿肥，最早见于《广志》，见《要术》卷十"苕（六八）"。

〔5〕穊：疑当为"概"，稠密。

〔6〕穄：黍之不黏者。穄，后人与稷混淆，但《要术》中稷是指粟。　梁：粟的一种好品种，不是高粱。　秫：糯性的粟，不是糯稻。　茇（bá）：根。

〔7〕锋：一种有尖锐的犁镜而无犁壁的农具，起土浅，不覆土壅土，起破碎表土、切断毛细管通道、保蓄下墒和灭茬作用。夏秋之间，牛要夏耕和运载秋收作物，容易疲劳，而锋的拉力轻，所以赶紧用来浅锋灭茬，借以锋破表土，保住下墒，避免秋收的地暴露着失墒干硬。这是在不得已的情况下的应急措施。

〔8〕穊（dì）种：指不耕而种。种法没有讲，可能是点播，但也不排斥耧车冬播，或撒播盖耱。下文《种谷》，瘦地就有不耕而种。

【译文】

秋天耕地要深，春天、夏天要浅。犁起的土条要窄些，耢的次数要两遍。犁条窄了就耕得细，牛也省力不疲劳。耢过两遍，地垡熟了盖压着，天旱也能保住下墒。秋耕要把青草掩埋在地里最好。等到冬天，冬草又长出来，〔来春再耕翻，〕就同小豆一样肥美。初耕的地要深，再耕的地要浅。初耕如果不深，地不会匀熟；再耕如果不浅，会把生土翻上来。长着茅草的地，要赶进牛羊在地上践踏过，践踏过根会向上面浮起来。到七月里耕翻，就会枯死。不是七月里耕翻，仍然会复活。

使土地肥美的方法，种上绿豆最好，其次是种小豆、芝麻。都要在五月、六月里密播，到七月、八月耕翻，掩杀在地里面。明年春天作为早谷子田，一亩可以收到十石，它的肥力同蚕沙、熟粪一样好。

秋收之后，如果牛力疲弱，没力量随即秋耕的，就在谷子、黍子、穄子、梁和秫的根茬下，赶紧把弱牛移用来锋地，进行浅锋灭茬。这样，锋过的地可以时常保持润泽，不至于坚硬；到了初冬，还常常可以耕翻、耱耢，不愁枯燥干硬。假如牛力实在少，就在九月、十月里耢一次，到明年春天不耕翻就这样播种也可以。

《礼记·月令》曰[1]："孟春之月……天子乃以元日，祈谷于上帝。郑玄注曰："谓上辛日，郊祭天[2]。《春秋传》曰[3]：'春郊祀后稷[4]，以祈农事。是故启蛰而郊[5]，郊而后耕。'上帝，太微之帝[6]。"乃择元辰，天子亲载耒耜……帅三公、九卿、诸侯、大夫，躬耕帝籍[7]。"元辰，盖郊后吉辰也。……帝籍，为天神借民力所治之田也。"……是月也，天气下降，地气上腾，天地同和，草木萌动。"此阳气蒸达，可耕之候也。农书曰[8]'土长冒橛，陈根可拔，耕者急发'也。"……命田司"司谓田畯[9]，主农之官。"……善相丘陵、阪险、原隰，土地所宜，五谷所殖，以教导民。……田事既饬，先定准直，农乃不惑。

"仲春之月……耕者少舍，乃修阖扇。"舍，犹止也。蛰虫启户，耕事少闲，而治门户。用木曰阖，用竹、苇曰扇。"……无作大事，以妨农事。

"孟夏之月……劳农劝民，无或失时。"重力劳来之。"……命农勉作，无休于都[10]。"急趣农也。……《王居明堂礼》曰'无宿于国'也。"

"季秋之月……蛰虫咸俯在内，皆墐其户[11]。"墐，谓涂闭之，此避杀气也。"

"孟冬之月……天气上腾，地气下降，天地不通，闭藏而成冬。……劳农以休息之。"'党正''属民饮酒，正齿位'是也。"[12]

"仲冬之月……土事无作，慎无发盖，无发屋室……地气且泄，是谓发天地之房，诸蛰则死，民必疾疫。"大阴用事，尤重闭藏。"按：今世有十月、十一月耕者，非直逆天道，害蛰虫，地亦无膏润，收必薄少也。[13]

"季冬之月……命田官告人出五种。"命田官告民出五种，大寒过，农事将起也。"命农计耦耕事[14]，修耒耜，具田器。"耜者，耒之金，耜广五寸。田器，镃錤之属。"是月也，日穷于次，月穷于纪，星回于天，数将几终，"言日月星辰运行至此月，皆匝于故基。次，舍也；纪，犹合也。"岁且更始，专而农民，毋有所使。"而，犹汝也；言专一汝农民之心，令人预有志于耕稼之事；不可徭役，徭役之则志散[15]，失其业也。""

【注释】

〔1〕下引《礼记·月令》，与今本稍有异文。引号内小注均郑玄注，亦稍有异文。均不碍原义。

〔2〕古代帝王在京城南郊祭天叫作"郊"，在北郊祭地叫作"社"，合称"郊社"。

〔3〕郑玄注引《春秋传》，语出《左传·襄公七年》。

〔4〕这是"社祭"，祭土神和谷神。春社二月祭，祈求丰年；秋社八月祭，收获后报答神灵。后稷，相传是周代的始祖，出生后曾被认为不祥而被抛弃，因名"弃"。善于种植各种粮食作物，曾任尧和舜的农官。这里是后世怀念他"播殖百谷"的功劳，把他作为谷神来祭祀。

〔5〕启蛰：即惊蛰，但是正月中节气，和现在以惊蛰为二月节气不同。西汉以前的节气顺序是：立春、惊蛰、雨水、春分，现在的农历将中间的两个节气倒过来，那是西汉末刘歆（？—23）造"三统历"以后的事。

〔6〕太微：我国古代天文学将全天分为三垣、二十八宿等天区，太微是三垣的上垣，又名"天庭"，中有五帝座，五个帝君，总称"太微之帝"。

〔7〕帝籍：古代天子"亲耕"的籍田。天子推三下犁，象征性地表示亲耕。相传天子籍田千亩，其耕种的全功由征召的民力来完成。

〔8〕郑玄注引农书，《月令》孔颖达疏称："郑所引农书，先师以为《氾胜之书》也。"又《国语·周语上》"土乃脉发"下韦昭注也引到这条，都是节引。参见下文贾引《氾胜之书》（简称《氾书》）。

〔9〕田畯：周代主管土地和生产的官员，又叫"田大夫"。

〔10〕都：邑城，犹言街坊。下文中"国"字意同。古代有"五亩之宅"的制度，后人解释其中2.5亩的宅地在田野，即所谓"庐"，就是《诗经·小雅·信南山》说的"中田有庐"；另2.5亩的宅地在廛，即邑城，因亦称其宅地为廛，就是《诗经·豳风·七月》说的"曰为改岁，入此室处"。农夫春夏耕作时住在田野的庐，秋冬收获后住进城中的廛，犹如后世的街坊。这里是说四月进入农忙，不可让农民停留在廛里，要赶紧下地劳动。

〔11〕墐（jìn）：涂塞。

〔12〕见《周礼·地官·党正》，以意掇引，非原文。古代地方组织以五百家为一党，由"党正"掌管。党内百姓三季务农，十月收获后举行饮酒礼，按年龄入座，以示慰劳，同时以上面的政令法规教育大家。

〔13〕此是贾思勰按语。

〔14〕耦耕：《周礼·考工记·匠人》："耜广五寸，二耜为耦，一耦之伐，广尺深尺。"但二耜究竟怎样耦法，古人解释也有不同，或说是二人并肩而耕，或说是一前一后各执一耜翻土。到现在，说法更多，莫衷一是。但无论如何是两人配合

为一组的,所以说要组合耦耕的事。

〔15〕"徭役之",各本均脱此三字,据郑玄注补。

【译文】

《礼记·月令》说:"孟春正月……天子在一个好日子,向上帝祈求好收成。郑玄注解说:"这是说在正月上旬的辛日,在京城郊外祭祀天帝。《春秋左氏传》说:'春天在郊外祭祀后稷,祈求庄稼丰收。因此在"启蛰"举行郊祭,郊祭后开始耕地。'上帝,是太微星座的帝君。"接着选一个'元辰',天子亲自载着耒耜……率领三公、九卿、诸侯、大夫,到'帝籍'去亲耕籍田。"元辰,是郊祭后的一个吉祥日子。……帝籍,是为了祭祀天神需要祭品,借助于民力来完成耕作的籍田。"……这个月,天气开始下降,地气开始上腾,天地二气融和,草木都开始萌芽长出。"这时地里阳气上达通畅,正是可以耕地的征候。这就是农书上说的:'土壤风化了向上面隆起,盖没了小木桩,地下的枯根也可以随手拔出来,这时要抓紧赶快耕地。'"……命令田司"田司指田畯,就是主管农业的官。"……细心地察看丘陵、斜坡、山险、高平、低平的地,按照土地所宜,该种哪些谷物合适,就教导农民去种。……种的事情既已准备就绪,事先还要把疆界阡陌规定好,农民才不至于迷惑争闹。

"仲春二月……耕地的事稍稍可以舍开,就该修葺阖扇。"舍,停止的意思,〔就是闲空些了〕。这时蛰伏在地下的虫类都渐渐钻出来了,所以在稍为空闲的时候,就把门户修治好。阖是木板作的门,扇是竹子、苇秆作的门。"……上面不可派徭役给农民,以免妨碍农家的耕作。

"孟夏四月……慰劳农民,勉励他们加劲干,切不可错过农时。"再三地慰劳劝导他们。"……命令农民勤恳地工作,不可在邑城里呆着。"急迫地催促去耕作。……《王居明堂礼》说:'不可在邑城里歇宿。'也是这个意思。"

"季秋九月……虫子都潜伏在地下,都把洞户墐闭起来。"墐,就是涂抹封闭,这是避免秋天的杀气。"

"孟冬十月……天气开始上升,地气开始下降,天气地气不交通,闭塞着成为冬天。……慰劳农民让他们休息。"这就是'党正'说的'召集一党的人举行饮酒礼,按年龄排定座次慰劳他们'。"

"仲冬十一月……不要兴工动土,千万不可翻开盖藏着的地,不可打开闭好着的房屋……否则,会泄漏地气,这叫作揭露天地的'房',地下的蛰虫都会死去,人们一定会发生疫病。"这时是太阴当令,更要注重闭藏。"〔思勰〕按:现在有在十月、十一月耕地的,非但违背了天然的道理,伤害了蛰虫,就是耕翻的地也没有润泽,明年的收成必然减少。

"季冬十二月……命令田官告诉农民拿出各种种子。"这是因为大寒过后,农业生产就要开始了。"命令农家组合耦耕的事,修治耒耜,准备好田器。"耜是耒头上的金属装置,耜的宽度是五寸。田器是锄头之类。"这个月,太阳运行到了终点的'次',月亮运行到了终点的'纪',星辰在天上绕行也回到了原来的地方,一年的日数将要终止了,"这是说日、月、星辰运行到这个月,都环绕一周回到原来的地方。次,止舍的地方;纪,交会的地方。"一岁将要重新开始了,使而农民专心农业生产,不可另外役使他们。"而,就是你;这是说,要使你的农民们专心下来,思想上一心一意地考虑种好庄稼;不可让他们服徭役,服徭役了就会意志分散,扰乱了他们的本业。""

《孟子》曰:"士之仕也,犹农夫之耕也。"(1)赵岐注曰:"言仕之为急,若农夫不耕不可(2)。"

魏文侯曰(3):"民春以力耕,夏以强耘,秋以收敛。"(4)

《杂阴阳书》曰(5):"亥为天仓(6),耕之始。"

《吕氏春秋》曰:"冬至后五旬七日昌生。昌者,百草之先生也,于是始耕。"(7)高诱注曰(8):"昌,昌蒲,水草也。"

《淮南子》曰:"耕之为事也劳,织之为事也扰。扰劳之事而民不舍者,知其可以衣食也。人之情,不能无衣食。衣食之道,必始于耕织。……物之若耕织,始初甚劳,终必利也众。"又曰:"不能耕而欲黍粱,不能织而喜缝裳,无其事而求其功,难矣。"(9)

【注释】

〔1〕见《孟子·滕文公下》。

〔2〕"不耕不可",今本赵岐注作"不可不耕"。

〔3〕魏文侯(?—前396):战国时魏国的创建者。在位期间奖励耕战,兴修水利,发展农业生产,使魏国在当时成为强国。

〔4〕魏文侯语见《淮南子·人间训》,"夏"作"暑",余同。

〔5〕《杂阴阳书》:已佚,今类书每有引录。《汉书·艺文志》著录有《杂阴阳》三十八篇,未知即其书否。作者时代无可考,或是汉代阴阳家所写。

〔6〕天仓:星名,即胃宿。《史记·天官书》:"胃为天仓。"唐张守节《正义》:"胃主仓廪,五谷之府也。"《礼记·月令》正月"元辰"天子耕籍田,唐孔颖达疏:"耕用

亥日。""正月亥为天仓,以其耕事,故用天仓。"是说正月的亥日为天仓,因此天子始耕籍田,用天仓当令之日即亥日耕之。

〔7〕见《吕氏春秋·任地》,有个别字差异。

〔8〕高诱:东汉末学者,曾任县令和司空掾等职。曾注《孟子》、《孝经》,已佚;又注《吕氏春秋》、《淮南子》,今存,但《淮南子》与许慎注有混杂。

〔9〕前一条引文见《淮南子·主术训》,后一条见《淮南子·说林训》,个别字有差异。

【译文】

《孟子》说:"读书人要做官,如同农夫要耕种。"赵岐注解说:"这是说读书人急于做官,好像农夫非耕种不可一样。"

魏文侯说:"农民春天努力耕地,夏天淌汗锄草,秋天才有收获储藏。"

《杂阴阳书》说:"亥日是天仓〔当令〕,是耕地开始的时候。"

《吕氏春秋》说:"冬至以后五十七天,昌开始发芽。昌是百草中最先发芽的,就在这个时候开始耕地。"高诱注说:"昌,就是菖蒲,是一种水草。"

《淮南子》说:"耕种的事情是辛苦的,织布的事情是劳累的,可辛苦劳累的事情人们终是不放弃,就因为知道从那里可以得到饭吃,得到衣穿。人的生活,不能没有衣和食。衣食的来源,必须从耕田织布中产生……像耕田织布这种事情,最初是很劳苦的,但终究必然获得很多的利益。"又说:"不去耕种而想得到美味的黍粱,不去织布而喜欢新缝的衣裳,这样,不做事情而想求得实绩,那是很难的啊!"

《氾胜之书》曰[1]:"凡耕之本,在于趣时,和土,务粪泽,早锄,早获。

"春冻解,地气始通,土一和解[2]。夏至,天气始暑,阴气始盛[3],土复解。夏至后九十日,昼夜分,天地气和。以此时耕田,一而当五,名曰膏泽[4],皆得时功。

"春地气通,可耕坚硬强地黑垆土[5],辄平摩其块以生草[6];草生,复耕之;天有小雨,复耕和之,勿令有块以待时。所谓强土而弱之也。

"春候地气始通：椓橛木长尺二寸，埋尺，见其二寸；立春后，土块散，上没橛，陈根可拔。此时二十日以后，和气去，即土刚。以时耕，一而当四；和气去耕，四不当一。

"杏始华荣，辄耕轻土弱土〔7〕。望杏花落，复耕。耕辄蔺之〔8〕。草生，有雨泽，耕，重蔺之。土甚轻者，以牛羊践之。如此则土强。此谓弱土而强之也。

"春气未通，则土历適不保泽，终岁不宜稼，非粪不解〔9〕。慎无旱耕。须草生，至可耕时，有雨即耕〔10〕，土相亲，苗独生，草秽烂，皆成良田。此一耕而当五也。不如此而旱地，块硬，苗秽同孔出，不可锄治，反为败田。秋无雨而耕，绝土气，土坚垎，名曰'腊田'〔11〕。及盛冬耕，泄阴气，土枯燥，名曰'脯田'。脯田与腊田，皆伤田，二岁不起稼，则一岁休之。

"凡麦田，常以五月耕，六月再耕，七月勿耕，谨摩平以待种时。五月耕，一当三。六月耕，一当再。若七月耕，五不当一。

"冬雨雪止，辄以蔺之，掩地雪，勿使从风飞去；后雪，复蔺之。则立春保泽，冻虫死，来年宜稼。

"得时之和，适地之宜，田虽薄恶，收可亩十石。"

【注释】

〔1〕氾胜之：汉成帝（前32—前7年在位）时人，曾在关中地区教导农业，获得丰收。所著《氾胜之十八篇》，是《汉书·艺文志》著录的九家农书之一，后世通称《氾胜之书》。原书已佚，虽偶见引录，但多有脱错。幸赖《要术》的引录而保存其主要内容，是我国现存最早的综合性农业专著，有相当高的农学水平。

〔2〕和解：表示土壤柔和而容易碎解，实际就是土壤达到了适合耕作的湿润状态。

〔3〕阴气始盛：北半球夏至昼最长，夜最短，过了夏至，夜就开始转长。"阴气"，就是"地气"，古人笼统地表示土壤性状的一种说法，主要包括土壤的温度和水分，兼及土中水和气体的流通情况。夏至在《易经》的卦象上是五条阳爻底下潜伏着一条阴爻，即古人所谓"夏至一阴生"。因此，夏至气温转热的时候，土壤"阴气"也开始转盛，这样阴阳交替，土壤就再一次和解。这种说法，有它长期

的历史根源,但作为土壤和解的理论是唯心的。

〔4〕膏泽:土壤形成良好结构,肥美润泽,并有利于保墒。

〔5〕黑垆土:一种石灰性黏土,坚硬黏重,古人也叫"强土"或"刚土"。现在黄河流域民间仍有"垆土"的名称。这种黏质垆土,过湿则黏重,过干则坚硬,都不好耕,只有在干湿适度的时候耕,既好耕,又耕得疏松,土块容易碎解,可以改良土壤结构,有利于保墒,有利于发芽出土,生长发育。春初解冻时,正是土壤干湿适度的时候。可是这种时机是短暂的,稍纵即逝,一旦土壤过干变坚硬,就不好耕了,而且北方多春旱,以后可能不会再有这种适耕期,所以必须抓紧这个时机首先急耕黑垆土。

〔6〕《氾书》的"摩",究竟是什么农具,是早期的"耰"(木斫,木榔头),还是后来的"劳"(耢)书中没有明确的迹象提供我们作判断,只有麦的中耕提到牵引"棘柴"壅麦根(卷二《大小麦》引),像带刺的枝条扎成的扫把之类,似乎有些像耢的雏形,但要达到耢的功用,尚有待于发展。

〔7〕轻土弱土:相当于现代土壤学上的轻土。它的措施是使过于松散的弱土变得紧密些,就是使土粒结成小块而形成结构。

〔8〕蔺之:镇压的意思,指对松散的弱土镇压紧实些。蔺法采用什么器具,虽然没有明说,但从镇压践踏使松土变得紧密来考虑,当是一种具有重力能压紧松土的工具。《要术》用"挞",后世有"砘车"(用于覆种),但《氾书》不明。《辑要》改"蔺"为"劳",不妥。

〔9〕非粪不解:解,据上文应指碎解。但干燥的土块单靠加粪是不能使之碎解的。在这种情况下,加粪可使庄稼长得好一些,是补救的措施,故后面译文作"非加粪不能补救"。

〔10〕这里上下两句的两个"耕"字,《要术》各本均作"种",不合适,据上下文义及耕作原理改正为"耕"。

〔11〕腊(xī)田:干枯的田。指秋天缺少雨水时所耕之田。

【译文】

《氾胜之书》说:"种庄稼的根本大法,在于赶上时机,松和土壤,注重施肥和灌水,及时锄地,及时收割。

"春天初解冻的时候,地气开始通顺,土壤第一次和解。到了夏至,天气开始暑热了,阴气开始回升,土壤又一次和解。夏至后九十天〔到秋分〕,白天、黑夜的长短相等,天气和地气调和,〔土壤也就和解。〕在这些时候耕地,耕一次抵得上五次,那地叫作'膏泽',都得到适合时令的功效。

"春天地气开始通顺的时候,该先耕坚硬的强地——黑垆土。耕后把土块摩碎摩平,让它长出草来。杂草长出后,再一次耕翻。天下了小雨,又耕一遍,要把土搞松和,不让它有土块存在。就这样,等待着合适的时机下种。这就是所谓把强土变弱的办法。

"测候春天地气开始通顺的方法:把一根一尺两寸长的小木桩,打进地里去,一尺埋在地底下,两寸露出在地面上。立春之后,土块〔经过反复冻融后〕酥碎了,〔体积增大,〕向上面高起,掩盖了露出地面的两寸木桩,地底下的陈根也可以随手拔出来了,〔这就表明地气已经开始通顺,土壤湿润合适,正好耕地。〕错过这时二十天以后,土壤的湿润调和状态消失,地就变得刚硬难耕。在合适的时机耕地,耕一次抵得上四次;调和状态消失时才去耕,耕四次还抵不上一次。

"杏花开始盛开时,就耕轻土、弱土。到杏花凋落的时候,再耕一次。耕后随即镇压紧实。杂草长出来,遇着下雨土壤润泽时,再耕,再压紧。十分轻松的土,赶着牛羊上去践踏。这样,土壤就比较坚强了。这就是所谓把弱土变强的办法。

"春天地气还没通顺时耕地,就会耕起错错落落不密接的土块,不能保墒,这一年就长不成好庄稼,非加粪不能补救。千万不要在土壤干燥的时候耕地。要等杂草长出来,到可以耕的时候,遇着下雨土壤湿润时就耕。这样,土壤〔和种子〕紧密相亲,单单长出庄稼的苗,而翻在地里的杂草也腐烂了,都成为好田。这样,耕一次可以抵得上五次。如果不这样,却在土壤干燥的时候去耕,耕起的土块是坚硬的,秧苗和杂草在同一个空隙里长出来,没法锄草松土,反而成为坏田。秋天没有雨的时候耕地,会使地下的水分跑失,土壤变得干燥坚硬,这样的田叫作'腊田'。还有,如果在大冬天耕地,会泄漏土中的水润气,使土壤枯燥,这样的田叫作'脯田'。脯田和腊田都是受了伤的田,接连两年长不成好庄稼,非让它休闲一年不可。

"凡是种麦的田,正常要在五月耕一遍,六月再耕一遍,七月不要耕;耕后好好地摩平,等待合适时候下种。五月里耕,一遍抵得上三遍。六月里耕,一遍抵得上两遍。如果七月里耕,五遍抵不上一遍。

"冬天下雪停止后,随即用器具在雪上镇压过,把雪压实盖好,不让雪被风吹走。以后下雪,照样镇压。这样,解冻后土中保有多量雪水,同时虫也冻死了,适宜于春播作物的生长。

"得到时令的调和,适应土地的所宜,田地即使是瘠薄的,也可以一亩收到十石。"

崔寔《四民月令》曰[1]:"正月,地气上腾,土长冒橛,陈根可拔,急菑强土黑垆之田。二月,阴冻毕泽,可菑美田缓土及河渚小处。三月,杏华盛,可菑沙白轻土之田。五月、六月,可菑麦田。"

崔寔《政论》曰[2]:"武帝以赵过为搜粟都尉[3],教民耕殖。其法三犁共一牛,一人将之,下种,挽耧[4],皆取备焉。日种一顷。至今三辅犹赖其利[5]。今辽东耕犁[6],辕长四尺,回转相妨,既用两牛,两人牵之,一人将耕,一人下种,二人挽耧:凡用两牛六人,一日才种二十五亩。其悬绝如此。"按[7]:三犁共一牛,若今三脚耧矣[8],未知耕法如何?今自济州以西,犹用长辕犁、两脚耧。长辕耕平地尚可,于山涧之间则不任用,且回转至难,费力,未若齐人蔚犁之柔便也[9]。两脚耧种,垅概,亦不如一脚耧之得中也。

【注释】

〔1〕《四民月令》:东汉崔寔(?—170)撰。逐月安排农业生产和生活活动等事项,每月一篇,是我国最早的月令式农书。书中二月的树木压条,三月的"封生姜"(种姜催芽),五月的"别稻"(水稻移栽),都是我国农书中最早的记载。书已失传。《要术》所引,不分月份,采用连类汇录的方式;其无关农业生产者,汇录于卷三《杂说》中。隋代杜台卿的月令式书《玉烛宝典》,按月引录了它的材料,但今缺九月一个月。其他类书等有零星引录。

〔2〕《政论》:崔寔的政治论著,已佚。其书主张崇本抑末,发展农业生产,严刑峻法,废旧革新,抨击当时黑暗政治,言词颇为激烈,与王符的《潜夫论》和仲长统的《昌言》同为当时政治名著。《政论》此条《御览》卷八二二"耕"和卷八二三"犁"有引录,但有严重错简和讹误。

〔3〕搜粟都尉:协助大司农的中央高级农官,主要管农业收入和教导农业生产,但不常设。据南宋朱熹《通鉴纲目》,赵过任搜粟都尉在汉武帝征和四年(前89),是接桑弘羊的差的。

〔4〕挽耧:拉耧覆土。这个"耧"不能是耧车,因为上文已经一个人掌握着耧犁,不能再说"挽耧",这只能是耙耧之"耧",即耧土的器具,拖在耧犁后面用以覆土者。这样,耩沟、下种、覆土三项工作,同时完成,功效大增。

〔5〕三辅：约当今陕西关中平原地区。

〔6〕辽东：汉郡名，约为今辽宁东南部辽河以东地区。崔寔曾被任命为辽东太守，但因母死，并未到任。

〔7〕这是贾思勰按语。《王氏农书·耧车》引《政论》题此按语为"自注云"，则误为崔寔自注。

〔8〕三脚耧：耧车，也叫耧犁，现在也叫耩子，有一脚、两脚、三脚等分，北方通用的条播器。由耧架、耧斗、耧脚、耧镵等构成，由牲畜牵挽，以耧镵开种沟，种子从耧斗中通过中空的耧脚下到沟里，开沟下种同时完成。兹采《王氏农书》的两脚耧供参考（见图四）。

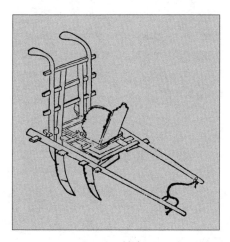

图四　耧车

〔9〕齐人：齐指齐郡，贾思勰的家乡益都是齐郡的郡治。郡的辖境为今山东中部和偏东一带地方。上文济州（今济南）以西，在齐郡之外，用的却是长辕犁。　　蔚犁：没有具体记述，但与长辕犁作优劣比较，应是改进和减轻了重量的短辕犁。再从《要术》所用犁的性能看，它既能翻土作垅，可深可浅，又能自由掌握犁条的广狭粗细，并可在山涧、河边等的弯地狭地上使用，至少已有摇摆性的犁床、连续曲面的犁铧犁壁和可以调节深浅的犁箭装置，显然比长辕犁有所改进。《要术》用的应该就是这种蔚犁。

【译文】

崔寔《四民月令》说："正月，地气上升，土壤松散高起，掩没了露出地面上的木桩,去年的陈根也可以随手拔出来,这时赶快耕翻强土——黑垆土的田。二月,冻冰完全融化了,可以耕翻松紧适中的壤土好田和河滩沙洲的小片土地。三月,杏花盛开的时候,可以耕翻沙土轻土的田。五月、六月,可以耕翻种麦的田。"

崔寔《政论》说:"汉武帝任命赵过为搜粟都尉,教老百姓耕种。方法是:一头牛拉三个犁,一个人掌握着,下种,拉耧覆土,步骤都一一完成。一天种一顷地。到现在三辅地方,还沾受着他的利益。现在辽东所用的耕犁,犁辕有四尺长,掉头转弯都自相妨碍,耕地时用两头牛,由两个人牵着,一个人掌犁犁地,一个人下种,又由两个人拉耧覆土:一共用两头牛六个人,一天只种二十五亩地。二者悬殊实在太大了。"〔思勰〕按:三犁共一头牛,像现在的三脚耧,不知道怎样耕法。现在济州以西的地方,还是用长辕犁和两脚耧。长辕犁耕平地还可以,耕山涧之间的狭地就不合用,而且掉头转弯都很困难,费力气,不如齐人蔚犁的灵活方便。至于两脚耧,种的行垅太密,也不如一脚耧的宽狭随意合用。

收种第二

杨泉《物理论》曰[1]:"粱者,黍、稷之总名;稻者,溉种之总名;菽者,众豆之总名。三谷各二十种,为六十;蔬、果之实,助谷各二十,凡为百种。故《诗》曰'播厥百谷'也[2]。"

【注释】

〔1〕杨泉:三国时吴人,晋初征聘不就,从事著述。他反对当时的清谈风气,主张人死之后并无遗魂,开南朝梁范缜《神灭论》之先河。著作有《物理论》十六卷,已佚。清孙星衍辑有《物理论》一卷。各类书每有引录。《御览》卷八三七"谷"及《初学记》卷二七"五谷"都引到此条,基本相同。

〔2〕《诗经·小雅·大田》及《周颂·噫嘻》、《载芟》、《良耜》等篇,均有此句。

【译文】

杨泉《物理论》说:"粱是黍粟类的总名,稻是水种类的总名,菽是各种豆类的总名。三类各二十种,一共六十种;加上瓜类和果树的果实,可以补助谷类的,也各有二十种总共一百种。这就是《诗经》所谓的'播种百谷'。"

凡五谷种子，浥郁则不生，生者亦寻死。

种杂者，禾则早晚不均，春复减而难熟，桑卖以杂糅见疵，炊㸑失生熟之节：所以特宜存意，不可徒然。

粟、黍、穄、粱、秫，常岁岁别收：选好穗纯色者，劀才彫反刈高悬之[1]。至春治取，别种，以拟明年种子。耧耩㯻种，一斗可种一亩[2]。量家田所须种子多少而种之。

其别种种子，常须加锄。锄多则无秕也。先治而别埋，先治，场净不杂；窖埋，又胜器盛。还以所治穰草蔽窖。不尔，必有为杂之患。

将种前二十许日，开出，水淘，浮秕去则无莠。即晒令燥，种之。[3]依《周官》相地所宜而粪种之。

《氾胜之术》曰[4]："牵马令就谷堆食数口，以马践过为种，无虸蚄，厌虸蚄虫也[5]。"

【注释】

〔1〕劀（qiáo）刈：刈割。

〔2〕"一斗"，疑有误字。这些黍粟类的种子都是小粒种，大小相若或极相近，用种量相同，还说得过去。但"一斗"，有问题，因为《要术》种这些作物，记明用种量是一亩三到五升。现在是种在种子田中培育种子的，不应比大田播种还要密到一倍以上，不合理。如"一斗"无误，则"一亩"有错字。

〔3〕从上面"选好穗纯色者"到这里，都是良种保纯和繁育的合理措施。种子混杂不仅会使群体生长不一，成熟不齐，而且会加快品种的退化。《要术》通过穗选法选得好种，各自单收，单打，单种，收获后作为明年种子。明年仍是留地单种，精心管理，单收，最先脱粒，单独窖埋，仍用本种的稿秆蔽窖，步步为营，严防机械混杂和不同品种的种间杂交，做到选种和隔离紧密配合进行。下年又把这选出的种子种下去，种前再加水选，晒种，最后按地宜施肥下种。年年如此选育，构成一整套细密合理的良种保纯和繁育措施，促使向好的方面发展，有可能培育成新的品种。

〔4〕"氾胜之"而题曰"术"，可能由于《氾书》中记有"厌（yā）胜"（以此物抑制彼物）、忌避、占验之类的"方术"，尤其多有农作物栽培管理上的突出技术，故别题为《氾胜之术》，亦犹《尔雅》唐陆德明《经典释文》引称为《氾胜之种殖

书》,《文选》唐李善注之题为《氾胜之田农书》,因其书最初原无定名也。《辑要》引此条仍改题《氾胜之书》。

〔5〕金抄、明抄作"无好厌好蚄虫也",《辑要》引作"无好蚄等虫也"。今保存两宋本原有的"厌"(yā)字(谓厌胜术),而"好"应指好蚄,故据下文补"蚄"字。

【译文】

所有谷类的种子,潮气郁闭着窝坏了,就不会发芽;就是发了芽,不用多久也会死去。

混杂的谷种,种下去成熟早晚不一致;谷实春起来,〔没有白的还要春,而先白的会春碎了,〕减少了出米率,难得同时春熟;卖给人家又嫌掺杂;烧饭又会生熟不均,难以调节。因此,要特别注意,不可掉以轻心。

谷子、黍子、穄子、梁和黏粟,都该年年分别收种。方法是:选出颜色纯净的优良单穗,割下穗子,高高地挂着。到来年春天打下种子,各自分开播种,准备收来作为明年的种子。用楼车構沟种下去,覆土掩盖好,一斗种子可以种一亩地(?)。估计自家地里需要多少种子,按照需要种多少。

这种另外种的种子,必须比平常要多加锄治。锄多了就没有秕壳。收割后要先脱粒,分别埋在窖里,先脱粒则场地干净,不致混杂;埋在窖里又比盛在容器里好。仍然用本种的原稿秆蔽盖窖口。不这样,一定会有混杂的弊害。

在种前二十来天,开窖取出种子,用水淘洗,淘汰去浮秕杂种,就不会有杂草。随即晒干,按时播种。依照《周礼》察看土地所宜的方法,施粪下种。

《氾胜之术》说:"牵马到谷堆上,让它吃几口谷,再在谷堆上踩着走过;用这样的谷作种,不会有粘虫为害,因为它是抑制粘虫的。"

《周官》曰[1]:"草人,掌土化之法,以物地相其宜而为之种。郑玄注曰:"土化之法,化之使美,若氾胜之术也。以物地,占其形色,为之种,黄白宜以种禾之属。"凡粪种[2]:骍刚用牛,赤缇用羊,坟壤用麋,渴泽用鹿,咸潟用貆,勃壤用狐,埴垆用豕,强㯺用蕡,轻䵻用犬[3]。此"草人"职[4]。郑玄注曰:"凡所以粪种者,皆谓煮取汁也。赤缇,缙色也[5];渴泽,故水处也;潟,卤也;貆,貒也[6];勃壤,粉解者;埴垆,黏疏者;强㯺,强坚者；轻㱙，轻脆者。故书‘驿’为‘挈’，‘坋’作‘岔’[7]。杜子春‘挈’读为‘驿’[8]，谓地色赤而土刚强也。郑司农云[9]：‘用牛，以牛骨汁渍其种也，谓之粪种。坋壤，多岔鼠也[10]。壤，白色。蕡，麻也。’玄谓坋壤，润解。”"

《淮南术》曰[11]："从冬至日数至来年正月朔日，五十日者，民食足；不满五十日者，日减一斗；有余日，日益一斗。"

【注释】

〔1〕《周官》：即《周礼》。此处所引见《周礼·地官·草人》，正注文并同《要术》。

〔2〕粪种：郑众解释是用骨汁渍种，郑玄同意其说。但孙诒让《周礼正义》引清江永（1681—1762）有不同意见。江永认为粪种的"种"是种植的种，意即粪田，不是种子的种。所用应是以骨灰施于田，如果用骨汁渍种，像驿刚这些土壤，如何能使之化恶为美？

〔3〕以上这些土壤：驿（xīng）刚，大概是黄红色黏质土。赤缇（tí），是黄而带红或浅红色的土。坋（fèn）壤，可能是黏壤，遇水才容易解散，干时则难解散。勃壤，可能是沙壤，与坋壤同为"壤"，但勃壤是干时也容易碎散的。渴泽，略同于现在所谓湿土，洼注原先有水，现下水干了。咸潟（xì），盐碱土。埴垆，一种石灰质黏土，并夹杂着很多石灰结核。强㯺（hǎn），可能是比垆土还要坚硬的重土。轻㱙（piāo），大概是一种轻漂的沙土。

〔4〕"草人"，原文已明确记其职掌，此处不应再有"此‘草人’职"的解释，贾思勰不致有此赘词，且他处亦无此例。此句疑是后人读《要术》的行间旁记，而误被刻书人阑入。

〔5〕缐（quàn）：浅红色。

〔6〕貆（huān）：通"獾"。 貒（tuān）：猪獾。

〔7〕岔（fén）：通"黸"。

〔8〕杜子春（约前30—约58）：西汉末东汉初人，受《周礼》于刘歆，曾作《周礼》注，已佚。东汉明帝时，年将九十，传其学于郑众、贾逵（30—101）。

〔9〕郑司农：郑众（？—83），东汉经学家，曾任大司农，世称"郑司农"。郑兴、郑众父子均通经学，世称"先郑"，而称郑玄为"后郑"。

〔10〕岔鼠：即黸鼠。营地下生活，前肢爪特别长大，用以掘土，洞道复杂，长可达数十米。对庄稼和堤防为害极大。

〔11〕《淮南术》：《隋书·经籍志三》记载梁有《淮南万毕经》、《淮南变化术》各一卷，亡。《淮南术》当亦此类书。此处所引，亦载《淮南子·天文训》。

【译文】

《周礼》说:"草人,掌管'土化'的方法,察看物和地的适宜配合,决定种哪种作物。郑玄注解说:"'土化'的方法,是将土壤化恶为美,像氾胜之的技术。察看物和地,是察看作物和土地的颜色和性状,种哪种作物,比如黄白色的土宜于种谷子之类。"'粪种'的方法是:骍刚土用牛骨汁,赤缇土用羊骨汁,坟壤土用麋骨汁,渴泽土用鹿骨汁,咸潟土用貆骨汁,勃壤土用狐骨汁,埴垆土用猪骨汁,强㯺土用蕡汁,轻爂土用狗骨汁。这是"草人"的职掌。郑玄注解说:"凡是用作'粪种'的,都是煮过取它的汁来用。赤缇是浅红色土;渴泽,从前有水的地土;潟,盐碱土;貆是猪獾;勃壤,容易解散如粉末的土;埴垆,黏而带疏的土;强㯺,很坚硬的土;轻爂,轻漂的土。旧秘阁藏本'骍'原来是'挈'字,'坟'原来是'粪'字。杜子春将'挈'读为'骍',说是赤色而刚强的土。郑司农解释:'用牛,是用牛骨煮出汁来浸种子,所以叫作"粪种"。坟壤,是地下有许多鼢鼠,〔把土给掘松了〕。壤是白色土。蕡是大麻子。'玄认为坟壤是遇水湿才会碎解的土。""

《淮南术》说:"从冬至日数起,数到来年正月初一,如果满五十日的,人民就有足够的粮食;不满五十日的,少一日便缺一斗;超过五十日的,多一日便多一斗。"

《氾胜之书》曰:"种伤湿郁热则生虫也。

"取麦种,候熟可获,择穗大强者斩,束,立场中之高燥处,曝使极燥。无令有白鱼[1];有辄扬治之。取干艾杂藏之,麦一石,艾一把。藏以瓦器、竹器。顺时种之,则收常倍。

"取禾种,择高大者,斩一节下,把悬高燥处,苗则不败。

"欲知岁所宜,以布囊盛粟等诸物种,平量之,埋阴地[2]。冬至后五十日,发取量之,息最多者,岁所宜也。"

崔寔曰[3]:"平量五谷各一升,小罂盛,埋垣北墙阴下"余法同上。

《师旷占术》曰[4]:"杏多实不虫者,来年秋禾善。五木者[5],五谷之先;欲知五谷,但视五木。择其木盛者,来年多种之,万不失一也。"

【注释】

〔1〕白鱼:蠹鱼也叫"白鱼",非此所指。在同一个麦穗中,后期开花的小

穗，由于养分不足，常结成细瘪的麦粒，俗称"麦余"。麦余本身既不好作种子，而且其颖壳不易脱落，杂在种子中容易引起变质和虫害，所以必须除去。石声汉《农桑辑要校注》据山东同志说，山东地区将麦穗上最后两个空小穗叫作"白鱼"，因为颜色白，形状像鱼尾。

〔2〕"埋阴地"下，《辑要·收九谷种》据《要术》转引《氾书》尚有"冬至日窖埋"一句，明以前各本《要术》无此句，清代的《学津》本、《渐西》本据《辑要》补入。唐韩鄂《四时纂要·十一月》"试谷种"引崔寔法也是"冬至日"埋藏。原文有发取日而无埋藏日，此句宜有。

〔3〕《四时纂要》引崔寔此条列在"十一月"，则该是崔寔《四民月令》文，在"十一月"。《四时纂要》引文除记明"冬至日"埋藏外，其他亦稍有异文。"余法同上"是贾氏简括语，指与《氾书》所记的"冬至后五十日……岁所宜也"相同。

〔4〕《师旷占术》：《隋书·经籍志三》五行类著录有《师旷书》三卷，又注称梁有《师旷占》五卷，亡。《要术》所引《师旷占术》和《师旷占》当是同一书而流传异名者。书已佚。此处所引《师旷占术》，《御览》卷九六八"杏"引作《师旷占》，只有"五木者"以上二句，脱"禾"字；卷八三七"谷"引较全，但有脱误。《类聚》卷八五"谷"亦引作《师旷占》，与《要术》相同，但亦脱"禾"字，无末句。

〔5〕与五谷盛衰相应的"五木"，未必是五种木，或者如《杂阴阳书》所说的"禾生于枣或杨"等类，则禾与枣或杨相应，枣杨茂盛，可以多种禾（谷子）。

【译文】

《氾胜之书》说："种子〔在贮藏中，〕如果有潮湿郁闭着生热，就会生虫。

"收麦种：等候麦成熟可以收割的时候，选择穗子粗大强壮的，割下来，扎成把，竖立在打谷场上高燥的地方，晒到极干燥，〔打下来。〕不要让它有'白鱼'；如果有，便簸扬除去。用干燥的艾草夹杂着贮藏，一石麦种，用一把艾。用瓦器或竹器贮藏。以后顺着时令播种，收成常常可以加倍。

"收谷子种：选择高大的，在穗子一节的下面斩下来，扎成把，挂在高燥的地方。这样的种子，长出的苗不会凋败。

"要想知道年岁适宜于哪一种谷物，可以〔在冬至日〕用布袋分别装进谷子等各种谷物的种子，装时〔要用同一容器〕平平地量，埋藏在背阴的地方。到冬至后五十天，掘地取出来，再量过，看哪一种种子增涨得最多，就是年岁最适宜的。"

崔寔说:"平平地量五谷的种子各一升,分别盛在小瓦器里,埋在墙北面的背阴地方"其余的方法跟上面相同。

《师旷占术》说:"〔今年〕杏树结的果实多,又不生虫,明年秋谷的收成一定好。五木是五谷的先兆,要想知道五谷的收成,只要看五木:看今年哪种树木长得茂盛,明年就多种些与该木相应的谷,这是万无一失的。"

种谷第三 稗附出,稗为粟类故

种谷:

谷,稷也,名粟。谷者,五谷之总名,非止谓粟也。然今人专以稷为谷,望俗名之耳。

《尔雅》曰:"粢,稷也。"〔1〕

《说文》曰:"粟,嘉谷实也。"

郭义恭《广志》曰〔2〕:"有赤粟、白茎,有黑格雀粟,有张公斑,有含黄苍,有青稷,有雪白粟,亦名白茎。又有白蓝下、竹头茎青、白逮麦、擢石精、卢狗蹯之名种云。"

郭璞注《尔雅》曰:"今江东呼稷为粢。"孙炎曰:"稷,粟也。"〔3〕

【注释】

〔1〕见《尔雅·释草》,无"也"字。《尔雅·释草》、《释木》此类释文,均无"也"字,《要术》所引,大多有。据与贾思勰同时稍后的颜之推《颜氏家训·书证》称,当时经传多有由"俗学"任意加上"也"字的,甚至有不应加而加上的。《要术》所引各书,这类情况颇不少。

〔2〕《广志》:《隋书·经籍志三》杂类著录:"《广志》二卷,郭义恭撰。"书已佚。从古籍引录的大量内容看,其书主要是记录各地物产的书,包括动、植、矿物,南北各地都有。郭义恭:生平事迹不详,一般认为是晋代人。据《御览》卷九六八"李"引《广志》:"有黄扁李,有夏李,有冬李,十一月熟,此三李种邺园;有春李,冬花春熟。"又引东晋陆翙(huì)记石虎事的《邺中记》:"华林园有春李,冬华春熟。"则《广志》的"邺园"显然指后赵主石虎都邺(今河北临漳西南)时所建的园苑,即华林园。石虎公元334—349年在位。据此,郭义恭当是东晋人。所记"黑

格雀粟","格"作抵御解释,是一种黑穗具刺毛的粟品种,即《要术》所谓"穗皆有毛……免雀暴"。此处引文中"竹头茎青",明代刻本无"茎"字,更合适些。

〔3〕郭璞(276—324):东晋训诂学家。所著有《尔雅注》、《方言注》、《山海经注》等,今均存。 孙炎:三国魏经学家,受学于郑玄。曾为《尔雅》、《毛诗》、《礼记》、《春秋三传》、《国语》等作注,今均佚。此处所引都是郭璞、孙炎注《尔雅》"粢,稷"的注文。今本郭注"稷"作"粟",与正文不免偏离。又此注据《要术》他处例,应列在《尔雅》正文下,此处疑有窜误。

【译文】

种谷:

谷,就是稷,叫作粟。谷,原来是五谷的总名,不是只指粟。但是现在的人已经专叫稷为谷子,是习俗相沿这样称呼的。

《尔雅》说:"粢,就是稷。"

《说文》说:"粟,是好谷的子实。"

郭义恭《广志》说:"有赤粟、白茎〔粟〕,有黑格雀粟,有张公斑,有含黄苍,有青稷,有雪白粟,亦名白茎。还有白蓝下、竹头茎青、白逮麦、擢石精、卢狗蹯等名目。"

郭璞注《尔雅》说:"现在江东叫稷为粢。"孙炎注说:"稷,就是粟。"

按:今世粟名,多以人姓字为名目,亦有观形立名,亦有会义为称,聊复载之云耳:

朱谷、高居黄、刘猪獬、道愍黄、聒谷黄、雀懊黄、续命黄、百日粮[1],有起妇黄、辱稻粮、奴子黄、䅭(音加)支谷、焦金黄、鶴(乌含反)履苍——一名麦争场:此十四种,早熟,耐旱,熟早免虫。聒谷黄、辱稻粮二种,味美。

今堕车[2]、下马看、百群羊、悬蛇赤尾[3]、罢虎黄[4]、雀民泰[5]、马曳缰、刘猪赤、李浴黄、阿摩粮、东海黄、石羿(良卧反)岁(苏卧反)、青茎青、黑好黄、陌南禾、隈堤黄、宋冀痴、指张黄、兔脚青、惠日黄、写风赤、一觇(奴见反)黄、山磨(粗左反)、顿税黄:此二十四种,穗皆有毛,耐风,免雀暴。一觇黄一种,易舂。

宝珠黄、俗得白、张邻黄、白磟谷、钩千黄、张蚁白、耿虎黄、都奴赤、茄芦黄、薰猪赤、魏爽黄、白茎青、竹根黄、调母粱、磊碨黄、刘沙白、僧延黄、赤粱谷、灵忽黄、獭尾青、续德黄、秆容青[6]、孙延黄、猪矢青、烟熏黄、乐婢青、平寿黄、鹿橛白、磟折箈、黄䆉穄、阿居黄、赤巴粱、鹿蹄黄、饿狗苍、可怜黄、米谷、鹿橛青、阿逻逻:此三十八种,中租大谷[7]。白磟谷、调母粱二种,味美。秆容青、阿居黄、猪矢青三种,味恶。黄䆉穄、乐婢青二种,易舂。

竹叶青、石抑阂（创怪反）、——竹叶青一名胡谷——水黑谷、忽泥青、冲天棒、雉子青、鸱脚谷、雁头青、揽堆黄、青子规：此十种，晚熟，耐水；有虫灾则尽矣。

【注释】

〔1〕谷子通常以全生长期70—100天为早熟品种。这里也以"百日粮"列为早熟种。生长期最短的当是"麦争场"、"续命黄"等品种。

〔2〕"今"，疑是"令"之讹。

〔3〕"尾"，疑衍。

〔4〕"罢"，借作"黑"字。

〔5〕"民"，疑是"泯"字之误，意谓免除。此类二十四个品种都因穗上有芒刺，能"免雀暴"（啄食），因有此名。"雀泯泰"，与早熟的"雀懊黄"之意相类似，如果作"民"，有"雀"施暴，何来"民泰"？

〔6〕"容"，疑是"容"字落一横错成。唐释玄应《一切经音义》卷二三"坳凹"注："凹……《苍颉篇》作'容'……垫下也。""秆容（kě）"即"秆凹"，谓谷穗垂重，秆端凹曲。

〔7〕金抄、湖湘本作"中租大谷"，明抄作"中租火谷"。启愉按：《尔雅·释天》："六月为且。"隋杜台卿《玉烛宝典》卷六引《尔雅》作"六月为旦"，下引李巡注："六月阴气将盛，万物将衰，故曰'旦'时也。"是以"旦"喻阴之始，所谓阴盛万物将衰，对谷来说是到了成熟期，也许这个加禾旁的"租"字，是指说谷的成熟。如果这个臆说成立，那"中租"就是"中熟"。贾氏对品种按生长期分类，叙述有序，到这里正该说到中熟品种。至于"大谷"，则指种植面积较广，种的人也较多。

【译文】

〔思勰〕按：现在粟的名称，多用人的姓名为名目，也有看形状命名的，又有按性质会意命名的。这里姑且把它们记录下来：

朱谷、高居黄、刘猪獬、道愍（mǐn）黄、聒谷黄、雀懊黄、续命黄、百日粮，有起妇黄、辱稻粮、奴子黄、霖支谷、焦金黄、鹤履苍——也叫麦争场：这十四种，成熟早，耐旱，熟早了不受虫害。聒谷黄、辱稻粮二种，味道好。

今堕车、下马看、百群羊、悬蛇赤尾、黑虎黄、雀民（？）泰、马曳缰、刘猪赤、李浴黄、阿摩粮、东海黄、石骆（luò）岁（suǒ）、青茎青、黑好黄、陌南禾、隈堤黄、宋冀痴、指张黄、兔脚青、惠日黄、写风赤、一晛（niàn）黄、山醝（cuó）、顿稅（dǎng）黄：这二十四种，穗上都有芒刺，因而能抗风，也避免雀鸟的啄食。一晛黄一种，容易舂。

宝珠黄、俗得白、张邻黄、白醍谷、钩千黄、张蚁白、耿虎黄、都奴赤、茄芦黄、薰猪赤、魏爽黄、白茎青、竹根黄、调母粱、磊碨黄、刘沙白、僧延黄、赤粱谷、灵忽黄、獭尾青、续德黄、秆容（？）青、孙延黄、猪矢青、烟熏黄、乐婢青、平寿黄、鹿橛白、醍折筐、黄穊穄、阿居黄、赤巴粱、鹿蹄黄、俄狗苍、可怜黄、米谷、鹿橛青、阿逻逻：这三十八种是中〔熟〕（？）栽培较多的谷子。白醍谷、调母粱二种，味道好。秆容青、阿居黄、猪矢青三种，味道差。黄穊（diàn）穄、乐婢青二种，容易舂。

竹叶青（又叫胡谷）、石抑閦（cuì）、水黑谷、忽泥青、冲天棒、雉子青、鸱脚谷、雁头青、揽堆黄、青子规：这十种，成熟晚，比较耐水；可有虫灾就全完了。

凡谷，成熟有早晚，苗秆有高下，收实有多少，质性有强弱，米味有美恶，粒实有息耗。早熟者苗短而收多，晚熟者苗长而收少。强苗者短，黄谷之属是也；弱苗者长，青、白、黑是也。收少者美而耗，收多者恶而息也[1]。地势有良薄，良田宜种晚，薄田宜种早。良地非独宜晚，早亦无害；薄地宜早，晚必不成实也。山、泽有异宜。山田种强苗，以避风霜；泽田种弱苗，以求华实也。顺天时，量地利，则用力少而成功多。任情返道，劳而无获。入泉伐木，登山求鱼，手必虚；迎风散水，逆坂走丸，其势难。

凡谷田，绿豆、小豆底为上，麻、黍、胡麻次之，芜菁、大豆为下。常见瓜底，不减绿豆，本既不论，聊复记之。[2]

【注释】

〔1〕《要术》那时作为主粮的谷子已发展有86个品种，反映品种资源的丰富和种植面积的开广。品种有早熟和晚熟，有高秆和矮秆，强秆和弱秆，有耐旱、耐水、抗风、抗虫等抗逆性能的强或不强，情况复杂。贾思勰通过细密调查观察，且对某些品种有亲身实践经验，在这基础上作了分析比较研究，总结出形态和性状之间存在着的一定的相关性，值得重视：（一）植株高矮和产量的关系：矮秆的产量高，高秆的产量低。这个问题在1 400多年前已被记录下来，很了不起，也很值得借鉴。（二）植株高矮和茎秆强弱、籽粒颜色的关系：矮秆的茎秆坚强，抗倒伏力强，籽粒黄色；高秆的比较软弱，籽粒青、白、黑色。（三）植株高矮和成熟期的关系：矮秆的成熟早，高秆的成熟晚。（四）植株高矮和地宜的关系：根据（二）和（三），矮秆的宜于种在山田，以抗风霜；高秆的宜于种在低地，以发挥它比较耐水的性能，求得较好的收获。（五）植株高矮和种植布局：由于（一）至（三）的关系，黄谷茎秆矮，早熟，产量高，坚强抗旱抗风，86个品种中大量的是黄谷，种植布局也以早

中熟的矮秆黄谷占优势。(六)籽粒糯性和产量、口味的关系:糯性的产量低,吃味好而不涨锅;不糯的产量高,吃味差而出饭率高。不但谷子如此,黍、穄也是这样(卷二《黍穄》)。这个千百年来存在着的淀粉化学组成和产量之间的矛盾,已被贾氏直觉地认识,其中"秘奥",现代科学也还难以突破。

〔2〕"本既不论",指《要术》本文没有说到。但既然瓜底也很好,为什么不在正文里说,怀疑此注是后人所附益。

【译文】

谷子,成熟有早有晚,茎秆有高有矮,收的子实有多有少,植株的性质有的坚强,有的软弱,米的味道有好有差,谷粒舂成米有的折耗少,有的折耗多。成熟早的茎秆矮,但收获量大;成熟晚的茎秆高,但收获量少。植株坚强的长得矮,黄谷这类是这样;植株软弱的长得高,青谷、白谷、黑谷就是这样。产量少的吃口好,但不涨锅;产量多的吃口差,但出饭率高。此外,土地有肥有瘠,肥地宜于晚些种,瘦地宜于早种。肥地不仅宜于晚种,就是种早了也没有妨害;瘦地必须早种,种晚了一定结不成果实。山田、低湿地也各有所宜。山田要种植株坚强的苗,以避免风霜为害;低湿的地要种植株比较软弱的苗,希望得到较高的收成。顺应天时,酌量地利所宜,种庄稼才能用少量的人力,而得到更多的成功。如果只凭主观而违反自然规律,便会白费劳力,没有好收成。到泉水里去伐木,到山上去捉鱼,一定空手回来;迎着风向泼水,逆着斜坡向上面滚球,势必有困难。

种谷子的地,前茬是绿豆、小豆的地最好,大麻、黍子、芝麻的差些,芜菁、大豆的最差。常常见到前作种瓜的地种谷子,不比前茬是绿豆的差,不过本文既没有说到,姑且附记在这里。

良地一亩,用子五升,薄地三升。此为稙谷,晚田加种也。

谷田必须岁易。㒹子则莠多而收薄矣[1]。㒹,尹绢反。

二月、三月种者为稙禾[2],四月、五月种者为稚禾。二月上旬及麻菩音倍,音勃、杨生种者为上时,三月上旬及清明节、桃始花为中时,四月上旬及枣叶生、桑花落为下时。岁道宜晚者,五月、六月初亦得。

【注释】

〔1〕㒹(yuàn)子:指落子发芽,即重茬播子,播子与原先的落子同地

重芽,因而莠草多。按:谷子忌连作,农谚有"谷后谷,坐着哭","不怕重茬(指受害后补种),只怕重芽"。落子重芽成为莠草。莠草传播多种病虫害,危害极大。

〔2〕"稙",各本均讹作"植",这是指种早谷子,字应作"稙",故改正。

【译文】

肥地一亩用五升种子,瘦地用三升。这是指早谷子;如果种晚田,种子要多加些。

谷田必须每年更换〔,不宜连作〕。飐子就会莠草多,收成也就减少了。

二月、三月种的是早谷子,四月、五月种的是晚谷子。二月上旬及大麻子发芽、杨树长芽的时候下种,是上好的时令,三月上旬及清明节、桃花刚开的时候,是中等时令,四月上旬及枣叶长出、桑花落下的时候,是最迟的时令。年岁宜于晚种的,五月到六月初下种也可以。

凡春种欲深,宜曳重挞[1]。夏种欲浅,直置自生。春气冷,生迟,不曳挞则根虚,虽生辄死。夏气热而生速,曳挞遇雨必坚垎[2]。其春泽多者,或亦不须挞;必欲挞者,宜须待白背,湿挞令地坚硬故也。

凡种谷,雨后为佳。遇小雨,宜接湿种;遇大雨,待秽生。小雨不接湿,无以生禾苗;大雨不待白背,湿辗则令苗瘦[3]。秽若盛者,先锄一遍,然后纳种乃佳也。春若遇旱,秋耕之地,得仰垄待雨[4]。春耕者,不中也。夏若仰垄,非直荡汰不生,兼与草秽俱出。

凡田欲早晚相杂。防岁道有所宜。有闰之岁,节气近后,宜晚田。然大率欲早,早田倍多于晚。早田净而易治,晚者芜秽难治。其收任多少,从岁所宜,非关早晚。然早谷皮薄,米实而多;晚谷皮厚,米少而虚也。

苗生如马耳则镞锄[5]。谚曰:"欲得谷,马耳镞(初角切)。"稀豁之处,锄而补之。用功盖不足言,利益动能百倍。凡五谷,唯小锄为良。小锄者,非直省功,谷亦倍胜。大锄者,草根繁茂,用功多而收益少。良田率一尺留一科。刘章《耕田歌》曰[6]:"深耕概种,立苗欲疏;非其类者,锄而去之。"谚云:"回车倒马,掷衣不下,皆十石而收[7]。"言大稀大概之收,皆均平也。

【注释】

〔1〕挞（tà）：一种用来镇压虚土和覆土的农具。用一丛枝条缚成扫把的样子，上面压着泥土或石块，用牲口或人力牵引。见图五（采自《王氏农书》）。压在挞上的东西重些，叫作重挞。

〔2〕坚垆：坚硬的土块。《要术》地区主要是黄土。黄土除沙性土外，一般稍黏到黏，垆土也是黏质土。凡黏性土有一共同的特性，就是湿时黏泞，干后坚硬；稍干或半干遇雨，不菉不莠更糟糕，极难熟化；但晒透后遇雨又易于酥散。《要术》所有整地、播种和中耕等的操作要求，都是对付这种土壤的针对性措施。这里"曳挞遇雨必坚垆"，下文"湿挞令地坚硬"，"湿锄则地坚"，以至《耕田》篇的"湿耕坚垆"，"湿劳令地硬"，等等，都是针对这种黏性土没有干透，半途遇雨会板结，因而要避免的合理措施。

〔3〕辗：同"碾"，是一种磙压农具，用于种后的覆土镇压。采《王氏农书》的砘车作参考（图六）。砘辗使地坚结，苗根下扎扩展困难，营养不足，因而苗株瘦弱。

〔4〕仰垄待雨：敞开着垄沟等雨。秋耕的地，经过冬春反复冻融，土壤风化，有良好结构，承受雨雪水分又多，蓄有丰足的底墒，所以不妨敞垄等雨。春耕的地，没有这个条件，并且翻耕后更须加强保墒，岂能敞垄跑墒。

〔5〕镞锄：这是一种锄法，"镞"不是农具。《王氏农书》说："夫锄法有四：一次曰镞，二次曰布……"镞是一种锄法，是利用锄角进行锄间，比手间快，同时

图五　挞

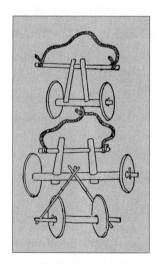

图六　砘车

松动表土。《要术卷五·伐木》"种地黄法":"锄时别用小刃锄。"小刃锄如今药锄,可没有作为农具的专名"镂锄"。

〔6〕《耕田歌》见《史记》卷五二《齐悼惠王世家》,"类"作"种"。《汉书》卷三八《高五王传》并载其事。刘章是刘邦的孙子。当时吕后专政,诸吕擅权,刘章要除去诸吕,在一次宴会上借机唱此农歌。

〔7〕十石而收:收到十石。没有说明是多大面积,上下文很难理解。如果单位面积是一亩,那收到十石是高产,应该是合理密植的,则与农谚说的极稀极密矛盾。农谚稀到极点密到极点还能亩收十石,绝不可能,那只能是很坏很坏的收成。"十石"应有误字或有脱文,但无从臆测。总之,《要术》一尺留一窠,要求稀密适度,引农谚应是说极稀极密都不好,才能讲得通,故译文加"不好"二字。

【译文】

谷子,凡是春天种的要深些,种后拖重挞镇压。夏天种的要浅,〔只覆土,用不着拖挞,〕就放着让它自然出苗。春天气温低,出苗迟,如果不拖挞镇压,根虚浮着和土壤不相密接,就是出了苗也会死去。夏天天气热,出苗快,拖挞压过后如果遇上雨,必然板结成硬块,〔苗就出不了了。〕假如春天雨水多的,也许不需要拖挞;一定要拖的话,该等到土面发白的时候,因为湿时去拖,泥土便会坚硬。

凡种谷子,雨后下种为好。遇上小雨,该趁湿下种;遇着大雨,等杂草发芽后再种。小雨不趁湿下种,湿润不够,没法长出禾苗;大雨不等到土面白背时下种,湿着就去碌压覆土,会使长出的苗株瘦弱。如果杂草很多,先锄一遍,然后下种为好。假如春天遇到干旱,去年秋耕的地,可以敞开着垄沟等雨。春耕的地可不能这样干。夏天如果敞开着垄沟等雨,不但种子会被雨水冲走,没法出苗,就是出了苗,杂草混杂着一起长出,很糟糕。

谷子田要早田和晚田配搭着种。防恐年岁有宜早宜晚的不同。有闰的年份,节气推后了些,宜于晚些种。然而大率还是要早些种,早田要比晚田多一倍。早田田里干净些,容易整治;晚田杂草多,整治烦难。至于收成的或多或少,随着年成的好坏,本来跟早种晚种没有关系。不过,早谷子皮壳薄,米粒充实,产量也多;晚谷子皮壳厚,产量少,米粒也欠充实。

谷苗刚长出像马耳的形状时,就要镂锄。农谚说:"要想得谷,马耳就镂。"稀疏空缺的地方,锄松土移苗补上。费工夫自然不必说,但常常可得到百倍的利益。凡是五谷,总是在苗小时就锄为好。苗小时锄,不但省工夫,收得的谷也加倍的好。长大了才锄,草根长得繁密,用的工夫多,而收益反而减少。好田留苗的标准，相距一尺留一窠。刘章《耕田歌》说："深耕密种，定苗要疏；不是同类，统统锄去。"农谚说："稀到可以使车马掉头，密到可以撑住衣服不落下去，都可以收到十石。"这是说极稀和极密的收成，都是一样〔不好〕的。

薄地寻垅蹑之[1]。不耕故。

苗出垅则深锄。锄不厌数[2]，周而复始，勿以无草而暂停。锄者非止除草，乃地熟而实多，糠薄米息。锄得十遍，便得"八米"也。

春锄起地，夏为除草。故春锄不用触湿，六月以后，虽湿亦无嫌。春苗既浅，阴未覆地，湿锄则地坚。夏苗阴厚，地不见日，故虽湿亦无害矣。《管子》曰："为国者，使农寒耕而热芸。"[3]芸，除草也。

苗既出垅，每一经雨，白背时，辄以铁齿镉榛纵横耙而劳之。耙法：令人坐上，数以手断去草；草塞齿，则伤苗。如此，令地熟软，易锄省力。中锋止。

苗高一尺，锋之。三遍者皆佳。耩故项反者，非不壅本苗深，杀草益实，然令地坚硬，乏泽难耕。锄得五遍以上，不烦耩。必欲耩者，刈谷之后，即锋茇（方末反）下令突起，则润泽易耕。

【注释】

〔1〕蹑之：用脚踏过。这是中耕管理上的措施，不是种后脚踏覆土压土（下文首段就是脚踏覆土）。现在群众有"踩青"壮苗的经验，即在谷苗长到三四片真叶时用脚踩，有抑制地上部生长，促进根系下扎，使苗壮健的作用。小注说明其地未经耕翻，所以采用踩苗的办法，促使根系下扎壮苗。其地该就是秋收之后牛力安排不过来，没法秋耕，只在九、十月里耢一遍，到次年春天不耕而"稴种"的。

〔2〕数（shuò）：多次。

〔3〕见《管子·轻重·臣（匡）乘马》，文作："彼善为国者，使农夫寒耕暑耘。"

【译文】

瘦地，一垄一垄地都用脚踏过。是未经耕翻的缘故。

谷苗长出垄沟了，就行深锄。锄的次数不嫌多，一次锄遍了回头循环再锄，不要因为没有杂草就暂时停止不锄。锄地不光是为了除草，还在松土使土壤匀熟，因而结的子实多，糠薄，出米率高。锄过十遍，便可舂得八成的米。

　　春锄是为了起地松土，夏锄是为了除草壮苗。所以春锄不要在地湿时去锄；六月以后，就是湿锄也没有妨害。春天的苗还小，还没有荫蔽地面，湿锄会使土壤干硬。夏苗长茂了，荫蔽面大，地面被遮盖着不见太阳，所以湿锄也没有妨害。《管子》说："治理国家的人，使农民寒时耕地，热时芸地。"芸，就是除草。

　　苗已经长出垄沟，每下一场雨，土面白背时，就用铁齿拖耙一纵一横地耙过，接着用耢耢平。耙的方法：叫人坐在耙上面，不断地用手扯去耙齿里的草土；否则，被草塞住耙齿，会使禾苗受伤。如此，地就匀熟柔和，容易锄，省力气。到可以用锋的时候，停止耙耢。

　　苗长到一尺高，就用锋来锋。锋三遍为好。如果用耩来耩，并不是不能把土壅到根旁，使苗培土深些，又能杀死杂草，多结子实，缺点是使土地坚硬，揭墒失去润泽，以后耕翻就难了。锄到五遍以上，就不必耩。如果一定要耩，必须在收谷之后，立即用锋在谷茬之下锋过，使浅土层高起，这样，地会有润泽，以后容易耕。

　　凡种，欲牛迟缓行，种人令促步以足蹑垄底[1]。牛迟则子匀，足蹑则苗茂。足迹相接者，亦可不烦挞也。

　　熟，速刈。干，速积。刈早则镰伤[2]，刈晚则穗折，遇风则收减。湿积则藁烂，积晚则损耗，连雨则生耳。

　　凡五谷，大判上旬种者全收，中旬中收，下旬下收。

　　《杂阴阳书》曰："禾'生'于枣或杨。九十日秀，秀后六十日成。禾生于寅，壮于丁、午，长于丙，老于戊，死于申，恶于壬、癸，忌于乙、丑。

　　"凡种五谷，以'生'、'长'、'壮'日种者多实，'老'、'恶'、'死'日种者收薄，以忌日种者败伤。又用'成'、'收'、'满'、'平'、'定'日为佳[3]。"

　　《氾胜之书》曰："小豆忌卯，稻、麻忌辰，禾忌丙，黍忌丑，秫忌寅、未，小麦忌戌，大麦忌子，大豆忌申、卯。凡九谷有忌日，种之不避其忌，则多伤败。此非虚语也。其自然者，烧黍穰则害瓠[4]。"《史记》曰："阴阳之家，拘而多忌。"[5]止可知其梗概，不可委曲从之。谚曰"以时，及泽，为上策"也。

【注释】

〔1〕"种人"句：这"令"和"种人"是指令掌耧车的耧种人，还是指叫另一个跟在犁后面播子的人？从脚迹紧密相接地踏过去的操作看，该是叫另一人在犁道后播子。

〔2〕镰伤：按，今北方有"谷子伤镰一把糠"的农谚，是说谷子收割过早则多秕糠。清祁寯藻《马首农言·种植》引农谚："麦子伤镰一张皮。"解释说："伤镰，谓刈太早也。"伤镰原指早割，因早割籽粒没有成熟，就转而成为籽虚不实的代词。

〔3〕"成"、"收"等日子：这是古代星占术中建除家的说法，定出建、除、满、平、定、执、破、危、成、收、开、闭十二个字，依次循环配合在一个日子上，定其日为"成"日或"收"日等，用来判断日子的吉凶。这和种植的忌日吉日同样是迷信的说法。

〔4〕《御览》卷九七九"瓠"引《风俗通》："烧穰杀瓠。俗说，家人烧黍穰，使田中瓠枯死也。"今本《风俗通》无此记载。

〔5〕见《史记》卷一三〇《太史公自序》，是司马迁父亲司马谈说的话，贾氏以意掇引，原文是："尝窃观阴阳之术，大祥而众忌讳，使人拘而多所畏。……未必然也。"下文是贾氏的辩说，指明不可曲意迁就它跟着走，仍以掌握宝贵时机，趁着良好墒情为上策。

【译文】

凡种谷子，要让牛慢慢地走，叫下种的人紧跟着脚步短促地踏着垄底走过去。牛走慢了，子下得均匀，脚踩着过去，〔使种子和土壤密接，〕苗长得茂盛。如果脚迹一步步地紧密相连接，也可以不必拖挞覆土。

熟了，赶快收割。干了，赶快堆积。割早了籽粒不饱满，割晚了穗子可能断折，遇上风会落粒，收入便减少。湿着堆积，稿秆会霉烂；堆积晚了，会有损耗；连日下雨，还会霉变、生芽。

所有五谷，大多上旬种的十分全收，中旬种的中等收成，下旬种的下等收成。

《杂阴阳书》说："禾与枣树或杨树相生。九十日孕穗，孕穗后六十日成熟。禾，生在寅日，壮在丁、午日，长在丙日，老在戊日，死在申日，恶在壬、癸日，忌在乙、丑日。

"凡种五谷，在它'生'、'长'、'壮'的日子种的，结实多；在'老'、'恶'、'死'的日子种的，收成少；在忌日种的，会遭到败伤。

又，在'成'、'收'、'满'、'平'、'定'的日子种，都好。"

《氾胜之书》说："小豆忌卯日下种，稻、大麻忌辰日，谷子忌丙日，黍忌丑日，秫忌寅、未日，小麦忌戌日，大麦忌子日，大豆忌申、卯日。种这些'九谷'，都有忌日，如果不避开忌日下种，大都会遭到损伤失败。这不是假话。它是自然的道理，正像在家里烧黍秸，会使地里的葫芦受损害一样。"《史记》说："阴阳家们做事拘执而有许多禁忌。"〔思勰按：〕我们只可大致知道他们有那么一种说法，不可曲意迎合地跟着他们走。农谚说得好："掌握宝贵的时机，趁着良好的墒情，这才是唯一的上策。"

《礼记·月令》曰："孟秋之月……修宫室，坏垣墙[1]。

"仲秋之月……可以筑城郭……穿窦窖，修囷仓。郑玄曰："为民当入，物当藏也。……堕曰窦，方曰窖。"按：谚曰："家贫无所有，秋墙三五堵。"盖言秋墙坚实，土功之时，一劳永逸，亦贫家之宝也。乃命有司，趣民收敛，务畜菜，多积聚。"始为御冬之备。"

"季秋之月……农事备收。"备，犹尽也。"

"孟冬之月……谨盖藏……循行积聚，无有不敛。""谓刍、禾、薪、蒸之属也。"

"仲冬之月……农有不收藏积聚者……取之不诘。"此收敛尤急之时，有人取者不罪，所以警其主也。""

《尚书考灵曜》曰[2]："春，鸟星昏中，以种稷。"鸟，朱鸟鹑火也。"秋，虚星昏中，以收敛。"虚，玄枵也。""

《庄子》长梧封人曰："昔予为禾，耕而卤莽忙补反之，则其实亦卤莽而报予；芸而灭裂之，其实亦灭裂而报予。郭象曰："卤莽、灭裂，轻脱末略，不尽其分。"予来年变齐在细反，深其耕而熟耰之，其禾繁以滋。予终岁厌飧。"[3]

【注释】

〔1〕坏(péi)：同"培"。用泥土涂塞空隙。

〔2〕《尚书考灵曜》：纬书的一种。《隋书·经籍志一》著录有《尚书纬》三卷，注说："郑玄注。梁六卷。"《考灵曜》是《尚书纬》的一种。引文中注文是郑玄注。纬书对"经书"而言，是汉代人混合神学附会儒家经义之书，"六经"和

《孝经》都有纬书,总称"七纬"。隋炀帝搜罗天下谶纬之书而焚毁之,原书均佚。

〔3〕见《庄子·则阳》,是长梧封人对子牢说的话。

【译文】

《礼记·月令》说:"孟秋七月……修理房屋,涂塞墙壁。

"仲秋八月……可以修筑内外城墙……挖掘窦窖,修理粮仓。郑玄注解说:"因为百姓都快要回到邑城里来住,收获的东西,也应当贮藏起来了。……椭圆的叫窦,方的叫窖。"〔思勰〕按:谚语说:"穷人家虽然什么都没有,秋天打的墙总有三五堵。"这是说秋天的墙比较坚固,因为适逢做土功的好时机,打好的墙一劳永逸,也算是穷人家的财宝。命令有职掌的人,催促老百姓收获,务必多蓄蔬菜,多积聚其他物品。"开始作为过冬的准备。"

"季秋九月……庄稼都收获完备了。"备,就是完尽的意思。"

"孟冬十月……谨慎地作好贮藏工作……到各处视察老百姓积聚的情形,所有东西全都该收敛进来。"是说刍草、谷物、柴薪之类,〔都该收敛进来〕。"

"仲冬十一月……农民如果还有没有收藏积聚的东西,任何人都可以拿去,不予追究。"这时已经到了收聚最急迫的时候,有人拿去,没有罪过,这是警惕教育它的主人的。""

《尚书考灵曜》说:"春天,黄昏时鸟星运行到正南方,就种稷。〔郑玄注解说〕:"鸟星,是朱鸟七宿中的鹑火。"秋天,黄昏虚星运行到正南方,就收获。"虚星,是玄武七宿中的玄枵。""

《庄子》中记载长梧地方守封疆的人说:"从前我种禾谷,耕的时候卤莽粗浅,谷实也卤莽粗浅地报答我;锄的时候灭裂粗暴,谷实也灭裂粗暴地报答我。郭象注解说:"卤莽,灭裂,都是草率马虎,没有尽到精耕细作的本分。"第二年我变更了老办法,深深地耕,细细地操作,禾谷长得又茂盛又饱满,我一年到头吃得饱饱的。"

《孟子》曰:"不违农时,谷不可胜食。"[1]赵岐注曰:"使民得务农,不违夺其农时,则五谷饶穰,不可胜食也。""谚曰:'虽有智惠,不如乘势;虽有镃錤上兹下其,不如待时。'"赵岐曰:"乘势,居富贵之势。镃錤,田器,耒耜之属。待时,谓农之三时[2]。"又曰:"五谷,种之美者也;苟为不熟,不如稊稗[3]。夫仁,亦在熟而已矣。"赵岐曰:"熟,成也。五谷虽美,种之不成,不如稊稗之草,其实可食。为仁不成,亦犹是。"

【注释】

〔1〕见《孟子·梁惠王上》。下文"谚曰"条见《孟子·公孙丑上》,"五谷"条见《孟子·告子上》。正注文与今本《孟子》均稍有不同,"上兹下其"的音注,今本没有。又,"谷不可胜食"下,今本多"也"字。据《颜氏家训·书证》反映,当时经传除被"俗学"随意加"也"字外(如《尔雅》等),另一方面,"河北经传,悉略此字"。大概贾氏所用《孟子》正是这种北方通行本子。参看卷八《黄衣黄蒸及糵》注释。

〔2〕三时:春种、夏耘、秋收的三季时令。

〔3〕稊(tí):一种像稗子的草,实如小米,可以吃。

【译文】

《孟子》说:"不违背农作的时令,粮食可以吃不完。"赵岐注解说:"使农民能够专心农业生产,不去占夺他们的耕作农时,就能够五谷丰收,粮食多到吃不完。""谚语说:'纵然很智慧聪明,不如乘势能够成事;纵然有镃錤农具,不如等待合宜的时令。'"赵岐注解说:"乘势,是凭借富贵的权势。镃錤,是农具,如耒耜之类。等待时令,就是农业上的三时。"又说:"五谷,种子是美好的;可是如果种下去不能熟,反而不如稊草和稗子。譬如行仁,也必须做到'熟'才算成功。"赵岐注解说:"熟,是成熟、成功。五谷虽然美好,如果种下去不成熟,还不如稊草、稗草结的子实可以吃。行仁如果不成功,道理也是这样。"

《淮南子》曰[1]:"夫地势,水东流,人必事焉,然后水潦得谷行。"水势虽东流,人必事而通之,使得循谷而行也。"禾稼春生,人必加功焉,故五谷遂长。高诱曰:"加功,谓'是蓘是襄'芸耕之也[2]。遂,成也。"听其自流,待其自生,大禹之功不立,而后稷之智不用。

"禹决江疏河,以为天下兴利,不能使水西流;后稷辟土垦草,以为百姓力农,然而不能使禾冬生:岂其人事不至哉?其势不可也。"春生、夏长、秋收、冬藏,四时不可易也。"

"食者民之本,民者国之本,国者君之本。是故人君上因天时,下尽地利,中用人力,是以群生遂长,五谷蕃殖。教民养育六畜，以时种树，务修田畴，滋殖桑麻。肥、硗、高、下，各因其宜。丘陵、阪险不生五谷者，树以竹木。春伐枯槁，夏取果蓏，秋畜蔬、食，"菜食曰蔬，谷食曰食。"冬伐薪、蒸，"火曰薪，水曰蒸。"[3] 以为民资。是故生无乏用，死无转尸。"转，弃也。"

"故先王之制，四海云至[4]，而修封疆；"四海云至，二月也。"虾蟆鸣，燕降，而通路除道矣；"燕降，三月。"阴降百泉，则修桥梁。"阴降百泉，十月。"昏，张中，则务树谷；"三月昏，张星中于南方。张，南方朱鸟之宿。"[5] 大火中[6]，即种黍、菽；"大火昏中，六月。"虚中，即种宿麦；"虚昏中，九月。"昴星中，则收敛蓄积，伐薪木。"昴星，西方白虎之宿。季秋之月，收敛蓄积。"……所以应时修备，富国利民。

"霜降而树谷，冰泮而求获，欲得食则难矣。"

又曰："为治之本，务在安民；安民之本，在于足用；足用之本，在于勿夺时；"言不夺民之农要时。"勿夺时之本，在于省事；省事之本，在于节欲；"节，止；欲，贪。"节欲之本，在于反性。"反其所受于天之正性也。"未有能摇其本而靖其末，浊其源而清其流者也。

"夫日回而月周，时不与人游。故圣人不贵尺璧而重寸阴，时难得而易失也。故禹之趋时也，履遗而不纳，冠挂而不顾，非争其先也，而争其得时也。"

【注释】

〔1〕见《淮南子·修务训》。下文"禹决江疏河"、"食者民之本"、"故先王之制"三段，均见《淮南子·主术训》，"霜降而树谷"一段见《淮南子·人间训》，"又曰"的首段见《淮南子·泰族训》，次段见《淮南子·原道训》。正文微有差异，注文大有不同。盖注文有东汉马融、延笃、许慎、高诱等注家，马、延注已佚，许慎注亡于宋末，今仅存高诱注（混有许慎注），而《要术》所引，几乎全是许慎注。现在还存有隋代杜台卿的《玉烛宝典》，分别引有《淮南子》的许慎注和高诱注。据杜书，可以参证贾氏所引为许慎注，则贾氏所用似为许慎本。但也杂有高诱注，半途突然出现"高诱曰"云云，即系高注，实为后人据高注本所加。

〔2〕"是薅（biāo）是袞（gǔn）"是高诱注引《左传·昭公元年》的文句。"芸耕"，《要术》各本同，高注作"耘籽"。"芸"同"耘"，没有问题。"籽"是壅土，"袞"也是壅土，释"袞"应作"籽"，《要术》"耕"是"籽"字之误。

〔3〕火曰薪，水曰蒸：可能是《淮南子》的许慎注，但不好理解。今本高诱注作："大者曰薪，小者曰蒸。"

〔4〕四海云至：四海，古人认为中国四周有海环绕着，《尚书·禹贡》所谓"四海会同"，即认为九州之外，就是四海。《礼记·祭义》乃具体提到东海、西海、南海、北海，但也没有确指什么海域。这里"四海云至"，就气候条件说很难理解，不会是天四边的云气都汇合到天中央来，大概含有方术家观望云气的色彩，或者是含糊地说某一海面有某种云气出现吧？

〔5〕此条注文，各本原作："三月昏，张星中于南方朱鸟之宿。"有脱文。启愉按：二十八宿以南方的七宿共称"朱鸟"，其第四宿中星为"星"宿，而张宿是第五宿，不得云"中于"，而且在二十八宿的"昏中"运行上，对张宿说成"中于南方朱鸟之宿"，尤其不通。今本高诱注的原文是："三月昏，张星中于南方。张，南方朱鸟之宿也。"《要术》脱去重文的"张，南方"三字，致不可解。今据高注补入。

〔6〕大火：大火星，即心宿，二十八宿之一，东方青龙七宿的第五宿。下文"六月"，有问题，《玉烛宝典》卷四引《淮南子》许慎注是："大火昏中，四月也。"今本高诱注是："大火，东方仓龙之宿。四月建巳，中在南方。"六月种黍子和豆，太晚。

【译文】

《淮南子》说："地势〔西高东低〕，水总是向东流的，但是必须通过人工的整治，潦水才能进入水道流去。"水势虽然是向东流的，但必须经过人力的疏通，才能顺着水道流行。"禾苗是春天长出的，但是必须经过人力的加功，五谷才能顺遂地成长。高诱注解说："加功，是指'是薅是蓘'的耘草和〔壅土〕。遂，是成长。"如果听任潦水自己乱流，或者等待五谷自己生长，那么，大禹治水的功劳就不能建立，后稷虽然聪明也别想种得出粮食了。

"大禹开通疏浚长江黄河，为天下百姓兴建水利，却不能使水倒转来向西流去；后稷垦辟荒野草地，让老百姓努力从事农业生产，却不能使谷子在冬天生长：这难道是人力没有尽到吗？是事实上不可能啊！"因为春生、夏长、秋收、冬藏，这四季的自然规律是不能变更的。"

"粮食是民众的根本，民众是国家的根本，国家是君主的根本。所以君主上因天时，下尽地利，中用人力，因而所有生物都能顺遂地生长，各种谷物都能茂盛地繁殖。再者，教导百姓饲养六畜，按时令种植，勉力整治田地，多种桑树和麻。肥、瘦、高、低的土地，各自按照它们所宜栽培作物。丘陵、陡坡险峻不能种五谷的地方，种上竹子和树木。春天砍伐枯木，夏天采收瓜果，秋天蓄积蔬、食，"菜类食物叫作'蔬'，谷类食物叫作'食'。"冬天斩伐薪、蒸，"火叫'薪'，水叫'蒸'。"一年四季都让百姓有所依赖取用。因此，活着的人不缺吃穿，死了的人不致转尸。"转，就是抛弃。"

"先王的制度，四海有云气涌现，便要整治边疆；"四海云气涌现，在二月。"虾蟆叫、燕子来到，便要修通道路；"燕子来到，在三月。"河流水位降低，便要修整桥梁。"河流水位降低，在十月。"黄昏时，张星中在南方，当务之急是种谷子；"三月的黄昏，张星运行到正南方。〔张星是南方〕朱鸟七宿之一。"大火星中在南方，就种黍子和豆子；"大火星黄昏运行到正南方，在六月（？）。"虚星中在南方，就种越冬宿麦；"虚星黄昏运行到正南方，在九月。"昴星中在南方，就该收敛各种庄稼，贮积起来，同时砍伐柴薪。"昴星是西方白虎七宿之一。到秋季九月，就该收敛蓄积起来。"……这些都是按照时令安排修治和种作，借以富国利民的。

"霜降时种谷子，却想明年化冻时要收获，这样想得到粮食是办不到的。"

又说："政治的根本，在于努力使人民安居乐业；安居乐业的根本，在于使人民有足够的食用；有足够食用的根本，在于不占夺农时；"就是说不占夺农民从事生产的重要时间。"不占夺农时的根本，在于节省靡费；节省靡费的根本，在于节欲；"节是克制；欲是贪婪。"节欲的根本，在于回返到人的本性。"就是回返到天然赋予的正当一面的本性。"事实上，从来没有摇动着根本，枝梢还能保持安静的，也没有源流浑浊，下游还能保持清澈的。

"太阳和月亮循环地周转着，时间不能跟着人走。所以圣人不贵重一尺的璧玉，而看重一寸的光阴，正是因为时间难以得到而容易消失啊！因此，大禹为了赶时间，鞋子掉了来不及趿上，帽子挂住了也顾不得拿下，并不是为了抢先，只是为了抢得宝贵的时间。"

《吕氏春秋》曰："苗，其弱也欲孤，"弱，小也。苗始生小时，欲得孤特，疏数适[1]，则茂好也。"其长也欲相与俱，"言相依植，不偃仆。"其熟也欲相扶。"相扶持，不伤折。"是故三以为族，乃多粟。"族，聚也。"[2] "吾苗有行，故速长；弱不相害，故速大。横行必得，从行必术，正其行，通其风。"行，行列也。""

《盐铁论》曰："惜草茅者耗禾稼，惠盗贼者伤良人。"[3]

【注释】

〔1〕疏数（shuò）：疏密。

〔2〕见《吕氏春秋·辩土》。下条在同篇，但在此条之前。注是高诱注。正注文与今本均稍有差异。

〔3〕《盐铁论》不见此句。"草茅"，各本均讹作"草芳"，清人吾点校改作"草茅"，《渐西》本从之，是。但由于原书无此句，马宗申以讹为正，强扯"草芳"指禾苗，与间苗联系起来。殊不知"草茅"是杂草的通名，此句也是古代的通语，如《韩非子》卷三七《难二》正有此句，作："夫惜草茅者耗禾穗，惠盗贼者伤良民。"《管子》卷二一《明法解》也有："草茅弗去则害禾谷，盗贼弗诛则伤良民。"《楚辞·卜居》还有："宁诛锄草茅以力耕乎？"均"草茅"为常语之证。

【译文】

《吕氏春秋》说："禾苗弱小的时候，要孤单分开；〔高诱注解说：〕"弱是幼小。苗开始长出还小的时候，要求孤单独立，只有稀密适度，才能长得茂盛。"长大时，要互相靠近；"就是说要彼此倚靠着，不至于仆倒。"成熟时，要互相帮扶。"就是彼此互相扶持，不至于损伤折断。"这样，三株作为一族，所以结的子实多。"族，就是聚合成一窠。""我的苗有整齐的行列，所以长得快；幼小时稀疏不相妨碍，所以长大也快。横行必须左右相对，纵行必须前后对直，行行都整整齐齐，通风好。"行，就是行列。""

《盐铁论》说："爱惜茅草，就会损耗庄稼；宽饶盗贼，就会伤害好人。"

《氾胜之书》曰："种禾无期[1]，因地为时。三月榆荚时雨，高地强土可种禾。

"薄田不能粪者，以原蚕矢杂禾种种之，则禾不虫。

"又取马骨剉一石，以水三石，煮之三沸；漉去滓，以汁渍附子五枚[2]。三四日，去附子，以汁和蚕矢、羊矢各等分，挠呼毛反，搅也。令洞洞如稠粥。先种二十日时，以溲种[3]，如麦饭状[4]。常天旱燥时溲之，立干；薄布，数挠，令易干。明日复溲。天阴雨则勿溲。六七溲而止。辄曝，谨藏，勿令复湿。至可种时，以余汁溲而种之，则禾稼不蝗虫。无马骨，亦可用雪汁。雪汁者，五谷之精也[5]，使稼耐旱。常以冬藏雪汁，器盛，埋于地中。治种如此，则收常倍。"

【注释】

〔1〕"禾"，各本都脱，据《御览》卷九五六"榆"引《氾书》补。

〔2〕附子：毛茛科植物乌头的侧根，有猛烈的毒性，外用有杀菌作用。配为粪衣的药，具有防治蝼蛄、蛴螬等地下害虫的作用，并可防止种子被雀鸟啄食。但能否使禾苗长出后不受虫害，则未详。

〔3〕溲：这里指把调和好的粪糊糊拌附在种粒上。反复拌附六七次，种前再拌一次，随即播种。这就是《氾书》著名的"溲种法"。1956—1958年，南京农学院（今南京农业大学）植物生理教研组对《氾书》的溲种法进行了检验性试验，河南百泉农业试验站作了栽培性试验，都用小麦种子代替粟种，表明溲种法具有早苗、全苗、壮苗效应，具有保墒和增产的间接效应。增产的原因是粪衣起到种肥的作用，但增产幅度不大，像《氾书》说的那样高产是过分夸大的。（朱培仁：《中国包衣种子的发生与发展》，《中国农史》1983年第1期）

〔4〕麦饭：这是"麷"（《说文》"读若冯"）的麦食，即整粒煮的麦饭。这里种子溲附上一层粪壳，一则种粒增大了，二则要求颗粒之间不黏结，正像麦粒煮后胀大了的麷，所以说"如麦饭状"。说详拙著《元刻农桑辑要校释》第56页。

〔5〕重水是抑制生物生长的。据苏联研究，雪水所含重水特少，比普通雨水少3/4，因此雪水对生物的生长有促进作用。据试验，在种子发芽率上，普通水与雪水之比为100∶140。用雪水浇灌黄瓜，增产21%；浇灌四季萝卜，增产23%。这里说雪水是"五谷之精"，是有一定道理的。

【译文】

《氾胜之书》说："种谷子没有固定的日期，看土地的情况来决定播种的时期。三月榆树结荚的时候，遇着下雨，可以在高地的强土上种谷子。

"瘦薄的田没有条件上粪的，可以用蚕屎和入谷种中一起种下；这样还可以免除虫害。

"又，把马骨砸碎，一石碎骨用三石水来煮，煮沸三次；然后漉去骨渣，把五个附子浸渍在骨汁里。三四天后，漉去附子，用分量相等的蚕屎和羊屎加进去，搅和均匀，使它成为稠粥的样子。下种前二十天，拿这种粪糊糊来溲种子，溲成像麦饭那样。通常在天气干燥时溲种，干得很快；薄薄地摊开，多次搅动，让它干得更快。第二天再溲。阴雨天不要溲。溲过六七次停止。随即晒干，小心贮藏，不能让它再受潮。到可以播种的时候，拿剩下的糊糊再溲一次后播种。这样，禾苗就不会受虫害。如果没有马骨，也可以用雪水代替。雪水是五谷的精髓，可以使庄稼耐旱。常常要在冬天收藏雪水，用容器盛着，埋在地下。这样处理种子，常常可以得到加倍的收成。"

《氾胜之书》"区种法"曰："汤有旱灾，伊尹作为区田[1]，教民粪种，负水浇稼。

"区田以粪气为美，非必须良田也。诸山、陵、近邑高危倾阪及丘、城上，皆可为区田。

"区田不耕旁地，庶尽地力。

"凡区种，不先治地，便荒地为之。

"以亩为率，令一亩之地，长十八丈，广四丈八尺[2]；当横分十八丈作十五町；町间分为十四道，以通人行，道广一尺五寸；町皆广一丈五寸[3]，长四丈八尺。尺直横凿町作沟，沟广一尺，深亦一尺。积壤于沟间，相去亦一尺。尝悉以一尺地积壤，不相受，令弘作二尺地以积壤。[4]

"种禾、黍于沟间，夹沟为两行，去沟两边各二寸半，中央相去五寸，旁行相去亦五寸。一沟容四十四株。一亩合万五千七百五十株。种禾、黍，令上有一寸土，不可令过一寸，亦不可令减一寸。

"凡区种麦，令相去二寸一行。一行容五十二株[5]。一亩凡九万三千五百五十株[6]。麦上土，令厚二寸。

"凡区种大豆，令相去一尺二寸。一行容九株[7]。一亩凡六千四百八十株。禾一斗，有五万一千余粒。黍亦少此少许。大豆一斗，一万五千余粒也。[8]

"区种荏，令相去三尺。

"胡麻,相去一尺。

"区种,天旱常溉之,一亩常收百斛[9]。

"上农夫区[10],方深各六寸,间相去九寸。一亩三千七百区。一日作千区。区种粟二十粒;美粪一升,合土和之。亩用种二升。秋收,区别三升粟,亩收百斛。丁男长女治十亩。十亩收千石。岁食三十六石[11],支二十六年。

"中农夫区,方九寸,深六寸,相去二尺。一亩千二十七区。用种一升。收粟五十一石。一日作三百区。

"下农夫区,方九寸,深六寸,相去三尺。一亩五百六十七区。用种半升[12]。收二十八石。一日作二百区。谚曰:"顷不比亩善。"谓多恶不如少善也。西兖州刺史刘仁之[13],老成懿德,谓余言曰:"昔在洛阳,于宅田以七十步之地,试为区田,收粟三十六石。"然则一亩之收,有过百石矣。少地之家,所宜遵用之。

"区中草生,芸之。区间草,以划划之,若以锄锄。苗长不能耘之者,以刬镰比地刈其草矣。"

【注释】

〔1〕区田:指区田法。这是《氾书》的又一著名的耕作技术。它的特点是在区内深耕,集中在区内施肥,及时浇水,这样省肥,省水,并减少肥水流失,不耕旁地,也比较省力,使区内土地充分发挥增产潜力,再加上密植、全苗及其他的精密管理,在干旱环境下也能夺取高产。《氾书》最早记载区田法,说是商代伊尹(汤时大臣,佐汤灭夏者)创造此法,当是假借"汤有七年之旱"的传说而托名的。

〔2〕汉代的亩法是6尺为步,240方步为1亩,1亩有8 640方尺。这里用作区田的亩法是长18丈,阔4.8丈,则180尺×48尺也是8 640方尺。亩积不变,亩形不同,是为了便于这种区田法的布置而规划的。

〔3〕"丈",原作"尺",讲不通。据开区数字核算,应作"丈"。

〔4〕以上三个"壤"字,各本均作"穰",于区田精神不合,是"壤"字的形近之误。

〔5〕"一行",各本均作"一沟",误,据数字核算,应作"一行"。

〔6〕各本均作"一亩凡四万五千五百五十株",据总株数核算,"四万五千"是"九万三千"之误。

〔7〕"一行",各本均作"一沟",误。因为大豆株距"一尺二寸",那么10.5尺长的町,每行刚巧可容9株;每沟二行,一亩刚巧可种6 480株。以上注释均参看万国鼎《氾胜之书辑释》。

〔8〕《要术》引《氾书》内三条注文,"刘仁之"条肯定是贾氏加注,此条及下文"酒势美酽"条,当亦贾氏所注。

〔9〕一亩常收百斛:下文又有两处提到。在两千年前的历史条件下,无论是区种法还是溲种法,亩产提到这样的高度,是非常夸大的。

〔10〕古代制土分田,在相同的土地面积上,由于土地有肥瘠的不同,有上农夫、中农夫、下农夫之分,见《孟子·万章下》、《礼记·王制》。

〔11〕岁食三十六石:一年吃三十六石。这是两个成年男女一年的所食,不是指一个人,也不是指一家。《汉书·食货志》:"食,人月一石半,五人终岁为粟九十石。"就是一人一年食粟18石。所以这里36石,应是两人一年所食。下文"二十六年",照算应是28年。

〔12〕各本都作"用种六升",按三农区数和用种量核算,当是"半升"之误。

〔13〕西兖州:后魏孝昌三年(527)置,州治在今山东定陶。　　刘仁之:字山静,洛阳人。后魏出帝(532—534年在位)初任著作郎,中书令。后出任西兖州刺史。东魏武定二年(544)卒。见《魏书》卷八一本传。

【译文】

《氾胜之书》中的"区种法"说:"汤时有旱灾,伊尹就创造了区田法,教人民施肥下种,担水来浇庄稼。

"区田法依靠肥料的力量,并不一定要用好田。就是在山上,大土阜上,城镇附近的高峻斜坡上,以及土堆上,城墙上,都可以作成区田。

"区田不再耕种旁边的土地,以便尽量发挥区内的地力。

"凡种区田,不必先整地,就在荒地上开区种植。

"用一亩地作标准来说:要使一亩地的面积长十八丈,阔四丈八尺。把十八丈横分作十五条町。町与町之间分为十四条道,让人可以通行,道宽一尺五寸。每町都是阔一丈零五寸,长四丈八尺。在每一町上,再随着町的长度,每隔一尺横向凿一条横沟,沟阔一尺,深也是一尺。把凿出的松土堆积在沟里,沟与沟相隔也是一尺。曾经用一尺的沟地全用来堆积松土,还是堆不下,那就放宽到二尺的地来堆积松土。

"种谷子或黍子,就种在沟里,沿着沟种两行。行离开沟边各二寸半。行与行相距五寸。株距也是五寸。一沟共种四十四株。一亩总共一万五千七百五十株。种谷子或黍子,要使种子上面有一寸厚的土覆盖着,不要超过一寸,也不可以少于一寸。

"区种麦,行与行相距二寸,一行种五十二株。一亩合计九万三千五百五十株。麦种上面,覆土二寸。

"区种大豆,株距一尺二寸,一行种九株。一亩合计六千四百八十株。〔思勰按〕:谷子一斗,有五万一千多粒。黍子比这个数目稍为少些。大豆一斗,一万五千多粒。

"区种荏,株距三尺。

"区种芝麻,株距一尺。

"区种法,天旱时常用水浇灌,一亩常常可以收到一百斛。

"上农夫的区,每区六寸见方,六寸深,区与区的距离九寸。一亩地内作成三千七百区。一个工作日可以作成一千区。每区种粟二十粒;用一升好粪,与土相混合〔,作为基肥〕。一亩地用二升种子。到了秋天,每区可以收获三升粟,一亩可以收到一百斛。两个成年的男女劳动力,可以种十亩。十亩的总收获量是一千石。两个人一年吃三十六石,可以维持二十六年。

"中农夫的区,每区九寸见方,六寸深,区与区的距离二尺。一亩地内作成一千零二十七区。共用种子一升。共收粟五十一石。一个工作日可以作成三百区。

"下农夫的区,每区九寸见方,六寸深,区与区的距离三尺。一亩地内作成五百六十七区。共用种子半升。共收获二十八石。一个工作日可以作成二百区。〔思勰按:〕谚语说:"一顷不一定比一亩好。"就是说,多而恶不如少而精。西兖州刺史刘仁之,是老成有德行的人,告诉我说:"从前我在洛阳的时候,在家宅田里划出七十方步的地,试种着区田,结果收到三十六石粟。"这样,一亩地的收成,可以超过一百石了。地少的人家,正该仿效这种方法。

"区里长了草,要连根拔掉。区间的草,用铲子铲掉,或者用锄头锄掉。苗长大了,不好拔草锄草的时候,就用弯钩镰刀贴着地面割掉。"

氾胜之曰:"验美田至十九石,中田十三石,薄田一十石。'尹择'取减法,'神农'复加之。[1]

"骨汁、粪汁溲种[2]:剉马骨、牛、羊、猪、麋、鹿骨一斗,以雪汁三斗，煮之三沸。取汁以渍附子，率汁一斗，附子五枚。渍之五日，去附子。捣糜、鹿、羊矢等分，置汁中熟挠和之。候晏温，又溲曝，状如'后稷法'[3]，皆溲汁干乃止。若无骨，煮缲蛹汁和溲。如此则以区种之，大旱浇之，其收至亩百石以上，十倍于'后稷'。此言马、蚕，皆虫之先也，及附子，令稼不蝗虫，骨汁及缲蛹汁皆肥，使稼耐旱，终岁不失于获。

"获不可不速，常以急疾为务。芒张叶黄，捷获之无疑。

"获禾之法，熟过半断之。"

【注释】

〔1〕"尹择"、"神农"二句指什么，不详。或谓此法与上文的溲种法是相连的，尹择法就用上法，溲后即种；神农法除用上法外还要用此法再溲一次，然后下种。对再溲一次来说，神农法是"加"，尹择法是"减"。不知究竟怎样。存疑待考。

〔2〕"溲种"，各本都作"种种"，不可解，下文正叙述溲种之法，该是"溲种"之误，因改正。

〔3〕后稷法：大概当时有托名后稷的农业生产技术流传着。东汉王充(27—约97)《论衡·商虫篇》："神农、后稷藏种之方，煮马屎以汁渍种者，令禾不虫。"可见汉时有所谓"后稷法"流传着。

【译文】

氾胜之说："试验结果，好田每亩可以收到十九石，中等田十三石，薄田十石。'尹择'采取减去的办法，'神农'采取增加的办法。

"骨汁调成粪汁溲种的方法：把马、牛、羊、猪、糜、鹿的骨斫碎，一斗碎骨用三斗雪水，煮沸三次。拿〔漉去骨渣后的〕骨汁来浸渍附子，标准是一斗骨汁，浸入五个附子。浸五天后，漉去附子。把等量的糜屎、鹿屎、羊屎捣烂，加到骨汁里，搅透调和均匀。等候晴天温暖的时候，用这粪汁来溲种，溲后随即曝晒，像'后稷法'那样，都到溲汁干燥为止。如果没有骨，用缲丝煮蛹的汁来调粪溲种。经过这样处理的种子，用区种法种下，干旱时就浇水。这样，每亩可以收到一百石以上，十倍于'后稷法'的产量。这是说，马和蚕都是虫类中领头的，加上附子，都能使庄稼不受虫害，骨汁和缲丝蛹汁都是肥的,能使庄稼耐旱,所以每年收获时不会没有好收成。

"收获不可以不迅速,经常要抓紧时间,务必要快。谷子的芒张开了,叶子发黄了,便赶快收割,不可迟疑。

"收获谷子的方法,只要成熟的超过一半,就收割。"

《孝经援神契》曰⁽¹⁾:"黄白土宜禾。"

《说文》曰:"禾,嘉谷也。以二月始生,八月而熟,得之中和,故谓之禾。禾,木也,木王而生,金王而死。"⁽²⁾

崔寔曰⁽³⁾:"二月、三月,可种稙禾。美田欲稠,薄田欲稀⁽⁴⁾。"

【注释】

〔1〕《孝经援神契》:《隋书·经籍志一》著录《孝经援神契》七卷,三国魏宋均注,是《孝经纬》的一种。自隋炀帝焚毁谶纬书后,其书早佚。其内容,类书时有引录。

〔2〕与今本《说文》有个别字差异,不碍原义。

〔3〕《要术》凡引"崔寔曰"而不指明书名者,皆崔寔《四民月令》文。

〔4〕谷子,我国以单杆品种为多,依靠主茎成穗。所以,在肥地要播得密些,使单株增多,充分利用地力,以增加产量;但在瘦地要稀些,免得密了营养不够,后劲接不上,生长不好,影响产量。

【译文】

《孝经援神契》说:"黄白色的土宜于种禾。"

《说文》说:"禾是好谷。在二月萌生,到八月成熟,得到了'中和'之气,所以叫作'禾'。禾属木,所以在木旺的月份萌生,在金旺的月份死亡。"

崔寔说:"二月、三月,可以种早谷子。肥田要播得密些,瘦田要播得稀些。"

《氾胜之书》曰:"稙禾,夏至后八十、九十日,常夜半候之,天有霜若白露下,以平明时,令两人持长索,相对各持一端,以概禾中,去霜露⁽¹⁾,日出乃止。如此,禾稼五谷不伤矣。"

《氾胜之书》曰:"稗,既堪水旱,种无不熟之时,又特滋茂盛,易生芜秽。良田亩得二三十斛。宜种之,备凶年。

"稗中有米,熟时捣取米,炊食之,不减粱米。又可酿作酒。酒势美酽,尤逾黍秫。魏武使典农种之[2],顷收二千斛,斛得米三四斗。大俭可磨食之。若值丰年,可以饭牛、马、猪、羊。

"虫食桃者粟贵。"

杨泉《物理论》曰[3]:"种作曰稼,稼犹种也;收敛曰穑,穑犹收也:古今之言云尔。稼,农之本;穑,农之末。本轻而末重,前缓而后急。稼欲熟,收欲速。此良农之务也。"

【注释】

〔1〕霜只是霜冻时存在于物体表面的附着物,伤害作物的是霜冻。凌晨刮霜时先已受了霜冻,刮之不但无益,还会造成大量的机械伤口,而且夏至后九十天已至秋分,早谷子即将收割,刮穗会造成很大损失。要避霜害,应该采用熏烟、灌水等措施。露水本身对作物亦无害。《氾书》此法是不足取的。

〔2〕典农:主管屯田的官,包括典农中郎将和典农校尉,魏武帝曹操(155—220)分置于实行屯田的地区,掌管农业生产、民政和田租,职权都相当于太守。

〔3〕《御览》卷八二四"穑"引杨泉《物理论》多"稼欲少,穑欲多"句,则指少种多收,提高单产。

【译文】

《氾胜之书》说:"早谷子,过了夏至以后八十到九十天,时常要在半夜里留心伺候,如果有霜或者白露下来,便在快天明时,叫两个人拿着一条长索,两人相对各拿着一端,在谷苗上面平刮过,刮去霜或露水,到太阳出来才停止。这样,可以使五谷庄稼不受霜露的伤害。"

《氾胜之书》说:"稗,既然能忍受水潦和干旱,种下去就没有不成熟的年岁,而且特别繁殖茂盛,在杂草多的地里,也容易生长。好田一亩可以收到二三十斛。应该种它来防备荒年。

"稗的子实里面有米,成熟时把米捣出来,炊成饭吃,不比粱米差。又可以酿成酒。〔思勰按:〕酒的性质,美而且醇酽,超过黍酒、秫酒。魏武帝使典农官种稗,一顷地收到二千斛,一斛可以舂得三四斗米。荒年可以磨来做饭吃。遇着丰年,可以饲养牛、马、猪、羊。

"虫吃桃子的年份,粟的价钱贵。"

杨泉《物理论》说："耕种叫作'稼'，稼就是种；收敛叫作'穑'，穑就是收：古代和现在的语言，是这样说的。稼，是农事的基本；穑，是农事的成果。〔到最后，〕基本为轻而成果为重，前面是缓而后面是急。所以，稼，要求熟；收，要求快。这就是善于经营农事的人务必做到的。"

《汉书·食货志》曰："种谷必杂五种，以备灾害。"师古曰[1]："'岁月有宜，及水旱之利也[2]。五种即五谷，谓黍、稷、麻、麦、豆也。'"[3]

"田中不得有树，用妨五谷。五谷之田，不宜树果。谚曰："桃李不言，下自成蹊。"非直妨耕种，损禾苗，抑亦惰夫之所休息，竖子之所嬉游。故齐桓公问于管子曰[4]："饥寒，室屋漏而不治，垣墙坏而不筑，为之奈何？"管子对曰："沐涂树之枝。"公令谓左右伯[5]："沐涂树之枝。"暮年，民被布帛，治屋，筑垣墙。公问："此何故？"管子对曰："齐，夷莱之国也[6]。一树而百乘息其下，以其不捎也。众鸟居其上，丁壮者胡丸操弹居其下，终日不归。父老枎树枝而论，终日不去。今吾沐涂树之枝，日方中，无尺荫，行者疾走，父老归而治产，丁壮归而有业。"[7]

"力耕数耘，收获如寇盗之至。"师古曰：'力谓勤作之也。如寇盗之至，谓促遽之甚，恐为风雨所损。'"

"还庐树桑，"师古曰：'还，绕也。'"菜茹有畦，《尔雅》曰[8]："菜谓之蔌。""不熟曰馑。""蔬，菜总名也。""凡草、菜可食，通名曰蔬。"按：生曰菜，熟曰茹，犹生曰草，死曰芦。瓜、瓠、果、蓏，"郎果反。应劭曰：'木实曰果，草实曰蓏。'张晏曰：'有核曰果，无核曰蓏。'臣瓒按[9]：'木上曰果，地上曰蓏。'"《说文》曰："在木曰果，在草曰蓏[10]。"许慎注《淮南子》曰："在树曰果，在地曰蓏。"郑玄注《周官》曰："果，桃李属；蓏，瓜瓠属。"[11]郭璞注《尔雅》曰："果，木子也。"[12]高诱注《吕氏春秋》曰："有实曰果，无实曰蓏[13]。"宋沈约注《春秋元命苞》曰[14]："木实曰果；蓏，瓜瓠之属。"王广注《易传》曰[15]："果、蓏者，物之实。"殖于疆易。"张晏曰：'至此易主，故曰易。'师古曰：'《诗·小雅·信南山》云：中田有庐[16]，疆易有瓜[17]。即谓此也。'"

【注释】

〔1〕师古：即颜师古（581—645），唐训诂学家。曾注《汉书》、《急就篇》。

按:《汉书》有各家音义、集解等注本,东汉荀悦、服虔、应劭,三国魏邓展、苏林、如淳、孟康,吴韦昭,晋晋灼、臣瓒等都曾注过《汉书》。至唐,颜师古汇集各家注说,最后加以己见,即今传《汉书》通行注本。下文各人旧注,颜氏多有引录。

〔2〕水旱之利也:不大好理解。所指五谷,黍最耐旱,稷如果指高粱,最耐水,但这里非指高粱,其他大麻、麦、豆,对水旱抵御力都是一般性的,则"利"的一面指什么,不明。不过《要术》记载的谷子品种有耐水或耐旱的,其他谷物因品种不同也会有比较耐水耐旱的,因此这里暂作如上的语译。

〔3〕这里和下面加双引号的注文,均颜注本原有,显然都是后人加进《要术》的。但《要术》所有注文,并非全是颜注,也有是《要术》原有的,如下文"臣瓒按"就是一例。卷七《货殖》所引《汉书》注,此种情况更多。自本段以下直至篇末,均《汉书·食货志上》文。

〔4〕齐桓公(?—前643):春秋时齐的国君。他任用管子(仲)(?—前645)为相,进行改革,达到国力富强,成为春秋时第一个霸主。

〔5〕左右伯:左伯、右伯,管道路的官员,属于司空。

〔6〕夷莱:春秋时齐的疆域主要在今山东半岛地区,古称"夷莱"或"莱夷"之国。

〔7〕本段内注文,全是贾氏的插注。引管子和齐桓公的问答语,见于《管子·轻重戊》。《轻重丁》也有类似记载。故事已经贾氏精简,完全变成叙事的形式。

〔8〕引《尔雅》四句,前两句是正文,后两句是注文,连按语可能都是贾氏所加。《尔雅·释器》:"菜谓之蔌。"郭璞注:"蔌者,菜茹之总名。"《要术》"蔬"应作"蔌"。《尔雅·释天》:"蔬不熟曰馑。"《要术》所引,应脱"蔬"字。按语"死曰芦",其义未详。清末黄麓森校勘"芦"疑"荐"字之误。

〔9〕根据"臣瓒按",反映自"郎果反"以下到此处注文,均臣瓒原注,也就是说,《要术》所引注文还保存着《汉书》臣瓒《集解》本的原样。说详拙著《齐民要术校释》,此处从略。

〔10〕今本《说文》作"在地曰蔌",与下引许慎注《淮南子》同。但段玉裁认为"蔌"字从艸,据此《要术》改今本《说文》的"在地"为"在艸"。自"《说文》曰"至"王广注"云云,可能是贾氏加注。

〔11〕今本《周礼·天官·甸师》和《地官·场人》均有郑玄类似注文。

〔12〕见《尔雅·释天》"果不熟为荒"郭璞注,无"也"字。

〔13〕"实",今本《吕氏春秋·仲夏纪》高诱注作"覈",即"核"字。高诱注《淮南子·时则训·仲夏》及《主术训》并同。则《要术》的"实"指果

核,非指果实。

〔14〕《春秋元命苞》:《春秋纬》的一种。沈约注本,隋唐书《经籍志》均不著录,沈约所撰《宋书·自序》及《梁书》本传也没有说到为纬书作注。其书已早佚。沈约(441—513):生活于自南朝宋至梁,在梁官至尚书令。善古体诗。撰有《宋书》。

〔15〕金抄、明抄作"王广",他本作"韩康伯",均非。胡立初《齐民要术引用书目考证》,认为应是"王廙"之误。《易传》,儒家学者对古代占筮用书《周易》所作的各种解释,包括《系辞》、《文言》等十篇,又称《十翼》。

〔16〕庐:古解经者都释为庐舍。近人有新解,庐通"芦",有认为是葫芦,也有认为是萝卜。

〔17〕疆易(场):田地边界上的畸零地,田头地角。

【译文】

《汉书·食货志》说:"种谷类必须错杂着五种谷物,借以防备灾害。"颜师古注解说:'这是因为年岁有适宜于哪种谷物,以及有耐水耐旱性能的不同。五种,就是五谷,指黍、稷、大麻、麦、豆。'"

"田里面不能有树,因为树是妨碍五谷的。〔思勰按:〕五谷田里不宜种果树。俗话说:"桃树李树并没同人说话,可树下面却被人踩成了小路。"种树不但妨碍耕种,损伤禾苗,而且还是懒人休息的地方,儿童游嬉的所在。所以齐桓公问管子道:"百姓又饥又受冻,房子漏了不修理,围墙坏了不修筑,该怎么办?"管子答道:"把大路边的树的枝条统统剪掉。"桓公就命令左右伯:"把大路边的树枝统统剪掉。"一年之后,百姓都穿上布的或绸的衣服,房屋也修理了,围墙也修筑了。桓公问道:"这是什么道理?"管子回答说:"齐是夷莱的国家。一棵大树荫下,歇着成百的车子,是树枝没有剪掉的缘故。各种鸟儿停在上面,青壮年人带着弹弓揣着弹丸在下面守着,整天不回去。老头们摸着树枝谈天,整天不离开。现在我把树枝剪得光光的,太阳当空时,没有一点树荫,过路的人赶快走,老头们回去做工,青壮年也回去生产了。"

"努力耕种,多次耘锄,收获要像有盗寇来抢那样急迫。师古说:'力是说勤力耕作。像有盗寇来抢,是形容极其紧迫急促,恐怕被风雨所损害。'"

"还着田中的庐舍种桑树,'师古说:'还,是环绕的意思。'"蔬菜种在畦里,《尔雅》说:"菜,叫作蔌(sù)。"〔蔬〕没有收成,叫作馑。"〔郭璞注解说:〕"蔬是菜的总名。""凡草类、菜类可以吃的,一概叫作蔬。"按:生的叫菜,熟的叫茹,正像活的叫草,死的叫芦(?)。瓜、瓞、果、蓏,"应劭说:'树上的果实叫果,草上的果实叫蓏。'张晏说:'有核的叫果,无核的叫蓏。'臣瓒按:'结在树上的叫果,结在地上的叫蓏。'《说文》

说:"在树上的叫果,在草上的叫蓏。"许慎注《淮南子》说:"在树上的叫果,在地上的叫蓏。"郑玄注《周礼》说:"果是桃李之类,蓏是瓜瓠之类。"郭璞注《尔雅》说:"果是树木的子实。"高诱注《吕氏春秋》说:"有核的叫果,无核的叫蓏。"宋沈约注《春秋元命苞》说:"树上的果实叫果,蓏是瓜瓠之类。"王广(?)注《易传》说:"果、蓏是植物的子实。"种在疆场上。"张晏说:'田到这里换了主人,所以叫作易。'师古说:《诗经·小雅·信南山》说:田中间有庐,疆场上有瓜。说的就是这个。'"

"鸡、豚、狗、彘,毋失其时,女修蚕织,则五十可以衣帛,七十可以食肉。

"入者必持薪樵。轻重相分,班白不提挈。"师古曰:'班白者,谓发杂色也。不提挈者,所以优老人也。'"

"冬,民既入,妇人同巷,相从夜绩,女工一月得四十五日。"服虔曰:'一月之中,又得夜半,为十五日,凡四十五日也。'"必相从者,所以省费燎火,同巧拙而合习俗。"师古曰:'省费燎火,省燎、火之费也[1]。燎,所以为明;火,所以为温也。燎,音力召反。'"

"董仲舒曰[2]:'《春秋》他谷不书,至于麦、禾不成则书之,以此见圣人于五谷,最重麦、禾也。'

【注释】

〔1〕此注各本均作:"省费,燎火之费也。"有脱文。今据《汉书》原注补"燎火,省"三字,意义比较明顺。

〔2〕董仲舒(前179—前104):西汉哲学家、今文经学家。他主张罢黜百家,独尊儒术,为汉武帝所采纳,开此后封建社会以儒学为正统的局面。下文《春秋》,指《春秋》经文。

【译文】

"鸡、小猪、狗、猪,都按时育养,妇女都做养蚕织帛的工作,那么,五十岁的人可以有丝织的衣服穿,七十岁的人可以有肉吃。

"从田野回来的人,一定要带上一些柴火。担子轻的合并,重的分开;头发斑白的人不挑不提。"师古说:'斑白,是说头发花白。不挑不提,是照顾老年人。'"

"冬天,大家都已搬进邑城里来住,住在同一条巷里的妇女,大家聚集在一起,夜里做着绩绩麻缕的活,这样,一个月等于有四十五个工作日。"服虔解释说:'一个月三十工,加上夜间相当十五工,总共四十五工。'"之所以一定要聚集在一起,是为了节省燎和火的耗费,并且可以互相学习,不会的也可以学会,同时习俗风气也融洽了。"师古说:'省燎火的费,是节省燎和火的费用。燎,是用来照明的;火,是用来取暖的。'"

"董仲舒说:'《春秋》里面其他的谷物不成熟,都不记载,惟有麦和谷子不成熟时,就记载下来。这说明圣人对于五谷,最看重的是麦和谷子。'

"赵过为搜粟都尉。过能为代田[1],一亩三甽,"师古曰:'甽,垅也[2],音工犬反,字或作畎。'"岁代处,故曰代田。"师古曰:'代,易也。'"古法也。

"后稷始甽田:以二耜为耦,"师古曰:'并两耜而耕。'"广尺深尺曰甽,长终亩,一亩三甽,一夫三百甽[3],而播种于甽中。"师古曰:'播,布也。种,谓谷子也。'"苗生叶以上,稍耨垅草,"师古曰:'耨,锄也。'"因陨其土,以附苗根。"师古曰:'陨,谓下之也。音颓。'"故其《诗》曰:'或芸或芓,黍稷儗儗。'"师古曰:'《小雅·甫田》之诗。儗儗,盛貌。芸,音云。芓,音子。儗,音拟。'"芸,除草也。芓,附根也。言苗稍壮,每耨辄附根。比盛暑,垅尽而根深,"师古曰:'比,音必寐反。'"能风与旱,"师古曰:'能,读曰耐也。'"故儗儗而盛也。

"其耕、耘、下种田器,皆有便巧。率十二夫为田一井一屋,故亩五顷。"邓展曰:'九夫为井,三夫为屋,夫百亩,于古为十二顷。古百步为亩,汉时二百四十步为亩,古千二百亩,则得今五顷。'"用耦犁[4]:二牛三人。一岁之收,常过缦田亩一斛以上[5];"师古曰:'缦田,谓不为甽者也。缦,音莫干反。'"善者倍之。"师古曰:'善为甽者,又过缦田二斛以上也。'"

【注释】

〔1〕代田:指甽和垅每年轮换着耕种,即今年的甽明年作成垅,而今年的垅明年作成甽,在土地利用上做到了用养结合。同时每次锄都要把垅土铲些下来,

到盛夏时，垄铲平了，根部也壅深了，不但耐风耐旱，也为明年沟垄互换打好基础。这是我国土壤耕作法的独特创造。现在为西方国家所重视。

〔2〕"垄也"，各本及《汉书》均同。《周礼·考工记·匠人》"广尺深尺曰畎"郑玄注："垄中曰畎。"虽然播种沟也可以称"垄"，但下文有"垄尽而根深"，自指高垄，则此处"垄也"应作"垄中也"才与《食货志》原文相贴切。

〔3〕这里的亩是古代一百方步的长条亩，即宽一步（六尺）长一百步的长条面积。畎指播种沟，宽一尺，深也一尺，畎与畎间的垄也是宽一尺。一亩横阔六尺，这样就有三条长畎和三条长垄，各长一百步，都伸到亩的末端。一夫百亩，所以一共有三百畎。

〔4〕耦犁：解释不一，有认为是二人各牵一牛，一人扶犁，是一张犁；有认为是二牛各挽一犁，二人执犁，一人在前守牛，使并行前进；还有其他不同解释。《新唐书·南诏传》记载南诏地区犁耕法是："犁田用二牛三夫：前挽，中压，后驱。"即两牛合犋共拉一犁，其架牛法为"二牛抬杠"式，"用三尺犁，格长丈余，两牛相去七八尺"，为了调节犁地的深浅，除前挽和后驱的两人外，还要有一人压辕。解放前后云南剑川白族（原南诏地区）和宁蒗纳西族仍残留这种牛耕法。这里两牛三人的耦犁法应与此相类似（《中国农业科学技术史稿》第172—173页）。

〔5〕缦（màn）田：古代不作垄沟耕作的田地。

【译文】

"赵过任搜粟都尉。赵过能行'代田'的办法，就是将一亩地分成三畎，"师古说：'畎是垄〔沟〕，字也写作畖。'"畎和垄每年轮换，所以叫'代田'。"师古说：'代，就是更换。'"这是古代传下来的方法。

"后稷开始作畎田，方法是：用两个耜作为一耦，"师古说：'一耦就是两个耜并排着耕。'"宽一尺深一尺叫作一畎，长度一直到亩的末端，一亩地开成三畎，一夫百亩，一共三百畎，作物就播种在畎里。"师古说：'播，就是散布。种，指谷物种子。'"苗长出三四片叶子时，稍稍耨一耨垄中的草，"师古说：'耨，就是锄。'"趁势把土隤些下来，壅附在苗根上。"师古说：'隤，就是把土铲些下来。音颓。'"所以那时的《诗》上说：'或者芸，或者芋，那黍和稷长得多么茂盛。'"师古说：'这是《诗经·小雅·甫田》的诗句。儗儗，形容茂盛的样子。芸音云。芋音子。儗音拟。'"芸是除草，芋是培土附在根上。就是说，苗稍稍长大之后，每次锄都要向根上培土。等到了盛暑，垄上的土铲下培平了，根也就壅得深了，"师古说：'比，音避。'"能受得住风和旱，"师古说：'能，读作耐字。'"所以能够儗儗然茂盛。

"〔赵过的〕耕地、锄地和下种的田器，使用起来都比较方便而灵巧。大率十二个夫共有田一井一屋，把古亩折算成汉时的亩是五顷。"邓展说：'九个夫是一井，三个夫是一屋，每个夫一百亩，在古代一共是十二顷。古代一百方步为一亩，汉时二百四十方步为一亩，所以古代的一千二百亩，折算成汉亩是五顷。'"用耦犁，就是两头牛三个人相配合操作。一年的收成，往往一亩要比缦田多收一斛以上；"师古说：'缦田，就是不作畎的普通田。'"善于作畎田的，收成还要加倍。"师古说：'善于作畎田的，每亩又比缦田多收二斛以上。'"

"过使教田太常、三辅[1]。"苏林曰：'太常，主诸陵，有民，故亦课田种。'"大农置工巧奴与从事[2]，为作田器。二千石遣令、长、三老、力田[3]，及里父老善田者，受田器，学耕种养苗状。"苏林曰：'为法意状也。'"

"民或苦少牛，亡以趋泽。"师古曰：'趋，读曰趣。趣，及也。泽，雨之润泽也。'"故平都令光[4]，教过以人挽犁。"师古曰：'挽，引也。音晚。'"过奏光以为丞[5]，教民相与庸挽犁。"师古曰：'庸，功也，言换功共作也。义亦与庸赁同。'"率多人者，田日三十亩，少者十三亩。以故田多垦辟。

"过试以离宫卒，田其宫壖地[6]，"师古曰：'离宫，别处之宫，非天子所常居也。壖，余也。宫壖地，谓外垣之内，内垣之外也。诸缘河壖地，庙垣壖地，其义皆同。守离宫卒，闲而无事，因令于壖地为田也。壖，音而缘反。'"课得谷，皆多其旁田，亩一斛以上。令命家田三辅公田。"李奇曰：'令，使也。命者，教也。令离宫卒，教其家，田公田也。'韦昭曰：'命，谓爵命者。命家，谓受爵命一爵为公士以上[7]，令得田公田，优之也。'师古曰：'令，音力成反。'"又教边郡及居延城[8]。"韦昭曰：'居延，张掖县也，时有田卒也。'"是后边城、河东、弘农、三辅、太常民[9]，皆便代田，用力少而得谷多。"

【注释】

〔1〕太常：官名，九卿之一，主管礼、乐、郊祀、庙祭、陵墓等事。

〔2〕大农：即大农令，汉武帝改名大司农，为中央最高级农官。　工巧奴：指有精良技术的官府手工业奴隶。他们又指导一般工奴和服劳役的人制造革新农具。　从事：指办事的人，即委派管理工匠制作新田器的人，这里不是州郡的属官"从事"。

〔3〕二千石：指太守。　　令：万户以上的县的首长。　　长：万户以下的县的首长。　　三老、力田：都是乡村基层有职掌的人，三老掌教化，力田督管种田。《汉书·文帝纪》："以户口率（比例）置三老、孝悌、力田常员。"

〔4〕平都：县名。据《汉书·地理志》属并州上郡，在今陕北地区。"光"为名，其姓已无从查考。

〔5〕丞：佐贰官。据《汉书·百官公卿表上》，治粟内史有两丞，其属官太仓令、铁市长等也各有自己的丞官。治粟内史后改称大司农。搜粟都尉品秩稍低于大司农。大司农缺员，桑弘羊曾以搜粟都尉兼领大司农多年。赵过任搜粟都尉在汉武帝征和四年（前89），是接桑弘羊的差的。赵过推荐光任丞官，究竟是哪一级的丞官，无可推测，一般说，可能是任自己的副职。

〔6〕壖（ruán）：同"堧"，余地，空地。

〔7〕公士：爵级名。汉承秦制，爵分为十二级，最低一级为"公士"，见《汉书·百官公卿表上》。

〔8〕居延：西汉置县，故城在今内蒙古额济纳旗东南。西汉为张掖都尉治所，魏晋为西海郡治所。韦昭是三国吴时人，他所说的张掖县，即指张掖都尉治所的居延县，非指今甘肃河西走廊中部的张掖县（隋代始改此名）。值得注意的是，赵过推行代田新法有一套合理的过程：先在天子不常住的离宫空闲地上作对比试验，取得比不采用代田法的田亩每亩增产一斛以上的好成果后，再在京畿三辅地区的公田上，使有爵命的人家重点示范耕种，然后再推广到边郡和居延城，使屯田军士耕种。其特点，推广新技术是稳步前进，不是一哄而起，并且都在政府的官兵内进行，没有硬推行到民间去。人们在看准了代田法确实是能增产的革新好办法之后，便不推广而自然推广了。这不，不久内地三辅、太常以及河东、弘农郡的"民"都认为很便利而自然推广了吗？尤其可注意的是：新法的操作技术，必须有人学习、示范和传授（原文以一个"状"字概括），赵过是先使县令、长以至乡里中掌教化的"三老"、种田能手的"力田"和老农等都接受新农器，学好耕地、下种、培养禾苗的操作新技术，然后才各自传播到基层的农民中去，向广大地区推广开来。其中县令、长的培训是关键，必须自己懂行，才能有效地领导教导三老、老农等，从而获得推广的实效。

〔9〕河东、弘农：均汉郡名。河东郡有今山西西南隅地区。弘农郡有今河南西部跨陕西东南一隅地区。二郡均与三辅毗邻，新法都是由三辅传播过来的。

【译文】

"赵过使人把这种耕种方法教给太常和三辅的农民。"苏林说：'太常，主管皇家陵墓，其地有农民，所以也要督促他们学习耕种的方法。'"大农设置工巧奴和从事,制作耕田新器具。二千石派县的令、长、三老、力田,以及乡间善于种田的老农,都接受这种新农器,学习耕地、下种和育养禾苗的新技术。"苏林说:'学习新法的操作技术。'"

"农民有的苦于缺少耕牛,没法趋泽及时耕作。"师古说:'趋,读作趣字。趣,就是赶上。泽,就是雨水的润泽。'"原任平都县令叫光的,教赵过用人力来挽犁。"师古说:'挽,就是牵引。音晚。'"赵过奏请上面任命光为丞,叫农民互相换庸来挽犁。"师古说:'庸,就是功,是说换功来完成这个工作。意思也和一方佣作一方出钱的关系一样。'"通常人多的,一天可以耕三十亩田,人少的耕十三亩。因此,田亩就垦辟得多了。

"赵过先叫守离宫的士兵,在离宫的墙地上种田作试验。"师古说:'离宫是别一处的宫殿,不是皇帝正常居住的地方。墙,是空余的地方。离宫的墙地,就是外围墙之内,内围墙之外的空地。其他像河边墙地,庙墙内墙地,意思都是一样。守离宫的士兵,闲着没有事做,所以叫他们在空墙地上种田。'"结果,收得的谷,都比外边的田一亩多收一斛以上。再令命家种三辅的公田。"李奇说:'令是使的意思,命是教的意思。就是说,使守离宫的士兵,教给他们家里的人耕种公田。'韦昭说:'命,是说有爵命的人。命家,指受有一级公士以上的爵命的人家,允许他们可以耕种公田,以示优待。'师古说:'令,音玲。'"然后又教边疆的郡和居延城。"韦昭说:'居延,是张掖县,当时驻有屯田军士。'"从这以后,边塞城邑、河东、弘农,以及三辅、太常的农民,都觉得代田法很便利,用的劳力少,而得的谷实多。"

齐民要术卷第二

黍穄第四

《尔雅》曰[1]:"秬,黑黍。秠,一稃二米[2]。"郭璞注曰:"秠亦黑黍,但中米异耳。"

孔子曰[3]:"黍可以为酒。"

《广志》云:"有牛黍,有稻尾黍、秀成赤黍,有马革大黑黍[4],有秬黍,有温屯黄黍,有白黍,有驱芒、燕鸽之名。穄,有赤、白、黑、青、黄燕鸽,凡五种。"

按:今俗有鸳鸯黍、白蛮黍、半夏黍;有驴皮穄。

崔寔曰:"𪎭,黍之秫熟者[5],一名穄也。"

【注释】

〔1〕见《尔雅·释草》,文同。郭璞注还举了"中米异"的例子:"汉和帝时,任城生黑黍,或三四实,实二米,得黍三斛八斗是。"

〔2〕黍的小穗有小花二朵,其中一朵不孕。但偶然有变异,二花同孕,则可出现一稃二米的种实。郭璞注《尔雅》还举例说,东汉和帝时,任城(今山东济宁)"生黑黍,或三四实,实二米"。就是一穗中有三四个异常的种实,每实中含有两颗米。

〔3〕《说文》"黍"字下引孔子语有"黍可为酒"句。

〔4〕"马革",原作"马草",《初学记》卷二七、《御览》卷八四二引《广志》均作"马革",《渐西》本改为"马革"。又"燕鸽",《初学记》两引《广志》均作"燕鸽"。

〔5〕"秫",各本相同,有误。《说文》:"秫,稷之黏者。"《广雅·释草》:"秫,穄也。"西晋崔豹《古今注》:"稻之黏者为秫稻。"无论指粟或稻,概以黏性者为"秫",黍属亦不例外。《说文》:"穄,𪎭也。"唐释慧琳《一切经音义》卷一六引《说

文》尚多"似黍而不黏者,关西谓之縻"句。今习俗所称,仍称黏者为黍,不黏者为穄,而縻(糜)子现今仍是穄的俗名。这里以"黍之秫熟者"为縻,反常,"秫"应是"秔"的形近之误。

【译文】

《尔雅》说:"秬(jù),是黑黍。秠(pī),是一个稃壳里面有两颗米。"郭璞注解说:"秠,也是黑黍,不过里面的米〔有两颗〕不同。"

孔子说:"黍可以作酒。"

《广志》说:"有牛黍,有稻尾黍、秀成赤黍,有马革大黑黍,有秬黍,有温屯黄黍,有白黍,又有抠(ōu)芒、燕鸽的名目。穄,有赤穄、白穄、黑穄、青穄、黄燕鸽五种。"

〔思勰〕按:现今习俗名称,有鸳鸯黍、白蛮黍、半夏黍;又有驴皮穄。

崔寔说:"縻,是黍中米粒〔粳〕性的,也叫作穄。"

凡黍穄田,新开荒为上,大豆底为次,谷底为下。

地必欲熟。再转[1]乃佳。若春夏耕者,下种后,再劳为良。

一亩,用子四升。

三月上旬种者为上时,四月上旬为中时,五月上旬为下时。夏种黍穄,与穊谷同时[2];非夏者,大率以椹赤为候。谚曰:"椹厘厘[3],种黍时。"燥湿候黄塌[4]。始章切种讫不曳挞。常记十月、十一月、十二月冻树日种之,万不失一。冻树者,凝霜封着木条也。假令月三日冻树,还以月三日种黍;他皆仿此。十月冻树宜早黍,十一月冻树宜中黍,十二月冻树宜晚黍。若从十月至正月皆冻树者,早晚黍悉宜也。

苗生垄平,即宜耙劳。锄三遍乃止。锋而不耩。苗晚耩,即多折也。

刈穄欲早,刈黍欲晚[5]。穄晚多零落,黍早米不成。谚曰:"穄青喉,黍折头[6]。"皆即湿践。久积则浥郁,燥践多兜牟[7]。穄,践讫即蒸而裛于劫反之[8]。不蒸者难舂,米碎,至春又土臭;蒸则易舂,米坚,香气经夏不歇也。黍,宜晒之令燥。湿聚则郁。

凡黍,黏者收薄。穄,味美者亦收薄[9],难舂。

【注释】

〔1〕"转"指再耕,"再转",即第一次耕翻后,再耕两遍。

〔2〕稙,金抄、明抄同,湖湘本等作"植"。启愉按:"稙谷"是早谷子,卷一《种谷》二月三月种"稙禾",四月五月种"稏禾"。这里既是"夏种黍穄",不应"与稙谷同时",湖湘本作"植",勉强,疑是"稚"字之误。

〔3〕厘厘:形容桑椹由青转赤,丰美多实。时期因桑树品种和栽培条件而不同,大致在阴历三月间。

〔4〕黄塲(shāng):即黄墒,指土壤中保有某种湿润程度和良好的结构而言。黄墒是北方至今还保留着的群众口语。其标准是:土壤湿润适度,捏之成团,扔之散碎,手触之微有湿印和凉爽之感。《要术》和以后农书无不争取赶在黄墒时耕地、下种。但黄墒必须耕耙熟透才能保持。

〔5〕"刈穄欲早"两句:收割要穄早黍晚。启愉按:穄(Panicum miliaceum var. compaotum)是黍的变种,在某些生物学特性上二者是相同的,例如,分蘖和分枝的发生很迟,因此分蘖穗和分枝穗的成熟晚于主茎穗;同一穗上,成熟也不一致,顶部成熟最早,中部次之,下部最迟;子实成熟后容易落粒,等等,二者相同。清初山东淄川(和贾思勰的家乡邻近)人蒲松龄写的《农桑经》说:"刈宜早,黍稷(穄)过熟,遇风则落。"可见黍穄同样容易落粒。实际黍到穗子最下部的分枝逐渐失去绿色时,就该抓紧收割。贾氏所说黍子割早了米还没有成熟,似是黍子不容易落粒,可以等待成熟一致时收割,是否那时那地的黍的品种和现在不同,就不清楚了。

〔6〕青喉:指穄穗基部与茎秆相连的部分(喉)还保持绿色时,就该收割。　　折头:指黍穗向一侧弯曲下垂的时候,也该收割。下垂的过程是上下部籽粒逐渐成熟的过程,但不等于最下部的籽粒一齐成熟。

〔7〕兜牟:即兜鍪,战士头上戴的头盔。这里是作比喻。明王象晋《二如亭群芳谱·谷谱·黍》条:"刈后乘湿即打,则稃易脱,迟则稃着粒上,难脱。"黍穄如果不趁湿脱粒,干燥后颖壳粘在果皮上,不容易脱落,好像戴着头盔的样子,所以说兜牟多。

〔8〕蒸而裛之:即采用加热办法使热气透入穄粒,并密闭一定时间,使其气味颜色发生良好的变化。裛,指密闭着使湿热相郁。此法颇像浙江湖州一带的"蒸谷",其特点是米粒全,碎米少,胀性大,有特殊的香气。但穄子闷闭后仍须晒干,才能贮藏,或者在囤中插入"谷盅"(气笼),以散去湿郁之气,否则必致发霉生虫变质。

〔9〕这个糯性强弱和产量多少成反比的矛盾,现代科学也还不能解开。

【译文】

种黍子、穄子的田,最好是新开荒的地,其次是前茬是大豆的地,最差是前茬是谷子的地。

地必须整治得熟。耕三遍为好。如果是春天夏天耕的地,下种之后,耢盖两遍为好。

一亩地,用四升种子。

三月上旬种是最好的时令,四月上旬是中等时令,五月上旬是最晚时令。夏天种黍子、穄子,与种〔晚〕谷子同时。不是夏天种的,大率看桑椹赤色时作为播种的物候。农谚说:"桑椹厘厘,种黍之时。"土壤的燥湿,掌握在黄墒时下种。种完了,不要拖拉。又,常常记住十月、十一月、十二月"冻树"的日子,明年就在这一日种黍,万无一失。所谓"冻树",是指冻霜凝结着封裹了树枝。假如今年是初三日冻树,明年就在初三日种黍;其余类推。十月冻树,明年宜于种早黍;十一月冻树,宜于种中黍;十二月冻树,宜于种晚黍。如果从十月到正月都出现冻树的,早黍晚黍都相宜。

苗长出和垄一样高时,就该耙耢。锄三遍为止。只锋,不要耩。耩晚了,苗容易折断。

收割穄子要早,黍子要晚。穄子割晚了,子实掉落就多;黍子割早了,米还没有成熟。农谚说:"穄子青喉,黍子折头。"都要趁湿用碌碡压器具把子实压脱下来。堆积久了不脱粒,便会窝坏;干燥后才脱粒,"兜牟"就多。穄子,脱粒下来随即蒸一遍,趁热密闭一定时间。不蒸过,难舂,米容易碎,到明年春天还会有像泥土样的臭气;蒸过的容易舂,米粒坚实,经过明年夏天还是香的。黍子,脱粒下来应当晒干。湿着收藏就会闷坏。

黍子,黏的收成低。穄子,味道好的收成也低,而且难舂。

《杂阴阳书》曰:"黍'生'于榆。六十日秀,秀后四十日成。黍生于巳,壮于酉,长于戌,老于亥,死于丑,恶于丙、午,忌于丑、寅、卯。穄,忌于未、寅。"

《孝经援神契》云:"黑坟宜黍、麦。"

《尚书考灵曜》云:"夏,火星昏中,可以种黍、菽。"火,东方苍龙之宿,四月昏,中在南方。菽,大豆也。""

《氾胜之书》曰:"黍者,暑也,种者必待暑。先夏至二十日,此时有雨,强土可种黍。谚曰:"前十鸱张[1],后十羌襄,欲得黍,近我旁。""我旁",谓近夏至也,盖可以种晚黍也。[2] 一亩,三升。

"黍心未生,雨灌其心,心伤无实。

"黍心初生,畏天露。令两人对持长索,搜去其露,日出乃止。

"凡种黍,覆土锄治,皆如禾法;欲疏于禾[3]。"按:疏黍虽科,而米黄,又多减及空;今概,虽不科而米白,且均熟不减,更胜疏者。氾氏云:"欲疏于禾。"其义未闻。

崔氏曰[4]:"四月蚕入簇,时雨降,可种黍、禾,谓之上时。

"夏至先后各二日,可种黍。

"虫食李者黍贵也。"

【注释】

〔1〕鸱(chī)张:嚣张。这里指苗长得旺盛。

〔2〕以上三句注文,指明在夏至前可种晚黍,早黍则三月种,并不是夏天种的"以椹赤为候",也不是必须"待暑",与《氾书》不同,所以这是贾氏插注。

〔3〕欲疏于禾:指黍要比谷子种得稀些。启愉按:黍的分蘖力强,成熟先后拖拉。如果稀植,使得分蘖和分枝多,造成成熟不一致,自然产生很多的不饱满子实和空壳。密植可以抑制分蘖和分枝,养分和水分比较集中,成熟比较趋于一致,因而种子饱满,秕壳少。再者,黍子抽穗结实阶段很需要水分的供应,密植时能够较早地封闭地面,抑制地面水分的蒸发,土壤里保留有较多的水分。这样,黍粒可以得到比较充分的养分和水分的供给,种子就饱满,淀粉含量充实,米色也就白了。稀植的和这个相反,所以结果也相反。更有甚者,碰上干旱,养分和水分的供应满足不了摄取的需要,叶子还会和种子竞争有限的供应,种子竞争不过叶子,里面的养分还会倒流出去,甚至连原有的淀粉也会变成糖输送出去。这样,籽粒更不可能饱满,更不可能不发黄,从而出现多秕壳的恶果。大概古来习惯,直到氾氏当时黍还是疏于谷子的。但贾氏指出稀密的利弊是合科学的,他的栽培法已前进了一步。

〔4〕"崔氏"指崔寔,引文分见《四民月令》"四月"、"五月"。

【译文】

《杂阴阳书》说:"黍和榆树相生。六十日孕穗,孕穗后四十日成熟。黍,生在巳日,壮在酉日,长在戌日,老在亥日,死在丑日,恶在丙、午日,忌在丑、寅、卯日。穄,忌在未、寅日。"

《孝经援神契》说:"黑色的坟壤,宜于种黍和麦。"

《尚书考灵曜》说:"夏天,黄昏时大火星中在南方,可以种黍子和菽。〔郑玄注解说:〕"大火星是东方苍龙七宿中的心宿,四月黄昏时运行到正南方。菽是大豆。""

《氾胜之书》说:"'黍'在音训上有'暑'的涵义,所以种黍一定要等到暑天。夏至以前二十天,这时如果有雨,强土可以种黍。〔思勰按〕:农谚说:"早十天,苗旺旺;迟十天,心惶惶;黍想多收,靠近我旁。"靠近我旁,是说快近夏至,这时可以种晚黍。一亩地,用三升种子。

"黍的花序没有抽出以前,如果被雨水灌进了苗心,花序受伤,就不能结实。

"黍穗初始抽出时,怕露水。叫两个人相对拉着一条长索,刮去黍心上的露水,等到太阳出来停止。

"种黍,所有覆土、培土、耘锄等操作,都跟种谷子相同。黍要比谷子种得稀些。"〔思勰〕按:稀植的黍,虽然分蘖和分枝多些,但是米色是黄的,而且瘪粒和空壳又多;现在种得密些,科丛虽然小些,可是米色是白的,而且成熟均匀,颗粒饱满,比稀植的要好。氾胜之说的"要比谷子稀些",这种道理没有听说过。

崔寔说:"四月蚕入簇的时候,遇上下雨,可以种黍子和谷子,这是上好的时令。

"夏至前后各二日,可以种黍子。

"虫食李子的年份,黍的价钱贵。"

梁秫第五[1]

《尔雅》曰:"虋,赤苗也;芑,白苗也。"[2]郭璞注曰:"虋,今之赤粱粟;芑,今之白粱粟:皆好谷也。"犍为舍人曰:"是伯夷、叔齐所食首阳草也[3]。"

《广志》曰:"有具粱、解粱;有辽东赤粱,魏武帝尝以作粥。"

《尔雅》曰:"粟,秫也。"[4]孙炎曰:"秫,黏粟也。"

《广志》曰:"秫,黏粟,有赤、有白者;有胡秫,早熟及麦。"

《说文》曰:"秫,稷之黏者。"

按:今世有黄粱;谷秫,桑根秫,穗天棓秫也。

【注释】

〔1〕粱是好谷子,即粟的一种好品种。粟按黏性来分,可分为糯粟和粳粟。秫
就是糯粟,即孙炎《广志》所说的"黏粟"。粱秫分名也好,合称也好,都不是高粱。
凡黏性的粟、黍、稻等,古时都有"秫"的名称,如《要术》即称糯稻为"秫稻",但
《要术》单称"秫"时,概指黏粟,不得与黍、稻混同。

〔2〕见《尔雅·释草》。今本《尔雅》无两"也"字。

〔3〕伯夷、叔齐:商末孤竹君的长子和次子。孤竹君死后,二人先后都投奔
到周。周武王伐纣,两人反对。武王灭商后,他们耻食周粟,逃到首阳山(在今
山西永济南),采薇而食,饿死在山里。所称"首阳草",当是首阳山里的野生粟。

〔4〕见《尔雅·释草》。今本《尔雅》作:"众,秫。"无"也"字。

【译文】

《尔雅》说:"虋(mén),是赤苗粟;芑(qǐ),是白苗粟。"郭璞注解说:"虋,就是现
在的赤粱粟;芑,就是现在的白粱粟:都是好谷子。"犍为舍人注解说:"就是伯夷、叔
齐所吃的首阳草。"

《广志》说:"有具粱、解粱;有辽东赤粱,魏武帝曹操曾用来作粥。"

《尔雅》说:"粟是秫。"孙炎解释说:"秫是黏粟。"

《广志》说:"秫是黏粟,有赤的,有白的;还有一种胡秫,成熟很早,可以赶上麦子
同时成熟。"

《说文》说:"秫是黏性的稷。"

〔思勰〕按:现今粱有黄粱;秫,有谷秫、桑根秫、槐天棓秫。

粱秫并欲薄地而稀,一亩用子三升半。地良多雄尾[1],苗概穗
不成。

种与稙谷同时。晚者全不收也。

燥湿之宜,耙劳之法,一同谷苗。

收刈欲晚。性不零落,早刈损实。

【注释】

〔1〕雄尾:这是一种真菌病害,因感染一种Sclerospora graminicola的霉菌而
引起。由于感染部位不同,外形有两种:一种感染于花序,能抽穗但不结实,病
穗呈貂尾状,俗名"谷老"、"看谷老",也叫"老谷穗"等等,清祁寯藻《马首农言》

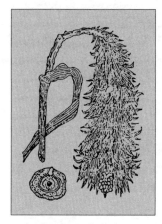

图七　老谷

"五谷病"有"老谷穗"说:"无实而毛,似貂尾。"即指此种(见图七,采自《民间兽医本草》481页)。一种感染于心叶,发病呈白发状,不能抽穗,俗名"枪谷"、"枪杆",即白发病,上部白色,老熟时叶片破裂,上举披散,形如雉尾羽,就是《要术》叫作"雉尾"的(河南张履鹏教授函告)。

【译文】

　　梁和秫都要种在薄地上,而且要稀,一亩地用三升半种子。地肥了多雉尾,播密了长不成穗子。

　　播种与早谷子同时。种晚了全无收获。

　　土壤燥湿的要求,耙和耢的作业,全同谷子一样。

　　收割要晚。天性不落粒,割早了没有长饱满,种实便有损失。

大豆第六

　　《尔雅》曰[1]:"戎叔谓之荏菽。"孙炎注曰:"戎叔,大菽也。"

　　张揖《广雅》曰[2]:"大豆,菽也。小豆,荅也。豍(方迷反)豆、豌豆,留豆也。胡豆,䂁(胡江反)䝁(音双)也。"[3]

　　《广志》曰:"重小豆,一岁三熟,㮯甘[4]。白豆,粗大可食。刺豆,亦可食。秔豆,苗似小豆,紫花,可为面,生朱提、建宁[5]。大豆:有黄落豆;有御豆,其豆角长;有杨豆,叶可食。胡豆,有青、有黄者。"

　　《本草经》云[6]:"张骞使外国[7],得胡豆。"

　　今世大豆,有白、黑二种,及长梢、牛践之名。小豆有菉、赤、白三种。黄高丽豆、黑高丽豆、燕豆、豍豆,大豆类也;豌豆、江豆、𦺇豆,小豆类也[8]。

【注释】

　　〔1〕见《尔雅·释草》,文同。《尔雅》邢昺疏引孙炎注作:"大豆也。"

　　〔2〕《广雅》:三国魏时张揖撰。他博采汉人笺注、《三苍》、《说文》、《方言》等

书,增广《尔雅》所未备,故名《广雅》,为现存重要训诂书。

〔3〕见《广雅·释草》,文同(有二字同字异写)。"䇷"字的注音,《要术》各本均作"方迷反"(或"切")。启愉按:此字反切的声母,据《广雅》隋曹宪音注、唐释玄应《一切经音义》卷一二《中阿含经》、《广韵》、《集韵》均作"边"或"布",即均读唇音,不读唇齿音,清末吾点因此校改为"边迷切",是。"方"当是"边(邊)"的残文错成。䇸(xiáng)䅂,即豇豆。

〔4〕"重小豆",《初学记》卷二七引《广志》作"种(種)小豆。""槜甘",金抄、明抄等及《初学记》卷二七"五谷"引《广志》并同,《御览》卷八四一"豆"引《广志》作"味甘"。"槜"是印板,费解,吾点校勘疑应作"餐","餐甘"犹言"味甘",可能对。

〔5〕朱提:郡名,东汉末置,郡治在今四川宜宾。 建宁:郡名,三国蜀置,故治在今云南曲靖。

〔6〕《本草经》:即《神农本草经》,我国最早的中药学专著,大约成书于秦汉时期而托名"神农"者。书中收载动植矿物药品365种,其中不少药品的疗效已经用现代科学方法得到证实。原书早佚,其内容由于历代本草书的转引,得以保存,今《重修政和经史证类备用本草》(简称《证类本草》)中以黑底白字录载者即其原有内容。以下引文今传本草书无此记载。《御览》卷八四一"豆"引《本草经》有此条:"生大豆。张骞使外国得胡麻,胡豆——或曰戎菽。"

〔7〕张骞(?—前114):他两次奉汉武帝之命出使西域,使中原的铁器、丝织品传到西域,西域的音乐、葡萄等传进中原,沟通了双方的交往,促进了汉朝与中亚各地经济文化的交流和发展。

〔8〕以上各种豆:戎菽或荏菽,是大豆的古老名称。江豆即豇豆。䇷(bǐ)豆也称䇸(bì)豆(毕豆),就是豌豆,但《广雅》与豌豆并举而称为"留豆",当是蚕豆,其所以称为"留",大概指其为越冬二年生者,好像冬麦被称为"宿麦"。这两种豆都在蚕时成熟,现在有的地方叫豌豆为蚕豆,而别称蚕豆为"䇸豆",则与《广雅》相同。可《要术》称䇷豆为大豆类,则地方名称又有不同。胡豆的说法最杂,有大豆、青斑豆、青小豆、豌豆、蚕豆等说法,这里《广雅》又说是豇豆。䇹(láo)豆,一般指黑小豆。其他如秬豆、刺豆、御豆、杨豆、燕豆、高丽豆等,或者是杂色豆,或者是大豆的不同品种,各地随俗异名。至于小豆赤色的,包括赤豆(Phaseolus angularis)和赤小豆(P. calcatus,也称饭豆);小豆白色的,当是饭豆之白色者。所谓"大豆类"、"小豆类",不是指豆的颗粒大小,当与豆的营养成分和用途有关,大概蛋白质和脂肪含量丰富而经济价值较高的,称为大豆类,反之为小豆类。

【译文】

《尔雅》说:"戎叔叫作荏菽。"孙炎注解说:"戎叔,就是大豆。"

张揖《广雅》说:"大豆叫菽,小豆叫荅。豍豆、豌豆,是留豆。胡豆,是䟆豆。"

《广志》说:"重小豆,一年可以收三次,〔味道〕甜。白豆,颗粒粗大,可以吃。剌豆,也可以吃。秬豆,苗像小豆,花紫色,可以磨面,产在朱提、建宁。大豆:有黄落豆;有御豆,它的豆荚长;有杨豆,叶子也可以吃。胡豆,有青的,有黄的。"

《本草经》说:"张骞出使外国,带回来胡豆种子。"

〔思勰按:〕现在的大豆,有白色、黑色两种,还有长梢、牛践的名目。小豆有绿豆和赤色、白色的豆三种。黄高丽豆、黑高丽豆、燕豆、豍豆,是大豆类;豌豆、江豆、䜶豆,是小豆类。

春大豆,次稙谷之后。二月中旬为上时,一亩用子八升。三月上旬为中时,用子一斗。四月上旬为下时。用子一斗二升。岁宜晚者,五六月亦得;然稍晚稍加种子。

地不求熟。秋锋之地,即稴(tì)种。地过熟者,苗茂而实少。

收刈欲晚。此不零落,刈早损实。

必须耧下。种欲深故。豆性强,苗深则及泽。锋、耩各一。锄不过再。

叶落尽,然后刈。叶不尽,则难治。刈讫则速耕。大豆性炒[1],秋不耕则无泽也。

种莝者[2],用麦底。一亩用子三升[3]。先漫散讫,犁细浅酹良辍反而劳之[4]。旱则其坚叶落[5],稀则苗茎不高,深则土厚不生。若泽多者,先深耕讫,逆垈掷豆,然后劳之。泽少则否,为其浥郁不生。九月中,候近地叶有黄落者,速刈之。叶少不黄必浥郁。刈不速,逢风则叶落尽,遇雨则烂不成。

【注释】

〔1〕大豆性炒:"炒",明抄等作"雨",《辑要》引作"温",金抄作"与",字不全,当系"煼"(古"炒"字)的残文错成。《四时纂要・二月》"种大豆"采《要术》正作"炒",从之。"炒"是"燥"的转音(现在苏北方言仍有叫"干燥"为"干炒",泰州市董爱国同志函告)。"性炒",指大豆的生理特性需水量较多,后期开花结荚时更需要水,容易使土壤缺水干燥,加上到叶子落尽然后收割,地面暴露较久,水分蒸发快。因此,必须在收割后立即进行耕耙,秋收后正是北方秋雨多

的季节,使土壤尽多地收蓄秋雨,为种麦和明春春播作物提供良好的墒情。

（2）种茇者:种来作茇豆的。茇,这里指茇豆。种大豆连茎带叶进行青刈,主要是收贮起来作为牲口越冬的干饲料,叫作"茇豆"。茇豆以收茎叶为目的,所以要播得密,胁使植株长高,如果播稀了,虽然分枝多些,但长不高,远不及密植株高的产量高。同时要种得浅,因为夏季雨水多,表土容易板结,覆土厚了影响出苗。春天少雨多风,所以和春大豆要求深播不同。

〔3〕"三升",各本相同,太少,怀疑是"三斗"。茇豆以收茎叶为目的,作为牲畜饲料,要求播种密度大,胁使植株长高,多收茎叶;如果种稀了,虽然分枝较多,但长不高,远不及密植株高的产量高,"稀则苗茎不高",已明确点明。一般大豆楼种条播的每亩尚且多到"一斗二升",现在是撒播,种期又较晚,绝不可能只播"三升"。

〔4〕畤(liè):翻耕土地。

〔5〕"旱",各本相同,但与正文不相侔,疑应作"早"。"早"谓播种过早,又种得浅,易遇干旱,则水分不足,有茎干叶落之弊。现在五月接麦茬下种,进入雨季,水分较足,则茎叶繁茂,很合时。

【译文】

春大豆,在种过早谷子之后就种。二月中旬是上好的时令,一亩用八升种子。三月上旬是中等时令,一亩用一斗种子。最晚不能过四月上旬。一亩用一斗二升种子。年岁宜于晚种的,五月、六月也可以种;不过晚了要多加些种子。

地不要求很熟。秋天锋过灭茬的地,可以就这样不必耕翻就楼播。过熟的地,苗徒然长得茂盛,但子实反而少。

收割要晚。这种大豆不裂荚落粒,割早了反而籽粒不饱满受损失。

必须用楼车下种。是要种得深些的缘故。大豆有扎根深的特性,根扎得深就能摄取地下面的水分。锋一遍,耩也一遍。锄,两遍就够了。

叶子落尽了,然后收割。叶子没有落尽,整治起来就麻烦。割完后,赶快把地耕翻。大豆的特性是耗水量大,秋收后不马上耕翻,地里就保不住墒。

种来作茇豆的,要接麦茬下种。一亩用三〔斗〕种子。先撒播下去,接着用犁浅浅窄窄地犁过,随即耢平。〔种得过早,〕容易受旱,茎秆会干硬,叶子会掉落;种得稀了,苗株长不高;种得深了,覆土厚,苗长不出来。如果地里水湿多,先深耕一遍之后,逆着垡块倒仆的方向撒豆,然后耢平。地不湿就不能这样做,怕的是水分不够,闷坏了长不出苗。到九月里,看到近地面的叶有萎黄落下的时候，就赶紧收割。叶子还不见有什么萎黄，还太青，必然会郁坏。不赶快收割，遇上风，叶子会掉光；遇上雨，茎叶会烂坏，等于白种。

《杂阴阳书》曰："大豆生于槐。九十日秀，秀后七十日熟。豆生于申，壮于子，长于壬，老于丑，死于寅，恶于甲、乙，忌于卯、午、丙、丁。"

《孝经援神契》曰："赤土宜菽也。"

《氾胜之书》曰："大豆保岁易为，宜古之所以备凶年也。谨计家口数，种大豆，率人五亩，此田之本也。

"三月榆荚时，有雨，高田可种大豆。土和无块，亩五升；土不和，则益之。种大豆，夏至后二十日，尚可种。戴甲而生，不用深耕。⁽¹⁾

"大豆须均而稀。

"豆花憎见日，见日则黄烂而根焦也⁽²⁾。

"获豆之法，荚黑而茎苍，辄收无疑；其实将落，反失之。故曰：'豆熟于场。'于场获豆，即青荚在上，黑荚在下。"

【注释】

〔1〕后面一节中"种之上，土才令蔽豆耳"一句，在引《氾书》的最末，当是错简，宜列此。《御览》卷八二三"种殖"引《氾书》"戴甲而出"下就径接"种土不可厚"，可见出苗与覆土连贯为文，而《要术》被割裂。《御览》引《氾书》覆土不能厚的理由时说："厚则折项，不能上达，屈于土中而死。"事实确是如此，即使挣扎着顶出土，以后也长不好，或成畸形株。

〔2〕"根焦"，各本及《御览》卷八四一"豆"引《氾书》并同，讲不通，疑是"枯焦"之误。

【译文】

《杂阴阳书》说："大豆与槐树相生。九十日开花，开花后七十日成熟。豆，生在申日，壮在子日，长在壬日，老在丑日，死在寅日，恶在甲、乙日，忌在卯、午、丙、丁日。"

《孝经援神契》说："赤土宜于种菽。"

《氾胜之书》说:"大豆保证有收获,容易种,宜乎古人种它来防备荒年。仔细计算家里的人口,按照每人五亩的标准来种大豆。这是种田人家的根本大事。

"三月榆树结荚的时候,遇上雨,可以在高地种大豆。土壤松和无块的,一亩用五升种子;土壤不松和的,种子要增加些。种大豆,夏至后二十天,还可以下种。大豆发芽后,两片子叶要顶着豆壳伸出地面来,所以不要求深耕。(种子上面的土,只要刚刚盖住豆子就够了。)

"大豆株间的距离,要均匀和稀疏。

"大豆开花时,怕见太阳;见到太阳,豆花便会黄烂〔枯〕焦。

"收获大豆的方法,豆荚发黑而豆茎还带青色的时候,就该收获,不必迟疑。迟了,子实会脱落,反而造成损失。所以俗话说:'豆在场上成熟。'在打谷场上收豆子,就是上部的荚还是青的,下部的荚已经发黑。〔这时就收回来,让它们在场上后熟。〕"

氾胜之区种大豆法:"坎方深各六寸,相去二尺,一亩得千二百八十坎[1]。其坎成,取美粪一升,合坎中土搅和,以内坎中。临种沃之,坎三升水。坎内豆三粒;覆上土,勿厚,以掌抑之,令种与土相亲。一亩用种二升,用粪十二石八斗。

"豆生五六叶,锄之。旱者溉之,坎三升水。

"丁夫一人,可治五亩。至秋收,一亩中十六石。

"种之上,土才令蔽豆耳。"[2]

崔寔曰:"正月可种䴵豆。二月可种大豆。"又曰:"三月,昏参夕[3],杏花盛,桑椹赤,可种大豆,谓之上时。四月,时雨降,可种大小豆。美田欲稀,薄田欲稠[4]。"

【注释】

〔1〕此句"二"字,及下文"用粪十二石八斗"的"二"字,各本原均作"六",据亩积和坎数核算,均应是"二"字之误。参看万国鼎《氾胜之书辑释》。

〔2〕这句各本都在这个位置,但行文突兀,疑是错简,当在上文讲播种段中。

〔3〕昏参(shēn)夕:黄昏时参星西斜。"夕"是西斜,取太阳西斜为"夕"

之义。《夏小正》："三月，参则伏。"清徐世溥《夏小正解》："谷雨之交，戌亥参没，则诚伏也。"由"中"而"夕"，由"夕"而"伏"，是星宿升没的过程。"昏参夕"，即指黄昏时参星（白虎七宿的末一宿）西斜将没的这个节候。这时黄昏时的"中星"是井宿。

〔4〕豆子分枝多，肥地种得密了，会徒长贪青不结荚，影响收成。瘦地则要使单株多，种得稀了地力未尽，同样影响产量。稻子分蘖多，也一样。都和谷子的肥密瘦稀相反。

【译文】

氾胜之区种大豆的方法："每区六寸见方，六寸深，区与区距离二尺，一亩可以开一千二百八十区。区掘好后，每区用好粪一升，与区中掘出来的土拌和，仍旧填入区里。临种的时候，先浇水，每区三升水。每区种下三粒豆；盖上土，不要厚，用手掌按实，使种子和土密接。一亩用二升种子，用粪十二石八斗。

"豆苗长出五六片叶子时，锄地。干旱时浇水，每区三升水。

"一个男劳动力，可以种五亩。到秋收时，一亩可以收到十六石。"

"种子上面的土，只要刚刚盖住豆子就够了。"

崔寔说："正月可以种卑豆。二月可以种大豆。"又说："三月里，黄昏时参星西斜，杏花盛开，桑椹红的时候，可以种大豆，这是上好的时令。四月，下了及时雨，可以种大豆、小豆。肥地要稀，薄地要稠。"

小豆第七

小豆，大率用麦底。然恐小晚，有地者，常须兼留去岁谷下以拟之。

夏至后十日种者为上时，一亩用子八升。初伏断手为中时，一亩用子一斗。中伏断手为下时，一亩用子一斗二升。中伏以后则晚矣。谚曰"立秋叶如荷钱[1]，犹得豆"者，指谓宜晚之岁耳，不可为常矣。

熟耕，耧下为良。泽多者，耧耩，漫掷而劳之，如种麻法。

未生,白背劳之极佳。漫掷,犁畔,次之。耧土历反种为下。

锋而不耩,锄不过再。

叶落尽,则刈之。叶未尽者,难治而易湿也。豆角三青两黄,拔而倒聚笼丛之,生者均熟,不畏严霜,从本至末,全无秕减,乃胜刈者。

牛力若少,得待春耕;亦得耧种。

凡大小豆,生既布叶,皆得用铁齿镉榛疽遭反纵横耙而劳之。

《杂阴阳书》曰:"小豆生于李。六十日秀,秀后六十日成。成后,忌与大豆同。"

《氾胜之书》曰:"小豆不保岁,难得。

"椹黑时,注雨种,亩五升。

"豆生布叶,锄之。生五六叶,又锄之。

"大豆、小豆,不可尽治也。古所以不尽治者,豆生布叶,豆有膏,尽治之则伤膏,伤则不成。而民尽治,故其收耗折也。故曰,豆不可尽治。

"养美田,亩可十石;以薄田,尚可亩取五石。"谚曰:"与他作豆田。"斯言良美可惜也。

《龙鱼河图》曰[2]:"岁暮夕,四更中,取二七豆子,二七麻子,家人头发少许,合麻豆着井中,咒敕井,使其家竟年不遭伤寒[3],辟五方疫鬼。"

《杂五行书》曰[4]:"常以正月旦——亦用月半——以麻子二七颗,赤小豆七枚,置井中,辟疫病,甚神验。"又曰:"正月七日,七月七日,男吞赤小豆七颗,女吞十四枚,竟年无病,令疫病不相染。"

【注释】

〔1〕荷钱:春季种藕的顶芽,开始抽生地下走茎(莲鞭),同时藕上的节也长出叶子,形小如钱,叶柄细而柔软,或沉于水下,或仅能浮于水面,无力托出水上,这种很小的浮叶,就叫"荷钱"。

〔2〕《龙鱼河图》:《隋书·经籍志一》谶纬类只著录有《河图》、《河图龙

文》，没有《龙鱼河图》，但《御览》卷八四一"豆"引到该书，大致与《要术》所引相同，而多错脱。原书早佚。

〔3〕伤寒：中医病名，泛指一切因风、寒、湿、温、热引起的热性病，非指近代因感染伤寒杆菌而引起的肠道急性传染病伤寒。

〔4〕《杂五行书》：各家书目没有著录。原书已佚。《御览》卷八四一"豆"有引到，大致与《要术》相同。内容都是趋吉避凶厌胜之术，与《龙鱼河图》相类，当是汉以后术数家所写的书。

【译文】

种小豆，大率用麦茬地。不过恐怕稍为晚了些，地多的人家，常常同时要留些去年的谷子茬地准备着种小豆。

夏至以后十天种，是上好的时令，一亩用八升种子。初伏终了前是中等时令，一亩用一斗种子。中伏终了前是最晚时令，一亩用一斗二升种子。中伏以后就太晚了。农谚有"立秋时叶长得像荷钱那样，还可以收得豆子"，那是指宜于晚种的年岁说的，不可以当作常法。

精熟地整地，用耧车下种最好。雨泽多的时候，用耧耩过，撒播种子，接着耢平，像种大麻的方法。在没有出苗前，地面发白时，再耢一遍，很好。先撒播，然后用犁浅浅地犁过，次之。不耕翻就这样种下去，最差。

〔中耕管理上，〕只锋，不耩，锄也只要两遍。

叶子完全落尽，就收割。叶子没有落尽，整治起来麻烦，又容易潮郁。豆荚三成青两成黄的时候，拔回来，倒竖过来分别攒聚成堆，生的就都会后熟。这样，既不怕严霜，从根到梢，又没有秕壳和瘪粒，比割的要好。

假如牛力不足，可以等到春天再耕地；也可以不耕翻就直接耩种。

凡大豆、小豆，到已经长出叶子时，都得用铁齿拖耙纵横耙过，再耢平。

《杂阴阳书》说："小豆和李树相生。六十日开花，开花后六十日成熟。成熟后，忌日和大豆相同。"

《氾胜之书》说："小豆不保证都适合于年岁，不一定有好收成。

"在桑椹黑熟的时候，遇着大雨，种下去，一亩用五升种子。

"豆苗长出叶子时，就锄。长出五六片叶子时，又锄。

"大豆、小豆，不可以尽量地摘取叶子〔当菜吃〕。古时所以不尽量摘取叶子，因为豆叶长出之后，里面有滋养的液汁；尽量摘取叶子，就会损失液汁；液汁损失了，豆也长不成了。但是现在人们尽量摘取叶子，所以收成就减损了。所以说，豆不可以尽量摘叶。

"这样培养在好田里，一亩可以收到十石；在瘠薄的田里，一亩还可以收到五石。"〔思勰按：〕俗话说："给他种豆的田。"这是说豆地肥美可惜。

《龙鱼河图》说："大年夜，四更时候，拿十四颗豆子，十四颗大麻子，加上家里人的少量头发，连同麻子、豆子一起放入井内，念咒敕使井神，可以使这家人整年不害伤寒，还可以辟除五方瘟疫鬼的侵犯。"

《杂五行书》说："常常在正月元旦——也可以在十五日——用大麻子十四颗，赤小豆七颗，放入井内，可以辟除瘟疫，很有灵验。"又说："正月初七，七月初七，男人吞赤小豆七颗，女人吞十四颗，整年不会生病，使瘟疫不相传染。"

种麻第八

《尔雅》曰[1]："黂，枲实。枲，麻。（别二名。）""莩，麻母。"孙炎注曰："黂，麻子。""莩，苴麻盛子者。"

崔寔曰："牡麻，无实，好肥理[2]，一名为枲也。"

【注释】

〔1〕见《尔雅·释草》，文同。"别二名"是郭璞注，以注中注插在这里，和他处引郭注不同，疑系后人添注。

〔2〕"肥"，各本同，疑应作"肌"。"肌理"指麻皮，"好"已表明麻皮质优皮厚，则"肥理"不词。

【译文】

《尔雅》说："黂（fén），是枲的子实。枲，是大麻。（区别黂、枲两个名称。）""莩（zǐ），是大麻的种实。"孙炎注解说："黂是麻子。""莩是雌麻结的盛着种子的果实。"

崔寔说："雄麻，不结实，但〔麻皮〕好，也叫作枲。"

凡种麻，用白麻子。白麻子为雄麻[1]。颜色虽白，啮破枯燥无膏润者，秕子也，亦不中种。市籴者，口含少时，颜色如旧者佳；如变黑者，裛[2]。崔寔曰："牡麻子[3]，青白，无实，两头锐而轻浮。"

麻欲得良田，不用故墟。故墟亦良，有点（丁破反）叶夭折之患[4]，不任作布也。地薄者粪之。粪宜熟。无熟粪者，用小豆底亦得。崔寔曰："正月粪畴。畴，麻田也。"

耕不厌熟。纵横七遍以上，则麻无叶也。田欲岁易。抛子种则节高[5]。

良田一亩，用子三升；薄地二升。穊则细而不长，稀则粗而皮恶。

夏至前十日为上时，至日为中时，至后十日为下时。"麦黄种麻，麻黄种麦"，亦良候也。谚曰："夏至后，不没狗。"或答曰："但雨多，没橐驼。"又谚曰："五月及泽，父子不相借。"言及泽急，说非辞也。夏至后者，非唯浅短，皮亦轻薄[6]。此亦趋时不可失也。父子之间，尚不相假借，而况他人者也？

泽多者，先渍麻子令芽生。取雨水浸之，生芽疾；用井水则生迟。浸法：着水中，如炊两石米顷，漉出；着席上，布令厚三四寸，数搅之，令均得地气。[7]一宿则芽出。水若滂沛，十日亦不生。待地白背，耧耩，漫掷子，空曳劳[8]。截雨脚即种者，地湿，麻生瘦[9]；待白背者，麻生肥。泽少者，暂浸即出，不得待芽生，耧头中下之。不劳曳挞。

麻生数日中，常驱雀。叶青乃止。布叶而锄。频烦再遍止。高而锄者，便伤麻。

勃如灰便收。刈，拔，各随乡法。未勃者收，皮不成；放勃不收而即骊[10]。蔂欲小[11]，穊欲薄。为其易干。一宿辄翻之。得霜露则皮黄也。

获欲净。有叶者喜烂。沤欲清水，生熟合宜。浊水则麻黑，水少则麻脆。生则难剥，大烂则不任[12]。暖泉不冰冻，冬日沤者，最为柔韧也。

【注释】

〔1〕白麻子为雄麻：启愉按：桑科的大麻（Cannabis sativa），雌雄异株。本篇讲的是以收麻纤维为目的的雄麻，下篇讲的是以收子实为目的的雌麻。由于目的不同，怎样鉴别麻子的性别分别种植，一直是人们迫切要解决的问题。古人经过长期探索，得出一条"规律"，就是灰白色的麻子是雄麻，斑黑色的是雌麻。这个说法，东汉的崔寔开个头，《要术》接着说，以后的农书也多有跟着抄记的。实际大麻子果皮的颜色从灰白到黑色，深淡相间着形成斑纹。所谓"白麻子"就

是灰白色偏多的,"斑黑麻子"就是黑色偏多的。果皮色素的深浅和性别的雌雄没有必然的关连,因此分颜色种植并不那么准确,就是说灰白的种下去仍有雌麻,斑黑的种下去也仍有雄麻,下篇《种麻子》说"既放勃,拔去雄",不是明显仍有雄株吗?现在早已不这样选子分种。大麻幼株长高到五六寸时,麻农就大致能够鉴别出雌雄株来,就在间苗时按预定的栽培目的多留雄株或雌株;也可以不给留定,而采取分期收割的方法,就是先收最早成熟的雄麻,后收雌麻,最后留种的雌麻。这样,就主动得多了。

〔2〕口含法是增加麻子的温度和湿度,使里面已起变化的色素透出果皮,呈现黑色,这证明麻子已经窝坏了,不能作种。咬破法发现麻子里面没有膏润,这种麻子实际没有成熟,自然不能作种。这两种方法都是对麻子的简便快速鉴定法。裛(yì),此指郁坏。

〔3〕各本无"子"字,此指麻子,故补"子"字。

〔4〕"點(duò)叶",金抄、明抄等同,《辑要》引作"夥叶"。《集韵·去声·二十八箇》收有"點"字,音"丁贺反",解释是:"草叶坏也。故墟种麻,有點叶夭折之患,贾思勰说。"即据《要术》文义作推解。所谓"點叶",可能指麻叶的一种病害,但也可能是错字。古称麻秸为"虋",与"點"形近,极易残烂致误,则"虋叶"即指茎叶,就容易理解了。

〔5〕抛子种:指换苴,不能连作。这和《种谷》篇的称重苴为"颭子"相反。雄麻植株一般比较细长,节间也相应较长,不重苴可以保持其"节高"优势,合乎纤维用要求。落子在地为子,新播种子为母;抛子指母子相离,颭子指母子同地。

〔6〕雄麻生长期比雌麻短得多,可大麻的养料大约有四分之三是在生育前期被吸收,因此播种过迟,会有植株矮小、节间短、皮层薄等毛病,出麻率大大降低。

〔7〕这是浸种催芽的最早记载,《要术》的处理是合科学的。黄河流域干旱地区的井水含盐分高,盐溶液会延缓种子吸水萌发的过程。雨水比较纯净,能使种子较快地发芽。催芽不能老泡在水里。摊开后要时常翻动。这些措施都合理。不过,发芽的必要条件是水分、温度和氧气,缺一不可。《要术》在麻子泡涨后捞出来摊在地下席上,使接触空气,具备了热、水、气合宜条件,经常翻动,使受温均匀,呼吸旺盛,夏天气温又高,所以能很快发芽。但不是"得地气"的缘故。老泡在水里种子缺氧,呼吸受抑制,因而影响发芽。古人不知道氧气的作用,不足为怪。

〔8〕空曳劳:即空耢,轻耢,就是耢上不加人的。因为地比较湿,并已催过芽,不宜重盖。

〔9〕麻生瘦:因为地湿,土壤通透性差,土温又较低,不但麻苗瘦弱,也影响

齐苗。

〔10〕雄麻在盛花期即可收获，花粉发散出来像灰尘那样正是时候。过后麻纤维由于有色物质的沉积，会逐渐变得灰黯，那就质量大损了。

〔11〕䉕（jiǎn）：小束，扎的把子。

〔12〕"不任"，金抄、明抄等及元刻《辑要》引并同，《四时纂要·五月》采《要术》作"不任持"，殿本《辑要》引作"不任挽"。其实"不任"犹言"不堪"，包括多种坏因素，如品质、产量降低，操作不方便等，故仍其旧。

【译文】

种雄麻，用白色的麻子。白麻子是雄麻。颜色虽然白，但咬破里面枯燥没有膏润的，是秕子，不能种。市场上买来的，放入口中含片刻时间，如果颜色不变的，是好子；如果颜色变黑的，那是已经郁坏了的。崔寔说："雄麻的子，青白色，不结实，两头尖，比较轻浮。"

种麻要用好田，不能用连作地。连作地也好，但有〔茎〕叶早死的毛病，就不堪作布了。瘠薄的地，先要上粪。粪要腐熟。没有熟粪，用小豆苴地也可以。崔寔说："正月在畴上上粪。畴，就是麻田。"

耕地不嫌熟。纵横耕到七遍以上，麻叶就少了。地要每年更换。抛开落子种，麻茎的节间就长。

好地，一亩用三升种子；瘦地二升。太密了茎细弱长不粗大，太稀了虽然粗大，但麻皮的质量很差。

夏至前十天种是上好的时令，夏至是中等时令，夏至后十天是最晚时令。"麦黄种麻，麻黄种麦"，也是好时令。农谚说："迟到夏至之后，茎秆遮不住狗。"有人回答说："只要雨水多，遮得住骆驼。"又有谚语说："五月趁雨泽下种，父子之间也不通融。"这是说雨泽的时机紧迫，所以说出不合情理的话来。夏至后种的，不但麻茎矮小，皮层也轻薄。所以必须抓紧，不可失去时机。父子之间尚且不通融，更何况旁人呢？

雨水多时，先浸麻子使生芽。用雨水浸子，发芽快；用井水，发芽迟。浸的方法：放入水中，过相当于炊熟两石米饭那样的时间，捞出来；放在席子上，摊开铺成三四寸厚，多次翻动，让它们均匀地得到地气。这样，过一夜就出芽了。如果老泡在满满的水里，十天也出不了芽。等到地面发白时，用耧耩过，撒播麻子，随即拖空劳劳过。接着雨脚马上就种，地太湿，麻苗瘦弱；等到地面发白时种，麻苗肥壮。地里水泽少时，麻子只要短时间浸渍就可以了，不得等到出芽，用耧车从耧腿中溜子。种后不必拖挞。

麻苗刚长出的几天内，要时常驱逐雀鸟。到叶子转绿后停止。叶子展开后就锄地。连锄两遍停止。苗长高了再锄，便会伤麻。

花粉放出来像灰尘那样，便收获。刀割，或者手拔，各自随着当地的方法。没有放花粉就收获，麻皮还没成熟；放粉后还不收获，麻皮会变成灰黯色。扎的把子要小，铺开的厚度要薄。为的是使它容易干。过一夜，就要翻一遍。受着霜露，皮就会变黄。

收获要把叶子打干净。留着叶子容易霉烂。沤麻要用清水，沤的生熟要合宜。水浊了麻皮变黑，水少了麻皮会脆。沤得生了剥皮困难，太烂了没有承受力。如果用温暖不冰冻的泉水，冬天沤出来，最为柔软坚韧。

《卫诗》曰[1]："蓺麻如之何？衡从其亩。"《毛诗》注曰："蓺，树也。衡猎之，从猎之，种之然后得麻。"

《氾胜之书》曰："种枲太早，则刚坚、厚皮、多节；晚则皮不坚。宁失于早，不失于晚。[2]

"获麻之法，穗勃勃如灰，拔之。

"夏至后二十日沤枲[3]，枲和如丝。"

崔寔曰："夏至先后各五日，可种牡麻。""牡麻，有花无实。"[4]

【注释】

〔1〕此诗见《诗经·齐风·南山》，非出《卫诗》，《要术》误题。诗句和注文（毛《传》）并同《要术》。

〔2〕雄麻种得过早，皮层较厚，纤维较粗硬，但产量较高；过迟则纤维比较柔软，但不坚韧，拉力差，皮层薄，产量低，所以说宁早勿迟。

〔3〕大麻可以春播，也可以夏播。《氾书》夏至后二十天已经沤雄麻，在《要术》才种下不久。《氾书》是春播夏收的，《要术》是夏播秋收的，二者不同。

〔4〕注文崔寔《四民月令》原有，故加引号。以下仿此。

【译文】

〔《齐风》〕的诗说："大麻怎样种？横着竖着耕治麻地。"毛《传》注解说："蓺，就是种植。横着整地，竖着整地，然后播种，才能得到好麻。"

《氾胜之书》说："雄麻种得太早，茎秆坚硬，皮厚，节多；种得太晚,麻纤维不坚韧。宁可失在太早,不可失在太迟。

"收获雄麻的方法,花粉发散出来像灰尘那样时,就整株拔下来。

"夏至后二十天沤麻,沤出来的麻像丝一样柔和。"

崔寔说:"夏至前五天和后五天,可以种雄麻。""雄麻,有花不结实。"

种麻子第九

崔寔曰:"苴麻,麻之有蕴者,荸麻是也。一名麜。"

止取实者,种斑黑麻子。斑黑者饶实。崔寔曰:"苴麻,子黑,又实而重,捣治作烛[1],不作麻。"

耕须再遍。一亩用子三升。种法与麻同。

三月种者为上时,四月为中时,五月初为下时。

大率二尺留一根。概则不科[2]。锄常令净。荒则少实。既放勃,拔去雄。若未放勃去雄者,则不成子实。

凡五谷地畔近道者,多为六畜所犯,宜种胡麻、麻子以遮之。胡麻,六畜不食;麻子啮头,则科大。收此二实,足供美烛之费也。慎勿于大豆地中杂种麻子。扇地两损,而收并薄。六月间,可于麻子地间散芜菁子而锄之,拟收其根。

【注释】

〔1〕烛:这是一种用植物茎秆灌以油脂的烛,是火炬形的,也叫"庭燎"。这里崔寔所说就是利用干雌麻秆捣破后扎成束,灌以动物或植物油脂,或掺以含有油脂的植物种子等耐燃物质做成的火炬式的"烛",不是现在的蜡烛。下文贾氏说的好烛,仍是这种"烛"。其所用含油种子,崔寔是用苍耳子、葫芦子,贾氏就用地边的这种芝麻、大麻子,由于含油量高,所以是"好烛"。麻子待充分成熟后收获,发芽率高,但其纤维已粗硬,色泽、品质都很差,所以太守崔寔不用来绩麻。但穷苦人家还是用来制褐衣和作为麻脚填塞夹衣保暖的。

〔2〕"科",各本都作"耕",讲不通。《辑要》引作"成",《学津》本从之,义有

未周。启愉按：这是种雌麻收子，要求分枝多，字宜作"科"，《四时纂要·三月》"种麻子"采《要术》正作"稠即不成科"。

【译文】

> 崔寔说："苴麻，是包含着种子的麻，就是牡麻。也叫作薂。"

种麻只收子实的，要种斑黑色的麻子。斑黑的结实特别多。崔寔说："长成雌麻的子，颜色黑，又坚实，比较重。它的麻秆，只捣破扎成〔火炬式的〕烛，不取麻皮绩麻。"

地要耕两遍。一亩用三升种子。种法与雄麻相同。

三月种的是上好的时令，四月是中等时令，五月初是最晚时令。

株距大致两尺留一株。密了〔分枝〕受到抑制。常常锄净杂草。杂草多了结实少。雄株已经发散出花粉，就拔掉它。如果没有放出花粉就拔去雄株，雌株便结不成子实。

凡五谷地靠在道路旁的，常常被牲畜侵犯，该在地边种上芝麻或雌麻，用来遮挡。芝麻，牲畜不吃；雌麻被啃断顶梢后，会长出许多侧枝，成为大科丛。收这两种子实，足以供应好烛的费用。千万不可在大豆地里间种麻子。互相遮荫，两受其害，因此收成两样都微薄。六月里，可以在麻子行间套种芜菁，加以锄治，准备在冬季收芜菁根。

《杂阴阳书》曰："麻'生'于杨或荆。七十日花，后六十日熟。种忌四季——辰、未、戌、丑[1]——戊、己。"

《氾胜之书》曰："种麻，预调和田。二月下旬，三月上旬，傍雨种之。

"麻生布叶，锄之。率九尺一树[2]。树高一尺，以蚕矢粪之，树三升。无蚕矢，以溷中熟粪粪之[3]，亦善，树一升。天旱，以流水浇之，树五升。无流水，曝井水，杀其寒气以浇之。雨泽时适，勿浇。浇不欲数。养麻如此，美田则亩五十石，及百石，薄田尚三十石。

"获麻之法，霜下实成，速斫之；其树大者，以锯锯之。"

崔寔曰："二、三月，可种苴麻。""麻之有实者为苴。"

【注释】

〔1〕"四季——辰、未、戌、丑"：很容易使人误解为四季的逢辰、未等四个日子。麻子岂能四季都种？其实"四季"是指四季日，即辰、未、戌、丑四日。它是从月建推演出来的，就是同四季中的四个"季月"的月建挂上钩，即季春三月建辰，季夏六月建未，季秋九月建戌，季冬十二月建丑，因转而称这四个日支之日为"四季日"。

〔2〕"九尺"，各本相同，太稀，但无从推测是什么字错成"九"字，存疑。

〔3〕溷（chùn）：厕所。

【译文】

《杂阴阳书》说："大麻和杨树或荆树相生。七十日开花，花后六十日成熟。下种忌四季日，就是辰、未、戌、丑日，又忌戊、己日。"

《氾胜之书》说："种麻子，要先把田土耕得松和。二月下旬，三月上旬，趁雨种下。

"麻苗展开叶子后，锄地。大率株距九尺（？）。植株长到一尺高时，用蚕屎施肥，每株施上三升。没有蚕屎，用粪坑中腐熟的粪施上，也好，每株施上一升。干旱时，用流水来浇，每株浇上五升水。没有流水，把井水晒过，减低它的寒气后再拿来浇。雨水合时，墒够，就不用浇。浇的次数不要过多。这样培养的麻，好田一亩可以收五十石到一百石麻子，瘦田也还可以收到三十石。

"收获麻子的方法，下霜后，麻子成熟，赶快砍下；植株粗大的，用锯子锯下。"

崔寔说："二月、三月，可以种苴麻。""结实的大麻是苴麻。"

大小麦第十 瞿麦附

《广雅》曰："大麦，麰也；小麦，𪋿也。"[1]

《广志》曰[2]："虏水麦，其实大麦形，有缝。稞麦，似大麦，出凉州[3]。旋麦[4]，三月种，八月熟，出西方。赤小麦，赤而肥，出郑县[5]。语曰：'湖猪肉，郑稀熟[6]。'山提小麦，至黏弱，以贡御。有半夏小麦，有秃芒大麦，有黑矿麦[7]。"

《陶隐居本草》云^{〔8〕}："大麦为五谷长，即今裸麦也，一名秴麦，似矿麦，唯无皮耳。矿麦，此是今马食者。"然则大、矿二麦，种别名异，而世人以为一物，谬矣。

按：世有落麦者，秃芒是也。又有春种矿麦也。

【注释】

〔1〕见《广雅·释草》。

〔2〕《初学记》卷二七"五谷"、《御览》卷八三八"麦"及《永乐大典》卷二二一八一"麦"字下都引有《广志》所记。"水麦"，《御览》、《永乐大典》引均作"小麦"。"缝"指籽粒腹面有一纵沟，小麦都有，《御览》及《大典》引均作"有二缝"，始为异常，疑《要术》脱"二"字。"祝"，《要术》两宋本及以上三书引并同，此字字书未收；湖湘本等作"税"。"税"通"脱"，则"脱麦"疑指裸大麦。"稀熟"，《大典》引作"稕熟"，则是说小麦熟。

〔3〕凉州：魏晋时治所在今甘肃武威。

〔4〕旋麦："旋"是不久的意思，指当年春播当年秋收的春麦，与越冬"宿麦"相对。我国长城以北和西北、西南高原严寒期长的地区，多种春麦，即所谓"出在西方"。

〔5〕郑县：秦置，故治在陕西华县（今为华州区）北。

〔6〕湖：指湖县，汉置，故治在今河南灵宝西，与郑县邻近。　　稀熟：肥满小麦成熟。"稀"应指稀有，即上文肥满稀罕之意，非指稀植。

〔7〕矿麦：即裸大麦，长江流域叫元麦、米麦，西北、青藏等地叫青稞。大麦是皮大麦和裸大麦的总称。皮大麦又叫有稃大麦，即其子实与稃紧密胶结，不易分离，就是现在通常所称的大麦。裸大麦是裸粒的，即二者分离，籽粒容易脱出。但下文陶弘景（隐居）所说，恰恰和这个相反，他所指的"大麦"是现在的裸大麦，而所指"矿麦"却是现在的大麦。贾氏引陶说只承其说说明二者不同，没有指出他大、矿二麦说颠倒了，显然是同意陶说，也是和现在的区分相反的。贾氏所称"落麦"，疑即脱稃的裸麦，而又有"春种矿麦"，应是现在的春播大麦。本篇以大小麦为标题，但文中没有大麦的播种期，只有矿麦的。《御览》卷八三八"麦"引《吴氏本草》："大麦一名矿麦。"则东汉末吴普已有大、矿同物之说，似乎贾氏也以矿麦就是篇题的"大麦"，否则篇、文不协。

〔8〕《陶隐居本草》：南朝齐梁间陶弘景（456—536）撰。陶入梁隐居勾曲山（今苏南茅山），自号华阳隐居，世称陶隐居。陶对历算、地理、医学等都有研究，曾整理《神农本草经》并加注，成《本草经集注》七卷，其中新增药物365种，

附于书后，别称《名医别录》。当时《集注》七卷和《别录》三卷，同时流行。《隋书·经籍志三》医方类记载"梁有《陶隐居本草》十卷，亡"，又著录有"《名医别录》三卷，陶氏撰"，一亡一存，以其亡者卷帙之多（"十卷"可疑），则《陶隐居本草》似是《本草经集注》的别名。《集注》原书已佚，其内容主要收录于《证类本草》中。近年敦煌发现有《集注》残本，仅存《叙录》一卷。《名医别录》所记是："大麦……为五谷长。"陶自注："今裸麦，一名麰麦，似矿麦，惟无皮尔。"《名医别录》"矿麦"下陶注是："此是今马所食者。"

【译文】

《广雅》说："大麦，就是麰；小麦，就是䅘。"

《广志》说："虏水麦，子实形状像大麦，有纵沟。稞麦，像大麦，出在凉州。旋麦，三月种，八月成熟，出在西方。赤小麦，子实赤色，肥满，出在郑县。俗话说：'湖县的猪肉，郑县的肥满小麦成熟。'山提小麦，味道很黏软，用来进贡皇家的。还有半夏小麦，有秃芒大麦，有黑矿麦。"

《陶隐居本草》说："大麦是五谷之长，就是现在的裸麦，也叫作麰麦，和矿麦相像，只是没有皮罢了。矿麦，这是现在喂马的。"那么，大麦和矿麦，二种有分别，名称也不同，可习俗上认为是同一种，那就错了。

〔思勰〕按：现在有所谓"落麦"，就是"秃芒"。又有春播的矿麦。

大小麦，皆须五月、六月暵地[1]。不暵地而种者，其收倍薄。崔寔曰："五月、六月菑麦田也。"

种大小麦，先䂊，逐犁掩种者佳。再倍省种子而科大。逐犁掷之亦得，然不如作掩耐旱。其山田及刚强之地，则耧下之。其种子宜加五省于下田。凡耧种者，非直土浅易生，然于锋、锄亦便。

矿麦，非良地则不须种。薄地徒劳，种而必不收。凡种矿麦，高下田皆得用，但必须良熟耳。高田借拟禾、豆，自可专用下田也。八月中戊社前种者为上时[2]，掷者，亩用子二升半。下戊前为中时，用子三升。八月末九月初为下时。用子三升半或四升。

小麦宜下田。歌曰："高田种小麦，䅘穇不成穗[3]。男儿在他乡，那得不憔悴？"八月上戊社前为上时，掷者，用子一升半也。中戊前为中时，用子二升。下戊前为下时。用子二升半。

正月、二月，劳而锄之。三月、四月，锋而更锄。锄麦倍收，皮薄面多；而锋、劳、锄各得再遍为良也。

令立秋前治讫。立秋后则虫生。蒿、艾箪盛之⁽⁴⁾，良。以蒿、艾蔽窖埋之，亦佳。窖麦法：必须日曝令干，及热埋之。多种久居供食者，宜作剿才彫切麦⁽⁵⁾：倒刈，薄布，顺风放火；火既着，即以扫帚扑灭，仍打之。如此者，经夏虫不生；然唯中作麦饭及面用耳。

《礼记·月令》曰："仲秋之月……乃劝人种麦，无或失时；其有失时，行罪无疑。"郑玄注曰："麦者，接绝续乏之谷，尤宜重之。"

《孟子》曰："今夫麰麦，播种而耰之，其地同，树之时又同；浡然而生，至于日至之时，皆熟矣。虽有不同，则地有肥硗，雨露之所养，人事之不齐。"⁽⁶⁾

《杂阴阳书》曰："大麦生于杏。二百日秀，秀后五十日成。麦生于亥，壮于卯，长于辰，老于巳，死于午，恶于戊，忌于子、丑。小麦生于桃。二百一十日秀，秀后六十日成。忌与大麦同。虫食杏者麦贵。"

种瞿麦法⁽⁷⁾：以伏为时。一名"地面"。良地一亩，用子五升，薄田三四升。亩收十石。浑蒸，曝干，舂去皮，米全不碎。炊作飧⁽⁸⁾，甚滑。细磨，下绢筛，作饼，亦滑美。然为性多秽，一种此物，数年不绝；耘锄之功，更益劬劳。

《尚书大传》曰⁽⁹⁾："秋，昏，虚星中，可以种麦。""虚，北方玄武之宿，八月昏中，见于南方。"

《说文》曰："麦，芒谷。秋种厚埋⁽¹⁰⁾，故谓之'麦'。麦，金王而生，火王而死。"

【注释】

〔1〕暵（hàn）：晾晒。

〔2〕八月中戊社：指秋社。秋社在立秋后第五个戊日，但不一定就是八月中旬的戊日，如1991年，秋社在八月十八日戊戌，在中旬，但1990年在八月初二戊子，在上旬，1989年在八月二十六日戊子，在下旬。《要术》"中戊社前"和下文种小麦的"上戊社前"都不是每年一定碰上，难以作准。贾氏所以特别点明"社

前”，是强调要赶在社前下种，如果社日推后，则以“中戊”或“上戊”为准。农谚有“麦经两社产量高”，两社即指秋社和春社（立春后第五个戊日），而关键在经过秋社，那就必须早种。

〔3〕稴（liàn）穇（shān）：禾不实。

〔4〕簞（dān）：这里是用青蒿或艾的茎秆编成的盛谷物容器，外面涂以黏泥。蒿、艾同属菊科，艾又别名“艾蒿”，但《要术》“蒿、艾簞”，应指二种。青蒿在古代一直到宋代还有作饮食吃的，艾的嫩叶也可供食用。二者都有防治农业害虫和灭蚊的作用。孟方平每喜以今况古，以现在之“少见”而“多怪”古人，又见《王氏农书》有“种簞”为“盛种竹器”，因而推断《要术》的“蒿、艾”是错字，毫无意思。其实《要术》以蒿作食用的记载很多。今录《王氏农书》“种簞”作参考（见图八）。

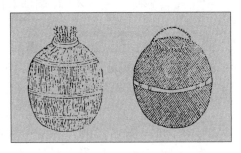

图八　种簞

〔5〕熑麦：割倒放火烧过，再脱粒，办法未免粗暴，而且也做不好，火力不足，烧不尽害虫，烧过头了造成严重落脱和变质，损失大，弊多利少，后来也没人采用。稻谷也采用此法，都不足取。

〔6〕见《孟子·告子上》。末句作：“雨露之养，人事之不齐也。”这大概也是《孟子》的河北本子略去“也”字的。参看卷一《种谷》引《孟子》校记。

〔7〕“种瞿麦法”这一段插在这里，分割了所引讲种麦的引录各书，疑是错简，应附于篇末。瞿麦，疑是禾本科的燕麦（Avena sativa），以其内外稃紧贴籽粒不易分离，别称“皮燕麦”。《要术》说容易变成稆草，似乎还是半栽培半野生的。

〔8〕飧（sūn）：饭食。

〔9〕《尚书大传》：解释《尚书》的书。旧题西汉初伏生所撰，可能是其弟子等杂录其遗说而成。其中除《洪范五行传》完整外，其余各卷均残缺。《隋书·经籍志》等著录有郑玄注本三卷，亡佚。清陈寿祺有辑校本。这里引文后面注文为郑玄注。

〔10〕“秋种厚埋”，今本《说文》作“秋穜厚薶”，意同。

【译文】

大麦、小麦，都必须在五月、六月里先把地耕翻晒过垡。不晒垡就种，收成加倍的少。崔寔说："五月、六月，耕翻麦田。"

种大小麦，先用犁开出犁道，随着犁道打穴点播，掩上土，最好。种子省去两倍，而且科丛大。随着犁道撒子也可以，但不如点播掩种的耐旱。在山田和刚强的地，用耧车下种。播种量该比低田少一半多。用耧下种的，不但比掩种的要浅，容易出苗，就是锋地锄地也比较方便。

䅆麦，不是好地就不必种。种在瘦地，徒劳无益，一定没有收成。种䅆麦，高地低田都可以，但是必须要好地熟地。高地如果准备种谷子、豆子的，那自然可以专种低地。赶在八月中旬的戊日即秋社以前种，是上好的时令，撒播的，一亩用二升半种子。下旬戊日前是中等时令，一亩用三升种子。八月末九月初是最晚时令。一亩用三升半到四升种子。

小麦宜于种在低地。民歌说："高原田里种小麦，有气无力不结穗。正像男儿在他乡，哪能凄凉不憔悴？"赶在八月上旬的戊日即秋社以前种，是上好的时令，撒播的，一亩用一升半种子。中旬戊日前是中等时令，一亩用二升种子。下旬戊日前是最晚时令。一亩用二升半种子。

正月、二月，耢过，锄治。三月、四月，锋过再锄。锄过的收成加倍，而且皮薄面粉多。锋、耢、锄都要进行两遍为好。

收割后，在立秋以前一定要治理完毕。立秋以后就会生虫。用蒿、艾的茎秆编成的筐来盛贮，很好。或者埋在窖里，用蒿艾全草密蔽窖口，也好。窖麦的方法：必须在烈日下晒干，趁热窖埋。种得多，准备长时贮藏供食的，该作成"𥻗麦"：割下放倒，薄薄地摊开，顺风放火；已经着了火，就用扫帚扑灭，然后脱粒。这样处理过，可以过明年夏天也不会生虫；不过，这麦子只能作麦饭和磨面吃。

《礼记·月令》说："仲秋八月……劝督农民种麦，不允许偶尔有失时；如果有失时，坚决处罚无疑。"郑玄注解说："麦是接济缺粮时的谷物，所以特别重要。"

《孟子》说："拿大麦来说，种下去，耢盖了，土地是一样的，种的时间也是一样的，都会蓬勃地生长，到了夏至，便都成熟了。纵然有差异，那是土地有肥瘠，雨露的滋养、人工的勤惰有不同的缘故。"

《杂阴阳书》说："大麦和杏树相生。二百日孕穗，孕穗后五十日成熟。麦，生在亥日，壮在卯日，长在辰日，老在巳日，死在午日，恶在戊日,忌在子、丑日。小麦和桃树相生。二百一十日孕穗,孕穗后六十日成熟。忌日与大麦相同。虫吃杏实的年份,麦贵。"

种瞿麦的方法: 以伏天为下种的时令。又名"地面"。好地一亩用五升种子,瘦地三四升。一亩可以收十石。整粒蒸熟,晒干,再舂去皮,米粒完全不碎。炊作水和饭,很滑。细细磨成面,用绢筛筛过,作成饼,也润滑好吃。可是它容易变成秭草,一次种了它,几年不能断种,往后锄起草来,真够辛苦的。

《尚书大传》说:"秋天,黄昏时,虚星中在南方,可以种麦。""虚星,北方玄武七宿的星宿,八月黄昏运行到正南方。"

《说文》说:"麦是有芒的谷。秋天种下去,厚厚地'埋'在地里,所以称为'麦'。麦在金旺的季节发生,火旺的季节死去。"

《氾胜之书》曰:"凡田有六道[1],麦为首种。种麦得时,无不善。夏至后七十日[2],可种宿麦。早种则虫而有节,晚种则穗小而少实。

"当种麦,若天旱无雨泽,则薄渍麦种以酢且故反浆并蚕矢[3];夜半渍,向晨速投之,令与白露俱下。酢浆令麦耐旱,蚕矢令麦忍寒。

"麦生黄色,伤于太稠。稠则锄而稀之。

"秋锄以棘柴耧之[4],以壅麦根。故谚曰:'子欲富,黄金覆。'黄金覆者,谓秋锄麦、曳柴壅麦根也。至春冻解,棘柴曳之,突绝其干叶。须麦生,复锄之。到榆荚时,注雨止,候土白背复锄。如此则收必倍。

"冬雨雪止,以物辄蔺麦上,掩其雪,勿令从风飞去。后雪,复如此。则麦耐旱,多实。

"春冻解,耕和土,种旋麦。麦生根茂盛,莽锄如宿麦[5]。"

氾胜之区种麦:"区大小如上农夫区[6]。禾收,区种。凡种一亩,用子二升。覆土厚二寸,以足践之,令种土相亲。麦生根成,锄区间秋草。缘以棘柴律土壅麦根。秋旱,则以桑落时浇之。秋雨泽适,勿浇之。春冻解[7],棘柴律之,突绝去其枯叶。区间草生,锄之。大男大女治十亩。至五月收,区一亩,得百石以上,十亩得千石以上。

"小麦忌戌,大麦忌子,'除'日不中种。"

崔寔曰:"凡种大小麦,得白露节,可种薄田;秋分,种中田;后十日,种美田。唯矿,早晚无常〔8〕。正月,可种春麦、䴹豆,尽二月止。"

青稞麦〔9〕:特打时稍难,唯快日用碌碡碾〔10〕。右每十亩,用种八斗。与大麦同时熟。好收四十石。石八九斗面。堪作饭及饼饦,甚美。磨,总尽无麸。锄一遍佳,不锄亦得。

【注释】

〔1〕有六道:谷物有六种。不大好理解。前人译《氾书》都以次第释"道",就是先后种六次,或说接连种六期,但是播种上没有这样分期的。古有"六谷"之称,虽所指有不同,但都有麦。"道"可作量词,如三道菜、四道题目等,今姑以种类释"道"。目为"六谷"作如上语译。

〔2〕"七十日",各本相同,但可疑。夏至后七十天在白露前,太早,麦苗会过早拔节。虽说崔寔《四民月令》有白露种麦,但所指为瘦地,那中等地和肥地,仍在秋分后。今关中农谚有:"白露早,寒露迟,秋分种麦正适时。"秋分在夏至后九十日,"七十"也许是"九十"误刻。

〔3〕酢:即今"醋"字。《要术》中二字都有,一般作名词用字,多作"酢",而"醋"多作为形容词的"酸"字用。

〔4〕棘柴:《氾书》没有具体说明,但从可以耧土壅麦根和拉断枯叶看来,该是一种用酸枣树枝或多刺的灌木树枝扎成的草创耙耧农具,形如扫帚,也许耢是从这发展而来的。

〔5〕莽锄:快速地锄。陕西佳县杨志贵同志函告莽锄指快锄,抓紧时机,要迅速锄完。因为不抓紧快锄,到春麦封垄时,就没法锄了。

〔6〕"上农夫区",各本均作"中农夫区",比照中农夫区种粟的产量不合,而一亩收麦一百石以上,只能跟上农夫区种粟的丰产标准相比拟,"中"应是"上"字之误,因改正。

〔7〕"春冻解",各本均作"麦冻解",牵强。据上文"至春冻解,棘柴曳之,突绝其干叶",所记相同,"麦"显系"春"字形近致误,故改正。

〔8〕大麦播种期的幅度较大,播种可以比小麦稍早,也可以稍迟。现在棉麦套作地区,矿麦播种最早;又因它没有稃壳,吸水较快,发芽较速,也可以比普通

大麦稍迟。崔寔说的穬麦（假定是元麦）早晚没有一定的限制，就是指这个播种期幅度较大说的，但仍应适当早播，早播不仅能提早成熟，而且可以增加产量。

〔9〕青稞麦：指穬麦，也指燕麦。这里所记有两特点，一是脱粒较难，二是出面率极高。穬麦裸粒易脱，显然不符。燕麦有皮燕麦和裸燕麦（Avena nuda，亦称莜麦、油麦）。裸燕麦容易脱粒，与脱粒较难不符。皮燕麦脱粒相对难些，但品质较差，难以达到一石磨得八九斗面，亦不符。如果消除出面率的夸大水分，当是皮燕麦。但上文瞿麦疑是皮燕麦，则此为重沓。这条疑非贾氏原有，而是后人附益。用种量以十亩为单位，收获也以十亩计算，注文不针对正文，用词独特（如"总尽"见于卷前《杂说》，《要术》无之，"快日"，《要术》自称"好日"），名物各异（如"碌碡"《要术》称"陆轴"），等等，都跟《要术》惯例不合。

〔10〕"快日"，金抄、校宋本、元刻《辑要》引及《永乐大典》卷二二一八一"麦"字下录载王祯《谷谱》并同，但殿本《辑要》改作"映"，殿本《王氏农书》改作"伏"，《要术》明抄、湖湘本等亦作"伏"。其实，"快"是"好"的口语，"快日"即"好日"，就是"好天气"，指十分晴朗的日子。"快"之为"好"，古词曲中很多，参看张相《诗词曲语辞汇释》。"碌碡"，也写作"磟碡"，《要术》作"陆轴"，用畜力牵引碌碌田间土块和场上谷物的农具。见图九（采自《王氏农书》）。

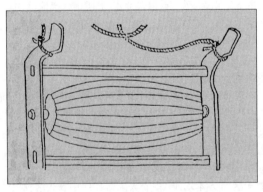

图九 磟碡

【译文】

《氾胜之书》说："田里种的谷物有六种，麦是头等重要的。在适宜的时令种麦，收成没有不好的。夏至后七十天（？），可以种冬麦。种得太早,会遭到虫害,还会过早地拔节;种得太晚,穗子小,子实也少。

"该种麦的时候,如果天旱,不下雨,地里没有足够的墒,就用酸浆水调和蚕屎,用来短时间地浸渍麦种;半夜里浸渍,快天亮时赶快种下,让种子随着露水一齐下到地里。酸浆水使麦耐旱,蚕屎使麦耐寒。

"麦苗呈现黄色,毛病在过于稠密。过于稠密,用锄头锄稀些。

"秋天锄麦后,拖着棘柴耧过,把土壅在麦根上。所以谚语说:'你想发财,黄金覆盖。'黄金覆盖,就是说秋天锄麦后拖着棘柴向麦根壅土。到春天解冻时,再用棘柴在麦苗上拖过,把干枯的叶子拉断去掉。等到麦苗回青时,再锄。到榆树结荚时,大雨停止后,等到地面稍干发白时,再锄。这样做,收成一定加倍。

"冬天下雪,雪停止后,就用器具在麦上镇压,把雪压实在地上,不让它随风吹散。以后下雪,又这样做。如此,麦就耐旱,结子也多。

"春天解冻时,把地耕松和,种当年可收的春麦。麦苗发根茂盛时,要快速地锄,像锄冬麦一样。"

氾胜之区种麦的方法:"区的大小,跟〔上〕农夫区一样。谷子收割后,可以区种麦。每一亩用二升种子。覆土二寸厚,用脚踏实,使种子和土紧密接合。苗根长成之后,把区间的秋草锄掉。拖着棘柴,把区边上的土耙壅在麦根上。秋天干旱,在桑树落叶的时候浇水。如果秋天雨泽合时,就不必浇水。〔春天〕解冻时,用棘柴耙过,把枯叶拉断去掉。区间长了杂草,就锄掉。两个成年的男女劳动力,可以种十亩区田。到五月里收割,一亩区田可以收到一百石以上,十亩就有一千石以上。

"小麦忌戌日种,大麦忌子日种。逢'除'的日子,不可以种麦。"

崔寔说:"种大小麦,到白露节,可以种薄地;秋分可以种中等的地;秋分后十天,可以种肥地。只有矿麦,早晚没有一定的限制。正月,可以种春麦、䅺豆,到二月底止。"

青稞麦:只是脱粒比较难些,惟有在大晴天用碌碡碌碡。每十亩地,用八斗种子。与大麦同时成熟。收成好,十亩地可以收四十石。每石可以磨得八九斗面。可以煮饭吃,也可以作面食吃,都很好吃。磨尽没有麸皮。锄一遍就好,不锄也可以。

水稻第十一

《尔雅》曰：“稌，稻也。”[1]郭璞注曰：“沛国今呼稻为稌。”[2]

《广志》云[3]：“有虎掌稻、紫芒稻、赤芒稻、白米稻。南方有蝉鸣稻，七月熟。有盖下白稻，正月种，五月获；获讫，其茎根复生，九月熟。青芋稻，六月熟；累子稻，白汉稻，七月熟：此三稻，大而且长，米半寸，出益州[4]。秔，有乌秔、黑矿、青函、白夏之名。”

《说文》曰[5]：“稬，稻紫茎不黏者。”“秔，稻属。”

《风土记》曰[6]：“稻之紫茎[7]，穄，稻之青穗，米皆青白也。”

《字林》曰[8]：“秜（力脂反）[9]，稻今年死，来年自生曰秜。”

按：今世有黄瓮稻、黄陆稻、青稗稻、豫章青稻、尾紫稻、青杖稻、飞蜻稻、赤甲稻、乌陵稻、大香稻、小香稻、白地稻；菰灰稻，一年再熟。有秫稻。秫稻米，一名糯（奴乱反）米，俗云“乱米”，非也。有九格秫、雉目秫、大黄秫、棠秫、马牙秫、长江秫、惠成秫、黄般秫、方满秫、虎皮秫、荟柰秫，皆米也[10]。

【注释】

〔1〕引文见《尔雅·释草》，无“也”字。郭璞注作：“今沛国呼稌。”

〔2〕沛国：东汉改沛郡为沛国，故治在今安徽宿州。

〔3〕《类聚》卷八五“稻”、《初学记》卷二七“五谷”及《御览》卷八三九“稻”都引有《广志》，颇有异文，并有脱误。“白米稻”，《要术》各本仅金抄有“稻”字，《类聚》、《初学记》引《广志》也有。无论有无“稻”字，都是一个稻品种的名称，例如《授时通考》卷二一“谷种”记载太平府就有“白米”的晚稻品种，浙东从前也有“白米”的品种。有些书和文章以为“白米”是解释赤芒稻的米质白，是不妥的。“米半寸”，各本相同，《初学记》引《广志》作：“此三种，大且长，三枚长一寸半。”虽所说长度相同，但前者指米，后者指谷。据矩斋《古尺考》，魏晋的“半寸”，折成今尺，在三分半左右。

〔4〕益州：其故地大部在四川境内。

〔5〕引文中“稬”(fèi)字，《说文》作“穮”。“秔，稻属”，《说文》是：“杭，稻属。……秔，杭或从更。”则“秔”是“杭”的重文。

〔6〕《风土记》：西晋周处（240—299）撰。《晋书·周处传》记其曾撰《风土记》，《隋书·经籍志二》著录三卷。书已佚，各书每有引录。周处，今江苏宜兴人。相传少时横行乡里，当时宜兴有蛟、虎为害，父老把它们与周处合称“三害”。后周处斩蛟射虎，发愤改过，仕于吴。入晋累官至御史中丞。《风土记》所记不仅是宜兴的风土习俗，兼及附近地区。

〔7〕"稻之紫茎",各本同,"稻"上当有脱字。《御览》卷八三九"稻"引《风土记》作"穬稻之紫茎",仍有未协。日本西山武一《要术》译注本补此脱字为"穬",惟以《说文》"穬,稻紫茎"参验之,此字应作"穬"。则此二句应补脱读成:"穬,稻之紫茎;穬,稻之青穗。"

〔8〕《字林》:西晋吕忱撰,为补《说文》之不足而作。书已佚。吕忱,文字学家,曾任晋初义阳王司马望的典祠令,后出任县令。

〔9〕《说文》已先《字林》收有"秜"(lí)字,解说是:"稻今年落,来年自生谓之秜。"这和《字林》就有差异:"死"而来年自生,则为宿根生长;落子自生,那是很平常。虽然稻有宿根越冬生长的,但那是特殊情况,一般来说,仍疑"死"是"落"字之误。《要术》湖湘本始误"秜"为"秔",明杨慎《丹铅续录》卷四因有"刈稻明年复生曰秔"之说,实为湖湘本所误;清吴任臣《字汇补》又以"秔"为被遗漏奇字而收入,释为:"今年稻死,来年自生也。"似又被杨慎所误。

〔10〕"皆米也",各本相同,所记既均系秫稻,"米"上似脱"糯"字。

【译文】

《尔雅》说:"稌,就是稻。"郭璞注解说:"沛国现在管稻叫作稌。"

《广志》说:"有虎掌稻、紫芒稻、赤芒稻、白米稻。南方有蝉鸣稻,七月成熟。有盖下白稻,正月种,五月收获;收获后,根茎上又长出稻孙,九月成熟。青芋稻,六月成熟;累子稻,白汉稻,七月成熟:这三种稻,都又大又长,米粒长到半寸,出在益州。粳稻,有乌粳、黑矿、青函、白夏的名目。"

《说文》说:"穬,是茎秆紫色不黏的稻。""粳,是稻属。"

《风土记》说:"〔穬,〕是紫茎的稻;穬,是青穗的稻:米都是青白色的。"

《字林》说:"秜,稻今年死,明年又自然发生的叫'秜'。"

〔思勰〕按:现在有黄瓮稻、黄陆稻、青稗稻、豫章青稻、尾紫稻、青杖稻、飞蜻稻、赤甲稻、乌陵稻、大香稻、小香稻、白地稻;菰灰稻,一年两熟。有秫稻。秫稻米,又名糯米,习俗叫作"乱米"是不对的。有九格(hé)秫、雉目秫、大黄秫、棠秫、马牙秫、长江秫、惠成秫、黄般秫、方满秫、虎皮秫、荟柰秫,都是〔糯〕米。

稻,无所缘,唯岁易为良。选地欲近上流。地无良薄,水清则稻美也。

三月种者为上时,四月上旬为中时,中旬为下时。

先放水,十日后,曳陆轴十遍[1]。遍数唯多为良。地既熟,净淘种子[2],浮者不去[3],秋则生稗。渍经三宿,漉出,内草篅市规反中裹之[4]。复经三宿，芽生，长二分，一亩三升掷。三日之中，令人驱鸟。

稻苗长七八寸，陈草复起，以镰侵水芟之，草悉脓死。稻苗渐长，复须薅。拔草曰薅。虎高切。薅讫，决去水，曝根令坚。[5]量时水旱而溉之。将熟，又去水。

霜降获之。早刈米青而不坚，晚刈零落而损收。

北土高原，本无陂泽。随逐限曲而田者，二月，冰解地干，烧而耕之，仍即下水。十日，块既散液，持木斫平之[6]。纳种如前法。既生七八寸，拔而栽之。既非岁易，草稗俱生，芟亦不死，故须栽而薅之。溉灌，收刈，一如前法。

畦畤大小无定，须量地宜，取水均而已。

藏稻必须用箪。此既水谷，窖埋得地气则烂败也。若欲久居者，亦如劁麦法。

舂稻，必须冬时积日燥曝，一夜置霜露中，即舂[7]。若冬春不干，即米青赤脉起[8]。不经霜，不燥曝，则米碎矣。

秫稻法，一切同。

【注释】

〔1〕陆轴：即碌碡，见前图九。

〔2〕净淘种子：把稻种淘干净。这是水选种子的最早记载。水选的原理是利用种子比重的不同，淘汰去比重小、浮在水面的秕粒、病虫粒、破粒和杂草种子，从而选出比重大、下沉的良好种粒。稗子是水稻的严重害草，茎叶又像稻，抽穗前不加细辨很容易被蒙混过关。《要术》没有提到苗期鉴别拔去稗草，似乎是在稻田中抽穗显眼时才给除去的。

〔3〕两宋本、明本均作"浮者去之"，与下句不协调；《辑要》引作"浮者不去"，意义明允，从之。

〔4〕内草篅（chuán）中裹之：这是把浸涨了的稻种捂在草篅里催芽。《要术》种稻采用的是水直播法，时间在阴历三月，北方气温还比较低，出苗较慢，所以采取催芽播种法。捂在草篅里有了足够的空气，湿、温俱备，促使发芽迅速、整齐。催芽标准是二分长，虽然长了点，如果稻田水温稳定不冷，也不妨。内，同纳。

〔5〕这是排水烤田的最早记载。没有讲到烤到什么程度，但从原文"曝根令坚"来衡量，已达到烤田的基本要求：土壤经过烤晒使土温增高，加强养分的分解，促使根系下扎和萌发新根，控制了茎叶的生长和无效分蘖的发生，复水后稻株生长健壮坚强，不易倒伏。这些促控效应，《要术》直觉扼要地说成"曝根令坚"。

〔6〕木斫：大型木槌。《王氏农书》认为就是㮋，见前图三。下文稻苗移栽，是拔草栽在原田，不是先作秧田移栽。

〔7〕冬春稻谷，很像后世江浙等地的"冬春米"。春季稻谷休眠期已过，生命活动开始复苏，这时春米容易碎，糠秕多，折耗大；冬春则米粒坚实，不易碎，损耗少，所以多春贮备作几个月的食用。《要术》还在晒干后受一夜霜露，只使稻壳沾湿，这样春起来就容易出糠，春得白，不易碎，又省力。春稻，晒燥的米粒完整，潮的容易碎，但干狠了也容易碎。《要术》采用极干后使受夜露立即春，确是两全的好办法。

〔8〕青赤脉起：指冬春的稻谷没有晒干，水分含量较高，春成米后，在贮藏过程中容易引起自热霉变，被青赤霉菌所侵害。

【译文】

水稻，不要求什么特殊的条件，只要每年换田就好。选地要靠近溪河上游。不管好地瘦地，只要水清就长得好。

三月播种是上好的时令，四月上旬是中等时令，四月下旬是最晚的下限。

田里先引进水；十天之后，拖陆轴碾打十遍。遍数越多越好。田整熟之后，把稻种淘干净，浮起的不除掉，秋天就长成稗子。用水浸着；过了三夜，漉出来，放入草编的笋里捂着。再过三夜，芽就长出来，有二分长时，一亩田撒下三升种子。种下三天之内，要有人守着赶雀鸟。

稻苗长到七八寸时，杂草又长出来了，就用镰刀侵入水底带泥割掉，草就全烂死了。稻苗渐渐长高，要再薅草。拔草叫薅。薅完了，开缺口排去水，让太阳把稻根晒得坚强。晒过后，看水旱的情况，再灌水。稻子快熟时，又排去水。

霜降时收割。割早了，米青色，不坚实；割晚了，籽粒掉落，收成减损。

北方高原，本来没有陂塘沼泽。人们随着溪流弯弯曲曲的地方截流灌溉开成稻田的，二月里，解冻后地干了，放火烧过，把地耕翻，随即灌进水。过十天，土块已经泡散化开，就用木斫槌打整平。播种同上面所说的方法一样。稻苗长到七八寸高，要拔掉再栽过。因为田不是每年换的，杂草稗子都长出来，割也割不死，所以须要移栽时拔掉。灌溉，收割，都同上面的方法。

田丘的大小没有一定，按照土地形势，做成田面平坦，水层深浅均匀的田块来决定大小。

贮藏稻谷，必须用篅。这既然是水生的谷物，埋在窖里得到地气，便会烂坏。如果要长时间贮藏的，也可以仿照"劁麦法"那样做。

春稻谷，必须在冬天连日曝晒，干后，放在露天里受一夜霜露，立即春。如果稻谷不干而冬春，米便会起青赤色的"脉"。如果不经霜露，不晒燥，米就春碎了。

糯稻的一切栽培方法，都跟粳稻一样。

《杂阴阳书》曰："稻生于柳或杨。八十日秀，秀后七十日成。戊、己、四季日为良。忌寅、卯、辰，恶甲、乙。"

《周官》曰[1]："稻人，掌稼下地。"以水泽之地种谷也。谓之稼者，有似嫁女相生。"以潴畜水，以防止水，以沟荡水，以遂均水，以列舍水；以浍写水。以涉扬其芟，作田。"郑司农说'潴'、'防'：以《春秋传》曰：'町原防，规偃潴。''以列舍水'：'列者，非一道以去水也。''以涉扬其芟'：'以其水写，故得行其田中，举其芟钩也。'杜子春读'荡'为'和荡'，谓'以沟行水也'。玄谓偃潴者，畜流水之陂也。防，潴旁堤也。遂，田首受水小沟也。列，田之畔畛也。浍，田尾去水大沟。作，犹治也。开遂舍水于列中，因涉之，扬去前年所芟之草，而治田种稻。"

"凡稼泽，夏以水殄草而芟夷之[2]。""殄，病也，绝也。郑司农说'芟夷'：以《春秋传》曰：'芟夷、蕰崇之。'今时谓禾下麦为'夷下麦'，言芟刈其禾，于下种麦。玄谓将以泽地为稼者，必于夏六月之时，大雨时行，以水病绝草之后生者，至秋水涸，芟之，明年乃稼。"泽草所生，种之芒种。""郑司农云：'泽草之所生，其地可种芒种。'芒种，稻、麦也[3]。"

《礼记·月令》云："季夏……大雨时行，乃烧、薙，行水，利以杀草，如以热汤。郑玄注曰："薙，谓迫地杀草。此谓欲稼莱地，先薙其草，草干，烧之，至此月，大雨流潦，畜于其中，则草不复生，地美可稼也。'薙氏，掌杀草[4]：

春始生而萌之,夏日至而夷之,秋绳而芟之,冬日至而耜之。若欲其化也,则以水火变之。'"可以粪田畴,可以美土强。"注曰:"土润,溽暑,膏泽易行也。粪、美,互文。土强,强㯆之地。"

《孝经援神契》曰:"汙、泉宜稻。"

《淮南子》曰:"薍,先稻熟,而农夫薅之者,不以小利害大获。"[5]高诱曰:"薍,水稗。"

《氾胜之书》曰:"种稻,春冻解,耕反其土。种稻,区不欲大,大则水深浅不适。冬至后一百一十日可种稻。稻地美,用种亩四升。"

"始种,稻欲温,温者缺其塍,令水道相直;夏至后大热,令水道错。"[6]

崔寔曰:"三月,可种秔稻。稻,美田欲稀,薄田欲稠。五月,可别稻及蓝[7],尽夏至后二十日止。"

【注释】

〔1〕见《周礼·地官·稻人》,注文是郑玄注。正注文并同今本。注内引《春秋传》,上条见《左传·襄公二十五年》,下条见《左传·隐公六年》。

〔2〕殄(tiǎn):灭绝。

〔3〕泽草所生,指长草的下泽地,如果没有高标准的排水条件,绝非麦类所宜。

〔4〕见《周礼·秋官·薙氏》,引录了《薙氏》的全文。但今本《月令》郑玄注只针对正文引其中的二句作注:"薙人掌杀草职,曰:'夏至日而薙之。'又曰:'如欲其化也,则以水火变之。'"郑注似毋庸直抄《薙氏》全文。

〔5〕见《淮南子·泰族训》,"薍"作"离"。注文则大异,作:"稻米随而生者为离,与稻相似。耨之,为其少实。"这条注文,《四部丛刊》本《淮南子》题作"许慎记上"的,他本题作高诱注的,以及《御览》卷八三九"稻"引《淮南子》的注,都是这样,均与《要术》所引"薍,水稗"的高诱注大异,怀疑今本《淮南子》此注系出许慎,今本中混杂着许、高二注,而其混淆,在隋杜台卿以后,宋以前。

〔6〕上面是调节稻田水温的简便而巧妙的设计。水稻始种之时,气温较低,而稻田水浅,因受日光照射,水温升高,如果灌进较冷的外水,会降低稻田水温,对稻不利,因此把田塍上的进出水口开在一边的直线上,可使灌溉水流通过时对整

丘的水牵动较少,因而较能保持原有水温。夏至后气温高,水热,应该把进出水口错开,使水流斜穿而过,有助于降低田丘水温。见图十(采自万国鼎《氾胜之书辑释》)。但崔寔的北方洛阳地区的移栽,究竟是一般移栽还是秧田移栽,不清楚。

〔7〕"稻",各本作"种",《玉烛宝典·五月》引《四民月令》作"稻",据改。

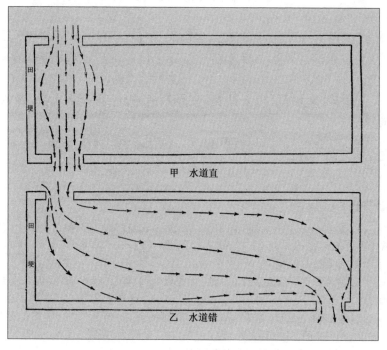

图十 稻田灌水调节水温方法示意图

【译文】

《杂阴阳书》说:"稻与柳树或杨树相生。八十日孕穗,孕穗后七十日成熟。播种以戊、己和四季日为好。忌在寅、卯、辰日,恶在甲、乙日。"

《周礼》说:"稻人,掌管在低地种庄稼。〔郑玄注解说〕:"就是在有水泽的地里种稻谷。所以叫作'稼',好像嫁女生育后代的意思。"用陂塘潴着水,用堤防拦住水,通过支渠的沟荡漾地流出去,通过毛渠的遂均匀地配水到田，用列来舍水；用大沟的浍排去水。然后在田里涉水走着，飘扬去割下的杂草，作成稻田。"郑司农解释说：《春秋左氏传》里有'町治原防，规划堰潴'，意思和这里的'潴'和'防'相当。用列来舍水。'列，就是不止一条舍去水的沟。'涉水飘扬去杂草，'因为排泄着水，所以可以在田里行走，拿起钩镰割去杂草。'杜子春解释'荡'是'和荡'，是说'用沟来和缓地行水'。郑玄认为'堰潴'是蓄水的陂塘。'防'是陂塘旁边的堤。'遂'是田头引水的小沟。'列'是田畦〔；'舍'是止舍住〕。'浍'是排水的尾间大沟。'作'就是整治。把遂沟的口打开，引水灌进田里，依靠田埂把水止舍住，因而涉水走着，把去年割下的杂草荡扬出去，作成田种稻。"

"在下泽地里种庄稼，夏天要用水来殄草，并且艾夷掉。"殄是使发病，使断绝的意思。郑司农用《春秋左氏传》的'艾夷、积聚'来解释'艾夷'，认为现在人管禾下种麦叫'夷下麦'，就是说夷割去禾，在禾茬地里种。我玄认为将要在下泽地里种庄稼，必须在夏天六月里常下大雨的季节，用水来断绝后来长出的杂草，到秋天水干了，再割去，明年才可以种庄稼。"长草的下泽地，可以种上'芒种'。""郑司农说：'泽地能长草的，那地方可以种芒种。'芒种，就是稻谷和麦子。"

《礼记·月令》说："季夏六月……常下大雨，就烧掉草，薙下草，灌进水泡着，利用它来杀草，好像用热汤烫过一样。郑玄注解说："薙，是说贴地剃杀杂草。这是说，在草荒地里种庄稼，先要剃掉杂草，草干后，烧掉它。到六月，下大雨，把潦水蓄在田里，草不能再长出来，地就肥好可以种了。〔《周礼》说：〕薙氏，掌管杀草：春天锄掉初生的萌芽，夏天用钩镰贴地割掉，秋天结实了割去使不能成熟，冬天用耜把它铲去。如果要使它起变化，便用火烧和水泡的办法使它变成肥料。"这样，可以粪肥田亩，可以使强土变美。"注解说："土壤润泽，加上大热天，肥分容易见效。'粪'和'美'意思一样，换个字罢了。强土是坚强的土。"

《孝经援神契》说："低洼停水和有泉水的地，宜于种稻。"

《淮南子》说："蒉，比稻谷先成熟，可农夫还是要薅掉它，因为不能贪图小的利益，而妨害大的收获。高诱注解说："蒉，就是水稗。"

《氾胜之书》说："种稻，春天解冻时，把土耕翻。种稻的田丘不要大；大了，田里的水深浅不均匀。冬至后一百十天，可以种稻。稻田好，一亩用四升种子。

"稻苗刚出不久，需要温暖些；要温暖，该在田塍上对直地开进水出水口，使水成直线地流通〔，就可以保温〕。夏至以后，水晒得很热，该使水流的方向错开〔，可以降低水温〕。"

崔寔说："三月，可以种粳稻。种稻，好田要稀些，瘦田要稠些。五月，可以移栽〔稻〕和蓝，直到夏至后二十日为止。"

旱稻第十二

旱稻用下田，白土胜黑土[1]。非言下田胜高原，但夏停水者，不得禾、豆、麦，稻田种[2]，虽涝亦收[3]，所谓彼此俱获，不失地利故也。下田种者，用功多；高原种者，与禾同等也。凡下田停水处，燥则坚垎，湿则污泥，难治而易荒，烧埲而杀种——其春耕者，杀种尤甚——故宜五六月暵之，以拟矿麦。麦时水涝，不得纳种者，九月中复一转，至春种稻，万不失一。春耕者十不收五，盖误人耳。

凡种下田，不问秋夏，候水尽，地白背时，速耕，耙、劳频烦令熟。过燥则坚，遇雨则泥，所以宜速耕也。

二月半种稻为上时，三月为中时，四月初及半为下时。

渍种如法，裛令开口。耧耩掩种之，掩种者省种而生科，又胜掷者。即再遍劳。若岁寒早种——虑时晚——即不渍种，恐芽焦也。[4]

其土黑坚强之地，种未生前遇旱者，欲得令牛羊及人履践之[5]；湿则不用一迹入地。稻既生，犹欲令人践垄背。践者茂而多实也。

苗长三寸，耙、劳而锄之。锄唯欲速。稻苗性弱，不能扇草[6]，故宜数锄之。每经一雨，辄欲耙、劳。苗高尺许则锋。天雨无所作，宜冒雨薅之。科大，如概者，五六月中霖雨时，拔而栽之。栽法欲浅，令其根须四散，则滋茂；深而直下者，聚而不科。其苗长者，亦可掐去叶端数寸，勿伤其心也。入七月，不复任栽。七月百草成，时晚故也。

其高田种者，不求极良，唯须废地。过良则苗折，废地则无草。亦秋耕，耙、劳令熟，至春，黄场纳种。不宜湿下。余法悉与下田同。

【注释】

〔1〕白土、黑土：指土壤的不同形态特征，包括颜色、粗细、结构、松紧等的表征。"白"，这里不是指空白、空闲。

〔2〕"田"，金抄及《辑要》引均作"四"，概括"禾、豆、麦、稻"四种，讲不通；南宋本作"田"，是，但宜作"下田"。"稻下田种"，意谓不是说下田比高原好，只是下田夏天渍着水，不能种谷子、豆、麦，只有耐涝的旱稻种在"下田"，"虽涝亦收"。

〔3〕虽涝亦收：就是有潦水，也有收成。按：旱稻即陆稻，耐旱也耐涝，适应在种水稻易受旱而种旱作不怕略涝的地区，以及春旱而夏秋易涝的低洼地区种植。所以在夏天有滞涝不能种谷子等旱作的地，宜于种陆稻，不怕涝，仍有收获。下文说种矿麦时仍有滞涝不能下种，只能在明春种陆稻，正反映后一种春旱而夏种易涝的情况。

〔4〕这整条注文，不大容易点读，今暂参照江苏泰州市董爱国同志的意见作如上读。"虑时晚"是对"岁寒早种"的注脚，是说碰上春寒年份，由于种期已迫近，仍不得不赶时早些播种——因为如果等到天暖再种，怕时间太晚。在这种情况下，就不要渍种发芽，怕芽会被冻枯。

〔5〕履践之：黑垆土如果耕不及时，地整不熟，旱则块硬虚悬，风日失墒，所以种后未出苗遇旱，须要践踏使落实，使种土相接，以利保墒出苗。

〔6〕陆稻幼苗长势弱，生长缓慢，不易遮蔽杂草，反而易被杂草所蔽，所以必须早锄快锄。

【译文】

旱稻要种在低田，白土比黑土好。不是说低田比高原好，只是因为低田夏天会有渍水，不能种谷子、豆子或麦，只有种旱稻，就是有潦水，也有收成。这样，两种地彼此都有收获，不致失去地利。种在低田，用的人工多；种在高原，用工和谷子一样。低田渍潦的地方，干燥时坚硬板结，湿时泥泞，难以耕治，又容易草荒，土地瘠薄，很难出苗——春耕的尤其难出苗——所以该在五六月里耕翻晒过垡，准备入秋种矿麦。但如果种麦时仍有滞潦不能下种的，那就在九月间再耕转一遍，到明年春天种旱稻，便万无一失。春耕的十成没有五成收成，那真是误人。

凡在低田种旱稻，不管秋天还是夏天，等水干了，地面发白时，赶快耕翻，多遍地耙、耢，把地整熟。太干时坚硬，遇上雨又会泥泞，所以该在白背时赶快耕翻。

二月半种是上好的时令，三月是中等时令，四月初到月半是最晚时令。

浸种按照通常的办法，保温保湿，芽催到开口露白就可以了。構沟下种，掩上土，掩种的省种子，发棵大，比撒播的强。随即耢两遍。如果怕时间太晚误过时机，即使当年春天还是寒冷的，仍然需要冒寒早些种，那就不要浸种催芽，怕的是催了的芽会被冻枯焦。

黑垆坚硬的地，种下去还没出苗就遇上干旱的，要叫牛羊和人在地上践踏过；但地湿，却不允许有一步踏进去。稻出苗后，还要叫人践踏垄背。践踏过的苗就长得茂盛，结实多。

苗长高到三寸时，耙过，耢平，再锄过。锄务必要快。稻苗力量弱，遮蔽不住杂草，所以该多次快锄。每下一场雨，就要耙、耢。苗长到尺把高时，用锋锋过。天下雨没有什么事，该冒雨薅去稻草。科丛大了，如果嫌稠，五六月里连雨时，就拔掉些另外移栽。栽的方法：要栽得浅，让根须向四面散开，就长得茂盛；如果直插下去栽得深，株丛紧密聚着不发科。稻苗过长的，也可以把叶尖掐掉几寸，可不能伤及苗心。一到七月，便不能再移栽了。七月各种草营养生长已完成，〔稻也一样，〕时间太晚了。

在高田种旱稻，田不要求很肥，只须用原先种过的地。过肥的地容易倒伏，种过的地杂草少。也是秋耕，耙，耢，把地整熟，到春天，趁黄墒下种。不宜地湿时下种。其余办法，都和低田相同。

胡麻第十三

《汉书》[1]：张骞外国得胡麻。今俗人呼为"乌麻"者，非也。

《广雅》曰："狗虱、胜茄，胡麻也。"[2]

《本草经》曰[3]："胡麻，一名巨胜，一名鸿藏。"

按：今世有白胡麻、八棱胡麻[4]。白者油多，人可以为饭，惟治脱之烦也。

【注释】

〔1〕《汉书》无此记载，殿本《辑要》引《要术》删去"书"字，只作"汉张骞"，文字上是对的，实质上仍有问题。启愉按：张骞通西域后引种进来的植物只有葡萄和苜蓿两种，见于《汉书·西域传》（虽未明说，可以作这样理解），不见于本传。此外见于各书引称《博物志》所记的，尚有大蒜、安石榴、胡桃、胡葱、胡荽、黄蓝多种，但不见胡麻。引进胡麻见于《御览》卷八四一"豆"引《本草经》，同时引进的还有胡豆（参看本卷《大豆第六》注释〔6〕）。但《证类本草》录载《神农本草经》的"胡麻"，并无此说，只有陶弘景注说："本生大宛，故名胡麻。"

〔2〕见《广雅·释草》，有异文。《要术》"胜茄"，可能有脱误。

〔3〕《本草经》，当指陶弘景《本草经集注》，因为"一名鸿藏"是陶弘景添加在《本草经》上的。

〔4〕胡麻：即芝麻。亚麻亦名胡麻，非此所指。芝麻的品种很多，其蒴果有四棱、六棱、八棱及八棱以上等。种子颜色有黑、白、黄、褐等色。种皮一般以黑芝麻较厚，黄、白芝麻较薄。白芝麻一般产量较低，但含油量比黑芝麻高。

【译文】

《汉书》(？)：张骞从外国传进来胡麻。现在俗名叫作"乌麻"，是不对的。

《广雅》说："狗虱、胜茄(？)，就是胡麻。"

《本草经》说："胡麻，又名巨胜，又名鸿藏。"

〔思勰〕按：现在有白胡麻、八棱胡麻。白的油多，种仁可以作饭吃，不过脱皮很麻烦。

胡麻宜白地种$^{(1)}$。二、三月为上时，四月上旬为中时，五月上旬为下时。月半前种者，实多而成；月半后种者，少子而多秕也。$^{(2)}$

种欲截雨脚。若不缘湿，融而不生$^{(3)}$。一亩用子二升。漫种者，先以耧耩，然后散子，空曳劳。劳上加人，则土厚不生。耧耩者，炒沙令燥，中半和之。不和沙，下不均。垅种若荒，得用锋、耩。

锄不过三遍。

刈束欲小。束大则难燥；打，手复不胜$^{(4)}$。以五六束为一丛，斜倚之。不尔，则风吹倒，损收也。候口开，乘车诣田斗薮；倒竖，以小杖微打之。还丛之。三日一打。四五遍乃尽耳。若乘湿横积，蒸热速干，虽曰郁裹，无风吹亏损之虑。$^{(5)}$裹者，不中为种子，然于油无损也。

崔寔曰："二月、三月、四月、五月，时雨降，可种之。"$^{(6)}$

【注释】

〔1〕白地：指同一种作物有一定年份"空白"没有种过的非连作地。清丁宜曾《农圃便览·四月》："种芝麻……忌重茌。"芝麻忌连作，连作后茎点枯病、枯萎病、细菌性叶斑病等严重，可致苗期全部死去，即使不死也很坏。启愉栽培经验：第一年很好；第二年还好，但植株矮些，少数枯萎；第三年大半枯萎而死，即使不死也矮了半截，很少结荚，等于报废。即使空三四年再种还是不行，非过十年八年不可。

〔2〕《要术·种谷》说到五谷大多上旬种的全收，中旬种的中等收成，下旬

种的下等收成，这里芝麻月半前种的很好，月半后种的很差，可看作上一说法的实例。但也许是偶然巧合，有无科学根据，尚待研究。

〔3〕融而不生：种子干死不发芽。融，因水分不足，使种子"焦灼"干死。芝麻种子细小，顶土力弱，又种在土表，一般不覆土（或覆薄土），所以要接湿播种。种子在干燥的环境里，呼吸很微弱。芝麻种在稍有水分但实际是很不足的土里，虽也开始萌发，呼吸旺盛时却因水分供应不上，半路停止长芽，本身养分倒消耗了很多，因而小小种仁丧失了生命力，不能发芽。这时，在土里根本找不到扁小的子粒，实际已经枯死消失。

〔4〕胜（shēng）：承担，承受。

〔5〕芝麻蒴果开裂后，种子一碰就掉落。搭着的芝麻把子也会被大风吹倒，那裂荚的种子几乎会全被倒光，损失严重，尤其是搭在大田里，落子更难以收拾。把芝麻秆横堆起来，如果是堆在大田里，即使避免了风吹的损失，但裂荚落子还是多的，那就依然没法收拾。比较稳妥的办法是将把子骑跨在竹木架上，不怕风吹雨淋。

〔6〕芝麻按播种时期有春芝麻、夏芝麻、秋芝麻之分，其特性是同一品种既可春播，也可夏播、秋播。今黄河中下游地区多种春芝麻。崔寔和《要术》所记都是春芝麻而行春播、夏播的。郁闷过的不能作种子，因为胚被郁坏了。

【译文】

胡麻宜于种在白地。二月、三月种是上好的时令，四月上旬是中等时令，五月上旬是最晚时令的下限。月半以前种的，结实多，粒粒成熟；月半以后种的，结实少而秕壳多。

要趁雨停止时就种下。如果不趁湿下种，种子就会干死不发芽。一亩地用二升种子。撒播的，先用空耧构过，然后撒子，再拖空捞浅盖。捞上加了人，太重，覆土太厚，苗长不出来。用耧车构种的，先把沙炒燥，同种子对半相和〔，然后构播〕。不和进沙子，溜子会不均匀。成垄构播的，长了杂草，垄间有进行锋、构的便利。

锄苗，三遍就够了。

收割时，扎成的把子要小。把子大了难得干；拍打时，手又照应不过来。五六把斜靠着相搭成一簇。不然的话，被风吹倒，子粒就损失大了。等果皮开裂，乘着车到地里去抖落子粒；倒竖过来，用小棒轻轻敲打。抖过了，依旧一簇簇地搭好。三天打一次。打四五次，可以打尽。如果趁湿横着堆积起来，水分蒸发发热，反而干得快。这样，虽说是郁闷着，但没有风吹落子的耗损。郁闷过的，不能用来作种子，但油量不会损失。

崔寔说："二月、三月、四月、五月，下了合时的雨，可以种胡麻。"

种瓜第十四 茄子附

《广雅》曰："土芝，瓜也；其子谓之瓝（力点反）。瓜有龙肝、虎掌、羊骹、兔头、𤬛（音温）瓝（大真反）、狸头、白𤬪、秋无余、缣瓜，瓜属也。"[1]

张孟阳《瓜赋》曰[2]："羊骹、累错[3]，𤬪子、庐江。"

《广志》曰[4]："瓜之所出，以辽东、庐江、敦煌之种为美。有乌瓜、缣瓜、狸头瓜、蜜筩瓜、女臂瓜、羊髓瓜。瓜州大瓜[5]，大如斛，出凉州。獻须、旧阳城御瓜[6]。有青登瓜，大如三升魁。有桂枝瓜，长二尺余。蜀地温良，瓜至冬熟。有春白瓜，细小，小瓣，宜藏[7]，正月种，三月成；有秋泉瓜，秋种，十月熟，形如羊角，色黄黑。"

《史记》曰："召平者，故秦东陵侯。秦破，为布衣，家贫，种瓜于长安城东。瓜美，故世谓之'东陵瓜'，从召平始。"[8]

《汉书·地理志》："敦煌，古瓜州，地有美瓜。"[9]

王逸《瓜赋》曰[10]："落疏之文[11]。"

《永嘉记》曰[12]："永嘉美瓜[13]，八月熟，至十一月，肉青瓤赤，香甜清快，众瓜之胜。"

《广州记》曰[14]："瓜，冬熟，号为'金钗瓜'。"

《说文》曰[15]："㼎，小瓜，瓞也。"

陆机《瓜赋》曰[16]"栝楼、定桃，黄𤬪、白搏；金钗、蜜筩，小青、大斑；玄骭、素腕，狸首、虎蹯。东陵出于秦谷，桂髓起于巫山"也。[17]

【注释】

〔1〕见《广雅·释草》，"土芝"作"水芝"，又多"桂支、蜜筩"二种，其他也有异文。"𤬛瓝"，《要术》各本均误，据《广雅》改正。"大真反"，各本或作"大豆反"，或作"大具反"，均形似致误，《广雅》隋曹宪音注作"徒昆"切，与"大真"同切，故改为"大真"。

〔2〕张孟阳：名载，西晋文学家，官至中书侍郎，《晋书》有传。原有《张载

集》,已亡佚。《瓜赋》,《类聚》卷八七"瓜"、《御览》卷九七八及清王念孙《广雅疏证》均引有张载《瓜赋》,内容均较详。

〔3〕"羊骹",细长,恐非甜瓜。所谓"累错",也许指瓜皮上有网纹交错。

〔4〕《初学记》卷二八"瓜"及《类聚》卷八七、《御览》卷九七八均引有《广志》,多有异文。"猒须",三书所引均无此二字。"猒"即"厌"字,古县有"厌次",在今山东惠民东,"须"未知是否是"次"字之误。

〔5〕敦煌出美瓜,古名瓜州。下文说产自甘肃凉州(今武威),则是从敦煌传进的。

〔6〕旧阳城:秦和汉均置有阳城县,都在今河南境内,入晋均废,故以"旧"名。

〔7〕藏瓜,有鲜藏、干藏、腌藏、酱藏、蜜藏等法。

〔8〕见《史记·萧相国世家》。"从召平始",作"从召平以为名也",较胜。

〔9〕见《汉书·地理志下》。颜师古注说:"其地今犹出大瓜,长者狐入瓜中食之,首尾不出。"

〔10〕王逸:东汉文学家,汉顺帝时官侍中。曾给《楚辞》作注,颇为后世所重视。《隋书》及新旧《唐书》经籍志均著录有《王逸集》,今已佚。所引《瓜赋》,类书未见。

〔11〕落疏:指瓜皮上的条纹稀疏开朗,即卷一〇"余甘(四六)"引《异物志》所谓"理(纹理)如定陶瓜"。定陶,今山东定陶。

〔12〕《永嘉记》:《御览》引用书目中列有郑缉之《永嘉记》,《初学记》所引题名相同。《隋书·经籍志》不著录,但另著录有"《孝子传》十卷,宋员外郎郑缉之撰",则郑为南朝宋时人,其他不详。南朝宋刘义庆(403—444)《世说新语》南朝梁刘峻(孝标,462—521)注,引有《永嘉记》和《东阳记》,据《北堂书钞·武功部八》题名,《东阳记》亦郑缉之所撰。书均亡佚。永嘉郡治在今浙江温州。

〔13〕金抄作"美瓜",明抄、湖湘本作"襄瓜"。李时珍《本草纲目》认为"襄瓜"即寒瓜,也就是西瓜。

〔14〕《广州记》:《御览》卷九七八引本条题作裴渊《广州记》。书已佚。《御览》所引是:"有瓜冬熟,号曰'金钗',味乃甜美。"(据清鲍崇城刻本《御览》,中华书局影印本《御览》"金钗"误为"金叙")。

〔15〕今本《说文》"瓜"部是:"𤓰,小瓜也。""𤬓,㿯也。""㿯,小瓜也。"意思相同而释例不一。

〔16〕陆机(261—303):西晋文学家,字士衡。曾任成都王司马颖的后将军、河北大都督,兵败为颖所杀。今传《陆士衡集》并非完帙,《瓜赋》在该《集》卷一。定桃,当是定陶瓜。栝楼(Trichosanthes kirilowii),亦名瓜蒌,并非甜瓜。

黄㼩,扁圆形黄色瓜;白搏,圆形白色瓜;小青,小的青皮瓜;大斑,大的斑纹瓜。以上都是甜瓜。狸首、虎蹯,圆锥形或倒卵形,里面有浅凹凸或不规则浅纵沟,或是甜瓜变种,恐非佛手瓜(Sechium edule)。玄骭、素腕、女臂、羊骹,长条形如瓠子,恐非甜瓜。

〔17〕《类聚》、《初学记》、《御览》均引有陆机《瓜赋》。《陆士衡集》卷一载有《瓜赋》文。"白搏",明抄如文,"搏"有圆义,与"㼩"相对;金抄作"搏",湖湘本作"传",并形似致误。《陆士衡集》亦讹作"传";又"素腕"与"玄骭"相对,该《集》讹作"素碗",均可从《要术》校正。

【译文】

《广雅》说:"土芝,就是瓜;瓜子叫作瓣(liǎn)。瓜的种类有龙肝、虎掌、羊骹(qiāo)、兔头、瓝瓜(tún)、狸头、白㼩(pián)、秋无余、缥瓜,都是瓜类。"

张孟阳《瓜赋》说:"羊骹、累错,瓝子、庐江。"

《广志》说:"各地所出的瓜,以辽东、庐江、敦煌的种为最好。有乌瓜、缥瓜、狸头瓜、蜜筩瓜、女臂瓜、羊髓瓜。瓜州大瓜,像斛那么大,出在凉州。有厌须(?)和旧阳城进贡的御瓜。有青登瓜,像三升羹斗那么大。有桂枝瓜,二尺多长。蜀地温和肥良,瓜到冬天还有成熟。有春白瓜,瓜小,瓜子也小,宜于作'藏瓜',正月种,三月成熟;有秋泉瓜,秋天种,十月成熟,形状像羊角,黄黑色。"

《史记》说:"召平,本来是秦国的东陵侯。秦亡后,成为平民,家里穷了,就在长安东门外种瓜。瓜质甜美,所以人们称为'东陵瓜',是从召平起名的。"

《汉书·地理志》说:"敦煌,古时叫瓜州,有很好的瓜。"

王逸《瓜赋》说:"疏疏落落的条纹。"

《永嘉记》说:"永嘉有好瓜,八月成熟,到十一月,果肉青色,瓤肉红色,香甜爽口,是各种瓜中最好的。"

《广州记》说:"有一种瓜,冬天成熟,号称'金钗瓜'。"

《说文》说:"㼆(yíng),是小瓜,就是㼜(dié)。"

陆机《瓜赋》说:"〔瓜的种类有〕栝楼、定桃,黄㼩、白搏;金钗、蜜筩,小青、大斑;玄骭(gàn)、素腕,狸首、虎蹯。东陵出在秦谷,桂髓产在巫山。"

收瓜子法:常岁岁先取"本母子瓜"[1],截去两头,止取中央子[2]。"本母子"者,瓜生数叶,便结子;子复早熟[3]。用中辈瓜子者,蔓长二三尺,然后结子。用后辈子者,蔓长足,然后结子;子亦晚熟。种早子,熟速而瓜小;种晚子,熟迟而瓜大。去两头者:近蒂子,瓜曲而细;近头子,瓜短而㖞[4]。

凡瓜,落疏、青黑者为美;黄、白及斑,虽大而恶。若种苦瓜子,虽烂熟气香,其味犹苦也。

又收瓜子法:食瓜时,美者收取,即以细糠拌之,日曝向燥,按而簸之,净而且速也。

良田,小豆底佳,黍底次之。刈讫即耕。频烦转之⁽⁵⁾。

二月上旬种者为上时,三月上旬为中时,四月上旬为下时。五月、六月上旬,可种藏瓜。

凡种法:先以水净淘瓜子,以盐和之。盐和则不笼死⁽⁶⁾。先卧锄耧却燥土,不耧者,坑虽深大,常杂燥土,故瓜不生。然后掊坑,大如斗口。纳瓜子四枚、大豆三个于堆旁向阳中。谚曰:"种瓜黄台头⁽⁷⁾。"瓜生数叶,掐去豆。瓜性弱,苗不独生,故须大豆为之起土⁽⁸⁾。瓜生不去豆,则豆反扇瓜,不得滋茂。但豆断汁出,更成良润;勿拔之,拔之则土虚燥也。

多锄则饶子,不锄则无实。五谷、蔬菜、果蓏之属,皆如此也。

五、六月种晚瓜。

治瓜笼法:旦起,露未解,以杖举瓜蔓,散灰于根下。后一两日,复以土培其根,则迥无虫矣。

【注释】

〔1〕本母子瓜:启愉按:瓜,指甜瓜(Cucumis melo)。甜瓜的生理特性是主蔓上不结瓜,支蔓上的雌花才结瓜。主蔓上的分枝叫子蔓,子蔓的分枝叫孙蔓。最早的瓜是从子蔓上结出的,所以叫"本母子瓜"。

〔2〕本母子瓜的瓜子并不是粒粒都合要求的,因为一个瓜里面的种子,由于形成条件的不同,质性也不同,中部的种子形成早,充实饱满,具有较强的生命力和生理活性,种下去具有丰产性和早熟性。瓜两头的种子形成晚,生活力弱,种下去瓜苗生长弱,养分不足,子房发育不良,会产生细曲短歪等畸形瓜。

〔3〕子复早熟:下代结瓜也早。启愉按:甜瓜的生活习性喜温暖,怕雨湿,在开花和成熟期更需要多日照和干燥环境。为了避开夏季的多雨和早日供应鲜果,提早成熟是人们的理想愿望。甜瓜近根部早分枝的子蔓上,常在第一、第二叶腋就长雌花,结瓜很早。它的瓜子具有早熟性,种下去下代结瓜也早。同时中央一段的瓜子也有早熟性。这样,具有两重早熟性的瓜子一代一代地连续选种下去,可以提早瓜的成熟期,培育出早熟的品种。迟熟的瓜后代结瓜也迟,其理

相同（亲代关系相传的习性）。

〔4〕喎（wāi）：歪斜。

〔5〕"频烦"，多次的意思，《要术》常用语，两宋本如文；《渐西》本改从殿本《辑要》作"频翻"，错了。

〔6〕笼死：清代鲁南地区的《农圃便览》讲到种甜瓜先用盐水洗种，种下后再用盐水浇种，"得盐气则不笼死"。现在北方瓜农也还有用盐水浸种的。今苏南等地有称病毒病症状为"笼"，但盐拌种子不能防除病毒病。嘉湖地区的《沈氏农书》称一种桑病为"癃"，今浙东有称大豆花期遇高温干燥又遭北风劲吹而使豆花萎蔫为"笼"。土俗所谓笼，所指不一，概念笼统。下文又有治瓜笼法，在瓜根上撒灰治虫，则可能是指虫食根茎和虫害引起的茎叶萎缩现象。

〔7〕种瓜黄台头：启愉按：新、旧《唐书》之《承天皇帝倓传》："种瓜黄台下，瓜熟子离离。""黄台头"就是"黄台下"，就是刨坑时把刨出来的土堆在北面，把瓜种在土堆下面坑内的向阳面。这是露地刨穴直播，现在也常在穴北堆个小土堆，起着风障作用。"头"谓下头，不能误解为头顶。凡物体末端都可称"头"，如上头、下头、梢头、烟头、铅笔头等等。

〔8〕大豆的顶土力比瓜子强，出土也较早，这样依靠豆苗的出土把表土顶开松动了，帮助甜瓜子叶出土。等到瓜苗长出几片真叶时，随即掐断豆苗，避免遮荫阻碍瓜苗新陈代谢的顺利进行，并且豆苗断口有液汁（伤流）流出，还稍有滋润作用。但不能拔掉，否则不但使土壤震裂松散，容易干燥，还会伤损瓜根。瓜株虽然长大后怕水，但幼苗特喜湿润环境，土干了就会萎死。从这里反映《要术》促控兼施的栽培技术。

【译文】

收瓜子的方法：要年年收摘最先结出的"本母子瓜"，截去两头不要，只收中央一段的瓜子。所谓"本母子瓜"，就是刚长出几片叶子最早结出的瓜。〔拿这种瓜子种下去，〕下代结瓜也早。用中间一批瓜的瓜子作种，瓜蔓要长到二三尺长才会结瓜。用晚批瓜的瓜子作种，要迟到蔓长足了之后，才能结瓜，而且它的后代结瓜也迟。种早瓜的瓜子，瓜成熟也早，但瓜小；种迟瓜的瓜子，瓜成熟也迟，但瓜大。所以要截去两头，因为近蒂的瓜子，种下去结的瓜弯曲细小；近下头的瓜子，结的瓜又短又歪斜。凡是甜瓜，条纹稀疏开朗、皮色青黑的，味道甜美；黄色、白色和有斑点的，纵使个大，味道还是很差。假如种的是苦味的瓜，即使熟透了，气味虽然香，味道还是苦的。

又收瓜子的方法：吃瓜时，遇着味道好的，把瓜子收下，随即用细糠拌和，在太阳底下晒到快干时，用手揉搓，接着簸飏，把糠和瘪子都簸去，又干净又快。

要用好地种，用小豆茬地最好，黍子茬地次之。小豆、黍子收割了就耕翻，要多次地转耕。

二月上旬种是最好的时令，三月上旬是中等时令，四月上旬是最晚时令。五月、六月上旬，可以种酱藏的瓜。

种瓜法：先用水把瓜子淘选清净，拿盐和进去。盐和过不会"笼死"。把锄头横过来耙去地面上的燥土，不耙去燥土，坑再深再大，因为混杂着燥土，瓜就出不了苗。然后刨坑，坑口像斗口那样大小。在土堆旁的向阳一面放进四颗瓜子，三颗大豆。农谚说："瓜种在土堆下头。"等瓜长出几片叶子后，掐去豆苗。瓜性软弱，单独生长时，不容易长出土，所以要靠大豆帮助它顶破表土出苗。瓜长出后如果不掐去豆苗，豆苗反而掩藏着瓜苗，使瓜长不旺盛。把豆苗掐断，断口上有液汁流出，还可以滋润瓜苗。但不能拔掉，拔掉会使土壤松散干燥。

要多锄，锄多了结实也多；不锄就结实很少。五谷、蔬菜、瓜果之类，都是如此。

五、六月，种晚瓜。

治瓜笼的方法：清早起来，趁露水还没干时，用小棒挑起瓜蔓，拿灰撒在瓜根上。过一两天，再用土培在根上，以后就没有虫了。

又种瓜法：依法种之，十亩胜一顷。于良美地中，先种晚禾。晚禾令地腻。熟，鋤刈取穗，欲令芨方末反长。秋耕之。耕法：弶缚犁耳，起规逆耕[1]。耳弶则禾芨头出而不没矣。至春，起复顺耕，亦弶缚犁耳翻之，还令草头出。耕讫，劳之，令甚平。

种稙谷时种之。种法：使行阵整直，两行微相近，两行外相远，中间通步道，道外还两行相近。如是作次第，经四小道，通一车道。凡一顷地中，须开十字大巷，通两乘车，来去运輂。其瓜，都聚在十字巷中。

瓜生，比至初花，必须三四遍熟锄，勿令有草生。草生，胁瓜无子。锄法：皆起禾芨，令直竖。其瓜蔓本底，皆令土下四厢高，微雨时，得停水。瓜引蔓，皆沿芨上。芨多则瓜多，芨少则瓜少。芨多则蔓广，蔓广则歧多，歧多则饶子。其瓜会是歧头而生；无歧而花者，皆是浪花[2]，终无瓜矣。故令蔓生在芨上，瓜悬在下。

摘瓜法：在步道上引手而取，勿听浪人踏瓜蔓，及翻覆之。踏则茎破,翻则成细,皆令瓜不茂而蔓早死。若无茇而种瓜者,地虽美好,正得长苗直引[3],无多盘歧,故瓜少子。若无茇处,竖干柴亦得。凡干柴草,不妨滋茂[4]。凡瓜所以早烂者[5],皆由脚蹋及摘时不慎,翻动其蔓故也。若以理慎护,及至霜下叶干,子乃尽矣。但依此法,则不必别种早、晚及中三辈之瓜。

【注释】

〔1〕起规逆耕:绕着圈子逆耕。《通俗文》:"量圆曰规。"这里就是绕圈子,指在地的右边耕起,到头后向左转,这样兜圈地耕到地的中部,像现在耕作方法上所说的"外翻法"。下文所说的顺着耕,就是从左向右转圈耕,即按与逆耕相反的方向耕。所谓顺逆,像用圆规画圆圈,以从左向右画为顺,反之为逆。由于去掉犁壁,耕起的土垡只是稍微翻动而不会倒覆,所以谷茇仍能露在地上。

〔2〕浪花:指雄花,滥开着不结瓜的。上下文反复说明甜瓜只在支蔓上结瓜、支蔓越多结瓜越多的特性,描述得淋漓尽致。

〔3〕"正",各本同,初疑为"止"字之误,其实不是。各时代有各时代的用词特色,魏晋南北朝时期多以"正"当"止",即其一例。在《要术》中,例如卷七《笨曲并酒》"粟米酒法"的"正作馈耳,不为再馏",卷八《作豉法》的"是以正须半瓮尔"等,都是"止"的意思。

〔4〕这是告诫不要插进有再生能力的活枝条,那会长成新植株,不但耗夺去养分,又与瓜叶争阳光,瓜自然长不茂盛了。

〔5〕早烂:"烂"是熟透,引申为完尽,大致与"阑"相当,非指腐烂。早烂指瓜株早衰,过早地罢园收场,从下文谨慎地养护,可以延长到霜降才完毕,可为明证。这是参照孟方平的意见。

【译文】

又一种种瓜法:依这种方法种瓜,十亩胜过一百亩。在肥美的地里,先种一熟晚谷子。晚谷子可以使地细熟。谷子熟了,只割下穗子,留着长长的谷茇。到秋天耕翻。耕的方法:去掉犁壁,绕着圈子逆耕。去掉犁壁耕,谷茇就仍然出头,不会覆没在地里。到春天,再顺着耕,还是去掉犁壁耕,依旧使茇头出在地面上。耕完毕,耢过,要耢得很平。

在种早谷子的时候种瓜。种的方法:要使行列整齐对直,两行稍微靠近些,另外的两行隔开远些,中间可以让人走过;过道外面还是靠近些的两行。这样依次排列，经过四条过道，留出一条大车道。在一项地里，须要开出十字形的大巷道，可以让两辆大车通过，来往搬运摘下的瓜。运出的瓜都先堆在十字巷口广场上。

从瓜长出到开始开花的期间，必须锄三四遍把地锄细，不使有杂草生长。长着杂草，胁迫着瓜，瓜就不结实。锄的方法：要把谷茬全都扶立起来，使直直地竖着。瓜根部的土要低陷一些，四围的土要楼高一些，下小雨时，让它可以承受雨水。瓜蔓延伸时，都攀沿着谷茬向上生长。茬多瓜就多，茬少瓜也少。茬多蔓就延展得广，蔓广了支蔓就多，支蔓多了结瓜也多。因为瓜都是在支蔓上结出的；不是支蔓上开的花，都是"浪花"，终究不会结瓜。因此，必须使蔓攀援在茬上，瓜悬在蔓下面。

摘瓜的方法：该在小过道上伸手去摘，不要让莽撞人进去踏着瓜蔓，以及翻转瓜蔓。踏了会踏破茎子，翻转会使瓜长得细小；这样，都会使瓜长不茂盛，而且瓜蔓也会早早死去。假如没有谷茬来种瓜，即使是很肥的地，也只是长长的一条蔓一直延伸过去，没有多少曲折交叉的支蔓，所以结瓜就少。如果没有谷茬的地方，用干柴草竖着也可以。干柴草不会妨害瓜的滋长茂盛。种瓜之所以会早早收场，都是由于脚踏破了蔓，以及摘的时候不小心，翻动了蔓。如果能够顺着瓜的生理特性谨慎地养护，可以延长到霜降叶子干枯之前，才停止结瓜呢。只要依着这个方法去种，就不必另外种早、中、晚三季的瓜了。

区种瓜法：六月雨后种菉豆，八月中犁㭉杀之；十月又一转，即十月中种瓜。率两步为一区，坑大如盆口，深五寸。以土壅其畔，如菜畦形。坑底必令平正，以足踏之，令其保泽。以瓜子、大豆各十枚，遍布坑中。瓜子、大豆，两物为双，藉其起土故也。以粪五升覆之。亦令均平。又以土一斗，薄散粪上，复以足微蹑之。冬月大雪时，速并力推雪于坑上为大堆。至春草生，瓜亦生，茎叶肥茂，异于常者。且常有润泽，旱亦无害。[1]五月瓜便熟。其掐豆、锄瓜之法与常同。若瓜子尽生则太概，宜掐去之，一区四根即足矣。

又法：冬天以瓜子数枚，内热牛粪中，冻即拾聚，置之阴地。量地多少，以足为限。正月地释即耕，逐畹布之。率方一步，下一斗

粪,耕土覆之。肥茂早熟,虽不及区种,亦胜凡瓜远矣。凡生粪粪地无势;多于熟粪,令地小荒子。⁽²⁾

有蚁者,以牛羊骨带髓者,置瓜科左右,待蚁附,将弃之。弃二三,则无蚁矣。

【注释】

〔1〕冬月大雪时……旱亦无害:这是堆雪保墒抗旱的技术措施,很有成效。《要术》地区干旱少雨,是在年降雨量只有500—800毫米的条件下进行旱农生产的,不但对雨水极其重视,对雪也是尽可能地保存利用。这样,就产生了堆雪和压雪的保墒技术。压雪施用于露地冬种葵菜,下一次雪拖耢压一次,不让它被风吹走。不但保泽,还有防冻作用。压雪的效果可以持续很久,可以逃过春旱,直到来年四月还不怕旱,因为"地实保泽,雪势未尽故也"。堆雪的效果同压雪一样,因为坑内有积雪余墒,同样能度过春旱,而到五月夏雨甜瓜怕雨时,瓜已经成熟了,却栽培出早熟甜瓜供食。冬瓜、越瓜、瓠子、茄子,同样采用十月区种雪后堆雪的办法,"润泽肥好,乃胜春种"。不过开始如果雪水过多,对发芽不利。

〔2〕这条小注讲生熟粪的肥效,与正文无关,日本学者西山武一认为是后人所加。

【译文】

区种瓜法:六月,下过雨后种绿豆,八月里用犁翻转掩在地里,埋死它。到十月再耕一遍,就在十月里种瓜。区的标准是两步开成一个区,坑口像盆口一样大,五寸深。耙土堆在坑的周围,像菜畦埂那样。坑底一定要平正,用脚踏实,让它可以保持住水泽。拿瓜子和大豆各十颗均匀地布置在坑里。瓜子和大豆,每处配成一对放着,因为要依靠大豆的力量来顶破表土。拿五升粪盖在上面。也要均匀平正。再拿一斗细土薄薄地撒盖在粪上面,用脚轻轻地踏过。冬天下大雪的时候,大家赶紧并力把雪推到坑上去,堆成一大堆。到春天,草长出来时,瓜也长出了;茎和叶肥壮茂盛,跟一般的瓜就是不一样。而且〔坑里保持着雪水余墒〕,常常有润泽,不怕干旱。等到五月热天,瓜已经成熟了。掐去豆苗和锄瓜的办法,跟平常方法相同。如果十颗瓜子全都出苗,太密,要掐去多余的,一区只留四株就够了。

又一种种法：冬天拿几颗瓜子，放进热牛粪里面，到粪结冻后，就捡起来，聚积在不见太阳的地方。估量种多少地，就聚积多少，以够用为限。到正月，地解冻了就耕翻，趁墒好种下去。大致是一方步的地，施上一斗粪，耕翻覆盖好。这样种的瓜，肥壮茂盛，成熟早，虽然赶不上区种的，也远远胜过普通种的瓜。生粪粪地没有力量；如果生粪用得比熟粪多，会使地被杂草稍占优势。

如果有蚁，拿带髓的牛羊骨，放在瓜窝旁边，等到蚁爬集在骨头上，就拿来丢掉。丢过二三次，蚁就没有了。

氾胜之区种瓜："一亩为二十四科。区方圆三尺，深五寸⁽¹⁾。一科用一石粪。粪与土合和，令相半。以三斗瓦瓮埋着科中央，令瓮口上与地平。盛水瓮中，令满⁽²⁾。种瓜，瓮四面各一子。以瓦盖瓮口。水或减，辄增，常令水满。种常以冬至后九十日、百日，得戊辰日种之⁽³⁾。又种薤十根，令周回瓮，居瓜子外。至五月瓜熟，薤可拔卖之，与瓜相避。又可种小豆于瓜中，亩四五升，其藿可卖。此法宜平地。瓜收亩万钱。"

崔寔曰："种瓜宜用戊辰日。三月三日可种瓜。十二月腊时祀炙萐⁽⁴⁾，树瓜田四角，去蝥⁽⁵⁾。""胡滥反。瓜虫谓之蝥。"

《龙鱼河图》曰："瓜有两鼻者杀人。"

【注释】

〔1〕"深五寸"，有问题。下篇《种瓠》引《氾书》"区种瓠法"是一区"方圆、深各三尺"，瓜与瓠的性状差不多，可这里瓜区的方圆相同，而深只有五寸，还要在坑内加进二石的粪和土，再在坑内埋一个能盛三斗水的瓦瓮，不应只有五寸深，应有误文。存疑。

〔2〕"盛水瓮中，令满"：这是用来灌溉的。用的是渗漏灌溉法，水通过瓮壁慢慢地渗漏出来，瓮四面的瓜蔓可以得到适量水分的供给，而且不致忽多忽少，又可避免地面灌溉的流失和蒸发，节约水量，还能在一定程度上保持水温。这些在北方少雨和寒冷地区尤其重要，设计很巧妙。

〔3〕"得戊辰日"，也有问题。冬至后九十天是春分，后一百天在春分、清明之间，这跟戊辰日是毫不相干的，就是说，很难恰巧碰上戊辰日，那就没法种瓜了。因此，"得"是错字，也许是"若"（或）字之误，存疑。

〔4〕腊时祀炙蓶(shà)：腊祭时的炙脯。《说文·艸部》、《白虎通·封禅》有"蓶莆"，《论衡·是应》作"蓶脯"，《宋书·符瑞志上》作"箑脯"。古代传说是一种神异的草或树或脯肉，其叶或肉薄大如扇，生在厨房中，自动扇风清凉，食物不腐臭。在这里讲不通。唐韩鄂《四时纂要·十二月》"腊炙"："是月收腊祀余炙，以杖穿头，竖瓜田角，去虫。"唐时尚有这样的防虫活动，其说与崔寔相同。所谓"炙蓶"，实际就是"炙脯"，即燻制的腊肉的薄片。卷三《杂说》引崔寔《四民月令》有烧饮炙箑，"治刺入肉中"。《本草纲目》卷五〇"豕"引《救急方》："竹刺入肉，多年燻肉，切片包裹之，即出。"也证明炙蓶(箑)就是熏腊肉。至于腊祭，是古时在十二月腊日祭祀百神。《说文》说腊日在冬至后第三个戌日，但这一天并不每年都在十二月。南朝梁的宗懔《荆楚岁时记》则以十二月初八为腊日，这就是后世说的"腊八日"。

〔5〕蝜(hàn)：可能指瓜守(Anlacophora femaralia)，也叫"守瓜"。

【译文】

氾胜之的区种瓜法："一亩地作成二十四个坎。每坎对径三尺，五寸深(？)。一坎用一石粪，把粪和土对半地相拌和〔填进坎中〕。拿一个能盛三斗水的瓦瓮埋在坎的中央，让瓮口和地面相平。瓮里盛满着水。在瓮外的四周各种一颗瓜子。用瓦把瓮口盖好。瓮里的水如果减少了，随即加水，常常使水满满的。通常在冬至后九十天到一百天，遇到戊辰日(？)下种。又在瓮的周围，瓜子外面，种十株蓶。到五月，瓜开始成熟的时候，可以把蓶拔来卖掉，避开瓜蔓，免得妨碍瓜。还可以在瓜地空的地方种上小豆，一亩用四五升种子；可以摘豆叶当蔬菜卖。这个方法宜于用在平地。一亩瓜可以收到一万文钱。"

崔寔说："种瓜宜用戊辰日。三月三日可以种瓜。拿十二月腊祭时的炙脯，〔用棒子穿着，〕插在瓜田四角，可以除去蝜虫。""瓜虫叫作蝜虫。"

《龙鱼河图》说："瓜有两个蒂的，吃了会死人。"

种越瓜、胡瓜法[1]：四月中种之。胡瓜宜竖柴木，令引蔓缘之。收越瓜，欲饱霜。霜不饱则烂。收胡瓜，候色黄则摘。若待色赤，则皮存而肉消也。并如凡瓜，于香酱中藏之亦佳。

种冬瓜法：《广志》曰："冬瓜，蔬𬽍。"[2]《神仙本草》谓之"地芝"也[3]。

傍墙阴地作区,圆二尺,深五寸,以熟粪及土相和。正月晦日种。二月、三月亦得。既生,以柴木倚墙,令其缘上。旱则浇之。八月,断其梢,减其实,一本但留五六枚。多留则不成也。十月,霜足收之。早收则烂。削去皮、子,于芥子酱中,或美豆酱中藏之,佳。

冬瓜、越瓜、瓠子,十月区种,如区种瓜法[4]。冬则推雪着区上为堆。润泽肥好,乃胜春种。

种茄子法:茄子,九月熟时摘取,擘破,水淘子,取沉者,速曝干裹置。至二月畦种。治畦下水,一如葵法。性宜水,常须润泽。着四五叶,雨时,合泥移栽之。若旱无雨,浇水令彻泽,夜栽之。白日以席盖,勿令见日。

十月种者,如区种瓜法,推雪着区中,则不须栽。

其春种,不作畦,直如种凡瓜法者,亦得,唯须晓夜数浇耳。

大小如弹丸,中生食,味如小豆角。

【注释】

〔1〕越瓜(Cucumis melo var. conomon):又名菜瓜,但实际是两种瓜。越瓜皮薄水分多,质地脆嫩,可以生吃解渴;菜瓜(Cucumis melo var. flexuosus)皮厚水分少,质地坚实,生吃微带酸味。但自古混淆,今地方俗名也有实是越瓜而叫菜瓜的。越瓜和菜瓜都是甜瓜的变种。 胡瓜:即黄瓜。

〔2〕《广志》所云,类书未见。金抄作"距",他本作"拒",二字字书均未收。《广雅·释草》有"冬瓜,蔬也",也许是"蔬"字之误。

〔3〕《神仙本草》,各书未见,现存唐以前本草书,亦未见冬瓜又名"地芝"之说。《唐本草》注引《广雅》说:"冬瓜,一名地芝。"《广雅》疑是《广志》之误,王念孙《广雅疏证》即认为"《神仙本草》谓之'地芝'也"这句仍是《广志》引称的文句。

〔4〕十月区种甜瓜及冬瓜、越瓜、瓠子和下文的茄子,都是冬播瓜茄法。瓜茄都是喜高温蔬菜,其生育盛期,正赶在高温季节,对多结和结好果实有利,但不耐寒冻,遇霜即死。现在冬播,并不是露地冬季播种,冬季出苗,而是在露地土壤未冻结前播下种子,充分浇水,埋在地里越冬,来春较早出苗。《要术》都采用推雪法,对防冻保墒有很大作用。但如果入春化冻,雪水过多不能迅速下渗时(下层土壤尚未解冻),则对种子发芽不利。现在流行的是菠菜,立冬播下,翌春出苗,群众叫作"埋头菠菜"。

【译文】

种越瓜、胡瓜的方法：在四月里种。胡瓜，要插立柴枝，让蔓攀缘上去。越瓜，要受够了霜再收。没有受够霜就会烂。胡瓜，等颜色变黄了就收。如果等到颜色变红，就只剩下皮，肉都化掉了。两种都和普通的瓜一样，在香酱中腌藏着作酱瓜，都好。

种冬瓜的方法：《广志》说："冬瓜，就是蔬距（？）。"《神仙本草》管它叫"地芝"。靠墙北面阴地开成区，区二尺圆，五寸深，要用熟粪和在土里。正月的末一日种下。二月、三月也可以。出苗后，用柴枝斜靠着墙，让蔓攀缘上去。天旱就浇水。到八月，断去蔓的梢头，除掉一部分果实，一株只留五六个。多留了长不好。十月，受够了霜再收。收早了会烂。削去皮，挖去子，在芥子酱中或好豆酱中腌藏着，可好呢。

冬瓜、越瓜、瓠子，也可以在十月里区种，像上面区种瓜的方法一样。也是冬天把雪推到区上作成堆。这样，区里润泽，瓜长得肥美，比春天种的强。

种茄子的方法：茄子九月里成熟时摘回来，擘破，用水淘出子来，取沉在水底的子，赶快晒干，包裹起来收藏。到二月，作成畦种下去。作畦，浇水，一如种葵的方法。茄的性质喜欢水，须要常常润泽。长出四五片叶子时，遇着下雨，连泥挖出移栽。如果天旱没有雨，要大量浇水，使地湿透，夜间移栽。移栽后白天用席覆盖，不要让它见太阳。

十月里种的，像区种瓜的方法，也把雪推到区里，那就不必移栽。

假如春天种，不采用畦种，只是像种普通的瓜的方法种，也可以，不过要早晚经常浇水。

茄子大小像弹丸一样，可以生吃，味道像小豆荚。

种瓠第十五

《卫诗》曰："匏有苦叶。"[1]毛云："匏，谓之瓠。"《诗义疏》云[2]："匏叶，少时可以为羹，又可淹煮，极美，故云：'瓠叶幡幡，采之亨之。'河东及扬州常食之。八月中，坚强不可食，故云'苦叶'。"

《广志》曰："有都瓠，子如牛角，长四尺。有约腹瓠，其大数斗，其腹窈挈，缘带为口[3]，出雍县[4]；移种于他则否。朱崖有苦叶瓠[5]，其大者受斛余。"

《郭子》曰[6]:"东吴有长柄壶楼。"

《释名》曰:"瓠蓄,皮瓠以为脯,蓄积以待冬月用也。"[7]

《淮南万毕术》曰[8]:"烧穰杀瓠,物自然也。"

【注释】

〔1〕见《诗经·邶风·匏有苦叶》。毛《传》是节引。邶、鄘均属卫地,故亦泛称为《卫诗》。

〔2〕《诗义疏》:撰人无可考,书已佚。《隋书·经籍志一》著录有《毛诗义疏》或存或亡共九种,作者有舒援、沈重、谢沈、张氏等,《诗义疏》当属此类,非三国吴人陆机(与西晋陆机同名,宋以后改为"陆玑")的《毛诗草木鸟兽虫鱼疏》,《毛诗义疏》此类书均晚于陆机,原书已佚。《匏有苦叶》孔颖达疏引有陆机《疏》,与《诗义疏》有异文。《诗义疏》所引"瓠叶幡幡"二句,见于《诗经·小雅·瓠叶》,今本《诗经》倒作"幡幡瓠叶",孔引陆机《疏》同,而与《诗义疏》所引不同,反映《诗义疏》不等于陆机《疏》。

〔3〕明抄等作"带",金抄等加草头作"蒂",非是。上文"窈"通"凹";"挈"通"絜",是缠束,又通"契",是刻削成缺口。"约腹瓠"即"细腰葫芦","其腹窈挈"是说腹部凹陷好像紧束着的腰,也好像刻着一道缺口。"缘带为口"是说沿着腰间束带处(承"约腹"、"其腹"为喻)开着一道凹陷的缺口,字应作"带",如果作"蒂",蒂头何能凹陷成缺口?

〔4〕雍县:汉置,故城在今陕西凤翔南。

〔5〕朱崖:县名,故治在今海南海口。

〔6〕《郭子》:《隋书·经籍志三》小说类著录"《郭子》三卷,东晋中郎将郭澄之撰",疑即此书。郭澄之,东晋末人,《晋书》有传。书已佚。

〔7〕见《释名·释饮食》。

〔8〕《淮南万毕术》:《隋书·经籍志三》五行类注云,梁有《淮南万毕经》、《淮南变化术》各一卷,亡。《旧唐书·经籍志下》、《新唐书·艺文志三》五行类再著录《淮南王万毕术》一卷,旧唐《志》题名"刘安撰",则是唐时征书又出现的。书已亡佚。

【译文】

《诗经·邶风》的诗说:"匏有苦叶。"毛公解释说:"匏,叫作瓠。"《诗义疏》说:"匏叶,嫩时可以作羹,又可以腌藏或煮了吃,很好吃,所以《诗经》说:'嫩嫩的瓠叶,采来煮了吃。'河东和扬州地方常常吃它。到八月里,老硬不能吃了,所以说'苦叶'。"

《广志》说:"有都瓠,果实像牛角,四尺长。有细腰瓠,大到可以容纳几斗,腹部凹陷,沿着系带的周围深陷成一道缺口,出在雍县;移种到别的地方便会变样。朱崖有苦叶瓠,大的能容纳一斛多。"

《郭子》说:"东吴有长柄葫芦。"

《释名》说:"瓠蓄,是削去瓠皮做成干脯,蓄积起来到冬天吃的。"

《淮南万毕术》说:"在家里烧黍秸,会使地里的瓠死去,这是自然的道理。"

《氾胜之书》种瓠法:"以三月耕良田十亩。作区,方、深一尺。以杵筑之,令可居泽。相去一步[1]。区种四实。蚕矢一斗,与土粪合[2]。浇之,水二升;所干处,复浇之。

"着三实,以马箠殷其心,勿令蔓延——多实,实细。以藁荐其下,无令亲土多疮瘢。度可作瓢,以手摩其实,从蒂至底,去其毛——不复长,且厚。八月微霜下,收取。

"掘地深一丈,荐以藁,四边各厚一尺。以实置孔中,令底向下。瓠一行,覆上土,厚三尺。二十日出,黄色,好,破以为瓢。其中白肤,以养猪致肥;其瓣,以作烛致明。

"一本三实,一区十二实,一亩得二千八百八十实。十亩凡得五万七千六百瓢。瓢直十钱,并直五十七万六千文。用蚕矢二百石[3],牛耕、功力,直二万六千文。余有五十五万。肥猪、明烛,利在其外。"

《氾胜之书》区种瓠法:"收种子须大者。若先受一斗者,得收一石;受一石者,得收十石。

"先掘地作坑,方圆、深各三尺。用蚕沙与土相和,令中半,若无蚕沙,生牛粪亦得。着坑中,足蹑令坚。以水沃之。候水尽,即下瓠子十颗,复以前粪覆之。

"既生,长二尺余,便总聚十茎一处,以布缠之五寸许,复用泥泥之。不过数日,缠处便合为一茎[4]。留强者,余悉掐去。引蔓结子。子外之条,亦掐去之,勿令蔓延。留子法:初生二、三子不佳,去之;取第四、五、六,区留三子即足。

"旱时须浇之:坑畔周匝小渠子,深四五寸,以水停之,令其遥润[5],不得坑中下水。"

崔寔曰:"正月,可种瓠。六月,可畜瓠[6]。八月,可断瓠,作蓄瓠[7]。瓠中白肤实,以养猪致肥;其瓣则作烛致明。"

《家政法》曰[8]:"二月可种瓜、瓠。"

【注释】

〔1〕相去一步:距离一步。这只表明每1方步作1区,可区间的距离实际只有5尺(那时6尺为步)。下文1亩地收2880个瓠,1区12个瓠,2880÷12＝240区,合到240方步1亩,1方步开1个区。

〔2〕"土粪",没有指明,据下文"用蚕沙与土相和",疑"粪"是衍文,或"与土"二字倒错,应作"土与粪合"。"土粪",不会是后世的焦泥灰。

〔3〕"用蚕矢二百石",这只是约略估计。实际1区用1斗蚕屎,10亩2400区,该用240石蚕屎。

〔4〕合为一茎:愈合成为一条茎。十株瓠苗嫁接后愈合为一。然后选留最强的一条蔓,其余九条都掐去,目的是使十株根系共同滋养一条蔓上的果实,培育成十倍大。但这只是一种主观愿望,实际上一条蔓会长得特别旺盛,但不可能因为有十株根系的滋养,就会长出十倍大的果实。

〔5〕这是浸润灌溉法。《氾书》在北方旱作的灌溉方面有四种不同一般的技术:(1)种稻的以不同进出水口来调节水温;(2)种麻子的晒井水减去寒气;(3)区种瓜的用瓦瓮盛水的渗漏灌溉法;(4)这里的浸润灌溉法:在北方干旱地区都极有经济效益。

〔6〕畜:指畜养、培育,方法当如《氾书》所说的抹去果皮上的毛,使只长厚而不长大。

〔7〕蓄瓠:这是埋藏着使瓠壳硬化剖开作瓢的。崔寔《四民月令》的"畜瓠"和"蓄瓠"都是《氾书》技术的仿效,细看上面氾文自明。

〔8〕《家政法》:《隋书·经籍志三》医方类注云,梁有《家政方》十二卷,亡。但《要术》所引都是种植和饲养方法,当非医方之书。卷一〇"甘蔗(二一)"引《家政法》有"三月可种甘蔗",甘蔗是南方所产,疑此书是南朝人所写。书已佚。

【译文】

《氾胜之书》种瓠法:"三月里耕治十亩好田,作成区,每区一尺见方，一尺深。用杵把区内的土筑实，让它容易保留水分。区和区之间距离一步。每区种下四颗种子。用一斗蚕屎，与土相和〔放进区内〕。每区浇二升水；看到干的地方，再浇些水。

"一株蔓上结出三个果实时，就用马鞭打掉蔓心，不让它再向前长出；因为结实多了，果实就细小了。拿稿秆垫在果实的下面，不让果实直接贴在泥土上，否则会使它多结疮疤的。估量果实大到可以作瓢了，用手在果实外面，从蒂到底整个地摩抹一遍，抹掉果皮上的毛；这样，果实便不会再长大，可是长得厚实。八月，下过轻霜后，就采收回来。

"掘一个一丈深的土坑，坑底和四边都铺上一层一尺厚的稿秆。把收回来的瓠放在坑里，使瓠底朝下。放好一层瓠，盖上一层三尺厚的土。过二十天，取出来，瓠已经变成黄色，好了，便可以剖开作瓢。里面白色的肉，可以养猪，使猪膘肥；种子可以用来作火炬式的'烛'，作照明用。

"一株蔓上结三个瓠，一区十二个瓠，一亩地可以收到二千八百八十个瓠。十亩地〔共得二万八千八百个瓠，剖开来〕共得五万七千六百个瓢。一个瓢值十文钱，共值五十七万六千文钱。用去蚕屎二百石，再加上牛力、人工，共计工本二万六千文钱。这样，净余纯利五十五万文钱。肥猪和照明烛的利益还没有计算在内。"

《氾胜之书》区种瓠的方法："收取种子，须要选择大形的瓠。原来容量一斗的，区种后可以收到容纳一石的；原来容量一石的，可以收到容纳十石的。

"先在地里掘出坑，坑的直径三尺，深也是三尺。用蚕沙和土对半相拌和，如果没有蚕沙，用生牛粪也可以。放进坑里，用脚踏实。浇透水。等到水都渗尽了，就种下十颗瓠子，再用原先对半相和的粪土盖在上面。

"出苗后，长到二尺多长的时候，把十条茎集合在一处，用布缠扎集合茎的一段，大约五寸长，外面再用泥土涂封。过不了几天，缠着的地方便愈合成为一条茎了。这时，只留下十条茎中最强的一条，其余九条全都从愈合的上端掐掉。让留着的蔓长出去结果实。没有结实的旁枝，也都掐掉，不让蔓徒长。留果实的方法：最初结的二、三个果实不好，都给去掉；保留第四、第五、第六个，一区留三个就够了。

"天旱须要浇水。浇水的方法：在坑的周围掘一道小沟，四五寸深，在沟里灌水停留着，让水从外面慢慢地渗进去，可不能往坑里浇水。"

崔寔说："正月，可以种瓠。六月，可以育瓠。八月，可以摘下瓠来作'蓄瓠'。瓠里的白肉，可以养猪使膘肥；种子可以做'烛'，用来照明。"

《家政法》说："二月可以种瓜和瓠。"

种芋第十六

《说文》曰[1]："芋，大叶实根骇人者，故谓之'芋'。""齐人呼芋为'莒'。"

《广雅》曰[2]："渠，芋；其茎谓之蔌（公杏反）[3]。""藉姑，水芋也，亦曰乌芋。"[4]

《广志》曰[5]："蜀汉既繁芋[6]，民以为资。凡十四等：有君子芋，大如斗，魁如杵簁。有车毂芋，有锯子芋，有旁巨芋，有青边芋：此四芋多子。有谈善芋，魁大如瓶，少子；叶如散盖，绀色；紫茎，长丈余；易熟，长味，芋之最善者也；茎可作羹臛，肥涩，得饮乃下。有蔓芋[7]，缘枝生，大者次二三升。有鸡子芋，色黄。有百果芋，魁大，子繁多，亩收百斛；种以百亩，以养虒。有旱芋，七月熟。有九面芋，大而不美。有象空芋，大而弱，使人易饥。有青芋，有素芋，子皆不可食，茎可为菹。凡此诸芋，皆可干腊，又可藏至夏食之。又百子芋，出叶俞县[8]。有魁芋，旁无子，生永昌县[9]。有大芋，二升，出范阳、新郑[10]。"

《风土记》曰："博士芋，蔓生，根如鹅鸭卵。"[11]

【注释】

〔1〕引《说文》稍有异文。下条见"莒"字下。"芋"有"大"义，又有"吁"义，《说文·口部》："吁，惊也。"

〔2〕引文上条见《广雅·释草》，"渠"字多草头。《要术》原引作"其叶谓之蔌"。按：蔌读gěng音，与"梗"同音，现在口语中还有呼"茎"为"梗"，"叶"

显系"茎"字之误,因据《广雅》原文改正。下条见《广雅·释草》,作:"菋菇、水芋,乌芋也。"《要术》引有"亦曰",王念孙《广雅疏证》认为:"《广雅》之文,无言'亦曰'者,盖误引。"启愉按:古人引书,重在征引明事,往往对原文有删约,或在不违反原义下有加添,乃至前后倒置。这样的引法,见于《要术》中他人引《广雅》的,不乏实例。例如卷一〇"胡荾(五九)"郭璞引《广雅》就有:"枲耳也,亦云胡枲";"郁(二五)"《诗义疏》引《广雅》"一名"、"亦名"还多至五个。说明这里是《要术》所添,不是误引。

〔3〕"公杏反",各本或作"分杏反",或作"必杏反",均形似致误。按"蔌",《玉篇》"公杏反",据改。

〔4〕藉姑:即慈姑。　　乌芋:即荸荠,也偶有指慈姑的。本条水芋和乌芋,虽有"芋"名,实际都和芋无关。

〔5〕《御览》卷九七五"芋"引到《广志》这条,但多有错脱,几不可读,远不及《要术》完整明顺。《要术》引蜀地者十四种,非蜀地者"又百子芋"等三种,合共十七种。《御览》引十四种中脱"锯子芋"、"谈善芋"二种,而以非蜀产的"百子芋"、"魁芋"凑足十四种,殊不经。《王氏农书·百谷谱三·芋》又把《风土记》的"博士芋"混在《广志》十四种中。

〔6〕蜀汉:蜀郡和汉中一带地方。

〔7〕蔓芋和下文蔓生的博士芋应是薯蓣一类的蔓性草本植物,虽有"芋"名,与芋无关。

〔8〕叶俞县:《御览》卷九七五引《广志》作"叶榆县",汉置,故治在今云南大理东北。

〔9〕永昌县:三国吴置,故治在今湖南祁阳。

〔10〕范阳:县名,故城在今河北定兴。又郡名,三国魏置,郡治在今河北涿州。　　新郑:县名,秦置,即今河南新郑。

〔11〕《御览》卷九七五引到《风土记》此条,文同。

【译文】

《说文》说:"芋,叶片大,根一大蒐,骇人,所以叫作'芋'。""齐人管芋叫作'莒'。"

《广雅》说:"渠,就是芋;它的茎叫作'蔌'。""藉姑,就是水芋,也叫作乌芋。"

《广志》说:"蜀汉的芋很多很多,老百姓拿它作生活资料。共有十四种:有君子芋,一蒐有斗那么大,中央的芋魁像饭篓大小。有车毂芋,有锯子芋,有旁巨芋,有青边芋:这四种芋芋子都多。有谈善芋,芋魁像瓶子那么大,但芋子少;叶片像张开的伞,青红色;叶柄紫色,一丈多长;容易烧熟,味道好,是上等最好的芋;叶柄可以加肉煮作羹臛,但肥腻,又噎喉,要喝水才能咽下去。有蔓芋,缘着枝条生长,大的差不多有二三升大。有鸡子芋,黄色。有百果芋,芋魁大,芋子很多,一亩地可以收到一百斛;种上百亩,可以养猪。有旱芋,七月成熟。有九面芋,虽然大,不好。有象空芋,大而绵软,吃了容易饥。有青芋,有素芋,芋子都不可以吃,叶柄可以腌作菹菜。这十四种芋都可以晒作干,也可以生藏到明年夏天吃。另外还有百子芋,出在叶俞县。有魁芋,魁旁没有芋子,产在永昌县。还有大芋,有二升大,出在范阳、新郑。"

《风土记》说:"有博士芋,蔓生,块茎像鹅蛋、鸭蛋。"

《氾胜之书》曰:"种芋,区方、深皆三尺。取豆萁内区中,足践之,厚尺五寸。取区上湿土与粪和之,内区中萁上,令厚尺二寸;以水浇之,足践令保泽。取五芋子置四角及中央,足践之。旱,数浇之。其烂[1]。芋生,子皆长三尺。一区收三石。

"又种芋法:宜择肥缓土近水处,和柔,粪之。二月注雨,可种芋。率二尺下一本。芋生根欲深,劚其旁以缓其土。旱则浇之。有草锄之,不厌数多。治芋如此,其收常倍。"

《列仙传》曰[2]:"酒客为梁[3],使烝民益种芋:'三年当大饥。'卒如其言,梁民不死。"按:芋可以救饥馑,度凶年。今中国多不以此为意,后至有耳目所不闻见者。及水、旱、风、虫、霜、雹之灾,便能饿死满道,白骨交横。知而不种,坐致泯灭,悲夫!人君者,安可不督课之哉?

崔寔曰:"正月,可菹芋[4]。"

《家政法》曰:"二月可种芋也。"

【注释】

〔1〕其烂:豆萁腐烂。埋得那么厚实的隔年豆萁,在蓄水保墒方面会有作用,但不易腐烂提供腐殖质,供给养料的作用很有限。

〔2〕《列仙传》:旧题西汉刘向(约前77—前6)撰,今存。后人认为是伪托。书中记述赤松子等神仙故事70则。历代文人多引为典实。刘向,西汉经学家、目录学家。《丛书集成》本《列仙传》卷上所记有异文,作:"酒客……为梁丞,使民益种芋菜,曰:'三年当大饥。'"《御览》卷九七五"芋"引《列仙传》亦作"梁承,使"("承"通"丞")。则与《要术》金抄等所引有梁县的正职或佐贰之异。

〔3〕梁:县名,汉置,故治在今河南临汝。

〔4〕"可菹芋"，各本相同，但《玉烛宝典·正月》引《四民月令》作"可种……芋"。启愉按：菹是腌菜，但芋芳富含淀粉，不宜于作菹，卷九《作菹藏生菜法》介绍大量菹菜，唯独没有芋菹。只有芋茎（假茎）可以酿菹，但正月未有鲜芋茎。"菹"宜依《玉烛宝典》作"种"。

【译文】

《氾胜之书》说："种芋，作区三尺见方，三尺深。拿豆茎放入区里，用脚踏紧，要有一尺五寸厚。把区里掘出来的湿土，和粪拌匀，填入区里豆茎的上面，要有一尺二寸厚。浇上水，踏实，让它保持润泽。拿五个芋子放在区的四角和中央，踏紧。天旱时，多次浇水。豆茎腐烂。芋生长后，芋子都有三尺长。一区可以收到三石芋。

"又一种种芋法：应该选择肥美、松软而靠近水的地，耕整松和，施上粪。二月，下大雨时，把芋种下地，株距的标准是二尺。芋生长时，根长得深，可以在根的四围锄土，把土锄疏松。旱时就浇水。有草就锄，锄的次数不嫌多。这样管理芋田，收成常常可以加倍。"

《列仙传》说："酒客作梁县县长，叫老百姓多多种芋，说：'三年内有大饥荒。'后来果然应到他的话，因此梁民没有饿死。"〔思勰〕按：芋可以救饥荒，度过凶年。现今"中国"人往往不把这个当一回事，后来甚至于长着耳目也不闻不问。一旦水、旱、风、虫、霜、雹的灾害袭来，便会出现满路饿殍、到处白骨的悲惨景象！明明知道而不去种植，因而招致灭亡，真可悲啊！作为君王，怎么可以不督促大家去种呢？

崔寔说："正月，可以〔种〕芋。"

《家政法》说："二月可以种芋。"

齐民要术卷第三

种葵第十七^{〔1〕}

《广雅》曰:"蘬,丘葵也。"^{〔2〕}

《广志》曰:"胡葵,其花紫赤。"

《博物志》曰^{〔3〕}:"人食落葵^{〔4〕},为狗所啮,作疮则不差,或至死。"

按:今世葵有紫茎、白茎二种;种别复有大小之殊。又有鸭脚葵也。

【注释】

〔1〕葵:锦葵科的冬葵(Malva verticillata),也叫冬寒菜;其味柔滑,古时又叫"滑菜"。葵在古代是一种很重要的蔬菜,栽培很早,《诗经》中已有记载。《要术》列为蔬菜的第一篇,栽培方法也谈得详细,反映葵在当时的重要性。直到元代的《王氏农书》还说葵是"百菜之主"。但到明代的《本草纲目》已把它列入草类,现在蔬菜栽培学书中也没有葵的章节。今人已感到陌生,惟江西、湖南、四川等省仍有栽培,长沙等地还是叫葵菜,不过已远远不如古代的重要了。

〔2〕《广雅·释草》作:"蘬,葵也。"无"丘"字。启愉按:《玉篇》"蘬"字有"丘追"等三切(声母都是"丘"字),《御览》卷九七九"葵"引《广雅》正作:"蘬(丘轨切),葵也。"说明"丘"字是衍文,是音切脱去下面二字,只剩着"丘"字而致误。

〔3〕《博物志》:西晋张华(232—300)撰。记载异域奇物及古代琐闻杂事等。原书已佚,今本由后人搜辑而成,已杂有后人掺假成分。

〔4〕落葵:落葵科的落葵(Basella rubra),一年生缠绕草本。子实为浆果,暗紫色,可作胭脂,又名胭脂菜。又有终(葵)、天葵、露葵、繁(蘩)露、承露等异名。《丛书集成》本《博物志》卷二有此条,"落葵"作"终葵"。别本又作"冬葵","冬"是"终"的残误。《御览》卷九八〇引《博物志》又作"络葵"。

【译文】

《广雅》说:“藒(guī),就是葵。”

《广志》说:“胡葵,花紫红色。”

《博物志》说:“吃了落葵的人,被狗咬伤,长的疮不会好,甚至因此致死。”

〔思勰〕按:现在的葵有紫茎和白茎两种,每种又都有大型和小型的不同。此外又有鸭脚葵。

临种时,必燥曝葵子。葵子虽经岁不浥,然湿种者,疥而不肥也[1]。

地不厌良,故墟弥善;薄即粪之,不宜妄种。

春必畦种水浇。春多风旱,非畦不得。且畦者地省而菜多,一畦供一口。畦长两步,广一步。大则水难均,又不用人足入[2]。深掘,以熟粪对半和土覆其上,令厚一寸,铁齿耙耧之,令熟,足踏使坚平;下水,令彻泽。水尽,下葵子,又以熟粪和土覆其上,令厚一寸余。葵生三叶,然后浇之。浇用晨夕,日中便止。

每一掐,辄耙耧地令起,下水加粪。三掐更种。一岁之中,凡得三辈。凡畦种之物,治畦皆如种葵法,不复条列烦文。

早种者,必秋耕。十月末,地将冻,散子劳之,一亩三升。正月末散子亦得。人足践踏之乃佳。践者菜肥。地释即生。锄不厌数。

五月初,更种之。春者既老,秋叶未生,故种此相接。

六月一日种白茎秋葵[3]。白茎者宜干;紫茎者,干即黑而涩。

秋葵堪食,仍留五月种者取子。春葵子熟不均,故须留中辈。于此时,附地剪却春葵,令根上枿生者[4],柔软至好,仍供常食,美于秋菜。留之,亦中为榜簇[5]。

掐秋菜,必留五六叶。不掐则茎孤;留叶多则科大。[6]凡掐,必待露解。谚曰:“触露不掐葵,日中不剪韭。”八月半剪去,留其歧。歧多者则去地一二寸,独茎者亦可去地四五寸。枿生肥嫩,比至收时,高与人膝等,茎叶皆美,科虽不高,菜实倍多。其不剪早生者,虽高数尺,柯叶坚硬,全不中食;所可用者,唯有菜心;附叶黄涩,至恶,煮亦不美。看虽似多,其实倍少。

收待霜降。伤早黄烂,伤晚黑涩。榜簇皆须阴中。见日亦涩。其碎者,割讫,即地中寻手纨之。待萎而纨者必烂。

【注释】

〔1〕"疥",明抄及《辑要》引并同;殿本《王氏农书》引作"瘠",《渐西》本从之。"疥"指叶片上有瘢斑等病害,"瘠"是瘦,二义不同。

〔2〕畦不能做得太宽,否则管理上和掐叶时都很不方便,势必踩进畦里伤菜坏畦。按:后魏也是6尺为步。1尺约合今280毫米,即0.84市尺;半步3尺,合2.52市尺。人站在畦旁伸手进去掐菜,已经够宽,不能再宽了。

〔3〕葵菜一年可以种三批,即三季,就是春葵、夏葵和秋葵。畦种的免得重新作畦,都是拔掉再种在原畦。大田种的三季都种在另外的地里。上文冬种早春生长的是春葵,老了还要剪去主茎,使复壮更生新侧茎;五月初另地种的是夏葵,老了要留着收种子;这里六月初一另地种的是秋葵,除供鲜食外,主要是阴干贮藏作冬菜的。

〔4〕植物全体是地上部和地下部的组合体,二者的关系是互相依存而保持着平衡发展。如果把地上部切割去一部分,打破了二者的平衡状态,植物本身为了统一植物体内部的矛盾,就以强盛的再生能力萌发新芽,长成新枝,达到新的平衡。人们从长期的感性认识中发现植物体有这种猛长新枝的现象,久而久之,贾思勰就继承着运用在葵菜上,有意识地截去春葵老茎,促使长出新茎,挖掘老株余势,达到了复壮更新的高标准。原来老葵截去主茎后,近根部的腋芽迅速萌发生长;就连那作为后备军的潜伏芽也不甘心潜伏,加快活跃起来,出来递补,一起发芽长出新茎叶,以恢复平衡。秋葵老了,也照此处理。秋葵根部侧芽多的截短些;单茎的留长些,促使下部有较多的腋芽、潜伏芽萌发新侧茎。这样处理之后,葵株虽然短些,但发棵大,新茎叶多,柔嫩,老叶怎样也赶不上,比不截茎的产量大大提高,品质也很好。柿(niè)生,蘖生。柿,同"蘖"。

〔5〕榜簇:指挂在支架上阴干贮藏。榜,一种晾晒的支架。簇,成小把地排挂在支架上。

〔6〕不掐去主茎下部的叶,养分被分耗,腋芽不易长成新茎,只长着孤单单的一条主茎。多留五六片上部的功能叶使营光合作用,促使腋芽萌发新枝,科丛就容易长得旺盛。

【译文】

临种前一定要把葵子晒燥。葵子虽然过一年不会窝坏,但湿子种下去,叶子会有瘢斑病害,长不肥大。

地不嫌肥沃，种过葵的连作地更好；地瘦了就加粪，不要随便乱种。

春天，必须作成低畦种下，浇水。春天干旱和吹干风的日子多，非作畦种不可。而且畦种的占地少，〔集约程度高，〕单位面积产菜多，一畦菜可以供给一口人。畦子两步长，一步阔。畦大了浇水难得均匀，而且畦里面是不允许人踏进去的。把畦土深深地掘起，〔搂些土作成小畦埂，〕再用熟粪和掘起的土对半相和，盖在畦面上，盖一寸厚，用手用铁齿耙搂过，把土搂熟，再用脚踏过，踏实踏平；接着浇水，让地湿透。水渗尽了，播下葵子，仍用熟粪和土对半匀，盖在葵子上面一寸多厚。葵长出三片叶子时，开始浇水。只在早晨和晚上浇，日中便停止。

每掐一次葵叶，就把土耙松耙浮起，浇一次水，上一次粪。掐过三次，就拔掉再种上。一年之中，可以种三季。凡是畦种的作物，作畦都像种葵的方法，以后不再重复叙述。

早种〔要使早春生长〕的，必须先进行秋耕。到十月末，地快要结冻之前，撒上子，耢盖过，一亩地用三升子。正月末撒子也可以。再由人在地里踏过才好。踏过的菜长得肥些。地解冻松软了，苗也就长出来了。以后锄的遍数不嫌多。

五月初，再种一季。早春生长的春葵已经老了，秋葵还没有长叶，所以种这季夏葵相接。

六月初一种白茎秋葵。白茎的宜于作菜干；紫茎的干了就发黑而且粗涩。

秋葵可以吃的时候，要留着五月种的来收种子。春葵的种子成熟不均匀，所以要留中间一季的夏葵来收种子。在这时候，贴近地面剪去春葵老茎，促使根茬上重新蘖生出新茎。这新茎的叶柔软肥嫩，仍可作为常吃的菜，比秋葵叶还好吃。留着，以后也可以"榜簇"起来阴干。

掐秋葵，必须留着主茎上部的五六片叶子。如果不掐叶，只长着孤单单的一条主茎；多留上部的叶，〔分枝就多，〕科丛就大。凡掐葵叶，必须等露水干了的时候才掐。农谚说："露湿不掐葵，日中不剪韭。"八月半，剪去主茎。要留着下部的小侧茎。侧茎多的可以离地一二寸剪去，独茎的也可以留高些，离地四五寸剪去。这样，蘖生的新茎，又肥又嫩，到收的时候，有齐人膝盖那么高，茎和叶子都好，科丛虽然不很高，菜的分量却加倍的多。如果不剪去原来早长着的主茎，虽然有几尺高，可茎和叶子坚硬，全不好吃；用得上的，只有菜心；就连菜心外面的叶也是发黄的，味道粗涩，很坏很坏，怎样煮也不好吃。所以，看看好像很多，其实是极少极少。

收获要等到见过霜后。收早了会发黄软烂，收晚了会发黑，涩而不滑。收来挂在支架上，必须在阴处晾干。见太阳也会变涩。零碎的茎叶，割下后，就在地里随手收聚起来扎成小把。等到萎蔫了再收扎成把，以后一定会烂坏。

又冬种葵法：近州郡都邑有市之处，负郭良田三十亩，九月收菜后即耕，至十月半，令得三遍。每耕即劳，以铁齿杷楼去陈根，使地极熟，令如麻地。于中逐长穿井十口。井必相当，斜角则妨地。地形狭长者，井必作一行；地形正方者，作两三行亦不嫌也。井别作桔槔、辘轳[1]。井深用辘轳，井浅用桔槔。柳罐令受一石。罐小，用则功费。

十月末，地将冻，漫散子，唯概为佳。亩用子六升。散讫，即再劳。有雪，勿令从风飞去，劳雪令地保泽，叶又不虫。[2]每雪辄一劳之。若竟冬无雪，腊月中汲井水普浇，悉令彻泽。有雪则不荒。正月地释，驱羊踏破地皮[3]。不踏即枯涸，皮破即膏润。春暖草生，葵亦俱生。

三月初，叶大如钱，逐概处拔大者卖之。十手拔，乃禁取[4]。儿女子七岁以上，皆得充事也。一升葵，还得一升米。日日常拔，看稀稠得所乃止。有草拔却，不得用锄。一亩得葵三载，合收米九十车。车准二十斛，为米一千八百石。

自四月八日以后，日日剪卖。其剪处，寻以手拌斫斸地令起[5]，水浇，粪覆之。四月亢旱，不浇则不长；有雨即不须。四月以前，虽旱亦不须浇，地实保泽，雪势未尽故也。比及剪遍，初者还复，周而复始，日日无穷。至八月社日止，留作秋菜。九月，指地卖，两亩得绢一匹。

收讫，即急耕，依去年法，胜作十顷谷田。止须一乘车牛专供此园。耕、劳、輂粪、卖菜，终岁不闲。

若粪不可得者，五、六月中概种菉豆，至七月、八月犁掩杀之，如以粪粪田，则良美与粪不殊，又省功力。其井间之田，犁不及者，可作畦，以种诸菜。[6]

【注释】

〔1〕桔槔：原始的提水机具，利用杠杆作用提水。最早见于《庄子·天地·天运》。如图十一（采自《王氏农书》）。 辘轳：利用旋转动力提水，比桔槔前进一步，现在农村仍有应用。如图十二（采自《授时通考》）。

图十一　桔槔　　　　　　图十二　辘轳

〔2〕"劳雪……叶又不虫"这条小注，应在下句正文"每雪辄一劳之"的下面。下条小注"有雪则不荒"，"荒"疑应作"浇"。

〔3〕踏破地皮：即踏破踏松地表层。冬天经过几次压雪之后，土壤塌实，地下毛管水孔道联通良好，回春化冻之后，地面暴露，毛管水向上运行，直达地表，很快蒸发失墒。赶羊在地里踏破踏松地表，切断和打乱了毛管通道，使上行水分阻断在土层之下，因而保住墒，使地润泽。

〔4〕禁（jīn）：能，经受。

〔5〕手拌（pàn）斫：一种手用的小型刨土农具。

〔6〕井间隙地种其他的菜，常年种葵菜时就可以种，以尽其地利，不必只在五六月耕地种绿豆作绿肥时才种。所以，井间隙地种菜这条注文，怀疑该在前文"穿井十口"的注文"作两三行亦不嫌也"之下。

【译文】

又冬天种葵的方法：靠近州、郡的大城市有市场的地方，在郊外有着三十亩好地的,九月收过秋葵之后就耕翻,到十月半,要求耕三遍。每耕一遍就耢耱,再用手用铁齿耙把陈根耧掉,把土耙细使得极熟,像种大麻的地一样。在地的中央随着它的长开十口井。开井必须对直开成一线,如果斜着对角开,那就妨碍耕作而且费地了。地形狭长的,井只能开一排;地形正方的,开成两排三排也不妨。每口井分别装置桔槔或辘轳。井水离井口深的用辘轳,离井口浅的用桔槔。汲水用的柳条罐子,用可以装得下一石水的。罐子小了,费的工夫就多。

十月底,地快结冻前,撒播种子,尽量密播为好。一亩地用六升种子。撒完后,随即耢盖两遍。下过雪,不要让雪被风吹走,每下一次雪,随即耢压一遍。(耢压过,可以使地保住水泽,叶又不会生虫。)假如整个冬天不下雪,就在腊月里汲井水普遍浇灌一遍,要统统浇湿透。有雪不会多长杂草(?)。正月,地面化冻了,赶着羊在地里踏破踏松地表层。不踏松地表就会干涸,踏松了就保得住润泽。春天回暖的时候,杂草长出,葵也都出苗了。

三月初,葵叶长到像铜钱的大小,依次看稠密的地方拣大的拔来卖掉。要有十足的人手拔才能拔得了。七岁以上的男女小孩,都干得了这工作。一升葵秧,可以换得一升米。天天间苗拔来卖,到稀稠合适时停止。有草就拔掉,不能用锄头锄。一亩地可以收到三大车的葵秧,〔等于三大车的米。三十亩地〕共可收到九十车米。一车以二十斛米计算,〔九十车〕共得米一千八百斛。

从四月八日起,以后天天剪下留着的葵菜来卖。剪过的地方,随即用"手捽斫"把土刨松浮起,浇上水,盖上粪。四月里亢阳天旱,不浇水就不生长;有雨就无须浇水。四月以前,就是不下雨也不必浇水,因为地里还保有墒,去冬压雪的余墒还没有消尽。等到全部的地都剪过了一遍,早先剪过的地又都陆续长出来了。这样循环着剪,一轮转一轮地天天有得剪。剪到八月秋社日停止,留下来作为秋菜。到九月,就整片地批卖给人家,两亩地的菜,可以卖得一匹绢。

菜全部收完之后,赶快又耕翻,还是依照去年的办法又种上。这样,〔三十亩地的收益〕比种一千亩谷田还强。营运上只要配备一辆牛车,专门供这菜园用。耕地,耢地,运粪,卖菜,一年到头不闲空。

如果粪没法得到,可以在五、六月里稠密地播种绿豆,到七月、八月耕翻掩埋在地里,就像用粪粪田一样,它的肥美实在和粪没有两样,而且又省功力。井边上犁不到的隙地,可以作成畦,种上别的各种菜。

崔寔曰:"正月,可种瓜、瓠、葵、芥、薤、大小葱、苏。苜蓿及杂蒜,亦可种——此二物皆不如秋。六月,六日可种葵,中伏后可种冬葵。九月,作葵菹,干葵。"[1]

《家政法》曰:"正月种葵。"

【注释】

〔1〕《玉烛宝典·正月》引崔寔《四民月令》"葱"后"苏"前尚有"蓼",《要术》本卷《荏蓼》引崔寔正作:"正月,可种蓼。"《要术》此处似脱"蓼"字。

【译文】

崔寔说:"正月,可以种瓜、瓠、葵、芥、薤、大葱、小葱、〔蓼、〕苏。苜蓿和杂蒜,也可以种——这两种都不如秋天种的好。六月,六日可以种秋葵,中伏以后可以种冬天的葵。九月,腌葵菹,晒干葵。"

《家政法》说:"正月种葵。"

蔓菁第十八 菘、芦菔附出

《尔雅》曰[1]:"蕦,葑苁。"注:"江东呼为芜菁,或为菘,菘、蕦音相近,蕦则芜菁。"[2]

《字林》曰:"葑,芜菁苗也,乃齐鲁云。"

《广志》云:"芜菁,有紫花者,白花者。"

【注释】

〔1〕引文见《尔雅·释草》,"蕦"作"须"。关于后面的"注",《尔雅》郭璞注是"未详",孙炎注是:"须,一名葑苁。"(《诗经·邶风·谷风》"采葑采菲",孔颖达疏引)这里的注文有不同,未悉出自何人。清臧庸(镛堂)将《要术》此注辑入所纂《尔雅汉注》中,则认为是汉人所注,清郝懿行《尔雅义疏》只推定为"旧注之文"。又,《要术》明抄等原无"注"字,据湖湘本补入。

〔2〕古人对某些相似的植物往往混为一物。这里《尔雅》的某一注者把芜菁当作菘菜,即其一例。其实芜菁(Brassica rapa,十字花科,现在北方通称蔓菁)

是根菜类蔬菜,肉质根肥大,可供食,菘菜是白菜类蔬菜,以叶供食,二者不同。不过,二者叶和花(黄色)有些相似,或者又由于栽培环境和管理不善,芜菁肉质根不长大,有些像菘菜,因此误认为一物? 但贾氏指出菘菜像芜菁,叶丛大,不是芜菁,不能混淆。古人又把萝卜当作芜菁(下文)。《方言》说:"芜菁开紫花的叫作芦菔。"芦菔即萝卜。按:芜菁花黄色,没有紫花的,紫花的是萝卜,不是芜菁。《广志》也说:"芜菁有紫花的,有白花的。"实际也把萝卜当作芜菁,因为萝卜才有紫花、白花的。贾氏也予以辨正,指出萝卜根(肉质根)粗大,可以生吃,但芜菁根不能生吃,俗话说:"生吃芜菁,没有人情。"贾氏通过细心的观察分析,抓住植物形态、生理、性状等的不同"把柄",对千百年来混二为一的类似植物,第一个予以鉴别辨正,在植物分类上有独到的见解(此外还有梅和杏、棠和杜、楸和梓等)。

【译文】

　　《尔雅》说:"蕵,是葑苁(cōng)。"注解说:"江东称为芜菁,或称为菘,菘和蕵语音相近,蕵就是芜菁。"

　　《字林》说:"羊,是芜菁苗,是齐鲁的方言。"

　　《广志》说:"芜菁,有紫花的,有白花的。"

　　种不求多,唯须良地,故墟新粪坏墙垣乃佳。若无故墟粪者[1],以灰为粪,令厚一寸;灰多则燥不生也。耕地欲熟。

　　七月初种之。一亩用子三升。从处暑至八月白露节皆得。早者作菹,晚者作干。漫散而劳。种不用湿。湿则地坚叶焦。既生不锄[2]。

　　九月末收叶,晚收则黄落。仍留根取子。十月中,犁粗畤,拾取耕出者。若不耕畤,则留者英不茂[3],实不繁也。

　　其叶作菹者,料理如常法。拟作干菜及𩛠人丈反菹者,𩛠菹者,后年正月始作耳[4],须留第一好菜拟之。其菹法列后条[5]。割讫则寻手择治而辫之,勿待萎,萎而后辫则烂。挂着屋下阴中风凉处,勿令烟熏。烟熏则苦。燥则上在厨积置以苦之。积时宜候天阴润,不尔,多碎折。久不积苦则涩也。

　　春夏畦种供食者,与畦葵法同。剪讫更种,从春至秋得三辈,常供好菹。

取根者,用大小麦底。六月中种。十月将冻,耕出之。一亩得数车。早出者根细。

【注释】

〔1〕"故墟粪","墟"疑"垣"字之误,"故垣粪"即指用旧墙土作粪。

〔2〕既生不锄:出苗后,不要锄。在田间管理上,芜菁没有像葵那样要求精细重视,肥水管理和中耕锄草都是这样。锄苗可以同时间苗,芜菁既然不锄,也没有提到手间,这是不行间苗的。但间苗是很重要的。芜菁虽然管理上可以简便些,但幼苗期间土壤仍要经常保持疏松,雨后尤其需要中耕除草,促使生长旺盛。根部逐渐发育露出地面时,更需要培土,以利肉质根的次生生长,并使肉质根盖在地下,则表皮细润,颜色正常,品质也提高。《要术》显然对芜菁的栽培管理是相当粗放的。

〔3〕英:指嫩叶,这里指着生于短缩茎上的新叶丛。按:这是撒播芜菁,十月中粗疏地犁起土条,翻出一部分芜菁根收根,另一部留着越冬,明年收子。但须注意,九月底收叶,怎样收法,是摘叶还是切断其茎。据下文"割下后",应是割茎,保留着短缩茎基部(根颈部),使潜伏芽蘖生新枝叶,即所谓"英"。但根颈部接近地面,容易受冻害,《要术》没有提到保护措施。这样露地越冬收子的处理法,现在不采用。

〔4〕"后年",各本相同,《辑要》引改为"次年",没有错。按:古称"后年",实是后一年的意思,就是现在说的明年,非指明年的明年。卷六《养羊》的"后年春",也是指明年春。其他文献如《晋书·杜预传》的"当须后年",实际也是明年。《辑要》改为"次年",后人读此,免致混淆。又,去年,古亦常称"前年",即今年前的一年,与今称去年之去年为"前年"不同,如卷二《水稻》引《周礼·稻人》郑玄注的"扬去前年所芟之草",所指实即去年也。他如《史记·黥布列传》:"往年杀彭越,前年杀韩信。"指的都是去年的事情,裴骃《集解》引张晏说:"往年、前年同年,使文相避也。"

〔5〕蘸菹是一种用麦曲加黍米淀粉酿制而成的菹菜,制法见卷九《作菹藏生菜法》的"蘸菹法"。

【译文】

种芜菁不要求种多,但必须是好地,在连作地上新近上过陈墙土作粪的很好。如果没有〔陈墙土〕作粪,就用灰作粪,施上一寸厚;灰太多了土会过燥,苗就出不了了。地要耕整得细熟。

七月初种下去。一亩地用三升种子。从处暑到八月白露节，都可以种。早种的作腌菜，晚种的作干菜。撒播，耢盖好。地湿时不要种。地湿盖后紧实，长出的叶子会干焦。出苗后不要锄。

九月末，收获叶子，收晚了叶子会发黄掉落。仍然留着根，准备收种子。十月中，粗粗地犁起土条，拾取翻出来的芜菁根。如果不粗疏地犁过，留着的芜菁的嫩叶长不茂盛，明年结的子实就少了。

叶子准备腌作菹菜的，按通常的办法处理。准备作干菜和"蘸菹"的，所谓蘸菹，是明年正月才开始酿制的，须要留着第一等好菜作准备。它的作法后文有专条说明。割下后，随手选择整理出来，打成辫形，不要延迟让蔫了，蔫了再打辫，就会烂坏。再两头相结挂在屋里不见太阳风凉的地方，但不能被烟熏。烟熏过味道就苦。干了之后，上在橱架上堆积起来，上面用东西盖好。堆积时该等候潮润的阴天，不然的话，叶便会破碎折断。长时间不堆积起来盖好，味道会粗涩。

春夏两季种来作为常吃的，可以采用畦种法，畦种的方法跟种葵菜相同。剪完，拔掉又种上，从春到秋，可以种三季，经常有好菹菜供吃。

以收根为目的的，用大麦小麦茬的地。六月中种。十月快结冻前，耕翻出来收根。一亩地可以收到几车根。早耕出的根小。

又多种芜菁法：近市良田一顷，七月初种之。六月种者，根虽粗大，叶复虫食；七月末种者，叶虽膏润，根复细小；七月初种，根叶俱得。拟卖者，纯种九英[1]。九英叶根粗大，虽堪举卖，气味不美。欲自食者，须种细根。

一顷取叶三十载。正月、二月，卖作蘸菹，三载得一奴。收根依畛法，一顷收二百载。二十载得一婢。细剉和茎饲牛羊，全掷乞猪[2]，并得充肥，亚于大豆耳。一顷收子二百石，输与压油家，三量成米，此为收粟米六百石，亦胜谷田十顷。

是故汉桓帝诏曰[3]："横水为灾，五谷不登，令所伤郡国，皆种芜菁，以助民食。"[4]然此可以度凶年，救饥馑。干而蒸食，既甜且美，自可藉口，何必饥馑？若值凶年，一顷乃活百人耳。

蒸干芜菁根法：作汤净洗芜菁根，滗着一斛瓮子中，以苇荻塞瓮里以蔽口，合着釜上，系甑带；以干牛粪燃火，竟夜蒸之。粗细均熟，谨谨着牙，真类鹿尾。蒸而卖者，则收米十石也⁽⁵⁾。

【注释】

〔1〕九英：九英芜菁。启愉按：古人常把芜菁当作菘菜或萝卜，其实后人习俗上也有混叫的。例如芜菁有的地方俗名"九英菘"，江西的地方志上仍有叫小萝卜为蔓菁的。芥菜的变种大头芥（即大头菜），其叶除中央主要叶丛外，在周围还有小叶丛数簇。小芥菜中有一种俗名"九头芥"的，主茎外围涌生着多条小侧茎。此类都是所谓"多头种"。但芜菁的叶只有中央一丛而已，不具分簇或分头，则所谓"九英"，应指短缩茎上分生着多片长大的羽状分裂叶，成为一大丛。

〔2〕乞：这里作"给予"解。

〔3〕汉桓帝（132—167）：东汉晚期皇帝，在位21年，到死都被外戚和宦官专权。

〔4〕此诏记于《东观汉记》，见《御览》卷九七九"芜菁"引，其年份为东汉桓帝永兴二年（154），诏文全同《要术》引，惟"横水"作"蝗、水"。今《东观汉记》残本（《四库全书》辑佚本）《桓帝纪》所载同《御览》引，也是"蝗、水"。查《后汉书·桓帝本纪》也载此事，是：永兴二年"六月，彭城泗水，增长逆流，诏司隶校尉、部刺史曰：'蝗灾为害，水变仍至，五谷不登，人无宿储，其令所伤郡国，种芜菁以助人食。'"事实是蝗灾以后，继以水灾，故《东观汉记》并称"蝗、水"。《要术》的"横"，疑是"蝗"字之误。郡国：国与郡相当，都是县以上的地方行政区划。始于汉，至隋废国存郡。

〔5〕"收米十石"，没有说明多少芜菁根，照行文习惯，应是承上文"一斛瓮"的芜菁根说的。但经济效益未免太高。

【译文】

又多种芜菁的方法：靠近城市用一顷好地，七月初种下去。六月种的，根虽然粗大，但叶子遭受虫害；七月底种的，叶子虽然肥润，但根却细小；只有七月初种的，根和叶子都好。打算卖给人家的，全种九英芜菁。九英芜菁，叶子和根都粗大，虽然卖得钱多，但气味都不好。自己吃的，该种细叶芜菁。

一顷地可以收三十车的叶。正月、二月，卖给人家作酿菹，三车叶可以换得一个奴。收根时，依照犁地翻出的办法，一顷地可以收二百车根。二十车根可以换得一个婢。把根斩碎拌和在茎里一起喂牛羊，或者整块地扔给猪吃，都能长得膘肥，比大豆只稍微差点。一顷地还可以收二百石种子,拿来卖给榨油作坊,可以换得三倍的米,也就是总共收得六百石的粟米,胜过种十顷的谷田。

所以汉桓帝下诏说:"洪水横流成灾,五谷没有收成,命令受灾害的郡国,都种上芜菁,以接济粮食。"这说明芜菁可以度过凶年,解救饥荒。其实芜菁根晒干后蒸熟吃,又甜又美,自可当粮食充饥,何必要到荒年才种呢? 如果碰上荒年,一顷地的芜菁只能救活一百人罢了。

干芜菁根的蒸熟方法:烧热水把干芜菁根洗干净,捞出来倒进一斛容量大的瓦瓮中,拿芦苇两头都塞进瓮里,遮蔽瓮口,倒转扣合在釜甑上,系上甑带;下面用干牛粪缓缓地烧着,蒸上一整夜。这样,大的小的都熟了,吃时细致紧密有嚼劲,真像鹿尾一样。这样蒸熟后卖掉,一斛根(?)可以收得十石米。

种菘、芦菔蒲北反法,与芜菁同。菘菜似芜菁,无毛而大。《方言》曰[1]:"芜菁,紫花者谓之芦菔。"[2]按:芦菔,根实粗大,其角及根叶,并可生食,非芜菁也。谚曰:"生噉芜菁无人情。"取子者,以草覆之,不覆则冻死。秋中卖银[3],十亩得钱一万。

《广志》曰:"芦菔,一名雹突。"

崔寔曰:"四月,收芜菁及芥、葶苈、冬葵子[4]。六月中伏后,七月可种芜菁,至十月可收也。"

【注释】

〔1〕《方言》:西汉末扬雄(前53—18)撰,记述西汉时代各地区方言,为研究古代语言的重要著作。

〔2〕见《方言》卷三:"苹、葑,芜菁也。……其紫花者谓之芦菔。"

〔3〕"银",湖湘本校语:"银似钱误。"《渐西》本即据以改为"钱"字,但嫌重沓。清末黄麓森《仿北宋本齐民要术》稿本(未出版)则改为"根"字,可能是"根"字之误。

〔4〕葶苈:十字花科,学名Rorippa montana,原野杂草。种子供药用,为利尿及祛痰药。这是采子供药用的。　　冬葵:指葵菜越冬收种子者。

【译文】

种菘菜和芦菔的方法,与芜菁相同。菘菜像芜菁,叶上没有毛,棵大。

《方言》说:"芜菁开紫花的叫作芦菔。"〔思勰〕按:芦菔的根和子实都比较粗大,它的嫩角、嫩叶和根都可以生吃,并不是芜菁。〔芜菁是不能生吃的,〕所以俗话说:"生吃芜菁,没有人情。"准备收种子的,冬天要用草覆盖,不盖就会冻死。秋天收〔根〕卖掉,十亩地可以卖得一万文钱。

《广志》说:"芦菔,又名雹突。"

崔寔说:"四月,收芜菁、芥、葶苈和冬葵的种子。六月中伏以后到七月,可以种芜菁,到十月可以收获。"

种蒜第十九 泽蒜附出

《说文》曰:"蒜,荤菜也。"

《广志》曰:"蒜有胡蒜、小蒜。黄蒜,长苗无科,出哀牢[1]。"

王逸曰:"张骞周流绝域,始得大蒜、葡萄[2]、苜蓿。"

《博物志》曰:"张骞使西域,得大蒜、胡荽。"[3]

延笃曰[4]:"张骞大宛之蒜。"[5]

潘尼曰[6]:"西域之蒜。"[7]

朝歌大蒜甚辛[8]。一名葫,南人尚有"齐葫"之言。又有胡蒜、泽蒜也。[9]

【注释】

〔1〕黄蒜:未详。"出",明抄等都空一格,湖湘本等脱,据日译本《要术》引劳季言校宋本空格作"出"补。　　哀牢:古国名。东汉明帝时置哀牢、博南二县,即今云南盈江、永平等地。

〔2〕"葡萄",各本错脱殊甚,据日译本引劳季言校宋本补正为"葡萄"。

〔3〕清黄丕烈刊叶氏宋本《博物志》只有:"张骞使西域还,乃得胡桃种。"钱熙祚《指海》据各书辑校的《博物志》就很多:"张骞使西域还,得大蒜、安石榴、胡桃、蒲桃、胡葱、苜蓿、胡荽、黄蓝——可作燕支也。"但《汉书·西域传》记载只有葡萄、苜蓿二种,《博物志》所说,未必可靠。

〔4〕延笃:东汉人,《后汉书》有传。《隋书·经籍志四》著录有"后汉京兆尹《延笃集》一卷",今佚。

〔5〕此条《御览》卷九七七"蒜"引作"延笃《与李文德书》",但《后汉

书·延笃传》所载《与李文德书》不载此句，或系在给李文德的别的书信中。大宛，古西域国名，在今中亚费尔干纳盆地。

〔6〕潘尼（约250—约311）：西晋文学家，官至太常卿。与叔父潘岳以文学齐名。《隋书·经籍志四》著录有"晋太常卿《潘尼集》十卷"，《旧唐书·经籍志》同，《宋史·艺文志》不复著录，则已亡佚。《要术》所引为潘尼《钓赋》文。

〔7〕此条《御览》卷九七七"蒜"引作"潘尼《钓赋》"："西戎之蒜，南夷之姜。"后一句《要术》引于本卷《种姜》。

〔8〕朝（zhāo）歌：殷末的都城，汉置县，在今河南淇县。隋废。

〔9〕以上各种蒜：据《本草纲目》卷二六"蒜"说，中国原来只有"蒜"，后来从西域传进葫蒜，即大蒜，就把原来的蒜叫"小蒜"，以示区别。小蒜（Allium scorodoprasum）是大蒜的近缘植物，与大蒜显著不同处是鳞茎细小如薤，其中只有一个鳞球，所以《夏小正》称为"卵蒜"，因其鳞茎小如鸟卵。李时珍说，泽蒜是从野泽移来种植的，所以有"泽"的名称。一般人都把野生的山蒜、泽蒜当作栽培历史悠久的小蒜，是错的。从《要术》所记，泽蒜确实是野生而在半栽培过程中的。胡蒜，可能是大蒜，或者是山蒜。

【译文】

《说文》说："蒜是有熏人臭气的菜。"

《广志》说："蒜，有胡蒜、小蒜。又一种黄蒜，长长的苗叶，没有蒜瓣，出在哀牢。"

王逸说："张骞周游极远的异域，才得到大蒜、葡萄和苜蓿带了回来。"

《博物志》说："张骞出使西域，得到了大蒜和胡荽。"

延笃说："张骞带回来大宛的蒜。"

潘尼说："西域的蒜。"

朝歌的大蒜很辣。大蒜又叫葫，现在南方人还有"齐葫"的说法。又有胡蒜、泽蒜的种类。

蒜宜良软地[1]。白软地，蒜甜美而科大；黑软次之[2]。刚强之地，辛辣而瘦小也。三遍熟耕。九月初种。

种法：黄墒时，以耧耩，逐垅手下之。五寸一株。谚曰："左右通锄，一万余株。"空曳劳。

二月半锄之，令满三遍。勿以无草则不锄，不锄则科小[3]。

条拳而轧之[4]。不轧则独科[5]。

叶黄，锋出，则辫，于屋下风凉之处桁之[6]。早出者，皮赤科坚，可以远行；晚则皮皴而喜碎[7]。

冬寒，取谷䅌奴勒反布地，一行蒜，一行䅌。不尔则冻死。[8]

收条中子种者[9]，一年为独瓣；种二年者，则成大蒜，科皆如拳，又逾于凡蒜矣。瓦子垅底[10]，置独瓣蒜于瓦上，以土覆之，蒜科横阔而大，形容殊别，亦足以为异。

今并州无大蒜[11]，朝歌取种，一岁之后，还成百子蒜矣[12]，其瓣粗细，正与条中子同。芜菁根，其大如碗口，虽种他州子，一年亦变大。蒜瓣变小，芜菁根变大，二事相反，其理难推。又八月中方得熟，九月中始刈得花子。至于五谷、蔬、果，与余州早晚不殊，亦一异也。并州豌豆，度井陉以东[13]，山东谷子[14]，入壶关、上党[15]，苗而无实。皆余目所亲见，非信传疑：盖土地之异者也[16]。

【注释】

〔1〕大蒜的根系浅，摄取肥水的能力弱，所以要选在肥沃的砂质壤土或壤土上种植最为合宜。这类土壤比较疏松，吸水保肥性能较好，所产蒜头颗头大，含水分较多，辣味相对淡。黏重坚实的地，由于鳞茎膨大时受到的阻力大，蒜头就瘦小，水分少，辣味也就重了。

〔2〕"次之"，各本讹作"次大"或"次七"，或仅残存一"欠"字，据《辑要》引改正。

〔3〕不锄则科小：不锄蒜头就小。锄蒜不但是除草，更重要的是疏松土壤，增高土温，促使其顺利生长发育，有利于蒜瓣的形成和长大。

〔4〕现在群众打蒜薹，一般也以显薹后10—15天蒜薹已显弯曲时为适期。过早产量低；过迟组织变粗，纤维增多，就不好吃了，而且消耗养分，影响蒜头的加速生长。轧（yà），此处指拔掉蒜薹。

〔5〕大蒜种瓣"退母"后，花芽和鳞芽开始分化，植株进入旺盛生长时期。打去蒜薹后，顶端生长优势解除，养分大量下移输送到鳞茎，鳞茎加速肥大，蒜头乃进入膨大盛期，产生多瓣的大蒜头。如果植株营养条件不足，或者春播过晚，未能满足春化适温的要求，那就不能发生鳞芽，只能由叶鞘基部的最内一层逐渐膨大，最后形成一个不分瓣的独头蒜。但不打蒜薹就会长成独头蒜，并不是必然的。

〔6〕桁（héng）：梁上横木。这里指挂在横木上风干。

〔7〕蒜头过迟收获，蒜瓣容易散脱，给收获带来很大麻烦。清王筠注释《马首农言》引山东安丘农谚说："夏至不劚蒜，必定散了瓣。"

〔8〕"冬寒"这段是说用谷子秸秆一行一行地盖在露地蒜株上,以便保暖越冬,既然不是指"锋出"后的蒜头,按栽培顺序,这段被颠倒了,该排在"二月半锄之"之前。稆(nè),谷物的秸秆。

〔9〕条中子:即天蒜,蒜薹上所生的气生鳞茎,也叫蒜珠。蒜珠和蒜头相似,但个体极小,瓣数多,极细小。大蒜是用蒜瓣繁殖的,但用种量很大,而且不断进行无性繁殖,会使生活力衰退,蒜头变小。贾氏采用了一项特殊技术,改用蒜珠繁殖,却意外地发现具有复壮作用。本世纪六十年代山东农学院曾经就贾氏所记做过用蒜珠繁殖的试验,结果确如贾氏所说,第一年长成独头蒜,第二年再用独头蒜繁殖,却长成分瓣的大蒜,而且蒜头更大。贾氏没事找事做的这个"试验报告"确实不假,能显著提高大蒜的繁殖率和产量,并起到蒜种复壮作用。现在也是利用蒜珠作为防止蒜种退化、提高种性的手段。下文还异想天开地做着把蒜头放在瓦片上埋种在沟底的试验,结果蒜头被瓦片阻抑,逼得没有办法,只好向四外"横行",因而长成扁圆横大的奇特蒜头。贾思勰这样"无中生有"地探索自然种类,其科学精神,令人敬佩。

〔10〕"瓦子垅底",是说把小瓦片放在垅沟底上。但缺少动词,也许"子"应该作"置",音近搞错。

〔11〕并(bīng)州:今山西北部,州治在太原。

〔12〕百子蒜:蒜瓣特别细小又多的蒜头。并州气候严寒,大蒜不行秋播。把河南淇县的秋播大蒜移种到并州,只能改行春播,由于环境条件的突起变化,叶腋间的侧芽分化过多,可能发育成细小多瓣的百子蒜。

〔13〕井陉(xíng):今河北井陉,在太行山东。

〔14〕山东:指太行山以东,非今山东省,与壶关一带仅一山之隔,而谷子移种产生变异。

〔15〕壶关、上党:今山西东南隅壶关、长治一带地区。

〔16〕土地之异:土地条件不同。包括地势、土壤、气候、日照、水质、病虫害等等多方面的综合因素。植物在一定的地域内世世代代繁衍着生活着,同化于生活环境,锻炼出适应性,同时也形成了保守性,但一旦环境条件骤然大变,植物适应不了,抵抗不了不良环境的影响,冲决了其保守性的堤防,于是就出现种种变异。这个普遍真理,贾氏概括说成"土地之异"。

【译文】

大蒜宜于种在松软肥好的地里。白色砂质壤土的地,蒜味带甜,蒜头也大;黑色松软的地次之。黏重坚实的地,蒜味就辣,蒜头也瘦小。地要细熟地耕三遍。九月初下种。

种法：趁地黄墒的时候，用空耧耩出〔栽植沟〕，跟着一沟沟地按种蒜瓣，相距五寸种一瓣。农谚说："左右锄头通得过，一亩地种一万多颗。"拖空耢耢盖一遍。

（冬天天气冷，拿禾谷稿秆铺盖在地面上，就是一行蒜株上面，盖一行稿秆〔保暖，让它在露地越冬〕。不然的话，蒜株会冻死。）

到二月半，开始锄，要锄够三遍。不要因为没有草就不锄，不锄蒜头就小。

蒜薹已经显现弯曲时，就拔断它采收蒜薹。不拔掉便只能长成独头蒜。

叶子发黄了，用锋锋出蒜头，便几株打结成一辫，〔然后辫辫相结〕挂在屋里风凉地方架空着的横木上。早锋出来的，蒜皮紫色，蒜头紧实，可以运到远处；锋出迟的，蒜皮会开裂剥落，蒜瓣也容易松裂散落。

拿蒜薹顶上的天蒜来种，第一年长成独瓣蒜；第二年〔再用独瓣蒜〕种下去，却变成了大蒜，而且蒜头大得像拳头，远远超过普通的蒜头。还有：用瓦片放在沟底，拿独瓣蒜放在瓦片上，盖上土，长成的蒜头扁圆横阔，而且很大，形状非常特别，也足以使人惊异。

现在并州没有大蒜，到朝歌取蒜种来种，一年之后，却变成了百子蒜，蒜瓣细小，正和天蒜瓣一样。可并州的芜菁根，大得像碗口，就是拿外州的种子来种，一年之后也变大。蒜瓣变小，芜菁根变大，两种现象相反，这个道理难以推究。又，并州芜菁到八月里才成熟，九月里才收得种子。可其他的五谷、蔬菜、果实等，成熟的早晚，都跟外州并没有两样，也是奇异的事情。另外，并州的豌豆，越过井陉以东，山东的谷子，进入山西的壶关、上党，种起来都只长茎叶不结实。这些都是思勰亲眼所见，并不是听信传闻。总之，都是土地条件不同的结果。

种泽蒜法：预耕地，熟时采取子，漫散劳之。

泽蒜可以香食，吴人调鼎，率多用此；根、叶解蓝，更胜葱韭。

此物繁息，一种永生。蔓延滋漫，年年稍广。间区劚取，随手还合。但种数亩，用之无穷。种者地熟，美于野生。

崔寔曰："布谷鸣[1]，收小蒜。六月、七月，可种小蒜。八月，可种大蒜。"

【注释】

〔1〕布谷：即大杜鹃（Cuculus canorus canorus）。它在谷雨后开始叫，夏至

后停止,叫声像"布谷",故名。也叫勃姑、郭公等,都以鸣声得名。农家很早就把它当作候鸟。

【译文】

种泽蒜的方法:预先耕好地,泽蒜头成熟时收来,撒播,耢盖。

泽蒜可以使菜肴增添香味,吴人烹调鱼肉荤菜,常常采用这个:鳞茎和叶解去鱼肉腥腻味,比葱和韭菜更好。

这种植物很容易繁衍,种一次就用不着再种。它蔓延滋长开去,一年比一年扩大。间隔着一块块地掘来用,随后又长满连成一片了。只要种上几亩地,以后就吃用不尽。种的因为地熟,比野生的好。

崔寔说:"布谷鸟叫的时候,收小蒜。六月、七月,可以种小蒜。八月,可以种大蒜。"

种薤第二十

《尔雅》曰[1]:"薤[2],鸿荟。"注曰:"薤菜也。"

【注释】

〔1〕见《尔雅·释草》。郭璞注作:"即薤菜也。"《御览》卷九七七"薤"引《尔雅》注也有"即"字。有"即"字不会使有的人误读为"薤,菜也"。

〔2〕薤(Allium chinese):百合科,俗称"藠(jiào)头"。鳞茎狭卵形,供食用。一般少见,我国现在以西南各省区栽培最多。

【译文】

《尔雅》说:"薤,是鸿荟。"注解说:"就是薤菜。"

薤宜白软良地,三转乃佳。

二月、三月种。八月、九月种亦得。秋种者,春末生[1]。率七八支为一本。谚曰:"葱三薤四。"移葱者,三支为一本;种薤者,四支为一科。然支多者,科圆大,故以七八为率。

薤子⁽²⁾，三月叶青便出之，未青而出者，肉未满，令薤瘦。燥曝，挼去茎余，切却强根⁽³⁾。留强根而湿者，即瘦细不得肥也。先重耧耩地，垄燥，培而种之。垄燥则薤肥，耧重则白长。率一尺一本。

叶生即锄，锄不厌数。薤性多秽⁽⁴⁾，荒则羸恶。五月锋，八月初耩。不耩则白短。

叶不用剪。剪则损白。供常食者，别种。九月、十月出，卖。经久不任也。

拟种子，至春地释，出，即曝之。

崔寔曰："正月，可种薤、韭、芥。七月，别种薤矣。"

【注释】

〔1〕春末生：春末鳞茎成熟。"生"指长成，即鳞茎成熟。有的书译成"发芽"，八九月种直到春末才发芽，岂有此理？就是冬种的"埋头"葵菜、瓜茄，也是开春解冻就长出，哪能等到春末？《要术》的薤有春种和秋种。这是秋种，作二年生栽培，越冬收薤，下文三月里收作种薤的，就是这秋种的。春种的当年九、十月收薤白，但留种的仍到明春掘出。

〔2〕薤子：指繁殖用的鳞茎，今蔬菜栽培学上称"种球"，非指种子。上篇种泽蒜有"采取子"，"子"也应指鳞茎，即泽蒜头，非指种子。

〔3〕强根：干缩硬化的枯根，即干死的茎踵和须根，留着会影响种薤的吸水，并妨碍新根的发生，所以种前须要切除。

〔4〕薤叶管状线形细长，基生三五枚而已，无分枝，而这里株距又宽，不能荫蔽地面，所以叶丛外容易长杂草，不锄去，薤株会被裹没，薤就长不好了。不但薤，葱、韭等叶子细长，近于直立，都这样。

【译文】

薤宜于种在白色砂质壤土的好地，初耕后再耕三遍为好。

二月、三月种。八月、九月种也可以。秋天种的，到明年春末鳞茎成熟。标准是七八个鳞茎栽植一窝。农谚说："葱三薤四。"一般是移葱要三根作一窝，种薤要四个作一窝。不过，薤种个数多的，发窝圆大，所以要七八个一窝作标准。

〔繁殖用的〕鳞茎，三月里叶子回青时便掘出来，没有回青便掘出来，肉还没有长满，种下去使薤白瘦小。晒干，搓去外层的枯皮，切掉干死的强根。留着强根，又没有晒干，长的薤就瘦小不会肥大。先用空耧在同一沟里耩两遍,〔把种植沟構得深些阔些,〕等沟干了,刨个穴种下去。沟干了薤长得肥大,構两遍薤白就长得长。标准是相隔一尺种一窝。

叶子长出就锄,锄的次数不嫌多。薤地容易长杂草,杂草多了薤就瘦恶。五月锋一遍,八月初構一遍。不構,薤白就短。

叶子不要剪。剪叶,薤白生长受到损害。想要平时剪叶吃的,该另外种一些。九月、十月掘出来,可以卖。留着多日不掘,就不好了。

准备作种薤的,到春天地解冻的时候,掘出来,随即晒干。

崔寔说:"正月,可以种薤、韭菜、芥菜。七月,可以分薤移栽。"

种葱第二十一

《尔雅》曰:"茖,山葱。"注曰:"茖葱,细茎大叶。"[1]

《广雅》曰:"藿、莍、蕛,葱也;其蓊谓之薹。"[2]

《广志》曰:"葱有冬春二葱。有胡葱、木葱、山葱[3]。"

《晋令》曰[4]:"有紫葱。"[5]

【注释】

〔1〕见《尔雅·释草》。注文与郭璞注同。茖(gè),即茖葱(Allium victorialis)。具根状茎,叶披针状矩形或椭圆形,下部叶鞘抱合狭长如茎,所谓"茎细叶大"。野生于阴湿山坡,所谓"山葱"的一种。

〔2〕今本《广雅·释草》作:"莍、蕛,葱也。蓊,薹也。"葱不能称"藿"(豆叶)。但《广雅》在此条前面相隔几条的另一条是:"豆角谓之荚,其叶谓之藿。"《要术》以"藿"为葱,可能从上条文误入于此。

〔3〕胡葱:小株型葱的一种类型,鳞茎外皮赤褐色,也叫火葱。分蘖力很强,不易结子,用分株法繁殖,南方栽培很多。　　木葱:未详。

〔4〕《晋令》:《旧唐书·经籍志上》刑法类著录有"《晋令》四十卷,贾充等撰"。于晋受魏禅前一年(264)开始修订,颁行于晋,当然也沿袭有魏的律令。据《晋书·贾充传》,同时参加修订者尚有荀勖、羊祜、成公绥等十四人。

〔5〕《御览》卷九七七引有:"《晋书》曰:居洛阳城十里内,有园菜欲以当课,听引其长流灌紫葱。"《类聚》卷八二"葱"引此条作"《晋令》","引其"倒作"其引",是。这明显是郊区菜农愿意种紫葱供应公家,政府准许利用公家水渠灌溉的"律令",《御览》的《晋书》是《晋令》之误。

【译文】

《尔雅》说："茖，是山葱。"注解说："茖葱，茎细叶大。"

《广雅》说："藿（？）、荂（chóu）、蕏（chú），都是葱；它的荶（wěng）叫作薑。"

《广志》说："葱有冬葱、春葱两种。有胡葱、木葱、山葱。"

《晋令》说："有紫葱。"

收葱子，必薄布阴干，勿令浥郁。此葱性热，多喜浥郁；浥郁则不生[1]。

其拟种之地，必须春种绿豆，五月掩杀之。比至七月，耕数遍。

一亩用子四五升。良田五升，薄地四升。炒谷拌和之，葱子性涩，不以谷和，下不均调；不炒谷，则草秽生。两耧重耩，窍瓠下之[2]，以批蒲结反契苏结反继腰曳之[3]。七月纳种。

至四月始锄。锄遍乃剪。剪与地平。高留则无叶，深剪则伤根。剪欲旦起，避热时[4]。良地三剪，薄地再剪，八月止[5]。不剪则不茂，剪过则根跳[6]。若八月不止，则葱无袍而损白。

十二月尽[7]，扫去枯叶枯袍。不去枯叶，春则不茂。二月、三月出之。良地二月出，薄地三月出。收子者，别留之。

葱中亦种胡荽，寻手供食；乃至孟冬为菹，亦无妨。

崔寔曰："三月，别小葱。六月，别大葱。七月，可种大小葱。""夏葱曰小，冬葱曰大。"[8]

【注释】

〔1〕葱的种类多，《要术》种的是大葱（Allium fistulosum），是大株型葱，以生吃葱白为主，是北方人爱吃的重要蔬菜。以种子繁殖，和南方人爱吃的小株型葱的用鳞茎或分株法繁殖不同。大葱子种皮厚，胚小，最易失去生活力，其发芽力一般只能保持一年，所以必须充分阴干，贮藏在干燥地方。没有阴干或者受潮，水分很难自行消失，则引起自热变质，就不能发芽了。这种情况，《要术》认为葱子性"热"。《要术》把大葱作为三年生蔬菜栽培，就是第一年秋季播子，在露地让幼苗越冬；第二年春季返青生长，入夏叶质柔嫩，可以收获青葱，叫作"小葱"；进入秋季天气转凉，最有利于葱白的长高长肥，到冬季可以开始收获葱白

《要术》在过冬二三月收），假茎抱合粗大，因名"大葱"；留种的就留在露地越冬，第三年夏季开花结子，可以采收种子。这时，大葱的生命周期才结束，全生育期要经过二十二三个月。

〔2〕窍瓠：干葫芦穿孔作成的下种器。播种时用小杖轻叩其下种管震落种子，便于掌握稀密，后面拖着"批契"覆土。《王氏农书》叫"瓠种"，北方通称"点葫芦"。1976年河北滦平在金代遗址中出土瓠种一件，形制和王祯的图基本相同。如图十三。

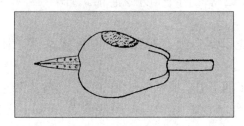

图十三　瓠种

〔3〕批（biè）契（xiè）：一种用绳系在腰间牵引着覆土的工具。日本学者天野元之助《中国的科学和科学家》（昭和53年——1978年版）说解放前河北平谷和辽宁锦州等地，播种时后腰间系着"拨梭"（bō suō）（图十四）拉曳着覆土，似乎和批契是同一种农具。石声汉《农桑辑要校注》说沈阳孟方平同志告诉他，辽宁朝阳一带大众使用的一种覆土工具，叫作"簸契"（bǒ qì）（图十五），应该就是批契。

〔4〕青葱经过一夜的生长，清晨剪来，未经日晒，品质特别鲜嫩。

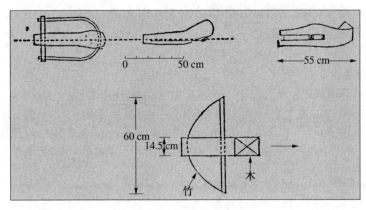

图十四　拨梭（河北平谷）

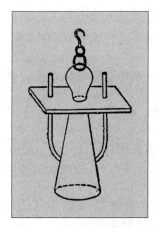

图十五　簸契（辽宁朝阳）

〔5〕八月止：到八月停剪。葱叶基部层层包裹着的叶鞘，《要术》称为"袍"。袍抱合成假茎，就是人们需要的主要食用部分——葱白。葱白适于在凉爽季节生长，入秋后天气转凉，昼夜温差加大，是葱白生长的最盛期，所以要八月停止剪叶，以育养肥大的葱白。

〔6〕根跳：根向上跳。启愉按：跳根是植株新老根系进行更替因而使新根上移的一种新陈代谢现象。但大葱在营养生长期间很少分蘖，在整个生育期间也很少有死根、换根现象，它跟善分蘖的韭菜不同，一般不会出现跳根现象。是否《要术》的大葱品种不同，则有不明。

〔7〕"尽"，也可以连下句读为"尽扫去"。但"十二月尽"已很快开春（或已开春），可以不必留着枯叶枯袍保暖，所以"尽"字连上句比较好。

〔8〕春季返青生长、夏季供食的青葱为小葱，冬季收获葱白作为干葱供应的为大葱。春播的也可在夏月以青葱供食，也是小葱。所谓"夏葱叫小葱，冬葱叫大葱"，实际都是以大葱的采收期的不同而分名，并不是两种葱。

【译文】

收取葱子，必须薄薄地摊开阴干，不要让它郁坏。葱子性"热"，很容易郁坏；郁坏了就不能发芽。

准备种葱的地，必须在春天先种绿豆，到五月里耕翻掩埋在地里〔作绿肥〕。到七月，再耕翻几遍。

一亩地用四五升种子。好地五升，瘦地四升。拿炒过的谷子拌和葱子，葱子有棱角，粘手不滑脱，不用谷子拌和，溜种就不均匀；谷子不炒过，都会长成秽草。〔播种沟〕用空楼重耩两遍，把种子放进"窍瓠"里溜下，同时腰上系着"批契"拖过覆土。播种期是七月。

到四月开始锄。锄遍了开始剪青葱。剪要和地面相平。留得高了，叶就少了；剪得太深了，根会受伤。剪葱要在清晨起来避开太阳晒着的时候。好地剪三次，瘦地剪两次，到八月停剪。不剪长不茂盛，剪过头了根会上跳。如果八月不停剪，葱就没有多少"袍"，葱白也就减损了。

到十二月底，扫去株间的枯叶枯袍。不去掉枯叶枯袍，春天的叶长不茂盛。二月、三月起出来收获葱白。好地二月起出，瘦地三月起出。准备收种子的，另外留着不起出。

大葱行间也可以套种胡荽，随时供给食用；就是到十月间拿来作菹菜，也不会妨害大葱的生长。

崔寔说："三月，分栽小葱。六月，分栽大葱。七月，可以种大葱、小葱。""夏葱叫小葱，冬葱叫大葱。"

种韭第二十二

《广志》曰："白弱韭，长一尺，出蜀汉。"

王彪之《关中赋》曰[1]"蒲、韭冬藏"也。

【注释】

〔1〕王彪之：东晋人，晋简文帝时任尚书仆射加光禄大夫。《隋书》、新旧《唐书》经籍志均著录有《王彪之集》二十卷，已亡佚。此《赋》和卷一〇"竹〔五一〕"引用王彪之的赋文是"《闽中赋》"。按：王彪之，《晋书》有传，未至关中，"关中"未知是否是"闽中"之误（繁体二字形近）。

【译文】

《广志》说："白弱韭，一尺长，出在蜀汉。"

王彪之《关（？）中赋》说：是"冬藏的蒲菜和韭菜"。

收韭子，如葱子法。若市上买韭子，宜试之：以铜铛盛水，于火上微煮韭子,须臾芽生者好;芽不生者,是裛郁矣。[1]

治畦,下水,粪覆,悉与葵同。然畦欲极深。韭,一剪一加粪,又根性上跳[2],故须深也。

二月、七月种。种法:以升盏合地为处,布子于围内。韭性内生,不向外长[3],围种令科成。

薅令常净。韭性多秽,数拔为良。

高数寸剪之。初种,岁止一剪。至正月,扫去畦中陈叶。冻解,以铁耙耧起,下水,加熟粪。韭高三寸便剪之。剪如葱法。一岁之中,不过五剪。每剪,耙耧、下水、加粪,悉如初。收子者,一剪即留之。

若旱种者,但无畦与水耳,耙、粪悉同。一种永生。谚曰:"韭者懒人菜。"以其不须岁种也。《声类》曰[4]:"韭者,久长也,一种永生。"

崔寔曰:"正月上辛日,扫除韭畦中枯叶。七月,藏韭菁。""菁,韭花也。"

【注释】

〔1〕启愉按:韭菜子种皮坚厚,不容易透水,因此膨胀得很慢,出苗也很慢,同时寿命很短,有效发芽力只能保持一年,如用陈子播种,即使发了芽也长不好,常会半路萎死,所以必须用新子播种。不但韭菜子,凡是葱蒜类蔬菜的种子都有这种特性。近年有人做过试验,掌握适当的水煮时间确实能使韭菜子很快发芽,不过有两种情况:最早发芽的是好种子;煮的时间延长一点,不好的种子也会发芽,叫作假发芽,种下去就不会出苗。所以关键在贾氏交代明白的稍微煮一下和一会儿的时间,这两个条件必须掌握,否则仍会出差错,测试无效。铜铛(chēng),铜锅。

〔2〕根性上跳:启愉按,韭菜的须根着生在鳞茎下面的茎盘上,分蘖的新鳞茎高出老鳞茎之上,新的须根因新鳞茎的年年增长也跟着年年抬高,下层的老根也就不断地死亡。因此,根部逐年上移,层层抬高,这种新陈代谢自行更新复壮的特性,叫作"跳根"。由于根部逐年抬高,必须每年壅上粪土,免得根部外露,所以畦必须做得"极深"。跳根的高度因分蘖和收割的次数而有差异,《要术》是不超过五剪,现在基本相同,那一般每年上跳1.5—2厘米。培养好根部是争取韭菜高产和延寿的关键,如果不壅土,寿命只有三四年,壅土的,能收获七八年,配合其他精细合理的管理,寿命可长达十年以上。

〔3〕不向外长:不向外面扩散。这只是相对而言,外延进度极缓慢并且不

能无限度地扩展而已。

〔4〕《声类》：三国魏李登撰，是我国最早的韵书。《隋书》、新旧《唐书》艺文志均著录十卷。书已不传。

【译文】

收韭菜子的方法，跟收葱子一样。如果在市场上买韭菜种子，该先测试一下：用小铜锅盛着水，放进韭菜子搁在火上稍微煮一煮，过一会儿就发芽的是好的；不发芽的，就是窝坏了的。

作成畦，浇水，盖上粪和土，都同种葵菜一样。不过，畦要作得极深。韭菜剪一次要加一次粪，同时根又有向上跳的特性，所以畦必须作得深。

二月、七月播种。种法：用容量一升大的盏子倒扣在畦面上，扣出个圆圈来，韭菜子就播在圈子里面。韭菜的生长特性是只向里面发棵，不向外面扩散，种在圈子里面让它密集成一大科丛。

常常要拔净杂草。韭菜地容易长杂草，所以要经常拔去为好。

长到几寸高时，开始剪叶。新种的，第一年只剪一次。到正月，扫去畦中的枯叶。解冻后，用手用钉耙耙松土，浇水，施上熟粪。韭菜又长到三寸高时，便剪一次。剪法同剪葱一样。一年之中，只能剪五次。每剪一次，把土耙松，浇水，加粪，都跟第一次一样。准备收种子的，剪过一次就留着不剪。

如果在旱地种的，只是不作畦，不浇水，其他耙松、加粪都一样。种一次，以后长久生长着。俗话说："韭菜是懒人菜。"因为它不需要每年都种。《声类》说："韭是长久的意思，种一次，长久生长着。"

崔寔说："正月第一个辛日，扫除韭菜畦里的枯叶。七月，腌藏韭菁。""韭菁，就是韭菜花。"

种蜀芥、芸薹、芥子第二十三

《吴氏本草》云〔1〕："芥蒩，一名水苏，一名劳祖。"〔2〕

【注释】

〔1〕《吴氏本草》：《隋书·经籍志三》医方类记载"梁有华佗弟子《吴普本

草》六卷，亡"，即是此书。至唐时征书又出现，著录于新旧《唐书》经籍志。今已亡佚。吴普，东汉末广陵（今扬州）人，著名医学家华佗（？—208）弟子。

〔2〕《御览》卷九八〇"芥"引《吴氏本草》同《要术》，但"菹"误作"葅"，"捶"作"祖"。《名医别录》记载水苏的异名有鸡苏、芥菹、劳祖等。《方言》卷一〇："南楚之间凡取物沟泥中谓之捶。"水苏（Stachys japonica），《唐本草》注"生下湿水侧"，《本草图经》"生水岸傍"，吴普是广陵（治所在今扬州）人，则《要术》引作"劳捶"，似乎也合适。又，水苏是唇形科植物，与苏、荏同科，虽有"芥菹"的异名，实际和十字花科的芥、芸薹毫不相干，而且下文《荏蓼》同样引到此条，引在《荏蓼》篇是对的，引在这里不合适，疑系窜衍。

【译文】

《吴氏本草》说："芥菹（zū），又叫水苏，又叫劳捶（zhā）。"

蜀芥、芸薹取叶者[1]，皆七月半种。地欲粪熟。蜀芥一亩，用子一升；芸薹一亩，用子四升。种法与芜菁同。既生，亦不锄之。

十月收芜菁讫时，收蜀芥。中为咸淡二菹，亦任为干菜。芸薹，足霜乃收[2]。不足霜即涩。

种芥子，及蜀芥、芸薹收子者，皆二三月好雨泽时种。三物性不耐寒，经冬则死，故须春种。旱则畦种水浇。

五月熟而收子。芸薹冬天草覆，亦得取子[3]；又得生茹供食。

崔寔曰："六月，大暑中伏后[4]，可收芥子。七月、八月，可种芥。"

【注释】

〔1〕蜀芥：现代植物分类上有大芥菜（Brassica juncea）和小芥菜（Brassica cernua）的分别。蜀芥，可能是大芥。下文"芥子"，可能是小芥。《本草纲目》卷二六以"白芥"为蜀芥，白芥则是 Brassica alba。　芸薹：是油菜的一种，并不是所有的油菜都是芸薹。汉以来所称的芸薹，属于白菜类型，植株较矮小，是 Brassica campestris，亦称胡菜，今称薹菜，主要分布于北方各省。《要术》所种，应属此种。另有芥菜类型和甘蓝类型的。芥菜类型植株高大，主要分布于西北、西南等地。甘蓝类型近年才从外国传入，现在栽培面积在迅速扩大。

〔2〕这是收叶作为鲜菜供食的。芸薹叶须经霜冻后才柔嫩味美。塌菜类、油冬菜类也是这样。

〔3〕芸薹收子，可以春播夏收，也可以秋播而覆草越冬，到来夏收子。《要术》就明确记载着这两种收子法。其所种同是白菜类型的种。收子目的是采收种子，还没有用来榨油的记载。

〔4〕"大暑中伏"，《玉烛宝典·六月》引《四民月令》无"伏"字，《要术》有这字是衍文。启愉按：中伏和大暑是紧挨着的，中伏在大暑前后一二天或四五天，或在同一天，日子这样近，没有兼定两个日子的必要。农历每月两个节气，古称月初者为"节"，月中者为"中"。《四民月令》概依此称，即月初的都称为"节"，如三月清明节，四月立夏节，五月芒种节，八月白露节等；月中的都称为"中"，如正月雨水中，二月春分中，三月谷雨中等，辨别很清楚，丝毫没有混淆。而大暑正属于"中气"，故称"大暑中"，再拖个"伏"就没有意义。

【译文】

蜀芥、芸薹准备采叶供食的，都在七月半下种。地要上粪整熟。蜀芥一亩地用一升种子，芸薹一亩地用四升种子。种法和种芜菁一样。出苗以后，也不要锄。

十月收完芜菁根之后，就收蜀芥。可以腌作咸菹或淡菹，也可以晒作干菜。芸薹，等受足了霜才收。没有受足霜的，味道粗涩。

种芥子，以及种蜀芥、芸薹收种子的，都在二三月里趁雨水好的时候下种。这三种植物都不耐寒，越冬会死，所以须要春天种。如果天旱没有好雨水，那就采用畦种浇水的办法。

五月，种子成熟了就收种子。不过，芸薹冬天用草覆盖着，也可以越冬收子；又可以得到鲜菜供食。

崔寔说："六月，大暑后可以收芥子。七月、八月，可以种芥。"

种胡荽第二十四

胡荽宜黑软、青沙良地[1]，三遍熟耕。树阴下，得；禾豆处，亦得。

春种者，用秋耕地。开春冻解地起有润泽时，急接泽种之。

种法：近市负郭田，一亩用子二升，故概种，渐锄取，卖供生菜也。外舍无市之处，一亩用子一升，疏密正好。六七月种，一亩用子一升[2]。先燥晒，欲种时，布子于坚地，一升子与一掬湿土和之，以脚蹉令破作两段[3]。多种者，以砖瓦蹉之亦得，以木砻砻之亦得。子有两人，人各着，故不破两段，则疏密水裹而不生[4]。着土者，令土入壳中，则生疾而长速。种时欲燥，此菜非雨不生[5]，所以不求湿下也[6]。于旦暮润时，以耧耩作垅，以手散子，即劳令平。春雨难期，必须藉泽，蹉跎失机，则不得矣。地正月中冻解者，时节既早，虽浸，芽不生，但燥种之，不须浸子。地若二月始解者，岁月稍晚，恐泽少，不时生，失岁计矣；便于暖处笼盛胡荽子，一日三度以水沃之，二三日则芽生，于旦暮时接润漫掷之，数日悉出矣。大体与种麻法相似。假令十日、二十日未出者，亦勿怪之，寻自当出。有草，乃令拔之。

菜生三二寸，锄去概者，供食及卖。

【注释】

〔1〕胡荽：即芫荽（Coriandrum sativum），伞形科，一、二年生蔬菜，通名香菜。植株矮小，叶细薄柔嫩，有一种特别的香气，可以生吃，也可以煮吃或盐渍，并可冻藏在冬季供食。种子可作香料调味，也供药用。

〔2〕本篇多有错简倒乱，这里"六七月种，一亩用子一升"，即其一例。这里上下文都是讲春种胡荽，不宜突入六七月种的用种量，怀疑应在下文"秋种者"下，被误窜入此。在译文中加圆括号号"（ ）"以示错简或衍文。

〔3〕令破作两段：将种实搓破成两半个。启愉按：芫荽的果实是复子房果，两个子房中各有一粒种子，但种孔被果柄堵塞着，所以必须搓开使分成两半个，就是使两个分果完全脱离果柄，露出种孔，幼芽才可能透过种孔长出来。否则，种子被果柄闭塞着，水分不足会干死，水分过多会缺氧窝死。

〔4〕"疏密"，费解。有人解释为出苗有疏有密，和文意联系不上；又有人解释"疏"为种子"难以全面接触土壤"，也很牵强。胡荽的果实是复子房果，每一子房中有一粒种子，种孔连接在果柄上，被果柄堵塞住。果实被搓开为两半后，两个分果脱离果柄，种孔露出，幼芽才容易长出来。否则，种孔封闭着，即使水分可以渗过果壳进入种子，幼芽仍很难伸展出来，就形成所谓"水裹而不生"。因此，"疏密"疑是"绵密"的误写。

〔5〕非雨不生：没有雨不会出苗。启愉按：这是有条件的，小雨有利，大雨急雨不行。因为芫荽种子发芽时最怕下大雨，那同样会被水窝坏，不能出苗。它的子叶瘦小，出土力弱，如果碰上大雨急雨，则表土板结，子叶就钻不出土面而被

闷死。

〔6〕"湿下",《要术》概指趁地湿润时下种,如下文"所以不同春月要求湿下",即此意。但在这里不是这个意思,而是指用燥子播种,就是不需要作浸种处理,也就是下文说的"但燥种之,不须浸子"。严格说来,"湿下"该作"浸子",才不致有混淆。

【译文】

胡荽宜于种在黑色壤土或者灰色砂质壤土的好地,地要细熟地耕三遍。树荫下可以种,种谷子、豆子的地也可以种。

春天种的,用去年秋耕的地。开春解冻后,土壤酥碎松浮有润泽的时候,赶紧趁墒种下去。

种的方法:在城郊靠近城市的地,一亩用二升子,特意种得密些,逐渐地分次锄出来,卖给人家作生菜吃。在外村没有市场的地,一亩用一升子,疏密正合适。(六七月种,一亩用一升子。)先把种实晒干燥,临种前,把种实铺在硬地上,一升种实,和进一把湿土,用脚来回地踩搓,将种实搓破成两半个。种得多的,用砖瓦来搓破也可以,或者用木磕来磕破也可以。种实里面有两粒种子,种子是各自分开长着的,所以如果不破成两半个,那种孔被〔紧密〕堵塞住,种子便会被水窝坏长不出苗。之所以要和进湿土,是让湿土进入果壳里面,那发芽就快,生长也快。要用燥子播种,因为这种菜没有雨不会出苗,所以不要求用湿子下种。在早晨或者晚上地里潮润的时候,用耧犁耩出播种沟,就撒子在沟里,随即耢平。春天的雨难得遇到,必须趁墒下种,如果拖拉错过时机,那就麻烦了。地土正月里就解冻的,时令还早,种子就是浸着也不发芽,所以只要用燥子种下去,不需要浸种。要是二月才解冻的,时令稍为晚了点,只怕墒不够,不能及时发芽,就错失了这年的计划安排。这时,该在温暖的地方,用竹笼盛着胡荽种子,一天用水浇淋三次,两三天后就发芽了;在清晨或晚上地里返润时,就趁润撒播下去,过几天就都出苗了。办法大致和种大麻相似。假如十天、二十天还没有出苗,也不必惊怪,不久自然会出苗的。有草,就要拔掉。

菜长到两三寸长时,把密的锄出来,可以供食,也可以出卖。

十月足霜,乃收之。[1]

取子者,仍留根,间古荙反拔令稀,概即不生。以草覆上。覆者得供生食,又不冻死。

又五月子熟[2]，拔取曝干，勿使令湿，湿则裛郁。格柯打出[3]，作蒿篱盛之[4]。冬日亦得入窖，夏还出之。但不湿，亦得五六年停。

一亩收十石[5]，都邑㪷卖，石堪一匹绢。

若地柔良，不须重加耕垦者，于子熟时，好子稍有零落者，然后拔取，直深细锄地一遍，劳令平，六月连雨时，稆音吕生者亦寻满地，省耕种之劳。

秋种者，五月子熟，拔去，急耕，十余日又一转，入六月又一转，令好调熟，调熟如麻地。即于六月中旱时，耧耩作垅，蹑子令破，手散，还劳令平，一同春法。但既是旱种，不须耧润。此菜旱种，非连雨不生，所以不同春月要求湿下[6]。种后，未遇连雨，虽一月不生，亦勿怪。麦底地亦得种，止须急耕调熟。虽名秋种，会在六月。六月中无不霖，遇连雨生，则根强科大。七月种者，雨多亦得；雨少则生不尽，但根细科小[7]，不同六月种者，便十倍失矣。大都不用触地湿入中。

生高数寸，锄去概者，供食及卖。

作菹者，十月足霜及收之。一亩两载，载直绢三匹。若留冬中食者，以草覆之，尚得竟冬中食。

其春种小小供食者，自可畦种。畦种者，一如葵法。

若种者[8]，接生子，令中破，笼盛，一日再度以水沃之，令生芽，然后种之。再宿即生矣。昼用箔盖，夜则去之。昼不盖，热不生；夜不去，虫栖之。

凡种菜，子难生者，皆水沃令芽生，无不即生矣。

作胡荽菹法：汤中渫出之[9]，着大瓮中，以暖盐水经宿浸之。明日，汲水净洗，出别器中，以盐、酢浸之，香美不苦。亦可洗讫，作粥清、麦䴸末[10]，如酿、芥菹法[11]，亦有一种味。作裹菹者[12]，亦须渫去苦汁，然后乃用之矣。

【注释】

〔1〕"十月足霜，乃收之"，上面讲的是春种胡荽，春胡荽到夏季生命周期就结束，不可能延长到"十月足霜"的时候还有得收。其实这讲的是秋种胡

蒌，到十月收叶作菹菜的，就是下文说的"作菹者，十月足霜乃收之"。由于这两处的上文同样有"锄去概者，供食及卖"的句子，看错了就把"十月足霜乃收之"这句也错写在春种胡荽下面。所以，这句似乎是衍文；不然，也该在秋种的"供食及卖"下面。从这句下面，开始有大段错简。就是下面"取子者，仍留根"一直到"穞生者亦寻满地，省耕种之劳"，要和"秋种者"一直到"锄去概者，供食及卖"倒换过来，即前者移后，后者移前。原因很简单，春胡荽不能越冬收子，秋胡荽则可草覆保温，在露地越冬收子。这是沈阳孟方平同志的意见。

〔2〕又五月：第二个五月。"又"是承接秋种胡荽五月拔去老株的"五月"说的，秋种时当年五月拔去春胡荽不要（没有提到收子，因其子不能作种），整熟地，六月下种，到翌年五月子熟收子，所以这翌年五月是"又五月"，即第二个五月。但原文错简，"又五月"反而在秋种"五月"之前，讲不通，所以二者应该倒过来，故在译文中用"（ ）"括出。

〔3〕格柯：格是杖，柯是柄，格柯疑是单杖的"枷"，即《释名·释用器》所说"加杖于柄头"的"枷"。《马首农言》"种植"说："打谷枷板，俗名拉戈。"音近格柯，即是单板的枷。说详拙作《思适磋言》，《中国农史》1983年第2期。

〔4〕蒿篅 (chuán)：蒿草编成的容器。孟方平说现在不见有用蒿草作容器的，《要术》所有作容器的"蒿"字都是"稿"的俗假字，不知何据。其实《要术》本文和引书以蒿草作容器以及食用和杂用的相当多，不能少见多怪，以今况古。

〔5〕一亩收十石：一亩地收到十石胡荽子。需要核算一下。启愉按：芫荽的果实，1市升重约330克，1亩的产量，现今大约是100公斤左右。后魏1石，约合今4市斗，1亩约合今1.016市亩。换算如下：

$$1市石 = 100市升 \quad 1公斤 = 1\,000克$$
$$330克 \times 100市升 = 33\,000克$$
$$33\,000克 \div 1\,000克 = 33公斤（1市石的重量）$$
$$100公斤 \div 33公斤 = 3.03市石（1市亩的产量）$$
$$后魏1亩 = 1.016市亩$$
$$100公斤 \times 1.016市亩 = 101.6公斤$$
$$101.6公斤 \div 33公斤 = 3.08市石（后魏的亩产）$$

但记载的是1亩收10石，10×4市斗＝4市石，比3.08市石几乎超过1市石，产量很高，似乎夸大了。古人爱用一五、一十之类的概数，恐怕不能作准。

〔6〕"此菜旱种，非连雨不生，所以不同春月要求湿下"，这是对"不须耧润"

说的,疑是注文而误为正文。

〔7〕"但",各本同,日译本疑"且"之误。

〔8〕"若种者",孟方平同志认为"若"是"夏"字之误。据文内所记,催芽和出土,是春迟而夏速;夏日气温高,所以白天要用箔盖,并且夜间要防虫,春天则都无须。

〔9〕渫(xiè):焯(chāo)。这字在《要术》烹饪各篇用得很多,也写作"煠"、"煤",意思是在沸汤中暂滚一下就捞出来,目的在解去其苦、辣、涩乃至腥恶的气味。

〔10〕"作粥清、麦䴷末",原作"作粥津、麦䴷味",不可解。据卷九《作菹藏生菜法》的"葵菘芜菁蜀芥咸菹法"条改正。麦䴷(huàn),即黄衣,一种整粒小麦作成的酱曲,见卷八《黄衣黄蒸及蘗》篇。

〔11〕"蘸、芥菹":蘸菹、芥菹。见卷九《作菹藏生菜法》的"蘸菹法"和"蜀芥咸菹法"。

〔12〕《要术》中菹法很多,但没有"裹菹"。下面《荏蓼》作蓼菹是用"绢袋盛,沉着酱瓮中",颇像"裹菹",未知是否此类。存疑。

【译文】

(十月受足了霜,然后收获。)

(准备收子的,让根仍然留在地里,间拔去让它稀疏些,密了就长不好。用草覆盖在上面。盖着的宿根又长出嫩苗,可以供给生吃,又不会冻死。

(到第二个五月,种实成熟了,整株拔出来,晒干,不能让它潮湿,湿着便会郁坏。用"格柯"打下来,盛在蒿草编成的容器里。冬天也可以藏在地窖里,到夏天取出来。只要不受潮,也可以保存五六年。

(一亩地可以收到十石胡荽子。拿到都市里卖掉,一石子可以换到一匹绢。

(如果原来种的地松和肥美,不需要重新耕翻的,等到子实成熟时,有些好子稍稍掉落在地里之后,然后拔掉。这时只要深细地锄地一遍,随即耢平。到六月里下连雨时,落子自然长出,不久也会长满一地,却省去耕翻播种的劳累。)

(秋天种的,五月间原先种的子实成熟了,拔掉,赶快耕翻,过十几天,再耕一遍,一到六月,又耕一遍,耕得很松和软熟,软熟得像种大麻的地一样。就在六月里天旱时,用耧犁耩出播种沟,把种实搓破,撒在沟里,然后耢平,一切都和种春胡荽一样。所不同的,这既然是旱时下种,所以不必要地湿润时耧耩下种。这种旱种的菜,非遇到连雨是不会出苗的,所以跟春播的要求地湿时下种不同。下种后,没有遇到连雨,即使一个月还没出苗,也不要惊怪。麦茬地也可以种,但必须赶紧耕转,耕得松和软熟。这菜虽然名为"秋种",实际上总要在六月种下。六月里没有不下连绵雨的,遇上连雨,就发芽出苗了,它的根强壮,发科也大。七月种的,雨多时也可以;如果雨少,就不能全都出苗,〔而且〕根细弱,发科也小,远远比不上六月种的,那便有十倍的损失。种胡荽,大都不能在地湿的时候踩进地里去。

(苗长到几寸长时,把稠密的锄出来,可以供食,也可以出卖。)

作菹菜的,到十月受足了霜,然后收割。一亩地收得两大车,一车值三匹绢。如果要留着冬天供食,就用草盖在上面,整个冬天都有得吃。

春天稍稍种些供日常吃的,自然可以采用畦种。畦种的方法,全同种葵一样。

〔夏天〕种的,用手搓开原胡荽子,使成两片,盛在笼子里,一天淋两次水,让它发了芽,然后种下去。过两夜就出苗了。白天用箔盖上,夜间去掉。白天不盖,太热,不出苗;夜间不去掉,会有虫在里面活动。

凡是种菜,种子难得出苗的,都可以用水浸、淋,让它发芽,再种下去,就没有不出苗的了。

作胡荽菹的方法:在沸水里焯一下,捞出来,放入大瓮中,灌进暖盐水浸着,过夜。第二天,汲清水荡洗干净,拿出来,装入另外的容器中,用盐和醋浸着,香美好吃,没有苦味。也可以在洗干净之后,加入稀粥浆和麦𪌭末,像作酿菹和芥菹的方法,另有一种味道。如果作"裹菹",也必须先焯去苦汁,然后才可以作。

种兰香第二十五

兰香者[1],罗勒也;中国为石勒讳[2],故改,今人因以名焉。且兰香之目,美于罗勒之名,故即而用之。

韦弘《赋叙》曰[3]:"罗勒者,生昆仑之丘,出西蛮之俗。"

按：今世大叶而肥者，名朝兰香也。

【注释】

〔1〕兰香：即罗勒（Ocimum basilicum），唇形科，一年生芳香草本。古时以其嫩茎叶作香菜供食。

〔2〕石勒（274—333）：羯族人，十六国时期后赵的建立者，在位15年。建都襄国（今河北邢台）。死后其侄石虎继位。不久国亡。

〔3〕韦弘：《汉书·韦贤传》，贤次子名弘，官至东海太守。但各家书目无韦弘著述记载，恐未必是其人。此条类书亦未引。

【译文】

兰香，就是罗勒；中国为了避石勒的名讳，所以改名兰香，现在人也就这样叫开了。而且兰香的名称，实际比罗勒还好，所以我也顺便用它了。

韦弘《赋叙》说："罗勒，生在昆仑的山丘，用它是西蛮的习俗。"

〔思勰〕按：现在有叶大而肥壮的，称为朝兰香。

三月中，候枣叶始生，乃种兰香。早种者，徒费子耳，天寒不生。治畦下水，一同葵法。及水散子讫；水尽，筦熟粪，仅得盖子便止。厚则不生，弱苗故也。昼日箔盖，夜即去之。昼日不用见日，夜须受露气。生即去箔。常令足水。

六月连雨，拔栽之。掐心着泥中，亦活。

作菹及干者，九月收。晚即干恶。

作干者：大晴时，薄地刈取，布地曝之。干乃挼取末，瓮中盛。须则取用。拔根悬者，裛烂，又有雀粪、尘土之患也。

取子者，十月收。

自余杂香菜不列者〔1〕，种法悉与此同。

《博物志》曰："烧马蹄、羊角成灰，春散着湿地，罗勒乃生。"

【注释】

〔1〕杂香菜：芫荽、罗勒、香薷都有"香菜"的名称。现在通指芫荽。《要术》是泛指，所谓杂项香菜，指芫荽、罗勒以外的香菜，下面《荏蓼》的紫苏、姜芥、薰

菜和《种襄荷芹蕨》的马芹子都是。

【译文】

三月中，看到枣树开始露叶芽时，才可种兰香。种早了，天冷不出苗，白白耗费种子。作畦，浇水，都跟种葵的方法一样。趁畦里有水撒下种子；等水渗尽了，筛些熟粪在上面，只要盖没种子就够了。盖厚了就长不出苗，因为它的力量很软弱。白天用箔覆盖，夜间就揭去。白天不能让它见太阳，夜间须要让它受到露水滋润。出苗后就把箔撤去。常常使它有足够的水。

六月接连下雨时，拔出移栽。掐下苗心插在泥里，也能活。

作菹菜或干菜的，到九月就要收。收晚了会干硬，味道变涩。

作干菜的：在大晴天，贴近地面割下来，摊在地上晒。晒干了，就揉碎它，取碎末盛在瓮里搁着，到需要时可以随时取出来食用。如果连根拔出挂起来，容易郁烂，又受着麻雀粪和灰尘的污染。

准备作种子的，到十月里〔种子成熟时〕收。

其余的杂项香菜没有列入记载的，种法都和兰香一样。

《博物志》说："拿马蹄和羊角烧成灰，春天撒在湿地里，就生出罗勒。"

荏、蓼第二十六

紫苏、姜芥、薰荣[1]，与荏同时[2]，宜畦种。

《尔雅》曰："蔷，虞蓼。"[3]注云："虞蓼，泽蓼也[4]。""苏，桂荏。""苏，荏类，故名桂荏也。"[5]

《本草》曰[6]："芥蒩（音租），一名水苏[7]。"

《吴氏》曰[8]："假苏，一名鼠蓂，一名姜芥。"

《方言》曰："苏之小者谓之穰荣。"注曰："薰荣也。"[9]

【注释】

〔1〕姜芥：又名假苏，就是唇形科的荆芥（Schizonepeta tenuifolia），有强烈

香气。　　薰菜：是唇形科的香薷（Elsholtzia ciliata），全草有芳香气味。

〔2〕荏：是唇形科的白苏（Perilla frutescens），一年生芳香草本。荏主要是用来榨荏子油的。

〔3〕"蔷，虞蓼"与下文"苏，桂荏"，并《尔雅·释草》文。余均注文，与郭璞注文相同，惟均无"也"字。

〔4〕泽蓼：当是蓼科的水蓼（Polygonum hydropiper）。《要术》的蓼，当是蓼科的香蓼（Polygonum viscosum）。

〔5〕苏：是唇形科的紫苏，是白苏的一个变种（var. crispa），《尔雅》注说是"荏类"，没有错。由于古有所谓"味辛似桂"，所以以名"桂荏"。《要术》烹饪各篇，用苏很多。

〔6〕《御览》卷九七七"苏"引作《本草经》，但《本草经》"水苏"项下无此记载，而是陶弘景《本草经集注》插进去的："水苏……一名芥蒩（原注："音祖"）。"《要术》"音租"原作"音粗"，蒩有租、祖二音，无"粗"音，今改正。

〔7〕水苏：唇形科的Stachys japonica，具辛香气。以上各种唇形科辛香植物，古时都供食用，古本草书也都列入菜部。

〔8〕《吴氏》，指吴普的《吴氏本草》。本条的假苏和上条的水苏是两种，本条不是上条的注文，可《御览》卷九七七"苏"引本条列为上条的注文，误。《蜀本草》注引《吴氏本草》说：假苏"名荆芥，叶似落藜而细，蜀中生啖之。"《唐本草》注也说："此药（指假苏）即菜中荆芥也，'姜'、'荆'声讹耳（按假苏一名'姜芥'）。……今人食之。"说明吴普并没有混假苏为水苏。

〔9〕见《方言》卷三，"穰菜"作"䜴菜"。注是郭璞注。

【译文】

紫苏、姜芥、薰菜，和荏同时，宜于作畦下种。

《尔雅》说："蔷，是虞蓼。"注解说："虞蓼，就是泽蓼。"〔《尔雅》又说：〕"苏，是桂荏。"〔注解说：〕"苏是荏类，所以叫桂荏。"

《本草》说："芥蒩，又叫水苏。"

《吴氏〔本草〕》说："假苏，又叫鼠蓂，又叫姜芥。"

《方言》说："苏中有小的，叫作穰菜。"郭璞注解说："就是薰菜。"

三月可种荏、蓼。荏，子白者良，黄者不美。荏，性甚易生。蓼，尤宜水畦种也。荏则随宜,园畔漫掷,便岁岁自生矣。

荏子秋未成[1],可收蓬于酱中藏之。蓬,荏角也;实成则恶。

其多种者,如种谷法。雀甚嗜之,必须近人家种矣。

收子压取油,可以煮饼。荏油色绿可爱,其气香美,煮饼亚胡麻油,而胜麻子脂膏。麻子脂膏,并有腥气。然荏油不可为泽,焦人发[2]。研为羹臛,美于麻子远矣。又可以为烛。良地十石,多种博谷则倍收,与诸田不同。为帛煎油弥佳。荏油性淳,涂帛胜麻油。

蓼作菹者,长二寸则剪,绢袋盛,沉于酱瓮中。又长,更剪,常得嫩者。若待秋,子成而落,茎既坚硬,叶又枯燥也。

取子者,候实成,速收之。性易凋零,晚则落尽。

五月、六月中,蓼可为虀以食苋。

崔寔曰:"正月,可种蓼。"

《家政法》曰:"三月可种蓼。"

【注释】

〔1〕"未",原作"末",殿本《辑要》引同,误。这里指成熟前的嫩穗子,注文明说"实成则恶",岂能待到"秋末"成熟时?《证类本草》卷二七"荏子"引唐萧炳《四声本草》也说:"欲熟,人采其角食之,甚香美。"元刻《辑要》引正作"未",是唯一正确的字,据改。

〔2〕焦人发:使头发发枯焦。按:荏油是干性油(大麻油也是),很容易和氧结合而凝固,所以涂在物体上会在物体表面生成一层坚固的膜,因此可以用来涂布帛作成油布。但用来搽头发却不行,因为它会氧化而使头发发黄枯焦,并且胶结。

【译文】

三月,可以种荏和蓼。荏,种子白色的好,黄色的不好。荏,很容易生长。蓼,尤其适宜在水畦里种。荏就很随便,在菜园旁边隙地上撒子,以后便年年落子自然生长了。

荏子秋天还没有成熟以前,可以把它的"蓬"摘下来,腌渍在酱里面。"蓬",就是〔嫩穗子〕荏角;但到结果成熟时就不好吃了。

要多种时,就像种谷子的方法种。荏子麻雀非常喜欢吃,必须种在近住宅的地里〔,便于驱赶麻雀〕。

收荏子榨出荏油,可以炸面食吃。荏油绿色可爱,气味也香美,炸面食虽然比芝麻油差些,但比大麻油好。大麻油都有腥气。然而,荏油不能用来作润发油,它会使头发枯焦的。把荏子研碎调入荤腥菜肴中,味道好远远超过大麻子。荏子还可以用来作火炬式的"烛"。一亩好地,可以收到十石荏子;多种荏子,换取谷子,〔荏子价高,〕因而可以博得加倍的收益。这样,就和别的地大不相同了。荏油煎成涂油布的油,尤其好。荏油纯净,涂油布胜过大麻油。

用蓼作菹菜的,苗有二寸长时,就剪下,用绢袋盛着,沉在酱瓮里。又长出来,再剪〔,照样处理〕。这样,就经常有嫩苗吃。如果等到秋天,子实成熟掉落,这时茎已经坚硬,叶也枯萎了。

准备收种子的,到果实成熟时,赶快收割。种子容易掉落,收晚了会掉光的。

五月、六月里,蓼可以作成〔细碎型的调味〕齑菜,配苋菜一道吃。

崔寔说:"正月,可以种蓼。"

《家政法》说:"三月可以种蓼。"

种姜第二十七

《字林》曰:"姜,御湿之菜。""芷(音紫),生姜也。"

潘尼曰:"南夷之姜。"〔1〕

【注释】

〔1〕据《御览》卷九七七"蒜"所引,此句是潘尼《钓赋》文。

【译文】

《字林》说:"姜是祛除湿邪的菜。""芷,音紫,就是生姜。"

潘尼说:"南夷的姜。"

姜宜白沙地〔1〕,少与粪和。熟耕如麻地,不厌熟,纵横七遍尤善。

三月种之。先重楼耩,寻垅下姜,一尺一科,令上土厚三寸。

数锄之。六月作苇屋覆之[2]。不耐寒热故也[3]。

九月掘出,置屋中。中国多寒,宜作窖,以谷稗合埋之[4]。

中国土不宜姜[5],仅可存活,势不滋息。种者,聊拟药物小小耳。

崔寔曰:"三月,清明节后十日,封生姜[6]。至四月立夏后,蚕大食,芽生,可种之。九月,藏茈姜、蘘荷[7]。其岁若温,皆待十月。""生姜,谓之茈姜。"

《博物志》曰:"姙娠不可食姜,令子盈指。"[8]

【注释】

〔1〕姜喜疏松肥沃的砂质壤土或壤土,忌干旱、霜冻。姜的根系很不发达,入土既浅,根的数量和分枝也少,所以土壤必须翻耕较深(《要术》重耩两次),并充分耙细糠透。

〔2〕姜要求阴湿而温暖的环境,既不耐寒,又不耐热,尤忌强烈的日光直射,所以必须搭盖荫棚遮荫。现在长江流域多搭棚遮荫,山东姜区则多采用"插姜草法"适当遮荫。

〔3〕"寒热",姜虽然不耐寒又不耐热,尤忌强烈日光直射,但在这里是防热,似宜作"暑热"。

〔4〕"稗",各本多误,元刻《辑要》引作"稗",是,从之。

〔5〕"中国",就后魏疆域大致而言。按:我国以长江流域、珠江流域及云贵一带比较温暖多湿的地区,姜的栽培最盛。北方主要分布在山东泰山山脉以南的丘陵地区,河南、陕西、辽宁等省的少数地区也有少量栽培。贾氏所说,只能是北方严寒而又干旱的地区,并非"中国"全部。

〔6〕封生姜:把生姜封起来。这是种姜在栽培前进行催芽处理的最早记载。在山东俗称"炕姜"。泰安姜农是将经过日晒的种姜泥封在缸内催芽。炕姜所需时间约为一个月,温度较高则短些,与崔寔所说大致相当。

〔7〕藏:这里是泛指,不限于如《要术》的鲜姜窖藏,其所用为紫姜,尤宜于渍藏、酱藏等。   茈姜:即子姜。《文选》卷八司马相如《上林赋》"茈姜、蘘荷"李善注:"张揖曰:'茈姜,子姜也。'""茈"即紫字,以其"芽色微紫,故名"(《王氏农书》)。   蘘荷:见下篇。

〔8〕今本《博物志》卷二载此条,"盈"作"多",指歧指。

【译文】

姜宜于种在白色砂质壤土的地里，稍微施上些粪。地要耕熟像种大麻的地一样，并且不嫌熟，纵横耕七遍尤其好。

三月种下。先用耧犁耩出种植沟，要在沟内重复耩两次，再随着沟植下种姜，相距一尺植一科，上面盖上三寸厚的土。

出苗后要多锄。到六月，在姜行间要搭盖苇箔凉棚遮荫。因为姜苗不耐〔暑〕热。

到九月，掘出来，存放在屋里。北方很寒冷，该作成土窖，杂和着禾谷稿秆一起窖埋。

"中国"的土地对姜不适宜，种下去只是存活而已，子姜并不很繁息。所以要种，姑且少少地准备点药用罢了。

崔寔说："三月，清明节后十天，用泥土把生姜封起来。到四月立夏节之后，蚕〔大眠起后〕盛食的时候，封着的生姜发芽了，就可以挖出来种植。九月，藏紫姜和蘘荷。如果当年气候暖和，都可以等到十月里藏。""生姜，叫作紫姜。"

《博物志》说："怀孕的妇人不可吃生姜，吃了会使胎儿多长歧指。"

种蘘荷、芹、蘧第二十八 菫、胡荽附出

《说文》曰："蘘荷，一名葍蒩。"[1]

《搜神记》曰[2]："蘘荷，或谓嘉草。"[3]

《尔雅》曰："芹，楚葵也。"[4]

《本草》曰："水靳，一名水英。"[5]

"蘧，菜，似蒯。"[6]

《诗义疏》曰："蘧，苦菜，青州谓之芑。"[7]

【注释】

〔1〕《说文》是对"蘘"字作这样的注解："蘘，蘘荷也，一名葍蒩。"

〔2〕《搜神记》：志怪小说集，东晋干宝撰。所记多为神怪灵异事，也保存了一些民间传说。原书已佚，今本由后人辑录而成。

〔3〕《御览》卷九八〇"蘘荷"引《搜神记》:"今世攻蛊,多用蘘荷根,往往验。蘘荷,或谓嘉草。"后人辑录的二十卷本《搜神记》(《丛书集成》本)即将《御览》这条辑入。

〔4〕见《尔雅·释草》,无"也"字。

〔5〕《神农本草经》菜部下品有"水靳",记其别名"一名水英"。这条《本草》当出此。"靳",《要术》原作"靳",显系近似致误,据《本草经》改正。

〔6〕本草书不载"蘧"的药品,此条与上条《本草》无关,怀疑或是字书文而脱其书名。"似蒯",按:"蘧"是菊科莴苣或苦苣一类的植物,不可能和莎草科的蒯相像,而菊科的蓟,却和苦苣属的某些种很相像,字形也很相似,"蒯"疑是"蓟"字之误。

〔7〕卷九《作菹藏生菜法》"蘧菹法"引《诗义疏》是:"蘧,似苦菜……青州谓之芑。"说明"蘧"不等于"苦菜",此处应脱"似"字。青州,今山东淄博至潍坊等地,东晋州治在今益都。

【译文】

《说文》说:"蘘荷,又叫葍(fú)蒩。"

《搜神记》说:"蘘荷,或者称为嘉草。"

《尔雅》说:"芹,是楚葵。"

《本草》说:"水靳(qín),又名水英。"

"蘧(jù),是菜,像蒯(？)。"

《诗义疏》说:"蘧,〔像〕苦菜,青州叫作芑(qǐ)。"

蘘荷宜在树阴下[1]。二月种之。一种永生,亦不须锄。微须加粪,以土覆其上。

八月初,踏其苗令死。不踏则根不滋润。

九月中,取旁生根为菹;亦可酱中藏之。

十月中,以谷麦糠覆之[2]。不覆则冻死。二月,扫去之。

《食经》藏蘘荷法[3]:"蘘荷一石,洗,渍。以苦酒六斗,盛铜盆中,着火上,使小沸。以蘘荷稍稍投之,小萎便出,着席上令冷。下苦酒三斗[4],以三升盐着中。干梅三升[5],使蘘荷一行。以盐酢浇上,绵覆罂口。二十日便可食矣。"

《葛洪方》曰[6]:"人得蛊,欲知姓名者,取蘘荷叶着病人卧席下,立呼蛊主名也。"

芹、蕵^[7],并收根畦种之。常令足水。尤忌潘泔及咸水。浇之即死。性并易繁茂,而甜脆胜野生者。

白蕵,尤宜粪,岁常可收。

马芹子^[8],可以调蒜虀^[9]。

堇及胡葸^[10],子熟时收子。收又^[11],冬初畦种之。开春早得,美于野生。惟概为良,尤宜熟粪。

【注释】

〔1〕襄荷:姜科的 Zingiber mioga,多年生草本,与姜同属。花穗和嫩芽可供食用,地下根茎亦供食用,并供药用。

〔2〕"糠",各本均作"种",壅覆宿根绝不可能用谷麦的种粒,误。《四时纂要·三月》"种襄荷"采《要术》作"糠",据改。

〔3〕《食经》:据《隋书》、新旧《唐书》经籍志记载,以《食经》为名的书,或存或亡多达八种(不包括大部头一百多卷的《淮南王食经》),著者有崔浩、马琬、竺暄、卢仁宗等,书都已失佚。《要术》的《食经》出自何种,无可推测。崔浩(? —450),后魏大臣,今山东武城人,为北方士族首领。或谓此书出自崔浩,实属悬测。细察《要术》烹饪等篇引《食经》所用物料,多有南方口味,而且词有吴越方言,疑是南朝人所写。《要术》引《食次》文也很多,有同样情况。

〔4〕"下苦酒三斗"的"下",应指出自容器,即从"铜盆中"舀出,但《食经》文往往简省得不易明白,也有颠倒,卷七、八、九酿造、烹调各篇,它的行文特点就是这样。封藏的容器是"罂",最后才指出。"以盐酢浇上",即指上文三斗醋(苦酒)和上三升盐的盐醋液汁,因为盐只能撒上,不能浇上,"盐酢(醋)"连词,实指液汁。而且这个盐醋液汁是调和在另一容器中的,到一层干梅、一层襄荷在罂中铺好了,才浇进这个另一容器中预先调好了的盐醋液汁。它的行文就是这样想当然而颠来倒去。

〔5〕干梅:用青梅盐渍日晒而成,用来调味。《要术》卷四《种梅杏》有"白梅",为同类物品。

〔6〕《葛洪方》:各家书目未见著录。卷六《养鹅鸭》又引该书鹅辟"射工"一条,则此书似是厌胜类书,恐非医方。本条与《搜神记》用襄荷辟蛊,如出一辙。

〔7〕芹:可能是水芹(Oenanthe javanica),伞形科,多年生水生宿根草本植物。以其嫩茎和叶柄作蔬菜。引《本草》的水靳,即水芹。 **蕵**:即"苣"字,不能确指是什么苣,但不出菊科莴苣属(Lactuca)或苦苣菜属(Sonchus)的植

物。下文白蘘也应是莴苣属的植物。

〔8〕马芹子：南宋郑樵《通志》卷七五说马芹"俗谓胡芹"。《要术》烹饪各篇引《食经》、《食次》用胡芹很多。李时珍说马芹子就是野茴香（《本草纲目》卷二六）。野茴香是伞形科的Angelica citriodora。

〔9〕蒜齑：捣蒜作成的调味齑菜，卷八《八和齑》正是用马芹子作为捣齑的和料。

〔10〕堇（jǐn）：当是堇菜科的堇菜（Viola verecunda），多年生草本，春末开花，带紫色，夏结蒴果。李时珍说堇就是旱芹（伞形科的Apium graveolens，即俗称"芹菜"者），吴其濬说是紫花地丁（堇菜科的Viola philippica）。胡葸（xǐ）：即葸耳（Xanthium sibiricum），又名苍耳，菊科，一年生粗壮草本。五六月开花，六至八月结有刺的倒卵形瘦果。

〔11〕"收又"二字，不好解释，也许是"收后"之误。但没有"收后"，同样不碍"初冬畦种"程序，《要术》不会这样累赘，"收又"可能是衍文。

【译文】

襄荷宜于种在树荫底下。二月里种。种一次，以后宿根年年自己生长。也不要锄。只需稍微加些粪，再用土盖上。

八月初，把地上的茎叶踏死。不踏死，地下根茎的滋养不够。

九月中，掘出旁边长出的根茎作菹菜，也可以在酱中腌作酱菜。

十月中，拿谷麦秄壳盖在上面。不盖上就会冻死。到二月，扫去秄壳。

《食经》渍藏襄荷的方法："襄荷一石，洗干净，用水泡着。拿铜盆盛着六斗醋，搁在火上烧，使醋稍稍烧开。拿少量的襄荷〔分次〕投入热醋里，让它稍稍变软了，便拿出来，摊在席子上，让它冷却。再舀出三斗醋，〔装在另一容器里，〕放进三升盐。再将冷却的襄荷一层层地铺在罂子里，每一层加进三升干梅。然后拿调好的盐醋液汁浇在上面，用丝绵把罂口封盖严。二十天后便可以吃了。"

《葛洪方》说："人中了蛊生病时，如果想知道放蛊人的姓名，只要拿襄荷叶放入病人的卧席下面，病人立即会叫出放蛊人的姓名来。"

芹和蘬，都是收取宿根，作畦种植。常常要使它有足够的水。但是最忌用米泔水和咸水来浇。浇上就会死。这两种菜都容易繁息茂盛；种的又甜又脆，胜过野生的。

白蘬，尤其宜于加粪，一年中常常有得采收。

马芹子，可以用来调和蒜齑。

董和胡荽，种子成熟时收子。初冬作畦种下。明年开春，便早早有嫩苗采收，比野生的好。总要种得稠密为好，尤其宜于施上熟粪。

种苜蓿第二十九

《汉书·西域传》曰[1]，罽宾有苜蓿[2]。大宛马，武帝时得其马。汉使采苜蓿种归，天子益种离宫别馆旁。

陆机《与弟书》曰："张骞使外国十八年，得苜蓿归。"

《西京杂记》曰[3]："乐游苑自生玫瑰树，下多苜蓿。苜蓿，一名'怀风'，时人或谓'光风'；光风在其间，常肃然自照其花，有光彩，故名苜蓿'怀风'。茂陵人谓之'连枝草'。"[4]

【注释】

〔1〕见《汉书》卷九六《西域传》。罽（jì）宾、大宛是《西域传》中二国名，《要术》所引分别记载在该二国项下。《要术》是撮引其意，不是原文。

〔2〕苜蓿：这是紫花苜蓿（Medicago sativa），豆科，多年生宿根草本，即张骞出使西域传进者。古代所称苜蓿，即指此种。现在我国北方栽培很广，为重要绿肥和牧草。《要术》主要用作饲料，还没有作为绿肥。

〔3〕《西京杂记》：旧题西汉刘歆撰，经考证，作者实为东晋葛洪。"西京"指西汉京都长安。所记多为西汉遗闻佚事，也间有怪诞的传说。

〔4〕今本《西京杂记》卷一载有此条，多有异文，"光风"下是："风在其间，常萧萧然，日照其花，有光彩，故名苜蓿为'怀风'。"比较明顺。《要术》"肃然自照"，费解，有脱讹，末一"苜蓿"下也宜有"为"字。乐游苑，西汉宣帝所建，故址在今西安城南、大雁塔东北。茂陵，原为茂乡，因汉武帝陵墓所在，因名茂陵。汉宣帝时建茂陵县，治所在今陕西兴平东北。

【译文】

《汉书·西域传》记载，罽宾国有苜蓿。大宛国有好马，汉武帝时得到了大宛马。汉朝出使西域的人，采得苜蓿种子回来，天子便在离宫别馆的旁边，多加种植。

陆机给他弟弟的信里说："张骞出使外国十八年，带得苜蓿种回来。"

《西京杂记》说:"乐游苑中有野生的玫瑰树,树下多长着苜蓿。苜蓿,又名'怀风',当时人也有叫它'光风'的;风吹在枝叶间,〔萧萧地发出响声,太阳〕照着它的花,反映出光彩,因此叫苜蓿为'怀风'。茂陵人管它叫'连枝草'。"

地宜良熟。七月种之。畦种水浇,一如韭法。亦一剪一上粪,铁耙耧土令起,然后下水。

旱种者,重耧耩地,使垄深阔,窍瓠下子,批契曳之。

每至正月,烧去枯叶。地液辄耕垄[1],以铁齿𨫼榛𨫼榛之,更以鲁斫劚其科土[2],则滋茂矣。不尔,瘦矣。

一年三刈。留子者,一刈则止。

春初既中生啖,为羹甚香。长宜饲马,马尤嗜[3]。

此物长生,种者一劳永逸。都邑负郭,所宜种之。

崔寔曰:"七月、八月,可种苜蓿。"

【注释】

〔1〕地液:指返浆。启愉按:华北平原地区,现在大体上在惊蛰前后地面开始解冻融化,这时融层还薄,冻层仍厚。随着气温的继续上升,土层融化逐渐加厚,融雪和解冻水分累积地表(下面有冻层托水),地面形成显著潮湿状态,通常称为"返浆"。返浆阶段是春季保墒最有利的时期。《要术》称返浆初期为"地释",即化冻,称返浆盛期为"地液",就是地面显著潮湿的状态。   耕垄:耕翻沟间的垄。垄,同"垄"。启愉按:《要术》的"垄",通常指播种沟或栽植沟,但这里的"垄"指条播的行间,即播种沟间,因为种着苜蓿的沟是不能耕翻的。但紫苜蓿的根系强大,会延伸到行间,现在耕翻行垄,不但松土保墒,并且耕断延伸的旧根,促使新根生长,起到更新复壮的作用。下文用鲁斫掘锄宿根外旁的土,作用相同。《四时纂要·十二月》"烧苜蓿"条:"耕垄外,根斩(断),覆土掩之,即不衰。"目的也相同。

〔2〕鲁斫:一种重型钝刃的锄头,《王氏农书》说就是"镢",见图十六。

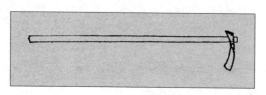

图十六　镢

〔3〕"嗜"下《辑要》引《要术》有"之"字,宜有,不然,或与"此物"连读,就费解了。

【译文】

地要肥要整熟。七月里下种。畦种,浇水,都和种韭菜的方法一样。也是每剪一次,上一次粪,用手用钉耙把土耧松,然后浇水。

大田旱种的,用耧犁在播种沟内重耩两次,把沟耩得深些阔些,用窍瓠下子,拖着批契覆土。

每到正月,用火烧掉地上的枯叶。到来春土壤返浆时,随即耕翻沟间的垅,接着拖铁齿耙耙过,再用鲁斫刨锄宿根外旁的土。这样,就自然滋生茂盛了。不然的话,就瘦弱了。

一年可以割三次。准备留种的,割一次便停止。

初春嫩苗既可以生吃,就是烧羹吃也很香。特别宜于饲马,马非常喜欢吃。

这种植物寿命长,种一次,〔以后年年萌发新苗,〕一劳永逸。城市近郊地方,应该多种些。

崔寔说:"七月、八月,可以种苜蓿。"

杂说第三十

崔寔《四民月令》曰[1]:"正旦,各上椒酒于其家长,称觞举寿,欣欣如也。上除若十五日,合诸膏、小草续命丸[2]、散、法药[3]。农事未起,命成童以上,入太学,学'五经'[4]。"谓十五以上至二十也。"砚冰释,命幼童入小学[5],学篇章。"谓九岁以上,十四以下。篇章谓六甲、九九、《急就》、《三仓》之属[6]。"命女工趋织布,典馈酿春酒。"

染潢及治书法[7]:凡打纸欲生[8],生则坚厚,特宜入潢。凡潢纸灭白便是,不宜太深,深则年久色暗也。人浸蘗熟[9],即弃滓,直用纯汁,费而无益。蘗熟后,漉滓捣而煮之,布囊压讫,复捣煮之,凡三捣三煮,添和纯汁者,其省四倍,又弥明净。写书,经夏然后入潢,缝不绽解。其新写者,须以熨斗缝缝熨而潢之；不尔，入则零落矣。豆黄特不宜裹⁽¹⁰⁾，裹则全不入黄矣。

凡开卷读书，卷头首纸⁽¹¹⁾，不宜急卷；急则破折，折则裂。以书带上下络首纸者，无不裂坏；卷一两张后，乃以书带上下络之者，稳而不坏。卷书勿用鬲带而引之⁽¹²⁾，非直带湿损卷⁽¹³⁾，又损首纸令穴；当衔竹引之。书带勿太急，急则令书腰折。骑蓦书上过者，亦令书腰折。

书有毁裂，剛方纸而补者⁽¹⁴⁾，率皆挛拳，瘢疮硬厚。瘢痕于书有损。裂薄纸如薤叶以补织⁽¹⁵⁾，微相入，殆无际会，自非向明举而看之，略不觉补。裂若屈曲者，还须于正纸上，逐屈曲形势裂取而补之。若不先正元理，随宜裂斜纸者，则令书拳缩。

凡点书、记事，多用绯缝⁽¹⁶⁾，缯体硬强，费人齿力，俞污染书⁽¹⁷⁾，又多零落。若用红纸者，非直明净无染，又纸性相亲，久而不落。

雌黄治书法⁽¹⁸⁾：先于青硬石上，水磨雌黄令熟；曝干，更于瓷碗中研令极熟；曝干，又于瓷碗中研令极熟⁽¹⁹⁾。乃融好胶清，和于铁杵臼中，熟捣。丸如墨丸，阴干。以水研而治书，永不剥落。若于碗中和用之者，胶清虽多，久亦剥落。凡雌黄治书，待潢讫治者佳；先治入潢则动。

书橱中欲得安麝香、木瓜，令蠹虫不生。五月湿热，蠹虫将生，书经夏不舒展者，必生虫也。五月十五日以后，七月二十日以前，必须三度舒而展之。须要晴时，于大屋下风凉处不见日处。日曝书，令书色暍。热卷，生虫弥速。阴雨润气，尤须避之。慎书如此，则数百年矣。

【注释】

〔1〕《要术》引《四民月令》文，其有关作物和副业生产的，分别引录在有关各篇中，这里是综引十二个月的非生产的杂项事情的安排，都是节引。文内注

文,凡是《四民月令》原有的,概加引号,以与贾氏的插注相区别。又,各月下的染潢、治书、潄生绢、作假蜡烛等法,都是贾氏附带插进去的,一律缩进二格排印,以示区别。

〔2〕小草:中草药中远志科的远志(Polygala tenuifolia),别名小草,中医用作安神化痰药。

〔3〕"法药","十二月"重见,但《玉烛宝典》引《四民月令》均作"注药",应是"注药"之误。《周礼·天官·疡医》郑玄注:"注,谓附着药。"贾公彦疏:"注谓注药于中,食去脓血耳。"孙诒让《周礼正义》说:"附着药,盖犹今治创疡者之傅药。《玉烛宝典》引崔寔《四民月令》云'正月上除合注药'是也。"北宋沈括《补笔谈》卷一"辩证":"至今齐谓'注'为'咒'。"说明"注药"是外敷疮疡之药,使附着于疮疡之上,亦犹"注射"、"灌注"之"注",本草书和经典文献中未闻有"法药"之称。凡药都要依法修治,"合诸膏、小草续命丸",亦不例外,以依法配合解释"法药",不妥。

〔4〕太学:中国古代传授儒家经典的最高学府,在京都。东汉在洛阳。崔寔时大有发展,太学生曾多至三万人。　　　　五经:指《易》、《书》、《诗》、《礼》、《春秋》。始称于汉武帝时。

〔5〕小学:古时称地方乡学为小学,对"太学"而言。其公家学校有庠、序,私学则有蒙馆、私塾之类。

〔6〕六甲:指六十甲子,古时训蒙从这学起。　　　　九九:即最基础的乘法九九歌诀,也是童蒙必学的最初算术知识。　　　　《急就》:西汉史游撰,罗列各种名物的不同文字,编成韵言,以便记诵,作为学童识字课本。今传有唐代颜师古注本。　　　　《三仓》:也作"三苍",秦时《仓颉篇》、《爰历篇》、《博学篇》的合称,至汉代又有增益,也是编成韵文的学童文字学教本。今已不传,清人有辑佚本。

〔7〕染潢:指用黄檗汁把纸染成黄色。潢,通常和装潢即装裱分不开,但《要术》所记只是单纯染黄色,无一字涉及装裱,不知入水染潢之后怎样处理书纸。西晋陆云(262—303)《陆士龙集》卷八《与兄平原(陆机)书》:"前集兄文为二十卷,适讫一十,当黄之。""黄"即入潢,也是先编书而后入潢。唐张彦远《历代名画记》卷三《论装背(褙)褾轴》:"自晋代以前,装背不佳,〔南朝〕宋时范晔始能装背。"果如此,似乎北方贾思勰那时装潢技术还不怎样精良?又,这是因上面讲到读书,贾思勰顺便插进去的材料,故缩进二格排印。以下仿此。

〔8〕打纸:底纸。宋姚宽《西溪丛语》卷下:"《要术》……云,'凡打纸欲生,生则坚厚',则打纸工盖熟纸工也。"但既已打熟,为什么还要求"生",此释不解决问题。《历代名画记·论装背褾轴》:"勿用熟纸背,必皱起,宜用白滑漫薄大幅

生纸。"此说直捷明白。但《要术》并无装裱处理，"打纸"不能解释为在原纸背面打褙上去的纸。排除这种情况，只能解释为写书"打底"的纸，即写书的原纸。这是未经打熟磨光的生纸，纤维间的毛细管未被过分压缩，所以比较厚而柔韧，特别宜于入潢，因为它的吸收性能较强。

〔9〕"蘖"，各本均讹作"藥"，经典亦多有沿讹，亦犹"薜"（莎草）之沿误为"薜"（赪蒿），都是长撇上移变作短撇的点点差误，可意义毫厘千里。蘖是黄檗，芸香科的Phellodendron amurense，也叫黄柏树，皮厚，含黄色素，可作染料；藥是芽蘖也。这里指黄柏，故改。

〔10〕豆黄：据卷八《作酱等法》指蒸熟的黄豆。这里是晒干磨成豆粉作为调和黏糊的材料，用来粘连书纸。元陶宗仪《辍耕录》卷二九"粘接纸缝法"引书记载："古法用楮树叶、飞面、白芨三物调和如糊，以之粘接纸缝，永不脱解，过如胶漆之坚。"明佚名《墨娥小录》"粘合糊法"："糊内入白芨末、豆粉少许，永不脱落，甚佳。"飞面谓面粉临空分散撒入。白芨是兰科的Bletilla striata，其肉质块茎含有多量的黏液质，可作糊料，黏性强。

〔11〕卷头首纸：《要术》那时的书是卷轴式的，即卷子本，还没有装订成册。此指卷子开头的空白纸幅，术语称为"引首"。引首伸长出去包在卷子外面起保护作用的叫"包首"，通常用绫绢作成。引首下面还有一白幅叫"玉池"，也叫"池纸"。卷子中间书纸不连接的空幅叫"隔水"。卷末的白幅叫"拖尾"。《要术》除引首外，其他都没有提到，书卷的装潢似乎颇为简朴。北宋米芾（1051—1107）《书史》："装书裱前须用素纸一张，卷到书时，纸厚已如一轴子，看到跋尾，则不损。……纸多有益于书。"《要术》的引首似乎卷到书纸时还没有厚如轴子，所以要再卷一两张书纸才行。

〔12〕勿用㧓（è）带而引之：不要㧓着书带来卷。《仪礼·士丧礼》"苴绖大㧓"，郑玄注："㧓，搤也。"《仪礼·丧服》作"苴绖大搹"，郑玄注："搹，扼也。"㧓、搹、搤都是同字异写，即"扼"字，就是掐住，扼制住。"勿用"即"不用"，就是不要。"引"是卷书。这句是说不要把书带两头掐紧了来卷书，那会把书的上下两边（天头地脚）弄坏的。这是参照《齐民要术今释》作解释的。

〔13〕"湿"，各本相同，但书带不会用湿的，石声汉疑"澁"之误，即涩滞之意。

〔14〕刷（lì）：割。

〔15〕裂薄纸如藘叶：启愉按：藘叶线形，半圆柱状，中空，宽约2—3毫米。薄纸无论如何不能薄如藘叶，不好讲，只能是叶基部被抱合着的像叶鞘的鳞茎之鳞被，白色膜质，略可当之。如果"如藘叶"指纸的宽度，那只有2—3毫米宽的纸条，破坏处稍大，要补多少条，是并排补还是交织？牢不牢？能不绉缩？疑窦颇多。所以译文姑作如〔　〕内的改译，以就正方家。

〔16〕"缝"，各本相同，讲不通。下句既说"缯体硬强"，应是"缯"字之误。

〔17〕明抄作"俞"，无意思；他本作"愈"，也勉强。疑应作"渝"，谓绯红褪色污染书纸。

〔18〕雌黄：矿物名，晶体，橙黄色，可作颜料。北宋沈括（1031—1095）《梦溪笔谈·故事》："馆阁新书净本有误书处，以雌黄涂之。尝校改字之法：刮洗则伤纸；纸贴之又易脱；粉涂则字不灭，涂数遍方能漫灭。唯雌黄一漫即灭，仍久而不脱。"雌黄色与潢后纸色相似，所以字迹涂灭后可以在上面再写上。北齐颜之推《颜氏家训·书证》："以雌黄改'宵'为'宵'。"正是这样改法。因而以改窜文字为"雌黄"，成语"信口雌黄"，本此。所谓"雌黄治书"，就是调制好雌黄锭子，要用时像磨墨一样磨出黄汁来使用。

〔19〕上句没有加水，这里"曝干"云云重复，疑是衍文。否则，上句应脱"加水"字样。

【译文】

崔寔《四民月令》说："正月元旦，〔全家的小辈，〕分别给家长敬上花椒酒，举杯祝贺长寿，大家都非常快乐。正月第一个逢除的日子，或者十五日，配制各种药膏、小草续命丸、散药和外用〔注〕药。农业生产还没有开始，叫成童以上的少年上太学，学'五经'。"这是说十五岁以上到二十岁的少年。"砚台上的墨不再结冰了，叫幼童上小学，学篇章。"这是说九岁以上到十四岁的男孩。篇章，指六甲、九九、《急就篇》、《三仓》这类启蒙教材。"命令管纺织的女工勤力织布，命令管饮食的家人酿造春酒。"

纸的染潢和书的保护方法：凡写书的底纸，要用生纸，因为生纸比较厚而柔韧，特别宜于入潢染上黄色。染黄色只要不见白色底子就可以了，不宜染得太深；太深了年份久了会变成暗褐色。现在一般人把黄檗浸出黄汁后，就把渣滓丢掉，只用第一道纯汁，既浪费又没有好处。应该在黄檗浸熟之后，捞出渣滓来捣碎，煮过，用布袋盛着压出液汁来；又拿渣滓再捣再煮，再压出液汁。这样，可以捣三次煮三次。将三次所得的液汁，添加到第一道的纯汁里，可以节省四倍，〔而且黄汁经过过滤，〕更加清明洁净。写好的文章，要经过一个夏天然后才入潢，那纸张接缝的地方不会脱黏开裂。新写好的，〔如果急于入潢，〕必须拿熨斗在接缝处一缝缝地熨帖过，〔使粘合牢固，〕然后染黄；不然的话，一投入潢汁，就会散开脱落了。豆黄特别不可窝坏，窝坏了就染不上黄色。

凡打开卷子本书卷来读，卷头首纸不可卷得太紧；太紧了会拗折，折了便会破裂。打开后如果用书带上下络定首纸的，也没有不裂坏的；应该在卷过一两张书纸之后，再将首纸连同书纸一起用书带上下络定，才能稳妥不被弄坏。卷书的时候，不要离着书带来卷，这样不但带子〔阻滞着〕会把书的天头地脚磨坏，还会把首纸穿出洞来；应该绕着竹轴来卷书卷。书带不可系得太紧，紧了会中腰折断。横扣在书上压过，也会拦腰折断。

书有损坏和破裂的地方，如果撕一块大纸补贴在下面，往往绉缩不平整，结着又硬又厚的疤痕。疤痕却把书损害了。应该撕点很薄的纸，薄得像薤叶〔下面白色膜质的鳞被〕那样，用来织补，就显得细致入微，两相吻合，几乎看不出接合的痕迹，要不是把书纸举起来透着亮光看过去，简直觉察不出是贴补过的。裂开的地方如果是弯曲的，就该蒙张纸在上面，随着原纸弯曲的形状，撕下蒙上去的纸来补。假如不先对正原来裂口的纹理，随便撕条斜纸来补，也会使书绉缩不平。

通常涂灭文字或者在书上记写点什么，常是用红〔绸〕贴在上面，可绸子坚厚抗力强，撕断它很费齿力，而且〔褪色时〕会污染着书，又容易脱黏掉落。如果用红纸贴上去，不但清明干净，不会污染，而且纸与纸性质相同，相亲相黏结，久久不会脱落。

雌黄治书的方法：先在青硬石上，用水磨雌黄，把它磨熟，〔晶体解离成粉末状；〕晒干，再在瓷碗里研到极细极匀熟；再晒干，又在瓷碗里研到极细极熟（？）。然后将好牛皮清胶加热融化，连同研熟的雌黄一起放入铁臼中，拿铁杵捣和匀熟。最后把它作成像墨一样的墨锭，阴干备用。用时加水研磨出黄汁，用笔蘸来涂改文字，永远不会剥落褪色。要是在碗里临时将雌黄调和胶汁来用，胶汁再和得多，久了还是会剥落。凡用雌黄涂改文字，等潢好之后再涂改为好；如果先涂改而后入潢，黄色便渗出褪散了。

书橱中要放些麝香、木瓜，可以避免蠹虫发生。五月天气湿热，蠹虫快要发生，书卷如果经过一个夏天没有展开过的，一定会生虫。从五月十五日以后，到七月二十日以前的这段时期内，必须把所有的书卷都展开过，要展开三次。须要选在晴天，在大屋子里风凉不见太阳的地方展开。在太阳底下晒书,书的颜色会变暗。晒热了卷书,生虫更快。阴雨天空气潮湿,尤其要避免展书。像这样谨慎地保护书卷,可以保存几百年。

"二月。顺阳习射,以备不虞。春分中,雷且发声,先后各五日,寝别内外。"有不戒者,生子不备。"蚕事未起,命缝人浣冬衣,彻复为夹。其有嬴帛,遂供秋服。凡浣故帛,用灰汁则色黄而且脆。捣小豆为末,下绢筛,投汤中以洗之,洁白而柔韧,胜皂荚矣。可粜粟、黍、大小豆、麻、麦子等。收薪炭。"炭聚之下碎末,勿令弃之。捣,筛,煮浙米泔溲之,更捣令熟。丸如鸡子,曝干。以供笼炉种火之用,辄得通宵达曙,坚实耐久,逾炭十倍。

漱素钩反生衣绢法:以水浸绢令没,一日数度回转之。六七日,水微臭,然后拍出,柔韧洁白,大胜用灰。

上犊车篷牵[1],及糊屏风、书帙令不生虫法:水浸石灰,经一宿,挹取汁[2],以和豆黏及作面糊[3],则无虫。若黏纸写书,入潢则黑矣。

作假蜡烛法:蒲熟时,多收蒲薹[4]。削肥松,大如指,以为心。烂布缠之。融羊牛脂,灌于蒲薹中,宛转于板上,挼令圆平。更灌,更展,粗细足,便止。融蜡灌之。足得供事。其省功十倍也。

【注释】

〔1〕"篷牵":据《方言》卷九郭璞注,"即车弓"。所谓车弓,就是作为撑持车篷的骨架,用竹木制成,弯曲如弓,故名。"篷",各本均作"蓬",这里是指"车弓",即车篷,字宜作"篷"。牵(fàn,又 bèn),车篷。

〔2〕"挹",各本均作"浥",这里是指舀出石灰水,字宜作"挹"。

〔3〕豆黏:《墨娥小录》"打叠纸骨用糊法":"用糯米浸软,研细,滤净,逼去水,稀稠得中,加入豆粉及筛过石灰各少许,打成糊。以打叠纸骨,仿造器用。……待一年后,骨中药发,其坚似石,永不致发蒸生蠹也。"又有豆粉黏糊,已见上文注释〔10〕。《要术》所说豆黏,当是此类。但加入石灰汁的豆黏和面糊,不能用来粘合写书的纸。

〔4〕蒲釐：香蒲科香蒲（Typha orientalis）的花穗，雌雄花穗紧密排列在同一花轴上，形如蜡烛，俗亦称蒲槌。

【译文】

"二月。顺应转暖的天气，练习射箭，以防备意外事件的发生。春分节，将要打雷了，在春分前五天和后五天之内，男女要分床。"不遵守这条戒约的，生出的婴儿形体不完备。"养蚕的事还没有开始，命令缝制衣服的缝人，浣洗冬天的衣服，拆出绵衣中的丝绵，并裁制夹衣。假如还有多余的绸料，可以做成秋衣。〔思勰按〕：凡洗涤旧帛，用灰汁来洗，颜色会发黄，质地也会变脆。拿小豆捣成粉末，用绢筛筛下细粉，放入热水中，用来洗帛，又洁白又柔韧，比皂荚还好。可以枭卖谷子、黍子、大豆、小豆、大麻子、麦子等。收买柴炭。"〔思勰按：〕炭堆下面的碎末，不要给丢掉。把它捣细，筛过，用煮沸的米泔水来溲和，再捣匀捣熟。然后团成鸭蛋大的圆子，晒干。这样，可以烧着保存在火笼、火炉里作为火种，就可以烧过通宵到天亮，它坚实耐久，比炭强十倍。

漂洗做衣服的生绢的方法：用水浸生绢让它没水，每天回转荡涤几次。六七天后，水稍微发臭的时候，再拍打洗荡去污质和臭气，又柔韧又洁白，大大胜过用灰汁漂洗。

上牛车车弓和糊屏风、书帙使不生虫的方法：用水浸泡石灰，过一夜，舀取清汁，用来调和豆黏，以及调和面糊，就不会生虫。但如果用来粘贴写书的纸，书入潢时，就会变黑。

作假蜡烛的方法：香蒲成熟的时候，多收些蒲釐。拿多含松脂的松木，削成指头粗细的条，作为烛心。用烂布裹在蒲釐外面，融些牛羊脂膏，灌进蒲釐里面，趁热放在平板上来回搓转，把它搓平搓圆。再灌，再搓，到粗细合适时停止。然后融些蜡浇在外面包着。这样，便可以用了。可以〔比其他作法〕省十倍工夫。

"三月。三日及上除，采艾及柳絮。"絮，止疮痛。"是月也，冬谷或尽，椹麦未熟，乃顺阳布德，振赡穷乏，务施九族，自亲者始。无或蕴财，忍人之穷；无或利名，罄家继富：度入为出，处厥中焉。蚕农尚闲[1]，可利沟渎，葺治墙屋；修门户，警设守备，以御春饥草窃之寇。是月尽夏至，暖气将盛，日烈暵燥，利用漆油，作诸日煎药。可粜黍。买布。

"四月。茧既入簇，趋缲，剖绵⁽²⁾；具机杼，敬经络。草茂，可烧灰。是月也，可作枣糒⁽³⁾，以御宾客。可籴矿及大麦⁽⁴⁾。收弊絮⁽⁵⁾。

"五月。芒种节后，阳气始亏，阴慝将萌⁽⁶⁾；暖气始盛，蛊蠹并兴。乃弛角弓弩，解其徽弦⁽⁷⁾；张竹木弓弩⁽⁸⁾，弛其弦。以灰藏旃、裘、毛毳之物及箭羽⁽⁹⁾。以竿挂油衣，勿辟藏。"暑湿相着也。"是月五日，合止痢黄连丸、霍乱丸⁽¹⁰⁾。采葸耳。取蟾蜍"以合血疽疮药。"及东行蝼蛄⁽¹¹⁾。"蝼蛄，有刺；治去刺，疗产妇难生，衣不出。"霖雨将降，储米谷、薪炭，以备道路陷滞不通。是月也，阴阳争，血气散。夏至先后各十五日，薄滋味，勿多食肥酞；距立秋，无食煮饼及水引饼。"夏月食水时，此二饼得水，即坚强难消，不幸便为宿食伤寒病矣⁽¹²⁾。试以此二饼置水中即见验。唯酒引饼，入水即烂矣。"可粜大小豆、胡麻。籴矿、大小麦。收弊絮及布帛。至后籴麴麴⁽¹³⁾，曝干，置罂中，密封，"使不虫生。"至冬可养马。

【注释】

〔1〕"蚕农尚闲"，有问题，应如《玉烛宝典》引作"农事尚闲"。按：阴历三月已进入蚕忙季节，《四民月令》严格规定：三月"谷雨中，蚕毕生，乃同妇子，以勤其事，无或务他，以乱本业；有不顺命，罚之无疑。"（《玉烛宝典》引）可见"蚕"事并不闲，怎么可能拖着蚕女分身投入掏沟修墙的作业？

〔2〕剖绵：指利用下茧、蛹口茧等不能缲丝的来剖制丝绵，《要术》原误作"线"，据《玉烛宝典》引改正。

〔3〕枣糒（bèi）：是炒米粉和以枣泥的点心。《要术》原误作"弃蛹"，据《玉烛宝典》及《御览》卷八六〇"糗糒"引《四民月令》改正。

〔4〕"矿"，《要术》原误作"麴"，据《玉烛宝典》及《文选·潘岳〈马汧督诔〉》李善注引《四民月令》改正。

〔5〕"收"字，《玉烛宝典》和《要术》引都没有。按：《四民月令》对农副产品的收进和卖出，总是先说粜、卖，后说籴、收，粜、籴专指谷物，可"弊絮"不能"籴"，只能是"收"，五月有"收弊絮"，六月、七月还有"收缣缚"，所以这里补入"收"字。

〔6〕阴慝（tè）：阴恶，阴气。

〔7〕徽弦："八月"重见。五月解下,八月缚上,这不是弓本身的弦,应是弓弰(弓的末梢)的驱中钩住弓弦的套绳,即所谓"耳索"。《考工记·弓人》唐贾公彦疏:"〔弓〕引之则臂用力,放矢则箫用力。""箫"即弓弰。开弓时用力在臂膀,放箭时则借助于弓弰的回弹力。但回弹容易震伤弓弰,所以弓弦不能直接缚在弓弰上,其间必须有缓冲弹力的装置。这缓冲装置一是在驱中加钉厚牛皮或软木,叫作"垫弦",二是在垫弦中穿贯耳索,弓弦就缚在耳索上。这里徽弦,应是耳索。

〔8〕"张",《玉烛宝典》和《要术》所引都一样,不好解释。按:"张"指上弓弦,既然是"张",就不能"弛其弦";反之,"弛其弦"就不可能再"张"弓,二者不能同时进行。此字疑是"弢"字的形似之误。弢(tāo)是弓袋,是说把弓解去弓弦,装入弓袋中,以防湿热使弓胶解离。《资治通鉴》卷一九一《唐纪·高祖》:"〔李〕世民谓诸将曰:'虏所恃者弓矢耳,今积雨弥时,筋胶俱解,弓不可用。'"

〔9〕旃(zhān):同"毡"。　毳(cuì):鸟兽的细毛。

〔10〕黄连:毛茛科多年生草本,学名Coptis chinensis。中医学上以其根状茎入药,是治痢疾和慢性肠炎的要药。　霍乱:中医学病名,不是现代所称的烈性传染病的霍乱,所指范围颇广,包括上吐下泻、食物中毒、中暑等突发性的急剧病症。

〔11〕蟾(chán)蜍(chú):蟾蜍科的大蟾蜍(Bufo bufo gargarizans),俗称"癞蛤蟆"。其体肉烘干研末及其耳后腺和皮肤腺的分泌物蟾酥,均可配制治痈毒恶疮等药。　蝼蛄:蝼蛄科,学名Gryuotalpa africana,俗名"土狗"。前足特别发达,尖端有扁齿4枚,形成开掘足,掘土伤害农作物很大。后足节大,内缘有3—4枚刺。《神农本草经》:"主产难,出肉中刺。"以后本草医方等书都有此类记载。《四民月令》原文"有刺;治去刺","治去刺"即指"出肉中刺",不是治病时"要弄掉它的刺"。

〔12〕伤寒:中医学病名,不是现代所称的肠急性传染病的伤寒,所指范围颇广,包括各种外邪侵袭引起的恶寒发热等病。积食不化,消化机能紊乱,也会引起"伤寒"。

〔13〕麱(fū)䴬(xiè):麦麸,麦屑。"䴬",《玉烛宝典》和《要术》所引都一样,应是"麱"字之误。按:这二字意义相同,都是麦屑的意思,但读音不同,前者读xiè,后者读suǒ。崔寔(?—170)是东汉后期人,问题在《玉篇》以前没有"䴬"字,只是"麱"字。《说文》"麦部":"麱,小麦屑之覈。从麦,肖声。"清徐灏《说文解字注笺》及桂馥《说文解字义证》及《四民月令》正作"麱",可作参证。

【译文】

"三月。初三日和第一个除日，收采艾和柳絮。"柳絮可以止疮痛。"这个月，冬天储蓄的粮食，或者已经吃完，而桑椹和麦子还没有成熟，应该顺应万物向荣的天道，散布恩德，赈济穷困挨饿的人，尽先施与同宗族的人，从最亲的人开始。不要隐藏物资，忍心看着穷人挨饿；也不要贪图虚名，耗尽家里所有，去接济富有的人。总之，要量入为出，处事要适中而可。农业的事还有些闲空，可以开通沟渎，修治墙壁房屋；加固门户，警惕着设置守护的人，以防御春天饥饿走险的盗贼。从这个月起到夏至，气温逐渐增高，太阳光强烈，晒热晒干的力量强，有利于油漆各种器物，也有利于利用太阳煎制各种药膏。可以粜卖黍子。可以买布。

"四月。蚕已经上簇结茧，赶速进行缲丝，剖制丝绵；准备机杼，细心地上经络纬。草茂盛了，可以割来烧草灰。这个月，可以作炒米粉同枣泥相和的点心，准备招待宾客。可以籴进矿麦、大麦。收买旧丝绵。

"五月。芒种节之后，阳气开始亏损，阴恶的东西将要萌生；暖气开始旺盛，各种害虫都活跃起来。该解去角弓弩的弦，并解下它的徽弦；把竹木制的弓弩装入弓袋，解下它的弦。用灰保藏毡子、裘皮、毛羽用品和箭翎。用竿子把油衣挂起来，不要褶叠着收藏。"因为天热潮湿会黏结。"这个月初五日，配合止痢黄连丸、霍乱丸。收采菜耳。捉蟾蜍"可以配制流血恶疮的药。"以及东行蝼蛄。"蝼蛄，有刺；可以治出肉中的刺，又治疗产妇难产，胞衣不下。"连天的淫雨快要降下了，该储备些米谷、柴炭，作为道路泥泞陷滞不通的准备。这个月，阴气渐渐滋长，阳气渐渐消退，人血气的消耗较多〔脾胃消化差〕。所以，在夏至前和夏至后的各十五天之内，应该吃得清淡些，不要多吃肥腻浓厚的食物；到立秋以前，也不可吃'煮饼'和水溲的死面饼。"夏天喝的冷水多，这两种面食碰上冷水，便坚硬难以消化，弄得不好，便会得积食伤寒的病。把这两种面食浸入水中试验着看，就可以看出它不化解的效验。只有用酒溲和的发面做成的面食，入水就烂了。"可以粜卖大豆、小豆、芝麻。籴进矿麦、大麦、小麦。收买旧丝绵、绸子和布。夏至之后，籴入麦麸和麦屑，晒干，盛入瓦器中密封着，"避免生虫。"到冬天可以养马。

"六月。命女工织缣缚 [1]。"绢及纱縠之属。"可烧灰 [2]，染青、绀杂色。

"七月。四日，命治曲室，具箔槌，取净艾。六日，馔治五谷、磨具⁽³⁾。七日，遂作曲；及曝经书与衣裳；作干糗⁽⁴⁾；采葸耳。处暑中，向秋节，浣故制新，作袷薄，以备始凉。巢大小豆。籴麦⁽⁵⁾。收缣练⁽⁶⁾。

"八月。暑退，命幼童入小学，如正月焉。凉风戒寒，趣练缣帛，染彩色。

河东染御黄法：碓捣地黄根令熟⁽⁷⁾，灰汁和之，搅令匀，搦取汁，别器盛。更捣滓，使极熟，又以灰汁和之，如薄粥；泻入不渝釜中，煮生绢。数回转使匀，举看有盛水袋子，便是绢熟。抒出，着盆中，寻绎舒张。少时，捵出，净捩去滓。晒极干。以别绢滤白淳汁，和热抒出，更就盆染之，急舒展令匀。汁冷，捵出，曝干，则成矣。治釜不渝法，在《醴酪》条中。大率三升地黄，染得一匹御黄。地黄多则好。柞柴、桑薪、蒿灰等物，皆得用之。

"擘绵治絮，制新浣故；及韦履贱好，预买以备冬寒。刘萑⁽⁸⁾、苇、乌茭。凉燥，可上角弓弩，缮理檠正⁽⁹⁾，缚徽絃⁽¹⁰⁾，遂以习射。弛竹木弓弧⁽¹¹⁾。巢种麦。籴黍。

【注释】

〔1〕缣（juàn），各本作"练"，误。《玉烛宝典》引作"缣"，练（練）应是"缣"字残烂后错成的。

〔2〕烧灰：烧草灰。按：丝麻织品的纤维不容易染上颜色，必须借助于媒染剂才能使颜色固着于纤维上。草木灰含有碳酸钾，溶在水中可作植物性染料的媒染剂，使颜色染上。

〔3〕五谷：按，作曲原料，有生有熟；熟的有蒸有炒。《要术》的曲，用小麦或谷子，引《食次》的"女曲"则用糯米，但是酱曲，不是酒曲。这里提到"五谷"作曲，虽然崔寔早年曾做过酿酒生意，但用五谷作曲，恐不可能，近现代除小麦外，也只有用大麦、豌豆、籼米等作曲，没有五谷都用上的。崔寔的曲，可能品种有不同，可惜没有具体交代。又，馔治也只能把曲原料簸净，然后入锅炒，不可能蒸，因为次日还没有干，不能入磨。

〔4〕干糗（qiǔ）：干粮。

〔5〕"麦"上《玉烛宝典》引有"籴"字,《要术》脱,据补。按:崔寔规划的是庄园式的经营活动,农产品都是在出产时收进,少缺时卖出,这里七月是继五月、六月之后接续收进新麦(六月籴麦见《玉烛宝典》)。

〔6〕"练",《要术》和《玉烛宝典》同,误。按:八月才开始"趣练缣帛",七月应无"练"可收。前著《四民月令辑释》已疑为"缚"字之误。后得日本渡部武教授来信,告知日本前田家藏旧钞卷子本《玉烛宝典》此字作"缚",但"缚"在这里毫不相干,显然是"缚"字抄错。

〔7〕卷五《伐木》附有"种地黄法",即用来染色者。

〔8〕萑(huán):芦类植物。

〔9〕檠(qíng):辅正弓弩的器具。"正"上《要术》原有"锄"字,无可解释,《玉烛宝典》没有,是衍文,据删。

〔10〕缚(zhuàn):卷、束。"徽絃",《要术》原误作"铠絃",这正是五月解去的"徽弦",本月缚上,据《玉烛宝典》引改正。

〔11〕"弛",《要术》作"弝",同"弛",《玉烛宝典》引作"施"。但"施"是"弛"的假借字,不作设施讲。本月正开始习射,要缚上弓弦,字宜作"张"。又,此句应与"遂以习射"倒换过来。

【译文】

"六月。命令女工织双丝细绸和〔缚〕。"缚是绢和轻纱、绤纱之类。"可以烧草灰,染青色、天青等杂色。

"七月。初四日,命令家人整治好曲室,准备好放曲的箔席和曲架,采取干净的艾。初六日,馈治五谷,准备磨具。初七日就作曲。这个月,可以晒经书和衣裳;作干粮;采菜耳。从处暑到重阳节,把旧衣洗干净,添制新衣,作好夹衣和薄绵衣,作为天气转凉的准备。籴卖大豆、小豆。籴进麦。收买细绸和缚。

"八月。暑气已退。叫幼童上小学,同正月一样。凉风警戒我们天气快冷了,催促加紧煮练生绸生绢,染上彩色。

河东染御黄的方法:用碓把地黄根捣碎捣熟,加入灰汁调和,搅匀,用手搦挤出黄汁,倒在另外的容器里盛着。把地黄的渣滓再捣,捣得极熟,又用灰汁调和,调成像稀粥一样,然后倒在不褪污的铁锅里,用来煮生绢。多次回转翻动,提起来看,绢里夹着水灌进去的水泡子,绢就熟了。拉出来,搁在盆里,抽出绢头舒展开来。过一会,拧干,取出,把渣滓抖拭干净。拿出去晒到极干。再用白绢滤出第一道的地黄纯汁,〔用火煮,〕趁热舀出盛在盆里,就把熟绢放入盆中去染黄色,急速舒展翻动,让它染得均匀。等汁冷了,拧干,取出来晒干,就染成了。治铁锅不褪污的办法,在卷九《醴酪》篇中。大致三升地黄,可以染得一匹御黄绢子。地黄多时,颜色更好。柞柴灰、桑柴灰、蒿灰等,都可以用。

"撕松丝绵,作成绵絮,缝制新衣,浣洗旧衣。趁熟皮鞋又贱又好的时候,预先买下,准备冬天寒冷时穿。收割荻、芦苇、饲料草。天气凉爽干燥,可以上好角弓弩,将坏弓修理好,把歪曲的弓放在校弓器上校正,缚上徽弦,就可以练习射箭。〔缚上〕竹木弓弧的弦。枲卖麦种。籴进黍子。

"九月。治场圃[1],涂囷仓,修箪、窖。缮五兵,习战射,以备寒冻穷厄之寇。存问九族孤、寡、老、病不能自存者,分厚彻重,以救其寒。

"十月。培筑垣墙,塞向、墐户。"北出牖谓之向。"上辛,命典馈渍曲,酿冬酒。作脯腊[2]。农事毕,命成童入太学,如正月焉。五谷既登,家储蓄积,乃顺时令,敕丧纪,同宗有贫窭久丧不堪葬者[3],则纠合宗人,共兴举之;以亲疏贫富为差,正心平敛,无相逾越;先自竭,以率不随。先冰冻,作凉饧[4],煮暴饴。可析麻[5],缉绩布缕。作白履、不借[6]。"草履之贱者曰'不借'。"卖缣帛、弊絮。籴粟、豆、麻子。

"十一月。阴阳争,血气散。冬至日先后各五日,寝别内外。砚冰冻,命幼童读《孝经》、《论语》、篇章小学[7]。可酿醢。籴秔稻、粟、豆、麻子。

"十二月。请召宗族、婚姻、宾、旅,讲好和礼,以笃恩纪。休农息役,惠下必浃。遂合耦田器,养耕牛,选任田者,以俟农事之起。去猪盍车骨,"后三岁可合疮膏药。"及腊日祀灸箑[8],箑,一作簏。"烧饮,治刺入肉中及树瓜田中四角,去蛊虫。"东门磔白鸡头[9]。"可以合法药[10]。""

【注释】

〔1〕治场圃:古代场、圃同地,按季节交换,即春种时耕翻场地作为菜圃,

秋收时筑实菜圃作为打谷场。最早见于《诗经·豳风·七月》。但直到清初张履祥《补农书》,还说这种春圃秋场同地互换的做法,在浙江湖州乡间还往往可以见到。

〔2〕"作脯腊"是十月的另一安排,有人读成从"上辛"日连贯下来都在这一天是不妥的,因为《玉烛宝典》所引是"是月也,作脯腊",所以在"酿冬酒"句圈断。

〔3〕贫窭(jù);贫寒,贫穷。

〔4〕饧:即糖。

〔5〕"析",《要术》各本作"柝"或"拆",《玉烛宝典》又作"折",都是"析"字之误。

〔6〕白履:白鞋。《仪礼·士冠礼》:"素积、白屦。"又有"黑屦"、"纁(大红色)屦"。在古代,白鞋、黑鞋、红鞋都是常穿的鞋子。

〔7〕"小学",《要术》原作"入小学","入"字衍,据《玉烛宝典》删去。按:汉代的教育制度,八九岁的小孩入小学学识字和计数,十二三岁的大小孩进一步学《孝经》、《论语》,仍在小学;成童以上则入太学学"五经",在京都。现在十一月砚台磨墨要结冰了,所以只叫小孩诵读"小学",不作书写作业。汉代称文字学为"小学",就是因为学童先学文字,故有此称。而且小学已在八月复学("八月……命幼童入小学"),学生都已上学,本月再来个"入小学"就讲不通。

〔8〕炙篁:实即炙脯,参见卷二《种瓜》注释。《本草纲目》有燻肉可治出肉中刺的记载。或释为"挂炙肉的竿子",但竿子不能治出肉中刺。"篁",各本多纷乱,《玉烛宝典》作"遗",无此字。此从明抄(卷二《种瓜》作"蕫",字通)。

〔9〕磔(zhé):分裂。

〔10〕"法药",应依《玉烛宝典》作"注药"。

【译文】

　　"九月。把菜圃地筑坚实作为打谷场,用泥涂抹芦苇之类编成的粮囤,修治贮藏种子的窖和土窖。修缮各种兵器,练习战斗和射箭,以防御冬天饥寒穷困的盗寇。慰问同宗族中那些孤、寡、老、病不能自己养活的人,拿出厚实多余的东西分些给他们,救济他们的贫困。

　　"十月。修筑围墙和墙壁,堵塞好向窗,用泥涂封好门缝。"北面开的窗洞叫作'向'。"上旬的辛日,命令管饮食的家人浸渍酒曲,酿造冬酒。制作脯肉和腊肉。农业的事已经完毕,叫成童上太学,同正月一样。五谷已经收进来,各家都有了积蓄,可以顺着收敛的时令,整顿埋葬死人的丧纪:就是同宗族中有死亡已久的人,只因家贫还没能力埋葬入土的,现在该纠合同宗的人,大家来办理,按照亲疏的关系和贫富的能力来分别负担,无私公平地分摊钱财,不要相争避多就少,并且先尽自己的力量作表率,来带动不愿顺从的人。在冰冻以前,作干硬的饴糖,煮速成的薄饧。可以细擘麻纤维,缉绩成织布用的麻缕。作白鞋、'不借'。"贱的草鞋叫'不借'。"卖去熟绸熟绢、旧丝绵。籴进谷子、豆子、大麻子。

"十一月。阴气和阳气一消一长地相争,人的气血在消散。在冬至前五天和后五天之内,男女要分床睡。砚台里的墨都结冰了,叫幼童诵读《孝经》、《论语》、篇章识字课本,〔不练习写字。〕可以酿制肉酱。籴进粳稻、谷子、豆子、大麻子。

"十二月。邀请宗族、姻亲、宾客和外乡来的客户,会集在一起,讲究和好的礼节,加深彼此之间的亲爱团结。让从事农作的人休息,停止服役,对下面的人施恩惠,务必使他们深深地感到融洽。于是就配合修理好农具,养好耕牛,选定胜任农田耕作的人,作为春耕即将开始的准备。收藏猪牙床骨"三年之后可以配制治疮膏药。"及腊日祭祀用的炙箄,箄,一本作簾。"烧煳用水吞下,治出刺入肉中的刺;〔用棒子穿着,〕插在瓜田四角,可以除去蟲虫。"又在东门斩下白鸡的头,也收藏着。"可以配制外用的〔注〕药。""

《范子计然》曰[1]:"五谷者,万民之命,国之重宝。故无道之君,及无道之民,不能积其盛有余之时,以待其衰不足也。"[2]

《孟子》曰:"狗彘食人之食而不知检,涂有饿莩而不知发,"言丰年人君养犬豕,使食人食,不知法度检敛;凶年,道路之旁,人有饿死者,不知发仓廪以赈之。"原孟子之意,盖"常平仓"之滥觞也。人死,则曰:'非我也,岁也。'是何异于刺人而杀之,曰:'非我也,兵也。'"[3]"人死,谓饿、役死者,王政使然,而曰:'非我杀之,岁不熟杀人。'何异于用兵杀人,而曰:'非我杀也,兵自杀之。'"

凡籴五谷、菜子,皆须初熟日籴,将种时粜,收利必倍。凡冬籴豆谷,至夏秋初雨潦之时粜之,价亦倍矣。盖自然之数。

鲁秋胡曰:"力田不如逢年。"[4]丰年尤宜多籴。

《史记·货殖传》曰:"宣曲任氏为督道仓吏[5]。秦之败,豪杰皆争取金玉，任氏独窖仓粟。楚汉相拒荥阳〔6〕，民不得耕，米石至数万，而豪杰金玉，尽归任氏。任氏以此起富。"其效也。且风、虫、水、旱，饥馑荐臻，十年之内，俭居四五，安可不预备凶灾也？

【注释】

〔1〕《范子计然》：《旧唐书·经籍志下》五行类、《新唐书·艺文志三》农家类均著录（前者作《范子问计然》），均作"十五卷。范蠡问，计然答"。书已佚。范蠡，春秋末越国大夫，助越王勾践灭吴者。计然，或说姓计名然，或说姓辛，字文子。曾南游于越，范蠡师事之。或说"计然"根本不是人名，而是范蠡所著书的篇名，是"预计而然"的意思。近又有人考证说计然就是越国大夫文种。其书或出后人伪托。

〔2〕《类聚》卷八五"谷"引到这条，文句相同（多几个虚词）。

〔3〕见《孟子·梁惠王上》。注文是节引赵岐注，但"役"，今本赵注作"疫"。"原孟子之意……"是贾氏的申说。

〔4〕西汉刘向《列女传》卷五"鲁秋洁妇"条载有秋胡此语。其文曰："洁妇者，鲁秋胡子妻也。既纳之五日，去而官于陈。五年乃归。未至家，见路旁妇人采桑，秋胡子悦之，下车谓曰……'力田不如逢丰年，力桑不如见国卿……'至家……唤妇。至，乃向采桑者也。……遂去而东走，投河而死。"没有"丰年尤宜多籴"这句。鉴于上文讲趁时收籴，下文有"其效也"的申说，这句姑且看作是贾氏的话。

〔5〕宣曲：其地失考，据《史记》唐人注解，当在今关中地区。"任氏"，今本《史记·货殖列传》作"任氏之先"。

〔6〕荥阳：今河南荥阳。项羽刘邦交战时，曾在这里相持抗争。

【译文】

《范子计然》说："五谷是千千万万人民的命，国家的贵重财宝。正因如此，没有德行的君主和没有德行的人民，〔就拼命地吃用和挥霍〕，不能在丰盛有余的时候积蓄下来，准备到歉收不足的时候应用。"

《孟子》说："猪狗吃着人吃的粮食，却不知自己检点；路上有饿死的人，还不知道开仓赈济，〔赵岐注解说：〕"这是说丰年人君养着猪狗，让它吃人吃的粮食，却不知道遵守法纪自己约束收敛；荒年，路旁有饿死的人，还不知道开仓放粮来赈济。"〔思勰按〕：推究孟子的用意，似乎是"常平仓"的滥觞。到人死了，却说：'不是我害死的，是年岁不好啊！'这同刺死了人，却说'不是我刺死的，是刀刺死的'，有什么两样？""人死了，是指死于饥饿和劳役，这是国君政治腐败造成的，现在却说：'不是我害死的，是年岁收成不好害死的。'这同用刀杀死人，却说'不是我杀死的，是刀自己杀死的'，有什么不同？"

凡收籴五谷和蔬菜种子，都该在初成熟时籴进，到快要下种时粜出，一定可以得到加倍的利益。凡在冬天籴进豆子谷子，到夏秋间开始多雨淋潦的时候粜卖，价格也会增长一倍。这是自然的道理。

鲁国的秋胡说："努力种田，不如遇上丰年。"所以丰年尤其要多收籴粮食。

《史记·货殖传》说："宣曲任氏〔的先人〕，做过督运粮食管粮仓的官。秦国败亡的时候，有钱势的人家都争着收进金玉，唯独任氏却把仓里的粮食窖藏起来。楚汉两军在荥阳相持战争的时候，农民没法耕种，一石米贵到几万文钱，结果，有钱势人家的金玉，全都归了任氏。任氏就这样起家致富。"这就是储备粮食的效验。而且风、虫、水、旱的灾害，使得饥荒年岁接连发生，十年之中，倒有四五年是收成微薄的，又怎么可以不为预防凶荒灾害作准备呢？

《师旷占》五谷贵贱法："常以十月朔日，占春籴贵贱：风从东来，春贱；逆此者，贵。以四月朔占秋籴：风从南来、西来者，秋皆贱；逆此者，贵。以正月朔占夏籴：风从南来、东来者，皆贱；逆此者，贵。"

《师旷占》五谷曰："正月甲戌日，大风东来折树者，稻熟。甲寅日，大风西北来者，贵。庚寅日，风从西、北来者，皆贵。二月甲戌日，风从南来者，稻熟。乙卯日，稻上场(1)，不雨晴明，不熟。四月四日雨，稻熟；日月珥(2)，天下喜。十五日、十六日雨，晚稻善；日月蚀(3)。"

《师旷占》五谷早晚曰："粟米常以九月为本；若贵贱不时，以最贱所之月为本(4)。粟以秋得本，贵在来夏；以冬得本，贵在来秋。此收谷远近之期也，早晚以其时差之。粟米春夏贵去年秋冬什七，到夏复贵秋冬什九者，是阳道之极也，急粜之勿留，留则太贱也。"

"黄帝问师旷曰[5]：'欲知牛马贵贱？''秋葵下有小葵生，牛贵；大葵不虫，牛马贱。'"[6]

《越绝书》曰[7]："越王问范子曰：'今寡人欲保谷，为之奈何？'范子曰：'欲保谷，必观于野，视诸侯所多少为备。'越王曰：'所少可得为困，其贵贱亦有应乎？'范子曰：'夫知谷贵贱之法，必察天之三表，即决矣。'越王曰：'请问三表。'范子曰：'水之势胜金，阴气蓄积大盛，水据金而死，故金中有水。如此者，岁大败，八谷皆贵。金之势胜木，阳气蓄积大盛，金据木而死，故木中有火。如此者，岁大美，八谷皆贱。金木水火更相胜，此天之三表也，不可不察。能知三表，可以为邦宝。'……越王又问曰：'寡人已闻阴阳之事，谷之贵贱，可得闻乎？'答曰：'阳主贵，阴主贱。故当寒不寒，谷暴贵；当温不温，谷暴贱。……'王曰：'善！'书帛致于枕中，以为国宝。"

"范子曰：'……尧、舜、禹、汤，皆有预见之明，虽有凶年，而民不穷。'王曰：'善！'以丹书帛，致于枕中，以为国宝。"[8]

《盐铁论》曰："桃李实多者，来年为之穰。"[9]

《物理论》曰："正月望夜占阴阳，阳长即旱，阴长即水[10]。立表以测其长短，审其水旱，表长丈二尺：月影长二尺者以下[11]，大旱；二尺五寸至三尺，小旱；三尺五寸至四尺，调适，高下皆熟；四尺五寸至五尺，小水；五尺五寸至六尺，大水。月影所极，则正面也；立表中正[12]，乃得其定。"

又曰："正月朔旦，四面有黄气，其岁大丰。此黄帝用事，土气黄均，四方并熟。有青气杂黄，有螟虫。赤气，大旱。黑气，大水。正朝占岁星，上有青气，宜桑；赤气，宜豆；黄气，宜稻。"

《史记·天官书》曰[13]："正月旦，决八风：风从南方来，大旱；西南，小旱；西方，有兵；西北，戎菽为，"戎菽，胡豆也。为，成也。"趣兵；北方，为中岁；东北，为上岁；东方，大水；东南，民有疾疫，岁恶。……正月上甲，风从东方来，宜蚕；从西方，若旦黄云，恶。"

《师旷占》曰："黄帝问曰：'吾欲占〔岁〕苦乐善恶[14]，可知否?'对曰:'岁欲甘,甘草先生;"荠(15)。"岁欲苦,苦草先生;"葶苈(16)。"岁欲雨,雨草先生;"藕。"岁欲旱,旱草先生;"蒺藜(17)。"岁欲流,流草先生(18);"蓬(19)。"岁欲病,病草先生。"艾。'"

【注释】

〔1〕"稻上场",明清刻本在"不雨晴明"之下,则"稻上场不熟"为句,意谓到应收割时仍不熟,较妥。

〔2〕珥(ěr):日、月两旁的光晕。

〔3〕"日月蚀",句未全,其下有脱文。

〔4〕"所"谓处所,即最贱所处之月,亦犹下文引《越绝书》之"诸侯所"(诸侯的地方)。有的书说"所"下"脱去'在'字",其实没有"在"字也可以。

〔5〕黄帝是上古人物,师旷是春秋时晋国的乐师,时代远隔,二人怎能对话。但假托的书,往往如此。

〔6〕《类聚》卷八二及《御览》卷九七九"葵"都引到这条,作:"《师旷占》曰:'黄帝问师旷曰……'"故知此条仍是《师旷占》文。文句全同,但"牛贵"作"牛马贵",据上下文,《要术》脱"马"字。

〔7〕《越绝书》:东汉袁康撰,原书25卷,今存15卷。记吴越两国史地及伍子胥、范蠡、文种、计倪等人的事迹,多采传闻异说。越王即指勾践,范子即指范蠡。以下引文见《越绝书·越绝外传枕中》篇,文句颇有不同(《四部丛刊》本),而"诸侯"无"侯"字,"可得为困"之"困"作"因",比《要术》好解释。

〔8〕"范子曰"这条仍是《越绝书·越绝外传枕中》之文,文字稍有不同。

〔9〕见《盐铁论·非鞅》,文作:"夫李梅多实者,来年为之衰;新谷熟者,旧谷为之亏:自天地不能两盈,而况于人事乎?""衰"是指果实的"大小年",大年之后有小年。而"穰"指丰熟,则是大年连续,变为"两盈",大有不同。唐杜佑《通典》卷一〇《食货》引《盐铁论》亦作"衰"。

〔10〕阳长、阴长:长是生长的长,不是长短的长。高为阳,低为阴,月高则测竿之影短,认为是阳长,即阳盛,所以旱;月低则影长,认为是阴长,即阴盛,所以水。

〔11〕"者",疑衍,或宜倒在"以下"之下。

〔12〕立表中正:立竿必须笔直,正中不偏,即与地面垂直。《周礼·春官·冯相氏》贾公彦疏引《易纬通卦验》:"冬至日,置八神,树八尺之表,日中视其影。""神,读如引。言八引者,栽杙于地,四维四中引绳以正之。""四维"即四角,这是四面八方拉绳打桩来引正立竿。

〔13〕《史记·天官书》记明是汉人魏鲜的占候法,文字稍异。注文是裴骃

《集解》引孟康的注。但司马贞《索隐》引韦昭注，"戎菽"释为大豆。

　〔14〕"占〔岁〕苦乐善恶"，南宋系统本作"占乐善一心"或"苦乐善一心"，明清刻本又作"占药善一心"，均误。《御览》卷一七及卷九九四引均作"知岁苦乐善恶"，《要术》"一心"显系"恶"字的残文析为二字，并脱"岁"字，今据以补正。

　〔15〕荠：即荠菜(Capsella bursa-pastoris)，十字花科。味甘淡，《诗经·邶风·谷风》："其甘如荠。"

　〔16〕葶苈：学名 Rorippa montana，十字花科。味苦辛，《神农本草经》陶弘景注："子细黄，至苦。"

　〔17〕蒺藜：学名 Tribulus terrestris，蒺藜科，生于沙丘干旱地。

　〔18〕二"流"字，《御览》卷一七及卷九九四引均作"溜"或"潦"，乍看起来和"旱"相对，其实错误。按，流草即蓬草。蓬草生于旱地，不生于薮泽，与"潦"违戾。《四时纂要·正月》引《师旷》说："蓬先生，主流亡。"蓬草的枯茎和种子随风飞扬，故有"飞蓬"之名。这里"流"指流亡、逃荒，故以飞蓬飘离不定喻之。

　〔19〕蓬：蓬草。学名 Erigeron acer，菊科。

【译文】

　《师旷占》占卜五谷贵贱的方法："通常在十月初一日，预卜当年春天粜卖的贵贱行情：风从东面来，明年春天粜价贱；从西面来，粜价贵。四月初一日，预卜当年秋天的粜卖：风从南面、西面来，秋粜都贱；从北面、东面来，秋粜都贵。正月初一日，预卜当年夏天的粜卖：风从南面、东面来，夏粜都贱；从北面、西面来，夏粜都贵。"

　《师旷占》占卜五谷的好坏说："正月甲戌日，大风从东面吹来折断大树的，稻的收成好。甲寅日，大风从西北来，价钱贵。庚寅日，风从西面北面来，都贵。二月甲戌日，风从南面来，稻的收成好。乙卯日，不下雨，晴明，(稻一直到可以收割上场时，)仍然会歉收不好。四月初四日有雨，稻的收成好。这一天，日月外周有光晕，天下丰收。十五、十六日有雨，晚稻好；日月亏食……"

　《师旷占》占卜收籴五谷早晚的方法说："粟和米常常以九月的价格作为本价；如果贵贱变化不定，就以最贱的那个月作为本价。粟如果在秋天合到本价，它贵的时期在明年夏天〔，就在今年秋天籴进〕；如果在冬天合到本价，那贵的时期在明年秋天〔，就在今年冬天籴进〕。这是收谷远近时间的规律，其间早晚按照合到本价的时间来酌定。粟米如果春夏之交的价格比去年秋冬贵十分之七，到夏天又比秋冬贵十分之九，这已经到了阳道的极点，赶快脱手粜去，不能再留了，留着会暴跌太贱的。”

“黄帝问师旷说：‘我想知道牛马价格的贵贱〔，有什么征候没有〕？’〔师旷答道：〕秋葵下面生出小葵，牛〔马〕就贵；大葵不生虫害，牛马就贱。’”

《越绝书》说：“越王问范子说：‘寡人现在要保护谷物，该怎么办？’范子答道：‘想要保护谷物，必须视察原野，看各地方所产多少以为准备。’越王问道：‘少的地方〔因而〕可以增加生产，那么，价格的贵贱，有什么应验没有？’范子回答：‘要知道谷价的贵贱，方法是必须察看天的三表，知道三表就可以决定了。’越王说：‘请问三表是什么？’范子回答：‘水势胜过金，就是阴气蓄积太盛，太盛了水就死在金里，所以金中有水。像这样，年成会大败，八种谷物都贵。金势胜过木，就是阳气蓄积太盛，太盛了金就死在木里，所以木中有火。像这样，年成就大好，八种谷物都贱。金、木、水、火交替相胜，这就是天的三表，不可以不明察。明了了三表，可以视为国家之宝。’……越王又问道：‘阴阳的道理，寡人已经听说了；谷价的贵贱，可以讲给我听听吗？’范子答道：‘阳主贵，阴主贱。因此，该寒冷而不寒冷，〔阳气太盛，〕谷价便会暴涨；当温暖而不温暖，〔阴气太盛，〕谷价便会暴跌。……’越王说：‘很好！’就把这些写在帛上，藏在枕内，作为传国之宝。”

“范子说：‘……尧、舜、禹、汤，都有先见之明，因此虽然遇上荒年，人民也不会受饿。’越王说：‘很好！’就用银朱写在帛上，藏在枕内，作为传国之宝。”

《盐铁论》说：“桃李今年结实多的，第二年〔就结少了〕。”

《物理论》说：“正月十五日夜里，占候阴阳的消长，阳长就旱，阴长就水。〔方法是〕在地上竖立一根一丈二尺长的测竿作为‘表’，用来测出月亮映到测竿上的影子的长短，来审定这一年是水还是旱，就是：月影长二尺以下的，大旱；二尺五寸到三尺，小旱；三尺五寸到四尺，水旱调匀，高低田收成都好；四尺五寸到五尺，小水；五尺五寸到六尺，大水。月亮升高到极点即正中的时刻，投射的竿影是正面相当的，就是与地面垂直的〔，测影要在这个时刻测〕。竖立测竿必须笔直，正中不偏，才能测得准确。”

又说："正月初一,四面有黄气,这一年大丰收。这是黄帝管事,土气黄而均匀,所以四方都丰熟。如果有青气杂着黄气,有螟虫。有赤气,大旱。有黑气,大水。正月初一占验岁星,上面有青气,桑好;有赤气,豆好;有黄气,稻好。"

《史记·天官书》说:"正月初一,占八方面的风,决定年岁:风从南方来,大旱;从西南来,小旱;从西方来,有战争;从西北来,戎菽有为,"戎菽,就是胡豆。为,就是年成好。"很快将起战争;从北方来,中等年成;从东北来,上好丰年;从东方来,大水;从东南来,百姓有瘟疫,年成很坏。……正月上旬的甲日,风从东方来,蚕好;从西方来,或者早晨有黄云,年岁恶。"

《师旷占》说:"黄帝问道:'我想占卜〔一年的〕苦、乐、善、恶,可以知道吗?'师旷答道:'要是这年是甘的,先生的是甘草;"就是荠。"这年是苦的,先生的是苦草;"就是葶苈。"这年是多雨的,先生的是雨草;"就是藕。"这年是干旱的,先生的是旱草;"就是蒺藜。"这年百姓多流亡的,先生的是流草;"就是蓬。"这年百姓多病的,先生的是病草。"就是艾。"'"

齐民要术卷第四

园篱第三十一

凡作园篱法,于墙基之所[1],方整深耕。凡耕,作三垄,中间相去各二尺。

秋上酸枣熟时[2],收,于垄中概种之。至明年秋,生高三尺许,间斸去恶者,相去一尺留一根,必须稀概均调,行伍条直相当。至明年春,剶杀传切去横枝[3];剶必留距。若不留距,侵皮痕大,逢寒即死。剶讫,即编为巴篱,随宜夹缚,务使舒缓。急则不复得长故也。又至明年春,更剶其末,又复编之,高七尺便足。欲高作者,亦任人意。

非直奸人惭笑而返,狐狼亦自息望而回。行人见者,莫不嗟叹,不觉白日西移,遂忘前途尚远,盘桓瞻瞩,久而不能去。"枳棘之篱"[4],"折柳樊圃"[5],斯其义也。

其种柳作之者,一尺一树,初即斜插,插时即编。其种榆荚者,一同酸枣。如其栽榆与柳,斜直高共人等[6],然后编之。

数年成长,共相蹙迫,交柯错叶,特似房笼。既图龙蛇之形,复写鸟兽之状,缘势嵚崎[7],其貌非一。若值巧人,随便采用,则无事不成;尤宜作机。其盘纡茀郁[8],奇文互起,萦布锦绣,万变不穷。

【注释】

〔1〕墙基:指篱笆基脚。按:园圃可以筑围墙代篱笆,但这里没有筑围

墙，不能死板解释。而篱笆起着围墙的作用，所以不妨视种植篱笆的基脚地为"墙基"。

〔2〕酸枣：鼠李科，学名 Ziziphus jujuba。灌木或小乔木，多刺，俗名"野枣"，古名"棘"或"樲"。下文"棘"即指此。

〔3〕剶（chuán）：修剪，切断。

〔4〕枳：古时兼指芸香科的枸橘（Poncirus trifoliata）和香橙（Citrus junos）。这里指枸橘，常绿灌木而多刺，适宜作篱笆。

〔5〕"折柳樊圃"，《诗经·齐风·东方未明》的一句。"枳棘之篱"，未详所出，也许是当时的成语。

〔6〕各本都作"斜直"，仅金抄和《辑要》引作"斜植"。"斜直"指当初栽植时，柳枝是斜插的，榆的苗木是直栽的，都至长到一人高时编结起来，这样是可以解释的。如果是"斜植"，该读成"如其栽榆，与柳斜植"，不考虑到这是榆柳混栽，似乎读成"斜直高共人等"好些。或者解作斜插的柳，直着长到一人高时编之，也勉强可以。

〔7〕嶔（qīn）崎：山高峻的样子。

〔8〕莆（fú）郁：山势曲折的样子。

【译文】

凡作园圃的篱笆，方法是：先方方整整地整理出篱笆基脚，然后深耕。要耕出三条播种沟，沟与沟相距二尺。

秋天酸枣成熟时，收来，密密地播种在沟里。到明年秋天，酸枣苗长高到三尺左右时，就间隔着掘去不好的苗株，相隔一尺留一株，必须稀密均匀，株行距要整齐对直。到第三年春天，把横枝切掉；切的时候，必须保留基部的一小段。如果不保留而齐基部切光，那皮上的伤口太大，遇上冷天，便会冻死。切完了，随即编成篱笆，看怎样合适就怎样交叉绑缚起来，但必须绑得松活一些。因为太紧就不能长了。到第四年春天，又把末梢切掉，再编结起来，编到七尺高，就够了。如果要再高些，也可以随人喜欢。

〔这样作起来的篱笆，〕不但坏人看了惭愧地笑笑回头走了，狐狸和狼看见也觉得没有指望，只得掉尾回去。过路人看见，没有不赞叹的，在篱边徘徊观赏，不知不觉太阳已经偏西，竟忘记向前赶远路，久久舍不得离开。〔古话说的〕"枳棘的篱笆"，〔《诗经》说的〕"折取柳枝来围护园圃"，都是这个意思。

　　如果扦插柳枝作篱笆的，相距一尺插一根。插时就斜着插下，插好就编起来。如果播种榆荚的，方法同酸枣一样。如果榆和柳混栽的，当时斜插的柳和直栽的榆等到长到一人高的时候，再混编起来。

　　几年之后植株长成了，株株彼此挤紧着，枝叶互相交错着，很像窗櫺的玲珑模样。看上去有像画着龙蛇蟠屈的图形，又有像描摹着鸟兽飞奔的状态，随着形势高昂奇特地展现着，形状有种种变化。如果遇着心灵手巧的人，就着它的形状顺势雕凿，没有什么作不出的，而尤其宜于作各种式样的小几和座子。它回旋盘曲，奇异的图文层出不穷，缠绕交织，像锦绣一样，千变万化，没有穷尽。

栽树第三十二

　　凡栽一切树木，欲记其阴阳，不令转易。阴阳易位则难生。小小栽者，不烦记也。

　　大树髡之[1]，不髡，风摇则死。小则不髡。

　　先为深坑，内树讫，以水沃之，着土令如薄泥，东西南北摇之良久，摇则泥入根间，无不活者；不摇，根虚多死。其小树，则不烦尔。然后下土坚筑。近上三寸不筑，取其柔润也。时时溉灌，常令润泽。每浇水尽，即以燥土覆之，覆则保泽，不然则干涸。埋之欲深，勿令挠动。

　　凡栽树讫，皆不用手捉，及六畜觚突。《战国策》曰："夫柳，纵横颠倒树之皆生。使千人树之，一人摇之，则无生柳矣。"[2]

　　凡栽树，正月为上时，谚曰："正月可栽大树。"言得时则易生也。二月为中时，三月为下时。然枣——鸡口，槐——兔目，桑——虾蟆眼，榆——负瘤散[3]，自余杂木，鼠耳、虻翅，各其时。此等名目，皆是叶生形容之所象似，以此时栽种者，叶皆即生。早栽者，叶晚出。虽然，大率宁早为佳，不可晚也。

　　树，大率种数既多，不可一一备举，凡不见者，栽莳之法，皆求之此条。

《淮南子》曰：“夫移树者，失其阴阳之性，则莫不枯槁。”[4]高诱曰：“失，犹易。”

《文子》曰[5]：“冬冰可折，夏木可结，时难得而易失。木方盛，终日采之而复生；秋风下霜，一夕而零。”[6]“非时者，功难立。”

崔寔曰：“正月，自朔暨晦，可移诸树：竹、漆、桐、梓、松、柏、杂木。唯有果实者，及望而止；“望谓十五日。”过十五日，则果少实。”

《食经》曰：“种名果法：三月上旬，斫取好直枝，如大母指，长五尺，内着芋魁中种之。无芋，大芜菁根亦可用。胜种核；核三四年乃如此大耳。可得行种。”

凡五果，花盛时遭霜，则无子。常预于园中，往往贮恶草生粪。天雨新晴，北风寒切，是夜必霜，此时放火作煴[7]，少得烟气，则免于霜矣[8]。

崔寔曰：“正月尽二月，可剟树枝。二月尽三月，可掩树枝[9]。”“埋树枝土中，令生，二岁以上，可移种矣。”

【注释】

〔1〕髡（kūn）：修剪树枝。

〔2〕见《战国策·魏策》，除文句多有不同外，基本内涵亦异，“千人”作“十人”不说，而“柳”作“杨”，“摇”作“拔”，不知孰是。《韩非子·说林上》亦载此条，“千人”亦作“十人”。

〔3〕负瘤散，不明所指。《今释》说榆树叶芽都是小颗粒形，可能以此比拟作“负瘤”，“散”是舒展开来。但这三字似乎是连成一个名词的，则所指不明。

〔4〕见《淮南子·原道训》，仅个别字差异。高诱注“易”下有“也”字，大概也是被北方传本略去的。

〔5〕《文子》：撰人失名。《汉书·艺文志》著录《文子》九篇，注说：“老子弟子，与孔子并时；而称周平王问，似依托者也。”后魏李暹说文子就是计然，范蠡师事之，其说无可考。书今存。

〔6〕见《文子·上德》，文句全同。注文虽不见于今本，仍疑是原有的。《文子》是杂录各书而成的托伪书，不少资料采自《淮南子》，故《淮南子·说林训》已载此条，文句“木方盛”以下有个别字差异而已。“结”，屈曲。《广雅·释诂一》：“结，曲也。”泰州市叶爱国同志提供。

〔7〕煴(yūn)：没有火焰只有烟气的火堆。

〔8〕启愉按：《要术》此段文字最早记载了用熏烟法防霜，是简便有效的办法，直到现在还常采用。这较之《氾书》的刮霜法是一大飞跃。果树开花时，对低温极为敏感，最怕的是春季晚霜为害。熏烟法是烧着带湿的燃烧物不冒火焰，使烟雾上腾，在地面上形成烟幕，同时烟堆分布合适，时间掌握得当，就有提高果园气温的作用，能起到防霜的良好效果。但关键还必须预测哪一夜有霜。霜的形成条件是地面附近的空气湿度大，而气温突然下降，使水汽凝华而变成霜。现在雨后初晴，近地面空气湿度正大，而又转晴，水分蒸发多，因此水汽含量骤增，遇上北风冷空气吹得紧，气温急剧下降，正给凝华成霜创造了冷变条件，所以这一夜晚，必然会出现霜害。这是如响斯应的富于科学性的古代气象预报，是贾思勰观察入微的经验总结。

〔9〕掩树枝：压树枝。即无性繁殖的压条法。

【译文】

凡移栽一切树木，都要记住它的向阳面和背阴面，栽下时不可改变它。改变原来的阴阳面，就不容易成活。小小的树苗移栽时，可以不必记它的阴阳面。

移栽大树，要把主侧枝适当地截短，如果不截短，风吹摇动着根部，就会死去。小树就不必截短。

先掘出一个深坑，把树栽下去，大量灌进水，让水把泥湿透成为稀泥，同时向东西南北四面摇动较长时间，摇过泥土就进入根里面，没有不活的；不摇的话，根里面空虚，往往死去。移栽小树，不必这样做。然后填入掘出的土，把土筑实。最上面的三寸土不筑，为的是松软保墒。常常灌水，保持经常湿润。每浇一次水，水渗尽之后，上面要盖一层细干土，盖过的就能保持湿润，不盖就会板结干涸。要栽得深，不能摇动它。

一切树栽好之后，都不能用手去捉摸，也不能让六畜去觝撞。《战国策》说："柳树，直插、横插、倒插，都可以成活。但是一千人栽下的柳树，有一个人都给它们摇摇，就不会有活柳了。"

凡移栽树木，正月是上好时令，农谚说："正月可以栽大树。"这是说时令合宜，容易成活。二月是中等时令，三月是最差的时令。不过，〔按照叶芽萌发的物候来掌握，那么，〕枣树是叶芽像鸡嘴时移，槐树像兔子眼时移，桑树像虾蟆眼时移，榆树像"负瘤散"时移，其他各种树，像老鼠耳朵、牛虻翅膀等，各按它们的物候来移。这些名目，都是叶芽萌发时所像的形状。在这时移栽，叶子都会随即长出。移得早了，叶子却出得迟。虽然这样，大致还是早些移为好，不可太迟。

　　树的种类很多，不能一一列举，本篇没有讲到的，移栽的方法，都可以按照上面说的去做。

　　《淮南子》说："移栽树木，如果失去它原来的阴阳方向，就没有不枯死的。"高诱注解说："失，就是改变。"

　　《文子》说："冬天的冰可以折断，夏天的树枝可以屈曲，这样的时间难得而容易失去。树木正茂盛的时候，整天采摘叶子，它还会长出；秋风一起下了霜，一夜工夫全掉光了。""这是说不在合适的时候，做事难得立功。"

　　崔寔说："正月，从初一到月末之日，可以移栽各种树：竹子、漆树、桐树、梓树、松树、柏树和各种杂树。只有果树，要在望日以前移；"望日是说十五日。"如果十五日以后移，结实就少了。"

　　《食经》种名果的方法说："三月上旬，切取好果树的直长枝条，像大拇指粗细的，五尺长，插在芋魁中种下去。没有芋魁，用大芜菁根也可以。这样，比种果核强；种果核要三四年才长得同样大。这样，名果可以较快地推广开来。"

　　各种果树，花开得旺盛时遇到霜，便不能结实。应该常常在园里预先积蓄一些杂草枯叶、牲畜生粪，作为准备。雨后新晴，北风吹得紧，气温急剧下降，这一夜必然出现霜冻。这时就放火烧草堆，让它只冒烟，不发火焰，烟气熏着，就可以避免霜害了。

　　崔寔说："正月到二月底，可以修剪树枝。二月到三月底，可以压树枝。""把低下的树枝压埋在土中，让它发生新枝，两年以后，可以切取来移栽。"

种枣第三十三 诸法附出

　　《尔雅》曰[1]："壶枣；边，要枣；栉，白枣；樲，酸枣；杨彻，齐枣；遵，羊枣；洗，大枣；煮，填枣[2]；蹶泄，苦枣；晳，无实枣[3]；还味，棯枣。"郭璞注曰："今江东呼枣大而锐上者为'壶'；壶，犹瓠也。要，细腰，今谓之'鹿卢枣'[4]。栉，即今枣子白熟。樲，树小实酢；《孟子》曰：'养其樲枣。'[5]遵，实小而员，紫黑色，俗呼'羊矢枣'[6]；《孟子》曰：'曾皙嗜羊枣。'[7]洗，今河东猗氏县出大枣[8]，子如鸡卵。蹶泄，子味苦。晳，不着子者。还味[9]，短味也。杨彻、煮填,未详。"

《广志》曰:"河东安邑枣[10];东郡谷城紫枣[11],长二寸;西王母枣[12],大如李核,三月熟;河内汲郡枣[13],一名墟枣;东海蒸枣[14];洛阳夏白枣;安平信都大枣[15];梁国夫人枣。大白枣,名曰'蹩咨',小核多肌;三星枣;骈白枣;灌枣。又有狗牙、鸡心、牛头、羊矢、猕猴、细腰之名。又有氏枣、木枣、崎廉枣、桂枣、夕枣也。"

《邺中记》[16]:"石虎苑中有西王母枣,冬夏有叶,九月生花,十二月乃熟,三子一尺。又有羊角枣,亦三子一尺。"

《抱朴子》曰[17]:"尧山有历枣。"[18]

《吴氏本草》曰:"大枣,一名良枣。"[19]

《西京杂记》曰:"弱枝枣、玉门枣、西王母枣、棠枣、青花枣、赤心枣。"[20]

潘岳《闲居赋》有"周文弱枝之枣"[21]。丹枣[22]。

按:青州有乐氏枣,丰肌细核,多膏肥美,为天下第一。父老相传云:"乐毅破齐时[23],从燕赍来所种也。"齐郡西安、广饶二县所有名枣[24],即是也。今世有陵枣、蠓弄枣也。

【注释】

〔1〕此处引录的是《尔雅·释木》关于枣部分的全文,"壶枣"前有"枣"字,余同。郭璞注原分注在各该枣名之下,《要术》综引在一起,因此重复了正文的枣名。

〔2〕填枣:大概是一种蒸后晒干的枣,参见注释〔14〕。

〔3〕无实枣:即今无核枣,亦名空心枣,果核退化为薄膜,可以连果肉一起吃,为我国特有的名贵品种,品质优良。今产于山东乐陵、庆云,河北沧县等地。

〔4〕鹿卢枣:清郝懿行(1755—1823)《尔雅义疏》:"鹿卢,与辘轳同,谓细腰也。"即今葫芦枣(Ziziphus jujuba var. lageniformis),果实中上部有一缢痕,呈葫芦状,故名。品质上等。在北京及产枣区均有分布。

〔5〕见《孟子·告子上》郭注所引。"枣",今本《孟子》作"棘"。

〔6〕羊矢枣:即下文的楗枣,亦即软枣,也就是《说文》的樗枣,是柿树科的君迁子(Diospyros lotus)。浆果熟时由黄色变为蓝黑色,含鞣质,有涩味。虽有枣名,实非枣类。但郝懿行《尔雅义疏》认为羊枣味甜美(羊是善的意思),郭璞以为是羊矢枣,"恐误"。

〔7〕见《孟子·尽心下》郭注所引。"曾晳",《要术》各本都误作"曾子"。

按：《孟子》原文是："曾晳嗜羊枣，而曾子不忍食羊枣。"曾子（前505—前436），名参，曾晳是他的父亲。嗜羊枣的是曾晳，不是曾参，据《孟子》和郭注原文改正。日译本《要术》承误未改。曾晳：春秋时孔子学生曾参的父亲。

〔8〕猗氏县：今山西临猗。

〔9〕还味："还"读为"旋"，即不久，引申为短暂，即所谓"短味"，意谓淡薄少味。但郝懿行解释为俗名"马枣"者。马枣并不短味。

〔10〕安邑：今山西安邑镇及夏县地。《史记·货殖列传》所称"安邑千树枣"，即其地。

〔11〕谷城：属东郡的谷城，在今山东东阿。

〔12〕西王母：古地名，在西陲边荒，见《尔雅·释地》。后魏杨衒之《洛阳伽蓝记》卷一"景林寺"有西王母枣记载。

〔13〕河内：此泛指黄河之北。　　汲郡：晋置，有河南汲县（今为卫辉）、新乡等地，在黄河以北。

〔14〕蒸枣：北宋苏颂（1020—1101）《本草图经》记"天蒸枣"称："南郡人煮而后曝，及干，皮薄而皱，味更甘于它枣，谓之天蒸枣。"则《广志》所称的"蒸枣"和《尔雅》的"填枣"，大概只是一种蒸干的枣。

〔15〕《晋书·地理志》安平国有信都县，即河北冀县（今为冀州区）。该地好枣，魏晋以来文献记载颇多。

〔16〕《邺中记》：东晋陆翙撰，二卷。十六国时后赵石虎（295—349）迁都于邺（今河北临漳西南），该书所记皆石虎邺都事。书已佚，清人有辑佚本一卷。

〔17〕《抱朴子》：东晋葛洪（284—364）撰，为神仙方药、禳邪却祸及论世事吉凶之书，其中炼丹及治病等记载，对化学和制药学的发展有一定贡献。

〔18〕今本《抱朴子》已非完帙，所引不见于今本，当系佚文。

〔19〕《证类本草》卷二三"大枣"引《吴氏本草》只说明药效，"一名良枣"则见于《本草经集注》陶弘景所加者，陶氏可能是采自《吴氏本草》。

〔20〕《西京杂记》卷一："初修上林苑，群臣远方各献名果异树，亦有制为美名，以摽奇丽……枣七……"凡七种，《要术》少一种"樽枣"。

〔21〕唐李善（约630—689）注《文选·闲居赋》此句引《广志》的传说称："周文王时有弱枝之枣，甚美，禁之不令人取，置树苑中。"

〔22〕《文选》卷一六潘岳《闲居赋》无"丹枣"二字，也不可能有，这里有窜误，也许由《西京杂记》的"樽枣"窜入，而又误为"丹枣"。

〔23〕乐毅：战国时燕国大将，公元前284年率军击破齐国，先后攻下七十多城，因功封于昌国，其地即在今益都附近。

〔24〕齐郡：今山东中部及偏东一带，后魏时郡治在益都（今寿光

南）。　　西安：县名，故治在今青州。　　广饶：县名，今山东广饶。二县均属齐郡。齐郡属青州。贾思勰是益都（寿光）人，与西安、广饶都是家乡邻县，所以他对二县所产乐氏枣知之甚稔。

【译文】

《尔雅》说："有壶枣；边是要枣；桥（jī）是白枣；樲（èr）是酸枣；杨彻是齐枣；遵是羊枣；洗是大枣；煮是填枣；蹶泄是苦枣；皙是无实枣；还（xuán）味是棯（rěn）枣。"郭璞注解说："现在江东将大而上端尖锐的枣叫作'壶'；壶就是形状像瓠的意思。'要'是细腰，现在叫作'鹿卢枣'。'桥'就是现在成熟时白色的枣。'樲'是树小果实酸的枣，也就是《孟子》所说'养其樲棘'的樲。'遵'是果实小而圆的，果皮紫黑色，俗名'羊矢枣'，就是《孟子》说的'曾〔皙〕喜欢吃羊枣'的羊枣。'洗'，现在河东猗氏县出的大枣，果实有鸡蛋大。'蹶泄'，果实味苦。'皙'是没有核的枣。'还味'就是淡薄少味。'杨彻'、'煮填'，未详。"

《广志》说："河东安邑的枣；东郡谷城的紫枣，有二寸长；西王母枣，像李核那么大，三月成熟；河内汲郡的枣，又叫墟枣；东海有蒸枣；洛阳夏熟的白枣；安平信都的大枣；梁国夫人枣。有大白枣，名叫'蹙咨'，核小肉多；有三星枣；有骈白枣；有灌枣。又有狗牙、鸡心、牛头、羊矢、猕猴、细腰的名目。此外还有氏枣、木枣、崎廉枣、桂枣、夕枣。"

《邺中记》说："石虎的王家园林中有西王母枣，冬夏都有叶，九月开花，十二月才成熟，三个枣子有一尺长。又有羊角枣，也是三个枣子一尺长。"

《抱朴子》说："尧山有历枣。"

《吴氏本草》说："大枣，一名良枣。"

《西京杂记》说："〔上林苑中〕有弱枝枣、玉门枣、西王母枣、棠枣、青花枣、赤心枣。"

潘岳《闲居赋》中有"周文弱枝之枣"的句子。（丹枣？）

〔思勰〕按：青州有一种乐氏枣，多肉细核，汁多肥美，为天下第一。父老相传说："它是乐毅攻破齐国时，从燕国带来种下的。"如今齐郡的西安、广饶二县所产的著名好枣，就是这种枣。又现在还有陵枣、幪弄枣。

常选好味者，留栽之。候枣叶始生而移之。枣性硬，故生晚；栽早者，坚垎生迟也。三步一树，行欲相当。地不耕也。欲令牛马履践令净。枣性坚强，不宜苗稼，是以不耕[1]；荒秽则虫生，所以须净；地坚饶实[2]，故宜践也。

正月一日日出时，反斧斑驳椎之，名曰"嫁枣"〔3〕。不椎则花而无实；斫则子萎而落也。候大蚕入簇，以杖击其枝间，振去狂花。不打，花繁，不实不成。

全赤即收。收法：日日撼胡感切而落之为上。半赤而收者，肉未充满，干则色黄而皮皱；将赤味亦不佳；全赤久不收，则皮硬，复有乌鸟之患。

晒枣法：先治地令净。有草莱，令枣臭。布椽于箔下，置枣于箔上，以杴聚而复散之〔4〕，一日中二十度乃佳。夜仍不聚。得霜露气，干速〔5〕，成。阴雨之时，乃聚而苫盖之。五六日后，别择取红软者，上高厨而曝之。厨上者已干，虽厚一尺亦不坏。择去胮烂者〔6〕。胮者永不干，留之徒令污枣。其未干者，晒曝如法。

其阜劳之地〔7〕，不任耕稼者，历落种枣则任矣。枣性炒故。

凡五果及桑，正月一日鸡鸣时，把火遍照其下，则无虫灾。

【注释】

〔1〕"不耕"，各本只一"耕"字，与上句"不宜苗稼"矛盾，仅殿本《辑要》引有"不"字，《学津》本从之。"不耕"与上文"地不耕也"相符，"不"字必须有，据补。

〔2〕地坚饶实：地坚实了结的果实多。启愉按：实际是经过牛马反复践踏后，将地表的部分浮根踩断，使发生新根，根系下扎，增强树的抗旱抗寒能力，同时踩死杂草不致耗夺肥分，因而促使多结果实，不是把地踩坚实了会增加果实。

〔3〕嫁枣：启愉按：这样做的目的在破坏韧皮部，阻止地上部养分的向下输送，以促进开花和果实生长，因而提高座果率，增加生产。这和后来北方产枣区一直采用的"开甲"等技术相似，其原理与"环状剥皮"相同。但开甲的时机掌握在开花盛期进行，有时还不止一次，过早过迟都会失去阻止养分下行的时效。可《要术》早在正月初一进行，则被椎打破坏的地方到开花前就已愈合，实际已起不到阻止养分下行的作用，至少作用很微小，因之恐怕很难提高座果率。椎打只能打伤韧皮部，不能用斧刃砍伤木质部外围的新木质层，否则，会阻碍地下部的水分和无机养料的向上输送，果实就长不好，就会干瘪掉落。这是对的。

〔4〕朳:木朳。晒谷物时摊开扒拢的一种农具,见图十七(采自《王氏农书》)。

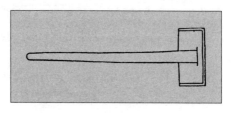

图十七 朳

〔5〕干速:干得快。夜间气温降低,有霜露气,而枣子经过一天曝晒,内热,枣子本身又呼吸生热,因此内温高于外温,枣子水分继续蒸发,所以必须摊着,促使干得快。

〔6〕胮(pāng):膨胀,浮月中。

〔7〕明抄等作"阜劳",他本作"早劳"、"旱涝",都不好解释。有人疑是"阜旁"之误,即小山坡边上的地方,但小坡边地不是绝对不能种庄稼的。"阜劳"如果解释为高阜劳累之地,望文生义也未必正确。此二字存疑。

【译文】

常常选味道好的枣树,留着它的根蘖苗作为栽子,等到枣叶开始发芽时截取来移栽。枣树的特性坚硬,所以发芽迟;移栽过早,由于性硬,成活也迟。三步栽一株,株行距要对直不偏斜〔,成方形布置〕。地不耕的缘故。要让牛马在地面上践踏,把地踩干净。枣树根系的蔓延力强,树下不宜种庄稼,所以其地不耕翻;不耕翻草荒了容易生虫,所以要保持干净;地坚实了结的果实多,所以要牛马践踏。

正月初一在太阳出来的时候,用斧背在树干上花花驳驳无定处地捶打,叫作"嫁枣"。不捶打,就只开花不结实。如果用斧刃砍,以后果实便会萎瘪脱落。到大蚕上簇的时候,用杖子在树枝中间击打,震落过多的狂花。不打,花太多,不结实,就是结实也不是好果实。

枣子整个红了就收。收法:天天摇晃树枝让它自然掉落最好。半个红时就收,肉还没有饱满,干后颜色黄,皮皱;快红时味道也不好;全红了长久不收,皮会变硬,而且还有被乌鸦鸟类啄食的害处。

晒枣的方法:先把地面整治干净。如果荒草多,会使枣发臭。用椽木支架着席箔,枣放在席箔上,拿木朳扒拢作一堆,过一会又扒散开来,一天中扒拢又扒散二十遍才好。夜间仍然摊着不扒拢。夜间得到霜露气，干得快，这样就好。只有阴雨的时候，才扒拢堆起来，用苫子盖好。五六天之后，选择红软的，搁到高架上去晒。上到高架上的是已经干的，就是堆聚到一尺厚也不会坏。把膨烂软糊糊的剔出去不要。膨烂的永远不会干，留下只会污染好枣。还有没有干的，继续照样再晒。

高阜劳累（？）不好种庄稼的地，疏疏落落地栽上些枣树是会长成的。因为枣树耐旱耐热。

所有果树和桑树，在正月初一鸡鸣的时候，拿火把在树下通通照一遍，就没有虫灾。

《食经》曰："作干枣法：新菰蒋，露于庭，以枣着上，厚三寸，复以新蒋覆之。凡三日三夜，撤覆露之，毕日曝，取干，内屋中。率一石，以酒一升，漱着器中[1]，密泥之。经数年不败也。"

枣油法：郑玄曰："枣油，捣枣实，和，以涂缯上，燥而形似油也。"[2]乃成之。

枣脯法：切枣曝之，干如脯也。

《杂五行书》曰："舍南种枣九株，辟县官，宜蚕桑。服枣核中人二七枚，辟疾病。能常服枣核中人及其刺，百邪不复干矣。"

种椶枣法：阴地种之，阳中则少实。足霜，色殷[3]，然后乃收之。早收者涩，不任食之也。《说文》云："椶枣也，似柿而小。"[4]

作酸枣䴵法[5]：多收红软者，箔上日曝令干。大釜中煮之，水仅自淹。一沸即漉出，盆研之。生布绞取浓汁，涂盘上或盆中，盛暑日曝使干；渐以手摩挲，散为末。以方寸匕投一碗水中[6]，酸甜味足，即成好浆。远行用和米䴵，饥渴俱当也。

【注释】

〔1〕漱：喷润。或释漱为"洗"，失当。一石枣只用一升酒，"液比"为100∶1，如何洗得过来？实际洗到一部分时，酒已被枣子沾得干净了。就是喷润也不可能周遍，何况是洗？那"一升"就非改字不可。这也是以今况古强作"新解"的一例。

〔2〕郑玄的话，未详所出。《释名·释饮食》"柰油"的作法，与此条"枣油"完全相同（见本卷《种梅杏》注释），怀疑"郑玄"是《释名》被《食经》搞错的，

而今本《释名》又误"枣"为"奈"。又,"枣油法"和"枣脯法"二条列在《食经》下面《杂五行书》前面,按贾氏写书体例,应仍是《食经》文。

〔3〕殷(yān):黑红色。

〔4〕今本《说文》只是:"梬,梬枣也,似柿。"无"而小"二字;可《文选·司马相如〈子虚赋〉》"樝梨梬栗",李善注引《说文》"而小"下面还多"名曰樱"。段玉裁注《说文》即据《要术》和李善注补上"而小,一曰樱"五字。《说文》无"樱"字,段氏说因"樱"是"梬"的俗字,故不列。但二字读音不同,纵使同物,自是二字。

〔5〕麨(chǎo):原指炒米炒麦磨成(或先磨后炒)的干粮。由于这种干粮为粉末状,因亦称干制的果实粉末为"麨"。

〔5〕方寸匕:古代量取药末的计量单位。陶弘景《名医别录序例》:"方寸匕者,作匕正方一寸,抄散取不落为度。"一方寸匕约合今2.74毫升。

【译文】

《食经》说:"作干枣的方法:拿新采的茭白叶子,铺在庭院地面上,将枣子摊在上面,三寸厚,再用新茭白叶子盖在上面。经过三天三夜,撤去上面盖的,让枣子露出,整整晒上一天,到快干,搬进屋里来。大率一石枣子,用一升酒喷润过,盛到容器里,用泥密封着。这样,可以经过几年不坏。"

枣油的作法:郑玄说(?):"枣油,是把枣子捣烂,和匀,涂在帛上,干后像油一样。"这样就作成了。

枣脯的作法:把枣子切开来晒,干了就像肉脯似的成为果脯了。

《杂五行书》说:"在房屋南边种上九株枣树,可以辟除县官的骚扰,又对蚕桑生产好。吃下十四枚枣仁,可以避免生病。能时常吃些枣仁和枣树刺,一切邪恶都不能侵犯。"

种樱(ruǎn)枣的方法:要种在背阴地上;如果种在向阳地,结实就少。受了足够的霜,果实变成红黑色之后,再采收。收得早了,味道涩,很不好吃。《说文》说:"就是梬(yǐng)枣,像柿子,但果形小。"

作酸枣麨的方法:多收集红软的酸枣,摊在席箔上晒干。放入大锅里煮,水只要淹没枣面就够了。水一开就捞出来,放在盆里研烂。用没有经过煮练的生布绞得浓汁,涂抹在盘上或盆中。大热天在太阳底下晒干,用手指慢慢摩挲使散成粉末〔,收起来〕。抄一方寸匕的粉末投在一碗水里,又酸又甜,味道正够好,就成为一碗好饮浆。出门远行的时候,用来调和炒米粉,既解渴又充饥,两样都解决了。

种桃柰第三十四⁽¹⁾

《尔雅》曰⁽²⁾:"旄,冬桃⁽³⁾。榹桃,山桃。"郭璞注曰:"旄桃,子冬熟。山桃⁽⁴⁾,实如桃而不解核。"

《广志》曰:"桃有冬桃,夏白桃,秋白桃,襄桃,其桃美也;有秋赤桃。"

《广雅》曰:"抵子者,桃也。"⁽⁵⁾

《本草经》曰⁽⁶⁾:"桃枭⁽⁷⁾,在树不落,杀百鬼。"

《邺中记》曰:"石虎苑中有句鼻桃,重二斤。"

《西京杂记》曰:"榹桃,樱桃,细核桃,霜桃,言霜下可食;金城桃,胡桃,出西域,甘美可食;绮蒂桃,含桃,紫文桃。"⁽⁸⁾

【注释】

〔1〕"种桃柰",金抄、明抄同,明清刻本无"柰"字。按:本篇内容并没有提到"柰",下面另有《柰林檎》篇记述柰的种法,此"柰"字应是衍文。

〔2〕见《尔雅·释木》。郭璞注分列在各该条下,"而"下多"小"字,"小"字似应有。

〔3〕冬桃:今陕西商州、扶风等地所产冬桃,果实在初期生长极慢,至立秋后始渐肥大,到十一、十二月成熟。

〔4〕山桃(Prunus davidiana):蔷薇科,野生。果圆形,果肉薄,不堪食。可用作桃的砧木。

〔5〕《广雅·释木》却是:"栀子,楯桃也。"按:《广雅》无"……者……也"例,《要术》"者"疑是"楯"的残文。"肴"错成,而又误"栀"的残文为"抵"。栀子别名"楯桃",但和桃不相干,而《要术》引之,可能贾氏所用《广雅》已错成这样。

〔6〕《类聚》卷八六、《初学记》卷二八及《御览》卷九六七都引到《本草经》这条。据《证类本草》卷二三所录,这条是《神农本草经》和陶弘景《集注》的综合。

〔7〕桃枭:桃子被桃褐腐病侵害,在树自干不落。其病原为桃褐腐核盘菌,使果实变褐色,腐败而僵化,悬挂枝头,如枭首状。又名桃奴。

〔8〕此条与《种枣》引《西京杂记》在同一项内,作"……桃十……"《要术》少一种"秦桃",次序亦异。

【译文】

《尔雅》说:"旄(máo)是冬桃。榹(sī)桃是山桃。"郭璞注解说:"旄桃,果实冬天成熟。山桃，果实像桃，但肉不脱核。"

《广志》说："桃有冬桃，夏白桃，秋白桃，襄桃，它的桃子好；又有秋赤桃。"

《广雅》说："抵子（？），是桃（？）。"

《本草经》说："桃枭，在树上不脱落，可以杀百鬼。"

《邺中记》说："石虎的园林中有句鼻桃，一个有两斤重。"

《西京杂记》说："〔上林苑中〕有樱桃，樱桃，缃核桃，霜桃——是说下过霜才可以吃；金城桃，胡桃——出在西域，甜美可吃；绮蒂桃，含桃，紫文桃。"

桃，柰桃，欲种，法[1]：熟时合肉全埋粪地中。直置凡地则不生，生亦不茂。桃性早实，三岁便结子，故不求栽也。至春既生，移栽实地[2]。若仍处粪地中[3]，则实小而味苦矣。栽法：以锹合土掘移之。桃性易种难栽，若离本土，率多死矣，故须然矣。

又法：桃熟时，于墙南阳中暖处，深宽为坑[4]。选取好桃数十枚，擘取核，即内牛粪中，头向上；取好烂粪和土，厚覆之，令厚尺余。至春桃始动时，徐徐拨去粪土，皆应生芽，合取核种之，万不失一。其余以熟粪粪之[5]，则益桃味。

桃性皮急，四年以上，宜以刀竖劙其皮[6]。不劙者，皮急则死。

七八年便老，老则子细。十年则死。是以宜岁岁常种之。

又法：候其子细，便附土斫去；枿上生者，复为少桃：如此亦无穷也。

桃酢法：桃烂自零者，收取，内之于瓮中，以物盖口。七日之后，既烂，漉去皮核，密封闭之。三七日酢成，香美可食。

《术》曰[7]："东方种桃九根，宜子孙，除凶祸。胡桃、柰桃种[8]，亦同。"

【注释】

〔1〕"桃柰桃欲种法"六字，各本同，但有问题。按："柰桃"古时有这名称，下文引《术》就有。据唐孟诜《食疗本草》："樱桃，俗名李桃，亦名柰桃。""柰桃"虽是樱桃的异名，但下文已有樱桃及其栽植法，而且栽植法和桃不同，这里不应异法混举。篇中亦无一字提及"柰桃"。据此，此二字应有窜误或是衍文。上文引《西京杂记》少一种"秦桃"，引文后紧接着就是种桃法的正文，怀疑是"秦

桃"误窜入此,而"秦"字残烂后也容易错成"奈"字。这一情况,跟《种枣》引《西京杂记》少一种"樗枣"而引《闲居赋》多出一种"丹枣"很相像。总之,此二字不宜有,那只剩下"桃欲种法"四字,指桃宜"种"(直接种核),不宜"栽",与下篇"李欲栽"相对,"欲"字没有错。

〔2〕实地:比较肥沃的熟地,生长良好。但如果一直留在粪地中生长,又会受肥害,果实小而味苦。

〔3〕"粪地",原无"地"字,《四时纂要·三月》采《要术》作"既移不得更于粪地,必致少实而味苦",据补。

〔4〕"深宽为坑",据下文"即内牛粪中",坑中应先放入牛粪,《四时纂要·七月》采《要术》这句下面就有"收湿牛粪内在坑中"句。《要术》应有脱文。

〔5〕"其余",疑应作"其后"。

〔6〕这是采用"纵伤法"以促进生长旺盛。《多能鄙事》卷七:"至六年以刀劈其皮,令胶出,可多活五年。"

〔7〕《术》:《要术》引用不少,但不见各家书目,未知何书。从所引录的内容看来,当是杂采辟邪厌胜之术而成的书。

〔8〕奈桃:樱桃的异名。

【译文】

桃是要种的,种法是:桃子成熟时,连肉带核整个地埋在多粪地里。如果径直埋在一般的地里,不大会发芽,就是发芽也长不茂盛。桃树结实早,三年便结实,所以用不着找树栽移栽。到明年春天发芽之后,移栽到实地里。如果仍然留在粪地里,果实小,味道也苦。移栽的方法:用锹连同泥土一起挖出来移栽。桃树容易种,难栽,如果离开生根的本土,大多会死去,所以必须带土移栽。

又一方法:桃子成熟时,在墙壁南面向阳温暖的地方,掘一个又深又宽的坑〔里面放入牛粪〕。选得几十个好桃子,擘取桃核,随即放入牛粪里面,核头向上,再拿烂熟的好粪同泥土相和,覆盖在上面,盖到一尺多厚。到明年春天,桃叶开始萌芽的时候,轻轻拨去上面的粪土,桃核都应已经出了芽。这时,连同核壳取出来种下去,万无一失。以后用熟粪粪上,桃子的味道会更好。

桃树的特性是树皮紧,四年之后应该用刀竖向地划破它的皮。不划破的话,树皮紧绷着,树会死去。

七八年树便老了,老了果实就细小。十年便死去。因此,该年年种些依次替补。

又一方法：等到果实变细小的时候，贴地面斫去老树，〔保护好根颈部，〕让它蘖生新株，又是少壮的新桃树了。这样也可以保持较长年岁。

作桃醋的方法：桃子烂熟自己掉落的，收来，放入瓮子里，用覆盖物盖好瓮口。七天之后，完全烂了，漉去皮和核，严密地封闭着。过二十一天，醋已作成，味道香美。

《术》说："东方种桃树九株，宜子孙，辟除灾祸。种胡桃或奈桃也一样。"

樱　桃

《尔雅》曰[1]："楔，荆桃。"郭璞曰："今樱桃。"

《广志》曰[2]："楔桃，大者如弹丸，子有长八分者，有白色肥者，凡三种。"

《礼记》曰[3]："仲夏之月……天子……羞以含桃。"郑玄注曰："今谓之樱桃。"

《博物志》曰："樱桃者，或如弹丸，或如手指。春秋冬夏，花实竟岁。"[4]

《吴氏本草》所说云："樱桃，一名牛桃，一名英桃。"[5]

二月初，山中取栽，阳中者还种阳地，阴中者还种阴地。若阴阳易地则难生，生亦不实：此果性，生阴地，既入园圃，便是阳中，故多难得生。宜坚实之地，不可用虚粪也[6]。

【注释】

〔1〕见《尔雅·释木》，正注文并同。

〔2〕"《广志》"，原作"《广雅》"，误。《广雅》是训诂书，《广志》是方物志，此条记樱桃种类，应出《广志》，《类聚》卷八六、《初学记》卷二八、《御览》卷九六九"樱桃"引均作《广志》，据改。

〔3〕见《礼记·月令》。今本郑玄注作："含桃，樱桃也。"《吕氏春秋·仲夏纪》高诱注作："含桃，鹦桃，鹦鸟所含食，故言'含桃'。"《初学记》卷二八、《御览》卷九六九引高注则作："含桃，樱桃，为鸟所含，故曰'含桃'。"

〔4〕今本《博物志》佚此条。所云"春秋冬夏，花实竟岁"，可疑。《白帖》卷九九、《类聚》卷八六引《博物志》均无此说。另外，《御览》卷九七一"橙"引有《博物志》另一条佚文是："成都……六县，生金橙，似橘而非，似柚而芬香。夏秋冬，或华或实。大如樱桃，小者或如弹丸。或有年，春秋冬夏，华实竟岁。"则所

指为金柑 (Fortunella spp.),《要术》很可能由《博物志》的金橙条割裂错入。

〔5〕《本草图经》说:"谨按书传引《吴普本草》曰:'樱桃,一名朱茱,一名麦甘醋.' 今本草无此名,乃知有脱漏多矣。"《类聚》卷八六引《吴氏本草》作"一名麦英,甘醋",《本草图经》"麦"下疑脱"英"字。《要术》"牛桃",《御览》卷九六九引作"朱桃","牛"应是"朱"字之误,盖谓樱桃朱色也。"所说"二字无意义,疑衍。

〔6〕"虚粪也",疑应作"虚粪地",指疏松粪熟之地。

【译文】

樱 桃

　　《尔雅》说:"楔是荆桃。"郭璞注解说:"就是现在的樱桃。"

　　《广志》说:"楔桃,有大的像弹丸大小的,有果实八分长的,有白色而多肉的,一共有三种。"

　　《礼记》说:"仲夏五月……天子……美食用含桃。"郑玄注解说:"现在叫作樱桃。"

　　《博物志》说:"樱桃,或者如弹丸,或者如手指。春秋冬夏(？),一年到头开花结实(？)。"

　　《吴氏本草》说:"樱桃,又名〔朱〕桃,又名英桃。"

二月初,到山里找野生树苗拿回来栽,长在向阳地的还是栽在向阳地,长在背阴地的还是栽在背阴地。假如阴阳改换了方位,就难得成活,就是活了也不结实:这是它的生活习性。原来长在阴地的,移到果园里来,便是到了阳地,所以往往难得成活。又,宜于栽在坚实的地里。不可栽在疏松的粪〔地里〕。

蒲 萄

　　汉武帝使张骞至大宛,取蒲萄实,于离宫别馆旁尽种之。西域有蒲萄,蔓延,实并似蔓[1]。

　　《广志》曰"蒲萄有黄、白、黑三种"者也。

蔓延,性缘不能自举,作架以承之。叶密阴厚,可以避热。

十月中,去根一步许,掘作坑,收卷蒲萄悉埋之。近枝茎薄安黍穰弥佳。无穰,直安土亦得。不宜湿,湿则冰冻。二月中还出,舒而上架。性不耐寒,不埋即死。其岁久根茎粗大者,宜远根作坑,勿令茎折。其坑外处,亦掘土并穰培覆之。

摘蒲萄法:逐熟者一一零叠一作"条"[2]摘取,从本至末,悉皆无遗。世人全房折杀者,十不收一。

作干蒲萄法:极熟者一一零叠摘取,刀子切去蒂,勿令汁出。蜜两分,脂一分,和,内蒲萄中,煮四五沸,漉出,阴干便成矣。非直滋味倍胜,又得夏暑不败坏也。

藏蒲萄法:极熟时,全房折取。于屋下作廕坑,坑内近地凿壁为孔,插枝于孔中,还筑孔使坚,屋子置土覆之[3],经冬不异也。

【注释】

〔1〕蘡:即葡萄科的蘡薁(Vitis adstricta),落叶木质藤本。浆果小球形,紫黑色。

〔2〕"一作'条'",这是校刻《要术》不同本子的校注,跟卷八《作酱等法》的"一本作'生缩'"一样,均北宋本原有,说明是北宋初刻《要术》时所校不同本子的异文。"条"字仅金抄有。"零叠"指零星小串,不同于整穗的"全房"。"零叠"一本作"零条",意思相同。

〔3〕"屋子",很难解释。从"置土覆之"看来,置土覆在坑口上,必须有承托之物,"屋子"应是承托覆土之物,但未悉何字错成。

【译文】

葡 萄

　汉武帝派张骞出使大宛,带回来葡萄种实,于是在离宫别馆的旁地上全都种上。西域有葡萄,它茎的蔓延和果实都像蘡薁。

　《广志》说:"葡萄有黄、白、黑三种。"

葡萄枝茎蔓延开来,生性攀援别物,不能自己直立生长,所以要作棚架把它支撑起来。叶子稠密荫蔽厚,可以在下面乘凉。

到十月里,离开根一步左右,掘一个坑,把葡萄枝蔓收拢卷起来,全埋在坑里面。近枝茎薄薄地放些黍秸更好。没有黍秸,直接放上燥土也可以。不宜受潮湿,湿了会结冰冻坏的。到明年二月里,再整理出来,舒展理直,搭上架去。葡萄天性不耐寒,不埋便会冻死。年岁久些根粗茎壮的,该离根远些掘坑,免得把枝茎硬弯过来折断。坑外边也要掘些燥土,连同黍秸一起培壅覆盖着。

摘葡萄的方法:依次把成熟的一一作零星小串摘下来,从头到尾都不要有遗漏。一般人却是整穗地折断下来,十成收不到一成。

作干葡萄的方法:选极熟的葡萄,一一作零星小串摘下来,用刀子切去蒂尖,不要弄破皮让汁流出来。用两分蜜一分油脂和匀,倒入葡萄里,煮四五沸,漉出,阴干,便成功了。这样,不但味道加倍的好,而且可以过夏不会败坏。

鲜藏葡萄的方法:葡萄极熟的时候,整穗地折取下来。在房子地下掘一个阴坑,坑的四壁近地面的地方,凿出许多小孔,把果穗的柄插进孔里,再用土筑坚实,坑口用〔椽箔支撑着〕,堆上土覆盖着。这样,可以过冬还同新鲜的一样。

种李第三十五

《尔雅》曰:"休,无实李。痤,接虑李。驳,赤李。"[1]

《广志》曰:"赤李。麦李,细小有沟道。有黄建李,青皮李,马肝李,赤陵李。有糕李,肥黏似糕。有奈李,离核,李似奈。有劈李,熟必劈裂。有经李,一名老李,其树数年即枯。有杏李,味小醋,似杏。有黄扁李。有夏李;冬李,十一月熟。有春季李,冬花春熟。"[2]

《荆州土地记》曰[3]:"房陵、南郡有名李。"[4]

《风土记》曰:"南郡细李,四月先熟。"[5]

西晋傅玄《赋》曰[6]:"河、沂黄建[7],房陵缥青。"

《西京杂记》曰[8]:"有朱李,黄李,紫李,绿李,青李,绮李,青房李,车下李[9],颜回李,出鲁,合枝李,羌李,燕李。"

今世有木李,实绝大而美。又有中植李,在麦后谷前而熟者。

【注释】

〔1〕这是《尔雅·释木》"李"部分的全文,"接"原作"楼"。按:《说文》:"楼,续木也。"即今嫁接。郭璞注"无实李"说:"一名赵李。"按《尔雅》"无实枣"例,疑是果核退化的无核李。又注"楼虑李"说:"今之麦李。"赤李,即与李同属的红李(Prunus simonii),又名"杏李"。

〔2〕《类聚》卷八六、《初学记》卷二八、《御览》卷九六八都引有《广志》此

条,详略不一,李的种类多少和李名亦有互异。"黄扁李"、"夏李"、"冬李",《御览》引有"此三李种邺园"句。邺园,指后赵(319—350)石虎都邺(今河北临漳西南)时所建的林苑,则《广志》作者郭义恭应是东晋时人。《要术》"赤陵李"疑应作"房陵李","李似柰"的"李",《御览》也有,虽可解释,有些多余,如"杏李,似杏"例,疑是衍文。

〔3〕《荆州土地记》:不见各家书目,惟《类聚》、《御览》等有引到。但相同内容《要术》引作《荆州土地记》者,《类聚》、《初学记》、《御览》或引作《荆州记》,则该书亦简称《荆州记》。《初学记》引有刘澄之《荆州记》,《御览》引用书目有范汪、庾仲雍、盛弘之三种《荆州记》。胡立初据《荆州土地记》所记郡县设置时期和隶属关系考证,认为此书不出范、庾、刘三种《荆州记》,而不是盛弘之《荆州记》,因盛书为刘宋时书,为后出也。《要术》又引有《荆州地记》〔卷一〇"棪(九五)"〕及《荆州记》〔卷一〇"甘(一五)"〕,或亦《荆州土地记》的省称。但另引有"盛弘之《荆州记》",则是盛书。书均已佚。

〔4〕《类聚》卷八六、《初学记》卷二八均引作《荆州记》,前者少"南郡",后者作"南居","居"是"郡"的残文错成。房陵,今湖北房县。南郡,郡名,约有今湖北东部和南部地区。

〔5〕《类聚》引《风土记》是:"南郡有细李,有青皮李。"《初学记》、《御览》引同《要术》,但"南郡"都误作"南居"。

〔6〕据《初学记》及《御览》所引,此为傅玄《李赋》。引文同。傅玄(217—278),西晋哲学家、文学家。学问渊博,精通音律,诗擅长乐府,并对当时玄学空谈进行了批判。原有集,今佚,后人辑本仅其少部分。《要术》卷一〇"枣(八)"又引其《枣赋》,"木堇(一二二)"引其《朝华赋序》。

〔7〕沂:指沂水,即今山东沂河。

〔8〕今本《西京杂记》记录"李十五",《要术》少三种,名称也有不同。类书所引,亦有互异。

〔9〕车下李:即郁李(Prunus japonica),与李同属。参见卷一〇"郁(二五)"。

【译文】

《尔雅》说:"休是无实李。痤是接虑李。驳是赤李。"

《广志》说:"有赤李。麦李,果实细小,有一道纵沟。有黄建李,青皮李,马肝李,赤(?)陵李。有糕李,肉肥而黏,像糕。有柰李,肉离核,形状像柰。有劈李,成熟后总是自己裂开。有经李,又名老李,其树几年就枯死。有杏李,味道有点酸,形状像杏子。有黄扁李。有夏李;冬李,十一月成熟。有春季李,冬天开花,春天成熟。"

《荆州土地记》说:"房陵、南郡有名李。"

《风土记》说:"南郡有细李,四月就成熟。"

西晋傅玄《〔李〕赋》说:"河、沂的黄建李,房陵的缥青李。"

《西京杂记》说:"有朱李,黄李,紫李,绿李,青李,绮李,青房李,车下李,颜回李——产在鲁国,合枝李,羌李,燕李。"

现在有木李,果实极大,味道也好。又有中植李,在麦熟后谷子熟前成熟。

李欲栽。李性坚,实晚,五岁始子,是以藉栽。栽者三岁便结子也[1]。

李性耐久,树得三十年;老虽枝枯,子亦不细。

嫁李法:正月一日,或十五日,以砖石着李树歧中,令实繁[2]。

又法:腊月中,以杖微打歧间,正月晦日复打之,亦足子也。

又法:以煮寒食醴酪火栌着树枝间[3],亦良。树多者,故多束枝,以取火焉。

李树桃树下,并欲锄去草秽,而不用耕垦。耕则肥而无实;树下犁拨亦死之。

桃、李大率方两步一根。大概连阴,则子细而味亦不佳[4]。

《管子》曰:"五沃之土,其木宜梅李。"[5]

《韩诗外传》云[6]:"简王曰:'春树桃李,夏得阴其下,秋得食其实。春种蒺藜,夏不得采其实,秋得刺焉。'"[7]

《家政法》曰:"二月徙梅李也。"

作白李法:用夏李。色黄便摘取,于盐中挼之。盐入汁出[8],然后合盐晒令萎,手捻之令褊。复晒,更捻,极褊乃止。曝使干。饮酒时,以汤洗之,瀺着蜜中,可下酒矣。

【注释】

〔1〕三岁便结子:三年便结实。由于实生苗要通过阶段发育的胚胎和幼龄阶段,所以开花结实年龄都比较迟。但树栽已经过幼龄阶段,它的"发育年岁"带过来继续有效,所以可以缩短结果年龄而提前结果。凡属自根营养繁殖的扦插、压条、根蘖分株等法,都能提早结果。

〔2〕"以砖石"两句:启愉按:用砖石压在树权中,因韧皮部被压紧或受伤,有阻碍有机养料向下输送的作用,不过受压面积偏于一面而有限,多

结果的效果不可能怎样满意。但另一方面，如果树枝还没有长粗硬，则可使树枝向外散开，有利于通风受日，增进光能利用，增加醣类等有机养料的制造；同时树枝倾斜角度加大，生长速度比直枝减慢些，则醣类等养分消耗也较小，就有可能存留起来供给结果的需要。下文两个又法，一是用杖子击伤，略同"嫁枣法"，一是用柴火灼伤，同用砖石压伤，方法有异，作用相同。

〔3〕寒食：旧时节名，在清明前一日或二日。　　醴酪：一种饴糖杏仁麦粥，卷九有《醴酪》专篇。　　火㶼（tiàn）：这里是从灶膛里抽出来的燃烧着的柴枝。

〔4〕"大概连阴"两句：枝叶荫翳相连，这是培养果树最忌的。通风不好，阳光荫蔽，光能作用恶劣，枝叶难以合成果实所需要的有机物质，结果自然果实少而小，味道也差。而且荫翳还是病虫害的潜藏渊薮，为害更大。上文桃李树下不宜种庄稼，以避免庄稼施肥使树过于荫茂，其理相同。

〔5〕见《管子·地员》。《要术》是节引。

〔6〕《韩诗外传》：西汉韩婴撰，今本十卷，有残缺。其书杂述古事古语，而以《诗经》诗句印证之，非阐释《诗经》本义者。韩婴，汉文帝时任博士，齐、鲁、韩"三家诗"中"韩诗"的开创者。其"韩诗"已亡，今仅存《外传》。三家诗西汉时皆立于学官，置博士以阐说其诗学。

〔7〕见《韩诗外传》卷七，"简王"作"简主"（赵简主）。《要术》是节引。蒺藜，蒺藜科的 Tribulus terrestris，一年生草本。果实被刺。

〔8〕盐入汁出：盐的主要成分是氯化钠，高浓度的钠会破坏植物体内的正常代谢而出现外渗现象，大量渗出液汁，而使果实萎瘪，俗称"拔水"。腌菜，盐渍生菜等，同此作用。

【译文】

李是要取树栽来栽的。李树天性坚强，结实迟，五年才结实，所以要利用树栽来栽。栽的三年便结实。

李树生性耐久，有三十年寿命；老树虽然有着枯枝，但果实并不变细小。

"嫁李"的方法：正月初一日或十五日，用砖头石块压在李树树杈中间，可以使它多结果实。

又一方法：腊月中用木杖在桠杈间轻轻敲打，正月末日再打一次，也可以多结果实。

又一方法：用寒食节煮醴酪的火㶼，搁在树枝中间，也是好的。李树多的，特意多束些柴枝烧着，以取得足够的火㶼。

李树、桃树下面，都必须锄去杂草，但不可以耕翻种庄稼。耕种了树长得荫茂，但结实少；树根被犁拨伤，也会死。

桃树、李树，大致两步见方栽一株。太密时枝叶荫翳相连，果实就细小，味道也不好。

《管子》说："五沃的土地，宜于种梅树李树。"

《韩诗外传》说："简王说：'春天种桃李，夏天可以在树下遮荫，秋天可以得到果实。春天种蒺藜，夏天不能采得果实，秋天只得到刺。'"

《家政法》说："二月，移栽梅树李树。"

作白李的方法：用夏熟李。李皮变黄就摘下，放在盐里揉搓。盐渗进去，李汁也外渗出来，再连盐一并晒到萎软，用手捻扁。再晒，再捻，到极扁才停止。然后晒干。饮酒时，用热水洗净，捞出来放进蜜里，就可以下酒了。

种梅杏第三十六 杏李䕏附出

《尔雅》曰："梅，枏也。""时，英梅也。"[1]郭璞注曰："梅，似杏，实醋。""英梅，未闻。"[2]

《广志》曰："蜀名梅为'藙'，大如雁子。梅杏皆可以为油、脯。黄梅以熟藙作之。"

《诗义疏》云："梅，杏类也；树及叶皆如杏而黑耳。实赤于杏而醋，亦可生啖也。煮而曝干为藙[3]，置羹、臛、齑中。又可含以香口。亦蜜藏而食。"

《西京杂记》曰："侯梅，朱梅，同心梅，紫蒂梅，燕脂梅，丽枝梅。"[4]

按：梅花早而白，杏花晚而红；梅实小而酸，核有细文，杏实大而甜，核无文采。白梅任调食及齑，杏则不任此用。世人或不能辨，言梅、杏为一物，失之远矣。[5]

《广志》曰："荥阳有白杏，邺中有赤杏，有黄杏，有柰杏。"[6]

《西京杂记》曰："文杏，材有文彩。蓬莱杏，东海都尉于台献[7]，一株花杂五色，云是仙人所食杏也。"

【注释】

〔1〕引文见《尔雅·释木》，均无"也"字。枏（nán），即楠字，是樟科的楠木（Phoebe zhennan），别名"梅"，但不是蔷薇科的梅（Prunus mume）。

〔2〕今本郭璞注"英梅"是"雀梅"，跟《要术》引作"未闻"不同，可注意。雀梅即郁李（Prunus japonica）。

〔3〕"蘇"，字书没有此字，《御览》卷九七〇引《诗义疏》及《初学记》卷二六引《毛诗草木疏》均作"蘇"。《永乐大典》卷二八〇八"梅"字下引《要术》亦作"蘇"。清末吾点疑是"藤"字之误，左边的"木"错成"禾"，右边的"尞"错成"昔"，又左右倒错了变成"蘇"。"蘇"也是由右边错成"鱼"而倒错。按："藤"，《说文》："干梅之属。"《周礼·天官·笾人》有"干藤"。这里正是"煮而曝干"，应是"藤"字之误。郝懿行《尔雅义疏》引《要术》转引《诗义疏》作"腊"，则是根据《初学记》卷二八引《诗义疏》作"腊"来的。

〔4〕《西京杂记》记载是"梅七"，《要术》少一种，名称也有不同。

〔5〕贾思勰对植物种类的鉴别，有独到的正确见解。梅和杏不容易分辨，古人往往混为一物，就是现在也常有人混淆。贾氏就形态、性状等方面予以辨别，指出花色、花期、果味、用途等方面二者不同，特别是核外形的差异，尤为正确。他说，梅的核上有细纹，杏核则无"文采"。按：杏核核面平滑无纹，没有斑孔，是杏在植物分类上的重要特征，也给贾氏抓住了。他的这种细心观察精神值得称道。

〔6〕《御览》卷九六八"杏"引《广志》无"黄杏"，余同。"荣阳"，应是"荥阳"之误。《王氏农书·百谷谱六·梅杏》引《广志》作"荥阳"。

〔7〕"东海都尉于台"，《御览》卷九六八引《西京杂记》同，但今本《西京杂记》作"东郭都尉干吉"，则东郭干吉是人名，有不同，但今本可能是错的。都尉，郡的高级武官。东海，汉时东海郡，郡治在今山东郯城北。

【译文】

《尔雅》说："梅，就是枏。""时，是英梅。"郭璞注解说："梅，像杏子，果实酸。""英梅，未闻。"

《广志》说："蜀人把梅称为'藤'（lǎo），有雁蛋那么大。梅杏都可以作'果油'和果脯。黄梅用熟藤作成。"

《诗义疏》说："梅是杏一类的；树和叶子都像杏，不过颜色黑些。果实比杏子红，味道酸，也可以生吃。煮过晒干成为〔藤〕，可以加在鱼肉菜肴中调味，也可以作成调味的齑菜。又可以含在口里使口气变香。还可以用蜜腌渍着吃。"

《西京杂记》说："〔上林苑中〕有侯梅，朱梅，同心梅，紫蒂梅，胭脂梅，丽枝梅。"

〔思勰〕按：梅花开得早，花是白色的，杏花开得晚，花是红色的；梅的果实小，味道酸，核上有细纹，杏的果实大，味道甜，核上没有花纹。白梅可以调和菜肴和作斋菜，杏子却没有这种用途。可现在的人有分辨不清的，说梅和杏是同一种植物，就错得远了。

《广志》说："〔荥〕阳有白杏，邺中有赤杏，有黄杏，有柰杏。"

《西京杂记》说："〔上林苑中〕有文杏，木材有花纹。蓬莱杏，东海都尉于台所献，一株树上有五种颜色的花，说是仙人所吃的杏。"

栽种与桃李同 $^{(1)}$ 。

作白梅法：梅子酸，核初成时摘取，夜以盐汁渍之，昼则日曝。凡作十宿，十浸十曝，便成矣。调鼎和齑，所在多入也。

作乌梅法：亦以梅子核初成时摘取，笼盛，于突上熏之，令干，即成矣。乌梅入药，不任调食也。

《食经》曰："蜀中藏梅法：取梅极大者，剥皮阴干，勿令得风。经二宿，去盐汁 $^{(2)}$ ，内蜜中。月许更易蜜。经年如新也。"

作杏李䴷法：杏李熟时，多收烂者，盆中研之，生布绞取浓汁，涂盘中，日曝干，以手摩刮取之。可和水为浆，及和米䴷，所在入意也。

作乌梅欲令不蠹法：浓烧穰 $^{(3)}$ ，以汤沃之，取汁，以梅投中，使泽。乃出蒸之。

《释名》曰："杏可为油。" $^{(4)}$

【注释】

〔1〕这句含义不清楚。《要术》桃要种，李要栽，那么梅、杏与桃、李相同，究竟是种还是栽？还是二者或种或栽都可以？现在通常繁殖法，梅是嫁接，也可播种，杏则常用嫁接。

〔2〕"去盐汁"，应有先经盐渍的过程，通常"经二宿"上应有"盐汁渍"字样，但《食经》文常是这样想当然。

〔3〕"浓烧穰"，不好讲，"浓"字疑应在"取"字下作"取浓汁"，上条即作"绞取浓汁"，传抄中上窜致误。

〔4〕《释名·释饮食》无此句，今本有误。今本有如下记载："柰油，捣柰实，和以涂缯上，燥而发之，形似油也。柰油亦如之。"问题就出在"柰油亦如之"，

因为与上文重出,决非原文,错在"柰油"是"杏油"之误。《要术》引作"杏可为油",正是根据"杏油亦如之"引述的。《御览》卷八六四"油"引《释名》正作:"柰油……形似油也。杏油亦如之。"《永乐大典》卷八八四一"油"字下引《释名》也是"杏油"。又,"柰油"的作法,与《种枣》引郑玄的"枣油法"完全相同,怀疑郑玄是《释名》之误,而被《食经》误题。"枣"字残烂后容易错成"柰"字,今本《释名》乃误"枣油"为"柰油"。毕沅《释名疏证》也认为可疑。

【译文】

梅杏栽种的方法与桃李相同。

作白梅的方法:酸梅子在核刚长成的时候摘下来,夜里用盐汁浸渍着,白天在太阳底下晒。这样夜浸日晒,一共浸上十夜,晒上十天,便作成了。用来调和鱼肉厚味,或者加入齑菜中,样样都用得上。

作乌梅的方法:也是在梅核刚长成的时候摘下来,用笼子盛着,放在烟囱上熏,把它熏干,就作成了。乌梅只作药用,不能调和菜肴。

《食经》记载蜀人藏梅的方法说:"拿极大的梅子,剥去皮,阴干,不要让它见风。〔浸入盐汁中。〕经过两夜,去掉盐汁,浸入蜜里面。一个月左右,再换蜜浸渍。这样,可以经过一年还同新鲜的一样。"

作杏𪎊、李𪎊的方法:杏子、李子成熟时,多多收集熟烂的,在盆中研糊了,用未经煮练的生布绞得浓汁,涂在盘子上,太阳底下晒干后,用手指摩散刮下来。可以用来和水作成饮浆,以及和入炒米粉里,随人喜欢,都合口味。

作好的乌梅使它不生虫的方法:烧黍秸成灰,用热汤灌进去,绞得浓灰汁,拿乌梅泡在里面,让它吸汁润泽,然后取出,蒸过。

《释名》说:"杏子可以作成'杏油'。"

《神仙传》曰[1]:"董奉居庐山,不交人。为人治病,不取钱。重病得愈者,使种杏五株;轻病愈,为栽一株。数年之中,杏有十数万株,郁郁然成林。其杏子熟,于林中所在作仓。宣语买杏者:'不须来报,但自取之,具一器谷,便得一器杏。'有人少谷往,而取杏多，即有五虎逐之。此人怖遽，檐倾覆，所余在器中，如向所持谷多少。虎乃还去。自是以后，买杏者皆于林中自平量，恐有多出。奉悉以前所得谷，赈救贫乏。"[2]

《寻阳记》曰[3]："杏在北岭上，数百株，今犹称董先生杏。"

《嵩高山记》曰[4]："东北有牛山，其山多杏。至五月，烂然黄茂。自中国丧乱，百姓饥饿，皆资此为命，人人充饱。"[5]

史游《急就篇》曰："园菜果蓏助米粮。"[6]

按杏一种，尚可赈贫穷，救饥馑，而况五果、蓏、菜之饶，岂直助粮而已矣？谚曰[7]："木奴千，无凶年。"盖言果实可以市易五谷也。

杏子人，可以为粥[8]。多收卖者，可以供纸墨之直也。

【注释】

〔1〕《神仙传》：东晋葛洪（284—364）撰，叙述古代传说中的各个神仙故事。十卷，今存。

〔2〕与今本《神仙传》有异文，如"不交人"作"不种田"等。《类聚》卷八七"杏"所引极简略，《御览》卷九六八"杏"所引稍简。"于林中所在作仓"，二书均引作"于林中所在作箪食一器"（《类聚》脱"作"字），则以箪作为量器，即以一箪谷换一箪杏。又"董奉"下《御览》多"字君实"（鲍崇城刻本。中华影印本作"君异"）。

〔3〕《寻阳记》：《隋书·经籍志》不著录，时代撰人不详，书已佚。另有张僧鉴《浔阳记》是另一书，因寻阳之作浔阳，始于唐初。寻阳，即今江西九江市。

〔4〕《嵩高山记》：《隋书·经籍志》不著录，时代撰人不详，书已佚。《要术》卷一〇"檕多（一一四）"引有《嵩山记》，同是此书。嵩高山，即嵩山，在河南登封北。

〔5〕《类聚》卷八七、《御览》卷九六八都引到这条，文同，惟末后多"而杏不尽"句。

〔6〕见《急就篇》卷二，文同。

〔7〕"谚曰"，各本均作"注曰"，惟张步瀛校作"谚曰"。启愉按：《急就篇》只有唐颜师古注，不但颜注无此注，中间隔着贾氏按语，也联系不上，而且贾氏也无由用颜注。《四时纂要·五月》正作"俗曰"。今从张校作"谚曰"。

〔8〕卷九《醴酪》有"杏酪粥"。

【译文】

《神仙传》说："董奉隐居在庐山,不和人来往。给人治病,不要钱。重病治好了的,叫他栽上五株杏树;轻病治好了的,栽上一株。几年之中,累计有杏树十几万株,郁郁苍苍成为大片杏林。杏子成熟时,在杏林里到处作着仓囷。告诉来买杏子的人说:'不必当面来说,自己去拿就是了,带着一个容器的谷来,就换得同一容器的杏子去。'有人带少量的谷去,拿了多量的杏子,就有五只老虎来追。这人吓慌了赶快跑,担子也倾倒了,里面剩下的杏子,刚好跟原来带去的谷一样多,虎也就回去了。从这以后,买杏的人都在林中自觉地平心量取,唯恐多拿去。董奉就把所有的谷全都赈济给贫困的人。"

《寻阳记》说:"杏树在〔庐山〕北岭上,有几百株,现在还称为'董先生杏'。"

《嵩高山记》说:"嵩山东北有座牛山,山上杏树很多。到五月,杏子成熟了,一片黄澄澄的茂盛得很。自从'中国'战乱以来,百姓挨饥受饿,都靠这杏子来活命,个个都能吃饱。"

史游《急就篇》说:"园菜、果、蓏可以辅助米粮。"

〔思勰〕按:一种杏子,尚且可以赈济贫困,救活饥民,何况五果、蓏、菜之类,那么丰饶,岂是仅仅饥荒代粮而已的?〔谚语〕说:"木奴千,无凶年。"这就是说果实可以在市场上直接换得五谷呀!

杏仁可以作粥。多收集起来卖去,可以供给纸墨的费用。

插梨第三十七

《广志》曰[1]:"洛阳北邙张公夏梨[2],海内唯有一树[3]。常山真定[4],山阳钜野[5],梁国睢阳[6],齐国临菑[7],钜鹿[8],并出梨。上党樽梨[9],小而加甘。广都梨[10]——又云钜鹿豪梨——重六斤[11],数人分食之。新丰箭谷梨[12],弘农、京兆、右扶风郡界诸谷中梨[13],多供御。阳城秋梨、夏梨[14]。"

《三秦记》曰[15]:"汉武果园,一名'御宿',有大梨如五升,落地即破。取者以布囊盛之,名曰'含消梨'。"[16]

《荆州土地记》曰:"江陵有名梨。"

《永嘉记》曰[17]:"青田村民家有一梨树[18],名曰'官梨',子大一围五寸[19],常以供献,名曰'御梨'。梨实落地即融释。"

《西京杂记》曰:"紫梨;芳梨,实小;青梨,实大;大谷梨;细叶梨;紫条梨;瀚海梨,出瀚海地,耐寒不枯;东王梨,出海中。"[20]

别有胸山梨;张公大谷梨,或作"糜雀梨"也。[21]

【注释】

〔1〕《御览》卷九六九"梨"引《广志》多有异文,《初学记》卷二八所引,略同《御览》,《类聚》卷八六所引,极简,有误字。"豪梨",《御览》作"膏梨",《初学记》作"槀梨","豪"有"大"义,据"重六斤",二书均形近致误。又《文选卷一六·潘岳〈闲居赋〉》李善注引《广志》"张公夏梨"下有"甚甘"二字。

〔2〕北邙:即北邙山,在今河南洛阳北。

〔3〕海内:犹言"国内"。

〔4〕常山:郡名,治真定县,故城在今河北正定南。

〔5〕山阳:郡名,属县有钜野,故城在今山东巨野南。

〔6〕梁国:见《晋书·地理志》,属县有睢阳,故城在今河南商丘南。

〔7〕临菑:即临淄,《晋书·地理志》有齐国,属县有临淄,即今山东淄博区。

〔8〕钜鹿:《晋书·地理志》有钜鹿国,辖钜鹿县,在今河北平乡。

〔9〕上党:郡名,有今山西东南隅地区。　　樗(tíng)梨:山梨。

〔10〕广都:县名,属于蜀郡,故治在今四川双流。

〔11〕重六斤:约合今3斤。今四川苍溪的苍溪梨,平均果重2斤,大的达3斤,山西万荣的金梨还要大,大的可达4斤。

〔12〕新丰:县名,故治在今陕西临潼东。

〔13〕弘农:郡名,郡治在今河南灵宝南。　　京兆:郡名,郡治在今陕西长安西北。　　右扶风:汉右扶风地,三国魏改扶风郡,晋因之,故治在今陕西泾阳西北。"右",金抄作"左",他本作"又",均误。按:汉三辅只有右扶风、左冯翊,《广志》沿称其旧名(右扶风亦称"右辅",唐李商隐《行次西郊》诗尚有"右辅地畴薄,斯民尝苦贫"之句),《御览》卷九六九及《王氏农书·百谷谱六·梨》引《广志》均作"右",是。

〔14〕阳城:这里可能指古阳城县,在今河南登封。

〔15〕《三秦记》:《隋书·经籍志》不著录,时代撰人不详(仅类书引作辛氏《三秦记》),书已佚。据各书所引,似为记秦地风土及秦汉旧闻佚事之书。汉时

五升,约合今1升。

〔16〕《类聚》卷八六、《初学记》卷二八、《御览》卷九六九均有《三秦记》(后二书题为"辛氏《三秦记》")此条,以《类聚》所引较佳:"汉武帝园,一名樊川,一名御宿,有大梨,如五升瓶,落地即破。其主取者,以布囊承之,名'含消梨'。"《要术》"盛",似宜作"承","瓶"亦宜有。

〔17〕《永嘉记》:《隋书·经籍志》不著录,类书有引作郑缉之《永嘉记》,又引作《永嘉郡记》。郑缉之是刘宋时人。原书已佚。永嘉郡郡治在永宁,在今浙江温州。各本落"曰"字,据张步瀛校加。《类聚》卷八六、《初学记》卷二八、《御览》卷九六九均有《永嘉记》此条,前二书简略,《御览》特详,"子大一围五寸"下是:"树老,今不复作子。此中梨子佳,甘美少比。实大出一围,恒以供献,名曰御梨。吏司守视,土人有未知味者。梨实落至地即融释。"

〔18〕青田:山名,在今浙江青田西北。青田县始置于唐。

〔19〕一围五寸:"一围"是度量物件粗细的名称,约为一尺,宋王得臣《麈史·辨误》:"围则尺也。"即两手拇指食指所围合一环的约数。一围五寸是说梨大周围有一尺又五寸。魏晋一尺五寸约合今一尺多点,这样大的梨算是大梨,但也并不稀奇,浙东的"散花梨"就有,而青田正属浙东。或以一围作一周解释,译成"很大,周围有五寸",五寸合今尺才三寸五六分,那就太小了,与"很大"大相径庭。

〔20〕《西京杂记》记载"梨十",《要术》所引少"缥叶梨,金叶梨"二种,次序亦异。瀚海,通常指北方大沙漠。

〔21〕此条是贾氏另录他书梨名而不再烦引书名,非《西京杂记》之文。"朐山梨",《御览》卷九六九引左思《齐都赋》有"果则朐山之梨"。朐山:此指山东朐山,在山东临朐东南。张公大谷梨:《文选·闲居赋》"张公大谷之梨"刘良注:"洛阳有张公,居大谷,有夏梨,海内唯此一树。"即《广志》所记的"张公夏梨"。

【译文】

　　《广志》说:"洛阳北邙山的张公夏梨,海内只有这一株。常山的真定,山阳的钜野,梁国的睢阳,齐国的临菑,以及钜鹿,都出梨。上党的樟梨,果实小,但特别甜。广都梨——又说是钜鹿豪梨——有六斤重,可以供几个人分着吃。新丰的箭谷梨,以及弘农、京兆、右扶风郡界上许多山谷里的好梨,大多是进贡皇家的。阳城有秋梨、夏梨。"

　　《三秦记》说:"汉武帝的果园,又名'御宿',有大梨,有五升大,落到地上就破了。摘取的人，先用布袋盛着再摘，名为'含消梨'。"

《荆州土地记》说："江陵有名梨。"

《永嘉记》说："青田的村民家有一株梨树，名为'官梨'，梨子很大，周围有一围五寸，常常进贡给皇家，所以叫作'御梨'。梨子落到地上就破碎到不可收拾。"

《西京杂记》说："〔上林苑中〕有紫梨；芳梨，果实小；青梨，果实大；大谷梨；细叶梨；紫条梨；瀚海梨，出在瀚海地方，耐寒不枯；东王梨，出海中。"

此外还有朐（qú）山梨；张公大谷梨，有人叫"糜雀梨"。

种者，梨熟时，全埋之[1]。经年，至春地释，分栽之，多着熟粪及水。至冬叶落，附地刈杀之[2]，以炭火烧头。二年即结子。若穞生及种而不栽者[3]，则着子迟。每梨有十许子，唯二子生梨，余皆生杜[4]。

插者弥疾[5]。插法：用棠、杜[6]。棠，梨大而细理；杜次之；桑，梨大恶；枣、石榴上插得者，为上梨，虽治十，收得一二也[7]。杜如臂以上，皆任插。当先种杜，经年后插之。主客俱下亦得；然俱下者，杜死则不生也。杜树大者，插五枝；小者，或三或二。

梨叶微动为上时，将欲开莩为下时。

先作麻纫汝珍反缠十许匝；以锯截杜，令去地五六寸。不缠，恐插时皮披。留杜高者，梨枝繁茂，遇大风则披。其高留杜者，梨树早成；然宜高作蒿箪盛杜，以土筑之令没；风时，以笼盛梨，则免披耳。斜攕竹为签[8]，刺皮木之际，令深一寸许。折取其美梨枝阳中者，阴中枝则实少。长五六寸，亦斜攕之，令过心，大小长短与签等；以刀微劙梨枝斜攕之际，剥去黑皮。勿令伤青皮，青皮伤则死。拔去竹签，即插梨，令至劙处，木边向木，皮还近皮[9]。插讫，以绵幕杜头，封熟泥于上，以土培覆，令梨枝仅得出头。以土壅四畔。当梨上沃水，水尽以土覆之，勿令坚涸。百不失一。梨枝甚脆，培土时宜慎之，勿使掌拨[10]，掌拨则折。

其十字破杜者，十不收一。所以然者，木裂皮开，虚燥故也。

梨既生，杜旁有叶出，辄去之。不去势分，梨长必迟。

凡插梨，园中者，用旁枝；庭前者，中心。旁枝，树下易收；中心，

上耸不妨〔11〕。用根蒂小枝,树形可喜,五年方结子;鸠脚老枝,三年即结子,而树丑。〔12〕

《吴氏本草》曰:"金创,乳妇,不可食梨。梨多食则损人,非补益之物。产妇蓐中,及疾病未愈,食梨多者,无不致病。欬逆气上者,尤宜慎之。"〔13〕

凡远道取梨枝者,下根即烧三四寸,亦可行数百里犹生。

藏梨法:初霜后即收。霜多即不得经夏也。于屋下掘作深荫坑,底无令润湿。收梨置中,不须覆盖,便得经夏〔14〕。摘时必令好接,勿令损伤。

凡醋梨,易水熟煮,则甜美而不损人也。

【注释】

〔1〕把整个梨果埋在地里,使种子在地里顺利地通过后熟和春化过程,以提高发芽力。方法简便,没有种子的分离、浸洗、干燥和贮藏保管等一系列的繁细手续,而且果肉腐烂后留着水分和养料。前文种桃也采用整个全埋法,今关中有些地方种桃仍有采用全果埋种者。据果农经验,发芽早,生长快,结果大而多。

〔2〕附地刈杀之:意谓贴近地面割去苗秆,现在叫"平茬",有促使根系发育和提早萌生新枝的作用。再用炭火烧灼伤口,有使新条萌发较早、生长较快的作用,同时抑制"伤流"外溢,防止伤口腐变。下文对远地梨枝的烧灼处理,也是防止伤口腐变。

〔3〕"穋"(lǔ),各本均作"櫓",元刻《辑要》同,误;吾点最早校改为"穋",殿本《辑要》同,据改。

〔4〕余皆生杜:其余都长成杜梨。由于异花受粉而形成种子的杂种性,多数栽培果树的种子变异性很大,而栽培梨的种子尤其不易保纯,种下去只有十分之二长成梨,其余都变成杜梨,所以贾氏强调嫁接繁殖。现在也是这样。

〔5〕插者弥疾:用嫁接法繁殖,结果更快。这涉及植物的阶段发育问题。多年生果树的发育有它本身的阶段性,只有完成了阶段发育,才能生殖生长,开花结实。假如梨的实生苗是五年结果,现在进行嫁接繁殖,如果接穗是满足了二年的发育年龄的,那只要三年便结果实,因为它的"发育年龄"带过来保留着有效,因而使新个体缩短了相应的结果年限。

〔6〕古人多以为棠就是杜,《要术·种棠》指出二者不同。梨属的杜梨

（Pyrus betulaefolia）、豆梨（P. calleryana）和褐梨（P. phaeocarpa），都有棠梨的异名，而褐梨又别名棠杜梨。

〔7〕梨和枣、石榴不同科，亲缘很远，但仍有一二成的成活率，而且品质上等，说明古人善于探索试验，嫁接技术也高。梨和桑也不同科，上文桑砧的梨很坏很坏，但后代文献有相反记载，说是很好，而且结果早（见南宋温革《分门琐碎录》及《本草纲目》卷三〇）。

〔8〕攕（jiān）：削。

〔9〕木边向木，皮还近皮：木质部对准木质部，韧皮部对准韧皮部。这是嫁接成活的关键问题。必须使接穗和砧木的伤口密接，尤其是二者的形成层必须密接，否则必然失败。二者的形成层互相密接后，产生愈合组织，并分化产生新的输导组织，使接穗和砧木的营养物质得以互相传导，从而形成一个新的共同体，成为新个体。这共同体保持着二者的优点，因而形成"青出于蓝而胜于蓝"的新果品。同理，刮黑皮时不能伤及含形成层的绿色皮层，否则，嫁接必然失败而死亡。

〔10〕掌（chēng）：碰动。"掌"（撑）的别体。参看卷五"种榆法"注释〔2〕。

〔11〕启愉按：接穗的着生部位（旁生枝或中心枝）和接活后树型的高矮没有必然的因果关系（虽然枝条的顶端优势因着生部位而有不同），贾氏所见，也许是偶然的巧合。但在1400多年前能提出这样的"枝变"问题来，值得注意。

〔12〕根蒂小枝：近根部的小枝条。由于它还处在幼龄阶段，拿它作接穗，结果较迟，但树形保持着正常生长形态，舒畅好看。　　鸠脚老枝：斑鸠脚爪样的结果枝。实际是指短果枝群，长一次结一个疙瘩，本身已经难看，但由于结果枝是二年生枝，缩短它相应的幼龄期，所以可以提早二年结果，但树形畸形难看。

〔13〕《吴氏本草》此条不见类书及本草书引录。《名医别录》有"金疮，乳妇，尤不可食"，可能采自《吴氏本草》。

〔14〕便得经夏：便可以过夏。启愉按：《要术》的栽培梨是北方白梨（Pyrus bretschneideri）系统的品种，一般耐贮藏，秋收后可以贮藏至来年四至六月。当然有机械损伤和病虫伤害的果实都不好贮藏。今华北、西北栽培梨的重要品种，绝大部分属于白梨系统。《要术》引《永嘉记》的青田梨应是南方沙梨（Pyrus pyrifolia）系统的品种。

【译文】

梨的繁殖如果采用种法，可以在梨子成熟时把它整个地埋在地里。经过一年后到春天土地解冻时，分出种苗来移栽，多用些熟粪作基肥，多浇些水。到冬天落叶之后，贴近地面割去苗秆，用炭火烧灼茌口。这样，再过两年，就结果实了。如果是野生苗，以及不移栽的实生苗，结实都迟。每个梨有十来颗种子，但只有两颗种子长成梨，其余都长成杜梨。

用嫁接法繁殖，结果更快。嫁接的方法：用棠梨或杜梨作砧木。用棠梨作砧木的，梨子大，果肉细嫩；杜梨作砧木的次之。桑树砧木的梨子很坏很坏。枣树和石榴树上接的是上等好梨，不过嫁接十株，只能成活一两株。杜梨有臂膀以上粗的，都可以接。应该先种杜梨，经过一年到第三年再接。杜梨砧木带着接好的梨穗同时移栽定植也可以；但同时移栽定植就怕杜梨栽不活，那梨也就跟着死了。杜砧粗大的，可以接上五枝；小的接上三枝或两枝。

嫁接的时间，叶芽开始萌动是最好的时令，快要展开长叶是最晚的时限。

预先作好麻绳，在树桩上缠扎十来道，用锯子在缠扎的上缘锯断，让杜砧离地五六寸高。不缠扎的话，怕插接穗时树皮被破破。杜砧留得高的，梨的枝叶茂盛，但遇上大风接合处会被披裂。杜砧留得高的，梨树长得比较快；但接时该用蒿草围裹在杜砧外围，围内用土填满筑实，把砧面盖没掉；刮风时，再用竹笼围护梨穗，可以避免披裂。拿竹片斜削成一条尖形竹签，刺入砧木上的皮层和木质部之间，刺进一寸左右深〔，就这样插着，给接穗开好这个插口〕。切取好梨树上向阳面的枝条作为接穗，背阴面的枝条结实少。五六寸长，也斜削成一面倾斜的尖条，要通过木质部的中心削出头，〔使形成层以斜面露出，〕尖条的大小长短都和竹签相等；再在尖条开始斜削的那个地位上，环绕着轻轻地切割一圈，把圈以下的表层黑皮剔去。可不能剔伤〔含形成层的〕绿色皮层，绿色皮层受伤便接不活了。这时拔去插着的竹签，就插进梨穗，插到切割一圈那儿为止，要让砧木和接穗二者的木质部对准木质部，韧皮部对准韧皮部〔，使形成层密接〕。插好后，用丝绵蒙住砧面接口，再拿熟泥封在上面，又用泥土培覆着，让梨穗仅仅露出个头。然后再在杜砧四周用土培壅起来。对着梨穗浇上水，水吸尽了，再盖上细土，不让泥土干涸坚硬。这样的接法，接一百株活一百株。梨树很脆，培土时要小心，不要碰动它，碰动了就会夭折。

如果采用横竖两刀把砧木劈成十字形的接法，接十株也活不了一株。所以会这样，是砧木开裂，树皮也会开破，里面空虚干燥的缘故。

梨树既已接活，杜砧边上有叶长出，就该去掉。不去掉，养分被分耗，梨树必然长得慢。

凡嫁接梨树，砧木在园圃中的，要用旁生枝作接穗；在院子里的，要用中心枝作接穗。用旁生枝，树型低矮，容易采收果实；用中心枝，树型向上高耸，长在院子里不占低空，不碍事。用近根部的小枝条作接穗，树形好看，但要五年才结果实；用斑鸠脚爪样的结果枝作接穗，三年便结果实，但树形难看。

《吴氏本草》说："刀箭所伤的疮，哺乳的妇人，都不可吃梨。梨吃多了对人有损害，不是补益的东西。产后坐月子的妇女，病没有好的人，多吃梨没有不发病的。咳嗽喘急冲气的人，尤其要谨慎。"

凡从远地取梨枝作接穗的，剪下后随即在剪口一端三四寸的地方烧一下，也可以走几百里路还能成活。

藏鲜梨的方法：经过初霜后随即收摘。受霜次数多了，就不能过夏。在屋子地下掘个深深的阴坑，坑底要干燥。就把梨放进坑里，不必覆盖，便可以过夏。摘时一定要好好接着，不能让它受损伤。

凡是酸梨，换过水煮熟，味道就甜美，而且吃了不会伤人。

种栗第三十八

《广志》曰："栗，关中大栗，如鸡子大。"[1]

蔡伯喈曰[2]："有胡栗。"[3]

《魏志》云："有东夷韩国出大栗，状如梨。"[4]

《三秦记》曰："汉武帝果园有大栗，十五颗一升。"[5]

王逸曰："朔滨之栗。"[6]

《西京杂记》曰："榛栗；瑰栗；峄阳栗，峄阳都尉曹龙所献，其大如拳。"[7]

【注释】

〔1〕与《类聚》卷八七、《御览》卷九六四"栗"引《广志》有异文。

〔2〕蔡伯喈：即蔡邕（132—192），东汉文学家、书法家。

〔3〕此条不见今十卷本《蔡邕集》中。《类聚》卷八七、《御览》卷九六四均引

有蔡邕《伤故栗赋》，是为有人伤折蔡氏祠前栗树而作，《赋》中并无"胡栗"，可《初学记》卷二八却引作《伤胡栗赋》，该是错字。不过《要术》引作"有胡栗"，当出蔡氏别的文章，不能说是"故"字之误。栗产于我国辽宁以西各地，王逸《荔枝赋》有"北燕……之巨栗"，如果"胡"作胡栗讲（不作"大"字讲），其产地正属"胡"地。

〔4〕韩国，今本《三国志·魏志》和《后汉书》均作"马韩"。马韩为古代三韩之一，在今朝鲜半岛南部。《三国志·魏志》卷三〇记载马韩"出大栗，大如梨"。《后汉书·东夷传》亦载"马韩……出大栗如梨"。"出"，金抄作"生"，他本只剩半字作"山"，据《魏志》、《后汉书》及类书引改正。

〔5〕《类聚》卷八七、《初学记》卷二八、《御览》卷九六四均引到《三秦记》此条，文字基本相同，惟"一升"《类聚》引作"一斗"，《初学记》凡二引亦作"一斗"。启愉按：汉1升约合今2合，只有200毫升，15颗栗只装满200毫升，这是小栗，而《广志》等所载有如梨如拳的大栗，此既云"大"，似应作"一斗"。"果园"，仅金抄如文，他本均作"栗园"，似是实误。《类聚》等三书均引作"果园"，《插梨》引《三秦记》亦作"汉武果园"。

〔6〕据《类聚》卷八六、《初学记》卷二八、《御览》卷九六四所引，这是出自王逸《荔枝赋》，文作："北燕荐朔滨之巨栗。"（《初学记》误作"果"）朔滨，朔方边境，据王逸《荔枝赋》所指"北燕"，是今河北北部等地。

〔7〕《西京杂记》记载"栗四"，《要术》少一种"侯栗"。"峄阳都尉"，《御览》卷九六四引作"峄阳太守"，都有问题。启愉按：峄（yì）阳，山名，又名葛峄山（见《汉书·地理志》"东海郡下邳县"），在今江苏邳州西南。汉制，都尉是郡的佐贰官，掌武职，东海郡都尉治所在费县（今山东费县），而峄阳非郡名，不得称"峄阳都尉"或"太守"。何况《种梅杏》引《西京杂记》已有"东海都尉于台"，这里又有"峄阳都尉曹龙"，而峄阳山非东海都尉驻地，汉武帝"初修上林苑时"，各地官员都赶在那时献名果，则东海郡有于台和曹龙两个都尉，尤为可疑。

【译文】

《广志》说："关中的大栗，像鸡蛋那么大。"

蔡伯喈说："有胡栗。"

《魏志》说："东夷韩国出大栗，形状像梨。"

《三秦记》说："汉武帝果园中有大栗，十五颗装满一〔斗〕。"

王逸说："朔滨的巨栗。"

《西京杂记》说："〔上林苑中〕有榛栗；瑰栗；峄阳栗，是峄阳都尉（?）曹龙所贡献，结的栗子有拳头大。"

栗，种而不栽。栽者虽生，寻死矣。

栗初熟出壳[1]，即于屋里埋着湿土中[2]。埋必须深，勿令冻彻。若路远者，以韦囊盛之。停二日以上，及见风日者，则不复生矣。至春二月，悉芽生，出而种之。

既生，数年不用掌近。凡新栽之树，皆不用掌近，栗性尤甚也。三年内，每到十月，常须草裹，至二月乃解。不裹则冻死。

《大戴礼·夏小正》曰[3]："八月，栗零而后取之，故不言剥之。"[4]

《食经》藏干栗法："取穰灰，淋取汁渍栗。出，日中晒，令栗肉焦燥。可不畏虫，得至后年春夏。"

藏生栗法[5]："着器中；晒细沙可燥[6]，以盆覆之。至后年二月[7]，皆生芽而不虫者也。"

【注释】

〔1〕出壳：指自总苞开裂自然脱落。启愉按：出壳不是剥出来，应是老熟后苞裂自落，即戴德所说"栗零而后取之"。《本草纲目》卷二九"栗"引《事类合璧》："其苞自裂而子坠者，乃可久藏；苞未裂者，易腐也。"现在群众叫"拾落果"。

〔2〕板栗怕干，怕热，怕冻。种子干燥容易失去发芽力，温度过高容易霉烂，受冻容易僵死。所以贮藏时必须保持适宜的温度和湿度，《要术》说埋在湿土中，《食经》说保藏在有一定湿度的细沙容器中，都是为了避免"三怕"。现在各地采用层积沙藏法，最为稳妥。《要术》、《食经》还进一步就此催芽。

〔3〕《大戴礼》：亦称《大戴记》、《大戴礼记》，相传西汉戴德编纂。今残缺。

〔4〕《大戴礼记·夏小正》篇"八月"："'栗零'。零也者，降也；零而后取之，故不言剥也。""栗零"是《夏小正》本文，"零也者"以下是戴德的解释，即所谓《大戴传》。"零"指栗老熟后自总苞发育而成的壳斗中自然脱落，即所谓"降也"。由于《夏小正》上一条是"剥枣"（击枣），所以这里申明不是像枣那样要"剥打"，而是拾取。

〔5〕"藏生栗法"仍是《食经》文，《四时纂要·九月》引《食经》正有沙藏栗法，《王氏农书·百谷谱七·栗》也引作《食经》文。

〔6〕"晒细沙可燥"，仅金抄如文，他本讹脱殊甚。"可"是"好"、"合适"的意思，意即沙晒到合适、恰好的程度。这是沙藏保鲜法，沙不要求晒到极燥，北宋寇宗奭《本草衍义》卷一八"栗"说："栗欲干，莫如曝；欲生收，莫如润沙中藏，至春末夏初，尚如初收摘。"《要术》、《食经》都进一步催芽，《要术》讲埋在"湿

土中"，《食经》讲埋在有合适湿度的细沙中，其理相同。《食经》有它自己的习用语，"可"即其一例，贾氏则常用"好"字，如"好溜"、"好熟"等等。"可"不是错字，《王氏农书》改为"令"，晒使燥，却错了。

〔7〕明抄等作"二月"，金抄等作"五月"。这是催芽播种，汉魏六朝的"后年"常指后一年，即明年，据上文"至春二月，悉芽生，出而种之"，故从明抄。

【译文】

栗树要种，不能栽。栽的虽然也能成活，但不久便会死掉。

栗子成熟自总苞开裂自然脱落，就〔拾取来〕放在屋里用湿土埋着。必须埋得深些，不要让它冻坏。如果从远地取种的，要用皮袋盛着带回来。栗子停搁着两天以上，以及遇上风和太阳晒，便不能发芽了。到来春二月间，都已发了芽，就拿出来种下。

已经长出的苗株，几年之内都不能〔让人畜〕碰撞它。凡属新栽的树，都不能碰撞，栗树尤其如此。三年之内，每到十月，常常要用草包裹着，到明年二月解掉。不裹便会冻死。

《大戴礼·夏小正》说："八月，栗子自总苞中自己脱落下来，然后才拾取，所以不〔像枣子那样〕说要打落。"

《食经》藏干栗的方法："拿秸秆灰〔用热水〕淋取灰汁，浸泡栗子。再捞出来，在太阳底下晒，晒到栗肉完全干燥，可以不怕虫害，而且还能保存到明年春天到夏天。"

保藏鲜栗的方法："把栗子放入容器里；拿细沙晒到合适的程度，〔和入栗子里，〕再用盆子覆盖在容器口上。到明年二月里，都发芽了，而不生虫。"

榛[1]

《周官》注曰："榛，似栗而小。"[2]

《说文》曰："榛，似梓[3]，实如小栗。"

《卫诗》曰："山有榛。"[4]《诗义疏》云[5]："榛，栗属。或从木。有两种：其一种，大小枝叶皆如栗，其子形似杼子[6]，味亦如栗，所谓'树之榛栗'者。其一种，枝茎如木蓼[7]，叶如牛李色[8]，生高丈余；其核中悉如李，生作胡桃味，膏烛又美[9]，亦可食噉。渔阳、辽、代、上党皆饶[10]。其枝茎生樵、爇烛[11]，明而无烟。"

栽种与栗同。

【注释】

〔1〕榛：桦木科的榛（Corylus heterophylla）。果实为小坚果，像橡子，可食用，亦可榨油。但栗为山毛榉科，《诗义疏》说榛属于栗一类，古人因某些相似而混淆，不足为怪。

〔2〕这是《周礼·天官·笾人》的郑玄注文，非《周礼》本文，原无"注"字，殿本《辑要》引有，据加。

〔3〕"榛"，古亦作"亲"，《说文》"亲，亲实如小栗。从木，辛声。"没有"似梓"的说法。但"亲"字横写就变成了"梓"，"从木辛"也可以讹合为"似梓"。

〔4〕见《诗经·邶风·简兮》，"蓁"作"榛"。邶风、鄘风可泛称为"卫诗"。

〔5〕《御览》卷九七三"榛"引《诗义疏》与《要术》相同而稍简；又引有"陆机《毛诗疏义》"，则内容大不相同。《诗经·简兮》孔颖达疏引陆机《疏》，亦与《诗义疏》大异。《御览》二书并引，其自为二书甚明，陆机的《毛诗草木鸟兽虫鱼疏》绝不是佚名的《诗义疏》。而清儒总认为后者就是前者，段玉裁谓"贾氏引《草木虫鱼疏》，皆谓之《诗义疏》"，说得很确定。今人亦多承袭其说。胡立初批评为"昧于考索"，试就二书所记细作对比，亦属确评。又，"树之榛栗"是《诗经·鄘风·定之方中》的一句。"悉如李"疑应作"悉如栗"，承上文"牛李"误书。

〔6〕杼子：也叫橡子，即山毛榉科麻栎（Quercus acutissima）的果实。别名有栩、柞、栎。西晋崔豹《古今注》："杼实曰橡。"

〔7〕木蓼：未详。

〔8〕牛李：鼠李科的鼠李（Rhamnus davurica）。

〔9〕膏烛：将苇、麻茎、松木片之类缠扎成束，灌以植物或动物性油脂，或掺以植物种子等含油脂的耐燃物质，作成火炬式的"烛"，古称"膏烛"，也叫"庭燎"。

〔10〕渔阳：郡名，治渔阳县。故治在今北京密云。　辽：指辽河地区。　代：郡名，治代县，在今河北蔚县。　上党：已见上篇。

〔11〕爇（ruò）：烧。

【译文】

　　榛

　　　《周礼》注说："榛像栗子，但果实小。"

　　　《说文》说："榛，像梓树（？），果实像小的栗子。"

《诗经·邶风》的诗说:"山中有榛。"《诗义疏》解释说:"榛是属于栗一类的。字也从木写作'榛'。有两种:一种,树的大小、枝叶都像栗树,果实形状像杼子,味道也像栗子,就是《诗经》所说'栽种榛栗'的榛。另一种,枝茎像木蓼,叶子颜色像牛李,树一丈多高;果壳里面完全像李(?),新鲜时有胡桃仁的味道,用来作膏烛很好,也可以吃。渔阳、辽、代、上党都很多。它的枝茎拿来烧火,或者点着当'烛',明亮而没有烟。"

榛的栽种方法和栗相同。

奈、林檎第三十九

《广雅》曰[1]:"橴、橪、荎,奈也。"

《广志》曰[2]:"奈有白、青、赤三种。张掖有白奈[3],酒泉有赤奈[4]。西方例多奈,家以为脯,数十百斛以为蓄积,如收藏枣栗。"

魏明帝时[5],诸王朝,夜赐冬成奈一奁[6]。陈思王《谢》曰[7]:"奈以夏熟,今则冬生;物以非时为珍,恩以绝口为厚。"诏曰[8]:"此奈从凉州来[9]。"

《晋宫阁簿》曰[10]:"秋有白奈。"

《西京杂记》曰:"紫奈,绿奈。"[11]

别有素奈,朱奈。[12]

《广志》曰:"里琴,似赤奈。"[13]

【注释】

〔1〕《广雅》,原作《广志》,误题。罗列各字指说同一事物,正是《广雅》的体例,事实上也正见于《广雅·释木》,文作:"橴、橪、椴,榛也。"故为改正。王念孙《广雅疏证》说此条与奈无关,四字指的都是"死木",由于"奈"俗也写作"榛",故误认死木的"榛"为果树的"奈"。惟《玉篇·木部》也有"橪,奈也"的解释,如果《玉篇》采自《广雅》,则《广雅》原作"奈也"。

〔2〕"《广志》曰",原作"又曰",由于上条已误题为《广志》,因此本条题作"又曰",其实本条才是《广志》文,今改正。此条《类聚》卷八六、《初学记》卷二八、《御览》卷九七〇都有引到,详简不一。

〔3〕张掖:郡名,治所在今甘肃张掖。

〔4〕酒泉:郡名,治所在今甘肃酒泉。

〔5〕魏明帝:曹叡,曹魏第二主,227—239年在位。曹植死于232年。

〔6〕"冬成柰",仅金抄如文,他本均作"东城柰"。据下文"冬生"及曹植称"冬柰",故从金抄。又《类聚》卷八六引梁刘孝仪《谢始兴王赐柰启》称:"子建畅其寒熟。""寒熟"亦即"冬成"。

〔7〕《曹子建集》(《四部丛刊》本)卷八载有《谢赐柰表》,是:"即夕殿中虎贲宣诏,赐臣等冬柰一奁……"以下同《要术》,末后有"非臣等所宜荷之"。

〔8〕《初学记》卷二八、《御览》卷九七〇都引到此诏(有错字),并说"道里既远,来转暖,故柰变色"。

〔9〕凉州:治所在今甘肃武威。

〔10〕《晋宫阁簿》:《隋书·经籍志》不著录,各类书亦无引录,但另引有《晋宫阁名》、《晋宫阁记》等不少,当是同类之书,但原书已佚,无可查考。《御览》卷九七〇引《晋宫阁名》,是:"华林园有白榛四百株。"华林园在西晋都城洛阳。后魏杨衒之《洛阳伽蓝记》卷一"景林寺"条记载华林园有"柰林"。

〔11〕《西京杂记》记载是"柰三",《要术》少"白柰"一种,可能因上项资料已有引到而省去。

〔12〕此条是贾氏掇举柰的不同名目。"素柰"有左思《蜀都赋》的"素柰夏成"(见《文选》卷四)。"朱柰"有《初学记》卷二八引孙楚《井赋》的"沉黄李,浮朱柰"。

〔13〕"里琴,似赤柰",仅金抄如文;明抄等误作"理琴以赤柰",遂使有人误解为用赤柰来理琴瑟。"里琴"或"来禽"都是林檎的异名,"以"必须是"似",《类聚》卷八七、《御览》卷九七一"林檎"引《广志》均作"似"。

【译文】

《广雅》说:"槎(zhǎn)、掩(yǎn)、苬(ōu),都是柰。"

《广志》说:"柰有白、青、赤三种。张掖有白柰,酒泉有赤柰。西方各地大都产柰多,各家都作成柰脯,几十到百斛地积蓄着,像收藏干枣、栗子一样。"

魏明帝时,各封王来朝见他,夜间每人赏赐了一匣冬成柰。陈思王曹植《谢赐柰表》说:"柰是夏天成熟的,现在竟然冬天还新鲜的;像这样过了时令的东西才很珍贵,而陛下割舍着来赏赐,恩情更是隆厚。"回答的诏书说:"这柰是从凉州来的。"

《晋宫阁簿》说:"秋天有白柰。"

《西京杂记》说:"〔上林苑中〕有紫柰,绿柰。"

另外还有素柰、朱柰。

《广志》说:"里琴,像赤柰。"

柰、林檎不种⁽¹⁾,但栽之。 种之虽生,而味不佳。

取栽如压桑法。此果根不浮秽，栽故难求，是以须压也。

又法：于树旁数尺许掘坑，泄其根头，则生栽矣。凡树栽者，皆然矣。

栽如桃李法。

林檎树以正月、二月中，翻斧斑驳锥之，则饶子。

作奈麨法：拾烂奈，内瓮中，盆合口，勿令蝇入。六七日许，当大烂，以酒淹，痛抨之，令如粥状。下水，更抨，以罗漉去皮、子。良久，清澄，泻去汁，更下水，复抨如初，嗅看无臭气乃止[2]。泻去汁，置布于上，以灰饮汁，如作米粉法[3]。汁尽，刀削[4]，大如梳掌，于日中曝干，研作末，便成。甜酸得所，芳香非常也。

作林檎麨法：林檎赤熟时，擘破，去子、心、蒂，日晒令干。或磨或捣，下细绢筛；粗者更磨捣，以细尽为限。以方寸匕投于碗水中，即成美浆。不去蒂则大苦，合子则不度夏，留心则大酸。若干噉者，以林檎麨一升，和米麨二升[5]，味正调适。

作奈脯法：奈熟时，中破，曝干，即成矣。

【注释】

〔1〕奈：即苹果。 林檎：即沙果，也叫花红。《广志》的"里琴"，即林檎，古又名"来禽"。

〔2〕此下疑有脱文，因为在瓮中吸去水分、割成薄片又拿出来很不方便，这时该倾倒在大盆中沉淀，做上项操作就很方便。下文说"如作米粉法"，卷五《种红蓝花栀子》"作米粉法"正是"贮出淳汁，着大盆中"，然后再澄清、去水、吸湿、刀割"如梳（掌）"。所以，这下面宜有"贮出，着大盆中，清澄"，而被脱漏。

〔3〕见卷五《种红蓝花栀子》"作米粉法"。

〔4〕"刀削"，各本讹作"刀郦"或"力削"、"刀剔"，《王氏农书·百谷谱七·奈林檎》引《要术》作"刀削"，是。

〔5〕"米麨"，各本均作"米面"，米面不能生吃，《种枣》"酸枣麨法"有"远行用和米麨"，《种梅杏》"杏李麨法"有"及和米麨"，据改。

【译文】

奈和林檎都不用种子种，而只是用栽子栽。种的虽然也能成活生长，但果实的味道不好。

取得栽子的方法，可以采用像桑枝一样的压条法。这两种果树近地面的侧根难得发生根蘖苗，所以天然的树栽难得，必须采用压条的方法取得树栽。

还有一个取栽的方法：在离开树旁几尺的地方掘个坑下去，〔切断侧根，〕露出根头，〔促使伤口萌发不定芽，〕长成根蘖苗，就可以切取来作新栽了。凡是不易取栽的树，都可以采用这个办法。

移栽的方法和桃李一样。

林檎树在正月、二月里，用斧背花花驳驳地在树上捶打，会多结果实。

作柰麨的方法：拾得烂柰，放入瓮子里，用盆子把瓮口盖严，不要让苍蝇进去。六七天后，便会大烂，倒进酒去淹没着，用力搅拌抨击，让它成为稀粥那样。加水，再用力抨击，拿筛罗漉去果皮和籽子。过了很久，澄清之后，倒去上面的清汁，又加水，再像原先一样的抨击，一直到嗅着没有臭气才停手。〔然后倒出来在大盆里盛着，让它澄清。〕再倒去上面的清汁，用布盖在上面，〔布上〕加灰使吸去水液，像作米粉的做法。水液吸干了，用刀划成像梳把的薄片，在太阳底下晒干，研成粉末，便成功了。这种柰麨，甜酸合适，又很芳香，不是寻常的东西。

作林檎麨的方法：林檎红熟的时候，摘来劈破，去掉种子、果心和蒂，在太阳底下晒干。把它磨碎或捣碎，用细绢筛子筛下粉末；粗的再磨再捣，到全都弄成细粉为止。抄一方寸匕的粉末投入一碗水里，便成了好饮浆。不去掉果蒂味道太苦，连着种子不能过夏，留着果心太酸了。如果要吃干的，用一升林檎麨，和上二升米麨，味道正合适。

作柰脯的方法：柰成熟时，拿来中半破开，晒干，便成功了。

种柿第四十

《说文》曰："柿[1]，赤实果也。"

《广志》曰："小者如小杏。"[2] 又曰："椑枣，味如柿。晋阳椑，肌细而厚，以供御。"[3]

王逸曰:"苑中牛柿。"(4)

李尤曰:"鸿柿若瓜。"(5)

张衡曰:"山柿。"(6)

左思曰:"胡畔之柿。"(7)

潘岳曰:"梁侯乌椑之柿。"(8)

【注释】

〔1〕《说文》作"柹",今写作"柿"。

〔2〕《御览》卷九七一"柿"引《广志》作:"柿有小者如杏。"

〔3〕本条《御览》引于卷九七三"㮕枣"。㮕枣,即柿树科的君迁子。君迁子是嫁接柿的主要砧木,贾氏即用以嫁接柿。晋阳,今山西太原。"肌",各本误作"脆"或"肥",据《御览》引改正。

〔4〕《御览》卷九七一引作王逸《荔支赋》,是:"宛中朱柿。""宛"是地名,即今河南南阳。"宛"、"苑"古通,《要术》写作"苑",仍指南阳。《本草衍义》:"华州有一等朱柿,比诸品中最小,深红色。"《要术》"牛柿",疑应作"朱柿"。

〔5〕《御览》卷九七一引作李尤《七款》,文同。"若",各本均误作"苦",据《御览》引改正。惟"七"是一种文体,称"七体",《后汉书·李尤传》称其著有《七叹》等篇,"七款"疑是"七叹(歎)"的形似之误。

〔6〕"山柿",出张衡《南都赋》,《文选》卷四载该赋:"乃有樱、梅、山柿⋯⋯"

〔7〕"胡畔之柿",左思魏都、蜀都、吴都《三都赋》中不见此句,未详所出。

〔8〕见潘岳《闲居赋》(《文选》卷一六)。乌椑(bēi),即椑柿,果汁可染渔网、漆雨具等,又名漆柿,即柿树科的油柿(Diospyros kaki var. sylvestris),是柿的变种。

【译文】

《说文》说:"柿是果肉全红的果子。"

《广志》说:"小的像小杏子。"又说:"㮕枣,味道像柿子。晋阳㮕枣,果肉细厚,是进贡皇家的。"

王逸说:"宛中的〔朱〕柿。"

李尤说:"大柿像瓜那样大。"

张衡说:"有山柿。"

左思说:"胡畔的柿。"

潘岳说:"梁侯乌椑的柿。"

柿,有小者,栽之;无者,取枝于楤枣根上插之,如插梨法。

柿有树干者,亦有火焙令干者[1]。

《食经》藏柿法:"柿熟时取之,以灰汁澡再三度。干令汁绝,着器中。经十日可食。"

【注释】

〔1〕干:启愉按:这里"干"是指脱涩,本草书上多称脱涩为"干"。《王氏农书·百谷谱七·柿》:"又有烘柿,〔烘后〕器内盛之,待其红软,其涩自去,味甘如蜜。"柿有甜柿、涩柿两大类。甜柿在树上自然脱涩,成熟后摘下来就可以吃,这就是《要术》说的树上干的一类。涩柿必须经过人工脱涩才能吃,这就是《要术》说的火焙干的一类。下文引《食经》浸泡在灰汁中,也是一法。目的都在破坏果皮的细胞组织,使不能行正常呼吸作用,经过一定的日子后,使果肉完成由可溶性单宁转化为不可溶性单宁的过程,就达到脱涩的目的,可以吃了。

【译文】

柿的繁殖,有现成的小树,就掘来移栽;没有,就切取枝条在楤枣近地面的短截桩上嫁接,像接梨的方法一样。

柿子有在树上自然干的,也有用火焙干的。

《食经》藏柿的方法:"柿子成熟时,拿来在灰汁中再三次浸泡过。〔拿出来,〕到灰汁全干时,再放入盛器中。经过十天,就可以吃了。"

安石榴第四十一

陆机曰:"张骞为汉使外国十八年,得涂林。涂林,安石榴也。"[1]

《广志》曰:"安石榴有甜酸二种。"

《邺中记》云:"石虎苑中有安石榴,子大如盂碗,其味不酸。"

《抱朴子》曰:"积石山有苦榴。"[2]

周景式《庐山记》曰[3]:"香炉峰头有大磐石,可坐数百人,垂生山石榴。三

月中作花,色如石榴而小淡,红敷紫萼,烨烨可爱。"〔4〕

《京口记》曰〔5〕:"龙刚县有石榴。"〔6〕

《西京杂记》曰有"甘石榴"也〔7〕。

【注释】

〔1〕《类聚》卷八六、《御览》卷九七〇及《本草图经》均引作陆机《与弟云书》,文同("石"《类聚》作"熟"),惟"涂林"不重文,重文"涂林"是安石榴的异名,不重文则是地名。《本草纲目》卷三〇引《博物志》:"汉张骞使西域得涂林安石国榴种以归,故名安石榴。"安石国即安息国,在今伊朗东北部,张骞赴西域时为全盛期,领有伊朗高原东部及美索不达米亚"两河流域"。安石榴,即石榴,传说得自西域安石国,故名。

〔2〕此条不见今本《抱朴子》。积石山:在青海东南部,延伸至甘肃南部边境。"苦榴",各本同。《本草纲目》卷三〇"安石榴"说:"实有甜、酸、苦三种。《抱朴子》言苦者出积石山,或云即山石榴也。"前此之本草医书无苦石榴记载,李时珍也未必得见有"苦榴"这条的《抱朴子》,当是根据《要术》演为此说。惟石榴亦名"若榴","若"、"苦"二字相差极微,《要术》中每有彼此互误,"苦榴"是否"若榴"之误,已无可查证。

〔3〕《庐山记》:各家书目不著录,书已佚。周景式,字里未详。惟《御览》卷九一〇"猴"引有周景式《孝子传》说:"余尝至绥安县"云云,据胡立初就绥安置县时期考证,周当是南朝宋齐间人。庐山,即今江西庐山。

〔4〕《初学记》卷二八、《御览》卷九七〇都引到《庐山记》这条。"三月",仅金抄如字,二书引同,他本作"二月",太早,盖石榴入夏始花也。

〔5〕《京口记》:《隋书·经籍志二》著录"《京口记》二卷,宋太常卿刘损撰"。但新旧《唐书》艺文志撰人均作"刘损之",而《类聚》又引作刘祯,《御览》又引作刘桢,莫可究诘。书已佚。惟《京口记》可疑,也许是《襄国记》之误,见下注。

〔6〕《京口记》此条,类书未引,可疑。启愉按:"京口",古城名,在今江苏镇江,为刘裕世居籍里。自刘裕称帝(宋武帝),京口遂成重镇,《京口记》乃记其里闾山川胜迹之书。《御览》引其记北固山,即在京口城北,"京口"不可能有属县"龙刚县"。且龙刚县始置于晋,属桂林郡(见《晋书·地理志下》),与京口根本不相干。《御览》卷九七〇引有:"《襄国记》曰:'龙岗县有好石榴。'"与《要术》此条内容相同。襄国即今河北邢台,为后赵石勒所都,石虎迁都于邺,改为襄国郡。据《晋书·地理志》称,当时北方少数民族各国所建郡县,"并不可知",《襄国记》和《邺中记》都是后赵的京都志,则后赵曾在襄国京畿建置有龙岗(刚)

县,而史志不载,当亦为作史者所未审。"襄国"二字残烂后,很容易错成"京口",怀疑《京口记》很可能是《襄国记》之误。

〔7〕《西京杂记》只有"安石榴"三字。

【译文】

　　陆机说:"张骞作为汉使出使外国十八年,得到涂林。涂林(?),就是安石榴。"

　　《广志》说:"安石榴有甜酸两种。"

　　《邺中记》说:"石虎园林中有安石榴,果实有茶缸或饭碗那么大,味道不酸。"

　　《抱朴子》说:"积石山有苦榴。"

　　周景式《庐山记》说:"香炉峰顶上有一块坚厚而平的大磐石,可以坐几百人,上面长着山石榴,向下面斜挂着。三月中开花,颜色像石榴花,稍微淡些,红色的柎,紫色的萼,灿灿可爱。"

　　《京口记》说:"龙刚县有石榴。"

　　《西京杂记》说的〔上林苑中〕有"甘石榴"。

　　栽石榴法:三月初,取枝大如手大指者,斩令长一尺半,八九枝共为一窠,烧下头二寸[1]。不烧则漏汁矣。掘圆坑,深一尺七寸,口径尺。竖枝于坑畔,环圆布枝,令匀调也。置枯骨、礓石于枝间,骨、石,此是树性所宜。下土筑之。一重土,一重骨石,平坎止。其土令没枝头一寸许也。水浇常令润泽。既生,又以骨石布其根下,则科圆滋茂可爱。若孤根独立者,虽生亦不佳焉。

　　十月中,以蒲、藁裹而缠之。不裹则冻死也。二月初乃解放。

　　若不能得多枝者,取一长条,烧头,圆屈如牛拘而横埋之[2],亦得。然不及上法根强早成。其拘中亦安骨石。

　　其斸根栽者,亦圆布之,安骨石于其中也。

【注释】

　　〔1〕烧下头二寸:《要术》对插条或接穗采用烧下头二三寸的方法有不少处。石榴的繁殖方法,现在也多采用扦插法。插条中贮藏营养物质的多少和动态,与插条的再生能力有密切关系,烧下头据说可以防止养分的走失,现在果农仍有采用者(烧截断的主根)。另外,可以防止微生物的侵害。

〔2〕圆屈如牛拘而横埋之：将插条盘成一圈的横埋扦插法，现在叫"盘状扦插"或"盘枝扦插"，西北等地在繁殖石榴时仍有采用。

【译文】

栽石榴的方法：三月初，切取像拇指粗细的枝条，截成一尺半长，八九枝作为一窠，每枝都将下头二寸烧一下。不烧的话，液汁就会漏掉。在地里掘一个圆坑，一尺七寸深，口径一尺。拿枝条竖立在坑边缘，环绕着坑周围布放插条，让它们排列均匀。在插条中间放入枯骨和砾石，枯骨和砾石，这是和树的生长习性相宜的。然后填进土，筑实。一层土，搁一层枯骨砾石，到平坑口为止。填进的土，让它盖没枝条上端一寸左右。浇水，时常保持润泽。成活长出之后，又用枯骨砾石布放在根旁边，科丛就围成圆形，滋长茂盛可爱。如果是一根孤枝单独插植的，就是成活了也长不好。

十月中，用蒲草或藁秆缠裹着保暖。不缠裹便会冻死。到二月初，再解掉它。

假如不能得到许多枝条的，可以取一根长枝条，也烧过下头，盘曲成圆形，像牛鼻圈一样，横埋在地里，也可以。然而不如上面方法的根系强壮和长成得早。圈里面也要放置枯骨和砾石。

如果斫取根蘖苗来栽的，也在坑里作圆形布置，中间放进枯骨和砾石。

种木瓜第四十二

《尔雅》曰："楙，木瓜。"[1] 郭璞注曰："实如小瓜，酢，可食。"

《广志》曰："木瓜，子可藏；枝可为数号，一尺百二十节[2]。"

《卫诗》曰："投我以木瓜。"[3] 毛公曰："楙也。"《诗义疏》曰："楙，叶似柰叶，实如小瓶瓜，上黄，似着粉，香。欲啖者，截着热灰中，令萎蔫，净洗，以苦酒、豉汁、蜜度之，可案酒食。蜜封藏百日，乃食之，甚益人。"[4]

【注释】

〔1〕见《尔雅·释木》，正注文并同《要术》。木瓜，蔷薇科落叶灌木或小

乔木。果实长椭圆形，淡黄色，味酸涩，有香气。学名未统一，或以为就是榠樝
（Chaenomeles sinensis），也有认为榠樝是另一种。

〔2〕"枝可为数号，一尺百二十节"：启愉按：节是"策"的意思，如果泥于
枝上的节，不但不可能，文意也不连贯。《淮南子·主术训》："执节于掌握之间。"
高诱注："节，策也。"段玉裁注《说文》"策"字："曰算，曰筹，曰策，一也。""策"
就是古时用以计算的筹子，"数号"就是计数的筹码。一根筹子为一策，所以
"百二十节"就是一百二十根筹子。"一尺"，指一百二十根筹子叠起来的高度，
夸张其片薄积多的情况。

〔3〕《诗经·卫风·木瓜》句。毛《传》作："木瓜，楙木也。"

〔4〕《御览》卷九七三引《诗义疏》较简而多误。《诗经》孔颖达疏、《尔
雅》邢昺疏常引陆机《疏》云云，但"木瓜"均无引，今本陆机《毛诗草木鸟
兽虫鱼疏》亦无此条。释"木瓜"二书一有一无，说明二书并非等同。而丁
晏即以《要术》此条辑入陆机《疏》，清儒多认为《诗义疏》就是陆机《疏》，
其实不妥。

【译文】

《尔雅》说："楙（mào），是木瓜。"郭璞注解说："果实像小瓜，有酸味，可以吃。"

《广志》说："木瓜，果实可以渍藏；树枝可以作算筹，一百二十根筹子叠起来只有
一尺高。"

《诗经·卫风》的诗说："赠给我木瓜。"毛公解释说："木瓜就是楙。"《诗义疏》
说："楙的叶子像柰叶，果实像小瓤（lián）瓜，上面黄色，像敷着粉，有香气。要吃的
话，横切开来埋在热灰中，让它变萎软，拿出来洗干净，在醋、豉汁和蜜调和的液汁里
浸泡过，可以下酒食。用蜜封藏一百天，再吃，对人很有益。"

木瓜，种子及栽皆得，压枝亦生。栽种与桃李同。

《食经》藏木瓜法："先切去皮，煮令熟，着水中，车轮切。百
瓜用三升盐，蜜一斗渍之。昼曝，夜内汁中。取令干，以余汁密藏
之〔1〕。亦用浓杬汁也〔2〕。"

【注释】

〔1〕"密藏"，各本均作"蜜藏"，误；金抄原亦作"蜜"，后校改作"密"。

〔2〕杬：杬木，当是山毛榉科栎属（Quercus）的植物。其树皮浸出液富含鞣
质，红色，可以渍藏果子防腐和腌咸鸭蛋。

【译文】

木瓜,种种子和取栽来栽都可以,压条也能成活。栽种的方法与桃李相同。

《食经》藏木瓜的方法:"先切去皮,煮熟,横切成圆片,放在水里面。一百个木瓜用三升盐、一斗蜜浸着。白天漉出来晒,夜间仍然浸在汁里。最后让它干萎,再用剩下的汁紧密封藏。也可以用浓的杬皮汁浸渍。"

种椒第四十三

《尔雅》曰:"檓,大椒。"[1]

《广志》曰:"胡椒出西域。"

《范子计然》曰:"蜀椒出武都,秦椒出天水。"[2]

按:今青州有蜀椒种,本商人居椒为业,见椒中黑实,乃遂生意种之。凡种数千枚,止有一根生。数岁之后,便结子[3],实芬芳,香、形、色与蜀椒不殊,气势微弱耳。遂分布栽移,略遍州境也。

【注释】

〔1〕见《尔雅·释木》。

〔2〕《类聚》卷八九、《御览》卷九五八"椒"及《证类本草》卷一三"秦椒"都引到《范子计然》此条,文较详。《要术》的椒是芸香科的花椒(Zanthoxylum bungeanum)。蜀椒、秦椒:或说都是花椒,因产地不同而分名。本草书以秦椒为花椒,而蜀椒又名川椒、巴椒,另列一目。《尔雅》的"大椒",或说就是秦椒,以其果实较大。又有以为蜀椒、秦椒是与花椒同属的竹叶椒〔Z. armatum (Z. planispinum)〕,为常绿灌木(花椒是落叶灌木),果实似花椒,可作花椒的代用品,但气味较劣。武都,山名,在今四川绵竹。天水,郡名,汉置,有今甘肃天水等地。天水之名始于汉,春秋时的"范子计然"无由知之,则其书似为伪托。

〔3〕花椒雌雄异株,单株无由结实,则传说只长出一株,不确。

【译文】

《尔雅》说:"檓(huǐ),是大椒。"

《广志》说:"胡椒出在西域。"

《范子计然》说:"蜀椒出在武都,秦椒出在天水。"

〔思勰〕按: 现在青州有蜀椒的种,原来是有一商人囤积蜀椒做生意,看见椒中的黑色种子,便转念头要种它。一共种了几千颗,只长出一株树苗。几年之后,便结出果实;果实芬芳,香气、形状、色泽都跟蜀椒没有什么差别,只是势头稍微弱一些。此后分布引种开来,差不多遍布了青州一州。

熟时收取黑子。俗名"椒目"。不用人手数近捉之,则不生也[1]。四月初,畦种之。治畦下水,如种葵法。方三寸一子,筛土覆之,令厚寸许;复筛熟粪,以盖土上。旱辄浇之,常令润泽。

生高数寸,夏连雨时,可移之。移法:先作小坑,圆深三寸;以刀子圆剜椒栽,合土移之于坑中,万不失一。若拔而移者,率多死。

若移大栽者,二月、三月中移之。先作熟襄泥,掘出即封根,合泥埋之。行百余里,犹得生之。

此物性不耐寒,阳中之树,冬须草裹。不裹即死。其生小阴中者,少禀寒气,则不用裹。所谓"习以性成"[2]。一木之性,寒暑异容;若朱、蓝之染,能不易质?故"观邻识士,见友知人"也。

候实口开,便速收之。天晴时摘下,薄布曝之,令一日即干,色赤椒好[3]。若阴时收者,色黑失味。

其叶及青摘取,可以为菹;干而末之,亦足充事。

《养生要论》曰[4]:"腊夜令持椒卧房床旁,无与人言。内井中,除温病。"[5]

【注释】

〔1〕"不用人手数(shuò)近捉之,则不生也":启愉按:花椒种子只能阴干,不宜曝晒,否则会使种子油分挥发,影响发芽力。但种子的外壳也多含油质,不利于水分的透入,现在有的地方种前还要加以碱水浸泡,用手搓洗的脱脂处理,使之易于透水发芽。《要术》所说即使确实有手摸了不发芽的事情,也只能是和其他原因凑合在一起,恐怕不是手摸之过。

〔2〕习以性成:启愉按:生物的遗传性有保守性的一面,就是生物在长期生长发育中逐渐同化外界条件所形成的稳定性;同时也有它的对立面,就是变异

性的一面，就是生物体因外界条件的变化，因而产生与自己不完全相似的变异。"习以性成"虽然包含着这两方面的情况，但这里是突出变异性的一面的。贾氏认为"性"是可变的，卷三《种蒜》列举的大蒜、芜菁、豌豆、谷子的种种变化现象，都是变异性的很好例证。这里再就椒树的变异加以分析说明。所谓"习"，指的就是椒树从幼龄期就得到寒冷环境的锻炼，所谓"性成"，就是因锻炼而形成了与原来不同的增强抗寒能力的特性。形成这种特性的原因是阴冷的气候条件，《要术》明显指出此特性是后天获得的，不是先天固有的，正说明环境变化可以产生变异。

〔3〕这是花椒果实采收和保质保量的合理措施，所说完全正确，在今天也是不能违背的。

〔4〕《养生要论》：《隋书·经籍志》不著录，但医方类著录有《养生要术》一卷，无撰人姓名，未知是否同一书。书已佚。

〔5〕《四时纂要·十二月》、《类聚》卷五、《御览》卷三三"腊"都引到这条，但书名互异。"卧房床旁"，三书都引作"卧井旁"。"温病"，金抄、明抄同，他本作"瘟病"。

【译文】

花椒成熟时，收取里面黑色的种子。俗名"椒目"。不要让人用手常常捉摸它，那会不发芽的。四月初，畦种育苗。作畦，浇水，同种葵的方法一样。三寸见方下一颗种子，筛细土盖在上面，盖一寸左右厚；再筛上熟粪盖在土上。旱时就浇水，常常保持润泽。

苗长到几寸高，夏天遇到连雨的时候，可以移栽。移栽的方法：先掘个小圆坑，口径和深都是三寸；用刀子在秧苗周围绕圈切割下去，连同宿土一并挖出来，移栽到坑里，万无一失。如果拔出来移栽，大多会死去。

要是移栽大株的栽子，在二月、三月里移栽。先作好用稿秆和熟的泥，植株掘出来后，就用这种和熟的泥封裹根部，连泥埋到坑里。这样封裹过的树栽，可以搬运一百多里还能成活。

花椒这种植物本性不耐寒，原来长在阳地上的树，冬天必须用草包裹。不裹便会冻死。长在比较阴冷地方的树，从小经受了寒冷的锻炼，就不必包裹。这就是所谓"习惯形成本性"。一棵树的性质，由于寒温的环境不同，植物耐寒能力的表现也不同；正像布帛放入红色或蓝色的染液里，能不改变颜色吗？所以，"看邻居可以推知某人的品质，看朋友可以推知某人的为人"〔道理是一样的〕。

等到果实裂开了口子，便赶快收获。趁天晴时摘下来，薄薄地摊开着晒，要尽一天之内晒干，这样颜色就红，品质也好。如果在阴天摘下，颜色会变黑，香味也会失去。

花椒叶子趁青嫩时采摘来，可以腌作菹菜；晒干研成粉末，也可以作香料供食。

《养生要论》说："腊日的夜里，叫人拿着花椒，睡在卧房床边，不要同人说话。〔早晨起来〕丢进井里，辟除温病。"

种茱萸第四十四

食茱萸也；山茱萸则不任食。[1]

二月、三月栽之。宜故城、堤、冢高燥之处。凡于城上种莳者，先宜随长短掘堑，停之经年，然后于堑中种莳，保泽沃壤，与平地无差。不尔者，土坚泽流，长物至迟，历年倍多，树木尚小。

候实开，便收之，挂着屋里壁上，令荫干，勿使烟熏。烟熏则苦而不香也。

用时，去中黑子。肉酱、鱼鲊[2]，偏宜所用。

《术》曰："井上宜种茱萸；茱萸叶落井中，饮此水者，无温病。"[3]

《杂五行书》曰："舍东种白杨、茱萸三根，增年益寿，除患害也。"

又《术》曰："悬茱萸子于屋内，鬼畏不入也。"

【注释】

〔1〕食茱萸：芸香科，学名 Zanthoxylum ailanthoides，与花椒同属。果实为裂果，红色，味辛香，供食用。又名"檫子"。 山茱萸：山茱萸科，学名 Macorcarpium officinalis。核果红色，甘酸，果肉供药用，不作食用。

〔2〕鱼鲊（zhǎ）：一种鱼肉中糁以米饭，经过乳酸发酵酿制成的荤食品，带有酸香味。卷九有《作鱼鲊》专篇，各种鲊全用茱萸调味。

〔3〕此条与本节末尾引《术》文，类书均未引。此条中"温病"，金抄、明抄

同,他本作"瘟病"。

【译文】

> 这指的是食茱萸;山茱萸是不好吃的。

二月、三月里移栽。宜于栽在旧城墙、堤岸、土丘等比较高燥的地方。凡是栽在城墙上的,先要随着需要的长短掘一条坑沟,搁着过一两年之后,再移栽到沟里。这样,沟里保住了墒,土也肥沃,与平地没有差别。不然的话,地土坚硬,水分也流失了,植株生长很慢很慢,经过许多年岁,树木还是小小的。

等到果实裂开时,便收回来,挂在屋内墙壁上,让它阴干,但不能被烟熏。烟熏了味道变苦,又没有香气。

食用时,去掉里面的黑子。用在肉酱、鱼鲊中,特别相宜。

《术》说:"井边上宜于种茱萸;茱萸的叶子落到井中,饮用这种井水的,不害温病。"

《杂五行书》说:"房屋东边种三株白杨、三株茱萸,延年益寿,可以辟除祸害。"

又《术》说:"在屋里挂着茱萸子,鬼害怕不敢进来。"

齐民要术卷第五

种桑、柘第四十五 养蚕附

《尔雅》曰[1]:"桑,辨有葚,栀。"注云:"辨,半也。"[2]"女桑,桋桑。"注曰:"今俗呼桑树小而条长者为女桑树也。""檿桑,山桑。"注云:"似桑[3]。材中为弓及车辕。"

《搜神记》曰[4]:"太古时,有人远征。家有一女,并马一匹。女思父,乃戏马云:'能为我迎父,吾将嫁于汝。'马绝缰而去,至父所。父疑家中有故,乘之而还。马后见女,辄怒而奋击。父怪之,密问女。女具以告父。父射马,杀,晒皮于庭。女至皮所,以足蹩之曰:'尔马,而欲人为妇,自取屠剥,如何?'言未竟,皮蹶然起[5],卷女而行。后于大树枝间,得女及皮,尽化为蚕,绩于树上。世谓蚕为'女儿',古之遗言也。因名其树为'桑',桑言丧也。"

今世有荆桑、地桑之名[6]。

【注释】

〔1〕引文见《尔雅·释木》,文同。注都是郭璞注。

〔2〕辨,半也:辨是一半的意思。这可以有两种解释。按:桑树通常雌雄异株,则一半有椹可以指雌雄异株的桑,别名为"栀"。但桑树也偶有雌雄同株的,则一株中只有雌花结果,也可以说一半有椹,那么,雌雄同株的桑,才另名为"栀"。以似后者较通顺,因为它不是通常的,所以有"栀"的异名。

〔3〕似桑:这就不是桑。现代字书有解释檿桑是山毛榉科的柞树的,今人也有这样认为的;又有解释是桑科的柘树的。总之,檿桑不是桑,有可能是柞树。

〔4〕今本《搜神记》都是后人辑集成书,颇见糅杂。《丛书集成》本《搜神记》二十卷,据《秘册汇函》本排印,此条在卷一四,词句多有增饰。《御览》卷八二五"蚕"引《搜神记》,文句基本同《要术》。

〔5〕蹶(guì)然:急遽貌。

〔6〕金抄、劳季言校宋本及明清刻本均作"地桑";明抄作"虵桑",院刻《吉石盦》影印本同,但日人小岛尚质影写本院刻却作"地桑"。

【译文】

《尔雅》说:"桑树,辨有葚的,叫作栀。"〔郭璞〕注解说:"辨是一半的意思。"又,"女桑,就是桋(yí)桑。"注解说:"现在俗习上把树型低矮而枝条长的桑树叫作女桑树。"又,"檿(yǎn)桑,就是山桑。"注解说:"像桑,木材可以制弓和车辕。"

《搜神记》说:"远古时代,有一人离家远行。家里只有个女儿,还有一匹马。女儿想念父亲,对马开玩笑说:'你能替我把父亲接回来,我就嫁给你。'马便挣断缰绳跑去,到了父亲那里。父亲〔见到了马,〕疑心家里出了事,便骑着它回到家里。到家之后,马一见到女儿,就发怒狠踢。父亲觉得奇怪,私下问女儿,女儿把事情经过告诉了父亲。父亲把马射死,剥下皮来晒在院子里。女儿走到马皮旁边,用脚踢皮说:'你是马呀,却想要人来作妻子,现在杀死剥皮,不是自作自受吗?还有什么话说!'话还没有说完,皮很快跃起,把女儿卷着走了。后来在大树的树枝中间,找到了女儿和马皮,都变成了蚕,在树上吐丝绩茧。因此,世人把蚕叫作'女儿',就是这古代留下来的遗说。因而也就叫那棵树为'桑',桑就是'丧'的意思。"

现在有荆桑、地桑的名目。

桑椹熟时,收黑鲁椹[1],黄鲁桑,不耐久。谚曰:"鲁桑百,丰绵帛。"言其桑好,功省用多。即日以水淘取子,晒燥[2],仍畦种。治畦下水,一如葵法。常薅令净。

明年正月,移而栽之。仲春、季春亦得。率五尺一根。未用耕故。凡栽桑不得者,无他故,正为犁拨耳。是以须概,不用稀;稀通耕犁者,必难慎,率多死矣;且概则长疾。大都种椹长迟,不如压枝之速。无栽者,乃种椹也。其下常斸掘种菉豆、小豆。二豆良美,润泽益桑[3]。栽后二年,慎勿采、沐。小采者,长倍迟。

大如臂许,正月中移之,亦不须髡。率十步一树。阴相接者,则妨禾豆。行欲小掎角,不用正相当[4]。相当者则妨犁。

须取栽者，正月、二月中，以钩弋压下枝，令着地；条叶生高数寸，仍以燥土壅之。土湿则烂。明年正月中，截取而种之⁽⁵⁾。住宅上及园畔者，固宜即定；其田中者，亦如种椹法，先概种二三年，然后更移之。

凡耕桑田，不用近树。伤桑、破犁，所谓两失。其犁不着处，斸地令起，斫去浮根，以蚕矢粪之。去浮根，不妨耧犁，令树肥茂也。

又法：岁常绕树一步散芜菁子。收获之后，放猪啄之，其地柔软，有胜耕者。⁽⁶⁾

种禾豆，欲得逼树⁽⁷⁾。不失地利，田又调熟。绕树散芜菁者，不劳逼也。

剶桑，十二月为上时，正月次之，二月为下。白汁出则损叶⁽⁸⁾。大率桑多者宜苦斫⁽⁹⁾，桑少者宜省剶。秋斫欲苦，而避日中；触热树焦枯，苦斫春条茂。冬春省剶，竟日得作。

春采者，必须长梯高机，数人一树，还条复枝，务令净尽；要欲旦、暮，而避热时。梯不长，高枝折；人不多，上下劳；条不还，枝仍曲；采不净，鸠脚多；旦暮采，令润泽；不避热，条叶干。秋采欲省，裁去妨者⁽¹⁰⁾。秋多采则损条。

椹熟时，多收，曝干之，凶年粟少，可以当食。《魏略》曰⁽¹¹⁾："杨沛为新郑长。兴平末，人多饥穷，沛课民益畜干椹，收葈豆，阅其有余，以补不足，积聚得千余斛。会太祖西迎天子⁽¹²⁾，所将千人，皆无粮。沛谒见，乃进干椹。太祖甚喜。及太祖辅政，超为邺令，赐其生口十人，绢百匹，既欲厉之，且以报干椹也。"今自河以北，大家收百石，少者尚数十斛。故杜葛乱后⁽¹³⁾，饥馑荐臻，唯仰以全躯命；数州之内，民死而生者，干椹之力也。

【注释】

〔1〕黑鲁椹：黑鲁桑的桑椹。鲁桑当是很早以前由山东人民培育而成的桑树品种，到《要术》时已有黑鲁桑、黄鲁桑的分化。降至近代，则发展为自成系统的鲁桑系。今山东中部和南部都有黑鲁桑、黄鲁桑分布。黑鲁、黄鲁都是好桑种，而好中稍差的黄鲁之所以不及黑鲁，《要术》指出是黄鲁的树龄比较短，这和实际符合。

〔2〕晒燥：晒去水分。不能理解为晒干，只能稍晒去其水湿。按：鲜椹容易腐败变质，一般随采随即淘汰取子，随即播种，《氾书》、《要术》都是这样。取子

后只能阴干(《氾书》就这样),在暑日下曝晒会损害种子发芽力,即使要晒,也只能稍晒以促使水湿快燥。椹子极细,水湿黏着是没法播种的。椹子的发芽力,在自然条件下随着存放时间的延长而降低,存放二至三个月,可使大部分椹子丧失生命力。这就是金元农书《士农必用》总结的"隔年春种,多不生"。

〔3〕豆类是宜于桑园合理间作的作物,其枝叶繁密覆蔽地面,能减少土壤水分的蒸发,也抑制杂草的生长;根系密布行间而较浅,能使土壤质地疏松,通气良好,也有利于保墒;特别是根瘤菌有固氮作用,可以提高土壤肥力。

〔4〕这样的布置是横行偏斜,竖行对直,成偏品字形的配置。清卢燮宸《粤中蚕桑刍言》:"直行正对,横行不必正对。"可以比较充分地利用日光和地力。

〔5〕这就是压条法,采用了曲枝压条法,促使生根,长出新梢芽,形成新植株,然后切离移栽。一条能发生多条新株。《辑要》介绍的方法更为翔实细致。压条苗从母株直接分生育成,能保持母株的优良特性,并缩短了幼龄期,比播种的实生苗生长要快。

〔6〕这种间作芜菁的安排相当巧妙。芜菁是直根肥大、入土较深的蔬菜,收根要耕翻或挖掘,与禾豆的收割地上部不同,所以芜菁要离树远些,不能逼树,以免伤树,禾豆不妨近树,以尽地利。而芜菁猪很爱吃,猪是杂食性牲畜,特别喜爱用嘴拱土。放猪在地里反复践踏,"翻天覆地"地拱土觅食,把土践拱得稀烂软熟,比耕过还好,同时杂草也踩死,还拉粪便在地里,等于上粪。这样,把肥根植物和拱土动物搭配在一起,肥根成了猪的诱饵,拱土变成了耕具,拉粪代替了施肥,独具匠心的巧妙安排,发挥了特异的综合性经济效益。

〔7〕桑苗第一次移栽布局稠密,地是不耕的,但桑间的空地还是要利用的,那就该用锄头刨地种豆子,易于掌握分寸,不致伤苗。现在第二次移栽定植,株行距很宽,更要尽量利用土地,可以耕翻,离树较近播种禾豆,使达到最大的利用面积。禾豆的生长期长,需要进行中耕和肥水管理,豆类还有固氮作用,对肥地和改良土壤的理化性质,对桑树的生长繁茂都大有好处。并且种前翻耕还会切断部分吸收根,可以减低根压,防止桑树剪伐后树液流失过多。

〔8〕阴历十二月,桑树处于休眠状态,树液流的上升活动几乎停止,这时剪伐枝条,养分损失最少,所以最为适时。春天桑芽萌动,休眠期已过,树液流动逐渐活跃,因此正月、二月剪伐都不是很好时期。所谓"白汁出",就是桑枝韧皮部内分布着乳管,内含白色乳汁,在树液流动旺期剪伐会大量流失,则严重影响枝条的发育而减损产叶量。

〔9〕苦斫:加重剪伐。桑树枝条丛杂稠密,消耗营养物质,尤其通风透光不良,光合作用减弱,所以必需加重剪除所有冗枝和病害枝,使养分集中,减少病虫为害,促使明春芽条茂盛。

〔10〕秋采桑叶只能截去有妨碍的条叶,如倒生枝、横生枝、骈生枝等类。叶

片也不能采尽,必须保留梢端一部分的叶,使光合作用继续进行,新梢继续生长。如果采剪狠了,必然影响当年和来年枝条的生长。

〔11〕《魏略》:三国魏时鱼豢撰,新旧《唐书》经籍志著录之。书已佚。今《三国志·魏志·贾逵传》裴松之注引《魏略》有杨沛的传,《要术》是节引。

〔12〕太祖:魏太祖曹操(155—220)。

〔13〕杜葛乱:指杜洛周和葛荣叛乱。后魏孝昌元年(525)杜洛周起兵反魏。翌年,葛荣也起兵。人民遭受严重祸殃。这次变乱是贾思勰亲身经历的。

【译文】

桑椹成熟时,收取黑鲁桑的桑椹,黄鲁桑,树龄比较短。农谚说:"鲁桑一百,多绵多帛。"是说这种桑树好,功夫省而产量多。当天就用水汰洗清净,选出好种子,晒去水分,接着畦种育苗。治畦浇水等方法,都跟种葵的方法相同。畦里要经常拔草使干净。

明年正月,起苗移栽。二月、三月也可以。标准是五尺栽一株。这样密是地里不再耕的缘故。凡栽桑所以长不好,没有别的原因,正是被犁拨伤的缘故。所以必须栽得密,不能稀。稀到可以通过耕犁时,必然不小心容易碰伤桑株,那就大多会死去;而且密的长得也快。直接种椹的大多长得迟,不如压条长得快。在没有栽子的情况下,只好种椹。在桑株行间常常可以掘地种绿豆、小豆。这两种豆肥美,又保持润泽,对桑树有益。栽后两年之内,千万不要采叶、剪枝。小桑采叶,生长加倍的迟。

长到有臂膀粗细时,正月中再一次移栽,用不着截干。标准是十步栽一株栽定。〔离得近了,〕树荫相连接,妨害下面种着的谷类和豆子。行间布置要稍为偏斜,不要彼此都对直。对直了妨碍犁地。

须要取得桑栽的,在正月、二月间,用带钩的小木桩钩压低下的桑枝,让它与地面相贴接;等到新条叶长到几寸高的时候,再拿燥土壅在上面。用湿土就会烂坏。到明年正月间,就截断它取出移栽。栽在住宅上和园边的,固然宜于就这样栽定;栽在大田里的,还是该同种椹法那样,先稠密地"假植"两三年,然后再移出栽定。

凡是耕桑田,不能逼近桑树。既伤害桑树,又破损犁镵,所谓"两失"。犁不到的地方,可以把土掘松,斫去近地面的浮根,再施上蚕屎作肥料。去掉浮根,不致妨碍耧犁播种,同时也可以使树长得肥好茂盛。

又一方法:每年绕着树根离开一步撒下芜菁子。芜菁收获之后,放猪到地里吃芜菁的残根剩茎。这样,地就松和软熟,比耕过还好。

种禾谷和豆类，要求靠树近些。这样既不失地利，同时地也松和软熟。绕着树撒芜菁子的，便不能逼树太近。

剪伐桑枝，十二月是上好时令，正月次之，二月最差。因为晚了剪后有白汁流出，就会减损叶的产量。大率枝条稠密的，该尽量加重剪伐，枝条少的，就该轻剪。秋天剪伐，要求重剪，但要避免日中去剪；日中犯着热，树枝容易枯焦。重剪之后，明春的芽条茂盛。冬天春天，要求轻剪，整天可以剪。

春天采桑叶，必须要用长梯和高几上去采，几个人同采一株树。要求：采过后枝条要放回原来的位置，条叶务必要采得干净；采的时间，定要在早晨或傍晚，避免热起来的时候。梯子不长，高的枝条会攀折；人不多，上上下下很劳累；枝条攀过来不放回原处，以后会弯曲；采不干净，留着的桠杈多；早晨、傍晚采，叶片有润泽；不避热的时候，条叶会干萎。秋天采条叶要少些，只剪去一些有障碍的条叶。秋天采狠了，以后的枝条受损失。

桑椹成熟时，多多收积，晒干，荒年粮食不足时，可以救饥。《魏略》说："杨沛担任新郑县长时，兴平末年(195)，很多百姓饥饿穷困，杨沛叫大家多积蓄干桑椹，采集黑小豆；并加以检查，把还有未收的一并收来，补足采收不足的，最后积累到一千多斛干椹。恰巧魏太祖出兵向西边去迎接天子，带领部队一千多人，都没有粮食。杨沛晋见太祖，就把干椹献出来。太祖很欢喜。到魏太祖掌握政权时，破格提升杨沛为邺令，并且赏给他十名俘虏作奴隶，一百匹绢，一方面是勉励他，另一方面也是报答他的进献干椹。"现在从黄河以北，大户人家收藏干椹到一百石，少的也有几十斛。所以杜葛战乱之后，连年饥荒，只靠干椹保全了性命，几州之内，老百姓死里逃生，全靠干椹的力量呀！

种柘法 [1]：耕地令熟，楼耩作垄。柘子熟时，多收，以水淘汰令净，曝干。散讫，劳之。草生拔却，勿令荒没。

三年，间斸去，堪为浑心扶老杖。一根三文。十年，中四破为杖，一根直二十文。任为马鞭、胡床。马鞭一枚直十文，胡床一具直百文。十五年，任为弓材，一张三百。亦堪作履。一两六十。裁截碎木，中作锥、刀靶。音霸。一个直三文。二十年，好作犊车材。一乘直万钱。

欲作鞍桥者，生枝长三尺许，以绳系旁枝，木橛钉着地中，令曲如桥。十年之后,便是浑成柘桥。一具直绢一匹。

欲作快弓材者[2],宜于山石之间北阴中种之。

其高原山田,土厚水深之处,多掘深坑,于坑中种桑柘者,随坑深浅,或一丈、丈五,直上出坑,乃扶疏四散。此树条直[3],异于常材。十年之后,无所不任。一树直绢十匹。

柘叶饲蚕,丝好。作琴瑟等弦,清鸣响彻,胜于凡丝远矣。

【注释】

〔1〕柘:桑科的Cudrania tricuspidata,又名"黄桑"、"奴柘"。叶可饲蚕。果为聚花果,可食,也可酿酒。

〔2〕快弓:快是劲疾的意思。《考工记·弓人》:"凡取干之道七,柘为上……"《御览》卷九五八引《风俗通》:"柘材为弓,弹而放快。"谓弹力强,矢出劲疾。

〔3〕这又是一项独具匠心的新技术。为了取得桑、柘的直长主干做材料,采取深坑胁长的办法,不用人工管理,而自然培育成挺拔通长的优良木材。这木材很贵重,一株值绢十匹。

【译文】

种柘的方法:把地耕翻整熟,用耧耩出播种沟。柘树果实成熟时,多采收,用水淘汰洗净,选取种子,晒干。撒种在沟内,然后耢平。有草长出,拔掉,不要让草掩没柘苗。

三年后,把密的疏间掘去,可以整根地作老人用的拐杖。一根值三文钱。十年,砍来可以十字破开成四根杖,一根值二十文。可以用来作马鞭或作成小杌子。一根马鞭值十文,一张小杌子值一百文。十五年,可以作弓干材料,一张弓值三百文。也可以作木鞋。一双值六十文。制作剩下的碎木料,可以作锥子或刀的把子。一个值三文。二十年,好用来作牛车的木材。一辆车值一万文钱。

想要作成马鞍的"鞍桥"的,将三尺左右长的活枝条,基部用绳缚在旁边的枝条上,而上端用木桩钉定在地中,让它像桥一样弯曲着。十年之后,便长成天然的柘木鞍桥了。一具值一匹绢。

想要作快弓材料的,该种在山石之间北面背阴的地方。

此外,在高原山田上,土层厚、地下水位低的地方,多掘深坑,

〔深到一丈或一丈五尺，〕在坑里面种桑树或柘树。这树被胁迫着随着坑的深浅向上挺直长出，长高到一丈或一丈五尺，然后才出坑分枝四散开来。这树主干挺拔通直，和普通的材木大不相同。十年之后，什么器具都可以制作。一株值十匹绢。

用柘叶饲蚕，丝的质地好。用它来作琴瑟等乐器的弦，声音清越响亮，一般的丝是远远比不上的。

《礼记·月令》曰[1]："季春……无伐桑柘。郑玄注曰："爱养蚕食也。"……具曲、植、筥、筐。注曰："皆养蚕之器。曲，箔也。植，槌也[2]。"后妃斋戒，亲帅躬桑……以劝蚕事……无为散惰。"

《周礼》曰："马质……禁原蚕者。"[3]注曰："质，平也，主买马平其大小之价直者。""原，再也。天文，辰为马；蚕书，蚕为龙精，月直'大火'则浴其蚕种：是蚕与马同气。物莫能两大，故禁再蚕者，为伤马与？"[4]

《孟子》曰："五亩之宅，树之以桑，五十者可以衣帛矣。"[5]

《尚书大传》曰[6]："天子、诸侯，必有公桑、蚕室，就川而为之。大昕之朝，夫人浴种于川。"[7]

《春秋考异邮》曰[8]："蚕，阳物，大恶水，故蚕食而不饮[9]。阳立于三春，故蚕三变而后消；死于七，三七二十一，故二十一日而茧。"

《淮南子》曰："原蚕一岁再登，非不利也；然王者法禁之，为其残桑也。"[10]

《氾胜之书》曰[11]："种桑法：五月取椹着水中，即以手溃之，以水灌洗，取子，阴干。治肥田十亩，荒田久不耕者尤善，好耕治。每亩以黍、椹子各三升合种之。黍、桑当俱生，锄之，桑令稀疏调适。黍熟，获之。桑生正与黍高平，因以利镰摩地刈之，曝令燥；后有风调，放火烧之，常逆风起火[12]。桑至春生。一亩食三箔蚕[13]。"

【注释】

〔1〕引文与今本《礼记·月令》颇有异文。

〔2〕植：就是榰，是蚕架的直柱，因亦称蚕架为蚕槌，它是固定在梁柱间不能移动的。四根直柱的两边各挂一根椽木，椽木上承搁蚕箔。一个蚕架通常可以放十层箔。录《王氏农书》蚕槌图作参考（图十八）。

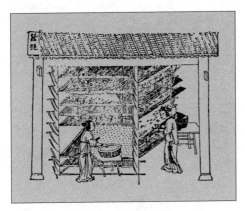

图十八　蚕槌

〔3〕见《周礼·夏官·马质》。头一条注文，今本郑玄注没有，贾公彦疏有如下解释："质，平也，主平马力及毛色与贾直之等。"下一条今本郑玄注有。

〔4〕古所谓"原蚕"，主要指二化性蚕，即春蚕后入夏再一次孵化。郑玄说，古人禁养原蚕，为的是恐怕伤马。按：辰星即房宿。《尔雅·释天》："天驷，房也。"故而辰星即为天驷。《释天》又称："大辰：房、心、尾也。大火，谓之大辰。"房宿既是天驷，则马亦与'大火'相应。《晋书·天文志》："大火，于辰（按指十二辰）为卯。""大火"配卯，卯配在月建上是二月，就是大火星中在南方的浴蚕种的月份。故辰龙为天马，马属大火，蚕为龙精，在大火二月浴种，准备孵化，所以郑玄说蚕和马是同气相通的。这是郑玄援引纬学解经之说。

〔5〕见《孟子·梁惠王上》，文同。又《尽心上》有类似记载。五亩之宅：据古人解释，古代在井田制的规划下，农家二亩半的宅地在田间，叫作"庐"，就是《诗经·小雅·信南山》说的"中田有庐"；二亩半的宅地在邑城，叫作"廛"，就是《诗经·豳风·七月》说的"入此室处"（搬进这廛里来住）。农夫耕作时住在田间的庐，收获完毕后住进城中的廛。城乡宅地共五亩，就是《孟子》说的"五亩之宅"。

〔6〕《尚书大传》：解释《尚书》的书。旧题西汉伏生撰，可能是其弟子等杂录所闻而成。其中除《洪范五行传》今尚完整外，其余各卷只存佚文。清人有辑佚本。

〔7〕清陈寿祺辑校《尚书大传》卷一辑有此条。《要术》是节引。《礼记·祭义》有类似记载。大昕(xīn)之朝(zhāo)，古注云季春朔日之朝，即三月初一的早上。

〔8〕《春秋考异邮》：《春秋纬》的一种，书已佚。听说是北方养的三眠四龄蚕品种，但二十一天是不够的，就是早蚕至少也得二十三四天才老熟。

〔9〕《御览》卷八二五"蚕"引《春秋考异邮》作："蚕，阳者，火，火恶水，故食不饮……"（清鲍崇城刻本。中华影印本前一"火"字作"大"）后人亦以火性属蚕，如清沈秉成《蚕桑辑要》"蚕性总说"："蚕，阳物，属火，恶水，故而不饮。"《要术》"大恶水"，疑应作"火，恶水"。

〔10〕见《淮南子·泰族训》。残桑，会残害桑树。按：桑树枝条过夏入秋后长势逐渐减缓。现在养二化蚕自春至夏连续二期采剪条叶，本身供应不免匮乏，则势必肆意采沐，只顾目前，不想以后，这本身就是"残桑"。再者，树上很少留着青枝绿叶，光合作用大为减弱，加之入秋生长缓慢，而生长期又短，到明春萌芽生长推迟，赶不上早蚕采食，春蚕也不得不低温延缓其催青孵化。尤其在北方寒冷干燥地区，秋条长出既迟，生长期更短，新梢组织不充实，容易遭受早霜为害，严重影响明年的条叶和产叶量。这是既残桑又残蚕。纬学盛于东汉，郑玄是纬学的传播者，他以纬学解释经文的禁养原蚕，蒙上一层神秘色彩。西汉早期《淮南子》这篇文章的作者，显然没有受到纬学之类的影响，他的"残桑说"是合理的。

〔11〕《类聚》卷八八、《事类赋》卷二五引到《氾书》此条，有脱误，不如《要术》完好。又此条讲种桑，似宜在"种柘法"前而被倒乱。

〔12〕贴近地面割去桑苗，现在叫"平茬"。平茬有促使根系发育的作用，再放火烧茬，可使桑苗根颈部的潜伏芽至来春较早萌发，新条生长较快；烧后会消灭一些越冬害虫，剩余的草木灰，也有施肥的效果。但不能过烧伤芽，《士农必用》告诫说："火不可大，恐损根。"黍是禾谷类中生长期最短的，长势比桑苗快，到成熟时已高出桑苗，所以可以割去黍穗，多一季收成，而留着黍秸作助燃材料。

〔13〕食(sì)：喂养。

【译文】

《礼记·月令》说："季春三月……不要砍伐桑树、柘树。郑玄注解说："为了爱护养蚕的饲料。"……具备好曲、植、圆匾、方筐。注解说："都是养蚕的器具。曲是蚕箔。植是搁蚕箔的架子。"皇后皇妃清心斋戒，亲自率领命妇们采桑……劝勉养蚕的事……不允许散漫懒惰。"

《周礼》说:"马质……禁止养原蚕。"注解说:"质是评定的意思,马质是主管买马时评定马的价格多少的。""原是'再'的意思。就天文说,辰星为马;依蚕书说,蚕是龙精,'大火'星中在南方的月份,浴洗蚕种:所以说,蚕和马是血气相通的同类。两个同类的东西不能同时壮大,所以禁养原蚕,为的是恐怕伤害马吧?"

《孟子》说:"五亩的宅地上,种上桑树,五十岁的人可以穿上绸衣了。"

《尚书大传》说:"天子、诸侯,一定有公桑和蚕室,都靠近河边设置。三月初一的清晨,夫人到河里浴蚕种。"

《春秋考异邮》说:"蚕是阳性的动物,非常讨厌水,所以它只吃桑而不饮水。阳建立于三春,所以蚕经过三次蜕皮后便老熟了;它'死'在七的日子,三七是二十一,所以它活了二十一天就结茧。"

《淮南子》说:"原蚕一年有再一次的收获,不是没有利益的;然而君王所以要立法禁止,为的是它会残害桑树呀。"

《氾胜之书》说:"种桑树的方法:五月收取成熟的桑椹,浸在水里,用手揉烂桑椹,再灌水清洗出种子,阴干。整治出十亩肥田,许久没有耕种的荒田尤其好,细熟地把地耕治好。每亩用黍子和椹子各三升混合播种。黍和桑一齐发芽出苗,锄地,把桑苗锄到稀密合适。黍成熟的时候,收割〔黍穗〕。这时桑苗正和黍〔秸〕一样高,用锋利的镰刀贴近地面〔连同黍秸一齐〕割下来,都摊在地上晒干。后来有风向合适时,便逆着风放火烧掉。到明年春天,桑茬上又长出新株来了。一亩的桑叶可以养三箔蚕。"

俞益期《笺》曰[1]:"日南蚕八熟[2],茧软而薄。椹采少多。"

《永嘉记》曰[3]:"永嘉有八辈蚕[4]:蚖珍蚕,三月绩。柘蚕,四月初绩。蚖蚕,四月初绩[5]。爱珍,五月绩。爱蚕,六月末绩。寒珍,七月末绩。四出蚕,九月初绩。寒蚕。十月绩。凡蚕再熟者,前辈皆谓之'珍'。养珍者,少养之。

"爱蚕者,故蚖蚕种也[6]。蚖珍三月既绩,出蛾取卵,七八日便剖卵蚕生,多养之,是为蚖蚕。欲作'爱'者,取蚖珍之卵,藏内罂中,随器大小,亦可十纸,盖覆器口,安硎苦耕反泉[7]、冷水中,使冷气折其出势。得三七日,然后剖生,养之,谓为'爱珍',亦呼

'爱子'。绩成茧,出蛾生卵,卵七日,又剖成蚕,多养之,此则'爱蚕'也。

"藏卵时,勿令见人。应用二七赤豆,安器底,腊月桑柴二七枚,以麻卵纸[8],当令水高下,与重卵相齐。若外水高,则卵死不复出;若外水下,卵则冷气少,不能折其出势。不能折其出势,则不得三七日;不得三七日,虽出不成也。不成者,谓徒绩成茧,出蛾,生卵,七日不复剖生,至明年方生耳。欲得荫树下。亦有泥器口,三七日亦有成者。"

《杂五行书》曰:"二月上壬,取土泥屋四角,宜蚕,吉。"

【注释】

〔1〕俞益期《笺》:即俞益期的书信。俞益期,东晋末期豫章(郡治在今江西南昌)人,性气刚直,不为世俗所屈,远走岭南交州。《笺》就是他以交州所见写给韩康伯的信。韩康伯与俞同时,曾任丹阳尹、豫章太守、吏部尚书等职。

〔2〕《水经注》卷三六《温水》引俞益期《与韩康伯书》记述越南的槟榔、两熟稻和八熟蚕。八熟蚕只有"桑蚕年八熟茧"六字。槟榔和两熟稻,《要术》分引于卷一〇"槟榔(三三)"和"稻(二)"。

〔3〕《御览》卷八二五引作《永嘉郡记》。前二段与《要术》基本相同,但有脱误;第三段《御览》没有。

〔4〕八辈蚕:即一年中有八批蚕。八批蚕的关系,试列表如下:

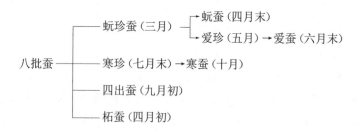

以上除柘蚕为另一种外,其余七种都是桑蚕。但四出蚕(四化蚕,即第四代)的上一代是什么蚕,没有记述,化种不明。寒珍七月末才结茧,其上代是什么,从何而来,亦不明。那时贾氏地区有一化三眠蚕和二化四眠蚕,没有提到多化蚕;多化蚕出现在浙江温州地区。

〔5〕"四月初绩",各本及《御览》引均同,误。据下文,蚖蚕既是蚖珍蚕的二

化蚕，而蚖珍三月作茧，到蚖蚕再结茧时在四月初，相距日子太短。而且爱珍和蚖蚕同为蚖珍的二化蚕，所不同的只是爱珍由于对蚖珍的卵经过低温处理后，比自然休眠期七天再延长了十四天，然后孵化（为了与蚖蚕的二化期岔开），那么爱珍作茧也只能比蚖蚕迟十几天，可是爱珍作茧在五月，跟蚖蚕相差达一个多月，不合理，也不可能。据此，"四月初"应是"四月末"之误。这样，其世代之间才能保持交替平衡。清末费南辉《西吴蚕略》卷下"种类"引《永嘉记》即作"四月末绩"。

〔6〕"蚖蚕"，各本及《御览》引并同。但再熟蚕的前辈既称为"珍"，蚖珍与蚖蚕，各为一辈，为直系，而爱蚕对蚖蚕则各为一系，没有直接的亲缘关系；而且下文明说爱蚕是经过低温处理后的蚖珍的三化蚕，即蚖珍种的第三代，则此处"故蚖蚕种也"，应是"故蚖珍种也"之误。

〔7〕硎（kēng）：即坑。

〔8〕"麻"，各本同，无可解释，黄麓森校记："麻乃庪之讹。""庪"同"庋"（guǐ），支搁的意思，指用桑枝支架蚕卵纸使不着罂底，应是"庪"字之误。

【译文】

俞益期的书信中说："日南的蚕，一年连养八熟，茧软，茧层薄。桑树可以采得稍多的桑椹。"

《永嘉记》说："永嘉一年中有八批蚕：蚖（yuán）珍蚕，三月结茧。柘蚕，四月初结茧。蚖蚕，四月〔末〕结茧。爱珍，五月结茧。爱蚕，六月末结茧。寒珍，七月末结茧。四出蚕，九月初结茧。寒蚕，十月结茧。凡蚕再一次孵化的，前一化都称为'珍'。养珍的要少养些。

"爱蚕，原来是蚖〔珍〕种的第三代：蚖珍三月结茧之后，出蛾，产卵，过七八天，卵便破开出了蚁蚕，要多养，这叫作蚖蚕。要想作爱蚕的，将蚖珍的卵，藏在罂子里，看着罂子的大小，也可以放进十张蚕种纸，把罂口盖好，放到坑谷冷泉或冷水中去，让冷气遏阻蚖珍卵的发育孵化。这样，可以〔人工低温滞育〕二十一天，然后才孵化出蚁，要少养一些，这叫作'爱珍'，也叫'爱子'。爱珍结茧之后，出蛾，产卵，卵〔自然休眠〕七天，又破卵出蚁，这蚁要多养，就是'爱蚕'了。

"藏卵在罂中的时候，不要让人看见。藏法：该用十四颗赤豆放在罂底，再用腊月的桑柴枝十四根〔支架住〕蚕卵纸，要使罂外面水的高度同罂内最上面的一层卵纸相齐。要是外面的水太高，蚕卵会像'死'的样子，当年不再孵化；如果外水太低，那就冷气太少，不能阻遏卵的孵化势头。不能阻遏孵化的势头，那就达不到滞育二十一天的目的；不能滞育二十一天，就会提早孵化出蚁，这是不行的。所谓不行，就是说这爱珍蚕白白地结成茧，白白地出蛾产卵，可这卵过七天不再孵化成爱蚕，要到明年才能出蚁呢。罋子要放在树荫下面。〔没有树荫〕，也有人用泥泥封罋口，过二十一天，也有成功的〔，经爱珍阶段而育成爱蚕〕。"

《杂五行书》说："二月第一个逢壬的日子，取土和成泥，涂抹屋的四角，养蚕好，吉利。"

按[1]：今世有三卧一生蚕，四卧再生蚕。白头蚕，颉石蚕，楚蚕，黑蚕，儿蚕，有一生再生之异，灰儿蚕，秋母蚕，秋中蚕，老秋儿蚕，秋末老獬儿蚕，绵儿蚕，同功蚕，或二蚕三蚕，共为一茧。凡三卧四卧，皆有丝、绵之别[2]。

凡蚕从小与鲁桑者，乃至大入簇，得饲荆、鲁二桑[3]；若小食荆桑，中与鲁桑，则有裂腹之患也[4]。

杨泉《物理论》曰："使人主之养民，如蚕母之养蚕，其用岂徒丝茧而已哉？"

《五行书》曰[5]："欲知蚕善恶，常以三月三日，天阴如无日，不见雨，蚕大善。

"又法：埋马牙齿于槌下，令宜蚕。"

《龙鱼河图》曰："埋蚕沙于宅亥地，大富，得蚕丝，吉利。以一斛二斗甲子日镇宅，大吉，致财千万。"

【注释】

〔1〕按语讲的是当时蚕的品种和种类，该接写在引《永嘉记》的下面，这是错简。本篇本文和引书之间，次序先后，他处也多有倒乱。但问题不大，均仍其旧。

〔2〕"别"，各本相同，可以解释为三眠蚕和四眠蚕所生产的，都有丝和绵的分别。但这样分别，有什么意义，又容易使人误解为两种不同品种的蚕，有专产丝和专产绵的分别。假如"别"是"利"的形似之误，则"皆有丝、绵之利"，倒稳妥得多。

〔3〕荆、鲁二桑：即荆桑和鲁桑。荆桑，实际是一种实生桑，不是桑的某一

品种。实生桑根系发达,生长健旺,本质坚硬,树龄长,但缺点是叶形小,叶肉薄,花果多,侧枝多。优良品种的鲁桑系反之。由于实生的性状趋向于野生型,现在各地随俗异名,实生桑仍有荆桑、野桑、草桑等名称。宜于作嫁接砧木。

〔4〕有裂腹之患:按:鲁桑枝条长,节间短,产叶量高,而叶片呈某种圆形,比较大,叶肉厚,含水量较多,叶质润嫩。稚蚕原来饲叶质较差的荆桑,一旦改饲鲁桑,由于叶嫩吃口好,蚕儿贪吃过多,而含水量又多,因此撑腹不消化,所谓"裂腹之患",而胃肠型脓病、空头性软化病等也会由此诱发。

〔5〕《五行书》:各家书目不见著录,书已佚。《要术》引《杂五行书》多条,都是些厌胜之术,而此书兼及占验,恐怕未必是同一书而脱去"杂"字。

【译文】

〔思緦〕按:现在有三眠一化蚕,四眠二化蚕。有白头蚕,颉石蚕,楚蚕,黑蚕,儿蚕——有一化、二化的差别,灰儿蚕,秋母蚕,秋中蚕,老秋儿蚕,秋末老獬(xiè)儿蚕,绵儿蚕,同功蚕——两条或三条蚕共同作一个茧。凡三眠四眠的蚕,都有丝和绵的〔利益〕。

凡蚕从小饲鲁桑的,以后直到大蚕上簇前,可以兼饲荆桑和鲁桑;如果从小饲荆桑的,中间换给鲁桑,就有裂腹的危害。

杨泉《物理论》说:"如果君主爱养百姓,能够像蚕母养蚕一样,其成效岂是仅仅丝和茧绵而已呵?"

《五行书》说:"要想知道蚕的好坏,就看三月初三这一天,如果是阴天,没有太阳,又不见雨,蚕的年岁特别好。

"又一方法:拿马的牙齿埋在蚕架直柱底下,可以使蚕兴旺。"

《龙鱼河图》说:"在住宅北方的亥方位的地里埋下蚕沙,可以使人大富,蚕丝的收成好,吉利。用一斛二斗沙蚕,在甲子日埋下镇宅,大吉,可以招致千万财富。"

养蚕法:收取种茧,必取居簇中者。近上则丝薄,近地则子不生也[1]。泥屋用"福"、"德"、"利"上土。屋欲四面开窗,纸糊,厚为篱。屋内四角着火。火若在一处,则冷热不均。初生,以毛扫[2]。用荻扫则伤生。调火令冷热得所。热则焦燥,冷则长迟。比至再眠,常须三箔:中箔上安蚕,上下空置。下箔障土气,上箔防尘埃。小时采"福"、"德"上桑,着怀中令暖,然后切之。蚕小,不用见露气[3];得人体,则众恶除。每饲蚕,卷窗帏,饲讫还下。蚕见明则食,食多则生长。

老时值雨者,则坏茧,宜于屋里簇之:薄布薪于箔上,散蚕讫,又薄以薪覆之。一槌得安十箔。

又法:以大科蓬蒿为薪[4],散蚕令遍,悬之于栋梁、椽柱[5],或垂绳钩弋、鹗爪、龙牙[6],上下数重,所在皆得。悬讫,薪下微生炭以暖之。得暖则作速,伤寒则作迟。数入候看,热则去火。蓬蒿疏凉,无郁浥之忧;死蚕旋坠,无污茧之患;沙、叶不作,无瘢痕之疵。郁浥则难缲,茧污则丝散,瘢痕则绪断[7]。设令无雨,蓬蒿簇亦良;其在外簇者,脱遇天寒,则全不作茧[8]。

用盐杀茧,易缲而丝韧;日曝死者,虽白而薄脆,缣练衣着,几将倍矣,甚者,虚失岁功:坚、脆悬绝,资生要理,安可不知之哉?

崔寔曰:"三月,清明节,令蚕妾治蚕室,涂隙穴,具槌、杼[9]、箔、笼。"

《龙鱼河图》曰:"冬以腊月鼠断尾。正月旦,日未出时,家长斩鼠,着屋中,祝云:'付勒屋吏,制断鼠虫;三时言功,鼠不敢行。'"

《杂五行书》曰:"取亭部地中土涂灶,水、火、盗贼不经;涂屋四角,鼠不食蚕;涂仓、箪,鼠不食稻;以塞坎,百日鼠种绝。"

《淮南万毕术》曰:"狐目狸脑,鼠去其穴。"注曰:"取狐两目,狸脑大如狐目三枚,捣之三千杵,涂鼠穴,则鼠去矣。"

【注释】

〔1〕子不生:卵不孵化。这是不受精卵,所以不孵化,而其蚕为病弱蚕。但上簇时蚕头过密,不匀,光线上明下暗,即使健康无病的蚕也会游到下部结茧(大蚕有背光性),那就不会是近地面的不孵化了。

〔2〕以毛扫:用羽毛刷下。按:蚁体细弱柔嫩,用外物扫刷都会引起损伤,甚至碰死,最好的办法是让它自己游离蚕连,不加任何外力折腾。这就有用桑收法收蚁的办法。桑收法在文献上出现很晚,最早见于南宋后期陈元靓的《博闻录》,它告诫说,"切不可以鹅翎扫拨",可见用羽毛扫也不是好办法。

〔3〕不用见露气:指不宜用带露湿的桑叶。用湿叶饲蚕,无论小蚕大蚕都

不相宜。蚕食湿叶，水分过多，胃肠消化不了，多发"泻病"，就是排泄的污粪或污液如下痢状，为胃肠型脓病，终至食欲减退而死。

〔4〕蓬蒿：即菊科的白蒿（Artemisia stelleriana）。

〔5〕橡柱（zhǔ）：《种榆白杨》篇再见。"柱"通"拄"，支承之意，橡柱即指橡木，不是橡和柱子。

〔6〕钩弋、鹗爪、龙牙：钩弋是单个的枝杈钩子，鹗爪是周围有两三个钩子的，龙牙是有成排钩子的。

〔7〕启愉按：大蚕食桑量约占整个蚕龄的90%以上，从桑叶中蒸发出的水分多，大蚕排粪多，从蚕沙中散发出的水分和不良气体也多，蚕座环境本身已经湿重，所以大眠后最忌多湿而高温。如果上簇后再加上簇中通气不良，湿度温度过高，形成蒸郁发热环境，必然影响蚕体健康，结茧解舒不良，断头多，缫折大。茧丝的外围被覆着具有黏性的丝胶蛋白，簇中湿度大时，丝胶不易干燥，因而解舒恶化。簇中温度过高则引起丝胶蛋白的变性，即变易于溶解为不易溶解，同样造成煮茧时离解困难，断绪增加。这些都构成"蒸郁的茧难缫"。其次，蚕死蚕皮破裂污染好茧，蛹死蛹皮破裂污染本茧，成为"内印茧"。由于污汁使丝胶胶着面积过小，其茧层松散不紧，成为绵茧，只好打丝绵。再次，蓬蒿疏爽悬空，蚕沙、残叶容易掉落，不致被绩进茧内，形成疤痕。缫丝被疤痕阻滞，自然会断了丝绪。

〔8〕不作茧：一般情况下，温度高，吐丝快；温度低，吐丝慢；而温度过低则停止吐丝。不但停止吐丝，还会产生畸形丝缕，即所谓"颣（lèi）节"，即丝疙瘩。原因是虽然吐丝停止，但是由于丝腺腔内的内压作用，绢丝物质仍向外溢，可没有被蚕儿牵引，因而形成丝疙瘩，直接影响生丝的"清洁度"。

〔9〕桥（zhé）：蚕箔阁架的横档。

【译文】

养蚕的方法：收取种茧，必须选取蚕簇中部的茧。近蚕簇上部的茧，孵出的蚕产丝薄，下部近地面的茧，产卵不孵化。涂蚕室的泥要用"福"、"德"、"利"方位上的土。房屋要四面开窗，用纸糊窗，窗帘要厚。屋里面要四角生火盆。火盆如果集中在一处，冷热就不均匀。收刚刚孵出的蚁蚕要用羽毛刷下。用荻花来刷会伤蚁。掌握好火的冷热使合适。太热使蚕体枯燥，太冷生长缓慢。从稚蚕到二眠，常常要用三张箔：中间一箔放蚕，上下两箔空着。下箔阻隔潮气，上箔遮蔽尘土。蚕小时采回"福"、"德"方位上的桑，先在怀里捂暖，然后切细喂饲。蚕小时不宜饲带露湿的叶；怀中捂暖之后，蚕儿不会发各种病。每次饲蚕，都要卷上窗帘，饲完了仍然放下。〔小蚕有趋光性，〕蚕儿见到光亮就吃叶，吃多了生长就快些。

蚕老熟时〔在屋外上簇〕，遇着下雨就会坏茧，所以该在屋里上簇：在蚕箔上薄薄地铺上一层簇材料，将蚕散在簇上之后，再在上面薄薄地覆盖一层簇材。一个蚕架可以放置十层箔。

又一方法：用大棵的干蓬蒿作为簇材，将蚕在那上面放遍，挂在栋梁、椽木上，或者挂在用绳缚着的单个的、两三个的、成排的竹木钩子上，上下几重，到处都可以。挂好之后，蓬蒿下面生点小小的炭火，以增添温暖。温暖了作茧就快，伤冷时作茧就慢。常常进去察看，如果太热就把炭火拿开。蓬蒿稀疏凉爽，没有蒸郁的弊病；死蚕会随时掉落，没有污茧的害处；蚕沙、残叶不会夹绩在茧里面，没有结疤的疙瘩。蒸郁的茧难缲，染污的茧，丝松散，结疤的茧，缲丝会断。即使没有雨，用蓬蒿作簇还是好的，因为如果簇在屋外，万一气温骤然变冷，就完全不作茧了。

用盐杀蛹的茧，容易缲，丝质也坚韧；太阳晒死的茧，虽然白，但茧层薄，丝质也脆，用它织成的细绸、熟绢做成衣服，产量几乎要少一半，甚而至于白费一年的工夫：坚韧和脆薄，相差悬殊，经营生产的关键，怎么可以不考究呢？

崔寔说："三月，清明节，命令管养蚕的婢妾整治蚕室，涂塞室中的裂缝和孔洞，准备好蚕架的直柱、椽木、蚕箔、桑笼。"

《龙鱼河图》说："冬天腊月里斩断老鼠尾巴。又，正月初一太阳还没出来时，家长斩杀老鼠，放在屋子里，念咒语说：'嘱咐管房屋的小神，制裁断绝了鼠虫；三时向上面报告功劳，老鼠就不敢行动。'"

《杂五行书》说："取邮亭地中的泥土涂在灶上，水、火、盗贼都不会来侵犯；涂在房子的四角，老鼠不会吃蚕；涂在粮仓和种簟上，老鼠不会吃稻；用来塞洞，百日之后，老鼠绝种。"

《淮南万毕术》说："狐的眼睛，野猫的脑，可以使老鼠离开洞穴。"注解说："取得狐的两只眼睛，野猫的脑像狐眼大小的三枚，合在一起捣三千杵，涂在老鼠洞口，老鼠便离去了。"

种榆、白杨第四十六

《尔雅》曰[1]："榆，白枌[2]。"注曰："枌榆，先生叶，却着荚；皮色白。"

《广志》曰:"有姑榆,有朗榆。"〔3〕

按:今世有刺榆〔4〕,木甚牢韧,可以为犊车材。梜榆〔5〕,可以为车毂及器物。山榆,人可以为芜荑。凡种榆者,宜种刺、梜两种,利益为多;其余软弱,例非佳木也。

【注释】

〔1〕见《尔雅·释木》,正文与郭璞注并同。

〔2〕白枌(fén):即今白榆(Ulmus pumila),榆科,即通常所指的榆,故东北、陕西等地通称"榆树",河南、河北称"家榆"。本篇所种,也以此种为中心,也就是所谓的"凡榆"。树皮暗灰色,幼枝灰白色。春间先叶开花,不久结果,翅果春夏间成熟,由绿色变成黄白色,俗名"榆钱"。北方常以果荚和面粉等蒸食;青荚蒸过晒干可酿酒;老熟的含油量多,可榨油,并可制酱。但《尔雅》注说"先生叶",不确,应作"先生花"。

〔3〕《御览》卷九五六"榆"引《广志》作:"有姑榆,有郎榆。郎榆无荚,材又任车用,至善。……"《类聚》卷八八"榆"引同《御览》,有错脱。姑榆,即《尔雅·释木》的"无姑",是榆科的大果榆(Ulmus macrocarpa),也叫"黄榆"。先叶开花,春夏间结大翅果,产于北方。其果实的加工品,现在中药上还保留着"芜荑"的名称。唐陈藏器《本草拾遗》说:"作酱食之……此山榆仁也。"因其果仁可作酱,因亦称其酱为"芜荑",就是贾氏说的山榆仁可以作芜荑酱。山榆也就是大果榆。朗榆,即榆科的榔榆(Ulmus parvifolia)。翅果小形,深秋成熟。大果榆和榔榆的木材都坚实,可作车辆、农具等,非如贾氏所说"其余的榆树都不坚韧"。

〔4〕刺榆:是榆科的Hemiptelea davidii,小枝具硬刺,花与叶同时展放。果实半边生翅,翅歪斜,初秋成熟。木质坚韧、致密。

〔5〕梜榆:这种榆木特别宜于加工镟作材,可供镟成多种中空的器物,在木理上有其特性,和刺榆、山榆不同。但未详是何种榆木。

【译文】

《尔雅》说:"榆,就是白枌。"注解说:"就是枌榆,先生叶,随后长荚;树皮白色。"

《广志》说:"有姑榆,有朗榆。"

〔思勰〕按:现在有刺榆,木材很坚韧,可以用来作牛车的木料。梜榆,可以作车毂和各种器皿。山榆,果仁可以作"芜荑酱"。凡〔作为用材木〕种的榆树,该种刺榆和梜榆两种,得到的利益多;其余的榆树都不坚韧,不是好木材。

榆性扇地,其阴下五谷不植。随其高下广狭,东西北三方所扇,各与树等。种者,宜于园地北畔,秋耕令熟,至春榆荚落时,收取,漫散,犁细畦,劳之。

明年正月初,附地芟杀,以草覆上,放火烧之。一根上必十数条俱生,只留一根强者,余悉掐去之。一岁之中,长八九尺矣。不烧则长迟也。

后年正月、二月,移栽之。初生即移者,喜曲,故须丛林长之三年,乃移种。初生三年,不用采叶,尤忌捋心;捋心则科茹不长[1],更须依法烧之,则依前茂矣。不用剶沐。剶者长而细,又多瘢痕;不剶虽短,粗而无病。谚曰:"不剶不沐,十年成毂。"言易粗也。必欲剶者,宜留二寸。

于堑坑中种者,以陈屋草布堑中,散榆荚于草上,以土覆之。烧亦如法。陈草速朽,肥良胜粪。无陈草者,用粪粪之亦佳。不粪,虽生而瘦。既栽移者,烧亦如法也[2]。

【注释】

〔1〕捋心则科茹不长:截去顶梢,树干就长不高。小榆树被截去顶梢后,顶端生长优势被消除,植株为了保持地上部与地下部的平衡,截口和下部会长出丛密的分枝杈,变得臃肿矮胖,影响长干,使树干长不高,影响日后取材。

〔2〕"既栽移者,烧亦如法也",可疑。启愉按:苗木贴地刈去,今称"平茬"。平茬行于苗期,促其速长;移栽定植后,一般不再平茬。《氾书》种桑法,《要术》本篇园北种榆和下文近市之地种榆,都这样;《种穀楮》篇也是这样;时间都在"明年正月"的幼苗期。至元代的《农桑辑要·栽桑》引《务本新书》和《士农必用》也是十月平茬,放火烧之,未见移栽定植后再平茬者。据此,这里"既栽移者",疑有误,疑"者"应作"前",是注解正文的"烧亦如法"的。

【译文】

榆树的特性是郁闭度大,荫蔽面广,在它的树荫下面喜光的五谷长不好。随着它庞大树冠的高低宽狭，它所荫蔽的东、西、北三面，与树冠相等。所以，种榆树应该种在园地的北面。秋天先把地耕熟，到春天榆荚成熟掉落时，收取榆荚，撒播，用犁细浅地犁一遍，再耢平。

明年正月初，贴近地面割去苗株，用草盖在上面，放火烧它。不久一根苗茬上一定会长出十几条新条，只留一条挺直健壮的，其余的都掐掉。在这一年中，就长到八九尺高了。不烧过就长得慢。

又明年正月、二月里，掘出苗木移栽。如果在幼苗初生时就移栽，容易弯曲，所以必须在丛密的苗林中长养三年，〔胁使直立向上生长，〕然后再移栽。栽后的头三年，不要采叶，尤其禁忌截去顶梢，截去顶梢后就会枝杈丛脞过密，使树干长不高，结果只有照上面的办法重新平茬烧过，才能依旧茂盛起来。也不要剪枝。修剪过的，树干长得又长又细，还有许多瘢痕；不修的，虽然长得矮些，但粗壮没有毛病。农谚说："不剪不栽，十年长成车毂材。"正是说容易长得粗大。一定要剪枝的话，基部必须留下二寸。

种在沟坑中的，先在坑底铺上盖房子的陈草，把榆荚撒在草上，再盖上土。以后也要依照上面的方法平茬烧过。陈草很快就腐烂，比粪还肥美。没有陈草，用粪粪上也好。如果不施粪，虽然也长苗，但瘦弱。所谓平茬烧过，是在栽子移栽〔之前〕。

又种榆法：其于地畔种者，致雀损谷；既非丛林，率多曲戾。不如割地一方种之。其白土薄地不宜五谷者，唯宜榆及白榆[1]。

地须近市。卖柴、荚、叶，省功也。梜榆、刺榆、凡榆：三种色，别种之，勿令和杂。梜榆，荚叶味苦；凡榆，荚味甘。甘者春时将煮卖，是以须别也。耕地收荚，一如前法。先耕地作垄，然后散榆荚。垄者看好，料理又易。五寸一荚，稀概得中。散讫，劳之。榆生，共草俱长，未须料理。

明年正月，附地芟杀，放火烧之。亦任生长，勿使棠杜康反近[2]。又至明年正月，斸去恶者；其一株上有七八根生者，悉皆斫去，唯留一根粗直好者。

三年春，可将荚、叶卖之。五年之后，便堪作椽。不梜者，即可斫卖。一根十文。梜者镟作独乐及盏。一个三文。十年之后，魁、碗、瓶、榼、器皿，无所不任[3]。一碗七文，一魁二十，瓶、榼各直一百文也。

十五年后,中为车毂及蒲桃缸。缸一口,直三百。车毂一具,直绢三匹。

其岁岁料简剟治之功^[4],指柴雇人——十束雇一人——无业之人,争来就作。卖柴之利,已自无赀;岁出万束,一束三文,则三十贯;荚叶在外也。况诸器物,其利十倍。于柴十倍,岁收三十万。斫后复生,不劳更种,所谓一劳永逸。能种一顷,岁收千匹。唯须一人守护,指挥,处分,既无牛、犁、种子、人功之费,不虑水、旱、风、虫之灾,比之谷田,劳逸万倍。

男女初生,各与小树二十株,比至嫁娶,悉任车毂。一树三具,一具直绢三匹,成绢一百八十匹:娉财资遣,粗得充事。

《术》曰:"北方种榆九根,宜蚕桑,田谷好。"^[5]

崔寔曰^[6]:"二月,榆荚成,及青收,干,以为旨蓄。"旨,美也;蓄,积也。司部收青荚,小蒸,曝之,至冬以酿酒,滑香,宜养老。《诗》云:'我有旨蓄,亦以御冬'也^[7]。"色变白,将落,可作酱酺。随节早晏,勿失其适。"酱,音牟;酺,音头:榆酱。""

【注释】

〔1〕"白榆",各本同。但本篇的"榆"即指白榆,也就是"凡榆",因其种植家常广泛,现在河南、河北通称"家榆",而东北、陕西等地通称"榆树",名称独占其余榆种。这样,"榆及白榆"就重沓含混,也和下文"三种色"不协调。黄麓森疑是"白杨"之误,《农政全书》卷三八引《要术》即作"白杨"。这可能是徐光启改的,我认为改得对。

〔2〕"棠杜康反",北宋本如文,《辑要》引同;南宋本作"掌止两反",实是误解。启愉按:"棠"、"掌"都是"棠"的别体(不是棠梨、手掌),即"撑"字,今写作"撑",《要术》是碰动、抵触的意思。"棠",古本音"杜康反"(音堂),后来读"直庚切"(音称)。南宋本的"掌止两反",本字原不误,但音注读成手掌字,就大错了。

〔3〕三种榆树都生长在原地,不给移栽。刺榆和普通的榆树,继续平茬砍去卖掉,促使速长新株。株间稠密,都采取小树育成法。只有梜榆是留着育成大树取大材的。但五寸一株,即使经过疏间恶株,其林片丛林仍很密,无法培育大树。这中间必然是经过多次砍伐使大株保持稀疏的。如五年可以镟作陀螺时,就砍伐去一些使之稀疏,而将留下的培育成十年的较大材木。十五年的更大材木,也是这样。不过原文省去没有说明。榼(kē),盛酒的器具。

〔4〕北宋本作"料简",他本作"科简"。科简只是科研枝条,与"剗治"同义;料简则是选择甄别,去其恶株及冗长枝条。简选人才,甄择事物,古文献称"料简"者甚多,"科简"是形似之误。

〔5〕《类聚》卷八八、《御览》卷九五六"榆"引有《杂五行书》,都是:"舍北种榆九株,蚕大得。"与《术》相类似。

〔6〕《类聚》卷八八、《御览》卷九五六都引作崔寔《四民月令》,较简,无注文。

〔7〕引《诗》见《诗经·邶风·谷风》。

【译文】

又种榆树的方法:在庄稼地边上种榆树的,招惹雀鸟,损害谷物;又不在丛林之中,树干往往长得弯曲歪斜。所以不如分出一片地来专门种榆树。那种白色土壤的瘦地,不宜于种五谷的,却宜于种榆树和白〔杨〕。

地须要靠近市集。卖柴、卖榆荚和嫩叶,都省工夫。梜榆、刺榆和普通的榆树,这三种要分开来种,不要混杂在一起。梜榆的荚和叶味道苦,普通榆树的荚叶味道甜。甜的春天可以煮熟了出卖,所以必须分开来种。耕地和收荚的方法,都跟前面说的一样。先把地耕出播种沟,然后播种榆荚在沟里。条播的整齐匀直,又容易料理。五寸下一颗荚,稀密正合适。播完后,用耢耢平。榆荚出苗后,杂草也同时生长,这时不必去料理锄治。

明年正月,贴近地面割去苗株,放火烧它。烧后也任它自己生长,不要去碰撞它。又到明年正月,掘去长得不好的恶株;其余一株根荄上长出有七八条新条的,只留下一根粗壮挺直的好枝条,其余的都砍掉。

到第三年春天,可以采得荚、叶出卖。五年之后,便可以作椽木。不是梜榆的刺榆和普通的榆,可以砍掉卖去。一根值十文钱。梜榆可以用来镟成陀螺和小杯子。一个值三文钱。十年之后,镟成大羹碗、饭碗、瓶子、酒罐子和其他器皿,样样都可以作。一个碗七文钱,一个大羹碗二十文钱,瓶子和酒罐子各值一百文钱。十五年之后,可以作车毂和镟作葡萄缸。缸一口值三百文钱。车毂一具值三匹绢。

每年简选和修剪的人工,可以指柴来雇人——十捆柴雇一个工——没有职业的人,便争着来帮工。单只卖柴的利益,已经非常丰足;一年一万捆柴,一捆三文钱,就已经是三万文钱了;荚叶还不在内。况且还有各种器具物件,利益十倍于柴价。柴价的十倍,就是每年收三十万文钱。加上砍去的刺榆和普通的榆，根茬上又会长出新条来，不须要再种，真所谓"一劳永逸"。假如能种上一顷地，一年可以收到一千匹绢。只须要一个人看护，指挥，处理，既没有牛、犁、种子、人工的劳费，也不怕水、旱、风、虫的灾害，比起种谷类的田来，劳逸相差万倍。

男女婴儿刚生下时，各人给他预先种二十株小树，等到结婚的年龄，树已长到可以作车毂。一株树可以作三具车毂，一具值三匹绢，一共就有一百八十匹绢。这样，聘礼或嫁妆，勉强可以应付了。

《术》说："房屋北面种榆树九株，对蚕桑很相宜，对谷田也好。"

崔寔说："二月，榆荚结成了，趁青嫩时采收，晒干，准备作'旨蓄'。"旨，就是美好；蓄，就是蓄积。管采收的人（?）收集青嫩的榆荚，稍微蒸一下，晒干，到冬天用来酿酒，酒又滑又香，宜于养老。《诗经》说：'我有旨蓄，可以过冬。'"榆荚成熟颜色变白，快要落下时，可以收来作'酱酴酱'。随时掌握好早晚时间，不要错过适宜的时机。"酱音牟；酴音头。酱酴是榆仁酱。""

白杨，一名"高飞"，一名"独摇"[1]。性甚劲直，堪为屋材；折则折矣[2]，终不曲挠。奴孝切。榆性软，久无不曲，比之白杨，不如远矣。且天性多曲，条直者少；长又迟缓，积年方得[3]。凡屋材，松柏为上，白杨次之，榆为下也。

种白杨法：秋耕令熟。至正月、二月中，以犁作垄，一垄之中，以犁逆顺各一到，墢中宽狭，正似葱垄。作讫，又以锹掘底一坑作小堑。斫取白杨枝，大如指、长三尺者，屈着垄中，以土压上，令两头出土，向上直竖。二尺一株。明年正月中，剥去恶枝。一亩三垄，一垄七百二十株，一株两根，一亩四千三百二十株。[4]

三年，中为蚕槌都格反[5]。五年，任为屋椽。十年，堪为栋梁。以蚕槌为率，一根五钱，一亩岁收二万一千六百文。柴及栋梁、椽柱在外[6]。

岁种三十亩，三年九十亩。一年卖三十亩，得钱六十四万八千文。周而复始，永世无穷。比之农夫，劳逸万倍。去山远者，实宜多种。千根以上，所求必备。

【注释】

〔1〕白杨：杨柳科杨属（Populus）的植物，为速生用材树种，常见的有毛白

杨（Populus tomentosa）和银白杨（P. alba）。"高飞"形容它长得快，长得高；"独摇"形容它很快挺拔，高出其他的混生树种。

〔2〕"折则折矣"，各本相同，有误。"折"作为弯曲讲，与"曲挠"无别；如果作为折断讲，用作栋梁，将是不得了的祸害。清吴其濬《植物名实图考长编》卷二一"白杨"引《悬笥琐探》："白杨……修直端美，用为寺观材，久则疏裂，不如松柏材劲实也。"与《要术》所说"性甚劲直……凡屋材，松柏为上，白杨次之"符合。但虽不"曲挠"，日久却易析裂开坼，则"折"应是只差一点的"析"字之误，才讲得通。

〔3〕按："榆树"确实容易挠曲，生长较慢，赶不上速生树种的白杨。白杨高大通直，不易弯曲，但容易析裂，用作建筑材料，不及松柏。

〔4〕这反映贾思勰当时的亩制是阔1步长240步的长条亩。1步6尺，1亩长1 440尺，每2尺1株，每株2根，1步的宽度开成3条插植沟，则

$$1\,440 \div 2 = 720 株（1沟株数）$$
$$720 \times 2 \times 3 = 4\,320 根（1亩总根数）$$

或谓株行距太密，不能长成大树，其实它是按时砍伐卖出，其选留者自可育成大树。"株"，各本同，上文既称"一株两根"，下文亦以一树为一根，此处亦宜称"根"。

〔5〕樀（zhé）：搭蚕箔架的小横木。

〔6〕"在外"应作"不在此例"讲，否则，小白杨已全数斫去卖光，还哪来"栋梁、椽柱"之利？

【译文】

白杨，又名"高飞"，又名"独摇"。木材性质强劲条直，可以用作房屋材料；固然〔日子长了会析裂〕，但始终不弯曲。榆树性质疏软，日子长了没有不弯曲的，比起白杨来，差得远了。而且它天性就多弯曲，挺直的少；生长又慢，要许多年才能成材。凡建筑房屋的木材，松柏最好，其次是白杨，榆树最不好。

种白杨的方法：秋天把地耕熟。到次年正月、二月中，犁出播种沟，一沟之中，用犁逆耕一遍，又顺耕一遍，使墒沟深些阔些，正像种葱的沟那样。沟开好之后，再用锹在沟底掘出一道道小横沟。斫取白杨枝条，像手指粗细三尺长的，弯曲着放入小横沟中，拿土压在上面，让枝条的两端露出土面，向上面直竖着。相隔二尺埋插一株。明年正月中，修剪去不好的侧枝。一亩地上直着

开出三条插植沟，一条沟插植七百二十株，一株两根，一亩总共四千三百二十〔根〕。

长到三年，可以砍来作蚕架的椽条。五年，可以作房屋的椽木。十年，便可以作栋梁。拿蚕椽作标准计算，一根值五文钱，一亩地一年总共可以收得二万一千六百文钱。柴和栋梁、椽木不在此例。

一年种三十亩，三年种九十亩。一年砍卖三十亩，总共可以得钱六十四万八千文。〔砍后又长出新株，每年轮流着砍卖，〕一周轮过又重新开始，永远没有穷尽。比起种庄稼的农夫来，一劳一逸，相差万倍。离开山地远的地方，实在应该多种。种得千根以上，什么材料都有求必应。

种棠第四十七

《尔雅》曰："杜，甘棠也。"郭璞注曰："今之杜梨。"〔1〕

《诗》曰："蔽芾甘棠。"毛云："甘棠，杜也。"〔2〕《诗义疏》云："今棠梨，一名杜梨，如梨而小，甜酢可食也。"

《唐诗》曰："有杕之杜。"毛云："杜，赤棠也。"〔3〕"与白棠同，但有赤、白、美、恶。子白色者为白棠，甘棠也，酢滑而美。赤棠，子涩而酢，无味，俗语云：'涩如杜。'赤棠，木理赤，可作弓干。"〔4〕

按：今棠叶有中染绛者，有惟中染土紫者；杜则全不用。其实三种别异，《尔雅》、毛、郭以为同，未详也。〔5〕

【注释】

〔1〕见《尔雅·释木》，无"也"字。今本郭璞注作："今之杜棠。"但《诗经·召南·甘棠》孔颖达疏引郭注同《要术》。

〔2〕见《诗经·召南·甘棠》。毛《传》文同。蔽芾（fèi），树木枝叶小而密。

〔3〕见《诗经·唐风·杕杜》。毛《传》文同。此诗句并见《小雅·杕杜》。杕（dì），树木孤立貌。

〔4〕自"与白棠同"以下到此，亦《诗义疏》文，与《唐风·杕杜》孔疏引陆机《疏》文基本相同。今本陆机《毛诗草木鸟兽虫鱼疏》则有异文。《御览》卷九七三《诗义疏》与陆机《疏》两引之。

〔5〕据上文《尔雅》、郭注、《诗经》毛《传》、《诗义疏》等的解释，棠、杜颠来倒去，又相同又不相同，确实分不清。综合历史文献资料，大体上指"棠"、"白棠"为棠梨，"杜"、"赤棠"为杜梨。并参看卷四《插梨》注释。贾氏通过树叶能否作染料分棠、杜为二种。按：棠梨叶中含有多种花青素类和多元酚类，可以染红色或紫色。染红或染紫是由于所含色素类别有偏重偏轻，实际还是同一种棠梨。

【译文】

《尔雅》说："杜，是甘棠。"郭璞注解说："就是现在的杜梨。"

《诗经·召南》说："弱小的甘棠树呀。"毛《传》说："甘棠，就是杜。"《诗义疏》说："现在的棠梨，也叫杜梨，果实像梨，但小些，味道甜酸，可以吃。"

《诗经·唐风》说："挺立的杜树呀。"毛《传》说："杜，就是赤棠。"〔《诗义疏》说：〕"赤棠与白棠相同，但果实有赤色、白色、好吃、不好吃的分别。果实白色的是白棠，就是甘棠，味道带酸，滑美好吃。赤棠果实又涩又酸，没有味道，俗话说：'像杜一样涩嘴。'赤棠，木理赤色，可以作弓干。"

〔思勰〕按：现在的棠，叶子有的可以染大红色，有的只可染紫褐色；至于杜叶，却是全不中用。其实这三种植物是各不相同的，而《尔雅》、毛公、郭璞以为是相同的，我就不清楚了。

棠熟时，收种之。否则，春月移栽。

八月初，天晴时，摘叶薄布，晒令干，可以染绛。必候天晴时，少摘叶，干之；复更摘。慎勿顿收：若遇阴雨则浥，浥不堪染绛也。

成树之后，岁收绢一匹。亦可多种，利乃胜桑也。

【译文】

棠果成熟时，收来种下。否则，就在春天〔掘取天然栽子〕移栽。

八月初，天晴的时候，摘取叶子，薄薄地摊开，晒干，可以染大红色。必须等候天晴的时候，少量地摘一些，晒干；再摘一些，再晒干。千万不可一下子大量地采摘：因为如果遇上阴雨天，叶子就会郁坏，郁坏了便染不成大红了。

树长大之后，每年所收叶子的利益，相当于一匹绢。也可以多种，利益胜过桑树。

种榖楮第四十八

《说文》曰:"榖者,楮也。"[1]

按:今世人乃有名之曰"角楮",非也。盖"角"、"榖"声相近,因讹耳。其皮可以为纸者也。

【注释】

〔1〕《说文》无"者"字。《说文》无"……者……也"例,"者",后人误入。榖、楮、构三名是同一种树,即今桑科的构树(Broussonetia papyrifera)。其树皮是造纸原料。

【译文】

《说文》说:"榖,就是楮。"

〔思勰〕按:现在有人把这种树叫作"角楮",是不对的。这是因为"角"和"榖"读音相近,所以弄错了。榖是一种树皮可以造纸的树。

楮宜涧谷间种之。地欲极良。秋上楮子熟时,多收,净淘,曝令燥。耕地令熟。二月,耧耩之,和麻子漫散之,即劳。秋冬仍留麻勿刈,为楮作暖。若不和麻子种,率多冻死。明年正月初,附地芟杀,放火烧之。一岁即没人。不烧者瘦,而长亦迟。

三年便中斫。未满三年者,皮薄不任用。斫法:十二月为上,四月次之[1]。非此两月而斫者,楮多枯死也。每岁正月,常放火烧之[2]。自有干叶在地,足得火燃。不烧则不滋茂也。二月中,间斸去恶根。斸者地熟楮科,亦所以留润泽也。

移栽者,二月莳之。亦三年一斫。三年不斫者,徒失钱无益也。

指地卖者,省功而利少。煮剥卖皮者,虽劳而利大。其柴足以供燃。自能造纸,其利又多。

种三十亩者,岁斫十亩;三年一遍。岁收绢百匹。

【注释】

〔1〕"四月",各本及《四时纂要》、《辑要》引并同,有问题。启愉按:阴历

十二月树木尚在休眠期，此时斫树根合时。正月回暖，树液开始流动，此时斫树没有十二月好，但也不失为"次之"。等到四月，树液流动旺盛，此时斫树，如何能与十二月同样适时？四月未入雨季，天旱多风，尤为不利。砍斫失时，树多"枯死"，正是由于根压加强，树液流失过多，又兼天热之故。况且，正月根颈部脱离休眠，开始复苏，《要术》各种榆的平茬和烧茬都掌握在正月，以促使根系发育和潜伏芽的早发。所以，"四月"明显不合理，应是"正月"之误，而沿误已久。

〔2〕小楮树都是三年一斫，斫后烧过，促使速长新株。这里每年正月都要烧一次，则是烧长着的植株，也能促使长茂，有所不明。

【译文】

楮树宜于种在山涧山谷之间。地要极肥沃。秋天楮树果实成熟时，多多采收，用水汰洗清净，取出晒到干燥。把地耕整匀熟。二月，用耧耩地，和进大麻子一同撒播，随即耢盖。从秋到冬仍然把麻株留着，不要割掉，作用是给楮苗保暖。如果不和进麻子混种，楮苗大多会冻死。到明年正月初，贴近地面平茬砍去，放火烧它。这样，长满一年，就长到比人还高了。不烧茬的话，新苗瘦弱，而且生长也慢。

长满三年，便可以砍来剥皮了。未满三年的，皮太薄，不合用。砍法：十二月最好，〔正〕月次之。不是这两个月砍去的，楮树大多会枯死。每年正月，常要放火烧过。地里自然有干叶留着，足够引火助燃的。如果不烧过，就长不茂盛。二月中，间掘去其中恶劣的根株。斸掘过，地匀熟了，科条长得茂盛，同时也使土壤保持润泽。

移栽的，二月间移栽。也要三年砍去收获一次。三年不砍收，白白损失钱财，没有益处。

指着楮林趸批地卖给人家，人工是省了，但利益也少。煮过剥下皮来卖的，虽然劳累些，但利益也大。它的柴枝足够供应烧煮。假如能够自家造纸，那利益就更加大了。

种三十亩地的楮树，每年砍收十亩；三年一个循环。每年可以收得一百匹绢。

漆第四十九^{〔1〕}

凡漆器，不问真伪，过客之后，皆须以水净洗，置床箔上，于日中半日许曝之使干，下晡乃收，则坚牢耐久。若不即洗者，盐醋浸润，气彻则皱，器便坏矣。其朱里者，仰而曝之——朱本和油，性润耐日故。

盛夏连雨，土气蒸热，什器之属，虽不经夏用，六七月中，各须一曝使干。世人见漆器暂在日中，恐其炙坏，合着阴润之地，虽欲爱慎，朽败更速矣。

凡木画、服玩、箱、枕之属，入五月，尽七月、九月中，每经雨，以布缠指，揩令热彻，胶不动作，光净耐久。若不揩拭者，地气蒸热，遍上生衣，厚润彻胶便皱，动处起发，飒然破矣。

【注释】

〔1〕篇题院刻、金抄、明抄均仅一"漆"字，但卷首总目则作"种漆"；他本均据总目在这篇题上加"种"字。但篇中所记只是漆器的收贮和保管方法，并无一字记载种法，篇首也不见漆树的"解题"。这一矛盾，可能今本脱漏，也可能贾氏想写而没有写上。总目有"种"，篇题无"种"，均仍宋本之旧。

【译文】

凡是漆器，不管是真漆还是假漆，送过客人之后，都必须用水洗干净，放在下面有支架的席箔上，在太阳底下晒上半天左右，让它干燥，到太阳将落下时收起，就坚牢耐久。如果不立即洗净，让盐醋余沥浸润着，恶质侵蚀到漆的下面，漆便会起皱，漆器也就坏了。里面是朱红漆的漆器，可以敞开口仰着晒——朱红漆本来是和着油的，性质柔润，耐得住太阳晒。

盛夏季节，连天下雨，地面水汽蒸郁发热，又潮湿，所有各种什用漆器，虽然不一定都在夏天使用过的，在六月、七月里，也必须都取出来晒一次，让它们干燥。现在一般人看到漆器暂时在太阳下面搁着，便惟恐烤坏了，就全都收来放在阴湿的地方。这样，虽然一心想谨慎地爱护它，其实朽烂败坏得更快。

凡漆画、玩赏的小件漆器、漆箱、漆枕之类，一到五月，一直到七月、九月里，每下过一场雨，就用布裹着手指，揩拭漆面使完全热透，胶就黏牢不致走动，漆器也就光亮洁净耐久了。如果不这样揩拭过，地面水汽蒸郁发热，使漆面全都上了霉，浓厚的湿热渗透到胶里面，便会起皱，皱的漆面高起，一碰就破了。

种槐、柳、楸、梓、梧、柞第五十

《尔雅》曰："守宫槐，叶昼聂宵炕。"注曰："槐叶昼日聂合而夜炕布者，名'守宫'。"孙炎曰："炕，张也。"[1]

【注释】

〔1〕见《尔雅·释木》，文同。注是郭璞和孙炎注。

【译文】

《尔雅》说："守宫槐，是叶子白天合拢，夜间炕张的。"注解说："槐树叶子白天合拢而夜间张开的，名叫'守宫槐'。"孙炎注解说："炕是张开的意思。"

槐子熟时[1]，多收，擘取，数曝，勿令虫生。五月夏至前十余日，以水浸之，如浸麻子法也。六七日，当芽生。好雨种麻时，和麻子撒之。当年之中，即与麻齐。麻熟刈去，独留槐。槐既细长，不能自立，根别竖木，以绳拦之。冬天多风雨，绳拦宜以茅裹；不则伤皮，成痕瘢也。明年斸地令熟，还于槐下种麻。胁槐令长。

三年正月，移而植之，亭亭条直，千百若一。所谓"蓬生麻中，不扶自直"[2]。若随宜取栽，非直长迟，树亦曲恶。宜于园中割地种之。若园好，未移之前，妨废耕垦也。[3]

【注释】

〔1〕槐：豆科的槐（Sophora japonica）。结荚果，不开裂，有种子1—6颗，种子间明显狭缩，成念珠状。果期秋末冬初。

〔2〕蓬生麻中，不扶自直：古代成语。《大戴礼记·曾子制言上》及《劝学》篇都曾引用。《荀子·劝学》中也有，"自"作"而"。贾氏用这成语对植物被生

长环境胁迫不得不挺直上长的现象进行解释,并运用于生产实践中。榆苗长在
"丛林"中,桑、柘长在深坑中,这里槐苗长在麻秆丛中,都同此作用。因为植物
有争阳光竞长的特性,生长在丛林环境中的树木个体,树干比散生的树木明显通
直而高耸。贾氏正是以直觉的经验利用这一特性采取良好的养干措施。榆树容
易弯曲,让它在丛林中长三年,矫正短曲而为直长。槐树幼苗期间,由于苗的顶
端芽密而节间又短,极易发生树干弯曲、枝条杂乱的现象,所以必须进行密植,防
止其弯曲,抑制其乱枝。而第二年是培养通直树干的关键阶段,更须加强养干措
施。贾氏的养干方法仍是使苗木长在大麻秆丛中,利用麻秆胁使它争阳光挺直
上长。这同柔弱的蓬茎被麻株逼着争阳光向上挺长的道理是一样的,所以贾氏
引用这古语来说明,十分贴切。

〔3〕这条注文似宜在上文"移而植之"下面。

【译文】

槐树荚果成熟时,多多采收,擘开取得种子,晒干,〔在贮藏中〕
多晒几次,不要让它生虫。〔到次年〕五月夏至前十几天,用水浸种
〔催芽〕,像浸大麻子的方法。过六七天,就会出芽。雨水好,可以种雄麻
的时候,和进麻子一同撒播。当年就能长到和麻株一样高。大麻成
熟后,割去麻株,单独留下槐苗。〔但长在麻丛中的〕槐苗,又细又长,
不能自己独立,该在每根旁边竖插一根木条,用绳拦定在木条上。冬
天风多雨多,绳拦的地方还该用茅草裹护着;不然的话,会使树皮受伤,受了伤就会结疤
痕。到明年,把地锄熟,在槐苗下面再种上大麻。胁迫槐苗使它向上直长。

到第三年正月,掘出移栽,植株亭亭耸立,挺拔通直,千百株都是
这样。这就是"蓬生麻中,不扶自直"的效应。如果不这样,随便取栽来栽,不
但长得缓慢,树也弯曲难看。应该在园子里另外划出一块地来种。因为如果园
地肥好,〔那么混着别的东西时〕,在槐苗没有移栽之前,园地就被妨碍着没法耕种了。

种柳[1]:正月、二月中,取弱柳枝,大如臂,长一尺半,烧下头
二三寸,埋之令没。常足水以浇之。必数条俱生,留一根茂者。余
悉掐去。别竖一柱以为依主,每一尺以长绳柱拦之。若不拦,必为风所
摧,不能自立。

一年中,即高一丈余。其旁生枝叶,即掐去,令直耸上。高下
任人,取足,便掐去正心,即四散下垂,婀娜可爱。若不掐心,则枝不

四散，或斜或曲，生亦不佳也。

六七月中，取春生少枝种，则长倍疾。少枝叶青气壮，故长疾也。

杨柳⁽²⁾：下田停水之处，不得五谷者，可以种柳。八九月中水尽，燥湿得所时，急耕则锄榛之。至明年四月，又耕熟，勿令有块，即作𤬃垄：一亩三垄，一垄之中，逆顺各一到，𤬃中宽狭，正似葱垄。从五月初，尽七月末，每天雨时，即触雨折取春生少枝，长一尺以上者，插着垄中，二尺一根。数日即生。

少枝长疾，三岁成椽。比如余木，虽微脆，亦足堪事。一亩二千一百六十根，三十亩六万四千八百根。根直八钱，合收钱五十一万八千四百文。百树得柴一载，合柴六百四十八载。载直钱一百文，柴合收钱六万四千八百文。都合收钱五十八万三千二百文。岁种三十亩，三年种九十亩；岁卖三十亩，终岁无穷。

凭柳可以为楯、车辋、杂材及枕⁽³⁾。

《术》曰："正月旦取杨柳枝着户上，百鬼不入家。"

种箕柳法⁽⁴⁾：山涧河旁及下田不得五谷之处，水尽干时，熟耕数遍。至春冻释，于山陂河坎之旁，刈取箕柳，三寸截之，漫散，即劳。劳讫，引水停之。至秋，任为簸箕。五条一钱，一亩岁收万钱。山柳赤而脆，河柳白而韧。

《陶朱公术》曰⁽⁵⁾："种柳千树则足柴。十年之后，髡一树，得一载；岁髡二百树，五年一周。"

【注释】

〔1〕柳：此指垂柳（Salix babylonica），杨柳科，即下文所称"弱柳"。唐陈藏器《本草拾遗》："柳……江东人通名杨柳，北人都不言'杨'。"说明垂柳北方只称为"柳"，与《要术》相同。直到现在称垂柳为"杨柳"，还是江南某些地方的通名。《要术》采用的是"插干繁殖法"的"低干插干"。由于插干粗，所含养分多，幼树长势旺盛。

〔2〕杨柳：指蒲柳，即杨柳科杨属的青杨（Populus cathayana）或柳属的水杨（Salix gracilistyla），不是南方人也叫"杨柳"的垂柳。

〔3〕凭柳：未详。《农政全书校注》释为较粗大的柳材，凭借以制较大器物，故称"凭柳"。

〔4〕箕柳：指柳属的杞柳（Salix purpurea），河北、河南等地俗名"簸箕柳"。为丛生落叶灌木，枝条细长柔韧，主要用来编制簸箕、筐篮、笆斗等物。生长迅速，春间生长的枝条，当年能长高到二三米，可以作编制用料。

〔5〕《陶朱公术》：各家书目不著录，所记似是农家治生之书，当系后人托名范蠡之作。原书已佚。

【译文】

扦插柳枝：正月、二月中，截取弱柳的枝条，像臂膀粗细的，一尺半长，在截口下端二三寸的地方烧一烧，整枝埋插掩没在土里。经常浇灌足够的水。过后一定同时长出几条新枝条，只留下一条壮茂的。其余的都掐去。在新枝旁边另外插一根直柱作为支撑的"靠山"，〔随着新枝的长高，〕每隔一尺用长绳系在柱上拦定。如果不拦定，必然被风摧伤，不能自立生长。

一年之内，就长到一丈多高。它旁边长出的枝条和叶，随即掐掉，让它挺直上耸生长。主干的高矮，随着人的喜爱留足之后，就得掐去顶梢，这样，它的侧枝便四面散开，弯曲垂下来，婀娜多姿，十分可爱。假如不掐去顶梢，枝干便不会四散开来，或者歪斜，或者弯曲，就是长大也杂乱不好。

六七月里，切取当年春天长出的新枝条来扦插，生长加倍的快。新枝条叶子绿，势头也健壮，所以长得快。

扦插杨柳：低田渍水的地方，不能种五谷的，可以扦插杨柳。八九月里水干之后，燥湿合适的时候，赶快耕翻，随即用铁齿耙耙过。到明年四月，又把地耕熟，不要让它有土块，随即犁出扦插墒沟：一亩地犁出三条沟，一沟之中，用犁逆耕一遍，又顺耕一遍，使沟深些阔些，正像种葱的沟那样。从五月初到七月底，每遇到下雨时，就趁雨切取当年春天长出的新枝梢一尺多长的，插植在沟中。相距二尺插一枝。几天就活了。

当年的新枝梢长得快，三年就可以作椽木。跟其余的木材相比，虽然稍微脆些，也还是可以应用的。一亩地有二千一百六十根，三十亩共有六万四千八百根。一根值八文钱，总共收得五十一万八千四百文钱。一百棵树可以收得一车柴，三十亩共可收柴六百四十八车。一车柴值一百文钱，共可收得柴钱六万四千八百文。两共合计收钱五十八万三千二百文。一年种三十亩,三年种九十亩;每年砍卖三十亩,〔周而复始,〕永远没有穷尽。

凭柳可以作栏杆、车轮外辋、杂用材料,以及枕头等。

《术》说:"正月初一早晨,取杨柳枝条插在门户上,百鬼不敢进到家里来。"

种箕柳的方法: 山涧、河边上,以及低田不能种五谷的地方,到水尽干涸的时候,把地耕几遍使细熟。到春天化冻的时候,在山边河旁的低洼地方,割得箕柳枝条,截成三寸长的短段,撒播在地里,随即耢平。耢后,从水源处引水进来浅渍着。到秋天,长出的柳条就可以编制箥箕。每五条值一文钱,一亩地一年可以收得一万文钱。山箕柳赤色而脆,河箕柳白色而韧。

《陶朱公术》说:"种得一千株柳树,可以有足够的柴。十年之后,剪伐一株条干,可以得到一车柴;每年剪伐二百株,五年一个循环。"

楸、梓[1]

《诗义疏》曰:"梓,楸之疏理色白而生子者为梓。"

《说文》曰:"槚,楸也。"[2]

然则楸、梓二木,相类者也。白色有角者名为梓。以楸有角者名为"角楸",或名"子楸";黄色无子者为"柳楸",世人见其木黄,呼为"荆黄楸"也。

【注释】

〔1〕《说文》楸、梓互训,认为是同一种植物,《诗义疏》以楸之有子者为梓,实际也认为二者同物。启愉按:楸是异花授粉植物,如果单株自花授粉,由于花粉在柱头上不能发芽或发芽后不能受精,往往开花而不结实。但如果两株实生树生长在一起,或者不同无性系的单株生长在一起,经过昆虫传粉,便能结实。古人误认为结实的是梓树,不结实的是楸树,不仅《诗义疏》如此。贾氏指出二者相类,并非一种,是正确的。楸是紫葳科的Catalpa bungei;梓是同属的C. ovata,树皮灰白色。二者都结长荚果。楸树木材细致,耐湿,梓树木材耐朽,都是建造良材。至于所称又有一种黄色无子的"荆黄楸",则有未详。

〔2〕《说文》文同。《说文》又称:"梓,楸也。""楸,梓也。"二者互训,指为同一植物。但贾氏指出"二木相类",并非同一种是正确的。

【译文】

楸、梓

《诗义疏》说:"梓,楸中木材纹理较疏、颜色白而能结果实的,是梓。"

《说文》说:"槚(jiǎ),就是楸。"

虽然这样,实则楸和梓是两种树木,只是相类似而已。木材白色能结荚果的,是梓。楸中有结荚果的,名为"角楸",也叫"子楸";有木材黄色不结子的,称为"柳楸",世人见到它木材黄色,管它叫"荆黄楸"。

亦宜割地一方种之。梓、楸各别,无令和杂。

种梓法:秋,耕地令熟。秋末初冬,梓角熟时,摘取曝干,打取子。耕地作垅,漫散即再劳之。明年春,生。有草拔令去,勿使荒没。后年正月间,斸移之,方两步一树。此树须大,不得概栽。

楸既无子,可于大树四面掘坑,取栽移之[1],亦方两步一根。两亩一行[2],一行百二十树,五行合六百树。十年后,一树千钱,柴在外。车、板、盘、合、乐器,所在任用。以为棺材,胜于松柏。

《术》曰:"西方种楸九根,延年,百病除。"

《杂五行书》曰:"舍西种梓、楸各五根,令子孙孝顺,口舌消灭也。"

【注释】

〔1〕这就是掘伤侧根促使伤口不定芽发生根蘖苗以供繁殖的方法,《要术》称为"泄根"。除这里楸树外,尚用于柰、林檎和下文白桐等。

〔2〕两亩一行:两亩合起来栽一行树。1亩的横阔是1步(6尺),根蘖苗的行距是2步,所以是2亩合拢来栽1行。1亩长240步,株距也是2步,所以240÷2=120株。其栽植面积是10亩合并的,所以10÷2=5行,120×5=600株。

【译文】

也应该划出一块地来单独种。梓树、楸树也应该分开来,不要让它们混杂。

种梓树的方法:秋天,把地耕熟。秋末初冬,梓树荚果成熟时,采摘回来,晒干,打下种子。把地耕出播种沟,撒下种子,随即耢两遍。

明年春天，出苗了。有草就拔掉，不要让它遮没幼苗。后年正月间，掘出移栽，株行距都相隔两步栽一株。这种树须要长得大，所以不能栽得密。

楸树既不结种子，可以在大树四周掘坑，〔促使发生根蘖苗，〕取来移栽，也是两步见方栽一株。两亩合起来栽一行树，一行一百二十株，五行总共六百株。十年之后，一株树值钱一千文，〔修剪枝条所得的〕柴薪在外。木材作车架、木板、盘子、盒子，以及乐器，样样都合用。用作棺木的材料，比松柏还好。

《术》说："房屋西面种楸树九株，可以使人长寿，消除百病。"

《杂五行书》说："房屋西面种梓树、楸树各五株，可以使子孙孝顺，不会有口舌争吵。"

梧 桐

《尔雅》曰："荣，桐木。"注云："即梧桐也。"又曰："榇，梧。"注云："今梧桐。"[1]

是知荣、桐、榇、梧，皆梧桐也。桐叶[2]，花而不实者曰"白桐"。实而皮青者曰梧桐；按：今人以其皮青，号曰"青桐"也[3]。

【注释】

〔1〕两条引文均见《尔雅·释木》，文同。注都是郭璞注。按：《说文》："梧，梧桐木。""荣，桐木也。""桐，荣也。""梧"、"荣"、"桐"三字相连排列，前者为梧桐，后二者"荣"、"桐"互训，都是泡桐，即《要术》所谓"白桐"。郭璞解释《尔雅》两种都是梧桐，段玉裁说"乃不可通"（指"荣"应是白桐）。

〔2〕"桐叶"，意谓其叶似桐，即白桐的叶有些像梧桐叶，省去"似"、"如"类字。

〔3〕青桐：即梧桐（Firmiana simplex），梧桐科，古又名"榇"。 白桐：玄参科泡桐属的泡桐（Paulownia fortunei），单名桐或荣，又名荣桐。雌雄异株，木材轻软，不易传热，声学性好，共鸣性强，是良好的乐器用材。郭璞注《尔雅》认为是梧桐，与榇相同，不对。贾氏说白桐只开花不结果，或是单株或同性植株生长在一起的关系。

【译文】

梧 桐

《尔雅》说："荣，是桐木。"注解说："就是梧桐。"又说："榇（chèn），是梧。"注解说:"就是现在的梧桐。"

由此可见荣、桐、榇、梧,都是梧桐。叶子像梧桐,只开花不结实的,叫作白桐。结实而树皮青色的,叫作梧桐。按:现在人因为它的树皮青色,管它叫"青桐"。

青桐,九月收子。二三月中,作一步圆畦种之。方、大则难裹,所以须圆、小。治畦下水,一如葵法。五寸下一子,少与熟粪和土覆之。生后数浇令润泽。此木宜湿故也。当岁即高一丈。至冬,竖草于树间令满,外复以草围之,以葛十道束置。不然则冻死也。

明年三月中,移植于厅斋之前,华净妍雅,极为可爱。后年冬,不复须裹。成树之后,树别下子一石。子于叶上生[1],多者五六,少者二三也。炒食甚美。味似菱、芡,多噉亦无妨也。

白桐无子,冬结似子者,乃是明年之花房。亦绕大树掘坑,取栽移之。成树之后,任为乐器。青桐则不用。于山石之间生者,乐器则鸣[2]。

青、白二材,并堪车、板、盘、合、木屧等用。[3]

【注释】

〔1〕"叶上生",各本及元刻《辑要》引、《四时纂要·二月》采《要术》并同;殿本《辑要》作"包上生"。启愉按:梧桐花后结成蓇葖果,有四至五片果瓣,在没有成熟时即开裂,果瓣成叶片状,种子球形,大如黄豆,着生于果瓣的边缘,每一果瓣二至四五个。由于果瓣像叶片,古人就误认为"子于叶上生",实际生在叶片状的果瓣上。殿本《辑要》以果瓣为"包片",当是《四库全书》编者改的,似不必以"今"纠古。

〔2〕乐器则鸣:指作乐器音响特别好。按:木材由许多管状细胞和纤维组成,每一个管状细胞就是一个"共鸣笛",它们具有传音、扩音和共鸣的作用。大概这种生长在山石之间的白桐,它的无数个管状细胞和年轮的密致性与均匀性,使乐器的"基音"与"泛音"得到了最好的共鸣条件,所以音响特别好。但说青桐不好作乐器,则有未详(青桐适宜于作琴瑟、琵琶等)。

〔3〕木屧(xiè):木鞋。

【译文】

青桐,九月间收子。明年二三月中,作成一步大小的圆形畦种下。畦作得又方又大,〔冬天在幼苗内外用草〕裹护时不方便,所以须要作得又圆又小。作畦、浇水等方法,都和畦种葵菜一样。五寸下一颗种子,用少量的和有熟粪的土盖在上面。出苗后,经常用水浇灌使保持润泽。因为这种树宜于湿润。当年就长到一丈高。到冬天,拿草竖着塞在小树中间,把它填满,外面再用草围护起来,然后用葛绳缠扎十道裹好。不然的话,就会冻死。

明年三月间,移栽到厅堂或书斋前面,华茂洁净,风姿清雅,极为可爱。后年冬天,不再需要用草包裹。树长成之后,每株能落下一石种子。种子生在叶片上,多的一片有五六个,少的也有二三个。炒了吃,味道很美。味道像菱角、芡子,多吃也没有妨害。

白桐不结果实,冬天结着像果实的,那是明年的花蕾。也是绕着大树外围掘坑,〔促使发生根蘖苗,〕取来移栽。树长成之后,可以作乐器。青桐却不好作乐器材料。长在山石之间的白桐,作乐器音响特别好。

青桐、白桐两种木材,都可以作车架、木板、盘子、盒子和木鞋等用途。

柞⁽¹⁾

《尔雅》曰:"栩,杼也。"注云:"柞树。"⁽²⁾

按:俗人呼杼为橡子,以橡壳为"杼斗",以剜剜似斗故也⁽³⁾。橡子俭岁可食,以为饭;丰年放猪食之,可以致肥也。

【注释】

〔1〕柞(zuò):这里指山毛榉科的Quercus acutissima,古书上也叫栩、柔(杼)、栎,习俗也叫麻栎、橡树。

〔2〕引文见《尔雅·释木》,无"也"字。注是郭璞注。

〔3〕"剜剜",各本及元刻《辑要》引并同,形容橡壳凹陷如斗形;《丛书集成》排印的殿本《辑要》作"成剜",当系以意率改。按:刘熙《释名·释丘》:"中央下曰'宛丘',有丘宛宛如偃器也。""宛丘"出《诗经·陈风·宛丘》,毛《传》:"四方高中央下曰宛丘。""丘"的原义本来就是中央低四周高,"偃器"就是偃月形(半球形)的容器。《要术》的解释者对"剜剜"二字都有如《丛书集成》本《辑要》的率改和割读,但,刘熙可以拿"宛宛"来形容半球形,为什么贾氏不能用"剜剜"来形容橡斗?

【译文】

柞

《尔雅》说:"栩,就是杼。"注解说:"就是柞树。"

〔思勰〕按:习俗上将杼叫作橡子,把橡壳叫作"杼斗",因为橡壳圆洞凹陷的样子像斗。橡子荒年可以吃,可以作饭;丰年放猪到树下去吃,可以长肥。

宜于山阜之曲,三遍熟耕,漫散橡子,即再劳之。生则薅治,常令净洁。一定不移。十年,中椽,可杂用。一根直十文。二十岁,中屋槫[1],一根直百钱。柴在外。斫去寻生,料理还复。

凡为家具者,前件木,皆所宜种。十岁之后,无求不给。

【注释】

〔1〕"槫",字书解释,于此不协。吾点校记:"疑本'樽'字,音辟,《说文》:'壁柱也。'"《四时纂要·二月》采《要术》作"栋"。应是"樽"字之误。

【译文】

宜于在土山旁边的低地,细熟地耕三遍,把橡子撒播下去,随即耢盖两遍。出苗后,薅去杂草,常常保持洁净。种一次就固定着,不移栽。十年,可以作椽木,也可以供给杂用。一根值十文钱。二十年,可以作〔壁柱〕,一根值一百文钱。柴在外。砍去,根茬上不久又长出新条,料理好可以循环利用。

凡是准备制作家具的,以上各种木材,都应该种植。十年之后,没有什么要求不可以满足。

种竹第五十一

中国所生,不过淡、苦二种;其名目奇异者,列之于后条也。

宜高平之地。近山阜,尤是所宜[1]。下田得水即死。黄白软土为良。

正月、二月中，斸取西南引根并茎[2]，芟去叶，于园内东北角种之，令坑深二尺许，覆土厚五寸。竹性爱向西南引[3]，故于园东北角种之。数岁之后，自当满园[4]。谚云："东家种竹，西家治地。"为滋蔓而来生也。其居东北角者，老竹，种不生，生亦不能滋茂，故须取其西南引少根也[5]。稻、麦穅粪之。二穅各自堪粪，不令和杂。不用水浇。浇则淹死。勿令六畜入园。

二月[6]，食淡竹笋；四月、五月，食苦竹笋。蒸、煮、炰、酢[7]，任人所好。

其欲作器者，经年乃堪杀。未经年者，软未成也。

【注释】

〔1〕《要术》种的是单轴型散生竹。栽在靠近土山的地上，有背风向阳的好处。《要术》地区是散生竹类分布的北区，在背风向阳的地方栽培最为有利，因其地日照强，冬季气温较高，有利于散生竹类的防寒越冬。

〔2〕根并茎：竹鞭连同长着的竹竿。"根"指地下茎，即竹鞭的俗称；实际竹竿的竿基上长的和竹鞭节上长的须根，才是真正的根。"茎"指笋子，即竹竿；实际竹子的地下茎是"竹树"的主茎，其竹竿是主茎的分枝。"根并茎"，即挖出带着一定长度的竹鞭的母竹，作为移植母株。其移植季节，在散生竹类的北区，阴历正月、二月是最合宜的时期。长江以南至南岭以北地区，除酷热、严寒月份外，长年可移植。

〔3〕散生竹的竹鞭有自北向南、自西向东延伸的特性，但也有向没有硬物阻遏的肥沃松软土壤延伸的特性，所以"东家种竹，西家治地"并不是绝对的，因此不能排斥向东南延伸的一、二年生新竹也可以移植。

〔4〕自当满园：自然会长满一园。按：散生竹的竹鞭具有在地下横走的特性，竹鞭的节上生芽，有的芽发育成笋，长成竹竿，有的芽抽成新鞭，继续前走，这样，在地下不断地延广和长出新竹，由一个或少数个体可以逐渐发展成为一大片散生竹林，这时就满园了。

〔5〕少根：少壮阶段的竹鞭。按：移植新竹关键在竹鞭的生长能力。一、二年生少年竹所连的竹鞭，处于青壮阶段，鞭芽饱满，鞭根健强，容易栽活，也容易长出新竹、新鞭。三、四年以上的是老龄竹，其所连必为老鞭，不易栽活，即使栽活，由于鞭芽无力，鞭根稀疏老化，出笋、行鞭困难，难得成林，所以不宜选为母株移植。这个记述很合理。

〔6〕"二月"，各本同，《辑要》引作"三月"。按：淡竹出笋比毛竹春笋稍迟，一般在阳历四月下旬至五月上旬，则阴历三月才有笋，"二"疑应作"三"。

〔7〕㷖(fǒu)：油焖。 "酢"即醋字，指笋煮后加醋浸食，下文引《诗义疏》有之。北酸南辣，这里不排斥煮后调醋吃。这和《诗义疏》"米藏"的菹菜不同，"酢"不是"菹"字之误。

【译文】

中国北方生长的竹，只有淡竹和苦竹两种；其余名目新奇特异的，记录在后面〔卷十〕中。

竹宜于栽在高平的地上。靠近土山的地方更为合宜。低地遇上渍水，便会死去。黄白色松软的土最好。

正月、二月里，掘取向西南方向延伸的竹鞭连同长着的竹竿，去掉叶子，栽在竹园的东北角上；栽植坑要有二尺左右深，栽下后上面覆盖五寸厚的土。竹子的本性喜爱向西南方向延伸，所以要栽在园子的东北角上。几年之后，自然会长满一园。俗话说："东家种竹，西家整地。"这就是说，竹子会渐渐蔓延到西家地里去。旧竹园东北角上的竹子是老龄竹，栽下去不会成活，就是成活了也不能滋长茂盛，所以必须选取向西南方向延伸的少年竹作为母竹。用稻糠或麦糠作肥料。两种糠可以各别单独施用，不要混合。不要浇水。浇了便会淹死。不要让六畜进入园里。

二月（？），有淡竹笋吃；四月、五月，有苦竹笋吃。蒸的，煮的，油焖的，醋调的，随各人的爱好。

要作器具时，必须经过一年之后，才能砍来用。没有经过一年之后的，竹竿软弱，还没有长成。

笋

《尔雅》曰："笋，竹萌也。"〔1〕

《说文》曰："笋，竹胎也。"〔2〕

孙炎曰："初生竹谓之笋。"

《诗义疏》云〔3〕："笋皆四月生。唯巴竹笋，八月生，尽九月，成都有之。箽〔4〕，冬夏生。始数寸，可煮，以苦酒浸之，可就酒及食。又可米藏及干〔5〕，以待冬月也。"

【注释】

〔1〕见《尔雅·释草》，无"也"字。下文"孙炎曰"，系注《尔雅》文，应列

在《尔雅》文后,这里是倒错。

〔2〕《说文》是:"筍,竹胎也。从竹,旬声。"《要术》原引作"笋",是后人传抄搞乱,今改复。他处均依今写作"笋"。

〔3〕《诗经·大雅·韩奕》"维笋及蒲",孔颖达疏引陆机《疏》文与今本《毛诗草木鸟兽虫鱼疏》相同,但与《要术》引《诗义疏》大异。

〔4〕簹(méi):簹竹。《御览》卷九六三"簹竹"引《竹谱》:"簹竹,江汉间谓之箭竿,一尺数节,叶大如扇,可以为篷。"这是禾本科竹亚科箬竹属(Indocalamus)的竹。现在有的书以其中箬竹(I. tessellatus)为簹竹,竿细而矮,几乎实心,节间仅5厘米,1尺有几节,叶片很大,可作防雨等用具,也可包粽子。

〔5〕"米藏",各本同,惟《渐西》本从吾点校改为"采藏",今人校注本从之,其实"米"不是错字。按:下文引《食经》有米粥腌笋法,卷九《作菹藏生菜法》多用米饭或粥清腌藏瓜菜,"米藏"正是此类,是利用淀粉糖化产生乳酸防腐作用并发出酸香气的菹藏法,即今酸泡笋。

【译文】

笋

《尔雅》说:"笋,是竹的芽。"

《说文》说:"筍,是竹的胚胎。"

孙炎〔注解《尔雅》〕说:"刚生的竹叫作笋。"

《诗义疏》说:"笋都是四月出生。只有巴竹笋,八月出生,一直到九月底还长出,这笋成都就有。簹竹,冬天夏天都出笋。刚长出几寸长时,可以采来煮过,用醋浸着,可以下酒下饭。也可以加米饭腌作酸泡笋,以及晒作笋干,准备冬天食用。"

《永嘉记》曰:"含簹竹笋〔1〕,六月生,迄九月,味与箭竹笋相似〔2〕。凡诸竹笋,十一月掘土取皆得,长七八寸。长泽民家,尽养黄苦竹〔3〕。永宁南汉〔4〕,更年上笋——大者一围五六寸〔5〕:明年应上今年十一月笋,土中已生,但未出,须掘土取;可至明年正月出土讫〔6〕。五月方过,六月便有含簹笋。含簹笋迄七月、八月。九月已有箭竹笋,迄后年四月。竟年常有笋不绝也。"

《竹谱》曰〔7〕:"棘竹笋〔8〕,味淡,落人鬓发。簦、箭二笋〔9〕,无味,鸡颈竹笋〔10〕,肥美。簹竹笋,冬生者也。"

《食经》曰:"淡竹笋法:取笋肉五六寸者,按盐中一宿,出,拭盐令尽。煮糜一斗，分五升与一升盐相和。糜热，须令冷，内竹笋咸糜中一日。拭之，内淡糜中，五日可食也。"

【注释】

〔1〕含隋(duò)竹：也写作"篕蔊"，据吴末晋初的沈莹《临海异物志》和元代李衎《竹谱详录》卷六"篕蔊竹"所记，竹竿大如足趾，坚厚直长，竿内白膜上面长着茸毛，浙东沿海山中很多。但未详是何种竹。

〔2〕箭竹：竹亚科的 Sinarundinaria nitida。竿细劲，可作伞柄、箭竿等。笋供食用。

〔3〕黄苦竹：苦竹属(Pleioblastus)的一种，竿皮黄色。苦竹笋，有的不堪食用；有的煮以减煞苦味，可以吃，就是《要术》四五月吃的。

〔4〕永宁：县名，汉置，晋因之，治所在今浙江温州。长泽县，隋置，在今陕西；南汉县，刘宋置，在今成都北。《永嘉记》作者郑缉之是刘宋时人，如以二地名为县，时代地区均大相乖违，殊谬。又据《晋书·地理志下》，永嘉郡统辖永宁(郡治所在)、安固、松阳、横阳，仅四县，根本没有长泽县、南汉县。所以这里的长泽、南汉都是永宁县属下的乡里名，不得率尔以县当之。

〔5〕一围五六寸：周围有一尺五六寸粗。按：这是《永嘉记》的习用语，卷四《插梨》引此书就有"子大一围五寸"。"一围"约合一尺，参见《插梨》注释。所记是毛竹(Phyllostachys pubescens)，其笋粗大达一尺五六寸是习见的。

〔6〕全年出笋，"正月"明显是"五月"形似之误。如果"讫"连下句读作"讫五月"，则"五月"二字应重复，不然，下文读成"方过六月，便有含隋笋"，则与含隋笋"六月生"违戾，而且作"到"解释的"讫"，下文二见均作"讫"。

〔7〕《竹谱》：《旧唐书·经籍志下》农家类著录"《竹谱》一卷，戴凯之撰"。今传本《竹谱》一卷，题"晋戴凯之撰"。按：戴凯之，字庆豫，武昌(今属湖北)人，曾任南康(治所在今江西赣州)相，余无所知。惟书中引有徐广《杂记》，徐广死于南朝宋文帝元嘉二年(425)，则戴应是刘宋时人，并非晋人。此处所引《竹谱》，与今本戴凯之《竹谱》内容相合，当出戴《谱》，是节引。

〔8〕棘竹：竹亚科筤(cè)竹属(Bambusa)的竹，参看卷一〇"竹(五一)"注释。

〔9〕"篁、箈"，疑误。按：戴凯之《竹谱》有篰、篁二竹，称："篰、篁二种，至似苦竹……篰笋亦无味，江汉间谓之苦篰。见沈《志》。篰音聊，篁音礼。"沈《志》是吴末晋初沈莹的《临海异物志》，书已佚。"篁"，字书无此字，"篁、箈"很可能是"篁(lí)、篰(liáo)"残烂后搞错的。

〔10〕"鸡颈"，戴凯之《竹谱》作"鸡胫"，说其竹"纤细，大者不过如指"，但大如指而"肥美"，疑应作"颈"。鸡颈竹笋，泛指笋味鲜美的小竹笋。

【译文】

《永嘉记》说："含隋竹笋，六月出生，一直到九月还有，味道跟箭竹笋相似。各种竹笋，十一月掘土下去都会找到，笋有八九寸长。长泽的老百姓家，养的尽是黄苦竹。永宁的南汉地方，全年都出笋——大的周围有一尺五六寸粗。全年出笋是：明年该出今年十一月土中的笋，已经在土中长着了，不过还没有出土，须要掘开土取得；这笋可以到明年〔五月〕才出土完。五月刚过，六月便有含隋笋相接。含隋笋一直出到七月、八月。一到九月，已经有箭竹笋接着，箭竹笋一直接到次年四月。所以一年到头都有笋吃，中间没有间断。"

《竹谱》说："棘竹笋，味淡薄，吃了使人鬓发脱落。〔簜、箫〕两种笋，没有味。鸡颈竹笋，肉厚鲜美。箪竹笋，冬天出生。"

《食经》说："淡竹笋的腌泡方法：取五六寸长的笋肉，按在盐里面过一夜，拿出来，把盐揩干净。煮一斗稀粥，分出五升来，加入一升盐。等到热粥冷了，把笋放进咸粥里面泡一天。再拿出来，揩干净，然后放进淡粥里面，泡上五天，便可以吃了。"

种红蓝花、栀子第五十二⁽¹⁾

燕支、香泽、面脂、手药、紫粉、白粉附

花地欲得良熟。二月末三月初种也。

种法：欲雨后速下；或漫散种，或耧下，一如种麻法。亦有锄掊而掩种者，子科大而易料理⁽²⁾。

花出，欲日日乘凉摘取。不摘则干。摘必须尽⁽³⁾。留余即合。

五月子熟，拔，曝令干，打取之。子亦不用郁浥。

五月种晚花。春初即留子，入五月便种，若待新花熟后取子，则太晚也。七月中摘，深色鲜明⁽⁴⁾，耐久不黦⁽⁵⁾，胜春种者。

负郭良田种一顷者，岁收绢三百匹。一顷收子二百斛，与麻

子同价,既任车脂,亦堪为烛⁽⁶⁾,即是直头成米。二百石米,已当谷田;三百匹绢,超然在外。

　　一顷花,日须百人摘,以一家手力,十不充一。但驾车地头,每旦当有小儿僮女十百为群,自来分摘;正须平量,中半分取。是以单夫只妇,亦得多种。

【注释】

　　〔1〕卷首总目作"及栀子",这里无"及"字,均仍其旧。问题是篇中根本没有提到"栀子",和《漆》的没有提到种漆同样有矛盾。可能有脱漏,或者想写而没有写上。《农政全书》卷三八引《要术》有种栀子法,其实引自《辑要》"新添"的内容,《农政》误题。红蓝花:即菊科的红花(Carthamus tinctorius),其花红色,叶片像蓼蓝,所以又名"红蓝花"。古时常利用花中所含红色素作化妆品,如胭脂等类。现在主要作药用,是比较贵重的药材。《要术》时代还没有作药用。北方春播红花,阴历二月末三月初是播种适期。阴历五月成熟。五月可种夏播秋收的晚季花。栀子,茜草科的Gardenia jasminoides,果实可作黄色染料,所以与红花同列,可惜篇中无一字提及栀子。

　　〔2〕"子科大",各本相同,《辑要》引也一样。但"子"上应脱"省"字,是说点播的省子而科丛大。《四时纂要・五月》引《要术》正作"省子而科,又易断治"。按:红花种子比较细小,春播必须趁雨播种,防止春旱不易出苗。头状花序顶生,采摘时用三个指头抽出其筒状花冠,这是人们需要的部分。抽摘时必须细心,由于花冠的下部被抽断了,必须注意不可伤及基部的子房,因为还要留着结子。刨穴点播的植株较稀,科丛较大,抽摘时比较便利,比撒播的、条播的都强些。

　　〔3〕红花花瓣由黄变红时必须及时采摘,一般在24—36小时内采的,花色最为鲜美,过后就变暗红色而凋萎。要是在今天早晨看到花蕾内露出一些黄色小花瓣时,明天早晨就该采摘。采摘时间必须在清晨露水未干以前,因为红花叶子的叶缘和花序总苞上都长着很多的尖刺,早晨刺软不扎手,等到太阳一高露水干了以后,刺变硬,不但刺手,操作不便,毛手毛脚还会抽伤子房,并且晚了花冠变得萎软,手抓上容易结块,严重影响花的质量。再迟,就凋谢没法采,采来也没有用了。所以当天必须全部采光,不能留着白白损失。

　　〔4〕红花花冠橘红色,"深"谓红色较鲜明,孟方平同志说"深"是"染"字之误,不必作此解。

　　〔5〕飙(yuè):黄黑色。

〔6〕红花子含油量达20%—30%,这里就是利用其子作成火炬式的"烛"。

【译文】

种红花的地要求肥沃,整治得细熟。二月末三月初下种。

种法:要在雨停后赶快播种;或者〔等到土表发白时〕撒播,或者用耧条播,像种大麻一样。也有用锄头刨穴点播,然后覆土的,这样,种子〔省〕而科丛大,又容易料理。

花开后,要每天趁天凉时采摘。不摘就干萎了。采摘必须要全部摘完。留下的不要多久便会凋萎。

五月种子成熟,拔下,晒干,打下种子〔,贮藏好〕。种子也不能郁坏。

五月种晚红花。春天种时就预先留下一部分种子,到五月便种,如果等到春播的种子生长成熟后再拿新种子来种,就太迟了。七月中摘这批花,红色鲜明,耐久不会变晦暗色,比春天种的要强。

在城市近郊的好地上,种上一顷红花,一年可以卖去,收到三百匹绢。一顷地可以收得二百斛种子,种子和大麻子价格相同,既可以〔榨油〕用来作车毂的润滑油,也可以作烛。种子的价格用米价抵值,就抵得上二百石米。二百石米,已经抵得上一顷谷田的收入;还有三百匹绢是超出在外的。

一顷地的花,每天须要百把个人采摘,单靠自己一家人的人手,十分工作量完成不了一分。怎么办,这只要驾着车子到地头上,每天早晨,便会有男女小孩,十几个一群,几十百把个一群,前来帮助摘花。酬劳只要公平地把花量出来,两家对半平分就行了。所以,就是单身的男子妇女,也可以多种。

杀花法[1]:摘取,即碓捣使熟,以水淘,布袋绞去黄汁;更捣,以粟饭浆清而醋者淘之,又以布袋绞去汁,即收取染红,勿弃也。绞讫,着瓮器中,以布盖上;鸡鸣更捣令均,于席上摊而曝干,胜作饼。作饼者,不得干,令花浥郁也。

作燕脂法:预烧落藜、藜藋及蒿作灰[2],无者,即草灰亦得。以汤淋取清汁,初汁纯厚太酽,即杀花[3],不中用,唯可洗衣;取第三度淋者,以用揉花,和,使好色也。揉花。十许遍,势尽乃止。布袋绞取淳汁,着瓷碗中。取醋石榴两三个,擘取子,捣破,少着粟饭浆水极酸者和之,布绞取潘[4]，以和花汁。若无石榴者，以好醋和饭浆亦得用。若复无醋者，清饭浆极酸者，亦得空用之。下白米粉，大如酸枣，粉多则白。以净竹箸不腻者，良久痛搅。盖冒至夜，泻去上清汁，至淳处止，倾着帛练角袋子中悬之。明日干浥浥时，捻作小瓣，如半麻子，阴干之，则成矣。

合香泽法：好清酒以浸香：夏用冷酒，春秋温酒令暖，冬则小热。鸡舌香，俗人以其似丁，故为"丁子香"也[5]。藿香，苜蓿，泽兰香[6]，凡四种，以新绵裹而浸之[7]。夏一宿，春秋再宿，冬三宿。用胡麻油两分，猪脂一分，内铜铛中，即以浸香酒和之，煎数沸后，便缓火微煎，然后下所浸香煎。缓火至暮，水尽沸定，乃熟。以火头内泽中作声者，水未尽；有烟出，无声者，水尽也。泽欲熟时，下少许青蒿以发色。以绵幕铛觜、瓶口，泻着瓶中。

合面脂法：用牛髓。牛髓少者，用牛脂和之。若无髓，空用脂亦得也。温酒浸丁香、藿香二种。浸法如煎泽方。煎法一同合泽，亦着青蒿以发色。绵滤着瓷、漆盏中令凝。若作唇脂者，以熟朱和之，青油裹之[8]。

其冒霜雪远行者，常啮蒜令破，以揩唇，既不劈裂，又令辟恶。小儿面患皴者[9]，夜烧梨令熟，以糠汤洗面讫，以暖梨汁涂之，令不皴。赤蓬染布[10]，嚼以涂面，亦不皴也。

合手药法：取猪胰一具[11]，摘去其脂。合蒿叶于好酒中痛挼，使汁甚滑。白桃人二七枚，去黄皮，研碎，酒解，取其汁。以绵裹丁香、藿香、甘松香、橘核十颗[12]，打碎。着胰汁中，仍浸置勿出——瓷瓶贮之。夜煮细糠汤净洗面，拭干，以药涂之，令手软滑，冬不皴。

【注释】

〔1〕红花除含有红花红色素外，并含有红花黄色素，黄色素大大多于红色素。明末宋应星《天工开物》卷三："红花……黄汁净尽，而真红乃现。"所以必须褪去黄色素，然后才能作为红色染料。《要术》的褪黄法是第一道用清水淘洗，绞去一部分黄色素，第二道进一步用酸浆水淘洗，利用有机酸使黄色素分解出而绞去之。但这样使人产生疑窦，是不是红色素也会被褪去；但是不会的，参看注

释〔3〕。杀,读作 shài。

〔2〕落藜:藜科地肤 (Kochia scoparia) 的别名,也叫"落帚"、"扫帚菜",其茎枝可作扫帚。　　藜藋 (diào):即藜科的藜 (Chenopodium album),藜有所谓"灰藋"、"蔏藋"、"莃藋"等的别名。

〔3〕杀花:褪下花的红色。"杀"是褪掉、除去之意;红花黄色素褪去不要,这里是褪下红色素,却是要的。"花"指已经褪去黄色素的干后散收着的花,再拿来褪取红色作胭脂用,非指新摘的红花再来"杀"去黄色。启愉按:鲜红花用水和酸浆淘洗褪去黄色素,是不是红色素也会同时被褪去?这个疑问,恐怕读者们都会有的。通过本条胭脂法的记载,可以明确告诉大家,请放心,不会的。物质由于其内部理化结构、性质等的不同,对某种溶液的反应也不同。黄色素溶解于酸溶液,可以被它溶解而除去;红色素不溶解于酸溶液,所以不会被溶解去,而溶解于碱溶液,所以能通过碱性溶液分解取得。我们知道,草木灰中含有较高的钾,呈碱性,贾氏正是从经验上利用这一特性溶取红色素的。这是我个人的推理解释,没有经过化学实验,但我认为这样理解是重要的。

〔4〕潘 (shěn):汁液。

〔5〕鸡舌香:桃金娘科的丁香 (Syzygium aromaticum)。作香料或入药,其近成熟的果实名为"鸡舌香",又名"母丁香";其花蕾别名"丁香"。原注"故为'丁子香'也"中的"为"字,各本同,通"谓",但在《要术》中无第二例,仍疑原作"谓",后人同音写错作"为"。

〔6〕藿香:唇形科的藿香 (Agastache rugosus),多年生芳香草本。　　苜蓿:即所谓"苜蓿香",古时多用以配制香料,如唐王焘《外台秘要》卷三二及《千金翼方》等都有记载,非指豆科的苜蓿,但未详是何种植物。　　泽兰:菊科的泽兰 (Eupatorium japonicum),多年生草本,茎、叶含芳香油。

〔7〕植物性芳香油溶解于乙醇,不溶解于水。此法用乙醇稀溶液 (清酒) 浸出植物性芳香油溶液,然后过渡到非干性油脂中,再蒸发去水分,制成润发香油 ("香泽")。其中用淬火的方法测试水分是否干尽,很是细致合理。同样的方法用于固态的动物性油脂,则成润面香脂 ("面脂")。

〔8〕"青油",各本同。今俗名柏子油为"青油",在《要术》不可能有,而且是干性油,不能用于唇脂。金抄"青"字空白一格,则究竟是否"青油",尚未可必,但无从推测是什么油。

〔9〕皴 (cūn):皮肤因风吹或受冻而干裂。

〔10〕"赤蓬",两宋本等如文,湖湘本等作"赤连",都不可解。所谓"染布",指将这种植物的润滑性液汁浸染在布上,准备随时嚼汁涂面防皴。《四时纂要・五月》"燕脂法"是将红花先染在布上,要用时再用灰汁褪出布上的红汁来作胭脂。这和"赤蓬染布,嚼以涂面"的方法相类似,但"赤蓬"未详是何种植

物,也许有错字。

〔11〕猪胰(yí):《本草纲目》卷五〇"豕":"胰……一名肾脂,生两肾中间,似脂非脂,似肉非肉。"并载有用猪胰浸酒防皴方。此字新旧《辞源》、《辞海》均未收,但均收有"胰子"条目,说是旧时妇女用猪胰浸酒涂手面可以防皴,因相承称肥皂为"胰子"。这是承宋代字书《类篇》"胰,亦作胰"之误。启愉按:猪胰位于胃下,贴在腹后壁上,呈带状,红紫色,俗名"尺";胰位于两肾中间,呈椭圆状,黄白色,多润滑液汁:二者绝非一物。猪胰浸酒防皴,农村妇女类能道之,有的地方讹称"猪衣";用猪胰防皴,则有未详。

〔12〕甘松香:败酱科的甘松(Nardostachys chinensis),多年生矮小草本,根茎有浓烈香气,可制香料,并供药用。

【译文】

褪去红花黄汁的方法:花摘回来随即用碓捣得烂熟,加水淘洗,用布袋盛着,绞去黄色的汁;再捣,用发酸澄清的粟饭浆水淘洗,又用布袋绞去黄汁,这时可以把绞干的红花收起来准备染红色,不要丢掉。绞干后,把花放入瓮器中,用布盖在瓮口上。到当夜鸡叫时,拿出来再捣匀,摊在席子上,晒干。〔就这样把散花收起来,〕比捏成饼要好。捏成饼的,里面干不透,花便窝坏了。

作胭脂的方法:预先把落藜、藜藋和蒿草烧成灰,如果没有,就用普通的草灰也可以。用热水冲淋,取得比较清淡的灰汁,第一道淋出的汁,太纯酽,拿来褪下花〔的红色〕,不合用,只能用它洗衣服;要再淋一道,拿第三道淋出的汁,用来揉花,碱性平和,可以使颜色鲜明。拿来揉花。要揉十来遍,使红色完全褪出为止。再用布袋绞取揉出的纯红汁,盛在瓷碗中。又取两三个酸石榴,擘破取出子来,捣破,加少量很酸的粟饭浆水调和,用布包裹着绞出酸汁,和到红花汁里。如果没有石榴,用好醋和进酸饭浆里,也可以用。要是连醋也没有,拿极酸的澄清的饭浆水,也可以单独使用。再拿酸枣大的白米粉一颗,放进红花汁里,白粉多了,颜色就不够红。用没有油腻的干净竹筷子,长时间地用力搅拌。然后用东西盖在碗口上,到夜里,倒掉上面的清汁,到纯厚的地方停止,把它倒进一个用熟绢缝制的尖角形的袋子里,离空挂着。明天,半干半湿时,拿出来捻成小瓣儿,像半颗大麻子的大小,让它阴干,就成功了。

配制润发油的方法:先用纯净的清酒浸渍香料:夏天用冷酒,春天秋天用温酒,冬天要更热些。用鸡舌香、习俗上因为它的形状像小钉子,所以称为"丁子香"。藿香、苜蓿、泽兰香,共四种,用新丝绵包着,浸在酒里。夏天浸一夜,春天秋天两夜,冬天三夜。拿芝麻油两份,猪脂一份,放入小铜锅里,和入浸香的酒,一起煎沸几次之后,便用文火缓缓地煎,然后加入浸过的香再煎。文火一直煎到傍晚,水分煎干了,不再沸了,便煎成熟了。拿个火头淬到香油里,如果发出响声,表示水还没有干尽;如果有烟冒出,听不到声音,便是水干尽了。香油将要成熟的时候,加入少量的青蒿,使它增添色泽。最后,用丝绵同时蒙住小铜锅的嘴和准备装的瓶口,〔作两重过滤,〕倒进瓶子中保存。

配制润面香脂的方法:用牛骨髓。牛骨髓不够,可以和些牛脂进去。如果连牛髓也没有,单用牛脂也可以。用温温的酒浸泡丁香和藿香两种香。浸法同浸润发油的方法一样。煎法也一如煎润发油的方法,也加入青蒿使增加色泽。拿丝绵过滤到瓷杯或者漆杯中,让它冻凝。假如要作涂嘴唇用的唇脂,可以和进一些熟朱砂,外面用青油涂裹。

冒着霜雪远行的人,常常把大蒜咬破,揩在嘴唇上,既可以防止嘴唇裂开,又可以辟除邪恶。小儿脸上皮肤皴裂的,夜间把梨子煮熟,先用米糠烧的热水洗过脸,再用暖梨汁涂在脸上,可以不皴裂。或者用赤蓬染的布,嚼出汁来,涂在脸上,也不会皴裂。

配制"手药"的方法:取猪胰一个,摘去附着的脂肪。连同青蒿叶放入好酒里面尽情地揉授,使胰汁极其滑腻。用十四颗白桃仁,剥去黄色的种皮,研碎,用酒浸过,取它的液汁用。拿丝绵包裹丁香、藿香、甘松香和十颗橘核,要打碎。一起放入胰汁中,就这样浸着搁着,不要拿出来——用瓷瓶贮藏着。夜间,用煮细糠的热水,把脸洗干净,揩干,将这胰药涂在脸上手上,能使手面柔软滑润,冬天不会皴裂。

作紫粉法:用白米英粉三分,胡粉一分,不着胡粉,不着人面。和合均调。取落葵子熟蒸[1],生布绞汁,和粉,日曝令干。若色浅者,更蒸取汁,重染如前法。

作米粉法:粱米第一,粟米第二。必用一色纯米,勿使有杂。师使甚细[2],簁去碎者。各自纯作,莫杂余种。其杂米——糯米、小麦、黍米、稷米作者,不得好也。于木槽中下水,脚踏十遍,净淘,水清乃止。大瓮中多着冷水以浸米,春秋则一月,夏则二十日,冬则六十日,唯多日佳。不须易水,臭烂乃佳。日若浅者,粉不滑美。日满,更汲新水,就瓮中沃之,以酒耙搅,淘去醋气——多与遍数,气尽乃止。

稍稍出着一砂盆中熟研，以水沃，搅之。接取白汁，绢袋滤着别瓮中。粗沉者更研，水沃，接取如初。研尽，以耙子就瓮中良久痛抨，然后澄之。接去清水，贮出淳汁，着大盆中，以杖一向搅——勿左右回转——三百余匝，停置，盖瓮，勿令尘污。良久，清澄，以杓徐徐接去清，以三重布帖粉上，以粟糠着布上，糠上安灰；灰湿，更以干者易之，灰不复湿乃止。

然后削去四畔粗白无光润者，别收之，以供粗用。粗粉，米皮所成，故无光润。其中心圆如钵形，酷似鸭子白光润者，名曰"粉英"。英粉，米心所成，是以光润也。无风尘好日时，舒布于床上，刀削粉英如梳，曝之，乃至粉干。足将住反手痛接勿住 [3]。痛接则滑美，不接则涩恶。拟人客作饼，及作香粉以供妆摩身体。

作香粉法：唯多着丁香于粉合中，自然芬馥。亦有捣香末绢筛和粉者，亦有水浸香以香汁溲粉者，皆损色，又费香，不如全着合中也。

【注释】

〔1〕落葵：落葵科的落葵（Basella rubra），又名胭脂菜。其子实为浆果，含有紫色素，可作敷面粉和唇脂。

〔2〕舿（fèi）：舂。

〔3〕足：这里作"满足""足够"解。

【译文】

作紫粉的方法：用极精白的"英粉"三份，铅粉一份，不加铅粉，不容易敷着在脸上。混合调匀。把落葵的子实蒸熟，用生布绞出紫色液汁，和进粉里，在太阳底下晒干〔，就作成了〕。如果颜色嫌淡，再蒸些子实，取得液汁，重新照样调浓些。

作精白米粉的方法：粱米第一好，粟米第二。必须用纯净的一种米，不要让它有混杂。舂到很白。把碎米拣掉。每一种米，各自纯净地作，不要混进别种的米。混进别种的米——糯米、小麦、黍米、穄米，都作不好。把米搁在木槽里，加水，用脚踏十来遍，淘净；〔换水再淘，〕到水清为止。在大瓮中多放冷水，把米浸着，春天秋天浸一个月，夏天浸二十天，冬天浸六十天，天数多些为好。不需要换水，米烂发臭了才好。如果日子不长，粉就不会细滑。日子浸满之后,〔倒掉臭水,〕再汲新水灌进瓮里,用酒耙搅捣荡洗,淘去酸气——换水多淘几遍,到没有气味才停手。

少量地倒点出来在砂盆里,尽量地研细,再加进水,搅动调匀。舀出白米汁灌入绢袋子中,过滤到另外的瓮里。〔再倒点出来再研,再过滤。〕沉在原来的瓮底〔和绢袋底〕的粗粒,再研细,再加水,再搅匀,再照样舀出来过滤过。统统研尽过滤之后,用耙子就瓮中的粉汁长时间尽情地抨击,然后让它澄清。澄清后,舀去上面的清水,将纯浓汁倒在一个大盆里,拿一根木杖在汁中向一个方向旋转——不要左右换方向——三百多圈,然后搁着〔让它沉淀〕,盖好瓮口,别让灰尘给染污了。过了很久,澄清了,用杓子小心缓缓地舀掉上面的清水。随即拿三重布贴在湿粉上,布上盖一层粟糠,糠上再盖灰;灰吸收水分湿了,再换上干灰,到灰不再湿为止。

最后,将大盆中这块粉的四边上虽白而粗没有光泽的粉,割下来,另外作为粗粉用。粗粉是米皮所成,所以没有光泽。粉块中心,圆圆的一块像钵形的,很像熟鸭蛋白的光泽的,叫作“英粉”。英粉是米心所成,所以有光泽。在没有风没有尘土,又有好太阳的日子,拿下来放在床箔上,用刀子将英粉削成梳掌形的片子,在太阳底下晒,直到晒干。干后,由多人多双手不停地尽量揉授。尽情揉授,粉就细腻滑美,不这样,就粗糙不好吃。这英粉可以准备作饼款待客人,也可以作香粉妆饰身体。

作香粉的方法:最好的办法是多搁些整颗的丁香在粉盒子里,自然芬芳馥郁。有人把丁香捣成末,用绢筛筛过和到粉里,也有人用水浸丁香,拿香汁调和粉的,都会使粉失去白色,而且又费香,不如整颗放在盒子里好。

种蓝第五十三

《尔雅》曰:“葴,马蓝。”注曰:“今大叶冬蓝也。”[1]

《广志》曰:“有木蓝[2]。”

今世有芨赭蓝也[3]。

【注释】

〔1〕见《尔雅·释木》,文同。注文与郭璞注同。马蓝,爵床科的马蓝

(Strobilanthes cusia)，多年生灌木状草本，产于我国西南部、东南部。叶可制蓝靛。其根供药用，现在中药上用为"板蓝根"的一种。郭璞注《尔雅》所称"大叶冬蓝"，即指此种。

〔2〕木蓝：豆科的木蓝（Indigofera tinctoria），常绿灌木，叶似槐叶，亦称"槐蓝"。产于广东、福建等省。叶可制蓝靛。但崔寔地区不能种木蓝，木蓝是"大蓝"之误。

〔3〕"芨赭蓝"可能是蓝的一个品种。按《要术》种的蓝是蓼科的蓼蓝（Polygonum tinctorium），也单称"蓝"。一年生草本，我国原产，南北各地均有栽培。

【译文】

　　《尔雅》说："葳（zhēn），是马蓝。"注解说："就是现在的大叶冬蓝。"
　　《广志》说："有木蓝。"
　　现在有芨赭蓝。

　　蓝地欲得良。三遍细耕。三月中浸子，令芽生，乃畦种之。治畦下水，一同葵法。蓝三叶浇之。晨夜再浇之。薅治令净。

　　五月中新雨后，即接湿耧耩，拔栽之。《夏小正》曰："五月启灌蓝蓼[1]。"三茎作一科，相去八寸。栽时宜并功急手，无令地燥也。白背即急锄。栽时既湿，白背不急锄则坚确也[2]。五遍为良。

　　七月中作坑，令受百许束，作麦秆泥泥之，令深五寸，以苫蔽四壁。刈蓝，倒竖于坑中，下水，以木石镇压令没。热时一宿，冷时再宿，漉去茇[3]，内汁于瓮中。率十石瓮，着石灰一斗五升，急手抨普彭反之，一食顷止。澄清，泻去水；别作小坑，贮蓝淀着坑中。候如强粥，还出瓮中盛之，蓝淀成矣。

　　种蓝十亩，敌谷田一顷。能自染青者，其利又倍矣。

　　崔寔曰："榆荚落时，可种蓝。五月，可别蓝[4]。六月，可种冬蓝。""冬蓝，木蓝也[5]，八月用染也。"

【注释】

〔1〕"启灌"，两宋本作"浴灌"，他本作"洛灌"或"洛蓷"，均误。自北宋本到现在的中日整理本，均承误未改。启愉按：《夏小正》原文是："五月……启灌

蓝蓼。《夏小正》是西汉戴德所传,他的解释是:"启者,别也,陶而疏之也。灌者,丛生者也。"清顾凤藻《夏小正经传集解》卷二:"陶,除也。……熊安生曰:'开辟此丛生之蓝蓼,分移使之稀散。'"说明"灌"是"灌丛"的意思,指稠密丛生的苗;"启"是"别",就是分开,也就是移栽,下文引崔寔有"五月可别蓝"可证。《要术》正是说五月移栽蓝苗,故引《夏小正》文为证。"浴灌",只能解释为淹灌,既与正文毫不相干,尤非蓝苗所宜。

〔2〕"确"同"塙",指土坚硬结块。《要术》虽有"坚垎"字,但这未必是"垎"字之误。

〔3〕荄(gāi):草根。

〔4〕"别蓝",各本均作"刈蓝",但"榆荚落时"才种蓝,五月怎可收割,这也是从北宋本以来到今人整理本一直错着的字。启愉按:《玉烛宝典·五月》引《四民月令》是:"是月也,可别稻及蓝。"《要术·水稻》引崔寔也明确记载:"五月,可别稻及蓝。""刈"明显是"别"字之误,据改。

〔5〕"木蓝",各本相同,这也是从北宋本以来一直到今天的整理本长期错着的字。启愉按:木蓝(Indigofera tinctoria),豆科,常绿灌木,叶似槐叶,又名槐蓝。产于广东、福建等省,《唐本草》、《本草图经》都说出岭南,《四民月令》地区不可能种木蓝。爵床科的马蓝(Strobilanthes cusia),郭璞注《尔雅》称"大叶冬蓝",《本草衍义》、《救荒本草》称为"大叶蓝"或"大蓝",这正是这里崔寔说的"冬蓝",别名"大蓝",则"木蓝"是"大蓝"之误。元刻《辑要》引《要术》转引崔寔正作:"冬蓝,大蓝也。"是唯一正确的字(殿本《辑要》仍误作"木蓝")。

【译文】

种蓝的地要肥好。精细地耕三遍。三月中浸种子催芽,作畦种下。治畦浇水,一切同种葵菜的方法一样。蓝苗长出三片叶子,就浇水。要早晨、夜晚浇两次。把杂草薅除干净。

五月里下过雨后,就趁湿用耧构出栽植沟,畦里拔出蓝苗来移栽。《夏小正》说:"五月〔移栽〕丛生的蓝和蓼。"三株栽一窝,每窝相距八寸。栽时应该两工并一工地快栽,不要让地干燥掉。地面发白就赶紧快锄。栽时地是湿的,白背时如果不快锄,地会变干硬。锄五遍才好。

七月中,掘一个沤蓝的坑,大小能容纳一百来把蓝把的。将麦秆和泥捣熟,用来涂抹在坑底和四壁,都要五寸厚,再用草苫遮蔽四壁。把蓝割来,叶朝下倒竖在坑中,灌水,用木棍和石头镇压在蓝把上面,让它没水。天热沤一夜,天凉沤两夜,捞掉沤过的茎叶,把蓝汁舀到大瓮里。比例是十石的大瓮,加入一斗五升的石灰,急速用耙子剧烈捹击,大约一顿饭的时间,停手。让它澄清,倒去上面的清水;另外掘一个小坑,把蓝汁的沉淀倒在坑中。等到这沉淀干到像厚粥那样时,再舀回到瓮中,蓝靛便作成了。

种十亩的蓝,抵得上种一百亩的谷田。能够自己染青的,利益还要加倍。

崔寔说:"榆荚落下时,可以种蓝。五月,可以〔移栽〕蓝。六月,可以种冬蓝。""冬蓝,就是〔大〕蓝,八月里用来染色。"

种紫草第五十四

《尔雅》曰[1]:"藐,茈草也[2]。""一名紫茢草[3]。"

《广志》曰:"陇西紫草[4],染紫之上者。"

《本草经》曰:"一名紫丹。"[5]

《博物志》曰:"平氏山之阳,紫草特好也。"[6]

【注释】

〔1〕见《尔雅·释草》,无"也"字。"一名紫茢草"是注文。今本郭璞注是:"可以染紫。一名茈茢,《广志》云。"《广雅·释草》文作:"茈茢,茈草也。"

〔2〕茈(zǐ)草:茈,同"紫"。茈草即紫草(Lithospermum erythrorrhizon),紫草科,多年生草本。根颇粗壮,长约7—15厘米,粗可达1.5厘米,含有紫草红色素,可作紫色染料,也供药用,质脆,易折断。果实为粒状小坚果。

〔3〕紫茢(lì)草:就是紫草,见《广雅·释草》。但唐玄应《一切经音义》卷一九释为"蒨草"。按:蒨草即茜草科的茜草(Rubia cordifolia),根含茜素,可染绛色,即大红色,而紫草是染紫色的,二者有不同。

〔4〕陇西:郡名,有今甘肃陇西等地。

〔5〕《神农本草经》"紫草"条载:"一名紫丹,一名紫芙(ǎo)。"

〔6〕今本《博物志》不载此条。《神农本草经》"紫草"下陶弘景注引《博物志》及《御览》卷九九六"紫草"引《博物志》均作:"平氏阳山,紫草特好。"平氏,县名,在今河南桐柏。

【译文】

　　《尔雅》说："藐（miǎo），是茈草。"〔注解说：〕"又名紫茙草。"

　　《广志》说："陇西的紫草，染紫色是最好的。"

　　《本草经》说："紫草，一名紫丹。"

　　《博物志》说："平氏山的南面，紫草特别好。"

　　宜黄白软良之地，青沙地亦善；开荒黍穄下大佳。性不耐水，必须高田。

　　秋耕地，至春又转耕之。三月种之：耧耩地，逐垄手下子，良田一亩用子二升半，薄田用子三升。下讫劳之。锄如谷法，唯净为佳；其垄底草则拔之。垄底用锄，则伤紫草。

　　九月中子熟，刈之。候稃芳蒲反燥载聚，打取子。湿载，子则郁浥。

　　即深细耕。不细不深，则失草矣。寻垄以杷耙取，整理：收草宜并手力，速竟为良，遭雨则损草也。一扼随以茅结之，擘葛弥善。四扼为一头，当日则斩齐，颠倒十重许为长行，置坚平之地，以板石镇之令扁。湿镇直而长，燥镇则碎折，不镇卖难售也。

　　两三宿，竖头着日中曝之，令浥浥然。不晒则郁黑，太燥则碎折。五十头作一洪[1]，洪，十字，大头向外，以葛缠络。着敞屋下阴凉处棚栈上。其棚下勿使驴马粪及人溺，又忌烟——皆令草失色。其利胜蓝。

　　若欲久停者，入五月，内着屋中，闭户塞向，密泥，勿使风入漏气。过立秋，然后开出，草色不异。若经夏在棚栈上，草便变黑，不复任用。

【注释】

　　〔1〕洪：作为一大捆的特用俗语。四把作一头，五十头捆成一洪。捆法是大头向外，小头向内，一头一头十字交叉地排叠起来，再用葛缠扎牢固。

【译文】

　　紫草宜于种在黄白色松和的好地上，种在青色砂壤土上也好；

而新开荒种过一熟黍稷的地,接种紫草最好。性质不耐水,必须种在高地上。

秋天把地耕翻,到春天再耕一遍。三月播种:用耧耩出播种沟,随着沟撒下种子,好地一亩用二升半种子,薄地一亩用三升。种好后,耢平。锄草如同锄谷的方法,越干净越好;沟底的杂草,用手拔掉。沟底如果用锄,会伤紫草根。

九月里种子成熟时,割下来摊着。等稃壳干燥了,再聚拢来,打下种子收好。湿时积聚,种子会窝坏。

〔植株割下后,〕随即又深又细地把地耕翻。不耕深耕细,紫草〔根不能全都翻出来〕,收获就受到损失了。一行一行地用手用铁齿耙把根耙拢来,加以整理:收根要多人齐力尽快收完为好,遇上下雨,根就受损失了。收得一把,随即用茅草扎好,譬葛来扎更好。四把扎成一头,当天就要整理完毕。一头一头头尾颠倒着叠上十来层,不断地向外延长,叠成一长条;要叠在坚实平正的地面上,然后拿石板压在上面,让它压扁。湿时镇压,草根又直又长;燥了再压,根就会折断破碎;没有压过的,卖时不受欢迎。

过了两三夜,拿下来头朝上在太阳底下晒,让它晒到半干半湿。不晒过,郁闷着会变黑;晒得太燥了,又会断碎。五十头捆成一洪,洪是十字交叉地拿大头一端朝外排列,再用葛捆扎起来。搬进没有墙壁的敞屋里,搁在阴凉地方的棚架上。棚架下面不要让驴马和人大小便,又忌烟熏——这些都会使紫草失去原有的颜色。种紫草的利益,胜过种蓝。

如果要存放长久些的,到五月,搬进屋里来,关上门和窗,用泥严密涂封缝隙,不要让风进去或漏气。过了立秋,然后开门取出来,草根的颜色不起变化。假如仍然留在棚架上过夏,草根便变成黑色,不能再用了。

伐木第五十五 种地黄法附出

凡伐木,四月、七月则不虫而坚韧。榆荚下,桑椹落,亦其时也。然则凡木有子实者,候其子实将熟,皆其时也。非时者,虫而且脆也。

凡非时之木,水沤一月,或火煏取干[1],虫皆不生。水浸之木,更益柔韧。

《周官》曰[2]:"仲冬斩阳木,仲夏斩阴木。"郑司农云:"阳木,春夏生者;阴木,秋冬生者,松柏之属。"郑玄曰:"阳木生山南者,阴木生山北者。冬则斩阳,夏则斩阴,调坚软也。"按:柏之性,不生虫蠹,四时皆得,无所选焉。山中杂木,自非七月、四月两时杀者,率多生虫,无山南山北之异。郑君之说,又无取。则《周官》伐木,盖以顺天道,调阴阳,未必为坚韧之与虫蠹也。

《礼记·月令》:"孟春之月……禁止伐木。"郑玄注云:"为盛德所在也。""孟夏之月……无伐大树。""逆时气也。"[3]"季夏之月……树木方盛,乃命虞人,入山行木,无为斩伐。""为其未坚韧也。""季秋之月……草木黄落,乃伐薪为炭。""仲冬之月……日短至,则伐木,取竹箭。""此其坚成之极时也。"

《孟子》曰:"斧斤以时入山林,材木不可胜用。"[4]赵岐注曰:"时谓草木零落之时;使材木得茂畅,故有余。"

《淮南子》曰:"草木未落,斤斧不入山林。"高诱曰:"九月草木解也。"[5]

崔寔曰:"自正月以终季夏,不可伐木;必生蠹虫。或曰:'其月无壬子日,以上旬伐之,虽春夏不蠹。'犹有剖析间解之害,又犯时令,非急无伐。十一月,伐竹木。"

【注释】

〔1〕煏(bì):烘干。

〔2〕见《周礼·地官·山虞》,文同。"郑司农云"是郑玄先引郑众之说,而后申说己意,故自称"玄谓"。贾氏改为二人分注形式。

〔3〕引《月令》注文,均郑玄注,除虚字互异外,余同。

〔4〕见《孟子·梁惠王上》,末句有"也"字,这也是颜之推说的"河北经传,悉略此字"。

〔5〕见《淮南子·主术训》。今本高诱注作:"九月草木节解,未解不得伐山林也。"有下句才有针对性,意义明豁。今本题高诱注者,杂有许慎注文,而题许慎注者(如《四部丛刊》本),实际多与高注本相同。两本实已混淆,无从分别,而《要术》引高注意有未尽。隋杜台卿《玉烛宝典》及唐玄应《一切经音义》多引许注,则许注本唐时尚在。

【译文】

凡砍伐树木,四月、七月砍伐的不生蛀虫,而且木质坚韧。榆荚落下,桑椹掉落,也是砍伐榆树和桑树的合适时令。这样看来,凡是结果实的树木,等它的果实将要成熟的时候砍伐,也都合时宜。不合时宜砍伐的,容易生虫,而且木质也脆。

所有不在合适时令砍伐的树木,把它浸在水里沤一个月,或者逼近火旁烘干,也都可以防蛀。水浸过的木材,更增加柔润坚韧。

《周礼》说:"十一月砍伐阳木,五月砍伐阴木。"郑众解释说:"阳木是春夏才是绿色的;阴木是秋冬常绿的,像松柏之类。"郑玄解释说:"阳木是生在山的南面的,阴木是生在山的北面的。冬天砍伐阳木,夏天砍伐阴木,可以分别调剂坚韧和松软。"〔思勰〕按:柏树的本性,不生蛀虫,一年四季都可以采伐,没有选定什么时间的必要。至于山中其他的杂树,如果不是七月、四月两个时期砍伐的,都会生虫,没有山南面山北面的分别。郑玄的说法,也不足取。《周礼》关于伐木的规定,也许只是顺应天道,调和阴阳,未必是为了坚韧和虫蛀的问题。

《礼记·月令》说:"正月……禁止砍伐树木。"郑玄注解说:"因为正是树木回苏再生的时期。""四月……不得砍伐大树。"注解说:"因为违抗了树木生气勃勃的时机。""六月……树木正旺盛生长着,命令'虞人'到山里巡行,查勘树木,不得有斩伐的事情。"注解说:"因为还没有长坚韧。""九月……草木都萎黄凋落,可以砍柴薪烧炭。""十一月……冬至了,可以砍伐树木,斩箭竹作箭。"注解说:"这是竹木长成最坚硬的时令。"

《孟子》说:"按时令带着斧头上山林,那么,建造的木材便用不完。"赵岐注解说:"时令是指草木凋零的时候;〔能在凋零以前不去砍伐〕,使材木顺畅地生长壮茂,所以有用不完的余材。"

《淮南子》说:"草木没有凋落以前,斧头不得入山林。"高诱注解说:"九月是草木凋落的时候。"

崔寔说:"从正月一直到六月,不可以伐树木;就是伐来也一定生蛀虫。有人说:'只要某个月内没有壬子日,就在这个月的上旬砍伐,即使是春夏二季砍伐的,也不会生蛀虫。'虽然这样,但是还是有裂缝开坼的弊病,又犯了时令,如果不是急需,不要砍伐。十一月,可以砍伐竹木。"

种地黄法⁽¹⁾:须黑良田,五遍细耕,三月上旬为上时,中旬为中时,下旬为下时。一亩下种五石。其种还用三月中掘取者⁽²⁾。逐犁后如禾麦法下之⁽³⁾。至四月末五月初,生苗。讫至八月尽九月初,根成,中染。

若须留为种者,即在地中勿掘之。待来年三月,取之为种。计一亩可收根三十石。

有草,锄,不限遍数⁽⁴⁾。锄时别作小刃锄,勿使细土覆心。⁽⁵⁾

今秋取讫,至来年更不须种,自旅生也。唯须锄之。如此,得四年不要种之,皆余根自出矣。⁽⁶⁾

【注释】

〔1〕地黄:玄参科的地黄(Rehmannia glutinosa),多年生草本。其肉质根茎可染黄色,亦供药用。

〔2〕还:读为"旋",即不久、立即。

〔3〕"如禾麦法下之",各本相同,但很难理解。启愉按:《要术》栽培地黄的方法跟现在相同,都是用种根(即根茎)繁殖。根茎是一段一段地间隔着用手放下去的,而且根茎上有芽眼,芽眼必须上者向上,上下不能颠倒,怎么可以像种禾麦那样抓一把溜子?果真如此,种法是十分粗放的。《辑要》编者看来懂得地黄的种法,因此引《要术》时删去"如禾麦法"四字,是合理的。又,地黄种法应附在种染料作物某篇之后,现在附于《伐木》,可能是全卷写成后再补上的。

〔4〕不限遍数:遍数没有限制。启愉按:地黄不是中耕遍数越多越好。地黄根系分布较浅,只宜行浅中耕,锄破土壳即可,不宜深,不宜频,否则伤根,影响根茎的形成和生长。有草自须除净,但将要出现根茎时,即应停止中耕,杂草只宜用手拔除。

〔5〕地黄叶丛生于茎的基部,或基生于根部,贴近地面,茎端抽生花梗,故中耕时泥土极易沾盖于叶上和茎心,影响生长。为避免此弊,现在也用小手锄或花锄细心锄治。

〔6〕宿根植物连年留种,都会滋生病害虫害。地黄宿根连种四年,太长,必生病虫害。

【译文】

种地黄的方法:须要黑色壤土的肥地,细熟地耕五遍。种植时间,三月上旬是上好的时令,中旬是中等时令,下旬是最晚的时令。

一亩地下五石种根。种根就用三月里掘出的，立即种植，跟在犁道后面像种禾、麦那样的种下去（？）。到四月底五月初，出苗了。到八月底九月初，根已经长成，可以作染料。

假如要留着根茎作种的，就留在地里不要掘出来。等到明年三月，再掘出来作种。一亩地可以收得三十石根茎。

有草，就锄，遍数没有限制。锄的时候，应该另外作成一种小手锄，不要让泥土沾盖着苗心。

今年秋天收根之后，到明年不需要再种，自然有宿根在地，会再发苗长根茎，只要锄草整治就行。这样，可以连续四年不需要再种，都会宿根自生的。

齐民要术卷第六

养牛、马、驴、骡第五十六 相牛、马及诸病方法

服牛乘马，量其力能；寒温饮饲，适其天性：如不肥充繁息者，未之有也。金日磾⁽¹⁾，降虏之煨烬，卜式⁽²⁾，编户齐民，以羊、马之肥⁽³⁾，位登宰相⁽⁴⁾。公孙弘，梁伯鸾⁽⁵⁾，牧豕者，或位极人臣，身名俱泰；或声高天下，万载不穷。宁戚以饭牛见知，马援以牧养发迹⁽⁶⁾。莫不自近及远，从微至著。呜呼小子，何可已乎！故小童曰："羊去乱群，马去害者。"⁽⁷⁾ 卜式曰："非独羊也，治民亦如是。以时起居，恶者辄去，无令败群也。"⁽⁸⁾ 谚曰"羸牛劣马寒食下"，言其乏食瘦瘠，春中必死。务在充饱调适而已。

陶朱公曰："子欲速富，当畜五牸。"⁽⁹⁾ 牛、马、猪、羊、驴五畜之牸。然畜牸则速富之术也。

《礼记·月令》曰："季春之月……合累牛、腾马，游牝于牧。""累、腾，皆乘匹之名，是月所以合牛马。"⁽¹⁰⁾ "仲夏之月……游牝别群，则絷腾驹。""孕任欲止，为其牡气有余⁽¹¹⁾，恐相蹄啮也。""仲冬之月……马牛畜兽，有放逸者，取之不诘。""《王居明堂礼》曰：'孟冬命农毕积聚，继收牛马⁽¹²⁾，'"

凡驴、马驹初生，忌灰气；遇新出炉者，辄死⁽¹³⁾。经雨者则不忌。

【注释】

〔1〕金日（mì）磾（dī）（前134—前86）：匈奴贵族，汉武帝时因战败被俘，叫他养马。由于马养得肥壮，得到汉武帝的信任，由侍中至封侯。《汉书》有传。西汉时的侍中不等于宰相，至南朝时始掌机要，相当于宰相，在后魏更见贵重，称为"小宰相"。贾氏是以后魏的侍中比拟金日磾为"宰相"。

〔2〕卜式：《汉书》有传。汉武帝时曾在上林苑给皇家养羊，羊养得很好。最后做到御史大夫，跟宰相差不多。

〔3〕"羊、马"，似宜作"马、羊"，因金日磾以善养马发迹，卜式以善养羊贵显。

〔4〕西汉时的侍中不等于宰相，至南朝时始掌机要，相当于宰相，在后魏更见贵重，称为"小宰相"。贾氏是以后魏的侍中比拟金日磾为"宰相"。

〔5〕公孙弘（前200—前121）：汉武帝时人，六十岁以前，以牧猪为业。后应征为官吏，最后做到宰相。《史记》、《汉书》均有传。　　梁伯鸾：名鸿，东汉初人。早年以牧猪为生。后与其妻孟光迁居苏州，替人家舂米，不肯做官。舂米回来，孟光捧着饭食，"举案齐眉"，就是他俩的故事。当时和后世以为"清高"。

〔6〕宁戚：春秋时卫国人。偶尔一次在齐国都城东门外喂牛，刚巧齐桓公（？—前643，春秋时第一个霸主）夜间出巡，宁戚就边喂牛边大声唱歌，招惹桓公注意。桓公听了，认为是贤才，便举荐他为"客卿"。　　马援（前14—49）：东汉初人。因辅佐汉光武有功，任伏波将军，封侯。早年以养马起家，曾得专家传授，《铜马相法》传说是他写的。

〔7〕《庄子·徐无鬼》："〔牧马〕小童曰：'夫为天下者，亦奚以异乎牧马者哉？亦去其害马者而已矣。'"但这里多"羊去乱群"一句，未审所出。

〔8〕卜式语见《史记·平准书》。《汉书·卜式传》亦有。

〔9〕陶朱公语见《孔丛子》卷五《陈士义》。《齐民要术序》中已有引到。牸（zì），雌性牲畜。

〔10〕引《月令》注文，都是郑玄注。

〔11〕《月令》郑注作"牡气"，《要术》各本均作"牝气"。按：此指怀孕母马恐被牡马所伤害，"其"指"腾驹"，即牡马，应作"牡气"。孟方平说，牡马发情是受牝马的引诱，母马怀孕后，公马不发情，应作"牝气"。但既已"孕任欲止"，何来"牝气"？孟又说是指没有怀孕的母马，则外加"水分"，于义尤为扞格不通。著名畜牧专家谢成侠教授说，母马怀孕后，牡马仍会发情，询之其他畜牧学者，其说相同，故从郑注改为"牡气"。

〔12〕"继收"，各本均作"继放"，意义相反。按：此时正该收马入厩，否则"取之不诘"，《月令》郑注即作"系收"，没有存误必要，据改。"继"古通"系"。

〔13〕古代禁止弃灰于道路，说法很早：殷代对犯禁的人，斩断其手，商鞅治秦，对犯禁的人，处以刺面涂墨的黥刑。直到清代，仍有忌灰之说，不过不是一般的灰，而是专指蓝灰。清代山东地区的丁宜曾《农圃便览·七月》"刈蓝打靛"："蓝秸烧灰，弃于道路，马畏之，驹遇即死。故秦有禁。"

【译文】

役使牛马，酌量它所能负荷的力量；天冷天热和饮水喂料，适应它们的天性：〔这样合理饲养管理，〕如果还不膘肥壮实、健康繁息，那是从来没有的。像金日磾这样被俘虏的外族人，像卜式这样老百姓出身的人，因为养马养羊养得肥壮，后来都做到了宰相。又像公孙弘和梁伯鸾，都是放猪的，可是公孙弘也做到了极品的人臣，地位和名誉都很高，梁伯鸾清高的名声传遍天下，千万年也受人尊敬。还有，宁戚由于喂牛被人家赏识，马援也因养马起家。这些人无一不是从近到远，从不出名到很出名的。啊！年轻的百姓们，怎么可以不努力育养呢！所以牧童说："羊要去掉乱群的，马要除掉害群的。"卜式说："不但是牧羊，治理老百姓也是这样。按一定的时间工作或休息，个别捣乱的一定要除掉，不要让他败坏集体。"农谚说："瘦牛弱马，寒食前一定倒下。"这是说冬季饲料不够吃不饱，因而瘠弱，到春天一定会死。所以务必要喂得充足饱满，调理合宜。

陶朱公说："你想要快快致富，该养五种母畜。"指牛、马、猪、羊、驴五种母畜。这样看来，育养母畜是快速致富的窍门。

《礼记·月令》说："三月……让累牛、腾马与母畜交配，把母畜放到公母合群的牧场中去。"〔郑玄注解说：〕"累、腾都是公畜爬配的名称，〔所以累牛就是公牛，腾马就是公马）。这个月进行牛马交配。""五月……牧放母马单独成群，把公马拴系起来。"注解说："母马已经怀孕，不再发情，但是〔公〕马的冲动还会有的，恐怕它踢伤或咬伤母马和胎儿〔，所以要拴起来）。""十一月……牛、马和其他家畜，如果还有放任着在外面的，任何人都可以收去，不算犯法。"注解说："《王居明堂礼》就说过：'十月命令农家必须收聚积蓄完毕，把牛马全都收回来拴着。'"

凡驴、马初生出的小驹子，忌灰气；碰上新出炉的灰，就会死。已经被雨淋过的灰，不忌。

马[1]：头为王，欲得方；目为丞相，欲得光；脊为将军，欲得强；腹胁为城郭，欲得张；四下为令，欲得长。

凡相马之法，先除"三羸"、"五驽"，乃相其余。大头小颈，一羸；弱脊大腹，二羸；小胫大蹄，三羸。大头缓耳，一驽；长颈不折，二驽；短上长下，三驽；大髂枯价切短胁[2]，四驽；浅髋薄髀[3]，五驽。

骟马、骊肩、鹿毛、□马^[4]、骒、骆马，皆善马也。

马生堕地无毛，行千里。溺举一脚，行五百里。

相马五藏法^[5]：肝欲得小；耳小则肝小，肝小则识人意。肺欲得大；鼻大则肺大，肺大则能奔。心欲得大；目大则心大，心大则猛利不惊，目四满则朝暮健。肾欲得小^[6]。肠欲得厚且长，肠厚则腹下广方而平。脾欲得小；嗛腹小则脾小^[7]，脾小则易养。

望之大，就之小，筋马也；望之小，就之大，肉马也：皆可乘致。致瘦欲得见其肉，谓前肩守肉^[8]。致肥欲得见其骨。骨谓头颅。^[9]

马，龙颅突目，平脊大腹，䏶重有肉^[10]：此三事备者，亦千里马也。

【注释】

〔1〕"马"这条和下面"三赢五驽"条，与《初学记》卷二九及《御览》卷八九六引《伯乐相马经》文基本相同；《御览》所引还有下面的"马生堕地无毛"条。《要术》下文相马眼、耳、鼻、口等文，亦错见于二书所引《伯乐相马经》。启愉按：《要术》所载相马文，颇为繁琐、零乱，重复既多，也间有出入，与他篇大异。"马"这条以下大致是总论性的整体相马法，"'水火'欲得分"以下则分相各部位。但这部分分相法又与下文"相马从头始"以下的分相法重出，而后者特详，反映各成系列，其来源不同，特别是后者迷信白章和旋毛，而前者无一字涉及。再下面"久步则生筋劳"以下，则又回头讲役用法和饲养法。《伯乐相马经》是托伪之书，《世说新语·德行》"庾公（亮）乘马有'的卢'"下南朝梁刘孝标注引到该书，其说与《要术》的"的颅"白章说相同。《隋书·经籍志三》五行类著录《相马经》一卷"下注云，梁有《伯乐相马经》二卷，亡。《旧唐书·经籍志下》农家类著录"《相马经》一卷，伯乐撰"，则伯乐书在唐开元间征集遗书时又有征得。奇怪的是：《要术》最可贵的特点是引书都标明出处，可就是本篇没有一处标明出处，虽然那时有《伯乐相马经》，也有宁戚、王良、高堂隆三种《相牛经》，似乎贾氏根本没有看到或根本没有用它们，否则大量资料不会不标明出处。从本篇资料的繁杂交错看来，怀疑其中大部分是后人插进去的。《相马经》最初只一二卷，可到隋代诸葛颖等的《相马经》，猛增至六十卷，只相马一项，"浩瀚"如此，诸葛颖曾任隋炀帝时著作郎，其为汇录各家相马之说，可想而知，而庞然芜杂，在所难免。想不到本篇也是这样繁杂无章，恐怕贾氏不致如此。

〔2〕髂（qià）：髂骨，即腰下胯部的侧骨。

〔3〕髋（kuān）：髋骨，通称胯骨。　　髀（bì）：股部，大腿骨。

〔4〕此处脱文，金抄等空一格，湖湘本等空两格。

〔5〕此条及下面"望之大，就之小"条，《司牧安骥集》（简称《安骥集》）及《元亨疗马集》（简称《疗马集》）并引为《王良先师天地五脏论》文，除个别不起作用字眼外，文句全同，是后人假托"王良先师"的。

〔6〕本段就内脏和外形的互相联系和制约立论，但"肾欲得小"，无下文，与相肝、心、脾、肺四脏不相称，五脏实缺其一，又插进六腑的"肠"，疑有窜乱脱误。可《王良先师》文跟《要术》一样，殊为可疑。

〔7〕臁（qiǎn）：腰软窝，又名软肚。

〔8〕"前肩守肉"，各本同，《安骥集》、《疗马集》引《王良先师》文作"前肩府肉"。"守"、"府"都对"四下为令"而言，字异实同，这里指肩部肌肉。

〔9〕本条三"致"字，各本同。后二者通"至"（《疗马集》引《王良先师》即作"至"），仍其旧。至于"乘致"，是"乘传致远"的省词，《疗马集》引无"致"字，于义为疏。

〔10〕龙颅：形容额部大而隆起，同时骨突明显。　　突目：眼要略微突出些，首先必须眼球充盈于眼窝，但不要求过分突出，成为凶相。头和眼是马体的主宰，这样的外形是良马的必要条件。　　平脊大腹：腹大而脊平，表现背腰强抗有力，腹部满实而不下垂。　　脏（bì）重有肉：脏，大腿。臀股部肌肉发达，骨头壮实，则后躯推进有力。头、中躯和后躯构成马体的三大主要部分，这里合三者的良形于一马，所以符合骏马的条件。

【译文】

马的总要求：头是王，要求方；眼是丞相，要求有光；背椎、腰椎是将军，要求坚强有力；胸腹部是城郭，要求〔充实〕开张；四肢是地方官，要求相应地长〔而有力〕。

〔上面从总的方面肯定了良马的外形，现在还要进一步用失格淘汰法〕来鉴定马匹，必须先把"三羸"、"五驽"的劣马除掉，然后再相其余的马。头大颈子细，〔无力支持头部，〕这是第一种羸；腰背部瘦弱，而腹部却膨大，〔更加重了自身负担，〕这是第二种羸；管部细小，而四蹄过大，〔必使四腿举步沉重，〕这是第三种羸。头大，耳朵却弛缓不耸立，这是第一种驽相；头颈长长的没有适度的弯曲，这是第二种驽相；躯干短，而四肢长，〔发育不完全，〕这是第三种驽相；腰椎长，而胁肋短，〔胸廓不发达，难得快跑和持久，〕这是第四种驽相；髋部狭窄，股部瘠薄，〔臀股部骨肉发育不良，推进之力怯弱，〕这是第五种驽相。

〔赤毛黑鬣的〕骝(liú)马,〔肩部毛黑色的〕骊(lí)肩马,〔毛色褐黄的〕鹿毛马,□马,〔青黑毛中夹杂着灰白色的〕骓(tuó)马,〔白马黑鬣的〕骆马,都是好马。

马生下来没有毛的,一天行一千里。撒尿时抬起一只脚的,一天行五百里。

相马五脏的方法:肝要求小;耳朵小肝就小,肝小就知晓人意。肺要求大;鼻子大肺就大,肺大就善于奔跑。心要求大;眼大心就大,心大就勇猛不受惊吓,眼球充满、神采焕发,可以从早到晚健走有力。外肾要求小……(?)肠要求厚而且长,肠厚腹部下面就宽舒平正。脾要求小;腰软窝儿小脾就小,脾小就容易饲养。

远看大,近看小,这是"筋马";远看小,近看大,这是"肉马":都可以骑乘走远路。马再瘦,也得见到一定部位的肉;肉指肩胳部的肌肉。马再肥,也得见到一定部位的骨。骨指头颅骨突现。

马,如果龙颅突目,腹大背脊平,臀股部肌肉发达、骨头壮实:这三种条件都具备的,也是千里马。

"水火"欲得分[1]。"水火",在鼻两孔间也。上唇欲急而方,口中欲得红而有光:此马千里。马,上齿欲钩,钩则寿;下齿欲锯,锯则怒。颔下欲深。下唇欲缓。牙欲去齿一寸,则四百里;牙剑锋,则千里。"嗣骨"欲廉如织杼而阔,又欲长。颊下侧小骨是[2]。目欲满而泽;眶欲小,上欲弓曲,下欲直。"素"中欲廉而张。"素",鼻孔上。

"阴中"欲得平。股下。"主人"欲小[3]。股里上近前也。"阳里"欲高[4],则怒。股中上近"主人"。

额欲方而平。"八肉"欲大而明。耳下。"玄中"欲深。耳下近牙。耳欲小而锐,如削筒,相去欲促。鬐欲戴;"中骨"高三寸。鬐中骨也。"易骨"欲直。眼下直下骨也。颊欲开,尺长[5]。

膺下欲广一尺以上,名曰"挟一作扶尺",能久走。"鞅"欲方。颊前[6]。喉欲曲而深。胸欲直而出。髀间前向。"凫"间欲开,望视之如双凫[7]。

颈骨欲大,肉次之。鬐欲桎而厚且折;"季毛"欲长多覆,肝肺无病。发后毛是也。

背欲短而方,脊欲大而抗。胸筋欲大,夹脊筋也。"飞凫"见者怒[8]。膂后筋也。

"三府"欲齐。两髂及中骨也。尻欲颓而方。尾欲减,本欲大。

胁肋欲大而洼,名曰"上渠",能久走[9]。

"龙翅"欲广而长。"升肉"欲大而明。髀外肉也。"辅肉"欲大而明。前脚下肉。

腹欲充,腔欲小。腔,𦟛。"季肋"欲张。短肋。

"悬薄"欲厚而缓,脚胫。"虎口"欲开。股内[10]。

腹下欲平满,善走,名曰"下渠",日三百里。

"阳肉"欲上而高起。髀外近前。髋欲广厚。"汗沟"欲深明[11]。"直肉"欲方,能久走。髀后肉也。"输一作翰鼠"欲方。"直肉"下也。"䏶肉"欲急。髀里也。"间筋"欲急短而减,善细走。"输鼠"下筋。

"机骨"欲举,上曲如悬匡[12]。马头欲高[13]。

"距骨"欲出前。"间骨"欲出前,后目[14]。外凫,临蹄骨也。

"附蝉"欲大。前后目。夜眼[15]。

股欲薄而博,善能走。后髀前骨[16]。

臂欲长,而膝本欲起,有力。前脚膝上向前。肘腋欲开,能走。膝欲方而庳。髀骨欲短。两肩骨欲深,名曰"前渠",怒。

蹄欲厚三寸,硬如石,下欲深而明,其后开如鹞翼,能久走。

【注释】

〔1〕自本条至末了"蹄欲厚三寸,硬如石"条止,所谓"马援《铜马相法》",错见于此中各条。《后汉书·马援传》唐李贤注引有《铜马相法》,录其全文,以资参比:"水火欲分明。水火,在鼻两孔间也。上唇欲急而方,口中欲红而有光:此千里马。额下欲深。下唇欲缓。牙欲前向。牙欲去齿一寸,则四百里;牙剑锋,则千里。目欲满而泽。腹欲充,𦟛欲小。季肋欲长。悬薄欲厚而缓。悬薄,股也。腹下欲平满。汗沟欲深长。而膝本欲起。肘腋欲开。膝欲方。蹄欲厚三

寸，坚如石。”与《要术》所记稍有异文，而详略大不相同。但可以看出二者有相承袭的关系，不过无从推测是谁承袭谁。

〔2〕两宋本作“侧小骨”，湖湘本作“侧八骨”。侧八骨可以指辅车骨。

〔3〕主人：日译本推测是阴茎。

〔4〕阳里：日译本推测是睾丸。

〔5〕“颊欲开，尺长”，各本同。《安骥集》及《疗马集·相良马论》均无“尺长”二字。《御览》卷八九六引马援《铜马相法》亦无此二字而径连下文作“颊欲开而膺下欲广一尺以上”，“而”下应脱“长”字，则《要术》“尺长”应是“而长”之误，应以“颊欲开而长”为句。又，《御览》引《铜马相法》比李贤所引多有增益。

〔6〕“颊前”，各本同；《御览》引《铜马相法》作“颈前”。按：“鞅”原是马颈上革带，应以作“颈前”为是。

〔7〕双凫（fú）：形容胸前两侧上端肌肉部分，向上隆起像伏着的一对野鸭，其肌肉十分发达，因即名此部为“双凫”。此部为颈动静脉的径路，也是中兽医诊脉的部位。

〔8〕背长肌等肌群肌肉发达，配合强抗有力的脊柱，更使背腰部强厚有劲，加之腰椎、荐椎两侧的肌肉也发达隆起如凫，全躯更加强劲饱满，悍威洋溢（“怒”）。

〔9〕就胸部外形宽度说，要求宽广，上文称为“挟尺”；就内部空腔说，要求大而洼，这里称为“上渠”。虽然宽胸难能要求高速，但有持久力，则二者相符应。

〔10〕金抄、明抄作“股内”，他本及《相良马论》作“股肉”。按：“‘虎口’欲开”，相当于现代外形学上所说的股间宜有空隙，应作“股内”。上文“脚胫”，《铜马相法》作“股也”，此与“虎口”同指股部，似宜作“股也”。

〔11〕汗沟：位于股胫的后方及臀端处，主要由于半膜样肌与股二头肌的发达，而形成二肌之间的浅沟。

〔12〕机骨：指上眶骨。“如悬匡”，匡即“眶”字，也是“筐”的本字，眼眶所以容纳和保护眼球，如筐之容物。

〔13〕“马头”，各本同。后文有“乌头欲高”，注：“后足外节”，指飞节。“马头”应是“乌头”之误。

〔14〕金抄作“前，后目”，他本作“前，后曰”。按：“前后目”即“夜眼”，但在这里没有下文，《观象庐丛书》本《要术》改为“前后白”，读成“间骨欲出前，后白”，则认为“间骨”是指系部，系部在向后突出的距（即上文“距骨”）和蹄之间，后部呈凹形，则改“白”可以解释，也不和下面的“前后目”重叠。这样，“外凫，临蹄骨也”的注文，可勉强解释“间骨”又名“外凫”，是靠到蹄部的骨。

〔15〕"前后目。夜眼。"各本同。按:"附蝉"之名,现代外形学上仍在沿用,即群众所称的"夜眼"。附蝉前后肢都有,故称"前后目",则"前后目"也应是注"附蝉"的注文,被误作大字正文。又,自"距骨欲出前"至"夜眼"全段,《相良马论》所记相同,跟着《要术》错脱,跟《王良先师》一样,错脱都是《要术》的一个样板,不能不使人怀疑它们是承袭《要术》的。

〔16〕"后髀前骨",《相良马论》仅采"股欲薄而博"的正文,不采此注。

【译文】

"水火"要分明。水火在两个鼻孔中间。上唇要紧密有力,口腔里面要现红色而有光:这样的马是千里马。马,上面的切齿齿弓要稍微向里面钩曲,钩曲的就长寿;下面的切齿要锐利,锐利的就强悍有力。颔凹要深。下唇要弛缓〔,富于收缩性〕。犬齿和切齿之间的相隔要有一寸宽,这样的马,日行四百里;犬齿像剑锋的,日行千里。"嗣骨"要像织布梭子一样有棱而阔,又要长。嗣骨是两颊下面侧边的小骨。眼球要充盈眼窝,眼珠要有光彩而明澈;眼眶要小,眶的上缘要有一定的弓曲度,下缘的弓曲要比上缘小,比较直些。"素"的中部要比较狭,下部要开张。素,在两鼻孔上面〔,就是鼻梁〕。

"阴中"要平。阴中在股下面。"主人"要小。主人在股里面向上近前方的地方。"阳里"要高,高就强悍有力。阳里在股里面,上面接近主人。

前额要宽而平。"八肉"要大而明显。八肉是耳后面的项肌部。"玄中"要深。玄中在耳下面近牙齿的地方。马耳要短小,上端尖锐,像斜削的竹筒样子,两耳要凑近些。鬃毛〔保护头盖〕,要像戴帽子一样盖着;"中骨"要有三寸高。中骨是鬃中的骨〔,就是第二颈椎骨〕。"易骨"要直。易骨是眼下面直下的骨。颊要向后宽开〔而〕长。

前胸下部要求宽广达到一尺以上,名为"挟(一作扶)尺",行走有持久力。"鞅"要宽满。鞅在颈前。喉要弯曲要深。胸部要平而稍为突出。前髀之间向前的地方〔,就是前胸〕。两"凫"的肌肉要隆起,看上去像双凫。

颈椎骨要发达,肉不要过分厚重。鬣毛要厚密,要曲折;"季毛"要长而多有覆盖,肝肺就没有毛病。季毛是鬣后面的毛〔,就是鬐甲毛〕。

背脊要短而平广,而脊椎要大,则强抗有力。脢(méi)的肌肉要发达,脢肌指背脊两侧的背长肌。"飞凫"明显的,慓悍奋发有力。飞凫是腰椎、荐椎两侧的肌肉。

"三府"要基本齐平。三府指两边的髋骨和中间的荐椎骨。尻(kāo)部要稍为倾斜而肌肉要宽厚。尾要短些,但尾根要粗大。

胁肋构成的胸廓要大而洼,名为"上渠",能有持久力。

"龙翅"要宽广而长。"升肉"要大而明显。升肉是后股外的肌肉。"辅肉"要大而明显。辅肉是前脚下面的肉。

腹部要充实,腔要小。腔指腰软窝儿〔软窝儿小则腰短,腰短就有力〕。"季肋"要开张。季肋是短肋〔就是假肋〕。

"悬薄"要厚而舒缓,悬薄是指后股。"虎口"要开。虎口指股间〔宜有空隙〕。

腹部下面要平满,善能久走,名为"下渠",日行三百里。

"阳肉"要向上面高起。阳肉是后股外靠前面的肌肉。后股肌肉要广而厚。"汗沟"要深而明显。"直肉"要发达充实,跑起来能有持久力。直肉是后股后面的肌肉。"输(一作翰)鼠"要发达充实。输鼠是"直肉"下部的肌肉。"朒(nà)肉"要紧实。朒肉是后股里面的肌肉。"间筋"要紧要短而有收缩力,善能小跑步。间筋是"输鼠"下面的肌肉。

"机骨"要高起,向上面弯曲成弓形,装着眼球。〔乌〕头要高。

"距骨"要向外面突出。"间骨"要向前面斜出,后部〔呈凹形〕。〔又名〕外兔,是靠近蹄的骨。

"附蝉"要大。附蝉即"前后目",就是"夜眼"。

股要薄而宽广,善能久走。指后股前面的骨。

前膊要长,而膝骨要突起,这样,有力量。前膊在前脚膝骨之上向外的部位。肘内侧的腋窝要离空些,〔不致压迫胸部,〕能行走有劲。膝骨要方而不露角。股骨要短。两肩骨要深,称为"前渠",就奋猛有力。

蹄要有三寸厚,像石头一样坚硬,蹄底要有适度的穿窿,蹄叉也显明,后方要岔开像鹞翼的形状,〔富于弹性,有利于运动,〕这样,能有持久力。

相马从头始:

头欲得高峻,如削成。头欲重,宜少肉,如剥兔头。"寿骨"欲得大,如绵絮苞圭石。"寿骨"者,发所生处也。白从额上入口,名"俞膺"(1),一名"的颅",奴乘客死,主乘弃市,大凶马也。

马眼欲得高,眶欲得端正,骨欲得成三角,睛欲得如悬铃,紫艳光。目不四满,下唇急,不爱人;又浅,不健食(2)。目中缕贯瞳子者，五百里；下上彻者，千里。睫乱者伤人。目小而多白，畏惊。瞳子前后肉不满，皆凶恶。若旋毛眼眶上，寿四十年；值眶骨中，三十年；值中眶下，十八年；在目下者，不借。睛却转后白不见者，喜旋而不前。目睛欲得黄，目欲大而光，目皮欲得厚。目上白中有横筋，五百里；上下彻者千里。目中白缕者，老马子。目赤，睫乱，啮人。反睫者，善奔，伤人。目下有横毛，不利人。目中有"火"字者，寿四十年。目偏长一寸，三百里。目欲长大。旋毛在目下，名曰"承泣"，不利人。目中五采尽具，五百里，寿九十年。良，多赤，血气也；驽，多青，肝气也；走，多黄，肠气也；材知，多白，骨气也；材□[3]，多黑，肾气也。驽，用策乃使也。白马黑目[4]，不利人。目多白，却视有态，畏物喜惊。

马耳欲得相近而前竖，小而厚。□一寸[5]，三百里；三寸，千里。耳欲得小而前竦。耳欲得短，杀者良，植者驽，小而长者亦驽。耳欲得小而促，状如斩竹筒。耳方者千里；如斩筒，七百里；如鸡距者，五百里。

鼻孔欲得大。鼻头文如"王"、"火"字，欲得明。鼻上文如"王"、"公"，五十岁；如"火"，四十岁；如"天"，三十岁；如"小"，二十岁；如"今"，十八岁；如"四"，八岁；如"宅"，七岁。鼻如"水"文，二十岁。鼻欲得广而方。

唇不覆齿，少食。上唇欲得急，下唇欲得缓。上唇欲得方，下唇欲得厚而多理，故曰："唇如板鞋[6]，御者嗁。"黄马白喙，不利人。

口中色欲得红白如火光，为善材，多气，良且寿。即黑不鲜明，上盘不通明，为恶材，少气，不寿。一曰：相马气：发口中，欲见红白色，如穴中看火，此皆老寿。一曰：口欲正赤，上理文欲使通直，勿令断错；口中青者，三十岁；如虹腹下[7]，皆不尽寿，驹齿死矣。口吻欲得长。口中色欲得鲜好。

旋毛在吻后为"衔祸"，不利人。

"刺刍"欲竟骨端[8]。"刺刍"者，齿间肉。

齿，左右蹉不相当，难御⁽⁹⁾。齿不周密，不久疾；不满不厚，不能久走。

一岁，上下生乳齿各二。二岁，上下生齿各四。三岁，上下生齿各六。

四岁，上下生成齿二。成齿，皆背三入四方生也。五岁，上下着成齿四。六岁，上下着成齿六。两厢黄，生区⁽¹⁰⁾，受麻子也。

七岁，上下齿两边黄，各缺区，平受米。八岁，上下尽区如一，受麦。

九岁，下中央两齿臼，受米。十岁，下中央四齿臼。十一岁，下六齿尽臼。

十二岁，下中央两齿平。十三岁，下中央四齿平。十四岁，下中央六齿平。

十五岁，上中央两齿臼。十六岁，上中央四齿臼。若看上齿，依下齿次第看。十七岁，上中央六齿皆臼。

十八岁，上中央两齿平。十九岁，上中央四齿平。二十岁，上下中央六齿平⁽¹¹⁾。

二十一岁，下中央两齿黄。二十二岁，下中央四齿黄。二十三岁，下中央六齿尽黄。

二十四岁，上中央二齿黄。二十五岁，上中央四齿黄。二十六岁，上中齿尽黄。

二十七岁，下中二齿臼。二十八岁，下中四齿臼。二十九岁，下中尽臼。

三十岁，上中央二齿臼。三十一岁，上中央四齿臼。三十二岁，上中尽臼。

颈欲得𩨂而长⁽¹²⁾，颈欲得重。颔欲折。胸欲出，臆欲广。颈项欲厚而强。回毛在颈，不利人。白马黑髦，不利人。

肩肉欲宁。宁者，却也⁽¹³⁾。"双凫"欲大而上。"双凫"，胸两边肉如凫。

脊背欲得平而广，能负重；背欲得平而方。鞍下有回毛，名"负尸"，不利人。

从后数其肋肋[14]：得十者良。凡马：十一者，二百里；十二者，千里；过十三者，天马，万乃有一耳。一云：十三肋五百里，十五肋千里也。

腋下有回毛，名曰“挟尸”，不利人。左胁有白毛直上，名曰“带刀”，不利人。

腹下欲平，有“八”字；腹下毛，欲前向。腹欲大而垂结，脉欲多；“大道筋”欲大而直。“大道筋”，从腋下抵股者是。腹下阴前，两边生逆毛入腹带者，行千里；一尺者，五百里。

“三封”欲得齐如一。“三封”者，即尻上三骨也。尾骨欲高而垂；尾本欲大，欲高；尾下欲无毛。“汗沟”欲得深。尻欲多肉。茎欲得粗大。

蹄欲得厚而大。踠欲得细而促[15]。

髂骨欲得大而长。

尾本欲大而强。

膝骨欲圆而张，大如杯盂。

“沟”，上通尾本者，蹋杀人。

马有双脚“胫亭”[16]，行六百里。回毛起踠膝是也[17]。

䏶欲得圆而厚，里肉生焉。

后脚欲曲而立[18]。

臂欲大而短。

骸欲小而长[19]。

踠欲促而大，其间才容靬[20]。

“乌头”欲高。“乌头”，后足外节[21]。后足“辅骨”欲大。“辅足骨”者[22]，后足骸之后骨。

后左右足白，不利人。白马四足黑，不利人。黄马白喙，不利人。后左右足白，杀妇。

相马视其四蹄：后两足白，老马子；前两足白，驹马子。白毛者，老马也。

四蹄欲厚且大。四蹄颠倒若竖履，奴乘客死，主乘弃市，不可畜。

【注释】

〔1〕"俞膺"，《世说新语·德行》刘孝标注引《伯乐相马经》作"榆雁"，《御览》卷八九六引同书作"榆写"。

〔2〕"目不四满……不健食"，《相良马论》作："目不四满，上睑急，下睑浅，不健食。"

〔3〕"材"下南宋系统本空一格，金抄加一小圈，表明有脱字。此脱字疑即上文"材知"的"知"字（通"智"），却被上窜，而这里又误衍了个"材"字。其实这两句应是"材，多白"，"知，多黑"。

〔4〕一般的马，其睛体色素深时多呈黑色，而某些良种马则多呈鲜艳的浅紫色。白马由于在整个有机体内色素少，因此目睛基本上都是黄或紫色，极少黑色。这里白马黑睛，不利人，古人以异常现象为不祥的说法是很多的。

〔5〕"厚"下各本径接"一寸"，仅金抄空一格，表明有脱字。按："一寸三百里，三寸千里"，无论指耳翼的厚度还是耳根的直径，都讲不通，如果指耳的长度，尤其和"耳欲得短"牴牾。《相良马论》称："耳三寸者三百里，一寸者千里。"这才是指耳长。《御览》卷八九六引《伯乐相马经》，此脱字作"雍"，通"壅"，即有物壅起。《多能鄙事》卷七《相马法》记载："耳本下生角一寸，三百里；三寸，行千里。"所谓"雍"，原指耳根下有凸肉或有某骨凸起，后来索性变成"角"，无论所说是否合理，说明《要术》有脱字，故从金抄空格。

〔6〕鞮（dī）：兽皮做的鞋。

〔7〕"如虹腹下"，各本同，不可解。有人解释为虹腹下面带紫的暗灰色。但"口中青者"尚三十岁，黑者才是"不寿"，暗灰色与驹子时就夭折的最坏的口腔色泽不合。《安骥集》所载《相良马论》几乎全同《要术》，"如虹腹下"这条，该书就没有采收。本书存疑待考。

〔8〕刺刍：指牙龈。　骨：指齿。这是说齿槽要深，露出齿冠要低，则牙龈充实，着齿坚固。

〔9〕齿，不管前后左右怎样错开，最终必使上齿与下齿不相密合，即所谓"蹉齿"。这样，势必影响受辔，所以难于驾驭。齿是骨骼系统的一部分，齿的发育不良，出现咬合不紧密，稀疏不厚实，同时可为骨骼发育不健全的表征，则咀嚼不良，影响消化，营养必差，都可以影响马匹的速力与持久力。

〔10〕区（ōu）：沟穴。

〔11〕两宋本均作"上下"，湖湘本"下"字空白一格，《津逮》本、《学津》本不空，只一"上"字。按：此指到二十岁上下六齿齿坎都磨平，照二十六岁、三十二岁例，《津逮》本等省去"下"字也可以。

〔12〕腽（hùn）：圆而长。

〔13〕宁：作宁耐解释。　却：是拒却，不是退却，就是能抗得住重荷。所

以这里是指肩部肌肉发达结实,能吃重驮东西。

〔14〕此条《四时纂要·三月》引《马经》有不同,是:"……数其肋骨,得十茎,凡马;十一者,五百里;十三者,千里也。"过十三者,天马也。"《多能鄙事》同《四时纂要》)。据记载,肋骨以多为良,十肋是"凡马",不是"良"马,《要术》"良"字衍,"二百里"应作"五百里",全条应作:"得十者凡马;十一者,五百里……"

〔15〕踠:踠部,此指球节。下文同指。球节上连管骨,下接系部。对管骨说,要细而紧促;对系部说,要紧促而大。

〔16〕胫亭:是踠膝处旋毛的名称。

〔17〕"回毛起踠膝是也",应是注文,《相良马论》正作注文,列"六百里"下。踠膝,指后肢膝部(与球节的踠部不同)。

〔18〕后脚欲曲:后脚要适度弯曲。此指飞节,即后肢的胫的斜度对飞节构成一定的角度。但不要求过分弯曲,成为不良的曲飞节,而要求下方挺立,恰好是良形。

〔19〕骸:指胫骨,在这里是指管骨。管骨不应很细长,而是四肢下半段干燥,看起来比较细长。对骑乘马要求管部较细而干燥,有些地区称为"干腿",即指此。

〔20〕靽(bàn):套在马后的皮带。

〔21〕乌头:指飞端及飞节,就是后脚向后面突出的"节"。其前方就是《良马相图》所称的"曲池",现在群众称为"大弯"。

〔22〕"辅足骨",各本同,"足"当是衍文,《疗马集》即无"足"字。

【译文】

相马从头部开始:

头要高峻,骨突显明,像用刀削成的样子。头要重,但肉要少,峻削,像剥了皮的兔头。"寿骨"要大,像绵絮包着圭石。〔就是头皮要软,而额骨要坚硬如石。〕寿骨就是长着头发的额骨。白章从额上一直下来进入口中,这种马叫作"俞膺",又叫作"的颅",奴仆骑乘,死在外乡;主人骑乘,杀头弃市,是大大不吉利的凶马。

马眼要在高位,眼眶要对称端正,眼骨要成三角形,眼球要充满,像悬铃而有紫艳光。眼球四面不充盈于眼眶,下唇紧巴巴不松弛,这马不会爱护人;口角又浅又小,不利于采食。眼中有一条"缕"贯穿着瞳孔的,日行五百里;从上到下一直贯通的,日行千里。睫毛乱的,容易伤人。眼乌珠小,而巩膜过于发达呈现多白的马,胆小多惊。

瞳孔前后的肉不充盈，凹陷，都是凶恶相。如果旋毛在眼眶上面的，这马有四十年寿命；在眶骨正中的，有三十年寿命；在正中下面的，有十八年寿命；在眼睛下面的，寿命不长，很轻贱。眼珠转动时不见白，〔是角膜过于发达而呈现多黑，则珠大无光，视线不确，〕喜欢旋转着不肯向前走。眼珠要黄，眼睛要大而有光，眼皮要厚。上面的眼白中有横筋的，日行五百里；横筋贯彻到下面的，日行千里。眼中有"白缕"的，是老马子。眼发红，睫毛乱的，会咬人。睫毛翻进眼内的，喜欢奔跑，容易伤人。眼下面有横毛的，不利人。眼中有像"火"字形的，有四十年寿命。眼睑半边的长有一寸的，日行三百里。眼要长要大。眼下面有旋毛，名叫"承泣"，不利人。眼中五种色彩都具有的，日行五百里，有九十年寿命。良马，眼中多红色，是血气；驽马多青色，是肝气；善走的马多黄色，是肠气；有力的马多白色，是骨气；〔智慧的〕马多黑色，是肾气。驽马是要用鞭子才能役使的。白马黑睛，不利人。眼睛多白，回避却视，胆小害怕，很容易受惊。

马耳要彼此相近，要向前直竖，要小而厚。〔耳根后有物壅起〕一寸高，日行三百里；三寸高，日行千里。耳要小，要向前挺立。耳要短，像削成的尖锐形的，是良马；一样粗细耸立的，是驽马；小而长的也是驽马。耳要小而紧促，形状像斜削的竹筒。耳方的，日行千里；像斜削的竹筒的，七百里；像鸡距的，五百里。

鼻孔要大。鼻头上的纹理，像"王"字、"火"字的，要明显。纹理像"王"字、"公"字的，寿命五十岁；像"火"字的，四十岁；像"天"字的，三十岁；像"小"字的，二十岁；像"今"字的，十八岁；像"四"字的，八岁；像"宅"字的，七岁。鼻纹像"水"字的，寿命二十岁。鼻要宽广而方。

唇盖不住齿，〔有碍采食，〕所以吃得少。上唇要紧密，下唇要松弛。上唇要方，下唇要厚而多皱纹，〔富于收缩性，〕所以说："嘴唇像兽皮鞋那样薄，驾驭的人一定会哭。"黄马白嘴唇，不利人。

口黏膜的颜色要像火光一样，有红有白的，这是素质好的马，它多〔甘香的〕口气，是良马，而且长寿。如果是黑色，不鲜明，上腭沟纹不明显通顺，是素质恶劣的马，少〔甘香的〕口气，短寿早死。一说：相马的口气，扒开口，要看见里面有红白色，像从洞里看见火光一样，这是能够长寿到老的马。又一说：口黏膜要现正红色，上腭沟纹要通直整齐，不能错乱断绝；口中青色的，三十岁；如虹腹下的颜色的（？），都不能尽寿，而在驹子时就死了。口吻要长〔，利于采食〕。口黏膜颜色要鲜明红润。

口吻后面有旋毛，名为"衔祸"，对人不利。

"刺刍"要尽量到达骨的下端。刺刍是齿间的肉。

齿，上下向一边错开，不相密合，难于驾驭。齿咬合不紧密，不能长久快跑；不满不厚实，奔跑没有持久力。

马一岁，上下各长出两个乳齿。二岁，上下各长出四个乳齿。三岁，上下各长出六个乳齿。

四岁，上下各生出两个成齿。成齿都是过三岁进入四岁才生出的。五岁，上下各生出四个成齿。六岁，上下各生出六个成齿。这时两边的齿，齿质开始现黄色，形成齿坎，可以受纳麻子。

七岁，上下两边的齿呈现黄色，各自的齿坎都磨失，可以平平地受米。八岁，上下两边的齿都出现齿坎，可以受纳麦子。

九岁，下面中央的两个齿，齿面成臼形，可以受米。十岁，下面中央四个齿成臼形。十一岁，下面中央六个齿全都成臼形。

十二岁，下面中央的两个齿，齿面磨平了。十三岁，下面中央的四个齿磨平了。十四岁，下面中央的六个齿都磨平了。

十五岁，上面中央的两个齿，齿面成臼形。十六岁，上面中央的四个齿成臼形。看上面的齿，依照上文看下面的齿的次序看。十七岁，上面中央的六个齿都成臼形。

十八岁，上面中央的两个齿磨平了。十九岁，上面中央的四个齿磨平了。二十岁，上面和下面中央的六个齿全都磨平了。

二十一岁，下面中央的两个齿呈现黄色。二十二岁，下面中央的四个齿呈现黄色。二十三岁，下面中央的六个齿都呈现黄色。

二十四岁，上面中央的两个齿呈黄色。二十五岁，上面中央的四个齿呈黄色。二十六岁，上面中央的六个齿都呈黄色。

二十七岁，下面中央的两个齿呈白色。二十八岁，下面中央的四个齿呈白色。二十九岁，下面中央的六个齿全都白色。

三十岁，上面中央的两个齿呈白色。三十一岁，上面中央的四个齿呈白色。三十二岁，上面中央的六个齿全都白色。

马颈要圆而长，要厚重。颔凹要深。胸部要稍为突出，胸前的上方要开广。颈项部要厚而悍强。颈上有旋毛，对人不利。白马黑鬃，对人不利。

肩部的肌肉要宁。宁，是却的意思〔，就是能抗得住〕。"双凫"要大而向上隆起。双凫是胸的两侧像野兔那样伏着的肌肉。

背脊要平而宽广，就能够负重；背要平要广。鞍下有旋毛，名为"负尸"，不利人。

从后面数马的肋骨：有十条的，是普通的马；十一条的，日行二百里；十二条的，日行千里；超过十三条的，是天马，一万匹中也许遇到一匹。一说：十三肋的日行五百里，十五肋的日行千里。

腋下有旋毛，名为"挟尸"，不利人。左胁下有一道白毛一直向上长的，名为"带刀"，不利人。

腹的下部要平满，有"八"字纹；腹下部的毛要向前倾。腹部要大而稍微垂曲，要结实饱满，〔腹壁皮下的静〕脉要多；"大道筋"要大而直。大道筋是从腋下一直到股间的肌肉〔，就是胸大肌和腹直肌等肌肉〕。公马腹部下面，阴茎前面，两边生逆毛伸到腹带下面的，日行千里；有一尺长的，日行五百里。

"三封"要基本齐平。三封是尻上的三块骨〔，就是两边的髋骨和中间的荐椎骨〕。尾骨要高而下垂；尾根要大要高〔，不致贴着会阴部〕；尾根下面不要有毛〔，不致擦伤肛门及阴门〕。"汗沟"要深。尻要多肉。阴茎要粗大。

蹄要厚而大。踠部要细而紧促。

髋骨要大而长。

尾根要大而强有力。

膝盖骨要圆而开张，像杯子的大小。

"汗沟"向上面通到尾基部的，会踢死人。

马的双脚有"胫亭"的，日行六百里。胫亭就是发生在踠膝处的旋毛。

后股要圆而厚实，股内侧肌要发达。

后脚要适度的弯曲，但下方要求挺立。

前臂要粗大，要短些。

管部要比较细长〔，看起来干燥〕。

踠部要紧促而大，中间仅仅容得下绊带。

"乌头"要高。乌头是后脚向后面突出的"节"。后脚的"辅骨"要大。辅骨是后脚胫后面的骨。

马，后面左右两脚白的，不利人。白马，四脚黑的，不利人。黄马白嘴唇,不利人。后面左右两脚白的,克杀妇人。

相马相它的四蹄:后两脚白的,是老马子;前两脚白的,是马驹子。白毛的,是老马。

四蹄要厚而且大。四蹄〔蹄底不着地,蹄穿外露〕,像倒竖着的履,奴仆骑乘,死在外乡;主人骑乘,杀头弃市,是养不得的。

久步即生筋劳;筋劳则"发蹄"[1],痛凌气。一曰:生骨则发痈肿。一曰:"发蹄",生痈也。[2]久立则发骨劳;骨劳即发痈肿。久汗不干则生皮劳;皮劳者,骧而不振[3]。汗未善燥而饲饮之,则生气劳;气劳者,即骧而不起[4]。驱驰无节,则生血劳;血劳则发强行[5]。

何以察"五劳"?终日驱驰,舍而视之:不骧者,筋劳也;骧而不时起者,骨劳也;起而不振者,皮劳也;振而不喷者,气劳也;喷而不溺者,血劳也。

筋劳者,两绊却行三十步而已。一曰:筋劳者,骧起而绊之,徐行三十里而已。骨劳者,令人牵之起,从后笞之起而已[6]。皮劳者,侠脊摩之热而已。气劳者,缓系之枥上,远馁草,喷而已。血劳者,高系,无饮食之,大溺而已。

饮食之节:食有"三刍",饮有"三时"。何谓也?一曰恶刍,二曰中刍,三曰善刍。善谓饥时与恶刍[7],饱时与善刍,引之令食,食常饱,则无不肥。刬草粗,虽足豆谷,亦不肥充;细刬无节,簁去土而食之者,令马肥[8],不啌(苦江反)[9],自然好矣。何谓"三时"?一曰朝饮,少之;二曰昼饮,则胸餍水;三曰暮,极饮之[10]。一曰:夏汗、冬寒,皆当节饮。谚曰:"旦起骑谷,日中骑水。"斯言旦饮须节水也。每饮食,令行骧则消水,小骧数百步亦佳。十日一放,令其陆梁舒展,令马硬实也。夏即不汗,冬即不寒;汗而极干。

饲父马令不斗法:多有父马者,别作一坊,多置槽厩;刬刍及谷豆,各自别安。唯着靰头,浪放不系。非直饮食遂性,舒适自在;至于粪溺,自然一处,不须扫除。干地眠卧,不湿不污。百匹群行,亦不斗也。

饲征马令硬实法:细刬刍,枚掷扬去叶[11],专取茎,和谷豆秫之。置槽于迥地[12]，虽复雪寒，勿令安厂下。一日一走，令其肉热，马则硬实，而耐寒苦也。

嬴：驴覆马生嬴[13]，则准常。以马覆驴，所生骡者，形容壮大，弥复胜马。然必选七八岁草驴，骨目正大者：母长则受驹，父大则子壮。草骡不产，产无不死。养草骡，常须防勿令杂群也。

驴[14]，大都类马，不复别起条端。

凡以猪槽饲马，以石灰泥马槽，马汗系着门：此三事，皆令马落驹。

《术》曰[15]："常系猕猴于马坊，令马不畏，辟恶，消百病也。"

【注释】

〔1〕"发蹄"，各本同，《疗马集·五劳七伤论》作"发'发蹄'"。"发蹄"是病名，《要术》脱一"发"字。本段所称"生"，指内因，即病根；"发"是外象，即症状。五劳均称"生"，独骨劳称"发"，怀疑这个"发"字原在"发蹄"上而窜入"骨劳"上，而原应作"生骨劳"的"生"字，却窜入注文作"一曰生骨……"

〔2〕这条注文，有脱衍。《疗马集·五劳七伤论》注文作："'发蹄'，谓毒气散于膈间，其痛凌气也。"解说正文很明白。《要术》注文"一曰生骨则发痈肿"，与正文毫不相干，又不可解，却错衍列于此处，而将"谓毒气散于膈间……"的原有注文挤跑。据此，"一曰生骨"云云显系错衍，这条正注文应是这样："筋劳则发'发蹄'，痛凌气。"注："谓毒气散于膈间，其痛凌气也。一曰'发蹄'，生痈也。"

〔3〕"骣而不振"，《疗马集·五劳七伤论》是："皮劳者……虽骣起而不振毛者是也。"据下段"起而不振者，皮劳也"，这里"骣"应作"起"，或作"骣起"。骣（zhàn），马躺在地上打滚。

〔4〕"骣而不起"，据下段是指"骨劳"，而"气劳"是"振而不喷"。《五劳七伤论》同此解释。《辑要》引《要术》作"骣而不喷"，"骣"显系"振"的形近之误，故此句应作"振而不喷"。

〔5〕强行：脚不停急走，狂走，东西乱走，猖狂乱撞等狂病。

〔6〕笞（chī）：用鞭子或竹板打。

〔7〕"善谓"，《辑要》引《要术》无"善"字，不应有，衍。

〔8〕草要铡得细，是养马的重要准则。今群众有"寸草铡三刀，无料也上膘"的农谚，其理相符。要根据牲口的饥饱情况分别给予粗、中、精三等的饲料。

饥饿时饲给粗料，所谓"饥不择食"，粗的吃口也好；饱时给予精料，诱使多吃些，就容易长得肥壮。

〔9〕哐（qiāng）：咳。

〔10〕早晨天气凉爽，水的消耗比较少，应该少喝水，否则使腹部胀满，不利于劳役。晚上，如果不让它尽情地喝水，不能满足它的生理需要，就会影响采食。中午，适量。夏天多汗，冬天冷，都应该节饮，如果暴饮冷水，会引起疝痛病。这些饲养原则都是合理的。"胸餍水"，《疗马集·腾驹牧养法》及《多能鄙事》卷七"养马法"均作："昼饮，则酌其中。""餍水"与"极饮"无别，"胸"应是"酌"字之误，"酌餍水"则有节制。

〔11〕杴（xiān）：即木杴，像锹而杴头较方阔，木制，是一种抄取和抛扬谷物的农具，也叫"扬铲"。抛扬谷物时利用高抛的力量使谷物散开，由于物体的重量不同，轻的糠秕之类飘扬在较远地方，而沉重的谷粒坠落在跟前，从而达到扬粗取精的目的。操作简便，但技术性颇强，北方少风车处常用之。《王氏农书》有图，不录。

〔12〕迥地：远处地方，一般释为远地即可。孟方平喜创为"新说"，说迥与"埛"通，是指旷野，但迥、埛相通，文献无证。又说原文"虽复雪寒，勿令安厂下"，是解放前辽东的无厩养马法。然而，"勿令安厂下"是指槽，不是指马，马每天走一趟去远槽就食，回来还是在厂棚里的，根本不是无厩养马，何况以现今的辽东强加于后魏的山东，其说尤其不可捉摸。

〔13〕蠃：即"骡"字。公驴配母马所生的叫作骡，古今解释相同；公马配母驴所生的，古时叫驶騠（jué tí），现在叫"驴骡"，就是驴生的骡。但《要术》称前者为"蠃"，称后者为"骡"，同一字分指二物，和一般不同，不知二字读音有无分别。驶騠个体比母本的驴大，和父本的马差不多，耐粗饲，适应性和抗病力强，挽力大，能持久，但和骡相比，还是要差些，可寿命最长。驴骡现在主要分布在华北农业区。

〔14〕"驴"下《辑要》引有"骡"字，应有。

〔15〕此《术》条原列在上文"落驹"下作注文，但与正文无关，今按篇末"《术》曰"例提行另列，并改为大字。

【译文】

马行走过久会生筋劳；筋劳的就〔发〕"发蹄"的病，痛得侵凌到心肺。〔注解说："发蹄"，是说毒气上冲膈膜，使心肺痛。〕一说："发蹄，是生痈疽。"站立过久会生骨劳；骨劳的就发痛肿的病。出汗很久不干会生皮劳；皮劳的卧地打滚〔起来后〕不抖毛。汗还没有干透就喂料喂水，会生气劳；气劳的〔抖毛而不喷气〕。奔驰过度会生血劳；血劳的就发"强行"的病。

怎样察知这"五劳"的病呢？整天奔驰之后，让它休息，观察它，就可以知道：不卧地打滚的，是筋劳；打滚而不按时起来的，是骨劳；起来后不抖毛的，是皮劳；抖毛而不喷气的，是气劳；喷气而不撒尿的，是血劳。

〔治疗五劳的方法：〕筋劳的，四肢分两边绑绊起来，强迫它退后走三十步，就好了。一说：筋劳的，〔强迫使〕打滚，起来后牵上，慢慢地走三十里，就好了。骨劳的，叫人牵它起来，或者从后面鞭打它，让它起来，就好了。皮劳的，夹着背脊两侧，摩擦使发热，就好了。气劳的，松松地系在槽上，远远地喂草，让它喷气，就好了。血劳的，系在高处，不给喂水喂草，让它大量撒尿，就好了。

饮食有一定的规律：食物有"三刍"，饮水有"三时"。怎样讲呢？"三刍"是：第一种叫恶刍，第二种叫中刍，第三种叫善刍。这是说饥时给恶刍吃，饱时给善刍吃，总要引诱它吃，常常吃得饱饱的，就没有不肥壮的。如果草铡得太粗，尽管豆子谷物喂得充足，也不会膘肥。把草铡得细细的，不要有节，把泥土筛干净，然后喂饲，马就长得膘肥体壮，又不会呛喉，自然很好了。怎样叫"三时"？第一时是"朝饮"，要少给水喝；第二时是"昼饮"，〔酌量着〕给喝够就行了；第三时是"暮饮"，让它尽量痛快地喝。一说：夏天出汗，冬天冷，都应该少喝水。谚语说："早晨骑谷，日中骑水。"这就是说早晨必须少喝水。每次饮食之后，让它小跑步一下，就容易消化，就是小跑几百步也是好的。闲着的马，十天放出一次，让它自由行走跳步，肌体舒展，马就硬实壮健。这样，夏天不出汗，冬天不怕冷；就是出汗，也很快就干。

养公马让它不争斗的方法：公马养得多的，该另外圈一块场地，在里面多作些厩棚，多放些食槽；铡碎的草和谷豆饲料，也各自分别安放。马只上鞁头，放任它们不拴系。这样，不但饮食顺遂它的性情，舒适自在；就是粪尿也自然拉在一定的地方，不需要到处跟着扫除。它们有干燥的地方眠卧，不潮湿，不污秽。就是一百匹成群行走，也不会争斗了。

养骑乘马使硬棒壮实的方法：把刍草铡细，用木杈抄草扬去轻浮的枯叶，专取沉重的茎秆，用来和上谷豆来喂马。把槽放在远处地方，即使下雪寒天，也不要放在厂屋下面。让马每天走一趟去远地就食，使肌体活动发热,得到了锻炼,马也就硬朗结实而耐寒苦了。

赢:公驴配母马所生的赢,是通常的。公马配母驴所生的"駃",身体壮大,比马还强。但必须选择七八岁的母驴,骨盆正大的,与公马交配。这样,母驴骨盆大了,容易受胎;公马大了,后代一定强壮。草騄没有生殖能力,就是生产了也没有不死的。所以养草騄,常常要防备着不让它和公畜杂群。

驴〔、騄〕的情况,大都跟马相似,所以不再另列条目记述。

凡用猪槽喂马,或者用石灰泥马槽,或者马出汗时系在门口:这三件事,有一件都可以使母马小产。

《术》说:"常常在马坊中系上一个猕猴,可以使马不畏惊,辟除邪恶,消除百病。"

治牛马病疫气方:取獭屎,煮以灌之。獭肉及肝弥良;不能得肉、肝,乃用屎耳。

治马患喉痹欲死方[1]:缠刀子露锋刃一寸,刺咽喉,令溃破即愈。不治,必死也。

治马黑汗方[2]:取燥马屎置瓦上,以人头乱发覆之,火烧马屎及发,令烟出,着马鼻上熏之,使烟入马鼻中,须臾即差也。

又方:取猪脊引脂、雄黄、乱发,凡三物,着马鼻下烧之,使烟入马鼻中,须臾即差。

马中热方:煮大豆及热饭啖马,三度,愈也。

治马汗凌方[3]:取美豉一升,好酒一升——夏着日中,冬则温热——浸豉使液,以手搦之[4],绞去滓,以汁灌口。汗出,则愈矣。

治马疥方:用雄黄、头发二物,以腊月猪脂煎之,令发消;以砖揩疥令赤,及热涂之,即愈也。

又方:汤洗疥,拭令干。煮面糊,热涂之,即愈也。

又方:烧柏脂涂之,良。

又方:研芥子涂之,差。六畜疥,悉愈。然柏沥、芥子,并是躁药,其遍体患疥者,宜历落斑驳,以渐涂之;待差,更涂余处。一日之中,顿涂遍体,则无不死。

治马中水方：取盐着两鼻中——各如鸡子黄许大，捉鼻，令马眼中泪出，乃止，良矣。

治马中谷方：手捉甲上长鬃，向上提之，令皮离肉，如此数过。以铍刀子刺空中皮，令突过。以手当刺孔，则有如风吹人手，则是谷气耳。令人溺上，又以盐涂，使人立乘数十步，即愈耳。

又方：取饧如鸡子大[5]，打碎，和草饲马，甚佳也。

又方：取麦蘖末三升，和谷饲马，亦良。

治马脚生附骨——不治者，入膝节，令马长跛——方[6]：取芥子，熟捣，如鸡子黄许[7]，取巴豆三枚[8]，去皮留脐，三枚亦熟捣[9]，以水和，令相着。和时用刀子，不尔破人手。当附骨上，拔去毛。骨外，融蜜蜡周匝拥之，不尔，恐药躁疮大。着蜡罢，以药傅骨上，取生布割两头，各作三道急裹之。骨小者一宿便尽，大者不过再宿。然要须数看，恐骨尽便伤好处。看附骨尽，取冷水净洗疮上，刮取车轴头脂作饼子，着疮上，还以净布急裹之。三四日，解去，即生毛而无瘢。此法甚良，大胜炙者。然疮未差，不得辄乘；若疮中出血，便成大病也。

治马被刺脚方：用矿麦和小儿哺涂[10]，即愈。

马炙疮：未差，不用令汗。疮白痂时，慎风。得差后，从意骑耳。

治马瘑蹄方[11]：以刀刺马踠丛毛中，使血出，愈。

又方：融羊脂涂疮上，以布裹之。

又方：取咸土两石许，以水淋取一石五斗，釜中煎取三二斗。剪去毛，以泔清净洗。干，以咸汁洗之。三度即愈。

又方：以汤净洗，燥拭之。嚼麻子涂之，以布帛裹。三度愈。若不断，用谷涂[12]。五六度即愈。

又方：剪去毛，以盐汤净洗，去痂，燥拭。于破瓦中煮人尿令沸，热涂之，即愈。

又方：以锯子割所患蹄头前正当中，斜割之，令上狭下阔，如锯齿形；去之，如剪箭括。向深一寸许，刀子摘令血出，色必黑，出五升许,解放,即差。

又方:先以酸泔清洗净,然后烂煮猪蹄取汁,及热洗之,差。

又方:取炊底釜汤净洗,以布拭令水尽。取黍米一升作稠粥,以故布广三四寸,长七八寸,以粥糊布上,厚裹蹄上疮处,以散麻缠之。三日,去之,即当差也。

又方:耕地中拾取禾茇东倒西倒者——若东西横地,取南倒北倒者,一垅取七科,三垅凡取二十一科,净洗,釜中煮取汁,色黑乃止。剪却毛,泔净洗,去痂,以禾茇汁热涂之,一上即愈。

又方:尿渍羊粪令液[13],取屋四角草,就上烧,令灰入钵中,研令熟。用泔洗蹄,以粪涂之。再三,愈。

又方:煮酸枣根,取汁净洗,讫。水和酒糟,毛袋盛,渍蹄没疮处。数度即愈也。

又方:净洗了,捣杏人和猪脂涂。四五上,即当愈。

治马大小便不通,眠起欲死,须急治之,不治,一日即死:以脂涂人手,探谷道中,去结屎。以盐内溺道中,须臾得溺,便当差也。

治马卒腹胀[14],眠卧欲死方:用冷水五升,盐二升[15],研盐令消,以灌口中,必愈。

治驴漏蹄方[16]:凿厚砖石,令容驴蹄,深二寸许。热烧砖,令热赤。削驴蹄,令出漏孔,以蹄顿着砖孔中,倾盐、酒、醋,令沸,浸之。牢捉勿令脚动。待砖冷,然后放之,即愈。入水、远行,悉不发。

【注释】

〔1〕喉痹:指咽喉部肿胀,致使呼吸困难,甚至窒息死亡;也有指咽喉麻痹的。刺破咽喉的疗法,对脓肿喉痹有效,对并发性的,尚需进行其他治疗。

〔2〕黑汗:现名日射病,即中暑热。烟熏法有加重肺充血、肺水肿的不良后果,现在早已不用于治疗黑汗病。

〔3〕汗凌:指正出汗时受风寒闭住了汗,即中兽医所称的"歇汗风",不是汗淋不止。

〔4〕搦（ruò）：捏，握持。

〔5〕饧（xíng）：糖块。

〔6〕生附骨：指附骨疽，其疽附着于骨成脓。所记治疗法适用于慢性骨膜炎，使其停止骨组织的增长。

〔7〕"许"下应脱"大"字。

〔8〕巴豆：大戟科的Croton tiglium。种子腹面的顶端有种脐。有大毒，功能破结通便，杀菌解毒。

〔9〕"三枚"，各本同，但重出，应是袭上文"取巴豆三枚"抄重了的。

〔10〕穬麦：今指元麦，即裸大麦。但在旧本草书上常指为皮大麦（即今通常所称的大麦），东汉末吴普《吴氏本草》、梁齐间陶弘景《名医别录》、唐苏敬《唐本草》、唐陈藏器《本草拾遗》等都这样指称。陈藏器的辨别法是："大麦是麦'米'，穬麦是麦'谷'。"就是说脱壳成"米"的是"大麦"，稃壳粘连不分离而成"谷"的是"穬麦"，实际仍然以裸粒大麦为"大麦"（实为元麦），而以有稃大麦为"穬麦"（实为通常的大麦），二者恰恰和现在的通名相反。贾思勰引陶弘景说而没有指出他的说法不对，实际是同意陶说（参看《大小麦》注释）。因此，《今释》把这里的穬麦译为"大麦粉"是有见地的。孟方平则解释为元麦面，就不免片面，以今套古了。穬麦可能加工成粉面，但古医方凡用禾谷类作外敷药的，常是嚼烂后敷贴之，则"咬咀"的可能性更大些，也更有消炎的作用。至于小儿哺，孟方平说中药师告诉他是人乳的异名，是得自师传的。只是文献上没有查到根据，待考。

〔11〕瘙（sào）蹄：指蹄部发炎红肿，甚至化脓。

〔12〕谷：谷子。《今释》"谷"（繁体作"穀"）疑为"穀"字之误，译为"穀树浆"，孟方平承袭其说，认为"穀"下夺"汁"字，即构树的白色乳汁，可治疗癣。原因是谷子治疮不可理解，故改极其形似的"谷"（穀）为"穀"。其实这也是以今臆古而误古。《证类本草》卷二五"粟米"、"秫米"、"青粱米"、"黄粱米"等引《肘后方》、《本草拾遗》、《食疗本草》、《外台秘要》等多有用粟米治疗疮疥肿毒等的记载，或生捣，或炒黄为末，或浸汁，或用酸泔水，或敷或洗，均有疗效。包括黍米、大麦、小麦，亦然。《要术》下文还用黍米粥同治此病，岂能视而不见。《本草图经》还记载用粟米英粉，"今人用去痱疮，尤佳"。凡此之类，对古籍不要一刀砍死，还请稍留余地为好。谷子〔嚼烂〕，是承上文嚼烂大麻子而省文的。

〔13〕"渍"，各本作"清"，明显是"渍"字之误，《观象庐丛书》本即改为"渍"。其渍器即为"钵"，"尿渍"上应有"钵中"字样。

〔14〕卒（cù）：同"猝"，突然。

〔15〕各本作"斤"，仅金抄作"升"。按：《要术》中计量食盐均用升斗，不用斤两，卷八作酱、腌腊、烹调及卷九盐渍瓜菜各篇无不如此。况且，后魏1升约

合今400毫升,5升共2 000毫升,即2市升。后魏1斤约合今444克,2斤共888克,即将近1.8市斤。拿1.8斤的盐投入2升的水里,肯定超过饱和度,那就没法"研盐令消"了。

〔16〕漏蹄:指蹄底生疮,包括蹄底蹄皮炎、蹄叉腐烂、蹄叉癌等症。

【译文】

治牛马患疫气病的方子:用獭的屎,加水煮过灌下去。用獭的肉或肝,更好;没法得到肉或肝,只好用屎了。

治马患喉痹快要死的方子:缠扎刀子的下部,只露出一寸锋刃,用来刺咽喉,把它刺破,就会好。不治的话,一定会死。

治马黑汗的方子:拿干燥的马屎放在瓦片上,用人的乱发盖在上面,拿火来烧马屎和头发,让它们出烟,放在马鼻下面熏,让烟熏入鼻孔中去,一会儿就好了。

又一方子:拿猪板脂、雄黄和乱头发三样东西,搁在马鼻下面烧,让烟熏进鼻孔中去,一会儿就好了。

治马中热的方子:煮好大豆,和上加热的饭喂马,喂三次,好了。

治马汗凌的方子:取一升好豆豉,用一升好酒——夏天在太阳底下晒暖,冬天加火使温热——来浸豆豉,使化开,再用手揉烂后,绞去豉滓,用纯汁灌入马口中。出了汗,就好了。

治马疥癣的方子:用雄黄和头发两样,放入腊月猪油里面熬煎,使头发溶化掉;用砖刮去疮痂脓污,使现出红色,趁热涂上这药汁,就会好。

又一方子:用热水将疥癣洗干净,揩干水分。煮面糊,趁热涂上,就会好。

又一方子:烧柏树枝条,取它滴下的含油沥汁涂上,也好。

又一方子:把芥子研末涂上,也会好。凡是六畜的疥癣,用芥子末涂上,都可以治好。不过,柏树沥汁和芥子,都是烈性药,如果是遍身患着疥癣的,应该分散开来分批地逐渐涂治;第一批涂的地方好了,再涂另外的地方。如果在一天之内,将全身一下子都涂遍,没有不死的。

治马中水的方子:拿像鸡蛋黄大小的两撮食盐,塞入马的两个鼻孔中,捏住鼻子,让马眼中流出泪来,再放手,就好了。

治马中谷的方子:用手捉住鬐甲上的长鬃,向上面提起,让皮离开肉,这样提起几次。拿铍针刺入提起来的空皮中,让铍针刺通两头。用手挡在刺孔上试试,会有气出来,像风一样吹着手,这就是"谷气"。叫人在刺孔上撒尿,又用盐涂上,立即叫人骑着走几十步,就好了。

又一方子:取硬饴糖像鸡蛋大小的一块,打碎,和在草中喂马,很好。

又一方子:取三升麦芽末,和在谷中喂马,也好。

治马脚生附骨——如果不治,侵入膝关节里,马就长期跛脚了——的方子:将芥子捣得细熟,拿像鸡蛋黄大小的一块,再拿三颗巴豆,去掉种皮,留着种脐,也捣得细熟,两样用水调和,使匀熟相混合。和时用刀子调和,不然会灼破人手。拔去附骨上的毛,再在附骨外围用融化了的蜜蜡周围壅护着,不然的话,恐怕药性躁烈把疽面扩大。蜡壅好之后,拿药敷在附骨疽上,取生布割破两端,各自〔按相反的方向〕紧紧地缠扎三道〔,然后缚牢〕。骨疽小的,一夜便消尽了,大的也不过两夜。然而需要多次察看,只怕疽消尽了,便会蚀伤好的地方。看骨疽已经消尽了,用冷水把疽洗干净,刮些车轴头上的油脂,作成饼,贴在疽上面,仍然用干净的生布紧紧地裹好。三四天后,解去,便会生毛,没有瘢痕。这个方法很好,大大胜过炙法。不过,疽如果还没有完全好,不得马上骑乘;万一疽中出血,便成大病了。

治马脚被刺伤的方子:用秄麦和进小儿哺,涂上,就好。

马的炙疮〔须要注意的〕:疮没有全好,不能让它出汗。疮结白痂时,要谨慎避风。疮完全好了之后,可以任意骑乘了。

治马瘙蹄的方子:用刀子刺入踠部的丛毛中,让它出血,就好。

又一方子:把羊脂融化了,涂在疮上,用布包裹起来。

又一方子:取两石左右的咸土,用水淋取一石五斗的汁,盛在锅里煎煮,浓缩成二三斗。将毛剪去,用澄清的米泔水洗干净。干燥后,再用咸汁洗疮。洗三次,就好。

又一方子:用热水把疮洗净,揩干。将大麻子嚼烂敷上,用布或绸子包扎好。包三次,会好。如果没有全好,再〔嚼烂〕谷子敷上。敷五六次,就会痊愈。

又一方子:剪去毛,用盐汤把疮洗净,刮去痂,揩干。用破瓦器将人尿煮沸,趁热涂在疮上,就好。

又一方子：用锯子锯开病蹄的蹄头前面正中的地方，斜着锯进去，使锯的地方上面尖，下面阔，像锯齿的形状；像剪箭括一样，把这片尖角形的蹄壳切除掉。这时，用刀子刺向这一寸左右深的切去蹄壳的地方，挑刺出血来，血一定是黑的；出了五升左右的血，再解放，就好了。

又一方子：先拿澄清的酸泔水把疮洗干净，然后将猪蹄煮烂，拿猪蹄汁趁热来洗疮，就好。

又一方子：先拿蒸锅底的热汤把疮洗净，用布把水揩干。取一升黍米煮成稠粥，把粥糊在一块三四寸阔、七八寸长的旧布上，拿来厚厚地裹在蹄上生疮的地方，用散麻缕缠扎好。三天之后，解开，应当就好了。

又一方子：在耕地里拾取东倒西倒的禾茬——如果是东西方向的横地，就拾取南倒北倒的禾茬，一垅取七科，三垅共取二十一科，洗干净，加水在锅里煮，煮得水汁发黑，停止。剪去毛，用米泔水洗净，去掉痂，就拿禾茬汁趁热涂上，涂一次就好了。

又一方子：〔在钵子里盛着〕尿，浸泡羊粪，让羊粪化开。取得房屋四角上的草，就在钵子上烧，让草灰落入钵子中，再搅拌匀熟。用米泔水把蹄洗干净，拿这粪汁涂上。再三地涂，就好了。

又一方子：加水煮酸枣根，取得液汁，把蹄洗干净。再用水调和酒糟，盛在黑羊毛作成的毛袋里，将病蹄浸在酒糟里，让疮全浸没在酒糟中。这样浸过几次，就好了。

又一方子：洗净之后，拿杏仁捣烂，和上猪油，涂在疮上。涂上四五次，就应该会好。

治马大小便不通，忽眠忽起痛苦得要死，必须赶紧治它，不治的话，一天之内就会死的方子：用油脂涂在手上，探到直肠里，把结住的屎抠出来。用盐塞进尿道里，一会儿就撒出尿来。这样，便应当会好。

治马猝然急性腹胀，眠起不安要死的方子：用五升冷水，和进二升盐，搅拌着让盐溶化，灌入马口中，一定会好。

治驴漏蹄的方子：拿一块厚砖石，凿出一个可以容纳驴蹄的孔，大约二寸深。把砖烧热，热到发红。削去驴蹄，使露出漏孔，就将蹄子放入砖孔中，倒入盐水、酒、醋，让它滚烫，把蹄浸着。牢牢地捉住驴脚，不让蹄子移动。等到砖冷了，然后放开，就好了。以后下水，或者走远路，都不会再发。

牛，歧胡有寿[1]。歧胡：牵两腋；亦分为三也。

眼去角近[2]，行駃[3]。眼欲得大。眼中有白脉贯瞳子，最快。"二轨"齐者快[4]。"二轨"，从鼻至髀为"前轨"，从甲至髂为"后轨"。颈骨长且大，快。

"壁堂"欲得阔[5]。"壁堂"，脚、股间也。倚欲得如绊马聚而正也[6]。茎欲得小。"膺庭"欲得广。"膺庭"，胸也[7]。"天关"欲得成[8]。"天关"，脊接骨也。"儁骨"欲得垂[9]。"儁骨"，脊骨中央，欲得下也。

洞胡无寿。洞胡：从颈至臆也。旋毛在"珠渊"，无寿。"珠渊"，当眼下也。"上池"有乱毛起，妨主。"上池"，两角中，一曰"戴麻"也。

倚脚不正，有劳病。角冷，有病。毛拳，有病。毛欲得短密，若长、疏，不耐寒气。耳多长毛，不耐寒热。单膂[10]，无力。有生疖即决者，有大劳病。

尿射前脚者，快；直下者，不快。

乱睫者觚人。

后脚曲及直[11]，并是好相；直尤胜。进不甚直，退不甚曲，为下。行欲得似羊行。

头不用多肉。臀欲方。尾不用至地；至地，劣力。尾上毛少骨多者，有力。膝上缚肉欲得硬。角欲得细，横、竖无在大。身欲得促，形欲得如卷。卷者，其形圆也。"插颈"欲得高。一曰，体欲得紧[12]。

大㮚疏肋[13]，难饲。龙头突目[14]，好跳。又云：不能行也。鼻如镜鼻[15]，难牵。口方易饲。

"兰株"欲得大。"兰株"，尾株。"豪筋"欲得成就。"豪筋"，脚后横筋。"丰岳"欲得大。"丰岳"，膝株骨也。蹄欲得竖。竖如羊脚。"垂星"欲得有"怒肉"。"垂星"，蹄上；有肉覆蹄，谓之"怒肉"。"力柱"欲得大而成[16]。"力柱"，当车。肋欲得密，肋骨欲得大而张。张而广也。髀骨欲得出儁骨上[17]。出背脊骨上也。

易牵则易使，难牵则难使。[18]

"泉根"不用多肉及多毛。"泉根"，茎所出也。"悬蹄"欲得横。

如"八"字也。"阴虹"属颈,行千里。"阴虹"者,有双筋自尾骨属颈[19],宁公所饭也。"阳盐"欲得广[20]。"阳盐"者,夹尾株前两镰上也[21]。当"阳盐"中间脊骨欲得窊[22]。窊则双膂,不窊则为单膂。

常有似鸣者,有黄[23]。

【注释】

〔1〕胡:指颔下垂皮。垂皮分叉的叫"歧胡";也有分为三叉的。单条不分叉的叫"洞胡"。垂皮只有黄牛有,水牛没有,因此这里相牛法,仅限于黄牛。歧胡可以表示食槽宽,颌凹深,咀嚼力强,有利于消化吸收,使牛健壮。

〔2〕眼去角近:眼离角近,表示额宽,面短,头轻,是驮用牛的良好头形。

〔3〕駃(kuài):通"快",迅疾。

〔4〕二轨:是测量牛体的两条假定的轨线,其所指注文已说明。   齐:指这两条线的长度要相称。这是古人对牛体的量法,虽然没有现代的精密,但也反映对于前躯和中躯要适当相称的重视。

〔5〕壁堂:指前脚和后股之间的胸腹部,要求胸腹壁要宽阔,则中躯发育健全,有力。这和膺庭要宽广是相应的。

〔6〕倚:支撑住;又通"踦"(jǐ),指脚胫。脚胫支撑全体,二义相通。这里要求四肢端正,两胫间距离宁可小些,宁以稍偏于狭踏肢势为良;否则距离太大,反而形成不良的广踏肢势。下文倚脚不正,即脚胫偏斜,为骨骼发育不良之征。

〔7〕"胸也",《初学记》卷二九及《御览》卷八九九引《相牛经》作"胸前也"或"胸前",宜有"前"字。

〔8〕天关:指肩脊接合部,要求肩、脊的附着良好(即"成"),则肌肉丰厚发达,有利于受轭。

〔9〕儁骨:指脊骨中央,要求微凹,但不是深陷下垂,成为不良的弯背。

〔10〕膂:指背椎腰椎两侧的肌肉。所谓"双膂",即指此部两侧肌肉要发达隆起,中间的脊梁显得微微凹下,而背腰部横阔,有似双重的膂。不隆起,不微凹,则为"单膂"。下文阳盐中间的脊骨有凹下一些与不凹下之分,形成双膂和单膂,即指此。现在群众还有"双肩"、"单肩"的说法。

〔11〕此指飞节的曲度。要求前进时较直,后退时较曲,都是良形。但不是说曲飞节或直飞节就好,应予区别。

〔12〕"'插颈'欲得高。一曰,体欲得紧",《世说新语·汰侈》刘孝标注引《宁戚〔相牛〕经》作:"'捶头'欲得高。百体欲得紧。"(上海古籍出版社影印本)"插颈"与"捶头(頭)"二字形似,"百"分成二字可变成"一曰",未知孰是孰

误。插颈,应指鬐甲部,高则有力。

〔13〕膁:腰软窝儿,即膁腹,俗又名软肚。软窝儿大则腹大腰垂,加之肋骨又疏,则胸弱背软(背椎必细长),骨骼发育不良,驮负乏力,饲养不利。

〔14〕《学津》本作"头",金抄作"颈",他本脱。按:《世说新语·汰侈》刘孝标注引《宁戚〔相牛〕经》及《御览》卷八九九引《相牛经》均作"龙头突目,好跳",故从《学津》本作"头"。

〔15〕镜鼻:古时铜镜背面中央穿绳的纽。牛鼻要求大而开张,如果像镜鼻那样的低陷小孔,自然难于牵挽役使。

〔16〕力柱:即肩胛部受轭处,有些地方群众称为"力峰"。 成:相成。指该部稍稍隆起,有利于受轭,不滑脱。

〔17〕髀骨:此指髋骨,不是股骨。要求高出髂骨,其说与髂骨要求垂下些相应。

〔18〕这两句插在这里,突兀得很,疑是上文"鼻如镜鼻难牵"的注文误窜入此。

〔19〕"自尾",各本均作"白毛",不可解。《初学记》卷二九引《相牛经》作"自尾"。《世说新语·汰侈》注引作"白尾",尚存"尾"字,而"白"仍是"自"的残误。《渐西》本《要术》改作"自尾",是。

〔20〕阳盐:指两膁前的背腰两侧的肌肉,要求隆起而宽广,而阳盐中间的脊骨要求微凹,则与双膂相应。

〔21〕"上",各本均无,于部位不当。《初学记》及《御览》引《相牛经》均作"夹尾株前两膁上",《四时纂要·正月》"拣耕牛法"正作"夹尾前两尻上",应有"上"字。

〔22〕"窊"(wā),各本原作"宨"(注同)。按:"宨",字书解释都是"入脉刺穴",别无二义,这里讲不通。《四时纂要·正月》作"当阳盐中间脊欲得窊",《疗马集》附《牛经》"相耕牛法"亦作"窊"。据改。

〔23〕黄:指牛黄,即胆囊结石。《唐本草》注说:"牛有黄者,必多吼唤。"《吴氏本草》说:"牛出入呻者有之。"是胆结石疼痛的表征。

【译文】

牛,歧胡的长寿。歧胡,分叉连到两边腋下;也有分为三叉的。

眼离开角近的,走得快。眼要大。眼中有白脉贯穿着瞳子的,最快。"二轨"相齐的,快。"二轨",从鼻至前髀为"前轨",从肩胛至髋部为"后轨"。颈骨长且大的,快。

"壁堂"要阔。壁堂,指前脚和后股之间。倚要像绊着的马那样,靠近些而且端正。阴茎要小。"膺庭"要宽广。膺庭,指〔前〕胸。"天关"要接合良好。天关是脊椎和肩骨相接的部位。"僬骨"要垂下些。僬骨是脊骨的中央,要垂下些。

洞胡的不长寿。洞胡是垂皮不分叉而成一体,从颈到胸前的。"珠渊"上有旋毛,不长寿。珠渊,正当眼睛下面。"上池"上有乱毛长着,妨害主人。上池在两角之间,又叫"戴麻"。

倚脚偏斜不正,有劳病。角冷,有病。毛卷曲,有病。毛要短而密;如果长而疏,不耐寒冷。耳朵上多长毛,不耐寒热。单脊的,力气弱。有生疖疮而很快就溃破的,有大劳病。

撒尿射到前脚的,行走快;向下直射的,不快。

睫毛乱的,容易觚撞人。

后脚前进时比较直,后退时比较曲,都是好相;前进时比较直,尤其好。前进时不怎么直,后退时不怎么曲,是下等相。走路时,要像羊走的样子。

头不要多肉。臀部要宽广。尾不要长到地;长到地的,力气弱。尾上毛少骨多的,有力。膝上的缚肉要硬实。角要细,横生也好,竖生也好,都不需要大。躯干要紧促,形状要像"卷"的一样。所谓卷的,就是形状是圆的。"插颈"要高。一说(?)躯干要紧。

腰软窝儿大,而肋骨疏的,难饲养。头像龙头,眼睛突出,常常会跳。一说:不肯好好走路。鼻子像镜鼻,难牵。口阔唇厚,容易饲养。

"兰株"要大。兰株,就是尾根部。"豪筋"要相称相成。豪筋是脚后面的横筋。"丰岳"要大。丰岳,就是膝盖骨。蹄要竖。像羊脚一样竖。"垂星"上要有"怒肉"。垂星的部位在蹄上;蹄上有肉覆盖着,叫作怒肉。"力柱"要大而相成。力柱是轭车的部位。肋骨要密,要大而开张。就是要开张而宽广。髀骨要高出僬骨之上。就是要高出脊梁之上。

容易牵的容易役使,难牵的难于役使。

"泉根"不要多肉,也不要多毛。泉根是阴茎所出的根部。"悬蹄"要横。像"八"字的样子。"阴虹"连到颈上的,日行千里。所谓阴虹,是说有两条筋从髀骨一直连到颈上,就是宁戚所喂的牛。"阳盐"要宽广。所谓阳盐,是夹着尾根向前在两膁的前面。阳盐中间的脊骨要凹下一些。凹下的就是双脊,不凹下的就是单脊。

常常有像鸣叫的声音的,有牛黄。

治牛疫气方：取人参一两，细切，水煮，取汁五六升，灌口中，验。

又方：腊月兔头烧作灰，和水五六升灌之，亦良。

又方：朱砂三指撮，油脂二合，清酒六合，暖，灌，即差。

治牛腹胀欲死方：取妇人阴毛，草裹与食之，即愈。此治气胀也。

又方：研麻子取汁，温令微热，擘口灌之五六升许，愈。此治食生豆腹胀欲垂死者，大良。

治牛疥方：煮乌豆汁[1]，热洗五度，即差耳。

治牛肚反及嗽方[2]：取榆白皮，水煮极熟[3]，令甚滑，以二升灌之[4]，即差也。

治牛中热方：取兔肠肚，勿去屎，以草裹[5]，吞之。不过再三，即愈。

治牛虱方：以胡麻油涂之，即愈。猪脂亦得。凡六畜虱，脂涂悉愈。

治牛病：用牛胆一个，灌牛口中，差。

《家政法》曰：“四月伐牛茭。”四月青草[6]，与茭豆不殊，齐俗不收，所失大也。

《术》曰：“埋牛蹄着宅四角，令人大富。”

【注释】

〔1〕金抄、明抄作“乌豆”，《津逮》本作“乌头”。乌豆，即黑大豆。《四时纂要·正月》及元刻《辑要》引《四时类要》，正文均作“乌豆汁”，而其下注云：“一本作‘乌头汁’。”因此，《今释》和孟方平都认为“乌豆”是“乌头”之误，因为现在未见乌豆治疥，而常用乌头，“是科学的”。其实乌头“涂痈肿”已见于今传最早的本草书《神农本草经》，本草书上的大豆以黑者入药（即乌豆），其后《华佗神方》明确记载：“治牛疥方：黑豆水煮，去滓取汁，洗五六次即愈。”所记与《要术》完全相同。葛洪《肘后备急方》卷八亦明载：“治牛马六畜疥：以大豆熬焦，和生麻油捣敷，醋泔水净洗。”孟诜《食疗本草》、《子母秘录》等都有治“阴痒”、“涂一切毒肿”和煮汁洗或嚼敷小儿疮疥等的记载（《政类本草·生大豆》引

录）。乌头（Aconitum carmichaelii），毛茛科，有剧毒，性大热，用热汁洗五次，恐有副作用。韩鄂和《辑要》编者保留原文的"乌豆汁"，而不改用另本的"乌头汁"，是很有见地的。

〔2〕肚反：即习俗所称的"反胃"，指食后过一会就呕吐出来。

〔3〕"熟"，指煮得极透使汁释出，"令甚滑"，各本均作"热"。《四时纂要·正月》及《辑要》引《四时类要》均作"熟"，据改。

〔4〕金抄、明抄作"二升"，湖湘本作"三升"，《津逮》本作"五升"。《四时纂要·正月》作"三五升"。

〔5〕"草裹"，各本均作"裹草"，《四时纂要·正月》作"草裹"，据以倒正。

〔6〕"青草"，各本均作"毒草"，无理，应是"青草"之误，今改正。

【译文】

治牛疫气病的方子：取人参一两，切细，用水煮，煮得五六升的汁，灌入牛口中，灵验。

又一方子：腊月的兔头烧成灰，用五六升的水调和，灌下去，也好。

又一方子：三个手指的一小撮朱砂，二合油脂，六合清酒，调和在一起烫暖，灌下去，就好。

治牛腹胀难受快要死的方子：取妇人阴毛，用草裹着，喂给牛吃，就好。这是治气胀的方子。

又一方子：把大麻子研烂，〔调水〕取得液汁，加火烧得微微温热，扳开口灌下去，灌入五六升，就好。这是治吃生豆肚胀快要死的方子，非常好。

治牛疥癣的方子：煮取乌豆汁，趁热洗，洗五次，就好了。

治牛"肚反"和咳嗽的方子：取榆树白皮，水煮到极熟，使液汁很黏滑，拿二升灌下去，就会好。

治牛中热的方子：取兔子的肠肚，不要去掉屎，用草裹着，让它吞下去。不过两三次，就好了。

治牛虱的方子：用芝麻油涂上，就会好。用猪油也可以。凡六畜生虱，用油脂涂上，都会好。

治牛病的方子：用牛胆一个，灌入牛口中，就会好。

《家政法》说："四月割喂牛的茭草。"四月青草，与茭豆没有两样，可齐人习俗上不知道收割，损失很大。

《术》说："在住宅的四角埋下牛蹄，可以使人大富。"

养羊第五十七

毡及酥酪、干酪法，收驴马驹、羔、犊法，羊病诸方，并附

常留腊月、正月生羔为种者，上；十一月、二月生者，次之。[1]非此月数生者[2]，毛必焦卷，骨骼细小[3]。所以然者，是逢寒遇热故也[4]。其八、九、十月生者，虽值秋肥，然比至冬暮，母乳已竭，春草未生，是故不佳。其三、四月生者，草虽茂美，而羔小未食，常饮热乳，所以亦恶。五、六、七月生者，两热相仍，恶中之甚。其十一月及二月生者[5]，母既含重[6]，肤躯充满，草虽枯，亦不羸瘦；母乳适尽，即得春草，是以极佳也。

大率十口二羝[7]。羝少则不孕，羝多则乱群。不孕者必瘦，瘦则非唯不蕃息，经冬或死[8]。羝无角者更佳[9]。有角者，喜相觝触，伤胎所由也。

拟供厨者，宜剩之。剩法：生十余日，布裹齿脉碎之[10]。

牧羊必须大老子、心性宛顺者，起居以时，调其宜适。卜式云[11]：牧民何异于是者。若使急性人及小儿者，拦约不得，必有打伤之灾；或劳戏不看[12]，则有狼犬之害；懒不驱行，无肥充之理；将息失所，有羔死之患。唯远水为良[13]。二日一饮。频饮则伤水而鼻脓。缓驱行，勿停息。息则不食而羊瘦，急行则垄尘而蚰颡也。[14]春夏早放[15]，秋冬晚出。春夏气软[16]，所以宜早；秋冬霜露，所以宜晚。《养生经》云[17]："春夏早起，与鸡俱兴；秋冬晏起，必待日光。"此其义也。夏日盛暑，须得阴凉；若日中不避热，则尘汗相渐[18]，秋冬之间，必致癣疥。七月以后，霜露气降，必须日出霜露晞解，然后放之；不尔则逢毒气，令羊口疮、腹胀也。

圈不厌近[19]，必须与人居相连，开窗向圈。所以然者，羊性怯弱，不能御物，狼一入圈，或能绝群。架北墙为厂。为屋即伤热，热则生疥癣。且屋居惯暖，冬月入田，尤不耐寒。圈中作台，开窦，无令停水。二日一除，勿使粪秽。秽则污毛，停水则"挟蹄"[20]，眠湿则腹胀也。圈内须并墙竖柴栅，令周匝。羊不揩土，毛常自净；不竖柴者，羊揩墙壁，土、咸相得，毛皆成毡。又竖栅头出墙者，虎狼不敢逾也。

【注释】

〔1〕绵羊多数品种秋冬季节发情配种,但也有终年发情繁殖的。《要术》所记一年十二个月都能生育,是终年发情繁殖的品种。阴历十一月至二月生的仔羔,由于母羊怀孕后正值秋草丰茂,母羊长得膘肥体壮,乳房"含重"奶水多,小羔吃得饱饱的,到断奶时已有青草长出,可以接上嫩草,所以小羔长得好。这四个月中,又以十二月和正月生的为更好,因为初秋交配的母羊,能整天吃到营养丰富的秋草,使羔子在母胎中就生长发育良好,生下后虽然冬天没有青草,但有丰足的母乳,待到母乳已尽的时候,恰好接上嫩草,所以长得特别健壮,最宜于选作种羊。冬羔具有体躯肥壮、耐热耐寒和抗病力强等优点,目前我国西北牧区一般仍选留冬羔作种。

〔2〕"月数",各本及《辑要》引同,是说这些月份,意思明白,仅《渐西》本改作"数月"。

〔3〕"骨骼",原作"骨髓",元刻《辑要》引同,殿本《辑要》改作"骨骼",字应作"骼"。

〔4〕逢寒遇热:八至十月生的羊羔,要经过寒冬腊月,三至七月生的羊羔,要经过炎热季节,或者青草接济不上,或者天热吃着热奶,都会营养不良,所以都不好。

〔5〕各本均作"十一月及二月",仅金抄作"十一月、十二月",《辑要》引同金抄。按:"及"应作"至"解释,即自十一月至二月,正文所说最好和较好的四个月都包括在内。一年十二个月中,三至十月的八个月,逐月点明其所以不好的缘由,剩下只有十一月至二月这四个月才是好的。所以不应作"十一月、十二月"。

〔6〕含重:奶水丰足。按:含重,原指"重身",即怀孕,这里引申为乳量丰足,重亦通"湩"(dòng),指乳汁,《列子·力命》:"乳湩有余。"即此意。或谓"含重"应释为"母畜乳房丰满下垂即将生羔者",泥于"重身"作解释,讲不通。因为《要术》说的是已经产下的仔羔,由于母乳丰足,虽然冬天没有青草,也吃得饱饱的,所以特别肥健。这和乳房丰满还没有产羔是不相干的两回事。

〔7〕羝(dī):公羊。

〔8〕经冬或死:过冬可能死亡。怀孕母羊能分泌一种激素,促进肌体新陈代谢旺盛,提高消化吸收能力,所以比较肥健。未怀孕的没有这种优势,容易消瘦,过冬或致死亡。

〔9〕有的绵羊品种,公羊中有的有角,有的没有角。

〔10〕布裹齿脉碎之:齿,作动词用,就是咬。脉,指睾丸。这句就是用布裹着睾丸,咬碎它。但也有人解释"齿脉"是指精索,方法是用锤锤打,使输精管与

血管闭锁,睾丸因得不到血脉的供养而萎缩。但不知那时有否现在的这种"锤骟法"?

〔11〕卜式语见《史记·平准书》。上篇已引到,但这里是贾氏意述,不是原文。

〔12〕"劳",两宋本及元刻《辑要》引同;湖湘本作"旁";《学津》本从殿本《辑要》引改作"遊"。按:"劳"有过分、癖好之义,今浙江尚有此口语,为贬词。又《广雅·释诂二》:"劳……嬾也。""劳戏"实际就是偷懒好嬉之意。

〔13〕羊爱干燥清洁的环境,放牧宜于高燥地方,经常漫水会引起蹄部发炎,乃至蹄叉腐烂。

〔14〕羊要缓缓地赶着走,让它边走边吃草,有利于吃饱长膘;不要赶得太快,羊只顾走路来不及吃草,就会瘦;也不要停止不赶,羊在同一草地吃草,草吃光了就没有好草吃了,也会消瘦,而且还会破坏牧草的生长。坌(bèn),聚积。 蚛(zhòng),被虫咬,这里指呼吸道感染而引起脓肿。颡,借作"嗓"字,即嗓子(喉咙)。指赶得太快,尘土飞扬,而呼吸急促,吸入较多的尘土,因而引起呼吸器官疾病。

〔15〕将羊早些放出也是有条件的,春夏季节有露水的日子,也不宜早放,因为羊往往贪吃吃口好的露水草,因而引起腹胀。但对泌乳母羊准备挤乳供食用的,例外。

〔16〕"软",各本及元刻《辑要》引同,《学津》本从殿本《辑要》引改作"和"。惟"软"也写作"輭",跟"暖"的异写字"㬉"相像,容易缠错,"软"也可能是"暖"字之误。

〔17〕《养生经》:《崇文总目》著录有《养生经》一卷,陶弘景撰。但《梁书·陶弘景传》不记陶著有《养生经》。其书已佚。

〔18〕渐(jiān):沾湿,浸润。

〔19〕圈(juàn):喂养家畜的棚栏。

〔20〕挟蹄:蹄部炎症引起的蹄壳变形狭窄症。

【译文】

常常留下腊月、正月生的羊羔作种羊,最好;十一月、二月生的,次之。不是这几个月生的,被毛必然焦卷没有光泽,骨骼也细小。所以会这样,是逢寒遇热的缘故。〔具体说,〕八、九、十月生的,虽然母羊还有秋肥过来的一定优势,但到了冬季岁暮的月份,母乳已经枯竭,可是青草还没长出来,接济不上,所以羊羔长不好。三月、四月生的,虽然有又多又嫩的草,可是羊羔还不会吃,整天吃着热奶,所以也不好。五、六、七月生的,〔天气既热,又吃热奶,〕两热相逼,这是不好之中最不好的。只有十一月到二月这四个月生的，母羊奶水丰足，膘肥体壮，虽然没有青草，身躯并不羸瘦；到奶水刚刚吃尽，就有春草接济上，所以羔子长得很好。

大致说来，十只羊里面，有两只公羊是合适的。公羊太少，母羊不容易怀孕；公羊太多，又会搅乱羊群。没有怀孕的母羊必定消瘦，消瘦后不但不能繁息后代，本身过冬可能死亡。公羊没有角的更好。有角的公羊喜欢用角觝触，这是伤胎的主要原因。

准备上厨房供食的，应该加以阉割。阉割的方法：生下来十多天，用布裹着睾丸，咬碎它。

牧羊人必须是〔身体健康、〕性情委婉随和的老年人，能够使羊群边走边吃和休息都有合宜的时间，护理也适应它的本性。卜式说，管理老百姓，不是和这个正是一样吗？如果让急性的人或者小童儿去放牧，那么，羊群阻拦约束不住，一定有打伤的危害；或者贪着自己游玩，不好好看管，会有狼犬咬伤叼走的灾难；懒惰停下来不赶着吃草，便没有肥满充实的道理；不照顾好休息好，羔子有死去的祸害。惟有离水远些为好。两天让羊喝一次水。喝水次数过多，会伤水，鼻子出脓。缓缓地赶着走，不要停息下来。停息下来就吃不到好草，羊便瘦了；赶得太快，尘土飞扬起来，会引起"蚰颡"病。春夏二季，早上可以早些放出；秋冬二季，早上宜于晚些放出。春夏二季天气〔暖和〕，所以宜于早放；秋冬二季有霜露，所以宜于晚的。《养生经》说："春夏要起得早，随着鸡叫起身；秋冬要起得晏些，必须等到太阳出来。"道理是一样的。夏日天气酷热，必须要有阴凉的地方；假如日中不避开炎热，尘土和汗水浸染身体，到秋冬之间，必然诱发疥癣。七月以后，有了霜露冷气，必须等到太阳出来之后霜露消解了，然后放出；不然的话，遇着毒气，使羊口上生疮，肚腹发胀。

羊圈不嫌近，必须同住房相连，并且要对着羊圈开着窗。所以要这样，是因为羊的天性懦弱，没有抗御暴力的能力，万一狼进了圈，可能全群覆灭。在北墙外边披搭一个厂棚。如果盖成屋，太热，热了羊会生疥癣。而且在屋里住惯了习惯于暖和，一旦冬天到田野里去，尤其禁受不了寒冷。圈里面要把地面填高，开通出水口，不要让地面有积水。两天扫除一次，不要让粪秽堆积着。有粪秽会使羊毛受污染，有积水会生挟蹄病，睡在湿地就会腹胀。圈里面须要靠墙竖立木栅栏，要四周都竖着。这样，羊不揩擦墙土，毛自然经常保持洁净；如果不竖立栅栏，羊揩擦墙土，泥土和汗里的盐分相黏，毛都结成了块。再者，竖着的栅栏高出墙头的，虎狼就不敢从上面闯进来。

羊一千口者，三四月中，种大豆一顷杂谷，并草留之，不须锄治。八九月中，刈作青茭[1]。若不种豆、谷者，初草实成时，收刈杂草，薄铺使干，勿令郁浥。荳（豆、胡豆、蓬、藜、荆、棘为上；大小豆萁次之；高丽豆萁[2]，尤是所便；芦、藋二种则不中[3]。凡乘秋刈草，非直为羊，然大凡悉皆倍胜[4]。崔寔曰"七月七日刈刍茭"也[5]。既至冬寒，多饶风霜，或春初雨落，青草未生时，则须饲，不宜出放[6]。

积茭之法：于高燥之处，竖桑、棘木作两圆栅，各五六步许。积茭着栅中，高一丈亦无嫌。任羊绕栅抽食，竟日通夜，口常不住。终冬过春，无不肥充。若不作栅，假有千车茭，掷与十口羊，亦不得饱：群羊践蹋而已，不得一茎入口。

不收茭者：初冬乘秋，似如有肤；羊羔乳食其母，比至正月，母皆瘦死；羔小未能独食水草，寻亦俱死。非直不滋息，或能灭群断种矣。余昔有羊二百口，茭豆既少，无以饲，一岁之中，饿死过半。假有在者，疥瘦羸弊，与死不殊，毛复浅短，全无润泽。余初谓家自不宜，又疑岁道疫病，乃饥饿所致，无他故也。人家八月收获之始，多无庸暇，宜卖羊雇人，所费既少，所存者大。传曰："三折臂，知为良医。"[7] 又曰："亡羊治牢，未为晚也。"[8]世事略皆如此，安可不存意哉？

寒月生者，须燃火于其边。夜不燃火，必致冻死。凡初产者，宜煮谷豆饲之。

白羊留母二三日，即母子俱放。白羊性很[9]，不得独留；并母久住，则令乳之。

羖羊但留母一日。寒月者，内羔子坑中，日夕母还，乃出之。坑中暖，不苦风寒；地热使眠，如常饱者也。十五日后，方吃草，乃放之。

白羊，三月得草力，毛床动，则铰之。铰讫，于河水之中净洗羊，则生白净毛也。五月，毛床将落，又铰取之。铰讫，更洗如前。八月初，胡葈子未成时，又铰之。铰了亦洗如初。其八月半后铰者，勿洗：白露已降，寒气侵人[10]，洗即不益。胡葈子成，然后铰者，非直着毛难治[11]，又岁稍晚，比至寒时，毛长不足，令羊瘦损。漠北寒乡之羊，则八月不铰，铰则不耐寒。中国必须铰，不铰则毛长相着，作毡难成也。

作毡法：春毛秋毛，中半和用。秋毛紧强，春毛软弱，独用太偏，是以须杂。三月桃花水时[12]，毡第一。凡作毡，不须厚大，唯紧薄均调乃佳耳。

二年敷卧，小觉垢黑，以九月、十月，卖作靴毡，明年四五月出毡时，更买新者：此为长存，永不穿败。若不数换者，非直垢污，穿穴之后，便无所直，虚成糜费。此不朽之功，岂可同年而语也？

令毡不生虫法：夏月敷席下卧上，则不生虫。若毡多无人卧上者，预收柞柴、桑薪灰，入五月中，罗灰遍着毡上，厚五寸许[13]，卷束，于风凉之处搁置，虫亦不生。如其不尔，无不虫出。

羖羊[14]，四月末五月初铰之。性不耐寒，早铰值寒则冻死。双生者多，易为繁息；性既丰乳，有酥酪之饶；毛堪酒袋，兼绳索之利：其润益又过白羊。

【注释】

〔1〕青茭：在草豆等未老前进行青刈，主要贮作干饲料，即下文所称的"茭豆"。茭，干草。

〔2〕荳（láo）豆：一般指黑小豆。　　胡豆：说法最杂，见卷二《大豆》注释。　　蓬：蓬草，即飞蓬。　　藜：藜科的藜，也叫"灰菜"。　　荆：荆条。　　棘：酸枣。　　高丽豆：大豆一类。

〔3〕蔬（wàn）：初生的荻。

〔4〕倍胜：加倍的好。秋季开花孕穗时期的草，质量好，养分多，产量也高，尤其豆科植物，蛋白质、维生素和钙的含量很丰富，营养价值很高，这正是今天群众所说的"秋天的草，冬天的宝"。

〔5〕七月七日："七日"，各本同，疑误。按：《玉烛宝典》引《四民月令》有七月、八月"刈刍茭"，《要术》卷三《杂说》引《四民月令》也有八月"刈……刍茭"，"七月七日"疑是"七月、八月"之误。但孟方平说"七日"没有错，因为辽宁东部解放前有七月七日开山"打羊柴"的习俗，改为"八月"不合《要术》强调初秋原意。可惜《要术》原文是"初草实成时"，没有说"初秋"。这是很合理的，因为各种杂草的草实绝无一律在七月七日成熟之理，就拿《要术》所举的荆，黄荆果期在8—9月，蔓荆果期在9月，酸枣果期在9—10月，都和七月七日违戾。《要术》明说趁着秋天割草，那就七月、八月都可以割，何况《四民月令》根本没有七月七日割草的原文，只有七月、八月割草的记载，岂不是要把"七日"的误文强栽在崔寔的"八月"上？用现今的辽宁硬套古代的中原、山东，自然不会得出正确结论。

〔6〕不宜出放：不宜放出。牧养必须采取放牧和舍饲相结合的原则。冬天不宜放牧，应该由放牧转为舍饲。舍饲方法，前文"羊圈不嫌近"一段已记述得很清楚，都是针对羊性怯弱、怕热、怕水、爱干燥干净等的生理特性和人们需要优良毛质而安排的科学措施。

〔7〕《左传·定公十三年》："三折肱，知为良医。"

〔8〕《战国策·楚策》："亡羊而补牢，未为迟也。"

〔9〕金抄、明抄作"佷"，他本作"狠"。按："佷"、"很"、"狠"三字古通用。《说文》："很，不听从也。"这里不能作"狠心"讲，只能作不顺从解释，指白羊母性很强，产羔后不愿母子分开，眷恋着在一起。所以采取顺其母性的措施，"并母久住"，又"母子俱放"，这跟黑羊（羖羊）不同。

〔10〕"人"，各本同，虽可解释，但疑是"入"字之误。

〔11〕胡菜（xǐ）：即菊科的菜耳。其果实为纺锤形的瘦果，外部密生硬刺，常附着于兽毛和人的衣服上到处传播，所以古时又有"羊负来"的名称。

〔12〕桃花水：即"桃花汛"。《宋史·河渠志一》记载黄河之水随时涨落，以物候名其各汛期的水。桃花水是阴历二三月间桃花开时泛滥盛涨的汛水。这里只是指三月的时令而已。

〔13〕"厚五寸"，《四时纂要·四月》采《要术》作"厚五分"，疑是"五分"之误。

〔14〕"羖（gǔ）羊"，各本均作"羝羊"。按：羝羊是公羊，羖羊指黑羊，此处即指黑羊，注文指明"其润益又过白羊"的对比可证。又公羊十只羊中只有两只，为什么只剪公羊的毛却放着黑羊不剪，而且毛的用途又不同，这里应是指羖羊。

【译文】

养着千把头羊的，该在三四月里种上一顷大豆，连同谷子一起混播，出苗后连杂草一并留着，不必锄治。到八九月里，一齐收割下来作青茭。如果没有混播大豆和谷子的，该在杂草开始结成种实的时候，将杂草收割下来，薄薄地摊开，晒干，不要窝坏了。萱豆、胡豆、蓬、藜、荆、棘是上等的；大豆茎和小豆茎是次等的；高丽豆茎，更是适宜；刚孕穗的芦和荻就不合用。趁着秋天的时机割草，不但是为了羊，凡是用作饲料，都是加倍的好。崔寔说："七月七日（？）收割杂草作干饲料。"冬季天寒地冻，风霜很大，或者初春下雨之时，青草还没有长出来，这些时候，都必须舍饲，不宜放出。

堆积干草喂羊的方法：在高燥的地方，将桑木或酸枣木竖插在地上，围成两个圆形的栅栏，周围各有五六步左右的长度。把干草堆积在栅栏里面，堆到一丈高也没有关系。就让羊在栅栏外面绕着抽草吃，整天连夜的，常常不停地吃着。这样，过了冬天，又过春天，没有不膘肥体壮的。假如不作成栅栏，即使有一千车干草，扔给十只羊吃，也是吃不饱，原因是羊群在草上面挤来挤去，羊没有吃上一根草，草倒被践踏完了。

如果不储备着越冬干草，后果是：初冬时母羊还保留着秋膘余势，看上去好像还膘肥；但是羊羔全靠母乳喂养，到了正月，〔奶水都给吸干了，〕母羊也就瘦死了；可羔子还小，还不能独自吃水草，结果不久也都死去。这样，不但不能繁息，甚至本身都可能绝群断种呀！我自己从前养过两百头羊，由于荍豆储备不足，没法喂养它们，一年下来，饿死了一大半。就是有死里逃生的，也是疥病瘦瘠得疲弱不堪，和死的差不多，毛又疏又短，没有一点润泽。开始我还认为是自家不宜养羊，又怀疑是碰上了瘟疫的年岁，〔其实都不是，〕完全是饥饿造成的，并无其他原因。农家八月正开始忙着秋收，大多没有空闲时间，与卖去少数的羊，雇请专人来割草，所花费的不多，所保全的却很大。《左传》说："折断过几次臂膀的人，自己也可以当医生。"《战国策》说："羊走失了，回头再补羊圈，也不算晚。"世事大致都是如此，怎么可以不细心留意呢？

寒冷月份生下的小羔，必须在它旁边烧火取暖。夜间不烧火，必然会冻死。凡初次产羔的母羊，应该煮些谷类和豆子喂它。

白羊，把母羊留下两三天之后，就让它带着小羔一道出去。白羊的母性很强，不能把小羔单独留下；把母羊多留几天，〔并和小羔一齐放出，〕可以让母羊多喂奶。

黑羊，只要把母羊留下一天就放出去。冷天生的黑羔，放在土坑里，等傍晚母羊回来，就放出来跟着母羊。坑里暖和，不受风寒之苦；坑里暖暖的，让黑羔睡着，好像跟平常吃饱的一样。十五天之后，小羔开始吃草，就放出去。

白羊，三月间得到青草的营养力，被毛基部开始变动了，就铰毛。铰完后，在河水里把羊洗清净，以后长的毛就白净。五月，被毛快要掉落，又铰一遍。铰完，还像上次一样洗干净。八月初，趁胡菓子还没有成熟以前，再铰一次。铰过也要和前次一样洗净。八月半以后铰的，不要洗，因为已经降露水，寒气侵〔入〕，洗了没有好处。胡菓子实成熟之后才铰毛的，不但子实粘在毛上不容易除掉，而且时令晚了些，到冷天羊还没有长足，使羊瘦弱，受到损害。大漠以北严寒地区的羊，八月不铰毛，铰了不耐寒。"中国"必须铰毛，不铰的话，毛太长，相黏结，作毡就作不好了。

作毡的方法：春毛和秋毛，一样一半混合着用。秋毛紧硬，春毛细软,单独用一样,质地太偏,所以要混杂。三月桃花水盛的时候作的毡,最好。凡是作毡,不在乎又厚又大,惟有松紧厚薄都均匀合宜为好。

毡子铺卧过两年之后,稍稍有些肮脏带黑的,就在九月、十月里卖给人家作毡靴的面料用,到明年四五月里新毡出来时,再买新的回来。这是长远有好毡,永远不会脏污穿洞的好办法。如果不这样常常掉换,不但污秽不堪,而且穿洞之后,便不值一文钱,白白地浪费了。这个永恒不朽的功效,难道可以同泛泛的办法同样看待的吗?

保护毡子使不生虫的方法:夏天铺在席子下面,人睡在席子上面,毡就不会生虫。假如毡多,没有那么多的人睡,可以预先收下柞柴、桑柴的灰,到五月里,把灰筛在整块毡子上面,筛上五寸(?)左右厚,卷起来,扎好,搁在通风凉爽的地方,也不会生虫。不然的话,没有不出虫的。

黑羊,在四月末五月初铰毛。黑羊天性不耐寒,铰得早了,碰上冷天,就会冻死。黑羊一胎生两羔的多,容易繁息;天性乳量丰足,可以多作酥酪;黑毛可以作榨酒的酒袋,又可以作绳索:所以它的利益胜过白羊。

作酪法[1]:牛羊乳皆得。别作、和作随人意。

牛产日,即粉谷如米屑,多着水煮,则作薄粥,待冷饮牛。牛若不饮者,莫与水,明日渴自饮。

牛产三日,以绳绞牛项、胫,令遍身脉胀;倒地即缚,以手痛挼乳核令破[2],以脚二七遍蹴乳房[3],然后解放。羊产三日,直以手挼核令破,不以脚蹴。若不如此破核者,乳脉细微,摄身则闭;核破脉开,捋乳易得。曾经破核后产者,不须复治。

牛产五日外,羊十日外,羔、犊得乳力强健,能噉水草,然后取乳。捋乳之时,须人斟酌:三分之中,当留一分,以与羔犊。若取乳太早,及不留一分乳者,羔犊瘦死。

三月末,四月初,牛羊饱草,便可作酪,以收其利,至八月末止。从九月一日后,止可小小供食,不得多作:天寒草枯,牛羊渐瘦故也。

　　大作酪时，日暮，牛羊还，即间羔犊别着一处，凌旦早放，母子别群，至日东南角，噉露草饱，驱归捋之。讫，还放之，听羔犊随母。日暮还别。如此得乳多，牛羊不瘦。若不早放先捋者，比竟，日高则露解，常食燥草，无复膏润，非直渐瘦，得乳亦少。

　　捋讫，于铛釜中缓火煎之——火急则着底焦。常以正月、二月预收干牛羊矢煎乳，第一好：草既灰汁，柴又喜焦；干粪火软[4]，无此二患。常以杓扬乳，勿令溢出；时复彻底纵横直勾，慎勿圆搅，圆搅喜断[5]。亦勿口吹，吹则解。四五沸便止。泻着盆中，勿便扬之[6]。待小冷，掠取乳皮，着别器中，以为酥。

　　屈木为棬[7]，以张生绢袋子，滤熟乳着瓦瓶子中卧之。新瓶即直用之，不烧。若旧瓶已曾卧酪者，每卧酪时，辄须灰火中烧瓶，令津出，回转烧之，皆使周匝热彻，好干，待冷乃用。不烧者，有润气[8]，则酪断不成。若日日烧瓶，酪犹有断者，作酪屋中有蛇、虾蟆故也。宜烧人发、牛羊角以辟之，闻臭气则去矣。

　　其卧酪待冷暖之节，温温小暖于人体为合宜适。热卧则酪醋，伤冷则难成。

　　滤乳讫，以先成甜酪为酵[9]——大率熟乳一升，用酪半匙——着杓中，以匙痛搅令散，泻着熟乳中，仍以杓搅使均调。以毡、絮之属，茹瓶令暖。良久，以单布盖之。明旦酪成。

　　若去城中远，无熟酪作酵者，急揄醋飧[10]，研熟以为酵——大率一斗乳，下一匙飧——搅令均调，亦得成。其酢酪为酵者，酪亦醋；甜酵伤多，酪亦醋[11]。

　　其六七月中作者，卧时令如人体，直置冷地，不须温茹。冬天作者，卧时少令热于人体，降于余月，茹令极热。

【注释】

　　〔1〕酪：经凝结的乳，以乳酸菌发酵制成，有甜、酸两种，其酸酪似今"酸奶"。其制作过程为：原料乳加热杀菌，冷却，揭乳皮，过滤，加发酵剂，装瓶，保温发酵，作成酪。

　　〔2〕乳核：谢成侠教授解释应指乳头，因土种初产母牛的乳头短小，其形如

核，经用力揉捏，使其有蜡质封口的乳头管通畅。乳腺腺泡是泌乳单位，构成腺泡系；腺管系是排乳的管道系统，都不能损伤，而且要保护。乳上淋巴结如"核"形，有的相当大，也不能损伤。产乳时需要大量的血液流经乳房，在乳房上踢十几下，无非达到机械性刺激作用，增进其血行，但动作鲁莽，容易伤及乳房。

〔3〕蹴（cù）：踢，踏。

〔4〕"软"，金抄作"歆"，明抄作"辣"，无此字，他本作"辄"。按：《四时纂要·正月》采《要术》作"软"，日本山田罗谷本《要术》校语亦称："一本'辄'作'软'。"就金抄、明抄二字字形推测，亦应是"软"字之误。"软"谓火力缓和。

〔5〕断：指奶不凝结。圆搅易起向心现象，乳脂较轻，易向中心聚集，乳蛋白比重较大，则向锅边分散，以致乳汁物质分布不匀，有碍作酪。

〔6〕"扬"，各本同。但这"泻着盆中"的熟乳，正是下文"抨酥法"中说的"泻熟乳着盆中，未滤之前，乳皮凝厚，亦悉掠取"的熟乳，这时正要稍冷掠取乳皮，岂能再扬使凝结的奶皮解离，"扬"应是"掠"字之误。

〔7〕棬（quān）：曲木制成的饮器。

〔8〕有润气：有潮气。是滋生细菌的好场所。这实际是对旧瓶进行干热灭菌处理，杀灭其中污染的微生物，保证在相对纯净的条件下顺利进行发酵。否则，乳蛋白被污染破坏，就不能凝固了。

〔9〕甜酪：先前作成的酪，被作为发酵剂保存下来。除自留外，那时城市中也有得卖。如果没有现成的酵酪，可以用酸浆水饭代替，这也是乳酸发酵的产物。

〔10〕揄（yóu）：同"抌"，即舀，舀取。

〔11〕甜酵也含有乳酸菌，用得过多，乳酸菌含量过多，则发酵过度，酪也会变酸。

【译文】

作酪的方法：牛乳、羊乳都可以作。单独作或者两样混合着作，也随人的意愿。

牛产犊的这天，就粉碎谷子像米屑一样，多放些水煮成稀粥，等冷了给母牛喝。母牛如果不喝，不要给它水，明天渴了，自然会喝。

牛产犊的第三天，用绳子把牛颈项和脚胫都绑得紧紧的，使它遍身血脉发胀；倒地后再用绳子捆住，用手劲地揉捏乳核，把乳核捏破，又用脚向乳房踢十几下，然后松绑放开。羊，产羔后三天，也用手把乳核捏破，但不用脚踢。如果不这样捏破乳核，输乳管细小，牛羊只要身体紧缩一下，就闭住流不出奶了。乳核捏破之后，输乳管张大了,挤奶就容易出来了。已经捏破之后再生产的,就不必再这样处理。

牛生产过五天之外,羊生产过十日之外,羊羔和牛犊吃母乳身体强健,能够自己喝水吃草了,这时才可以挤奶。挤奶时,还必须细心地斟酌,就是三分奶中,该留下一分来给小羔小犊吃。假若挤奶太早,或者不留这一分奶,羔、犊便会瘦死。

三月末到四月初,牛羊有青草吃得饱饱的,便可以开始挤奶作酪,以取得乳酪的利益,到八月底停止。九月初一以后,只可以小小地作些供自家食用,不可以多作,因为天冷草枯了,牛羊渐渐瘦了。

大量作酪时,〔方法是:〕黄昏时,牛羊回家,就将母畜和羔犊隔离开来,圈在另外的地方,到凌晨趁早放出,还是母畜和羔犊分开放出,到太阳转到东南角的时候,吃饱了露水草,将母畜赶回来挤奶。挤好了,再放出去,让羔犊跟着母畜。到傍晚回来仍然隔离开来。这样做,得奶多,母牛母羊也不会瘦。如果不是凌晨放出去先吃露水草,而是在家里先挤奶,等到挤好了再放出去,太阳已经高了,露水也干了,吃的常是干了的草,没有滋润,不但母畜会渐渐瘦下去,而且得奶也少。

挤完了,把奶倒进铛锅里用文火煎——火猛了会粘在锅底上焦坏。经常在正月、二月里预先收集牛羊干粪,用来煎奶,第一好。因为烧草会有灰飞起来落在奶汁里,烧柴火猛又容易焦,只有干粪的火力缓和,没有这两种毛病。常常用杓子把奶舀动扬去热气,不要让它溢出来;又时常把杓子伸到锅底横着竖着直向地勾动,千万不要绕着圆圈搅动,那奶会不凝结的。也不要用口吹,口吹也会解散。煮四、五个滚头便停止。倒在盆子里,不要马上就〔揭奶皮〕。等到稍为冷了之后,便可以揭起浮面的奶皮了,把它放在另外的容器里,准备作酥。

拿树枝弯成一个圆圈,用来撑开生绢作成的袋子,通过袋子过滤熟奶到一个瓦瓶子里,〔保持合适的温度〕让它毚着。新的瓶子可以直接用它毚酪,不必烧。如果是已经毚过酪的旧瓶,每次毚酪时必须先在煻灰里烧过,让水气渗散出去,并且要转动着烧,让周围到处都热透,里面全都干了,等冷了才用它。如果不烧的话,里面有潮气,酪就不凝固,作不成了。如果天天烧瓶,酪还是不凝固的,那是作酪的房子里有蛇或蛤蟆的缘故,应该烧些人发或者牛羊角来辟除它,它们闻到臭气就会离去。

罨酪时察候温度冷热的程度,要温温的稍微比人的体温高一点才合适。温度过高酪会变酸,太低又作不成酪。

熟奶过滤完了之后,用预先作成的甜酪作为酵,大致一升熟奶,用半调羹的酵。先把酵放在杓子里,用调羹尽力搅捣使散开,然后倒进瓶中熟奶里,再用杓子搅拌均匀。瓶子外面用毡子或者棉絮之类包裹起来,让它暖暖地保温着。过了相当长的时间,再用单层的布盖在瓶口上面。到明天早上,酪就作成了。

假如离开城市远,没法买到熟酪作酵,〔自己又没有,〕赶快舀酸浆水饭,研散和透了作酵,也可以作成。用量大致是一斗熟奶,下一调羹的酸浆饭。用酸酪作酵,作成的酪也是酸的;甜酵用得太多,酪也会变酸。

在六七月中作的酪,罨酪时的温度让它和人的体温那样,直接搁在冷地,不需要包裹起来保温。冬天作的,罨时的温度比人体稍为高些,比起其他各月来,包裹保温的程度都要相当热些。

作干酪法:七月、八月中作之。日中炙酪,酪上皮成,掠取。更炙之,又掠。肥尽无皮,乃止。得一斗许,于铛中炒少许时,即出于盘上,日曝。泡泡时作团,大如梨许。又曝使干。得经数年不坏,以供远行。

作粥、作浆时,细剉,着水中,煮沸,便有酪味。亦有全掷一团着汤中,尝有酪味,还漉取曝干。一团则得五遍煮,不破。看势两渐薄,乃削研,用倍省矣。

作漉酪法[1]:八月中作。取好淳酪,生布袋盛,悬之,当有水出滴滴然下。水尽,着铛中暂炒,即出于盘上,日曝。泡泡时作团,大如梨许。亦数年不坏。削作粥、浆,味胜前者。炒虽味短,不及生酪,然不炒生虫,不得过夏。干、漉二酪,久停皆有喝气[2],不如年别新作,岁管用尽。

作马酪酵法:用驴乳汁二三升,和马乳,不限多少。澄酪成,取下淀,团,曝干。后岁作酪,用此为酵也。

抨酥法[3]:以夹榆木碗为耙子[4]——作耙子法:割却碗

半上[5]，剜四厢各作一圆孔，大小径寸许，正底施长柄，如酒把形——抨酥[6]，酥酪甜醋皆得所，数日陈酪极大醋者，亦无嫌。

酪多用大瓮，酪少用小瓮。置瓮于日中。旦起，泻酪着瓮中炙，直至日西南角，起手抨之，令耙子常至瓮底。一食顷，作热汤，水解，令得下手，泻着瓮中。汤多少，令常半酪。乃抨之。良久，酥出，复下冷水[7]。冷水多少[8]，亦与汤等。更急抨之。于此时，耙子不须复达瓮底，酥已浮出故也。酥既遍覆酪上，更下冷水，多少如前。酥凝，抨止。

大盆盛冷水着瓮边[9]，以手接酥，沉手盆水中，酥自浮出。更掠如初，酥尽乃止。抨酥酪浆，中和飧粥。

盆中浮酥，得冷悉凝，以手接取，搦去水，作团，着铜器中，或不津瓦器亦得。十日许，得多少，并内铛中，燃牛羊矢缓火煎，如香泽法。当日内乳涌出，如雨打水声；水乳既尽，声止沸定，酥便成矣。冬即内着羊肚中，夏盛不津器。

初煎乳时，上有皮膜，以手随即掠取，着别器中；泻熟乳着盆中，未滤之前，乳皮凝厚，亦悉掠取；明日酪成，若有黄皮，亦悉掠取[10]：并着瓮中，以物痛熟研良久，下汤又研，亦下冷水，纯是好酥[11]。接取，作团，与大段同煎矣。

【注释】

〔1〕漉酪：沥水酪。漉，这里作沥水讲。沥水到半干时不再晒干，有别于"干酪"，相当于"湿酪"。它用淳酪作成，没有分离去乳脂，所以味道比干酪好。

〔2〕"暍"(yē)，各本相同，是伤热中暑，但这里是指食物变质，正字应作"馤"(ài)。或者食物变坏主要由湿热引起，所以借用了"暍"字？

〔3〕酥：即酥油、奶油，也叫黄油，又从英文 butter 译称"白脱"。其制作程序为：聚集乳皮，煎去乳清，加热水研磨，加冷水，收集，煎炼，与现在少数民族制黄油的传统方法基本相同。

〔4〕"夹榆木"，就是卷五《种榆白杨》的"梜榆"，特别适宜作镟作器的，正字应作"梜"，可能是传刻中少写了木旁。

〔5〕"半上"，疑应作"上半"，即截去碗壁的上半，以剩下的下半，在四面各剜一个圆孔，然后将长柄装在碗底上。这样的耙子适宜于上下彻底地搅打。

〔6〕"抐酥"应与上文"以夹榆木碗为耙子"连成一句,中间的"作耙子法"是插进去的。但这样的句式在古文或今文中都是没有的。毛病出在注文混入正文中。注文的最早形式是在大字正文下面写成单行小字的,所以在传抄中很容易和正文混杂。本篇制酥酪各法原来全是双行小字(本书一律改为大字),但其中应是注文的很多,即如下一段内,就有"汤多少,令常半酪"和"冷水多少,亦与汤等"两条明显是注文,因为只有把这注文剔开,才能使上面正文和下面正文连贯起来读。这里"作耙子法"也是这种情况,实际也是注文混作正文,才会出现"抐酥"应连贯上面正文而被隔开的情况。

〔7〕加温水有利于脂肪的分离。加冷水是为了提高液面,使脂肪与下面的残余杂物尽量分开,并有利于酥油的凝集。下文炼酥加热水熟研,又加冷水,作用相同。

〔8〕重文的"冷水"和上文的"复"字,各本都脱,仅金抄有,应该有。

〔9〕金抄作"大盆",南宋系统本作"水盆"。《永乐大典》卷二四〇五"酥"字下引《要术》亦作"大盆"。"瓮",湖湘本等如字,两宋本误作"盆"。

〔10〕掠取:揭下来。煎奶酪过程中有三次乳皮可以揭:第一次是最初煎奶时的"皮膜",第二次是熟奶稍冷时凝结的"乳皮",第三次就是这一次,是明晨成酪时结出的"黄皮"。这些都是自然上浮于液面的乳脂,加工后再与专门抐酪所得的酥一起煎炼,取得富集、浓缩的酥油。

〔11〕"酥",仅金抄如字,他本均作"酪"。按:上文"皮膜"、"乳皮"、"黄皮"三项都是初时煎乳制酪过程中分离出来的乳脂,即酥,不是酪,"酪"误。

【译文】

作干酪的方法:作的时期在七月、八月。在太阳底下炙酪,酪面上结出奶皮时,揭取奶皮;再炙,再揭;到乳脂结尽了,没有皮了,停止。取得一斗左右揭皮后的酪时,在锅里炒一会儿,就倒出来搁在盘子里,在太阳底下晒。晒到半干时,作成像梨子大小的团子。再晒干。这样,可以经过几年不坏,供给出远门的时候食用。

煮粥或煮饮浆的时候,拿团子细细地削些下来,投入水中,烧开,便有酪味。也有将整团的干酪扔入热汤中煮的,尝尝有了酪味,仍然捞出来,晒干。这样,一团可以煮上五次,不会破。此后看看汤里面的酪味和团子本身两方面的力量都薄弱了,再削下来研细用,就加倍的省了。

作沥水酪的方法:在八月里作。取淳浓的好酪,盛在生布袋子里,挂起来,会有水沥出,一滴一滴落下来。水滴尽了,放在铛锅里稍为炒一下，就拿出来盛在盘子里，在太阳底下晒。晒到半干时，作成团子，像梨子大小。这样，也可以几年不坏。削些下来煮粥或煮饮浆，味道比干酪好。炒过虽然味道差些，不及生酪好，但是不炒会生虫，不能过夏。干酪和沥水酪，搁久了都有坏气味，不如每年作新的，当年就用完它。

用马酪作酵的方法：用驴奶二三升，和上马奶，马奶不限多少。〔作成酪，〕让酪澄清后，取它下面的沉淀，作成团子，晒干。明年作酪时，用来作酵。

抨酥的方法：用梜榆鏇制成的木碗，改制成耙子，用来抨酥。作耙子的方法：把碗的上半圈割去，〔在下半圈的〕四面各挖出一个圆孔，孔的大小直径一寸左右，然后在碗底正中装上一根长柄，形状像酒耙的样子。用这耙子来抨酥，所用的酪，甜酪、酸酪都可以用，就是陈了几天酸味极大的陈酪，也不要紧。

酪多时用大瓮，酪少时用小瓮。瓮放在太阳下面。清晨起来，把酪倒在瓮中让太阳晒着，一直晒到太阳转到西南角的时候，动手抨酥，要使耙子常常一直搅到瓮底。一顿饭久之后，烧些开水，加水冲凉，到不烫手的温度，倒进瓮里。温水的分量，常常是酪的一半。再动手抨击。好久，酥出来了，再加冷水。冷水的分量，和温水一样。又赶快抨击。在这时候，耙子不需要再直冲到瓮底，因为酥已经浮出来了。酥已经盖满了酪面，再下冷水，分量和上次一样。酥都已凝聚了，停止抨打。

大盆盛着冷水放在瓮边，用手揭取浮在酪面上的酥，把手往冷水下面一沉，酥便浮出在冷水上面了。再揭再沉出，到酥揭尽为止。抨过酥的酪浆，可以调和酸浆饭和粥。

水盆里浮着的酥，遇着冷水都会凝结起来，用手掠取，捏去水，作成团子，盛在铜器中，或者盛在不渗水的瓦器里也可以。十天左右，积累了若干酥，一并放进铛锅里，烧着牛羊屎，用文火缓缓地煎，像煎润发油的方法一样。当天就有残留的奶清涌出来，像下雨打水的声音。到奶清都煎干了，声音没有，也不再沸了，酥便作成了。冬天放在羊肚里，夏天盛在不渗水的瓦器里。

当初作酪煎奶的时候，奶上就有奶皮结着，随即用手揭下来，放入另外的容器里；煎好把熟奶倒在盆子里，在没有过滤以前，稍稍冷了，也有厚厚的奶皮凝结着，也揭下来；明晨酪作成时，如果上面有黄皮，也揭下来。这三种都一并放在瓮中，用东西着力地研磨好久，把它研熟，加热水又研，又下冷水，这样，得到的全是好酥。揭下来，作成团子，和专门抴酪取得的酥合在一起煎炼。

羊有疥者，间别之；不别，相染污，或能合群致死。羊疥先着口者，难治，多死。

治羊疥方：取藜芦根⁽¹⁾，咬咀令破⁽²⁾，以泔浸之，以瓶盛，塞口，于灶边常令暖，数日醋香，便中用。以砖瓦刮疥令赤，若强硬痂厚者，亦可以汤洗之，去痂，拭燥，以药汁涂之。再上，愈。若多者，日别渐渐涂之，勿顿涂令遍——羊瘦，不堪药势，便死矣。

又方：去痂如前法。烧葵根为灰。煮醋淀，热涂之，以灰厚傅。再上，愈。寒时勿剪毛，去即冻死矣。

又方：腊月猪脂，加熏黄涂之⁽³⁾，即愈。

羊脓鼻眼不净者，皆以中水治方：以汤和盐，用杓研之极咸，涂之为佳。更待冷，接取清，以小角受一鸡子者，灌两鼻各一角，非直水差，永自去虫。五日后，必饮。以眼鼻净为候；不差，更灌，一如前法。

羊脓鼻，口颊生疮如干癣者，名曰"可妒浑"，迭相染易，着者多死，或能绝群。治之方：竖长竿于圈中，竿头施横板，令猕猴上居数日，自然差。此兽辟恶，常安于圈中，亦好。

治羊"挟蹄"方：取羝羊脂，和盐煎使熟，烧铁令微赤，着脂烙之。着干地，勿令水泥入。七日，自然差耳。

凡羊经疥得差者，至夏后初肥时⁽⁴⁾，宜卖易之。不尔，后年春疥发，必死矣。

凡驴马牛羊收犊子、驹、羔法：常于市上伺候，见含重垂欲生者，辄买取。驹、犊一百五十日，羊羔六十日，皆能自活，不复藉乳。乳母好，堪为种产者，因留之以为种，恶者还卖：不失本价，坐赢驹犊⁽⁵⁾。还更买怀孕者。一岁之中，牛马驴得两番，羊得四倍。羊羔腊月、正月生者，留以作种；余月生者，剩而卖之。用二万钱为羊本，必岁收千口。所留之种，率皆精好，与世间绝殊，不可同日而语之。何必羔犊之饶[6]，又赢毡酪之利矣。羔有死者，皮好作裘褥，肉好作干腊，及作肉酱，味又甚美。

《家政法》曰："养羊法，当以瓦器盛一升盐，悬羊栏中，羊喜盐，自数还啖之，不劳人收。

"羊有病，辄相污，欲令别病法：当栏前作渎，深二尺，广四尺，往还皆跳过者无病；不能过者，入渎中行过，便别之。"[7]

《术》曰："悬羊蹄着户上，辟盗贼。泽中放六畜，不用令他人无事横截群中过。道上行，即不讳。"

《龙鱼河图》曰："羊有一角，食之杀人。"

【注释】

〔1〕藜芦：百合科的藜芦（Veratrum nigrum），多年生有毒草本。其根用作外用药，可治疥癣、白秃等恶疮，并能毒杀蚤、虱、臭虫等。

〔2〕㕮（fǔ）咀（jǔ）：咀嚼。原意指将药嚼碎，后也指将中药捣碎、切碎。

〔3〕熏黄：劣质的雄黄。《唐本草》注："雄黄……恶者名熏黄，用熏疮疥，故名之。"

〔4〕他本作"夏后"，金抄、明抄作"后夏"，指次年夏天。下文"后年春"，也只是翌年春，不是后年春天。原来《要术》的"后年"是指后一年，就是明年，不是现在通称的以明年的明年为"后年"，这和那时的称去年为"前年"（前一年）一样。

〔5〕"赢"，各本均作"赢"，显系误字，径改。下文"赢毡酪之利"，各本仍误作"赢"或"赢"，只《渐西》本已改正为"赢"。

〔6〕"何必"，各本同，应作"何况"。

〔7〕这对体弱的病羊有应验，但对已感染而在潜伏期尚未发病的病羊，虽然已带有病毒，但体力未衰，仍能跳过沟渎，就不能区别开来了。

【译文】

羊患有疥疮的，应该隔离开来；如果不隔离，互相传染，可能全群都死掉。羊疥先长在口上的，难治，大多死去。

治羊疥癣的方子：取藜芦的根，弄碎它，用米泔水浸泡，盛在瓶子里，塞住瓶口，搁在灶边上，让它保持温暖，几天之后，发出酸香味，便可以用了。用砖瓦刮净疮痂使发红，如果结有强硬的厚痂，也可以用热水洗软了，再刮去痂，然后揩干，把药汁涂上去。涂两次，就好了。如果疥癣很多，应该每天分批涂上，不要一下子都涂遍，因为羊已经瘦弱了，禁不起药的猛烈，便会死去。

又一方子：照上面的方法刮去疥痂。拿葵的根烧成灰。将酸浆的沉淀煮热，趁热涂上去，再敷上厚厚的一层葵根灰。涂敷两次，就好了。天气寒冷时，不要剪去毛，剪去就会冻死。

又一方子：腊月猪油加熏黄涂上，就好。

羊鼻子、眼睛出脓不干净，都当作中水治疗的方子：拿热水调和食盐，用杓子研化成极咸的盐水，涂上，很好。等盐水冷了，滗取上层的清汁，拿一个能容受一个鸡蛋大小的小角子，装着盐水，灌进两个鼻孔里，一个灌进一角盐水，不但中水的病治好了，以后也不会生虫。五天之后，羊必定要喝水。看眼睛、鼻子的脓都干净了（表明好了）；没有好，照上面的方法再灌。

羊鼻子出脓，口颊生疮像干癣的，名为"可妬浑"，互相传染，染上的大多会死，甚或全群覆灭。治疗的方子：在羊圈中竖立一根长竹竿，竿头上装一块横板，让猕猴在板上住几天，自然会好。猕猴辟除邪恶，常常放它在圈里也好。

治羊挟蹄的方子：用公羊的油脂，和进盐，煎熟，把铁块烧到微红，〔让羊脚踏在烫铁上，〕灌下羊脂烤烙蹄子。此后踏在干燥的地上，不要让水和烂泥侵入蹄里。七天之后，自然好了。

羊患疥癣治好了之后，到夏天之后开始长肥的时候，就该卖掉，买回健康的。不然的话，明年春天疥癣再发，一定会死。

收买驴、马、牛、羊母畜和犊子、小驹、小羔的方法：常常到市场上去伺候察看，看到有怀孕快要生产的母畜，就买回来。生下来的小驹、小犊过一百五十天，小羔过六十天，都能够自己生活，不再靠母乳喂养。母畜好的，可以作种畜的，就留下来作种；不好的仍旧卖去。这样，买母畜的本钱可以收回，小驹小犊是现成赚下的。仍然继续去买怀孕母畜。一年之中，牛、马、驴可以翻两番，羊可以翻四番。腊月、正月生的羊羔，留下来作种；其余月份生的，阉割后卖掉。用两万钱作经营羊的本钱，一年一定可以收得一千头羊。所留的种，都是经过精选很好的，跟一般的截然不同，绝不能同等看待的。何〔况〕还有羊羔、牛犊的丰饶利益，又赢得了毡和酪的赚头呢。死去的羊羔，皮可以作皮衣和褥子，肉可以作干腊，以及作肉酱，味道都很好。

《家政法》说:"养羊的方法,应当用一个瓦器盛着一升盐,悬挂在羊栏中。羊喜欢盐,自然常常回来吃盐,用不着人去赶回来。

"羊有病,就会传染开来,有一个鉴别有病无病的方法:在羊栏前掘一条沟,二尺深,四尺阔,羊来回都跳过沟的,没有病;不能跳过,从沟下面走过的,便知道有病〔,要隔离开来〕。"

《术》说:"拿羊蹄挂在门户上,辟除盗贼。在泽地上放牧六畜,不可以让人随便从畜群中横穿走过。走在一般路上,就不忌讳。"

《龙鱼河图》说:"一只角的羊,吃了它的肉会死人。"

养猪第五十八

《尔雅》曰:"豩,豶。幺,幼。奏者,豱。""四豴皆白曰骇。""绝有力,豜。牝,豝。"〔1〕

《小雅》云〔2〕:"彘,猪也。其子曰豚。一岁曰豵〔3〕。"

《广雅》曰〔4〕:"豨、狙、猳、彘,皆豕也。豯、猭,豚也。""豰,艾猭也。"〔5〕

【注释】

〔1〕均《尔雅·释兽》文。"曰骇",《尔雅》无"曰"字,余同。各本所引,多有脱误,据金抄、湖湘本及《尔雅》原文补正。豩(suí),郭璞注:"俗呼小豶(fén)猪为豩子。"即阉过的小公猪。幺,郭注:"最后生者,俗呼为幺豚。"现在有些地方叫作"搭底猪"。豱(wēn),郭注:"今豱猪短头,皮理腠蹙。"即俗所谓"紧皮猪",不容易长大的。豴(dí),同"蹄",蹄。豜(è),郭注:"即豕高五尺者。"魏晋五尺约合今三尺六寸余。

〔2〕《小雅》:明抄误作《尔雅》,他本作一"注"字,则误作《尔雅》的注文,只有金抄作"《小雅》",不误。按,《小雅》即《小尔雅》,系《孔丛子》中的第十一篇,为训诂书。

〔3〕一岁曰豵(zōng):今本《孔丛子·小尔雅》篇"广兽第十"作:"豕之大者谓之豜(jiān),小者谓之豵。"

〔4〕《广雅》,各本均作《广志》,但《广志》不见此类训诂句例,却与《广雅》相合,实系《广雅》之误,丁国钧校改为《广雅》,是。

〔5〕《广雅·释兽》文是:"豨、豠、豭、豵,豕也。豯、豝、豲(按即豚字)也。……穀,豵豭也。"但各本所引,多有脱误,今参照金抄、明抄等及《广雅》原文改正如引号内所引。豭,也指公猪。艾豭,是老公猪(见《左传·定公十四年》杜预注),则与"穀"(《说文》释为"小豚")不合,王念孙《广雅疏证》疑《广雅》有窜误。

【译文】

《尔雅》说:"豬,是豵猪。幺,是幼小的猪。皮紧的是猵猪。""四蹄都白的叫豥(hài)。""很有力的叫豝。雌猪叫豝(bā)。"

《小尔雅》说:"彘,就是猪。小猪叫豚。一岁的猪叫豵。"

〔《广雅》说:"豨(xī)、豠(cú)、豭(jiā)、豵,都是猪。豯(xī)、豲(míng),都是小猪。""穀(hú),是艾豭。"

母猪取短喙无柔毛者良〔1〕。喙长则牙多;一厢三牙以上则不烦畜,为难肥故。有柔毛者,爓治难净也〔2〕。

牝者,子母不同圈。子母同圈,喜相聚不食,则死伤〔3〕。牡者同圈则无嫌。牡性游荡,若非家生,则喜浪失。圈不厌小〔4〕。圈小则肥疾。处不厌秽。泥污得避暑。亦须小厂,以避雨雪。

春夏草生,随时放牧。糟糠之属,当日别与。糟糠经夏辄败,不中停故。八、九、十月,放而不饲。所有糟糠,则蓄待穷冬春初〔5〕。猪性甚便水生之草,耙耧水藻等令近岸,猪则食之,皆肥。

初产者,宜煮谷饲之〔6〕。其子三日便掐尾〔7〕,六十日后犍〔8〕。三日掐尾,则不畏风〔9〕。凡犍猪死者,皆尾风所致耳〔10〕。犍不截尾,则前大后小。犍者,骨细肉多;不犍者,骨粗肉少。如犍牛法者,无风死之患。

十一、十二月生子豚〔11〕,一宿,蒸之。蒸法:索笼盛豚,着甑中,微火蒸之,汗出便罢。不蒸则脑冻不合,不出旬便死。所以然者,豚性脑少,寒盛则不能自暖,故须暖气助之。

供食豚,乳下者佳〔12〕,简取别饲之。愁其不肥——共母同圈,粟豆难足——宜埋车轮为食场,散粟豆于内,小豚足食,出入自由,则肥速。

《杂五行书》曰:"悬腊月猪羊耳着堂梁上,大富。"

《淮南万毕术》曰:"麻盐肥豚豕。""取麻子三升,捣千余杵,煮为羹,以盐一升着中,和以糠三斛,饲豕即肥也。"[13]

【注释】

〔1〕嘴筒短善于吃食,则消化系统发达,故易于早熟和肥育。群众经验,猪以毛疏而净无绒毛者长得快长得好。绒毛猪不宜留种。

〔2〕燖(xún,又 qián):宰杀禽畜后用开水去毛。

〔3〕金抄及《辑要》引作"死伤",明抄作"不□",《今释》认为"死伤"不合情理,参照明抄校改为"不肥"。不过母猪体大笨拙,初生仔猪被压死压伤是常有的(尤其是新母猪),则"相聚不食",仔猪嫩弱,类似的恶疾,也是难免。

〔4〕圈不厌小:圈不嫌小。猪性好睡,在小圈内少活动,吃了就睡,减少食物消耗,充分转化为肉膘,蹲膘催肥,就是农谚所说:"小猪要游,大猪要囚。"

〔5〕春夏青草多,随时放牧吃草,适当地辅助以糟糠。八至十月则放而不饲,尽先利用野生水草之类,把糟糠留待隆冬喂饲,都表明其饲养方法是牧养和圈养相结合。

〔6〕"初产者",指刚产仔猪的母猪,不是指仔猪。刚产的母猪开始几天饲得很精,尤其初产母猪身体虚弱,必须精饲以增加其营养,恢复体力,并促进泌乳丰足,至今犹然。

〔7〕"掐"字,各本或误作"揞"、"拈"、"招",或空或脱。掐断字应作"掐",径改。

〔8〕犍(jiān):阉割。

〔9〕风:一般解释为破伤风。但下文"尾风"显然不是破伤风,因此有矛盾,殿本《辑要》删去"尾"字,可以解释,但不知何据。

〔10〕尾风:各本同。其意不明。

〔11〕此句金抄作"十一、十二月生者豚",湖湘本等作"十二月子生者豚"。《四时纂要》采《要术》"蒸狴子"列在十一月,证明金抄有"十一"是正确的。今从金抄,并参照湖湘本改"者"为"子"。

〔12〕乳下:启愉解释为"顶子猪",不释为一般正吃奶的小猪(如卷八《菹绿》、卷九《炙法》的"乳下豚")。按:母猪腹下位于前面的奶头,泌乳量多,吃这几管奶头的仔猪长得快长得肥,而抢到吃的总是体质强健的那几只仔猪。因此简选顶子猪分开饲养,具有适宜于育肥供食的一定优势。力弱的仔猪只能吃后面泌乳量少的奶头,所以很难赶上顶子猪的肥壮,相差有小一倍以上者。启愉养过多年的母猪,细细观察深知此种情况。贾氏说要"拣出来",他拣出来的也必然是顶子猪,不可能舍肥拣瘦,舍大拣小。孟方平又说"乳下"应解释

为"哺乳期"。这是通常解释,没有体会"拣出来"的深意和顶子猪的优势,真是
"落窠臼"了。

〔13〕《四时纂要·八月》采《要术》"千余"作"十余","三斛"作"三斗"。

【译文】

母猪,选取嘴筒短而没有绒毛的为好。嘴筒长的牙多,一边有三颗以上
的牙的,不必养,因为难得长肥。有绒毛的,煺毛不容易干净。

雌小猪,不要让它和母猪同一个圈。同一个圈,喜欢聚在一起不吃奶,就
容易有死伤。雄小猪同母猪同一个圈没有关系。雄小猪喜欢乱跑,如果不圈养
起来,容易走失。圈不嫌小。圈小了肥得快。住的地方不嫌污秽。有污泥,可
以避免暑热。也需要有个小厂棚,可以遮蔽雨雪。

春夏长着青草,随时放出去吃草。糟糠之类,当天回来都给新鲜
的。因为糟糠〔拌水后〕在夏天很容易败坏,不能停放。八、九、十月,只放牧,不
喂饲。所有的糟糠,留着准备作严冬和初春的饲料。猪很喜欢吃水生的
草,把水藻等耙楼到岸边上,让猪吃,都长得膘肥。

刚产仔猪的母猪,该煮谷类喂它。仔猪生下三天,就掐去尾巴,
六十天后,阉割。三天就掐去尾巴,便不怕风。凡阉猪所以会死,都是尾风引起的。
阉割不截去尾巴,猪会长得前头大后头小。阉过的猪,骨细肉多;不阉的,骨粗肉少。像阉
牛法那样阉猪,猪没有风死的祸害。

十一月、十二月生的仔猪,过一夜,要蒸一下。蒸的方法:用索编的
笼子盛着仔猪,上在甑上,用缓火来蒸,出了汗就停止。不蒸的话,仔猪受冻,囟门
合不严,不出十天便会死。所以会这样,因为仔猪脑少,天气太冷,本身不够暖,所
以要用暖气帮助它。

供食用的小猪,乳下的为好,拣出来,另外饲养。小猪和母猪同
一个圈时,粟豆精料不容易满足,小猪就长不肥,应该想个妥善的办
法,就是竖埋一个大车轮在地上,〔隔出一小块地方〕作喂饲场地,
把粟豆散在场地里面,小猪通过轮圈,出入自由,进去吃粟豆吃得饱
〔,出来还可以吃母奶,可母猪却不能进去吃粟豆〕。这样,小猪就肥
得快了。

《杂五行书》说:"将腊月的猪羊耳朵,挂在正堂梁上,可以使人
大富。"

《淮南万毕术》说:"大麻子和盐,可以使猪长肥。""取三升大麻子,
捣一千多杵,煮成羹,加入一升盐,再和进三斛糠,用来喂猪,猪就会肥。"

养鸡第五十九

《尔雅》曰[1]:"鸡,大者蜀。蜀子,雓。未成鸡,僆。绝有力,奋。""鸡三尺曰鶤。"郭璞注曰:"阳沟巨鶤,古之名鸡。"

《广志》曰[2]:"鸡有胡髯、五指、金骹、反翅之种[3]。大者蜀,小者荆。白鸡金骹者,鸣美。吴中送长鸣鸡,鸡鸣长,倍于常鸡。"

《异物志》曰[4]:"九真长鸣鸡最长,声甚好,清朗。鸣未必在曙时,潮水夜至,因之并鸣,或名曰'伺潮鸡'。"[5]

《风俗通》云[6]:"俗说朱氏公化而为鸡,故呼鸡者,皆言'朱朱'。"[7]

《玄中记》云[8]:"东南有桃都山,上有大桃树,名曰'桃都',枝相去三千里。上有一天鸡,日初出,光照此木,天鸡则鸣,群鸡皆随而鸣也。"

【注释】

〔1〕见《尔雅·释畜》。"名鸡",各本均倒作"鸡名",据郭璞注原文改正。此外各本所引互有错脱,均据《尔雅》并参照各本校正。关于"僆",郭璞注:"江东呼鸡小者为僆。"

〔2〕《类聚》卷九一、《初学记》卷三〇及《御览》卷九一八"鸡"都引到《广志》此条,多有异文,《初学记》内容尤异,《御览》多有错字。

〔3〕胡髯:鸡颔下长着长毛,像髯子。　　五指:五个脚爪。　　金骹(qiāo):其胫金黄色。骹,足胫。　　反翅:翅毛倒生。

〔4〕《异物志》:最早是东汉时杨孚所撰,又名《交州异物志》。不题作者姓名的《异物志》,古文献引录很多,《要术》也引录了很多条(见于卷一〇),但未题名为杨孚,则未必是杨孚的《异物志》,只能是缺名的《异物志》。

〔5〕《御览》卷九一八引《异物志》只是:"伺潮鸡,潮水上则鸣。"九真,郡名,在今越南中部偏北。

〔6〕《风俗通》:即《风俗通义》,东汉末应劭撰。原书三十二卷,今残存十卷。本条即不见于今本。

〔7〕《初学记》卷三〇及《御览》卷九一八均引到《风俗通》此条,但不见于今本《风俗通义》(已非完帙)。《御览》所引,先是"俗说",后加作者按语析辨,还保留着原书的体裁。其文曰:"呼鸡朱朱(按:这是原书小标题)。俗说:'鸡本朱公化而为之,今呼鸡者朱朱也。'谨按(这是作者应劭的辨语):《说文》解�鼎:二口为谨(按谓呼叫),州其声也;读若祝祝者,诱致禽畜和顺之意。鼎与朱,

音相似耳。"批评了朱公化鸡之说。今本《说文》是:"䳶,呼鸡重言之。从隹,州声,读若祝。"

〔8〕《玄中记》:《隋书·经籍志》不著录。《初学记》、《御览》引有郭氏《玄中记》,或谓郭氏即郭璞。据胡立初考证,郭氏并非郭璞,则其作者和时代均难确指。

【译文】

《尔雅》说:"鸡,大的是蜀。蜀的小雏是雓(yú)。没有长大的鸡叫伀(liàn)。极有力的鸡叫奋。""三尺高的鸡叫鶤(kūn)。"郭璞注解说:"阳沟的大鶤,是古来有名的〔斗〕鸡。"

《广志》说:"鸡有胡髯、五指、金骹、反翅等种。大的是蜀,小的是荆。白鸡金骹的鸣声好听。吴中送来的长鸣鸡,鸣声很长,比平常的鸡长一倍。"

《异物志》说:"九真的长鸣鸡鸣声最长,声音很好听,清朗。鸣叫不一定在天快亮的时候,潮水夜间涨了,因而一齐鸣叫,所以叫作'伺潮鸡'。"

《风俗通》说:"习俗传说有个朱公,化而为鸡,所以呼鸡时总是呼'朱朱'。"

《玄中记》说:"东南有座桃都山,山上有株大桃树,树名就叫'桃都',树枝长出三千里。树上有一只天鸡,太阳刚出来,阳光照到这树上,天鸡就鸣叫,所有的鸡也就跟着叫起来。"

鸡种,取桑落时生者良[1],形小,浅毛,脚细短者是也,守窠,少声,善育雏子。春夏生者则不佳。形大,毛羽悦泽,脚粗长者是,游荡饶声,产、乳易厌,既不守窠,则无缘蕃息也。

鸡,春夏雏,二十日内,无令出窠,饲以燥饭。出窠早,不免乌、鸱[2];与湿饭,则令脐脓也。

鸡栖,宜据地为笼,笼内着栈。虽鸣声不朗,而安稳易肥,又免狐狸之患。若任之树林,一遇风寒,大者损瘦,小者或死。

燃柳柴,杀鸡雏:小者死,大者盲。此亦"烧穰杀瓠"之流[3],其理难悉。

养鸡令速肥,不耙屋,不暴园,不畏乌、鸱、狐狸法:别筑墙匡,开小门;作小厂,令鸡避雨日。雌雄皆斩去六翮[4],无令得飞出。常多收秕、稗、胡豆之类以养之;亦作小槽以贮水。荆藩为栖,去地一尺。数扫去屎。凿墙为窠,亦去地一尺。唯冬天着草——不茹则子冻。春夏秋三时则不须,直置土上,任其产、伏;留草则蜫虫生。雏出则着外许,以罩笼之。如鹌鹑大[5],还内墙匡中。其供食者,又别作墙匡,蒸小麦饲之,三七日便肥大矣。

取谷产鸡子供常食法:别取雌鸡,勿令与雄相杂,其墙匡、斩翅、荆栖、土窠,一如前法。唯多与谷,令竟冬肥盛,自然谷产矣。一鸡生百余卵,不雏,并食之无咎。饼、炙所须,皆宜用此。

瀹音爚鸡子法[6]:打破,泻沸汤中,浮出,即掠取,生熟正得,即加盐醋也。

炒鸡子法:打破,着铜铛中,搅令黄白相杂。细擘葱白,下盐米[7]、浑豉,麻油炒之,甚香美。

《孟子》曰:"鸡、豚、狗、彘之畜,无失其时,七十者可以食肉矣。"[8]

《家政法》曰:"养鸡法:二月先耕一亩作田,秫粥洒之,刈生茅覆上,自生白虫。便买黄雌鸡十只,雄一只。于地上作屋,方广丈五,于屋下悬簹[9],令鸡宿上。并作鸡笼,悬中。夏月盛昼,鸡当还屋下息。并于园中筑作小屋,覆鸡得养子,乌不得就。"

《龙鱼河图》曰:"玄鸡白头,食之病人。鸡有六指者亦杀人。鸡有五色者亦杀人。"[10]

《养生论》曰[11]:"鸡肉不可食小儿,食令生蚘虫[12],又令体消瘦。鼠肉味甘,无毒,令小儿消谷,除寒热,炙食之,良也。"

【注释】

〔1〕所谓"生",所指不明。如指小雏,桑树落叶在十月、十一月间,小雏孵出后天气一天天冷起来,不易成活,下篇孵鹅鸭雏就说"冬寒,雏多死",鸡亦不例外。如指鸡卵,则待春暖下抱,隔时太长,而且其卵受冻,影响孵化率。注文说体型小,毛短云云,明显指鸡,那么,凡是桑落蛋或桑落时孵出的小雏,难道都会是这种鸡?又不无可疑。

〔2〕鸱(chī):鹞鹰。

〔3〕"穰",各本同,《辑要》引作"黍穰"。按:《要术》称"穰",概指黍穰。此外,谷称"谷秸",麦称"麦䅖",稻称"稻秆",豆称"豆萁",麻称"麻黂",各有稭秆专名。此说始见于卷一《种谷》引《氾书》"烧黍穰则害瓠"。

〔4〕翮(hé):翅膀。

〔5〕鹌(ān)鹑(chún):体长约五六寸,为鸡形目中最小的种类,体型酷似雏鸡。今各地每有饲养。

〔6〕"爚",南宋本作"擒",无此字,金抄作"揄",亦误。按:"爚"音药,卷八《菹绿》"白瀹豚法"注"瀹"(yuè)即"音药"。"爚"与"瀹"同音,故改为"爚"。

〔7〕"盐米"是指盐颗,但《要术》中用盐极多,没有"盐米"之名,疑"米"应作"末",指经过捣研的细盐。

〔8〕见《孟子·梁惠王上》,文同。

〔9〕簀(zé):竹席。

〔10〕《御览》卷九一八引《龙鱼河图》基本同《要术》,《初学记》卷三〇引该书多"鸡有四距亦杀人"。

〔11〕《养生论》:《隋书·经籍志三》道家类注称:"梁有《养生论》三卷,嵇康撰。亡。"《晋书·嵇康传》亦称其著有《养生论》,为养生服食之作。书已佚。

〔12〕蛕(huí)虫:即蛔虫。

【译文】

种鸡,选取桑树落叶时生的为好,体型小,毛短,脚细短的就是。这种鸡伏巢性强,叫声少,善于孵小鸡。春夏生的不好。体型大,羽毛好看,脚又粗又长的就是。这种鸡爱游荡,爱乱叫,产蛋少,抱蛋容易厌倦,既然不耐心伏巢,因此就无从繁育小雏。

春夏孵出的小雏,二十天之内,不要让它出窠,用干饭喂饲。出窠早了,难免有老鹰、乌鸦的为害;喂给湿饭,会拉白屎。

鸡栖息的地方,应该就地作成鸡笼,笼里面支设横木条,〔让鸡栖息在上面〕。这样,虽然鸣声被阻隔了,不清朗,但是安稳,容易长肥,又可以避免狐狸的祸害。如果让它们栖息在树林上,遇到风寒,大鸡会冻伤冻瘦,小鸡甚至冻死。

烧柳树柴枝,会杀死小鸡,小的死去,大点的瞎眼。这也和"在家里烧黍穰,地里的瓠就会死去"的两物相克一样,道理难明白。

养鸡使肥得快,不爬屋,不糟蹋园菜,不怕乌鸦、老鹰、狐狸的方法:另外筑起土墙,〔围成一个饲养场地,〕开个小门;场地里面搭个小厂棚,让鸡可以避雨躲太阳。雌鸡雄鸡都斩去翅翎,不让它们飞出去。常常多收积秕谷、稗子、胡豆之类,喂养它们;又要作个小槽贮着水〔,让它们喝〕。〔沿着厂棚的墙边〕用荆条编成矮篱笆,离地一尺高,让鸡栖息在上面。经常把鸡屎扫干净。在墙上凿些孔作鸡窠,也离地一尺高〔,正好对着矮篱笆和篱笆一样高〕。墙窠里面,只有冬天要垫进草,因为不垫草鸡蛋会受冻;春夏秋三季就不必垫草,让母鸡直接蹲在土窠上,由它去产卵和抱卵;垫草反而会生虫。孵出的小雏,拿开放在外面地方,用笼子罩着。到像鹌鹑大小时,再移回围墙里去。准备养着自家吃的,又另外筑个小围墙,蒸熟小麦喂养它,二十多天便肥大了。

取得未经受精的鸡蛋供给时常食用的方法:另外选得一些母鸡,不让它们和公鸡混杂在一处〔,分开饲养〕。筑围墙,斩去翅翎,编荆篱笆栖息,凿土窠等方法,都跟上面说的一样。但要多喂饲谷类,促使在整个冬天长得又肥又壮实。这样,自然产的全是未经受精的蛋了。一只鸡产一百多个蛋,都不会孵化的,全都拿来吃,没有什么罪过。作饼作炙食所需要的,都该用这种蛋。

焯〔荷包〕蛋的方法:把鸡蛋打破,〔浑个儿〕下在沸水里,一浮上来,随即捞出,生熟正好,调入盐醋就吃。

炒鸡蛋的方法:打破,下在铜锅里,搅打,使黄白和匀。加入擘细了的葱白、盐花、整粒的豆豉,用大麻油炒熟,很香很好吃。

《孟子》说:"鸡、小猪、狗、猪这些家畜,都不失其时地养着,七十岁的老人,可以有肉吃了。"

《家政法》说:"养鸡的方法:二月间,先耕一亩地,耕熟,洒上秋米熬的粥,割茅草覆盖在上面,自然会生出白蛆虫来。便买十只黄母鸡,一只公鸡〔,放进地里吃虫〕。在地里盖一间小屋,横竖都是一丈五尺宽,在屋椽下面悬挂几块竹席,让鸡宿在上面,再作鸡笼,挂在中间。夏月白天酷热的时候,鸡会回到屋下来休息。另外在园里筑个小屋,庇覆母鸡在里面带小鸡,乌鸦不能来侵害。"

《龙鱼河图》说:"黑毛白头的鸡,吃了会生病。有六个脚爪的鸡,吃了会死人。有五色羽毛的鸡,吃了也会死人。"

《养生论》说:"鸡肉不可以给小孩吃,吃了会生蛔虫,又使身体消瘦。老鼠肉味道好,没有毒,小孩吃了助消化,消除寒热,炙熟了吃,很好。"

养鹅、鸭第六十

《尔雅》曰:"舒雁,鹅。"[1]

《广雅》曰:"驾鹅,野鹅也。"⁽²⁾

《说文》曰:"鵱鷜,野鹅也。"⁽³⁾

晋沈充《鹅赋·序》曰⁽⁴⁾:"于时绿眼黄喙,家家有焉。太康中得大苍鹅,从喙至足,四尺有九寸,体色丰丽,鸣声惊人。"⁽⁵⁾

《尔雅》曰:"舒凫,鹜。"⁽⁶⁾

《说文》云:"鹜,舒凫。"⁽⁷⁾

《广雅》曰:"鸷、凫、鹜,鸭也。"⁽⁸⁾

《广志》曰:"野鸭,雄者赤头,有距。鹜生百卵,或一日再生;有露华鹜,以秋冬生卵:并出蜀中。"⁽⁹⁾

【注释】

〔1〕见《尔雅·释鸟》,文同。

〔2〕今本《广雅》无此文,《御览》卷九一九"鹅"也引作《广雅》,但《类聚》卷九一"鹅"引《广志》有:"驾鹅,野鹅也。"未知是《广雅》佚文还是《广志》之误。

〔3〕今本《说文》是:"鵱,蒌鹅也。"《尔雅·释鸟》有:"鵱,鵱鷜。"郭璞注:"今之野鹅。"是《说文》据《尔雅》为释,"蒌"为古字异写而已。但《玉篇》、《广韵》都"鵱鷜"连读,沈涛《说文古本考》并说"鵱鷜"连读是错的。但据《说文》,自宜"鵱鷜"连读,而《要术》所引,径释为"野鹅",不仅读法不同,释义亦异,未悉是否"古本"如是。

〔4〕《鹅赋·序》:《隋书·经籍志四》别集类注称:"梁有吴兴太守《沈充集》三卷,亡。"《鹅赋》当在其集中。书已佚。沈充,《晋书》有传。

〔5〕《类聚》卷九一、《御览》卷九一九引沈充《鹅赋·序》"鸣声惊人"下尚有:"三年而为暴犬所害,惜其不终,故为之赋云。""大苍",除金抄、明抄外,他本都误作"太仓"。太康(280—289),西晋武帝年号。

〔6〕见《尔雅·释鸟》,文同。

〔7〕《说文》句末有"也"字。"云",据金抄补,他本均脱。

〔8〕引《广雅·释鸟》,仅金抄如文,他本均有脱误。今本《广雅》句首还多两个鸭的别名。

〔9〕《御览》卷九一九"鹜"引《广志》末了多"晨凫,肥而耐寒,宜为臛"。明抄误《广志》为《广雅》,他本还脱去书名,仅金抄作"《广志》曰"不误,其他文字,各本亦多有脱误,也只有金抄全文无脱误。

【译文】

《尔雅》说:"舒雁,就是鹅。"

《广雅》(?)说:"䴔(jiā)鹅,是野鹅。"

《说文》说:"鵱(lù)鷜(lóu),是野鹅。"

晋沈充《鹅赋·序》说:"当时绿眼黄嘴的,家家都有。太康中,得到灰白色的大鹅,从嘴到脚,有四尺九寸长,身体丰满,颜色美丽,鸣叫的声音惊人。"

《尔雅》说:"舒凫(fú),是鹜(wù)。"

《说文》说:"鹜,是舒凫。"

《广雅》说:"鸗(lóng)、凫、鹜,都是鸭。"

《广志》说:"野鸭,雄的头红色,脚有距。鹜可以生一百个卵,有时一天生两个;有一种露华鹜,在秋冬产卵:都出在蜀地。"

鹅、鸭,并一岁再伏者为种[1]。一伏者得子少;三伏者,冬寒,雏亦多死也[2]。

大率鹅,三雌一雄;鸭,五雌一雄。鹅初辈生子十余,鸭生数十;后辈皆渐少矣。常足五谷饲之,生子多;不足者,生子少。

欲于厂屋之下作窠,以防猪、犬、狐狸惊恐之害。多着细草于窠中,令暖。先刻白木为卵形,窠别着一枚以诳之。不尔,不肯入窠,喜东西浪生;若独着一窠,后有争窠之患。生时寻即收取,别着一暖处,以柔细草覆藉之。停置窠中,冻即雏死。

伏时,大鹅一十子,大鸭二十子;小者减之。多则不周。数起者,不任为种。数起则冻冷也。其贪伏不起者,须五六日一与食起之,令洗浴。久不起者,饥羸身冷,虽伏无热。

鹅、鸭皆一月雏出[3]。量雏欲出之时,四五日内,不用闻打鼓、纺车、大叫、猪、犬及舂声;又不用器淋灰,不用见新产妇。触忌者,雏多厌杀[4],不能自出;假令出,亦寻死也。

雏既出,别作笼笼之。先以粳米为粥糜,一顿饱食之,名曰"填嗉"[5]。不尔,喜轩虚羌(丘尚切)量而死[6]。然后以粟饭,切苦菜、芜菁英为食。以清水与之;浊则易。不易,泥塞鼻则死。入水中,不用停久,寻宜驱出。此既水禽,不得水则死;脐未合[7],久在水中,冷彻亦死。于笼中高处,敷细草,令寝处其上。雏小,脐未合,不欲冷也。十五日后，乃出笼。早放者，非直乏力致困，又有寒冷，兼乌鸱灾也。

鹅唯食五谷、稗子及草、菜，不食生虫。《葛洪方》曰："居'射工'之地⁽⁸⁾，当养鹅，鹅见此物能食之，故鹅辟此物也。"鸭，靡不食矣。水稗实成时，尤是所便，噉此足得肥充。

供厨者，子鹅百日以外，子鸭六七十日，佳。过此肉硬。

大率鹅鸭六年以上，老，不复生、伏矣，宜去之。少者，初生，伏又未能工。唯数年之中佳耳。

《风土记》曰："鸭，春季雏，到夏五月则任啖，故俗五六月则烹食之。"⁽⁹⁾

作杬子法：纯取雌鸭，无令杂雄，足其粟豆，常令肥饱，一鸭便生百卵。俗所谓"谷生"者。此卵既非阴阳合生，虽伏亦不成雏，宜以供膳，幸无麛卵之咎也。

取杬木皮⁽¹⁰⁾，《尔雅》曰⁽¹¹⁾："杬，鱼毒。"郭璞注曰："杬，大木，子似栗，生南方，皮厚汁赤，中藏卵、果。"无杬皮者，虎杖根、牛李根⁽¹²⁾，并任用。《尔雅》云⁽¹³⁾："蒤，虎杖。"郭璞注云："似红草，粗大，有细节，可以染赤。"净洗细茎⁽¹⁴⁾，剉，煮取汁。率二斗，及热下盐一升和之。汁极冷，内瓮中，汁热，卵则致败，不堪久停。浸鸭子。一月任食。煮而食之，酒、食俱用。咸彻则卵浮。吴中多作者，至十数斛。久停弥善，亦得经夏也。

【注释】

〔1〕再伏者：应指第二次孵化的小雏，非指一年两抱的母禽。第二次孵化在春夏间，天气转暖，青草已生，而且白昼放养时间长，苗鹅、苗鸭长得好，发育快，最适宜于留作种用。

〔2〕一伏：指第一次孵化，是冷天下的蛋，天越冷，受精率越低，因而孵化率也低，而孵出的小雏也弱。　　得子少：子指受精卵。　　三伏：指第三次孵化，在冷天，所以成活率低，活着的也差。古时的鸭会孵卵，后世经过长期的人工炕育，其就巢性退化。

〔3〕孵化期，鹅28—33天，鸭26—28天，大约说来是一个月。

〔4〕厌（yā）：即厌胜，古代的一种巫术。

〔5〕填嗉：嗉指嗉囊。苗鹅、苗鸭生长特别快，而消化器官发育不完全，功能不完善，填嗉是将粳米充分软化成糊状，使顺利进入嗉囊，易于消化吸收，并有

刺激和促进消化器官发育的作用。

〔6〕"喜轩虚",元刻《辑要》引作"噎輑虚",殿本《辑要》根本无此注。按:"喜"亦通,"噎"更好,谓被干硬食物阻噎,但"輑"下应补"轩"字。"轩"谓高举,这里指昂头直颈;"虚"谓腹中虚空,即饥饿;"羌量"同"唴哴",指喘气嘶叫。全句是"噎,輑轩虚羌量而死",意思是说小鹅被干硬食物阻噎,而消化器官尚未完全发育,噎物无力消化,终致饥饿而痛苦地昂头直颈、喘气嘶叫而死。"喜"亦通,仍其旧。"丘尚切",各本作"立向切"或"立句切",或空白一格,或三字拼合成一字,均误。按:《方言》卷一:"自关而西秦晋之间,凡大人小儿泣而不止,谓之唴,哭极音绝,亦谓之唴;平原谓啼极无声,谓之唴哴。"郭璞注唴,"丘尚反"。"羌"、"唴"同字,"羌量"即"唴哴"。《要术》"立向切"应是"丘尚切"形似之误,因据改。

〔7〕脐未合:脐没有合拢。苗鹅腹部中心偏后有一脐眼,若干日就愈合不见,俗称"收鞑"。

〔8〕射工:古时传说的毒虫名,又叫"蜮"、"水弩"。据说能以口气或含沙射人身或人影,射中生疮或发病,可致死。成语"含沙射影",即指此物。参见《博物志》卷二、陆德明《经典释文》等。

〔9〕《玉烛宝典》卷五引《风土记》作:"鴄,春孚雏,到夏至月,皆任啖也。"全文参见卷九《糁𩠹法》注释。"鴄"即"鸭"字,"孚"同"孵"。《要术》的"季",虽亦可通,应以作"孚"为正,疑形似而讹。

〔10〕杬(yuán)木:应是山毛榉科栎属(Quercus)的植物。但《尔雅》的"杬"和郭璞注的"杬,大木"是不相干的两种植物。启愉按:杬,也写作"芫",是瑞香科的芫花(Daphne genkwa),落叶灌木,有毒,可毒鱼,故又名"鱼毒"或"毒鱼",即《尔雅》所指者,现在南北各地都有。但郭璞注的杬木是另一种,《文选·吴都赋》中有"杬",刘逵注引《异物志》称:"杬,大树也。其皮厚,味近苦涩,剥干之,正赤,煎讫以藏众果,使不烂败,以增其味。豫章有之。"这种正是郭璞注的生在南方的杬木。所以颜师古注《急就篇》卷四"芫花"说:"郭景纯(即郭璞)……误耳。其生南方用藏卵、果者,自别一杬木……非〔《尔雅》〕鱼毒之杬也。"有毒的芫花,岂能渍藏禽蛋和果子?但郭璞误注的杬木,却正是《要术》所用的杬木,但绝不是"鱼毒"的"杬"。

〔11〕见《尔雅·释木》,正注文并同《要术》。但郭璞以"杬木"注"鱼毒"是错的。下文"并任用",仅金抄如文,他本均误作"并作用"。

〔12〕虎杖:蓼科的虎杖(Polygonum cuspidatum),高大粗壮的多年生草本,茎中空,节有膜质鞘状托叶,但无刺。南宋陆游(1125—1210)《老学庵笔记》卷五:"《齐民要术》有咸杬子法……今吴人用虎杖根渍之,亦古遗法。"　　牛李:即鼠李科的鼠李(Rhamnus davurica),落叶灌木或小乔木。树皮和果实可制黄

色染料。

〔13〕见《尔雅·释草》，文同。郭璞注的"节"，仅金抄如字，他本均作"刺"，今本郭注亦作"刺"。但虎杖无刺，疑"节"之误。

〔14〕各本都有"茎"字，但上文既说"杬木皮"、"杬皮"，应是衍文，应作"净洗，细剉"。

【译文】

鹅和鸭，都用一年里第二次卵化的小雏作种。第一次孵化的小雏虚弱；第三次孵化的冬天寒冷，小雏大多会死去。

大致的比例是：鹅，三只雌一只雄；鸭，五只雌一只雄。鹅，第一批生十几个蛋；鸭，第一批生几十个蛋；以后各批生的，都渐渐少了。常常喂给充足的五谷，生蛋就多；不充足的，生蛋就少。

要在厂屋下面作些窠，避开猪、狗、狐狸的惊扰侵害。窠里面多放些细草，让它保暖。预先用白色的木料刻成蛋的形状，每窠里面放一个，来诳它们入窠。不然，不肯入窠，往往东一个西一个地乱生；如果只放在一个窠里，以后又有争窠的麻烦。蛋生下来随即取出来，另外放在暖和的地方，用柔软的细草上面盖着，下面垫着。如果留在窠里，蛋受冻了，小雏也就死了出不来了。

孵蛋的数目，大鹅十个蛋，大鸭二十个蛋；鹅鸭体型小的，减少些。多了抱热不能周遍。常常起来的，不能作母禽。常常起来，蛋就冻冷了。贪孵不起来的，须要五六天喂吃一次，诱它起来，让它洗浴。久久不起身的，饿了瘦了，身体是冷的，就是孵着也不热。

孵化时间，鹅、鸭都是一个月孵出小雏。估计快要出小雏的四五天之内，不要让它们听到打鼓声、纺车声、大喊大叫声、猪狗的叫声，以及春捣的声音；也不可以用器皿淋灰汁，不可以让新产妇进来。触犯这些禁忌的，小雏大多会被克死在壳中，不能出来；就是出来，不多天也会死去。

小雏孵出来，另外作笼子关着。先用粳米煮成稠粥，给它们饱吃一顿，称为"填嗉"。不然的话，往往昂头直颈、喘气嘶叫而死。然后再用粟饭，切细的苦菜和芜菁的嫩叶喂它们。要给它们清水喝；水浑浊了就换掉。不换水，浑泥塞住鼻孔就会死。游水不能长久，应该不久就赶上来。鹅鸭既是水禽，不游水就会死；脐没有合拢，在水中太久，冷狠了，也会死。在笼里高些的地方，铺上细草，让它们睡在上面。雏儿小，脐没有合拢，不能让它们受冷。

十五天之后，才可以出笼。早放出来，不但力气不足，容易疲困，又受了寒冷，还有乌鸦、老鹰的祸害。

鹅，只吃五谷、稗子和青草、青菜，不吃活虫。《葛洪方》说："住在有'射工'的地方，应当养鹅，鹅见了射工就吃它，所以鹅能辟除射工。"鸭，什么东西都吃。水稗成熟的时候，尤其有利，吃水稗，可以使鹅鸭肥满充实。

上厨房供食的，仔鹅一百多天，仔鸭六七十天，都好。过了这时候，肉便老了。

大致说，鹅鸭六年以上便老，不再生蛋，也不再孵雏了，应该去掉。少的，刚生下不久，又不善于伏巢，所以只有中间的几年好的。

《风土记》说："鸭，春季〔孵出〕的小雏，到夏天五月份时就可以吃，所以习俗上到五六月就烧鸭来吃。"

用杬木皮腌盐鸭蛋的方法：〔先取得无"雄"鸭蛋，方法是：〕单纯养雌鸭，不让它和雄鸭相杂，饲给充足的粟豆，常常让它们吃饱长肥。这样，一只母鸭可以下一百来个蛋。这蛋就是俗话所称无"雄"的蛋，既不是阴阳交配所生，就是孵也孵不出小雏，拿来吃很合适，所以就没有残害小生命的罪过。

拿杬木皮，《尔雅》说："杬，是鱼毒。"郭璞注解说："杬，是大木，果实像栗子，生在南方。树皮厚，汁红色，可以渍藏禽蛋和果子。"没有杬木皮，用虎杖的根，牛李的根，也可以。《尔雅》说："蒤(tú)，是虎杖。"郭璞注解说："像红草，粗大，有密节，可以染红色。"洗干净，切细，煮出浓汁。大致二斗汁，趁热和入一升盐。等到汁完全冷了，倒在瓮里，如果用热汁，鸭蛋容易坏，不能久放。就用来腌渍鸭蛋。一个月，可以吃。煮熟了吃，下酒过饭都可以。咸透了之后，卵会浮上来。太湖地区作得多的，一家多到十几斛。腌得久了更好，也可以过夏天。

养鱼第六十一 种莼、藕、莲、芡、芰附

《陶朱公养鱼经》曰[1]："威王聘朱公，问之曰：'闻公在湖为渔父，在齐为鸱夷子皮，在西戎为赤精子，在越为范蠡，有之乎？'曰：'有之。'曰：'公任足千万，家累亿金，何术乎？'

"朱公曰：'夫治生之法有五，水畜第一。水畜，所谓鱼池也。以六亩地为池，池中有九洲。求怀子鲤鱼长三尺者二十头，牡鲤

鱼长三尺者四头，以二月上庚日内池中，令水无声，鱼必生。至四月，内一神守；六月，内二神守；八月，内三神守。'神守'者，鳖也。所以内鳖者，鱼满三百六十，则蛟龙为之长，而将鱼飞去；内鳖，则鱼不复去，在池中，周绕九洲无穷，自谓江湖也。

'至来年二月，得鲤鱼长一尺者一万五千枚，三尺者四万五千枚，二尺者万枚。枚直五十，得钱一百二十五万[2]。至明年，得长一尺者十万枚，长二尺者五万枚，长三尺者五万枚，长四尺者四万枚。留长二尺者二千枚作种。所余皆货，得钱五百一十五万钱。候至明年，不可胜计也。'

"王乃于后苑治池。一年，得钱三十余万。池中九洲、八谷，谷上立水二尺，又谷中立水六尺。[3]

"所以养鲤者，鲤不相食，易长又贵也。"如朱公收利，未可顿求。然依法为池，养鱼必大丰足，终天靡穷，斯亦无赀之利也。

又作鱼池法：三尺大鲤，非近江湖，仓卒难求；若养小鱼，积年不大。欲令生大鱼法：要须载取薮泽陂湖饶大鱼之处[4]、近水际土十数载，以布池底。二年之内，即生大鱼。盖由土中先有大鱼子，得水即生也。

【注释】

〔1〕《陶朱公养鱼经》：可能是西汉时的托伪之作，而且不是成于一时一人之手。据现有文献，最早依此书方法养鱼的是东汉光武帝时人习郁。由于其书所记关于鱼池的设计、放养技术、繁殖方法、大小混养以及经济效益等，都比较合理，又易于见效，所以传播较广，该书无疑对后代的淡水养鱼业有促进作用。所谓威王，只能是齐威王，但越灭吴在公元前473年，而齐威王元年在公元前356年，要晚一百多年，所以不会是范蠡之作，而是后人托伪之书。唐段公路《北户录》卷一"鱼种"引到此书，止于"留长二尺者二千枚作种"，以下只"所养"二字，显多脱误。《御览》卷九三六"鲤鱼"也有引到，极简略。《史记·货殖列传》记载："范蠡既雪会稽之耻……乃乘扁舟，浮于江湖，变名易姓。适齐，为鸱夷子皮。之陶，为朱公。……乃治产积居，与时逐，而不责于人。故善治生者，能择人而任时。十九年之中，三致千金。……遂至巨万。"无"在西戎为赤精子"之说。

〔2〕钱数和鱼数不符。大概因此之故，《辑要》引《要术》删去所有"得钱"多少之句。

〔3〕此段鱼池建造，除露出水面的九个陆洲之外，还增挖了"八谷"。即八个深水坑。鲤鱼是深水鱼，这样，既可在浅水环洲而游，也可在深水坑中栖息，更适合于它的生活习性，比前面所记更合理，有发展。据此推测，其书似非一时一人所写。

〔4〕薮（sǒu）泽：湖泽。

【译文】

《陶朱公养鱼经》说："威王礼聘陶朱公，问他说：'听说您老先生在太湖称为渔父，在齐国称为鸱夷子皮，在西戎称为赤精子，在越国称为范蠡，有这回事吗？'回答说：'有的。'又问道：'您老行装足值千万文钱，家里积累有成亿的金，用什么方法得到的？'

"陶朱公说：'经营生产的方法有五种，而以水畜为第一。所谓水畜，就是鱼池。用六亩地开挖成一个池，池中留出九块地作为陆洲不挖。想法取得怀有鱼子的三尺长的鲤鱼二十条，三尺长的雄鲤鱼四条，在二月上旬的庚日，放入池中，轻轻地放入不让出声音，鱼一定会活。到四月，放进一个"神守"；六月，放进两个神守；八月，放进三个神守。所谓"神守"，就是鳖。所以要放鳖，因为鱼增加到三百六十条之后，就有蛟龙来领导它们，把它们带着飞走；放进鳖，鱼就不会再走了，它们在池中绕着九洲环游，游不到尽头，自以为是在江湖里了。

'到第二年二月，有一尺长的鲤鱼一万五千条，三尺长的四万五千条，两尺长的一万条。每条值五十文钱，一共得钱一百二十五万文。再到明年，有一尺长的十万条，两尺长的五万条，三尺长的五万条，四尺长的四万条。留下两尺长的二千条作种。其余的都卖去，共可得钱五百一十五万文。再等到明年，就多到不可胜计了。'

"威王就依着在后苑中作鱼池。一年，得钱三十余万文。池中除九洲外，还有八个谷。谷口到池面的水深是二尺，谷本身的水深是六尺。

"之所以要养鲤鱼，因为鲤鱼不食同类，容易长大，价钱又贵。"像陶朱公这样的大大得利，不是一下子可以求得的。但是按照这样的方法作池养鱼，必定可以得到丰足的厚利,一辈子吃用不尽,这也是无穷的利益啊。

　　另一个作鱼池养鱼的方法:三尺长的大鲤鱼,不是靠近江湖的地方,仓促间难以求得;如果养小鱼,好几年还长不大。怎么办?有一个快长大鱼的方法:须要在沼泽陂湖多产大鱼的地方,将靠近水边的泥土,运回来十几车,倒在鱼池底上。二年之内,就有大鱼生出。这是由于土中先有着大鱼子,得到水就孵出长大了。

莼

　　《南越志》云[1]:"石莼[2],似紫菜,色青。"

　　《诗》云:"思乐泮水,言采其茆。"[3]毛云:"茆,凫葵也。"[4]《诗义疏》云[5]:"茆,与葵相似。叶大如手,赤圆[6],有肥,断着手中,滑不得停也。茎大如箸。皆可生食;又可汋,滑美[7]。江南人谓之莼菜,或谓之水葵。"

　　《本草》云:"治痟渴、热痹[8]。"又云:"冷补,下气。杂鳢鱼作羹,亦逐水而性滑。谓之淳菜,或谓之水芹。服食之家,不可多噉[9]。"

【注释】

　　〔1〕《南越志》:《隋书》、《旧唐书·经籍志》均著录,旧唐《志》题沈怀远撰。沈怀远,南朝宋、齐间人,因罪被谪徙广州。465年北归,任武康(今属浙江德清)令。沈在广州十余年,以其所见的草木禽鱼等异物而写成此书。书已佚。

　　〔2〕石莼:石莼科的石莼(Ulva lactuca),绿藻类植物,生于浅海中,附生于岩石上。虽有"莼"名,实与莼无关。莼即睡莲科的莼菜(Brasenia schreberi),水生宿根草本。嫩茎和叶背有胶状透明黏液。春夏季可作蔬菜,秋季老,叶小而微苦,作猪饲料。

　　〔3〕见《诗经·鲁颂·泮水》,"言"作"薄"。

　　〔4〕"毛云"指毛《传》,文同。茆(mǎo),有两种解释。毛《传》等解释为凫葵,是龙胆科的荇菜(Nymphoides peltatum),也作"荇菜",多年生水生草本。叶卵圆形,背面带紫红色,似莼叶。《诗义疏》等解释有不同,说是莼菜。

　　〔5〕《诗义疏》与《诗经·泮水》孔颖达疏引陆机《疏》有不同,其最大不同处为"与葵相似",陆《疏》作"与荇菜相似"。按:"荇菜"即荇菜,和莼菜更相像,陆《疏》所说更合适些。但二书都以莼菜释"茆",则二者相同。陆《疏》即陆机《毛诗草木鸟兽虫鱼疏》)。

　　〔6〕金抄、明抄作"亦",他本作"赤",孔引陆机《疏》亦作"赤"。按:葵叶

不圆,手也不圆,不应言"亦",而莼叶卵形至椭圆形,上面绿色,下面带紫色,字应作"赤圆"。

〔7〕汋(yuè):通"瀹",煮。"美",仅金抄作此,同孔引陆机《疏》,他本均作"羹","滑羹"不词,误。

〔8〕痟渴:即消渴,中医病名,包括糖尿病、尿崩症等。　热痹:中医病名,痹证的一种,由风寒湿邪久郁化热而引起,有关节红肿热痛,发烧怕冷,汗出口渴等症状。

〔9〕"又云",见于陶弘景注,但无"谓之淳菜,或谓之水芹"句。莼,别名"水芹",各书未见,疑"水葵"之误。"冷补"连读,据唐孟诜《食疗本草》:"虽冷而补。"服食之家,服食的人。指服食金石矿物药物等以求"长生"的人,在两晋南北朝时特别盛行,热毒发作多有癫狂致死者。

【译文】

莼

《南越志》说:"石莼,像紫菜,但颜色是绿的。"

《诗经》说:"好快乐呀在那泮水,采呀采呀采那茆菜。"毛《传》说:"茆,是凫葵。"

《诗义疏》说:"茆,跟葵相似。叶片像手掌大小,赤色,圆形,有黏滑的液汁,掐断拿在手里,滑得捏不住。茎像筷子粗细。茎叶都可以生吃,也可以在沸水里焯一下吃,黏滑,味道好。江南人叫作莼菜,或者叫水葵。"

《本草》说:"莼,治消渴、热痹。"又说:"虽冷而补,下气。和在鳢鱼中作羹,也可以逐水,性质滑。叫作淳菜,或者叫水芹(?)。服食的人,不可多吃。"

种莼法:近陂湖者,可于湖中种之;近流水者,可决水为池种之。以深浅为候:水深则茎肥而叶少,水浅则叶多而茎瘦。莼性易生,一种永得。宜净洁;不耐污,粪秽入池即死矣。种一斗余许[1],足以供用也。

种藕法:春初掘藕根节头[2],着鱼池泥中种之,当年即有莲花。

种莲子法:八月、九月中,收莲子坚黑者,于瓦上磨莲子头,令皮薄。取墐土作熟泥,封之,如三指大,长二寸,使蒂头平重,磨处尖锐。泥干时,掷于池中,重头沉下,自然周正。皮薄易生,少时即出。其不磨者,皮既坚厚,仓卒不能生也。

种芡法⁽³⁾：一名"鸡头"，一名"雁喙"，即今"芡子"是也。由子形上花似鸡冠，故名曰"鸡头"。八月中收取，擘破，取子，散着池中，自生也。

种芰法：一名菱。秋上子黑熟时，收取，散着池中，自生矣。

《本草》云："莲、菱、芡中米，上品药⁽⁴⁾。食之，安中补藏，养神强志，除百病，益精气，耳目聪明，轻身耐老。多蒸曝，蜜和饵之，长生神仙。"多种，俭岁资此，足度荒年。

【注释】

〔1〕一斗：不明所指。现在有的地方以石、斗作为土地面积单位，但《要术》无此例，未悉何指。

〔2〕藕根节头：指藕的先端的二三节，连带顶芽，非指藕节。

〔3〕芡：睡莲科的芡（Euryale ferox），花梗多刺，顶生一花。花后花托长大，结成球形多刺的果实。顶部宿萼闭合而成嘴状，全形像鸡头，故名"鸡头"。

〔4〕"莲"、"芡"二种出《神农本草经》，"菱"出《名医别录》，均"果部上品"，各自分列。《要术》是同类合并作综合缀引。"菱"，《名医别录》作"芰"。

【译文】

种莼菜的方法：靠近陂湖的地方，可以种在湖里；靠近河流的地方，可以作成池塘引河水来种。掌握好水的深浅：水深了，茎肥而叶少；水浅了，叶多而茎瘦。莼菜容易生长，种一次，以后永久生长。水应该洁净，莼菜不耐污染，粪秽之类进入池里，就死了。种上一斗多些，就足够用了。

种藕的方法：初春掘取藕根节头，埋植在鱼池的泥土底下，当年就会有莲花。

种莲子的方法：八月、九月中，收取硬而黑的老熟莲子，在瓦上磨莲子的上头，把壳磨薄。拿黏土作成熟泥，封裹在莲子外面，〔捏塑成一个泥坨子，〕像三个指头那样粗细，二寸长，让下头平而重，磨的一头尖锐。等到泥干了，投种在池塘里，因为下头沉重，自然沉到泥底，而且位置周正。壳磨薄了，容易发芽，不久就长出了。不磨薄的，壳又硬又厚，一下子是不能发芽的。

种芡的方法：芡，又名"鸡头"，又名"雁喙"，就是现在的"芡子"。由于果实上面的花像鸡冠，所以叫"鸡头"。八月中，收取果实，擘破，取得种子，投入池塘里,自然会发芽生长。

种芰(jì)的方法:芰,又名菱角。秋天果实成熟发黑时,收取,撒在池塘里,自然会发芽生长。

《本草》说:"莲子、菱角和芡中的肉,都是上品的药。吃下,安中补五脏,滋养精神,增益智力,消除百病,补益精气,使耳目聪明,轻身耐老。多蒸,晒干,用蜜和着吃,可以长生,像神仙一样。"多种这些植物,荒年靠这些可以度过饥荒。

齐民要术卷第七

货殖第六十二[1]

范蠡曰:"计然云:'旱则资车,水则资舟,物之理也。'"[2]

白圭曰[3]:"趣时若猛兽鸷鸟之发。故曰:吾治生犹伊尹、吕尚之谋,孙吴用兵,商鞅行法是也。"[4]

【注释】

〔1〕本篇所记,除篇末引《淮南子》外,余均出于《汉书·货殖传》,也见于《史记·货殖列传》。《要术》自序称:"商贾之事,阙而不录",因此有人怀疑本篇不是贾思勰的本文,而是后人掺假的。其实不然。《要术》各卷讲谷物、蔬菜、经济作物和树木栽培以及动物饲养的某些篇中,都讲到农副产品的交易换钱,大面积的经营赚钱,大数量的买良汰劣,以至价格贵贱的预测,有时甚至损人利己,难道诸多记录也不承认是贾氏本文?贾氏反对的是以"舍本逐末"和"日富岁贫"为特征的"商贾",就是不事生产,专门以经商买卖为业的行"商"坐"贾",他们丢掉农业生产的根基,专搞别人产品的转手买卖,投机倒把,暴富暴贫,才是贾氏极力反对的。而"货殖"所讲的几乎全是农、林、牧、渔和副业生产的事项,没有脱离农副业生产,这和贾氏所经营的农副产品的买卖相一致,是以"自产自销"的方式进行,贾氏认为是农家分内之事,根基是扎扎实实的,有利于农业再生产的发展,完全不是空手倒把的"商贾"行径。所以,他引录了《货殖传》。

〔2〕此条见于《汉书·货殖传》者,作:"昔粤王句践困于会稽之上,迺用范蠡计然。计然曰:'……故旱则资舟,水则资车,物之理也。'"没有"范蠡曰"的引称。另外,《史记》裴骃《集解》引有《范子》,《旧唐书·经籍志下》五行类著录有《范子问计然》十五卷,并注说:"范蠡问,计然答。"(《新唐书·艺文志三》入农家类,作《范子计然》,注同)是唐开元时征书始出者,《隋书·经籍志》中未见,则此条来源,也可能出自《范子》之类后人托伪之书。"旱则资车,水则资

舟"，是常理，恰恰和《汉书·货殖传》的"旱则资舟，水则资车"（《史记·货殖列传》同）相反。颜师古解释："旱极则水，水极则旱，故于旱时预蓄舟，水时预蓄车，以待其贵，收其利也。"《国语·越语上》文种对越王也说："臣闻之贾人……旱则资舟，水则资车，以待乏也。"似乎这才合计然反常悬测的射利策略，则《要术》可能倒错了。

〔3〕白圭：战国时人，善于经商。《孟子·告子下》、《韩非子·喻老》也有一个白圭，善于筑堤治水，据《孟子》赵岐注说就是善于经商的这个白圭。但也有人说是另一人（如清阎若璩等）。

〔4〕这条也见于《汉书·货殖传》，同样没有"白圭曰"的题称。原文是："白圭，周人也。当魏文侯时……乐观时变，故人弃我取，人取我予……与用事僮仆同苦乐，趋时若猛兽挚鸟之发。故曰：吾治生犹伊尹、吕尚之谋，孙吴用兵，商鞅行法是也。"（《史记》同）"挚"通"鸷"。伊尹：佐汤灭夏。吕尚：即姜太公，佐周灭商。孙吴：春秋时孙武和战国时吴起，都善于用兵，后世以"孙吴"并称。商鞅：战国时人，帮助秦孝公变法，厉行新政，秦国因以富强。

【译文】

范蠡说："计然说过：'在陆地要靠车子，在水里要靠船只（？），这是事物的自然道理。'"

白圭说："赶上时间要像猛兽猛禽〔捕捉食物〕一样的迅捷。所以说，我经营生产，正像伊尹、吕尚的计谋，孙武、吴起的用兵，商鞅的行法一样。"

《汉书》曰[1]："秦汉之制，列侯、封君食租，岁率户二百，千户之君则二十万；朝觐、聘享出其中。庶民、农、工、商贾，率亦岁万息二千，百万之家则二十万；而更徭、租赋出其中……

"故曰：陆地，牧马二百蹄，"孟康曰：五十匹也。蹄，古'蹄'字。"[2]牛蹄、角千，"孟康曰：一百六十七头。牛马贵贱，以此为率[3]。"千足羊；"师古曰：凡言千足者，二百五十头也。"泽中，千足彘；水居，千石鱼陂[4]；"师古曰：言有大陂养鱼，一岁收千石。鱼以斤两为计[5]。"山居，千章之楸，"楸任方章者千枚也。师古曰：大材曰章，解在《百官公卿表》。"安邑千树枣[6]，燕、秦千树栗，蜀、汉、江陵千树橘，淮北荥南、济、河之间千树楸[7]，陈、夏千亩漆[8]，齐、鲁千亩桑、麻，渭川千亩竹；及名国万家之城，带郭千亩亩钟之田，"孟康曰：一钟受六斛四斗。师古曰：一亩收钟者，凡千亩。"若千亩栀、茜，"孟康曰：茜草、栀子，可用染也。"千畦姜、韭：此其人，皆与千户侯等。

"谚曰：'以贫求富，农不如工，工不如商，刺绣文不如倚市门。'此言末业，贫者之资也。"师古曰：言其易以得利也。"

"通邑大都：酤，一岁千酿，"师古曰：千瓮以酿酒。"醯[9]、酱千瓨，"胡双反。师古曰：瓨，长颈罂也，受十升。"浆千儋；"孟康曰：儋，罂也。师古曰：儋，人儋之也，一儋两罂。儋，音丁滥反。"屠牛、羊、彘千皮；谷籴千钟；"师古曰：谓常籴取而居之。"薪藁千车，船长千丈，木千章，"洪桐方章材也。旧将作大匠掌材者曰章曹掾。"[10]竹竿万个；轺车百乘，"师古曰：轺车，轻小车也。"牛车千两；木器漆者千枚，铜器千钧，"钧，三十斤也。"素木、铁器若栀、茜千石；"孟康曰：百二十斤为石。素木，素器也。"马蹄、噭千，"师古曰：噭，口也。蹄与口共千，则为马二百也。噭，音江钓反。"牛千足，羊、彘千双；僮手指千；"孟康曰：僮，奴婢也。古者无空手游口，皆有作务；作务须手指，故曰'手指'，以别马牛蹄角也。师古曰：手指，谓有巧伎者。指千则人百。"筋、角、丹砂千斤；其帛、絮、细布千钧[11]，文、采千匹，"师古曰：文，文缯也。帛之有色者曰采。"荅布、皮革千石；"孟康曰：荅布，白叠也[12]。师古曰：粗厚之布也。其价贱，故与皮革同其量耳，非白叠也。荅者，重厚之貌。"漆千大斗；"师古曰：大斗者，异于量米粟之斗也。今俗犹有大量。"蘖曲、盐、豉千合；"师古曰：曲蘖以斤石称之，轻重齐则为合；盐豉则斗斛量之，多少等亦为合。合者，相配耦之言耳[13]。今西楚荆、沔之俗[14]，卖盐豉者，盐、豉各一斗，则各为裹而相随焉，此则合也。说者不晓，遂读为升合之'合'，又改作'台'，竞为解说，失之远矣。"鲐、鲞千斤[15]，"师古曰：鲐，海鱼也。鲞，刀鱼也，饮而不食者。鲐音胎，又音菭。鲞音荠，又音才尔反。而说者妄读鲐为'夷'，非惟失于训物，亦不知音矣。"鲰、鲍千钧；"师古曰：鲰，脼鱼也，即今不着盐而干者也。鲍，今之鲲鱼也。鲰音辄。脼，音普各反。鲍，音于业反。而说者乃读鲍为鲍鱼之'鲍'，音五回反，失义远矣。郑康成以为：'鲲，于煏室干之。'[16]亦非也。煏室干之，即鲰耳，盖今巴、荆人所呼'鳠鱼'者是也[17]，音居偃反。秦始皇载鲍乱臭[18]，则是鲲鱼耳；而煏室干者，本不臭也。煏，音蒲北反。"枣、栗千石者三之；"师古曰：三千石。"狐、貂裘千皮，羔羊裘千石，“师古曰：狐、貂贵，故计其数；羔羊贱，故称其量也。”旃席千具；它果采千种[19]；“师古曰：果采，谓于山野采取果实也。”子贷金钱千贯：节驵侩[20]，“孟康曰：节，节物贵贱也，谓除估侩，其余利比于千乘之家也。师古曰：侩者，合会二家交易者也；驵者，其首率也。驵，音子朗反。侩，音工外反。”贪贾三之，廉贾五之[21]，“孟康曰：贪贾，未当卖而卖，未当买而买，故得利少，而十得其三；廉贾，贵乃卖，贱乃买，故十得五也。”亦比千乘之家。此其大率也。

“卓氏曰……吾闻岷山之下沃壄，下有踆鸱，至死不饥。“孟康曰：踆音蹲。水乡多鸱；其山下有沃野灌溉。师古曰：孟说非也。踆鸱，谓芋也。其根可食以充粮，故无饥年。《华阳国志》曰[22]‘汶山郡都安县有大芋，如蹲鸱’也。”[23]谚曰：“富何卒？耕水窟；贫何卒？亦耕水窟。”[24]言下田能贫能富。

“丙氏……家，自父兄、子弟约：俯有拾，仰有取。”

《淮南子》曰：“贾多端则贫，工多伎则穷，心不一也。”[25]“高诱曰：“贾多端，非一术；工多伎，非一能：故心不一也。”

【注释】

〔1〕以下都是《汉书·货殖传》的引文，也见于《史记·货殖列传》。文内唐人颜师古的注文是后人加进去的。

〔2〕引号内是原有注文。下同。但并非全是颜师古的注，有些是《要术》原有的。即如此处“蹏，古‘蹄’字”上面，今《汉书》题称“师古曰”，但实际应是孟康注。又如下面注文“楸任方章者千枚也”，“钧，三十斤也”，都没有题名，今本都题称“孟康曰”，而“鱼以斤两为计”，“洪桐方章材也”云云，今本颜注根本没有。这些都说明《要术》所用《汉书》的注本有不同，那时颜注本还没出世。启愉按：《汉书》在贾思勰之前已有很多家注本，如东汉荀悦、服虔、应劭，三国魏邓展、苏林、如淳、孟康，吴韦昭，晋晋灼、臣瓒，后魏崔浩等，都对《汉书》作过注解，其注本都是单行。至唐代颜师古乃汇录各家注说，并加以己见对《汉书》作注，这就是现在通行的《汉书》颜注本。《旧唐书·经籍志》、《新唐书·艺文志》都著录有孟康《汉书音义》九卷，从《要术》所引都是孟康注来看，贾氏所用似乎是孟康注本，由于其书单行，为使读者知其为何人所注，故贾氏每注题称“孟康曰”。但由于后人塞进了颜注，原来的孟注被搞乱搞丢，所以才会出现上举的有注无名等现象。

〔3〕以此为率：指按这个比例计算。就是马牛的价格是50头和167头之比，也就是说，马的价格是牛的3.34倍。

〔4〕"陂"，《史记》同，今本《汉书》作"波"，颜师古特作注辨明："波，读曰陂，言有大陂养鱼，一岁收千石鱼也。说者不晓，乃改其波字为'皮'，又读为'披'，皆失之矣。"不但《汉书》原文不同，颜注也不同。

〔5〕"鱼以斤两为计"，今本颜注无此句。《史记》裴骃《集解》引徐广语，有此解释。

〔6〕安邑：县名，汉置，有今山西安邑镇及夏县地。

〔7〕"淮北荥南、济、河之间"，《史记》作"淮北、常山已南、河、济之间"。荥指荥泽，是古薮泽之一，久已湮塞，故址在今河南荥阳。常山即恒山，在山西北部；又汉郡名，郡治在今河南元氏西北。《史记》所指地区，比《汉书》要广阔得多，似乎反映山西、河北的木材逐渐被砍伐。

〔8〕陈：今河南淮阳等地。　　夏：今河南禹州。

〔9〕醯（xī）：同"醯"，醋。

〔10〕这整条注文，今本颜注没有，但见于《史记》裴骃《集解》引《汉书音义》。可能是孟康注而被后人脱漏题名。金抄作"洪桐"，《汉书音义》作"洪洞"，是形容木材粗大，而"洪桐"只是大桐树，"桐"疑"洞"之误。但"洪洞方章材也"这句，《汉书音义》作"洪洞方橐章材也"，"橐"应是袭上文"薪橐"而衍，《史记》中华标点本读"洪洞"为地名，标点为"洪洞方橐。章，材也。""方橐"不词。"方"谓正直，"方章"是说平正粗直的大材木，参校《要术》可得正解。曹掾（yuàn），分曹治事的属吏。

〔11〕"其"，没有意义，疑衍。

〔12〕白叠：棉花织成的布，古名白叠，也写作"白绁"。

〔13〕颜师古解释的"合"，是数量相等的意思，但怎样合法，解释多有不明。《史记》裴骃《集解》引徐广注，"合"读为"瓵"（yí），是受一斗六升的陶制容器，有确切的数量，比较明白些。

〔14〕唐有沔州，故治在今湖北汉阳。

〔15〕鲐（tái）：今指鲭鱼（鲭科的 Pneumatophorus japonicus），分布于我国、朝鲜等地沿海。另一解释认为是鲮鲐，就是河豚。但颜师古斥为妄读为"夷"者，从台字多可读夷音，如怡、贻、饴、眙等，则"夷"是"鲦"的通假，所指为鲐鱼，而河豚有毒，鲇鱼又名"鲇鲐"，则"妄读"者似亦不无可取。

〔16〕郑康成即郑玄，语见《周礼·天官·笾人》郑玄注"鲍鱼"。"鲍"，郑注承正文亦作"鲍"。此系《周礼》传本有异。煏（bì）室，火房。

〔17〕巴：巴州，唐时州治在今四川巴中。

〔18〕鲍乱臭：秦始皇暑天死于沙丘（在今河北平乡），尸体运回长安，路上

已发臭,乃用鲍鱼放在运棺材的凉车中,以乱其臭。鲍鱼,即腌鱼,有臭气的。

〔19〕它果采千种:采得山野果实多到一千种,很难理解,《史记》作"佗果、菜千钟","种"作"钟",似乎合理些。

〔20〕驵(zǎng)侩:大牙商,大经纪人。下文"千乘之家"指封地百里的诸侯。

〔21〕"……三之……五之":这有不同解释,除孟康外,有认为是"三分取一,五分取一",又有认为是提取3%或5%,还有其他解说。由于所记不明,难免分歧。

〔22〕《华阳国志》:东晋常璩撰。记述远古到东晋时期的巴蜀史事,是研究中国西南少数民族的重要资料。今传本已有残缺。

〔23〕《史记》张守节《正义》也引到,文同。但今本《华阳国志》无之,是佚文。汶(mín)山郡,郡名,汉置,郡治在汶江(今四川茂汶北)。汶(mín)山,即岷山,在四川北部,绵亘川、甘两省边境。都安县,三国蜀置,故治在今四川灌县东。

〔24〕"谚曰"云云是贾思勰插注,非《汉书》注文。卒(cù),通"猝",突然。

〔25〕见《淮南子·诠言训》。下文高诱注,今传高诱注本无此注。

【译文】

《汉书·货殖传》说:"秦和汉两代的制度,有爵位的列侯和封有食邑的封君,都向封地内的人民征收租税,标准是每年每户二百文,封地达到一千户的,每年就有二十万租税的收入;他们朝见天子和诸侯相互间报聘的费用,都由这租税开支。一般平民、农民、工匠、商人,他们的赢利,一万本钱,一般是每年可赢利二千,有百万家财的,每年也有二十万赢利的收入;他们出钱由别人代服劳役以及交纳政府的赋税,都在这赢利中开支〔,生活可美好了〕。

"比如说,在陆地,马,牧养有二百只蹏;"孟康说:就是五十匹马。蹏是'蹄'字的古写。"牛,〔一头四只蹄,两只角,〕蹄角合计共有一千只;"孟康说:就是一百六十七头牛。牛马贵贱,按这个比例计算。"羊,有一千只脚。"师古说:凡说一千只脚,就是二百五十头。"在沼泽地方,有猪一千只脚。在水乡,陂塘中出产一千石(dàn)鱼。"师古说:这是说有大陂养鱼,一年可以收到一千石的鱼。鱼是按斤两计算的。"在山乡,有大楸树一千章,"楸树可以解成方直大木料的有一千株。师古说:大木材叫作'章',解说见《百官公卿表》。"安邑有一千株枣树,燕地秦地有一千株栗树,蜀地、汉水、江陵有一千株橘树,淮北荥南、济水、黄河之间有一千株楸树,陈、夏地方有一千亩漆树,齐、鲁地区有一千亩桑园和麻地,渭河地区有一千亩竹林。此外,著名国都有着万户人家的大城市，它郊区有人有一千亩田，每亩能收到一钟，"孟康说：一钟的容量是六斛四斗。师古说：这是说，一亩能收一钟的田有一千亩。"或者有一千亩的栀子、茜草，"孟康说：茜草和栀子，都可用作染料。"有一千畦的生姜、韭菜：这些人，〔他们的富有〕都和封有千户的列侯相等。

"谚语说：'穷人想发财，种田不如作手艺，手艺不如作买卖，呆在家里作刺绣，不如靠着店门装笑脸招徕。'这就是说，做买卖的末业，却是穷人靠它来赚钱的。"师古说：这是说做买卖容易得到利益。"

"在通都大邑：卖酒的，一年酿造一千瓮，"师古说：用一千只瓮来酿酒。"卖醋卖酱的，酿造一千瓨（hóng），"师古说：瓨是长颈的罂，容量是十升。"卖饮浆的，酿造一千担；"孟康说：担是罂。师古说：担是人挑的，一担挑两个罂。"宰杀牛、羊、猪的皮有一千张；籴进的谷有一千钟；"师古说：这是说经常籴进来囤积着。"柴薪有一千车，船的长共有一千丈，大木材有一千章，"这是指正直粗大的大木材。旧时〔中央主管土木建筑的〕'将作大匠'下面管理木材的属官叫'章曹掾'。"竹竿有一万根；轺（yáo）车有一百乘，"师古说：轺车是轻便小车。"牛车有一千辆；漆过的木器有一千件，铜器有一千钧，"一钧是三十斤。"素木器皿或铁器，或者栀子、茜草有一千石；"孟康说：一石是一百二十斤。素木是〔没有漆过的〕白木器皿。"马的蹄和噭（qiào）共有一千，"师古说：噭，就是嘴。蹄和嘴共有一千，则是二百匹马。"牛有一千只脚，羊或猪有两千头；僮的手指有一千；"孟康说：僮，就是奴婢。古时没有空手游荡的人，都有工作做，做工作需用手指，所以人用'手指'来计算，和马牛用蹄角来计算不同。师古说：手指，指有精巧技术的人。一千手指就是一百个人。"〔畜兽的〕筋、角或者丹砂有一千斤；素绸、丝绵、细布有一千钧，文、彩有一千匹，"师古说：文是织有花纹的绸。染有颜色的绸叫彩。"荅（dá）布、皮革有一千石；"孟康说：荅布，就是白叠布。师古说：荅布是粗厚的布。它的价钱贱，所以与皮革以同等的量来计算，不是白叠布。荅是厚重的意思。"漆有一千大斗；"师古说：大斗，是和一般量米谷不同的斗。现在习俗上还有大容量的斗。"蘖曲、盐、豉一千合；"师古说：曲蘖是论斤论担称的，重量相等成为'合'；盐豉是论斗论斛量的，容量相等也成为'合'。合是配合相等的意思。现在西楚荆州、泗州的习俗，卖盐豉的人，如果有人买盐和豉各一斗，便分别包裹起来，相伴着一起交给买主，这就是'合'。解说的人不了解，却读为升合的'合'，或者又改为'台'字，争着解说，实在是错得远了。"鲐、鲢（jì）有一千斤，"师古说：鲐是海鱼。鲢是刀鱼，只饮水不吃固体食物的。鲐音胎，而解说的人有妄读鲐为'夷'的，不但所指名物不对，读音也错了。鲫（zhé）、鲍有一千钧；"师古说：鲫是脬鱼，就是现在不加盐而烘干的鱼。鲍是现在的鮿（yè）鱼。解说的人却将鲍读为鲏(wéi)鱼的‘鲏’,意义相差远了。郑玄解释:‘鲍是在火房里烘干的鱼。’也不对。火房里烘干的,就是鲗鱼,也就是现在巴州、荆州人所称的‘鳒(jiǎn)鱼’。秦始皇死后载着鲍鱼来混乱尸体臭气,这鲍鱼就是鲍鱼,是臭的,而火房里烘干的鲗鱼本来就不臭的。"枣子、栗子有一千石的三倍;"师古说:就是三千石。"狐皮、貂皮有一千张,羔羊皮有一千石,"师古说:狐皮、貂皮贵,所以论张计数;羔羊皮贱,所以论担计数。"毡毯有一千条;其他的果采一千种;"师古说:果采,是说在山野中采得的果实。"有用一千贯钱放债收利息的:〔所有这些经营〕经过‘驵侩’的调节说合,"孟康说:节是调节物价的贵贱。这是说,除去驵侩的佣钱,余下的利润可以和千乘之家相比。师古说:侩是给买卖双方说合的人;驵是他们之中为首的。"贪多的,得到的赢利是三;不贪多的,得到的赢利是五,"孟康说:贪多的,不该卖却卖,不该买却买,所以得到的利润少,十分之中只得到三分;不贪多的,贵了才卖,贱了才买,所以十分之中能得到五分。"收入也都比得上千乘之家。上面说的是大致的情况。

"卓氏说……我听说岷山之下,土地肥沃,地下有踆(cūn)鸱,人们到死不会受饥饿。"孟康说:踆音蹲。水乡多鸱;那边山下肥沃土地,可以灌溉。师古说:孟康的解说不对。踆鸱是指芋,芋块可以吃,当作粮食,所以没有饥荒的年岁。《华阳国志》说:‘汶山郡都安县有大芋,样子像蹲着的鸱。’〔所指就是这个。〕"俗话说:"怎么富得这样快?因为他耕种水地;怎么穷得这样快?也因为他耕种水地。"这就是说,低田可以使人暴贫,也可以使人暴富。

"〔鲁国〕丙氏……一家,从父兄到子弟,都有家规约定:低头有东西要拾,抬头有东西要摘。"

《淮南子》说:"商人经营的项目多,会穷;手艺人技术管得宽,也会穷,因为心思不专一。""高诱注解说:"商人项目多,不止一条渠道;手艺人技术多,不止一种技能,所以心思就不能专一。"

涂瓮第六十三

凡瓮,七月坯为上,八月次之,余月为下。

凡瓮,无问大小,皆须涂治;瓮津则造百物皆恶,悉不成。所以特宜留意。新出窑,及热脂涂者,大良。若市买者,先宜涂治,勿便盛水。未涂遇雨,亦恶。

涂法：掘地为小圆坑，旁开两道，以引风火。生炭火于坑中，合瓮口于坑上而熏之。火盛喜破，微则难热，务令调适乃佳。数数以手摸之，热灼人手，便下。泻热脂于瓮中，回转浊流，极令周匝；脂不复渗所萌切乃止。牛羊脂为第一好，猪脂亦得。俗人用麻子脂者，误人耳。若脂不浊流，直一遍拭之，亦不免津。俗人釜上蒸瓮者，水气，亦不佳。以热汤数斗着瓮中，涤荡疏洗之[1]，泻却；满盛冷水。数日，便中用。用时更洗净，日曝令干。

【注释】

〔1〕"疏"，有人说应作"漱"，卷三《杂说》有"漱生衣绢"；又有人说当作"梳"，卷八《蒸缹法》有"梳洗令净"，卷九《作脖奥糟苞》有"用暖水梳洗之"。前说牵强，后说似可采。不过，"疏"有清除、洗涤义，《国语·楚语上》"以疏其秽"，《文选·游天台山赋》"过灵溪而一濯，疏烦想于心胸"，都是清洗的意思。又，"梳"本字作"疏"，见清俞樾《俞楼杂纂》卷四四《疏字考》。故仍其旧。

【译文】

凡是瓦瓮，以七月的坯烧成的为最好，八月的坯次之，其余各月的坯都不好。

所有瓦瓮，不管大小，都必须先经过涂治的处理〔，涂塞瓦器间孔隙，使不渗漏〕；如果瓮器渗漏，酿造任何东西都不好，不能成功。所以应该特别留意。刚出窑的瓮，趁热用油脂涂治过，最好。如果在市上买来的新瓮，也应该先涂治过，不要马上盛水。没有涂过，遇上雨被淋了，也不好。

涂治的方法：在地上掘个小圆坑，坑两边开两道通风道，让它通风助燃。坑里面烧着炭火，瓮口朝下，倒扣在坑口上，让炭火熏烤着。火猛了瓮容易破，微弱了又难以烤热，务必掌握到合适的程度才好。常常用手摸摸瓮子，热到烫手了，就拿下来。随即将熬热的油脂倒进瓮里，回转着瓮子，让混有杂质的油脂缓缓流动，让它完全流遍全瓮，到油脂不再渗进瓮壁，才停手。用牛脂羊脂最好，猪油也可以用。俗人用大麻子油，那会误事。如果不是倒进油脂缓缓流遍，只是用油脂揩拭一遍，仍然免不了渗漏。俗人又有把瓮子放在锅上蒸的，有水气，也不好。然后拿几斗热水倒进瓮里，回荡着刷洗干净，倒掉，再满满地盛着冷水。过几天，便可以用了。用时再一次洗净，在太阳底下晒干。

造神曲并酒第六十四 _{女曲在卷九藏瓜中}^[1]

作三斛麦曲法：蒸、炒、生，各一斛。炒麦：黄，莫令焦。生麦：择治甚令精好。种各别磨。磨欲细。磨讫，合和之。

七月取中寅日，使童子着青衣，日未出时，面向杀地，汲水二十斛。勿令人泼水，水长亦可泻却^[2]，莫令人用。

其和曲之时，面向杀地和之，令使绝强。团曲之人，皆是童子小儿，亦面向杀地；有污秽者不使。不得令人室近^[3]。团曲，当日使讫，不得隔宿^[4]。屋用草屋，勿使瓦屋。地须净扫，不得秽恶；勿令湿。画地为阡陌，周成四巷。作"曲人"，各置巷中——假置"曲王"，王者五人。曲饼随阡陌比肩相布^[5]。

布讫，使主人家一人为主，莫令奴客为主。与"王"酒脯之法：湿"曲王"手中为碗，碗中盛酒、脯、汤饼。主人三遍读文，各再拜。

其房欲得板户，密泥涂之，勿令风入。至七日开，当处翻之^[6]，还令泥户。至二七日，聚曲，还令涂户，莫使风入。至三七日，出之，盛着瓮中，涂头。至四七日，穿孔，绳贯，日中曝，欲得使干，然后内之。其曲饼，手团二寸半，厚九分。

祝曲文：

东方青帝土公、青帝威神，南方赤帝土公、赤帝威神，西方白帝土公、白帝威神，北方黑帝土公、黑帝威神，中央黄帝土公、黄帝威神，某年、月，某日、辰，朝日^[7]，敬启五方五土之神：

主人某甲，谨以七月上辰，造作麦曲数千百饼，阡陌纵横，以辨疆界，须建立五王，各布封境。酒脯之荐，以相祈请，愿垂神力，勤鉴所领^[8]：使虫类绝踪，穴虫潜影。衣色锦布，或蔚或炳；杀热火燌^[9]，以烈以猛；芳越薰椒，味超和鼎。饮利君子，既醉既逞；惠彼小人，亦恭亦静。敬告再三，格言斯整。神之听之，福应自冥。人愿无违，希从毕永。急急如律令。

祝三遍,各再拜。

造酒法:全饼曲,晒经五日许,日三过以炊帚刷治之,绝令使净。——若遇好日,可三日晒。然后细剉,布岠盛,高屋厨上晒经一日,莫使风土秽污。乃平量曲一斗,臼中捣令碎⁽¹⁰⁾。若浸曲一斗,与五升水⁽¹¹⁾。浸曲三日,如鱼眼汤沸,酘米⁽¹²⁾。其米绝令精细⁽¹³⁾。淘米可二十遍⁽¹⁴⁾。酒饭,人狗不令噉。淘米及炊釜中水、为酒之具有所洗浣者,悉用河水佳也。

若作秫、黍米酒,一斗曲,杀米二石一斗:第一酘,米三斗;停一宿,酘米五斗;又停再宿,酘米一石;又停三宿,酘米三斗。其酒饭,欲得弱炊,炊如食饭法,舒使极冷,然后纳之。

若作糯米酒,一斗曲,杀米一石八斗。唯三过酘米毕。其炊饭法,直下馈⁽¹⁵⁾,不须报蒸。其下馈法:出馈瓮中,取釜下沸汤浇之,仅没饭便止。此元仆射家法⁽¹⁶⁾。

【注释】

〔1〕"女曲",各本误作"安曲",据卷九《作菹藏生菜法》引《食次》"女曲"改正。

〔2〕长:这里指多意,读作去声。

〔3〕来自空气、器具、衣物和人身上的微生物非常复杂,都可以传播到曲料上,弄得不好会坏曲。不允许闲杂的人近临或闯入团曲间和不使用污秽的孩童,都是为了防止可能引起的某些有害微生物的污染。这些"禁忌"倒不是迷信的。

〔4〕隔宿:不得留着隔夜。当天和好的曲料,不在当天团曲完毕进入密闭的曲室培育菌种,却暴露着放置过夜,天气热,又受了风,被有害微生物侵染,会使曲料变质。

〔5〕比肩相布:一个挨一个地排列着。指两个并排着左右相挨近,横放在地上,不是前后重叠。这样,曲块之间留有一定的空隙,有利于发酵热量的散发和菌类的均匀生长和繁殖。现在布曲方式有分堆作层叠式排列的,如品字形等式,都必须有空隙流通散热和排湿。《要术》中似乎都是采用单层排列法。

〔6〕当处翻之:就原地翻转过来。有利于品温的调节和菌类的两面繁殖。不过《要术》的各种曲在进入曲室中保温培菌阶段的调理过程,大致相同,都是

待定七天调节品温一次,不是根据室温与品温升降的具体情况随时掌握,也没有开窗通风、放湿等措施,在很大程度上是听其自然,不知能否保证质量。

〔7〕金抄作"朝日",各本作"朔日",都费解。《四时纂要·六月》"造神曲法"采《要术》无此二字,疑衍,或"吉日"之误。

〔8〕"领",各本均作"愿",《四时纂要》采《要术》作"领",指领属,与上下文协韵,并不与上句重复,据改。

〔9〕焚(fén):同"焚",烧。

〔10〕此指再捣细碎。第一次斫碎是斫成枣子、板栗那样大的小块,第二次再加细捣。现在山东即墨黄酒用曲也是先碎成二三厘米大的小块,然后再磨成粉末。

〔11〕"五升水",各本同,用水量太少,疑"五斗"之误。

〔12〕酘(tóu):即"投"。

〔13〕绝令精细:指舂得极其精白。米愈精白,可溶性无氮物(以淀粉为主)的含量愈高,为产生酒精及一部分微生物代谢产物的主要来源。米的外皮及胚子中蛋白质和脂肪的含量特多,对酿酒来说,含量过多都有碍酒质,所以要除去,只留着胚乳。

〔14〕淘米可二十遍:米要淘二十来遍。也是为了淘净糠秕杂质,以免影响酒质,并避免酒液重浊不清,糟粕增多。

〔15〕馈(fēn):一蒸饭,就是蒸汽初次上甑就不再蒸的半熟饭。半熟饭不能酿酒,必须再经软化,方法之一是"沃馈",就是灌进蒸底的沸水,使饭胀饱熟透(即下文之法)。沃馈比蒸饭要烂,但糯米有烂而比较不易糊的优点。

〔16〕元仆射(yè):北齐时有元斌,为后魏拓跋氏宗室,历任侍中、尚书左仆射。原袭祖爵封高阳王,北齐初降爵为高阳县公。天保二年(551)卒。见《北齐书·元斌传》。其年代、官职和封邑高阳都和《要术》所记及贾氏曾任高阳太守相符,也许就是此人。

【译文】

作三斛麦曲的方法:用蒸的、炒的和生的小麦各一斛。炒的,只要炒到黄,不要炒焦。生的,要拣择簸扬得极其精细洁净。三种分开来磨。要磨得细。磨好后,再三种混合在一起。

在七月里第二个逢寅的日子,叫几个男孩穿着青衣,在太阳未出来之前,面对着"杀地"的方位,汲回来二十斛水。不要让人泼水,水多了也可以倒掉一些,可不能让人用。

和曲的时候,也要面对着"杀地"的方位溲和,要和得极干硬。团捏曲饼的人,都用小男孩,也都面对"杀地"的方位团曲;不要用有污秽的男孩。不允许有闲杂的人靠近制曲间。团曲,当天就要完毕,不得留着隔夜到第二天再团。房子要用草房,不要用瓦屋。地面必须扫干净,不允许有污秽;也不能潮湿。就地划出布曲的纵横行列,四周留着四条巷道。作几个"曲人",四条巷道中各放一个——这是假设作为"曲王"的,共放五个曲王〔,四巷中四个,正中一个〕。曲饼作成了,在纵横行列中一个挨一个地排列着。

排列好了,由家主叫家中一人作主祭人,不要让管家人来作主祭人。向曲王供上祭品的方法:把曲王手中的曲弄湿,当作碗,就在这碗里搁点酒、腊肉和面条。主人读祷祝文三遍,每遍都拜两拜。

曲室的门户要用木板门〔,放进曲饼后〕,用泥把门涂封严密,不要让风进去。到第七天,开门,把曲饼就原地翻转过来,仍然把门泥封严密。满十四天,把曲饼堆聚起来,还是把门泥封,不让风进去。满二十一天,拿出来,盛在瓮里,用泥涂封瓮口。到第二十八天,〔从瓮中取出来,〕穿个孔,用绳子贯穿起来,在太阳底下晒,要晒干,然后再盛在瓮里。曲饼的大小用手团捏成二寸半大,九分厚。

祷祝曲神的文章:

东方青帝土公、青帝威神,南方赤帝土公、赤帝威神,西方白帝土公、白帝威神,北方黑帝土公、黑帝威神,中央黄帝土公、黄帝威神,某年某月,某日吉辰,敬向五方五土的神灵祷告:

主人某甲,谨择七月的某个吉日,作成了几千百个小麦曲饼,划出了纵横的行列,各自的疆界分明;设置了五个曲王,每个都有它们的封境。供上了酒和腊肉,向诸位神灵祈请,愿求惠赐你们的神力,殷勤地鉴察所属鬼神的行径:要使虫类绝迹不来,蛇鼠也躲开无踪无影。曲饼长着锦一样的菌衣,绿的黄的繁殖旺盛;它们的酵解力透彻,热力也像火一样有劲;成酒的香味超过香草、花椒,味道也比鱼肉烹调的鼎食还胜。君子们喝了,醉得很过瘾;小人们喝了,既恭敬又安静。我祷告了三遍,这些话也该领受严整。神灵呀,你们听从了,冥冥之中应该会有效应。人的愿望没有落空,一定能够永久安稳。急急如律令。

祷告了三遍,每遍各拜两拜。

〔用"三斛麦曲"〕造酒的方法:拿整块的饼曲,晒上五天左右,每天三次用筅帚刷过,务必要刷得极干净。——如果遇上大晴天,晒三天就可以了。然后将曲饼斫碎,用大布杷兜裹着,搁在高屋橱架上又晒一天,不要让尘土污染了。再平平地量出一斗碎曲,在臼中再把它捣细碎。如果浸一斗曲,放进五升水(?)。曲浸了三天,发酵产生像鱼眼大小的气泡时,就投饭落缸。炊饭的米要舂得极其精白。米要淘二十来遍。酿酒的饭,人和狗都不让吃。淘米的水,炊饭的水,以及酿酒用具洗涤的水,都用河水为好。

如果用这种曲酿制秫米或黍米酒,一斗曲消化原料米的指标是二石一斗。投饭法是:第一投,三斗米的饭;过一夜,投五斗米的饭;过两夜,投一石米的饭;过三夜,投三斗米的饭。这酿酒的饭,要炊得充分软化,炊法像平常吃的饭一样。炊好了,摊开,等到极冷时,然后落缸下酿。

如果用这种曲酿造糯米酒,一斗曲的消化指标是一石八斗米。米饭只分三次就下完毕。炊饭的方法,是直接下"馈",不需要再蒸。下馈的方法:起出馈饭,装入瓮中,舀出蒸锅中的沸水浇下去,只要把饭淹没就可以了。这是元仆射家的酿酒方法。

又造神曲法:其麦蒸、炒、生三种齐等,与前同;但无复阡陌、酒脯、汤饼、祭曲王及童子手团之事矣。

预前事麦三种,合和细磨之。七月上寅日作曲。溲欲刚,捣欲精细,作熟。饼用圆铁范,令径五寸,厚一寸五分,于平板上,令壮士熟踏之。以杙刺作孔。

净扫东向开户屋,布曲饼于地;闭塞窗户,密泥缝隙,勿令通风。满七日翻之,二七日聚之,皆还密泥。三七日出外,日中曝令燥,曲成矣。任意举、阁,亦不用瓮盛。瓮盛者则曲乌肠——乌肠者,绕孔黑烂[1]。若欲多作者,任人耳,但须三麦齐等,不以三石为限。

此曲一斗,杀米三石;笨曲一斗[2],杀米六斗:省费悬绝如此。用七月七日焦麦曲及春酒曲,皆笨曲法。

造神曲黍米酒方:细剉曲,燥曝之。曲一斗,水九斗,米三石。须多作者,率以此加之。其瓮大小任人耳。桑欲落时作,可得周年停。初下用米一石，次酘五斗，又四斗，又三斗，以渐待米消即酘[3]，无令势不相及[4]。味足沸定为熟。气味虽正，沸未息者，曲势未尽，宜更酘之；不酘则酒味苦、薄矣。得所者，酒味轻香，实胜凡曲。初酿此酒者，率多伤薄，何者？犹以凡曲之意忖度之，盖用米既少，曲势未尽故也，所以伤薄耳。不得令鸡狗见。所以专取桑落时作者，黍必令极冷也。[5]

【注释】

〔1〕乌肠：曲经晒干之后，再盛入瓮中，容易吸收潮湿，在中心部分由于穿了孔，周围暴露面积较大，潮气更容易凝聚，而被黑色杂菌侵殖，呈现黑褐色，曲就"乌肠"坏了。

〔2〕笨曲：一种曲型特大而酒化力很低的曲。七月七日作的焦麦曲，实际就是《笨曲并酒》篇的"颐曲"。它和春酒曲都是炒小麦曲，都属于笨曲类。小麦不要炒得过焦，稍微有点焦也可以，所以又叫"焦麦曲"。

〔3〕此曲一斗，杀米三石，但此酒只投米二石二斗，曲米不符。"以渐待米消即酘"应是指以后投米时间的掌握，如果包括少投的八斗在内，语意不周，疑有脱文。

〔4〕势不相及：曲势不相应。投饭过早或过迟，都可使曲饭二者不相应，影响酒质。过早，先投的饭尚未完全酒化，再投饭，糖分积累过高，对酵母菌的活动不利，酒化力减弱。过迟，主发酵阶段过去，曲力已弱，饭多不能完全酒化，酒精含量不足。在这两种情况下，都给酸败菌侵殖的机会，使酒变质酸败。

〔5〕酿酒在手工业操作的条件下，气温过高时，容易酸败，所以受季节性的限制很大，许多名酒，在夏季都停酿。桑落时在秋末冬初，酒饭容易摊得极冷，下酿时不致因饭温而增高酒醪的温度，引起酒的变质。桑落时开始冷凉，但不太冷，历来认为是酿酒的最好时令，历史上很早就有"桑落酒"的名称。但这只是以饭温调节下缸品温的一项措施，并非一成不变，仍须看气温而定，如在严冬季节，则须投温饭。现在这样，《要术》亦然。

【译文】

又一种作神曲的方法：小麦蒸的、炒的和生的三种相等，跟上面所记的方法一样；不过划出布曲行列，供上酒、腊肉和面条，祭曲王，以及男孩团曲这些事情，一概摒弃不再用了。

　　预先将三种麦整治好,合和在一起,磨细。在七月的第一个寅日作曲。曲料要溲和得干硬,必须捣得精熟,熟到很透彻均匀。用圆形的铁圈作踏曲饼的模子。模子直径五寸,高一寸五分,搁在平板上,叫青壮年在上面用脚踏透踏紧实〔,然后脱模,取下曲饼〕。用小木棒在饼的中央穿个孔。

　　将一间向东面开门的房子打扫干净,把曲饼排列在地面上,把窗子和门都闭塞好,用泥紧密地涂封缝隙,使它不漏风。满七天,将曲饼就地翻个身,满十四天,聚拢来,都照样把门泥封严密。到第二十一天,拿出来,在太阳底下晒干,曲便作成了。随便挂起来,或者搁在橱架上,都可以,但不要盛在瓮子里。盛在瓮子里,曲饼会出现"乌肠"——乌肠就是在穿孔的周围变成黑色烂坏了。如果想多作一些,也随人的意愿,只要三种麦的分量相等就行,不必限定在三石。

　　这种神曲,一斗能消化三石米;笨曲一斗,只能消化六斗米:用曲量的一省一费,相差竟如此悬殊。七月七日作的焦麦曲和春酒曲,都是笨曲类。

　　用这种神曲酿造黍米酒的方法:把曲饼斫细,晒干。〔酿造的比例是:〕一斗曲,九斗水,三石米。要多作的,照这个比例增加。酒瓮的大小,任随人的意愿。桑叶将落的时候酿造的,可以陈放一周年。第一投,一石米的饭,次投五斗米饭,又投四斗米饭,三斗米饭,总要掌握到饭渐渐消化了就接着投饭,不要让曲势不相应。酒味足了,发酵的"吱吱"响声停了,酒就成熟了。如果酒味虽然纯正,但响声还没有停息,那是曲势还没有消尽,该再投些饭;如果不再投,酒味就又苦又薄了。掌握恰到好处的,酒味轻隽清香,比一般曲作的酒实在要好。初次酿造这种酒的人,大多伤于味薄,什么道理呢?因为他们估量着还是把这种曲当作普通的曲看待,因而用米就少,曲势还没有发挥完尽,所以酒就薄了。在酿造过程中不许让鸡狗撞见。之所以专门选在桑树落叶的时候酿造,因为黍饭必须要让它冷透。

　　又神曲法:以七月上寅日造。不得令鸡狗见及食。看麦多少,分为三分:蒸、炒二分正等,其生者一分,一石上加一斗半。各细磨,和之。溲时微令刚,足手熟揉为佳。使童男小儿饼之,广三寸,厚二寸。须西厢东向开户屋中,净扫地,地上布曲:十字立巷,令通人行；四角各造"曲奴"一枚。讫，泥户勿令泄气。七日开户翻曲，还塞户。二七日聚，又塞之。三七日出之。作酒时，治曲如常法，细剉为佳。

造酒法：用黍米二斛，神曲一斗[1]，水八斗。初下米五斗；米必令五六十遍淘之。第二酘七斗米。三酘八斗米。满二石米以外，任意斟裁。然要须米微多，米少酒则不佳。冷暖之法，悉如常酿，要在精细也。

神曲粳米醪法[2]：春月酿之。燥曲一斗，用水七斗，粳米两石四斗。浸曲发如鱼眼汤。净淘米八斗，炊作饭，舒令极冷。以毛袋漉去曲滓，又以绢滤曲汁于瓮中，即酘饭。候米消，又酘八斗。消尽，又酘八斗。凡三酘，毕。若犹苦者[3]，更以二斗酘之。此酒合醅饮之可也。[4]

【注释】

〔1〕"黍米二斛，神曲一斗"，各本原作"黍米一斛，神曲二斗"。按：此酒三投共下米二石，"一斛"显系"二斛"之误。下文用此曲酿"粳米醪"，一斗曲杀米二石四斗有时还怕苦，现在一斛米如何能用二斗曲？"二斗"又显系"一斗"搞错。原文倒错，今改正。

〔2〕醪(láo)：是带糟的酒，连糟吃喝的。一般是糯米作的。粳米性质较硬，其糖化比糯米难，淀粉利用率较低，因而出酒率较低，而出糟率较高；多搅拌容易生毛发糊，增加操作上的困难，而且酒液较糯米要浑浊，压榨不易。《要术》这种粳米醪，所用曲液要经过较粗疏的毛袋和较细密的绢两道过滤，目的也是为了使曲液尽可能纯净些，免得使酒液增加浑浊度。但除此之外，并无其他特殊措施，未知质量如何，可能不管怎样，就这样连糟吃喝算了。

〔3〕酒还有苦味，这是曲力未尽的缘故。酒苦由于饭少糖化酒化不足，所以酒味也淡薄；酒薄则酒精醇度不够，不能抑制酸败菌的侵殖，因而容易酸败。西汉刘向《新序》卷四《杂事》说的"酒薄则亟(快)酸"，古人早就注意到了。前文酿造黍米酒说的酒味又苦又薄，同样要再投饭，情况跟这里相同。

〔4〕醅(pēi)：未过滤的酒。

【译文】

第三种作神曲的方法：在七月第一个寅日作曲。不许让鸡狗见到或者吃食。看小麦的多少,分为三份:蒸的、炒的两份分量相等,生的一份在一石中再加上一斗五升。各别磨细,然后和匀。溲和时要和得稍微干硬,并用力揉和匀熟为好。叫小男孩团曲饼,每饼大三寸,厚二寸。须要用西边厢房向东面开门的房子。把房子地面扫干净,曲饼就排在地上。〔排曲的方法是:〕中间留下十字形的巷道,让人可以通行;作四个"曲奴"放在排曲外周的四角。排完了,将门缝用泥涂封严密,不让房子漏气。七天,开门把曲饼翻个身,仍然把门泥封严密。十四天,堆聚起来,照样封门。二十一天,起出来。酿酒时,整治曲饼跟平常的方法一样,要研得细碎为好。

用这种神曲酿酒的方法:配比是:黍米二斛,神曲一斗,水八斗。初次投下五斗米的饭;米必须淘过五六十遍使极清净。第二次投七斗米的饭。第三次投八斗米的饭。投足了二石米饭以后,可以随意斟酌是否再投饭。不过,还是须要饭稍微多些为好,饭少了,酒就不好。发酵醪品温高低的调节,跟通常的酿造法一样,总之须要精细地掌握好。

用这种神曲酿造粳米醪的方法:在春季酿造。配比是:燥曲一斗,用水七斗,粳米两石四斗。加水浸曲到发生鱼眼大小的气泡时就行。拿八斗米淘汰清净,炊作饭,摊到极冷。用〔黑羊毛编制的〕毛袋滤去曲渣,再用绢过滤一道,直接将曲汁过滤到瓮子中,就投这八斗米的饭下瓮。察看到饭消化尽了,又投八斗米的饭;消化尽了,第三次又投八斗米的饭。共投三次,投完毕。假如酒还有苦味,再投下二斗米的饭。这粳米醪酒是连糟吃的。

又作神曲方:以七月中旬以前作曲为上时,亦不必要须寅日;二十日以后作者,曲渐弱。凡屋皆得作,亦不必要须东向开户草屋也。大率小麦生、炒、蒸三种等分,曝蒸者令干,三种合和,碓𢭏[1]。净簸择,细磨。罗取麸,更重磨,唯细为良[2],粗则不好。剉胡叶[3],煮三沸汤。待冷,接取清者,溲曲。以相着为限,大都欲小刚,勿令太泽。捣令可团便止,亦不必满千杵。以手团之,大小厚薄如蒸饼剂,令下微㾓㾓[4]。刺作孔。丈夫妇人皆团之,不必须童男。

其屋,预前数日着猫,塞鼠窟,泥壁,令净扫地。布曲饼于地上,作行伍,勿令相逼,当中十字通阡陌,使容人行。作"曲王"五人,置之于四方及中央:中央者面南,四方者面皆向内。酒脯祭与不祭,亦相似,今从省。

布曲讫,闭户密泥之,勿使漏气。一七日,开户翻曲,还着本处,泥闭如初。二七日,聚之:若止三石麦曲者,但作一聚;多则分为两三聚。泥闭如初。三七日,以麻绳穿之,五十饼为一贯,悬着户内,开户,勿令见日。五日后,出着外许悬之。昼日晒,夜受露霜,不须覆盖。久停亦尔,但不用被雨。此曲得三年停,陈者弥好。

神曲酒方:净扫刷曲令净⁽⁵⁾,有土处,刀削去,必使极净。反斧背椎破,令大小如枣、栗;斧刃则杀小。用故纸糊席,曝之。夜乃勿收,令受霜露。风、阴则收之,恐土污及雨润故也。若急须者,曲干则得;从容者,经二十日许受霜露,弥令酒香。曲必须干,润湿则酒恶。

春秋二时酿者,皆得过夏;然桑落时作者,乃胜于春。桑落时稍冷,初浸曲,与春同;及下酿,则茹瓮——止取微暖,勿太厚,太厚则伤热。春则不须,置瓮于砖上。

秋以九月九日或十九日收水,春以正月十五日或以晦日,及二月二日收水,当日即浸曲。此四日为上时⁽⁶⁾,余日非不得作,恐不耐久。收水法:河水第一好;远河者取极甘井水,小咸则不佳⁽⁷⁾。

渍曲法⁽⁸⁾:春十日或十五日,秋十五或二十日。所以尔者,寒暖有早晚故也。但候曲香沫起,便下酿。过久曲生衣⁽⁹⁾,则为失候;失候则酒重钝,不复轻香。

米必细^m,净淘三十许遍;若淘米不净,则酒色重浊。大率曲一斗,春用水八斗,秋用水七斗;秋杀米三石,春杀米四石。初下酿,用黍米四斗,再馏弱炊,必令均熟,勿使坚刚、生、减也。于席上摊黍饭令极冷,贮出曲汁,于盆中调和,以手搦破之,无块,然后内瓮中。春以两重布覆;秋于布上加毡,若值天寒,亦可加草。一宿,再宿,候米消,更酘六斗。第三酘用米或七八斗。第四、第五、第六酘,用米多少,皆候曲势强弱加减之,亦无定法。或再宿一酘,三宿一酘,无定准,惟须消化乃酘之。每酘皆挹取瓮中汁调和之,仅得和黍破块而已,不尽贮出。每酘即以酒耙遍搅令均调,然后盖瓮。

虽言春秋二时杀米三石、四石,然要须善候曲势:曲势未穷,米犹消化者,便加米,唯多为良。世人云:"米过酒甜。"此乃不解法候。酒冷沸止,米有不消者,便是曲势尽。

酒若熟矣,押出,清澄⁽¹⁰⁾。竟夏直以单布覆瓮口,斩席盖布上,慎勿瓮泥;瓮泥封交即酢坏⁽¹¹⁾。

冬亦得酿,但不及春秋耳。冬酿者,必须厚茹瓮、覆盖。初下酿,则黍小暖下之。一发之后,重酘时,还摊黍使冷——酒发极暖,重酿暖黍,亦酢矣。

其大瓮多酿者,依法倍加之。其糠、潘杂用,一切无忌。

【注释】

〔1〕𨤍(fèi):舂。

〔2〕唯细为良:磨得越细越好。磨成带麸的面粉,这是《要术》中将制曲原料粉碎得最细的曲。曲料过粗过细,各有利弊。现在的小麦曲一般仅将小麦破碎成三五片使淀粉外露而已,不使有过多的面粉。《要术》此曲与北宋朱肱(翼中)《北山酒经》的一种纯用精白面粉作曲相似,均与今法不同。

〔3〕"胡叶",金抄、明抄同,湖湘本作"胡菜"。吾点始疑是"胡荽"之误,《渐西》本从之,近人校注本亦均改作"胡荽"。惟下篇《白醪曲》"胡叶"三见,恐未必都是"胡荽"之误。但"胡叶"未悉何指,姑仍其旧存疑。

〔4〕令下微泡泡:让下面稍微带点潮。也即稍微成半干半湿状态,但恐怕不会在下面再沾上点水,也许是在曲块下面多击打几下使水分下渗。在《要术》各种曲中,这是和水最多的。一般说来,曲料加水的多少,凭手摸以定干湿标准,群众有"捏得拢,散得开"的经验。达到这样的标准,大约需要曲料含38%上下的水分。用水太少,则有益微生物尚未成熟,而曲块已呈干燥状态,微生物不易繁殖,对曲不利。用水太多,则来火过猛,会变成内部炭化的"受火曲",或者外干而内溏,又会变成"窝水曲",对曲尤其不利。《要术》此曲曲料粉碎成面粉,用水又较多,而其酿酒效率高达一斗曲四石米(如果曲力未尽,还不只此数),用曲量只占原料米的2.5%,是九种曲中最高的,就是现代所用的黄酒曲或白酒曲,也

没有赶上1：40的酒化指标的,这就不容易理解。

〔5〕"净扫"与"令净"重复,上文"造酒法"有"以炊帚刷治之,绝令使净",疑应作"净帚"。

〔6〕"四日",实际应是"五日"。

〔7〕水质对酿酒的关系极大。河水是流动水,味清淡,杂质较少,酿酒比较好。水中氯化物如果含量适当,对微生物是一种养分,对酶无刺激作用,并能促进发酵,但到能使味觉感觉到咸苦味时,已是太多,则对微生物有抑制作用,酶的活性减弱,对酿酒极为不利。黄河流域地下水一般含可溶性盐类较高,所以井水常带咸苦味,不好用来酿酒。但也有源出清泉的井水,味道淡如河水,俗称"甜水",可以酿酒。

〔8〕"渍曲法",各本均误作"清曲法"。据下文经过十日以上的浸渍,"候曲香沫起便下酿",明显是指"渍曲",是上面酿"神曲酒"的继续,上文只谈到曲的碎晒处理和取水,本段以下继续说明怎样浸曲和酿造,"神曲酒"的酿造过程才交代完毕,叙述连贯,也有层次。"清曲"既非曲名,亦非酒名(中日校注本改为"清酒法"或"清曲酒法")。黄麓森最早指出:"清是浸、渍音形相近之讹。"是。据改。

〔9〕生衣:长出菌醭,结成一层皮膜如"衣"。这时曲已变质,糖化、发酵力减弱,使成品酒厚重不醇。

〔10〕《要术》没有提到怎样榨酒法,但卷八《作酢法》说到"如压酒法,毛袋压出",并且能够"压糟极燥",说明压榨技术已相当进步,至少应有简单的榨床。清澄:酒液榨出后必须经过澄清,否则会影响酒质和增加过夏的困难。按照现在的操作程序,澄清后继续煎酒,目的在杀死酒中杂菌,并使蛋白质混浊物质凝集,以利陈酿。《要术》没有提到煎酒,可能那时还没有这样做。

〔11〕"封交",近人有疑是"到夏"形似之误。不过,泥瓮之前,须将瓮口用箬叶、芦叶之类交封,然后才能涂泥,原文不误。

【译文】

　　第四种作神曲的方法:在七月中旬以前作曲最好,也不一定要在寅日;七月二十日以后作的,曲力就逐渐减弱了。一般房屋都可以作,也不一定要向东面开门的草屋。大致生的、炒的、蒸的三种小麦分量相等;蒸的要晒干。然后三种混合,在碓中舂〔去外层杂质〕。再簸扬拣治洁净,磨细。用细筛筛得〔带粉〕麸皮,再重磨,磨得越细越好,粗了曲就不好。细切胡叶(?),加水煮三沸;等冷了,舀出上面的清汁,用来溲和曲料。只要溲和到能够相黏就行,大都要求稍微硬些,不要太湿。再将它捣熟,只要捣到能够团捏成块便停止,也不必捣满一千杵。然后用手团曲,每团的大小厚薄像馒头的坯型那样,再让下面稍微带点潮。穿一个孔。男人妇女都可以团,不必一定要男孩。

曲室中要几天之前放进猫,把老鼠洞塞严,墙壁上涂上泥,把地面打扫干净。曲饼就排在地上,要排成纵横的行列,曲饼之间要留有空隙,不允许相挤压,当中空出十字形的通道,与纵横行列相通,可以让人行走。作五个"曲王",放在四面和中央:中央的面向南面,四面的都面向中央。不过,供不供上酒脯和祭与不祭,曲的质量都一样,现在已经省掉。

曲饼排完后,关上门,用泥涂封严密,不让漏气。七天,开开门,将曲块翻转,仍旧放在原位,照样密泥门户。十四天,堆聚拢来:如果只有三石麦的曲,只堆作一堆;在三石麦以上,就分作两三堆。依旧密涂门户。二十一天,用麻绳穿起来,五十饼作一串,就挂在曲室内,把门开着,但不能让日光照着。五天之后,拿出来,挂在屋外。白天让太阳晒着,夜间让它承受霜露,用不着覆盖。长期停放,也是这样日晒夜露,可不能让雨打湿。这种曲可以停贮三年,陈的更好。

用这种神曲酿酒的方法:用干净的炊帚将曲块刷洁净,有泥土的地方,用刀削去,务必让它极洁净。用斧背将曲块椎破,破成像枣子、栗子的大小;如果用斧刃斫,容易斫得太小。用旧纸糊好席子,搁在席子上面晒。夜间不要收进来,让它承受霜露。但有风和阴天要收进来,恐怕被尘土污染或者被雨水打湿。如果急着要下酿,曲干了就可以用;如果时间从容,最好是让它晒上二十来天,充分承受霜露,酿成的酒就更香。曲必须晒干燥,润湿的曲,酿成的酒恶劣。

春秋二季酿造的这种酒,都可以过夏;但桑叶落时酿得的,更胜于春酿。桑叶落时天气稍为冷些,开始浸曲时,与春酿相同;到落瓮下酿,就要在瓮外包裹些保温东西——只要稍稍保暖就行,不要裹得太厚,太厚了会伤热坏酒。春酿就不需要包裹,把瓮搁在砖上。

秋酿在九月初九或十九日汲水,春酿在正月十五日,或者正月末日,或者二月初二日汲水,当天就用水浸曲。这〔五〕天汲水是上好的时令,其余日子不是不可以酿造,恐怕不耐久。汲水的方法:河水是第一等好水;离河远的地方,用极甜的井水,稍为有点咸味的,就酿不成好酒。

　　浸曲的方法：春天浸十天到十五天，秋天浸十五天到二十天。所以要这样，因为天气的寒暖有早晚的不同。只要候到曲发出香气，有气泡出来，便该下酿。浸得过久，曲会"生衣"，那就掌握失候了；失候了，成品酒就重浊不醇，不再轻隽清香。

　　米必须春得精白，再淘洗三十来遍，务必使它洁净；如若淘米不洁净，成酒酒色就厚重浑浊。大致说来，这种曲一斗，春酿用水八斗，秋酿用水七斗；秋酿消化三石米，春酿消化四石米。第一次下酿，用四斗黍米的饭，蒸汽初次透出饭面后，添水复蒸，使饭软熟，务必达到生熟均匀，〔糊化透彻，〕没有过硬、生心、过熟发毛等减损的毛病。把饭摊在席子上让它冷透；舀出曲汁，在一个盆子里拌和黍饭，将饭块用手捏破，到没有饭块了，然后下酿落瓮。春天用两重布盖在瓮上；秋天，在布上再加一重毡，如果遇上天气冷，也可以再加草盖上。过一夜，或者两夜，察看饭已经消化了，再投下六斗米的饭。第三投大约可以用七八斗米的饭。第四、第五、第六投，用米多少，都要察候曲力的强弱决定或多或少，没有一定的数量。或者过两夜投一次，或者过三夜投一次，也没有定准，总之必须饭消化了再投下去。每次投饭，都要舀出瓮中的发酵醪汁来调和黍饭，只要足够拌饭捏破饭块就行了，不需要全部都舀出来。每次投下饭，随即用酒耙在瓮中统统地搅拌一次，把它搅匀，然后再用覆盖物盖在瓮上。

　　虽然说一斗曲春秋二季可以消化三石米，或者四石米，但还是须要好好地察候曲的力量：曲力还没有完，饭还在消化的，便该继续投饭，要多些为好。俗人说："米多酒甜。"这是不懂得掌握恰好的时机。酒醪冷了，"吱吱"的发酵响声没有了，还剩有点不消化的饭，才是曲力尽了。

　　酒如果熟了，压榨出清酒，盛入瓮中澄清着。过夏时，整个夏天只要用一层单布盖在瓮口上，再斩一片席子盖在布上，千万不要泥封瓮口；泥叶交封瓮口，酒就会酸败。

　　冬天也可以酿造，但不及春秋二季好。冬天酿造的，必须用保温东西将瓮厚厚地包裹起来，再厚厚地盖着。初次下酿，投下稍微温暖的黍饭。酒醪一发热之后，再投饭时，仍然要把饭摊冷了投下——酒醪发酵温度极高，如果再投暖饭，酒便伤热酸败了。

　　用大瓮酿造得多的，可以按上面的曲米比例成倍地增加。酿这种酒,所有米糠、淘米泔、饭汤等,都可以供杂用,一切没有禁忌。

河东神曲方⁽¹⁾:七月初治麦,七日作曲。七日未得作者,七月二十日前亦得。麦一石者,六斗炒,三斗蒸,一斗生;细磨之。桑叶五分,苍耳一分,艾一分,茱萸一分⁽²⁾——若无茱萸,野蓼亦得用——合煮取汁,令如酒色。漉去滓,待冷,以和曲,勿令太泽。捣千杵。饼如凡饼,方范作之。

卧曲法:先以麦䅽布地⁽³⁾,然后着曲;讫,又以麦䅽覆之。多作者,可用箔、槌,如养蚕法。覆讫,闭户。七日,翻曲,还以麦䅽覆之。二七日,聚曲,亦还覆之。三七日,瓮盛。后经七日,然后出曝之。

造酒法:用黍米。曲一斗,杀米一石⁽⁴⁾。秫米令酒薄,不任事。治曲必使表里、四畔、孔内⁽⁵⁾,悉皆净削,然后细剉,令如枣、栗。曝使极干。一斗曲,用水二斗五升⁽⁶⁾。

十月桑落初冻则收水酿者为上时。春酒正月晦日收水为中时。春酒,河南地暖,二月作;河北地寒,三月作,大率用清明节前后耳。初冻后,尽年暮,水脉既定⁽⁷⁾,收取则用;其春酒及余月,皆须煮水为五沸汤,待冷浸曲,不然则动。十月初冻尚暖,未须茹瓮⁽⁸⁾;十一月、十二月,须黍穰茹之。

浸曲,冬十日,春七日,候曲发,气香沫起,便酿。隆冬寒厉,虽日茹瓮,曲汁犹冻,临下酿时,宜漉出冻凌,于釜中融之——取液而已,不得令热。凌液尽,还泻着瓮中,然后下黍;不尔则伤冷。

假令瓮受五石米者,初下酿,止用米一石。淘米须极净,水清乃止。炊为馈,下着空瓮中,以釜中炊汤,及热沃之,令馈上水深一寸余便止。以盆合头。良久水尽,馈极熟软,便于席上摊之使冷。贮汁于盆中,搦黍令破,泻着瓮中,复以酒耙搅之。每酘皆然。唯十一月、十二月天寒水冻,黍须人体暖下之;桑落、春酒,悉皆冷下。初冷下者,酘亦冷;初暖下者,酘亦暖;不得回易冷热相杂。

次酘八斗，次酘七斗，皆须候曲糵强弱增减耳，亦无定数。

大率中分米：半前作沃馈，半后作再馏黍。纯作沃馈，酒便钝；再馏黍，酒便轻香[9]：是以须中半耳。

冬酿六七酘，春作八九酘。冬欲温暖，春欲清凉。酘米太多则伤热，不能久。春以单布覆瓮，冬用荐盖之。冬，初下酿时，以炭火掷着瓮中，拔刀横于瓮上。酒熟乃去之。冬酿十五日熟，春酿十日熟。

至五月中，瓮别碗盛，于日中炙之，好者不动，恶者色变。色变者宜先饮，好者留过夏。但合醅停须臾便押出，还得与桑落时相接。

地窖着酒，令酒土气，唯连簷草屋中居之为佳。瓦屋亦热。

作曲、浸曲、炊酿，一切悉用河水。无手力之家，乃用甘井水耳。

《淮南万毕术》曰："酒薄复厚，渍以莞蒲[10]。""断蒲渍酒中，有顷出之，酒则厚矣。"

凡冬月酿酒，中冷不发者，以瓦瓶盛热汤，坚塞口，又于釜汤中煮瓶，令极热，引出，着酒瓮中，须臾即发。

【注释】

〔1〕河东：郡名，有今山西西南隅地区。后魏时郡治在今山西永济东南。河东神曲方是从外地传进来的酿酒法。

〔2〕此"药曲"用桑叶五分，苍耳等三种各一分，但不知"分"是拿什么作基准，又同什么作比较。如果是先拿桑叶分为五份，苍耳、艾和茱萸各是它的一份，可以计算。不过，药草对糖化或发酵菌类的繁殖可能有益，也可能有阻碍，所以酒曲用"药"都有分量，可这里缺少分量，"一分"究竟是多少，仍无可捉摸。贾氏思虑周密，行文细致，可能此法从河东传来，就照原法抄录罢了。

〔3〕麦䴸(juān)：麦秸。

〔4〕"一石"，各本相同，但曲米不符，应误。按："神曲"的酿酒效率极高，下文明说初酿"用米一石"，"次酘八斗，次酘七斗"，而次数是"冬酿六七酘，春作八九酘"，酿造指标超出一斗曲用一石米甚远，杀米至少在三石以上，"一石"明显是错字（其所用瓮，明说能做五石米）。

〔5〕"孔内"，上文没有提到刺孔，有脱文。

〔6〕金抄作"二斗五升"，用水量太少（明抄等作"一斗五升"，更少）。拿这个浸曲后极少的曲汁来和一石米的黍饭，如何能捏破饭块使解散（"搦黍令破"）？曲饭落瓮后又怎能用酒耙搅拌得过来？疑"二斗"有误。

〔7〕水脉既定：水质已经比较清洁稳定。所谓"脉"，指水的流动状态和所含物质；所谓"定"，指涨水期已过，大小河流不再泛滥带来大量不洁物质，水流平缓稳定。按：水是一种极好的溶媒，对酿酒的糖化迟速，发酵良否，酒味优劣，关系极大。这是由于水中含有和溶解有多种多样的有机和无机物质，并混杂有不溶解的多种悬浮物质等，感应灵敏的微生物一与接触就起反应，或好或坏，情况非常复杂。冬季水中浮游生物和其他有机杂质含量较少，可以直接用生水投入生产，而且气候较冷，易于管理，不易发生酒质酸败等弊病。开春后天气转暖，入夏更热，同时涨水泛滥，水中杂质增多，所以酿造用水必须加以煮沸灭菌处理，否则酒会变质败坏。

〔8〕瓮：此指浸曲的瓮。必须注意，《要术》浸曲的瓮就是酿酒的瓮。曲、水、米三者有一定的配比，一定量的曲，浸入一定量的水，分次投入一定量的米饭，都在同一瓮中。除浸曲水之外，以后不再加水，所以"液比"非常低，出酒率也低，而酒质醇釅。初投投在曲液中，二投以下投在发酵醪中，发酵醪对后投的饭起着酒母的作用。或者直接投入瓮内曲液中，或者舀出曲液和饭再投入瓮中，总之都用曲液酿造，很少用曲末直接拌和在饭中酿造的，都和现在的一般酿造法不同。

〔9〕"沃馈"泡得很烂，多次搅拌后容易发糊，不利于菌类的繁殖，并且有碍压榨，使酒质重浊，糟粕多。再蒸饭糊化透彻而不过烂，搅拌后不易发毛，而且糖化、酒化完全，酒质也比较清香醇爽，出酒率也较高。

〔10〕莞蒲：香蒲科的香蒲（Typha latifolia），也单称"蒲"，俗名"蒲草"。

【译文】

河东神曲的作法：七月初整治小麦，初七日作曲。初七日来不及作时，七月二十日以前的任何一日也可以作。假如一石小麦，配比是六斗炒的，三斗蒸的，一斗生的；都磨细。用桑叶五分，菜耳一分，艾一分，茱萸一分——如果没有茱萸，用野蓼也可以——合在一起煮出液汁，让液汁的颜色像酒色。滤去渣滓，等冷了，用来溲曲，不要溲得太湿。捣一千杵。团曲饼的方法同平常一样，不过它是用方形模子压出来的。

罨曲保温培菌的方法：先用麦秸铺在地上，然后把曲饼排在麦秸上，上面再用麦秸覆盖着。作得多的，也可以排在蚕架的椽箔上，像养蚕法那样。麦秸盖好后，关上门。七天，把曲块翻个身，还是用麦秸盖好。十四天，将曲块堆聚拢来，仍旧盖上麦秸。二十一天，起出来盛在瓮里。再过七天，然后拿出去晒。

用这种神曲酿酒的方法：要用黍米。一斗曲，消化一石米（？）。秫粟米使酒淡薄，不顶用。整治曲块必须使上下两面、四边和刺孔里面都削干净，然后再斫碎，斫成像枣子、栗子的大小。晒到极干燥。一斗曲，浸曲水用二斗五升（？）。

十月桑叶已落开始结冰时，汲水酿造是上好的时令。酿春酒，正月末日汲水酿造是中等时令。春酒，黄河以南气候暖些，二月酿造；黄河以北天气冷些，三月酿造，大致在清明节前后。从开始结冰一直到年底，水质已经比较清洁稳定，水汲来就可以用；春酒和其他月份酿造的酒，都必须将水煮沸五次，等水冷了再浸曲，不然的话，酒会变质酸坏。十月刚结冰时，天气尚暖，浸曲的瓮不必包裹保温；十一月、十二月，须要用黍穰包裹起来保暖。

浸曲的时间，冬天十天，春天七天，看到发酵旺盛发出曲香，并涌出气泡，便投饭下酿。隆冬天气严寒，就是天天包裹着曲瓮，曲汁还是冻着的，临下酿时，该捞出冰块，在锅中将它融化掉——融成液汁就行，不允许烧热。冰块融化尽了，仍旧倒进瓮里，然后投饭落瓮；不融化的话，投饭就会伤冷。

假如酒瓮是可以容受五石米的，第一次下酿，只用一石米的饭。淘米必须极洁净，水清了才停手。炊作半熟的馈饭，起出盛入另外的空瓮中，用蒸锅里的沸汤，趁热灌进瓮里，让馈饭面上留有一寸多的水就停灌。用盆子盖住瓮口。过了很久，水被吸收尽了，馈饭极软熟了，就拿出来摊在席子上，让它冷却。舀出瓮中曲汁放在盆子里，倒入黍饭，将饭块捏破，然后一起倒回瓮中下酿，再用酒耙搅拌均匀。每次投饭，都是这样。只有十一月、十二月天寒地冻时，黍饭须要温温像人体的温度时投下；桑落时和春酒，都用冷饭投下。第一次投的是冷饭，以后各次同样投冷饭，第一次投的是温饭，以后各次同样投温饭；不允许随便变换，冷的热的混杂投下。第二次投八斗，再次投七斗，都必须察候曲势的强弱或增多或减少，没有一定的数量。

大致要将酿造指标的米分成两半：前半作成沸水泡熟的"沃馈"投下，后半炊成再蒸的熟饭投下。清一色地投下沃馈，酒会变得重浊不醇；投下再蒸饭，酒便轻爽清香：因此须要中半配合。

冬酿酒共投六七次，春酒共投八九次。冬酿要温暖，春酿要清凉。一次投饭太多，〔酒醅发酵过盛，〕伤热，〔容易酸坏，〕不能久放。春天用单布盖在瓮上，冬天用草苫盖着。冬天初次下酿时，拿燃烧着的炭火扔进瓮中，拔刀横搁在瓮口上。酒成熟后，才拿开。冬酿十五天成熟，春酿十天成熟。

到五月中，从每瓮中滗出一碗酒来，在太阳底下晒着，好酒不变质，坏酒就变颜色。变颜色的该尽先喝掉，把好的留着过夏。好的只能连糟搁一会儿，就压榨出清酒，还是可以陈着和桑落酒相接。

酒藏在地窖中，会有泥土气味，只有停放在草齐檐口的草屋中才好。瓦屋也嫌热。

溲曲、浸曲、炊饭下酿的水，一切都要用河水。人力不足的人家，才只好用甜井水。

《淮南万毕术》说："要想薄酒变厚，用莞蒲浸在酒里。""断取蒲草浸在酒中，过一阵拿出来，酒就变厚了。"

冬天酿酒，伤了冷，发不起来，用瓦瓶子盛着热汤，把瓶口塞紧，〔再用绳子缚牢〕放入热汤中，将瓶子煮到很热，然后牵出来，放进酒瓮中，过一会就会发酵。

白醪曲第六十五 皇甫吏部家法[1]

作白醪曲法：取小麦三石，一石熬之，一石蒸之，一石生。三等合和，细磨作屑。煮胡叶汤，经宿使冷，和麦屑，捣令熟。踏作饼：圆铁作范，径五寸，厚一寸余。床上置箔，箔上安蓬蒿[2]，蓬蒿上置桑薪灰，厚二寸。作胡叶汤令沸，笼子中盛曲五六饼许，着汤中，少时出，卧置灰中，用生胡叶覆上[3]——以经宿，勿令露湿[4]——特覆曲薄遍而已。七日翻，二七日聚，三七日收，曝令干。

作曲屋，密泥户，勿令风入。若以床小，不得多着曲者，可四角头竖槌，重置椽箔如养蚕法。七月作之。

酿白醪法[5]：取糯米一石，冷水净淘，漉出着瓮中，作鱼眼沸汤浸之。经一宿，米欲绝酢，炊作一馏饭[6]，摊令绝冷。取鱼眼汤沃浸米泔二斗，煎取六升，着瓮中[7]，以竹扫冲之，如茗渤[8]。复取水六斗，细罗曲末一斗，合饭一时内瓮中，和搅令饭散。以毡物裹瓮，并口覆之。经宿米消，取生疏布漉出糟。别炊好糯米一斗作饭，热着酒中为汛[9]，以单布覆瓮。经一宿，汛米消散，酒味备矣。若天冷，停三五日弥善。

一酿一斛米，一斗曲末，六斗水，六升浸米浆。若欲多酿，依法别瓮中作，不得并在一瓮中。四月、五月、六月、七月皆得作之。其曲预三日以水洗令净，曝干用之。

【注释】

〔1〕皇甫吏部：也许是皇甫玚(yáng)，南齐人，随叔父入后魏，任吏部郎，是后魏王族高阳王的女婿。太昌元年(532)卒。

〔2〕蘧(qú)蒢(chú)：粗席。多用芦苇或竹子编成。

〔3〕本篇三处"胡叶"，金抄等均同，《渐西》本等改作"胡菜"，但恐未必，今仍其旧存疑。

〔4〕"以经宿，勿令露湿"，指用早一天采来已经过一夜不带露湿的胡叶，不是让曲饼露在室外过夜。实际这是注文，因是单行小字而被误作正文。"以经宿"不能如中日校注本的连上句读成"用生胡叶覆上以经宿，勿令露湿"。启愉按：下文有"密泥户，勿令风入"，说明这仍是"罨曲"，此时曲饼已排列在灰上，而灰撒在粗席上，粗席铺在蚕箔上，蚕箔放在床上，床搁在密闭的曲室中，怎能又搬到室外去过夜？而且曲饼正在保温育菌的开始阶段，更不可能让它再受风露，致有受冷不上火变成"光面曲"或"死曲"的危险。再者，此曲是经过过汤的，外层受湿，下面所要垫灰，使其吸湿并保温，哪会再让它受露湿？罨曲用植物枝叶覆盖，枝叶或干或湿，全看曲的干湿程度和品温升降如何而定，现在群众作曲，对叶的干湿和覆盖的厚薄很有讲究。由于此曲的外层过汤受湿，所以才用干鲜叶覆盖，避免带露湿的叶。否则，在室外过夜，只薄薄地盖上一层叶，又怎能防止不受露湿？何况，下篇《笨曲并酒》有"预前数日刈艾……曝之令萎，勿使有水露气"，卷八《黄衣黄蒸及蘖》有"预前一日刈藙叶……无令有水露气"，均其明证。所以，"以经宿"连上句读是完全违背罨曲保温育菌的原理的。

〔5〕白醪：白醪酒。醪，一般是糯米作的酒，成熟快，两三天就可以吃，酒色白，所以叫"白醪"。酒味淡薄而甜，是连糟吃的，是一种速酿的连糟甜米酒，但不等于现在的"甜酒酿"。本篇这种白醪酒，从浸米到酒熟不过三昼夜(从落缸

算起只有两昼夜），正是速酿酒。但不同的是用酸浆作为重要配料,只有少量的糟(滤去大糟后只剩一斗汛饭的糟),有一定的酒味,和一般的甜米醪不同。

〔6〕一馏饭:一蒸饭,蒸汽透出饭面就不再添水而停蒸的饭。这饭是半熟的,就是馈饭,一般要用沸水浸泡使之熟透,即所谓"沃馈"。但这米已经事先用鱼眼沸汤浸泡过一夜,已经胀透,所以只要一蒸就已经软熟,糊化透彻,用不着再馏。

〔7〕"取鱼眼汤……着瓮中":这是用酸浆作配料来酿酒的"特技"。"取鱼眼汤沃浸米泔二斗",这是一句,不能分割,是指取原先用鱼眼沸汤浸泡过一夜的原米泔水二斗,就是原浸米的酸浆水二斗,也就是下文明白交代的配料比例"六升浸米浆"(经浓缩后),这正是此酒用酸浆作配料的紧要关键。日译本连上句读为"炊作一馏饭,摊令绝冷,取鱼眼汤沃",意谓再用鱼眼沸汤来泡浸冷饭,但这糯米是先烫一宿后再蒸的,已经充分糊化,并且饭已摊得很冷,正准备下酿,怎能倒回去再来"沃馈"?《今释》读成"取鱼眼汤,沃浸米泔二斗",语译为"用鱼眼汤,泡出两斗米泔水来",这只能是取米另泡,用米多少,其米泡后作何用,其泔酸与不酸,遗留不少问题。这都是忽视了此酒用酸浆酿造的"特技"。酸浆酿造法应来自南方。杭州地区的北宋《北山酒经》所酿的酒,现在绍兴酒的"摊饭酒"、无锡的"老廒黄酒",都用浸米酸浆作为配料投入生产。酸浆的作用,据绍兴酒的研究,可以调节发酵醪的酸度,有利于酵母菌的繁殖,并提供酵母菌良好的营养料,使酒精浓度迅速增长,对杂菌起着抑制作用。酿酒一般避过高温季节,可皇甫家法此酒选在高温季节酿造,而且酿造过程中还要裹瓮盖瓮加温,非常"反常"。它所以不怕过热酸败,应归功于酸浆的"以酸制酸"的特殊效果,并且还产生一定的酒味,不同于一般甜醪。

〔8〕"以竹扫冲之,如茗渤":用竹刷不停地冲击,冲击出像茶沫一样的泡沫来。《北山酒经》指出酸浆有死活之分,必须泡沫白色明快,浆质稠而黏涎,才是有利于酿酒的"活浆"。皇甫家法的酸浆经过煎煮浓缩,浆质十分稠涎,再加冲击处理,气泡中跑进大量空气,泡沫白色明快,明显是极好的"活浆",对酸度控制和加快酒化极为有利。

〔9〕"汛",各本均作"汜",是形似之误。"汛"是汛候,涵义同"信"。这里投一斗米饭在浊酒液中,是作为一种测候酒味是否合格的汛候剂,故称"汛米"。

【译文】

作白醪曲的方法:用三石小麦,一石炒的,一石蒸的,一石生的。三种混合起来,细磨成麦屑。拿胡叶(?)煮出液汁,过一夜让它冷透,用来溲和麦屑。和好后把它捣熟,然后踏成曲饼。饼用圆铁圈作模子,直径五寸,高一寸多。在床上铺着苇箔,苇箔上铺上粗篾席,篾席上撒上一层桑柴灰,二寸厚。另外拿胡叶煮出液汁,要煮沸,用小竹篮盛着五六个曲饼,放进沸汤中,过一会拿出来,排列在桑柴灰上罨着让它发酵,又拿胡叶盖在曲饼上面——这胡叶要早一天采来经过一夜不带露湿的——只是薄薄地盖上,把曲饼遮遍就可以了。七天,翻曲;十四天,聚曲;二十一天,收曲,晒干。

曲室要用泥把门户涂封严密,不让风进去。假如床的面积小,排不下多作的曲饼,可以在床的四角竖立直柱,多层次的设置横椽木和箔席,像养蚕的方法那样。这曲七月里作。

酿造白醪酒的方法:取一石糯米,用冷水淘净,把水沥干净,盛在瓮子中,烧出像鱼眼大小水泡的沸汤灌进去,让它泡着。过一夜,米会很酸很酸,就拿来蒸作一蒸饭,摊开来让它冷透。舀出原先用鱼眼沸汤浸米的酸泔水二斗,煎煮浓缩成六升,倒进酒瓮里,用竹刷把不停地冲击,冲击出像茶沫一样的泡沫来。另外取来六斗水,又取细罗筛得的曲末一斗,连同一石米的冷饭,一起投落瓮中下酿,随即搅拌均匀,并让饭块散开。用毡毯之类包裹着瓮,连瓮口一并盖上。过一夜,饭消化了,用生粗布滤去酒糟。另外拿一斗好糯米炊成饭,趁热投入酒中作为汛饭,用单层布盖在瓮上。过一夜,汛饭消化了,酒味就够可以了。如果天气凉爽,再过三五天,更好。

〔酿造的配比是:〕每酿一作,一斛糯米,一斗曲末,六斗水,六升浸米的浓缩酸浆。假如要多酿,按这个比例在别的瓮中酿造,不得混并在同一瓮中。四月、五月、六月、七月都可以酿作。所用的曲,三日以前用水洗干净,晒干了用。

笨_{符本切}曲并酒第六十六⁽¹⁾

作秦州春酒曲法⁽²⁾:七月作之,节气早者,望前作;节气晚者,望后作。用小麦不虫者,于大镬釜中炒之。炒法:钉大橛,以绳缓缚长柄匕匙着橛上,缓火微炒。其匕匙如挽棹法,连疾搅之,不得暂停,停则生熟不均。候麦香黄便出,不用过焦。然后簸择,治令净。磨不求细;细者酒不断麤⁽³⁾,刚强难押。

预前数日刈艾,择去杂草,曝之令萎,勿使有水露气。溲曲欲刚，洒水欲均。初溲时，手搦不相着者佳。溲讫，聚置经宿，来晨熟捣。作木范之：令饼方一尺，厚二寸。使壮士熟踏之。饼成，刺作孔。竖椓，布艾椽上[4]，卧曲饼艾上，以艾覆之。大率下艾欲厚，上艾稍薄。密闭窗、户。三七日曲成。打破，看饼内干燥，五色衣成，便出曝之；如饼中未燥，五色衣未成，更停三五日，然后出。反覆日晒，令极干，然后高厨上积之。此曲一斗，杀米七斗。

作春酒法：治曲欲净，剉曲欲细，曝曲欲干。以正月晦日，多收河水；井水若咸，不堪淘米，下馈亦不得。

大率一斗曲，杀米七斗，用水四斗，率以此加减之。十七石瓮，惟得酿十石米，多则溢出。作瓮随大小，依法加减。浸曲七八日，始发，便下酿。假令瓮受十石米者，初下以炊米两石为再馏黍，黍熟，以净席薄摊令冷，块大者擘破，然后下之。没水而已，勿更挠劳。待至明旦，以酒杷搅之，自然解散也。初下即搦者，酒喜厚浊。下黍讫，以席盖之。

以后，间一日辄更酘，皆如初下法。第二酘用米一石七斗，第三酘用米一石四斗，第四酘用米一石一斗，第五酘用米一石，第六酘、第七酘各用米九斗：计满九石，作三五日停。尝看之，气味足者乃罢。若犹少味者，更酘三四斗。数日复尝，仍未足者，更酘三二斗。数日复尝，曲势壮，酒仍苦者，亦可过十石米，但取味足而已，不必要止十石。然必须看候，勿使米过，过则酒甜。其七酘以前，每欲酘时，酒薄霍霍者，是曲势盛也，酘时宜加米，与次前酘等——虽势极盛，亦不得过次前一酘斛斗也。势弱酒厚者，须减米三斗。势盛不加，便为失候；势弱不减，刚强不消。加减之间，必须存意。

若多作五瓮以上者，每炊熟，即须均分熟黍，令诸瓮遍得；若偏酘一瓮令足，则余瓮比候黍熟，已失酘矣。

酘，常令寒食前得再酘乃佳[5]，过此便稍晚。若邂逅不得早酿者，春水虽臭，仍自中用。

淘米必须极净。常洗手剔甲，勿令手有咸气；则令酒动，不得过夏。

【注释】

〔1〕笨曲：是对神曲而言，指其酿酒效率远为逊弱，此外曲型特大，配料单纯，都有笨劣、粗笨之意。此篇以"笨曲"名篇，但只有笨曲的名称，没有作法，实际这是一类曲的大名，篇中的秦州春酒曲和颐曲都是笨曲类。

〔2〕秦州：三国魏置，有今甘肃天水、陇西等地。后魏时州治在上封，在今天水南。

〔3〕"细者酒不断麤"，各本同。按：此指粉碎曲料过细，使酒化过早过快，后劲不足，则消化不透，酒醪厚重，不利压榨。"麤"，或谓重浊，属下句，但有些勉强，怀疑原是"糟"字，残烂后错成"粗"，后又改为"麤"。"断"，即指糟粕与酒液的分离。"刚强"谓厚重不消化，非谓坚硬。

〔4〕"布艾椽上"，各本同。但艾没法铺在椽上，只能铺在箔上，应作"布艾椽箔上"，脱"箔"字。

〔5〕按寒食节前投第二投推算，此酒最迟当在清明节前十二三天开始酿造，这时浸曲，七八天后曲发初投，第三天再投第二投，已迫近寒食节了。

【译文】

作秦州春酒曲的方法：七月里作，节气早的，十五日以前作；节气晚的，十五日以后作。用不生虫的小麦，在大锅里炒。炒的方法：钉实一个大木桩在地上，在长柄锅铲的上端，用绳子松松地活套在木桩上，用缓火微微地炒。锅铲的炒动，像摇船桨那样，要连续迅速地炒动，不得暂时停留一下；停一下就会生熟不均匀。炒到麦子发黄有香气了便出锅，不要炒得过焦。然后簸扬择治，搞干净。磨麦不要太细；太细了〔消化不透彻，酒醪厚重〕，酒液与〔糟粕〕不易分离，压榨困难。

要在几天以前，割来艾草，把杂草拣去，晒到发蔫，不让它有丝毫露水气。曲料要溲和得干硬，洒水要均匀。初次溲和时，手捏着不相粘为合适。溲好后，作一堆放着，过一夜，第二天早晨，再把它捣熟。作曲的模子用木料制成，每个曲饼一尺见方，二寸厚。叫青壮年在上面用脚踏透踏踏紧实。曲饼踏成后，在中央穿个孔。竖立起直柱，〔直柱上安设椽箔，〕拿艾铺在〔箔〕上，曲饼排在艾上，进行罨曲培菌，上面又用艾盖着。一般下面垫的艾要厚些，上面盖的艾稍微薄些。紧密地封闭门窗。到第二十一天,曲作成了。破开来检验,看到饼里面已经干燥,长着几种颜色的曲菌,〔便成功了,〕可以拿出去晒;如果里面还没有干燥,几种颜色的曲菌还没有长成,就在曲室内再培养三五天,然后拿出去晒。多次地正面晒又翻过来晒,要晒得极干燥,然后搁在高橱上累积着。这种曲一斗,可以消化七斗米。

酿造春酒的方法:曲要整治得洁净,要破碎得细,要晒得干。在正月最末一日,多汲取河水备用;井水如果是咸的,不能用来淘米,炊饭沃馈也不能用。

〔酿造配比〕大致是:一斗曲,消化七斗米,用水四斗,多酿少酿按这个比例增加或减少。容量十七石的大瓮,只能酿十石米,过多会溢出来。酒瓮大小随便,只要按比例增加或减少分量就行。曲浸了七八天,开始发酵,便落瓮下酿。假如是能酿十石米的十七石大瓮,第一投用两石米炊作再馏饭,饭熟,用洁净席子把饭薄薄地摊开,让它冷却,结成大块的,擘破它,然后下酿。让水液淹盖饭面罢了,不要去搅动它。到明天早晨,用酒杷搅拌一下,饭自然散开来了。如果刚下酿就用手捏散饭块,〔把饭捏糊了,〕酒就容易厚重浑浊。饭下好了,用席子盖在瓮上。

从这以后,隔一天就投一次饭,都同第一次的投法。第二投投一石七斗米的饭,第三投投一石四斗米的饭,第四投投一石一斗米的饭,第五投投一石米的饭,第六投、第七投各投九斗米的饭:一共投满九石米的饭,就歇上三五天再看。要尝尝看,如果香气和酒味都醇足了,就停止不再投饭。如果气味还是不够,再投下三四斗。过几天,再尝尝看,如果还是不够,再投下两三斗。又过几天再尝尝,如果曲力壮盛,酒还有苦味,再投,总数也可以超过十石米,总要酒味醇足才停止,不必限定在十石。不过须要随时留心察候,不要投饭过量,过量了酒就甜了。到第七投以前,每次投饭前,看到酒液稀薄闪闪反光的样子,那是曲势旺盛的现象,应该加饭投下,最多加到和前面一次相等的量——曲势虽然很旺盛,也不能加到超过前面一次的斗斛。如果曲势减弱,酒液比较浓厚,须要少投三斗米饭。曲势旺盛时不加饭,〔曲力就接不上饭,而过后曲势减弱,〕这叫作"失候";曲势减弱时不减饭,饭太多了消化不了。所以加减之间,必须细心掌握。

如果酿造得多,在五瓮以上的,每次炊成的熟饭,必须把饭平均分开，同时分别投入各瓮中；假如专投在一瓮中让它满足，那么，其余的瓮要等到第二锅的饭熟，就已经失投了。

投饭，一般要在寒食节前投下第二投为好，过这个时候便稍微晚了些。如果碰巧有什么事情不能早些酿造的，正月末日汲来的春水虽然有了臭气，也还是可以用。

淘米必须淘得极洁净。淘米该常常把手洗干净，把指甲中污垢剔净，不让手有一点点咸气；有咸气酒就会变质，不能过夏。

作颐曲法[1]：断理麦、艾、布置法，悉与春酒曲同；然以九月中作之。大凡作曲，七月最良；然七月多忙，无暇及此，且颐曲，然此曲九月作[2]，亦自无嫌。若不营春酒曲者，自可七月中作之。俗人多以七月七日作之[3]。崔寔亦曰："六月六日，七月七日，可作曲。"[4]

其杀米多少，与春酒曲同。但不中为春酒：喜动。以春酒曲作颐酒，弥佳也。

作颐酒法：八月、九月中作者，水未定[5]，难调适，宜煎汤三四沸，待冷然后浸曲，酒无不佳。大率用水多少，酘米之节，略准春酒，而须以意消息之。十月桑落时者，酒气味颇类春酒。

河东颐白酒法：六月、七月作。用笨曲，陈者弥佳，划治，细剉。曲一斗，熟水三斗，黍米七斗。曲杀多少，各随门法。常于瓮中酿[6]。无好瓮者，用先酿酒大瓮，净洗曝干，侧瓮着地作之。

旦起，煮甘水，至日午，令汤色白乃止。量取三斗，着盆中。日西，淘米四斗，使净，即浸。夜半炊作再馏饭，令四更中熟，下黍饭席上，薄摊，令极冷。于黍饭初熟时浸曲。向晓昧旦日未出时，下酿，以手搦破块，仰置勿盖。日西更淘三斗米，浸；炊还令四更中稍熟[7]，摊极冷，日未出前酘之，亦搦块破。明日便熟。押出之。酒气香美，乃胜桑落时作者。

六月中，唯得作一石米。酒停得三五日。七月半后，稍稍多作。于北向户大屋中作之第一。如无北向户屋，于清凉处亦得。然要须日未出前清凉时下黍；日出以后热，即不成。一石米者，前炊五斗半,后炊四斗半。

【注释】

〔1〕本篇内各"颐"字,各本均同。仅金抄均作"颥"。按:卷八《作酢法》有"颐酒糟",明抄、湖湘本仍作"颐",院刻亦正作"颐"(院刻仅存五、八两卷),证明这字应是"颐"字。《集韵·平声·七之》"颐"又作"𦣈",金抄是"𦣈"的异写或写错。

〔2〕"且颐曲,然",各本同,费解,当有脱讹。《今释》"且"下加"作","然"改"盖",作"且作颐曲,盖……"则文从字顺。《古今图书集成》采《要术》干脆删去"且颐曲"三字,虽痛快,不足取。

〔3〕颐曲所以和春酒曲不同,因为颐曲要推迟到九月才作,所以曲的性能也不同。但颐曲也可以在七月里作,那就有使人不明白的疑问。因为颐曲在七月里作,不管节气或早或晚,不出七月十五日前或十五日后,那就有很多的作曲日期与春酒曲相同,那么颐曲也就是春酒曲了。又,习俗上大多在七月初七日作,如果那年是属于节气早的,这初七日作的颐曲也等于春酒曲。这样,这些七月作的颐曲,就不可能再有如九月颐曲的不同性能,还算不算颐曲?而实际已是春酒曲,为什么要分一为二?这些疑问,不得其解。

〔4〕《玉烛宝典》引崔寔《四民月令·六月》:"是月廿日,可捣择小麦硙之。至廿八日溲,寝卧之。至七月七日,当以作曲。"《七月》:"七月四日,命治曲室。……七日遂作曲。"没有"六月六日"可作曲的话。

〔5〕"水未定",指水质尚不稳定,含有较多的无机和有机物质,并杂有较多的悬浮物和浮游生物,不能直接用生水投入生产,所以必须作"煎汤三四沸"的热化和灭菌处理,《造神曲并酒》篇有明确要求,但各本均作"水定",脱"未"字,违背用水规律,"未"字应补。

〔6〕"瓮"上疑脱"小"字。

〔7〕"稍",《广韵》:"均也。"在这里正该"均熟"。惟《要术》用字通俗,可直接用"均"字,不致如此用僻,"稍"字怀疑是看错下文的"稍稍"多写在这里。

【译文】

作颐曲的方法:整治小麦、处理艾草和一切布置等方法,都和春酒曲相同,不过这是九月中作的。一般作曲,七月最好;但七月总是忙碌,没有工夫作曲,只好〔迟点作〕颐曲,〔因为〕颐曲在九月里作也没有关系。如果不作春酒曲的,颐曲自然可以在七月中作,习俗上大多在七月初七日作。崔寔也说:"六月初六,七月初七,可以作曲。"

颐曲消化米的多少，与春酒曲相同。不过不能用来酿造春酒，因为容易变质。相反，用春酒曲酿造颐酒，倒是很好的。

酿造颐酒的方法：八月、九月中酿造的，水质还没有稳定，〔用生水〕调理困难，应该把水烧开三四遍，等冷了，然后浸曲，酒就没有作不好的。用水多少，投饭或多或少的调节，大致比照春酒的办法，不过必须细心地掌握增加或减少的量。十月桑落时酿造的，酒的气味，很像春酒。

酿造河东颐白酒的方法：六月、七月里酿造。用笨曲，陈的更好，削治干净，斫细。一般是一斗曲，三斗熟水，七斗黍米。不过曲的消米多少，也看各人的技法。常是用〔小〕瓮酿造。如果没有好的小瓮，可以用原先酿过酒的大瓮，洗干净，晒干，把瓮斜侧着稳定在地上酿造。

清早起来，煮着〔没有咸味的〕甜水，煮到中午，让水色发白才停止。量出三斗来，盛在盆子里。太阳偏西时，淘四斗米，使洁净，另外用水浸着。到半夜，将米炊作再蒸饭，让四更中炊熟，下甑，薄薄地摊在席子上，让它冷透。在饭刚熟时，〔将盆中的三斗熟水倒入瓮中〕浸曲。天快亮，太阳还没有出来时，投饭落瓮，用手捏破饭块，敞开瓮口，不要盖。到太阳转西时再淘三斗米，浸着；依旧在四更中炊作再馏熟饭，摊到冷透了，在太阳没有出来前投下，同样把饭块捏破。到明天，酒便熟了。压榨出清酒。酒香，味道美，胜过桑落时酿造的。

六月中，只可以酿制一石米。酒可以停放三五天。七月半以后，可以稍稍多酿些。在朝北开门的大房子里酿造第一好。假如没有朝北开门的房子，在清凉的地方酿造也可以。不过必须在太阳没有出来以前清凉的时候下酿；太阳出来，热了，便酿不好。一石米的酿造量，第一投炊五斗半米，第二投炊四斗半米。

笨曲桑落酒法：预前净划曲，细剉，曝干。作酿池[1]，以稿茹瓮，不茹瓮则酒甜；用穰则太热。黍米淘须极净。以九月九日日未出前，收水九斗，浸曲九斗。当日即炊米九斗为馈。下馈着空瓮中，以釜内炊汤及热沃之，令馈上游水深一寸余便止。以盆合头。良久水尽，馈熟极软，泻着席上，摊之令冷。挹取曲汁，于瓮中搦黍令破，泻瓮中，复以酒杷搅之。每酘皆然。两重布盖瓮口。七日一酘，每酘皆用米九斗。随瓮大小，以满为限。假令六酘，半前三酘，皆用沃馈；半后三酘，作再馏黍。其七酘者，四炊沃馈，三炊黍饭。瓮满好熟，然后押出。香美势力，倍胜常酒。

笨曲白醪酒法：净削治曲，曝令燥。渍曲必须累饼置水中，以水没饼为候。七日许，搦令破，漉去滓。炊糯米为黍，摊令极冷，以意酘之。且饮且酘，乃至尽。秔米亦得作[2]。作时必须寒食前令得一酘之也。

蜀人作酴酒法：酴音涂十二月朝，取流水五斗，渍小麦曲二斤，密泥封。至正月、二月冻释，发，漉去滓，但取汁三斗，杀米三斗。炊作饭，调强软。合和，复密封。数十日便熟。合滓餐之，甘、辛、滑如甜酒味，不能醉人。多噉，温温小暖而面热也。

粱米酒法：凡粱米皆得用；赤粱、白粱者佳。春秋冬夏，四时皆得作。净治曲如上法。笨曲一斗，杀米六斗；神曲弥胜。用神曲，量杀多少，以意消息。春、秋、桑叶落时，曲皆细剉；冬则捣末，下绢筛。大率一石米，用水三斗。春、秋、桑落三时，冷水浸曲，曲发，漉去滓。冬则蒸瓮使热，穰茹之；以所量水，煮少许粱米薄粥，摊待温温以浸曲；一宿曲发，便炊，下酿，不去滓。

看酿多少，皆平分米作三分，一分一炊。净淘，弱炊为再馏，摊令温温暖于人体，便下，以杷搅之。盆合，泥封。夏一宿，春秋再宿，冬三宿，看米好消，更炊酘之，还泥封。第三酘，亦如之。三酘毕，后十日，便好熟。押出。酒色漂漂与银光一体，姜辛、桂辣、蜜甜、胆苦，悉在其中，芬芳酷烈，轻俊遒爽，超然独异，非黍、秫之俦也。

穄米酎法[3]：酎音宙净治曲如上法。笨曲一斗，杀米六斗；神曲弥胜。用神曲者，随曲杀多少，以意消息。曲，捣作末，下绢筛。计六斗米，用水一斗。从酿多少，率以此加之。

米必须䆷，净淘，水清乃止，即经宿浸置。明旦，碓捣作粉，稍稍箕簸，取细者如馎粉法。粉讫，以所量水，煮少许穄粉作薄粥。自余粉悉于甑中干蒸，令气好馏，下之，摊令冷，以曲末和之，极令调均。粥温温如人体时[4]，于瓮中和粉，痛抨使均柔，令相着；亦可椎打，如椎曲法。擘破块，内着瓮中。盆合，泥封。裂则更泥，勿令漏气。

正月作，至五月大雨后，夜暂开看，有清中饮，还泥封。至七月，好熟。接饮，不押。三年停之，亦不动。

一石米，不过一斗槽，悉着瓮底。酒尽出时，冰硬糟脆[5]，欲似石灰。酒色似麻油，甚酽。先能饮好酒一斗者，唯禁得升半。饮三升，大醉。三升不浇，必死。

凡人大醉，酩酊无知，身体壮热如火者，作热汤，以冷水解——名曰"生熟汤"，汤令均均小热，得通人手——以浇醉人。汤淋处即冷，不过数斛汤，回转翻覆，通头面痛淋，须臾起坐。与人此酒，先问饮多少，裁量与之。若不语其法，口美不能自节，无不死矣。一斗酒，醉二十人。得者无不传饷亲知以为乐。

黍米酎法：亦以正月作，七月熟。净治曲，捣末，绢筛，如上法。笨曲一斗，杀米六斗；用神曲弥佳，亦随曲杀多少，以意消息。米细师，净淘，弱炊再馏黍，摊冷。以曲末于瓮中和之，挼令调均。擘破块，着瓮中。盆合，泥封。五月暂开，悉同穄酎法。芬香美酽，皆亦相似。

酿此二酝，常宜谨慎：多，喜杀人；以饮少，不言醉死，正疑药杀。尤须节量，勿轻饮之。

粟米酒法：唯正月得作，余月悉不成。用笨曲，不用神曲。粟米皆得作酒，然青谷米最佳。治曲，淘米，必须细、净。

以正月一日日未出前取水。日出，即晒曲。至正月十五日，捣曲作末，即浸之。大率曲末一斗——堆量之——水八斗，杀米一石。米，平量之。随瓮大小，率以此加，以向满为度。随米多少，皆平分为四分，从初至熟，四炊而已。

预前经宿浸米令液，以正月晦日向暮炊酿，正作馈耳[6]，不为再馏。饭欲熟时，预前作泥置瓮边，馈熟即举甄，就瓮下之，速以酒耙就瓮中搅作三两遍，即以盆合瓮口，泥密封，勿令漏气。

看有裂处，更泥封。七日一酘，皆如初法。四酘毕，四七二十八日，酒熟。

此酒要须用夜，不得白日。四度酘者，及初押酒时，皆回身映火，勿使烛明及瓮。酒熟，便堪饮。未急待，且封置，至四五月押之，弥佳。押讫，还泥封，须便择取荫屋贮置，亦得度夏。气味香美，不减黍米酒。食薄之家，所宜用之，黍米贵而难得故也。

又造粟米酒法：预前细剉曲，曝令干，末之。正月晦日日未出时，收水浸曲。一斗曲，用水七斗。曲发便下酿；不限日数，米足便休为异耳。自余法用，一与前同。

作粟米炉酒法 [7]：五月、六月、七月中作之倍美。受二石以下瓮子，以石子二三升蔽瓮底。夜炊粟米饭，即摊之令冷，夜得露气，鸡鸣乃和之。大率米一石，杀，曲末一斗，春酒糟末一斗，粟米饭五斗 [8]。曲杀若少，计须减饭。和法：痛挼令相杂，填满瓮为限。以纸盖口，砖押上，勿泥之，泥则伤热。五六日后，以手内瓮中，看冷无热气，便熟矣。酒停亦得二十许日。以冷水浇 [9]，筒饮之。酳出者 [10]，歇而不美。

【注释】

〔1〕酿池：低于地面放酒瓮的发酵坑，今称"缸室"。唐山高粱酒的缸室是挖成半地下室的，以地下水位的高低，决定挖地的深浅，多至低下四尺，少则低下二尺。低下愈深，温度愈良，冬暖夏凉，有利发酵。

〔2〕"秔"即"粳"字，但各本均作"秔"，据《集韵·平声·十一唐》，"秔"同"糠"。这里借作"秔"字，是后人改的。

〔3〕酎（zhòu）：酎酒，一种"重酿酒"，指酿造期长而酒质醇醲的酒。也解释为以酒代水酿成的酒，非《要术》所指。

〔4〕这在时间上有矛盾。煮稀粥在蒸穄粉以前，等穄粉蒸熟了，又摊冷，又拌和曲末，时间经过很长，这时稀粥早就冷了，怎能温温如人体？操作程序未知是否颠倒错了。又，温粥倒进瓮里和穄粉相和，又擘破黏块投入瓮里，这两只瓮不能是同一只瓮，前者是另一只空瓮，而后者是酿酒的瓮。在瓮中拌和，当然可以（此外尚有笨曲桑落酒和黍米酎酒二例），但这是可以用椎捵打的，在瓮中很难捵打，只能椎捣，这也有些不协调。在这种场合，前者通常用盆，才不致二瓮重

叠混淆,而操作也方便。

〔5〕"糟",各本同,无法解释。泰州市叶爱国同志提供:《广韵·平声·六豪》:"膪,膪脆。"《集韵》同韵:"膪,脆也。"疑是"膪"字之误。

〔6〕这馈饭没有用沸汤泡成"沃馈",因为其米已经浸泡过一昼夜。但这是粟米,没有黍米、糯米那么容易糊化,所以仍将馈饭趁热投入曲瓮中下酿。

〔7〕炉酒:炉通"卢",是小瓮,酒作在小瓮中,因名"卢酒"。明胡侍《真珠船》卷五有"芦酒",用芦管吸酒,故名芦酒,而《要术》作"炉酒",当是笔误。但《要术》只是小瓮酒,未必一定是芦酒。

〔8〕"大率米一石,杀,曲末一斗,春酒糟末一斗,粟米饭五斗",不易理解,疑有错乱。通例是曲杀米,现在是倒装句法,米被曲所"杀",问题不大。北宋朱肱(翼中)《北山酒经》酿酒用发酵旺盛的酒醅阴干为酵,称为"干酵",或者就用湿醅直接和饭,称为"传醅";山东即墨黄酒原亦有用湿醅和饭,俗称"引子"。《要术》的"春酒糟末"或者也是一种作为接种酒母醅使用的"干酵"。本来笨曲一斗,只杀米六七斗,现在再配合"春酒糟末一斗"同起作用,其杀米指标可达一石。这样,勉强可以解释。但剩下"粟米饭五斗",无论如何切合不上,而且下酿要填满瓮,五斗饭也填不满,未知是否衍误,存疑。

〔9〕以冷水浇:冷水浇在瓮外,还是浇在酒中,不明。酒发酵已终止,没有热气,为什么还要在瓮外浇冷水?这酒从酒孔中泻出来就会泄气,不好吃,岂能在酒中冲冷水?《真珠船》说芦酒用热汤浇饮,但也不能浇进冷水。

〔10〕《津逮》本、《学津》本作"酹"(juān),《玉篇》:"以孔下酒也。"即在瓮肩或瓮下边开的嘴孔。卷八《作酢法》、卷九《饧餔》都有"酹瓮",并有"酹孔子下之",即从酹孔中泻出。但金抄、明抄等均作"酳",《礼记》、《仪礼》多有此字,是"以酒漱口",误。

【译文】

酿造笨曲桑落酒的方法:预先把曲饼削治干净,斫细,晒干。作成"酿池",用去掉叶的净稭秆包裹在瓮外面;不包裹,〔温度不够,酒化力弱,醇度低,〕酒会甜;用连叶的黍穰包裹,嫌太热〔,酒会变酸〕。淘黍米必须极洁净。九月初九日太阳没有出来以前,汲取九斗水,浸渍九斗曲。当天就拿九斗米炊为馈饭,把馈饭盛在空瓮中,用蒸锅中的沸汤趁热灌进瓮中泡着,让饭面上有一寸多深的浮水就停灌。用盆子盖住瓮口。过了很久,水被吸尽了,馈饭也极软熟了,倒出来摊在席子上,让它冷却。舀出曲汁,在另外的瓮中和饭,把饭块捏破,然后下入酒瓮中,再用酒杷搅拌均匀。每次投饭,都是这样。

用两层布盖在瓮口上。七天投一次饭，每次都投九斗米的饭。看瓮的大小，以满瓮为限。假如是六投，前三投都用沸汤泡软的沃馈饭，后三投都用再馏熟饭。如果是七投，前四投用沃馈，后三投用再馏饭。瓮满了，酒也熟到合适了，然后压榨出清酒。这酒饭的香气、美味和酒力，都比普通的酒加倍的好。

酿造笨曲白醪酒的方法：把曲饼削治干净，晒燥。浸曲必须把整块的曲饼叠着浸在水中，让水淹没曲饼为合适。浸七天左右，捏破曲块，滤去渣滓。将糯米炊成饭，摊到冷透了，随自己的意愿炊多少投下，一面喝，一面投，到投完喝尽。粳米也可以酿造。酿造时必须在寒食节以前投下第一次。

蜀人酿造酴(tú)酒的方法：十二月初一日的早晨，汲取五斗流水，浸渍二斤小麦曲，用泥密封瓮口。到正月或二月解冻了，开封，滤去曲渣，只取三斗清曲汁，消化三斗米。将米炊成饭，让软硬合适，投饭在曲瓮中。拌和均匀，依旧密封好。过几十天，酒便熟。连糟一起吃，酒味甜、辣、润滑，像甜酒的味道，不会醉人。多吃些，也不过温温有点暖意，脸上发热而已。

酿造粱米酒的方法：所有粱米都可以酿造，不过赤粱、白粱要好些。春夏秋冬四季都可以酿造。将曲饼削治洁净如同上面的方法。笨曲一斗，可以消化六斗米；用神曲更好。用神曲的话，估量它能够消化多少米，用心掌握分量。春季、秋季和桑树落叶这三个时令，曲都只要斫细；冬季就要捣成粉末，用绢筛筛过。一般是一石米，用三斗水。春季、秋季和桑树落叶这三个时令，都用冷水浸曲，曲发酵后，滤去曲渣。冬天就要把瓮蒸热，用黍穰包裹着；将所量的三斗水，加少量的原料粱米，煮成稀粥，摊到温温时，用来浸曲；过一夜，曲发酵了，便炊饭，下酿，曲渣不必滤掉。

准备酿造多少米，都把米平分为三份，一次投一份。把米淘洁净，炊成再馏软饭，摊开，让它温温比人体稍微暖些的时候，便下酿，用酒耙搅匀。拿盆子盖在瓮口上，用泥涂封住。夏天过一夜，春天秋天过两夜，冬天过三夜，看饭消化尽了，再炊饭投下，仍然用泥涂封好。第三投也是这样。三投完毕，再过十天，酒便成熟合适了。然后压榨出清酒。酒色闪闪发亮像银光的色泽，酒味有生姜的辛味，肉桂的辣味，蜂蜜的甜味，胆汁的苦味，都包含在里面，芳香醇浓，强劲有力，又轻俊爽口，超过一般，很独特，不是黍酒、秫酒所能比拟的。

酿造稷米酎酒的方法：如同上面的方法把曲饼削治干净。一斗笨曲，消化六斗米；用神曲更好。如果用神曲，按照它消化米的多少，细心掌握分量。曲块要捣成粉末，用绢筛筛过。标准是六斗米，用一斗水。随你酿造多少，都按照这个比例增加。

米必须要舂白，淘净，水清了才停止，就在水里浸着过夜。明天早晨，拿米在碓里捣作粉，用簸箕稍稍簸扬，取得细粉像作糕的粉那样。取得粉后，将所量的原料水，加入少量的稷粉，煮成稀粥。余下的稷粉，全放入甑中干蒸，让蒸汽馏透了，下下来，摊开让它冷了，然后用曲末拌和熟粉，要拌得极均匀。稀粥温温像人体的温暖时，倒进瓮里跟稷粉拌和，要尽力抨捣，让它均匀柔软，全都黏结着；也可以用椎捶打，像椎曲的方法。再擘破黏块，放进酒瓮里。盆子盖着瓮口，用泥封固。泥土有裂缝时，再泥封好，不让它漏气。

正月酿造，到五月大雨天之后，夜间暂时开封看看，上层有清酒泛着，喝着味道可以，仍然用泥封好。到七月，才真正成熟。只是舀出来喝，不压榨。这酒陈贮三年，也不会变质。

一石原料米，酿成酒后不过一斗糟，而且全都沉在瓮底。酒都舀喝尽了，剩着的糟像冰一样又硬又脆，简直像石灰。酒色像麻子油一样，很酽烈。平常能喝一斗好酒的人，这种酒只能禁受得一升半。喝三升，会大醉。喝上三升，不用水浇淋，一定会死。

凡是喝酒大醉的人，昏昏沉沉，失去知觉，身体像火一样的炽热。这时该烧得沸汤，用冷水冲调——叫作"生熟汤"，冲到温温稍微偏热，手下去不烫——用来浇淋醉人。温汤淋过的地方就会转冷，不过几斛温汤，将醉人翻来覆去，连头面都大量痛快地淋过，不久就醒过来，坐了起来。把这种酒给人家，要先问他平常能喝多少，然后裁减些给他。如果不告诉他这酒的喝法，他只觉得味道很美，不能自己节制，没有不醉死的。一斗酒，能醉二十个人。得到这种酒的人，无不赠送给亲戚好友们尝尝，觉得很快乐。

酿造黍米酎酒的方法：也是正月酿造，七月成熟。削净曲饼，捣成粉末，用绢筛筛过，都同上面的方法。一斗笨曲，消化六斗米；用神曲更好，也是按照神曲的消化力量，细心掌握用量。把米舂精白，淘净，炊成再蒸软饭，摊开让它冷却。在瓮中用曲末拌和黍饭，用手揉捏让它调和均匀。然后擘破饭块，投入酒瓮中下酿。盆子盖住瓮口,用泥封固。五月暂时开封看看尝尝,都跟作穄米酎酒一样。这酒芳香味美酽烈,也都相似。

酿制这两种酎酒,应该谨慎:多喝一点容易醉死人;但是由于喝得少,不相信是醉死的,只疑心是酒里放了毒药药死的。所以尤其应该节制饮量,千万不可多喝。

酿制粟米酒的方法:只有正月可以酿造,其余月份都不行。只用笨曲,不用神曲。各种粟米都可以酿造,但是用青谷米最好。削曲必须干净,淘米必须洁净。

在正月初一太阳没有出来以前收水。太阳出来,就晒曲。到正月十五日,把曲捣成粉末,就用水浸在瓮中。一般的配比是:一斗堆尖量的曲末,用八斗水,消化平斗量的米一石。依照瓮的大小,按这个比例增加,到快满瓮为限。随便酿造多少米,都把米平分为四份,从初酿到酒熟,只投四份而已。

〔炊饭的〕前一天把米浸过夜,让它涨透。正月最末一日天快黑时炊饭,只炊作馈饭,不需要再蒸。饭快熟的时候,预先和好泥,放在酒瓮边,馈饭熟了,随即抬出甑子,倒饭在浸曲的酒瓮中下酿,赶快用酒耙在瓮中搅拌两三遍,就用盆子盖住瓮口,用泥涂封严密,不让它漏气。看到泥土有裂缝时,再泥封好。七天投一次,都是这样投法。四投完毕,四七二十八天,酒便熟了。

酿造这酒须要在夜间,不能在白天。四次投饭和酒醪开始盛袋上榨时,都要用身体遮住火光,不让"烛"光照到瓮上。酒熟了,便可以喝。如果不是急着等用,暂且原瓮封着放着,到四五月里压榨出来更好。压榨完了,还是用泥封好,不过须要选在荫凉的房子里陈贮着,也可以过夏。这粟米酒,气香味美,不比黍米酒差。贫穷的人家,宜于作这种粟米酒,因为黍米既贵又难得。

又一种酿制粟米酒的方法:预先将曲饼研细,晒干,捣成粉末。正月最末一天太阳没有出来以前,汲水浸曲。一斗曲,用水七斗。曲发酵了,便投饭下酿;以后投饭没有呆定的日期,饭投足了便停止。〔这曲发便下酿和没有呆定日期两点〕是不同的,其余一切办法都和上面的粟米酒相同。

酿造粟米炉酒的方法:五月、六月、七月里酿造加倍的好。用一个容量在二石以下的瓮子,在瓮底装上两三升石子。夜间将粟米炊成饭，把它摊冷，让它受到夜间的露水气，到鸡鸣时拌和上曲末。大致一石米，用一斗曲末消化它，一斗春酒糟末，五斗粟米饭（？）。如果曲的消化力不够，该把饭减少。和曲末的方法：用力揉搓，使完全和匀；将饭填满瓮为止。用纸盖在瓮口上，纸上用砖压着；不要用泥涂封，涂封就会伤热变坏。五六天之后，用手探入瓮中试试看，如果是冷的，没有热气，酒便熟了。这酒可以停放二十天左右。用冷水浇。用管子吸饮。如果从酻孔中泻出来，酒便泄了气，味道就不好了。

魏武帝上九酝法，奏曰："臣县故令九酝春酒法：用曲三十斤，流水五石，腊月二日渍曲。正月冻解，用好稻米，漉去曲滓便酿。法引曰：'譬诸虫，虽久多完。'三日一酿，满九石米止。臣得法，酿之常善。其上清，滓亦可饮。若以九酝苦，难饮，增为十酿，易饮不病。"〔1〕

九酝用米九斛，十酝用米十斛，俱用曲三十斤，但米有多少耳。治曲淘米，一如春酒法。

浸药酒法：——以此酒浸五茄木皮，及一切药，皆有益，神效——用春酒曲及笨曲，不用神曲。糠、潘埋藏之，勿使六畜食。治曲法：须斫去四缘、四角、上下两面，皆三分去一，孔中亦剟去。然后细剉，燥曝，末之。大率曲末一斗，用水一斗半。多作依此加之。酿用黍，必须细师，淘欲极净，水清乃止。用米亦无定方，准量曲势强弱。然其米要须均分为七分，一日一酘，莫令空阙，阙即折曲势力。七酘毕，便止。熟即押出之。春秋冬夏皆得作。茹瓮厚薄之宜，一与春酒同，但黍饭摊使极冷，冬即须物覆瓮。其斫去之曲，犹有力，不废余用耳。

《博物志》胡椒酒法〔2〕："以好春酒五升；干姜一两，胡椒七十枚，皆捣末；好美安石榴五枚，押取汁。皆以姜、椒末〔3〕，及安石榴汁，悉内着酒中，火暖取温。亦可冷饮，亦可热饮之。温中下气。若病酒，苦觉体中不调，饮之，能者四五升，不能者可二三升从意。若欲增姜、椒亦可；若嫌多，欲减亦可。欲多作者，当以此为率。

若饮不尽,可停数日。此胡人所谓荜拨酒也[4]。"

《食经》作白醪酒法:"生秫米一石。方曲二斤,细剉,以泉水渍曲,密盖。再宿,曲浮,起。炊米三斗酘之[5],使和调,盖。满五日,乃好。酒甘如乳。九月半后不作也[6]。"

作白醪酒法[7]:用方曲五斤,细剉,以流水三斗五升,渍之再宿。炊米四斗,冷,酘之。令得七斗汁。凡三酘。济令清。又炊一斗米酘酒中,搅令和解,封。四五日,黍浮,缥色上,便可饮矣。

冬米明酒法[8]:九月,渍精稻米一斗,捣令碎末,沸汤一石浇之。曲一斤,末,搅和。三日极酢,合三斗酿米炊之[9],气刺人鼻,便为大发[10],搅成。用方曲十五斤酘之,米三斗,水四斗,合和酿之也。

夏米明酒法:秫米一石。曲三斤,水三斗渍之。炊三斗米酘之,凡三。济出,炊一斗,酘酒中。再宿,黍浮,便可饮之。

朗陵何公夏封清酒法[11]:细剉曲如雀头,先布瓮底。以黍一斗,次第间水五升浇之。泥着日中,七日熟。

愈疟酒法:四月八日作。用米一石[12],曲一斤,捣作末,俱酘水中。须酢[13],煎一石,取七斗。以曲四斤,须浆冷,酘曲。一宿,上生白沫,起。炊秫一石,冷,酘中。三日酒成。

作酃卢丁反酒法[14]:以九月中,取秫米一石六斗,炊作饭。以水一石,宿渍曲七斤。炊饭令冷,酘曲汁中。覆瓮多用荷、箬,令酒香。燥复易之。

作和酒法:酒一斗;胡椒六十枚,干姜一分,鸡舌香一分,荜拨六枚,下筛,绢囊盛,内酒中。一宿,蜜一升和之。

作夏鸡鸣酒法:秫米二斗,煮作糜[15];曲二斤,捣,合米和,令调。以水五斗渍之,封头。今日作,明旦鸡鸣便熟。

作橘酒法[16]:四月取橘叶,合花采之,还,即急抑着瓮中。六七日,悉使乌熟,曝之,煮三四沸,去滓,内瓮中,下曲。炊五斗米,日中可燥[17],手一两抑之。一宿,复炊五斗米酘之。便熟。

柯柂良知反酒法[18]:二月二日取水,三月三日煎之。先搅曲中水⁽¹⁹⁾。一宿，乃炊秫米饭。日中曝之，酒成也。

【注释】

〔1〕隋虞世南《北堂书钞》卷一四八及《文选》卷四张衡《南都赋》："酒则九酝甘醴。"唐李善注都引到魏武帝（曹操）此九酝酒法，《北堂书钞》所引，在"臣县故令"下有"南阳郭芝有"五字，在"增为十酿"下有"差甘"二字，又"易饮不病"下有"谨上献"句，则曹操奏文，到此结束。以下是贾氏的话。但"譬诸虫，虽久多完"，无法解释，这里酿造法的引说（"法引"），似应说到"一酝一石米，共九酝完毕"，原文应有讹误。

〔2〕今传《博物志》不见此条。《类聚》卷八九"椒"引有此条，无下半段，"石榴五枚"下作"管收计"，是"笮取汁"形似之误。

〔3〕"皆"与下文"悉"重叠，疑袭上文"皆捣末"而衍。

〔4〕荜拨：胡椒科，学名 Piper longum，主产于印尼、越南等地。此酒与下文引《食经》的混和酒都是配制酒，不是酿制酒。但此酒在配料中并未用到荜拨，则荜拨与同属的胡椒（Piper nigrum），在当时当地似有 Piper 的共名。

〔5〕"炊米三斗酘之"，一石原料米只下了三斗，其余七斗，未有交代，又"二斤"用曲量似太少，疑各有脱误。

〔6〕金抄、明抄作"不作"，湖湘本等作"可作"，恰恰相反。按：《要术》的白醪酒无论是本土的还是外来的，都是春秋和夏季酿造，利用其气温较高而快速酿成，为防止酸败，有时加入酸浆制酸，因此不能久放，须要随酿随喝，乃至连糟吃，这是白醪酒的特点。白醪酒不是冬酿酒，金抄作"不作"是对的。

〔7〕自此以下各条，仍是《食经》文。各条中称"方曲"，不称"笨曲"；曲的计量用斤，不用升斗；有不少特用术语，如出糟叫"济"，曲发叫"起"，下曲也叫"酘"等；除酾酒外，其余全是速酿酒，《要术》则大多是久酿酒；文字过简而晦涩，句法不同，操作过程也没有《要术》叙述得详晰，和他处所引《食经》文完全是一个类型。这些都说明它不是《要术》本文，而是《食经》文。

〔8〕"冬米明酒"和下条"夏米明酒"：明酒，大概是一种洁净酒，但未必是祭祀用的，为什么叫明酒，未详。所谓冬米或夏米，是否指冬天的米或是夏天的米，亦不明，姑存其原文阙疑。

〔9〕按：《食经》此酒与《北山酒经》的酿酒法基本相同，属南方酒系类型。在《北山酒经》，这一工序是"蒸醋糜"，即蒸酸饭。《酒经》是蒸，但《食经》这里只能是煮，即今所称"煮糜"，因为一斗米是用一石沸汤泡着的，成为酸米浆，没法蒸。

〔10〕"大发"是指汤泡一斗碎米的酸浆发得极酸，比照《北山酒经》的"渐

渐发起泡沫,如鱼眼、虾跳之类,大约三日后必醋矣",则"气刺人鼻,便为大发"
似宜在"三日极酢"之下比较合适。又,下文用曲十五斤,太多,其他各条无此配
比,疑有误。

〔11〕朗陵:县名,故城在今河南确山西南。此酒与下文鸡鸣酒都是一种坛
酿酒,即用一定量的曲、饭、水封酿在酒坛中,酿法简单,成熟快,但不易贮存。

〔12〕"用米一石",原作"用水一石",不通,下文"炊秫一石",就是这一
石米。《本草纲目》卷二五"愈疟酒"转引《要术》这条正作"米一石",字应
作"米"。

〔13〕"须酢",各本均作"酒酢",不通,是形似讹字。"须"作"待"解释,必
须注意,这仍是制酸浆酿酒,这浆就是下文"须浆冷"的浆,必须是"须"字。日
译本改作"须",《本草纲目》转引《要术》改作"待",都正确;《今释》仍"酒酢"
之旧,失察。

〔14〕酃(líng)酒:以用酃湖水酿酒得名,是一种酿造期长而酒质醇浓的
"重酿酒",明冯化时《酒史》卷上载西晋张载《酃酒赋》称:"造酿在秋,告成在
春。"酃湖在今湖南衡阳东。《食经》采录此酒的酿造法,极简略,没有成熟期,而
覆瓮用竹箸,而且燥了要换鲜箸,这在《要术》是办不到的,明显属于南方酒系。

〔15〕煮作糜:煮熟的酒饭,俗称"糜",因亦称酒饭为"煮糜",今山东即墨
等地还是这样称呼。它和蒸饭的不同点是经过不断的搅拌甚至击拍使成糊饭。
它可以是粥状的,上文冬米明酒的糜,就是粥状的,也可以是糊饭,甚或焦化的烂
饭。总之是烂糊粥饭,不是干饭。

〔16〕檒(shěn):未详是何种植物。今《要术》注释本各有推测,恐未必是。
待考。

〔17〕"日中可燥",有窜乱,应接在"曝之"下面,作"曝之日中,可燥",指曝
晒檒木花叶。"可燥"犹言"好燥",卷四《种栗》"藏生栗法"有"晒细沙可燥",
亦《食经》文,用法相同。

〔18〕柯楖(lí):酿造过程中没有提到,究竟是植物名还是操作工具,都无从
悬测,阙疑。

〔19〕"中水",疑"水中"倒错。

【译文】

曹操给皇帝献上九酝酒的酿造法,启奏说:"臣县从前的县令有
酿造九酝春酒的方法:用三十斤曲,五石流水,十二月初二日浸曲。
正月解冻之后,用好稻米〔炊熟〕,滤去曲渣便下酿。酿造法的引言
说:'譬诸虫,虽久多完(?)。'三天下酿一次,下满了九石米停止。

臣得到这个方法,依法酿造,常常是好的。上面是清酒,连糟也可以喝。如果九酝嫌苦,难喝,也可以加到十酝,〔比较甜些,〕就好喝,不会害病。"

九酝用九斛米,十酝用十斛米,都用三十斤曲,只是米有多少罢了。治曲淘米,全同酿春酒的方法。

酿制浸药用酒的方法:——用这种酒浸五加皮,及一切药,都有益,有神效——用春酒曲〔或颐曲〕,不用神曲。米糠和淘米泔水都埋在地下,不让牲畜吃到。整治曲饼的方法:必须将曲饼的四边、四角和上下两面,都斫去三分之一,饼孔里面也挖去一部分。然后斫细,晒燥,捣成粉末。大致一斗曲末,用一斗半水。多作的按这个比例增加。用黍米酿造,必须舂得精白,淘米要极洁净,水清了才停止。用米量也没有一定,估量曲势强弱来决定。不过米一定要平分为七份,一天投一份,不要有一天空阙,空阙了曲力就消耗减弱了。七投完毕,便停止。等熟了就压榨出清酒。春夏秋冬都可以酿造。瓮上面盖什么东西,都和酿春酒一样,不过黍饭要摊到极冷,冬天须要用厚些的东西盖在瓮上。斫下来的碎曲,还有力量,可以用它作其余的用途。

《博物志》配制胡椒酒的方法:"用五升好春酒;一两干姜,七十颗胡椒,都捣成碎末;好石榴五个,榨取汁。拿干姜、胡椒末,以及石榴汁,一起都加到酒里面,用火烫到温暖。可以冷饮,也可以热饮。喝了温中下气。如果酒喝多了犯了酒病,身体觉得很不舒服,就喝这种酒,能喝酒的喝上四五升,不能喝的喝二三升随意。如果想增加干姜、胡椒的分量,也可以;如果嫌多,想减少些也可以。想多配制些,可以按这个比例增加。如果一次喝不完,可以停留几天。这是胡人所谓的'荜拨酒'。"

《食经》酿制白醪酒的方法:"用生秫米一石。方曲二斤,斫细,用泉水浸渍,密盖着。过两夜,曲发酵浮起来,炊三斗米的饭投下去,搅和均匀,盖好。满五天,熟了。酒像奶一样甜。九月半以后不作。"

又酿制白醪酒的方法:用方曲五斤,斫细,浸在三斗五升的流水里,过两夜。炊四斗米的饭,摊冷,投下去。让它酿出七斗酒液。一共投三次。滤出清酒。又炊一斗米的饭投入清酒中,搅拌均匀散开,封好。过四五天,饭渣浮上缸面,酒泛上来带淡青色,便可以喝了。

酿造冬米明酒的方法：九月，浸渍精白稻米一斗，捣成碎末，灌进一石沸汤泡着。用一斤曲，捣成末，搅和进汤泡米中。过三天，米浆极酸了，再同三斗酿酒的米混和在一起，炊成饭，发出刺鼻的酸气，便是大发，随即搅拌成糜。再投进十五斤曲(？)，同第二投的三斗米饭，四斗水，一起混合着酿作。

酿造夏米明酒的方法：用秫米一石。拿三斤曲，用三斗水浸泡着。炊三斗米的饭投下去，一共投三次。滤出清酒，再炊一斗米饭投入清酒中。过两夜，饭渣浮上来，便可以喝了。

朗陵何公夏天封瓮酿造清酒的方法：将曲研细像麻雀头的大小，放在瓮底上。用一斗饭投下，依次间隔着共浇进五升水。用泥封好，搁在太阳底下晒，七天便成熟。

酿制治愈疟疾酒的方法：四月八日酿作。用一石米，一斤捣成末的曲，都投入水中浸着。等到发酸了，煎煮一石酸浆浓缩成七斗。又用四斤曲，等酸浆冷了投下去浸着。过一夜，上面发生白泡沫，曲已经发了。〔然后把那浸过的〕一石秫米炊成饭，等冷了投入曲液中。三天酒便成熟了。

酿造酃酒的方法：九月中取一石六斗秫米炊成饭。预先用一石水浸着七斤曲。等饭冷了，投入曲汁中。要多用些荷叶或箬叶覆盖瓮口，能使酒有香气。叶子干了换上新叶。

配制混合酒的方法：一斗酒，用胡椒六十颗，干姜一分，鸡舌香一分，荜拨六颗，〔都捣成粉末，〕用筛筛过，绢袋盛着，放入酒里面。过一夜，加一升蜜调和。

酿制夏天鸡鸣酒的方法：用二斗秫米，煮成糜；二斤曲，捣成粉末，和到糜里面，调和均匀。拿五斗水浸进去，封闭瓮口。今天作，明天凌晨鸡叫的时候便熟了。

酿制檐酒的方法：四月间采得檐叶，连花一并采回来，赶快按到瓮里去。六七天之后，全都发黑软熟了，拿出来在太阳底下晒，(晒到干燥，)加水煮上三四沸，滤去渣滓，倒进酒瓮里，和进曲。炊五斗米的饭〔投下去〕，用手在饭面上压抑几下〔使稍稍压实〕。过一夜，又炊五斗米饭投下。〔很快〕便熟了。

酿制柯柂酒的方法：二月初二日取水，三月初三日将水煮沸。先把曲搅和到水中。过一夜，炊秫米饭〔投下去〕。在太阳底下晒着，酒便会成熟。

法酒第六十七 酿法酒，皆用春酒曲。

其米、糠、潘、汁、馈、饭，皆不用人及狗鼠食之。

黍米法酒[1]：预剉曲，曝之令极燥。三月三日，秤曲三斤三两，取水三斗三升浸曲。经七日，曲发，细泡起，然后取黍米三斗三升，净淘——凡酒米，皆欲极净，水清乃止；法酒尤宜存意，淘米不得净，则酒黑——炊作再馏饭。摊使冷，着曲汁中，搦黍令散。两重布盖瓮口。候米消尽，更炊四斗半米酘之。每酘皆搦令散。第三酘，炊米六斗。自此以后，每酘以渐加米。瓮无大小，以满为限。酒味醇美，宜合醅饮之。饮半，更炊米重酘如初，不着水、曲，唯以渐加米，还得满瓮。竟夏饮之，不能穷尽，所谓神异矣。

作当梁法酒：当梁下置瓮，故曰"当梁"。以三月三日日未出时，取水三斗三升，干曲末三斗三升，炊黍米三斗三升为再馏黍，摊使极冷：水、曲、黍俱时下之。三月六日，炊米六斗酘之。三月九日，炊米九斗酘之。自此以后，米之多少，无复斗数，任意酘之，满瓮便止。若欲取者，但言"偷酒"，勿云取酒。假令出一石，还炊一石米酘之，瓮还复满，亦为神异。其糠、潘悉泻坑中，勿令狗鼠食之。

秔米法酒：糯米大佳。三月三日，取井花水三斗三升[2]，绢筛曲末三斗三升，秔米三斗三升——稻米佳，无者，旱稻米亦得充事——再馏弱炊，摊令小冷。先下水、曲，然后酘饭。七日更酘，用米六斗六升。二七日更酘，用米一石三斗二升。三七日更酘，用米二石六斗四升，乃止——量酒备足，便止。合醅饮者，不复封泥。令清者，以盆盖，密泥封之。经七日，便极清澄。接取清者，然后押之。

《食经》七月七日作法酒方："一石曲作'燠饼'：编竹瓮下，罗饼竹上，密泥瓮头。二七日出饼，曝令燥，还内瓮中。一石米，合得三石酒也。"

又法酒方[3]：焦麦曲末一石，曝令干，煎汤一石，黍一石，合揉,令甚熟。以二月二日收水,即预煎汤,停之令冷。初酘之时,十日一酘,不得使狗鼠近之。于后无若⁽⁴⁾,或八日、六日一酘,会以偶日酘之,不得只日。二月中即酘令足。常预煎汤停之;酘毕,以五升洗手,荡瓮。其米多少,依焦曲杀之。

三九酒法⁽⁵⁾:以三月三日,收水九斗,米九斗,焦曲末九斗——先曝干之:一时和之,揉和令极熟。九日一酘,后五日一酘,后三日一酘。勿令狗鼠近之。会以只日酘,不得以偶日也。使三月中即令酘足。常预作汤,瓮中停之;酘毕,辄取五升洗手,荡瓮,倾于酒瓮中也。

治酒酢法:若十石米酒,炒三升小麦,令甚黑,以绛帛再重为袋,用盛之,周筑令硬如石,安在瓮底。经二七日后,饮之,即回。

【注释】

〔1〕法酒:按一定的"术法"酿造的酒。据《要术》所记,与一般酒的不同点是:(1)初酿时水、曲、米三者的数量(或数字)相等;(2)以后投饭按比例增加,跟其他酒大都是逐渐减少不同;(3)无论数量和月日都采用三、六、九等数,或双数、单数。就(2)而言,它突破春酒曲的原有杀米标准很多,即突破一斗曲消化七斗米的指标很远,如粳米法酒竟高达一石五斗米之多,而其酿法除三、六、九等"术数"外,并没有什么特别的地方,这是一个疑问。

〔2〕井花水:清早最先汲得的井水,是当天没有被人们扰动使用过的最早的水,比较纯净清洁,水温也有不同,对酿酒有利。这井水叫作井花水。

〔3〕此"又"字表明此条仍出自《食经》。下条"三九酒法"亦同。《食经》上下共三条,叙述简缺,文句倒装,交代欠清楚,《要术》本文没有这样含糊的。

〔4〕金抄、明抄作"无苦",他本作"无若"。"苦",费解。"若"有"择"义,见《说文》"若"字段玉裁注。"无若"即不必择定要十日,以后可以八日或六日。

〔5〕"酒法",各本同,应是"法酒"倒错。

【译文】

黍米法酒的酿造法:预先将曲斫碎,晒到极燥。在三月初三日,秤出这燥曲三斤三两,用三斗三升水浸渍着。过了七天,曲发酵了,起了细泡。这时,取三斗三升黍米,淘洗洁净——凡是酿酒的米,都要淘得极洁净,水清了才停止;酿法酒尤其该留意,淘米不洁净,酒会发黑的——炊成再馏熟饭。把饭摊冷，投入曲汁中，把饭块捏散。拿两层布盖在瓮口上。伺候着到饭消化尽了，再炊四斗五升米的饭投下去。每次投饭都要捏散饭块。第三投，炊六斗米的饭投下。从这次以后，每次投下的米饭，分量要逐渐增加。不管瓮的大小，到投满瓮为止。这酒味道醇美，宜于连糟一起喝。喝了一半，再炊饭像初酿时一样地投下去，不必加水和曲，只要逐渐地加饭投下，还是可以满瓮的。整个夏天喝着，不会完尽，所以称为神异。

当梁法酒的酿造法：正对着屋梁下面放酒瓮，所以称为"当梁"。在三月初三日太阳没有出来以前，取三斗三升水，三斗三升干曲末，同时炊三斗三升黍米为再馏熟饭，摊到极冷，将这水、曲和黍饭一起下到瓮中。三月初六日，炊六斗米的饭投下。三月初九日，炊九斗米的饭投下。从这以后，每次投下多少米饭，没有一定的斗数，可以随意投酿，到满瓮便停止。如果要取酒的话，只能说是"偷酒"，不能说"取酒"。假如取出一石米饭的酒，仍然炊一石米的饭投下去，酒瓮还是会满的。这也是神异的事情。所有糠和米泔水，都倒到坑里，不让狗和老鼠吃到。

粳米法酒的酿造法：用糯米更好。三月初三日汲取三斗三升井花水，用绢筛筛过的曲末三斗三升，粳米三斗三升——用水稻粳米为好，没有的话，旱稻粳米也可以用——炊成再馏软饭，摊到稍微冷些。先将水和曲下到瓮里，然后投饭落瓮。满七天，再投一次，用六斗六升米的饭。满十四天，再投，用一石三斗二升米的饭。满二十一天，再投，用二石六斗四升米的饭，就停止——估量酒已经足够，便停止。如果是连糟喝的，不必用泥封瓮。如果要清酒的，就用盆子盖着瓮口，用泥涂封严密。七天之后，便澄得极清。舀出上面的清酒，然后压榨。

《食经》七月七日酿造法酒的方法："先将一石曲作'燠饼'：就是在瓮底用竹子编成支架，把曲饼排列在支架上，用泥密封瓮口〔，让它燠着〕。满十四天，取出曲饼，晒燥，仍旧放回瓮中。一石米饭，可以酿得三石酒。"

又酿造法酒的方法：一石焦麦曲末，晒干，烧一石开水，〔等冷了，〕同一石黍米饭，一起揉和到很匀熟。用二月初二日收的水，预先烧开，让它冷了〔再和曲、饭〕。初投之后，隔十天投第二次，不能让狗和老鼠接近。在这以后，不必待定隔十天，可以隔八天或者六天投一次,总之要在逢双的日子投下,不能用单数的日子。米饭要在二月份内全数投足。每次都要预先烧好开水,放着让它冷了;饭投完了,用五升冷开水洗手,荡瓮。用多少米,依照焦麦曲的消化力决定。

三九(法酒)的酿造法:在三月初三日,收得九斗水,九斗米炊成饭,焦麦曲末九斗——先晒干:一起调和,揉和到极匀熟。隔九天,投第二次。以后隔五天投第三次,又隔三天投第四次。不要让狗和老鼠接近。总要在逢单的日子投下,不能用逢双的日子。在三月份之内全数投足。每次都要预先烧好开水,放在瓮中让它冷了;投完饭,就取五升冷开水洗手,荡瓮,再倒进酒瓮里。

治好酒发酸的方法:如果是十石米的酒,炒三升小麦,炒到很焦黑,用两重红绸缝成个口袋,装进炒麦,整个筑紧让它像石头一样坚硬,放在瓮底上。过十四天之后,再喝时,味道就回转好了。

大州白堕曲方饼法[1]:谷三石:蒸两石,生一石,别硙之令细,然后合和之也。桑叶、胡枲叶、艾,各二尺围,长二尺许,合煮之使烂。去滓取汁,以冷水和之,如酒色,和曲。燥湿以意酌之。日中捣三千六百杵,讫,饼之。安置暖屋床上:先布麦秸厚二寸,然后置曲,上亦与秸二寸覆之。闭户,勿使露见风日。一七日,冷水湿手拭之令遍,即翻。至二七日,一例侧之。三七日,笼之。四七日,出置日中,曝令干。

作酒之法,净削刮去垢,打碎,末,令干燥。十斤曲,杀米一石五斗。

作桑落酒法:曲末一斗,熟米二斗。其米令精细,净淘,水清为度。用熟水一斗[2]。限三酘便止。渍曲,候曲向发便酘,不得失时。勿令小儿人狗食黍。

作春酒,以冷水渍曲,余各同冬酒。

【注释】

〔1〕大州:其地未详。后魏孝文帝迁都洛阳,以洛阳为司州,或者以首都所在,称司州为"大州"。 白堕:人名,即刘白堕,河东(后魏时郡治在今山西永济)人,以酿"白堕酒"著名。后魏杨衒之《洛阳伽蓝记》记载着洛阳有两个"里"的居

民以仿制白堕酒为业。白堕酒酿于桑落时,名"桑落酒",香美异常,喝了沉醉不醒,并可远运千里不坏。亦可春酿,称"白堕春醪"。《要术》记载仿制酒法,也有桑落酒和春酒两种,而所称"冬酒",应即桑落酒。但白堕曲没有制曲时间,方饼也没有尺寸,也许是原来流传的方子上就没有。

〔2〕"用熟水一斗"下面似有错简,就是这句应连贯下文"渍曲,候曲向发便酘,不得失时",然后将"限三酘便止"下移在"不得失时"之后,才顺理成章好解释。

【译文】

大州白堕方饼曲的作法:用三石谷子,两石蒸熟,一石生的,分别磨成细末,然后混和均匀。拿桑叶、菓耳叶、艾叶,每样都是周围两尺、长两尺左右的一捆,合在一起煮到烂。去掉渣滓,取得液汁,加冷水调和,让颜色像酒色一样,用来溲和谷末作曲。溲和的干湿程度,要留意斟酌。在太阳底下捣三千六百杵,捣好了,作成饼。将曲饼罨置在暖屋中床上,方法是:床上先铺上一层二寸厚的麦秸,然后放上曲饼,曲饼上也盖上二寸厚的麦秸。关上门,不让漏风和见到阳光。七天,用手蘸些冷水在曲饼上都抹一遍,就翻过来。到十四天,每个饼都侧转来竖着。到二十一天,聚拢来。二十八天,拿出来在太阳下面晒干。

酿酒时,将曲饼的污垢削刮干净,打碎,捣成粉末,让它干燥。十斤曲,可以消化一石五斗米。

酿造桑落酒的方法:曲末一斗,初酿用二斗米的饭。米要舂得精白,淘洗洁净,水清才停止。用一斗熟水浸曲。伺候着看曲快要发起时,随即下酿,不得错过时机。(投饭三次便停止。)酒饭不能让大人小孩或狗吃到。

酿制春酒,用冷水浸曲,其余都和酿冬酒相同。

齐民要术卷第八

黄衣、黄蒸及蘖第六十八 黄衣一名麦䴷

作黄衣法[1]：六月中，取小麦，净淘讫，于瓮中以水浸之，令醋。漉出，熟蒸之。槌箔上敷席，置麦于上，摊令厚二寸许，预前一日刈薍叶薄覆。无薍叶者，刈胡枲，择去杂草，无令有水露气；候麦冷，以胡枲覆之。七日，看黄衣色足，便出曝之，令干。去胡枲而已，慎勿飏簸。齐人喜当风飏去黄衣，此大谬：凡有所造作用麦䴷者，皆仰其衣为势，今反飏去之，作物必不善矣[2]。

作黄蒸法：六、七月中，㕑生小麦，细磨之。以水溲而蒸之，气馏好熟，便下之，摊令冷。布置，覆盖，成就，一如麦䴷法。亦勿飏之，虑其所损。

作蘖法：八月中作。盆中浸小麦，即倾去水，日曝之。一日一度着水，即去之。脚生，布麦于席上，厚二寸许。一日一度，以水浇之，芽生便止。即散收，令干，勿使饼；饼成则不复任用。此煮白饧蘖[3]。

若煮黑饧[4]，即待芽生青，成饼，然后以刀䂕取，干之。

欲令饧如琥珀色者，以大麦为其蘖[5]。

《孟子》曰："虽有天下易生之物，一日曝之，十日寒之，未有能生者也。"[6]

【注释】

〔1〕黄衣："衣"指大量繁殖着的菌类群体，颜色一般以黄衣为好，因亦称其

成品为"黄衣"。黄衣又名"麦䴲",也叫"䴲子"、"麦囮"。䴲是完整,囮是囵囫不破,所以这是整粒小麦罨成的酱曲。下条"黄蒸"则是磨成带麸皮的面粉罨制成的酱曲。

〔2〕作酱主要借助于霉菌的营糖化和水解蛋白质作用,现在反而把菌衣簸去,则酵解作用大减,成品质量必然差。

〔3〕白饧:浅白色的饴糖。饧,唐以前读 táng,即今"糖"字。

〔4〕黑饧:由于用的是青麦芽,饴糖成为暗褐色。

〔5〕用结成饼的大麦芽制成的饴糖,在未经加工挽打使硬化变白以前,颜色褐黄,颇像琥珀色。

〔6〕见《孟子·告子上》,"物"下有"也"字。贾氏引此以证说麦蘖的催芽不能一曝十寒。颜之推《颜氏家训·书证》说:"'也'是语已及助句之辞,文籍备有之矣。河北经传,悉略此字。"但有不能省而省去的,就闹笑话。另一方面,"又有俗学闻经传中时须'也'字,辄以意加之,每不得所,益成可笑"。颜氏与贾氏同时或稍后,《要术》多处引《孟子》都少"也"字,引他书也有相同情况,反映贾氏所用《孟子》等书正是北方本子。相反,如引《尔雅》等书,又有不少多"也"字,大概也是"俗学"所加。

【译文】

作黄衣的方法:六月中,将小麦淘洗洁净后,在瓮中用水浸着,让它发酸。捞出来,蒸熟。在蚕架的箔上铺上席子,拿熟麦铺在上面,摊开来大约二寸厚,用早一天割来的荻叶薄薄地盖在熟麦上。没有荻叶,可以割来菜耳叶,拣去杂草,要把露水弄干;等麦冷了,用菜耳叶盖在上面。过七天,看到黄色的"衣"上足了,便拿出来晒干。只是把菜耳叶揭去罢了,千万不可簸扬。齐人喜欢当风把黄色的衣簸去,这是大错的。因为所有要用麦䴲(huàn)来酿造的物品,全靠着黄色衣的力量,现在反而簸去,酿造的东西一定不会好了。

作黄蒸的方法:六、七月里,舂治生小麦,磨细,用水溲和,上甑中蒸,蒸汽上来后够熟了,便下下来,摊开让它冷却。所有席上布置,用叶子覆盖,一直到成熟,都和麦䴲的作法一样。也不可以簸扬,恐怕减损它的酿造力。

作麦蘖的方法:八月中作。将小麦在盆子里浸过,随即把水倒掉,在太阳底下晒。每天用水泡一次,随即又把水倒掉。等到小麦最先冒出幼根来,就把麦子铺在席子上,摊开来大约二寸厚。每天用水浇一次,等到芽长出来,便停止浇水。就这样散着收起来,让它干燥,不要让它纠结成饼;结成饼就不好用了。这是煎熬白饧用的小麦芽蘗。

假如要煎熬黑饧,就等着让麦芽转成青色,〔根芽相互纠结〕成饼,然后用刀割开来,让它干燥了再用。

如果要让饧成为琥珀色的,另外作成大麦芽蘗来制作。

《孟子》说:"虽然天下有容易生长的生物,如果一天晒着,十天冻着,再也没有能生长的东西了。"

常满盐、花盐第六十九

造常满盐法:以不津瓮受十石者一口,置庭中石上,以白盐满之,以甘水沃之,令上恒有游水。须用时,挹取,煎,即成盐。还以甘水添之:取一升,添一升。日曝之,热盛,还即成盐,永不穷尽[1]。风尘阴雨则盖,天晴净,还仰。若用黄盐、咸水者,盐汁则苦,是以必须白盐、甘水。

造花盐、印盐法:五六月中旱时,取水二斗,以盐一斗投水中,令消尽;又以盐投之,水咸极,则盐不复消融。易器淘治沙汰之,澄去垢土,泻清汁于净器中。盐滓甚白,不废常用。又一石还得八斗汁[2],亦无多损。

好日无风尘时,日中曝令成盐,浮即接取,便是花盐,厚薄光泽似钟乳[3]。久不接取,即成印盐,大如豆,正四方,千百相似。成印辄沉,漉取之。花、印二盐,白如珂雪,其味又美。

【注释】

〔1〕永不穷尽:这和黍米法酒的所谓"不能穷尽",都是夸张说法。

〔2〕"汁",一石盐只得到八斗盐汁,不能说损失不多,应是"滓"字的残文错成,所指即是上文的"盐滓"。

〔3〕钟乳:即钟乳石。一种碳酸钙结晶,属六方晶系,击碎成薄片,有光泽,

白色。

【译文】

造常满盐的方法：用一口可以盛十石东西的不渗漏的瓮，放在院子中的石块上，瓮中装满白盐，灌进清淡的"甜水"，让盐上面常常浮着一层浅水。要用的时候，舀出上面的清盐汁，用火煎，便结成盐。仍然在瓮中添进甜水，舀出一升，就添进一升。太阳晒着，温度高，依旧会成为盐，永远不会完尽。有风吹尘土和阴雨天，用东西盖住瓮口，天气晴朗，仍然敞开瓮口。如果用含卤重的黄盐和咸井水来作，盐汁就会苦，所以必须用白盐和甜水。

造花盐、印盐的方法：五六月里天气晴热时，取来二斗水，水里面加进一斗盐，让它溶化掉之后，又拿盐投进去，水咸到极咸时，盐就不再溶解了。这时换个容器来淘洗，淘汰去上浮的杂质，让它澄清，使垢污泥土沉淀在器底，然后将清盐汁倒在另外的洁净容器里。这样，水底下沉着的盐滓很白净，可以供作寻常食用。一石盐，还是可以得到八斗的〔盐滓〕，损失也不太多。

好天气没有风刮尘土的日子，将这样的盐溶液晒着，让它结成盐，这盐浮在液面上就撇出来，便是"花盐"，它的厚薄和光泽像钟乳石的结晶体。如果留着长久不撇出来，就会成为"印盐"，它的大小像豆子，成正四方形，千百颗都相似。成了印盐就沉下去，可以捞出来用。花盐、印盐的色泽都和白玉或雪一样的洁白而光莹，味道又美。

作酱等法第七十

十二月、正月为上时，二月为中时，三月为下时。用不津瓮，瓮津则坏酱。尝为菹、酢者，亦不中用之。置日中高处石上。夏雨，无令水浸瓮底。以一铦锹（一本作"生缩"）铁钉子[1]，背"岁杀"钉着瓮底石下，后虽有妊娠妇人食之，酱亦不坏烂也。

用春种乌豆，春豆粒小而均，晚豆粒大而杂。于大甑中燥蒸之。

气馏半日许，复贮出更装之，回在上者居下，不尔，则生熟不多调匀也[2]。气馏周遍，以灰覆之[3]，经宿无令火绝。取干牛屎，圆累，令中央空，燃之不烟，势类好炭。若能多收，常用作食，既无灰尘，又不失火，胜于草远矣。啮看：豆黄色黑极熟[4]，乃下，日曝取干。夜则聚、覆，无令润湿。临欲舂去皮，更装入甑中蒸，令气馏则下，一日曝之。明旦起，净簸择，满臼舂之而不碎。若不重馏，碎而难净。簸拣去碎者。作热汤，于大盆中浸豆黄。良久，淘汰，挼去黑皮，汤少则添，慎勿易汤；易汤则走失豆味，令酱不美也。漉而蒸之。淘豆汤汁，即煮碎豆作酱，以供旋食。大酱则不用汁。一炊顷，下置净席上，摊令极冷。

预前，日曝白盐、黄蒸、草蒿居邮反、麦曲[5]，令极干燥。盐色黄者发酱苦，盐若润湿令酱坏。黄蒸令酱赤美。草蒿令酱芬芳；蒿，挼，簸去草土。曲及黄蒸，各别捣末细筛——马尾罗弥好[6]。大率豆黄三斗，曲末一斗，黄蒸末一斗[7]，白盐五升，蒿子三指一撮。盐少令酱酢；后虽加盐，无复美味。其用神曲者，一升当笨曲四升，杀多故也。豆黄堆量不概，盐、曲轻量平概[8]。三种量讫，于盆中面向"太岁"和之，向"太岁"，则无蛆虫也。搅令均调，以手痛挼，皆令润彻。亦面向"太岁"内着瓮中，手挼令坚[9]，以满为限；半则难熟。盆盖，密泥，无令漏气。

熟便开之，腊月五七日，正月、二月四七日，三月三七日。当纵横裂，周回离瓮，彻底生衣[10]。悉贮出，搦破块，两瓮分为三瓮。日未出前汲井花水，于盆中以燥盐和之，率一石水，用盐三斗，澄取清汁。又取黄蒸于小盆内减盐汁浸之，挼取黄潘，漉去滓。合盐汁泻着瓮中。率十石酱，用黄蒸三斗；盐水多少，亦无定方，酱如薄粥便止：豆干饮水故也。

仰瓮口曝之。谚曰："萎蕤葵[11]，日干酱。"言其美矣。十日内，每日数度以耙彻底搅之。十日后，每日辄一搅，三十日止[12]。雨即盖瓮，无令水入。水入则生虫。每经雨后，辄须一搅。解后二十日堪食；然要百日始熟耳。

《术》曰："若为妊娠妇人坏酱者，取白叶棘子着瓮中[13]，则还好。俗人用孝杖搅酱,及炙瓮,酱虽回而胎损。乞人酱时,以新汲水一盏,和而与之,令酱不坏。"

【注释】

〔1〕"铿"(shēng),明抄如字,院刻、金抄误作"锉",湖湘本误作"钲"。按:玄应《一切经音义》卷一六:"《埤苍》:'铿,锈也。'谓铁衣也。""锈"(shòu)即"锈"字,"铿锈"意即"生锈"。"锉"是锅子,讲不通。有人将"铿锈"二字分开,在"以一锉"作逗,解释为用锈铁钉子钉锅子,实因误字而误释。"一本作'生缩'",这是院刻的别本校语,其实这别本倒是正确的。北宋沈括《补笔谈》卷一"乐律":"铁性易缩,时加磨莹,铁愈薄。""缩"即指铁锈,通"镏"。《集韵·去声·四十九宥》:"镏,铁生衣也。"漱是水润,缩是消减,锈、镏二字即取义于此。

〔2〕"不多",疑"多不"倒错,或者"多"是衍文。

〔3〕"之",《今释》疑"火"字烂成。这里是指用灰盖火,不是用灰盖蒸豆,作"火"合适。

〔4〕豆黄:《要术》指蒸过的大豆。以后农书通常指罨过长着黄色菌丛的豆为"豆黄"。

〔5〕草蒿(jú):不能肯定是何种植物。或谓即马芹子,但下文《八和齑》草橘子和马芹子并举,则在《要术》并非一物。所谓三指一小撮,则是用它的子实。

〔6〕马尾罗:用马鬃毛织成"纱"做成的筛罗。

〔7〕豆黄三斗,曲末一斗,黄蒸末一斗:豆和曲的配比是三比二小些,即豆多麦小(后二者都是曲,都是小麦罨制的),这比较合理。好处是淀粉较少,糖分不致积累过多,不致影响蛋白质分解速度。今人旧法制酱,豆麦常是对半配合,有糖分过多延缓蛋白质分解之弊。

〔8〕曲:这里包括黄蒸。

〔9〕"挼",虽然《要术》中有作"按"字用的,这里仍疑应作"按"。不过《要术》这样的用例很少,也可能是"按"字袭上文"痛挼"写错。

〔10〕从篇首蒸豆、和曲,到这里罨黄全都长满了衣,全是调制作酱材料的过程,此后加盐水才是作酱。这个作酱材料,酿造学上称干酱醅,俗称"酱黄"。把它密封在瓮中二三十日,实际是一种罨黄法。作酱原料豆麦中的淀粉,由淀粉酶分解成糖,再由酒化酶把糖分解变成酒精;酒精一部分发散在空气中,一部分与酸类化合起酯化反应,产生香气,少部分存留在酱醅中;重要的是蛋白酶将豆麦中的蛋白质徐徐分解,转化为氨基酸类而产生鲜味。糖化、酒化、蛋白质分解以及酸化、酯化等变化,其中最缓慢的变化是蛋白质分解变成氨基酸,所以作酱的时间特别长。《要术》的豆酱在冷天酿制,要一百二三十天才成熟,就是因为最后一

道"工序"——蛋白酶的工作拖拉。现在群众作酱，伏天晒四五天就可以尝新，泥封也要晒一个月以上才能真正成熟。《要术》讲的是在冷天作酱，所以时间很长。但上文用碎豆作酱，碎豆未经罨黄，未知怎样作法。

〔11〕蒌蕤（ruí）葵：蒌蔫了的葵，指适当蒌蔫的葵菜腌制成的葵菹。腌菜须要晒到适当干蒌后才能爽脆有鲜味，不然，烧熟后又软又糊，比鲜菜还差。这是说蒌葵腌制的葵菹和日中晒成的豆酱都是美好的菜。

〔12〕酱醅加水下酿后，开始时发酵旺盛，须要每天彻底搅拌几次，十日后进入后发酵阶段，每天只要搅拌一次就够了，三十日后发酵终了，停止搅拌，这是合理的。搅拌的作用，由于酵母菌和细菌在酱醅中不停地营呼吸作用，搅拌为了供给充分的空气，释出二氧化碳，有利于菌类的繁殖，顺利进行糖化、酒精发酵和蛋白质分解作用，最后酿成有鲜味和香气的甜美豆酱。

〔13〕白叶棘子：指白叶酸枣的枝条。《唐本草》注说："棘（即酸枣）有赤白二种。""白棘，茎白如粉，子叶与赤棘同，棘中时复有之，亦为难得也。"酱被怀孕妇人冲坏，这不一定是迷信。因为微生物很复杂，又很敏感，酱在恒定的小环境中，没有外来干扰时，可以保持稳定，一旦有外来人带进存在于身上或衣物上的有害微生物时，立刻会侵袭到酱中，使其发生变质。不但怀孕妇人，一切外来人都可引起；也不但是酱，凡利用微生物酿造的酒、醋、豉等都有可能。古代酿造工艺过程，多有禁忌，不一定全是迷信。

【译文】

作酱，十二月、正月是上好的时令，二月是中等时令，三月是最差的时令。用不渗漏的瓮器，瓮器渗漏就会坏酱。曾经腌过菹和作过醋的瓮也不能用。放在高处的石头上太阳能晒到的地方。夏天下雨时，不要让雨水浸着瓮底。用一个生锈（另一个本子作"生缩"）的铁钉子，背着"岁杀"的方向钉在瓮底下的石头下面，以后就是有怀孕的妇人吃这酱，也不会烂坏。

用春天种的黑大豆，春大豆颗粒小而均匀，晚大豆粒子大而大小混杂。装在大甑中干蒸。蒸汽上来后一直蒸着半天左右，起甑倒出来，把原来在上面的倒在下面，装上去再蒸。不这样倒过，生熟会不均匀。等蒸汽全面上遍了，就用灰盖住〔焰火〕，让煻灰火整夜不熄地烧着。用干牛粪堆成圆堆，中央开个孔，烧起来没有烟，火力像好炭一样。如果能够多多收积干粪，常常用来烧煮食物，既没有灰尘，又不会过猛伤火，远远比烧草要好。咬开来看看，如果豆黄颜色发黑熟透了，就取下来，在太阳底下晒干。夜间要聚拢来，盖好，不让它受潮湿。准备要舂去皮的时候，再装到甑里去蒸，蒸汽上遍了就下下来，晒上一天。明天早起，簸扬拣择干净，然后满白地舂捣，不会碎。如果不经过再蒸，直接干舂，就会碎，而且不容易舂净。舂过，再簸，拣去碎的。烧得热汤，拿豆黄放在大盆里浸着。过了很久，搓去黑皮，淘汰洁净，热汤不够，可以添些，千万不要倒掉换汤；换汤会走失豆味，酱也就不好了。再捞出来蒸过。淘豆的汤汁，用来煮碎豆作成酱，供给随时吃。酿大酱用不着汤汁。大约蒸一次熟饭的时间，取下来，放在洁净的席子上，摊开，让它冷透。

事前，先拿白盐、黄蒸、草蒿、笨曲在太阳下面晒，晒到极干燥。黄色的盐使酱发苦。盐如果潮湿，使酱变坏。用黄蒸可以使酱发红味道美。草蒿可以使酱芳香；用时搓过，簸去杂草泥土。笨曲和黄蒸，分别捣成粉末，用细筛筛过——用马尾罗过筛更好。酿造比例一般是：三斗豆黄，一斗曲末，一斗黄蒸末，五升白盐，三指一小撮的草蒿子。盐少了酱会发酸，以后就是加盐，味道也好不了。如果用神曲，一升神曲可以当四升笨曲用，因为神曲的消化力强。豆黄堆高量，不括平，盐和曲轻轻地量，括平。三种量好了，都放进盆里，面对着"太岁"的方位拌和，面对着"太岁"，使酱不生蛆虫。要搅拌均匀，用手使劲揉搓，让蒸豆黄的水分都润透曲末。然后也面向"太岁"的方位装进瓮中，用手按捺紧实，到满瓮为止；如果只有半瓮，就难得罨熟。用盆子盖住瓮口，拿泥涂封严密，不让它漏气。

熟时便开封，熟的时间，腊月五个七天，正月、二月四个七天，三月三个七天。酱料当会纵横开裂，周围也离开瓮边，全都长满了衣。全部取出来，捏破块，把两瓮的酱料分作三瓮。在太阳没有出来以前汲取井花水，倒在盆中和进燥盐，比例是一石水和进三斗盐，澄清后用它的清汁。又拿一个小盆舀出少量的清盐汁来浸黄蒸，把黄蒸揉碎，取得它的黄汁，滤去渣滓。然后连同澄清着的盐汁一并倒进瓮中作酱。比例是十石酱料用三斗黄蒸；至于用多少盐汁，没有一定分量，总之是调和酱像稀粥一样便停止。和得这样稀，因为干豆料是会吸水的。

敞开瓮口在太阳下面晒着。谚语说："萎蔫了的葵，太阳晒的酱。"都是说它的味道好。十天之内，每天用耙子彻底地搅拌几次。十天以后，每天搅拌一次，三十天后，停止搅拌。下雨天，盖好瓮口，不让水进去。水进去就会生虫。每下过一次雨之后，就须要搅拌一次。酱料加盐汁调稀后的酱，晒过二十天，可以尝新；但真正成熟总要过一百天。

《术》说："酱如果被怀孕妇人冲坏了，拿白叶棘子放进酱瓮里，可以恢复好味。习俗上用孝杖在瓮中搅拌，或者拿来烧酱瓮，酱虽然可以恢复好，但损害那妇人的胎儿。拿酱给人家的时候，用一盏新汲来的水调和进去给他,酱就不会坏。"

肉酱法：牛、羊、獐、鹿、兔肉皆得作。取良杀新肉,去脂,细
剉。陈肉干者不任用。合脂令酱腻。晒曲令燥,熟捣,绢筛。大率肉一
斗,曲末五升,白盐两升半,黄蒸一升,曝干,熟捣,绢筛。盘上和令均
调,内瓮子中。有骨者,和讫先捣,然后盛之。骨多髓,既肥腻,酱亦然也。
泥封,日曝。寒月作之。宜埋之于黍穰积中。二七日开看,酱出,
无曲气,便熟矣。买新杀雉煮之,令极烂,肉销尽,去骨取汁,待冷
解酱。鸡汁亦得。勿用陈肉,令酱苦腻。无鸡、雉,好酒解之。还着日中。

作卒成肉酱法[1]：牛、羊、獐、鹿、兔、生鱼,皆得作。细剉
肉一斗,好酒一斗,曲末五升,黄蒸末一升,白盐一升,曲及黄
蒸,并曝干绢筛。唯一月三十日停,是以不须咸,咸则不美。盘上调和
令均,捣使熟,还擘破如枣大。作浪中坑,火烧令赤,去灰,
水浇,以草厚蔽之,令坩中才容酱瓶[2]。大釜中汤煮空瓶,令
极热,出,干。掬肉内瓶中,令去瓶口三寸许,满则近口者焦。碗
盖瓶口,熟泥密封。内草中,下土厚七八寸。土薄火炽,则令酱
焦[3]；熟迟气味美好。是以宁冷不焦；焦[4],食虽便,不复中食也。于上
燃干牛粪火,通夜勿绝。明日周时,酱出,便熟。若酱未熟者,还
覆置,更燃如初。临食,细切葱白,着麻油炒葱令熟,以和肉酱,甜
美异常也。

作鱼酱法：鲤鱼、鲭鱼第一好；鳢鱼亦中。鲚鱼、鮧鱼即全作[5],不用
切。去鳞,净洗,拭令干,如脍法[6],披破,缕切之,去骨。大率成
鱼一斗,用黄衣三升,一升全用,二升作末。白盐二升,黄盐则苦。干姜
一升,末之。橘皮一合,缕切之。和令调均,内瓮子中,泥密封,日曝。
勿令漏气。熟,以好酒解之。

凡作鱼酱、肉酱,皆以十二月作之,则经夏无虫。余月亦得作,
但喜生虫,不得度夏耳。

干鲚鱼酱法：一名刀鱼。六月、七月,取干鲚鱼,盆中水浸,
置屋里,一日三度易水。三日好净,漉,洗,去鳞,全作勿切。率鱼

一斗，曲末四升，黄蒸末一升——无蒸，用麦蘖末亦得——白盐二升半，于盘中和令均调，布置瓮子，泥封，勿令漏气。二七日便熟。味香美，与生者无殊异。

【注释】

〔1〕卒（cù），通"猝"，突然。

〔2〕"坩"是陶制的容器。现在称耐高热的熔炼容器为"坩埚"。这里似乎是以封闭式的容纳烧瓶的炉膛为"坩"。但本卷《作豉法》的"作家理食豉法"有"内瓮著垆中"，处理方法相同，"垆"即"坎"字，是《食经》用词，《要术》用"坑"或"坎"，这里"坩"，也可能是"浪中坑"的"坑"字之误。

〔3〕"令"，各本均作"合"，《观象庐丛书》本作"令"，应作"令"。

〔4〕此"焦"字原在上文"气味美好"之下，致使全条注文无法解释。注内"焦"字叠见，因而窜乱，现在移后放在这里，文从意顺。

〔5〕鲭（qīng）鱼：即青鱼。　鳢（lǐ）鱼：即鲖鱼，也叫黑鱼、乌鱼、乌鳢。　鲚（jì）鱼：即刀鱼。　鲐（tái）鱼：今鲭科有鲐鱼（Pneumatophorus japonicus），分布于我国以及朝鲜和日本等沿海，贾氏恐不易得。院刻、金抄等均作"鲐鱼"，而明抄作"鲇鱼"，则是鲇科的Silurus asotus，我国各地淡水中多有分布。鲐、鲇极易误书，未知孰是。

〔6〕脍：细切成条的肉。

【译文】

作肉酱的方法：牛肉、羊肉、獐肉、鹿肉、兔肉都可以作。用活杀的鲜肉，去掉脂肪，斩成细块〔像枣子大小〕。干了的陈肉不合用。连脂肪使酱太腻。将曲晒干，捣细，用绢筛筛过。一般比例是：一斗肉，五升曲末，两升半白盐，一升黄蒸。晒干，捣细，绢筛筛过。一起在盘子里拌和均匀，放进瓮中。有骨头的，和好后先捣过，然后盛进瓮里。骨头里面多骨髓，本身就肥腻，作成酱也肥腻。用泥涂封瓮口，搁在太阳下面晒。在寒冷的月份酿造，宜于将瓮埋在黍穰堆里〔，露出瓮头〕。满十四天，开开来看，酱汁已经出来，没有曲的气味，便成熟了。买现杀的雄鸡，煮到极烂，肉都融碎了，捞去骨头，取得汤汁，等冷了倒进酱瓮里冲稀和调味。鸡汁也可以用。不要用陈肉，用陈肉会使酱味哈喇黏腻。没有鸡或雄鸡，就用好酒调味。依旧在太阳下面晒着。

作速成肉酱的方法：牛肉、羊肉、獐肉、鹿肉、兔肉、鲜鱼肉都可以作。一斗斩细了的肉，一斗好酒，五升曲末，一升黄蒸末，一升白盐，曲和黄蒸，都要晒干捣细用绢筛筛过。只能停放个把月三十天，所以不要太咸，咸了酱就不鲜美。一起在盘子里拌和均匀，捣熟，仍旧擘开像枣子大小的块。挖出一个中部陷下的烧火坑，用火把泥土烧红，去掉灰，用水浇过，在坑里厚厚地铺上草，〔草中央留出一个空坎，〕空坎里面刚好容得下一个酱瓶。在大锅中烧着开水煮空酱瓶，煮到极热，拿出来，弄干。把肉装进瓶里，让肉离开瓶口三寸左右就停装，装满了，近瓶口的肉就会烧焦。用碗盖住瓶口，拿和熟的泥涂封严密。放入草坎中，盖上七八寸厚的泥土。土薄了火力太盛，会把酱烧焦；〔土厚了虽然火力缓些，〕熟得慢些，但酱的味道很好。所以宁可缓些不让它烧焦。〔火猛了虽然熟得快，〕吃起来方便，但已经焦了不好吃了。土上面拿干牛粪烧着，一整夜不让火熄灭。到明天烧够整整一昼夜时，酱汁出来，便熟了。如果还没有熟，依旧盖好放着，像上次一样再烧过。临要吃时，将葱白切细，加大麻油炒熟，和到这肉酱里，吃起来非常甜美。

作鱼酱的方法：鲤鱼、鲭鱼最好；鳢鱼也可以用。如果用鲚鱼、鲐鱼，就整条作，不要切。去掉鳞，洗净，揩干，像鱼脍的切法，先破开，披成片，再切成条，去掉刺。大致比例是：切成的鱼一斗，用三升黄衣，一升整粒的，二升捣成碎末。二升白盐，用黄盐味道苦。一升干姜，捣成末。一合橘皮。切成丝。一起拌和均匀，装进瓮子里，用泥密封，在太阳下面晒。不让它漏气。熟了，用好酒冲稀调味。

凡作鱼酱、肉酱，都要在十二月里作，才可以过夏不生虫。其余月份也可以作，但是容易生虫，不能过夏。

用干鲚鱼作酱的方法：鲚鱼一名刀鱼。六月、七月里，拿干鲚鱼在盆子里用水浸着，放在屋内，一天换三次水。三天之后，很洁净了，捞出来，洗过，去掉鳞，整条的作，不切。比例是：一斗鱼，四升曲末，一升黄蒸末——没有黄蒸，用麦芽末也可以——二升半白盐，一起在盘子里拌和均匀，装进瓮子里，用泥密封，不让它漏气。十四天便成熟。味道香美，跟新鲜的没有两样。

《食经》作麦酱法："小麦一石，渍一宿，炊，卧之，令生黄衣。以水一石六斗，盐三升[1]，煮作卤，澄取八斗，着瓮中。炊小麦投之[2]，搅令调均。覆着日中，十日可食。"

作榆子酱法[3]：治榆子人一升，捣末，筛之。清酒一升，酱五升，合和。一月可食之。

又鱼酱法：成脍鱼一斗，以曲五升，清酒二升，盐三升，橘皮二叶，合和，于瓶内封。一日可食[4]。甚美。

作虾酱法：虾一斗，饭三升为糁[5]，盐二升，水五升，和调。日中曝之。经春夏不败。

作燥脡丑延反法[6]：羊肉二斤，猪肉一斤，合煮令熟，细切之。生姜五合[7]，橘皮两叶，鸡子十五枚，生羊肉一斤，豆酱清五合[8]。先取熟肉着甑上蒸令热，和生肉；酱清、姜、橘皮和之。[9]

生脡法[10]：羊肉一斤，猪肉白四两，豆酱清渍之；缕切。生姜，鸡子，春、秋用苏、蓼，着之。

崔寔曰[11]："正月，可作诸酱，肉酱、清酱。四月，立夏后，鲖鱼作酱。五月，可为酱。上旬䝁楚狡切豆，中庚煮之。以碎豆作'末都'[12]，至六月、七月之交，分以藏瓜。可作鱼酱。"

【注释】

〔1〕"盐三升"，麦多水多，盐特少，他条无此用盐比例，疑有误字。

〔2〕"炊小麦投之"，实际就是上文罨黄了的一石小麦，"炊"上应脱"以"字。

〔3〕"作榆子酱法"以下至"生脡法"五条，仍应是《食经》文。

〔4〕"一日"，曲加酒润湿后才开始营酵解作用，怎能就吃，疑是"一月"之误。

〔5〕糁(sǎn)：把米饭加入腌制的鱼肉中，使淀粉糖化后，经乳酸菌作用产生乳酸，有一种酸香味，并有防腐作用，这米饭叫作糁。下文作鱼鲊、羹臛各篇多用之。

〔6〕脡(shān)：一种肉酱，用生肉作成，即所谓"生脡"。但"燥脡"，则生熟肉合和作成。

〔7〕北宋本作"五合"，明抄等作"五片"。

〔8〕豆酱清：从豆酱中取出的清汁，像酱油，但不等于现在的酱油。《要术》中用豆酱清的例子不多，最多的是用豉汁。豉汁差不多代替着酱油作为重要的调味品。

〔9〕本条到此完毕，但鸡蛋是生的还是熟的，怎样下法，没有提到，《食经》文常是这样简阙不明，与《要术》迥别。又，本条料多液少，"液比"极低，故名"燥脡"，"燥"非"糁"字之误。

〔10〕《北堂书钞》卷一四五"生脡"引《食经》有"糁脡法"，是："羊肉二斤，合煮令熟，缕切。生姜，鸡子，春蓼、秋苏，着其上。"与"生脡法"相似，但记述不全，疑有脱漏。"缕切"指肉，《书钞》所记和上条"细切之"可证，《食经》文句倒装而已，非指缕切生姜、鸡子。鸡子不能"缕切"，其生熟不明，一如上条。

〔11〕引崔寔《四民月令》与《玉烛宝典》所引有分歧。《宝典》是按月分引，各月分清不相混，《要术》是综合引录，后人容易倒乱，这里显得枝枝节节缺少头绪。比照《宝典》所引，《要术》文可作如下的调整："正月可作诸酱。上旬䵃（按即"炒"字）豆，中庚煮之。以碎豆作'末都'。至六月、七月之交，分以藏瓜。可作鱼酱、肉酱、清酱。四月立夏后，鲖鱼作酱。五月可为酱。"

〔12〕末都：利用作大酱过程中簸拣得的碎豆作成的酱，叫作"末都"。

【译文】

《食经》作麦酱的方法："用一石小麦，水浸一夜，炊熟，进行罨黄，让长出黄衣。用一石六斗水，放进三升盐（？），煮成盐汁，澄清，取得八斗清汁，倒进瓮中。再将罨黄了的小麦投落瓮中，搅拌均匀。盖好，在太阳底下晒，十天便可以吃了。"

作榆荚仁酱的方法：整治出榆荚仁一升，捣成碎末，筛过。加进一升清酒，五升酱，拌和均匀。一个月可以吃。

又作鱼酱的方法：切成脍的鱼一斗，用五升曲，二升清酒，三升盐，两片橘皮，一并拌和均匀，封在瓶子里。一个〔月〕可以吃，很鲜美。

作虾酱的方法：一斗虾，用三升饭为糁，加二升盐，五升水，一起拌和均匀。在太阳下面晒着。可以经过春夏不会变坏。

作燥脡的方法：二斤羊肉，一斤猪肉，合在一起煮熟，切细。另外用五合生姜，两片橘皮，十五个鸡蛋，一斤生羊肉，五合豆酱清。先将熟肉上甑中蒸热，再和上生羊肉，然后和进豆酱清、生姜、橘皮等作料。

作生脡的方法：一斤羊肉，四两白猪肉，用豆酱清浸过，切成条。加上生姜、鸡蛋，春天、秋天再加紫苏或蓼作香料。

崔寔说："正月，可以作各种酱，肉酱，清酱。四月，立夏节后，可以作鲖鱼酱。五月，可以作酱。上旬炒豆，中旬庚日煮豆。把碎豆作成'末都'。到六月底，七月初，可以分些末都出来腌酱瓜。可以作鱼酱。”

作鳢鮧法[1]：昔汉武帝逐夷至于海滨，闻有香气而不见物。令人推求，乃是渔父造鱼肠于坑中，以至土覆之[2]，香气上达。取而食之，以为滋味。逐夷得此物，因名之，盖鱼肠酱也。取石首鱼、鲹鱼、鲻鱼三种肠、肚、胞[3]，齐净洗，空着白盐，令小倚咸，内器中，密封，置日中。夏二十日，春秋五十日，冬百日，乃好熟。食时下姜、酢等。

藏蟹法：九月内，取母蟹，母蟹脐大圆，竟腹下；公蟹狭而长。得则着水中，勿令伤损及死者。一宿则腹中净。久则吐黄，吐黄则不好。先煮薄饧，饧，薄饧。着活蟹于冷饧瓮中一宿。煮蓼汤，和白盐，特须极咸。待冷，瓮盛半汁，取饧中蟹内着盐蓼汁中，便死，蓼宜少着，蓼多则烂。泥封。二十日，出之，举蟹脐，着姜末，还复脐如初。内着坩瓮中，百个各一器，以前盐蓼汁浇之，令没。密封，勿令漏气，便成矣。特忌风里，风则坏而不美也。

又法：直煮盐蓼汤，瓮盛，诣河所，得蟹则内盐汁里，满便泥封。虽不及前味，亦好。慎风如前法。食时下姜末调黄，盏盛姜酢。

【注释】

〔1〕鳢（zhú）鮧（yí）：鱼内脏腌制成的食品。除腌制外，也有蜜渍的。北宋沈括《梦溪笔谈》卷二四记载南朝宋明帝爱吃蜜渍鳢鮧，一吃几升。但沈括还是不了解怎样吃法，他说："鳢鮧乃今之乌贼肠也，如何以蜜渍食之？"

〔2〕"至土"，各本同，无法解释。吾点校记："至，疑坚。"《渐西》本即据以改为"坚土"；《今释》疑"湿土"之误，日译本疑"草土"之误。或者"以至"是"至以"倒错，是说寻找人到时，用土盖上。恐亦未必是，存疑。

〔3〕石首鱼：即黄鱼，由于头盖骨内有豆大的骨两颗，坚硬如石，故有"石首"之名。　　鲹鱼：大概指鲨鱼，即鲛，"鱼翅"就是它的鳍，但不知如何得到鲜内脏。　　鲻（zī）鱼：鲻科的 Mugil cephalus，大的长可二尺，栖于海口半咸水中，胃具有强壮的筋肉，状如算盘珠子。

【译文】

作鳢鮧的方法：从前汉武帝追逐夷人到了海滨，闻到一股香气，但见不到香的东西，就叫人去寻找，原来是渔翁在坑中作鱼肠，〔寻找人到时，〕用土盖着，香气是从坑里发出来的。拿来吃时觉得很有滋味。因为逐夷得到这样东西，所以就叫它"鳀鱯"，其实是鱼肠酱。取石首鱼、鲛鱼、鲻鱼三种鱼的肠、肚（dǔ）、鳔，都洗净，只放白盐一样，稍为偏咸些，盛在容器里，紧密封好，搁在太阳下面晒。夏天过二十天，春秋过五十天，冬天过一百天，就完全熟了。吃时加姜、醋等调味。

渍藏螃蟹的方法：九月里取得母蟹，母蟹脐大而圆，占着整个腹部；公蟹的脐却狭而长。得到就养入水里，不要让它受损伤或者死掉。过一夜，腹里面就洁净了。放久了会吐黄，吐黄就不好了。先煮好稀饧水，饧，就是稀饴糖。〔等冷了盛到瓮中，〕拿活蟹移到这冷饧水的瓮里，过上一夜。煮得蓼汤，和进白盐，须要和得极咸。等冷了，舀出盐蓼汁盛在另外的瓮里，盛上半瓮，又拿饧水中的蟹移到这盐蓼汁的瓮里，蟹便死了。蓼要少搁些，搁多了蟹就会烂坏。瓮口用泥封好。过二十天，取出来，揭开腹部甲壳——脐，放些姜末进去，依旧把甲壳盖好。随即盛入小坩瓮里，一百只装一瓮，用前面的盐蓼汁浇下去，让汁淹没蟹面。然后泥封严密，不让漏气，便作成了。特别留心不要让风吹，风吹着便容易坏，味道就不鲜美了。

又一个方法：径直煮成盐蓼汤，瓮里盛着，直接到河边去，捉得河蟹就放进盐蓼汁里，满瓮了便泥封好。虽然不及上一方法的味道好，但是也还可以。跟上面的方法一样要当心避风。吃时加些姜末调和蟹黄，再用盏子盛着姜醋蘸着吃。

作酢法第七十一

凡醋瓮下，皆须安砖石，以离湿润。为妊娠妇人所坏者，车辙中干土末一掬着瓮中，即还好。

作大酢法：七月七日取水作之。大率麦䴷一斗，勿扬簸；水三斗；粟米熟饭三斗，摊令冷。任瓮大小，依法加之，以满为限。先下麦䴷，次下水，次下饭，直置勿搅之。以绵幕瓮口，拔刀横瓮上。一七日，旦，着井花水一碗。三七日旦，又着一碗，便熟。常置一瓠瓢于瓮，以挹酢；若用湿器、咸器内瓮中，则坏酢味也。

又法[1]：亦以七月七日取水。大率麦䴷一斗，水三斗，粟米熟饭三斗。随瓮大小，以向满为度。水及黄衣，当日顿下之。其饭分为三分：七日初作时下一分，当夜即沸；又三七日，更炊一分投之；又三日[2]，复投一分。但绵幕瓮口，无横刀、益水之事。溢即加甂。

又法：亦七月七日作。大率麦䴷一升，水九升，粟饭九升，一时顿下，亦向满为限。绵幕瓮口。三七日熟。

前件三种酢[3]，例清少淀多。至十月中，如压酒法，毛袋压出，则贮之。其糟，别瓮水澄，压取先食也。

秫米神酢法：七月七日作。置瓮于屋下。大率麦䴷一斗，水一石，秫米三斗——无秫者，黏黍米亦中用。随瓮大小，以向满为限。先量水，浸麦䴷讫；然后净淘米，炊为重馏，摊令冷，细擘饭破[4]，勿令有块子，一顿下酿，更不重投。又以手就瓮里搦破小块，痛搅令和，如粥乃止，以绵幕口。一七日，一搅；二七日，一搅；三七日，亦一搅。一月日，极熟。十石瓮，不过五斗淀。得数年停，久为验。其淘米泔即泻去，勿令狗鼠得食。馈黍亦不得人㖶之。

粟米、曲作酢法：七月、三月向末为上时，八月、四月亦得作。大率笨曲末一斗，井花水一石，粟米饭一石。明旦作酢，今夜炊饭，薄摊使冷。日未出前，汲井花水，斗量着瓮中。量饭着盆中，或栲栳中，然后泻饭着瓮中。泻时直倾下，勿以手拨饭。尖量曲末，泻着饭上，慎勿挠搅，亦勿移动。绵幕瓮口。三七日熟。美酽少淀，久停弥好。凡酢未熟、已熟而移瓮者，率多坏矣；熟即无忌。接取清，别瓮着之。

秫米酢法：五月五日作，七月七日熟。入五月则多收粟米饭醋浆[5]，以拟和酿，不用水也。浆以极醋为佳。末干曲，下绢筛。经用粳秫米为第一，黍米亦佳。米一石，用曲末一斗；曲多则醋不美。米唯再馏。淘不用多遍。初淘潘汁泻却。其第二淘泔，即留以浸馈，令饮泔汁尽，重装作再馏饭。下，掸去热气，令如人体，于盆中和之，擘破饭块，以曲拌之，必令均调。下醋浆，更搦破，令如薄粥。粥稠则酢剋⁽⁶⁾，稀则味薄。内着瓮中，随瓮大小，以满为限。七日间，一日一度搅之；七日之外，十日一搅，三十日止。初置瓮于北荫中风凉之处，勿令见日。时时汲冷水遍浇瓮外，引去热气，但勿令生水入瓮中。取十石瓮，不过五六斗糟耳。接取清，别瓮贮之，得停数年也。

【注释】

〔1〕此"又法"连下文"又法"及"前件三种酢"三段，原均列在下文"秫米神酢法"条之后，变成了"秫米神酢"的又法，倒错了。启愉按：这两种"又法"都是粟米醋，不能作为秫米醋的又法，而且"又法"明说"无横刀、益水之事"，正是针对"大酢法"有这种作法而言，说明这和"大酢"同类，只是不采取"横刀"等法而已。更重要的是酿造"液比"（用水量对原料米的百分比）不同：三种粟米醋的液化都是100∶100，醋醅稠厚，所以三种都是"清少淀多"；可是秫米神酢的液比是100∶33.3，大相悬殊，醋醅极稀薄，所以成品"十石瓮，不过五斗淀"，正与下记的"秫米酢法"同类。这是区分三种粟米醋和两种秫米酢不同的关键，也是该各归其类的重要准绳。所以，启愉采用"理校"把"又法"等三段移前，归于"大酢法"之下，纠正其窜乱。

〔2〕"又三七日……又三日"，显然错误，应作"又七日……又三七日"。

〔3〕北宋本是"三种"，明抄等改为"二种"，这是由于二种"又法"原列在"秫米神酢法"之下造成的，因为"大酢法"被隔开，剩下的只能有"又法"二种是"清少淀多"的，所以改"三"为"二"。但这是不明醋的酿造法和液比作用于成品醋的指标，乃被错简所误而错改。古人无可厚非，近人有认为"清少淀多"是"清多淀少"之误，就欠细察了。

〔4〕"细擘饭破"，原作"细擘曲破"，误。按：此醋根本没有用曲，曲也不易擘成小块，如果是指麦麴，麦麴更毋庸擘。此醋与下文"秫米酢"同类，液比和醋多淀少相同，醋醅调和如薄粥相同，该醋的操作正是"擘破饭块……"。这里不必拘泥"校规"，径改为"饭"以祛惑。

〔5〕粟米饭醋浆：粟米饭酸浆水，淀粉质的酸化浆液，作为接种剂。山西陈醋用一种特制的醋浆（用粟米、高粱和醋曲混合制成）作为醋母投入生产。其酿造工艺调和醋醅专用醋浆不用水一点与《要术》相同。

〔6〕酢剋：醋量会减少。由于醋醅过稠，"液比"低，醋液自然减少。并且容易发黏，导致产醭，好醋更少，甚至发酵温度过高，会引起"烧醅"，就完全报废了。

【译文】

凡醋瓮的下面，都必须垫上砖头石块，把地面的水湿隔开。醋被怀孕妇人冲坏了的，可以在道路上的车轮印下捧一捧干土末放进醋瓮里，醋便恢复好了。

酿制大醋的方法：在七月初七日取水酿造。一般配比是：一斗麦䴷，不要簸扬；三斗水；三斗粟米熟饭，要摊冷了。随着瓮的大小，按这个比例增加，以满瓮为限。先下麦䴷，次后下水，次后下饭，就这样下着，不要搅拌。用丝绵蒙住瓮口，拿一把出鞘的刀横搁在瓮上。满七天，清早，倒进一碗新汲的井花水。满二十一天，清早，又倒进一碗井花水，便熟了。常常放一个葫芦瓢在瓮里，用来舀醋；如果用湿的或者咸的器皿来舀醋，醋的味道就会变坏。

又一个方法：也是七月初七日取水。一般配比是：一斗麦䴷，三斗水，三斗粟米熟饭。依着瓮的大小，以快满瓮为限。水和麦䴷，当天一次投下。饭要分为三份：初七日开始酿造时投下一份，当夜就发酵冒气泡；到二十一天（？），再炊一份投下；又过三天（？），再投下一份。只要用丝绵蒙住瓮口，没有横刀和添井花水的麻烦。如果醋醅满出来，可以加甑圈防止。

又一种作法：也是七月初七日酿造。一般比例是：一升麦䴷，九升水，九升粟米饭。同时一次投下，也是以快满瓮为限。用丝绵蒙住瓮口。二十一天便成熟。

上面三种醋，同样都是清液少，糟粕多。到十月里，像压酒一样，用毛袋盛着压榨出醋液，贮藏着〔慢慢食用〕。榨过的糟粕，和上水，盛在另外的瓮里澄清着〔继续微微酸化〕，再压榨出来，先吃它。

秫米神醋的酿造法：七月初七日酿造。将瓮子放在屋里。一般配比是：一斗麦䴷，一石水，三斗秫米——没有秫米，黏黍米也可以用。随着瓮的大小，以快满瓮为限。先量好一石水，把麦䴷浸着；然后把米淘净，炊为再馏熟饭，摊冷，细细擘破饭团，擘成小块，一次下酿落瓮，不再投第二次。又用手在瓮中把小块的饭捏散，使劲地搅拌均匀，搅成像粥一样才停手，再用丝绵蒙住瓮口。满七天，搅拌一次；十四天，又搅拌一次；二十一天，重又搅拌一次。再过一个月的日子，就完全熟了。十石瓮的醋醪，不过五斗糟。这醋可以陈酿几年，越陈越好。原先的淘米泔水随时就倒掉，不让狗和老鼠吃到。再馏饭也不能让人吃。

粟米加曲酿醋的方法：七月、三月快尽的几天是最好的时令，八月、四月也可以作。一般比例是：一斗笨曲末，一石井花水，一石粟米饭。明天清早酿醋，要在今天夜里炊饭，薄薄地摊开让它冷了。在太阳没有出来以前汲取井花水，用斗量水到瓮里。饭，先量到盆子里，或者柳条编的笸斗里，然后倒进瓮里。倒时径直倒下，不要用手拨饭。曲末要堆尖量，随即倒在饭上面，千万不要搅动，也不要移动瓮子。再用丝绵盖住瓮口。二十一天便成熟。成醋味道美，酸度高，糟也少，而且越陈越好。凡酿醋在未熟或快熟的时候移动瓮子，大率都会坏醋；已经熟了就没有关系。舀出上面的清醋，盛入另外的瓮里贮存着。

酿造秫米醋的方法：五月初五日酿造，七月初七日成熟。进入五月就多收积粟米饭酸浆水，准备调和酿醋，这醋是不用水的。酸浆以极酸为好。把干曲捣成粉末，用绢筛筛过。曾经酿造过，用粳性的秫米最好，黍米也还好。一石米，用一斗曲末；曲多了醋不鲜美。米只要炊到再馏，也用不着多遍淘洗。初次的淘米泔水倒掉。第二次的淘米泔水就留下来浸馈饭，到泔水给馈饭吸尽了，重新装上甑蒸成再馏熟饭。下下来，摊开，接连地翻动，让热气散去，饭温要像人体的温度，再在盆子里拌和着〔使温度均匀〕，把饭块擘破，拿曲末拌进饭里，务必要拌和均匀。然后倒进酸浆水，再把饭捏散，像薄粥的样子。粥太稠了醋量会减少，太稀了醋味就淡薄了。随即将粥料倒进瓮中酿醋，依着瓮的大小，以满瓮为限。最初七天，每天搅拌一次；七天之后，十天搅拌一次，到三十天停止。开始酿造的时候，就把瓮放在北屋中风凉的地方，不让它见到太阳。常常汲取冷水在瓮外遍瓮体地浇淋，让热气引出散去，但是不能让生水进到瓮里去。十石瓮的醋醪，不过五六斗糟罢了。舀出上面的清醋，盛在另外的瓮里，可以陈上几年。

大麦酢法：七月七日作。若七日不得作者，必须收藏取七日水，十五日作。除此两日则不成。于屋里近户里边置瓮。大率小麦麳一石，水三石，大麦细造一石[1]——不用作米则利严，是以用造。簸讫，净淘，炊作再馏饭。掸令小暖如人体，下酿，以杷搅之，绵幕瓮口。三日便发。发时数搅，不搅则生白醭；生白醭则不好。以棘子彻底搅之：恐有人发落中，则坏醋。凡醋悉尔；亦去发则还好。六七日，净淘粟米五升——米亦不用过细——炊作再馏饭，亦掸如人体投之，耙搅，绵幕。三四日，看米消，搅而尝之，味甜美则罢；若苦者，更炊二三升粟米投之，以意斟量。二七日可食，三七日好熟。香美淳严，一盏醋，和水一碗，乃可食之。八月中，接取清，别瓮贮之，盆合，泥头，得停数年。未熟时，二日三日，须以冷水浇瓮外，引去热气，勿令生水入瓮中。若用黍、秫米投弥佳，白、苍粟米亦得。

烧饼作酢法：亦七月七日作。大率麦䴷一斗，水三斗，亦随瓮大小，任人增加。水、䴷亦当日顿下。初作日，软溲数升面，作烧饼，待冷下之。经宿，看饼渐消尽，更作烧饼投。凡四五投，当味美沸定便止。有薄饼缘诸面饼，但是烧煿者[2]，皆得投之。

回酒酢法[3]：凡酿酒失所味醋者，或初好后动未压者，皆宜回作醋。大率五石米酒醅，更着曲末一斗，麦䴷一斗，井花水一石；粟米饭两石，掸令冷如人体，投之，耙搅，绵幕瓮口。每日再度搅之。春夏七日熟，秋冬稍迟，皆美香。清澄后一月，接取，别器贮之。

动酒酢法：春酒压讫而动不中饮者，皆可作醋。大率酒一斗，用水三斗，合瓮盛，置日中曝之。雨则盆盖之，勿令水入；晴还去盆。七日后当臭，衣生，勿得怪也，但停置，勿移动、挠搅之。数十日，醋成衣沉，反更香美。日久弥佳。

又方：大率酒两石，麦䴷一斗，粟米饭六斗，小暖投之，耙搅，绵幕瓮口。二七日熟，美酽殊常矣。

【注释】

〔1〕造：一种粗糙舂法的俗语。《四时纂要·七月》"麦醋"条称将大麦舂成一半成米一半带皮为"一糙"。清许旦复《农事幼闻》称米舂得白净为"双糙"，更精白为"三糙"、"四糙"。《广雅·释言》"造"与"草"同义，则"造"就是"草"、"糙"，是说草草、粗糙，不求精纯。《要术》以不舂成米为"细造"，则比"一糙"还要粗些，就是大多带着外皮，很少舂成米。舂的程

度不同，现在群众也有各种不同的口语，如浙东称稍春为"滑"，半春为"毷"（俗读 chuàn）。《玉篇》："臹，半春也。"臹，音 còu。造、糙、毷、臹，实际都是半春或不到半春的群众特用口语。

〔2〕煿（bó）：同"爆"，油炸煎炒菜肴。

〔3〕这是在变酸了的发酵醪或成熟醪中重新加入曲、饭使转变成醋的办法。下面两条是将经压榨后的成品酒变酸后改酿成醋的方法。按：低醇度的淡酒敞口放着，不久就会天然氧化变酸，这是因为醋酸菌到处存在于自然界中，淡酒醇度低，不能抑制空气中落入的醋酸菌，因而旺盛繁殖产生醋酸。这种现象，从人类开始有酒时就会被发现的。《要术》正是利用这一原理，索性把酸酒因势利导转酿成醋。既不浪费粮食，又得新产品。

【译文】

大麦醋的酿造法：七月初七日酿造。如果初七日来不及酿造，必须在初七日把水汲来准备着，到七月十五日酿作。除了这两天，其余的日子都作不成。在屋里近门的里边放着醋瓮。一般配比是：一石小麦𪍿子，三石水，一石细造的大麦——不春成米酿成的醋比较醇酽，所以要用造。簸扬之后，淘洗洁净，炊成再馏饭。取下摊开，翻动，散去热气，让饭温温像人体的温度。投饭下酿，用耙子搅拌过，瓮口用丝绵蒙着。三天便酵解发动了。发的期间，要多次搅拌，不搅拌上面会长出白色的菌醭；长出菌醭就不好了。用酸枣枝条在醋瓮中彻底地搅动，因为恐怕有人的头发落在里面，那就会坏醋。所有的醋，都是这样；也是搅动缠去头发之后都会恢复好的。六七天后，再拿五升粟米淘洗洁净——米也不需要太精白——炊作再馏饭，也是摊开翻动散去热气，像人体的温度时投下醋瓮，照样用耙子搅拌，用丝绵盖住瓮口。过三四天，看看饭已经消化了，搅和了尝尝看，如果味道甜美就可以了；如果还有苦味，〔曲力未尽，〕再炊二三升的粟米饭投下去，要看情况掌握。这之后满十四天，可以吃，满二十一天，就完全熟了。这醋气味香美，而且很酽烈，一盏醋要兑上一碗水才能吃。八月里，舀出上层的清醋，盛在另外的瓮里陈酿着，用盆子盖着瓮口，用泥涂封，可以陈上几年。在没有成熟以前，隔两天三天，需要在瓮外面浇冷水，让热气引出散去，但是不能让生水进到瓮里去。第二投如果用黍米、秫米炊饭投下去，更好；白粟米、苍粟米也可以。

用烧饼酿醋的方法：也是七月初七日酿作。一般比例是：一斗麦䴷，三斗水，也是依着瓮的大小，随人按比例增加分量。水和麦䴷，也是当天一次投下。开始酿制的这一天，拿几升面粉和成软面团，作成烧饼，等冷了投入瓮中。过一夜，看看饼已经渐渐消化尽了，再作些烧饼投下。一共投四五次，正该味道美好，发酵也停止了，便不再投。凡是边缘薄的各种面饼，只要是烧烤的，都可以投酿。

将酸酒醪转变成醋的方法：凡是酿酒由于不得法而使发酵醪变酸的，或者起初还好后来变酸了的未经压榨的成熟醪，都该索性转变成醋。转酿的一般比例是：原来五石米的酒醅，再加进一斗曲末，一斗麦䴷，一石井花水，又两石粟米饭，摊开翻动冷到像人体的温度，一并投入瓮中。用耙子搅拌均匀，拿丝绵蒙住瓮口。以后每天搅拌两次。春天夏天七天成熟，秋天冬天稍为迟些，都转变成了香美的醋。澄清之后一个月，舀出来，盛在另外的瓮里贮存着。

将酸酒转变成醋的方法：春酒压榨出来后变酸了，不能喝的，都可以转酿成醋。转酿的一般比例是：一斗清酒，用三斗水兑进去，一并盛在瓮里，搁在太阳下面晒着。雨天用盆子盖住瓮口，不让生水进去；天晴了去掉盆子。七天之后会发臭，上面生成一层菌衣，不要觉得奇怪，尽管在原地放着，不要移动，也不要去搅动。几十天之后，醋变成了，衣也沉下去了，味道反而更加香美。日子久了更好。

又一个变酸酒为醋的方法：一般比例是：两石清酒，用一斗麦䴷，六斗温温的粟米饭，一齐投下去。用耙子搅拌均匀，拿丝绵蒙住瓮口。十四天成熟，酸味美而浓酽，不同于平常的醋。

神酢法[1]：要用七月七日合和。瓮须好。蒸干黄蒸一斛，熟蒸舂三斛：凡二物，温温暖，便和之。水多少，要使相淹渍；水多则酢薄不好。瓮中卧经再宿，三日便压之，如压酒法。压讫，澄清，内大瓮中。经二三日，瓮热，必须以冷水浇；不尔，酢坏[2]。其上有白醭浮，接去之。满一月，酢成可食。初熟，忌浇热食，犯之必坏酢。若无黄蒸及舂者，用麦䴷一石，粟米饭三斛合和之。方与黄蒸同。盛置如前法。瓮常以绵幕之，不得盖。

作糟糠酢法：置瓮于屋内。春秋冬夏，皆以穰茹瓮下，不茹则臭。大率酒糟、粟糠中半。粗糠不任用，细则泥，唯中间收者佳。

和糟糠，必令均调，勿令有块。先内荆、竹篘于瓮中[3]，然后下糠糟于篘外，均平以手按之，去瓮口一尺许便止。汲冷水，绕篘外均浇之，候篘中水深浅半糟便止。以盖覆瓮口。每日四五度，以碗挹取篘中汁，浇四畔糠糟上。三日后，糟熟，发香气。夏七日，冬二七日，尝酢极甜美，无糠糠气，便熟矣。犹小苦者，是未熟，更浇如初。候好熟，乃挹取篘中淳浓者，别器盛。更汲冷水浇淋，味薄乃止。淋法，令当日即了。糟任饲猪。其初挹淳浓者，夏得二十日，冬得六十；后淋浇者，止得三五日供食也。

酒糟酢法：春酒糟则酽。颐酒糟亦中用。然欲作酢者，糟常湿下；压糟极燥者，酢味薄[4]。作法：用石硙子辣谷令破[5]，以水拌而蒸之。熟便下，掸去热气，与糟相拌[6]，必令其均调；大率糟常居多。和讫，卧于酽瓮中[7]，以向满为限，以绵幕瓮口。七日后，酢香熟，便下水，令相淹渍。经宿，酽孔子下之。夏日作者，宜冷水淋；春秋作者，宜温卧，以穰茹瓮，汤淋之。以意消息之。

作糟酢法：用春糟[8]，以水和，搦破块，使厚薄如未压酒。经三日，压取清汁两石许，着熟粟米饭四斗投之[9]，盆覆，密泥。三七日酢熟[10]，美酽，得经夏停之。瓮置屋下阴地。

【注释】

〔1〕《要术》本文在此条以上都直接用粮食酿醋，自此条以下四条均用粮食加工的副产品麦麸（麰）和粟糠以及酒糟酿醋。

〔2〕酢坏：按：压榨出来的清液，仍在发酵旺盛前期，释放出大量的热，如果温度过高，醋酸菌本身就活不了，乙醇氧化为乙酸（醋酸）的最后一道"工序"停止，醋就坏了。凡在未成醋前因温度过高而坏醋者，现在叫"烧醋"。

〔3〕篘（chōu）：篾编的长筒形隔糟抽酒的用具，俗称"酒篘"。但作为酒篘字始见于《集韵·平声·十八尤》，《玉篇》、《广韵》均作"篘"，而"篘"是另一字，《四时纂要·七月》"麦醋"亦作"篘"。《要术》此字是后人改的。

〔4〕酢味薄：醋味就淡薄。按：此醋不加任何曲料，完全用酒糟酿成。酒糟是唯一的醋母，即接种剂，利用酒糟中的酒精残余由醋酸菌营氧化作用而酿成醋。酒糟榨得极干燥，酒精残余量极有限，"本钱"不够，醋酸菌无可施其技，即

使投入谷子作配料,但谷子中的淀粉必须由曲中所含的淀粉酶作用才能糖化,糖又必须由曲中的酵母菌作用才能产生酒精,可现在没有曲,全靠糟中的残余酒力,而残余的酒力很小,谷子的糖化、酒化也一定很不得力,这样,不但醋味淡薄,可能谷子也起不了作用,而成为糟粕残留在醋醪中。

〔5〕石硙(wèi):石磨。 辣:借作"掣"字(同音),一种磨法的俗语。凡磨谷物,在磨眼中一次所添谷物的多少不同,其粉碎程度也不同。添得越多,磨得越粗。再添许多,就仅仅脱壳,稍稍轧破而已。"辣"(掣),就是这种磨法。《四时纂要·七月》作麦醋法正作"磨中掣破"。

〔6〕明清刻本作"相拌",两宋本作"相半"。

〔7〕本条两"酹"字,两宋本均作"酻",明清刻本作"酢",或作"醋"、"醋",均讹。"酻"是"以酒漱口","酹"是"以孔下酒",正字应作"酹"。参看卷七《笨曲并酒》注释。酹瓮,有酹孔的瓮。酹孔是用以放出瓮中液体的嘴孔,开在瓮近底部的瓮壁上。按:《要术》二三种醋中(包括引《食经》),唯此醋为固体状态发酵,所以醋醪成熟后要加水淋醋,淋取醋液,酹孔即为淋水出醋而设,即上面淋水之后,下面由酹孔中流出醋。固态发酵的醋,通常都采取此法,惟孔子内外的装置法有不同。液态发酵的,多采用压榨法。

〔8〕"春糟",疑应作"春酒糟"。

〔9〕"熟",明抄如此,北宋本作"热"。

〔10〕北宋本作"三七日",明抄等作"二七日"。

【译文】

麦麸神醋的酿造法:要在七月初七日拌料酿造。瓮一定要好。一斛蒸过的干黄蒸,三斛蒸熟了的麦麸,两样材料还温温暖暖的时候便一起拌和下酿。加多少水,总要使材料淹没着为度;水过多了醋就淡薄不好。就在瓮中罨酿着。过两夜,第三天便像压酒一样压榨出来。压出来后,澄清了,盛到大瓮里。经过两三天,醋瓮发热了,必须拿冷水浇到瓮外面;不然的话,醋便坏了。上面有白色的菌醭浮上来,就撇掉。满一个月,醋成熟了,便可以吃。开始成熟的时候,禁忌拿来浇热菜吃,如果犯了这个禁忌,瓮里的醋一定会坏掉。假如没有黄蒸和麦麸,可以用一斛麦麸和三斛粟米饭一起拌和下酿。方法同用黄蒸的酿法一样。压榨装盛等方法也和上面一样。醋瓮上常常用丝绵蒙着,不能实盖。

糟糠醋的酿造法:将酿瓮放在屋内。无论春夏秋冬都要用黍穰包裹在瓮下边，不包裹的话，醋会变臭。一般比例是酒糟和粟糠各占一半。糠，粗的不好用，细的又会糊，只有〔簸扬时〕收得不粗不细的中等糠才合用。拌和糟糠必须要均匀，不让它有块子。先在瓮里放一个荆条或竹篾编的酒篘，然后投下糟糠的混合物在酒篘的外围，用手按匀按平，距瓮口一尺左右便停投。汲取冷水，绕着篘外面均匀地浇下去，让水渗进篘里面，看候着，水渗到有外面糟糠的一半深便停浇。用盖把瓮口盖着。拿碗舀出篘中的液汁浇在四周的糟糠上，每天浇四五次。三天之后，糟糠醇解快熟时，发出香气。夏天七天，冬天十四天，尝尝看，醋味很甜美，没有糟糠的气味，便熟了。如果还有小小的苦味，是没有熟，再照样舀出来继续浇。等到完全成熟了，把篘里面醇浓的醋汁舀出来，盛在另外的容器里。再汲取冷水来浇淋，到味道淡了为止。浇淋的工作当天就要做完。糟渣可以喂猪。初次舀出的醇浓汁，夏天可以放二十天，冬天可以放六十天。后一次淋得的，只在三五天之内可以吃。

酒糟醋的酿造法：春酒酒糟酿得的醋，味道酽浓。颐酒的糟也可以用。不过想用酒糟酿醋，总要用湿些的糟下酿；糟压榨得极燥，醋味就淡薄。酿作的方法：用石磨子将谷子辣破，拌上水，上甑中蒸。蒸熟了便倒出来，摊开，翻动散去热气后，同酒糟相拌和，必须和得均匀；一般的比例，糟比谷子总要多些。和好后，投在有酾孔的瓮中罨着，多少以快要满瓮为止，用丝绵蒙着瓮口。七天之后，醋发出香气熟了，便浇进水去，让水淹没着糟面。过一夜，〔拔去酾孔塞子，〕让醋液从酾孔中流出来。〔浇水的方法，〕夏天酿制的，该用冷水浇淋；春秋酿制的，该用黍穰包裹在瓮外面保温罨着，要用热汤浇淋。这些要用心掌握。

用春酒糟酿醋的方法：春酒糟用水调和，捏破团块，厚薄像没有压榨前的酒醪那样。过了三天，压榨出两石左右的清汁来，用四斗熟粟米饭投下去，盆子盖住瓮口，用泥密封。满二十一天醋熟了，味道好，酸味酽浓，可以停放过夏。醋瓮要放在屋中阴暗的地方。

《食经》作大豆千岁苦酒法[1]："用大豆一斗，熟汰之，渍令泽。炊，曝极燥。以酒酷灌之。任性多少，以此为率[2]。"

作小豆千岁苦酒法[3]：用生小豆五斗，水汰，着瓮中。黍米作馈,覆豆上。酒三石灌之,绵幕瓮口。二十日,苦酢成。

作小麦苦酒法:小麦三斗,炊令熟,着堈中[4],以布密封其口。七日开之,以二石薄酒沃之,可久长不败也。

水苦酒法:女曲、粗米各二斗[5],清水一石,渍之一宿,沛取汁[6]。炊米曲饭令熟,及热酘瓮中。以渍米汁随瓮边稍稍沃之,勿使曲发饭起。土泥边,开中央,板盖其上。夏月,十三日便醋。

卒成苦酒法:取黍米一斗,水五斗,煮作粥。曲一斤,烧令黄,捶破,着瓮底。以熟好泥[7]。二日便醋。

已尝经试[8],直醋亦不美。以粟米饭一斗投之,二七日后,清澄美酽,与大醋不殊也。

乌梅苦酒法[9]:乌梅去核一升许肉,以五升苦酒渍数日,曝干,捣作屑。欲食,辄投水中,即成醋尔。

蜜苦酒法:水一石,蜜一斗,搅使调和,密盖瓮口,着日中。二十日可熟也。

外国苦酒法:蜜一升,水三合,封着器中;与少胡荾子着中[10],以辟,得不生虫。正月旦作,九月九日熟。以一铜匕水添之,可三十人食。

崔寔曰:"四月四日可作酢。五月五日亦可作酢。"

【注释】

〔1〕苦酒:醋的别名。《食经》、《食次》的名称。

〔2〕既没有交代酒醪的用量,那就没有说对大豆一斗的比例("率"),也没有提到灌醪的稀稠程度,怎样"任性多少,以此为率"?《食经》文纵使疏简,也不应简缺到如此程度,怀疑"酒醪"下有若干斗的数量被脱漏。

〔3〕自此条以下至"外国苦酒法"条,仍是《食经》文。不但称醋为"苦酒",所用有"女曲",行文用语如"堈"、"沛取汁"等多有不同,"卒成苦酒法"并有贾氏"已尝经试",尤为明证。

〔4〕堈(gāng):瓮。

〔5〕女曲:指糯米作成的饼曲,也指"麦黄衣",即麦䴷。这都是《食经》、《食次》地区的名称。

〔6〕明抄作"沛"(jǐ),院刻作"沛",字同,他本误作"练"或"沸"。按:

"沛",古文"济"字,此指滤出曲汁。卷七《笨曲并酒》引《食经》有二处用"济"字,都是《食经》的特用词。

〔7〕"以熟好泥",当有脱误。"熟好泥"意同"熟泥",疑"泥"下脱"密封"一类字。又本条没有交代粥怎样入瓮,黄麓森校记认为"以熟"是"入粥"的音近之讹,即粥倒在瓮底的曲上。不过《食经》文往往简阙不明,不止此处,兹仍其旧。

〔8〕"已尝经试"是贾思勰曾经就《食经》的"卒成苦酒法"进行过试验,结果醋也并不好。要再加粟米饭一斗,经过十四天后才变好,已经不是速成醋了。

〔9〕乌梅:酸青梅在烟突上熏干成黑色的。见卷四《种梅杏》。《要术》说明乌梅只供药用,不能调和食品,但《食经》没有这样的限制。

〔10〕胡荽(suī)子:荽同"葰",即胡荽的子实。

【译文】

《食经》酿制大豆千岁苦酒的方法:"用一斗大豆,淘洗得极洁净,浸到发胀。炊熟,晒到极燥。然后用酒醅〔若干斗〕灌下去。不管多少,都按这个比例。"

酿制小豆千岁苦酒的方法:用五斗生小豆,淘汰洁净后,装入瓮中。将黍米炊成馈饭,倒进瓮中盖在豆上面。再用三石酒灌进去,丝绵蒙住瓮口。二十天后,醋便成了。

小麦苦酒的酿造法:三斗小麦,炊熟,盛在缸中,用布密封缸口。满七天,打开,用两石淡酒浇在里面,可以保持长久不坏。

水苦酒的酿造法:女曲两斗,粗米两斗,用一石清水浸一夜后,滤出液汁。将浸过的女曲和米的混合物炊熟,趁热投落瓮中。用浸米〔曲〕的液汁沿着瓮边稍稍地浇下去,不让曲发酵了饭浮上来。用土泥在瓮口四边,中央开个孔,用板盖在上面。夏季,十三天便成醋了。

速成苦酒的酿造法:取一斗黍米,加进五斗水,煮成粥。拿一斤曲,在火上烧到发黄,捶破,放在瓮底。〔将粥倒在曲上,〕用熟泥〔密封瓮口〕。两天便酸了。

〔思勰〕曾经〔按《食经》的方法〕作过试验,醋并不美。要再用一斗粟米饭投下去,十四天之后,醋既清澈,味道也醰美,跟大醋没有差别。

乌梅苦酒的作法：乌梅去掉核，取得一升左右的肉，在五升苦酒里浸几天后，晒干，捣成屑。要吃时，就拿些搁在水里面，便成了醋。

蜜苦酒的作法：一石水，加上一斗蜜，搅和均匀，把瓮口盖严，搁在太阳下面晒。过二十天可以成熟了。

外国蜜苦酒的作法：一升蜜，和上三合水，封闭在容器中；搁进少许的胡荽子，可以避免生虫。正月初一作，到九月初九成熟。用一铜匙的水添进这醋里，可以供三十个人吃。

崔寔说："四月初四可以作醋。五月初五也可以作醋。"

作豉法第七十二

作豉法：先作暖荫屋，坎地深三二尺。屋必以草盖，瓦则不佳。密泥塞屋牖[1]，无令风及虫鼠入也。开小户，仅得容人出入。厚作藁篱以闭户。

四月、五月为上时，七月二十日后八月为中时；余月亦皆得作，然冬夏大寒大热，极难调适。大都每四时交会之际，节气未定，亦难得所。常以四孟月十日后作者，易成而好。大率常欲令温如人腋下为佳。若等不调，宁伤冷，不伤热：冷则穰覆还暖，热则臭败矣。

三间屋，得作百石豆。二十石为一聚。常作者，番次相续，恒有热气，春秋冬夏，皆不须穰覆。作少者，唯须冬月乃穰覆豆耳。极少者，犹须十石为一聚；若三五石，不自暖，难得所，故须以十石为率。

用陈豆弥好；新豆尚湿，生熟难均故也。净扬簸，大釜煮之，申舒如饲牛豆，捐软便止；伤熟则豉烂。漉着净地掸之，冬宜小暖，夏须极冷，乃内荫屋中聚置。一日再入，以手刺豆堆中候看：如人腋下暖，便须翻之。翻法：以耙杷略取堆里冷豆为新堆之心，以次更略，乃至于尽。冷者自然在内，暖者自然居外。还作尖堆，勿令婆陀。一日再候，中暖更翻，还如前法作尖堆。若热汤人手者，即为失节伤热矣。凡四五度翻，内外均暖，微着白衣，于新翻讫时，便小拨峰头令平，团团如车轮，豆轮厚二尺许乃止[2]。复以手候，暖则还翻。翻讫，以耙平豆，令渐薄，厚一尺五寸许。第三翻，一尺。第四翻，厚六寸。豆便内外均暖，悉着白衣，豉为粗定。从此以后，乃生黄衣。复掸豆令厚三寸，便闭户三日。——自此以前，一日再入。

三日开户，复以杴东西作垅掐豆，如谷垅形，令稀稠均调[3]。杴划法，必令至地——豆若着地，即便烂矣。掐遍，以耙掐豆，常令厚三寸。间日掐之。后豆着黄衣，色均足，出豆于屋外，净扬簸去衣。布豆尺寸之数，盖是大率中平之言矣。冷即须微厚，热则须微薄，尤须以意斟量之。

扬簸讫，以大瓮盛半瓮水，内豆着瓮中，以耙急抨之使净。若初煮豆伤熟者，急手抨净即漉出；若初煮豆微生，则抨净宜小停之。使豆小软则难熟[4]，太软则豉烂。水多则难净[5]，是以正须半瓮尔。漉出，着筐中，令半筐许，一人捉筐，一人更汲水于瓮上就筐中淋之，急斗擞筐，令极净，水清乃止。淘不净，令豉苦。漉水尽，委着席上[6]。

先多收谷䕸，于此时内谷䕸于荫屋窖中，掊谷䕸作窖底，厚二三尺许，以蘧蒢蔽窖。内豆于窖中，使一人在窖中以脚蹑豆，令坚实。内豆尽，掩席覆之，以谷䕸埋席上，厚二三尺许，复蹑令坚实。夏停十日，春秋十二三日，冬十五日，便熟。过此以往则伤苦；日数少者，豉白而用费；唯合熟，自然香美矣。若自食欲久留不能数作者，豉熟则出曝之，令干，亦得周年。

豉法难好易坏，必须细意人，常一日再看之。失节伤热，臭烂如泥，猪狗亦不食；其伤冷者，虽还复暖，豉味亦恶：是以又须留意，冷暖宜适，难于调酒[7]。

如冬月初作者，须先以谷䕸烧地令暖，勿焦，乃净扫。内豆于荫屋中，则用汤浇黍穄穰令暖润，以覆豆堆。每翻竟，还以初用黍穰周匝覆盖。若冬作豉少屋冷，穰覆亦不得暖者，乃须于荫屋之中，内微燃烟火，令早暖，不尔则伤寒矣。春秋量其寒暖，冷亦宜覆之。每人出，皆还谨密闭户，勿令泄其暖热之气也。

【注释】

〔1〕牖（yǒu）：窗户。

〔2〕"豆轮"，各本同。拨平峰尖后的豆堆虽说其形圆如"车轮"，但径称之为"豆轮"，终究有些牵强。黄麓森校记："豆乃至之讹。"

〔3〕"稯"（jì），院刻、金抄作"稯"，是"稯"的省写。《永乐大典》卷一四三八四"冀"字，隶书碑文写作"冀"，古书也多有如此省写者。"稯"是"概"的或写体，稠密的意思，与"稀"相对为文。明抄等作"稬"，误。

〔4〕"使豆小软则难熟"，"小"可作"不足"解释，则此句可不必拆句。惟《要术》"小"通常作"少"（稍）字用，如上文"小停"例，则应连上句读为"抨净宜小（稍）停之，使豆小（稍）软"。如果这样，剩下的"则难熟"不成句，那上面应补脱字，如补作"〔不软〕则难熟"。

〔5〕难净：不容易洁净。这是因为水少时容易在冲搅时摩擦去外层污物，而水多则浮荡不相冲击，污物不易冲去，反而使豆豉冲淡了。

〔6〕委着席上：（把豆）倒在席子上。这里有疑问。因为豆子至少也得十石，十石的豆子不是一次在筐中淋洗完的，必须多次地筐盛，浇淋，沥干，倒在席子上，以至全部处理完。但文中没有这样的交代，似乎叙述欠周。

〔7〕难于调酒：比酿酒还难调节。启愉按：《要术》酿制豆豉不加任何曲类作接种剂（现代加米曲霉菌种接种），单纯用大豆酿制，而且大豆是整粒未经粉碎的，煮到不十分熟就进入密闭的罨室中罨黄，比酿制麦曲要困难得多，因为麦曲的麦粒经过粉碎，与曲菌的接触面大，曲菌容易繁殖，而大豆颗粒大，又未经粉碎，其接触面只在豆麦，搞得不好温度过低发不起来，温度过高，菌类不是死亡就是活性迟钝，豆豉就会臭烂，就完全报废了。所以掌握好温度是关键，必须时时察候，及时倒翻豆堆，使里外受热均匀，酵解正常，长满黄衣，自外透里，发酵彻底均熟，才算初步成功。然后把罨黄了的半成品豆豉搬出罨室，簸去黄衣杂质，盛入瓮中，加水用耙子冲荡干净，再捞出来用清水淋洗极净，目的是使微生物分解作用停止，然后紧实埋入豆坑内使营后熟作用，氧化产生黑色，才能制成柔软香美的豆豉（淡豉）。其间变化复杂，怎样掌握好蛋白质分解的最适温度，最为关键，比酿酒要难得多。

【译文】

酿制豆豉的方法：先准备好温暖密闭的罨室，在地上掘个二三尺深的罨坑。房屋必须是草盖的，瓦屋〔不如草屋温暖，〕不好。用泥密塞窗户,不让风和虫类、老鼠进去。开个小门,只容得一个人进出。用厚厚的秸稿编成的门苫密闭小门。

四月、五月酿制是最好的时令,七月二十日以后到八月是中等时令;其余的月份也都可以作,不过冬天太冷,夏天太热,豆豉温度很难调节合适。大都四季交替的时候,节气没有稳定,也难以调节合宜。通常在四季的头一个月初十以后作的,容易成功,质量好。一般说来,品温常常要像人的胳肢窝那样温温的为好。如果不能掌握这样的温度,宁可失冷,不可失热,因为失冷还可以用黍穰覆盖着回暖,失热就臭烂不堪了。

三间房屋,可以酿制一百石豆子的豆豉。二十石豆子作为一堆。经常酿制的,一次接着一次,屋里常常保持有热气,无论春夏秋冬都不需要用黍穰盖豆子。酿作得少的,只有冬天才须要用黍穰盖豆。作得极少的,也须要有十石豆子作为一堆;如果只有三五石豆子,本身酵解的温度不够,就难得合适,所以必须以十石为标准。

用陈豆更好;新豆还带着湿,生熟就难以煮得均匀。簸扬干净,放在大锅里煮,煮到涨开像喂牛的豆那样,手掐是软的,就行了;如果太熟,酿成的豆豉就会软烂。捞出来搁在洁净的地上,摊开,翻动着散去热气,冬天宜于小小温暖,夏天必须冷透,然后搬进窨室中堆成尖堆。每天进去看两次,用手探入豆堆中试试看,如果豆温像人胳肢窝的温暖时,便须要翻转。翻的方法:用耙和枚,先用耙扒开豆堆外层的一些冷豆,再用枚铲聚冷豆成为新堆的中心,依次再耙再枚,一直到耙尽枚完。这样,外层的冷豆自然在新堆的中心,内层的热豆自然在新堆的外面。仍然堆成尖堆,不要让堆的坡度平缓。每天看候两次,堆里面暖了就再翻,依旧同上面的方法一样翻后堆成尖堆。如果热到烫手,便是调节失候伤热了。翻过四五次,里外都温暖均匀,豆上微微长着白色的菌衣,在末次新翻完的时候,便把堆尖稍稍拨平下来,团团地像车轮的样子,拨到大约二尺左右厚停止。还要用手探候,暖了,又翻。翻完,用耙子把豆堆耙平,让堆渐渐地薄下去,薄到一尺五寸左右厚。第三次翻,耙到一尺厚。第四次翻,耙到六寸厚。这时,豆的温暖便里外均匀,而且都长满了白色菌衣,豉便粗粗地作成〔半成品〕了。从这以后,开始长黄色菌衣。再把豆层摊开,只摊到三寸厚,就把门关上三天不进去。——在这以前,都是每天进去看两次。

三天后，把门打开，再用枚把豆层东西方向地铲离〔原地〕作成垅，像谷垅的形状，垅要稀密均匀。用枚铲豆的方法，必须铲及地面，如果有铲不到的豆子留在地面上，它就烂掉了。铲遍了，用耙子把豆耙平，常常保持三寸厚。隔一天铲耙一次。后来豆子都长了黄衣，颜色均匀充足，就起出到屋子外面，簸扬洁净，簸去黄衣。上面说的摊开豆层的厚薄尺寸，只是大概适中的说法。冷了必须摊得厚些，热了必须稍微薄些，尤其须要细心掌握。

簸扬完了，用大瓮盛着半瓮的水，把豆放下去，用搅耙快速地冲搅，把它冲搅洁净。如果当初煮豆煮得过熟了，快速冲搅洁净后，立即捞出来；如果当初煮得稍微生些的，冲洗洁净后还要稍为停一停，让豆浸得软些。〔不软〕豆豉就难得熟，太软了豉又会烂。水太多，冲洗不容易洁净，所以只需要半瓮的水。冲净后把豆捞出来，放在筐子里，放上半筐光景就可以了，由一人执着筐子放在瓮口上，另一人舀水向筐子里面浇淋，赶快抖动筐子，使豆淋洗洁净，到水清极净为止。如果淋洗不净，豆豉会发苦。筐子里的水沥尽了，把豆倒在席子上。

预先多收积谷壳及断茎残叶之类，这时拿来垫在罨室中的罨坑里，扒开铺平作为坑底，铺上两三尺左右厚，再拿粗席蔽覆在上面。将豆子放进坑里面，叫一个人在坑中用脚把豆子踩坚实。豆下完了，把原先垫在豆下面的粗席卷覆过来，盖在豆上面，再用谷壳茎叶掩盖在粗席上面，也要盖上两三尺左右厚，然后又用脚踏坚实。夏天放着十天，春秋二季放着十二三天，冬天放着十五天，便成熟了。超过这些日数，豆豉就会失候伤苦；日子不足，豆豉颜色发白，用起来就费得多；只有成熟恰好合适，味道才自然香美。如果是自家吃，但又不能多次酿作，想多保存些时间，那么，可以在豆豉成熟时就拿出去晒干，也可以陈放一周年。

酿制豆豉，难得作好而容易坏，必须是小心仔细的人，总要一天察看两次。失于调节而伤热，臭烂得像烂泥，猪狗都不要吃；失节伤冷的，尽管还可以想法回暖，味道仍恶劣。所以必须小心谨慎，酿造中掌握好合宜的温度，比酿酒更难调节。

如果是冬天开始酿制的，必须先用谷壳茎叶之类把地面烧暖，不要烧焦，再扫干净。将豆放进罨室的时候，就用热汤浇黍穄穰，让它温暖而潮润，然后盖在豆堆上面。每次翻好之后，还是用原先盖过的黍穰在豆堆周围都盖好。如果冬天酿作时，由于豆少罨室还是冷的，即使黍穰盖着豆堆还是暖不起来,就该在窨室里面,搬进微微烧着的烟火,让它早些暖起来,不然的话,就伤冷了。春秋二季,酌量它的寒暖,冷时也该用黍穰盖上。每次进入窨室出来的时候,都该依旧谨慎地把门关严,不要让热气散泄出去。

《食经》作豉法:"常夏五月至八月,是时月也。率一石豆,熟澡之,渍一宿。明日,出,蒸之,手捻其皮破则可,便敷于地——地恶者,亦可席上敷之——令厚二寸许。豆须通冷,以青茅覆之,亦厚二寸许。三日视之,要须通得黄为可。去茅,又薄掸之,以手指画之,作耕垄。一日再三如此。凡三日作此,可止。更煮豆,取浓汁,并秫米女曲五升,盐五升,合此豉中。以豆汁洒溲之,令调,以手抟,令汁出指间,以此为度。毕,纳瓶中,若不满瓶,以矫桑叶满之[1],勿抑。乃密泥之中庭。二十七日,出,排曝令燥。更蒸之时,煮矫桑叶汁洒溲之,乃蒸如炊熟久,可复排之。此三蒸曝则成[2]。"

作家理食豉法[3]:随作多少。精择豆,浸一宿,旦炊之,与炊米同。若作一石豉,炊一石豆。熟,取生茅卧之,如作女曲形[4]。二七日,豆生黄衣,簸去之,更曝令燥。后以水浸令湿,手抟之,使汁出——从指歧间出——为佳,以着瓮器中。掘地作垎[5],令足容瓮器。烧垎中令热,内瓮着垎中。以桑叶盖豉上,厚三寸许,以物盖瓮头令密,涂之。十许日成,出,曝之,令泡泡然。又蒸熟,又曝。如此三遍,成矣。

作麦豉法:七月、八月中作之,余月则不佳。肺治小麦[6],细磨为面,以水拌而蒸之。气馏好熟,乃下,掸之令冷,手挼令碎。布置覆盖,一如麦䴷、黄蒸法。七日衣足,亦勿簸扬,以盐汤周遍洒润之。更蒸,气馏极熟,乃下,掸去热气,及暖内瓮中,盆盖,于襄粪中燠。二七日,色黑,气香,味美,便熟。抟作小饼,如神曲形,绳穿为贯,屋里悬之。纸袋盛笼,以防青蝇、尘垢之污。用时,全饼着汤中煮之,色足漉出。削去皮粗,还举。一饼得数遍煮用。热、香、美[7],乃胜豆豉。打破,汤浸,研用亦得;然汁浊,不如全煮汁清也。

【注释】

〔1〕矫桑：不知道是什么桑。或疑为高大的野生桑树。

〔2〕"此三蒸曝"，"此"上疑脱"如"字。下条有"如此三遍"，可证。

〔3〕"作家理食豉法"这条是淡豉，上条是咸豉，这条仍是《食经》文，从"如作女曲形"等可证。但下条"作麦豉法"是用小麦作的麦豉，是另一项目，仍是《要术》文，从"一如麦䴵、黄蒸法"等可证。

〔4〕如作女曲形：像作女曲的方法。卷九《作菹藏生菜法》引《食次》罨制女曲的方法是：先在床上垫上青蒿，铺上女曲，再在女曲上用青蒿盖着。

〔5〕坞(kǎn)：同"坎"。

〔6〕"䴵"，各本均错成各样形似字，他处多有此字，据以改正。

〔7〕《今释》疑"热"字多余，或者该在上文"汤中"上面。不过有"热"字也讲得通。

【译文】

《食经》酿制豆豉的方法："常常在夏季五月到秋季八月里作，是合时的月份。标准是一石豆子，多遍地淘净，浸着过一夜。明天，捞出来，上甑中蒸，蒸到用手一捻皮就会破时，就可以了，便倒出来铺在地上——地不干净的，也可以铺在席子上——铺成二寸左右厚。等到豆子统统冷了，拿青茅盖在上面，也要盖二寸左右厚。过三天，看看，须要全都上黄衣才合适。去掉茅草，再摊薄些，用手指划出条条，像耕垅的形状。一天再三地这样〔聚拢摊薄，又划出条条〕。这样做三天，可以停止。再煮些豆子，取得浓汁，加入糯米女曲五升，盐五升，和进这豆豉里面。再用豆汁洒在上面，溲和均匀，用手一捏，如果有汁从指缝里挤出来，便合适了。溲和完毕，装入瓶子里，如果装不满瓶，拿矫桑叶塞满它，但不要按紧。用泥密封好，搁在院子里。满二十七天，拿出来，摊开来晒燥。燥后还要再蒸，蒸的时候先煮些矫桑叶汁洒上去溲和过，然后上甑，蒸到像炊熟的时间一样久。拿下来再摊开来晒燥。〔像这样〕蒸三次晒三次，就作成了。"

酿制"家理食豉"的方法：作多少可以随便。精细地拣择豆子，浸一夜，明天一早炊豆，像炊米饭一样。如果作一石豆豉，就炊一石豆子。熟了，用新鲜茅草〔衬盖起来〕在罨室中罨黄，像作女曲的方法。过十四天，豆上长出黄衣，簸去黄衣，晒干。干后又用水浸湿，湿的标准，用手捏着有汁从指缝里挤出来为好，随即盛入瓮器里。在地上掘个坎，让它足够容纳瓮器。在坎里烧火，把坎烧热，将瓮子放进坎中。拿桑叶盖在豉上面，盖三寸左右厚，瓮头上用东西盖严密，再用泥密封。过十来天，初步作成了，倒出来晒，晒到半干。又蒸熟，又晒。这样蒸晒三次，才成熟了。

酿制小麦豉的方法：七月、八月里酿作，其余的月份作的不好。春净小麦，磨细成面，拌进水，上甑中蒸。蒸汽馏上来够熟了，下下来，摊开，翻动着让它冷了，用手揉碎面块。所有在罨室中布置、覆盖等手续，都和作麦䴷、黄蒸的方法一样。过七天，菌衣长足了，也不要簸扬，用热盐汤普遍均匀地洒上，让它湿润。再蒸，蒸到汽馏极熟了，倒出来，摊开翻动散去大热气，趁温暖时投落瓮中，用盆子盖好，放进穰秸糠壳堆里煨着保温。过十四天，颜色变黑了，气也香，味道也鲜美了，便成熟了。拿来捏成小饼，像酿酒的神曲饼那样，再用绳穿成串子，挂在屋里风干。串子外面用纸袋套着，免得被苍蝇、灰尘弄脏。用的时候，整个饼放进〔菜〕汤里煮，煮到汤的颜色够浓了，便拿出来。削去外层的粗皮渣子，依旧挂起来。一个饼可以煮用几次。热烘烘的，又香又美，比豆豉还强。把饼打破，热汤泡开来研碎了用，也可以，但是汤汁浑浊，不如全饼煮得的汤汁清。

八和齑初稽反第七十三

蒜一，姜二，橘三，白梅四，熟栗黄五，粳米饭六，盐七，酢八。

齑臼欲重，不则倾动起尘，蒜复跳出也。底欲平宽而圆。底尖捣不着，则蒜有粗成。以檀木为齑杵臼。檀木硬而不染汗[1]。杵头大小，令与臼底相安可，杵头着处广者，省手力，而齑易熟，蒜复不跳也。杵长四尺。入臼七八寸圆之；以上，八棱作。平立，急舂之。舂缓则辛臭。久则易人。舂齑宜久熟，不可仓卒。久坐疲倦，动则尘起；又辛气荤灼，挥汗或能洒污，是以须立舂之。

蒜：净剥，掐去强根；不去则苦。尝经渡水者，蒜味甜美，剥即用；未尝渡水者，宜以鱼眼汤涷银泲反半许半生用[2]。朝歌大蒜，辛辣异常，宜分破去心[3]——全心[4]——用之，不然辣则失其食味也。

生姜：削去皮，细切，以冷水和之，生布绞去苦汁。苦汁可以香鱼羹。无生姜，用干姜。五升菹，用生姜一两，干姜则减半两耳。

橘皮：新者直用，陈者以汤洗去陈垢。无橘皮，可用草橘子；马芹子亦得用。五升菹，用一两。草橘、马芹，准此为度。姜、橘取其香气，不须多，多则味苦。

白梅：作白梅法，在《梅杏》篇。用时合核用。五升菹，用八枚足矣。

熟栗黄：谚曰"金菹玉脍"，橘皮多则不美，故加栗黄，取其金色，又益味甜。五升菹，用十枚栗。用黄软者；硬黑者，即不中使用也。

秔米饭：脍菹必须浓，故谚曰："倍着菹。"蒜多则辣，故加饭，取其甜美耳。五升菹，用饭如鸡子许大。

先捣白梅、姜、橘皮为末，贮出之。次捣栗、饭使熟；以渐下生蒜，蒜顿难熟，故宜以渐。生蒜难捣，故须先下。春令熟；次下涷蒜。菹熟，下盐复春，令沫起。然后下白梅、姜、橘末复春，令相得。下醋解之。白梅、姜、橘，不先捣则不熟；不贮出，则为蒜所杀，无复香气，是以临熟乃下之。醋必须好，恶则菹苦。大醋经年酽者，先以水调和，令得所，然后下之。慎勿着生水于中，令菹辣而苦。纯着大醋，不与水调，醋，复不得美也。

右件法，止为脍菹耳。余即薄作，不求浓。

脍鱼肉，里长一尺者第一好；大则皮厚骨硬[5]，不任食，止可作鲊鱼耳。切脍人，虽仡亦不得洗手，洗手则脍湿[6]；要待食罢，然后洗也。洗手则脍湿，物有自然相厌，盖亦"烧穰杀瓠"之流，其理难彰矣。

【注释】

〔1〕"檀木"，各本误作"粳米"或"粳米"，仅《渐西》本作"檀木"，是。《渐西》本是根据湖湘本的眉上原刻校语"粳米作檀木"改正的。又，"不染汗"，院刻等同，金抄等作"不染汙"，其实都费解，疑应作"不染汁"，指不易沁入菹汁。

〔2〕渫（zhá）：将食物放在沸水里煮下，捞出。

〔3〕去心：去掉心。蒜瓣有什么心，不明。如果指瓣里面的芽叶，鲜瓣是分破不出来的，只有到瓣芽萌发时才能明显分辨出来。但作齑不可能都在这个时候作，究竟指什么，不明。

〔4〕"全心"，各本同。现在加破折号，可以理解，但古无破折例，应有脱文，黄麓森校勘认为"全"上脱"勿"字。

〔5〕骨：北宋本如此，明抄等作"肉"。下篇鲤鱼鲊是："肉长尺半以上，皮骨坚硬，不任为脍者，皆堪为鲊也。"正指此类，故从北宋本。

〔6〕脍湿：脍变湿。湿指什么，也不明。是指鱼条在煮时受湿软化而断碎，还是味道变涩？如指后者，字应作"涩"。

【译文】

〔八和是：〕第一样大蒜，第二样生姜，第三样橘皮，第四样白梅，第五样熟栗子黄肉，第六样粳米饭，第七样盐，第八样醋。

春齑（jī）的臼要重，不重，臼会晃动惹起粉尘，而且舂不稳大蒜也容易跳出来。臼底要宽平而圆。底尖了捣不着，大蒜就会有粗块。要用檀木作捣齑的杵和臼。檀木坚硬，不容易沁入〔齑汁〕。杵头的大小，要和臼底相贴合，杵头捣着的面宽的，省手力，而且齑容易熟，大蒜也不会跳出来。杵的长是四尺。捣进臼中七八寸长的这一段，作成圆形；这段以上作成八棱形。直立着急速地舂。舂慢了会串出荤臭气。舂久了要换人。春齑宜于舂得久而熟，不能图快草率从事。如果坐着舂，坐久了会疲倦，疲倦了就会动脚，会让尘土飞扬起来；加上辛气熏灼会冒汗，挥汗时可能洒脏了齑，所以必须站着舂。

大蒜：剥干净，掐掉底上的老根瘢；不掐去味道会苦。如果是经过泡腌的，蒜味甜美，剥去皮直接就用；没有泡腌过的，须要在鱼眼沸汤里焯一下，焯半生半熟拿来用。朝歌大蒜，非常辛辣，该破开来去掉心——整个的心——后再用，不然的话，太辣，齑就失去美味了。

生姜：削去皮，切细，用冷水调和，拿〔未经煮洗的〕生布包着，绞去苦汁。苦汁可以留着调和鱼羹作香料。没有生姜，可以用干姜。五升齑，用一两生姜；用干姜的话，半两就够了。

橘皮：新鲜的直接用，陈的用热水洗去积陈的污垢。没有橘皮，可以用草橘子；马芹子也可以用。五升齑，用一两橘皮。草橘子、马芹子，比照这个分量不要超过。生姜和橘皮是用它的香气，不需要多，多了味道苦。

白梅：作白梅的方法在卷四《种梅杏》篇中。用时连核用。五升齑，用八个就够了。

熟栗子黄肉：谚语说："金色的齑，玉色的脍。"橘皮〔固然是黄色的〕，但多了味道不好，所以要加上栗子黄肉，是取它的金黄色，同时又增添了甜味。五升齑，用十颗栗子。要用黄色柔软的，硬而黑色的〔已经坏了〕，不合用。

粳米饭：脍中用的齑必须浓而多，所以谚语说："加倍地搁齑。"大蒜多了味道太辣，所以要加些饭进去，这样齑就甜美。五升齑，加进大约像鸡蛋大的一团饭。

先把白梅、生姜、橘皮捣成碎末，拿出来盛在另外的容器里。次后将栗子肉和饭捣熟；再渐渐地分次放下生蒜，生蒜不是一下子可以捣熟的，所以该分几次渐渐放下。生蒜不容易捣熟，所以该先放下先捣。将它捣熟；再次放入焯过的半熟大蒜再捣。齑捣熟了，下盐再舂，舂到起泡沫。然后又下白梅、生姜、橘皮碎末再舂，舂到调和均匀。再放进醋调味。白梅、生姜、橘皮假如不先捣，就不会熟；如果不另外盛着而混在一起捣，原味会被大蒜克杀掉，再也没有香气，所以该在齑快熟的时候放下去。醋必须用好醋，用坏醋齑会发酵。几年陈酿着的大醋很醓酸的，要先用水调稀到合适，然后放下去。千万不要在齑里搁进生水，那齑就会变辣而且苦。纯粹放进大醋，不用水调稀，太酸，齑同样是不美的。

上面的方法，只是食脍用的齑的作法。其余食品的齑，可以作薄些，不要求浓厚。

作脍的鱼，去掉头尾后，鱼肉有一尺长的第一好；太大的皮厚骨硬，不好吃，只可以作鲊鱼。切脍的人，尽管切完了，也不许洗手，洗手会使脍变湿；要等脍吃完之后，才能洗手。洗手会使脍变湿，各种事物有自然相克的现象，这也和"在家里烧黍穰会使地里的瓠死去"的情况相似，道理是难以说明的。

《食经》曰："冬日橘蒜葅，夏日白梅蒜葅。肉脍不用梅。"

作芥子酱法[1]：先曝芥子令干；湿则用不密也[2]。净淘沙，研令极熟。多作者，可碓捣，下绢筛，然后水和，更研之也。令悉着盆[3]，合着扫帚上少时[4]，杀其苦气——多停则令无复辛味矣，不停则太辛苦。抟作丸，大如李，或饼子，任在人意也。复曝干。

然后盛以绢囊,沉之于美酱中,须则取食。

其为齑者,初杀讫,即下美酢解之。

《食经》作芥酱法:"熟捣芥子,细筛取屑,着瓯里,蟹眼汤洗之。澄去上清,后洗之⁽⁵⁾。如此三过,而去其苦。微火上搅之,少熇⁽⁶⁾,覆瓯瓦上,以灰围瓯边。一宿即成。以薄酢解,厚薄任意。"

崔寔曰:"八月,收韭菁,作捣齑。"

【注释】

　〔1〕"芥子酱法"是另一项目,虽在《食经》文后,仍是《要术》本文。

　〔2〕"用不密",不可解,当有脱误。或谓是"研不熟"之误,但下文有水淘后研及加水研,恐未必。或者是"用不佳"之误?存疑,待进一步查证。

　〔3〕盆:指研盆。按:研磨工具的承研底件有钵形的,盆形的,盘形的,以及平板形的。这里的芥子糊并未倒在另外的盆子里,故此"盆"即指研盆。

　〔4〕"扫帚",此指炊事上用的刷洗用具,卷七《造神曲并酒》有"炊帚",疑此应作"炊帚"。

　〔5〕"后",繁体字作"後",应是"復"(复)字形似之误。

　〔6〕熇(kǎo):同"烤",用火烘干。

【译文】

　《食经》说:"冬天用橘皮、大蒜作成的齑,夏天用白梅、大蒜作成的齑。肉脍的齑不加白梅。"

　作芥子酱的方法:先将芥子晒干;湿的用起来不好(?)。淘洗沙汰干净后,研到极细熟。作得多的,可以用碓捣,拿绢筛筛过,然后和水再研究让芥子末全贴在研盆底上,再倒覆在〔炊〕帚上,搁着过一会儿,让辛苦气味散发去一部分——搁得久了,辛味会完全丧失,如果不搁着过一会,又会太辣太苦。用手团成丸子,像李子的大小,或者作成小饼子,任随人的意愿。再拿来晒干。然后盛在绢袋子里,沉没在好酱里面。需要时,就拿出来吃。

　如果要作成齑的,当刚刚散去一部分辛气之后,便加好醋调味。

　《食经》作芥子酱的方法:"把芥子捣熟,用细筛子筛得粉末,放在小盂里,用快开的蟹眼汤洗一遍。澄清后,倒掉上面的清汁,〔再〕洗过。这样洗三遍,把苦味洗掉。再搁在缓火上搅着烧一烧,等到稍稍干燥的时候,把小盂连同芥子糊一并倒覆在瓦器上,小盂外周用灰围着〔,让它吸去渗出的水液〕。这样过一夜,就作成了。用淡醋调味,厚些稀些,随人喜欢。"

崔寔说:"八月,收韭菜薹,作捣齑。"

作鱼鲊第七十四

凡作鲊[1],春秋为时,冬夏不佳。寒时难熟。热则非咸不成,咸复无味,兼生蛆;宜作裹鲊也[2]。

取新鲤鱼,鱼唯大为佳。瘦鱼弥胜,肥者虽美而不耐久。肉长尺半以上,皮骨坚硬,不任为脍者,皆堪为鲊也。去鳞讫,则脔[3]。脔形长二寸,广一寸,厚五分,皆使脔别有皮。脔大者,外以过熟伤醋,不成任食[4];中始可噉;近骨上,生腥不堪食:常三分收一耳。脔小则均熟。寸数者,大率言耳,亦不可要。然脊骨宜方斩,其肉厚处薄收皮;肉薄处,小复厚取皮。脔别斩过,皆使有皮,不宜令有无皮脔也。手掷着盆水中,浸洗去血[5]。脔讫,漉出,更于清水中净洗。漉着盘中,以白盐散之。盛着笼中,平板石上迮去水[6]。世名"逐水"。盐水不尽,令鲊脔烂。经宿迮之,亦无嫌也。水尽,炙一片,尝咸淡。淡则更以盐和糁[7];咸则空下糁,不复以盐按之[8]。

炊秔米饭为糁,饭欲刚,不宜弱;弱则烂鲊。并茱萸、橘皮、好酒,于盆中合和之。搅令糁着鱼乃佳。茱萸全用,橘皮细切:并取香气,不求多也。无橘皮,草橘子亦得用。酒,辟诸邪恶,令鲊美而速熟。率一斗鲊,用酒半升;恶酒不用。

布鱼于瓮子中,一行鱼,一行糁,以满为限。腹腴居上。肥则不能久,熟须先食故也。鱼上多与糁。以竹箬交横帖上[9],八重乃止。无箬,菰、芦叶并可用。春冬无叶时,可破苇代之[10]。削竹插瓮子口内,交横络之。无竹者,用荆也。着屋中。着日中、火边者,患臭而不美。寒月襄厚茹,勿令冻也。赤浆出,倾却。白浆出,味酸,便熟。食时手擘,刀切则腥。

作裹鲊法:脔鱼,洗讫,则盐和糁。十脔为裹,以荷叶裹之,唯厚为佳,穿破则虫入。不复须水浸、镇迮之事。只三二日便熟,名曰"暴鲊"[11]。荷叶别有一种香,奇相发起香气,又胜凡鲊[12]。有茱萸、橘皮则用,无亦无嫌也。

【注释】

〔1〕鲊：一种用米饭加盐腌制的块鱼。用相同的方法腌制肉类，也可以叫"鲊"。特点是利用淀粉糖化之后，最后经乳酸菌作用产生乳酸，有一种酸香味，并有防腐作用。酿制中单纯用米饭和盐，不加曲类发酵剂，有时加酒调味并促使早熟。乳酸菌须要有淀粉类物质才能生长良好，只靠鱼肉本身的淀粉是远远不够的，所以须加入大量的米饭，补给其糖化剂的不足。

〔2〕"裹"，院刻等同。黄麓森校记："乃'裹'之讹。"日译本改为"裹"字。按：《要术》中并无裹鲊法，下面就是"作裹鲊法"，此字可能是"裹"字之误。不过考虑到下篇有"作脮鱼法"，注明可以"作鲊"，"脮"同"裹"，则亦不排斥其称脮鱼作的鲊为"裹鲊"，故仍其旧。

〔3〕脔(luán)：切成小块的肉。

〔4〕"不成任食"，"成"，疑衍。湖湘本"任"作"佳"，亦欠妥。

〔5〕"洗"，明抄等同，院刻、金抄作"法"。从"法"推测，疑"洗"亦误。按：这时正在切脔，随切随即掷入盆中，只是浸着自然汰去腥血，没有功夫去洗，等切完脔块后才"净洗"。而"法"又写作"泋"，跟"汰"字极像，容易致误，怀疑"洗"是"汰"字的辗转之误。

〔6〕连(zé)：借作"笮"，即压榨。

〔7〕糁(sǎn)：凡掺和在鱼肉、菜肴中的米饭都叫"糁"。本篇是用来腌制鱼和肉，下文羹臛、蒸缹、煎消、菹绿等篇，则用以烹调各种羹肴，都叫糁。

〔8〕"不复"，湖湘本如文；两宋本作"下复"，意谓下糁后再加盐。但这样使咸鲊更咸，失其以淡糁矫味的作用。《今释》、日译本均采用"下复"。后者无释，前者的解释是，糁本身可能霉坏，再加一层盐可以防霉。启愉按：鲊和菹同类相似，都是利用乳酸细菌营营酸发酵作用而产生酸香味，并有抑制腐败微生物干扰的防腐作用。乳酸菌须要有碳水化合物才能生长良好，但只靠鱼肉本身的碳水化合物是不够的，所以须要加入米饭(糁)以补其不足。米饭必须先经淀粉酶使淀粉糖化，才能被乳酸菌利用，最终产生乳酸。这里的糁是先用茱萸和好酒拌和着的，茱萸和酒在糁中都有抑菌作用，即所谓"辟诸邪恶"，而且还将糁搅拌使粘附在鲊块上，而鲊块本身是沁入盐分的。这样，糁本身就含有盐、酒、辛辣果油，不必再下盐防霉，自破其矫咸使淡的要求。再者，最后鲊块入瓮，"一行鱼，一行糁"，用糁很多，但纯用淡糁，根本不下盐，这个糁加酒后还有加速酵解成熟的作用，并不怕霉坏。所以应以"不复"为正字，不必迷信宋本。

〔9〕"蒻"，各本均误作"蒻"(注同)。《食经》、《食次》文作"箬"，字同。这里明显是"箬"字之误，径改。

〔10〕苇：就是芦。但分开来，古时称孕穗前为芦，成熟后为苇。《要术》称新鲜的为"芦叶"，称老死的为"苇"和"干苇叶"(下文)，还保留着这样的古名。

〔11〕暴：速成，快熟。

〔12〕"奇相"，别扭，疑"奇"字应与上句末"香"字倒易，这三句应作："荷叶别有一种奇香相发起，香气又胜凡鲊。"

【译文】

凡是作鲊，以春秋二季为合时，冬夏二季作不好。冬天冷，难熟。夏天热，非加盐不可，但咸了就没有味，而且又容易生蛆虫；夏天只宜用〔腌过的〕浥鱼作鲊。

用新鲜鲤鱼，鱼只有大鱼为好。瘦鱼更好；肥鱼虽好，但不耐久。鱼肉长到一尺半以上，皮骨坚硬，不能作脍的，都可以作鲊。去鳞之后，就披成脔块。脔的大小，二寸长，一寸宽，五分厚，每块都要带着皮。脔块过大的，外层熟过头了，太酸，不好吃；只有中间这层才可以吃；靠近骨头的，还没有熟，有腥气，更不好吃，所以三分之中常是只有一分好吃的。只有脔块小了，才熟得均匀。所说寸数，只是大致的说法，不是固定不变的。不过脊骨那里宜于直着斩下去，肉厚的地方皮要狭些，肉薄的地方皮要稍微宽些。一块披切下来的脔，都得有皮，不宜有不带皮的脔。随手扔在盛着水的盆子里，浸着让它〔自然汏〕去腥血。披完之后，捞出来，再在清水里洗净。又捞出来放在盘子里，用白盐撒在上面。然后盛在笼子里，放在平正的石板上榨去水。世人叫作"逐水"。盐水不榨尽，鲊肉会烂。榨一夜也没有关系。水榨尽了，炙一片尝尝咸淡。淡的可以在糁里和进些盐；咸的话，只单纯用淡糁，不再加盐。

将粳米炊成饭，用来作糁，饭要炊得干硬，不宜太软，软了会烂鲊。连同食茱萸、橘皮、好酒一并在盆子中混和均匀。搅和到能让糁粘附在鲊块上才好。食茱萸整颗用，橘皮切细，都只是取其香气而已，不要多搁。没有橘皮，草橘子也可以用。酒可以辟除各种恶味，而且使鲊鲜美，成熟得快。标准是一斗鲊，用半升酒；劣酒不能用。

把鱼布放在瓮子里，一层鱼，一层糁，以放满为限。腹下的肥肉放在最上层。因为肥的不能耐久，熟了须要先吃掉。最上层的鱼上面多搁些糁。用竹〔箬〕交叉着平铺在瓮口上，铺八层才够。没有〔箬〕叶时，茭白叶和芦叶都可以用。春天冬天没有新鲜芦叶，可以劈破苇茎拿苇皮来代替。再削些竹签穿过叶子再穿上来，这样交叉地编牢着。没有竹签，可以用荆条。瓮子要放在屋里面。放在太阳下面或者火旁边，会有臭气，味道不美。冷天要用黍穰厚厚地包裹，不让它受冻。血浆出来，倒掉。白浆出来，带酸味，便成熟了。吃时要用手撕，用刀切会有腥气。

作裹鲊的方法：把鱼切成脔块，洗净之后，就用盐和过的糁饭放上去。十裹作成一裹，用荷叶包裹起来，总要裹得厚厚的为好，因为破了穿了孔，就会有虫进去。不再需要水浸和压榨的手续。只要三两天便成熟了，称为"暴鲊"。荷叶有一种特别的香气，同鲊香相串着散发出来，所以这种鲊的香气又胜过一般的鲊。有茱萸和橘皮就用，没有也不妨事。

《食经》作蒲鲊法⁽¹⁾："取鲤鱼二尺以上，削，净治之。用米三合，盐二合，腌一宿。厚与糁。"⁽²⁾

作鱼鲊法⁽³⁾：剉鱼毕，便盐腌。一食顷，漉汁令尽，更净洗鱼，与饭裹，不用盐也。

作长沙蒲鲊法：治大鱼，洗令净，厚盐，令鱼不见。四五宿，洗去盐，炊白饭，渍清水中⁽⁴⁾，盐饭酿。多饭无苦。

作夏月鱼鲊法：鲊一斗，盐一升八合，精米三升，炊作饭，酒二合，橘皮、姜半合，茱萸二十颗，抑着器中。多少以此为率。

作干鱼鲊法：尤宜春夏。取好干鱼——若烂者不中，截去头尾，暖汤净疏洗，去鳞，讫，复以冷水浸。一宿一易水。数日肉起，漉出，方四寸斩。炊粳米饭为糁，尝咸淡得所；取生茱萸叶布瓮子底；少取生茱萸子和饭——取香而已，不必多，多则苦。一重鱼，一重饭，饭倍多早熟。手按令坚实。荷叶闭口，无荷叶，取芦叶；无芦叶，干苇叶亦得。泥封，勿令漏气，置日中。春秋一月，夏二十日便熟，久而弥好。酒、食俱入。酥涂火炙特精；脏之尤美也⁽⁵⁾。

作猪肉鲊法：用猪肥豭肉⁽⁶⁾。净爓治讫，剔去骨，作条，广五寸。三易水煮之，令熟为佳，勿令太烂。熟，出，待干，切如鲊鲊：片之皆令带皮。炊粳米饭为糁，以茱萸子、白盐调和。布置一如鱼鲊法。糁欲倍多，令早熟。泥封，置日中，一月熟。蒜、齑、姜、酢，任意所便。脏之尤美，炙之珍好。

【注释】

〔1〕蒲：指香蒲科的香蒲（Typha orientalis），其由叶鞘抱合而成的假茎叫作蒲菜，供食用。

〔2〕本条《食经》文有不少疑窦。"削"如果指削鳞，则未提到切成块，难道是整条作？《今释》疑应作"刌"（下条有"刌鱼毕"），日译本仍旧。用米和盐腌一宿后，是否弃去米盐，不然，生米怎能吃？盐的主要成分是氯化钠，钠会破坏生物体内的正常代谢而出现外渗现象，使体内的水分大量渗透出来。古文献有用盐擦树身使其果实自落的方法，就是受盐的渗透压作用而失水，果柄的离层进一步分化，因而落果。生鱼生肉用盐腌有同样的拔水作用（腌菜也一样），《要术》称之为"逐水"。本条"腌一宿"后，已是大量出水，但没有如下条的"漉汁令尽"，难道留着血腥水一起吃？又，两条"蒲鲊法"都没有提到怎样用蒲。卷九《作菹藏生菜法》"蒲菹"条引《诗义疏》说吴人以"蒲蒻"（即蒲笋，通称蒲菜）为菹，又可以作鲊，《本草图经》也说香蒲"可以为鲊"。《食经》所谓"蒲鲊"也应是在鱼肉中杂以香蒲嫩蒻为鲊，则应有脱文。

〔3〕这条以下的三条，明显都是《食经》文。"作干鱼鲊法"及下条，换了项目，仍是《要术》本文。

〔4〕"渍清水中"，应在"洗去盐"之下，指将鱼块渍入清水中，其文应作："洗去盐，渍清水中。炊白饭，盐饭酿。"日译本同此译读。

〔5〕脏（zhēng）：煎煮鱼肉。

〔6〕豵（zōng）：一岁的猪。

【译文】

《食经》作蒲鲊的方法："用二尺以上长的鲤鱼，削去鳞，整治干净。用三合米，二合盐，和进去，腌一夜。厚厚地搁上糁。"

作鱼鲊的方法：将鱼切成块之后，便用盐腌。一顿饭的时间，把渗出的血腥水沥干尽，再将鱼洗干净。只用饭裹着，不搁盐。

作长沙蒲鲊的方法：整治大鱼，洗干净，厚厚地抹上盐，盖到看不见鱼。过四五夜，把盐洗掉（，浸在清水里）。炊白饭为糁，加盐和进饭里腌酿。饭多些没有妨碍。

作夏月鱼鲊的方法：一斗切成商块的鱼，一升八合盐，精米三升炊成的饭，二合酒，半合橘皮，半合生姜，二十颗茱萸子，〔一起拌和好，〕按到容器里。作多少按这个比例加减。

干鱼作鲊的方法：尤其宜于在春夏二季作。用好干鱼——如果烂的不合用，斩去头尾，用温水洗净，去掉鳞后，再用冷水浸着。过一夜换一次水。几天之后，肉发涨了，捞出来，斩成四寸见方的块。炊粳米饭作为糁，〔和进盐，〕尝下咸淡是否合适；拿新鲜的食茱萸叶铺在瓮底；再拿点新鲜的食茱萸子和在饭里——发发香气而已，不必多用，多了味道苦。瓮中放一层鱼，一层饭，饭加倍多的熟得早。用手按紧实。拿荷叶闭住瓮口，没有荷叶，用芦叶；芦叶也没有，用干苇叶也可以。再用泥封密，不让漏气。移瓮搁在太阳下面。春季秋季过一个月，夏季过二十天，便熟了，日子长了更好。下酒下饭都好吃。用酥油涂过在火上烤熟，特别精美；〔加鱼烩〕作"胚"，尤其好。

作猪肉鲊的方法：用一岁以内的肥猪的肉。煺毛整治干净之后，剔去骨头，把肉切成五寸宽的条。下锅煮，要换三次水，熟了就可以，不要太烂。熟了，取出来，等干了，切成像鱼鲊一样的脔，每片都要带着皮。炊粳米饭作糁，用食茱萸子、白盐调和饭。布置等方法都和作鱼鲊一样。糁要加倍的多，让它熟得早。用泥密封瓮口，放在太阳下面，一个月就成熟了。用蒜、齑、生姜或醋来调味，随人喜欢。〔加鱼鲊烩〕作胚吃，尤其美；在火上烤香了，也是一种珍肴。

脯腊第七十五

作五味脯法[1]：正月、二月、九月、十月为佳。用牛、羊、麞、鹿、野猪、家猪肉。或作条，或作片罢[2]。凡破肉，皆须顺理，不用斜断。各自别捶牛羊骨令碎，熟煮取汁，掠去浮沫，停之使清。取香美豉，别以冷水淘去尘秽。用骨汁煮豉，色足味调，漉去滓。待冷，下：盐；适口而已，勿使过咸。细切葱白，捣令熟；椒、姜、橘皮，皆末之；量多少。以浸脯，手揉令彻。片脯三宿则出，条脯须尝看味彻乃出。皆细绳穿，于屋北檐下阴干。条脯泡泡时，数以手搦令坚实。脯成，置虚静库中，着烟气则味苦。纸袋笼而悬之。置于瓮则郁泡；若不笼，则青蝇、尘污。腊月中作条者，名曰"瘃脯"[3]，堪度夏。每取时，先取其肥者。肥者腻，不耐久。

作度夏白脯法：腊月作最佳。正月、二月、三月，亦得作之。用牛、羊、麞、鹿肉之精者。杂腻则不耐久。破作片罢，冷水浸，搦去血，水清乃止。以冷水淘白盐，停取清，下椒末，浸。再宿出，阴干。泡泡时，以木棒轻打，令坚实[4]。仅使坚实而已，慎勿令碎肉出。瘦死牛羊及羔犊弥精。小羔子,全浸之。先用暖汤净洗,无复腥气,乃浸之。

作甜脆脯法[5]:腊月取麞、鹿肉,片,厚薄如手掌。直阴干,不着盐。脆如凌雪也。

作鳢鱼脯法:一名鮦鱼也。十一月初至十二月末作之。不鳞不破,直以杖刺口中,令到尾。杖尖头作樗蒲之形。作咸汤,令极咸,多下姜、椒末,灌鱼口,以满为度。竹杖穿眼,十个一贯,口向上,于屋北檐下悬之。经冬令瘃。至二月三月,鱼成。生剜取五脏[6],酸醋浸食之,俊美乃胜“逐夷”。其鱼,草裹泥封,煻灰中燺乌刀切之[7]。去泥草,以皮、布裹而捶之。白如珂雪[8],味又绝伦,过饭下酒,极是珍美也。

五味腊法[9]:腊月初作。用鹅、雁、鸡、鸭、鸧、鸹、凫、雉、兔、鸽、鹑、生鱼[10],皆得作。乃净治,去腥窍及翠上“脂瓶”。留脂瓶则臊也。全浸,勿四破。别煮牛羊骨肉取汁,牛羊科得一种[11],不须并用。浸豉,调和,一同五味脯法。浸四五日,尝味彻,便出,置箔上阴干。火炙,熟捶。亦名“瘃腊”,亦名“瘃鱼”,亦名“鱼腊”。鸡、雉、鹑三物,直去腥脏,勿开膹。

作脆腊法:腊月初作。任为五味腊者,皆中作,唯鱼不中耳。白汤熟煮,接去浮沫;欲出釜时,尤须急火,急火则易燥。置箔上阴干之。甜脆殊常。

作浥鱼法:四时皆得作之。凡生鱼悉中用,唯除鲇、鳠上,奴嫌反;下,胡化反耳[12]。去直鳃[13],破腹作鲏,净疏洗,不须鳞。夏月特须多着盐;春秋及冬,调适而已,亦须倚咸;两两相合。冬直积置,以席覆之;夏须瓮盛泥封,勿令蝇蛆。瓮须钻底数孔,拔引去腥汁,汁尽还塞。肉红赤色便熟。食时洗却盐,煮、蒸、炮任意,美于常鱼。作鲊[14]、酱、炙、煎悉得。

【注释】

〔1〕五味脯:即五香腊肉。五味即指葱白、花椒、生姜、橘皮和豉汁。下文五味腊同此用料。关于脯和腊,混称时都是干肉,分指则有别。大动物牛猪等肉

析成条片的叫作脯,小动物鸡鸭等全作的叫作腊,加姜桂等香料并轻搥使干实的叫作"锻脩"(脩也是干肉)。这三种的作法均见本篇。

〔2〕作片罢(bì):劈成片。按:罢,剖析的意思,即切成片。十八九世纪间日本学者猪饲敬所(彦博)《要术》校本即释"片罢"为"片劈",日译本从之。"罢"不逗开作完了讲,是合适的。

〔3〕肉受冻叫"瘃"(zhú),如冻疮也叫"冻瘃"。所谓"瘃脯",实际就是经腊月风冻而成风干腊肉。

〔4〕这就是古时所谓"锻脩"。

〔5〕甜:北方语,实际就是保持原味不加盐的淡。下文"甜脆"同。

〔6〕刳(kū):剖开,挖空。

〔7〕煻(táng)灰:带火的灰。 燻(āo):把食物埋在火灰里煨熟。

〔8〕珂(kē)雪:像玉和雪一样白。

〔9〕"腊"及下条"脆腊"的"腊",各本均作"脯",误。黄麓森校记举出四点理由:(1)下条注文"任为五味腊者",即指此"五味腊",否则所指落空。(2)文内有又名"瘃腊",又名"鱼腊",此明是"五味腊"。(3)本条说"一同五味脯法",正说明本条不叫"五味脯"。(4)《周礼·天官·腊人》郑玄注,大物薄析叫作"脯",小物全干叫作"腊",篇首"五味脯"是用牛羊等大物作成条片,本条是用鹅鸭等小物全作,明是腊法。所说极有理,而且本篇以脯腊为题,不能没有腊法,前文是脯法,以下二条正接写腊法,应作"腊"为是。下条"脆腊"同。

〔10〕鸧(cāng):亦名鸧鸹、鸧鸡,似雁而黑。 鸨(bǎo):鸨,似雁而大,善奔驰。 鸹:院刻如此,今通作"鸹"。鹌(ān)鹑(chún),即鹌鹑;金抄、明抄作"鸧",则指鸧和鹑。本书从院刻。

〔11〕则:北宋本如此,湖湘本作"料"(脱"一种"二字),无论作"科选"还是"料简"解释,都讲不通。按:"则"有"仅"、"只"义,《荀子·劝学》:"口、耳之间则四寸耳,曷足以美七尺之躯哉?"词曲中尤多用之。这里是说或牛或羊,"只得一种,不须并用",应是"则"字之误。

〔12〕鳠(hù):鳠鱼。也叫鮰鱼、鮠鱼(Leiocassis longirostris,鮠科),也是一种无鳞而多黏液的鱼,和鲇鱼一样,都不用它。《本草纲目》:"北人呼鳠,南人呼鮠。"

〔13〕"去直鳃",不好解释,《今释》疑"直去鳃"倒错,是。

〔14〕作鲊:再作成鲊鱼。《作鱼鲊》篇有"裹鲊","裹"同"裛",可能就是用这种"裛鱼"再作成鲊的,故称"裹鲊"。

【译文】

　　五味脯的作法:在正月、二月、九月、十月作为好。用牛、羊、獐、鹿、野猪、家猪的肉。或者切成条，或者劈成片。凡是切肉，都必须顺着肌肉的纹理切，不可斜割。分别将牛羊骨捶碎，煮透取得骨汁，撇去上面的浮沫，停放着澄清。取得香鲜的豆豉，先用冷水淘去尘土污垢。用清骨头汤煮豆豉，到豉汁颜色够了，味道也合适，捞去渣滓。等冷了，放下作料：盐，口味合适就够了，不要太咸。切细捣熟的葱白，捣成碎末的花椒、生姜和橘皮，用多少自己斟酌。拿作脯的肉料浸在〔这五味的〕骨豉汁里，用手透彻地揉捏肉块。劈成片的脯浸三夜就拿出来，切成条的脯须要尝过，味道够透了才拿出来。都用细绳穿着，挂在北面屋子的檐下，让它阴干。条脯在半干半湿时，多次用手把它捏紧实。脯作成后，移到闲空没有人进出的储藏间里，被烟熏着味道会苦。用纸袋套着挂起来。盛在瓮里会窝坏；如果不套着，会被苍蝇尘土弄脏。腊月里作的条脯，叫作"瘃脯"，可以过夏。每次拿来吃时，先拿肥的。肥的油腻，不耐久。

作过夏白脯的方法：腊月里作最好。正月、二月、三月也可以作。用牛、羊、獐、鹿的瘦肉。有肥的杂在里面就不耐久。披切成片，用冷水浸，捏去血水，到水清为止。用冷水淘洗白盐，澄清后取得清盐汁，加些花椒末，用来浸肉。过两夜，取出来，阴干。半干半湿时，用木棒轻轻捶打，让肉紧实。只是打紧实而已，当心不要打出碎肉来。瘦死的牛羊以及羔子犊子的肉，瘦的更多。小羔子，整只地浸。先用温汤洗洁净而没有腥气时才浸。

作甜脆脯的方法：腊月里取獐、鹿的肉，披切成片，像手掌的厚薄。直接阴干，不加盐。肉像冰雪一样的脆。

作鳢鱼脯的方法：鳢鱼又名鲖(tóng)鱼。十一月初到十二月底作。不去鳞，不破开，只是用一条小木棒从口中刺进，一直刺到尾。小棒上端削成尖锐形。拿热水作咸汤，要极咸，多放些生姜、花椒末，从鱼口中灌进去，到灌满为止。用小竹竿从鱼眼中穿过去，十条鱼穿成一串，口朝上，挂在北面屋子的檐下。经过一冬，让它风冻着。到二月三月，鱼脯作成了。剖开鱼腹，掏出里面的生五脏，用酸醋浸着吃，比"鲑鲏"还要鲜美。鱼肉则用草包裹，再用泥涂封，搁在煻灰里面煨熟。然后去掉泥草，用皮或布裹着，将它捶松。鱼肉像玉和雪一样的白，味道又无比的鲜美，过饭下酒，都是极珍美的菜肴。

五味腊的作法：腊月初作。用鹅、雁、鸡、鸭、鸧、鸹、野鸭、野鸡、兔子、鹌鹑、活鱼，都可以作。煺治洁净，去掉肛孔和尾上的脂腺。留着脂腺就有臊气。整只地浸渍，不要破开。另外用牛羊带肉的骨头煮得液汁，牛或羊〔只要〕用一样，不须要同时并用。用来浸豆豉，〔下盐、葱白等香料〕调和，一同五味脯的作法。浸过四五天，尝尝味道够透了，就拿出来，放在席箔上阴干。然后用火烤熟，再不断地捶透。这种腊也叫"瘃腊"，也叫"瘃鱼"，也叫"鱼腊"。鸡、野鸡、鹌鹑三样，只掏去血腥内脏，不要开膛。

作脆腊的方法：腊月初作。凡是可以作五味腊的那些东西，都可以作，只有鱼不合用。用清水煮熟，撇去上面的浮沫；快出锅时，尤其须要急火，急火容易干燥。取出来放在席箔上阴干。异常的甜脆。

作浥鱼的方法：一年四季都可以作。所有新鲜的鱼都可以用，只有鲇鱼和鳢鱼除外。只去掉鳃，破开腹，斩成两半片，洗干净，不须要去鳞。夏季特别须要多放盐；春秋冬三季口味合适就可以了，不过也要稍微偏咸些。盐好了，两片鱼依旧合拢成一条。冬季只要叠起放着，用席子盖在上面；夏季须要盛在瓮子里，用泥封口，不让苍蝇在里面产蛆。瓮底边上须要钻几个孔，拔掉塞子将腥汁流去，汁流尽了依旧塞上。肉变成红色时，便熟了。吃时把盐洗掉，煮吃，蒸吃，或者包着烤熟了吃，随人意愿，味道比一般的烧鱼还美。再作成鲊鱼、酱鱼、糖灰煨鱼、油炸鱼，也都可以。

羹臛法第七十六 [1]

《食经》作芋子酸臛法 [2]："猪羊肉各一斤，水一斗，煮令熟。成治芋子一升——别蒸之——葱白一升，着肉中合煮，使熟。粳米三合，盐一合，豉汁一升，苦酒五合，口调其味，生姜十两。得臛一斗。"

作鸭臛法 [3]：用小鸭六头，羊肉二斤，大鸭五头。葱三升，芋二十株，橘皮三叶，木兰五寸 [4]，生姜十两，豉汁五合，米一升，口调其味。得臛一斗。先以八升酒煮鸭也。

作鳖臛法：鳖且完全煮，去甲脏。羊肉一斤，葱三升，豉五合，粳米半合 [5]，姜五两，木兰一寸，酒二升，煮鳖。盐、苦酒，口调其味也。

作猪蹄酸羹一斛法[6]：猪蹄三具[7]，煮令烂，擘去大骨。乃下葱、豉汁、苦酒、盐，口调其味。旧法用饧六斤，今除也。

作羊蹄臛法：羊蹄七具，羊肉十五斤。葱三升，豉汁五升，米一升，口调其味，生姜十两，橘皮三叶也。

作兔臛法：兔一头，断，大如枣。水三升，酒一升，木兰五分，葱三升，米一合，盐、豉、苦酒，口调其味也。

作酸羹法[8]：用羊肠二具，饧六斤，瓠叶六斤。葱头二升，小蒜三升，面三升，豉汁、生姜、橘皮，口调之。

作胡羹法：用羊胁六斤，又肉四斤，水四升，煮；出胁，切之。葱头一斤，胡荽一两，安石榴汁数合，口调其味。

作胡麻羹法：用胡麻一斗，捣，煮令熟，研取汁三升。葱头二升，米二合，着火上。葱头、米熟，得二升半在。

作瓠叶羹法：用瓠叶五斤，羊肉三斤。葱二升，盐蚁五合[9]，口调其味。

作鸡羹法：鸡一头，解骨肉相离，切肉，琢骨，煮使熟。漉去骨，以葱头二升，枣三十枚合煮。羹一斗五升。

作笋䈚鸭羹法[10]：肥鸭一只，净治如糁羹法[11]，䐗亦如此。䈚四升，洗令极净；盐净，别水煮数沸，出之，更洗。小蒜白及葱白、豉汁等下之，令沸便熟也。

肺膟苏本切法[12]：羊肺一具，煮令熟，细切。别作羊肉臛，以粳米二合，生姜煮之。

作羊盘肠雌解法[13]：取羊血五升，去中脉麻迹，裂之。细切羊胳肪二升[14]，切生姜一斤[15]，橘皮三叶，椒末一合，豆酱清一升，豉汁五合，面一升五合和米一升作糁，都合和，更以水三升浇之。解大肠，淘汰，复以白酒一过洗肠中，屈申以和灌肠。屈长五寸[16]，煮之，视血不出，便熟。寸切，以苦酒、酱食之也。

羊节解法[17]：羊肶一枚[18]，以水杂生米三升，葱一虎口[19]，煮之，令半熟。取肥鸭肉一斤，羊肉一斤，猪肉半斤，合剉，作臛，下蜜令甜。以向熟羊肶投臛里，更煮，得两沸便熟。

治羊,合皮如猪豚法,善矣。

羌煮法[20]:好鹿头,纯煮令熟。着水中洗,治作脔,如两指大。猪肉,琢,作臛。下葱白,长二寸一虎口,细琢姜及橘皮各半合,椒少许;下苦酒、盐、豉适口。一鹿头,用二斤猪肉作臛。

【注释】

〔1〕自本篇以下至卷九《饧𫗦》共十三篇(《醴酪》除外),引用大量《食经》文,《食次》文也不少,文字简阙多疑问,句法迥异,名物、用语有凸出的差异,尤其是"奠"的种种限制,都是《食经》、《食次》文的特色和成规。此外"又云"、"一本"在各篇中错见杂出,其非《要术》本文,更为明显。即以本篇论,只有篇中部的"食脍鱼莼羹"和篇末的"治羹臛伤咸法"二条是《要术》本文,其余全是《食经》文。羹臛(huò),一般说,羹是荤中多菜的,多汁的,带酸的,也有全素的;臛全是荤腥作的,无菜或少菜的,浓重少汁的,带酸的。本篇的羹臛,大致也如此。《食经》是南方人写的,羹臛中也有甜的,臛有煮的,炒的,块肉的,细切或琢碎的。

〔2〕《御览》卷八六一"臛"引《食经》:"有芋子酢臛法",只此一句,无下文。本条2斤肉10两生姜,1斤16两,其比为32:10,生姜占31%,芋子臛变成生姜臛,除非生姜羊肉当暖胃药吃(民间有大量生姜炖猪肚治胃寒),常馔恐太多,"十",疑误。

〔3〕本条所下材料很多,不可能只得一斗臛。魏晋南朝1斗约合今2升(2 000毫升),怎能容得下许多鸭和许多作料?疑应作"一斛"。又"八升酒"也不够煮许多鸭,即使用耐热容器放在干锅上"干焖"也太少。又没放盐,不知调什么味。这些都是《食经》文简阙不明或有错漏的地方。下文"作羊蹄臛法"等条,有类似情况。又"大鸭五头",《今释》疑是注文,即用大鸭的话,五头就够了。

〔4〕木兰:木兰科的木兰(Magnolia liliflora),落叶小乔木或灌木,古时用其树皮作香味料,如用桂皮。

〔5〕"粳米半合",约合今10毫升,太少,《今释》疑"五合"或"半升"之误。

〔6〕"一斛",是否用所记的材料作成一斛酸羹,故有此称,不明,可又没有提到用水量。日本学者猪饲敬所校改为"一名臛",是"羹"字下注文,也讲得通。不过《御览》卷八六一"羹"引《食经》有"猪蹄酸羹法",无"一斛"二字。存疑。

〔7〕具:即"副",大概以四蹄为一副。

〔8〕本条没有用"酸"料,虽然《菹绿》有"猪、鸡名曰酸",但这用的是羊肠,仍疑有脱误。

〔9〕“盐蚁”，未详。《今释》疑“盐豉”之误，日译本径改为“盐豉”。存疑。

〔10〕笋簳（gě）：笋干。

〔11〕“糁羹法”，应是一种羹法的名称。《御览》卷八六一“羹”引《食经》有“猪蹄酸羹法、胡羹法、鸡羹法、笋笴鸭羹法”，说明这些羹法都引自《食经》，同时也可能《食经》另有“糁羹法”，《要术》未引。

〔12〕䐣（sǔn）：一种回锅肉，但不是炒，而是放在肉臛中加米糁再煮的。

〔13〕“雌解”，从金抄，但也只有“解”字对，“雌”应是“𧖴”（kān）字之误。《说文》：“䖑（按同𧖴），羊凝血也。”《释名·释饮食》：“血脂（按是䖑之误，《御览》卷八五九引《释名》作𧖴，即“䖑”），以血作之，增其酢、豉之味使苦，苦以消酒也。”唐段公路《北户录》卷二“食目”：“广之人食品中有……䖑。”唐崔龟图注：“按《证俗音》云：‘南人谓凝牛羊鹿血为䖑，以齑嗽之消酒也。’”陶弘景《本草经集注》“藕实”：“宋帝时太官作血䖑。”所记均与本条以凝固羊血加豉、苦酒的作法相符，也和以血为馅的“䖑”相合。它是“南人”食品，疑《食经》出南人手笔。“解”是析解，即切割。因此所谓“羊盘肠𧖴解”，实际就是羊肠灌血并切成短段的一种食馔。“解”，院刻、明抄等作“斛”，或谓是“臛”的音近之误，但这是清煮灌血羊肠，不是臛。

〔14〕“胳肪”，“胳”是“腋下”，即肋骨两侧，但羊脂不在腋下，而在腰部。《一切经音义》卷三“肪䐎”引《通俗文》：“在腰曰肪，在胃曰䐎。”在腰部的，在猪就是“板脂”，在羊也叫“腰油”。“䐎”即“膱”字，卷九《炙法》贾氏本文“肝炙”条有“羊络肚膱脂”，说得很具体，即《通俗文》所谓“在胃曰䐎”，就是“花油”，也叫“网油”。羊脂不得称“胳肪”，这里指“络肚膱”，应是“络肪”之误。但这是《食经》文，《炙法》引《食次》还有所谓“羊猪胳肚膱”，仍以“胳”当“络”。《食经》、《食次》多有借用讹字的特色，恐未必是后人抄错，均仍其旧。

〔15〕“生姜一斤”，似太多，未知是否“一升”之误。

〔16〕屈：一筒。启愉按：屈是物品个数的名称，犹言“一卷”、“一筒”。唐段公路《北户录》卷二记载广州有一种米饼说：“按梁刘孝威谢官赐交州米饼四百屈。详其言屈，岂今之数乎。”所谓“四百屈”，其实就是四百卷。这里“屈长五寸”，就是切成五寸长的一筒。《食经》和刘孝威的“屈”，都是南方的方言，《食经》当是南人写的书。

〔17〕节解：有分割剖解的意思，是指宰割羊体取出百叶，还是百叶煮熟后切了吃？如指后者，应有脱文（不能整个由一个人啃）。

〔18〕肶（pí）：同“膍”，牛羊等的胃，通称百叶。

〔19〕一虎口：拇指和食指相连的一握。

〔20〕羌煮：羌是古代西北的少数民族。这大概和上文“胡羹”一样，都是少数民族传进来的食馔。《北堂书钞》卷一四五、《御览》卷八五九都有“羌煮”

条引《搜神记》说，自汉武帝太始（前96—前93）时传进"羌煮、貊炙"，内地颇为时兴。

【译文】

《食经》作芋子酸臛的方法："猪肉羊肉各一斤，用一斗水，煮熟。整治好另外蒸过的芋子一升，葱白一升，放进肉中一起煮熟。又加三合粳米，一合盐，一升豉汁，五合苦酒〔再煮〕，尝尝味道调和到合适时，再下十两生姜（？）。总共得到一斗臛。"

作鸭臛的方法：用六只小鸭，二斤羊肉，五只大鸭（？），加上三升葱，二十个芋头，三片橘皮，五寸木兰皮，十两生姜，五合豉汁，一升米，〔一齐煮，〕尝尝调好口味。可以得到一斗（？）臛。先用八升酒（？）将鸭煮过。

作鳖臛的方法：先将整只鳖煮一下，去掉甲壳和内脏。加入一斤羊肉，三升葱，五合豉，半合（？）粳米，五两生姜，一寸木兰皮，二升酒，煮鳖。放下盐和苦酒，尝尝调好味道。

作猪蹄酸羹一斛（？）的方法：用三具猪蹄，煮到烂，擘去大骨头。放下葱、豉汁、苦酒、盐，尝过，调好味道。旧法还要加六斤饴糖，现在不用了。

作羊蹄臛的方法：用七具羊蹄，十五斤羊肉，加三升葱，五升豉汁，一升米〔，一齐煮〕。尝过，调好口味。再下十两生姜，三片橘皮。

作兔臛的方法：用一只兔，斩成枣子大小的块，加三升水，一升酒，五分长的木兰皮，三升葱，一合米〔，一起煮〕。下盐、豆豉、苦酒，尝尝调好口味。

作酸羹的方法：用两副羊肠，六斤饴糖，六斤瓠叶，外加二升葱头，三升小蒜，三升面粉〔，一齐煮〕。下豉汁、生姜、橘皮，尝过，调到合口味。

作胡羹的方法：用六斤羊排骨肉，又四斤肉，加四升水煮熟后，剔去排骨，切好。下一斤葱头，一两胡荽子，几合安石榴汁，尝过，调到合口味。

作芝麻羹的方法：用一斗芝麻，捣烂，煮熟，研出三升芝麻汁来。加进二升葱头，二合米，在火上再煮。煮到葱头和米熟了，存留着二升半的羹。

作瓠叶羹的方法：用五斤瓠叶，三斤羊肉，〔煮熟，〕加二升葱，五合盐蚁（？），尝尝调好口味。

作鸡羹的方法：一只鸡，将骨头和肉剔离开来，切好肉，斩碎骨头，煮熟。漉去碎骨头，加二升葱头，三十个枣子，一起再煮。煮成一斗五升羹。

作笋干鸭羹的方法：肥鸭一只，煏治洁净，切成脔块，都同作糁羹的方法一样〔，煮熟〕。四升笋干，洗去盐使极洁净；盐洗净后，另外用清水煮过几沸，取出来，再洗过。加小蒜白、葱白和豉汁等，〔连同笋鸭一起再煮，〕煮开就熟了。

作肺𦠼的方法：一副羊肺，煮熟，切细。另外作成羊肉臛，加上二合粳米，生姜，〔和同羊肺一并〕再煮。

羊盘肠〔雌〕解的作法：取五升〔凝结了的〕羊血，去掉中间的血纤维丝，破开来。拿二升羊花油切细，切一斤生姜，又三片橘皮，一合花椒末，一升豆酱清，五合豉汁，再加一升五合面粉和同一升米作的糁，都一起混和好，再和进三升水〔，然后和入羊血作成灌肠馅儿〕。解开羊大肠，汰洗洁净，再用白酒灌进肠里洗一遍。随后一屈一伸地拿混和好的血馅儿灌进肠里。切成五寸长一筒，锅里煮。看看没有血出来，便熟了。再切成寸把长的段，用苦酒和酱蘸着吃。

作羊节解的方法：用一个羊百叶，和上三升生米，加水，下一虎口的葱，煮到半熟。取一斤肥鸭肉，一斤羊肉，半斤猪肉，混合斫碎，煮成臛，加蜜让它甜。将半熟的羊百叶下到肉臛里，再煮，煮到两沸便熟了。

宰杀整治羊只，要连皮不剥，像煏治大小猪那样为好。

羌煮的作法：好的鹿头，单独煮熟后，在水中洗净，整治后切成脔，像两个手指大的块。另将猪肉斫碎，煮成臛。下二寸长的葱白一虎口，斫细的生姜和橘皮各半合，少量的花椒〔，连臛带鹿肉一起再煮〕。再下苦酒、盐、豆豉，调味到适口。一只鹿头，用二斤猪肉作臛。

食脍鱼莼羹[1]：芼羹之菜[2]，莼为第一。四月莼生，茎而未叶，名作"雉尾莼"[3]，第一肥美。叶舒长足，名曰"丝莼"。五月、六月用丝莼。入七月，尽九月十月内，不中食，莼有蜗虫着故也⁽⁴⁾。虫甚微细，与莼一体，不可识别，食之损人。十月，水冻虫死，莼还可食。从十月尽至三月，皆食"瓌莼"。瓌莼者，根上头、丝莼下茇也。丝莼既死，上有根茇，形似珊瑚，一寸许肥滑处任用；深取即苦涩。

凡丝莼，陂池种者，色黄肥好，直净洗则用；野取，色青，须别铛中热汤暂煤之⁽⁵⁾，然后用，不煤则苦涩。丝莼、瓌莼，悉长用不切。

鱼、莼等并冷水下。若无莼者，春中可用芜菁英，秋夏可畦种芮菘、芜菁叶⁽⁶⁾，冬用荠叶⁽⁷⁾，以芼之。芜菁等宜待沸，接去上沫，然后下之。皆少着，不用多，多则失羹味。干芜菁无味，不中用。豉汁于别铛中汤煮一沸，漉出滓，澄而用之。勿以杓抐⁽⁸⁾，抐则羹浊——过不清。煮豉但作新琥珀色而已，勿令过黑，黑则醶苦⁽⁹⁾。唯莼芼而不得着葱、韰及米糁、菹、醋等。莼尤不宜咸。羹熟即下清冷水，大率羹一斗，用水一升，多则加之，益羹清隽甜美。下菜、豉、盐，悉不得搅，搅则鱼莼碎，令羹浊而不能好。

《食经》曰："莼羹：鱼长二寸；唯莼不切。鳢鱼，冷水入莼；白鱼⁽¹⁰⁾，冷水入莼，沸入鱼。与咸豉。"又云："鱼长三寸，广二寸半。"又云："莼细择，以汤沙之。中破鳢鱼，斜截令薄，准广二寸，横尽也，鱼半体⁽¹¹⁾。煮三沸，浑下莼。与豉汁、渍盐。"

【注释】

〔1〕"鱼莼羹"这条记述周详，辨物明晰，反复交代，表现出贾氏本文的特色，读此立见明顺畅达。惟"芼羹之菜"这首二段，怀疑原是注文。标目"食"字有些别扭，疑应作"作"。或谓《食经》脱"食"字，不但与下条《食经》重沓，文体水火不容，岂有此理。

〔2〕芼（máo）羹：用菜和肉做的羹。

〔3〕莼菜在春夏间，其嫩茎上叶尚未开展时采摘者，品质最好，称为"稚莼"。其后叶稍舒长，品质次之，今亦名"丝莼"。至秋季植株衰老，叶小而味苦，不堪蔬食，只可作为饲料，叫作"猪莼"。

〔4〕蜗虫：据称是一种很细小的虫，大概颜色也跟莼菜相同，无可分辨，但未详是何种虫。

〔5〕煠(zhá)：即"煠"。把食物放在热油里煮熟。

〔6〕"芮"(ruì)，字书解释为"小貌"，虽可解释为菜秧或小菘菜，但名称很特别，存疑。日译本作"小菘"解释，《今释》改为"芥"字。又，上文"等"，指芜菁等，但芜菁等待沸乃下，"等"字疑衍。

〔7〕北宋本作"荠叶"，明抄等作"荠菜"。《名医别录》"荠"，陶弘景云："叶作菹羹亦佳。"陆游《食荠》诗："挑根择叶无虚日。"荠菜要择去污泥败叶和挑根带出来的秽草才能吃，作"叶"自可。

〔8〕扤(ní)：研磨。

〔9〕𫗧(gàn)：(味)咸。

〔10〕白鱼：即鲌(bó)鱼，鲤科。栖息于淡水中上层的中型鱼，大者可达六七公斤。

〔11〕"横尽也"，《今释》认为"也"应下移作"横尽鱼半体也"，或是衍文，应是。按："半体"指中破后的半片鱼身，"横尽"就是就半片鱼身横披出头。

【译文】

脍鱼莼羹的〔作法〕：揽在羹里面的菜，莼是最好的。四月里，莼从宿根抽出新茎，还没有长叶，这时叫"雉尾莼"，第一肥美。叶子舒展开来长足了，叫作"丝莼"。五月、六月用丝莼。进入七月，一直到九月十月里，就不好吃了，因为莼上面长着一种蜗虫。这虫很细小，粘在莼菜上跟莼一样，不能分辨，吃了对人有害。十月，水冻虫死了之后，莼还是可以吃的。从十月底到第二年三月，都吃"瓌(guī)莼"。瓌莼是根上头、丝莼下面的根茎。丝莼死了之后，〔下面〕留着的根茎，形状像珊瑚，上端一寸左右的地方，肥而且滑，可以吃；再摘深些，味道就苦涩了。

凡是丝莼，在陂池里种的，颜色带黄，肥美好吃，只要洗干净了就可以用；采取野生的莼，颜色青的，须要在另外的铛里用沸水焯一下，然后再用，不焯的话，味道就苦涩。丝莼和瓌莼，都是有多长就尽长用，不要切。

鱼和莼菜都要冷水下锅。如果没有莼菜，春天可以用嫩芜菁叶，夏天秋天可以畦种芮菘(?)、芜菁取鲜叶，冬天用荠叶来揽和。芜菁叶等要等〔冷水煮的鱼〕水沸了撇去上层浮沫之后，才下锅。这些叶子都只可少搁些，不可多，多了就失去羹的味道。干芜菁叶没有味，不中用。豉汁要在另外的铛里用水煮开一次，滤去渣滓，澄清后再

用。煮的时候不要用杓子研豆豉,研了会使羹浑浊,因为研烂后豉汁
过滤不清〔,所以造成羹也浑浊〕。煮豉汁只要煮到像新琥珀〔的浅
黄褐〕色就可以了,不要太黑,黑了味就苦涩。只单纯用莼菜�和,
不得加葱、薤及米糁、菹菜、酸醋等。用莼菜尤其不宜咸。羹熟了就
加些清净的冷水,一般是一斗羹,用一升水,羹多了按比例加水,使羹
增添清爽甜美的口味。下菜、豉汁或盐的时候,都不得搅和,搅和了
会把鱼和莼菜搅碎,羹也就浑浊,就作不好了。

《食经》说:"作莼羹,鱼切成二寸长,但莼菜不切。用鳢鱼时,〔鱼
同〕莼菜〔一齐〕冷水下锅;用白鱼时,莼菜冷水下锅,鱼到水开了再
下。都加入咸豆豉。"又一说:"鱼切成三寸长,二寸半阔。"又一说:"将
莼菜仔细择净,在沸汤里焯过。中半破开鳢鱼为两片,斜披成薄片,就
半片鱼身横披出头,再切成二寸宽的块。鱼煮三沸后,放下整条的莼
菜。加入豉汁和浸渍后澄清的盐汁。"

醋菹鹅鸭羹[1]:方寸准,熬之。与豉汁、米汁[2]。细切醋菹
与之,下盐。半奠[3]。不醋,与菹汁。

菰菌鱼羹:"鱼,方寸准。菌,汤沙中出,擘。先煮菌令沸,下鱼。"
又云:"先下,与鱼、菌、茉、糁、葱、豉[4]。"又云:"洗,不沙。肥肉亦
可用。半奠之。"

笋思尹切䉤古可切鱼羹[5]:䉤,汤渍令释,细擘。先煮䉤,令煮沸。
下鱼、盐、豉。半奠之。

鳢鱼臛:用极大者,一尺以下不合用。汤鳞治,邪截臛叶,方
寸半准。豉汁与鱼,俱下水中。与研米汁。煮熟,与盐、姜、橘皮、
椒末、酒。鳢涩,故须米汁也。

鲤鱼臛:用大者。鳞治,方寸,厚五分。煮,和,如鳢臛。与全
米糁。奠时,去米粒,半奠。若过米奠[6],不合法也。

脸臛上,力减切;下,初减切。[7]:用猪肠。经汤出,三寸断
之,决破,细切,熬。与水,沸,下豉清、破米汁[8],葱、姜、椒、
胡芹、小蒜、芥——并细切锻[9]。下盐、醋。蒜子细切血,将奠与
之[10]——早与血则变,大可增。米奠[11]。

鳢鱼汤:臛,用大鳢,一尺以下不合用[12]。净鳞治[13],及霍叶

斜截为方寸半,厚三寸[14]。豉汁与鱼,俱下水中。与白米糁。糁煮熟,与盐、姜、椒、橘皮屑末[15]。半奠时,勿令有糁。

鲍臛[16]:汤燖徐廉切[17],去腹中,净洗,中解,五寸断之。煮沸,令变色。出,方寸分准[18],熬之。与豉清、研汁[19],煮令极熟。葱、姜、橘皮、胡芹、小蒜,并细切锻与之。下盐、醋。半奠。

槧七艳切淡:用肥鹅鸭肉,浑煮。研为候[20],长二寸,广一寸,厚四分许。去大骨。白汤别煮槧,经半日久,漉出,渐箕中杓连去令尽[21]。羊肉,下汁中煮,与盐、豉。将熟,细切锻胡芹、小蒜与之。生熟如烂。不与醋。若无槧,用菰菌——用地菌,黑里不中。槧,大者中破,小者浑用。槧者,树根下生木耳,要复接地生[22],不黑者乃中用。米奠也[23]。

损肾[24]:用牛羊百叶,净治令白,薤叶切,长四寸,下盐、豉中[25],不令大沸——大熟则韧,但令小卷止。与二寸苏,姜末,和肉。漉取汁[26],盘满奠。又用肾,切长二寸,广寸,厚五分,作如上。奠,亦用八[27]。姜、薤,别奠随之也。

烂熟:烂熟肉,谐令胜刀,切长三寸,广半寸,厚三寸半。将用,肉汁中葱、姜、椒、橘皮、胡芹、小蒜并细切锻,并盐、醋与之。别作臛。临用,泻臛中和奠。有沈[28],将用乃下。肉候汁中小久则变,大可增之[29]。

治羹臛伤咸法:取车辙中干土末,绵筛[30],以两重帛作袋子盛之,绳系令坚坚,沉着铛中。须臾则淡,便引出。

【注释】

〔1〕自此条以下至"烂熟"条,都是《食经》文。供奠上有一定的装法,又有"又云",多有借用字,叙述疏简,都是《食经》、《食次》文的特色。

〔2〕米汁:指碎米的汁,就是把米研碎后和进水调成米汁,然后下在锅里,略似现在的勾芡。

〔3〕半奠:盛半碗供上席。启愉按:"奠"的原义是"置",碗放在桌上是置,饭菜盛在碗里也是置,今浙东方言犹称盛饭、盛菜为"置饭"、"置菜"。在浙东用奠的本义字"置",《食经》、《食次》即用"奠"的本字。奠也是装盛食物的容

器,因亦称其装盛方法为"奠"。这就是《食经》、《食次》的所谓"奠"。奠字后文用得很多,都是这二书的用词,无非是各种不同的盛供方法而已。古时宴飨和祭祀分不开,二书的奠法可能是由祭奠演变而来,有严格的礼制和规矩。

〔4〕"先下,与鱼、菌……","与鱼"二字倒错。"先下",承上文后下鱼而言,这又法的不同是先下鱼,后下蕈等,应作"先下鱼,与菌……"。"茮"(mù),同"莫",是蓼科的酸模(Rumex acetosa),颇觉突兀,仍疑是"米"字之讹。

〔5〕箬(gě):同"簵",即笋干。

〔6〕若过米奠:如果连着米粒供上。《今释》改"米"为"半",意谓超过半奠;日译本保存原文,释"过"为"渡",即带着米粒盛上。启愉按:日译本为长,既不改字,又和去掉米粒不应带进去的告诫吻合。

〔7〕脸:只有唐释玄应《一切经音义》卷一五解释"脸"为"生血也",与本条用血相合。   臠(chǎn):指纤长的肠。二物合用,故名"脸臠"。贵阳等地有一种用肠和血作盖头的面条,肠者长也,血者红旺也,所以称为"长旺面",和脸臠命意仿佛,不过文绉绉罢了。

〔8〕"破",应是"研"字之讹。《北户录》卷二"食目"称:"南朝食品中,有脸臠。"崔龟图注:"脸臠法:用猪肠,经沸汤出,三寸断之,决破,细切,熬之。与水,沸,下豉汁、研米,葱、姜、椒、胡芹、蒜。下盐、醋。蒜子细切血,将奠与之——早与血则变也。"崔注采自《要术》,"破"正作"研"。

〔9〕胡芹:即马芹,参见卷三《种蘘荷芹藘》注释。

〔10〕"血,将",原倒作"将血",一字之倒,上下迷惘。按:这里是说血要在将盛供时才下锅,下早了会变老,所以说"早与血则变",必须是"血,将",据注〔8〕崔龟图注倒正。"蒜子细切血"是一句,是说将血切成蒜子大,不是细切蒜子(小蒜已经"并细切锻")。这一迷惘可因"血"字的倒正迎刃而解。

〔11〕"大可增。米奠",崔注无之,但从血变老了可以推测"增"是"憎"字的形似之误,"米奠"是"半奠"之误,应读成:"早与血则变,大可憎。半奠。"因其"礼制"严格,不允许烹饪失格,故有此告诫。

〔12〕"以下",原作"以上",据上文"鳢鱼臛"条改正。

〔13〕"净鳞治",鳢鱼有黏液,上文是"汤鳞治",鮀鱼(鲇鱼)黏液更多,下文是"汤浐","净"应是"汤"字之误。现在群众"煺"多黏液的鱼也常用热汤。下文"及",疑应作"即",音近而讹。

〔14〕"三寸",疑是"半寸"之误。"半"字烂了一竖,容易错成"三"。

〔15〕"屑末",指橘皮(也可包括花椒),原作"屑米",与"白米糁"重复,误,径改。

〔16〕鮀(tuó):鮀鱼。据《玉篇》、《说文》,就是鲇鱼。鲇鱼多黏液,故用热汤煺治。而《尔雅》、《诗》毛《传》均释鮀(即鮀)为鲨鱼,非此所指。《要术》称

"鲇",《食经》称"鲍",名物称谓不同。

〔17〕燅(xún，又 qián)：禽畜杀死后用开水去毛。

〔18〕"分"，勉强可作分开讲，或疑"半"之误。日译本改作"半"。

〔19〕"研汁"，应是"研米汁"，脱"米"字。

〔20〕"研为候"，不可解，黄麓森认为是"斫为条"之误，据下文"长二寸"应是。

〔21〕"淅箕中杓迮去令尽"，"箕"原作"其"，误。按：卷九各篇引《食次》文"淅箕"屡见，这里该是就在淅箕中洗过，并用杓底压榨(迮)去腥水。"淅箕"即淘米箕，俗亦称"筲箕"，字应作"箕"，据《食次》改。"迮去"下应有"水"字，但这是《食经》文，它就是这样含糊的。

〔22〕"复"，《今释》疑"须"之误。

〔23〕"米奠"，没有用米，疑"半奠"之误。又，本条"槧淡"，"槧"(qiàn)是写字的板片，但下文说明是木耳，也是《食经》的特字。"淡"，不搭界，《广雅·释器》："朕……肉也。"《玉篇》："朕，肴也。""淡"应是"朕"的同音借用字。

〔24〕"损"，也是借用字。唐段成式《酉阳杂俎》卷九"酒食"："膶，臛也。""损"又是"膶"(sǔn)的同音借用字。日译本改作"胘"(xián)，即牛百叶。按：《食经》文仅见于本篇者，就有准、锻、谐、漉、槧、胳(络)、沙(煤)、菰(菇)、臛叶(藿叶)、淡(朕)、损(膶)等许多特用词和同音音近借用字，简直有点像"变文"，这和贾氏行文是截然异趣，泾渭分流的。

〔25〕"豉中"，疑是"豉汁"烂后错成。

〔26〕"漉取汁"，"漉"，大致相当于现在的"捞"，但汁如何捞法？贾氏偶亦用如"沥"字，则是沥去液汁不要，怎么反而要"取"？这也是《食经》行文遣词的怪特色。但这样却使得涵义不明，究竟是去掉肉汁，还是把肉汁取出浇在肉里面？今人《要术》译文就出现这两种分歧(《今释》译用前者，日译本用后者)。启愉倾向于前者：一、其肉汁腥膻。二、"姜末和肉"，该是干肴上席。

〔27〕"亦用八"，"亦"字无根据，疑衍。

〔28〕沈：指酸浆。"沈"，即"潘"字，是浆汁。这是《食经》文，上文《食经》文有鹅鸭羹用酸菜，并说不够酸时加上酸菜卤，所以这里释为酸浆。

〔29〕"大可增之"，"增"疑"憎"的形似之误。之所以嫌憎，是"肉候汁中小久则变"，变谓变味。这肉臛将上桌时才别煮肉汁下葱姜等辛香作料，葱姜等过煮极易失去鲜品原有香味，产生恶味，所以临用时才倒汁入臛，马上上桌，防止香料久搁泡熟产生异味，也自然沾染，使肉味道受影响，那就"大可憎之"了。"之"，自然指代肉臛，《食经》用法也，姑仍其旧。

〔30〕"绵"，贾氏文"绢筛"屡见，疑"绢"之误。

【译文】

　　酸菜鹅鸭羹：〔将鹅鸭肉〕切成一寸见方的块，炒过。加豉汁和碎米的汁〔煮〕。将酸菜切细，放下去，再搁盐。盛半碗供上席。如果不够酸，加点酸菜卤。

　　菇蕈鱼羹："鱼切成一寸见方的块。蕈要先在沸汤中焯过，擘开用。先将蕈煮开，再下鱼块。"又一说："先下鱼块，再下蕈、〔米〕糁、葱、豆豉。"又一说："蕈只洗净，不要焯。肥肉也可以用。盛半碗供上席。"

　　笋干鱼羹：先将笋干在热水中浸涨，撕成细条。先把笋干煮沸，再下鱼、盐、豆豉。盛半碗供上桌。

　　鳢鱼臛：鳢鱼要用极大的，一尺以下的不合用。热汤煨去鳞，整治洁净，斜披成薄片，再切成一寸半见方的块。豉汁和鱼一齐下入水中煮。再加研碎的米汁。煮熟后，加盐、生姜、橘皮、花椒末、酒。鳢鱼肉味涩，所以须要加米汁。

　　鲤鱼臛：用大鲤鱼。煨鳞整治洁净，切成一寸见方五分厚的块。煮和加上作料，如同鳢鱼臛的作法。加入整粒的米作糁。盛上桌时，去掉米粒，盛半碗供上。如果连着米粒供上，是不合规矩的。

　　脸臘羹：用猪肠。在沸汤中烫过，取出来，切成三寸长的段，再破开，切细，炒过。加水煮沸后，下清豉汁和〔研碎的〕米汁，及葱、生姜、花椒、胡芹、小蒜、芥菜——都要切细斩碎。下盐、醋。再将猪血切细成蒜子的大小，将要上桌时下锅——下早了血会变老，很让人〔憎嫌〕。盛〔半碗〕供上桌。

　　鳢鱼汤：切成胹块；用大鳢鱼，一尺以下的不合用。去掉鳞，整治洁净，就斜截成片，再切成一寸半见方、〔半〕寸厚的块。豉汁和鱼，一齐下锅。再下白米作糁。糁煮熟了，放进盐、生姜、花椒、橘皮末。盛半碗上桌时，不要让碗里有米糁。

　　鲍鱼臛：用热汤煨治，去掉内脏，洗洁净，中半破开，斩成五寸宽的块。下水煮沸，变白色后，取出来，分（？）成一寸见方的块，〔加油〕炒过。放进清豉汁和研碎〔米〕汁，煮到极熟。葱、生姜、橘皮、胡芹、小蒜，都切细琢碎放下去。再下盐、醋。盛半碗供上席。

　　椠〔脧〕(dàn)：用肥鹅、肥鸭的肉。先整只煮熟，再〔斫〕成二寸长、一寸宽、四分左右厚的〔条〕。去掉大骨头。另外用白沸水煮椠，煮过半天，捞出来，放在淘米箕里用杵子把水榨干尽。再拿羊肉放在鹅鸭肉汤里煮，下盐、豆豉。快熟时，放进切细斩碎的胡芹、小蒜末。〔然后将鹅鸭肉和栾一齐下锅再煮，〕煮到烂熟。这菜肴不加醋。如果没有栾，用菇蕈——就是地蕈，但菌盖里面黑色的不合用。栾，大的中间擘破，小的整个用。所谓栾，就是树根下长出的木耳，〔须〕要贴地面生长的，不黑的才合用。盛〔半碗〕供上席。

〔膹〕肾：用牛羊的百叶，整治使白净，切成薤叶那样阔的细条，四寸长，放进和着盐的豉〔汁〕里煮，不要煮到大开——太熟了肉就韧，只要让肉稍微卷曲就可以了。搁下二寸苏叶，一些生姜末，和在肉里面。滤掉汁，盛满一盘供上席。又用腰子，切成二寸长、一寸宽、五分厚的片，像百叶一样的烧法。盛上席，八片腰子盛一盘。另外装一小碟的生姜和薤跟上去。

烂熟：将肉煮到烂熟，恰好到可以受得起刀切，切成三寸长、半寸阔、三寸半厚的块。将要用肉时，先在肉汁里加上切细琢碎的葱、生姜、花椒、橘皮、胡芹、小蒜，调进盐和醋。另外将肉煮成臛。临要供上席时，把调和好的香料汁浇进臛中，和好了一道盛供上去。如果有酸浆，将要上席时放下去。肉在〔香料汁里〕煮久了会变味，这是很使人〔憎嫌的〕。

治羹臛太咸的方法：取得车辙中的干土末，用〔绢筛〕筛过，盛在两层绸作成的口袋里，用绳子缚得紧紧的，沉到锅里去。过不久，味道就淡了，把口袋拉出来。

蒸缹方九切法第七十七

《食经》曰："蒸熊法：取三升肉熊一头[1]，净治，煮令不能半熟，以豉清渍之一宿。生秫米二升，勿近水，净拭，以豉汁浓者二升渍米，令色黄赤，炊作饭。以葱白长三寸一升，细切姜、橘皮各二升，盐三合，合和之。着甑中蒸之，取熟。"

"蒸羊、肫、鹅、鸭，悉如此[2]。"

一本[3]："用猪膏三升，豉汁一升，合洒之。用橘皮一升。"

蒸肫法[4]：好肥肫一头，净洗垢[5]，煮令半熟，以豉汁渍之。生秫米一升，勿令近水，浓豉汁渍米，令黄色；炊作馈，复以豉汁洒之。细切姜、橘皮各一升，葱白三寸四升，橘叶一升，合着甑中，密覆，蒸两三炊久。复以猪膏三升，合豉汁一升洒，便熟也。

蒸熊、羊如肫法。鹅亦如此。

蒸鸡法：肥鸡一头，净治；猪肉一斤，香豉一升，盐五合[6]，葱白半虎口，苏叶一寸围，豉汁三升，着盐。安甑中，蒸令极熟。

【注释】

〔1〕"取三升肉熊一头"，从日译本读，指三升大小的仔熊一头，同刚生下的仔猪差不多。如果读成"取三升肉，熊一头"，则指一头大熊，就和以升合计的配料极不相称。下文引《食次》的"蒸熊"才是蒸大熊。

〔2〕肫（zhūn）：鸟胃，即鸡肫之肫。这里不能用作"豚"字。但这是《食经》文，却用作"豚"字，指仔猪，也是它的借用字。下同。下文炰法贾氏本文就正规用"豚"字。

〔3〕"一本"是《食经》的不同本子。

〔4〕"蒸肫法"及下条"蒸鸡法"，仍是《食经》文。"豚"仍借用"肫"字。

〔5〕"垢"疑应作"治"。

〔6〕"盐五合"，约合今100毫升，其重超过100克，腌鸡也太多，且与下文"着盐"重复，疑应作"米五合"。

【译文】

《食经》说："蒸熊的方法：取三升大小的仔熊一头，煺治洁净，煮到还不到半熟，用清豉汁浸着，过一夜。又取二升生糯米，不要碰上水，搓拭干净，拿二升浓豉汁来浸着，浸到米的颜色呈现黄而带赤，炊成饭。再拿三寸长的葱白一升，切细的生姜、橘皮各二升，盐三合，〔连肉带饭〕一起混和。放进甑里面蒸，蒸到熟。"

"蒸羊、仔猪、鹅、鸭，都是这样蒸法。"

另一本《食经》是："用三升猪油，一升豉汁，混合着洒在熊肉上面。又用一升橘皮。"

蒸仔猪的方法：肥好的仔猪一只，〔煺治〕洁净，煮到半熟，用豉汁浸着。另外用一升生糯米，不要碰上水，用浓豉汁浸到颜色变黄，蒸作馈饭，再拿豉汁洒下去。切细的生姜和橘皮各一升，三寸长的葱白四升,橘叶一升,〔连同半熟的仔猪〕一并放进甑中,盖严,蒸到两三顿饭熟那么久。再用三升猪油,和上一升豉汁,洒在上面〔再蒸一下〕,便熟了。

蒸仔熊、蒸羊,都同蒸仔猪一样。蒸鹅也是这样。

蒸鸡的方法:一只肥鸡,煺治洁净;一斤猪肉,一升香豆豉,五合盐(?),半虎口葱白,一寸围的紫苏叶,三升豉汁,加盐,一起装上甑,蒸到极熟。

焦猪肉法[1]:净将猪讫,更以热汤遍洗之,毛孔中即有垢出,以草痛揩,如此三遍,梳洗令净。四破,于大釜煮之。以杓接取浮脂,别着瓮中;稍稍添水,数数接脂。脂尽,漉出,破为四方寸脔[2],易水更煮。下酒二升,以杀腥臊——青、白皆得[3]。若无酒,以酢浆代之。添水接脂,一如上法。脂尽,无复腥气,漉出,板切[4],于铜铛中焦之:一行肉,一行擘葱、浑豉、白盐、姜、椒;如是次第布讫,下水焦之。肉作琥珀色乃止。恣意饱食,亦不饵乌县切[5],乃胜燠肉[6]。欲得着冬瓜、甘瓠者,于铜器中布肉时下之。其盆中脂[7],练白如珂雪,可以供余用者焉。

焦豚法:肥豚一头十五斤,水三斗,甘酒三升,合煮令熟。漉出,擘之。用稻米四升,炊一装;姜一升,橘皮二叶,葱白三升,豉汁涷馈[8],作糁,令用酱清调味。蒸之,炊一石米顷,下之也。

焦鹅法:肥鹅,治,解,脔切之,长二寸。率十五斤肉,秫米四升为糁——先装如焦豚法,讫,和以豉汁、橘皮、葱白、酱清、生姜,蒸之。如炊一石米顷,下之。

胡炮普教切肉法[9]:肥白羊肉——生始周年者,杀,则生缕切如细菜[10],脂亦切。着浑豉、盐、擘葱白、姜、椒、荜拨、胡椒,令调适。净洗羊肚,翻之[11]。以切肉脂内于肚中,以向满为限,缝合。作浪中坑,火烧使赤,却灰火。内肚着坑中,还以灰火覆之,于上更燃火,炊一石米顷,便熟。香美异常,非煮、炙之例。

蒸羊法:缕切羊肉一斤,豉汁和之,葱白一升着上,合蒸。熟,出,可食之。

蒸猪头法：取生猪头，去其骨，煮一沸，刀细切，水中治之。以清酒、盐、肉，蒸，皆口调和[12]。熟，以干姜、椒着上食之。

作悬熟法[13]：猪肉十斤，去皮，切脔。葱白一升，生姜五合，橘皮二叶，秫米三升，豉汁五合，调味。若蒸七斗米顷下。

【注释】

〔1〕自此条以下七条，均《要术》本文，从用语和叙述法上，一看即明。缹(fǒu)，少汁温火煮叫作"缹"，像现在的"焖"。段玉裁注《说文》"衮，炮炙也"说，微火温肉就是所谓缹，今俗语也叫焖。据下篇《食经》文，胵、膌也可叫缹。又，缹有炮炙义，"胡炮肉"就是一种炮炙法，故列入本篇。

〔2〕"四方寸"，无论作四个方寸或四方各一寸讲，都不通，本卷《作鱼鲊》"作干鱼鲊法"有"方四寸斩"，应倒为"方四寸"，即四寸见方。然后切成片（"板切"）。

〔3〕白：白酒，颐白酒、白醪酒之类，不是蒸馏白酒，《要术》中没有。

〔4〕板切：指切成稍厚的片，不是放在板上切。板切和"藿叶切"、"薤叶切"都是指片的宽度，后二者较薄，而板切较厚。

〔5〕馅(yuàn)：饱，厌腻。

〔6〕燠(yù，又 ào)肉：即卷九《作膘奥糟苞》的"奥肉"，是一种油煮油浸极油腻的油焖白肉，但这个缹肉是"走油扣肉"，所以可以恣意餍食，胜过油焖腻肉。

〔7〕上文作"瓮"，此处作"盆"，当有一误。

〔8〕涑，作"漱"解。疑为"溲"的讹字。

〔9〕炮：裹着烧炙。古以泥涂煨熟为炮。今有"叫化鸡"，即以烂泥涂毛鸡煨熟者。这里是裹在羊肚中烧烤，也是一种"裹烧"。大概也是从少数民族传进来的。

〔10〕明抄等作"细菜"，院刻等作"细叶"。"缕切"是切成细条，疑应作"细丝"。

〔11〕"净洗羊肚，翻之"：启愉按：羊肚应指羊百叶，其黏膜面有许多大小不同的叶瓣，必须翻过来才能洗洁净（凡肠、肚皆然）。大概这里所谓洗洁净，是已经这样洗过，因为这是通常必需的操作，所以略去不说。那么，原文翻转来应是第二次翻，就是翻回去使叶瓣一面仍在里面。否则，叶瓣面露在外面，放在土坑中又盖上灰火烧烤，粘满灰土怎么能吃？又，羊肚没有放进容器里烤，也是很特别的。

〔12〕"盐、肉"，各本同，应是"盐、豉"之误。"皆口调和"，应在"蒸"字上。仅调此肉之味，无可"皆"，应衍。改后为："清酒、盐、豉，口调味，蒸。熟……"

〔13〕《北堂书钞》卷一四五引《食经》有"作悬肉"云云,名称与作法与本条显有不同,本条非《食经》文而出贾氏。

【译文】

　　焦猪肉的方法：将猪煨治干净后,再用热水遍体洗过,毛孔中就有垢污出来,用草尽情地揩拭,像这样洗拭三遍,洗刷到洁净。破开成四块,在大锅里煮。用杓子撇出上面浮着的油脂,另外盛在瓮子里；再稍稍地加点水,多次地撇出浮油。油撇尽了,取出来,破开成四寸见方的脔,换水再煮。搁下二升酒,解去猪肉的腥臊气味——清酒、白酒都可以用。假如没有酒,可以用酸浆水代替。加水,撇油,一如上面的方法进行。油撇尽了,腥气也没有了,捞出来,再切成稍厚的片,放在铜锅里"焦",方法是：一层肉,放上一层擘成条的葱白、整颗的豆豉、白盐、生姜和花椒,这样一层层地依次布放完了,就下水焦焖。肉焖到呈现琥珀色就停止。这焦肉可以恣意吃饱,也不会嫌油腻,胜过燠肉。如果想要放进冬瓜、甜瓠子,可以在铜锅里铺肉的时候放下去。撇在〔瓮子〕里的油脂,白练般像珂雪一样的洁白,可以供作其他用途。

　　焦小猪的方法：一只十五来斤重的肥小猪,用三斗水,三升甜酒,一起煮到熟。拿出来,擘开肉。拿四升稻米,炊作一馏馈饭,加上一升生姜,两片橘皮,三升葱白,下豉汁一起溲和到馈饭里,作为糁,再下酱清汁调味。〔然后连同小猪肉一起〕蒸,蒸到炊熟一石米那样的时间,取下来。

　　焦鹅的方法：肥鹅煨治洁净,剖开,切成二寸长的脔。比例是十五斤鹅肉,用四升秫米作糁——先炊一馏为馈饭,像焦小猪的方法；炊好了,和上豉汁、橘皮、葱白、酱清汁、生姜,一起蒸。蒸到像炊熟一石米的时间,取下来。

　　胡炮肉的作法：用肥白羊——生下满一周岁的,杀死,趁新鲜缕切成细〔条〕,羊脂也这样切。加上整颗的豆豉、盐、擘开的葱白、生姜、花椒、荜拨、胡椒,调和到合适口味。将羊肚洗洁净,翻转来,把切好的羊肉和羊脂装进肚里,到快要装满时为限,再缝好羊肚口。掘出一个中空的烧火坑,用火把坑烧红,拿掉灰和火。拿羊肚放进坑里,依旧盖上灰火,再在上面烧火,烧到炊熟一石米那样的时间,便熟了。

吃起来非常香美,不是一般的煮肉或烤肉可比的。

蒸羊肉的方法:切成条的羊肉一斤,用豉汁调和,加上一升葱白,一起蒸。熟了,取下来,可以吃了。

蒸猪头的方法:用新鲜猪头,去掉骨头,煮一沸,用刀切细,在水里整治洁净。加清酒、盐〔、豉〕,调到口味合适,上甑中蒸。蒸熟了,放上干姜和花椒吃。

作"悬熟"的方法:十斤猪肉,去掉皮,切成臡。加进一升葱白,五合生姜,二片橘皮,三升秫米,五合豉汁,调和到合口味〔,上甑蒸〕。蒸到像蒸熟七斗米的时间,取下来。

《食次》曰[1]:"熊蒸:大,剥,大烂[2]。小者去头脚。开腹浑覆蒸。熟,擘之,片大如手。——又云:方二寸许。——豉汁煮秫米;薤白寸断,橘皮、胡芹、小蒜并细切,盐,和糁。更蒸:肉一重,间末[3],尽令烂熟。方六寸,厚一寸。奠,合糁。"

又云:"秫米、盐、豉、葱、薤、姜,切锻为屑,内熊腹中,蒸。熟,擘奠,糁在下,肉在上。"

又云:"四破,蒸令小熟。糁用馈,葱、盐、豉和之。宜肉下,更蒸。蒸熟,擘[4],糁在下;干姜、椒、橘皮、糁[5],在上。"

"豚蒸:如蒸熊。"

"鹅蒸:去头,如豚。"

"裹蒸生鱼:方七寸准。——又云:五寸准。——豉汁煮秫米如蒸熊。生姜、橘皮、胡芹、小蒜、盐,细切,熬糁。膏油涂箬,十字裹之,糁在上,复以糁屈牖箬柤咸反之[6]。——又云:盐和糁,上下与,细切生姜、橘皮、葱白、胡芹、小蒜置上。篸箬。——蒸之。既奠,开箬,褚边奠上。"

"毛蒸鱼菜[7]:白鱼、鳜音宾鱼最上[8]。净治,不去鳞。一尺以还,浑。盐、豉、胡芹、小蒜,细切,着鱼中,与菜,并蒸。"

又:"鱼方寸准——亦云五六寸——下盐、豉汁中。即出,菜上蒸之。奠,亦菜上。"又云:"竹篮盛鱼,菜上蒸[9]。"又云:"竹蒸并奠[10]。"

　　"蒸藕法：水和稻穰、糠，揩令净，斫去节，与蜜灌孔里，使满，溲苏面，封下头，蒸。熟，除面，泻去蜜，削去皮，以刀截，奠之。"又云："夏生冬熟。双奠亦得。"

【注释】

　　〔1〕《食次》：《隋书·经籍志三》医方类有《食馔次第法》一卷，无撰者姓名，书已佚。胡立初说《食次》当是此书的省称，也是北地食馔之书。按：《食次》所记多有南方口味和物料，也有吴越方言，疑是南朝人所写，与《食经》类似。

　　〔2〕"大，剥，大烂"，意谓大者剥皮，大加燖治（此大指程度深，即极净之意）。"大烂"应是"大燖"之误（下篇有"燖"，明抄、湖湘本即误作"烂"），燖（xún，又qián）同"燖"，与烂的繁体字"爛"极近似。

　　〔3〕"未"，应是"米"字之误。

　　〔4〕"擘"，指擘奠，应脱"奠"字。

　　〔5〕"糁"，在肉上再加糁，未始不可，但联系姜椒等香料，疑"散"之误，入下句，谓撒在肉上。

　　〔6〕"复以糁屈牖篸之"，不可解。按："篸"（zān）同"簪"。《广韵·去声·五十三勘》："篸，以针篸物。"这里是一种细竹签，用以穿连竹箬，则"糁"应是"篸"字之误。下一"篸"字是动词，作穿连讲。"牖"指竹箬交连处空隙，"屈"谓曲折穿过，用竹签来别牢。

　　〔7〕毛：指不去鳞。日译本从猪饲敬所校改为"芼"，恐未必。

　　〔8〕鳊鱼：即鲤科的鳊鱼（Parabramis pekinensis）。

　　〔9〕"竹篮盛鱼，菜上蒸"，意谓竹篮放入甑中，鱼放在菜上蒸。"蒸"，原上窜在"奠，亦菜上"之下，作"奠，亦菜上蒸"，致不可解，今为移正如上文。

　　〔10〕"竹蒸"，应是"竹篮"之误。

【译文】

　　《食次》说："蒸熊：大熊，剥皮，〔去掉内脏煐治〕极洁净。小熊，去掉头脚〔内脏〕。都破腹后整只腹部朝下覆着蒸。蒸熟后，擘成手掌大的片。——另一说：切成二寸左右见方的块。——用豉汁煮糯米，加上切成一寸长的薤白，切细的橘皮、胡芹、小蒜，搁盐，拌和成糁。再蒸：一层肉，隔一层〔米糁，层层铺下〕，全都蒸到烂熟。切成六寸见方一寸厚的块。盛供上席时，连同米糁一并供上。"

　　又一说："糯米、盐、豆豉、葱、薤、生姜，都切细斫成碎末，装进熊肚里蒸。蒸熟了,擘开来盛上桌,糁在下面,肉在上面。"

又一说:"破成四大块,蒸到稍微有些熟。糁,炊成馈饭,和上葱、盐、豆豉。宜于肉在下面,〔馈饭在上面,〕再蒸。蒸熟了,撕开来〔盛上席〕,糁在下面;再用干姜、花椒、橘皮〔撒〕在肉上面。"

"蒸小猪:像蒸熊一样。"

"蒸鹅:去掉头,像蒸小猪一样。"

"裹蒸鲜鱼:切成七寸见方的块。——另一说是五寸见方。——用豉汁煮糯米,像蒸熊那样,拿切细的生姜、橘皮、胡芹、小蒜、盐,和进糁里,炒过。用油涂在箬叶上,拿来十字交叉地包裹鱼块,上面放上糁,再用〔竹签子〕一上一下曲折地穿过竹箬交接处的空隙,别牢。——又一说:用盐和进糁里,上下两面都搁上糁,再在上面放下切细的生姜、橘皮、葱白、胡芹、小蒜,然后用竹签别牢箬叶。——上甑中蒸。盛供上席的时候,打开箬叶,把上面的箬片折叠在下面,供上。"

"毛蒸鱼菜:白鱼、鲛鱼最好。整治洁净,但不去鳞。一尺上下的,整条用。盐、豆豉、胡芹、小蒜,切细,放进鱼中,加上菜,一起蒸。"

又说:"鱼切成一寸见方的块——也有说五六寸见方的——浸入盐调和的豆豉汁里。随即拿出来,放在菜上面蒸。盛供上席时,也放在菜上面。"又说:"竹篮盛着鱼〔上甑〕,鱼放在菜上面蒸。"又说:"上席时就竹〔篮〕盛鱼一并供上。"

"蒸藕的方法:水里和着稻秸、稻糠,把藕擦洗洁净,切去藕节,用蜜灌进孔里,灌满了,溲和好苏油面,封住下头,上甑中蒸。蒸熟了,除去封头的面,倒去蜜,削掉皮,用刀切开,盛供上席。"又说:"夏天用生的,冬天用熟的。一碗放进两份也可以。"

腤、腤、煎、消法第七十八 [1]

腤鱼鲊法:先下水、盐、浑豉、擘葱,次下猪、羊、牛三种肉,腤两沸,下鲊。打破鸡子四枚,泻中,如瀹鸡子法。鸡子浮,便熟,食之。

《食经》腤鲊法:"破生鸡子,豉汁、鲊,俱煮沸,即奠。"又云:"浑用豉。奠讫,以鸡子、豉怗。"又云 [2]:"鲊沸,汤中与豉汁、浑葱白,破鸡子写中。奠二升。用鸡子,众物是停也。"

五侯腤法⁽³⁾:用食板零揸⁽⁴⁾,杂鲊、肉,合水煮,如作羹法。

纯胜鱼法:"一名'焦鱼'。用鲩鱼。治腹里,去腮不去鳞⁽⁵⁾。以咸豉、葱、姜、橘皮、酢,细切⁽⁶⁾,合煮。沸,乃浑下鱼。葱白浑用。——又云:下鱼中煮⁽⁷⁾。沸,与豉汁、浑葱白。将熟,下酢。又云:切生姜令长。——奠时,葱在上。大,奠一;小,奠二。若大鱼,成治准此。"

腤鸡:"一名'焦鸡',一名'鸡腊'。以浑。盐,豉,葱白中截,干苏微火炙——生苏不炙——与成治浑鸡,俱下水中,熟煮。出鸡及葱,漉出汁中苏、豉,澄令清。擘肉,广寸余,奠之,以暖汁沃之。肉若冷,将奠,蒸令暖。满奠。"又云:"葱、苏、盐、豉汁,与鸡俱煮。既熟,擘奠,与汁,葱、苏在上,莫安下。可增葱白,擘令细也。"

腤白肉⁽⁸⁾:"一名'白焦肉'⁽⁹⁾。盐、豉煮,令向熟,薄切:长二寸半,广一寸准,甚薄。下新水中⁽¹⁰⁾,与浑葱白、小蒜、盐、豉清。"又:"蕹叶切,长三寸。与葱、姜,不与小蒜,蕹亦可⁽¹¹⁾。"

腤猪法:一名"焦猪肉"⁽¹²⁾,一名"猪肉盐豉"。一如焦白肉之法。

腤鱼法:用鲫鱼,浑用。软体鱼不用⁽¹³⁾。鳞治。刀细切葱⁽¹⁴⁾,与豉、葱俱下,葱长四寸。将熟,细切姜、胡芹、小蒜与之。汁色欲黑。无酢者,不用椒。若大鱼,方寸准得用。软体之鱼,大鱼不好也。

蜜纯煎鱼法:用鲫鱼,治腹中,不鳞。苦酒、蜜中半,和盐,渍鱼。一炊久,漉出。膏油熬之,令赤。浑奠焉。

勒鸭消⁽¹⁵⁾:细研熬如饼臛,熬之令小熟。姜、橘、椒、胡芹、小蒜,并细切,熬黍米糁。盐、豉汁下肉中复熬,令似熟⁽¹⁶⁾,色黑。平满奠。兔、雉肉,次好。凡肉,赤理皆得用。勒鸭之小者,大如鸠、鸽,色白也。

鸭煎法:用新成子鸭极肥者,其大如雉。去头,燖治,却腥翠、五脏,又净洗,细剉如笼肉。细切葱白,下盐、豉汁,炒令极熟。下椒、姜末食之。

【注释】

〔1〕脏、腤(ān)同类，都是用水液烩煮。脏还有"杂烩"式的。煎、消同类，都是用油汆或炒。

〔2〕"'……怗。'又云"，"怗"(tiē)，通"帖"、"贴"，这是《食经》用词，《要术》本文作"帖"(《作鱼鲊》"以竹篛交横帖上")。"又云"，各本均脱"又"字，这是又一作法，有"云"没有"又"，不成词，故补。

〔3〕五侯脏：脏同"鲭"，是肉和鱼同烧的"杂烩"。汉成帝时王氏五侯不和睦，宾客不相往来，有娄护其人巧言善辩，往来五家得其欢心，娄护将五家的菜肴杂和起来一起再煮，味道很美，名为"五侯鲭"。这里实际只是杂烩而已，可还遗留着这个名称。

〔4〕"揲"(shé)即"揲"字，《说文》："阅持也。"这里作检选解释，所谓"零揲"，意即"零择"，指零择砧板上杂肉作成"杂烩"，《津逮》本等因径改为"挤"(拼)字。按：本篇只有篇首和篇末两条是贾氏本文，其余都是《食经》文，从"又云"、奠法等可证。"揲"也是它的特有异写字，不宜改。

〔5〕"腮"，各本同，是"颐"的俗写，但此指鱼鳃，正字应作"鳃"，这也是《食经》的俗别字，贾文自作"鳃"。

〔6〕"酢"也连着"细切"，《食经》文往往这样特别(包括《食次》)，大概是贪图叙述方便，未必是错衍。贾氏本文绝无此类病语。

〔7〕"下鱼中煮"，不可解，此法与上法不同，应是"下鱼先煮"，"中"是"先"之误，或者没有也可以。

〔8〕白肉：指白水清煮的肉，下篇"白菹"的"白煮"和"白瀹豚"，均此意。但本条并非此指，为何称"白"，不明(不会是白肥膘吧)。

〔9〕"白焦肉"，据下文应作"焦白肉"。

〔10〕"下新水中"，日译本"中"下补"腤"字。《食经》文往往如此节简。

〔11〕"蘸亦可"，解释为不用小蒜时可用蘸代替，或连读"小蒜、蘸"都不用。但仍疑袭上文"蘸叶切"而衍"蘸"字。"又"下疑脱"云"字。

〔12〕"焦猪肉"，湖湘本、《津逮》本作"焦猪肉"，腤法并非炙烤，显系形似致误。可《辞源》修订本"腤"字下引《要术》亦作"焦猪肉"，显系采用明刻《要术》致误。明刻《秘册汇函》——《津逮秘书》本是《要术》最坏之本，《辞源》凡引《要术》处很多袭该本之误，此其一例而已。该辞书修订时院刻、金抄、明抄早已出书，宜用以订正。

〔13〕软体鱼：不明。也许指无鳞多黏液的鱼，如鲇鱼、鲍鱼之类。

〔14〕"刀细切葱"，与下文"葱长四寸"不协调，日译本改"葱"为"椒"，根据是下文有"不用椒"，较妥。

〔15〕勒鸭：一种水禽。《玉篇》："勘，鸟似凫而小。"则"勒"应是"勘"的俗用字。《蜀本草》注："野鸭与家鸭有相似者，有全别者；其小小者，名刀鸭，味最重，食之补虚。""刀鸭"疑是"力鸭"之误，亦借"力"为"勘"者，则小小的力鸭该就是勒鸭、勘鸭。此鸭见于《蜀本草》，应是南方的水禽，《食经》的内容往往和南方相合。

〔16〕"似熟"，丁国钧校记："上言'小熟'，此当作'极熟'。"按："似"有"过"义，"过熟"犹言"极熟"，原文可以。

【译文】

　　脏鱼鲊的方法：先下水、盐、整粒的豆豉、撕开的葱，再下猪、羊、牛三种肉，腤煮两沸，放下鲊鱼。打破四个鸡蛋放下去，像焯荷包蛋的方法。鸡蛋浮上来，便熟了，可以吃。

　　《食经》脏鲊的方法："打破鲜鸡蛋，加上豉汁和鲊，一起煮沸，就盛供上席。"又说："豆豉整颗用。盛好了，拿鸡蛋和豆豉铺在鲊上面。"〔又〕说："鲊煮沸后，再将豉汁、整条的葱白下在沸汤里，打破鸡蛋放下去。盛上二升供上席。用鸡蛋，其他的配料就不用了。"

　　五侯脏的作法：将砧板上切下来的零碎杂肉，和上鲊、肉，合起来用水煮，像作肉羹一样。

　　单纯脏鱼的方法："又名'焦鱼'。用鲩鱼。爊净内脏，去掉鳃，但不去鳞。用咸豆豉、葱、生姜、橘皮，都切细，（下醋，）一起煮。煮开后，整条地放下鱼。如果用葱白，也是整条地用。——又一说：放下鱼〔先〕煮。煮开了，搁下豉汁和整条的葱白。快熟时，再下酢。又说：把生姜切成长丝。——盛供上桌时，葱在鱼上面。大鱼盛上一条，小鱼盛上两条。如果是更大的鱼，在整治时就按这个〔大一小二的〕大小来商切。"

　　腤鸡："又名'焦鸡'，又名'鸡臇'。用整只的鸡。拿盐、豆豉、中半切断的葱白、微火上炙过的干苏叶——鲜苏叶就不炙——同整治好的整只的鸡，一并放进水里煮熟。将鸡和葱白取出来，捞出汤里面的苏叶、豆豉，让汤澄清。擘开鸡肉成一寸多宽的块，盛好供上席时，吊汤，就用暖鸡汤吊在肉里。肉如果冷了，在快上席时蒸暖。盛满碗供上席。"又一说："葱、苏叶、盐、豉汁，同鸡一起煮。煮熟之后，擘开来盛供，吊上鸡汤，葱和苏叶放在肉上面，不要放在下面。可以加些葱白,要擘细。"

脂白肉:"又名'焦白肉'。用盐、豆豉煮肉,煮到快熟,薄薄地切成二寸半长、一寸宽的片,要切得很薄。另外换水〔脂煮〕,加上整条的葱白、小蒜、盐、清豉汁。"又〔说〕:"将肉切成薤叶那样宽的细条,三寸长。搁上葱、生姜,不搁小蒜,搁薤也可以。"

脂猪肉的方法:又名"焦猪肉",又名"猪肉盐豉"。作法都跟"焦白肉"的方法一样。

脂鱼的方法:用鲫鱼,整条地用。软体的鱼不用。把鲫鱼去掉鳞,煺治洁净。将〔花椒〕切碎,同鱼、豆豉、葱一齐下锅,葱条四寸长。快熟时,放下切细的生姜、胡芹和小蒜。汤的颜色要浓黑。如果没有放醋,就不用花椒。如果用大鱼,切成一寸见方的块可以用。但软体的鱼,大鱼也是不好的。

单纯用蜜用油煎鱼的方法:用鲫鱼,去掉内脏,不去鳞。一半苦酒一半蜜,加上盐,调和匀,用来浸鱼。浸到炊熟一顿饭的时间,捞出来,用油煎,煎到成红色。整条地盛供上席。

勒鸭消:将肉细细地琢碎像包面食的肉馅子,炒过,让它稍微有些熟。生姜、橘皮、花椒、胡芹、小蒜,都切细,炒进黍米作的糁里。肉里加上盐和豉汁,〔连同米糁〕一并再炒,炒到极熟,颜色变黑。平平地装满一碗供上席。兔肉、野鸡肉也能用,但是次一等的。凡是赤色的肉也都可以用。勒鸭小的,只有斑鸠、鸽子那么大,颜色白。

鸭煎的作法:用才长大的极肥的新鸭,像野鸡那样大的,斩去头,煺治干净,去掉肛孔和尾上的脂腺以及内脏,又洗洁净。将肉细细地琢碎像包包子的肉馅子,加上切细的葱白,搁下盐和豉汁,炒到极熟。吃时放下花椒和生姜末。

菹绿第七十九

《食经》曰:"白菹[1]:鹅、鸭、鸡白煮者,鹿骨[2],斫为准:长三寸,广一寸。下杯中,以成清紫菜三四片加上,盐、醋和肉汁沃之。——又云:亦细切,苏加上。又云:准讫,肉汁中更煮,亦啖[3]。少与米糁。——凡不醋,不紫菜。满奠焉。"

菹肖法[4]：用猪肉、羊、鹿肥者，薤叶细切，熬之，与盐、豉汁。细切菜菹叶，细如小虫丝，长至五寸，下肉里。多与菹汁令酢。

蝉脯菹法[5]："捶之，火炙令熟。细擘，下酢。"又云："蒸之。细切香菜置上。"又云："下沸汤中，即出，擘，如上香菜蓼法[6]。"

绿肉法[7]：用猪、鸡、鸭肉，方寸准，熬之。与盐、豉汁煮之。葱、姜、橘、胡芹、小蒜，细切与之，下醋。切肉名曰"绿肉"，猪、鸡名曰"酸"。

白瀹瀹，煮也。音药。豚法[8]：用乳下肥豚。作鱼眼汤，下冷水和之，挚豚令净[9]，罢。若有粗毛，镊子拔却，柔毛则剔之。茅蒿叶揩洗[10]，刀刮削令极净。净揩釜，勿令渝，釜渝则豚黑。绢袋盛豚，酢浆水煮之。系小石，勿使浮出。上有浮沫，数接去。两沸，急出之，及热以冷水沃豚。又以茅蒿叶揩令极白净。以少许面，和水为面浆；复绢袋盛豚，系石，于面浆中煮之。接去浮沫，一如上法。好熟，出，着盆中，以冷水和煮豚面浆使暖暖，于盆中浸之。然后擘食。皮如玉色，滑而且美。

酸豚法：用乳下豚。爓治讫，并骨斩脔之，令片别带皮。细切葱白，豉汁炒之，香，微下水，烂煮为佳。下粳米为糁，细擘葱白，并豉汁下之。熟，下椒、醋，大美。

【注释】

〔1〕菹：即菜菹和肉菹。菜菹是腌菜、酸泡菜，肉菹是肉中加酸菜或酸醋的肴馔。本篇的菹，就是这种肉菹。下条"菹消"，即合消法和肉菹而成。

〔2〕"鹿骨"，无法解释，疑应作"擑"，同"批"，谓批擘骨头。

〔3〕"亦唻"，这不合"规矩"，卷九《炙法》引《食经》有"亦得"，疑"亦得"之误。

〔4〕"菹肖"，即"菹消"，合消法和肉菹而成。卷九《作菹藏生菜法》的"作菹消法"与此相似。《御览》卷八五六"菹"引卢谌《祭法》："秋祠有菹消。"原注："《食经》有此法也。"说明本条仍是《食经》文。下面二条也是。

〔5〕蝉脯：蝉干。《礼记·内则》的菜肴中有"蜩、范"，郑玄注："蜩，蝉也；范，蜂也。"《名医别录》说，蝉"五月采，蒸，干之"。《北户录》卷二称："南朝食品中……奠有蝉臛。"说明古人吃蝉。本条《食经》文，也该是南朝食品，也是"奠"

供上席的。

〔6〕"如上香菜蓼法"，怀疑《食经》另有"香菜蓼法"，《要术》未引。

〔7〕绿肉：唯一的解释是《食经》的说明，所谓切肉称为"绿肉"。据其所记，也只是一种切成小块的肉菹，也就是一种先炒后煮的带酸味的"红烧肉"或"红烧鸡块"，其色素不是用酱油或红糖，而是来自豉汁。而最后加上醋，不如说"醋溜红烧肉"更合适些。又说猪、鸡称为"酸"，这道菜似乎也可以称为"绿酸肉"，因所用为切成小块的猪肉、鸡肉也。

〔8〕本条及下条是《要术》本文，一看即明。

〔9〕撏(xún)：同"挦"。扯，拔(毛发)。

〔10〕孟方平硬说《要术》的"蒿"是"稿"字之误，殊不知《要术》中用青蒿等作食物及相关用途者多至十余处，难道都是"稿"字之误？古人以青蒿、白蒿作食物，自《诗经》、《大戴礼记》以至《神农本草经》、《本草衍义》等等，屡见不鲜，不能以今人的饮食习惯硬套古人。

【译文】

　　《食经》说："白菹：鹅、鸭、鸡清水煮熟的，〔撏去〕骨头，斫成三寸长、一寸宽的块。放在汤碗里，加上浸清的紫菜三四片，用盐、醋调和好的肉汤浇在上面。——又一说：也可以将肉切细，上面搁些苏叶。又一说：切成块之后，放进肉汤里再煮过，也〔可以〕，稍微加些米糁。——一般不酸的，就不加紫菜。满碗地供上席。"

　　菹消的作法：用肥的猪肉、羊肉、鹿肉，切成像薤叶那样宽的细丝，炒过，加盐、豉汁。将酸菜叶切细，细到像小虫样的丝，长要到五寸，放进肉里。多给些酸菜卤，让它酸。

　　蝉脯菹的作法："将蝉脯捶过，火上烤熟。擘细，加醋。"又一说："蒸熟，将香菜切细，放在上面。"又一说："放进滚汤里焯，随即取出，擘细，像上'香菜蓼'那样供上席。"

　　绿肉的作法：用猪、鸡、鸭的肉，切成一寸见方的块，炒过。放盐在豉汁中，再煮熟。葱、生姜、橘皮、胡芹、小蒜，都切细放下去，下醋。切肉称为"绿肉"，猪、鸡称为"酸"。

　　白瀹豚的作法：用吃奶的肥仔猪。烧好鱼眼泡的沸汤，掺些冷水和好，将仔猪煺治洁净后，如果有粗毛，用镊子拔掉，绒毛用刀剃掉。再用茅叶蒿叶擦洗，用刀刮削到极洁净。把锅揩拭洁净，使不变色；锅变色，小猪肉也就黑了。用绢袋子盛着小猪，拿酸浆水来煮。

袋子下面系着小石块,沉住不让它浮出来。汤上面有浮沫飘出,不断地撇掉。滚两沸,赶快取出来,趁热用冷水浇下去。又用茅叶蒿叶揩拭得极白净〔,荡洗干净〕。拿少量的面粉,和上水调成面浆,再把小猪盛在绢袋里,系上石块,放进面浆里煮。把浮沫撇掉,一如上面的方法。熟到合适了,拿出来放在盆子里,浇下用冷水调和的煮猪的面浆,让它暖暖地在盆子里浸着。然后擘开来吃。皮色像玉一样,滑嫩而且很美。

酸豚的作法:用吃奶的仔猪。煺治洁净后,连骨一起斩成脔,让每片脔都带着皮。把葱白切细,加豉汁〔同肉一起〕炒,炒香了,稍稍下水焖煮,焖到极透为好。再下粳米作为糁,又将擘细的葱白和豉汁放下去〔,继续焖〕。熟了,加上花椒和醋吃,味道极美。

齐民要术卷第九

炙法第八十

炙豚法⁽¹⁾：用乳下豚极肥者，㹠、牸俱得。擊治一如煮法，揩洗，刮削，令极净。小开腹，去五脏，又净洗。以茅茹腹令满，柞，木穿，缓火遥炙，急转勿住。转常使周匝，不匝则偏焦也。清酒数涂以发色。色足便止。取新猪膏极白净者，涂拭勿住。若无新猪膏，净麻油亦得。色同琥珀，又类真金。入口则消，状若凌雪，含浆膏润，特异凡常也。

捧或作棒炙：大牛用腪⁽²⁾，小犊用脚肉亦得。逼火偏炙一面，色白便割；割遍又炙一面。含浆滑美。若四面俱熟然后割，则涩恶不中食也。

腩奴感切炙⁽³⁾：羊、牛、獐、鹿肉皆得。方寸脔切。葱白研令碎⁽⁴⁾，和盐、豉汁，仅令相淹。少时便炙；若汁多久渍，则韧。拨火开，痛逼火，回转急炙。色白热食，含浆滑美。若举而复下，下而复上，膏尽肉干，不复中食。

肝炙：牛、羊、猪肝皆得。脔长寸半，广五分，亦以葱、盐、豉汁腩之。以羊络肚䐢素干反⁽⁵⁾脂裹，横穿炙之。

牛胘炙⁽⁶⁾：老牛胘，厚而脆。划穿⁽⁷⁾，痛蹙令聚，逼火急炙，令上劈裂，然后割之，则脆而甚美。若挽令舒申，微火遥炙，则薄而且韧。

灌肠法：取羊盘肠，净洗治。细剉羊肉，令如笼肉，细切葱白，盐、豉汁、姜、椒末调和，令咸淡适口，以灌肠。两条夹而炙之。割食甚香美。

【注释】

〔1〕炙：从肉在火上，指直接在火上烤，本篇《要术》本文各条，都是这个意思。引《食经》、《食次》各条，有的是隔着火铲烙，有的以油炸为炙。

〔2〕膂（lǚ）：脊骨。

〔3〕腩（nǎn）：将肉类在盐、豉加香料的液汁中作短时间的浸渍叫作"腩"。腩后随即炙之，称为"腩炙"。今粤菜中有腩肉法，虽然作法不同，要点在取其鲜嫩不韧，并急火快成而不失营养成分，则是相同的。

〔4〕细琢为"研"，非"斫"之误。

〔5〕原作"素千反"，吾点校记，《玉篇》"先安切"，《广韵》"苏干切"，"千"乃"干"字之讹。《渐西》本即据以改为"干"字。

〔6〕胘（xián）：《说文》："牛百叶也。"反刍类的重瓣胃，通名为胘。而《食经》称"肶"（膍），《要术》称"胘"，二者名物称谓不同。

〔7〕划穿：用签子弗贯起来。启愉按：划同"铲"，但不是铲削，《广雅·释器》："签谓之铲。"这里应作签子讲。弗（chǎn），同"划"，是一种炙肉的签子，这里的"划"实际就是"弗"字。唐释玄应《一切经音义》卷一九"如弗"注："今之炙肉弗也。经文作划削之划，非体也。"说明正是以划为弗。而《要术》作划，《食经》作弗，二者名物称谓又不同。

【译文】

炙仔猪的方法：用吃奶的极肥的仔猪，雄的雌的都可以。煨治一如"白瀹豚"的方法，擦洗，剃刮，要极洁净。小穴剖开腹腔，掏去内脏，再洗洁净。用茅草塞进腹腔里，塞得满满的，用柞木棒穿贯猪身，在缓火上放远些烤，急急不停地回转着。回转要让周围随时都烤到，不这样，就会有的面上偏焦的。拿清酒多次地涂在炙面上，让它发出〔红黄〕色。颜色够浓了便停止。又拿极白净的新鲜熟猪油不停地涂抹。如果没有新鲜猪油，用洁净的大麻油也可以。烤熟的乳猪颜色同琥珀一样，又像真金。吃到口里就消融，像冰雪一样，含着浆汁，油滑滋润，和平常的肉食特别不同。

捧或写作棒炙：大牛用脊肉，小牛用腿肉也可以。直接逼着火专烤一面，颜色变白就立即割下来吃；割尽了再烤另一面。这样就浆汁多，滑嫩味道好。如果等到四面都烤熟了再割，就韧老不好吃了。

腩炙：羊、牛、獐、鹿的肉都可以作。切成一寸见方的脔块。将葱白琢碎，和进加盐的豉汁里，〔拿肉浸在这汁里，〕只让汁淹没着肉就够了。过一会儿便取出来炙；如果汁太多，浸得久了，肉就韧了。将火拨旺，尽量地逼着火烤，急速地回转着。肉变白了趁热吃，浆汁多，滑嫩味美。如果烤的时候忽而举起，忽而放下，放下又举起，油烤尽了，肉也干了，便不中吃了。

肝炙：牛肝、羊肝、猪肝都可以。切成一寸半长五分宽的脔，也在和着葱、盐的豉汁里腩过。用羊花油裹着，打横穿起来烤。

牛胘炙：老牛的百叶，厚而且脆。用签子弗贯起来，尽力地压迫使皱缩挤拢，逼着火急速地烤，让它面上裂开口子，再割来吃，就脆而且味很美。如果拉平伸展开来，在微火上远隔着烤，就薄而且韧了。

作灌肠炙的方法：取羊肠，洗涤整治洁净。将羊肉斩细碎，像馅子肉一样，和进切细的葱白，及盐、豉汁、生姜、花椒末，让咸淡合口味，拿来灌进肠里。两条肠并排夹起来烤。割来吃，很香很美。

《食经》曰："作跳丸炙法[1]：羊肉十斤，猪肉十斤，缕切之；生姜三升，橘皮五叶，藏瓜二升，葱白五升，合捣，令如弹丸。别以五斤羊肉作臛，乃下丸炙，煮之作丸也[2]。

"膊炙豚法[3]：小形豚一头，膊开，去骨，去厚处，安就薄处，令调。取肥豚肉三斤，肥鸭二斤，合细琢。鱼酱汁三合，琢葱白二升，姜一合，橘皮半合，和二种肉，着豚上，令调平。以竹弗弗之，相去二寸下弗。以竹箸着上，以板覆上，重物连之。得一宿。明旦，微火炙。以蜜一升合和[4]，时时刷之。黄赤色便熟。先以鸡子黄涂之，今世不复用也。

"捣炙法[5]：取肥子鹅肉二斤，剉之，不须细剉。好醋三合，瓜菹一合，葱白一合，姜、橘皮各半合，椒二十枚作屑，合和之，更剉令调。裹着充竹弗上[6]。破鸡子十枚，别取白，先摩之令调，复以鸡子黄涂之。唯急火急炙之，使焦，汁出便熟。作一挺，用物如上；若多作，倍之。若无鹅，用肥豚亦得也。

"衔炙法：取极肥子鹅一头，净治，煮令半熟，去骨，剉之。和大豆酢五合,瓜菹三合,姜、橘皮各半合,切小蒜一合,鱼酱汁二合,椒数十枚作屑,合和,更剉令调。取好白鱼肉细琢,裹作弗,炙之。

"作饼炙法:取好白鱼,净治,除骨取肉,琢得三升。熟猪肉肥者一升,细琢,酢五合,葱、瓜菹各二合,姜、橘皮各半合,鱼酱汁三合,看咸淡,多少盐之适口。取足作饼[7],如升盏大,厚五分。熟油微火煎之,色赤便熟,可食。一本:"用椒十枚,作屑和之。""

"酿炙白鱼法[8]:白鱼长二尺,净治,勿破腹。洗之竟,破背,以盐之[9]。取肥子鸭一头,洗治,去骨,细剉;酢一升,瓜菹五合,鱼酱汁三合,姜、橘各一合,葱二合,豉汁一合,和,炙之令熟[10]。合取从背入着腹中,弗之,如常炙鱼法,微火炙半熟,复以少苦酒杂鱼酱、豉汁,更刷鱼上,便成。

"腩炙法:肥鸭,净治洗,去骨,作脔。酒五合,鱼酱汁五合,姜、葱、橘皮半合,豉汁五合,合和,渍一炊久,便中炙。子鹅作亦然。

"猪肉鲊法[11]:好肥猪肉作脔,盐令咸淡适口。以饭作糁,如作鲊法。看有酸气,便可食。"

【注释】

〔1〕"跳丸",仅明抄如文,他本均误。按,跳丸是一种用球形小丸玩杂技的技艺,即耍技者两手快速地接连抛接几个小丸,不落地。也有用短剑抛接的。《文选·西京赋》:"跳丸、剑之挥霍。"即指此。现代杂技中还保留着这个"手技"节目,俗名"杂拌子"。这里是说其肉丸圆如弹丸,像跳丸,故有此名。《北堂书钞》卷一四五"丸炙"引《食经》有"交趾丸炙法",作法是:"丸如弹丸,作臛,乃下丸炙,煮之。""交趾",恐误。

〔2〕"煮之作丸也",疑有脱文,"丸"似应作"丸臛",即肉丸汤。但《食经》文往往含糊不明。

〔3〕自本条以下至"猪肉鲊法"条,均《食经》文,不但文词与《要术》不同,叙述简涩,而且"腩炙"重出,又用"大豆酢"(卷八《作酢法》仅《食经》有之)、用"蜜"(贾氏烹饪各法用醋,绝不用饧蜜,《食经》大量用之,北酸南甜,至今犹然),"一本"云云,"今世"怎样等等,都很明显。臇(bó),剖胸开腹,掏去内脏。

〔4〕"合和",指什么?指豉汁、酒?指蜜中调水?都没有交代,《食经》文就

是这样。

〔5〕捣炙：连下文衔炙、饼炙，都是将肉类斫碎来炙，不同的只是炙的方法：两条衔炙都是外加鱼肉或花油裹着炙，是一种“裹炙”；两条捣炙都是直接裹在炙具上炙，为防止不相黏，要抹上蛋清或调上面粉；两条饼炙实际是以油炸为炙。

〔6〕“裹”，金抄作“里”，他本作“聚”。下文有“裹作弗”，参照金抄改作“裹”。“充”，解作充满竹弗，勉强。《今释》疑“长”之误。

〔7〕“取足”，无论连上句或连下句读，同样费解，疑“足”应作“之”，谓“取之作饼”。

〔8〕酿：这是烹调法中特别“术语”。《礼记·内则》以肉羹中杂和以切菜叫作“酿”。本条将鸭肉琢细杂和腌瓜等为馅，塞进鱼腹中为“酿”。清吴震方《岭南杂记》：“苦瓜……或灌肉其内。”现在宴席上有“冬瓜钟”，家庭常馈有茄子嵌肉馅等，实际都是一种酿菜。

〔9〕“以盐之”，疑应作“以盐入”或“以盐入之”。又，此鱼未去内脏，即使“鳢鲩”也要洗净鱼肠，何况不掏空腹腔，如何“酿”得进那么多的鸭肉和佐料？内脏必然在“破背”时挖去，决不是留着污脏吃的。《食经》文就是这样想当然，恐未必有脱文。贾文绝无此类疏失。

〔10〕“炙之”，《食经》亦以油煎为“炙”，这里应是加油炒，未必是错字。

〔11〕“猪肉鲊法”，与“炙法”毫不相干，应在卷八《作鱼鲊》篇中。这也许是错简。

【译文】

《食经》说：“作跳丸炙的方法：十斤羊肉，十斤猪肉，都切成细丝，加上三升生姜，五片橘皮，二升腌瓜，五升葱白，混合在一起捣烂，作成像弹丸的丸。另外用五斤羊肉作成臛，放下炙过的肉丸，一起煮成肉丸〔臛〕。

“腤炙豚的作法：用一只小形的小猪，剖开胸腹，〔掏去五脏〕，剔去骨头，割下厚些地方的肉，贴放在肉薄的地方，要铺排得厚薄调匀。另外取三斤肥小猪肉，二斤肥鸭子肉，一起琢细，再用三合鱼酱汁，二升琢碎的葱白，一合生姜，半合橘皮，和进这二种肉里，拿来铺在原先的小猪肉上面，要铺得均匀平正。用竹签子弗起来，相隔二寸弗进一根竹签。拿竹箸盖在肉上面，竹箸上面再盖上木板，木板上又用重东西压榨着。过一夜，到第二天早上，在微火上烤。烤时用一升蜜和上〔水（？）〕，不断地刷在上面。烤到黄红色便熟了。过去用鸡蛋黄涂上，现在不再用了。

"捣炙的作法：取二斤肥仔鹅的肉，用刀斫，但不需要斫得细。用三合好醋，一合腌瓜，一合葱白，半合生姜，半合橘皮，二十颗花椒作成细末，一起和进肉里，再斫细斫到调匀。满满地（？）裹在竹弗上烤。打破十个鸡蛋，取出蛋白，先涂抹在碎肉上，要抹得均匀，〔蛋白干了，〕再涂上蛋黄。一定要用猛火急速地烤，烤到焦黄，有汁渗出来，便熟了。只作一长条的，就用上面这些材料；如果要多作的，按这个比例增加。如果没有鹅肉，用肥小猪肉也可以。

"衔炙的作法：取一只极肥的仔鹅，整治洁净，煮到半熟，去掉骨头，用刀斫。用五合大豆醋，三合腌瓜，半合生姜，半合橘皮，一合切过的小蒜，二合鱼酱汁，几十颗花椒作成的细末，一起和进肉里，再斫细斫到均匀。用好白鱼的肉，琢细，裹在鹅肉外面，弗起来烤。

"作饼炙的方法：取好的白鱼，整治洁净，除去骨头，用它的肉，把肉斩碎，取得三升碎肉。用琢细的熟的猪肥肉一升，五合醋，二合葱，二合腌瓜，半合生姜，半合橘皮，三合鱼酱汁，看咸淡放多少盐，总要调和到合口味〔，一起和进鱼肉里〕。拿〔这和好的肉〕作成饼子，像一升盏的盏口大小，五分厚。放入熟油里用缓火煎，颜色发红便熟了，可以吃。另一个本子说："要用十颗花椒，作成碎末和进去。"

"酿炙白鱼的作法：二尺长的白鱼，整治洁净，不破肚皮。洗净之后，从背上破开，〔掏去内脏，〕加些盐〔进去〕。取一只肥仔鸭，煨治洁净，去掉骨头，把肉斩细，拿一升醋，五合腌瓜，三合鱼酱汁，一合生姜，一合橘皮，二合葱，一合豉汁，一起和进鸭肉里，加油炒熟。拿这鸭肉从鱼背上塞进鱼肚里，用签子弗起来，像平常炙鱼的方法，缓火炙到半熟。再用少量的苦酒，和进鱼酱汁和豉汁，刷在鱼上，便作成了。

"脯炙的作法：用肥鸭，煨治洁净，去掉骨头，切成脔。用五合酒，五合鱼酱汁，生姜、葱、橘皮，〔每样〕半合，豉汁五合，混合调和，〔用来浸鸭脔，〕浸炊熟一顿饭的时间，便可以炙了。用仔鹅作也是这样。

"猪肉鲊的作法：好的肥猪肉，切成脔，搁盐，使咸淡合口味。炊饭作为糁，像作鱼鲊的方法一样。等到产生酸气，便可以吃了。"

《食次》曰[1]:"脟炙[2]:用鹅、鸭、羊、犊、獐、鹿、猪肉肥者,赤白半,细研熬之。以酸瓜菹、笋菹、姜、椒、橘皮、葱、胡芹细切、盐、豉汁,合和肉,丸之,手搦汝角切为寸半方,以羊、猪胳肚膱裹之[3]。两歧簇两条簇炙之——簇两脔——令极熟。奠,四脔。牛、鸡肉不中用。

"捣炙:一名"筒炙",一名"黄炙"[4]。用鹅、鸭、獐、鹿、猪、羊肉。细研熬和调如"脟炙"。若解离不成,与少面。竹筒六寸围,长三尺,削去青皮,节悉净去。以肉薄之,空下头,令手捉,炙之。欲熟——小干,不着手——竖枢中[5],以鸡鸭子白手灌之[6]。若不均,可再上白。犹不平者,刀削之。更炙,白燥,与鸭子黄;若无,用鸡子黄,加少朱,助赤色。上黄用鸡鸭翅毛刷之。急手数转,缓则坏。既熟,浑脱,去两头,六寸断之。促奠二。若不即用,以芦荻苞之,束两头——布芦间可五分[7]——可经三五日,不尔则坏。与面则味少,酢多则难着矣[8]。

"饼炙:用生鱼,白鱼最好,鲇、鳢不中用。下鱼片:离脊肋,仰栅几上[9],手按大头,以钝刀向尾割取肉,至皮即止。净洗,白中熟舂之,勿令蒜气。与姜、椒、橘皮、盐、豉和。以竹木作圆范,格四寸面,油涂绢藉之。绢从格上下以装之[10],按令均平,手捉绢,倒饼膏油中煎之。出铛,及热置柈上,碗子底按之令拗。将奠,翻仰之。若碗子奠,仰与碗子相应[11]。"

又云:"用白肉、生鱼等分,细研熬和如上,手团作饼,膏油煎,如作鸡子饼[12]。十字解奠之,还令相就如全奠。小者二寸半,奠二。葱、胡芹生物不得用,用则斑,可增[13]。众物若是[14],先停此;若无,亦可用此物助诸物。"

"范炙[15]:用鹅、鸭臅肉。如浑[16],椎令骨碎。与姜、椒、橘皮、葱、胡芹、小蒜、盐、豉,切,和,涂肉,浑炙之。斫取臅肉,去骨,奠如白煮之者。

"炙蚶[17]:铁锅上炙之。汁出,去半壳,以小铜柈奠之。大,奠六;小,奠八。仰奠。别奠酢随之。

"炙蛎[18]:似炙蚶。汁出,去半壳,三肉共奠。如蚶,别奠酢随之。

"炙车熬[19]：炙如蛎。汁出，去半壳，去屎，三肉一壳。与姜、橘屑，重炙令暖。仰奠四，酢随之。勿太熟——则韧。

"炙鱼：用小鳊、白鱼最胜。浑用。鳞治，刀细谨[20]。无小用大，为方寸准，不谨。姜、橘、椒、葱、胡芹、小蒜、苏、榄[21]，细切锻，盐、豉、酢和，以渍鱼。可经宿。炙时以杂香菜汁灌之。燥复与之，熟而止。色赤则好。双奠，不惟用一。"

【注释】

〔1〕《食次》原作《食经》，实是《食次》之误。其证有四：一、上面刚引过《食经》，这里不应隔着多条又重沓；引过《食经》，接引《食次》，全书都这样。二、下文"捣炙"、"饼炙"，《食经》中已有，则此明非《食经》文。三、"脂炙"即"衔炙"，一书中不应同物异名并列。四、"饼炙"提到"如作鸡子饼"，《要术》中仅《饼法》篇有"鸡鸭子饼"法，而该法正出《食次》。自本条至篇末，均《食次》文。

〔2〕脂（xiàn）炙：就是《食经》的衔炙。"脂"，金抄作"啗"（dàn），他本作"啖"，均误。"啗"同"啖"、"噉"，菜肴都是"啖"（吃）的，没有烧着玩玩的，"啖炙"不通。启愉按：《释名》有"脂"，其《释饮食》称："脂，衔也；衔炙，细蜜肉，和以姜、椒、盐、豉，已，乃以肉衔裹其表而炙之也。"按照《释名》通例，此条应作："脂炙，脂，衔也，细密肉……"（清毕沅《释名疏证》亦认为前面脱去"脂炙"二字）《食经》的"衔炙"是将姜椒等调和好的碎鹅肉，外面用细琢的鱼肉裹着炙，《食次》的"脂炙"是用花油裹着炙，都和《释名》的作法完全相符。说明"衔炙"就是"脂炙"，都由"衔裹而炙"得名，而"臽"为陷入义，故肉入肉中为"脂"，岂是入口中为"啗"，一口吃掉？而此字极易形似致误，《北户录》卷二的"南朝食品"中又误为"陷炙"。下条"捣炙"中同误，一并改正。

〔3〕"胳肚膹"，"胳肚"不词，宜作"络肚膹"，即花油。但这是《食经》、《食次》的借用字。

〔4〕肉贴在竹筒上炙，故名"筒炙"；用蛋黄涂黄，故又名"黄炙"。

〔5〕抠（ōu）：瓦器。

〔6〕"子"，原脱，据下文"鸭子黄"等，这里明显是指"鸡鸭子白"，故补。

〔7〕"可五分"，"分"通"份"，《警世通言·赵太祖千里送京娘》："将贼人车辆财帛，打开分作三分。""三分"即三份。这里是指五份束成一包。这也是《食次》用词，不是错字。

〔8〕"酢"，金抄、明抄同，他本作"酸"。按：本条说"和调如胎炙"，可"胎炙"并没有用"酢"，却用了"酸瓜菹、笋菹"，疑是"菹"字音近致误。瓜菹、笋菹都是滑硬的东西，多了不相黏是很自然的。又，上句"与面则味少"跟"与少面"矛盾，此应指面搁多了味道不好，疑"与面"下脱"多"字。

〔9〕楲（xīn）几：案板。

〔10〕"装之"，指装进肉馅，不是装绢，"绢从"二字宜倒换位置，即肉馅"从绢格上下以装之"，就是在衬着油绢的"端子"中上下装满。

〔11〕仰与碗子相应：仰过来要跟碗子大小相称。怎么相应，很难捉摸，姑作如上译。

〔12〕如作鸡子饼：像煎鸡蛋饼那样。本卷《饼法》引《食次》有"鸡鸭子饼"法。

〔13〕"可增"，刘寿曾校记"增，似憎"，是说斑杂可憎，《渐西》本即据以改为"憎"字。

〔14〕"若是"，黄麓森校勘疑是"若足"之误。

〔15〕"范炙"，本条并未用"范"，只有上条用竹木作的"圆范"（像今宁扬等地用铁皮制成的"端子"），怀疑这个标目是由上条"饼炙"下原有"一名范炙"的小注误窜入此，而本条的原标目却被夺去。

〔16〕"如浑"，本条是鹅、鸭整只地炙，像现在的烤鹅、烤鸭，根本"范"不起来，标目决不是"范炙"，而原标目被夺失。"如浑"，不当，因臇肉并未单炙，而是从整只炙好后割下来的，"如浑"应作"用浑"。

〔17〕蚶（hān）：蚶科。壳上有自壳顶发出的放射肋，状如瓦楞，故又名"瓦楞子"。我国沿海有产，种类很多，今以泥蚶为最普通。

〔18〕蛎（lì）：即牡蛎，简称"蚝"。我国沿海均产，有多种。我国古代已人工养殖。

〔19〕车熬："熬"，两宋本同，《津逮》本作"蝌"，《学津》本作"螯"，应作"螯"。但这也是《食经》、《食次》的习俗借用字。怀疑这些书出自东晋南朝人的手笔，文笔不怎么样，或出富贵大家庖人，绝非后魏写魏史的达官崔浩所写。《本草纲目》卷四六"车螯"："其壳色紫，璀璨如玉，斑点如花。海人以火炙之，则壳开，取肉食之。"

〔20〕"谨"与下文"不谨"，无法依本字解释。细循其义，应是指在浑用的鱼上细划出若干条裂纹，使佐料易于浸入。"方寸准"的已经切成小方块，所以不需要再划（"不谨"）。这样，这应是"劃"字，割划的意思。这又是《食经》、《食次》借用同音字的一例。

〔21〕樉（dǎng）：食茱萸。

【译文】

《食次》说："脂炙：用肥壮的鹅、鸭、羊、犊子、獐、鹿、猪的肉，精肉肥肉各一半，细琢成肉末，拿酸腌瓜、酸腌笋、生姜、花椒、橘皮、葱、胡芹，都切细，加盐、豉汁，一起混合到肉末里面，先搓成丸子，再捏成一寸半见方的块，用羊或猪的花油裹起来。拿上端分成两叉的签子签上两条来烤——就是签上两块脔——烤到极熟。供上席时一碗盛上四块脔。大牛肉、鸡肉不能用。

"捣炙：又叫"筒炙"，又叫"黄炙"。用鹅、鸭、獐、鹿、猪、羊的肉。细细琢成肉末，和上佐料，像脂炙那样。如果肉料不相黏聚，可以和点面粉进去。取一根六寸围、三尺长的竹筒，把外面的青皮削去，节子也完全削净。将肉敷贴在筒子周围，下面空一段，可用手拿着，在火上烤。烤到快熟时——稍微干了，不黏手——竖着立在小瓯中，拿鸡鸭蛋白用手淋在肉上面。如果不均匀，可以再淋些上去。还不平正，就用刀削平。再烤，蛋白烤干了，刷上鸭蛋黄；如果没有鸭蛋黄，用鸡蛋黄，搁点银朱进去，让增加红色。上蛋黄要用鸡鸭翅膀毛来刷。烤时手要急速不停地转动，转慢了就会坏。烤熟了，整筒地脱下来，切去两头，中间的切成六寸长的段。紧挨着装上两段供上席。如果不是马上用的，可以用芦荻叶子包起来，扎好两头——里面可以包上五份——可以放上三五天，不然的话会坏。面粉搁〔多了〕味道差，〔酸瓜笋〕搁多了不容易黏拢。

"饼炙：用新鲜鱼，白鱼最好，鲇鱼、鳢鱼不中用。切下鱼片的方法：将鱼就脊背对半破开，去掉脊骨，仰着放在案板上，手按住大头，用不很快的刀由头向尾割取鱼片，到皮为止〔，不要皮〕。把肉洗干净，放进白中舂烂，但不要让肉沾上蒜臭气。加些生姜、花椒、橘皮、盐、豆豉，和匀。用竹木作成的圆形模子，模子的底面是直径四寸，拿用油涂过的绢衬垫在底面上。将肉馅装进这油绢衬着的模子里，上下装满，按平，然后用手提起绢子，把肉饼倒进油铛里煎。〔煎熟，〕出铛，趁热放在盘子上，用一个小碗的碗底按下去，让肉饼凹陷了。快要盛供上席时，把饼翻个身仰过来。如果用小碗盛上，仰过来要跟碗子〔大小〕相称。"

又一说："用白煮肉和新鲜鱼肉，分量相等，细细琢成碎末，和上佐料像上面的方法。手团成饼子，放进油里煎，像煎鸡蛋饼那样。十字切开，盛供上桌时仍然拼成一整个供上。小饼是直径二寸半，盛上两个。

葱、胡芹这些生东西不能用,用了就斑杂,让人〔憎嫌〕。如果各种菜肴〔充足〕,先把这煎饼放着不用;如果菜肴不怎样充足,也可以用这个煎饼补充各种菜肴的不足。"

"范炙(?):〔盛供上席时〕用鹅、鸭的胸脯肉。〔用〕整只的鹅、鸭,把骨头搥碎。拿生姜、花椒、橘皮、葱、胡芹、小蒜、盐、豆豉,都切细,调和好,涂在肉上,整只地烤。〔烤熟了,〕割取胸脯肉,剔去骨头,像盛供白切鹅鸭肉一样地盛供上席。

"炙蚶:放在铁火铲上烤。汁出来了,揭去半边的壳,盛在小铜盘上供上席。大的盛六个,小的盛八个。壳在下面,肉朝上。另外盛碟醋跟上去。

"炙蛎:像炙蚶一样。汁出来了,去掉半边壳,三个蛎肉作一件供上席。像蚶一样,另外盛碟醋跟上去。

"炙车螯:像炙蛎的方法。汁出来了,去掉半边壳,去掉屎,三个肉搁在一个壳里。加点生姜、橘皮屑末,再烤暖。肉朝上,一份盛供上四件,也是醋跟上去。不要烤得太熟,那会太韧的。

"炙鱼:用小的鲮鱼、白鱼最好。整只地用。去鳞,整治洁净,用刀在鱼身上细细地划出若干裂纹。没有小鱼用大鱼,切成一寸见方的块,就用不着划裂纹。生姜、橘皮、花椒、葱、胡芹、小蒜、苏叶、食茱萸,都切细斩碎,放入盐、豆豉、醋,和匀,用来浸鱼。可以浸一夜。烤时随便用哪种香菜汁浇上去。干了再浇上,到烤熟为止。颜色变红就好了。盛着两件供上席,不只是用一件。"

作脾、奥、糟、苞第八十一

作脾肉法[1]:驴、马、猪肉皆得。腊月中作者良,经夏无虫;余月作者,必须覆护,不密则虫生[2]。粗锉肉,有骨者,合骨粗锉。盐、曲、麦䴬合和,多少量意斟裁,然后盐、曲二物等分[3],麦䴬倍少于曲。和讫,内瓮中,密泥封头,日曝之。二七日便熟。煮供朝夕食,可以当酱。

作奥肉法[4]:先养宿猪令肥,腊月中杀之。擎讫,以火烧之令黄，用暖水梳洗之，削刮令净，刳去五脏。猪肪爍取脂⁽⁵⁾。肉臠方五六寸作，令皮肉相兼，着水令相淹渍，于釜中爍之。肉熟，水气尽，更以向所爍肪膏煮肉。大率脂一升，酒二升，盐三升⁽⁶⁾，令脂没肉，缓火煮半日许乃佳⁽⁷⁾。漉出瓮中，余膏仍泻肉瓮中，令相淹渍。食时，水煮令熟⁽⁸⁾，而调和之如常肉法。尤宜新韭"烂拌"⁽⁹⁾。亦中炙噉。其二岁猪，肉未坚，烂坏不任作也。

作糟肉法：春夏秋冬皆得作。以水和酒糟，搦之如粥，着盐令咸。内捧炙肉于糟中。着屋下阴地。饮酒食饭，皆炙噉之。暑月得十日不臭。

苞肉法⁽¹⁰⁾：十二月中杀猪，经宿，汁尽泡泡时，割作捧炙形，茅菅中苞之⁽¹¹⁾。无菅茅，稻秆亦得。用厚泥封，勿令裂；裂复上泥。悬着屋外北阴中，得至七八月，如新杀肉。

【注释】

〔1〕脌（zǐ）肉：一种带骨的肉酱。

〔2〕"不密"，解释为覆护不周密，勉强，疑"不尔"之误。

〔3〕"然后"，各本同，讲不通，应是"然须"之误。

〔4〕奥肉：即燠肉，一种油煮油藏的极油腻的油焖白肉。

〔5〕爍（chǎo）：同"炒"。

〔6〕"盐三升"，太多，盐超过饱和量，化不了，有误。唐段公路《北户录》卷二"食目"有"奥肉法"，唐崔龟图注采《要术》也是"盐三升"，酒则是"酒三升"，则其误唐时已然。疑盐是"半升"或"三合"之误。

〔7〕"缓火"，原误作"缓水"，据崔龟图注采《要术》作"缓火"改正。

〔8〕"水煮令熟"下崔龟图注尚有"切作大脔子"句。这油焖肉先已"肉熟"而后再焖煮半日，即使老母猪肉也该熟了，这里"令熟"可疑，或系"令热"之误。

〔9〕烂拌：《北户录》卷二"食目"有"烂畔"，列在"菜菹"下面，该是一种菹菜。这里"烂拌"，也许是一种拌和韭菜的蘁菜。

〔10〕苞肉：一种用草包泥封的淡风肉。

〔11〕菅：菅草。禾本科的 Themeda gigantea var. villosa，多年生草本。叶片线形，可作包裹物品用。

【译文】

作脾肉的方法：驴肉、马肉、猪肉都可以作。在腊月里作为好，过夏不会生虫；其余月份作的，必须细心封好保护好，〔不然〕就会生虫。把肉切成粗大的脔，有骨头的，连骨头一起粗粗地斩过。和进盐、曲、麦𪍿，多少用心酌量掌握，不过盐和曲〔需要〕用量相等，麦𪍿只要曲的一半。和匀后，装进瓮里，用泥严密封好瓮头，在太阳下面晒着。过十四天便熟了。煮熟后供作日常食用，可以当肉酱。

作奥肉的方法：先把养几年的猪养肥，腊月里宰杀。煺掉毛之后，用火烧到皮发黄，用暖水刷洗，再刮削洁净，掏去五脏。将猪脂熬炼成油。猪肉切成五六寸见方的脔块，让每块都带着皮，加水让肉淹浸着，在锅里焖煮。肉熟了，水汽尽了，再加入原先炼得的猪油来煮肉。一般的比例是：一升油，用二升酒，三升盐（？），要让油淹没着肉，用缓火焖煮半天左右为好。捞出来，盛在瓮子里，剩下的猪油仍然倒进肉瓮里，让油淹浸着肉。吃的时候，再加水煮熟（？），和上佐料，像平常吃的肉一样。佐料特别宜于用新韭菜作的"烂拌"。也可以烤了吃。二岁的猪，肉没有硬老，焖煮久了会烂坏，不能作奥肉。

作糟肉的方法：春夏秋冬四季都可以作。加水在酒糟中，捏和成粥的样子，下盐让够咸。糟里放进"捧炙"的肉。搁在屋里阴暗的地方。喝酒下饭，都可以烤了吃。夏天可以过十天不会臭。

作苞肉的方法：十二月中杀猪，过一夜，水汁到半干半湿时，割成"捧炙"形状的肉，用茅草或菅草包裹起来。没有茅草、菅草，稻秆也可以用。外面用厚厚的泥封裹着，不要让它开裂；开裂了再封上泥。挂在房子外面朝北的背阴地方，可以保存到七八月里，像新杀的肉一样。

《食经》曰："作犬膑徒摄反法[1]：犬肉三十斤，小麦六升，白酒六升，煮之令三沸。易汤[2]，更以小麦、白酒各三升，煮令肉离骨，乃擘。鸡子三十枚着肉中。便裹肉，甑中蒸，令鸡子得干。以石迮之。一宿出，可食。名曰'犬膑'。"

《食次》曰："苞膑法：用牛、鹿头，肫蹄[3]，白煮。柳叶细切，择去耳、口、鼻、舌，又去恶者，蒸之。别切猪蹄——蒸熟，方寸切——熟鸡鸭卵、姜、椒、橘皮、盐,就甑中和之,仍复蒸之,令极烂熟。一升肉,可与三鸭子,别复蒸令软。以苞之:用散茅为束附之[4],相连必致令裹。大如靴雍,小如人脚蹲肠[5]。大,长二尺;小,长尺半。大木连之,令平正,唯重为佳。冬则不入水。夏作,小者不连,用小板挟之:一处与板两重,都有四板,以绳通体缠之,两头与楔楔苏结反之两板之间;楔宜长薄,令中交度,如楔车轴法,强打不容则止。悬井中,去水一尺许。若急待,内水中。用时去上白皮[6]。名曰'水腤'。"

又云:"用牛、猪肉,煮、切之如上。蒸熟,出置白茅上,以熟煮鸡子白三重间之,即以茅苞,细绳概束,以两小板挟之,急束两头,悬井水中。经一日许方得。"

又云:"藿叶薄切,蒸。将熟,破生鸡子,并细切姜、橘,就甑中和之。蒸、苞如初。奠如'白腤'——一名'迮腤'是也[7]。"

【注释】

〔1〕腤(zhé):就字面解释只是"薄切肉"或"细切肉"。《食经》、《食次》所记其实也是一种"苞法",就是将肉撕开或切细,和进佐料蒸熟后,再包起来加以压榨或夹打作冷凝的处理,然后可以切成薄片吃,跟现在的"羊肉冻"、"羊肚榨"、镇江"肴肉"有些相似。

〔2〕易汤:换汤。从换汤看来,肉是加水煮的,否则三十斤狗肉、六升小麦,只用六升酒,怎么煮得过来? 三升酒还要煮到肉脱骨,更成问题,就是"焗法"也不行。

〔3〕"肫",《食次》借为"豚"字,和《食经》一样。

〔4〕"附之",可以连下读作"附之相连",指叶片相附着连接,但《粽糯》引《食次》还有"束附",则"附"似作"缚"字用,故此处读作"束附之"。

〔5〕蹲(shuàn):同"腨"。小腿肚。

〔6〕"用时",原作"时用",刘寿曾校记:"当作'用时'。"是,据改。   白皮:没有指明,不清楚。

〔7〕白腤:即迮腤,应该就是上文的水腤。

【译文】

《食经》说:"作犬腤的方法:三十斤狗肉,六升小麦,六升白酒,一起煮到三沸。换汤，再用三升小麦，三升白酒，将肉煮烂到脱骨，把肉撕开来。〔打破〕三十个鸡蛋放进肉里，便用东西包起来，上甑中蒸，让鸡蛋蒸熟。〔出甑，〕用石头压榨着。过一夜，拿出来，便可以吃了。这就叫'犬牒'。"

《食次》说："作苞牒的方法：用牛头、鹿头、猪蹄子，清水煮熟。切成柳叶宽的细条，拣去耳朵、嘴唇、鼻子、舌头，又把不好的拣掉，上甑中蒸。另外将蒸熟的切成一寸见方的猪蹄肉、熟的鸡鸭蛋，以及生姜、花椒、橘皮、盐，就在甑中和进肉里面，继续再蒸，蒸到极烂熟。以一升肉可以再加上三个生鸭蛋〔的比例〕，将鸭蛋另外蒸到软熟。然后一起包裹起来，方法是：用分散的茅草缚成束，必须使叶片相靠连，能够把肉料包裹住不露出。肉包大的像靴筒粗细，小的像小腿肚粗细。大的二尺长，小的一尺半长。用大木压榨起来，要平正，木头越重越好。冬天，肉包不放入井里去。夏天作的，小的包不压榨，是用小木板夹起来，方法是：一边用两层板，两边共用四层板，夹板整个地用绳缠紧，两边都用木楔子楔进两板之间的板缝里；楔子要长而薄，从两头打进去，要让两个楔子在中央交叉通过，像楔车轴的方法；用力打，打到不能再进去为止。然后拿它挂在井里，离水面一尺左右。如果急于要用，就直接浸入水里。用时去掉上面的白皮。这个名叫'水牒'。"

又一说："用牛肉、猪肉，煮过，切成条，像上面的方法。蒸熟，取出来，摊在白茅上，一层肉，放上一层煮熟的鸡蛋白，又一层肉，一层鸡蛋白，一共三层鸡蛋白，就用白茅包起来，拿细绳子密密地扎紧，用两块小木板夹起来，捆紧两头，吊在井水里。经过一天左右才算成功。"

又一说："把肉切成薄片，上甑中蒸。快熟时，打破新鲜鸡蛋，连同切细的生姜、橘皮，一起就甑中拌和进肉里。蒸熟，包裹，都同上面的方法。盛供上席时，同盛供'白牒'——又叫'迮牒'一样。"

饼法第八十二⁽¹⁾

《食经》曰："作饼酵法⁽²⁾：酸浆一斗，煎取七升；用粳米一升着浆,迟下火,如作粥。六月时,溲一石面,着二升;冬时,着四升作。

"作白饼法:面一石。白米七八升,作粥,以白酒六七升酵中[3],着火上。酒鱼眼沸,绞去滓,以和面。面起可作。

"作烧饼法:面一斗。羊肉二斤,葱白一合,豉汁及盐,熬令熟。炙之。面当令起。

"髓饼法[4]:以髓脂、蜜,合和面。厚四五分,广六七寸。便着胡饼炉中[5],令熟。勿令反覆。饼肥美,可经久。"

《食次》曰:"粲:一名'乱积'。用秫稻米[6],绢罗之。蜜和水,水蜜中半,以和米屑。厚薄令竹杓中下[7]——先试,不下,更与水蜜。作竹杓:容一升许,其下节,概作孔。竹杓中下沥五升铛里,膏脂煮之。熟,三分之一铛,中也。"

膏环:一名"粔籹"[8]。用秫稻米屑,水、蜜溲之,强泽如汤饼面[9]。手搦团,可长八寸许,屈令两头相就,膏油煮之。

鸡鸭子饼:破泻瓯中,少与盐[10]。锅铛中膏油煎之,令成团饼,厚二分。全奠一。

【注释】

〔1〕《北户录》卷二"食目"记载有"曼头饼"和"浑沌饼",唐崔龟图注说《齐民要术》中这二饼就是这样写的字。这很重要,它说明唐本《要术》中原有这二饼,但今本《要术》此二饼并无,显然已佚阙。

〔2〕古时凡溲和面粉(米粉)作成的面食都可以叫作"饼",就是《释名·释饮食》所谓水面"合并"的意思。饼酵,就是发面酵,今俗名"老酵"、"起子"。

〔3〕"酵中",不可解。按:"白酒"指带糟的"白醪酒",现在南方还有称"甜酒酿(娘)"为"白酒",常用来发酵,这里也是加入作"酵母"的,应是"酘中"之误。

〔4〕《御览》卷八六〇"饼"记载有:"《食经》有髓饼法,以髓脂合和面。"说明本条和上面二条,同样出自《食经》。

〔5〕胡饼:烧饼、麻饼。传说后赵石氏讳"胡",改名"胡饼"为"麻饼"。

〔6〕"秫稻米"即糯米,据下文"米屑","米"下明显脱"屑"字。

〔7〕竹杓:据下文在竹节上钻孔,实际是一个下面开孔的浅竹筒。

〔8〕粔(jù)籹(nǚ)：就是膏环。膏是油炸的，环是两头圈合如环钏形，也可以是两半段相互盘绞，故名"膏环"。环形的是油炸圆馓子，绞形的是油炸"麻花"。

〔9〕汤饼：溲面作成的水煮面食。

〔10〕此处没有提到搅打，但这蛋饼只有"二分"厚，非搅散不能烤成这样薄的饼。故在译文内补"搅打均匀"。这种油烤成一整个的蛋饼，成都叫作"烘蛋"。

【译文】

《食经》说："作饼酵的方法：一斗酸浆，煎浓剩下七升；用一升粳米放进浆里，慢慢煮，不忙下火，像煮稀粥一样。六月里，溲和一石面粉，用二升这样的酵；冬天，用四升酵。

"作白面饼的方法：用一石面粉。先将七八升白米煮成粥，〔投下〕六七升白酒，放在火上煨。酒沸发出鱼眼大小的气泡时，绞去粥渣，拿清液来溲面粉。面发了，就可以作饼。

"作烧饼的方法：用一斗面粉。拿二斤羊肉，和进一合葱白、豉汁和盐，炒熟，〔包在面团里作成饼，〕把它炕熟。面要预先发过。

"作髓饼的方法：用骨髓脂和上蜜，溲和面粉，作成四五分厚、六七寸大的饼。贴在胡饼炉中把它炕熟。不要翻动。饼味道肥美，又可以放得久。"

《食次》说："粲：又叫'乱积'。用糯米〔粉〕，拿绢筛筛过。蜜里和进水，让水和蜜各半相和，用来调和米粉。调和的厚薄程度，要让它能够从竹杓的孔中流出来——先试试，如果流不出，再加些水和蜜。作竹杓的方法：容量一升左右，在下面竹节上密密地钻出孔。让面糊通过钻孔沥入容量五升的铛锅里，让锅里的油炸熟。熟了，作一次有三分之一锅就合适了。"

膏环：又名"粔籹"。用糯米粉，拿兑水的蜜来溲和，干湿程度像作汤饼的面一样。手捏成圆条，八寸左右长，弯曲过来使两头相接，放进油锅里炸熟。

鸡蛋鸭蛋饼：打破在小瓯里，加点盐，〔搅打均匀，〕下在铛锅里用油煎成圆饼，二分厚。盛上桌时一份一个整饼。

细环饼、截饼：环饼一名"寒具"〔1〕。截饼一名"蝎子"〔2〕。皆须以蜜调水溲面〔3〕。若无蜜，煮枣取汁；牛羊脂膏亦得；用牛羊乳亦好，令饼美脆。截饼纯用乳溲者，入口即碎，脆如凌雪。[4]

餢䬼[5]：起面如上法。盘水中浸剂，于漆盘背上水作者[6]，省脂。亦得十日软，然久停则坚。干剂于腕上手挽作，勿着勃。入脂浮出，即急翻[7]，以杖周正之，但任其起，勿刺令穿。熟乃出之，一面白，一面赤，轮缘亦赤，软而可爱。久停亦不坚。若待熟始翻，杖刺作孔者，泄其润气，坚硬不好。法须瓮盛，湿布盖口，则常有润泽，甚佳。任意所便，滑而且美。

水引、馎饦法[8]：细绢筛面，以成调肉臛汁，待冷溲之。

水引：挼如箸大，一尺一断，盘中盛水浸，宜以手临铛上[9]，挼令薄如韭叶，逐沸煮。

馎饦：挼如大指许，二寸一断，着水盆中浸，宜以手向盆旁挼使极薄，皆急火逐沸熟煮。非直光白可爱，亦自滑美殊常。

切面粥、一名"棋子面"。麫卢货反麨苏货反粥法[10]：刚溲面，揉令熟，大作剂，挼饼粗细如小指大。重萦于干面中，更挼如粗箸大。截断，切作方棋。簸去勃，甑里蒸之。气馏，勃尽，下着阴地净席上，薄摊令冷，挼散，勿令相黏。袋盛举置。须即汤煮，别作臛浇，坚而不泥。冬天一作得十日。

麫麨：以粟饭馈，水浸，即漉着面中，以手向簸箕痛挼，令均如胡豆。拣取均者，熟蒸，曝干。须即汤煮，笊篱漉出，别作臛浇，甚滑美。得一月日停。

粉饼法[11]：以成调肉臛汁，接沸溲英粉，若用粗粉，脆而不美；不以汤溲，则生不中食。如环饼面，先刚溲，以手痛揉，令极软熟；更以臛汁溲，令极泽铄铄然。割取牛角，似匙面大，钻作六七小孔，仅容粗麻线。若作"水引"形者，更割牛角，开四五孔，仅容韭叶。取新帛细紬两段，各方尺半，依角大小，凿去中央，缀角着紬。以钻钻之，密缀勿令漏粉。用讫，洗，举，得二十年用。裹盛溲粉，敛四角，临沸汤上搦出，熟煮。臛浇。若着酪中及胡麻饮中者，真类玉色，稹稹着牙[12]，与好面不殊。一名"搦饼"[13]。着酪中者，直用白汤溲之，不须肉汁。

豚皮饼法：一名"拨饼"。汤溲粉，令如薄粥。大铛中煮汤；以小杓子挹粉着铜钵内⁽¹⁴⁾，顿钵着沸汤中，以指急旋钵，令粉悉着钵中四畔。饼既成，仍挹钵倾饼着汤中，煮熟。令漉出⁽¹⁵⁾，着冷水中。酷似豚皮。臛浇、麻、酪任意，滑而且美。

治面砂墋初饮反法⁽¹⁶⁾：簁小麦，使无头角，水浸令液。漉出，去水，泻着面中，拌使均调，于布巾中良久挺动之⁽¹⁷⁾，土末悉着麦，于面无损。一石面，用麦三升。

《杂五行书》曰："十月亥日食饼，令人无病。"

【注释】

〔1〕寒具：《本草纲目》卷二五："寒具，即今馓子也。""寒食禁烟用之，故名'寒具'。"相传介之推避居山中，晋文公逼他出来，他硬是不肯，被烧死，后人悼念他，定烧死这天为寒食节，人们断火吃冷食，李时珍所说即指此（参见本卷《醴酪》及注释）。面粉的，糯米粉的，甜的，咸的，各式各样形状的油炸馓子，都可以叫作"寒具"。本条的"环饼"，实际就是《食次》的"膏环"，都是环形馓子。

〔2〕蝎子：《释名·释饮食》："蝎饼……索饼之属，皆随形而名之也。"说明所谓"蝎子"也不过是一种截成蝎子形的"随形而名之"的油煎馓子。

〔3〕下文"粉饼法"有溲"如环饼面……令极软熟"，而此下没有提到溲和程度，似有脱文。

〔4〕"入口即碎，脆如凌雪"，必须是油炸的。本条没有提到怎样弄熟，而这二种饼都是油炸馓子，疑脱"脂熬"类语句。又，自本条以下至"治面砂墋法"，都是《要术》本文，从用词、名物（如"英粉"，而"酪"亦《食经》、《食次》全不用者）、叙述方式等，细察自明。

〔5〕䴺（bù）偸（tǒu）：也写作馞䭔（《玉篇》："䴺䴹，同䴺。"）。《北户录》卷二引颜之推说："今内国馞䭔，以油苏煮之。"《要术》所记正是一种油煎圆饼。

〔6〕"水作者"之所以"省脂"，该是不用油炸而是蒸或煮的；干作的才用油炸。此饼在漆盘反面底上浸水作成带水圆饼，如何能入油中炸？则"水作者"似有脱文，疑应作"水作而蒸者"。

〔7〕急翻：赶快翻转。"翻"只能是翻转过来，但等到饼浮上来，底面已略呈黄色，不会是白的。大概是对比赤色，以浅黄为白，犹如淡水对比咸水而称为"甜水"。

〔8〕水引：即今面条，《要术》所记是扁面条。　馎（bó）饦（tuō）：据所记即今"面皮"。古时各种面食的名称，大致是这样：馎饦、索饼、水引饼、碁子面

等,都是"汤饼",是水煮的实心面食类;包馅的叫"馄饨"、"酸馅",荤的,素的,是饺子包子类;火烤的叫烧饼、麻饼、胡饼、髓饼等,包括有馅的和实心的,是烧饼类;蒸的叫蒸饼、炊饼、笼饼等,是馒头类;油炸的叫膏环、环饼、蝎子、乱积等,是饊子类。

〔9〕《要术》的"水引"就是现在的扁面条("薄如韭叶"),是在沸汤中趁沸汤下锅的,而《要术》在铛上临空捺扁面条,则沸汽蒸腾,手烫眼糊,面剂也会变形,怎样捺法?"馎饦"与此同类,它是"以手向盆旁……",则此处"铛上"疑应作"铛旁"。

〔10〕棋(qí)子面:硬面作的一种块很小的面食,颇像杭州的名点"猫耳朵",不过后者是尖圆而薄而已。　　䴵(luò)䴵(suò)粥:一种作成团粒形的粟饭粥。

〔11〕粉饼:即米粉饼,全像北方的面食"河漏"(饸饹)。

〔12〕稹(zhěn):通"缜",细密。

〔13〕"搦饼",仅金抄如文,他本作"帽饼",这很有趣,或因像冒出来的"冒饼"不好听,改为"帽饼"?这饼全像北方的面食"河漏"(《王氏农书·百谷谱二·荞麦》有之),即"饸饹",是从牛角圆孔或扁孔中捏出的(河漏则用河漏床子,从下面的漏孔中挤出,通常用荞麦面或高粱面),则作"搦饼"为是。

〔14〕铜钵:钵子,形状像盆子而小,平底,用来盛饭、菜、茶水等,现在有些地方仍称盆子为"钵头"。这铜钵必须是平底的,才能使面糊漫开来作成圆饼。钵不是碗形,更不是盘形,可从本条得到说明。

〔15〕"令",疑衍,或应与"熟"字倒易,作"令熟"。

〔16〕墋(chěn):即碜,字同,指食物中杂有沙屑。今称沙屑抵牙为"碜牙",即《要术》"砂墋"字。

〔17〕挻(shān):糅和。

【译文】

细环饼、截饼的作法: 环饼又名"寒具"。截饼又名"蝎子"。都要用蜜调水来溲和面粉。如果没有蜜,可以煮得红枣汁来代替;牛油羊油也可用;用牛奶羊奶也好,能使饼的味道脆美。截饼完全用奶溲和,入口就碎,像冰雪一样脆。

𫗦𫗦的作法: 发面的方法,像上面所说的一样。把分好的面块浸在盘中水里,拿另外的漆盘倒翻过来,在盘底平面上搁些水,〔把面块在上面捺成圆饼,〕这样水作成的(?)省油脂。可以存放十天保持柔软,但是放久了就会变硬。干面块作的,在手腕上拉开拉圆,不要搁干面粉。下入油锅里炸,浮上来赶快翻转,用小棒拨圆拨正,只让它自然膨胀高起,不要刺穿成孔。熟了就取出来,一面白色,一面赤色,圆边上也是赤色的,柔软可爱,放久了也不会变硬。如果等熟了才翻转,又用小棒刺穿成孔的,泄漏了里面的滋润气,便坚硬不好。保藏的方法需要盛在瓮子里,口上用湿布盖着,就常常保持有润泽,很好。随便什么时候拿出来吃都方便,柔滑而且美好。

水引和馎饦的作法:都要用细绢筛筛得的面粉,拿煮好的肉臛汤汁,等冷了用来溲面。

水引的作法:将面拉成像筷子粗细的条,切成一尺长的段,盘子里盛水浸着,该用手在铛〔旁〕临空把它捺扁成像韭菜叶厚薄的扁面条,趁着沸水下锅煮。

馎饦的作法:把面捻到像大拇指粗细的条,切成二寸长的段,盆子里放水浸着,该用手在盆子边上把它按捺成极薄的片,一片片都是在旺火沸水中趁沸下锅,煮熟。不仅光润洁白可爱,味道也是非常软滑美好。

切面粥、又叫"棊子面"。𪌻𪌖粥的作法:面要溲得干硬,揉到很熟,分作大些的块,搓拉成像小指粗细的条,再盘绕在干面粉里,又拉成像粗筷子粗细的条。然后截断,切成方棋子样的小块。簸去小块上附着的干粉,上甑中蒸。蒸气馏上来了,干粉也全粘尽了,下下来,放在背阴地方干净席子上,薄薄地摊开,让它冷却,再搓散开来,别让它们粘连在一起。盛在袋子里收藏好。要吃时在沸水里煮熟,另外作肉臛浇上去,硬韧耐嚼而不泥嘴。冬天,作一次可以保存十天。

𪌻𪌖粥的作法:用粟米馈饭,在水里浸过,就捞出来,放在干面粉里,〔让粘上干粉后,〕放在簸箕上用手尽力揉授,让饭都团成像胡豆大小的颗粒。把其中均匀的都拣出来,蒸熟,晒干。要吃时在沸水里煮过,用漏杓子捞出来,另外作肉臛浇进去,很滑美可口。可以保存一个月。

作米粉饼的方法:用煮好的肉臛汤汁,趁沸溲和精白英粉,如果用粗粉,饼就粗硬不美;如果不用沸汤溲和,又会不细腻,不好吃。溲成像环饼的面一样,先要溲得硬些,用力揉和,揉到极软熟;再加臛汁溲和,溲到很稀,缓缓的会流动。割取一片牛角,像汤匙匙面的大小,钻出六七个小孔,孔的大小只能让粗麻线通过。如果要作成"水引"样扁形的,另外割一片牛角,钻出四五个长形的孔,大小只容得韭菜叶片通过。取两段新的细绢绸,每段一尺五寸见方,按牛角片的大小,在绸子中心剪去一块,将牛角片缝在绸上〔两段绸子,圆孔的、扁孔的牛角片各缝一个〕。要用钻子在牛角片边上钻出缝绸的孔,把绸子紧密地缝合上,不让漏粉。用完后洗干净,收藏好,可以用上二十年。将调和好的粉糊糊裹盛在牛角兜子里,抓拢绸子四角,就在沸水锅上临空捏挤兜子,让粉糊从细孔中漏出来,〔落在沸水里,〕煮熟。再浇上臛。如果捏落在奶酪里或芝麻浆里,真像玉色一样洁白,嚼着细密黏软,和好面粉作的没有两样。这米粉饼又叫"搦饼"。如果下在奶酪里的,径直用白开水溲面,不需要用肉汤汁。

作豚皮饼的方法:又名"拨饼"。用沸汤调和英粉,和成像稀粥一样。在大铛锅里烧着沸汤;用小杓子将稀粉舀到铜钵里,把铜钵放在沸汤上炖着,用手指拨动钵子很快地旋转,让粉糊都漫满整个钵子。饼既作成了,便取出钵子把饼倒在沸汤中,煮熟。捞出饼子,放进冷水里。饼的颜色厚薄很像小猪皮。用肉臛浇上吃,或者下在芝麻浆或奶酪里吃,随人意愿,软滑而且美好。

治面粉中砂礓的方法:将小麦簸扬过,把不完整的碎头碎角都簸干净,在水里浸涨。捞出来,把水沥干,倒进面粉里,拌和均匀,再一起包在布包里,长时间不断地揉搓之后,砂土细末都会粘到麦粒上,面粉却不受损失。一石面粉,用三升小麦。

《杂五行书》说:"十月逢亥的日子吃饼,使人不害病。"

粽糯法第八十三

《风土记》注云[1]:"俗先以二节一日[2],用菰叶裹黍米,以淳浓灰汁煮之,令烂熟,于五月五日、夏至啖之。黏黍一名'粽',一曰'角黍',盖取阴阳尚相裹未分散之时象也。"[3]

《食经》云:"粟黍法[4]:先取稻[5],渍之使释。计二升米,以成粟一斗,着竹箅内[6],米一行,粟一行,裹,以绳缚。其绳相去寸所一行。须釜中煮,可炊十石米间,黍熟。"

《食次》曰:"糯[7]:用秫稻米末,绢罗,水、蜜溲之,如强汤饼面。手搦之，令长尺余，广二寸余。四破，以枣、栗肉上下着之，遍与油涂，竹箬裹之，烂蒸。奠二，箬不开，破去两头，解去束附。”

【注释】

〔1〕《御览》卷八五一“粽”引到《风土记》此条，无“注”字，作《风土记》正文，非是。启愉按：据唐刘知幾《史通》卷五《补注》说周处《风土记》是作者自作注文，他说：“文言美辞，列于章句；委曲叙事，存于细书。”说明其正文辞句优美，小注（“细书”）委曲详尽。现在散见于各书征引的，其正文还保存着不少韵文风格，而本条则是注文。这有隋杜台卿《玉烛宝典》卷五所引可证，其文曰：“《风土记》曰：仲夏端午，方伯协极。享用角黍（“享”下原有“鸳”字，衍），龟鳞顺德。注云：端，始也，谓五月初五日。四仲为方伯。俗重五月五日，与夏至同。鹍（同鸭）春孚雏，到夏至月，皆任啖也。先此二节一日，又以菰叶裹黏米，杂以粟，以淳浓灰汁煮之令熟，二节日所尚啖也。……裹黏米一名‘粽’（原误“糯”），一名‘角黍’，盖取阴阳尚相苞裹未分散之象也。”《要术》是节引，使“二节日”、“角黍”颇觉突如其来，看上引就很清楚。“黏米”应作“裹黏黍”，词意始顺。

〔2〕“俗先以二节一日”，原无“一”字，致时日牴牾。此指端午和夏至两个节日的前一日裹粽，到次日可以应节吃，“一”字必须有，据《玉烛宝典》引文补。“以”作“于”解释，谓于二节日之前一日。

〔3〕古人以阴阳二气的消长来表述二十四节气的昼夜长短和寒暑的变化。西汉董仲舒《春秋繁露·阴阳出入上下篇》认为，春分和秋分都是“阴阳相半也，故昼夜均而寒暑平”。就是说阴阳分散平均的情况，所以叫“分”。夏至或冬至则是到了阳或阴的极点，所以叫“至”，也就是说包含着没有分散开来。虽然夏至的阳中已经开始酝酿着“一阴”，但还是阳占着绝对优势，阴还是被孕育着没有分散开来。

〔4〕粟黍：此即指“角黍”，即粽子，“黍”不是实指黍米。

〔5〕“稻”指稻米，应脱“米”字。

〔6〕金抄等作“箣”（xì），他本作“箈”。按：箣是竹箣，箈是大竹筒。《玉烛宝典》卷五及《御览》卷八五一引《续齐谐记》都说道：“屈原五月五日自投汨罗而死，楚人哀之，每至此日辄以竹筒贮米，投水而祭。”又说至东汉光武时，长沙区曲改用楝树叶塞住筒口，并用彩丝缠束之，这样不会被蛟龙窃去。后世就发展为粽。据此，最早的粽有用竹筒盛米的说法，则他本作“箈”，亦未始不可解释。但联系下文“裹，以绳缚”，就讲不通。《食经》文多有俗别字，“箈”也许是“箬”的别一写法，或者如《今释》疑“箬”或“篛”之误，也有可能。

〔7〕禮（yè）：《广韵·入声·十六屑》释为“粽属”。就本条所记，则是一种

竹箬裹蒸的成条形的果肉糯米粉糕。

【译文】

《风土记》的注解说："习俗上先在〔端午、夏至〕两个节日的前一天，用茭白叶子包裹黍米，拿纯净浓厚的草木灰汁来煮，煮到熟透，就在五月初五、夏至这两个节日吃。〔包〕黏黍又名'粽'，又名'角黍'。这样包起来是取法于时令上阴阳二气还包裹着没有分散的情况。"

《食经》说："粟黍的作法：先取稻〔米〕，把它浸涨。每二升稻米，配上整治好的一斗粟米，放在竹箬（？）里，一层稻米，一层粟米，包裹起来，用绳子缚紧。相隔一寸左右缠一道绳。需要放在锅里煮，煮到炊熟十石米的时间，粟黍熟了。"

《食次》说："糯的作法：用糯米粉，绢筛筛过，用水加蜜溲和，溲到像干硬的汤饼面一样。用手捏成一尺多长、二寸多宽的条，再切成四条，拿枣肉和栗子肉贴在上下两面，整条地涂上油，用竹箬包起来，〔缚好，〕上甑中蒸，蒸到熟透。上席时盛上两件，箬叶不要打开，只破开两头，解掉缚着的绳子。"

煮糗莫片反，米屑也。或作糒。第八十四

煮糗[1]：《食次》曰："宿客足，作糗粔[2]苏革反。糗末一升[3]，以沸汤一升沃之；不用腻器。断箄漉出滓[4]，以糗箒舂取勃[5]。勃，别出一器中。折米白煮，取汁为白饮，此饮二升投糗汁中。——又云：合勃下饮讫，出勃。——糗汁复悉写釜中，与白饮合煮，令一沸，与盐。白饮不可过一口[6]。折米弱炊，令相着，盛饭瓯中，半奠，杓抑令偏着一边，以糗汁沃之，与勃。"

又云："糗末以二升，小器中沸汤渍之。折米煮为饭，沸，取饭中汁升半。折箄漉糗出[7]，以饮汁当向糗汁上淋之，以糗箒舂取勃。出别勃置[8]，复着折米潘汁为白饮，以糗汁投中。鲑奠如常[9]，食之。"

又云："若作仓卒难造者,得停西□糇最胜〔10〕。"

又云："以勃少许投白饮中。勃若散坏,不得和白饮,但单用糇汁焉。"

【注释】

〔1〕本篇的作法和吃法,现在来说是很难理解的,只能作一些推测。《北堂书钞》卷一四四引《食经》有"作粥𥹃糗法":"取蒸米一升,合捐沸汤里,勿令过熟,过着新笋内。""𥹃"、"糇"和"糗"、"耗"都是双声字,这大概跟"糇耗"是同类食品,惟引文过简,无从作比较释疑。

〔2〕糇(miàn,又 míng):一种米粉作的稀糊糊,像米粉稀羹。 耗(sè):一种软熟相黏的米饭,而用杓底压实压扁的,有些像"馎饦",而这是米作的。糇耗:二者合成的一种点心,即以耗饭作底食,上面浇上稀糊糊,又盖上从稀糊里冲搅出来的泡沫作"妆点"。"宿客足"这两句应是谚语,指作"消夜"给宿客吃。《食次》是南方人写的,南音足、耗叶韵,耗又该念 tuò。

〔3〕各本作"一斗",仅金抄作"一升",应作"一升"。本篇的"勃",与卷七《白醪曲》的"茗渤"同义,是泡沫,不是粉末。一斗糇末,用一升沸水来浇,根本调不成糇汁,无从春取泡沫。但经仿效试验,同量的米粉用同量的沸水来浇,也调不成稀浆的糇汁,只能调成稠厚的面糊,该用加倍的水才行,则"沸汤一升"亦误,疑应作"二升"。

〔4〕"断箕",疑是"渐箕"之误。"渐"亦从米写作"𥹃",很容易残烂成"断"字。渐箕即淘米箕,有筲形的,也有圆筐形的。

〔5〕糇箒:用篾丝扎成的竹刷把。卷七《白醪曲》的"竹扫",唐陆羽《茶经》的"竹筴",都是同一类用具,可以在淀粉浆中(或茶汤中)冲搅出泡沫。

〔6〕"一□",明抄空白二格,他本空等被夺,仅金抄空一格上面还留着这个"一"字,但"一"怀疑也是错的。据上文"以饮二升",这残缺二字应是指白饮的容积,疑应作"二升"。"又云"应止于"……出勃",只是指趁勃下饮的不同,其下仍是本法的继续说明。也经仿效试验,米粉用沸水冲只能冲成半生半熟,不能吃的,必须有加煮的过程,所以下文加煮是本法的继续。

〔7〕"折",各本同,疑"渐"字之误。"糇",据上文"漉出滓",应作"糇滓"。

〔8〕"别勃",应倒位,作"出勃别置"。

〔9〕鲑(guī):鱼名,又南朝吴人总称鱼类菜肴为"鲑"(xié),见《南齐书·庾杲之传》,在这里是风马牛。日译本改为"佳",属上句;《今释》疑"偏"之误,即上文"偏着一边"的奠法。

〔10〕"西□",金抄、明抄空白一格,他本夺空。"西"可能是"粳"字残烂

错成，空格可能是"勃"字，但这二字又倒错了，原文可能是："得停勃。粳糗最胜。""勃"是作为一种点缀，像浇"蛋花"、"奶花"，但舂勃要使泡沫厚层团聚不散，很费时，不用这玩意就省事多了，可以快速供食（"仓卒难造"）。这也是推测而已。

【译文】

煮糗：《食次》说："宿客足，作糗粑。取一升糗末，用一升沸汤浇下去；不要用有油腻的容器。拿〔淅〕箕把渣滓漉掉，用糗帚在糗汁里冲击，让它产生很多泡沫。泡沫盛在另外的容器里。用水清煮精白的米，取得米汤作为'白饮'，拿二升白饮下到糗汁里。——又一说：就在带泡沫的糗汁里先浇下白饮，〔而后又击冲，〕取出泡沫。——糗汁再倒进锅里，连同白饮一齐煮，煮到一沸，下盐。白饮不可超过一□（？）。再将精白米炊到软熟，让它软到可以相黏，盛在饭盂里，只盛半盂，用杓底把饭压到偏在一边，拿糗汁浇下去，再搁上泡沫，供上桌。"

又一说："用二升糗末，在小容器里用沸汤浸着。将精白米煮作饭，水开了就舀出一升半的饭汤来。拿〔淅〕箕把糗渣漉掉，就用饭汤向糗汁上淋下去，用糗帚冲击出泡沫。泡沫撇出来另外盛着，再加入精米饭汤作为白饮，又拿糗汁浇在里面。同上面的方法一样，〔饭盛在半边〕供上桌，就吃。"

又说："如果仓促之间一时难得作成，可以停用〔泡沫（？）〕。〔粳米（？）〕作糗汁最好。"

又说："用少量的泡沫下到白饮里；但泡沫如果散坏了，不许加到白饮里，只可单独放进糗汁。"

醴酪第八十五

煮醴酪[1]：昔介子推怨晋文公赏从亡之劳不及己，乃隐于介休县绵上山中[2]。其门人怜之，悬书于公门。文公寤而求之，不获，乃以火焚山。推遂抱树而死。文公以绵上之地封之，以旌善人。于今介山林木，遥望尽黑，如火烧状，又有抱树之形。世世祠祀,颇有神验。百姓哀之,忌日为之断火,煮醴酪而食之,名曰"寒食"[3],盖清明节前一日是也。中国流行,遂为常俗。然麦粥自可御暑,不必要在寒食。世有能此粥者,聊复录耳。

治釜令不渝法[4]:常于谐信处买取最初铸者,铁精不渝,轻利易燃。其渝黑难燃者,皆是铁滓钝浊所致。治令不渝法:以绳急束蒿,斩两头令齐。着水釜中,以干牛屎燃釜,汤暖,以蒿三遍净洗。抒却水,干燃使热。买肥猪肉脂合皮大如手者三四段,以脂处处遍揩拭釜,察作声[5]。复着水痛疏洗,视汁黑如墨,抒却。更脂拭,疏洗。如是十遍许,汁清无复黑,乃止;则不复渝。煮杏酪,煮饧,煮地黄染,皆须先治釜,不尔则黑恶。

煮醴法:与煮黑饧同[6]。然须调其色泽,令汁味淳浓,赤色足者良。尤宜缓火,急则焦臭。传曰[7]:"小人之交甘若醴。"疑谓此,非醴酒也。

煮杏酪粥法:用宿旷麦,其春种者则不中。预前一月,事麦折令精,细簸拣。作五六等,必使别均调,勿令粗细相杂,其大如胡豆者[8],粗细正得所。曝令极干。如上治釜讫,先煮一釜粗粥,然后净洗用之。打取杏人,以汤脱去黄皮,熟研,以水和之,绢滤取汁。汁唯淳浓便美;水多则味薄。用干牛粪燃火,先煮杏人汁,数沸,上作豚脑皱,然后下旷麦米。唯须缓火,以匕徐徐搅之,勿令住。煮令极熟,刚淖得所,然后出之。预前多买新瓦盆子容受二斗者,抒粥着盆子中,仰头勿盖。粥色白如凝脂,米粒有类青玉。停至四月八日亦不动。渝釜令粥黑,火急则焦苦,旧盆则不渗水,覆盖则解离。其大盆盛者,数捲居万反亦生水也[9]。

【注释】

〔1〕醴:本来是带滓的甜米酒,但这里不是,而是一种液态的带渣的麦芽糖。贾氏还解释古语"小人之交甘若醴"的醴,就是这种醴糖,而不是甜米酒的醴。这一解释,在贾氏前见于东汉末高诱注解《吕氏春秋·重己》:"醴者,以蘖与黍相醴,不以曲也,浊而甜耳。"就是用麦芽糖化黍米饭成为带渣而甜的浑浊的麦芽糖浆,与《要术》相同。　酪:本来是乳酪,但这

里也不是,而是一种像乳酪的杏仁汁凝固的"冻"。醴酪,这是二者的混合物,就是用麦芽糖调和杏仁汁,再加入矿麦米煮成的饴糖杏仁麦粥。隋杜台卿《玉烛宝典》卷二引陆翙《邺中记》"寒食又作醴酪"下作注说:"今世悉作大麦粥,研杏人为酪,别煮饧沃之也。"习俗相沿,至隋唐时犹然。但《要术》杏酪粥中没有提到加醴糖,可下文明说煮好醴酪吃冷的,应加调醴糖,疑有脱文,或省略不说。

(2)介子推:即介之推。春秋时晋国重耳逃亡在外十九年,介之推是伴从逃出的一人。后重耳回国为君(即晋文公),没有先赏劳他,他就避开隐居在绵上山中。文公烧山想逼他出来,结果介子推被烧死(公元前636年)。故事见于《左传·僖公二十四年》、《国语·晋语》、《吕氏春秋·介立》等。 绵上:古地名,在今山西介休东南。其地有山,名绵山,又为介之推隐遁焚身处,名介山。

〔3〕寒食:寒食节,清明节前一日(也有说前二日)。寒食的时日,东汉时太原等地冷食一个月。由于时日太长,"岁多死者",周举为并州刺史,予以革除(见《后汉书·周举传》)。以后冷食时日减少。太原、上党、西河、雁门等地广泛流行。也流行于南方,荆楚等地"禁火三日"(见梁宗懔《荆楚岁时记》)。

〔4〕不渝:指铁锅不变黑。所谓变黑,即新铁锅褪出灰黑色杂质,会污染食物。按:生铁铸件总会有"铸件缺陷",如气孔(铁溶液在液态时吸收了气体而产生)、缩孔(在冷凝收缩时产生)、砂眼、夹渣、杂质等。铁锅中也存在这些缺陷。新锅表层附有灰黑色杂质,手指一抹就会沾上,煮饭烧菜会被污染变黑,还带有铁腥臭。气孔之类也会渗水。《要术》的处理法就是在未用之前油涂擦洗,除去这些杂质,并消除气孔使不渗水。新买的铁锅现在也必须经过这样的处理。

〔5〕"察"是状声词,疑应作"察察",犹言"嘶嘶",即生猪肥膘擦拭高热锅时发出的响声。

〔6〕煮黑饧的方法见下文《饧铺》"黑饧法"。

〔7〕"传",泛指古书。《庄子·山木》:"君子之交淡若水,小人之交甘若醴。"

〔8〕矿麦不可能"大如胡豆",这里应指杏仁。但上下文有大错简,致不可读,疑应作:"……事麦折令精,细簸拣。如上治釜讫,先煮一釜粗粥,然后净洗用之。打取杏人,作五六等,必使别均调,勿令粗细相杂,其大如胡豆者,粗细正得所。曝令极干。以汤脱去黄皮,熟研,以水和之,绢滤取汁。……"惟杏仁拣作五六等,既是研细取汁,何必分等,如果只用大小合适如胡豆的,其他各等作何用,仍有不明,当有脱文。

〔9〕"捲",作"收捲"讲,不贴切;或作"收缩"讲,也不对。这里指多次把取搅动,使胶状的杏仁冻部分解离而生水。生水不是由于胶冻的收缩,而是瓢杓带进去的微生物和空气对胶冻产生酶作用而部分地分解为水。因此,从"收捲"

上找解释都不合适,怀疑"捲"是"挹"的形似之误。

【译文】

煮醴酪〔的故事〕:古时候介之推埋怨晋文公赏赐跟他在外国流亡的人的功劳时,没有赏赐到自己,于是就避开,隐居在介休县绵上的山中。他的门人同情他,写了一个文书〔反映这个情况〕,挂在朝廷门上。文公看见醒悟了,就到山上去找他,找不到,就放火烧山〔想逼他出来〕。介之推始终不出来,就抱着树被烧死了。文公就把绵上的地封给他,以表彰善良的人。现在绵上介山的林木,远远望去尽是黑色的,像火烧过一样,又有像人抱着树的形状。后来世世代代向介之推祠庙祷祭,很有灵验。百姓哀悼他,在他死的这一天都断火不烧饭,〔作为纪念,〕先煮好醴酪吃冷的,所以这一天就称为"寒食节",就是清明节的前一天。在"中国"流行开来,便成为通常的习俗。不过麦粥本来就可以解暑,不一定只在寒食节吃。现在有人会烧这种粥,所以我也就把它的作法记录下来。

治理铁锅使它不变黑的方法:总要在熟识信得过的处所买最初铸出的锅,铁质比较精纯,不容易变黑,也轻利容易烧热。那种容易变黑又难以烧热的,都是铁汁混着渣滓又粗又浊的缘故。治理使不变黑的方法:用绳子把蒿草扎紧,将两头斩齐。在铁锅里放进水,用干牛粪在下面烧,把水烧暖,拿蒿草把子刷洗三遍使干净。倒掉水,再空锅干烧,要烧得很烫。买肥猪的连皮膘油像手掌大小的三四块,拿来在锅面上到处擦拭,发出嘶嘶的响声。再倒进水,尽力不断地刷洗,看看水液像墨一样黑了,倒掉。再用膘油擦,再加水刷洗。这样反复擦洗十来遍,看水清了,不再变黑才停止。这样,以后就不会褪黑了。煮杏酪粥,煮饴糖,煮染布的地黄汁,都该先治理铁锅使不褪色;不然的话,煮出的东西会污黑不堪。

煮醴的方法:与煮黑饧的方法相同。不过需要调好色泽,让糖汁甜味纯正够浓,颜色够赤为好。尤其宜于用缓火,火猛了就容易焦臭。古书上说的"小人之交甘如醴",怀疑是指这种醴,不是醴酒。

煮杏酪粥的方法:用越冬秫麦,春种秫麦不合用。早一个月先把秫麦舂治到极精白,仔细簸扬,拣去碎粒。(照上面的方法把铁锅整治好,先煮一锅粗粥,然后把锅洗干净拿来用。打开杏核,取出杏仁,按大小分拣成五六个等级,必须使各个等级都很均匀,不要让粗的细的混杂在一起,像胡豆大小的正合适。晒到极干。)用沸汤泡过,去掉黄皮,研成细泥,再加水和匀,用绢滤取液汁。液汁总要浓厚为好;水多了味道就淡薄。将干牛粪用火点燃,先煮杏仁汁,煮到几沸,上面生出像猪脑般的皱痕时,再将矿麦米放下去煮。一定要用缓火,用小枓子缓缓搅和,不要住手。煮到极熟,稀稠合适,然后舀出来。预先多买新的小瓦盆子,容量二斗大的,把杏仁麦粥舀到盆子里,敞开着不要加盖。粥的颜色像凝固的油脂一样白,米粒像青色的玉。留着〔从寒食节〕到四月八日也不会变坏。如果用褪色的锅,粥会变黑;火太猛,粥烧焦了会有苦味;用旧盆盛着,水渗不出去〔,也不好〕;如果盆子上加盖,杏仁冻就会解离不凝固。用大盆盛着,由于多次地〔挹取搅动〕,也会解离生水。

飧、饭第八十六

作粟飧法[1]:䉤米欲细而不碎。碎则浊而不美。䉤讫即炊。经宿则涩[2]。淘必宜净[3]。十遍以上弥佳。香浆和暖水浸馈,少时,以手挼,无令有块。复小停,然后壮[4]。凡停馈,冬宜久,夏少时,盖以人意消息之。若不停馈,则饭坚也。投飧时,先调浆令甜酢适口,下热饭于浆中,尖出便止。宜少时住,勿使挠搅,待其自解散。然后捞盛,飧便滑美。若下饭即搅,令饭涩。

折粟米法:取香美好谷脱粟米一石,勿令有碎杂。于木槽内,以汤淘,脚踏;泻去潘,更踏;如此十遍,隐约有七斗米在[5],便止。漉出,曝干。炊时,又净淘。下馈时,于大盆中多着冷水,必令冷彻米心,以手挼馈,良久停之。折米坚实,必须弱炊故也,不停则硬。投饭调浆,一如上法。粒似青玉,滑而且美。又甚坚实,竟日不饥。弱炊作酪粥者,美于粳米。

作寒食浆法:以三月中清明前,夜炊饭,鸡向鸣,下熟热饭于瓮中,以向满为限。数日后便酢,中饮[6]。因家常炊次,三四日辄以新炊饭一碗酘之。每取浆，随多少即新汲冷水添之。讫夏，飱浆并不败而常满，所以为异。以二升，得解水一升，水冷清俊[7]，有殊于凡。

令夏月饭瓮、井口边无虫法：清明节前二日夜，鸡鸣时，炊黍熟，取釜汤遍洗井口、瓮边地，则无马蚿[8]，百虫不近井、瓮矣。甚是神验。

治旱稻、赤米令饭白法：莫问冬夏，常以热汤浸米，一食久，然后以手挼之。汤冷，泻去，即以冷水淘汰，挼取白乃止。饭色洁白，无异清流之米。

又：𣂑赤稻一臼，米里着蒿叶一把，白盐一把，合𣂑之，即绝白。

【注释】

〔1〕飱（sūn）："水浇饭"，即水泡饭。本篇的飱是酸浆和水，则是酸浆泡饭。酸浆是特制的，即下文的"寒食浆"。

〔2〕涩：发毛。本段末"令饭涩"中"涩"字意为"糊浊"。《要术》本文在各种食品中常用"滑"、"涩"二字表明口味的好坏。滑是好的，常称"滑美"，涩是不好的，所谓"涩恶"。滑，指软滑、腻滑、溜滑、涎滑等，而涩是滑的反面，《说文》所谓"不滑也"，则指浑浊、糊口、粗粝不细腻，乃至硬而不酥、韧而不脆等，不是现在一般所说的涩口（含鞣酸的瓜果蔬菜）。

〔3〕"淘必宜净"及注文，应移前，在"碎则浊而不美"之下。而米碎还嫌浑浊，舂过不淘更糊浊，上文"𣂑讫"应是"淘讫"之误，其所以"经宿则涩"，正是因为淘米放着过夜，煮后容易发毛。

〔4〕"壮"，应作"装"，指装上甑蒸。卷八《作酱等法》有"更装"，《蒸𩵋》有"炊一装"，皆贾氏用词（他不用"泚"、"𤓽"）。

〔5〕凡米粗粝使精白，或粉碎，贾氏、《食经》、《食次》都称为"折"，意谓耗折、粉折。这粟米一石只剩下七斗，确实折耗很多，很精白，其胚乳外层的糊粉层殆已折脱罄尽，所以炊成饭很坚实，而又滑溜细腻好吃。不过营养成分却大大减损了。

〔6〕"饮"，原作"饭"，这是饮浆，下文明说"每取浆"，明系"饮"字之误。但上文"以向满为限"下应脱"以冷水沃之"句。

〔7〕"水冷"，疑应作"水泠"。"泠"（líng），清凉轻俊之意。

〔8〕马蚿（xián）：即马陆（Orthomorpha pekuensis），山蚤虫科。躯干两侧有很多对步足，栖息于潮湿地方或石堆下面等阴湿之地。

【译文】

作粟飧的方法：米要春得白净，但不要春碎。碎了飧饭就会浑浊不美。（淘米必须洁净。十遍以上更好。）〔淘〕好了就炊作〔馈饭〕。〔淘好的米〕放着过一夜就会发毛。用香酸浆水调和暖水把馈饭浸渍着，过一会儿，用手揉捏，不让饭有黏块。再放着过一会，然后装上甑蒸熟。停放馈饭的时间，冬天该长些，夏天该短些，总要留意掌握。假如不停放一段时间，饭就太硬了。下飧饭时，先将酸浆调和到酸甜合口味，然后把热饭下到酸浆里，让饭在浆面上露出点尖就停止投饭。该短时间地等一下，不要搅拌，让饭自然解散开来。然后捞出来盛在碗里，飧便滑美好吃。如果下了饭就搅拌，饭就变糊浊了。

耗折粟米〔使极精白〕的方法：取一石香美好谷子的脱壳粟米，不要有碎米杂米。放在木槽里，用热水淘洗，又用脚踏；倒掉米泔水，加热水再踏；这样反复洗踏十遍，大约还有七斗米剩着，便停止。捞出来，晒干。炊饭前，再淘洗洁净〔，炊作馈饭〕。把馈饭下在大盆里的时候，盆中要多放冷水，务必要使米心冷透。用手揉搓馈饭，停放着的时间要久些。因为这精米米粒坚实，还必须再蒸软熟，如果不多停留些时间，饭就会太硬。投饭和调浆的方法，都跟上面说的一样。饭粒像青玉的颜色，溜滑而且味道美。又很坚实，吃了整天不会饿。蒸软熟后作成酪粥，比粳米还要好。

作寒食浆的方法：在三月里清明节之前，夜里炊饭，到鸡快叫时，把熟热的饭下到瓮里，到快满瓮为止〔，灌下水〕。过几天便酸了，可以〔喝〕了。家里日常炊饭的时候，每隔三四天就投下一碗新蒸熟的饭。每次舀浆出来，看舀出多少，随即添进多少新汲的冷水。直到夏天，这调和飧饭的酸浆也不会坏，而且常常是满的，所以显得奇异。二升酸浆，可以兑进一升水来稀释，清凉轻俊，和一般的浆大不相同。

使夏天饭瓮和井口旁边没有虫的方法：在清明节前两天的夜里，鸡叫时蒸熟黍饭，拿蒸锅里的热汤把井口和饭瓮旁边的地统统洗一遍，就不会有马蚿，其他各种虫也不到井瓮边上来了。非常灵验。

治旱稻、赤米使炊成白饭的方法：不管冬季还是夏季，总要用热汤来浸米，浸吃一顿饭的时间，然后用手揉搓。汤冷了，倒掉，就用冷水淘洗，揉搓，一直到白了为止。这样，饭的颜色就洁白，跟清流水稻米一样。

又〔治赤米的方法〕：春赤稻米时，一臼米里放进一把蒿叶，一把白盐,混合着一起舂,就舂得极白。

《食经》曰:"作面饭法:用面五升,先干蒸,搅使冷。用水一升。留一升面,减水三合;以七合水,溲四升面,以手擘解。以饭,一升面粉粉干下。稍切取,大如栗颗。讫,蒸熟。下着筛中,更蒸之⁽¹⁾。"

作粳米糗糒法⁽²⁾:取粳米,汏洒⁽³⁾,作饭,曝令燥。捣细,磨,粗细作两种折⁽⁴⁾。

粳米枣糒法:炊饭熟烂,曝令干,细筛⁽⁵⁾。用枣蒸熟,迮取膏,溲糒。率一升糒,用枣一升。

崔寔曰:"五月多作糒,以供出入之粮。"

菰米饭法⁽⁶⁾:菰谷盛韦囊中;捣瓷器为屑,勿令作末,内韦囊中令满,板上揉之取米。一作可用升半。炊如稻米。

胡饭法:以酢瓜葅长切,脟炙肥肉⁽⁷⁾,生杂菜,内饼中急卷。卷用两卷,三截,还令相就,并六断,长不过二寸。别奠"飘齑"随之。细切胡芹、蓼下酢中为"飘齑"。

《食次》曰:"折米饭⁽⁸⁾:生折,用冷水。用虽好,作甚难。蒯苦怪反米饭⁽⁹⁾:蒯者,背洗米令净也。"

【注释】

〔1〕"以饭,一升面粉粉干下",大概是说把留下的一升干蒸的面粉,连同饭一起下在四升溲过的面粉里再溲和。如果没有猜错,通常"以饭"下该有"合"字。但"下着筛中,更蒸之",仍不大好理解。又减下的三合水,怎样用?《食经》文的疏简或残阙,往往留下难解的"谜"。

〔2〕糗糒:干粮,或炒或煮,或成粉或不成粉。这里是熟饭晒干磨成粉的。

〔3〕洒(xǐ):同"洗",洗涤。

〔4〕粗细作两种折:按:"折"谓损折,此指折粗取细,细的一种折好了过筛,粗的一种再折,即再磨,所谓"两种折"。

〔5〕晒干的饭如何"细筛",上文应有"捣"、"磨"的过程,但《食经》文往往这样想当然。自上条以下至"胡饭法"仍是《食经》文,崔寔《四民月令》文是因为同是糒法插进去的。

〔6〕菰：茭白。其子实称"菰谷"，其米称"菰米"，又名"雕胡米"。所记是脱壳后再炊成饭。

〔7〕胹（luán）：同"脔"，把肉切成小块。

〔8〕折米饭：一种折米使极精白而炊成的饭。折法是用冷水淘折，推测其意似乎是没有像用热水那样容易折得精白，所以折起来比较繁难，但糊粉层没有泡糊，比较清爽好吃。

〔9〕"蒯（kuǎi）米饭"，疑应作"蒯米炊饭"，这饭才作成，脱"炊"字。注文"蒯"的解释，当是其时其地方言。又"背"，仅明抄如字，湖湘本等误作"皆"。"背"是吴越方言，谓簸扬，今江浙仍有此口语。《食经》、《食次》的风尚和俗语，往往与江南不谋而合，疑其书为南朝人所写。

【译文】

《食经》说："作面饭的方法：用五升面粉，先干蒸，搅拌让它冷了。用一升水。留下一升面粉，减去三合水；拿七合水溲和四升面粉，用手擘散。再加饭〔连同〕一升干蒸面粉〔一起溲和到四升擘散的面里（？）〕。然后慢慢切下来，切成像板栗大小的颗颗。切完了，蒸熟。放到筛里，再蒸（？）。"

作粳米糗糒的方法：取粳米汰洗洁净，炊成饭，晒干。捣成碎末，再磨；筛过，粗的再磨细。

作粳米枣糒的方法：把饭炊到烂熟，晒干，〔捣磨后，〕筛取细粉。拿红枣蒸熟，榨出膏泥，溲和到干饭粉的糒里。比例是一升糒用一升枣。

崔寔说："五月里多作糒，准备外出时作干粮。"

作菰米饭的方法：将菰的谷实盛在皮袋里；把瓷器捣成碎屑，但不要捣成细末，装进皮袋里，要装满，放在板上揉搓，〔揉去谷壳，〕取得米。作一次可以用一升半菰谷。把米炊作饭，跟稻米一样。

作胡饭的方法：将酸腌瓜切成长条，脔割肥肉，炙熟，杂和些生菜，一并放进〔先作好的〕饼里，卷紧。〔盛供上席时〕用两个卷饼，一卷切成三段，仍然相连排着，一份共有六段，每段长不超过二寸，供上。另外盛着"飘齑"跟上去。将胡芹、蓼切细，下在醋里面，就是"飘齑"。

《食次》说："折米饭：用冷水淘折生米。用起来虽然好，但作起来很难。把米蒯干净，〔炊作〕饭。蒯，是"背米"淘洗使米洁净的意思。"

素食第八十七

《食次》曰:"葱韭羹法:下油水中煮葱、韭——五分切,沸俱下。与胡芹、盐、豉、研米糁——粒大如粟米。"

瓠羹:下油水中煮极熟——瓠体横切,厚三分,沸而下。与盐、豉、胡芹。累奠之。

油豉:豉三合,油一升,酢五升[1],姜、橘皮、葱、胡芹、盐,合和,蒸。蒸熟,更以油五升,就气上洒之。讫,即合瓺覆泻瓮中。

膏煎紫菜:以燥菜下油中煎之,可食则止。擘奠如脯。

薤白蒸:秫米一石,熟舂师,令米毛[2],不溲[3]先击反。以豉三升煮之[4],酒箅漉取汁[5],用沃米,令上谐可走虾[6]。米释,漉出——停米豉中[7],夏可半日,冬可一日,出米。葱、薤等寸切,令得一石许,胡芹寸切,令得一升许,油五升,合和蒸之——可分为两瓺蒸之。气馏,以豉汁五升洒之。凡三过三洒,可经一炊久。三洒豉汁,半熟[8],更以油五升洒之,即下。用热食。若不即食,重蒸取气出。洒油之后,不得停灶上;则漏去油。重蒸不宜久,久亦漏油。奠讫,以姜、椒末粉之。溲瓺亦然[9]。

膲音苏托饭[10]:托二斗,水一石。熬白米三升,令黄黑,合托[11],三沸。绢漉取汁,澄清,以膲一升投中。无膲,与油二升。膲托好。一升"次檀托"[12],一名"托中价"。

蜜姜:生姜一升[13],净洗,刮去皮,笋子切[14],不患长,大如细漆箸。以水二升,煮令沸,去沫。与蜜二升煮,复令沸,更去沫。碗子盛,合汁减半奠;用箸,二人共。无生姜,用干姜,法如前,唯切欲极细。

【注释】

〔1〕"豉三合,油一升,酢五升",下文还要用五升油来"洒",这样的配比,不合理。三合约合今60毫升,只有一小杯,油和醋多到17—20倍,这点点豆豉,底下醋泡着,上层油封着,都反常。从洒油来推测,豆豉绝不止三合,因为只有这点点,五升油根本无法洒,那只能是沃灌。也许是:"豉五升,油一升,酢三合",不

过也只是"猜谜"而已。总之，自"瓠羹"以下至"蜜姜"，仍是《食次》文，它的"谜"比《食经》还多。

〔2〕"毛"，可以作带糠不淘洗解释，但也可能是"白"字之误。

〔3〕"湑"(xī)，各本同，字书未收。吾点校记："疑浙之变体。"据下文"湑箕"，应是"浙"的另一写法。这又是《食次》的异写字。

〔4〕"豉三升"，下文要用豉汁沃灌一石米，这太少，应有误。

〔5〕连下条的"漉取汁"，均以沥取液汁为"漉"，《食次》与《食经》用词相同，但贾氏不同（贾氏指取出固体物）。

〔6〕"谐"，意谓恰好，指上面高出的豉汁刚好达到能使虾游走的深度。这又是《食次》的特用词，与《食经》的"谐令胜刀"相同（卷八《羹臛法》"烂熟"引《食经》）。

〔7〕"豉"，指豉汁，应有"汁"字。

〔8〕"半熟"，三次洒豉汁，等于馏了三次，米已蒸熟，而且半熟也不能吃，应是"米熟"之误。

〔9〕"溲甑亦然"，或者指溲米上甑时也要加些姜、椒末？词语特别，有否误字，也是难猜的谜。

〔10〕臁：同"酥"。此指酥油。这是《食次》用词。　　托：应是"秅"的同音借用字，《集韵·入声·二十陌》解释秅是"屑米为饮"，这臁托也是一种秅米加炒米合煮取得米汤加上酥油的饮浆，与秅很相似。

〔11〕"托"下应有"煮"字。

〔12〕"一升"，黄麓森校记，疑"一名"之误。"次檀托"及下句中"托中价"，无从理解，大概都是少数民族名称的译音。

〔13〕金抄作"一升"，他本作"一斤"。

〔14〕笇(suàn)：同"算"，算筹。

【译文】

　　《食次》说："葱韭羹的作法：将葱和韭菜都切成五分长，下在加油的水里煮——等水开了一齐放下去。加入胡芹、盐、豆豉和研碎了的米糁——颗粒像粟米大小。"

　　瓠羹：将瓠横切成片，每片三分厚，下在加油的水里煮——等水开了放下去，煮到极熟。加上盐、豆豉、胡芹。一片片叠着盛供上席。

　　油豉：三合豆豉，一升油，五升醋(？)，加上生姜、橘皮、葱、胡芹、盐，混合着一起蒸。蒸熟了，再用五升油就着水汽上面洒下去。

洒完了,举起甀倒覆过来倒进瓮里。

油煎紫菜:用干燥的紫菜下在油里煎,到可以吃就停煎。撕开来盛供上席,像撕开腊肉一样。

薤白蒸:糯米一石,精熟地舂捣,让米就带着糠,不淘洗。用三升(?)豆豉煮出汁,拿浙箕沥出豉汁,用来浸米,豉汁高出米上面恰好可以让虾游走的深度。米浸涨了,捞出来——浸米的时间,夏天大约半天,冬天大约一天,然后捞出。葱、薤白切成一寸长,要用一石左右,胡芹也切成一寸长,用一升左右,再加五升油,〔连同米〕一起混合起来蒸——可以分作两甀来蒸。气馏之后,又用五升豉汁洒上。一共气馏三次,洒三次豉汁,大约蒸到炊熟一顿饭的时间。洒了三次豉汁,〔米〕熟了,再用五升油洒下去,就下甀。趁热吃。如果不是马上吃,后来吃时要重蒸到冒气。洒油之后,不要停放在灶火上,否则会漏油。重蒸时也不宜过久,过久了也会漏油。盛好之后,撒些生姜、花椒末在上面,供上席。溲米上甀时(?),也要加些姜、椒末。

䊚托饭:用二斗托,一石水。将三升白米炒到黄黑,和在托里,〔用一石水煮到〕三沸。用绢滤取汁。澄清之后,加入一升䊚。没有䊚,加入二升油。䊚托就好。这饭又〔名〕“次檀托”,又名“托中价”。

蜜姜:一升生姜,洗干净,刮去皮,切成算筹般的条子,不嫌长,粗细像细的漆筷子。用二升水,煮沸,去掉浮沫。加入二升蜜,再煮沸,再撇去浮沫。盛在碗里,连汁不到半碗,供上席。用筷子夹,两个人共一份。没有生姜,用干姜,作法同上面一样,不过要切得极细。

䏑瓜瓠法[1]:冬瓜、越瓜、瓠,用毛未脱者,毛脱即坚。汉瓜用极大饶肉者[2],皆削去皮,作方脔,广一寸,长三寸。偏宜猪肉,肥羊肉亦佳;肉须别煮令熟,薄切。苏油亦好。特宜菘菜。芜菁、肥葵、韭等皆得。苏油,宜大用苋菜。细擘葱白,葱欲得多于菜。无葱,薤白代之。浑豉,白盐,椒末。先布菜于铜铛底,次肉,无肉以苏油代之。次瓜,次瓠,次葱白、盐、豉、椒末,如是次第重布,向满为限。少下水,仅令相淹渍。䏑令熟。

又䏑汉瓜法:直以香酱、葱白、麻油䏑之。勿下水亦好。

焦菌其殒反法：菌，一名"地鸡"，口未开，内外全白者佳；其口开里黑者，臭不堪食[3]。其多取欲经冬者，收取，盐汁洗去土，蒸令气馏，下着屋北阴干之。当时随食者，取即汤煠去腥气，擘破。先细切葱白，和麻油，苏亦好。熬令香；复多擘葱白，浑豉、盐、椒末，与菌俱下，焦之。宜肥羊肉；鸡、猪肉亦得。肉焦者，不须苏油。肉亦先煮熟，薄切[4]，重重布之如"焦瓜瓠法"，唯不着菜也。

焦瓜瓠、菌，虽有肉、素两法，然此物多充素食，故附素条中[5]。

焦茄子法：用子未成者，子成则不好也。以竹刀骨刀四破之，用铁则渝黑[6]。汤煠去腥气。细切葱白，熬油令香；苏弥好。香酱清、擘葱白与茄子俱下，焦令熟。下椒、姜末。

【注释】

〔1〕自此条以下，专讲焦法，才是《要术》本文。焦，用少量的水液缓火焖煮，或单用油焖，与卷八《蒸焦》的焦法相同，不过本篇的焦菜是素的，虽然也有加肉荤的，但仍然当作素食，所以都列在本篇。

〔2〕汉瓜：未详。

〔3〕伞菌子实体的幼期，菌盖还被菌幕的薄膜包被着，"伞"还没有张开来，最为鲜嫩。菌盖张开，越大越老，到菌盖腹面的菌褶变成黑色，以至发臭，自然不堪食用。

〔4〕"薄"，金抄作"蒜"，他本作"蘇"，均误。"焦瓜瓠法"有"……薄切"，显系"薄"字之误，径改。

〔5〕本篇焦法是用少量的水液缓火油焖，与卷八《蒸焦》的焦法相同，同法分列，使读者产生疑窦。贾氏本条特予解释，原来是这些焦菜"多充素食"，焦茄子、焦汉瓜还是净素的，所以都列在本篇《素食》中。

〔6〕茄子肉中含有多量的鞣酸，鞣酸能与铁化合，生成黑色的鞣酸铁，所以用铁刀切茄子，切面很快会变黑。

【译文】

焦瓜瓠的方法：冬瓜、越瓜、瓠，都用还没有脱毛的，脱毛的肉就硬了。汉瓜用极大多肉的，都削去皮，切成长方块，一寸宽，三寸长。用猪肉特别相宜，肥羊肉也好；肉须要另外煮熟，切成薄片。苏子油也不错。

特别宜于配上菘菜。芜菁叶、肥葵菜、韭菜等都可以用。苏子油宜于配合多量的苋菜。〔准备着〕擘细的葱白,葱白要比菜多。没有葱白,可以用薤白代替。整颗的豆豉,白盐,花椒末。先将菜铺在铜铛底上,再铺肉,没有肉用苏子油代替。再铺瓜,再铺瓠,最后铺葱白、白盐、豆豉、花椒末,这样依次层层铺上,到快满为止。少下水,只让它腌渍着。焖煮到熟。

又焦汉瓜的方法:只用香酱、葱白、大麻油焖煮。不加水也好。

焦菌蕈的方法:菌蕈,又名"地鸡",没有开口,里外都是白色的为好;开了口里面黑色的,有臭气,不堪食用。如果要想多采收一直用到过冬的,采来之后,用盐汁洗去泥土,蒸到气馏了,就取下来,放在屋北面阴干了收藏。如果采来当时就吃的,就用沸汤焯去腥气,撕开来。先将葱白切细,和进大麻油里,苏子油也好。借葱香把油炼香,再多擘些葱白,加上整颗的豆豉、盐、花椒末,连同菌蕈一并下到锅里油焖。又宜于加肥羊肉焖煮;加鸡肉、猪肉也可以。加肉焖煮的,不必再加苏子油。肉也要先煮熟,切成薄片,一层层地铺上,像上面焦瓜瓠的方法,不过不加菜罢了。

焦瓜瓠、焦菌蕈,虽然都有肉的、素的两种方法,不过大都把这些食品当作素食,所以附列在《素食》篇中。

焦茄子的方法:用种子还没有成熟的,种子成熟的就不好了。拿竹刀或骨刀切成四块,用铁刀切就会变黑。下沸汤中焯去腥气。用切细的葱白,下油中把油炼香,苏子油更好。将香酱清汁、擘细的葱白,连同茄子一并下到锅里,油焖到熟。再搁下花椒和生姜末。

作菹、藏生菜法第八十八 [1]

葵、菘、芜菁、蜀芥咸菹法:收菜时,即择取好者,菅、蒲束之。作盐水,令极咸,于盐水中洗菜,即内瓮中。若先用淡水洗者,菹烂。其洗菜盐水,澄取清者,泻着瓮中,令没菜把即止,不复调和。菹色仍青,以水洗去咸汁,煮为茹,与生菜不殊。

其芜菁、蜀芥二种,三日抒出之。粉黍米,作粥清 [2];捣麦䴷作末,绢筛。布菜一行,以䴷末薄坌之,即下热粥清。重重如此,以满瓮为限。其布菜法:每行必茎叶颠倒安之。旧盐汁还泻瓮中。菹色黄而味美。

作淡菹,用黍米粥清,及麦䴷末,味亦胜。

作汤菹法[3]:菘菜佳,芜菁亦得。收好菜,择讫,即于热汤中煤出之。若菜已萎者,水洗,漉出,经宿生之,然后汤煤。煤讫,冷水中濯之,盐、醋中[4];熬胡麻油着。香而且脆。多作者,亦得至春不败。

釀菹法[5]:菹,菜也[6]。一曰:菹不切曰"釀菹"。用干蔓菁,正月中作。以热汤浸菜令柔软,解辩[7],择治,净洗。沸汤煤,即出,于水中净洗,复作盐水暂度,出着箔上。经宿,菜色生好。粉黍米粥清[8],亦用绢筛麦䴷末,浇菹布菜,如前法;然后粥清不用大热[9]。其汁才令相淹,不用过多。泥头七日,便熟。菹瓮以穰茹之,如酿酒法。

作卒菹法:以酢浆煮葵菜,擘之,下酢,即成菹矣。

藏生菜法[10]:九月、十月中,于墙南日阳中掘作坑,深四五尺。取杂菜,种别布之,一行菜,一行土,去坎一尺许,便止。以穰厚覆之,得经冬。须即取,粲然与夏菜不殊。

【注释】

〔1〕菹:主要利用乳酸发酵加工保藏的盐菜或酸菜,通常指整棵和大片不切的。有咸菹,有淡菹;有久藏的,有速成的。速成的有些是在沸水里焯一下就加盐醋的临时泡成的酸味菜。 藏生菜:保藏蔬菜使新鲜,只有《要术》本文的一条窖藏鲜菜法。其他引录他人材料的都是腌藏法,主要是藏瓜,有盐藏、糟藏、蜜藏、女曲藏、乌梅杬汁藏各法。

〔2〕粥清:清粥浆。按:《要术》在物品后加"清",指该物品的清汁,如"酱清",即指豆酱的清汁,"豉清",即指煮豆豉的澄清液汁,那时没有酱油,都作为酱油的代用品。这里粥清,也是粥上层澄出的清汁,但溶有淀粉,成为清粥浆。

〔3〕汤菹:烫菜作成的菹,即先经沸水焯过而后作成的腌菜。现在各地仍有这样腌制的,西南地方比较多。此法成熟较快,但味道不如生菜腌的好。《食次》的汤菹则是临时加醋的酸菜,随焯随吃的。

〔4〕"盐、醋中"上面该有"下"字,或者前面"之"是"入"字之误。

〔5〕釀菹:菹本身含有酝酿、酿造的意思。此菹加麦䴷和粥浆腌酿,并泥瓮、

保温如酿酒的方法,大概因此加草头称为"釀菹"。

〔6〕"菹,菜也",疑脱"釀"字,应作:"釀,菹菜也。"连下文"一曰"云云,都是解释标题的,严格说来,都该作小字注文。

〔7〕"辨",各本作"辨"、"辦"或"瓣",均误。这正是卷三《蔓菁》提到的"釀菹",当时收割时是"择治而辨之",字应作"辨"。

〔8〕"粥清"上宜有"作"字。下文"浇菹布菜"宜倒作"布菜浇菹"。

〔9〕"后",上有"如前法",此作"后法"讲,或作"后来"浇粥清讲,都牵强,疑衍。

〔10〕到本条止,《要术》本文的作菹和鲜藏生菜二项交代完毕,再下面补充说一下"世人"作葵菹为什么作不好,和作"木耳菹"的方法。除此之外,全是引他人的材料。

【译文】

用葵菜、菘菜、芜菁叶、蜀芥作咸菹的方法:收菜的时候,就把好的拣出来,用菅草或蒲草扎成把。调好盐水,让它极咸,在盐水里洗菜,洗过就放进瓮子里。如果先用淡水洗菜,菹菜就会烂坏。洗过菜的盐水,澄清之后,把清汁倒进菜瓮里,让它淹没菜把就够了,不必去翻动调和。这菹菜的颜色仍旧是绿的,用水洗去咸汁,煮作菜来吃,和鲜菜没有两样。

其中芜菁和蜀芥两种,盐水浸三天之后,就取出来。把黍米粉碎,煮成粥,澄取清粥浆,再把麦䴷捣成粉末,用绢筛筛过。在瓮子里铺上一层菜,薄薄地撒上一层麦䴷粉,随即浇进一层热的清粥浆。这样一层一层地铺上去,倒满瓮为止。铺菜的方法,每层必须把菜茎、菜叶颠倒着铺上。浸过的盐水,仍旧倒进瓮子里。这菹菜是黄色的,味道也好。

要作淡菹,只用黍米粥浆和麦䴷粉末,〔不加盐水,〕味道也好。

作汤菹的方法:用菘菜好,芜菁叶也可以用。收得好菜,择治完了,就在沸汤里焯过取出来。如果菜已经蔫了,用水洗过,捞出来,过一夜,让它回复同新鲜一样,然后再汤焯。焯好,在冷水里冲洗过,〔下到〕盐调醋的〔瓮子〕里,放进熬过的芝麻油。这菹菜香而且脆。作得多的,可以留到春天也不坏。

作釀菹的方法:〔釀,〕是菹菜。有人说,菹不切断的叫作"釀菹"。用干芜菁叶,正月里作。用热水把干菜浸到柔软,解开〔原来打成辫的把子〕，拣择好的，洗洁净。在沸水里焯一下，随即取出来，又在水里洗干净；再作好盐水，拿菜在盐水中过一下，取出来，摊在席箔上。过一夜，菜的颜色像鲜菜，好。把黍米粉碎，煮得粥浆，也用绢筛筛得麦䴵粉末，然后照前面的方法一样，铺菜，撒粉，浇粥，不过粥浆不要太热。〔盐水仍然倒进菜瓮中，〕只要刚刚浸没菜叶就够了，不要过多。用泥涂封瓮头，七天便熟了。菹瓮外面用黍穰包裹着，像酿酒的方法一样。

作速成菹菜的方法：用酸浆水煮葵菜，擘开来，放下醋，便成酸泡菜了。

保藏蔬菜让新鲜的方法：九月、十月里，在墙南面太阳晒到的地方，掘一个四五尺深的坑。将各种蔬菜，一种一种地分别铺在坑里，一层菜，一层土，铺到离坑口一尺左右，便停止。用黍穰厚厚地盖在上面，可以过冬。要用时取出来，鲜绿跟夏天的菜没有两样。

《食经》作葵菹法："择燥葵五斛，盐二斗，水五斗，大麦干饭四斗，合濑[1]：按葵一行，盐、饭一行，清水浇满。七日黄，便成矣。"

作菘咸菹法："水四斗，盐三升，搅之，令杀菜。又法：菘一行，女曲间之。"

作酢菹法：三石瓮。用米一斗，捣，搅取汁三升；煮滓作三升粥[2]。令内菜瓮中，辄以生渍汁及粥灌之。一宿，以青蒿、薤白各一行，作麻沸汤浇之，便成。

作菹消法[3]："用羊肉二十斤，肥猪肉十斤，缕切之。菹二升，菹根五升，豉汁七升半，切葱头五升。"

蒲菹：《诗义疏》曰[4]："蒲，深蒲也；《周礼》以为菹[5]。谓蒲始生，取其中心入地者——蒻，大如匕柄，正白，生噉之，甘脆；又煮，以苦酒浸之[6]，如食笋法，大美。今吴人以为菹，又以为酢[7]。"

世人作葵菹不好，皆由葵大脆故也。菹菘，以社前二十日种之；葵，社前三十日种之。使葵至藏，皆欲生花乃佳耳。葵经十朝苦霜，乃采之。秫米为饭，令冷。取葵着瓮中，以向饭沃之[8]。欲令色黄,煮小麦时时𥻟桑葛反之。

崔寔曰:"九月,作葵菹。其岁温,即待十月。"

【注释】

〔1〕《津逮》本等作"瀨"(lài);金抄等作"瀬",汉文无此字,日文汉字有之,疑是"瀨"之或体。"瀨"原意是沙上浅水,这里"清水浇满"有些像"瀨",即浅浅地浸着。大概这是当时当地腌菜上的口语,指腌菜让上面浅浅地浮着一层水的操作过程。《汉书·武帝本纪》:"甲为下瀨将军,下苍梧。"颜师古注:"瀨,湍也。吴越谓之瀨,中国谓之碛。"《食经》、《食次》特用词往往与吴越方言暗合,其为南人手笔,此类亦其佐证。

〔2〕"三升粥",一斗米捣碎加水,取去三升汁后,剩下的米滓不止煮三升粥,疑"三斗"之误。"搅取汁"上应脱"下水"字。

〔3〕"菹消法",即卷八《菹绿》的"菹肖法"。《御览》卷八五六"菹"引到:"《食经》有此法也。"说明本条及上面二条仍是《食经》文。

〔4〕《诗经·大雅·韩奕》"维笋及蒲",孔颖达疏引陆机《疏》,与《诗义疏》不同,陆《疏》自"蒲始生"至"如食笋法"即止。今本陆机《毛诗草木鸟兽虫鱼疏》与孔引陆《疏》同。

〔5〕《周礼·天官·醢人》有"深蒲"作菹,郑众注:"深蒲,蒲蒻入水深,故曰'深蒲'。"蒻(ruò),嫩芽。按:蒲指香蒲科的香蒲(Typha orientalis)。其嫩芽由叶鞘抱合而成假茎,径0.5—1寸左右,圆棒形,在深水和土中的部分白色,柔嫩可食;其出土近水面的部分淡绿色,亦柔嫩可食。这两部分,通称"蒲菜"。现在有用作蔬菜而栽培的。

〔6〕"浸",各本误作"受",《渐西》本从吾点校改作"浸",是。

〔7〕"鲊",各本误作"酢"。卷八《作鱼鲊》引《食经》有"蒲鲊法",《本草图经》:"香蒲……其始生……亦可以为鲊。"据改。

〔8〕以下饭为"沃",殊违贾氏用例,黄麓森疑二"饭"字均"饮"之误。否则,"沃"疑应作"投"。

〔9〕𥻟(sè):用熟米粉和羹。

【译文】

《食经》作葵菹的方法:"择出五斛干燥的葵菜,用二斗盐,五斗水,四斗大麦干饭,合在一起'瀨':按下一层葵菜,撒上一层盐、饭,再用清水浇满。过七天,菜黄了,便作成了。"

作菘菜咸菹的方法:"放下四斗水,三升盐,搅和,让菜渗出水分。又一方法:一层菘菜,一层女曲,间隔着铺放。"

作酸菹的方法:用容量三石的瓮。一斗米,捣碎,〔加水〕搅和,取得三升汁,将剩下的米渣煮作三升(?)粥。把菜放入瓮中,随即将生米汁和粥灌下去。过一夜,〔锅里加水〕放下一层青蒿,一层薤白,煮成气泡冒上来像大麻子大小的沸汤,浇进瓮里,便成了。

作菹消的方法:用二十斤羊肉,十斤肥猪肉,切成细条〔,炒熟(?)〕。用菹二升,菹根五升,豉汁七升半,切碎的葱头五升〔,下到肉里〕。

蒲菹:《诗义疏》说:"蒲,是深蒲;《周礼》中有用它作菹的。就是说,蒲刚长出时,摘取它还没有钻出土的嫩芽——就是'蒻',有匙柄粗细,颜色正白,可以生吃,又甜又脆;又可以煮熟,用苦酒浸着,像吃笋似的,味道很美。现在吴地的人用来作菹,也用来作鲊。"

现在一般人作葵菹所以不好,都是由于葵菜太脆嫩。作菹的菘菜,该在秋社前二十天下种;葵菜该在秋社前三十天下种。让葵菜到要腌藏的时候,都快要开花为好。葵菜要经过十天早晨的严霜,然后采收。炊秫米为饭,摊冷。将葵菜放进瓮中,用摊冷的饭投下去。要让菹菜颜色黄,煮些小麦常常撒在瓮里。

崔寔说:"九月,作葵菹。如果那年天气暖,就等到十月。"

《食经》曰:"藏瓜法:取白米一斗,钘中熬之⁽¹⁾,以作糜⁽²⁾。下盐,使咸淡适口,调寒热。熟拭瓜,以投其中,密涂瓮。此蜀人方,美好。又法:取小瓜百枚,豉五升,盐三升。破,去瓜子,以盐布瓜片中,次着瓮中,绵其口。三日豉气尽,可食之。"

《食经》藏越瓜法:"糟一斗,盐三升,淹瓜三宿。出,以布拭之,复淹如此。凡瓜欲得完,慎勿伤,伤便烂;以布囊就取之,佳。豫章郡人晚种越瓜⁽³⁾,所以味亦异。"

《食经》藏梅瓜法:"先取霜下老白冬瓜,削去皮,取肉,方正薄切如手板⁽⁴⁾。细施灰⁽⁵⁾,罗瓜着上,复以灰覆之。煮杬皮、乌梅汁着器中⁽⁶⁾。细切瓜,令方三分,长二寸,熟煤之,以投梅汁。数日可食。以醋石榴子着中,并佳也。"

《食经》曰:"乐安令徐肃藏瓜法[7]:取越瓜细者,不操拭[8],勿使近水,盐之令咸。十日许,出,拭之,小阴干熇之,仍内着盆中。作和法:以三升赤小豆,三升秫米,并炒之,令黄,合舂,以三斗好酒解之。以瓜投中,密涂。乃经年不败。"

崔寔曰:"大暑后六日,可藏瓜。"

【注释】

〔1〕"铋"(lì),同"鬲",这里作锅讲。《方言》卷五:"镇……吴扬之间谓之鬲。""镇"(fù),大口锅。真奇怪,《食经》又出现吴扬方言。

〔2〕"糜",两宋本如字,后来《津逮》本等才改作"糜"。糜通糜(粥),但较僻。可杭州地区的朱肱(翼中)《北山酒经》凡"糜"概写作"糜"。《食经》文又和杭州朱肱不谋而合,大概南朝"俚俗"早已这样借用。

〔3〕豫章郡:汉置隋废,郡治在今江西南昌。

〔4〕手板:《食经》的地方方言,即手掌肉板部,非朝笏或名帖的手板(版)。今江浙仍有此方言。

〔5〕"细施灰",似宜作"施细灰"。

〔6〕"杬",各本误作"枕"、"杭"或"梳"。卷四《种木瓜》引《食经》及下文"梅瓜法"都用"杬汁",字应作"杬"。

〔7〕乐安:县名,汉置,故治在今山东博兴北。又后魏置,故治在今安徽霍山东。

〔8〕"操",可以作拿着讲,但仍疑是"揩"字之误。

【译文】

《食经》说:"腌瓜的方法:取一斗白米,在锅中炒过,煮作粥。搁盐,让咸淡合口味,又冷热合适。把瓜细细地揩拭干净,投入粥里,用泥密涂瓮口。这是蜀人的方法,瓜味美好。又一方法:取一百个小瓜,五升豆豉,三升盐。把瓜破成两半片,去掉瓜子,用盐抹在半片瓜上,接着放〔豆豉〕,下入瓮中,用丝绵蒙住瓮口。三天之后,没有豆豉气味了,便可以吃。"

《食经》腌越瓜的方法:"一斗酒糟,三升盐,把瓜腌三天三夜。取出来,用布揩干净,再这样腌上三夜。所用的瓜,都要完好的,千万别弄损伤了,损伤了便会烂坏;用布袋套着摘下来,最好。豫章郡人越瓜种得晚，所以味道也不同一般。"

《食经》用乌梅腌瓜的方法："先取经霜的老白冬瓜，削去皮，将肉切成方正形的像手板的薄片。铺一层细灰，把瓜片排列在灰上，瓜上再盖上一层灰。拿杭木皮和乌梅煮得液汁，盛在容器里。将瓜片细切成三分宽二寸长的条，在沸水里多焯一会，下到乌梅汁里。过几天，可以吃。拿酸石榴的子粒放下去，同样也好。"

《食经》说："乐安县令徐肃腌瓜的方法：取细长的越瓜，不要揩拭，不让它碰上水，〔在盆子里〕用盐腌咸。十日左右，取出来，揩干净，让它阴干，依旧放回盆子里。作好和头：用三升赤小豆，三升糯米，都炒黄，一起春成屑，用三斗好酒调成稀浆〔，盛在瓮里〕。把瓜放进去，用泥涂封严密。可以经年不坏。"

崔寔说："大暑后六天，可以腌瓜。"

《食次》曰："女曲[1]：秫稻米三斗，净淅，炊为饭——软炊。停令极冷，以曲范中用手饼之。以青蒿上下奄之，置床上[2]，如作麦曲法。三七二十一日，开看，遍有黄衣则止。三七日无衣，乃停，要须衣遍乃止。出，日中曝之。燥则用。"

酿瓜菹酒法：秫稻米一石，麦曲成剉隆隆二斗，女曲成剉平一斗。酿法：须消化，复以五升米酘之；消化，复以五升米酘之。再酘酒熟，则用，不迮出。瓜，盐揩，日中曝令皱，盐和暴糟中停三宿，度内女曲酒中为佳。

"瓜菹法：采越瓜，刀子割；摘取，勿令伤皮。盐揩数遍，日曝令皱。先取四月白酒糟盐和，藏之。数日，又过着大酒糟中，盐、蜜、女曲和糟，又藏泥瓯中，唯久佳。"又云："不入白酒糟亦得。"又云："大酒接出清，用酽，若一石，与盐三升，女曲三升，蜜三升。女曲曝令燥，手拃令解[3]，浑用。女曲者，麦黄衣也。"又云："瓜净洗，令燥，盐揩之。以盐和酒糟，令有盐味，不须多，合藏之，密泥瓯口。软而黄，便可食。大者六破，小者四破，五寸断之，广狭尽瓜之形。"又云："长四寸，广一寸。仰奠四片。瓜用小而直者，不可用贮[4]。"

瓜芥菹：用冬瓜，切长三寸，广一寸，厚二分。芥子，少与胡芹子,合熟研,去滓,与好酢,盐之,下瓜。唯久益佳也。

汤菹法:用少菘、芜菁,去根,暂经沸汤⁽⁵⁾,及热与盐、酢。浑长者,依杯截。与酢,并和菜汁;不尔,太酢。满奠之。

苦笋紫菜菹法:笋去皮,三寸断之,细缕切之;小者手捉小头,刀削大头,唯细薄;随置水中。削讫,漉出⁽⁶⁾,细切紫菜和之。与盐、酢、乳⁽⁷⁾。用半奠。紫菜,冷水渍,少久自解。但洗时勿用汤,汤洗则失味矣。

竹菜菹法⁽⁸⁾:菜生竹林下,似芹,科大而茎叶细,生极概。净洗,暂经沸汤,速出,下冷水中,即搦去水,细切。又胡芹、小蒜,亦暂经沸汤,细切,和之。与盐、醋。半奠。春用至四月。

蕺菹法⁽⁹⁾:蕺去土、毛、黑恶者,不洗,暂经沸汤即出。多少与盐。一升⁽¹⁰⁾,以暖米清瀋汁净洗之,及暖即出,漉下盐、酢中。若不及热,则赤坏之。又汤撩葱白⁽¹¹⁾,即入冷水,漉出,置蕺中。并寸切,用米⁽¹²⁾。若碗子奠,去蕺节,料理,接奠各在一边,令满。

菘根榼菹法⁽¹³⁾:菘,净洗遍体,须长切,方如算子,长三寸许。束根,入沸汤,小停出,及热与盐、酢。细缕切橘皮和之。料理,半奠之。

煠呼干反菹法⁽¹⁴⁾:净洗,缕切三寸长许,束为小把,大如筚篥⁽¹⁵⁾。暂经沸汤,速出之,及热与盐、酢,上加胡芹子与之。料理令直,满奠之。

胡芹小蒜菹法:并暂经小沸汤出,下冷水中,出之。胡芹细切,小蒜寸切,与盐、酢。分半奠,青白各在一边。若不各在一边,不即入于水中,则黄坏⁽¹⁶⁾。满奠。

"菘根萝卜菹法:净洗通体,细切长缕,束为把,大如十张纸卷。暂经沸汤即出,多与盐⁽¹⁷⁾。二升暖汤合把手按之。——又:细缕切,暂经沸汤,与橘皮和;及暖与则黄坏⁽¹⁸⁾。——料理,满奠。煴菘、葱、芜菁根悉可用⁽¹⁹⁾。"

紫菜菹法:取紫菜,冷水渍令释。与葱菹合盛,各在一边,与盐、酢。满奠。

"蜜姜法：用生姜，净洗，削治，十月酒糟中藏之。泥头十日，熟。出，水洗，内蜜中。大者中解，小者浑用。竖奠四。"又云："卒作：削治，蜜中煮之，亦可用。"

"梅瓜法：用大冬瓜，去皮、穰[20]，笮子细切，长三寸，粗细如研饼[21]。生布薄绞去汁，即下杬汁，令小暖。经宿，漉出。煮一升乌梅，与水二升，取一升余，出梅，令汁清澄。与蜜三升，杬汁三升，生橘二十枚——去皮核取汁——复和之，合煮两沸，去上沫，清澄令冷，内瓜。讫，与石榴酸者、悬钩子、廉姜屑[22]。石榴、悬钩，一杯可下十度[23]。尝看[24]，若不大涩，杬子汁至一升。"又云："乌梅渍汁淘奠。石榴、悬钩，一奠不过五六[25]。煮熟，去粗皮。杬一升，与水三升，煮取升半，澄清。"

"梨菹法：先作溤[26]：卢感反用小梨，瓶中水渍，泥头，自秋至春。至冬中，须亦可用。——又云：一月日可用。——将用，去皮，通体薄切，奠之，以梨溤汁投少蜜，令甜酢[27]。以泥封之。若卒作，切梨如上，五梨半用苦酒二升[28]，汤二升，合和之，温令少热，下，盛。一奠五六片，汁沃上，至半。以箅置杯旁。夏停不过五日。"又云："卒作，煮枣亦可用之。"

【注释】

〔1〕女曲：糯米作的饼曲。又麦黄衣，即麦䴷，《食次》也叫女曲。

〔2〕"置床上"，应与上句"以青蒿上下奄之"倒易位置。这是罨曲法，先在下面衬垫植物枝叶，然后布曲饼，再在上面覆盖枝叶。"奄"借作"罨"字。

〔3〕拃(zhà)：同"榨"。

〔4〕"贮"，讲不通。据"瓜用小而直者"，明是歪曲者不可用，应是"喝"字之误。

〔5〕金抄作"沸汤"，他本作"汤沸"，非是。按：《食次》文对"煠"的处理，均作"暂经沸汤"的直接描述，下文屡见。

〔6〕苦笋切得很细很薄，随即入水，可以浸去一点苦味，但仍宜作"暂经沸汤"的处理，"漉出"下疑脱此处理过程。

〔7〕"乳"，未知是否有误。

〔8〕竹菜：缴形科多年生草本，学名Aegopodium tenera。生于竹林及树

阴间。

〔9〕蕺（jí）：蕺菜，三白草科，多年生草本，学名Houttuynia cordata。茎叶有腥臭气，俗名"鱼腥草"，产于长江以南各地，嫩茎叶可作蔬菜。浙江绍兴有蕺山，相传以产蕺菜得名，越王勾践喜食蕺菜。《食次》出现蕺菜，它似应是南方人的作品。

〔10〕"一升"，无论指盐或菜都不允洽，疑有脱误。

〔11〕"撩"，各本同，金抄误作"掩"。按："撩"谓捞取，是说在汤中过一下就捞出来。这是吴越方言，五代吴越国有"撩浅军"专职清捞河湖淤泥，今口语犹称水中捞物为"撩"。此又《食次》用语暗合江东方言者。

〔12〕"用米"，各本同，无法解释。或者"用"连上句，"米"是衍文，或是"半"字之误，脱"萁"字。

〔13〕菘根：当是指菘菜的叶柄。　　檋：字书无，疑"櫼"之误。按：本篇引《食次》自"汤菹法"至"紫菜菹法"各条，都是在汤中暂焯即出，随即拌醋的速成酸菜，是随作随用的。櫼是一种小型容器，也许这种菹就作在櫼子里面，故有"櫼菹"之称。

〔14〕"熯"（hàn），黄麓森校记："熯，本亦作焊，即蔊菜之蔊。"唐陈藏器《本草拾遗》有"𤅸菜"，李时珍认为即"蔊"字之讹，并说："蔊味辛辣，如火焊人，故名。"（《本草纲目》卷二六"蔊菜"）是"熯"并非暵曝字，是《食次》借作同音的"蔊"字，即蔊菜（Rorippa indica），十字花科，一名辣米菜。清吴其濬《植物名实图考》卷六："吾乡人摘而腌之为菹，殊清辛耐嚼。"

〔15〕筚（bì）篥（lì）：即觱篥，又名"筋管"，簧管乐器。以竹为管，管上开孔，管口插有芦制的口吹哨子。这里是说扎成像觱篥管子那样粗细的小把。

〔16〕"若不各在一边"，这和下面"……就会变黄坏了"是怎样一种关系，是不是说变黄坏了就不能青的白的各在一边？疑有脱文，不然，此三句难以连贯解释。

〔17〕自"瓜芥菹"至"紫菜菹"都用盐、醋，这里"盐"下疑脱"酢"字。

〔18〕"及暖与则黄坏"，应指橘皮，是说及热和橘皮会黄坏不香，则上文"暂经沸汤"下应有"待冷"过程。上文"又"下疑脱"云"字。

〔19〕榲（yūn）菘：古时南方有称萝卜为"温菘"，但本条标目就用萝卜，则榲菘自非萝卜。《今释》疑是加温法栽培的白菜。究竟指什么，不明。

〔20〕"穰"，借作"瓤"字。这是《食次》、《食经》的惯例。

〔21〕"研饼"，不可解。按：上篇《素食》引《食次》"蜜姜"有"竿子切……大如细漆箸"，本条既说明"竿子细切"，疑"研"是"水引"的误合错成。

〔22〕悬钩子：蔷薇科，落叶灌木，学名Rubus palmatus（R. corchorifolius）。果实为聚合的小核果，可生食，也可制果酱或酿酒。又名野杨梅。　　廉姜：即

山奈 (Kaempferia galanga)，又名"三奈"、"沙姜"。姜科，多年生草本。具块状根状茎，有香气。蒴果长椭圆形。产于我国赣南、岭南等地，也出现于《食次》，其书很可能是南朝人所写。

〔23〕"一杯可下十度"，盆、盎、羹斗等，古时都可叫"杯"，问题不大，但怎样可以"下十度"，这疙瘩难解。如果"一杯"是"一枚"之误，也绝不可能一个可以用十次。猜测或者是一大"杯"的酸石榴或悬钩子，可以够十次用吧？

〔24〕"尝看"上金抄有"皮"字，他本无，应无。但有错简，这整句应倒在"又云"条之后，作："杬一升，与水三升，煮取升半。尝看，若不大涩，杬子汁至一升。澄清。"是说杬汁不够浓时，就再煮浓些，只取一升。如果指尝杬木"皮"，就与"大涩"矛盾，讲不通了。

〔25〕悬钩子的果实是肉质小核果，可以整个地用，但酸石榴怎样整个用法？如果指子粒，太少，不相称。这又是《食次》文记述不明的"谜"。

〔26〕溓 (lǎn)：溓汁。一种水渍水果并密封之，使营乳酸发酵所成的酸浆。

〔27〕"令甜酢"下应脱"浇之"二字，指将此汁浇在梨片上面上供。下文"蕨"项下突然飞来"又浇之"三字，该就是从这里飞出去的，而又多了个"又"字。

〔28〕"半"，费解，疑"片"之误。

【译文】

《食次》说："作女曲的方法：用三斗糯米，淘干净，炊成饭，要炊软些。搁着让它冷透之后，在曲模子中用手按压成饼。上下两面都用青蒿罨着，放在床箔上，像作麦曲一样。过了三七二十一天，开开曲室来看，如果长满了黄衣，便成了。如果还没有长满黄衣，依旧停放着，一定要长满了衣才行。取出来，在太阳下面晒着，到干了才可以用。"

酿瓜菹酒的方法：用一石糯米，斫碎的麦曲满满的二斗，斫碎的女曲平平的一斗。酿造的方法：等〔一石糯米的饭〕消化了，再投下五升米的饭；又消化了，又投下五升米的饭。投两次之后，酒熟了，就可以用，不榨出酒糟。瓜，用盐抹过，太阳下晒到皮起皱，放进和了盐的浓酒糟中腌上三夜，然后过到女曲酒中为好。

"瓜菹的作法：采收越瓜，要用刀割；如果手摘，不要使瓜皮受伤。瓜用盐揩抹几遍，太阳下晒到皱皮。先用四月作的白醪酒酒糟和进盐，把瓜腌在酒糟中。过几天，再过到大酒酒糟里，酒糟里和进盐、蜜和女曲，一起下在缸中腌着，泥封缸口，总要日子久了为好。"又说:"不在白醪酒糟里腌过也可以。"又说:"大酒要舀出清酒,用酒醅,如果一石酒醅,就和上三升盐,三升女曲,三升蜜。女曲要晒干,用手搎破,整小块地用。女曲就是麦黄衣。"又说:"瓜洗干净,让它干燥,用盐抹上。拿盐和在酒糟里,只要有咸味,不要多,连瓜带糟一起腌在缸中,用泥密封缸口。瓜腌软腌黄了,便可以吃。大瓜破作六条,小瓜破作四条,每条再截成五寸长的段,条的宽窄就着瓜的大小来决定。"又说:"切成四寸长,一寸宽。〔皮在下面〕仰着盛供四片上席。瓜要用小而直的,不可用〔歪曲的〕。"

瓜芥菹的作法:用冬瓜,切成三寸长,一寸宽,二分厚的片。芥子中搎点胡芹子,一起研透,去掉渣,给些好醋,加上盐,放进瓜腌着。越久越好。

汤菹的作法:用没有老的菘菜、芜菁,去掉根,在沸汤里短时地焯一下,趁热加上盐、醋。整条长的菜,依盛器的大小截短。加上醋,要用菜汁调稀;不然的话,太酸。盛满供上席。

苦笋紫菜菹的作法:笋,剥去壳,横切成三寸长的段,再细切成条;小笋拿住尖端,从大的一头一片片的削下来,总要又细又薄;都随手放进水里。削完之后,捞出来,和进切细的紫菜,给些盐、醋和乳。盛半碗供上席。紫菜用冷水浸着,过一会自然会涨开。但洗的时候不要用热水,热水一洗就会失去原味。

竹菜菹的作法:竹菜生在竹林下面,像芹菜,科丛大,茎叶细小,长得很密。洗干净,在沸汤里稍微焯一下,赶快拿出来,放入冷水中浸一下,随即捏去水,切细。另外用胡芹、小蒜,也在沸汤里暂焯一会,取出来切细,和进竹菜里。加盐、醋。盛半碗供上席。春天可用到四月。

蕺菜菹的作法:蕺菜去掉泥土、须根,拣去黑色不好的,不要洗。在沸汤里暂时焯一下就拿出来。多少搁些盐。一升〔菜(?)〕,用暖的米泔清汁洗洁净,趁暖取出,把水沥干净,下在盐和的醋里面。如果不趁暖就取出来,菜会发黄变坏的。再沸汤里撩出〔焯过的〕葱白,随即放入冷水中,再捞出来,放在蕺菜里面。都要切成一寸长用(?)。如果用碗子盛供上桌,要拣去蕺节,调理整齐,葱白和蕺菜相接,各在一边盛上,要盛满。

菘根榼菹的作法:菘菜,整棵统统地洗干净,〔截取叶柄,〕须要切成长条,像算筹的粗细,三寸左右长。把切好的叶柄扎起来,放进沸汤里,稍停一会就拿出来,趁热加上盐和醋。将橘皮切成细丝,和在里面。整理好,盛半碗供上席。

熯菹的作法:洗洁净,缕切成三寸左右长的条,扎成小把,粗细像箄箅管子。在沸汤里稍微焯一下,赶快拿出来,趁热加上盐和醋,上面加些胡芹子。把菜整理平直,盛满供上席。

胡芹小蒜菹的作法:胡芹和小蒜都在刚开的沸水里暂时焯一下就拿出来,放进冷水里,再拿出来。胡芹切细,小蒜切成一寸长,加上盐和醋。分开来一样一半,青的白的各在一边,供上席。如果不是各在一边,焯过不随即放进冷水里,就会变黄坏了。要盛满供上。

"菘根萝卜菹的作法:整棵统统地洗洁净,细切成长条,扎成把,像十张纸卷成的卷子大小。在沸汤里暂时焯一下就取出来,多给些盐〔、醋〕。用二升暖汤,整把地用手按在暖汤里。——又〔说〕:切成细丝,在沸汤里暂时焯一下,和上橘皮,但不能趁热而上,那会变黄坏掉的。——整理好,盛满供上席。熅菘、葱、芜菁根都可以用。"

紫菜菹的作法:取紫菜,冷水中浸涨开来,加上腌葱一起盛着,两样各在一边,搁上盐和醋。盛满供上席。

"蜜姜的作法:用生姜,洗干净,削去皮,腌藏在十月作的酒糟里。用泥涂封容器的口,过十天,熟了。取出来,用水洗净,再放进蜜里面。大的中间破开,小的整块用。竖着盛四块供上席。"又说:"快速作成的方法:削去皮之后,放进蜜里面煮过,就可以用。"

"乌梅腌瓜的作法:用大冬瓜,削去皮,挖去瓤,细切成算筹样,三寸长,像〔水引〕饼的粗细。用生布轻轻地绞去汁,随即浇下〔煮得的〕杭皮汁,让它稍稍浸暖。过一夜,捞出来。用一升乌梅,加上二升水,煮得一升多些的汁,捞去梅子,把汁澄清。清汁里再加进三升蜜,三升杭皮汁,二十个新鲜橘子——去掉皮、核,取得橘汁——调和好,一起煮到两沸,撇去上面的浮沫,澄清,摊冷。然后把瓜下在这梅杭合煮的汁里。下完后,再加上酸石榴、悬钩子、廉姜屑。一'杯'的酸石榴或悬钩子,可以够十次用。"又说:"用乌梅浸出的汁浇在上面盛上席。酸石榴、悬钩子,一份不过五六个。〔杭皮〕煮透了,去掉粗皮。一升杭皮,加上三升水,煮到一升半。(尝尝看,如果不够涩,再煮浓到一升。)澄清了用。"

"梨菹的作法:先要作成梨渍汁:用小梨子,盛在瓶子里,用水浸着,泥封瓶口,从当年秋天一直到第二年春天。到当年冬天如果需要时,也可以将就拿来用。——有一说,只要一个月就可以用了。——要用的时候,削去皮,整个地切成薄片,盛供上席,在梨渍汁里加些蜜,让它又酸又甜〔,浇在上面〕。仍旧把瓶口用泥封好。如果要快速作成的,把梨子照上面的方法切成薄片,五个梨〔的片〕放进二升苦酒同二升热汤调和的液汁里,加温让它暖暖的。取出来盛着,一份盛上五六片,浇上酸汤汁,浇到半满,供上席。把签子放在盛器旁边〔,戳梨片吃〕。夏天作的,保留时间不超过五天。"又说:"快速作成的,煮枣子也可以用。"

木耳菹[1]:取枣、桑、榆、柳树边生犹软湿者,干即不中用。柞木耳亦得。煮五沸,去腥汁,出置冷水中,净洮。又着酢浆水中洗,出,细缕切。讫,胡荽、葱白,少着,取香而已。下豉汁、酱清及酢,调和适口,下姜、椒末。甚滑美。

蘧菹法[2]:《毛诗》曰:"薄言采芑。"毛云:"菜也。"[3]《诗义疏》曰[4]:"蘧,似苦菜,茎青;摘去叶,白汁出。甘脆可食,亦可为茹。青州谓之'芑'。西河、雁门蘧尤美[5],时人恋恋,不能出塞。"

【注释】

〔1〕本条是贾氏本文,在引完了《食次》文之后,殿以自己的材料。以下仍是引书,主要是蕨和荇两组野菜。

〔2〕蘧(jù):同"苣",是菊科莴苣属(Lactuca)或苦苣菜属(Sonchus)的植物。

〔3〕《诗经·小雅·采芑》句。"毛云"是毛亨《传》。

〔4〕《诗经·采芑》孔颖达疏引陆玑《疏》与《诗义疏》不同,特别是后者开头标明"蘧",与青州叫作"芑"的是异名同物,而前者开头标明的仍是"芑",则"蘧"的异名消失,大异。但《诗义疏》没有提到作"菹",与标题不符,应是传刻中被脱漏。

〔5〕西河、雁门:均郡名,雁门也是关名,在今山西北部地区。

【译文】

木耳菹的作法:采得长在枣树、桑树、榆树、柳树上还润湿柔软的木耳,干了的就不好用。柞树上的木耳也可以用。用水煮五沸,去掉腥汁,捞出来放在冷水中,淘洗洁净。再放进酸浆水中洗过,取出来,切成细丝。切好了,加点胡荽、葱白,少放点,只要有香气就行。搁下豆豉汁、酱清汁和醋,调和到合口味,再搁点生姜、花椒末。味道很嫩滑好吃。

蘧蔬的作法:《毛诗》说:"采芑又采芑。"毛《传》说:"芑是菜。"《诗义疏》说:"蘧,像苦菜,茎是绿的;把叶摘下,里面有白汁流出来。又甜又脆,可以生吃,也可以煮了吃。青州人叫作'芑'。西河、雁门的蘧尤其好,当时的人恋恋不舍,舍不得离开它到塞外去。"

蕨[1]

《尔雅》云:"蕨,虌。"郭璞注云:"初生无叶,可食。《广雅》曰'紫藄',非也。"[2]

《诗义疏》曰[3]:"蕨,山菜也。初生似蒜茎,紫黑色。二月中,高八九寸,老有叶[4],瀹为茹,滑美如葵。今陇西、天水人[5],及此时而干收,秋冬尝之。又云以进御。三月中,其端散为三枝,枝有数叶,叶似青蒿,长粗坚强,不可食。周秦曰'蕨';齐鲁曰'虌'[6],亦谓'蕨'。"

【注释】

〔1〕蕨(jué):蕨类植物,凤尾蕨科,学名Pteridium aquilinum var. latiuseulum。多年生草本,生于山坡或疏林下。嫩叶可食,俗名"蕨菜";根状茎含淀粉,称"蕨粉"或"山粉"。又叫"蘧",《经典释文》:"俗云其初生似虌脚,故名焉。"

〔2〕见《尔雅·释草》,今本"虌"作"蘪",郭璞注多"江西谓之蘪"句。《诗经·召南·草虫》"言采其蕨"唐陆德明《经典释文》称:"俗云其初生似虌脚,故名焉。"《广雅·释草》有:"茈藄(qí),蕨也。"而郭璞释《尔雅·释草》的"藄,月尔"为"紫藄","似蕨可食",故称《广雅》所释为"非"。"茈"通"紫"。

〔3〕《尔雅·释草》"蕨,蘪",邢昺疏引陆机《疏》寥寥数语,与《诗义疏》特别详尽迥异。

〔4〕"老",各本同,费解。清陈奂《诗毛氏传疏》引《要术》改作"先",其实应作"始"。

〔5〕陇西、天水:均郡名,在今甘肃黄河以南地区。

〔6〕周秦:大致指今陕西关中地区。　　　　齐鲁:今山东地区。

【译文】

蕨

《尔雅》说:"蕨,就是虌。"郭璞注解说:"刚生长时还没有长叶,可以吃。《广雅》

说是'紫蘩',那是错的。"

《诗义疏》说:"蕨,是山中的野菜。刚长出时像大蒜的茎,紫黑色。到二月里,长高到八九寸时,〔才开始〕长叶,把它煮过作菜吃,像葵菜一样嫩滑好吃。现在陇西、天水的人,就在这时采收来晒干贮藏,到秋冬季节拿来吃。又说是进贡皇家的。到三月里,上端分开成三枝,每枝有几个叶,叶像青蒿,既长又粗,又坚硬,就不好吃了。周秦的人称为'蕨';齐鲁的人称为'鳖',也称为'蕨'。"

又浇之[1]。

《食经》曰:"藏蕨法:先洗蕨,把着器中,蕨一行,盐一行,薄粥沃之。一法:以薄灰淹之,一宿,出,蟹眼汤瀹之。出熇,内糟中。可至蕨时。"

"蕨菹:取蕨,暂经汤出;小蒜亦然。令细切,与盐、酢。"又云:"蒜、蕨俱寸切之。"

【注释】

[1]"又浇之",从上文"梨菹法"窜误于此,见该条注释。

【译文】

《食经》说:"藏蕨的方法:先把蕨洗干净,放进容器里,一层蕨,一层盐,用稀粥浇在上面。又一方法:薄薄地用灰罨着,过一夜,拿出来,在气泡像蟹眼大的沸水里焯一下。取出来,晒去水分,放进酒糟里腌着。可以保存到接上新蕨。"

"蕨菹的作法:拿蕨在沸汤里暂焯一下,取出来;小蒜也同样处理。都切细,加上盐和醋。"又说:"小蒜和蕨,都切成寸把长。"

荇[1]字亦作莕

《尔雅》曰:"莕,接余。其叶,荇。"郭璞注曰:"丛生水中。叶圆,在茎端;长短随水深浅。江东菹食之。"[2]

【注释】

[1]荇(xìng):即莕菜(Nymphoides peltatum),龙胆科。多年生水生草本,

生于淡水湖泊中。茎细长,沉没水中,下部白色,接近水面部分淡绿色;叶卵圆形,漂浮在水面上,表面绿色,背面带紫红色。嫩茎叶可食。

〔2〕引文见《尔雅·释草》,文同。今本郭璞注无"菹"字,似脱。

【译文】

茆也写作莕

《尔雅》说:"莕,就是接余。它的叶称为苻(fú)。"郭璞解释说:"莕,丛生在水中。叶片圆形,长在茎的顶端;茎的长短随着水的深浅。江东人用来作菹吃。"

《毛诗·周南国风》曰:"参差荇菜,左右流之。"毛注云:"接余也。"〔1〕《诗义疏》曰〔2〕:"接余,其叶白;茎紫赤〔3〕,正圆,径寸余,浮在水上。根在水底。茎与水深浅等,大如钗股,上青下白,以苦酒浸之为菹,脆美,可按酒。其华为蒲黄色〔4〕。"

【注释】

〔1〕引文见《诗经·周南·关雎》。"毛注"是毛亨《传》。

〔2〕《诗经·关雎》孔颖达疏及《尔雅·释草》邢昺疏引陆机《疏》均与《诗义疏》异,《诗义疏》多"为菹",所以贾氏列入《作菹藏生菜法》篇,又多"其华为蒲黄色"句,而"与水深浅等"上有"茎"字,必须有,陆《疏》脱。

〔3〕"其叶白;茎紫赤",各本同,误,致下文不可通。按:莕菜的茎沉没水中,下部白色,接近水面部分淡绿色,即所谓"上青下白";叶漂浮在水面上,表面绿色,背面带紫红色,即陆机《疏》所称:"白茎,叶紫赤色。"《诗义疏》"茎"、"叶"二字传刻中倒错,应作"其茎白;叶紫赤"。

〔4〕蒲黄色:香蒲的圆柱状肉穗花序的花粉,取以为药,称为"蒲黄",其色金黄。莕菜夏秋间开花,鲜黄色,像蒲黄的颜色。

【译文】

《毛诗·周南·关雎》说:"长长短短的荇菜,这边那边采来。"毛《传》说:"荇菜就是接余。"《诗义疏》说:"接余,〔茎〕白色;〔叶子〕紫赤色,圆形,直径一寸多,浮在水面上。根在水底下。茎的长短和水的深浅相等,粗细像一支钗股,上部绿色,下部白色,用苦酒浸着可以作菹,味道脆而且美,可以下酒吃。它的花是蒲黄色的。"

饧餔第八十九

史游《急就篇》云[1]:"馓(生但反)、饴、饧[2]。"

《楚辞》曰[3]:"粔籹、蜜饵,有帐惶。"帐惶亦饧也。[4]

柳下惠见饴曰[5]:"可以养老。"[6]然则饴餔可以养老自幼[7],故录
之也。

【注释】

〔1〕引文见《急就篇》卷二,原句是:"枣、杏、瓜、棣、馓、饴、饧。"

〔2〕馓:即馓子。"生但反",明抄作"生偘反",字书无"偘"字,他本更
误。《急就篇》音注作"思但反",据改为"但"字。 饴、饧:利用麦芽糖
化淀粉,将滤去米渣后的糖化液汁煎成的糖,叫作饴或饧。饧,古念 táng,即
今糖字,隋唐以后又念 xíng。分开来说,饧比较强厚,饴比较柔薄,故软饴也
叫"湿饴",强厚成固态的叫"干饴",也叫"脆饧";通称则二者无别,都是
饴糖。

〔3〕《楚辞》:西汉刘向所辑录,东汉王逸作注。所辑以战国楚人屈
原的辞赋为主,兼及宋玉及汉代东方朔、王褒等人之作。文体承袭屈赋
的形式和方言声韵,内容叙写楚地风土物产等,具有浓厚的地方色彩,故
名《楚辞》。

〔4〕《楚辞·招魂》:"粔籹、蜜饵,有帐惶些。"东汉王逸注:"帐惶,饧也。"帐
(zhāng)惶(huáng),由"张皇"从食作"帐惶",也从米作"粻糨",是物体膨胀的
意思,故唐颜师古注《急就篇》释为馓子。但东汉王逸注《楚辞》释为"饧",贾
思勰亦承其说认为"就是饧"。粔籹,也是馓子。

〔5〕柳下惠:春秋时鲁国大夫,任士师(掌刑狱的官)。原名展获,字禽。食
邑于柳下,谥惠,故称柳下惠。

〔6〕《淮南子·说林训》:"柳下惠见饴曰:'可以养老。'盗跖见饴曰:'可以
黏牡。'见物同而用之异。""牡"指门楗,放上饴糖,开门时没有响声。

〔7〕餔:"如饧而浊"的饴糖。浊的来源是有较多的未滤清的饭渣杂和在饧
里面。"自",无意义,应是"育"字残烂错成。

【译文】

史游《急就篇》有"黴、饴、饧"。

《楚辞》说:"粔籹、蜜饵,有怅惶呀。"怅惶也就是饧。

柳下惠见到饴说:"这可以颐养老人。"这就是说,饴、铺可以养老〔育〕幼,所以也记录在这里。

煮白饧法:用白芽散蘖佳[1];其成饼者,则不中用。用不渝釜;渝则饧黑。釜必磨治令白净,勿使有腻气。釜上加甑[2],以防沸溢。干蘖末五升,杀米一石。

米必细师,数十遍净淘,炊为饭。摊去热气,及暖于盆中以蘖末和之,使均调。卧于酺瓮中[3],勿以手按,拨平而已。以被覆盆瓮[4],令暖;冬则穰茹。冬须竟日,夏即半日许,看米消减离瓮,作鱼眼沸汤以淋之,令糟上水深一尺许,乃上下水洽。讫,向一食顷,便拔酺取汁煮之。

每沸,辄益两杓。尤宜缓火;火急则焦气。盆中汁尽,量不复溢,便下甑。一人专以杓扬之,勿令住手,手住则饧黑。量熟,止火。良久,向冷,然后出之。

用粱米、稷米者,饧如水精色。

黑饧法:用青芽成饼蘖。蘖末一斗,杀米一石。余法同前。

琥珀饧法:小饼如碁石,内外明彻,色如琥珀[5]。用大麦蘖末一斗,杀米一石。余并同前法。

煮铺法:用黑饧蘖末一斗六升,杀米一石。卧、煮如法。但以蓬子押取汁[6],以匕匙纥纥搅之,不须扬。

《食经》作饴法:"取黍米一石,炊作黍,着盆中。蘖末一斗搅和。一宿,则得一斛五斗。煎成饴。"

崔寔曰:"十月,先冰冻,作京饧[7],煮暴饴。"

【注释】

〔1〕这是刚长出白色的芽就收取晒干备用的小麦芽蘖,专用来糖化米饭作成白饧的。白芽继续生长,发生绿叶素,由白转青,同时根芽相互盘结成一片,即所谓

"成饼"，这种转青成饼的小麦芽蘖是专用于作黑饧的。见卷八《黄衣黄蒸及蘖》。

〔2〕釜上加甑：锅口上加上甑。甑，指甑桶或甑圈，加在锅边上以防沸溢。浙江义乌以善制饴饧著称于浙，有一套特制的工具。这口熬饧的大锅，叫作"煎口"。它加高的办法是用大缸凿去缸底，然后将缸的底缘接合在大锅的口缘上。其接合之处，是在缸的底缘凿成一条小沟，刚刚可以嵌合在大锅的口缘上，然后再用桐油石灰粘固，非常牢固。

〔3〕"卧"，指罨着，即密闭在瓮中保持相当高的温度，使糖化作用顺利进行。义乌称这口特用的瓮为"翁缸"，外面用砖砌并石灰厚封以保温。"翁"也是"罨"的转音。醰，连下文"拔醰"的"醰"，各本均作"醑"，误。吾点校改作"醰"，《渐西》本据以改正。字亦作"瓹"，此指瓮底边上开的孔。惟糖水从醰孔中流出，《要术》没有提到过滤措施，则其糖水夹带糖渣，其饧亦浑浊多渣，不知是否有脱文。据下文琥珀饧"内外明彻"，该是经过过滤的。浙江义乌以善制饴饧著称于浙，卧饭糖化也用醰瓮，但有过滤装置，就是在瓮的近底部安上一面竹算子，以过滤糖渣，缸底边上开醰孔以泄流糖水。醰孔下掘地为坑，坑中另埋一口缸（缸口平地面），以承接从醰孔中下注的清糖水。《要术》承接糖水的用具是大盆，大概醰瓮是稍稍架高的。

〔4〕"以被覆盆瓮"，从盆中装饭入瓮，不可能又抬瓮放入盆中，再用被把盆和瓮一起覆盖。这应是以空盆倒覆瓮口，然后连盆瓮一起覆盖，写得更明白些，应是"盆合，以被覆瓮"。

〔5〕色如琥珀：用大麦芽熬成的饧，颜色褐黄像琥珀色。但经过不断挽打，就成白色，义乌人到现在仍称之为"白饧"，而别称蔗糖为"糖霜"。《名医别录》"饴糖"，陶弘景说："其凝强及牵白者不入药"，所称"牵白者"正是牵打成白色的硬饴。而《要术》没有提到，大概当时《要术》地区还没有这样做，所以还是褐黄本色的。

〔6〕蓬子：未详。推想该是一种过滤糖渣的用具，而孔隙较疏，可以透过一些细渣，因而成为"如饧而浊"的"铺"。

〔7〕"京饧"，各本同，但卷三《杂说》引《四民月令》作"凉饧"，《玉烛宝典》引同，"京"应是"凉"字之误。"凉饧"是干硬的"冻饧"，"暴饴"是速成的稀饴。

【译文】

煮白饧的方法：用芽白色的小麦散蘖为好；芽转青纠结成饼的不中用。要用不褪色的铁锅；褪色的铁锅煮出来的饧是黑色的。锅必须刮治得干净洁白，不让它有油腻气。锅口上加上甑，防止煮沸时糖水溢出外面。五升干的麦芽蘖末，可以消化一石米。

米必须细心地舂白,淘洗几十遍让它洁净,炊成饭。摊开让热气散去一部分,趁暖放在盆子里,和上蘖末,调和均匀。再倒进底边上有醋孔的瓮里罨着,不要用手去按,只拨平就可以了。〔盆子倒覆在瓮口上,〕用被子连盆带瓮一起覆盖着,让它保温;冬天要在瓮外用穰秸包裹着。冬天须要经过一整天,夏天经过半天左右,看饭消化减缩了,离开瓮边沉下去了,烧开气泡像鱼眼大小的沸汤浇进瓮里,让饭糟上有一尺左右深的水,再将上下层的糖水和浇水搅和均匀。搅完之后,经过将近吃一顿饭的时间,便拔掉醋孔塞子,将流出的糖汁〔接在盆子里,再分次舀进锅里〕熬煮〔,浓缩成饧〕。

每次煮沸溢上来了,就添进两杓糖水。尤其宜于用缓火;火猛了就会有焦臭气。接在盆子中的糖汁舀尽了,估量煮稠的糖液也不会再沸溢了,就拿掉锅上的甑。由一个人专门守着,不断地用杓子扬搅糖液,不要停手,停手了饧就会焦黑。估计熬熟了,就停火。过好长时间,到快凉时,然后舀出来。

用粱米、稷米作的饧,颜色像水晶一样。

煮黑饧的方法:用麦芽已转青纠结成饼的小麦蘖。一斗蘖末,可以消化一石米。熬煮的方法,同上条一样。

琥珀饧的作法:作成小饼的形状,像围棋子的大小,里外明彻,颜色像琥珀。用大麦芽蘖末。一斗蘖末,可以消化一石米。其余的方法都和上条一样。

煮餔的方法:用煮黑饧的那种成饼的小麦芽蘖末。一斗六升蘖末,可以消化一石米。罨着保温,煎煮,都同煮饧的方法。不过要用蓬子押取糖汁,煮时用杓子不断地来回搅动,不得上下翻扬。

《食经》作饴的方法:“取一石黍米,炊成饭,盛在盆子里,和进一斗蘖末,搅匀。过一夜,糖化得到一石五斗的糖汁,煎熬浓缩成饴。”

崔寔说:“十月,在冻冰以前,作〔固态的〕饴糖,煮速成的薄饴。”

《食次》曰[1]:“白茧糖法[2]:熟炊秫稻米饭,及热于杵臼净者舂之为糍[3],须令极熟,勿令有米粒。幹为饼:法,厚二分许。日曝小燥,乃直剒为长条,广二分;乃斜裁之[4],大如枣核,两头尖。更曝令极燥,膏油煮之。熟,出,糖聚丸之;一丸不过五六枚[5]。”又云:“手索糍,粗细如箭簳。日曝小燥,刀斜截,大如枣核。煮、丸，如上法。丸大如桃核。半奠，不满之。"

"黄茧糖：白秫米，精舂，不簸、淅⁽⁶⁾，以栀子渍米取色。炊，舂为糍；糍加蜜。余一如白糍。作茧，煮，及奠，如前。"

【注释】

〔1〕引《食次》的"白茧糖"和"黄茧糖"与饴饧无关，不过也是一种糖食而已。很小粒的油炸糯米馓子，外面滚糖成丸，其所用糖不可能是饴糖，否则受湿失其膨松脆散口味，只能用散糖滚附，即"石蜜"，即蔗糖的砂糖或白糖。但那时很贵重，即使我国岭南也未必有生产，该是海南"进口"或进贡的。

〔2〕白茧糖和下文的黄茧糖都是一种油炸糯米馓子，外层黏附白糖，油炸膨胀后其形如茧，故名。黄茧糖是糯米先用栀子果实的浸出液染上黄色后再制作。

〔3〕糍（cí）：同"餈"。即糍粑。

〔4〕"裁"，可以解释，不过下文有"斜截"，怀疑该作"截"。

〔5〕"一丸"，指作一次丸。这是《食次》用词，恐非误文。

〔6〕糯米所以不簸不淘洗，大概因为米粒不是一下子能全染黄的，而白米糠却是立刻可以染上黄色，再舂进糍粑里，能使黄色均匀，而炸成馓子后又不会糊嘴。

【译文】

《食次》说："白茧糖的作法：将糯米炊成饭，趁热在洁净的杵臼里舂作糍粑，须要舂得极熟，不让它有饭粒。再擀成饼，规定是二分左右厚。太阳底下晒到稍稍干燥，用刀切成二分宽的长条，再斜切，切成像枣核大小两头尖的小丁点儿。然后晒到极干燥，下入油锅里炸。熟了，捞出来，放进糖里滚成粘上糖的小丸；滚一次不过五六个丸子。"又说："用手捏拉糍粑，拉成像箭箅粗细的长条。太阳下面晒到稍稍干燥，刀子斜切成像枣核大小的小丁点。油炸，滚成糖丸，都同上面的方法一样。丸子像桃核的大小。盛半碗供上席，不盛满。"

"黄茧糖的作法：用精白糯米，细细地舂透，不簸扬，不淘洗，用栀子水浸米，染上黄色。炊成饭，舂成糍粑，加上蜜。其余都和白糍粑的作法一样。油炸，滚成糖茧丸，以及盛供上席，都和白茧糖一样。"

煮胶第九十

煮胶法：煮胶要用二月、三月、九月、十月，余月则不成。热则不凝，无作饼[1]。寒则冻瘃，合胶不黏[2]。

沙牛皮、水牛皮、猪皮为上[3]，驴、马、驼、骡皮为次。其胶势力，虽复相似，但驴、马皮薄毛多，胶少，倍费樵薪。破皮履、鞋底、格椎皮、靴底、破鞍、靯[4]，但是生皮，无问年岁久远，不腐烂者，悉皆中煮。然新皮胶色明净而胜，其陈久者固宜，不如新者。其脂肕盐熟之皮，则不中用。譬如生铁，一经柔熟，永无镕铸之理，无烂汁故也[5]。唯欲旧釜大而不渝者。釜新则烧令皮着底，釜小费薪火，釜渝令胶色黑。

法：于井边坑中，浸皮四五日，令极液。以水净洗濯，无令有泥。片割，着釜中，不须削毛。削毛费功，于胶无益。凡水皆得煮；然咸苦之水，胶乃更胜。长作木匕，匕头施铁刃，时时彻底搅之，勿令着底。匕头不施铁刃，虽搅不彻底，不彻底则焦，焦则胶恶，是以尤须数数搅之。水少更添，常使滂沛。经宿晬时[6]，勿令绝火。候皮烂熟，以匕沥汁，看末后一珠，微有黏势，胶便熟矣。为过伤火[7]，令胶焦。取净干盆，置灶埵丁果反上，以漉米床加盆，布蓬草于床上，以大杓挹取胶汁，泻着蓬草上，滤去滓秽。挹时勿停火。火停沸定，则皮膏汁下，挹不得也。淳熟汁尽，更添水煮之；搅如初法。熟复挹取。看皮垂尽，着釜焦黑，无复黏势，乃弃去之。

胶盆向满，舁着空静处屋中[8]，仰头令凝。盖则气变成水，令胶解离。凌旦，合盆于席上，脱取凝胶。口湿细紧线以割之：其近盆底土恶之处，不中用者，割却少许，然后十字坼破之，又中断为段，较薄割为饼[9]。唯极薄为佳，非直易干，又色似琥珀者好[10]。坚厚者既难燥，又见黯黑，皆为胶恶也。近盆末下，名曰"笨胶"，可以建车。近盆末上，即是"胶清"，可以杂用。最上胶皮如粥膜者，胶中之上，第一粘好。

先于庭中竖槌，施三重箔楄，令免狗鼠。于最下箔上，布置胶饼，其上两重，为作荫凉，并扞霜露。胶饼虽凝，水汁未尽，见日即消；霜露霑濡，复难干燥。旦起至食时，卷去上箔，令胶见日；凌旦气寒，不畏消释；霜露之润，见日即干。食后还复舒箔为荫。雨则内敞屋之下，则不须重箔。四五日渑渑时，绳穿胶饼，悬而日曝。

极干，乃内屋内悬，纸笼之。以防青蝇、尘土之污〔11〕。夏中虽软相着，至八月秋凉时，日中曝之，还复坚好。

【注释】

〔1〕"无作饼"，各本无"作"字，金抄有，仍疑有脱文，应作"无可作饼"。

〔2〕"合"，金抄、明抄同，他本作"白"，均非。按：这是指胶因天寒开裂失去黏性，不是指用胶粘合什物，字应作"令"。

〔3〕沙牛：文献上说法不一，或指母牛为沙牛，或指肩垂臀尖的牛为沙牛，又有指角向前弯曲的黄牛为沙牛。《要术》所指在此中抑在此外，不明。

〔4〕"格椎皮"，未详。《今释》释为"隔锤皮"，指包在锣锤外面的皮。日译本改作"络维皮"，释为系缚马具之皮。由于意义不明，也无从推测错脱，阙疑。"鞁"，字书未见此字，《学津》本等作"鞴"。字形近"鞍"，疑"鞍"之误。

〔5〕烂汁：指熟铁不能再熔化成铁液。熟铁熔点1 500度左右，生铁熔点1 150—1 250度，熟铁熔点高于生铁，在当时的技术条件下，还不能熔化熟铁为铁熔液。这熟铁再也不能熔化了作铸件，就好像熟皮再也不能回头煮出胶来一样。

〔6〕晬（zuì）：一昼夜。

〔7〕"为过"，当是"过为"倒错。

〔8〕舁（yú）：抬

〔9〕"较薄"与"极薄"不协，"较"疑应作"再"，或是衍文。

〔10〕"者"，金抄、明抄有，他本无。"色似琥珀者好"，就是颜色像琥珀那样的好，"者"非指代薄胶，不然，薄胶也有不像琥珀色的，那就讲不通。《今释》疑"者"是"黄"字之误，则可免误解。

〔11〕尘（塵），各本作"壁"，金抄作"鹿"。据卷八《作豉法》有"以防青蝇、尘垢之污"，《脯腊》有"青蝇尘污"，"鹿"明显是"塵"的残误，字应作"塵"（尘）。

【译文】

煮胶的方法：煮胶要在二月、三月、九月、十月，其余的月份都不行。天热胶不凝固，就割不成胶片。天冷〔会使〕胶冻坏冻裂，没有黏性。

〔煮胶的皮，〕沙牛皮、水牛皮、猪皮最好，驴皮、马皮、骆驼皮、骡皮次之。煮得的胶虽然粘固力相似,但驴皮、马皮等皮薄毛多,因而得胶就少,柴薪却加倍耗费。破皮鞋帮,鞋底,格椎皮(？),靴底,破〔鞍〕,破箭袋,只要是生皮,不管年代有多久,凡是不腐烂的,都可以用来煮胶。不过新皮煮的胶,颜色鲜明纯净,胜过旧皮,陈久的皮固然也可以煮,究竟不如新皮。那种用油、盐鞣料鞣制过的熟皮,就不能用。这好像生铁,一旦经过冶炼成为柔性的熟铁,再也不能熔化了作铸件,因为没有"烂汁"。煮胶必须用旧的不褪黑色的大铁锅。新锅容易使皮烧粘在锅底上,锅小了费柴火,褪色的锅会使胶变黑。

煮的方法:在井边掘个坑,把皮浸在坑里,浸上四五天,让它涨透。用水洗洁净,不让它有泥土。割成片,放进锅里,不必削去毛。削毛费工夫,对胶并没有好处。什么水都可以煮;不过有咸苦味的水,煮得的胶更好。作一个长柄的木杓子,杓子头上加一件铁刃,不断地搅铲到锅底,不让皮片粘在锅底上。杓子头上不加铁刃,虽然搅着也不能一直铲到锅底,不铲到锅底就会焦,焦了胶就恶劣,所以更需要频频搅铲。水煮少了就添上,经常保持着有满足的水。经过整整一昼夜的时间,不让它熄火。候到皮烂熟了,用杓子舀点胶汁向下滴,看看最后一滴稍微有黏稠的状态,胶便熟了。煮过头了就伤火,伤火了胶就会焦。取洁净干燥的盆子,放在灶旁边〔承搁物件的〕灶垛上,盆口上搁上漉米架,架上铺上蓬草,用大杓舀出胶汁,倒在蓬草上,过滤去渣滓污物。舀胶汁时不要停火。火停了锅里就不沸了,胶面上会结成一层皮,汁在下面,就不好舀了。锅里的纯汁舀尽了,再加水煮;像上面的方法一样搅动。熟了又舀到盆子里。看看皮已经差不多溶化尽了,贴在锅底上有些焦黑,不再有黏性了,就扔掉它。

盛胶的盆子快满时,就抬到空疏清静的房子里,敞开口让它冷却凝固。加上盖,蒸气凝成水滴下来,胶会溶解不凝固。到明天凌晨,把盆子倒覆在席子上,让凝固的胶脱出来。把细紧的线沾上口水弄湿,用来割胶:先将贴近盆底的有泥污的胶,不能用的,少少割去一些,然后十字割成四大块,每大块又从中割成若干段,每段再薄薄地割成片。总要割得极薄为好,不但容易干,又颜色像琥珀那样的好。如果是硬而厚的,既难以干燥,颜色又显得黯黑,都是胶恶的缘故。靠近盆子下部的,名叫"笨胶",可以用来粘造车辆。靠近盆子上部的,名叫"胶清",可以作各项用途。最上一层胶皮,像粥面上的皮膜的,是胶中的上品,粘力第一好。

先在院子里架设直柱和横档木,铺上三层席箔,避免狗和老鼠来侵扰。在最下面一层箔上，铺上胶片，上面两层，作为遮蔽太阳和隔断霜露之用。胶片虽然已经凝固了，但水分还没有完全干去，遇上太阳就会溶化；胶片沾上霜露后，更难干燥。清早起来到吃早饭以前，卷起上面两层席箔，让胶片见见太阳；清早气温低，不怕溶化；霜露的潮气，见了太阳就会干。吃过早饭，仍然把席箔摊开来遮阴着。下雨天，搬进敞屋下面放着，不再需要用两重箔遮盖了。四五天之后，晾到半干半软的时候，用绳子把胶片一片片穿起来，挂在太阳下面晒。

晒到极干，收回来挂到屋里，用纸套着遮住。为了防止苍蝇、尘土的污染。夏天热，胶片虽然会变软相粘连，到八月秋凉的时候，太阳下面一晒，又会恢复坚实同原来一样的好。

笔墨第九十一

笔法：韦仲将《笔方》曰[1]："先次以铁梳梳兔毫及羊青毛[2]，去其秽毛，盖使不髯。茹讫[3]，各别之。皆用梳掌痛拍，整齐毫锋端，本各作扁[4]，极令均调平好，用衣羊青毛——缩羊青毛去兔毫头下二分许。然后合扁，卷令极圆。讫，痛颉之[5]。

"以所整羊毛中截[6]，用衣中心——名曰'笔柱'，或曰'墨池'、'承墨'[7]。复用毫青衣羊青毛外[8]，如作柱法，使中心齐，亦使平均。痛颉，内管中，宁随毛长者使深[9]。宁小不大[10]。笔之大要也。"

合墨法[11]：好醇烟，捣讫，以细绢筛——于缸内筛去草莽若细沙、尘埃[12]；此物至轻微，不宜露筛，喜失飞去，不可不慎。墨䑋一斤，以好胶五两，浸梣才心反皮汁中[13]——梣，江南樊鸡木皮也，其皮入水绿色，解胶，又益墨色；可下鸡子白——去黄——五颗；亦以真朱砂一两，麝香一两，别治，细筛：都合调。下铁臼中，宁刚不宜泽[14]，捣三万杵，杵多益善。合墨不得过二月、九月：温时败臭，寒则难干潼溶，见风自解碎[15]。重不得过三二两。墨之大诀如此。宁小不大。

【注释】

〔1〕《御览》在引书总目中有韦仲将《笔墨方》，但卷六〇五"笔"引有《笔墨法》，却不标作者，其内容是："作笔当以铁梳梳兔毫及羊青毛，去其秽毛，使不髯。茹羊青为心，名曰笔柱，或曰墨池。"疑出韦仲将法而多删简。大概《要术》只引录韦氏的制笔法，故简称《笔方》。韦仲将，名诞，三国魏时人。文献记载他善书法，并善制墨。

〔2〕"先次"，如果解释为先梳兔毫，次梳羊青毛，有些勉强。《御览》卷六〇五引《笔墨法》这二字处只是一"当"字，北宋苏易简《文房四谱》引韦仲将《笔墨方》无"次"字，《要术》"次"字疑衍。又"梳梳"，原只一"梳"字，《文房四谱》及《御览》引均重文，必须重文。据补。"羊青毛"，苏易简《文房四谱》引《笔墨方》作"青羊毛"（下同）。清梁同书《笔史》记载笔的毛料有30种，其中羊毛有羊毛、青羊毛、黄羊毛3种。

〔3〕茹：茹治，"茹"是制笔过程中初时用口整治毫锋的一道工序，必须非常细致地使锋头对齐。唐陆龟蒙《甫里先生文集》卷一七《哀茹笔工文》赞叹茹工的极其细致辛劳。梁同书《笔史》称："制笔谓之茹笔，盖言其含毫终日也。"这一道工序，现在由水盆工来完成，古时是茹工的艰辛劳动。

〔4〕"本"，各本同。但如"端本"连读，不通，因"端"是毫锋，"本"是毫末，两头不能同时拍齐。制笔必须毫端相齐，现在湖笔生产上叫作"对锋"。梁同书《笔史》引《妮古录》："笔有四德：锐、齐、健、圆"；引柳公权《帖》："出锋须长……副切须齐"；引卫夫人《笔阵图》："锋齐、腰强。"《文房四谱》卷一笔有四句诀："心柱硬，覆毛薄，尖似锥，齐似凿。"都要求毫端齐而尖锐。锋齐以后，根齐容易办到（如"副切"）。《文房四谱》所引没有这个"本"字，这句是："用梳掌痛整毫，齐锋端。"都只要求拍齐锋端，不可能同时拍齐末端。因此，"端本"不能连读。下文"扁"是一种编法，即编连成扁扁的薄排，其所编的地方必须在毫毛的下端，而锋端是不能编的。这样，这个"本"字必须有，没有则指编"锋端"，就不通了。

〔5〕颉（xié）：束扎得极紧。《笔史》引黄庭坚《笔说》称："张遇丁香笔，撚心极圆，束颉有力。"由于笔脚扎得很紧很坚实，可以强固地装入笔管中，故称为"颉"。《笔史》引《南部新书》说："柳公权《笔偈》：'圆如锥，捺如凿，只得入，不得却。'盖缚笔要紧，一毛出，即不堪用。"所以必须尽力颉扎到极紧实。

〔6〕"截"，原作"或"，《文房四谱》与《事类赋》均引作"截"。"中截"是截取羊毛的上段，即柳公权《帖》所称"副切须齐"，作为裹覆（"衣"）笔柱之用。启愉按：这是四层作成的笔：最内层是羊毛，次层是兔毫，这两层构成"中心"，即"笔柱"，第三层就是这里"中截"的羊毛，最外层仍裹以兔毫（"复用毫青衣羊青毛外"）。梁同书《笔史》引黄庭坚《书侍其瑛笔》："宣

城诸葛高三副笔,锋虽尽而心故圆。"引宋晁说之《赠笔处士屠希诗》:"自识有心三副健。""心"指笔心,"副"即外层的"衣","三副"即三重衣,"圆"、"健"都属笔的四德。所谓"有心三副",正是四重的笔。韦诞(仲将)可能是三副笔的创始人。字应作"截",据改。

〔7〕"承墨"是"笔柱"的别名。唐段公路《北户录》卷二"鸡毛笔",崔龟图注引韦仲将《笔方》说:"笔柱,或云墨池,亦曰承墨。"由于《要术》无"亦曰"字,以致有人误读"承墨"入下句,致不可解,其实没有"亦曰"也可以两个别名并举的。

〔8〕到这一道工序,这笔一共是四层毛:最内层是青羊毛,次层是兔毫,这两层构成"笔柱",第三层又是青羊毛,最外层是青兔毫,这笔的层层包毛工作才完成。

〔9〕"宁随毛长者使深","者"疑"著"字脱草头。这是说宁可尽其毛的长度,尽可能装进(著)笔管中深些。《笔史》引黄庭坚《笔说》:"宣城诸葛高,系'散卓笔',大概笔长寸半,藏一寸于管中。"可说深得很。

〔10〕"宁小不大",清张定均所用旧抄本《文房四谱》引韦仲将《笔墨方》作:"宁心小,不宜大。"按:韦诞善写"径丈"大字,笔不可能限制"宁小不大",应是指笔心,《要术》脱"心"字。

〔11〕本条"合墨法",《御览》卷六〇五"墨"及《文房四谱》卷五均引作韦仲将法,文句基本相同。但本条行文是贾氏笔调,也许因此之故,晁氏《墨经》(《四库全书总目提要》推定为宋晁贯之撰)在记述制墨各步骤中,常将韦法与贾思勰法对举,并作比较,如关于用药:"魏韦仲将用真珠、麝香二物,后魏贾思勰用梣木、鸡白、真珠、麝香四物。"可能本条在韦法的基础上,贾氏补充了一些自己的经验,所以在引书时只称韦仲将《笔方》,而不称《笔墨方》。

〔12〕"草莽",《文房四谱》与《御览》引均作"草芥",谓细小草屑。

〔13〕梣(chén):木樨科的白蜡树(Fraxinus chinensis),落叶乔木。其树皮称"秦皮",其浸出液有蓝色荧光。《名医别录》:秦皮,"一名岑皮,一名石檀"。陶弘景注:"俗云是樊槻(guī)皮,而水渍以和墨,书色不脱,微青。"樊槻木大概是江南的习俗名称,而到北方讹音作"樊鸡木"。

〔14〕明沈继孙《墨法集要》"搜烟"说:"搜(按借作"溲")如细砂状,宁干勿湿。"这里"宁刚不宜泽",似应与"下铁臼中"倒易位置。

〔15〕"自",从明抄本,他本作"日"。按:制墨有"荫"的程序,所谓"荫",也叫"入灰",即将初制成的墨锭上下铺上细灰使吸去潮润(冬天在生火的暖室中),然后阴干,可是没有日干的处理。《要术》所记也是干墨的过程,这里该是指风干时要坼裂。故从明抄作"自"。

【译文】

制笔的方法：韦仲将《笔方》说:"先用铁梳〔梳理〕兔毫和青羊毛,去掉污秽乱毛,不让它蜷曲杂乱。茹治完了,两种毛各自分开。都用梳把用力将毫锋拍齐,再将下端〔截齐〕,分别作成扁扁的薄排,须要极均匀平整。用〔兔毫〕裹覆在青羊毛的外面——让青羊毛缩进兔毫锋下二分左右。然后一起卷拢来,要卷得极圆。卷好了,使劲地颉扎得极紧实。

"将整治好的青羊毛的上段〔截取下来〕,用来裹覆在笔心的外面——这笔心名叫'笔柱',又叫'墨池'、'承墨'。再用青兔毫裹在青羊毛的外面,像作笔柱的方法,使中心整齐,也要使它平贴均匀。然后尽力颉扎到极坚实,紧紧地装进笔管中,宁可随着毛的长度装进更深些。〔笔心〕宁可小些,不宜大。这就是制笔的基本要领。"

配制墨的方法：用纯净的好烟子,捣好后用细绢筛筛过——要在缸里面筛,筛去草屑和细沙、尘土,这东西很轻很微细,不能敞露在外面筛,那就容易飘飞散失,不可不谨慎。一斤作墨的烟粉末,用五两好胶,浸在梣皮汁中——梣皮就是江南樊鸡木的皮,这树皮浸出的水呈现绿色,容易使胶溶解,又使墨的颜色更好。可以再加入五个鸡蛋的蛋白,又用一两真朱砂,一两麝香,分别捣细,筛得细末,加在里面。这些都一起均匀地溲和在烟末梣皮汁里面(,宁可溲得刚硬些,不宜潮软)。然后下入铁臼中,捣上三万杵,杵数越多越好。配制墨的时令,不可过了二月、九月,因为天气暖了会败坏发臭,冷了黏腻难以干,见风就会碎裂。每锭重量不得超过二三两。制墨的重要诀法就是这样。墨锭宁可小些,不要过大。

齐民要术卷第十

五谷、果蓏、菜茹非中国物产者^{〔1〕}

聊以存其名目,记其怪异耳。爰及山泽草木任食,非人力所种者,悉附于此。

【注释】

〔1〕本卷仅此一篇,在全书中是第九十二篇,即贾氏自序所称:"凡九十二篇,束为十卷"的最后一卷的最后一篇。照以前九十一篇例,篇题下应有"第九十二"字样,除《渐西》本加这四字外,他本都没有,本译注本仍保留两宋本原样不加。卷内共149个小标题,不能称"篇",本书称之为"目"。为了眉目清醒和便于引称,在标目下一律加上(一)、(二)、(三)……的数号。所谓"中国",指中国北方,即后魏的疆域,主要指汉水、淮河以北,不包括江淮以南,也不包括沙漠以北。所谓"非人力所种",当然是野生。但卷内所记,并不完全符合这个原则。例如"蔆(二二)"、"芡(二六)"及"菜茹(五〇)"的"荷"等,既是北方原有,也不能以野生于南方来解释。又如"橘(一四)"、"甘(一五)"、"甘蔗(二一)"、"龙眼(三八)"、"荔支(四〇)"等等,都是岭南或交趾等地的栽培植物,也不是野生。惟本篇引录了大量的热带亚热带植物资料,成为我国最早的"南方植物志"(旧题晋代嵇含写的《南方草木状》是伪书),对我国植物学史的研究有特殊重要意义,而其引书大都失传,故其资料更可珍视。

【译文】

姑且列举它们的名称,把奇怪特异的东西记录下来。还有那些生长在山上和水泽中可以供食用的草木,但不是人力所种植的,也附录在这里。

五　谷 (一)

《山海经》曰[1]:"广都之野,百谷自生,冬夏播琴。"郭璞注曰:"播琴,犹言播种,方俗言也。""爰有膏稷、膏黍、膏菽[2]。"郭璞注曰:"言好味,滑如膏。"

《博物志》曰[3]:"扶海洲上有草,名曰'蒒'[4]。其实如大麦,从七月熟,人敛获,至冬乃讫。名曰'自然谷',或曰'禹余粮'。"

又曰:"地三年种蜀黍,其后七年多蛇。"[5]

【注释】

〔1〕《山海经》:古代地理著作。东晋郭璞作注。引文见《山海经》卷一八《海内经》。今《四部丛刊》本"广都"作"都广",多"膏稻"一种。

〔2〕"膏",郭璞解释为"味道好",据游修龄教授研究,"膏"是南方方言的"词头",没有实际意义。

〔3〕今本《博物志》(《丛书集成》排印《指海》本)卷六所记"扶海洲上"作"海上","其实"下有"食之"二字。

〔4〕蒒(shī):莎草科的蒒草(Carex macrocephala),多年生草本,生海滨砂地。唐陈藏器《本草拾遗》"蒒草实"说:"出东海洲岛,似大麦,秋熟,一名禹余粮,非石之余粮也。"按:禹余粮有同名异物三种,这蒒草是一种。另两种,一种是百合科的麦冬(Ophiopogon japonicus),见《名医别录》;一种是褐铁矿的矿石,即"石之余粮",亦称"禹粮石",可用为止血药。

〔5〕《博物志》卷二所载同《要术》,惟前有"《庄子》曰"三字,但今本《庄子》无此语,《御览》卷八四二"黍"及九三四"蛇"两引《博物志》亦无此三字,疑出后人伪增。又《御览》二处所引,"地"下均多"节"字,作"地节三年……"。地节是汉宣帝年号,三年是公元前67年,则大有差异。蜀黍,应是高粱。

【译文】

《山海经》说:"广都的广野上;百谷自然生长,冬夏播琴。"郭璞注解说:"播琴,好像我们说播种,是地方方言。""其中谷物,有膏稷、膏黍、膏菽。"郭璞注解说:"膏是说味道好,像膏油一样润滑。"

《博物志》说:"扶海洲上有一种草,叫作'蒒'。它的子实像大麦,从七月开始成熟,人们收获一直到冬天才完毕。又叫作'自然谷',也叫'禹余粮'。"

又说："地里种了三年蜀黍,以后七年之中多蛇。"

稻(二)

《异物志》曰[1]:"稻,一岁夏冬再种,出交趾。"[2]
俞益期《笺》曰:"交趾稻再熟也。"[3]

【注释】

〔1〕《异物志》:自东汉杨孚写《交州异物志》后,迭有三国吴的万震《南州异物志》、吴末的沈莹《临海异物志》、晋初的薛莹《荆扬已南异物志》及时代不明的陈祈畅《异物志》、曹叔雅《异物志》等等多种。本条《初学记》引作杨孚《异物志》。但《要术》所引,仅标"《异物志》"三字者很多,究为何人何种《异物志》,不明,只能作为缺名《异物志》看待(大概当时北方流传这种《异物志》不少)。

〔2〕《御览》卷八三九"稻"引《异物志》是:"交趾稻,夏冬又熟,农者一岁再种。"《初学记》卷二七引作杨孚《异物志》,少"稻夏"二字,余同《御览》。交趾,今广东、广西大部和越南北部、中部地区。其政治中心为交趾郡,郡治在今河内西北。

〔3〕《御览》卷八三九引俞益期《笺》是:"交趾稻再熟,而草深耕重,收谷薄。"再熟,一年两熟。后魏郦道元《水经注》卷三六"温水"记载东晋俞益期写给韩康伯的信说:"火耨耕艺,法与华同。名白田,种白谷,七月大作,十月登熟;名赤田,种赤谷,十二月作,四月登熟:所谓两熟之稻也。"可知"两熟"是夏种初冬收和冬种初夏收的两熟。

【译文】

《异物志》说:"稻,一年中夏、冬种两季,出在交趾。"
俞益期的书信中说:"交趾稻,一年两熟。"

禾(三)

《广志》曰:"粱禾,蔓生,实如葵子。米粉白如面,可为𩜄粥[1]。牛食以肥。六月种,九月熟。

"感禾，扶疏生，实似大麦。

"扬禾，似藋$^{(2)}$，粒细。左折右炊，停则牙生。此中国巴禾——木稷也$^{(3)}$。

"大禾，高丈余，子如小豆。出粟特国$^{(4)}$。"

《山海经》曰$^{(5)}$："昆仑墟……上有木禾，长五寻，大五围。"郭璞曰："木禾，谷类也。"

《吕氏春秋》曰："饭之美者，玄山之禾，不周之粟，阳山之穄。"$^{(6)}$

《魏书》曰$^{(7)}$："乌丸地宜青穄。"$^{(8)}$

【注释】

〔1〕馆(zhān)：稠粥。

〔2〕藋(dí)：即荻。

〔3〕木稷：即高粱，也叫"蜀黍"。

〔4〕粟特国：中亚细亚古国名。其地在阿姆河、锡尔河之间（我国新疆西北），首都在今撒马尔罕。自汉朝以来与我国有密切的经济和文化联系。

〔5〕见《山海经》卷一一《海内西经》。郭璞注尚有："生黑水之阿，可食。见《穆天子传》。"

〔6〕见《吕氏春秋·本味》，文同。末后尚有"南海之秬"句。《本味》假托伊尹对汤陈说边远各地的各种美食，包括鸟、兽、虫、鱼、菜、禾、果，《要术》分引在本卷有关各目中。

〔7〕《魏书》：《隋书·经籍志二》著录，晋司空王沈撰，其他无可考。非记后魏史的魏收所撰之《魏书》。书已佚。

〔8〕《三国志·魏志·乌丸传》裴松之注引《魏书》："乌丸者……地宜青穄、东墙。"《要术》分引于本目和"东墙（六）"目。乌丸：即乌桓，古代一少数民族的名称，原居辽宁，后迁居乌桓山而得名。曹操迁乌桓万余落于中原（部分留居东北），后渐与汉族人相融合。

【译文】

《广志》说："梁禾，蔓生，子实像葵子。米粉像面一样白，可以煮粥吃。喂牛长得肥。六月播种，九月成熟。

"感禾，枝叶分散茂盛，子实像大麦。

"扬禾,像荻,籽粒细小。一边采一边就要炊成饭,停放着就会发芽。这是中国的巴禾——就是木稷。

"大禾,一丈多高,子实像小豆。出在粟特国。"

《山海经》说:"昆仑的大丘上……有木禾,有四丈高,五围粗。"郭璞注解说:"木禾,是谷类。"

《吕氏春秋》说:"饭中味道好的,是玄山的禾,不周山的粟,阳山的穄。"

《魏书》说:"乌丸的土地宜于种青穄。"

麦(四)

《博物志》曰:"人噉麦橡,令人多力健行。"[1]

《西域诸国志》曰[2]:"天竺十一月六日为冬至,则麦秀。十二月十六日为腊,腊麦熟。"[3]

《说文》曰:"䴢,周所受来䴢也。"[4]

【注释】

〔1〕今本《博物志》卷二"噉麦橡"作"噉麦稼",《御览》卷八三八"麦"引《博物志》也是"噉麦",疑"橡"是"稼"之误。

〔2〕《西域诸国志》:《隋书·经籍志》不著录,《御览》引书总目中有之。时代作者无可考。书已佚。

〔3〕《御览》卷八三八引《西域诸国志》同《要术》,惟"腊麦熟"作"则麦熟"。吾点据《御览》引改为"则",《渐西》本从之。天竺,古印度别名。

〔4〕《初学记》卷二七及《御览》卷八三八引《说文》同《要术》。但今本《说文》此句在"来"字下,是:"来,周所受瑞麦来䴢。""䴢"(móu)字下则是:"来䴢,麦也。"分开来,"来"指小麦,"䴢"指大麦,如《广雅·释草》:"大麦,䴢也。小麦,䅹也。"

【译文】

《博物志》说:"人吃了麦橡(?),让人有力,走路轻快。"

《西域诸国志》说:"天竺,十一月六日是冬至,这时麦子孕穗。十二月十六日是腊日,这时腊麦成熟。"

《说文》说:"䄵,就是周族祖先传下来的来䄵。"

豆(五)

《博物志》曰[1]:"人食豆三年,则身重,行动难[2]。恒食小豆[3],令人肌燥粗理。"

【注释】

〔1〕引文见《博物志》卷二,"豆"和"小豆"分列二条。《御览》卷八四一"豆"也有引到,"三年"作"三斗"。

〔2〕《名医别录》:"生大豆……久服令人身重。"唐孟诜《食疗本草》:"大豆……初服时,似身重,一年以后,便觉身轻。"所指是生吃大豆,而且是指"服食法",则《博物志》所说,该是此类,未必是什么"记其怪异"的豆。

〔3〕《神农本草经》"赤小豆",陶弘景注:"小豆,性逐津液,久服令人枯燥矣。"北宋寇宗奭《本草衍义》:"赤小豆,食之行小便,久则虚人,令人黑瘦枯燥。"与《博物志》所说相同,则是根据本草书赤小豆行水利湿的作用来的,也不是什么"怪异"的东西。

【译文】

《博物志》说:"人吃豆三年,使人身躯笨重,行动困难。常吃小豆,使人皮肤肌肉枯燥。"

东 墙(六)

《广志》曰[1]:"东墙[2],色青黑,粒如葵子;似蓬草。十一月熟。出幽、凉、并、乌丸地[3]。"

河西语曰[4]:"贷我东墙,偿我田粱。"

《魏书》曰:"乌丸地宜东墙,能作白酒。"[5]

【注释】

〔1〕《御览》卷八四二引《广志》"东墙"作"东蔷",较简。唐陈藏器《本草

拾遗》引《广志》则作:"东廧之子,似葵,青色。并、凉间有之。河西人语:'贷我东廧,偿尔田粱。'"

〔2〕东墙:是藜科的沙蓬(Agriophyllum squarrosum),一年生草本。我国西北、华北至东北多有分布,多生于流动或半流动的砂丘和砂地。种子可食,并可榨油供食用。

〔3〕幽:幽州,魏晋时约有今河北及辽宁西部地。　凉:凉州,魏晋时约有今甘肃黄河以西地。　并:并州,魏晋时大致为今山西省地。

〔4〕"河西语"条,《要术》原亦提行,但作为书名,各家书目未见。《本草拾遗》引作"河西人语",并且仍是《广志》文。《史记·司马相如列传》引录《子虚赋》"东蘠、雕胡"下唐司马贞《索隐》引作:"《广志》云:'东蘠子,色青黑。河西记云:贷我东蘠,偿尔白粱也。'"《河西记》虽有其书(《隋书·经籍志》等著录),但这是《广志》文连贯下来,疑是"河西语"之误。则《要术》的"河西语"犹言"河西谚",亦即《本草拾遗》的"河西人语",并非书名,下文"蕫(六二)"引《广志》正有"语曰"可为佐证。所以这条实应归入《广志》文,只是原系提行,姑仍其旧。河西,魏晋时相当于今甘肃和青海的黄河以西,即今河西走廊和湟水流域。

〔5〕《三国志·魏志·乌丸传》裴松之注引《魏书》:"乌丸者……地宜青穄、东墙。东墙,似蓬草,实如葵子,至十月熟。能作白酒。"

【译文】

《广志》说:"东墙,颜色青黑,籽粒像葵子,植株像蓬草。十一月成熟。出在幽州、凉州、并州、乌丸等地。"

河西人谚语说:"借去我的东墙,还给我是田粱。"

《魏书》说:"乌丸的土地宜于东墙,可以用来作白酒。"

果　蓏(七)

《山海经》曰:"平丘……百果所在。""不周之山……爰有嘉果:子如枣,叶如桃,黄花赤树,食之不饥。"〔1〕

《吕氏春秋》曰:"常山之北,投渊之上,有百果焉,群帝所食。""群帝,众帝先升遐者。"〔2〕

《临海异物志》曰〔3〕:"杨桃〔4〕,似橄榄,其味甜。五月、十月熟。谚曰：'杨桃无蹩，一岁三熟。'其色青黄，核如枣核。"

《临海异物志》曰："梅桃子[5]，生晋安候官县[6]。一小树得数十石。实大三寸，可蜜藏之。"

《临海异物志》曰："杨摇[7]，有七脊，子生树皮中。其体虽异，味则无奇。长四五寸，色青黄，味甘。"

《临海异物志》曰："冬熟[8]，如指大，正赤，其味甘，胜梅。"

"猴闼子[9]，如指头大，其味小苦，可食。"

"关桃子，其味酸。"

"土翁子[10]，如漆子大[11]，熟时甜酸，其色青黑。"

"枸槽子[12]，如指头大，正赤，其味甘。"

"鸡橘子[13]，大如指[14]，味甘。永宁界中有之[15]。"

"猴总子[16]，如小指头大，与柿相似，其味不减于柿。"

"多南子[17]，如指大，其色紫，味甘。与梅子相似。出晋安[18]。"

"王坛子[19]，如枣大，其味甘。出候官，越王祭太一坛边有此果[20]。无知其名，因见生处，遂名'王坛'。其形小于龙眼，有似木瓜[21]。"

《博物志》曰："张骞使西域还，得安石榴、胡桃、蒲桃。"[22]

刘欣期《交州记》曰[23]："多感子，黄色，围一寸。"[24]

"蔗子，如瓜大，亦似柚[25]。"

"弥子，圆而细，其味初苦后甘，食皆甘果也。"

《杜兰香传》曰[26]："神女降张硕。常食粟饭，并有非时果。味亦不甘，但一食，可七八日不饥。"[27]

【注释】

〔1〕引文分见《山海经》卷八《海外北经》及卷二《西山经》"西次三经"。"所在"，今本作"所生"。《山海经》卷一四《大荒东经》有"百谷所在"，郭璞注："言自生也。"则《要术》的"所在"，自是所据不同，不能认为是"所生"之误。但"赤树"今本作"赤树"，《要术》似误。

〔2〕见《吕氏春秋·本味》。小注是高诱注。正注文同同《要术》。

〔3〕《临海异物志》：《隋书》、新旧《唐书》经籍志均著录，题称"沈莹撰"。

全称应是《临海水土异物志》。"临海"犹言沿海,非指临海郡。书已佚。沈莹,吴末晋初人。以下所引自"杨桃"至"王坛子"十二种果子,均引自《临海异物志》。《御览》将这十二种果子,每种分列一目,均冠以"《临海异物志》曰",全部引录在卷九七四中,次序先后同《要术》,文句也基本相同。

〔4〕杨桃:即酢浆草科的五敛子(Averrhoa carambola),也叫阳桃、羊桃。果实椭圆形,两端狭缩,下端具短尖头,有5棱,间或3—6棱,未熟时果皮青绿色,熟时黄绿色。一年内开花数次,自夏至秋,相继不绝。古人描述植物的"似"什么,往往只是指某些方面的相似,如这里的"似橄榄",只是指它两端狭缩的形状,不是指它的棱和大小。本篇中"似"的描述很多,这是必须注意的。

〔5〕"梅桃子",《御览》引作"杨桃子",因此这条也列在"杨桃"项下,一字之误,致使混二为一。梅桃子,未详是何种植物。《临海水土异物志辑释》(农业出版社,1981年)以为是山樱桃(Prunus tomentosa,蔷薇科),但山樱桃果实大小如樱桃,跟"果实三寸大"相差很远。

〔6〕晋安:郡名,始置于晋,故治在今福州。"候",金抄、明抄、湖湘本如字,《御览》引同,他本作"侯"。按,"候官县",东汉末改西汉冶县置,以西汉曾在其地置"候官"(迎送宾客、斥候军警)得名,晋为晋安郡治所,在今福州。"候"以后乃改作"侯"。

〔7〕杨摇:所谓果实从树皮中长出来(原文"子生树皮中",应指"生自树皮"),该是桑科无花果属(Ficus)的植物,但此属的果实都没有棱,则又不是。有人认为是酢浆草科的五敛子,但果实从树皮中长出无法解释,显然也不是。因此,杨摇究为何种植物,仍无从确指。

〔8〕冬熟:作为果名,不像,疑上文脱去果名。冬熟和下文的"关桃子"、"土翁子"、"枸槽子",究为何种果子,均未详。近人有认为枸槽子就是茄科的枸杞(Lycium chinense),恐非。

〔9〕猴闼(tà)子:清赵学敏《本草纲目拾遗》卷八记载有"猴闼子",引《宦游笔记》说:"出临海深山茅草中,土名'仙茅果',秋生冬实,樵人采食,并可磨粉。"石蒜科仙茅属仙茅(Curculigo orchioides),多年生草本,根和根状茎肉质粗壮,野生在荒草地,或混生在山坡茅草丛中,我国西南、两广等地有分布。浆果长矩圆形,大小略如指头。未知即古名"猴闼子"否?

〔10〕明抄及《御览》引作"土",他本作"士"。

〔11〕漆子:漆树(Toxieodendron vernicifluum,漆树科)的小核果。

〔12〕枸:各本同,金抄作"拘",《御览》引作"狗"。

〔13〕鸡橘子:芸香科金柑属(Fortunella)的一种。唐段公路《北户录》怀疑《临海异物志》的"鸡橘子"就是"山橘子"〔按是金柑属的金豆(F. hindsii),今仍有"山橘"之名〕,虽然未必同物,至少道出了同类相似果实的见解,是正

确的。《本草纲目》卷三一"枳椇"记载滇人称枳椇为"鸡橘子",那是枳椇别名"鸡距子"的方音转讹,和"橘"不相干。鸡橘子自是金柑属的一种,不能被滇名所混,误认为是鼠李科的枳椇(Hovenia dulcis)。

〔14〕"大如指",《御览》引作"如指头大"。

〔15〕永宁:县名,汉置,治所在今浙江温州。"永宁"下《御览》引多"南"字。

〔16〕猴总子:《本草纲目拾遗》卷八称:"又临海出猴总子,一名'土柿',每年九、十月间生,形与红柿同。"则猴总子应是柿树科柿属(Diospyros)的小型果柿,但种类多,仅凭简略所记难以确指为何种。近有人认为是油柿(Diospyros kaki var. sylrestris),似亦悬测。

〔17〕多南子:该是藤黄科的倒捻子(Garcinia mangostana)。清郭柏苍《闽产录异》卷二记载有"冬年"说:"结子如妇人乳头,倒粘于树,未熟色赤味涩,既熟色紫味甘。按《齐民要术》曰:'多南子,出晋安。'即此果也。"又名"倒粘子"、"丹粘子"、"都念子",都是方音异呼,"多南子"、"冬年"也是如此。

〔18〕"出晋安",《御览》引作"晋安候官界中有"。

〔19〕王坛子:是芸香科的黄皮(Clausena lansium),又名"黄弹子"、"黄淡子"。原产我国南方及印度等地。南宋张世南《游宦纪闻》卷五:"《长乐志》曰'王坛子'。旧记又云:'相传生于王霸坛侧。'"清吴震方《岭南杂记》卷下:"黄皮果,大如龙眼,又名'黄弹'。"

〔20〕越王:古代越人的一支闽越人,秦汉时分布于今福建北部、浙江南部的部分地区。其首领无诸,汉初受封为闽越王,都城冶县,即东汉后的候官,在今福州。

〔21〕"有似木瓜"下《御览》引尚有"七月熟,甘美也"句。

〔22〕黄丕烈刊叶氏宋本《博物志》只是:"张骞使西域还,乃得胡桃种。"但《初学记》卷二八"石榴"引《博物志》同《要术》,唐玄应《一切经音义》卷六"蒲桃"引《博物志》也有这三种,《御览》引同(分引在卷九七〇、九七一、九七二有关各目)。据《汉书·西域传上》记载,张骞通西域引种进来的植物只是葡萄和苜蓿两种。

〔23〕刘欣期:东晋末人,其他无可考。 《交州记》:史志及私家书目均未著录,书已佚。交州,自吴至南朝,治所在龙编(今越南河内东北),辖境有今广东、广西的一部分,及越南的北部、中部。所记"多感子"、"蔗子"、"弥子",均未详。

〔24〕本条及"蔗子"、"弥子"二条,同出刘欣期《交州记》,未见他书引录。"感",各本同,金抄作"咸"。

〔25〕柚:柚子,是芸香科的Citrus grandis。又名"文旦"、"抛"。

〔26〕《杜兰香传》:史志不见著录。《类聚》卷八一及《御览》卷九八四、

九八九均引作曹毗《杜兰香传》。已亡佚。曹毗,晋人,《晋书》本传提到"时桂阳张硕为神女杜兰香所降",不提给她写传事。

〔27〕《类聚》卷八二"菜蔬"、《御览》卷九六四"果"均引到神女杜兰香下嫁("降")张硕此条,文句有异。

【译文】

《山海经》说:"平丘地方……百果自然生长。""不周山上……长着好果子,它的果实像枣子,叶子像桃叶,黄色的花,赤色的〔萼〕,吃了不饥饿。"

《吕氏春秋》说:"常山北面,投渊的上面,长着百果,是群帝所食。"〔高诱注解说〕:"群帝,指先归天的众帝。"

《临海异物志》说:"杨桃,果实像橄榄,味道甜。五月和十月成熟两次。俗话说:'杨桃相接续,一年有三熟。'果实黄绿色,核像枣核。"

《临海异物志》说:"梅桃子,产在晋安候官县。一小株收得几十石。果实三寸大,可以用蜜渍藏。"

《临海异物志》说:"杨摇,果实有七道棱,从树皮中长出来。它的模样虽然奇异,味道却没有什么特别。有四五寸长,黄绿色,味道甜。"

《临海异物志》说:"冬熟,果实像手指大小,颜色正赤,味道甜,比梅子好吃。"

"猴闼子,像指头大,有点苦味,可以吃。"

"关桃子,味道酸。"

"土翁子,像漆子大小,成熟时甜中带酸,颜色青黑。"

"枸槽子,像指头大,颜色正赤,味道甜。"

"鸡橘子,像手指大,味道甜。永宁边界上有生产。"

"猴总子,像小指头大,形状和柿子相似,味道也不比柿子差。"

"多南子,像手指大,紫色,味道甜。和梅子相像。出在晋安。"

"王坛子,像枣子大小,味道甜。出在候官,越王祭太一神的神坛边上有这种果子。没有人知道它的名称,因为它长在越王祭坛的旁边,因而就管它叫'王坛'。果子比龙眼小,形状像木瓜。"

《博物志》说:"张骞出使西域回来,带来了安石榴、胡桃、葡萄。"

刘欣期《交州记》说:"多感子,黄色,周围一寸大。"

"蔗子,像瓜大,也像柚子。"

"弥子,圆而细小,味道初吃时苦,后来转甜,吃着个个是甜美的果子。"

《杜兰香传》说:"神女杜兰香下嫁张硕。常吃粟米饭,还有过了时令的果子。果子味道也不甜,但一吃,可以七八天不饥饿。"

枣(八)

《史记·封禅书》曰:"李少君尝游海上,见安期生食枣,大如瓜。"[1]

《东方朔传》曰[2]:"武帝时,上林献枣。上以杖击未央殿槛,呼朔曰:'叱叱! 先生来,来,先生知此箧里何物?'朔曰:'上林献枣四十九枚。'上曰:'何以知之?'朔曰:'呼朔者,上也;以杖击槛,两木,林也;朔来,来者,枣也;叱叱者,四十九也。'上大笑。帝赐帛十匹。"[3]

《神异经》曰[4]:"北方荒内,有枣林焉。其高五丈,敷张枝条一里余。子长六七寸,围过其长。熟,赤如朱。干之不缩。气味甘润,殊于常枣。食之可以安躯,益气力。"[5]

《神仙传》曰:"吴郡沈羲,为仙人所迎上天。云:'天上见老君,赐羲枣二枚,大如鸡子。'"[6]

傅玄《赋》曰[7]:"有枣若瓜,出自海滨;全生益气,服之如神。"

【注释】

[1]《史记·封禅书》作:"臣(李少君自称)尝游海上,见安期生。安期生食巨枣,大如瓜。"司马贞《索隐》:"包恺云:'巨,或作臣。'"《南方草木状》"海枣树"引亦作"臣"。李少君:汉时以神仙方术骗取统治者信任的方士,汉武帝时以辟谷却老长生等方术晋见,颇得信任。安期生:秦时方士,据说卖药海边,后来传说很多,成为海中蓬莱山的仙人。

[2]《东方朔传》:《隋书·经籍志二》等著录,八卷,不著作者姓名。书已佚。东方朔(前154—前93),汉武帝时为太中大夫,性诙谐滑稽,善辞赋。

〔3〕《类聚》卷八七、《御览》卷九六五"枣"均引到此条,文句稍异,内容相同。上林:上林苑,汉武帝时宫苑名,就秦苑扩建,周围二百余里,故址在西安西及周至、户县(今为鄠邑区)界。苑内放养禽兽,供皇帝射猎,并栽植各方所献名果异树,又建离宫、观、馆数十处。其所植名果种类,《西京杂记》有记录,《要术》多有引录。

〔4〕《神异经》:旧题东方朔撰,西晋张华注,实为伪托。原书散佚,今本是辑录唐宋类书所引逸文而成。

〔5〕《类聚》卷八七、《御览》卷九六五"枣"及《证类本草》卷二三"大枣"均引到《神异经》此条,文字互异。

〔6〕《御览》卷九六五引《神仙传》同《要术》。"沈羲",明抄、《御览》引及今本《神仙传》并同,金抄及明清刻本作"沈义"。这个神话,《神仙传》曾交代沈羲是说谎。

〔7〕"傅玄《赋》",据《初学记》卷二八"枣"及《御览》卷九六五所引,是傅玄的《枣赋》,二书各引其《赋》中之句,《要术》所引同《初学记》所引的末四句。

【译文】

《史记·封禅书》说:"李少君曾在海上闲游,见到安期生吃的枣,像瓜一样大。"

《东方朔传》说:"汉武帝时,上林苑进献新鲜枣子给皇上。皇上用木杖敲着未央殿的栏杆,叫东方朔说:'叱叱!先生来,来,先生晓得这小箱里面藏着什么东西?'朔说:'上林苑贡献的枣子四十九枚。'皇上说:'你怎么知道的?'朔说:'叫朔的,是皇"上";用杖子敲栏杆,是两根木,两木是"林";叫朔来,来,两个来是"枣";叱叱,七七是"四十九"。'武帝大笑。赏赐给他十匹绸子。"

《神异经》说:"北方极荒远地方,有一片枣林。枣树有五丈高,枝条伸展开来有一里多远。枣子六七寸长,周围的大小超过它的长。成熟时颜色红得像朱砂。干了也不缩小。气味甜,又滋润,跟普通的枣子大不相同。吃了可以使身体安适,增益气力。"

《神仙传》说:"吴郡人沈羲,被仙人迎接到天上去。他说:'在天上我见到了太上老君,老君赐我两个枣子,像鸡蛋一样大。'"

傅玄《〔枣〕赋》说:"有枣子像瓜,出在海边沿;益气能保健,吃了很神验。"

桃(九)

《汉旧仪》曰[1]:"东海之内度朔山上,有桃,屈蟠三千里。其卑枝间,曰东北鬼门[2],万鬼所出入也。上有二神人:一曰'荼',二曰'郁棛'[3],主领万鬼:鬼之恶害人者,执以苇索,以食虎。黄帝法而象之,因立桃梗于门户,上画荼、郁棛,持苇索以御凶鬼;画虎于门,当食鬼也。"棛音垒。《史记》注作"度索山"[4]。

《风俗通》曰:"今县官以腊除夕,饰桃人,垂苇索,画虎于门,效前事也。"[5]

《神农经》曰[6]:"玉桃,服之长生不死。若不得早服之,临死日服之,其尸毕天地不朽。"[7]

《神异经》曰:"东北有树,高五十丈,叶长八尺,名曰'桃'。其子径三尺二寸,小核,味和,食之令人短寿。"[8]

《汉武内传》曰[9]:"西王母以七月七日降[10]……令侍女更索桃。须臾以玉盘盛仙桃七颗,大如鸭子,形圆色青,以呈王母。王母以四颗与帝,三枚自食。"

《汉武故事》曰[11]:"东郡献短人[12]。帝呼东方朔。朔至,短人因指朔谓上曰:'西王母种桃,三千年一着子。此儿不良,以三过偷之矣[13]。'"

《广州记》曰:"庐山有山桃,大如槟榔形,色黑而味甘酢。人时登采拾,只得于上饱噉,不得持下——迷不得返。"[14]

《玄中记》曰[15]:"木子大者,积石山之桃实焉[16],大如十斛笼。"

《甄异传》曰[17]:"谯郡夏侯规亡后[18],见形还家。经庭前桃树边过,曰:'此桃我所种,子乃美好。'其妇曰:'人言亡者畏桃,君不畏邪?'答曰:'桃东南枝长二尺八寸向日者,憎之;或亦不畏也。'"

《神仙传》曰:"樊夫人与夫刘纲,俱学道术,各自言胜。中庭有两大桃树,夫妻各呪其一:夫人呪者,两枝相斗击;良久,纲所呪者,桃走出篱。"[19]

【注释】

〔1〕《汉旧仪》：东汉初卫宏撰，所记都是西汉典礼。后人引录常与东汉末应劭的《汉官仪》混淆为一，因而改称此书为《汉官旧仪》。原书已佚，今本是从《永乐大典》中辑出。卫宏，东汉光武帝时任仪郎，治《毛诗》、《古文尚书》学。本条不载今本。《御览》卷九六七"桃"引到此条，题作"《汉旧仪》曰：《山海经》称"云云，则是引录《山海经》的，所引较简。清孙星衍校订的《汉旧仪》即将《御览》此条辑入"补遗"中。东汉王充《论衡·订鬼》、蔡邕《独断》卷上、《战国策·齐策》"桃梗"高诱注、《史记·五帝本纪》裴骃《集解》及《后汉书·礼仪志》刘昭注都引到《山海经》（或《海外经》）此条，文句详略不一，但今本《山海经》无之，似是佚文。

〔2〕"其卑枝间，曰东北鬼门"，《论衡》引《山海经》是"其枝间东北曰鬼门"，《独断》也是"卑枝东北有鬼门"。《要术》显然倒错，应作"其卑枝间东北曰鬼门"。

〔3〕"荼"（shū）、"郁櫑"，各书引《山海经》多作"神荼、郁垒"，第一、二、四字音伸、舒、律，为画在双扇大门上的门神名。

〔4〕异写"度索山"，见《史记·五帝本纪》"帝颛顼"下"东至于蟠木"句裴骃《集解》引《海外经》。《要术》此注疑是后人加注。

〔5〕见《风俗通义》卷八"桃梗"。二神名作"荼与郁垒"，为兄弟二人。《要术》所引是其文之后段。

〔6〕《神农经》：《御览》引书总目中有《神农经》，列在道家书类，则为《道藏》书。但《抱朴子》、《博物志》所引《神农经》，当指《神农本草经》，又《初学记》卷二八"桃"引有《本草》一条说"玉桃，服之长生不饥"，则《神农经》又像《本草经》。究竟如何，不能确指，存疑。

〔7〕《御览》卷九六七引《神农经》，与《要术》所引全同。

〔8〕《御览》卷九六七引《神异经》多有异文。"短寿"，金抄、明抄等同，他本作"益寿"，《御览》作"多寿"。

〔9〕《汉武内传》：唐宋书目均不题撰人姓名，明代乃题为班固撰，当系伪托。一说出自东晋葛洪之手。记述西王母降临汉宫，汉武帝向她学长生不老之术等故事。今传《汉武帝内传》及《太平广记》所录该传，均非完帙，但此条都有，文字稍异，内容相同。《初学记》卷二八、《御览》卷九六七也有引到，亦稍有异。这段记载，并见于《汉武故事》。

〔10〕西王母：即俗所称"王母娘娘"，古代神话中的女神，后为道教所信奉。其形象由最初的兽形怪物，几经塑造，终于变成一个三十来岁容貌绝世的美女。其神话故事传说很多。

〔11〕《汉武故事》：旧题东汉班固撰，或以为南齐时王俭作。记述汉武帝生平

琐闻杂事。原书已残缺，鲁迅《古小说钩沉》辑本比较完备。《类聚》卷八六、《初学记》卷二八、《御览》卷九六七都引到这条，文句基本相同。

〔12〕东郡：郡名，秦置，汉因之，郡治在今河南濮阳西南。

〔13〕以三过偷之：以，通"已"。《博物志》卷三称："七月七日夜漏七刻，王母乘紫云车而至于殿西南。……王母索七桃，大如弹丸，以五枚与帝，母食二枚。……时东方朔窃从殿南厢朱鸟牖中窥母。母顾之，谓帝曰：'此窥牖小儿，尝三来盗吾此桃。'"后人因谓东方朔为仙人。

〔14〕此条《御览》卷九六七引作裴渊《广州记》，"迷"上有"下辄"二字，较顺妥。

〔15〕《玄中记》，《初学记》卷二八引作"郭氏《玄中记》"（假托郭璞所写），多有脱文。《御览》卷九六七也引到这条。

〔16〕积石山：在青海东南部，为昆仑山脉中支，黄河绕流其东南侧。

〔17〕《甄异传》：《隋书·经籍志二》著录，题称"晋西戎主簿戴祚撰"。书已佚。戴祚，《晋书》无传，生平不详。隋《志》又著录"《西征记》二卷，戴延之撰"，而此书《新唐书·艺文志二》则著录为"戴祚《西征记》二卷"，因此昔人有认为戴祚即戴延之，祚名而延之其字。究竟怎样，无可究诘。《类聚》卷八六、《御览》卷九六七都引到这条，"夏侯规"作"夏侯文规"。

〔18〕谯郡：郡名，东汉置，故治在今安徽亳州。

〔19〕《类聚》卷八六、《御览》卷九六七引《神仙传》"两枝"作"便"。这是两桃树相斗，刘纲斗败，非其妻之桃两枝自斗，字宜作"便"。"便"亦写作"偋"，后来剥烂，脱去人旁，又讹分为"两支"，再有什么人加上木旁，就变成了"两枝"。

【译文】

《汉旧仪》说："东海中的度朔山上，有一株大桃树，盘盘曲曲展延开来三千里。它东北面的低枝之间，叫'鬼门'，是千千万万的鬼所出入的。门上有两个神人，一个叫'荼'，一个叫'郁櫑'，他俩管束着千万的鬼：所有害人的恶鬼，都用苇索捆绑起来，喂给老虎吃。黄帝就依法把它象征化了，因而就在门口插立桃枝，门上画着荼和郁櫑的像，手里拿着苇索准备绑凶鬼，还画着老虎，就是让它吃鬼的。"櫑音垒。"度朔山"，《史记》注作"度索山"。

《风俗通》说："现在县官在腊月除夕，雕饰桃木为人，拿苇索挂在门口，在门上画着老虎，就是仿效从前的故事。"

《神农经》说："玉桃，吃了可以长生不死。如果不能早日吃到，临死这天吃掉它,尸体与天地一样长久,不会腐烂。"

《神异经》说:"东北有一株大树,五十丈高,叶子八尺长,叫作'桃'。果实直径三尺二寸,核小,味道平和,吃了使人短寿。"

《汉武内传》说:"西王母在七月七日降临汉宫……叫侍女再拿桃子来。过一会,侍女用玉盘盛着七颗仙桃,像鸭蛋大,圆形,颜色青,呈上王母。王母拿四颗给武帝,三颗自己吃。"

《汉武故事》说:"东郡献来一个矮人。武帝就唤东方朔。东方朔到时,矮人指着朔对武帝说:'西王母种的桃,三千年结一次果实。这人很不好,已经来偷过三次桃了。'"

《广州记》说:"庐山上有山桃,像槟榔那样大,颜色黑,味道甜中带酸。人们常常上山采摘拾取,只能在山上饱饱地吃,不能挈带下来,否则会迷了路回不来。"

《玄中记》说:"树木中果实大的,有积石山的桃,大到像十斛的竹笼。"

《甄异传》说:"谯郡人夏侯规死去后,现出人形回家。经过院子前面的桃树旁边,说道:'这桃是我种的,桃子味美好吃。'他妻子说:'听人说,死人怕桃树,你不怕吗?'回答说:'桃树东南面二尺八寸长向阳的枝条,很讨厌,但也不一定怕它。'"

《神仙传》说:"樊夫人和丈夫刘纲,都学道家法术,各自夸说自己的道术高强。院子中有两株大桃树,夫妻各对一株念咒,结果夫人念的〔便和刘纲念的〕相斗打;过了好长时间,刘纲念的一株逃出院子篱笆了。"

李(一〇)

《列异传》曰[1]:"袁本初时[2],有神出河东,号'度索君'。人共立庙。兖州苏氏母病[3],祷。见一人着白单衣,高冠,冠似鱼头,谓度索君曰:'昔临庐山下,共食白李未久,已三千年。日月易得,使人怅然!'去后,度索君曰:'此南海君也。'"

【注释】

〔1〕《列异传》:《隋书·经籍志二》著录,题称"魏文帝撰"(即曹丕)。但

《旧唐书·经籍志上》、《新唐书·艺文志三》亦著录,均作西晋张华撰。其内容刘宋裴松之注《三国志》已有征引,则此书可能是魏晋间人所写,但撰作时间应在曹丕之后,因书中所记有曹丕死后之事。原书已佚。《类聚》卷八六、《初学记》卷二八、《御览》卷九六八"李"均引到此条,《初学记》题名"魏文帝《列异传》"(托名曹丕),前一书较简,后二书基本同《要术》,"祷"作"往祷","往"字宜有。

〔2〕袁本初:东汉末袁绍(?—202),字本初。

〔3〕兖州:东汉州治在今山东金乡西北,刘宋移治今兖州。

【译文】

《列异传》说:"袁本初时,河东出了个神人,号为'度索君'。老百姓给他建立了祠庙。兖州苏氏之母害病,到庙里祈祷。见到一人穿着白色单衣,戴着高帽,帽子形状像鱼的头,〔来到庙里,〕对度索君说:'昔年在庐山脚下,我们一起吃白李,好像还没有多久,却已经过了三千年。岁月竟是这样容易度过,真使人惆怅!'这人走后,度索君说:'这就是南海君。'"

梨(一)

《汉武内传》曰:"太上之药,有玄光梨。"〔1〕

《神异经》曰:"东方有树,高百丈,叶长一丈,广六七尺,名曰'梨'。其子径三尺,割之,瓢白如素。食之为地仙,辟谷,可入水火也。"〔2〕

《神仙传》曰〔3〕:"介象,吴王所征,在武昌〔4〕。速求去,不许。象言病,帝以美梨一奁赐象。须臾,象死。帝殡而埋之。以日中时死,其日晡时,到建业〔5〕,以所赐梨付守苑吏种之。后吏以状闻,即发象棺,棺中有一奏符。"

【注释】

〔1〕今本《汉武帝内传》(《丛书集成》排印《守山阁丛书》钱熙祚校订本)记载着许多"太上之药",就是没有"玄光梨",则有遗漏。《御览》卷九六九"梨"引《汉武内传》同《要术》,《类聚》卷八六及《初学记》卷二八"梨"所引有

异文。

〔2〕《类聚》卷八六、《御览》卷九六九引并同今本据唐宋类书辑录的《神异经》，与《要术》引有异文。

〔3〕《类聚》卷八六及《御览》卷九六九所引，较《要术》有节简。

〔4〕吴王：指三国吴的君主孙权（182—252）。　　武昌：孙权于公元221年建都武昌（翌年称帝），在今湖北鄂城。

〔5〕建业：孙权于公元229年自武昌迁都建业，在今南京。据此，介象最迟应是在229年孙权还在武昌时被征召的，同年某日中午死，同日黄昏到建业，而孙权得报告后随即开棺。显然孙权那时还没有迁都建业，可介象却捷足先登了。神仙故事不足为凭。

【译文】

《汉武内传》说："最上等的仙药，有一种玄光梨。"

《神异经》说："东方有一种大树，高一百丈，叶子一丈长，六七尺阔，名称叫'梨'。果实直径三尺，剖开来，果肉像素绢一样白。吃了可以成地仙，可以辟谷不吃东西，可以进入水中火中不受伤。"

《神仙传》说："介象，吴王征召了他，那时在武昌。他要求赶快回去，吴王不允许。介象就装病，吴帝送给他一匣好梨子。过一会，介象死了。吴帝就把他出殡埋葬了。他是中午死的，可到黄昏时，他却到了建业，将吴帝所赐的梨子交给守卫官苑的小吏，嘱咐他种下去。后来该吏将这情况告诉皇上，随即掘开介象的棺木，棺材里面只有一纸奏敕符箓。"

奈(一二)

《汉武内传》曰："仙药之次者，有圆丘紫奈，出永昌。"〔1〕

【注释】

〔1〕今本《汉武帝内传》关于"仙药"的记载是："王母曰：'……太上之药……碧海琅菜……北采玄都之绮华〔按"华"是"葱"字之误，见"菜茹（五〇）"〕……东掇扶桑之丹椹……其次药……下摘圆邱之紫奈……八陔赤薤……'"这些药《要术》分别摘引于本目及"椹（三九）"及"菜茹（五〇）"。本目今本《汉武帝内传》缺"出永昌"句，《类聚》卷八六及《初学记》卷二八

"柰"引亦缺。永昌，汉郡名，故治在今云南保山东北。

【译文】

《汉武内传》说："次等的仙药，有圆丘的紫柰，出在永昌。"

橙（一三）

《异苑》曰[1]："南康有萦石山[2]，有甘、橘、橙、柚。就食其实，任意取足；持归家人噉，辄病，或颠仆失径。"

郭璞曰[3]："蜀中有'给客橙'[4]，似橘而非，若柚而芳香。夏秋华实相继，或如弹丸，或如手指，通岁食之。亦名'卢橘'。"

【注释】

〔1〕《异苑》：南朝宋刘敬叔撰。记述先秦迄刘宋的怪异之事，尤以晋代为多。今本《异苑》有明胡震亨校刊本，《四库全书总目提要》说就是胡震亨"采诸书补作者"。刘敬叔，今江苏徐州人，曾任给事中，泰始（465—471）中卒。《御览》卷九七一"橙"引到《异苑》此条，地名作"南康归美山石城内"，余同。明胡震亨校刊本《异苑》地名同《御览》，似据《御览》辑录。

〔2〕南康：郡名和县名，皆晋置。郡治西晋在今江西于都东北，东晋在今赣州。县即今江西南康。

〔3〕"郭璞曰"云云是郭璞注司马相如《上林赋》"卢橘夏熟"文。其文见于《史记·司马相如列传》裴骃《集解》引郭注，基本同《要术》引，惟"或如手指"作"或如拳"。按：这是芸香科金柑属（Fortunella）的植物，金柑属中有金枣（F. margarita），通称"长金柑"，果实长圆形或长倒卵形，则如手指或如拳都像（如拳只是倒卵形相像，非关大小）。

〔4〕给客橙：原文记明又名"卢橘"。卢橘是金柑属（Fortunella）的植物。

【译文】

《异苑》说："南康有萦（xí）石山，山中有柑子、橘子、橙子、柚子。人们只能在山上就地吃，任凭你吃到腻足，如果拿回来给家里人吃，就会生病,或者跌倒迷失了路。"

郭璞〔注司马相如《上林赋》〕说:"蜀中有一种'给客橙',像橘而不是橘,像柚子而芳香。从夏到秋开花结果,相继不绝,果实有的像弹丸,有的像手指,整年可以吃。也叫'卢橘'。"

橘(一四)

《周官·考工记》曰[1]:"橘逾淮而北为枳[2]……此地气然也。"

《吕氏春秋》曰:"果之美者……江浦之橘。"[3]

《吴录·地理志》曰[4]:"朱光禄为建安郡[5],中庭有橘,冬月于树上覆裹之,至明年春夏,色变青黑,味尤绝美。《上林赋》曰:'卢橘夏熟',盖近于是也。"

裴渊《广州记》曰:"罗浮山有橘[6],夏熟,实大如李;剥皮噉则酢,合食极甘。又有'壶橘'[7],形色都是甘,但皮厚气臭[8],味亦不劣。"

《异物志》曰[9]:"橘树[10],白花而赤实,皮馨香,又有善味。江南有之,不生他所。"

《南中八郡志》曰[11]:"交趾特出好橘,大且甘;而不可多噉,令人下痢。"

《广州记》曰[12]:"卢橘,皮厚,气、色、大如甘,酢多。九月正月口色[13],至二月,渐变为青,至夏熟。味亦不异冬时。土人呼为'壶橘'。其类有七八种,不如吴会橘。"

【注释】

〔1〕节引《周礼·考工记》,文同。

〔2〕枳:芸香科的 Poncirus trifoliata,也叫"枸橘"。但枳和橘同科异属,橘不可能变为枳。所以出现这种现象,现今有植物学者推测,可能是以枳树为砧木的橘嫁接苗,移到淮北禁受不了较寒的气候条件,因而死去,而枳树耐寒能够适应,所以仍然活着蘖发新枝,长成枳树。这是有可能的。

〔3〕节引《吕氏春秋·本味》,文同。

〔4〕《吴录》：西晋张勃撰，《隋书》、《旧唐书·经籍志》均称"三十卷"，《地理志》应是其中之一篇。原书已佚。张勃，只知是三国吴的鸿胪（掌管朝贺庆吊的赞礼官）张俨之子，其他不详。《史记·司马相如列传》司马贞《索隐》引《吴录》较简。《类聚》卷八六、《初学记》卷二八、《御览》卷九六六均引到此条，与《要术》所引互有异文。《御览》将《吴录·地理志》原引的《上林赋》另列一条，致使"盖近是也"悬空为游词。《类聚》又在"味尤"与"绝美"之间插进"酸正裂人牙"五字，致使与"绝美"大相牴牾，原来它是从上文引魏文帝诏文中错入的。

〔5〕建安郡：吴置，故治在今福建建瓯。

〔6〕罗浮山：在广东增城、博罗、河源间，绵亘数百里。主峰飞云顶，多瀑布，风景优美，为游览胜地。

〔7〕壶橘：据下引《广州记》，就是"卢橘"。清吴其濬《植物名实图考》卷三一"金橘"称："冬时色黄，经春复青，或即以为卢橘。"卢是饭筥，和壶都是指其长圆或长倒卵形的形状。壶橘、卢橘都是芸香科金柑属（Fortunella）的某些种。其中金枣（F. margarita），现仍别名"罗浮"，就是因罗浮山而传名。金橘则是金柑的俗名。

〔8〕气臭：辛香气味浓烈。《本草纲目》卷三〇"柚"："其味甘，其气臭"，"其皮粗厚而臭"。古人所谓"臭"，除葱蒜类的荤臭气外，又指一种强烈刺激的辛香气，非指腐秽臭气。

〔9〕《御览》卷九六六引《异物志》末尚有"交趾有橘，置长官一人，秩三百石，主岁贡御橘"句。《类聚》卷八六、《初学记》卷二八所引也都有设官掌管贡橘的记载，北宋吴淑《事类赋》卷二七所引只有设官贡橘的记载。又，《初学记》题作"曹叔《异物志》"，"曹叔"应是"曹叔雅"之误。但相同内容卷二〇"贡献"又题作"杨孚《异物志》"，当有一误。惟引杨孚《志》作"里又有美味"，此指果瓣，非指果皮，"里"字必须有，《要术》及各书所引均脱"里"字。"美"也比"善"好。

〔10〕这里的橘和《南中八郡志》的橘都是通常所称的橘。柑和橘在现代植物分类上常统称为柑橘，以代表柑橘属（Citrus）中的宽皮柑橘类（橙、柚都是Citrus属，但果皮不易剥离）。一般说来，柑的果皮海绵层稍厚，剥皮稍难，但比橙等容易得多；橘的海绵层薄，剥皮很容易。

〔11〕《南中八郡志》：各史志书目未见著录。《文选·蜀都赋》刘逵（渊林）注引有"魏完《南中志》"，据清章宗源、姚振宗二种《隋书经籍志考证》均认为《南中志》就是《南中八郡志》，魏完即其作者。《后汉书》注所引《南中志》二条，在他人或他书均引作《南中八郡志》，说明前者是后者的简称。惟魏完，日人杉本直治郎认为应作魏宏（见所著《〈西南异方志〉与〈南中八郡志〉》，载《东洋学报》第47卷，1962年）。原书已佚。魏完可能是西晋初人。南中，古地区名，

其地相当今西南四川大渡河以南和云贵两省。三国蜀汉以巴、蜀为根据地,"南中"在巴、蜀之南,故名。八郡,蜀汉时指犍为、牂牁、越巂、永昌、朱提、建宁、云南、兴古八郡;魏灭蜀后,又附益交趾、九真等郡。

〔12〕《广州记》: 这种不题撰人姓名的《广州记》,《要术》引有多条,可能当时有一种不标姓名的本子在流行。凡《要术》不题姓名而他书引录时题姓名者,在原文校记内校明。

〔13〕"九月正月口色",有脱误。《史记·司马相如列传》司马贞《索隐》引《广州记》作"九月结实正赤",可能是对的。

【译文】

《周礼·考工记》说:"橘树移栽越过了淮河以北,便变成了枳树……这是地理环境不同使它这样的。"

《吕氏春秋》说:"果实中味道美好的……有江浦的橘。"

《吴录·地理志》说:"朱光禄任建安郡太守,庭院中有橘树,冬天把树上的橘子包裹起来,到明年春夏天,橘子变成了青黑色,味道尤其美好。《上林赋》说的'卢橘夏熟',大概和这情形相近似。"

裴渊《广州记》说:"罗浮山有一种橘子,夏天成熟,像李子一样大小;剥掉皮吃味道酸,连皮一起吃很甜。又有一种'壶橘',形状、颜色都像柑,不过皮厚些,辛香气味浓烈,味道也不坏。"

《异物志》说:"橘树,开白色的花,结赤色的果子,果皮芳香,〔里面〕又有美好的味道。只有江南有,其他地方不生长。"

《南中八郡志》说:"交趾特别出产有好橘子,大而且甜;可是不可多吃,多吃了使人下痢。"

《广州记》说:"卢橘,果皮厚,香气、颜色、大小都像柑,多酸味。九月到正月〔,颜色正赤〕。到明年二月,渐渐变成青色,到夏天成熟。味道也与冬天时候没有什么两样。土人叫作'壶橘'。这一类有七八种,都不及吴郡、会稽郡的橘子好。"

甘(一五)

《广志》曰:"甘有二十一核〔1〕。有成都平蒂甘,大如升,色苍黄。犍为南安县〔2〕,出好黄甘。"

《荆州记》曰:"枝江有名(?)〔3〕。宜都郡旧江北有甘园〔4〕,

名'宜都甘'。"

《湘州记》曰[5]:"州故大城内有陶侃庙[6],地是贾谊故宅[7]。谊时种甘,犹有存者。"

《风土记》曰:"甘,橘之属,滋味甜美特异者也。有黄者,有赪者,谓之'壶甘'。"[8]

【注释】

〔1〕"核",金抄空白二格,《津逮》本及清刻本作"种",明抄作"核",当系"核"字之误。这句《类聚》卷八六引作"有甘一核",《初学记》卷二八引作"有黄甘,一核",都是"核",不是"种"。《本草纲目》卷三〇记载"乳柑"说:"一颗仅二三核,亦有全无者……为柑中绝品也。"浙江黄岩、江西南丰所产乳橘 (Citrus reticulata var. kinokuni),福建漳州、广东潮安等地所产蕉柑 (Citrus reticulata var. tankan),都只有一二颗种子,或者全无,品质甘美。而"甘一"很容易错成"廿一",再错就变成"二十一",所以,"甘有二十一核",应如《类聚》所引作"有甘一核",前二字又倒错了。

〔2〕南安县:汉置,南朝齐以后废,故治在今四川乐山。犍为郡属县。

〔3〕枝江:县名,汉置,故治在今湖北枝江。"名"下《御览》卷九六六引《荆州记》有"甘"字,《渐西》本据补。

〔4〕宜都郡:三国蜀置,故治在今湖北宜都西北,在长江南岸。

〔5〕《湘州记》:据《隋书》、《新唐书》经籍志著录有庾仲雍、郭仲彦及缺名《湘州记》三种,《御览》引书总目又有甄烈《湘州记》一种,本条不知出自何种。惟据湘州旧城考之,当是公元412年以后的《湘州记》。书已亡佚。湘州,州治在今长沙。湘州于东晋咸和三年 (328) 并入荆州,至义熙八年 (412) 复设置,已在80多年之后,所谓"旧大城",应指复建州城前的旧城。

〔6〕陶侃 (259—334):东晋大臣,今江西九江人。多次平定内乱后,任荆江二州刺史,都督八州诸军事,封长沙郡公。

〔7〕贾谊 (前200—前168):西汉政论家、文学家,今河南洛阳人。汉文帝时曾任太中大夫。后为大臣所忌,贬为长沙王太傅,迁梁怀王太傅而卒。在长沙三年,所谓"旧宅",即居长沙时宅第。

〔8〕《御览》卷九六六引《风土记》"赪 (chēng) 者"重文,则专指"壶甘"。

【译文】

《广志》说:"有一种柑〔只有一颗核〕。又有成都出的平蒂柑,像一升的大小,颜色青黄。犍为郡南安县,出产有好黄柑。"

《荆州记》说:"枝江出产名〔柑〕。宜都郡旧时江北有柑园,所产的柑名叫'宜都柑'。"

《湘州记》说:"湘州旧大城内有陶侃庙,庙址原来是贾谊的旧宅。贾谊那时种的柑树,还有留存的。"

《风土记》说:"柑是橘一类的,不过滋味甜美特别不同。有黄色的,有赭红色的,称为'壶柑'。"

柚(一六)

《说文》曰[1]:"柚[2],条也,似橙,实酢。"

《吕氏春秋》曰:"果之美者……云梦之柚。"[3]

《列子》曰[4]:"吴楚之国,有大木焉,其名为'櫾'音柚,碧树而冬青,生实丹而味酸。食皮汁,已愤厥之疾。齐州珍之[5]。渡淮而北,化为枳焉。"

裴渊《记》曰[6]:"广州别有柚,号曰'雷柚'[7],实如升大。"

《风土记》曰:"柚,大橘也,色黄而味酢。"

【注释】

〔1〕"似橙,实酢",今本《说文》作"似橙而酢"。郭璞注《尔雅·释木》"柚,条"也是"似橙,实酢"。

〔2〕柚:芸香科柑橘属,学名Citrus grandis,又名"文旦"、"抛"。常绿乔木。果实大,果皮海绵层厚,白色或红色,其果肉随之同色。品种多,以文旦柚、沙田柚等品质为优。

〔3〕引文见《吕氏春秋·本味》,文同。云梦,古泽薮名,说法不一,大致在今洞庭湖及其以北地区。

〔4〕《列子》:相传战国时列御寇撰,《汉书·艺文志》著录之,八篇,早已亡佚。今本《列子》亦八篇,可能是晋人伪作,东晋张湛给它作注,有人说可能就是张湛编凑的伪书。列御寇,战国时道家代表,郑人。《庄子》中有许多关于他的传说。后世被道家所尊奉。引文见《列子·汤问》。《类聚》卷八七、《御览》卷九七三"柚"引均无"生"字,今本《列子》则无"青"字,此句作"碧树而冬生","生"应是"青"字之误。音注《列子》原有。

〔5〕齐州:作为州名,后魏皇兴三年(469)始设置(州治在今济南),时已在

刘宋末年,与张湛时代乖违,因此不能作州名讲。《尔雅·释地》"齐州"邢昺疏:"齐,中也。中州,犹言中国也。"《列子·黄帝》:"不知斯齐国几千万里。"张湛注:"斯,离也;齐,中也。"正是张湛以"齐"为中央的。齐州即中州,就是中土、中原之意,谓中原不产柚子而特别珍贵也。

〔6〕裴渊《记》,《御览》卷九七三引作"裴渊《广州记》",所引文中无"广州"二字,《要术》也许是从书名窜入正文内。

〔7〕雷柚:雷通"罍"、"镭",古时壶形盛酒器。《本草纲目》卷三〇"柚":"《广雅》谓之'镭柚'。镭亦壶也。"(今本《广雅》无此语) 是所谓镭柚,和壶橘一样,都以其圆倒卵形的形状如壶而得名。

【译文】

《说文》说:"柚,就是条,像橙子,味道酸。"

《吕氏春秋》说:"果实之中美好的……有云梦的柚。"

《列子》说:"吴和楚的地方,有一种大树,名叫'櫾'音柚,树冠深绿色,叶子冬天常绿〔不脱落〕,结的果实〔里面带〕红色,味道酸。吃它果皮煎的汁,可以治疗郁闷气逆的病。齐州人很珍视它。移栽到淮河以北,就变成了枳树。"

裴渊《〔广州〕记》说:"广州别有一种柚,名叫'雷柚',果实像一个升的大小。"

《风土记》说:"柚是大形的橘,果皮黄色,味道酸。"

椵(一七)

《尔雅》曰:"柀,椵也。"〔1〕郭璞注曰:"柚属也。子大如盂,皮厚二三寸,中似枳,供食之,少味。"〔2〕

【注释】

〔1〕引文见《尔雅·释木》,无"也"字。

〔2〕郭璞注同《要术》,惟无"供"字,《御览》卷九七三"椵"引郭注亦无,《要术》似衍。而清邵晋涵《尔雅正义》"供"作"实",则"枳实"连文,不知何据。

【译文】

《尔雅》说:"柀(fèi),就是椵(jiǎ)。"郭璞注解说:"是柚子一类的果树。果实像水盂大小，果皮二三寸厚，果肉像枳子，拿来吃味道并不好。"

栗（一八）

《神异经》曰："东北荒中，有木高四十丈，叶长五尺，广三寸，名'栗'。其实径三尺，其壳赤，而肉黄白，味甜。食之多，令人短气而渴。"〔1〕

【注释】

〔1〕今本《神异经》"广三寸"作"广三尺二寸"，《要术》"寸"应是"尺"字之误；"食之"下无"多"字，《御览》卷九六四"栗"引《神异经》较简略，亦无"多"字。"多"也可以连下读，作"大多"讲。

【译文】

《神异经》说："东北荒远地方，有一种大树，四十丈高，叶子五尺长，三〔尺〕阔，名叫'栗'。果实直径三尺，果壳赤色，果肉淡黄色，味道甜。吃得多了，使人气急而口渴。"

枇　杷（一九）

《广志》曰〔1〕："枇杷，冬花。实黄，大如鸡子，小者如杏，味甜酢。四月熟。出南安、犍为、宜都〔2〕。"
《风土记》曰〔3〕："枇杷，叶似栗，子似蒳〔4〕，十十而丛生。"
《荆州土地记》曰〔5〕："宜都出大枇杷。"

【注释】

〔1〕《御览》卷九七一"枇杷"引《广志》产地无"南安"、"宜都"。
〔2〕这三处应该都是郡名。南安郡，东汉置，郡治在今甘肃陇西境。犍为郡，汉置，有今四川犍为、宜宾等广大地区。宜都郡，已见"甘（一五）"注释。
〔3〕《御览》卷九七一引《风土记》末尾多"四月熟"句。

〔4〕荺(nà)：荺子。见"荺子（四三）"。

〔5〕《御览》卷九七一引作《荆州记》，内容相同，说明《荆州土地记》也简称为《荆州记》。

【译文】

《广志》说："枇杷，冬天开花。果实黄色，大的像鸡蛋，小的像杏子，味道甜酸。四月成熟。出在南安、犍为、宜都。"

《风土记》说："枇杷，叶子像栗树叶，果实像荺子，十个十个成簇地生长。"

《荆州土地记》说："宜都出产大枇杷。"

椑（二〇）

《西京杂记》曰："乌椑，青椑，赤棠椑。"〔1〕

"宜都出大椑。"〔2〕

【注释】

〔1〕《西京杂记》卷一所列各种"名果"，关于椑是："椑三：青椑，赤叶椑，乌椑。"椑（bēi），即椑柿，又名漆柿，即柿树科的油柿（Diospyros kaki var. sylvestris），是柿的变种。

〔2〕"宜都出大椑"这句原接写在"赤棠椑"下面，变成《西京杂记》文，但《西京杂记》无此句。《御览》卷九七一"椑"引此句标明"《荆州土地记》曰"，《要术》脱书名。

【译文】

《西京杂记》说："有乌椑，青椑，赤棠椑。"

〔《荆州土地记》说：〕"宜都出产大椑。"

甘 蔗（二一）

《说文》曰："藷蔗也。"〔1〕按：书传曰〔2〕，或为"芋蔗"，或"干蔗"，或"邯睹"，或"甘蔗"，或"都蔗"，所在不同。

雩都县土壤肥沃[3]，偏宜甘蔗，味及采色，余县所无，一节数寸长。郡以献御。

《异物志》曰："甘蔗，远近皆有。交趾所产甘蔗特醇好，本末无薄厚，其味至均。围数寸，长丈余，颇似竹。斩而食之，既甘；迮取汁为饴饧[4]，名之曰'糖'，益复珍也。又煎而曝之，既凝，如冰，破如博棋[5]，食之，入口消释，时人谓之'石蜜'者也。"

《家政法》曰："三月可种甘蔗。"

【注释】

〔1〕《说文》："藷，藷蔗也。蔗，藷蔗也。"都是"藷蔗"连文，这里不能读为"藷，蔗也"。古有单呼薯蓣类为"藷"，从无单呼甘蔗为"藷"。

〔2〕"书传曰"云云，是贾氏摘录文献所载甘蔗的异名。各异名均见于魏晋以后文献，但"芋蔗"未见，或应作"竿蔗"，但考虑到"芋"与"藷"、"都"音近，姑仍其旧。

〔3〕雩(yú)都县：汉置，在今江西于都。这条前面脱去书名。

〔4〕"为"，原作"如"，《御览》卷九七四引《异物志》作"为"，应作"为"。甘蔗汁未经煎制只能是蔗浆，不是"饴饧"。南宋王灼《糖霜谱》："自古食蔗者，始为蔗浆……其后为蔗饧……其后又为石蜜。"

〔5〕"博棋"，原作"博其"，形似之误。《御览》卷八五七"蜜"引《异物志》是"破如博棋，谓之石蜜"，据改。

【译文】

《说文》说："就是藷蔗。"〔思勰〕按：古书上记载或者作"芋蔗"，或者作"干蔗"，或者作"邯睹"，或者作"甘蔗"，或者作"都蔗"，多有不同。

雩都县土壤肥沃，特别宜于种甘蔗。甘蔗的味道和色泽，都是别的县及不到的，一节几寸长。郡里用来进贡皇家。

《异物志》说："甘蔗，远近地方都有。交趾出产的甘蔗，味道特别醇浓，从根到末梢没有甜淡之分，甜味极为均匀。周围几寸粗，一丈多长，很像竹竿。斩断了吃，固然甜美；榨出汁来煎成饴饧，管它叫'糖'，更可珍贵。又把汁煎得更浓，在太阳底下晒，等到凝固了，像冰一样，破开成棋子块的大小，拿来吃，入口就溶消了，当时人叫它为'石蜜'。"

《家政法》说:"三月可以种甘蔗。"

薢(二二)

《说文》曰:"薢,芰也。"⁽¹⁾

《广志》曰:"钜野大薢,大于常薢。淮汉之南,凶年以芰为蔬,犹以预为资也。钜野,鲁薮也。"⁽²⁾

【注释】

〔1〕"薢",今本《说文》从水作"薢"。二字通,《广雅·释草》:"薢、芰,薢茩也。"今写作"菱",即菱角,古又名"芰"。但菱和"芡(二六)"都是北方早有的,《要术》卷六《养鱼》就附有种芰、种芡的方法,并非"非中国物产"。

〔2〕《类聚》卷八二、《御览》卷九七五"菱"均引到《广志》此条。《要术》"大薢"下原有"也"字,二书引无;"为资"下原无"也"字,《类聚》引有。显然,《要术》"也"字原应在"为资"下,今为移正。钜野,古大泽名,在今山东巨野北,早已湮废。

【译文】

《说文》说:"薢,就是芰。"

《广志》说:"钜野的大薢,比一般的薢都大。淮河汉水以南,遇到荒年把菱角当粮食,好像靠薯蓣之类渡过难关一样。钜野,是鲁地方的大泽。"

梂(二三)

《尔雅》曰⁽¹⁾:"梂,樎其也。"郭璞注曰:"梂,实似奈,赤,可食。"⁽²⁾

【注释】

〔1〕引文见《尔雅·释木》,末无"也"字。郭注同《要术》。

〔2〕梂(yǎn)：虽然郭璞作了这样的解说，但未见其他可资佐证的资料，未悉是何种植物。

【译文】

《尔雅》说："梂，就是槑(sù)其。"郭璞注解说："梂，果实像奈，赤色，可以吃。"

刘（二四）

《尔雅》曰〔1〕："刘〔2〕，刘杅也。"郭璞曰："刘子，生山中。实如梨，甜酢，核坚。出交趾。"

《南方草物状》曰〔3〕："刘树，子大如李实。三月花色，仍连着实〔4〕。七八月熟，其色黄，其味酢。煮蜜藏之，仍甘好。"

【注释】

〔1〕引文见《尔雅·释木》，末无"也"字。郭注同《要术》。

〔2〕刘：又名"刘子"，也叫"榴子树"，文献间有记述，内容简略，不能确指为何种植物，但肯定不是安石榴。

〔3〕《南方草物状》：各家书目未见著录，惟类书、本草书多有引录，作者是徐衷，当是东晋、刘宋间人。所谓"草物"包括动、植、矿物，与专记"草木"的《南方草木状》是根本不相干的两本书。但北宋以前文献有引作《南方草木状》者，实即《南方草物状》，并非今本《南方草木状》。今本《南方草木状》，旧题晋嵇含撰，实系后人撮拾前人文献而成的伪书（见拙著《〈南方草木状〉的诸伪迹》，《中国农史》1984年第3期）。《御览》卷九七三"刘"引《南方草物状》较简约，但多产地："出交趾、武平、兴古、九真。"

〔4〕《南方草物状》在说到开花结实过程时有一特用"术语"，总是说"×月花色，仍连着实"，为他书所绝无，是辨别徐衷书的重要参证之一。吾点校改"色"为"包"（通"苞"），连下句读，但不致都错成"色"，而且苞片也有早落的，那就不是"仍然连着实"了。"色"应理解为显现颜色，即花朵开放之意；"仍"作"乃"字用，是那时习用词，全句是说某月开始展放花朵，接着不久就开始结果了。

【译文】

《尔雅》说："刘，就是刘杙(yì)。"郭璞注解说："刘子，生在山中。果实像梨，味道甜酸，核坚硬。出在交趾。"

《南方草物状》说："刘树，果实像李子大小。三月展放花朵，接着不久就开始结果了。七八月成熟，颜色黄，味道酸。用蜜煮过渍藏，就甜美好吃。"

郁[1](二五)

《豳·诗义疏》曰[2]："其树高五六尺。实大如李，正赤色，食之甜。

"《广雅》曰：'一名雀李，又名车下李，又名郁李，亦名棣，亦名奠李。'《毛诗·七月》：'食郁及奠。'"[3]

【注释】

〔1〕郁：即蔷薇科的郁李(Prunus japonica)。落叶小灌木，高1—1.5米。果实小，球形，暗红色。

〔2〕《豳·诗义疏》指《诗经·豳风》部分的《诗义疏》，《御览》卷九七三"郁"即引作《诗义疏》，引文基本相同，仅个别无关紧要字有差异。

〔3〕今本《广雅·释木》没有这么多的别名，文例亦迥异。此条应是《诗义疏》原引，只录其异名，改变《广雅》原文形式，这在古人引书是很平常的。但《要术》原系提行另列，姑存其原式。异名很多，可能《诗义疏》所见《广雅》原是如此，也可能出于别的书，《诗义疏》误题书名。但无论如何，此条是《诗义疏》文，末后殿以《诗》句，正是它疏《诗》的一种方式，以下各目多见。

【译文】

《豳诗》的《诗义疏》说："郁树五六尺高。果实像李子大小，颜色正赤，吃着味道甜。

"《广雅》说：'一名雀李，又名车下李，又名郁李，也叫棣，也叫奠李。'《毛诗·七月》有：'〔六月〕食郁及奠(yù)。'"

芡（二六）

《说文》曰："芡，鸡头也。"〔1〕

《方言》曰〔2〕："北燕谓之䓗〔3〕，音役。青、徐、淮、泗谓之芡〔4〕，南楚江、淅之间谓之鸡头、雁头。"

《本草经》曰："鸡头，一名雁喙。"〔5〕

【注释】

〔1〕《说文》同《要术》引。但"芡"已见于卷六《养鱼》，"中国"也有，与本卷体例不合。

〔2〕引文见《方言》卷三，是节引。《四部丛刊》本《方言》"䓗"作"䓗"，疑误。"淅"是淅水，在河南西陲，是汉水的小支流，与长江不相称，《方言》作"南楚江、湘之间"，疑是"湘"字之误。

〔3〕北燕：指今河北长城以北地方。

〔4〕青、徐、淮、泗：今山东中部至江苏北部等地区。

〔5〕《神农本草经》作："鸡头实……一名雁喙实。"

【译文】

《说文》说："芡，就是'鸡头'。"

《方言》说："北燕地方管它叫'䓗'，音役。青、徐、淮、泗之间管它叫芡，南楚长江〔、湘水〕之间管它叫'鸡头'、'雁头'。"

《本草经》说："鸡头，又叫'雁喙'。"

藷（二七）

《南方草物状》曰："甘藷〔1〕，二月种，至十月乃成卵。大如鹅卵，小者如鸭卵。掘食，蒸食，其味甘甜。经久得风，乃淡泊。出交趾、武平、九真、兴古也〔2〕。"

《异物志》曰："甘藷，似芋，亦有巨魁。剥去皮，肌肉正白如脂肪。南人专食，以当米谷。蒸、炙皆香美。宾客酒食亦施设，有如果实也。"〔3〕

【注释】

〔1〕甘藷(shǔ)：不是现在俗名"山薯"、"红苕"的旋花科植物番薯(Ipomoea batatas)，而只能是薯蓣科薯蓣属(Dioscorea)的植物，但不像现在两广仍有栽培的甜薯(D. esculenta)，未详何种。番薯原产美洲中部，哥伦布发现"新大陆"后才由越南等地传入我国，六朝那时根本不知道。

〔2〕武平：郡名，公元271年三国吴置，在今越南北部。　　九真：郡名，在今越南中部偏北清化、河静等地。　　兴古：郡名，公元225年三国蜀置，在今贵州西南角和云南边区。见清洪亮吉等《补三国疆域志补注》(《二十五史补编》)。

〔3〕《御览》卷九七四引作陈祈畅《异物志》，内容相同，"蒸炙"以下作正文。

【译文】

《南方草物状》说："甘藷，二月里种，到十月长成卵圆形的块。块大的像鹅蛋，小的像鸭蛋。掘出来生吃，或者蒸了吃，味道都甜。放久了受了风，味道就变淡了。出在交趾、武平、九真、兴古。"

《异物志》说："甘藷，像芋，中心也有大藷块。剥去皮，肉像脂肪一样白。南方人作为主食，当作米粮。蒸吃、烤吃都香美。宴请宾客的酒席上也用到它，好像果实一样。"

薁(二八)

《说文》曰："薁，樱也。"〔1〕

《广雅》曰："燕薁，樱薁也。"〔2〕

《诗义疏》曰："樱薁，实大如龙眼，黑色，今'车鞅藤'实是。《豳诗》曰：'六月食薁。'"〔3〕

【注释】

〔1〕《说文》作："薁，婴薁也。"《要术》所引疑脱下一"薁"字。薁，这是葡萄科的蘡薁(Vitis adstricta)，落叶木质藤本。浆果小球形，黑色。又名野葡萄、山葡萄。字又音郁，因此"薁"又是郁李的异名，即(二五)目的"郁"。孔颖达误认为《豳风·七月》的"薁"就是郁李，清王念孙《广雅疏证》、段玉裁注《说文》对此都有辩证。

〔2〕《广雅·释草》作:"燕薁,蘡舌也。"

〔3〕此条《御览》卷九七四无引,但引有《魏王花木志》转引《诗疏》称:"《诗疏》:一名'车鞅藤'。"或即指《诗义疏》。孔颖达没有见到《诗义疏》,因此根据《晋宫阁铭》推测《豳风·七月》的"薁"就是"薁李",变成与"郁"为同物,即郁李,引起后人的纠缠。

【译文】

《说文》说:"薁,就是樱〔薁〕。"

《广雅》说:"燕薁,就是樱薁。"

《诗义疏》说:"樱薁,果实像龙眼大小,黑色,就是现在'车鞅藤'的子实。《豳诗》有'六月食〔郁及〕薁'。"

杨　梅[1]（二九）

《临海异物志》曰:"其子大如弹子,正赤,五月熟。似梅,味甜酸。"

《食经》藏杨梅法:"择佳完者一石,以盐一升淹之。盐入肉中,仍出,曝令干熇。取杭皮二斤,煮取汁渍之,不加蜜渍。梅色如初,美好,可堪数岁。"[2]

【注释】

〔1〕杨梅:杨梅科,学名 Myrica rubra,常绿乔木,雌雄异株。原产我国,分布于长江以南各省区,有很多栽培品种。北方不产。

〔2〕《御览》卷九七二引《食经》基本相同,"可堪数岁"作"可留数月"。

【译文】

《临海异物志》说:"杨梅果实像弹丸大小,颜色正赤,五月成熟。像梅子,味道甜酸。"

《食经》渍藏杨梅的方法:"选得完整无损的好杨梅一石,用一升盐腌渍着。等到盐进入果肉中,就取出来,晒到干燥。再取杭木皮二斤,加水煮出汁来腌渍,不要加蜜浸渍。这样,杨梅颜色像新鲜的一样,很好,可以保藏几年。"

沙 棠(三〇)

《山海经》曰[1]:"昆仑之山……有木焉,状如棠,黄华赤实,味如李而无核,名曰'沙棠'[2]。可以御水,时使不溺。"

《吕氏春秋》曰:"果之美者,沙棠之实。"[3]

【注释】

〔1〕引文见《山海经·西山经》"西次三经",文句略同。

〔2〕沙棠:文献所记,尚有《广志》、《南越志》、《登罗浮山疏》等,《本草纲目》也有记述,但除产地多为岭南外,没有更多的内容,而《本草纲目》说到:"食之,却水病。"(卷三一"沙棠果")又《本草纲目》卷三〇"海红"引沈立《海棠谱》说:"棠有甘棠、沙棠、棠梨。"海红是蔷薇科的海棠果(Malus prunifolia)。看来,沙棠似是蔷薇科苹果属(Malus)的植物。

〔3〕见《吕氏春秋·本味》,文同。

【译文】

《山海经》说:"昆仑山中……有一种树,形状像棠树,开黄色的花,结赤色的果,味道像李子,但没有核,名叫'沙棠'。吃了可以抗御水害,不致溺水。"

《吕氏春秋》说:"果实中美好的,有沙棠的果子。"

柤(三一)

《山海经》曰:"盖犹之山,上有甘柤,枝干皆赤黄,白花黑实也。"[1]

《礼·内则》曰:"柤、梨、姜、桂。"郑注曰:"柤,梨之不臧者……皆人君羞。"[2]

《神异经》曰[3]:"南方大荒中有树,名曰'柤'。二千岁作花,九千岁作实。其花色紫。高百丈,敷张自辅。叶长七尺,广四五尺,色如绿青⁽⁴⁾。皮如桂,味如蜜;理如甘草,味饴。实长九围,无瓤、核,割之如凝酥。食者,寿以万二千岁。"

《风土记》曰:"柤,梨属,内坚而香⁽⁵⁾。"

《西京杂记》曰:"蛮柤。"⁽⁶⁾

【注释】

〔1〕见《山海经·大荒南经》,"枝干皆赤黄"作"枝干皆赤,黄叶",《要术》似脱"叶"字(《渐西》本补"叶"字)。柤(zhā),通"樝",即"楂"字。这里是蔷薇科的楂子(Chaenomeles japonica)。楂子与木瓜同属,但与梨同科异属,不是"不好的梨",陶弘景已指出郑玄误释;也不是王祯说的"小的梨"。

〔2〕《礼记·内则》"柤"作"樝",字同。郑玄注则是:"楺,藜之不臧者。自牛脩至此三十一物,皆人君燕食所加庶羞也。"《要术》是摘引。"庶"是众多,"羞"是好食品。"楺藜",据阮元校勘是"柤梨"之误。

〔3〕《御览》卷九六七"楂"引《神异经》较简,多有异文,末有小注:"张茂先注曰:'柤梨。'"《神异经》旧题张华(茂先)注。"围"状粗大,状"长"不词,《要术》"长"宜作"大",或如《御览》引作"实长九尺"。

〔4〕绿青:一种绿色颜料,是孔雀石的粉末作成,中国画常用以着色。

〔5〕"内坚",《观象庐丛书》本《要术》改作"肉坚",其实不改也可以。

〔6〕《西京杂记》是:"查三:蛮查,羌查,猴查。"蛮柤,即蔷薇科的榠樝(Cydonia sinensis),比木瓜大,黄色。榠樝和楂子味道都酸涩,但有特殊香气。

【译文】

《山海经》说:"盖犹的山上,生有甘柤,树枝树干都是赤色,〔叶〕黄色,花白色,果实黑色。"

《礼记·内则》说:"柤、梨、姜、桂。"郑玄注解说:"柤是不好的梨……这些都是君王的好食品。"

《神异经》说:"南方很荒远的地方,有一种大树,名称叫'柤'。两千年才开花,九千年才结果。它的花紫色。树有一百丈高,枝叶茂密地铺张开来簇拥着自身。叶子七尺长,四五尺阔,颜色像绿青。树皮像桂皮,味道像蜜;木理像甘草,味道甜。果实九围〔大〕,剖开来,里面没有瓤肉,也没有核,而是像凝结的酥油。吃到的人,长寿可到一万二千岁。"

《风土记》说:"柤是梨一类的,里面硬实而香。"

《西京杂记》说："有蛮柤。"

椰(三二)

《异物志》曰[1]："椰树[2]，高六七丈，无枝条。叶如束蒲，在其上。实如瓠，系在于巅[3]，若挂物焉。实外有皮如胡卢。核里有肤，白如雪，厚半寸，如猪肤，食之美于胡桃味也。肤里有汁升余，其清如水，其味美于蜜。食其肤，可以不饥；食其汁，则愈渴。又有如两眼处，俗人谓之'越王头'[4]。"

《南方草物状》曰："椰，二月花色，仍连着实；房相连累，房三十或二十七八子[5]。十一月、十二月熟，其树黄实[6]，俗名之为'丹'也[7]。横破之，可作碗；或微长如栝蒌子[8]，从破之，可为爵[9]。"

《南州异物志》曰[10]："椰树，大三四围[11]，长十丈，通身无枝。至百余年。有叶，状如蕨菜，长丈四五尺[12]，皆直竦指天。其实生叶间，大如升，外皮苞之如莲状[13]。皮中核坚。过于核，里肉正白如鸡子，着皮，而腹内空：含汁，大者含升余。实形团团然，或如瓜蒌。横破之，可作爵形，并应器用，故人珍贵之。"

《广志》曰："椰出交趾，家家种之。"

《交州记》曰："椰子有浆。截花，以竹筒承其汁，作酒饮之，亦醉也。"[14]

《神异经》曰[15]："东方荒中有'椰木'，高三二丈，围丈余，其枝不桥。二百岁，叶尽落而生华，华如甘瓜。华尽落而生萼，萼下生子，三岁而熟。熟后不长不减，形如寒瓜，长七八寸，径四五寸，萼覆其顶。此实不取，万世如故。取者掐取，其留下生如初[16]。其子形如甘瓜。瓤，甘美如蜜，食之令人有泽；不可过三升，令人醉，半日乃醒。木高，凡人不能得；唯木下有多罗树[17]，人能缘得之。一名曰'无叶'，一名'倚骄'。"张茂先注曰："骄，直上不可那也。"

【注释】

〔1〕《御览》卷九七二"椰"引《异物志》极简略，"愈渴"误作"增渴"，盖误解消解的"愈"为更加、越发也。

〔2〕椰树：即棕榈科的椰子（Cocos nucifera）。常绿乔木，高20—30米，直立无分枝，上下大小近乎一致。羽状复叶，簇生于茎顶，下束而上分。肉穗花序着生于顶端叶丛间。果实圆形或椭圆形，少数三棱形，直径15厘米以上，由外果皮、中果皮、内果皮、胚乳、胚和椰子水构成。外果皮即果实外表的革质薄层，中果皮成熟后是厚而疏松的棕色纤维层，内果皮即椰壳，坚硬，即所谓"核"。椰壳里面是胚乳，俗称"椰肉"，为白色的肉质层，富含脂肪，附着于椰壳上。胚乳里面为果腔，中含椰子水，即所谓"汁"或"浆"，其味清甜有香气，为热带地方最佳的清凉饮料。本目各书对椰果结构的描述都非常细致精确。

〔3〕"巅"，原作"山头"，不通。《史记·司马相如列传·上林赋》"留落胥余"，司马贞《索隐》引《异物志》作"系在颠"，《御览》卷九七二引作"系之巅"，显然，"山头（頭）"是"巅"字拆开错成，据改。

〔4〕如两眼：指内果皮近基部的萌发孔。椰壳近基部有三个圆形凹点，幼芽从这里萌发，通称"果眼"或"芽眼"。其中一般仅有一个发育完全，其余两个较小，已退化。　　越王头：据《御览》卷九七二引《异物志》是指整个椰果。神话传说，古时林邑国王（东汉末建国于今越南中南部）与越王有怨隙，派刺客取得越王头，挂在树上，不久变为椰子。林邑国王恨极，取椰子剖开作饮器。越王是在大醉时被刺的，所以椰子浆就像酒一样。

〔5〕房：此指果序的分枝。

〔6〕"其树黄实"，椰子成熟时外果皮黄色或褐色，但文句勉强，疑应作"其实黄"。

〔7〕丹：马来语tua的对音，意思是成熟，非指丹色。

〔8〕栝蒌子：即葫芦科栝楼（Trichosanthes kirilowii）的果实，卵圆形至广椭圆形。也叫瓜蒌。

〔9〕关于用椰壳作器皿，旧时岭南笔记类书记载颇多，大如水罐子，小如碗、酒盏等，考究的镶以金属，以防破裂。

〔10〕《南州异物志》：《隋书》、新旧《唐书》经籍志均著录，《隋志》题"吴丹阳太守万震撰"。《要术》又引有《南方异物志》，实为同一书。书已佚。万震，三国吴时人，曾任丹阳太守，其他无可考。

〔11〕围：此指"拱把"为一围，即两手的拇指食指相围合。

〔12〕蕨菜：即凤尾蕨科的蕨（Pteridium aquilinum var. latiusculum），以其嫩叶可食，俗名"蕨菜"。叶大，羽状复叶，椰叶羽状复叶似之。　　长丈四五尺：

椰叶长4—6米,一丈四五尺合今尺还不到4米,毫不夸张。或谓"丈"字是衍文,删去,译成"四五尺长",失察。

〔13〕指包裹在外面的中果皮,其纤维层疏松柔软,有似莲蓬。

〔14〕切断椰子的花轴,其"伤流"富含糖分,可以作成酒。其实植物果子"果糖"放着一段时日也会自然酵解变成酒。椰子水也一样,椰果放上几天,其富含糖水的浆水也会自然酒化,这时喝多了也会醉人,但新鲜椰果的浆水是不会醉人的。

〔15〕《御览》卷九七二引《神异经》极简略,止于"径四五寸",无下文,但树高多"或十余丈"句,今辑本《神异经》作"高三千丈"。清初汪灏等《广群芳谱》所引多有润饰,疑后人所增改,但有错脱。

〔16〕"其留下生如初",《广群芳谱》改作"若取子而留萼,萼复生子"。

〔17〕多罗树:南宋释法云《翻译名义集》卷三"林木篇":"多罗,旧名贝多。"贝多是梵语Pattra的音译,也译"贝多罗"。这是桑科无花果属(Ficus)的菩提树(Ficus religiosa),又名"思惟树"。参看(一一四)目"桫多"。

【译文】

《异物志》说:"椰树,六七丈高,没有分枝。叶子像束着的一蓬蒲草,簇生在茎干顶上。果实像圆葫芦,着生在顶上,好像挂着什么东西似的。果实外面有一层皮,像葫芦的皮。核里面有一层肉,像雪一样白,半寸厚,像猪膘肉,吃起来比胡桃的味道还好。肉里面有一升多的液汁,像水一样清,味道比蜜还美。肉,吃了可以不饿;汁,喝了可以止渴。又果实上还有个地方像两只眼睛,因此俗人〔就把椰果〕叫作'越王头'。"

《南方草物状》说:"椰子,二月绽放花朵,接着不久就开始结果。果实一房一房地连累着,每房有三十个或二十七八个果子。十一月、十二月成熟,果实成为黄色,本地人叫它为'丹'。〔圆形的〕横着破开,可以作碗;或者稍微长圆形像栝蒌子的,竖着破开,可以作酒盏。"

《南州异物志》说:"椰树,有三四围粗,十丈高,整条树干没有分枝。寿命有一百多年。叶片像蕨菜的形状,一丈四五尺长,都耸直地指向天空。果实着生在叶丛间,有升那么大,外层有皮包着像莲蓬。皮里面的核,坚硬。通过核,里面有肉,颜色正白像熟的蛋白一样,是附着于核上的。而肉的内腔是空的,里面含着液汁,大的含有一升多的汁。果实的形状,有的团团的成圆形,有的像瓜蒌那样〔成椭圆形〕。

横着破开来，可以作成酒器，也可以作成其他器皿，所以人们都觉得它很珍贵。"

《广志》说："椰子出在交趾，家家都有种植。"

《交州记》说："椰子有浆汁。切断花轴，用竹筒接得液汁，作成酒，喝了也会醉人。"

《神异经》说："东方荒远的地方，有一种'椰木'，三二丈高，周围一丈多粗，没有横枝条。二百年后，叶子完全脱落后长花，花像甜瓜的花。花落尽了长出萼，萼里面结果子，三年成熟。成熟之后，果实不长大，也不缩小，形状像寒瓜，七八寸长，直径四五寸，萼片覆盖着顶端。这果实如果不采摘，一万世之后，也还是那个老样子不变。采摘时要掐断果柄摘取，下面留着的还会像当初一样长出果子。果子形状像甜瓜。果瓤像蜜一样的甜美，吃了让人有光泽；但不可超过三升，使人醉醺醺的，半天才能醒过来。树很高，一般人采不到，不过树下面有多罗树长着，人们可以攀缘上去采得。这椰木又名'无叶'，又名'倚骄'。"张华注解说："骄是一直在上面没法采下的意思。"

槟　榔(三三)

俞益期《与韩康伯笺》曰[1]："槟榔[2]，信南游之可观：子既非常，木亦特奇，大者三围，高者九丈。叶聚树端，房构叶下，华秀房中[3]，子结房外。其擢穗似黍[4]，其缀实似谷。其皮似桐而厚，其节似竹而概[5]。其内空，其外劲，其屈如覆虹，其申如缒绳。本不大，末不小；上不倾，下不斜：调直亭亭[6]，千百若一。步其林则寥朗，庇其荫则萧条，信可以长吟，可以远想矣。性不耐霜，不得北植，必当遐树海南；辽然万里，弗遇长者之目，自令人恨深。"

《南方草物状》曰："槟榔，三月花色，仍连着实，实大如卵。十二月熟，其色黄；剥其子，肥强可不食[7]，唯种作子。青其子，并壳取实，曝干之，以扶留藤、古贲灰合食之[8]，食之即滑美[9]。亦可生食，最快好。交趾、武平、兴古、九真有之也。"

《异物志》曰："槟榔，若笋竹生竿[10]，种之精硬[11]，引茎直上，不生枝叶，其状若柱。其颠近上未五六尺间，洪洪肿起，若瘣黄圭切，又音回。木焉⁽¹²⁾；因坼裂，出若黍穗，无花而为实⁽¹³⁾，大如桃李。又生棘针⁽¹⁴⁾，重累其下，所以卫其实也。剖其上皮，煮其肤，熟而贯之⁽¹⁵⁾，硬如干枣。以扶留、古贲灰并食，下气及宿食、白虫，消谷。饮啖设为口实。"

《林邑国记》曰⁽¹⁶⁾："槟榔树，高丈余⁽¹⁷⁾，皮似青桐，节如桂竹⁽¹⁸⁾，下森秀无柯，顶端有叶。叶下系数房，房缀数十子⁽¹⁹⁾。家有数百树。"

《南州八郡志》曰⁽²⁰⁾："槟榔，大如枣，色青，似莲子。彼人以为贵异，婚族好客，辄先逞此物；若邂逅不设，用相嫌恨。"

《广州记》曰："岭外槟榔，小于交阯者，而大于蒳子，土人亦呼为'槟榔'。"⁽²¹⁾

【注释】

〔1〕《水经注》卷三六《温水》引豫章俞益期《与韩康伯书》删去槟榔的描述，极简略。《类聚》卷八七及《御览》卷九七一"槟榔"所引均稍简（《类聚》作"喻益期"）。《御览》"木亦特奇"下多"云温交州时度之"句。"云温"，《要术》张步瀛校本录有张定均校勘《御览》的校语说"一本作'予在'"，《植物名实图考长编》卷一五引俞《笺》作"余在"，则"云"是"予"的残误，而"温"应作"在"，是说"我在交州时度量过树干的大小高矮"。

〔2〕槟榔：棕榈科的槟榔（Areca catechu），常绿乔木，高10—18米，直立无分枝。原产东南亚，我国两广、云南、福建等地有栽培。

〔3〕房：此指槟榔花序外面佛焰苞状的大形苞片，长倒卵形，长达40厘米，花在大苞片内开展。

〔4〕擢穗似黍：抽穗像黍子。这和下面《异物志》说的"出若黍穗"（抽出像黍穗的穗子）一致。按：槟榔的肉穗花序长在叶鞘束基部，多分枝，排成圆锥花序式，犹如黍穗的圆锥花序从叶鞘间抽生。

〔5〕其节似竹而概：指槟榔叶脱落后所形成的明显的环纹，即残留的叶痕，像竹节，但很密。可《林邑国记》说"节象桂竹"，就难以理解了。

〔6〕"调直"，原作"稠直"，不词。《类聚》及《本草纲目》卷三一"槟榔"引均作"调直"，《御览》卷九七一引《林邑记》同，意即匀直，据改。上文"似谷（穀）"，应是"似穀"之误，即桑科的构树，其果实圆形，与槟榔的卵圆形果实相

似,而与谷的种子风马牛也。

〔7〕"肥强可不食",当指老熟干燥了的种子坚硬不好吃,则"肥"宜作"坚","可不"应倒作"不可"。

〔8〕扶留藤、古贲(fén)灰:见"扶留(四九)"。

〔9〕"食之",重复,疑当作"煮之",在上文"取实"下,作"取实煮之,曝干","干"下"之"字衍。下条引《异物志》有"煮其肤",《本草纲目》卷三一亦称"煮其肉而干之"。这样的处理是为了便于贮藏,《本草图经》记载:"其实春生,至夏乃熟。然其肉极易烂,欲收之,皆先以灰汁煮熟,仍火焙熏干,始堪停久。"这样,才与下文"亦可生食"相对应。

〔10〕若笋竹生竿:这是说槟榔树干的生长过程跟竹笋长成竹竿相似。这包含着两种现象:叶的脱落,环纹或节的显现。竹的主竿所生的叶,即箨,竹笋时期包在笋外,在竹竿继续生长中陆续脱落,竹节也就裸露于外;槟榔干在长高的过程中,因叶的陆续脱落而逐年呈现多数明显的环纹状的"节",和笋长成多节的竹竿相似,当然,节的疏密是大不相同的。

〔11〕"种之精硬",费解。《本草纲目》卷三一说:"初生若笋竿,积硬引茎直上。"意谓积渐坚硬,引茎直上,符合实际,"种之"疑是"积久"的形误。

〔12〕瘣(huì)木:原指因病害而茎干肿胀的树木,这里指隆隆肿胀的孕育于叶鞘束基部的肉穗花序。花序从最下一叶的叶鞘束下抽生,而叶鞘很早,因而长花处上距茎顶丛生叶处也很远,《异物志》作者目测大约相距"五六尺间"。

〔13〕无花而实:不开花就结果实。叶鞘基部肿胀处破裂开来,就钻出肉穗花序,发生像黍穗般的分枝。但由于花很小,不显眼,又被大苞片包覆着,大概因此古人认为"无花而为实"。

〔14〕棘针:槟榔茎叶不生棘刺,推测大概指具尖突的萼片,起保护花蕾的作用。

〔15〕上皮:指纤维质的果皮,也叫"槟榔衣",即中药所称"大腹皮"。 肤:就是"肉",也就是"槟榔子",是咀嚼的部分。煮熟串挂起来晒干,是为了便于贮藏。

〔16〕《林邑国记》:《隋书·经籍志二》著录"《林邑国记》一卷",无撰人姓名。《水经注》中屡引之。书已佚。林邑国始建于东汉末,其地在今越南中南部。《类聚》卷八七、《御览》卷九七一引《林邑记》均较详,其中有一联骈句"仰望眇眇,如插丛蕉于竹杪;风至独动,似举羽扇之扫天",描写椰树高耸挺拔,羽状复叶迎风摇晃,像一丛蕉叶插在竹杪上,像一把把大羽扇在扫荡天空,十分生动贴切,文采亦颇可观。

〔17〕"高丈余",与事实不符,《类聚》、《御览》均引作"高十余丈",《要

术》有误。

〔18〕"节如桂竹"，疑有误文。按：桂竹 (Phyllostachys bambusoides) 节间长可达45厘米，而节甚突起，可槟榔的叶痕残留的节环虽然明显，但并不如桂竹的突起，而且很密，无论如何不像节如桂竹。

〔19〕槟榔肉穗花序多分枝，每枝可结果多至两三百颗。

〔20〕《类聚》卷八七、《御览》卷九七一均引作《南中八郡志》，是同一书，而《要术》误"中"为"州"。因"南中"是西南边区的大地区名，"八郡"有所专指，而"南州"是泛指南方，非大部州之名，并无特定的郡属关系。

〔21〕《类聚》卷八七引有顾微（应是"微"）《广州记》，与《要术》不同，全文是："山槟榔，形小而大于菇子。菇子，土人亦呼为槟榔。"菇子最小，《名医别录》："俗人呼为'槟榔孙'。"

【译文】

俞益期写给韩康伯的信中说："槟榔，确实是游历南方见到的奇树：果实已是不平常，树也特别奇异，大的有三围粗，高的有九丈长。叶子簇聚在树干顶上，花房抽生在叶丛底下，花在房里开展，果实在房外长着。它抽穗像黍子，结果像〔楮实〕。树皮像梧桐，但厚一些；节像竹子，但很密。树干中心空虚，外层劲韧，弯曲它可以像垂曲着的虹一样〔，不会折断〕；伸直了像缒着重物的绳子一样〔，笔直不弯曲〕。下端不特别粗，上梢不特别细；上面不歪倾，下面不偏斜：亭亭高耸，均匀挺直，千百株都一个样。在这林子里散步，觉得空疏开朗；待在树荫下休息，又觉得清静寂寞，真可以使人长吟，使人遐想。这树不耐霜冻，不能移植到北方，只能远远地种在海南；跟中原隔着万里之遥，不能让长者您亲眼一见，自然叫人深深怅恨！"

《南方草物状》说："槟榔，三月展放花朵，接着不久就开始结果，果实像蛋一样大。十二月成熟，颜色黄。剥开〔老熟的〕种子，〔坚〕硬不好吃，只能用来作种子。但果实还青色时，连壳一并采下来，〔煮过，〕晒干，配上扶留藤和古贲灰一起吃，味道就滑美。也可以生吃，最为爽快好吃。交趾、武平、兴古、九真都有出产。"

《异物志》说："槟榔树，跟竹笋长成竹竿相似，〔日子长了渐渐〕长得坚硬，茎干一直向上挺长，不生分枝分叶，形状像一根柱子。靠近茎顶不到五六尺的地方，隆隆地肿胀起来，好像〔害了病的〕瘣木,因而就爆裂开来,抽出像黍穗的穗子,不开花就结果实,大小像桃子或李子。又有棘针,重叠长在下面,是保护果实的。剥去上面的皮,把里面的肤煮熟,串挂起来〔晒干〕,像干枣那样硬。用扶留藤和古贲灰合起来吃,可以下气、消积食、打肠道虫、助消化。酒宴上也用它当作果品。"

《林邑国记》说:"槟榔树,一丈多(?)高,皮像青桐,节像桂竹(?),下面矗立挺秀,没有分枝,顶头上有叶。叶下面系着几串房,每串房结着几十个果子。一户人家往往有几百株。"

《南州八郡志》说:"槟榔子,像枣子那样大,颜色青,像莲子的颜色。当地人认为是贵重的珍品,亲戚朋友往来,总是先献上这东西;如果偶然碰巧没有献上,便会引起猜疑怨恨。"

《广州记》说:"岭南的槟榔,比交趾所产的小,但比蒳子大,当地人也叫它为'槟榔'。"

廉 姜(三四)

《广雅》曰:"蔟葰相维切,廉姜也。"〔1〕

《吴录》曰:"始安多廉姜〔2〕。"

《食经》曰〔3〕:"藏姜法:蜜煮乌梅,去滓,以渍廉姜,再三宿,色黄赤如琥珀。多年不坏。"

【注释】

〔1〕《广雅·释草》作:"廉姜,葰也。"廉姜,据清李调元《南越笔记》卷一五:"山奈,亦曰廉姜。"山奈,姜科,学名Kaempferia galanga,多年生宿根草本,根状茎有香气。

〔2〕始安:郡名,三国吴置,郡治在始安县,在今广西桂林。

〔3〕《御览》卷九七四"廉姜"引《食经》有脱误。

【译文】

《广雅》说:"蔟葰(suī),就是廉姜。"

《吴录》说:"始安多产廉姜。"

《食经》说:"渍藏廉姜的方法:用蜜煮乌梅,把渣滓去掉,用来浸渍廉姜。过两三夜,颜色黄红像琥珀一样。可以保存多年不坏。"

枸 橼(三五)

裴渊《广州记》曰:"枸橼,树似橘,实如柚大而倍长,味奇酢。皮以蜜煮为糁。"[1]

《异物志》曰:"枸橼,似橘,大如饭筥[2]。皮有香[3]。味不美。可以浣治葛、苎,若酸浆[4]。"

【注释】

〔1〕《御览》卷九七二"枸橼"引裴渊《广州记》脱"实"字,但"糁"作"粽",是正字。枸 (jǔ)橼,即芸香科的枸橼 (Citrus medica),俗名香橼。李时珍、吴其濬都说枸橼就是佛手。佛手是枸橼的变种 (var. sarcodactylis)。

〔2〕饭筥 (jǔ):《说文》说饭筥"受五升",是一种竹制的长圆形小容器。汉1升约合今200毫升。枸橼果实卵形或长圆形,长10—25厘米,裴渊说它像柚子大而加倍的长,并不夸张。

〔3〕"皮有香",原作"皮不香",误,枸橼有强烈香气,据鲍崇城刻本《御览》卷九七二引《异物志》改正。

〔4〕酸浆:酸味的饮浆。这是说利用枸橼所含大量的有机酸来沤治葛和苎麻的茎皮纤维,分解其所含果胶,犹如用酸浆一样。

【译文】

裴渊《广州记》说:"枸橼,树像橘树,果实像柚子大而加倍的长,味道奇酸。果皮可以用蜜煮过作蜜饯。"

《异物志》说:"枸橼,像橘子,有饭筥那样大。皮有香。味道不好。可以用来沤治葛和苎麻,像用酸浆一样。"

鬼 目(三六)

《广志》曰:"鬼目[1],似梅,南人以饮酒。"

《南方草物状》曰:"鬼目树,大者如李,小者如鸭子[2]。二月花色,仍连着实。七八月熟。其色黄,味酸;以蜜煮之,滋味柔嘉。交阯、武平、兴古、九真有之也。"

裴渊《广州记》曰:"鬼目、益知[3],直尔不可噉;可为浆也。"

《吴志》曰[4]:"孙皓时有鬼目菜[5],生工人黄耇家。依缘枣树,长丈余,叶广四寸,厚三分。"

顾微《广州记》曰[6]:"鬼目,树似棠梨,叶如楮,皮白,树高。大如木瓜,而小斜倾,不周正,味酢。九月熟。

"又有'草昧子'[7],亦如之,亦可为糁用。其草似鬼目。"

【注释】

〔1〕鬼目:李时珍认为鬼目有三种:一种木本鬼目,又名"麂目";另两种草本鬼目,是白英和羊蹄(《本草纲目》卷三一"麂目")。《广志》、《南方草物状》和顾微《广州记》所记都是木本鬼目,但未悉是何种植物,也许还不是同一种。启愉按:鬼目种类繁多:草本有茄科的白英(Solanum lyratum),草质藤本,浆果球形,成熟时黑红色,直径8毫米;蓼科的羊蹄(Rumex japonica),多年生草本,瘦果宽卵形,有三棱,黑褐色,有光泽。木本除麂目外,尚有蔷薇科的石楠(Photinia serrulata),常绿灌木或小乔木,梨果球形,直径5—6毫米,红色或紫褐色;紫葳科的凌霄花(Campsis grandiflora),落叶木质藤本,种子扁平,有透明的翅;还有苦木科的臭椿(Ailanthus altissima),落叶乔木,结长翅果,长3—5厘米。这些都有"鬼目"之名。其所以得此名,大概因其果实(或种子)的形色有些像眼珠而又特别,诸如形圆而色红,或圆而黑亮,小形,或有棱,或具翅等。特别是臭椿的长翅果有"凤眼草"之名,是很形象的,因其翅果两端具尖长的翅,种子长在中央,如凤眼之形。芸香科的花椒(Zanthoxylum bungeanum),种子黑色圆形有光泽,像眼珠,今尚有"椒目"之名。这里木本鬼目,又名麂目,据说也因其果实像麂眼而得名,又因其果皮上有两斑点而名"鬼目"(李调元《南越笔记》卷一三"广东诸果")。因此,很难确指为何种植物。

〔2〕"大者如李,小者如鸭子",这是指果实,"大"上应脱"实"字。但大小矛盾,下文引顾微《广州记》说"大如木瓜",《本草纲目》卷三一"麂目"引刘欣期《交州记》也说"大者如木瓜,小者如梅李",《要术》"如李"和《御览》卷九七四引作"如木子",都可能是"如木瓜"之误。否则,大小倒错,应作"小者如李,大者如鸭子"。

〔3〕益知:即姜科山姜属的益智草(Alpinia oxyphylla)。其种子含挥发油,芳香味辛,中药上名"益智仁"。

〔4〕《三国志·吴志·孙皓传》:"天纪……三年……八月……有鬼目菜,生工人黄耇家。"下同《要术》。《晋书·五行志》并载其事。"叶",二书均作"茎"。《御览》卷九九八"鬼目"也引到《吴志》,作"工人黄狗","叶"亦作"茎"。

〔5〕孙皓(242—283):三国吴的末帝,264—280年在位。　　鬼目菜:李时珍认为就是草本鬼目的白英(《本草纲目》卷一八"白英")。吴其濬也这样认为(《植物名实图考》卷二二"白英")。茄科的白英和《吴志》所记有些相像。

〔6〕顾微《广州记》:和裴渊《广州记》一样,各家书目均未见著录,而二《记》各书征引颇多。书均已佚。裴渊和顾微,据所记地名考证,可能都是南朝宋时人,而顾微稍后于裴渊。

〔7〕草昧子:未详是何种植物。所谓"亦如之",大概指味道酸和鬼目树的果实相同,所以都可以用来作蜜饯。下文"草鬼目",也无从推测是白英还是羊蹄。

【译文】

《广志》说:"鬼目,像梅子,南方人用它下酒吃。"

《南方草物状》说:"鬼目树,〔果实〕(小的)像李子,(大的)像鸭蛋。二月展放花朵,接着不久就开始结果。七八月中成熟。颜色黄,味道酸,用蜜煮过,滋味就又软又美。交趾、武平、兴古、九真都有出产。"

裴渊《广州记》说:"鬼目和益知,简直不好吃;可以作饮浆喝。"

《吴志》说:"孙皓在位时有鬼目菜,生在工人黄耇(gǒu)家里。攀缘枣树向上生长,有一丈多长,叶子四寸宽,三分厚。"

顾微《广州记》说:"鬼目,树像棠梨,叶子像楮叶,树皮白色,树干高大。〔果实〕像木瓜大小,稍微有些歪斜,不周正,味道酸。九月成熟。

"又有'草昧子',也是这样,也可以用来作蜜饯。草的形状像〔草〕鬼目。"

橄　榄(三七)

《广志》曰:"橄榄[1],大如鸡子,交州以饮酒[2]。"

《南方草物状》曰[3]:"橄榄子,大如枣,大如鸡子[4]。二月华色,仍连着实。八月、九月熟。生食味酢,蜜藏仍甜。"

《临海异物志》曰[5]："余甘子[6]，如梭且全反形[7]。初入口，舌涩；后饮水，更甘。大于梅实核；两头锐。东岳呼'余甘'[8]、'柯榄'，同一果耳。"

《南越志》曰："博罗县有合成树[9]，十围，去地二丈，分为三衢：东向一衢，木威[10]，叶似楝[11]，子如橄榄而硬，削去皮，南人以为糁。南向一衢，橄榄。西向一衢，'三丈'[12]。三丈树，岭北之猴□也[13]。"

【注释】

〔1〕橄榄：橄榄科，学名Canarium album，又名"青果"。常绿乔木。原产越南和我国广东等省，今海南岛尚有野生种。

〔2〕交州：晋时有今越南中北部，迤东至广西钦州地区及雷州半岛、海南岛等地，州治在今河内东北。

〔3〕《御览》卷九七二引作《南州草木状》（《御览》引书总目无此书），实际仍是《南方草物状》误题，内容基本相同，多产地"交阯、武平、兴古、九真有之"。

〔4〕"大如鸡子"，《御览》引无此句，《证类本草》卷二三"橄榄"引《本草拾遗》转引《南方草木（物）状》亦无此句，应是袭上文《广志》而衍。

〔5〕《御览》卷九七二引《临海异物志》基本相同；卷九七三"余甘"也引到，较简，但有"出晋安候官界中"句。"柯榄"，二处所引均作"橄榄"，这就是说，东岳泰山地区"呼余甘为橄榄"。

〔6〕余甘子：有同名的两种：一种是橄榄，就是这里所记的两头尖、形状像梭子的。橄榄以其果味先涩后甘，因亦得"余甘"之名。一种是大戟科的余甘子（Phyllanthus emblica），也叫"庵摩勒"、"油甘子"，果实球形，并非两头尖，虽然果味也是先涩后甘，但不能与橄榄混淆。贾思勰没有把这个"余甘子"列在"余甘（四六）"目，鉴别正确。而《临海水土异物志辑释》（农业出版社，1981年）认为这个就是庵摩勒，似乎没有见到《要术》。

〔7〕梭，"且全反"，读quán音，是木名，这里误注。吾点校记："梭，《玉篇》音'且全切'者是木名……按：该《志》云'如梭形'，又云'两头锐'，则当作'先和切'，织具也。"完全正确。按：这余甘仍是橄榄，果形"两头锐"，正像织布的梭子，音襃，而注作"且全反"是误解为梭木，就风马牛了。

〔8〕东岳：即泰山。

〔9〕博罗县：即今广东博罗县，旅游胜地罗浮山在该县西北。　　合成树：怎样合成的，是天生"连理枝"，还是人工嫁接的？无可测度。最近在

闽西梅花山自然保护区发现一株古树,结出五种果实:一为"茄果",圆形,拇指大小;二为"菜豆果",像四季豆;三为"豇豆果",像豇豆;四为"橄榄果",形状大小如橄榄;五为"纱帽果",为薄而长的条块(《南京日报》1987年10月9日一版,转录《今晚报》)。《山海经·中山经》记载"少室之山"有一种木,名为"帝休","叶状如杨,其枝五衢(分枝)"。未知究竟怎样,录此供进一步研究。

〔10〕"木威",原只一"木"字。按:所记东枝与"木威(一二八)"相同,《北户录》卷三《橄榄子》引《南越志》是"东向一衢为木威",应为"木威",据补"威"字。木威,是橄榄科的乌榄(Canarium pimela),与橄榄同属,常绿乔木。果实长一寸余,纺锤形,像橄榄。楝树,楝树科的 Melia azedarach,乌榄的羽状复叶同楝树叶相似。

〔11〕"楝",原作"练",《本草拾遗》"木威子":"生岭南山谷。树叶似楝。子如橄榄而坚,亦似枣也。"《御览》鲍崇城刻本引亦作"楝",据改。

〔12〕"三丈",《北户录》引《南越志》作"玉文",字形极似,未知孰是。

〔13〕"猴□",金抄等均空白一格,他本只一"候"字,无空格。"候"不成果名,而"果蓏(七)"有"猴闼"、"猴总"的果名,故从金抄空格存疑。

【译文】

《广志》说:"橄榄,像鸡蛋大,交州人用它下酒吃。"

《南方草物状》说:"橄榄子,像枣子大。二月展开花朵,接着不久就开始结果。八月、九月成熟。生吃味道酸,用蜜渍藏就甜。"

《临海异物志》说:"余甘子,形状像织布梭子。刚吃进口时,舌头发涩;吃后喝了水,就会变甜。比梅子的核要大,两头是尖的。东岳地方叫'余甘'为'柯榄',是同一种果子。"

《南越志》说:"博罗县有一株'合成树',有十围粗,在离地二丈的地方,分为三枝:向东面的一枝是木威,叶像楝树叶,果实像橄榄,但比较硬,削去皮,南方人把它作成果饯。南面的一枝是橄榄。西面的一枝是'三丈'。三丈树,就是岭北的猴□树。"

龙　眼(三八)

《广雅》曰:"益智,龙眼也。"〔1〕

《广志》曰:"龙眼树,叶似荔支,蔓延,缘木生。子如酸枣,色黑,纯甜无酸⁽²⁾。七月熟。"

《吴氏本草》曰:"龙眼,一名'益智',一名'比目'。"⁽³⁾

【注释】

〔1〕引文见《广雅·释木》,文同。益智,这是无患子科龙眼(Euphoria longan)的别名,跟姜科的草本"益智"同名。此别名已见于《神农本草经》。又名"龙目",见左思《蜀都赋》。今俗名"桂圆"。

〔2〕按:龙眼树为常绿乔木,高可达10米,而且树冠繁茂,并非木质藤本,此处所记树状,可能传闻有误。又,果肉(假种皮)白色,汁多味甜,干时则黑褐色,郭义恭所见已是干桂圆,并非鲜果。

〔3〕《御览》卷九七三引《吴氏本草》只是:"龙眼,一名比目。"无"一名益智"句,但《神农本草经》有"一名益智"。

【译文】

《广雅》说:"益智,就是龙眼。"

《广志》说:"龙眼树,叶像荔支,〔枝条〕蔓延,攀附他树向上生长。果实像酸枣,颜色黑,全甜不酸。七月成熟。"

《吴氏本草》说:"龙眼,又名'益智',又名'比目'。"

椹(三九)

《汉武内传》⁽¹⁾:"西王母曰:'上仙之药,有扶桑丹椹⁽²⁾。'"

【注释】

〔1〕《汉武帝内传》是:"王母曰:'太上之药……东掇扶桑之丹椹。'"

〔2〕扶桑:古国名,其地在"大汉国东二万余里",因其地多扶桑木而得名。自《梁书》卷五四记载"扶桑国"以来,扶桑国究竟在何处?扶桑木究竟是什么木,近代200多年来中外学者纷纷考查论证,其地多数认为是日本,或太平洋彼岸的墨西哥;其木则有桑树、椿树、桐树,乃至非木本的棉花、玉米、龙舌兰、仙人掌等说,不一而足。这问题到现在还是个谜。

【译文】

《汉武内传》说:"西王母说:'上等的仙药,有扶桑的丹椹。'"

荔　支（四〇）

《广志》曰⁽¹⁾：“荔支树，高五六丈，如桂树⁽²⁾。绿叶蓬蓬，冬夏郁茂。青华朱实，实大如鸡子；核黄黑，似熟莲子；实白如肪⁽³⁾，甘而多汁；似安石榴，有甜酢者。夏至日将已时，翕然俱赤⁽⁴⁾，则可食也。一树下子百斛。

“犍为僰道、南广荔支熟时⁽⁵⁾，百鸟肥。其名之曰‘焦核’⁽⁶⁾，小次曰‘春花’，次曰‘胡偈’：此三种为美。似‘鳖卵’⁽⁷⁾，大而酸，以为醯和。率生稻田间。”

《异物志》曰：“荔支为异：多汁，味甘绝口，又小酸，所以成其味。可饱食，不可使厌。生时，大如鸡子，其肤光泽。皮中食⁽⁸⁾，干则焦小，则肌核不如生时奇⁽⁹⁾。四月始熟也。”

【注释】

〔1〕《御览》卷九七一“荔支”引《广志》稍有异文，《类聚》卷八七引止于“一树下子百斛”，无下段。

〔2〕桂树：此指樟科的肉桂（Cinnamomum cassia），非指木犀科的木犀（桂花，Osmanthus fragrans）。

〔3〕“实”，疑应作“肤”，指果肉，即假种皮。

〔4〕翕（xī）然：统一。

〔5〕僰（bó）道：县名，犍为郡郡治，在今四川宜宾西南。　　南广：县名，晋南广郡郡治，在今宜宾南的珙县。

〔6〕“之”，费解，吴其濬《植物名实图考长编》卷一七“荔枝”引《要术》改为“上”，疑是“上”字之误。

〔7〕“似”，误。“鳖卵”是比“胡偈”更次的品种，《御览》引作“次”，《北户录》卷三“无核荔枝”引《广志》也说：“焦核、胡偈，此最美。次有鳖卵焉。”应是“次”或“又次”之误。

〔8〕上文既说鲜果很好吃，这里不应又说“皮中食”，《植物名实图考长编》改为“皮中实”，“皮”指果皮，即外壳，就可解释。

〔9〕“生时奇”，指鲜荔枝果肉，则这里“肌核”应作“肌肤”。

【译文】

《广志》说:"荔枝树,五六丈高,像桂树。绿叶郁郁葱葱,冬天夏天一样浓密茂盛。花青色,果实红色,像鸡蛋大小;核黄黑色,像成熟的莲子;〔肉〕像脂肪一样白,味甜汁多;不过也像安石榴一样,有甜的有酸的。夏至节将终了时,便全都红熟了,就可以吃。一株树可以收到一百来斛的果实。

"犍为僰道、南广地方荔枝成熟时,各种鸟都吃肥了。它的名称,〔上等的〕叫'焦核',稍次的叫'春花',次之的叫'胡偈':这三种最美好。〔再次的〕是'鳖卵',虽然大,但酸,可以用来和在肉酱里。大多长在稻田中间。"

《异物志》说:"荔枝是奇异的:果肉浆汁多,甜到好吃得不得了,又稍微带点酸,这样就合成它特有的美味。可以吃饱,但不可贪餍过饱。新鲜时,像鸡蛋大小,肉光亮润泽。壳里面的〔肉〕,干后便变焦黑变小了,这时就不像新鲜时那样奇异了。到四月才成熟。"

益　智（四一）

《广志》曰:"益智〔1〕,叶似蘘荷,长丈余〔2〕。其根上有小枝〔3〕,高八九寸,无华萼〔4〕,其子丛生着之,大如枣,肉瓣黑〔5〕,皮白。核小者,曰'益智'〔6〕,含之隔涎濊〔7〕。出万寿〔8〕,亦生交阯。"

《南方草物状》曰:"益智,子如笔毫,长七八分。二月花色,仍连着实。五六月熟。味辛,杂五味中,芬芳。亦可盐曝〔9〕。"

《异物志》曰〔10〕:"益智,类薏苡〔11〕。实长寸许,如枳椇子〔12〕。味辛辣,饮酒食之佳。"

《广州记》曰〔13〕:"益智,叶如蘘荷,茎如竹箭。子从心中出〔14〕,一枚有十子。子内白滑,四破去之,取外皮〔15〕,蜜煮为糁,味辛。"

【注释】

〔1〕益智:这是姜科的益智草(Alpinia oxyphylla),多年生草本。其叶确似蘘荷(Zingiber mioga,姜科)。

〔2〕"长丈余",各本及各书引《广志》并同。按:益智草植株高1—3米,叶片披

针形,与蘘荷叶相似,长20—35厘米,"丈余"应是"尺余"之误。

〔3〕根上有小枝:根上长出小枝。此指花茎,从直立茎顶端的叶的中心抽生,好像从根上抽出,果实从下而上地一个个着生在花轴上。

〔4〕"无华萼",不符合实际。按:益智草,茎丛生,直立,圆锥形总状花序顶生,花萼筒状,《东坡手泽》(一百卷《说郛》本)、《本草图经》及下文《南方草物状》都记载有花或花萼,《广志》误。

〔5〕益智果实椭圆形至纺锤形,长1.5—2厘米,果皮淡棕色;果实分三室,每室含种子6—11粒,种皮棕黑色。所谓"肉瓣黑"应指种子棕黑色,《类聚》卷八七、《御览》卷九七二引《广志》均作"中瓣黑",则"肉"应作"内"。"皮白",应指种仁,则"肉"应下移,作"肉白"。

〔6〕"核小者,曰'益智'",则核大者不是"益智",与开头即标明"益智"不协调,似宜作"核小,名曰'益智子'"。总之,本条《广志》文颇有不切实际处,疑是就传闻记录,并非目验。

〔7〕濊(huì):通"秽"。

〔8〕万寿:县名,晋置,在今贵州福泉。

〔9〕《类聚》卷八七、《御览》卷九七二引《南方草物状》末后多"出交趾、合浦"句。

〔10〕《御览》卷九七二引作陈祁畅《异物志》,基本相同。

〔11〕薏苡:禾本科的薏苡(Coix lacryma-jobi),俗名米仁。益智植株略似之。

〔12〕枳椇(jǔ)子:鼠李科枳椇(Hovenia dulcis)的果实,与益智果实略微相似。

〔13〕《类聚》卷八七、《御览》卷九七二及《证类本草》卷一四均引作顾微《广州记》,仅个别字差异。

〔14〕心中:指叶的中心抽生花序,即圆锥形总状花序顶生,果实列生在花轴上。

〔15〕"四破去之,取外皮",去掉种子(益智仁),专用果皮作蜜饯,不无可疑,或者该是"四破取之,去外皮"。

【译文】

《广志》说:"益智,叶像蘘荷,〔一尺〕多长。根上长出小枝,八九寸高,〔有〕花萼,果实成列地着生在小枝上,像枣子大小,〔里面的〕种子黑色,〔种仁〕白色。种子小,叫作'益智〔子〕',含在口里可以减少唾涎。出在万寿,交趾也有生产。"

《南方草物状》说:"益智,果实像毛笔的形状,七八分长。二月展放花朵,接着不久就开始结果。五六月成熟。味道辛辣,和在各种菜肴中,芳香。也可以用盐腌过晒干。"

《异物志》说:"益智,像薏苡。果实一寸左右长,像枳椇子。味道辛辣,用来下酒吃,好。"

《广州记》说:"益智,叶像蘘荷,茎像竹箭。果实从中心长出,一枝上有十颗果实。果实里面〔的种仁〕白色滑腻,横竖破成四块,去掉种仁,取得外皮(?),用蜜煮成蜜饯,味道辛辣。"

桶[1](四二)

《广志》曰:"桶子,似木瓜,生树木。"

《南方草物状》曰:"桶子,大如鸡卵。三月花色,仍连着实。八九月熟。采取,盐、酸沤之,其味酸酢;以蜜藏,滋味甜美。出交阯。"

刘欣期《交州记》曰:"桶子,如桃。"

【注释】

〔1〕"桶"和引文中的"桶子",都是"桷"(jué)、"桷子"的形误。这和"都桷(一三五)"、"都昆(一四九)"都应是同一种植物,"昆"是"桷"的转音。说详拙著《齐民要术校释》卷一〇各该目注释。但很难确定是何种植物。

【译文】

《广志》说:"桶子,果实像木瓜,生在树上。"

《南方草物状》说:"桶子,果实像鸡蛋大小。三月展放花朵,接着不久就开始结果。八九月成熟。采来,用盐、醋腌着,味道酸;用蜜渍藏,滋味甜美。出在交阯。"

刘欣期《交州记》说:"桶子,果实像桃子。"

蒳子(四三)

竺法真《登罗浮山疏》曰[1]:"山槟榔,一名'蒳子'[2]。

干似蔗，叶类柞。一丛十余干[3]，干生十房，房底数百子。四月采。"

【注释】

〔1〕竺法真：生平里籍不详，惟据文中提到"元嘉末"，则可能是刘宋末到齐梁间人。　《登罗浮山疏》：各家书目不见著录，类书多有征引。书已佚。《御览》卷九七一"槟榔"引作《登罗山疏》。按：罗浮山是罗山和浮山二山的合称，《登罗山疏》即《登罗浮山疏》。

〔2〕山槟榔：棕榈科，学名Pinanga baviensis。丛生灌木，茎圆柱状，有节，即所谓茎像甘蔗，一丛有十多干。叶羽状全裂，裂片长椭圆形，和柞木（壳斗科的Quercus acutissima，或他种）的叶略微相似。竺法真说山槟榔就是蒳子。但也有不同说法。《本草图经》记载："槟榔……此有三四种：有小而味甘者，名'山槟榔'；有大而味涩，核亦大者，名'猪槟榔'；最小者名'蒳子'。"所谓"蒳子"是最小的，《名医别录》说："俗人呼为'槟榔孙'。"这可能是棕榈科的假槟榔（Archontophoenix alexandrae），独茎直耸，叶生茎顶无分枝，《御览》卷九七一引《登罗浮山疏》说"树似栟榈"，即棕榈，确实相似。　蒳子：果卵状球形，长1.2—1.4厘米；山槟榔，果近纺锤形，长2—2.5厘米；槟榔（Areca catechu），果长椭圆形，长3.5—4厘米。现代植物学分类上这三种同科不同属，果从小到大是假槟榔（蒳子）→山槟榔→槟榔。

〔3〕"十"，原作"千"，《御览》卷九七一及《本草纲目》卷三一引均作"十余干"，据改。

【译文】

竺法真《登罗浮山疏》说："山槟榔，又名'蒳子'。茎干像甘蔗，叶子像柞树。〔丛生，〕一丛有十多干，每干长着十枝花房，花房底下结着几百个果子。四月里采收。"

豆　蔻(四四)

《南方草物状》曰："豆蔻树[1]，大如李[2]。二月花色，仍连着实，子相连累。其核根芬芳[3]，成壳[4]。七月、八月熟。曝干，剥食，核味辛香[5]，五味。出兴古。"

刘欣期《交州记》曰:"豆蔻,似杭树。"[6]

环氏《吴记》曰[7]:"黄初二年[8],魏来求豆蔻。"

【注释】

〔1〕豆蔻树:此是木本豆蔻,即肉豆蔻科的肉豆蔻(Myristica fragrans),常绿乔木,高达10米以上,原产印尼马鲁古群岛,热带地区有栽培。惟唐陈藏器《本草拾遗》称,肉豆蔻"大舶来即有,中国无",而这里说"出在兴古",兴古在今贵州西南角和云南边境,则此豆蔻树应是云南肉豆蔻(M. yunnanensis)。至于《吴记》的豆蔻,可能是草本豆蔻,则不止一种,无可实指。

〔2〕"大如李",《御览》卷九七一"豆蔻"引《南方草物状》作"子大如李实",《北户录》卷三"红梅"崔龟图注引同《御览》,则《要术》"树"下应脱"子"字。

〔3〕"根",这里正说果实,不应夹着说根,而且和"成壳"不协调,疑"极"字之误。

〔4〕肉豆蔻果实近球形,带红或黄色,裂为两瓣,露出深红色假种皮。假种皮外层脆壳状肉质,中层木质,坚硬,即所谓成壳的"核",核内为"仁",即胚乳。假种皮和胚乳富含香料,为著名的香料和药用植物。

〔5〕"香",应重文,作"核味辛香,香五味","香五味"谓可以调和五味。

〔6〕《御览》卷九七一引刘欣期《交州记》末后尚有:"味辛,堪综合槟榔嚼,治断齿。"

〔7〕环氏《吴记》:《隋书》、新旧《唐书》经籍志均著录,均作《吴纪》。环氏,均作环济,《隋志》并题"晋太学博士环济",其他无可考。《御览》卷九七一引作环氏《吴地记》,文同《要术》。

〔8〕"黄初二年",各本同,惟金抄及《御览》引作"黄初三年"。按:黄初是魏文帝年号,而孙权于黄初三年称帝,始建元称黄武,则此处在吴未建元前用魏年号,应是"黄初二年"。

【译文】

《南方草物状》说:"豆蔻树,〔果实〕像李子大小。二月展放花朵,接着不久就开始结实。子实重叠着生长。它的核〔极〕芳香,结着一层壳。七月、八月成熟。晒干,剥出核吃,味道辛香,可以〔香〕各种菜肴。出在兴古。"

刘欣期《交州记》说:"豆蔻树,像杭树。"

环氏《吴记》说:"黄初二年(221),魏国来求讨豆蔻。"

楥(四五)

《广志》曰[1]:"楥查[2],子甚酢。出西方。"

【注释】

〔1〕《御览》卷九七三"楥楂"引《广志》同《要术》("子"上多"其"字)。《要术》标目单称"楥",可能脱"查"字。

〔2〕楥(míng)查:即蔷薇科的楥楂(Cydonia sinensis)。在现代植物分类学上对木瓜、楥楂、楂子三种植物的中名和学名的归属尚有纷异。

【译文】

《广志》说:"楥查,果实很酸。出在西方。"

余 甘(四六)

《异物志》曰[1]:"余甘[2],大小如弹丸,视之理如定陶瓜[3]。初入口,苦涩;咽之,口中乃更甜美足味。盐蒸之,尤美。可多食。"

【注释】

〔1〕《御览》卷九七三"余甘"引作陈祁畅《异物志》,基本相同而有衍误。南宋高似孙《纬略》卷四"庵摩勒油"及陈咏(景沂)《全芳备祖》后集卷四"余甘子"亦有引到,《永乐大典》卷八八四一"庵摩勒油"亦载有《纬略》引文,文句均稍简。而《本草纲目》卷三一所引则大为完整,枝、叶、花、子都有描述,是李时珍加工编成的,不足据。

〔2〕余甘:此即大戟科的余甘子(Phyllanthus emblica),也叫"庵摩勒",是梵名的译音。果实球形,直径1.5厘米,即所谓像弹丸。橄榄有"余甘子"的别名,而余甘子也有"橄榄"的别名(贵州就有叫余甘子为"橄榄"的),因其果实都是先涩后甘,故二物互呼。古时西域所产,二物亦同名。唐释玄奘《大唐西域记》卷四"秣菟罗国"下记载:"庵没罗果,家植成林。虽

同一名,而有两种:小者生青熟黄,大者始终青色。"两种都叫"庵没罗"(庵摩勒),而前一种是余甘子,后一种则是橄榄。

〔3〕定陶:即今山东定陶。推测古时产一种圆形有条纹的甜瓜,颇有名。余甘子果实,肉质,球形,半熟时呈黄绿色,上有纵走的白色条理,很像定陶瓜瓜皮上的条纹,故有此喻。

【译文】

《异物志》说:"余甘,像弹丸大小,看上去有像定陶瓜一样的条纹。刚吃进口时,味道苦涩;咽下汁去,口中就很甜美,很有余味。加盐蒸过,尤其好。可以多吃。"

蒟　子(四七)

《广志》曰:"蒟子〔1〕,蔓生,依树。子似桑椹,长数寸,色黑,辛如姜。以盐淹之,下气,消谷。生南安〔2〕。"

【注释】

〔1〕蒟(jǔ)子:是胡椒科的蒌叶(Piper betle),其浆果可作酱,又名"蒟酱"。近木质藤本。穗状花序。浆果与花序轴合生成肉质带红黑色的果穗。原产印尼,我国南部栽培颇广。

〔2〕南安:作为县,有二处,一在今四川乐山,一为今江西南康。乐山古属犍为郡,正是"蜀蒟酱"的产地,此应指犍为郡的南安。

【译文】

《广志》说:"蒟子,是蔓生植物,缠着树生长。果实像桑椹,有几寸长,颜色黑,味道辛辣,像生姜。用盐腌过,吃了下气,助消化。产在南安。"

芭　蕉(四八)

《广志》曰:"芭蕉〔1〕,一曰'芭苴',或曰'甘蕉'。茎如荷芋[2]，重皮相裹[3]，大如盂升[4]。叶广二尺，长一丈。子有角[5]，子长六七寸，有蒂三四寸，角着蒂生，为行列，两两共对，若相抱形。剥其上皮，色黄白，味似蒲萄，甜而脆，亦饱人。其根大如芋魁[6]；大一石，青色。其茎解散如丝，织以为葛，谓之'蕉葛'[7]。虽脆而好，色黄白，不如葛色。出交阯、建安。"

《南方异物志》曰[8]："甘蕉，草类，望之如树。株大者，一围余[9]。叶长一丈，或七八尺，广尺余。华大如酒盂，形色如芙蓉[10]。茎末百余子[11]，大名为房[12]。根似芋魁，大者如车毂[13]。实随华[14]，每华一阖[15]，各有六子[16]，先后相次——子不俱生，华不俱落。

"此蕉有三种：一种，子大如拇指，长而锐，有似羊角，名'羊角蕉'，味最甘好。一种，子大如鸡卵，有似牛乳[17]，味微减羊角蕉。一种，蕉大如藕，长六七寸，形正方，名'方蕉'，少甘，味最弱。

"其茎如芋，取，濩而煮之，则如丝，可纺绩也。"

《异物志》曰："芭蕉，叶大如筵席[18]。其茎如芋，取，濩而煮之，则如丝，可纺绩，女工以为缔绤[19]，则今'交阯葛'也。其内心如蒜鹄头生，大如合枠[20]。因为实房，着其心齐，一房有数十枚[21]。其实皮赤如火，剖之中黑[22]。剥其皮，食其肉，如饴蜜，甚美。食之四五枚，可饱，而余滋味犹在齿牙间。一名'甘蕉'。"

顾微《广州记》曰："甘蕉，与吴花、实、根、叶不异，直是南土暖，不经霜冻，四时花叶展。其熟，甘；未熟时，亦苦涩。"

【注释】

〔1〕芭蕉：此指芭蕉科芭蕉属的香蕉（Musa spp.），又名甘蕉。它和同属的芭蕉（M. basjoo）是两种植物，但古人常指为相同，甘蕉、芭蕉二名互用。北宋苏颂《本草图经》以北方所种很少开花者为"芭蕉"，闽、广所种其果"极美可啖"者为"甘蕉"。现代植物分类学上以果肉含多数种子不堪食用者为芭蕉，以果肉无种子甘美可食为甘蕉，包括香蕉（M. nana）、粉芭蕉（M. paradisiaca var. sapientum）。

〔2〕"荷芋"，各本及《类聚》卷八七、《御览》卷九七五引并同。但甘蕉的假茎像芋不能像荷，下引二书都是"其茎如芋"，"荷"疑衍。

〔3〕重皮相裹：指由粗厚呈覆瓦状排列的叶鞘层层包叠着。此茎称为假茎，其着生方式与芋茎相同，所以说其茎像芋。

〔4〕盂升：《类聚》引作"盂斗"，较胜。

〔5〕"子有角"，"角"谓结成角状，"有"应作"作"更明确。清吴震方《岭南杂记》卷下"蕉子"："蕉心抽一茎，丛生一二十荚。""荚"就是"角"，如豆荚亦称豆角。

〔6〕其根大如芋魁：甘蔗的地下茎往往增生膨大为根状茎。其实不是"根"，但由于其根状茎的节上能向下长出不定根，今岭南俗语仍称之为"甘蔗根"。芋魁虽是一种球状茎，但它由芋子抱合成一蔸，却与甘蔗根状茎的盘纡交错成一大坨颇为相似，而且都具有营养生长的功能，不过后者特大而已，即下句所谓大一石，《南方异物志》的所谓大如车轮。既明说"大一石"，则"大如芋魁"中"大"字应衍。

〔7〕蕉葛：甘蔗或芭蕉茎经过沤治煮练，脱去蕉茎所含果胶，使茎皮纤维解离，可以织布、打绳索。其所织布，世称"蕉葛"。

〔8〕《类聚》卷八七、《御览》卷九七五均引作《南州异物志》，是同一书。所引各有异文，间有脱误，"濩而煮之"，二书均作"以灰练之"。

〔9〕围：此指两手合抱。虽然茎干很大，看起来像树，其实仍是"草类"。说得很合理。

〔10〕芙蓉：这里指荷花。香蕉花簇生于大型苞片内，苞片红色，基部略淡，形色略似红莲。

〔11〕茎末：茎顶。此指花序。香蕉穗状花序由叶鞘内抽出，花序顶生。花后结果。香蕉最大的果丛有果300多个，一般也有一二百个。

〔12〕"大名为房"，不可解，《本草纲目》卷一五"甘蔗"引万震《南州异物志》作"子各为房"，也许是"子各"之误。"房"，指角，即果荚有皮包着。

〔13〕车毂：车轮。"毂"，这里指代车轮，非指车轮中心贯轴的圆毂。

〔14〕"实随华"，《类聚》引"华"下有"长"字，比较合适。

〔15〕阖（hé）：关闭，这里指花谢意。

〔16〕各有六子：各有六个果。当指香蕉果序上每段的结果数，但"六个果"与实际不符，存疑。

〔17〕"有似牛乳"下《类聚》引尚有"名'牛乳蕉'"，应有。

〔18〕筵席：筵是竹席；古人席地而坐，铺筵作坐具，因亦称之为"筵席"，通常长方形，芭蕉的巨大叶片略似之。非指后来宴会上的筵席，那就有方的圆的，就不对路了。

〔19〕绤 (chī)：细葛布。　　绤 (xì)：粗葛布。

〔20〕内心：指叶鞘中心。　　蒜鹄 (hú) 头：鹄是天鹅，头部有肉疣臃起，即所谓"鹄头"。大蒜头也像这个样子，故称"蒜鹄头"。这里指簇生于大苞片内的大花丛。　　合柈 (pán)：是腹部向外凸出的圆形容器，这里即指自叶鞘中心长出的大花丛，也就是下句的"房"。这两句是说大花丛形状像蒜鹄头，大小像合柈。

〔21〕一房：此指果序的一段、一束。香蕉的果序一般由8—10段的果束组成，每束有果10至20余个，一累累地齐齐着生在果序轴上，即所谓"一房有数十枚"。

〔22〕据说这也叫"甘蕉"，则有不明，存疑。

【译文】

《广志》说："芭蕉，又叫'芭苴'，又叫'甘蕉'。茎像芋，由多层的皮重叠相裹着，有〔斗桶〕粗细。叶子二尺阔，一丈长。果子结成荚角形，一个六寸长，上面有三四寸长的蒂，果荚就连着蒂生长，排成行列，两两相对，像相抱的形状。剥去外皮，里面的肉黄白色，味道像葡萄，甜而脆，吃了也会饱人。根的形状像芋魁，有一石大，青色。它的茎〔沤治过〕分解开来像丝一样，用来织成葛，叫作'蕉葛'。蕉葛虽然脆些，但不错，颜色黄白，不如葛布的颜色。出在交趾、建安。"

《南方异物志》说："甘蕉，是草类植物，虽然看起来像树。株形大的有一围多粗。叶子一丈长，或者七八尺长，一尺多宽。花像酒杯大小，形状颜色像芙蓉。茎顶结着一百多个果子，〔各自都〕有'房'。根像芋魁，大的像车轮。果随着花〔生长〕，每一层花凋落后，各有六个果，先后依次开花结果，果不是同时结出，花也不是同时凋落。

"这甘蕉有三种：一种，果像拇指粗，长而尖，有些像羊角，叫'羊角蕉'，味道最甜美。一种，果像鸡蛋大，有些像牛乳，〔叫"牛乳蕉"，〕味道稍微比羊角蕉差些。一种，果像藕那么粗，六七寸长，形状正方，叫'方蕉'，少甜味，最差。

"它的茎像芋，取来沤治后煮过，就像丝一样，可以用来纺织布匹。"

《异物志》说："芭蕉，叶片像筵席大小。茎像芋，取来沤治后煮过，像丝一样，可以纺绩，女工用来织成粗的和细的葛布，就是现在的'交趾葛'。它的内心长出形状像'蒜鹄头'的，有'合柈'大小。这就成为结果的房，果子整整齐齐地着生在中心轴上，一房有几十个果。果的外皮像火一样红，破开来里面是黑的。剥掉皮，吃它的肉，像饴糖和蜜一样甜，很美。吃了四五个，就可以饱，牙齿里还留有残余的滋味。又叫'甘蕉'。"

顾微《广州记》说："〔广州的〕甘蕉，跟吴地的甘蕉，花、果、根、叶都没有什么不同，只是因为岭南的气候温暖，不会受到霜冻，所以四时都会有花叶展放。果熟了，味道甜；没有成熟，味也苦涩。"

扶　留（四九）

《吴录·地理志》曰："始兴有扶留藤[1]，缘木而生。味辛，可以食槟榔。"

《蜀记》曰[2]："扶留木，根大如箸，视之似柳根。又有蛤，名'古贲'，生水中，下，烧以为灰[3]，曰'牡砺粉'[4]。先以槟榔着口中，又取扶留藤长一寸，古贲灰少许，同嚼之[5]，除胸中恶气。"

《异物志》曰："古贲灰，牡蛎灰也。与扶留、槟榔三物合食，然后善也。扶留藤，似木防以[6]。扶留、槟榔，所生相去远，为物甚异而相成。俗曰：'槟榔扶留，可以忘忧。'"

《交州记》曰："扶留有三种：一名'穫扶留'，其根香美；一名'南扶留'，叶青，味辛；一名'扶留藤'，味亦辛。"[7]

顾微《广州记》曰："扶留藤，缘树生。其花实，即蒟也，可以为酱。"[8]

【注释】

〔1〕扶留藤：即胡椒科的蒌叶（Piper betle）。其叶含芳香油，味辛辣，可裹槟榔咀嚼。其浆果可作酱，味辛而香，名"蒟酱"，其植物也因此得名。始兴：郡名，三国吴置，故治在今广东曲江。

〔2〕《蜀记》：《隋书·经籍志》等不著录。《太平寰宇记》引有李膺《蜀记》及段氏《蜀记》二种，《要术》所引，未悉是否在此二种之中。书已佚。

〔3〕"下，烧以为灰"，《御览》卷九七五"扶留"引《蜀记》作"取，烧为

灰","下"疑"取"字之误。

〔4〕牡砺：即牡蛎(Ostrea)，简称"蚝"。据《蜀记》，它又名"古贲"，则古贲灰就是牡蛎灰，即其贝壳烧成的灰。惟据他书所记，用蛤蜊(Mactra)、蚬(Corbicula)等的贝壳烧成的灰也叫"古贲灰"。

〔5〕槟榔与扶留藤、古贲灰同食，古文献记载颇多。如果没有牡蛎灰，就用蚬灰，没有蒌叶，就用蒌藤。外出时用小盒带着，里面分为三格，分盛槟榔、蒌叶、蚬灰三物。直到现在我国云南、海南等地仍有用蒌叶之类包着槟榔、石灰咀嚼的习惯。有趣的是南太平洋的图瓦卢岛人，无论男女老幼，同样有以此三物合食的习惯，而槟榔袋中藏着这三物，随身携带取食，也竟是一样的(叶进《南太平洋中的万岛世界》，海洋出版社，1979年)。有人曾在云南边境与老挝交界的小镇里居住，经常看到老挝人过境来赶集，他们边走边吐鲜红的口水，原来是在嚼槟榔。后来傣族人也教他嚼。方法是：先拿出一片嫩藤叶(按：大概是蒌叶)，放在掌心，又从一个小盒里挑出一点石灰膏放在叶片上，然后放上一小粒槟榔晶，最后放上一小撮老烟叶，一起由叶片包起来放进嘴来嚼。他也学着这样包在一起嚼，顿觉满口辛辣和苦涩，而且因为刺激就产生了许多唾液，不断地往外吐，唾液鲜红鲜红。嚼着嚼着，嘴里却感觉到了一种奇妙的清香，最后代之出现的还有一种隐隐约约的甘甜回味。据说嚼槟榔能提神，还对牙齿有好处(展望《嚼槟榔》，《新民晚报》1991年9月6日七版)。近年湖南湘潭人有"嚼槟榔热"。据世界卫生组织头颈肿瘤组对湘潭市300多例槟榔嗜好者的口腔检查，发现有17例的OSF病患者。此病属口腔黏膜疾病，能诱发口腔癌(《奇怪的"槟榔热"》，《新民晚报》1991年5月25日五版)。

〔6〕"木防以"，《御览》卷九七五引《异物志》"以"作"己"，《证类本草》及引各书概作"己"，正字应作"己"。木防己，防己科的Cocculus trilobus，缠绕性落叶藤本。

〔7〕清李调元《南越笔记》卷一五"蒌"记载：蒌以东安(今广东云浮)所产为最好，根香，叶尖而柔，味甜，多汁，名叫"穫扶留"。他处产的色青味辣，叫"南扶留"，大不相及。不过番禺(今广州)及新兴(今云南玉溪)的某些地方所产也是很好的。据所记，其所以有不同，是地理条件的关系，并非另外一种。

〔8〕顾微《广州记》此条，《御览》卷九七五引作《广志》，文句全同(只少"以"字)，也许是《御览》搞错。

【译文】

《吴录·地理志》说："始兴出产有扶留藤，缠绕着树木生长。味道辛辣，可以配合槟榔一起吃。"

《蜀记》说:"扶留木,根像筷子粗,看上去像柳树根。又有一种蛤(gé),名叫'古贲',生在水中,〔取来〕烧成灰,叫作'牡砺粉'。先将槟榔放进口里,又取扶留藤寸把长的一段,和上少量的古贲灰,一同嚼着吃,可以消除胸中邪恶之气。"

《异物志》说:"古贲灰,就是牡蛎灰。它同扶留藤和槟榔三样配合着一起吃,味道才好。扶留藤,像木防〔己〕。扶留藤和槟榔,生长的地方相距很远,性质也大不相同,却能彼此相辅相成。所以俗话说:'槟榔扶留,可以忘忧。'"

《交州记》说:"扶留有三种:一种叫'穫扶留',它的根又香又美;一种叫'南扶留',叶子青色,味道辛辣;一种叫'扶留藤',味道也辛辣。"

顾微《广州记》说:"扶留藤,缠绕着树木生长。它开花后结成的果实,就是'蒟',可以作酱。"

菜 茹(五〇)

《吕氏春秋》曰[1]:"菜之美者……寿木之华;括姑之东,中容之国,有赤木、玄木之叶焉;"括姑,山名。赤木、玄木,其叶皆可食。"余瞀之南,南极之崖,有菜名曰'嘉树',其色若碧。""余瞀,南方山名。有嘉美之菜,故曰'嘉',食之而灵。若碧,青色。"

《汉武内传》[2]:"西王母曰:'上仙之药,有碧海琅菜。'"

韭:"西王母曰:'仙次药,有八纮赤韭。'"

葱:"西王母曰:'上药,玄都绮葱。'"

薤:《列仙传》曰[3]:"务光服蒲薤根[4]。"

蒜:《说文》曰[5]:"菜之美者,云梦之蒠菜[6]。"

姜:《吕氏春秋》曰:"和之美者,蜀郡杨朴之姜[7]。""杨朴,地名。"

葵:《管子》曰[8]:"桓公……北伐山戎,出冬葵……布之天下[9]。"《列仙传》曰[10]:"丁次卿为辽东丁家作人。丁氏尝使买葵,冬得生葵。问:'冬何得此葵?'云:'从日南买来[11]。'"

《吕氏春秋》："菜之美者，具区之菁"者也[12]。

鹿角[13]：《南越志》曰："猴葵，色赤，生石上。南越谓之'鹿角'。"

罗勒[14]：《游名山志》曰[15]："步廊山有一树[16]，如椒，而气是罗勒，土人谓为'山罗勒'也。"

菥[17]：《广志》曰："菥，根以为菹，香辛。"

紫菜："吴都海边诸山，悉生紫菜。"[18] 又《吴都赋》云"纶、组、紫菜"也[19]。《尔雅》注云[20]："纶，今有秩、啬夫所带纠青丝纶[21]。组，绶也。海中草，生彩理有象之者，因以名焉。"

芹：《吕氏春秋》曰："菜之美者，云梦之芹。"

优殿[22]：《南方草物状》曰："合浦有菜名'优殿'[23]，以豆酱汁茹食之，甚香美可食。"

雍[24]：《广州记》云："雍菜，生水中，可以为菹也。"

冬风[25]：《广州记》云："冬风菜，陆生，宜配肉作羹也。"

薮[26]：《字林》曰："薮菜，生水中。"

蓵菜[27]："音罕。味辛。"

菖[28]："胡对反。《吕氏春秋》曰：'菜之美者，有云梦之菖。'"[29]

荺[30]："似蒜，生水中。"

莥菜[31]："音谨。似蒿也。"

蒩菜[32]："紫色，有藤。"

蘿菜[33]："叶似竹，生水旁。"

蕳菜："叶似竹，生水旁。"

蓁菜[34]："似蕨。"

藒菜[35]："似蕨，生水中。"

蕨菜："虌也。《诗疏》曰：'秦国谓之蕨，齐鲁谓之虌。'"

堇菜[36]："似蒜，生水边。"

薂菜[37]："徐盐反。似'薈荃菜'也。一曰'染草'[38]。"

蓶菜[39]："音唯。似乌韭而黄。"

蒼菜[40]："他合反。生水中，大叶。"

蕏⁽⁴¹⁾:"根似芋,可食。"又云:"'署预'别名。"

荷:《尔雅》云:"荷,芙渠也。……其实,莲。其根,藕⁽⁴²⁾。"

【注释】

〔1〕本目引《吕氏春秋》,均出《本味》篇。本条"括姑",今本作"指姑"。小注是高诱注,有节略,"故曰'嘉'"作"故曰'嘉树'",而"灵"作"虚"。"指姑"高注认为就是《淮南子·览冥训》的姑余山,"在吴"。

〔2〕连下文"韭"、"葱"二条同出《汉武内传》。"赤韭"、"绮葱",各本及《御览》卷九七六"韭"、卷九七七"葱"引《汉武内传》并同,今《丛书集成》本《汉武帝内传》作"赤薤"、"绮华","华"应误。

〔3〕《御览》卷九七七"薤"引《列仙传》同《要术》。清孙星衍等辑本《神农本草经》引《列仙传》"蒲薤"作"蒲韭"。

〔4〕务光:古代隐士。相传汤要把天下让给他,不受,隐去。后400余岁,至武丁时又出现,武丁要任他为相,不从,又隐去。　蒲薤:天南星科石菖蒲(Acorus gramineus)一类的植物,其叶线形如蒲,亦如韭薤,故名。其根状茎入药,治昏厥、癫狂等症。

〔5〕今本《说文》只是:"蒜,荤菜。从艸,祘声。"但《尔雅·释草》"蒚,山蒜"《经典释文》引《说文》:"荤菜也。一本云:'菜之美者,云梦之荤菜。'"

〔6〕薫(xūn)菜:即荤菜,指有特殊气味的葱蒜类菜。"薫"即"荤"字。这里即指大蒜。

〔7〕高诱注:"阳朴,地名,在蜀郡。"《要术》"蜀郡"应在注文内而窜入正文。

〔8〕引文见《管子·戒篇》。"冬葵",《万有文库》本《管子》作"冬葱"。

〔9〕山戎:古族名。春秋时分布在今河北北部,侵伐齐、燕等国。公元前六六三年,齐桓公北伐山戎,得其冬葵(即葵菜。今本《管子》作"冬葱")、戎菽(即大豆),移植于齐国。

〔10〕《类聚》卷八二、《御览》卷九七九"葵"引《列仙传》"丁次卿"作"丁次都",下有"不知何许人也"句。

〔11〕日南:日南郡,汉置,有今越南中部地区。

〔12〕具区:太湖的古代名称。　菁:指韭菜花,也指芜菁。芜菁性喜冷凉,北方栽培最多,太湖地区很少栽培。

〔13〕鹿角:是褐藻门鹿角菜科的鹿角菜(Pelvetia siliquosa),生于中潮带岩石上。藻体分歧如叉,呈紫褐色,其大者为复叉状,全形略似鹿角,故名。《本草纲目》卷二八"鹿角菜":"鹿角以形名,猴葵因其性滑也。"

〔14〕罗勒：又名"兰香"，已见卷三《种兰香》。下文山罗勒，系木本，未详。

〔15〕《游名山志》：《隋书·经籍志二》著录，"谢灵运撰"。书已佚。谢灵运（385—433），南朝宋时人，谢玄之孙。今河南太康人，移籍会稽。曾任永嘉（郡治在今浙江温州）太守。性喜游历山水名胜，该《志》即为记述会稽、永嘉等地山水胜迹风物之书。

〔16〕步廊山：《太平寰宇记》记载浙江温州有步廊山："在州东北，见谢公《名山志》。"

〔17〕葙（xiāng）：《集韵》同"葙"。本条所记，以根茎为菹，有辛香味，疑是蘘荷科（姜科）植物。

〔18〕此条《御览》卷九八〇"紫菜"引作《吴郡缘海记》，称："郡海边诸山，悉生紫菜。《吴赋》云'纶、组、紫、绛'者也。"可能《要术》脱去书名，但更可能是《广志》文。《要术》"吴都"似应作"吴郡"。

〔19〕《文选》左思《吴都赋》作"纶、组、紫、绛"。据刘逵（渊林）注，"紫"指紫菜，"绛"指绛草，即可染红色的茜草（Rubia cordifolia），《要术》"菜"误。纶、组都是海藻类植物。

〔20〕《尔雅·释草》正文是："纶似纶，组似组，东海有之。"注是郭璞注，文同。

〔21〕有秩、啬夫：均古代乡官名。乡五千户置有秩，秩百石，掌管一乡之人。啬夫掌管一乡讼狱和税收。

〔22〕优殿：《本草拾遗》有记载，但没有更多的描述，未悉是何种植物。

〔23〕合浦：郡名，亦县名，治所均在今广西合浦。

〔24〕雍：即旋花科的蕹菜（Ipomoea aquatica），俗名"空心菜"。水、陆均可种。种于水中（水田或池沼中），叶大茎粗，名"水蕹"；植于旱地，叶小茎细，又名"旱蕹"。

〔25〕冬风：这是菊科的东风菜（Doellingeria scaber（Aster scaber））。《本草纲目》卷二七"东风菜"引唐苏敬《新修本草》："此菜先春而生，故有'东风'之号。一作'冬风'，言得冬气也。"

〔26〕蔛（hú）：《唐本草》著录有"蔛草"，说"生水傍"。蔛草即石斛（Dendrobium nobile，兰科），《本草图经》说，生"水傍石上"。亦附生树上。蔛、斛同音，未知为同一植物否。

〔27〕薕（hàn）菜：即十字花科的蔊菜（Rorippa indica），茎叶有辛味，可供食用。自本条以下至"蒚"条，仍应是《字林》文。本条《御览》卷九八〇"薕"正引作《字林》。下文"荺"条，《北户录》卷二"水韭"及《御览》同卷"荺"亦均引作《字林》，文同。

〔28〕苣（qǐ，又huì）：《广韵》："苣菜似蕨，生水中。"即水蕨科（苣科）的水蕨（Ceratopteris thalictroides）。生于水田或水沟中。嫩叶可食。

〔29〕今本《吕氏春秋·本味》没有"云梦之苣"，徐锴《说文系传》认为就是"云梦之芹"的异写字。《御览》引《字林》的"苣"也归入卷九八〇的"芹"目。段玉裁也认为就是"芹"。现代植物分类学上则二者各别，并不等同。

〔30〕莐（yín）：各书所记只是《字林》的重复，没有更多说明，未详。

〔31〕茳（jǐn）：《玉篇》解释就是"蒌蒿"，见"蒌蒿（八九）"。段玉裁、朱骏声解释《说文》的"茳"，认为就是"芹"字。

〔32〕菹（zū）菜：即三白草科的蕺菜（Houttuynia cordata）。《广雅·释草》："菹，蕺也。"《证类本草》卷二九"蕺"引《唐本草》注："此物叶似荞麦，肥地亦能蔓生。茎紫赤色。……关中谓之菹菜。"菹、菹、菹，同字异写。

〔33〕蔾（luó）菜和下条蒳（yuè）菜，解释全同，文献上没有找到更多记载，未详何种植物。

〔34〕蔂（qí）菜：即蕨类植物紫萁科的紫萁（Osmunda japonica）。嫩叶可食。

〔35〕薚（è）菜：像蕨的植物很多，无从推测是什么植物。

〔36〕堇（niē）菜：文献上没有更多的记述，未详。

〔37〕蔜（qián）菜：宋张邦基《墨庄漫录》卷七作"蔜麻"。蔜同"蕁"，即蕁麻。蕁麻有多种，属蕁麻科蕁麻属（Urtica）。草本，被螫毛，触之即痛痒。嫩茎叶可食。

〔38〕染草：金抄、明抄同，明清刻本作"深草"，深、海形似，疑应作"海草"。按：净去猪毛鱼鳞，古称"蔜"，也写作"烊"、"燂"，蔜麻亦称"烊麻"。而蔜也写作"薘"、"薄"。《说文》："蕁，或从爻"作"薄"。《尔雅·释草》："薄，海藻。"藻即藻字。《神农本草经》："海藻……一名薄。"据此，"蔜"的另一说是海藻，"染草"似应作"海草"。

〔39〕蔊（wěi）菜：未详何物。　　乌韭：是蕨类植物鳞始蕨科的乌蕨（Stenoloma chusanum）。

〔40〕蕃（tè）菜：明朱橚《救荒本草》说泽泻俗名"水蕃菜"。泽泻是泽泻科的Alisma orientale，多年生沼生草本，即生长在沼泽地者。

〔41〕藷（shǔ）：同"藷"，是薯蓣科薯蓣属（Dioscorea）的植物，参见"藷（二七）"。薯蓣（Dioscorea opposita），俗名"山药"。

〔42〕"其根，藕"：藕是荷的地下横走茎的先端部膨大长成，不是荷的根。按，本目所列各种蔬菜，颇多重复。莲、藕已见于卷六《养鱼》，荷叶也是卷八《作鱼鲊》所用，并非"非中国物产"，也不是野生。蒜、姜、冬葵、紫菜、芹，已见于有关各篇，或者认为产于吴、楚、蜀，非"中国"所产，还说得过去，但产冬葵的山戎，在今河

北北部,则在后魏疆域内。蓱菜即"薸",菹菜即蒩菜,蕨菜即蕨,均已见于卷九《作菹藏生菜法》。冬风与"东风(九八)"重出,蓁菜与"蓁(九一)"重出,藷与"藷(二七)"重出。

【译文】

《吕氏春秋》说:"菜中味道美好的……有寿木的花;括姑东面的中容国,有赤木和玄木的叶;〔高诱注解说:〕"括姑是山名。赤木和玄木,它的叶都可以吃。"余瞀(mào)的南面,最南的崖壁上,有一种菜名叫'嘉树',颜色如碧色。"〔高诱注解说:〕"余瞀是南方的山名。山中有嘉美的菜,所以称为'嘉',吃了有灵验。如碧色,就是青色。"

《汉武内传》说:"西王母说:'上等的仙药,有碧海的琅(láng)菜。'"

韭:"西王母说:'次等的仙药,有八纮(hóng)的赤韭。'"

葱:"西王母说:'上等的仙药,有玄都的绮葱。'"

薤:《列仙传》说:"务光,服食蒲薤的根。"

蒜:《说文》说:"菜中美好的,有云梦的荤菜。"

姜:《吕氏春秋》说:"调味料中美好的,有杨朴的生姜。"〔高诱注解说:〕"杨朴是地名,(在蜀郡)。"

葵:《管子》说:"齐桓公……向北方攻伐山戎,带出冬葵回来……后来中国各地都有分布。"《列仙传》说:"丁次卿给辽东丁家作佣人。丁家主人曾经叫他去买葵菜,冬天却买得新鲜葵菜。主人问他:'冬天哪能有这种鲜菜?'他说:'是从日南郡买来的。'"

〔菁:〕《吕氏春秋》说:"菜中美好的,有具区的菁。"

鹿角:《南越志》说:"猴葵,赤色,生在石上。南越地方管它叫'鹿角'。"

罗勒:《游名山志》说:"步廊山中有一株树,像花椒树,但却是罗勒的香气,土人管它叫'山罗勒'。"

蒚:《广志》说:"蒚,根可以腌作菹菜,既香又辣。"

紫菜:"吴〔郡〕海边诸山〔的山脚下〕,都生有紫菜。"又《吴都赋》说:"纶、组、紫〔、绛〕。"《尔雅》〔郭璞〕注解说:"纶,是现今有秩和啬夫所佩带的杂有青丝的带。组,也是丝带。海中的草,新鲜时有和纶、组相似的纹彩,所以这种草也就叫纶、组。"

芹:《吕氏春秋》说:"菜中美好的,有云梦的芹。"

优殿:《南方草物状》说:"合浦有一种菜,名叫'优殿',用豆酱汁和着吃,很香美好吃。"

雍:《广州记》说:"雍菜,生在水中,可以腌作菹菜。"

冬风:《广州记》说:"冬风菜,生在旱地,可以配上肉作羹吃。"

薮:《字林》说:"薮菜,生在水中。"

蓝菜:"音罕。味道辛辣。"

苢:"音胡对反。《吕氏春秋》说:'菜中美好的,有云梦的苢。'"

荨:"像大蒜,生在水中。"

荶菜:"音谨。像蒿草。"

菹菜:"颜色紫,有藤。"

蕨菜:"叶子像竹叶,生在水边上。"

蔺:"叶子像竹叶,生在水边上。"

蘮菜:"像蕨。"

蔼菜:"像蕨,生在水中。"

蕨菜:"就是虌(biē)。《诗疏》说:'秦国叫作蕨,齐鲁叫作虌。'"

葟菜:"像大蒜,生在水边上。"

藙菜:"藙,音徐盐反。像'蕾荃菜'。一说是'染草'。"

雈菜:"雈,音唯。像乌韭而颜色黄。"

蒿菜:"蒿,音他合反。生在水中,叶子大。"

蒚:"根像芋,可以吃。"又一说:"是薯蓣的别名。"

荷:《尔雅》说:"荷,就是芙渠。……它的果实是莲子,它的根是藕。"

竹(五一)

《山海经》曰[1]:"嶓冢之山……多桃枝、钩端竹[2]。"

"云山……有桂竹[3],甚毒,伤人必死。""今始兴郡出筜竹[4],大者围二尺,长四丈。交阯有篥竹[5],实中,劲强,有毒,锐似刺,虎中之则死。亦此类。"

"龟山……多扶竹。""扶竹,筇竹也[6]。"

《汉书》[7]:"竹大者,一节受一斛,小者数斗,以为柸音匣槛[8]。"

"邛都高节竹,可为杖,所谓'邛竹'。"[9]

《尚书》曰[10]:"杨州……厥贡……篠、簜[11]。……荆州……厥贡……箘、簵[12]。"注云:"篠,竹箭。簜,大竹。""箘、簵,皆美竹……出云梦之泽。"

《礼斗威仪》曰[13]:"君乘土而王,其政太平,蒌竹、紫脱常生[14]。"其注曰:"紫脱,北方物。"

《南方草物状》曰[15]:"由梧竹,吏民家种之。长三四丈,围一尺八九寸,作屋柱。出交阯。"

《魏志》云[16]:"倭国,竹有条、幹[17]。"

《神异经》曰[18]:"南山荒中有沛竹,长百丈,围三丈五六尺,厚八九寸,可为大船。其子美,食之可以已疮疠。"张茂先注曰:"子,笋也。"

《外国图》曰[19]:"高阳氏有同产而为夫妇者[20],帝怒放之,于是相抱而死。有神鸟以不死竹覆之。七年,男女皆活。同颈异头,共身四足。是为蒙双民。"

《广州记》曰:"石麻之竹[21],劲而利,削以为刀,切象皮如切芋。"

《博物志》云[22]:"洞庭之山,尧帝之二女常泣,以其涕挥竹,竹尽成斑[23]。""下隽县有竹,皮不斑,即刮去皮,乃见[24]。"

《华阳国志》云[25]:"有竹王者,兴于豚水[26]。有一女浣于水滨,有三节大竹,流入女足间,推之不去。闻有儿声,持归,破竹,得男。长养,有武才,遂雄夷狄,氏竹为姓。所破竹,于野成林,今王祠竹林是也。"

《风土记》曰:"阳羡县有袁君家坛边[27],有数林大竹[28],并高二三丈。枝皆两披,下扫坛上,常洁净也。"

盛弘之《荆州记》曰[29]:"临贺谢休县东山有大竹[30],数十围,长数丈。有小竹生旁,皆四五尺围。下有盘石,径四五丈,极高,方正青滑,如弹棋局。两竹屈垂,拂扫其上,初无尘秽。未至数十里,闻风吹此竹,如箫管之音。"

《异物志》曰⁽³¹⁾:"有竹曰篙⁽³²⁾,其大数围,节间相去局促,中实满,坚强以为柱榱。"

《南方异物志》曰:"棘竹⁽³³⁾,有刺,长七八丈,大如瓮。"

曹毗《湘中赋》曰⁽³⁴⁾:"竹中篔筜、白、乌⁽³⁵⁾,实中、绀族⁽³⁶⁾。滨荣幽渚,繁宗隈曲;蔓蒟陵丘,菱逮重谷⁽³⁷⁾。"

王彪之《闽中赋》曰:"竹则苞甜、赤若⁽³⁸⁾,缥箭、斑弓⁽³⁹⁾。度世推节,征合实中⁽⁴⁰⁾。篔筜函人,桃枝育虫⁽⁴¹⁾。细箬、素笋,彤竿、绿筒。""篔筜竹,节中有物,长数寸,正似世人形,俗说相传云'竹人',时有得者。育虫,谓竹䖡⁽⁴²⁾,竹中皆有耳。因说桃枝,可得寄言。"

《神仙传》曰⁽⁴³⁾:"壶公欲与费长房俱去⁽⁴⁴⁾,长房畏家人觉。公乃书一青竹,戒曰:'卿可归家称病,以此竹置卿卧处,默然便来还。'房如言。家人见此竹,是房尸,哭泣行丧。"

《南越志》云:"罗浮生生竹,皆七八寸围,节长一二丈⁽⁴⁵⁾,谓之'龙钟竹'。"

《孝经河图》曰⁽⁴⁶⁾:"少室之山⁽⁴⁷⁾,有爨器竹⁽⁴⁸⁾,堪为釜甑。

"安思县多苦竹⁽⁴⁹⁾。竹之丑有四:有青苦者,白苦者,紫苦者,黄苦者。"

竺法真《登罗浮山疏》曰⁽⁵⁰⁾:"又有筋竹⁽⁵¹⁾,色如黄金。"

《晋起居注》曰⁽⁵²⁾:"惠帝二年⁽⁵³⁾,巴西郡竹生紫色花⁽⁵⁴⁾,结实如麦,皮青,中米白,味甘。"

《吴录》曰:"日南有篥竹⁽⁵⁵⁾,劲利,削为矛。"

《临海异物志》曰:"狗竹⁽⁵⁶⁾,毛在节间。"

《字林》曰:"筹,竹,头有父文。"⁽⁵⁷⁾

"箖⁽⁵⁸⁾音模,竹,黑皮,竹浮有文⁽⁵⁹⁾。"

"籁音感,竹,有毛。"

"簰力印切,竹,实中。"

【注释】

〔1〕引文见《山海经·西山经》。"云山"、"龟山"条均见《中山经》"中次

十二经"。小注是郭璞注。正注文均有异文。"锐似刺"中"似",今本郭注作"以",则"锐以刺虎"为句,较胜。

〔2〕桃枝:竹名。戴凯之《竹谱》:"桃枝皮赤,编之滑劲,可以为席。……节短者不兼寸,长者或逾尺,豫章遍有之。"　　钩端竹:郭璞注《山海经》说:"桃枝属。"

〔3〕桂竹:是刚竹属的Phyllostachys bambusoides,亦称"刚竹",其变形为"斑竹"。竿高8—22米,径粗可达10厘米以上,当即郭璞注的筀(guì)竹(桂、筀同音,从竹即为"筀")。但无毒,而《山海经》说"甚毒",则是另一种桂竹,未详。

〔4〕始兴郡:三国吴置,故治在今广东曲江。

〔5〕篥(lì)竹:疑即笿竹,见注释〔55〕。

〔6〕筇(qióng)竹:即邛竹,以其产于邛都,因加竹头作"筇"。筇竹可作扶老杖,故又名"扶竹"、"扶老竹",后人因亦径称拄杖为"筇"。戴凯之《竹谱》称:"竹之堪杖,莫尚于筇",其特点:"高节实中,状若人刻,为杖之极。"即其节环特别高起(即《汉书》注所谓"高节竹"),而且是实心竹,所以特别宜于作拄杖。

〔7〕《汉书》无此语;下条"邛竹",才出于《汉书》注。《初学记》卷二八"竹"引《广志》称:"汉竹,大者一节受一斛,小者数升,为椑榼。"疑此条实出《广志》,应作"汉竹,大者……""书"字袭下条引《汉书》而衍,而《广志》的书名被夺去,却变成了《汉书》的内容。

〔8〕"柙"通"匣",据《初学记》所引,应是"椑"字烂成。椑(pí)榼(kē)是一种圆形盛酒器,这里是现成利用其圆竹筒,并没有作成匣子。"音匣"是后人就误字误注的。

〔9〕这三句是《汉书》注文,见于《汉书·张骞传》颜师古注引臣瓒:"邛,山名,生此竹,高节,可作杖。"《要术》文句有异,可能非出瓒注,但无论如何不是《汉书》本文。邛(qióng)都,县名,故治在今四川西昌东南。汉武帝时张骞出使西域,在大夏国(今阿富汗北部)见到经由印度贩运过去的我国邛竹杖和蜀布,得到启示,开通了由四川通云南的越巂道,就在邛都建置越巂郡。

〔10〕见《尚书·禹贡》。注是孔安国《传》。

〔11〕篠(xiǎo):竹竿短细,因可为箭,又名"箭",即箭竹(Sinarundinaria nitida),我国特产。　　荡(dàng):大竹,《尚书·禹贡》孔颖达疏引孙炎:"竹阔节者曰荡。"

〔12〕箘(jùn)、簬(lù):有二说,一说是坚劲之竹,《战国策·赵策》:"其坚则箘簬之劲,不能过也。"一说是箭竹类,《广雅·释草》:"箘、簬……箭也。"戴凯之《竹谱》:"箘、簬二竹,亦皆中矢……大较故是会稽箭类耳,皮特黑涩,以此为异。"则箘、簬是箭竹属(Sinarundinaria)的两种竹。

〔13〕《礼斗威仪》：《礼》纬书的一种，已早佚。《隋书·经籍志一》著录"《礼纬》三卷。郑玄注，亡。"《旧唐书·经籍志上》著录为"宋均注"。宋均，三国魏时人。《要术》本条注文，当出宋均。《类聚》卷八九"竹"、《御览》卷九六三"篔竹"均引到《礼斗威仪》此条，稍有异文，均无注文。

〔14〕篁（mán）竹：《初学记》卷二八引《广志》："篁竹，皮青，内白如雪，软韧可为索。"　紫脱：元李衎（kàn）《竹谱详录》卷六："篁竹，生江、广间。……紫脱，笋名也。"

〔15〕由梧竹：是大竹，可作梁柱，见戴凯之《竹谱》。小的由梧竹，有刺，可作篱笆，又名"笆竹"，见李衎《竹谱详录》，则是同名异种。

〔16〕《三国志·魏志·倭人传》："其竹篠、簳、桃支。"

〔17〕倭国：古时指日本。　条、幹：即篠、簳。簳是小竹。现在日名以原产日本的Pleioblastus simoni 及Pseudosasa japonica为"篠竹"。

〔18〕《初学记》卷二八引《神异经》较简略，《御览》卷九六三"沛竹"所引基本相同。

〔19〕《外国图》：《隋书·经籍志》等不著录，《水经注》《类聚》《御览》等有引到。《史记·秦本纪》张守节《正义》引有吴人《外国图》，则其书似孙吴时人所写。书已佚。《博物志》卷八有与《外国图》相类似记载，但"不死竹"作"不死草"。

〔20〕高阳氏：相传上古五帝之一的颛顼，号高阳氏，居于帝丘，在今河南濮阳东南，则非"外国"。另外见于《山海经·大荒南经》的有"颛顼国"，未知是否指此而袭用"高阳氏"。

〔21〕《北户录》卷二引作裴渊《广州记》，"石麻"作"石林"。

〔22〕今本《博物志》卷一〇："尧之二女，舜之二妃，曰湘夫人。舜崩，二妃啼，以涕挥竹，竹尽斑。今下隽有斑皮竹。"《御览》卷九六三"斑皮竹"引《博物志》作"虞帝之二女"，"二女"宜作"二妃"。

〔23〕这种竹有斑点或斑纹，称为"斑竹"，是桂竹的变形。相传舜帝南巡，死于苍梧（山名，即九嶷山，在今湘南蓝山之南）。他的二妃是尧帝的二女，即娥皇和女英，日夜哭泣，泪水洒在竹上，竹皆成斑，因名"斑竹"，也叫"湘妃竹"。

〔24〕下隽县：在今湖南沅陵境。一说在今湖北通城境。清汪灏等《广群芳谱》引《临汉隐居诗话》："竹有黑点，谓之斑竹，非也。湘中斑竹方生时，每点上苔钱封之甚固。土人斫竹浸水中，用草穰洗去苔钱，则紫晕斓斑可爱，此真斑竹也。"

〔25〕见《华阳国志》卷四《南中志》，内容相同，"豚水"作"遯水"，同。

〔26〕豚水：古牂牁江（今北盘江上游），其发源处称濛潭，亦称"豚水"（也写作"遯水"）。相传竹王所建的国即"夜郎国"（主要有今贵州西部和北部

地区）。

〔27〕阳羡县：今江苏宜兴。《风土记》作者西晋周处即该县人。"家"，《御览》卷九六二引《风土记》作"冢"，《要术》张步瀛校本亦作"冢"，"家"应是"冢"之形误。

〔28〕"林"，《御览》引作"枚"，应作"枚"。

〔29〕盛弘之《荆州记》：《隋书·经籍志二》著录"《荆州记》三卷，宋临川王侍郎盛弘之撰"。据胡立初考证，宋文帝元嘉九年（432）临川王刘义庆出为平西将军、荆州刺史，在州八年。盛弘之任临川王侍郎，当在临川王出镇荆州之时，弘之就几年所闻见而记述一州的人物物产及灵怪之事，写成此《记》。书已佚。

〔30〕临贺：郡名，三国吴置，故治在广西贺县（今为八步区），靠近湖南边境。"谢休"，疑"谢沐"之误。《汉书》、《晋书·地理志》、《后汉书·郡国志》均无谢休县，概作"谢沐"。　　谢沐县：故治在今湖南江永西南，属临贺郡。"大竹"，疑应作"竹，大"。下句"长数丈"，《类聚》卷八九引盛弘之《荆州记》作"数十丈"，《渐西》本据以加"十"字，但数十围粗和数十丈长都是可疑的。

〔31〕《御览》卷九六三"篃竹"引《异物志》末后尚有"断截便以为栋梁，不复加斤斧也"。"榱"（cuī）是屋椽，与"柱"不相称，吾点校改为"栋"，《渐西》本依着改，据戴凯之《竹谱》应是"梁"。

〔32〕篃（báo）：大竹。戴凯之《竹谱》称："篃实厚肥，孔小，几于实中……大竹也。土人用为梁柱。"

〔33〕棘竹：古时也叫"笏竹"、"勒竹"，由于有刺可种为篱笆，又名"笆竹"。据各书描述，具有竿粗材厚、节上小枝短缩硬化而为刺、地下茎为合轴型的共同特点，显然是簕（cè）竹属（Bambusa）的竹。其为何种，簕筒（B. stenostachya）和车筒竹（B. sinospinosa）极似之。参见戴凯之《竹谱》、李衎《竹谱详录》卷四、广东《肇庆府志》、清屈大均《广东新语》等。

〔34〕曹毗（pí）《湘中赋》：《隋书》、新旧《唐书》经籍志均著录有《曹毗集》，此《赋》当在该集中。书已佚。曹毗，东晋成帝时迁光禄勋，《晋书》有传。

〔35〕箈（yún）筜（dāng）：大竹。戴凯之《竹谱》："桃枝、箈筜，多植水渚。""箈筜最大，大者中甑。"则是宜植于洲渚的中空、内径宽大的大型竹。　　白、乌：指白竹、乌竹。戴凯之《竹谱》："赤白二竹，还取其色；白薄而曲，赤厚而直。沅沣（按：疑应作"澧"，指湖南沅江和澧水，而沣水在陕西关中）所丰，余邦颇植。"则白竹是竿白材薄而倾曲的竹。李衎《竹谱详录》有"白竹"、"乌竹"。现在植物分类学上以刚竹属的Phyllostachys nigra为乌竹，也叫"黑竹"，茎竿初时绿色，经年以后，渐呈紫黑色，有的并有黑褐色的小斑点，别称"胡麻竹"。

〔36〕绀族：紫黑色的竹类。绀，紫黑色。下文引《孝经河图》有紫苦竹，戴

凯之《竹谱》亦称："苦竹,有白有紫。"又乌竹,茎竿紫黑色,亦称"紫竹",以其姿态及紫竿雅致,我国各地庭园内多栽培以供观赏。所谓绀色的竹,当指此类。

〔37〕蒨(qiàn)、薆(ài):草木繁盛貌。

〔38〕"赤若",不词,应是"赤苦"的形误。下引《孝经河图》就有"紫苦者",戴凯之《竹谱》亦称:"苦竹,有白有紫。"赤苦笋和甜冬笋("苞甜")相对,都讲味道,是一组;下句"缥箭、斑弓"是青白色的箭竹和斑纹的弓竹相对,是另一组,都讲用途。

〔39〕斑弓:斑竹作弓。《御览》卷九六二"竹"引《云南记》:"云南有实心竹,文采斑驳……其土以为枪杆。"以斑竹为弓,亦此类。

〔40〕征合实中:意谓作兵器要用实心竹。如《文选·吴都赋》刘逵(渊林)注引《异物志》:"箭竹,细小而劲实。"棘竹,实中,"夷人破以为弓"(戴凯之《竹谱》);篥竹,"实中劲强,交趾人锐以为矛"(刘逵注引《异物志》);云南有实心斑竹,用以作枪杆(见注释〔39〕),这些都是实心坚劲的武器竹。

〔41〕桃枝育虫:清郭柏苍《闽产录异》卷六在引王彪之《闽中赋》后说:"又箘竹,竹中生虫,长则咬节而出。所谓'育虫',乃指箘竹、桃枝竹。"卷三记载"桃枝竹"说:"漳州、福宁、延平皆产之。笋皮有毛虫聚焉,不宜食。"

〔42〕竹鼺(liú):竹鼠属(Rhizomys),专吃竹类的根。清桂馥《说文义证》引刘欣期《交州记》:"竹鼠,如小狗子,食竹根,出封溪县。闽中呼之为鼺。"这条注文是后人加的。

〔43〕《御览》卷九六二引《神仙传》文字稍异,内容相同。《后汉书·费长房传》亦载其事,叙述有异。

〔44〕壶公:有姓施,姓谢,姓王等数位,据《水经注·汝水》,此为"王壶公"。 费长房:东汉方士,汝南(郡治在今河南上蔡西南)人,曾为市掾。传说王壶公在市上卖药,悬一壶,市散后跳入壶中,次晨又从壶中跳出,人家看不见,惟有费长房在楼上看得清清楚楚。因此费长房跟他入山学仙。《后汉书》有费长房传。

〔45〕"节长一二丈",《御览》卷九六二引《南越志》"丈"作"尺",应是"尺"字之误。

〔46〕《孝经河图》:各家书目不见著录,《御览》卷九六二"竹"有引到,内容基本同《要术》,但《初学记》卷二八引作《河图》。书已佚。

〔47〕少室之山:少室山。河南登封北"中岳"嵩山有三高峰,其西峰为少室山,山北麓有少林寺。

〔48〕爨(cuàn)器:炊器。

〔49〕安思县:未详,疑误。汉有安昌县,在嵩山附近。 苦竹:苦竹属(Pleioblastus),所谓青苦、白苦等只是因竿皮颜色不同而分为几种。

〔50〕《类聚》卷八九引竺法真《罗山疏》是:"岭南道无箖(同"筋")竹,惟此山有之。其大尺围,细者色如黄金,坚贞疏节。"

〔51〕箖竹:当即金竹(Phyllostachys sulphurea),参见李衎《竹谱详录》卷六。

〔52〕《晋起居注》:《隋书·经籍志二》著录,作者题称"〔刘〕宋北徐州主簿刘道会撰"。书已佚。

〔53〕"惠帝二年"(291),《晋书·五行志》作"惠帝元康二年"(292)。

〔54〕巴西郡:东汉末刘璋置,晋仍之,郡治在今四川阆中。

〔55〕篻竹:疑应作"篻(piǎo)竹"。《文选·吴都赋》"篻、簩有丛"刘逵注引《异物志》:"篻竹,大如戟槿(即戟柄),实中劲强,交趾人锐以为矛,甚利。"戴凯之《竹谱》:"筋竹为矛,称利海表,槿仍(作"乃"字用)其杆,刃即其杪。生于日南,别名为'篻'。"从"篻、簩有丛"看,说明篻竹、簩竹都是地下茎为合轴型作灌木状丛生的竹,而篻竹又名筋竹,此筋竹与上文罗浮山的筋竹是同名异种。篻由剽利得义,《竹谱》并与"表"、"杪"叶韵,而所记与《吴录》相同,疑"篻"是"篻"的形误。刘逵注引《异物志》又称:"簩竹,有毒,夷人以为觚(借作"弧"字),刺兽中之则必死。"上文引《山海经》郭璞注有"篻竹",篻、簩双声,疑篻竹是簩竹的转音异写。

〔56〕狗竹:李衎《竹谱详录》卷五:"狗竹,出临海郡,围三寸,节间有毛。三月,笋可食。"

〔57〕"箮"(róng),各本作"茸",《渐西》本从吾点校改作"箮"。《玉篇》有"箮"字,解释是:"竹也,头有文。"箮,《竹谱详录》卷六:"箮竹,在处敷粉,头有父文。……父文,犹花文也。"四川江安县南屏乡有珍奇的"人面竹",是毛竹的变种。竹竿上端的二三尺处,均在节的一侧裂开一个小口。竹竿表面有一条条凸起而有规律地倾斜相连的曲线,每一曲线单元内的竹面都凸鼓隆起,宛如人的笑脸。(《新民晚报》1987年11月1日五版)则箮竹上端有"父"字形的花纹,似亦可能。

〔58〕䈵(wú):《竹谱详录》卷五:"䈵竹,生广西、安南,邕州昆仑关中尤多。张得之《谱》云:'䈵竹,黑皮,有文。……大者可为柱,小者亦堪杂用。'"

〔59〕"竹浮有文",疑是《字林》原有"簿"字,释为:"竹,有文",而在传刻中被拆为"竹浮"二字误窜入此。《玉篇》"䈵"下正是"簿"字,《广韵》也有,解释是"竹有文者"。

【译文】

《山海经》说:"嶓(bō)冢山上……多有桃枝竹、钩端竹。"

"云山……有桂竹,很毒,人被刺伤,一定死亡。"〔郭璞注解说:〕"现在始兴郡出产有筀竹,大的周围二尺,四丈长。〔又,〕交趾有一种簳竹,竹竿实心,坚硬强劲,有毒,〔削〕尖了刺老虎,刺中了就会死。桂竹也是这一类。"

"龟山……有许多扶竹。"〔郭璞注解说:〕"扶竹,就是筇竹。"

〔《广志》说:〕"(汉)竹,大的一节可以容纳一斛的量,小的也可以容纳几斗,竹筒可以作〔椑〕榼一样的盛酒器。"

(《汉书》)〔注解说:〕"邛都的高节竹,可以作拄杖,就是所谓'邛竹'。"

《尚书》说:"扬州……它的贡品有……篠、簜……荆州……它的贡品有……箘、簵。"注解说:"篠是作箭的竹。簜是大竹。""箘、簵都是好竹……出在云梦泽中。"

《礼斗威仪》说:"人君顺着土地所宜治理国家,政治就会太平,蔓竹和紫脱经常有生出。"注解说:"紫脱是北方的物产。"

《南方草物状》说:"由梧竹,官吏和民众家中都有种植。有三四丈长,周围一尺八九寸粗,可以作屋柱。出在交趾。"

《魏志》说:"倭国,竹子有条竹、幹竹。"

《神异经》说:"南方荒远的山中有沛竹,有一百丈长,周围三丈五六尺粗,竿有八九寸厚,可以作大船。它的'子'味道好,吃了可以治好疮癞病。"张华注解说:"子,就是笋。"

《外国图》说:"高阳氏族中有同胞兄妹结为夫妻的,高阳帝大怒,将他们赶出族门,二人于是相拥抱而死。有神鸟衔来'不死竹'覆盖他们的尸体。七年之后,男女二人都复活了。他们同一个颈项两个头,同一个身躯四条脚。这就成为'蒙双民'。"

《广州记》说:"石麻竹,坚劲而且锐利,把它削成刀,切大象的皮像切芋一样容易。"

《博物志》说:"洞庭山上,尧帝的两个女儿常常哭泣,把眼泪洒在竹子上,竹子就都有了斑点。""现在下隽县有竹,竹面上并不见有斑点,但是只要刮去外皮,就见到了。"

《华阳国志》说:"有个竹王,建国于豚水地方。原来是有一女子在豚水河边洗衣服,水上头有三节大竹漂流到女子双足之间,推也推不开。忽然听到有婴儿的声音,就把竹筒抱回家,破开竹筒,得到一个男孩。将他抚养长大之后,这人有武勇才略,便成为各个部落的首领,就以竹为姓〔,称为竹王〕。破开的竹,丢在荒野,以后就长成竹林,这就是现在建着竹王祠庙的那片竹林。"

《风土记》说:"阳羡县有个袁君的〔坟墓〕,它的祭坛旁边长着几〔株〕大竹,都有二三丈高。竹枝都分两边向下垂着,扫在坛上,坛上常常被扫得很洁净。"

盛弘之《荆州记》说:"临贺谢〔沐〕县东山有大竹,有几十围粗(?),几丈长。旁边长着些小竹,也都有四五尺围粗。下面有块巨大的磐石,对径四五丈,很高,正方形,青色,很平滑,平滑得像弹棋的棋局。有两株竹弯曲下垂着,扫拂在石头上,扫得一点尘土污秽都没有。还离开几十里地以外,就可以听到风吹这些竹子,像吹箫管的声音。"

《异物志》说:"有一种竹名叫'篙',有几围粗大,节间距离很短,中间是实心的,坚硬强固,可以用来作柱〔梁〕。"

《南方异物志》说:"棘竹,有刺,七八丈高,像瓮子粗大。"

曹毗《湘中赋》说:"竹子有篔筜和白竹、乌竹,也有实心竹和绀色的竹。或者丛生在幽静的水渚,也繁衍在溪流的弯曲;或者荫翳地长在丘陵,也茂密地长在深谷。"

王彪之《闽中赋》说:"竹子有甜的冬笋,有〔苦〕的赤笋,青白色的箭竹可以作箭,长斑纹的斑竹可以作弓。处世要崇尚像竹的有节,兵器要选用茎竿的实中。篔筜竹里面包涵着'竹人',桃枝竹里面孕育着幼虫。有黄褐色的笋箨,素白色的笋肉,有赤色的竹竿,绿色的竹筒。""篔筜竹,竹节里面有一种东西,几寸长,很像人的形状,习俗相传说是'竹人',时常可以得到。孕育的虫,是指竹䖀,竹林中都有的。因为这里说到桃枝竹,所以附带说几句。"

《神仙传》说:"壶公要带费长房一起成仙去,费长房怕家人知道不让走。壶公就拿一根青竹写写画画,告诫说:'你可以回家说害病了,拿这竹竿放在床上,然后悄悄地回来。'费长房照着办了。家人见到这竿竹时,竟是长房的尸体,就哭哭啼啼地把它安葬了。"

《南越志》说:"罗浮山生长的竹,周围都有七八寸粗,一节一二尺长,叫作'龙钟竹'。"

《孝经河图》说:"少室山上有可以作炊器的竹,可以作甑桶。

"安思县(?)多有苦竹。苦竹的种类有四种:有青色的苦竹,白色的苦竹,紫色的苦竹,黄色的苦竹。"

竺法真《登罗浮山疏》说:"又有筋竹,竹竿像黄金的颜色。"

《晋起居注》说:"晋惠帝二年(291),巴西郡有竹生出紫色的花,结的果实像麦子,外皮青色,里面的米是白的,味道甜。"

《吴录》说:"日南郡有篥竹,强劲锐利,可以削来作矛。"

《临海异物志》说:"狗竹,节中间有毛。"

《字林》说:"箉,是竹,上端有'父'形的花纹。"

"簾,是竹,竿皮黑色,上面有凸起的(?)花纹。"

"簳(gǎn),是竹,有毛。"

"䇖(lìn),是竹,是实心的。"

笋(五二)

《吕氏春秋》曰[1]:"和之美者,越簬之菌[2]。"高诱注曰:"菌,竹笋也。"

《吴录》曰:"鄱阳有笋竹[3],冬月生。"

《笋谱》曰[4]:"鸡胫竹笋,肥美。"

《东观汉记》曰[5]:"马援至荔浦[6],见冬笋,名'苞'[7]。上言:《禹贡》"厥苞橘柚",疑谓是也。其味美于春夏。'"

【注释】

〔1〕见《吕氏春秋·本味》,"越簬之菌"作"越骆之菌"。"菌"、"菌"古通。

〔2〕越簬:今本《吕氏春秋》作"越骆",高诱注:"越骆,国名。"但戴凯之《竹谱》引《吕氏春秋》作"骆越"。骆越是古越人的一支,秦汉时分布于今广西、广东及越南北部等地。

〔3〕鄱阳:郡名,三国吴置,郡治在今江西波阳。

〔4〕《笋谱》是北宋初僧人赞宁写的,这是《竹谱》之误。戴凯之《竹谱》正有"鸡胫……笋美",卷五《种竹》引《竹谱》也有"鸡颈竹笋,肥美"。

〔5〕《东观汉记》:东汉官修的本朝纪传体史书,已亡佚。今本24卷,是清人辑佚之本,大见残缺。东观是洛阳宫中殿名,为当时修史之处。清人辑本《东观汉记》卷二《马援传》,"春夏"作"春夏笋",较完整。

〔6〕荔浦:即今广西荔浦。

〔7〕苞:即苞笋,亦即冬笋。

【译文】

《吕氏春秋》说:"调味料中美好的,有越辂的箘。"高诱注解说:"箘,就是竹笋。"

《吴录》说:"鄱阳有笋竹,冬天出笋。"

《〔竹〕谱》说:"鸡胫竹笋,味道肥美。"

《东观汉记》说:"马援到荔浦,见到了冬笋,名叫'苞'。就上书给皇帝说:《禹贡》里的'其苞橘柚',怀疑就是指这个。冬笋的味道比春夏的笋美好。'"

荼(五三)

《尔雅》曰:"荼,苦菜。""可食。"⁽¹⁾

《诗义疏》曰:"山田苦菜甜,所谓'堇、荼如饴'⁽²⁾。"

【注释】

〔1〕引文见《尔雅·释草》,文同。"可食"是郭璞注。荼,即苦菜,该是菊科苦苣菜属(Sonchus)的植物。

〔2〕"堇(jǐn)、荼如饴",出《诗经·大雅·绵》。堇,堇菜科的堇菜(Viola verecunda),又叫堇堇菜。

【译文】

《尔雅》说:"荼,是苦菜。"〔郭璞注解说:〕"可以吃。"

《诗义疏》说:"山田里的苦菜味道甜,这就是《诗经》所说的'堇和荼菜,像饴一样甜'。"

蒿(五四)

《尔雅》曰⁽¹⁾:"蒿,菣也⁽²⁾。""繁,皤蒿也⁽³⁾。"注云:"今人呼青蒿香中炙啖者为菣。""繁,白蒿。"

《礼外篇》曰⁽⁴⁾:"周时德泽洽和,蒿茂大,以为宫柱,名曰'蒿宫'。"⁽⁵⁾

《神仙服食经》曰:"'七禽方',十一月采旁音彭勃。旁勃,白蒿也。白兔食之,寿八百年。"〔6〕

【注释】

〔1〕引文见《尔雅·释草》,无"也"字。注是郭璞注,文同。

〔2〕菣(qìn):是菊科的青蒿(Artemisia apiacea),也叫"香蒿"。《尔雅》邢昺疏引孙炎:"荆楚之间,谓蒿为菣。"

〔3〕蘋(pó)蒿:即菊科的白蒿(Artemisia stelleriana),也叫"蓬蒿",叶背生白毛。《唐本草》注:"从初生至枯,白于众蒿。"启愉按:古人以青蒿和白蒿为食物,记载很多。《诗经·小雅·鹿鸣》的"食野之蒿",就是青蒿。《夏小正》以"蘩"为"豆实"(即盛在高脚的盘中),《诗经·召南·采蘩》的"于以采蘩",吃的都是白蒿。本草书自《神农本草经》到宋代的《本草衍义》等,都记载着或生吃,或蒸吃,或腌作菹菜吃。还有炙了吃,《本草图经》记载着:"干者炙作饮,香尤佳。"《要术》中关于青蒿、白蒿的食用,共有13处之多,或者煮青蒿汁浇在菹菜中,或用蒿叶揩拭猪肉,拭锅,或杂和在红米中舂米,或用青蒿罨女曲,或用白蒿作蚕簇,或用蒿作盛器,润滑剂,媒染剂,等等,不一而足,总之,都不嫌恶蒿的特殊气味。今人有以现在"少见"而"多怪"古人,玩弄文字说《要术》的"蒿"字都是"稿"字写错,难怪胡立初要斥为"浅人瞽说"。

〔4〕《礼外篇》:《大戴礼记》中的一些篇,语在《明堂》篇中(隋唐以后自《盛德》篇析出),文同。戴德在整编《大戴礼记》时大概有《内篇》、《外篇》之分(或为后人所分),《明堂》列于《外篇》,故有《礼外篇》之称。引文见《大戴礼记·明堂》,文同。

〔5〕南宋周去非《岭外代答》卷八"大蒿":"容梧(今广西容县和梧州)道中,久无霜雪处,蒿草不凋。年深滋长,大者可作屋柱,小亦中肩舆之杠。……古有蒿柱之说,岂其类乎?"清俞樾(1821—1907)《俞楼杂纂》卷七《礼记异文笺》认为以蒿为宫柱,不足信,蒿是"高"的借字,周人尊崇文王之庙,故称"高宫"。

〔6〕《神仙服食经》:服食各种药物(特别是矿物类药)以求长生的书,《隋书》、新旧《唐书》经籍志均著录,《旧唐书》题称"京里先生撰",不知何许人。书已佚。旁勃也写作"蒡葧",即白蒿。《御览》卷九九七"青蒿"引《神仙服食经》无"七禽方","旁勃"作"彭勃"。

【译文】

《尔雅》说:"蒿,是菣。""蘩,是蘋蒿。"〔郭璞〕注解说:"现在人把香而可以炙了吃的青蒿叫作'菣'。""蘩,是白蒿。"

《礼外篇》说:"周时治理人民恩泽广布融洽,蒿长得很大很大,可以用来作官殿的柱子,名叫'蒿宫'。"

《神仙服食经》说:"'七禽方',十一月采旁勃来配制。旁勃,就是白蒿。白兔吃了这方,寿命活到八百年。"

菖　蒲(五五)

《春秋传》曰[1]:"僖公……三十年……使周阅来聘,飨有昌歜。"杜预曰:"昌蒲菹也[2]。"

《神仙传》云[3]:"王兴者,阳城越人也[4]。汉武帝上嵩高,忽见仙人长二丈,耳出头下垂肩。帝礼而问之。仙人曰:'吾九疑人也。闻嵩岳有石上菖蒲[5],一寸九节,可以长生,故来采之。'忽然不见。帝谓侍臣曰:'彼非欲服食者,以此喻朕耳。'乃采菖蒲服之。帝服之烦闷,乃止。兴服不止,遂以长生。"

【注释】

〔1〕引文见《左传·僖公三十年》,首句作"王使周公阅来聘",即周惠王使周公阅聘鲁。

〔2〕昌蒲:即菖蒲,天南星科,学名 Acorus calamus,也叫"白菖蒲"。其根状茎比较肥大,但味道不好,李时珍将它和香蒲相对,目为"臭蒲"。《周礼·天官·醢人》有一种盛在高脚盘(即豆)中的菜叫作"昌本",就是以菖蒲的根状茎作的菹菜。这正是鲁僖公招待周使的。古人以菖蒲为美肴,"可怪"之至,"瞽说"之徒又会说"昌歜"、"昌本"都是错字了。

〔3〕《类聚》卷八一及《御览》卷九九九"菖蒲"引《神仙传》详略不一。《证类本草》卷六"菖蒲"引《汉武帝内传》亦载其事(今本《内传》无此记载)。

〔4〕"阳城越人",费解,《类聚》引无"越"字,疑衍。阳城,作为县名,即今河南登封;作为山名,该县正有阳城山;"嵩高"即嵩山,亦在该县:都与"越"不相干,疑衍。

〔5〕石上菖蒲:即天南星科的石菖蒲(Acorus gramineus),多生于山涧水石隙中或流水砾间。其地下根状茎横走,密具轮节。其变种细叶菖蒲(Vzr. pusillus),地下茎节间只有2—3毫米长,本草书上都记载"一寸九节者良",完全可能。

【译文】

《春秋左氏传》说:"鲁僖公……三十年……周王使周公阅来聘问,僖公设宴招待他,席上有昌歇(zǎn)。"杜预注解说:"昌歇是菖蒲腌的菹菜。"

《神仙传》说:"王兴,是阳城人。汉武帝登上嵩山,忽然遇见一仙人,有二丈高,两耳长过头,向下垂到肩上。武帝礼貌地问他。他说:'我是九嶷山人。听说嵩山有一种石上菖蒲,一寸之间有九个节,吃了可以长生,所以来采它。'转眼就不见了。武帝对侍从们说:'他并不是自己想服食,而是拿这话暗示我采食。'于是就采这种菖蒲吃了。但吃了之后觉得胸中烦闷,就停止不吃。王兴一直吃着不停止,所以他就长生。"

薇(五六)

《召南诗》曰[1]:"陟彼南山,言采其薇[2]。"《诗义疏》云:"薇,山菜也,茎叶皆如小豆。藿可羹,亦可生食之。今官园种之,以供宗庙祭祀也。"

【注释】

〔1〕引文见《诗经·召南·草虫》。

〔2〕薇:此指豆科的大巢菜(Vicia sativa),也叫"野豌豆",嫩苗可作蔬菜。蕨类植物紫萁科的紫萁(Osmunda japonica),过去误称为"薇"。

【译文】

《诗经·召南》说:"爬上了南山,我采摘那里的薇菜。"《诗义疏》说:"薇是山上的野菜,茎叶都像小豆。它的叶可以作羹,也可以生吃。现在官园里种着,准备祭祀宗庙用的。"

萍(五七)

《尔雅》曰:"萍,苹也[1]。其大者蘋[2]。"

《吕氏春秋》曰:"菜之美者,昆仑之蘋。"[3]

【注释】

〔1〕今本《尔雅·释草》作:"萍,荓。"据阮元校勘,"萍"应作"苹"。按,荓,同"萍",或作"苹"。古人所指,包括浮萍科的浮萍(Lemna minor,也叫青萍)和紫萍(Spirodela polyrrhiza,也叫水萍)。

〔2〕蘋:蘋科的Marsilea quadrifolia,叶柄长,四片小叶生在叶柄顶端,也叫"四叶菜"、"田字草"。

〔3〕见《吕氏春秋·本味》。

【译文】

《尔雅》说:"荓,就是苹。大的叫作蘋。"

《吕氏春秋》说:"菜中美好的,有昆仑的蘋。"

<h2 style="text-align:center">石 落丈之切^{〔1〕}(五八)</h2>

《尔雅》曰^{〔2〕}:"藫,石衣。"郭璞曰:"水𦰡也^{〔3〕},一名'石发'。江东食之。或曰:藫^{〔4〕},叶似薤而大,生水底,亦可食。"

【注释】

〔1〕金抄作"大之切",明抄作"文之切",均非。《周礼·天官·醢人》有"𦰡菹",《经典释文》:"𦰡……沈云:'北人音……丈之反。'""𦰡"虽同"苔",但亦读治(zhì)音,即《说文》的"从艸,治声"。据改。

〔2〕引文见《尔雅·释草》,文同。"或曰",原无,今本郭注有,表明是另一种解说,必须有,据补。

〔3〕水𦰡(tái,又zhì):𦰡同"苔",又读zhì(治)音,音异义同。藫、𦰡双声,二字涵义亦同。因生于水中石上,所称"石衣"、"石发"、"水𦰡",都是指苔类植物的某些种。

〔4〕藫:这是另一种解说,《神农本草经》:"海藻……一名藫。"该读xún,即"蕈"字,《尔雅·释草》:"薚,海藻。"则是海藻类植物。

【译文】

《尔雅》说:"藫(tán),是石衣。"郭璞注解说:"就是水𦰡,又叫'石发'。江东人吃它。〔又一说:〕藫,叶像薤叶,不过大些,生在水底，也可以吃。”

胡 荽（五九）

《尔雅》云^{〔1〕}：“菤耳，苓耳。”《广雅》云：“枲耳也，亦云胡枲。”郭璞曰：“胡荽也^{〔2〕}，江东呼为‘常枲’。”

《周南》曰：“采采卷耳。”毛云：“苓耳也。”注云：“胡荽也。”^{〔3〕}《诗义疏》曰：“苓，似胡荽^{〔4〕}，白花，细茎，蔓而生^{〔5〕}。可鬻为茹，滑而少味。四月中生子，如妇人耳珰，或云‘耳珰草’。幽州人谓之‘爵耳’。”

《博物志》：“洛中有驱羊入蜀，胡葸子着羊毛，蜀人取种，因名‘羊负来’。”^{〔6〕}

【注释】

〔1〕见《尔雅·释草》，文同。《广雅》云云，实际是郭璞注《尔雅》所引。今本郭注无“胡荽也”的别名。卷三《种蘘荷芹蘧》有种胡葸，则并非“非中国物产”。

〔2〕胡荽（suī）：荽同“荽”，则是伞形科的胡荽（Coriandrum sativum）。但本目的“胡荽”是指菊科的莫耳（Xanthium sibiricum），即苍耳。“胡枲”、“胡葸”、“菤耳”、“苓耳”等都是它的异名。

〔3〕《诗经·周南·卷耳》的一句。毛亨《传》文同。但“注云‘胡荽也’”，不见于今本郑玄《笺》。“苓”，《御览》卷九九八引《诗义疏》作“苓耳”，应有“耳”字。

〔4〕似胡荽：菊科的莫耳绝不能像伞形科的胡荽。《诗义疏》所解释的“苓耳”，疑是伞形科的天胡荽（Hydrocotyle sibthorpioides），多年生匍匐草本，茎细弱，开白花，悬果略呈心脏形，也正像耳珰。

〔5〕蔓而生：莫耳茎高四五尺，直立粗壮，不蔓生，因此《本草图经》对此提出疑问，莫耳各处都有，“但不作蔓生”。但这恰好是《诗义疏》的“苓耳”是蔓延地上的天胡荽的反证。

〔6〕今本《博物志》不见此条。《类聚》卷九四、《御览》卷九九八、卷九〇二均有引到。

【译文】

《尔雅》说："蔨(juǎn)耳，就是苓耳。"《广雅》说："就是枲(xǐ)耳，也叫胡枲。"郭璞注解说："就是胡荽，江东人管它叫'常枲'。"

《诗经·周南》说："采呀采呀采蔨耳。"毛亨《传》说："蔨耳就是苓耳。"注说："就是胡荽。"《诗义疏》说："苓〔耳〕，像胡荽，开白花，茎细弱，蔓生。可以煮了作菜吃，滑而味道差些。四月中结果实，像女人戴的耳珰，因此有人管它叫'耳珰草'。幽州人叫它'爵耳'。"

《博物志》说："洛阳有人赶羊到蜀中去，胡葸(xǐ)子粘在羊毛上带了进去，蜀中人就取来种了，因此管它叫'羊负来'。"

承　露(六○)

《尔雅》曰[1]："蔠葵，繁露。"注曰："承露也[2]，大茎小叶，花紫黄色。实可食。"

【注释】

〔1〕见《尔雅·释草》，文同。今本郭璞注无"实可食"句。承露即落葵，卷五《种红蓝花栀子》用落葵子绞汁作紫粉，本目实际也是重出。

〔2〕承露：是落葵科的落葵(Basella rubra)，一年生缠绕草本。花带红色。花后，花被增大，变紫色。子实为浆果，暗紫色，可作胭脂，又名"胭脂菜"。嫩枝叶可作蔬菜。

【译文】

《尔雅》说："蔠(zhōng)葵，就是繁露。"注说："就是承露，茎粗大，叶子小，花紫黄色。果实可以吃。"

凫　茈[1](六一)

樊光曰："泽草，可食也。"[2]

【注释】

〔1〕凫茈 (cí)：即莎草科的荸荠 (Eleocharis tuberosa)，又名"乌芋"、"地栗"。

〔2〕这是《尔雅·释草》"芍，凫茈"的东汉樊光注。清臧镛堂辑《尔雅汉注》就将这句采作《尔雅》樊注。严格说来，应同他处例冠以"《尔雅》曰：'芍，凫茈。'"

【译文】

〔《尔雅》说："芍是凫茈。"〕樊光注解说："凫茈是生在水泽中的草，可以吃。"

<h2 style="text-align:center">菫(六二)</h2>

《尔雅》曰[1]："齧，苦菫也[2]。"注曰："今菫葵也。叶似柳，子如米。汋食之[3]，滑。"

《广志》曰："瀹为羹。语曰：'夏莥秋菫滑如粉。'[4]"

【注释】

〔1〕见《尔雅·释草》，无"也"字。注是郭璞注，文同。

〔2〕苦菫 (jǐn)：当是菫菜科菫菜属 (Viola) 的植物。郭璞说的叶片披针形的菫葵，可能是菫菜属的紫花地丁 (Viola philippica〔V. philippica ssp. munda〕)。

〔3〕汋 (yuè)：通"瀹"。煮。

〔4〕莥 (huán)：菫菜属的 Viola vaginata。

【译文】

《尔雅》说："齧，是苦菫。"〔郭璞〕注解说："就是现在的菫葵。叶子像柳叶，种子像米。可以焯了吃，味道软滑。"

《广志》说："焯过可以作羹吃。俗话说：'夏天的莥，秋天的菫，柔滑像〔精白的〕米粉。'"

<h2 style="text-align:center">芸(六三)</h2>

《礼记》云[1]："仲冬之月……芸始生[2]。"郑玄注云："香草。"

《吕氏春秋》曰[3]："菜之美者,阳华之芸[4]。"

《仓颉解诂》曰[5]："芸蒿[6],叶似斜蒿,可食。春秋有白蒻[7],可食之。"

【注释】

〔1〕引文见《礼记·月令》。

〔2〕芸:这是芸香科的芸香(Ruta graveolens),多年生宿根草本。花、茎、叶都含有芳香油,有强烈香气,可作熏香料,也可驱虫防蛀。古人常用以放在衣箱中香衣服,也常用在书籍中防蠹虫,故书籍有"芸编"之称。

〔3〕引文见《吕氏春秋·本味》。

〔4〕阳华:古薮泽名,在今陕西关中。　芸:这不是芸香,而是芸蒿,见注释〔6〕。

〔5〕《仓颉解诂》:《文选》李善注有引用,北齐颜之推(531—约590以后)《颜氏家训·音辞》引到《苍颉训诂》,新旧《唐书》经籍志均著录《苍颉训诂》二卷,作者为东汉杜林(？—47)。所称《苍颉训诂》当即《仓颉解诂》,为古代字书,今已佚。《类聚》卷八一"芸香"引《仓颉解诂》只是:"芸蒿,似邪蒿,香可食。"有"香"字比较合适。

〔6〕芸蒿:《名医别录》说,柴胡,"一名芸蒿,辛香可食"。启愉按:《仓颉解诂》的斜蒿就是伞形科的邪蒿(Seseli Libanostis),叶二至三回羽状分裂,和同科的柴胡(Bupleurum chinense)的披针形叶迥异,却和同科的前胡(Peucedanum praeruptorum)的羽状分裂叶类似,则叶像斜蒿的"芸蒿",应是前胡而不是柴胡。陶弘景所说是另一回事。

〔7〕白蒻(ruò):白色的嫩芽。按:前胡是多年生宿根草本,白蒻即是宿根上长出的白色嫩芽。《本草图经》说前胡"初出时,有白芽,长三四寸,味甚香美"。这正好给芸蒿是前胡作了注脚。

【译文】

《礼记》说:"十一月……芸开始长出。"郑玄注解说:"芸是香草。"

《吕氏春秋》说:"菜中美好的,有阳华的芸。"

《仓颉解诂》说:"芸蒿,叶子像斜蒿,可以吃。春天秋天,有白色的嫩芽长出,也可以吃。"

莪　蒿（六四）

《诗》曰[1]："菁菁者莪。""莪，萝蒿也。"《义疏》云："莪蒿[2]，生泽田渐洳处，叶似邪蒿，细科。二月中生。茎叶可食，又可蒸，香美，味颇似蒌蒿[3]。"

【注释】

〔1〕《诗经·小雅·菁菁者莪》的首句。"莪，萝蒿也"是毛《传》文。

〔2〕莪（é）蒿：李时珍认为莪蒿就是抱娘蒿，吴其濬同意李说。《救荒本草》称："猪牙菜，《本草》名角蒿，一名莪蒿。"抱娘蒿即十字花科的播娘蒿（Descurainia sophia），一年生草本，生在多湿地方更好。叶二至三回羽状深裂，似邪蒿。角蒿就是紫葳科的角蒿（Incarvillea sinensis），多生于山野，二至三回羽状复叶，裂片线形，不像邪蒿。

〔3〕蒌蒿：菊科的Artemisia selengensis。

【译文】

《诗经》说："好茂盛的莪呀。"〔毛《传》说：〕"莪，就是萝蒿。"《诗义疏》说："莪蒿，生长在多湿的田里和低下润泽的地方，叶子像邪蒿，植株细小。二月中生出。茎叶可以吃，又可以蒸吃，香美，味道颇像蒌蒿。"

菖（六五）

《尔雅》云[1]："菖，藘茅也。"郭璞曰："菖[2]，大叶白华，根如指，正白，可啖。""菖，华有赤者为藘。藘、菖一种耳，亦如陵苕[3]，华黄、白异名。"

《诗》曰："言采其菖。"[4]毛云："恶菜也。"《义疏》曰："河东、关内谓之'菖'，幽、兖谓之'燕菖'；一名'爵弁'，一名'藘'。根正白，着热灰中，温啖之。饥荒可蒸以御饥。汉祭甘泉或用之[5]。其华有两种[6]：一种茎叶细而香，一种茎赤有臭气。"

《风土记》曰："菖，蔓生，被树而升，紫黄色。子大如牛角，形如蟦[7]，二三同蒂[8]，长七八寸，味甜如蜜。其大者名'枺'。"

《夏统别传》注[9]："获，菖也，一名'甘获'。正圆，赤，粗似橘。"

【注释】

〔1〕《尔雅·释草》有"菖，蕍"和"菖，蔖茅"两条，《要术》没有引前一条，可引郭璞注是两条全引了，即"菖……可啖"是"菖"条的注，下面是"蔖茅"条的注。《要术》有脱漏。

〔2〕菖（fú）：即"蕧"（fù），是旋花科的旋花（Calystegia sepium），也叫"打碗花"，一年生缠绕草本。花淡粉红色。根状茎富含淀粉，可供食用。蔖茅和有臭气的一种，疑非一种（或其变种），仍不出旋花属（Calystegia）的植物。

〔3〕陵苕（tiáo，又 sháo）：黄花和白花的名称不同，见"苕（六八）"引《尔雅》。

〔4〕《诗经·小雅·我行其野》的一句。

〔5〕甘泉：甘泉宫，汉武帝就秦宫扩建，故址在今陕西淳化西北甘泉山。

〔6〕"华"，下文没有交代两种花，有误。明末毛晋《毛诗草木鸟兽虫鱼疏广要》引陆机《疏》"华"作"草"。

〔7〕蟦（féi）：蛴螬，即金龟子的幼虫。

〔8〕"蒂"，原作"叶"，《御览》卷九九八引《风土记》作"蒂"，据改。

〔9〕《夏统别传》：各家书目未见著录，《类聚》引作《夏仲御别传》。夏统，字仲御，晋人，《晋书》有传。《别传》作者无可考。注为原注，抑系后人加注，亦不明。书已佚。这里的菖和《风土记》的菖都不明是何种植物。

【译文】

《尔雅》说："〔菖，是蕍。〕菖，是蔖（qióng）茅。"郭璞注解说："菖，叶子大，花白色，根像指头粗，正白色，可以吃。""菖，也有开红花的，就是蕍。蕍和菖是同一种，正像陵苕一样，有黄花的，有白花的，因而名称也不相同。"

《诗经》说："去采那儿的菖。"毛《传》解释说："菖是很差的野菜。"《诗义疏》说："河东和关中管它叫'菖'，幽州和兖州管它叫'燕菖'；又名'爵弁'（biàn），又名'蔖'。根正白色，放进热灰中煨熟，趁热吃。在饥荒时可以蒸熟了充饥。汉代祭祀甘泉宫时，有时用到它。这种〔草〕有两种：一种茎叶细小，有香气；一种茎是赤色的，有臭气。"

《风土记》说:"薯是蔓生植物,缠着树向上生长,蔓紫黄色。果实像牛角那样大,形状像蛴螬,两三个果实同一个蒂,有七八寸长,味道像蜜一样甜。大的叫'枺'(mò)。"

《夏统别传》的注说:"获,就是薯,又名'甘获'。正圆形,(红色)有些像橘。"

<h2 style="text-align:center">苹(六六)</h2>

《尔雅》云[1]:"苹,藾萧[2]。"注曰:"藾蒿也。初生亦可食。"

《诗》曰:"食野之苹。"[3]《诗疏》云:"藾萧,青白色,茎似蓍而轻脆[4]。始生可食,又可蒸也。"

【注释】

〔1〕引文见《尔雅·释草》。郭璞注"藾蒿"上有"今"字,说明"藾蒿"连名,不是"藾,蒿也"。

〔2〕藾萧:清郝懿行《尔雅义疏》认为就是艾蒿(即艾),吴其濬认为是牛尾蒿(《植物名实图考》卷一二),解释不一,但不出菊科蒿属(Artemisia)的植物。

〔3〕《诗经·小雅·鹿鸣》的一句。

〔4〕"蓍"(shī),金抄、明抄及《御览》卷九九八"苹"引《诗义疏》并同;明清刻本从《诗经·鹿鸣》孔颖达疏引陆机《疏》作"箸"。蓍,蓍草,菊科的Achillea alpina(A. sibirica)。

【译文】

《尔雅》说:"苹,是藾萧。"注说:"就是藾蒿。初生的嫩苗,可以吃。"

《诗经》说:"鹿儿在吃野地的苹。"《诗义疏》说:"就是藾萧。叶青白色,茎像蓍草,比较轻脆。刚长出时可以吃,又可以蒸了吃。"

<h2 style="text-align:center">土 瓜(六七)</h2>

《尔雅》云[1]:"菲,芴。"注曰:"即土瓜也[2]。"

《本草》云：“王瓜……一名土瓜。”〔3〕

《卫诗》曰〔4〕：“采葑采菲，无以下体〔5〕”。毛云：“菲，芴也。”《义疏》云：“菲，似葍，茎粗，叶厚而长，有毛。三月中，蒸为茹，滑美，亦可作羹。《尔雅》谓之‘蒠菜’〔6〕。郭璞注云〔7〕：‘菲草，生下湿地，似芜菁，华紫赤色，可食。’今河内谓之‘宿菜’〔8〕。”

【注释】

〔1〕《尔雅·释草》与郭璞注文并同《要术》。

〔2〕土瓜：即葫芦科的王瓜（Trichosanthes cucumeroides），也叫“假栝楼”，多年生攀援草本。叶多茸毛。花白色。块根肥大，可制淀粉。《诗义疏》说像葍的这种也是王瓜，但引《尔雅》的蒠菜，却与王瓜矛盾。

〔3〕《神农本草经》有同样记载。

〔4〕《诗经·邶风·谷风》文及毛《传》并同《要术》。

〔5〕下体：指植株的地上部，非指地下根部。葑，郑玄解释为“蔓菁”；菲，就是王瓜。这两种植物，初时食叶；老熟后食根，即芜菁的肥大肉质根和王瓜的肥大块根，这时叶已粗老不堪食。因此，食根时地上部的茎叶弃去不要，而需要的是“根”。清王夫之（1619—1692）《诗经稗疏》解释：“草木逆生，则根在下为上体，叶在上为下体。”意谓根入地者为根本，茎叶为其“尾闾”，非根无以长茎叶，故称茎叶为“下体”。

〔6〕蒠（xī）菜：十字花科，学名Orychophragmus violaceus。一年生草本，花淡紫色。芜菁，又名“诸葛菜”，因诸葛亮行军所种而得名。由于蒠菜像芜菁，《植物名实图考》也称蒠菜为“诸葛菜”，但和攀缘草本的王瓜（菲）是两种植物，不能因同名为“菲”而混淆。《尔雅·释草》有两种“菲”，一种是“芴”，即王瓜，一种是“蒠菜”。可《诗义疏》这里插进《尔雅》的蒠菜和郭璞注，和“似葍”的“菲”（王瓜）自相矛盾，其作者恐不出此，疑系后人因同名为“菲”而混插。

〔7〕以下是郭璞注《尔雅·释草》“菲，蒠菜”文，但插在这里与“似葍”矛盾。《御览》卷九八八“土瓜”引《诗义疏》及《诗经·谷风》孔颖达疏引陆机《疏》均无郭璞注此语。说者多认为《诗义疏》就是陆机《疏》，陆机是三国吴人，岂能引用东晋郭璞注？又陆机《疏》有“幽州人谓之芴”，《诗义疏》独无此句，明显与陆释不同。如果这个郭璞注确系《诗义疏》原有，显然其作者非陆机，而且晚于郭璞，但更可能这个注是后人添进去的，因为不应自相矛盾，二物混释。

〔8〕河内：此应指郡名，晋时郡治在今河南沁阳。

【译文】

《尔雅》说："菲，是芴（wù）。"注说："就是土瓜。"

《本草经》说："王瓜……又名土瓜。"

《诗经·邶风》说："采葑又采菲，不要它的'下体'。"毛《传》说："菲，就是芴。"《诗义疏》说："菲，像葍，茎子粗，叶片厚而长，有毛。三月中，蒸来作菜吃，味道滑美，也可以作羹吃。《尔雅》叫它为'蒠菜'。郭璞注解说：'菲草，生在低湿地方，像芜菁，花紫红色，可以吃。'（？）现在河内称它为'宿菜'。"

苕（六八）

《尔雅》云[1]："苕，陵苕[2]。黄华，蔈；白华，茇。"孙炎云："苕华色异名者。"

《广志》云："苕草[3]，色青黄，紫华。十二月稻下种之，蔓延殷盛，可以美田。叶可食。"

《陈诗》曰："邛有旨苕。"[4]《诗义疏》云："苕饶也[5]，幽州谓之'翘饶'。蔓生，茎如𦡝力刀切豆而细，叶似蒺藜而青[6]。其茎叶绿色，可生啖，味如小豆藿。"

【注释】

〔1〕引文见《尔雅·释草》，文同。三国魏孙炎是《尔雅》注者，《御览》卷一〇〇〇"苕"引孙炎注是："苕，华色异，名亦不同。"与今本郭璞注完全相同，恐非。

〔2〕陵苕：有两种解释，一是紫葳科的紫葳（Campsis grandiflora），落叶木质藤本，又名凌霄。一是唇形科的鼠尾草（Salvia japonica），多年生草本，可以染皂，又名"乌草"。陵苕和《广志》的"苕草"、《诗义疏》的"苕饶"虽然都有"苕"名，但不是同一种植物。

〔3〕苕草：豆科的巢菜（Vicia cracca），甘肃称"苕子"，湖北称"草藤"，广西称"肥田草"。多年生蔓性草本，茎具短柔毛，叶被黄色短柔毛，花紫色。嫩苗称巢芽，可作蔬菜。这是播种豆科植物作为绿肥的最早记载。

〔4〕《诗经·陈风·防有鹊巢》的一句。

〔5〕苕饶：豆科的紫云英（Astragalus sinicus），也叫"红花草"、"草子"、"翘

摇",见(九三)目。一二年生葡萄草本。今南方稻田多种为绿肥和饲料。嫩苗可食。

〔6〕蒺藜:即蒺藜科的蒺藜(Tribulus terrestris)。

【译文】

《尔雅》说:"苔,是陵苔。开黄花的叫'蔈'(biāo),开白花的叫'荗'(pèi)。"孙炎注解说:"因为陵苔花的颜色不同,所以有不同的名称。"

《广志》说:"苔草,草青黄色,花紫色。十二月撒播在稻茬田里,蔓延开来长得茂盛,可以肥田。叶子可以吃。"

《诗经·陈风》说:"土丘上有美味的苔。"《诗义疏》说:"苔,就是苔饶,幽州叫'翘饶'。蔓生,茎像荳豆,但细一些,叶像蒺藜,但青一些。茎叶绿色时,可以生吃,味道像小豆叶。"

荠(六九)

《尔雅》曰[1]:"蒣蓂,大荠也[2]。"犍为舍人注曰:"荠有小,故言大荠。"郭璞注云:"似荠,叶细,俗呼'老荠'。"

【注释】

〔1〕引文见《尔雅·释草》,末无"也"字。汉犍为舍人注,今仅见于《要术》所引。今本郭璞注无"似"字,《类聚》卷八二、《御览》卷九八〇"荠"及《本草图经》"蒣蓂子"引郭注都有"似"字,今本郭注脱。

〔2〕大荠:李时珍认为荠与蒣蓂是同一植物,不过分大小两种,"小者为荠,大者为蒣蓂"。(《本草纲目》卷二七)吴其濬以为蒣蓂是"花叶荠"(以其叶羽状深裂为"花"),并说此种科叶易肥大,故名"大荠"(《植物名实图考》卷三、卷一一),则大荠可能是十字花科荠菜(Capsella bursa-pastoris)的一变种。今植物分类学有以十字花科的遏蓝菜(Thlaspi arvense)当蒣蓂,则是另一植物。

【译文】

《尔雅》说:"蒣(xī)蓂(mì),就是大荠。"犍为舍人注解说:

"荠菜有小的,所以这叫大荠。"郭璞注解说:"像荠菜,叶子细些,俗名叫'老荠'。"

藻(七〇)

《诗》曰[1]:"于以采藻?"注曰:"聚藻也。"《诗义疏》曰:"藻,水草也,生水底。有二种[2]:其一种,叶如鸡苏[3],茎大似箸,可长四五尺;一种茎大如钗股,叶如蓬[4],谓之'聚藻'。此二藻皆可食。煮熟,挼去腥气,米面糁蒸为茹,佳美。荆、扬人饥荒以当谷食。"

【注释】

〔1〕引文出《诗经·召南·采蘋》。注是毛《传》文。

〔2〕有二种:藻类相似的很多,仅据下文所记,无法推知是哪两种"藻"。

〔3〕鸡苏:即唇形科的水苏(Stachys japonica)。

〔4〕蓬:蓬草,菊科的飞蓬(Erigeron acer)。

【译文】

《诗经》说:"在哪儿采水藻?"毛《传》说:"就是聚藻。"《诗义疏》说:"藻是水草,生在水底。有两种:一种叶像鸡苏,茎像筷子粗,大约四五尺长。一种茎像钗股粗,叶像蓬草,叫作'聚藻'。这两种藻都可以吃。把它煮熟,捏去腥气的液汁,和上米或面作糁,蒸了吃,味道美好。荆州、扬州人饥荒时采来当粮食吃。"

蒋(七一)

《广雅》云[1]:"蒋[2],菰也。其米谓之'雕胡'。"

《广志》曰:"菰可食。以作席,温于蒲。生南方。"

《食经》云:"藏菰法:好择之,以蟹眼汤煮之,盐薄洒,抑着燥器中,密涂。稍用[3]。"

【注释】

〔1〕今本《广雅·释草》缺"雕"字,清王念孙父子《广雅疏证》据以补"彫"字。卷四《种枣》、卷八《作鱼鲊》、卷九《飧饭》都提到用菰叶或菰米作饭,说明"中国"也有。

〔2〕蒋:就是禾本科的菰(Zizania caduciflora),俗名茭白。其颖果或米通称"雕胡米"、"菰米",古为"六谷"或"九谷"之一。

〔3〕稍用:分次逐渐取出来用。《说文》:"稍,出物有渐也。""稍用",意谓分次逐渐取用。这是《食经》用词,但也可能是"备用"之误。

【译文】

《广雅》说:"蒋,就是菰。它的果实的米叫'雕胡'。"

《广志》说:"菰可以吃。用它的叶子编成席,比蒲草席要暖和。生在南方。"

《食经》说:"腌藏菰笋的方法:好好择治,用蟹眼沸汤焯过,薄薄地洒上些盐,放进干燥的盛器里捺紧,用泥密封好。以后分次逐渐取出来用。"

羊　蹄(七二)

《诗》云〔1〕:"言采其蓫。"毛云:"恶菜也。"《诗义疏》曰〔2〕:"今羊蹄〔3〕。似芦菔〔4〕,茎赤。煮为茹,滑而不美。多噉令人下痢。幽、扬谓之'蓫',一名'蓨'〔5〕,亦食之。"

【注释】

〔1〕引文出《诗经·小雅·我行其野》。毛《传》说是"恶菜",郑玄《笺》说:"蓫,牛蘈(tuí)也。"

〔2〕《御览》卷九九五引《诗义疏》只有"扬州谓羊蹄为蓫"一句。

〔3〕羊蹄:蓼科,学名Rumex japonica。据古书所记,羊蹄除别名"蓫"外,还有蓨、莜、苖(dí,又chù)、蓳(lí,又chù)、蓄等异名,但实际与同属相似的酸模(Rumex acetosa)和土大黄(Rumex daiwoo)有混淆。

〔4〕"似"上吾点校加"根"字,《渐西》本据加。羊蹄根肥大。

〔5〕"扬",原作"阳"。扬州,古或作"杨州",但无作"阳州"者,据今本陆机《毛诗草木鸟兽虫鱼疏》改为"扬"。但幽州、扬州南北远隔,方言同呼为"蓫",

又同呼为"蓨"(tiáo)，不无可疑。陆机《毛诗草木鸟兽虫鱼疏》作："蓫，牛蘈，扬州人谓之羊蹄。……幽州人谓之蓫。"二州异呼。清陈奂《诗毛氏传疏》"言采其蓫"下引曾钊《诗异同辨》转引《要术》引《诗义疏》作："扬州谓之羊蹄，幽州谓之蓫，一名蓨。"明显是就《要术》结合陆机《毛诗草木鸟兽虫鱼疏》改了的。

【译文】

《诗经》说："去采那儿的蓫(zhú)。"毛《传》解释说："蓫是很差的野菜。"《诗义疏》说："蓫，就是现在的羊蹄。像萝卜，茎赤色。煮作菜，涎滑，并不美好。吃多了会下痢。幽州、扬州管它叫'蓫'，又叫'蓨'(?)，也吃它。"

菟 葵(七三)

《尔雅》曰[1]："莃，菟葵也[2]。"郭璞注云："颇似葵而叶小，状如藜[3]，有毛。汋啖之，滑。"

【注释】

〔1〕引文见《尔雅·释草》，末无"也"字。"叶小"，今郭注倒作"小，叶"，意思有差别。

〔2〕菟(tù)葵：吴其濬认为菟葵是比"家葵瘦小"的"野葵"，武昌叫作"棋盘菜"(见《植物名实图考》卷三)，则是锦葵科葵的野生种。但本草书认为是"天葵"，所指为毛茛科的紫背天葵(Semiaquilegia adoxoides)。

〔3〕藜：藜科，学名Chenopodium album。

【译文】

《尔雅》说："莃(xī)，是菟葵。"郭璞注解说："颇像葵菜，叶子小些，形状像藜叶，有毛。焯过吃，味道柔滑。"

鹿 豆(七四)

《尔雅》曰[1]："蔨，鹿藿[2]。其实，莥。"郭璞云："今鹿豆也。叶似大豆,根黄而香,蔓延生。"

【注释】

〔1〕《尔雅·释草》正注文并同《要术》。

〔2〕鹿藿:豆科,学名 Rhynchosia volubilis,别名"鹿豆"。草质缠绕藤本。豆科的葛(Pueraria lobata),也有"鹿藿"、"鹿豆"的异名,非此所指。

【译文】

《尔雅》说:"蔨,是鹿藿。它的果实叫菈(niǔ)。"郭璞注解说:"就是现在的鹿豆。叶子像大豆,根黄色,有香气。蔓延着生长。"

藤(七五)

《尔雅》曰[1]:"诸虑,山櫐[2]。"郭璞云:"今江东呼櫐为藤,似葛而粗大。"

"欇,虎櫐[3]。""今虎豆也。缠蔓林树而生,荚有毛刺。江东呼为'欇櫐'音涉。"

《诗义疏》曰:"櫐,苣荒也[4]。似燕薁[5],连蔓生,叶白色,子赤可食,酢而不美。幽州谓之'椎櫐'。"

《山海经》曰:"毕山,其上……多櫐。"[6]郭璞注曰:"今虎豆、狸豆之属。"

《南方草物状》曰[7]:"沈藤[8],生子大如齐瓯[9]。正月华色,仍连着实。十月、腊月熟,色赤。生食之,甜酢。生交阯。"

"耗藤[10],生山中,大小如苹蒿[11],蔓衍生。人采取,剥之以作耗;然不多。出合浦、兴古。"

"蕑子藤[12],生缘树木。正月、二月华色,四月、五月熟。实如梨,赤如雄鸡冠,核如鱼鳞。取,生食之,淡泊无甘苦。出交阯、合浦。"

"野聚藤[13],缘树木。二月华色,仍连着实。五六月熟。子大如羹瓯。里民煮食[14]。其味甜酢。出苍梧[15]。"

"椒藤[16]，生金封山。乌浒人往往卖之[17]。其色赤。——又云，以草染之。出兴古。"

《异物志》曰[18]："葭蒲[19]，藤类，蔓延他树，以自长养。子如莲，菆侧九切着枝格间[20]，一日作扶相连[21]。实外有壳，里又无核。剥而食之，煮而曝之，甜美。食之不饥。"

《交州记》曰[22]："含水藤[23]，破之得水。行者资以止渴。"

《临海异物志》曰："钟藤[24]，附树作根，软弱，须缘树而作上下条。此藤缠裹树，树死；且有恶汁，尤令速朽也。藤咸成树[25]，若木自然，大者或至十、五围。"

《异物志》曰[26]："蒋藤[27]，围数寸，重于竹，可为杖。篾以缚船，及以为席，胜竹也。"

顾微《广州记》曰："蒋，如骈榈[28]。叶疏。外皮青，多棘刺。高五六丈者，如五六寸竹；小者如笔管竹。破其外青皮，得白心，即蒋藤。"

"藤类有十许种：续断，草藤也，一曰'诺藤'，一曰'水藤'。山行渴，则断取汁饮之。治人体有损绝。沐则长发。去地一丈断之，辄更生根至地[29]，永不死。"

"刀陈岭有膏藤，津汁软滑，无物能比。[30]"

"柔蒋藤，有子。子极酢。为菜滑，无物能比。"

【注释】

〔1〕连下条均见《尔雅·释木》。"今虎豆也……"是郭璞注。

〔2〕山櫐(lěi)：櫐是藤，这该是缠绕植物，参照下文郭璞注《山海经》，应是虎豆一类的植物，见下注。

〔3〕虎櫐：即豆科的黎豆(Mucuna capitata)，别名"虎豆"、"狸豆"。豆荚有毛。种子有斑纹如狸首，故名。

〔4〕苺荒：据所描述，可能是蔷薇科悬钩子属的蓬蘽(Rubus thunbergii)或薅田藨(Rubus parvifolius)一类的植物。叶子都是面青背白。

〔5〕燕薁：即葡萄科的蘡薁(Vitis adstricta)。

〔6〕见《山海经·中山经》"中次十一经"，《要术》"毕山"应是"卑山"

之误。

〔7〕自本条至"椒藤"条,均《南方草物状》文。"沈藤",《类聚》卷八二"藤"引《南方草物状》作"浮沉藤",则是桑科Ficus属的植物,参看下注。

〔8〕沈藤:《类聚》卷八二引《南方草物状》作"浮沉藤",《要术》脱"浮"字。但"浮"字实际也是错的。唐陈藏器《本草拾遗》记载有"曼游藤","蜀人谓之'沉䕲藤'"。"䕲"即"葩"字,也是"花"的古字,古音与"浮"近,俗乃讹转为"浮"。"沉葩"意即"隐花"。桑科无花果属(榕属,Ficus)植物的特征是隐头花序,花托肥厚肉质化,顶端下凹,里面成一空腔,多数小花就着生在空腔里面,外面看不见花,故名"无花"。但实际并非无花,蜀人称之为"沉葩"即"隐花"是很正确的,而无花果属植物正有不少种是木质藤本的。据此,这里所记的"沈藤",实际应是"沉葩藤",是Ficus属的一种。

〔9〕齐:疑为"亩"字之讹。

〔10〕毦(ěr)藤:毦是以羽毛为饰。这里是剥取毦藤种子,利用其长绒毛作为饰物。从产地和大小方面来推测,毦藤也许是夹竹桃科羊角拗(Strophanthus divaricatus)一类的植物。羊角拗,产于两广、云南等山坡或灌丛中,藤本(或灌木),高约1米余。蓇葖果,木质,内含种子多数。种子线形而扁,一端有长毛,密生白色丝状长毛,有些像绒羽。

〔11〕苹蒿:菊科蒿属(Artemisia)的一种,无从确指为何种。

〔12〕蔺(jiān)子藤:《类聚》卷八二引作"含兰子藤",清李调元《南越笔记》卷一四记载有"兰子藤",实"如梨,色赤如鸡冠",所指正是一物。《广雅·释草》:"蔺,兰也。"说明"蔺子藤"就是"兰子藤"。据此推测,蔺子藤应是一种具有芳香性的藤本植物。

〔13〕野聚藤:未详。

〔14〕里民:《类聚》卷八二引作"俚民",亦引作"俚人"。俚人,古族名,亦作"里人",则不是乡里之民,而是俚族之人。"俚"亦作"里",其族汉唐时主要分布在今广西南宁、合浦、玉林、梧州等地。

〔15〕苍梧:汉郡名,郡治即今梧州。

〔16〕"椒藤",《类聚》卷八二引作"蔽藤","蔽"字字书未收;《御览》卷九九五"藤"引作"科藤",应是同物异名。如果颜色红是人工染成的,该是蒋藤(见注释〔27〕)。如果是生成红色的,则该是另一种藤,也许是棕榈科黄藤属(Daemonorops)的植物。

〔17〕乌浒人:《后汉书》卷八六李贤注引三国吴万震《南州异物志》:"乌浒,地名也,在广州之南,交州之北。"其族为古代越人的一支,分布地除俚人地区外,兼及今贵州、云南接壤地区。

〔18〕《御览》卷九九五引作陈祈畅《异物志》,"子如莲"作"实大小长短如

莲"，无"一日作扶相连"句，"侧九切"作"侧尤切"，是。

〔19〕葰（jiā）蒲：清楚说明这是一种寄生植物，依靠寄主提供的养分来自养和生长。果实大小像莲子（Ficus属的榕的果实直径约8毫米），两三个簇生于枝条间。据此，葰蒲应是桑科Ficus属的一种缠绕藤本植物。

〔20〕菆（zōu）：丛生。

〔21〕"一日作扶相连"，无法理解，从"作扶相连"推测，"一日"疑是"二三"漫漶后的讹误，指果实簇生于枝条间。

〔22〕《御览》卷九九五引作刘欣期《交州记》，文同。

〔23〕含水藤：古文献此类记载颇多，《证类本草》卷一二引《海药》转引《交州记》比较具体："生岭南及诸海山谷。状若葛，叶似枸杞。多在路，行人乏水处，便吃此藤，故以为名。"又《南越笔记》卷一四记载："有凉口藤，状若葛，叶如枸杞。去地丈余，绝之更生。中含清水，渴者断取，饮之甚美。沐发令长。一名'断续藤'。常飞越数树以相绕。"显然，这"凉口藤"就是这里的"含水藤"，也就是下文顾微《广州记》又名"水藤"的"续断"，是一种草质缠绕藤本，但未详何种。

〔24〕钟藤：这是一种初时依附在别的树上的寄生树，茎干软弱不能自立，以后长出气根，气根从空中或者沿着寄主的主干进入土壤中，它吸收寄主主干的营养物质作为自己的养料，而后转变成独立的树。由于其气根很多，或上或下地交织如网络，紧密地包围着所依附的主干，最后主干被缠绞而死。这种现象现代叫作"绞杀植物"。而这种钟藤还分泌一有害寄主的毒汁，致使寄主加速绞死而腐朽，而后自身却长成一大树。绞杀植物多见于无花果属（Ficus）植物，这钟藤该是该属的一种缠绕植物。

〔25〕"咸"，各本同，《类聚》、《御览》引作"盛"，《渐西》本改作"盛"。

〔26〕《类聚》卷八二所引，承上条标称"又曰"，则仍出《临海异物志》。"蒳藤"仍作"葴藤"。

〔27〕蒳藤：可能是棕榈科的省藤（Calamus platyacanthoides），有刺粗壮藤本。产于两广等地，越南也有。茎和茎皮可编制各种藤器。

〔28〕栟榈：即棕榈科的棕榈（Trachycarpus fortunei）。

〔29〕辄更生根至地：就会再长根到地里。《南越笔记》说是"去地丈余，绝之更生"（见注释〔23〕），是说从断口重新萌芽生长。陶弘景注《神农本草经》"续断"说："广州又有一藤名'续断'，又名'诺藤'……折枝插地即生。"是说可以扦插长成新株。都没有再长根入地的说法。《本草经》的"续断"是川续断科的续断（Dipsacus japonicus），非此所指。

〔30〕"膏藤"条，《类聚》卷八二、《御览》卷九九五引顾微《广州记》均无，但均另引有裴渊《广州记》一条，文句互误，去误取正如下："力陈岭，民人

居之,伐船为业。随树所在,就以成槽。皆去水艰远,动有数里。山生一草,名曰'膏藤',津汁软滑,无物能比。以此导地,牵之如流,五六丈船,数人便运。"

【译文】

《尔雅》说:"诸虑,是山櫐。"郭璞注解说:"现在江东叫櫐为藤,像葛,不过粗些大些。"

"欇(shè),是虎櫐。"〔郭璞注解说:〕"就是现在的虎豆。缠绕着林木向上生长,豆荚有毛刺。江东叫它'欇(liè)欇'。"

《诗义疏》说:"櫐,是苣荒。像燕薁,蔓延着生长,叶子白色,果实赤色,可以吃,味道酸,不美。幽州叫它'椎櫐'。"

《山海经》说:"〔卑〕山,山上面……多长着櫐。"郭璞注解说:"就是现在的虎豆、狸豆之类。"

《南方草物状》说:"沈藤,结的果实大小像盛斋的小盅。正月展放花朵,接着不久就开始结果。十月、腊月成熟,外皮红色。生吃时,味道甜酸。生在交趾。"

"毦藤,生在山中,大小像苹蒿,蔓延着生长。人们采来,剥取〔种子〕作毦饰;但不多。出在合浦、兴古。"

"蕳子藤,缠附着树木生长。正月、二月展放花朵,四月、五月成熟。果实像梨子,颜色像雄鸡冠一样红,核像鱼鳞。摘下来可以生吃,味道淡淡的,不甜也不苦。出在交趾、合浦。"

"野聚藤,缠附在树木上。二月展放花朵,接着不久就开始结果。五六月成熟。果实像羹碗大小。里民采来煮了吃。它的味道甜中带酸。出在苍梧。"

"椒藤,生在金封山。乌浒人往往拿出来卖。它的颜色红。——有人说是用草染成的。出在兴古。"

《异物志》说:"葭蒲,是藤类,蔓延在别的树上,〔依靠它〕来滋养自己和生长。果实像莲子,簇生在枝条间,〔两三个〕成簇地相连着。果实外面有壳,里面却没有核。剥掉壳吃,或者煮熟晒干了吃,味道甜美。吃了可以耐饥。"

《交州记》说:"含水藤,把它弄断,可以得到水。行路的人,靠它可以止渴。"

《临海异物志》说:"钟藤,贴附在树上生根,茎干软弱,必须缠附在那树干上，或上或下地长出根。这藤缠裹树之后，树被缠死了；而且还分泌一种毒汁，使树腐朽得更快。而后藤却〔茂盛地〕长成了大树，像自然长成的树木，大的或者有十围、五围粗。"

《异物志》说："蒒藤，周围几寸粗，比竹子重，可以作拄杖，藤皮可以用来缚船，以及用来作席子，比竹篾要强。"

顾微《广州记》说："蒒，像枡桐。叶子疏散。外皮青色，多长着硬刺。五六丈高的〔茎〕，像周围五六寸粗的竹子；小的只有笔管竹的粗细。破掉外面的青皮，得到里面的白心，就是蒒藤。

"藤类有十来种：续断，是一种草藤，也叫'诺藤'，又叫'水藤'。山里走路口渴时，把它斫断，取它的汁来喝〔，可以解渴〕。可以用来治人体的伤筋折骨。用来洗发，能使头发长长。离开地面一丈砍断它，就会再生根到地里，永远不死。

"刀陈岭有一种膏藤，液汁极其涎滑，什么东西都比不上。

"柔蒒藤，有果实。果实极酸。作菜吃，很柔滑，没有东西比得上。"

藜(七六)

《诗》云："北山有莱。"[1]《义疏》云："莱，藜也[2]，茎叶皆似'釐，王刍'[3]。今兖州人蒸以为茹[4]，谓之'莱蒸'。谯、沛人谓鸡苏为'莱'[5]，故《三仓》云'莱、茱萸'[6]：此二草异而名同。"

【注释】

〔1〕《诗经·小雅·南山有台》的一句。

〔2〕藜：同"藜"，即藜科的藜(Chenopodium album)。老硬的茎，可以作杖，称为"藜杖"。

〔3〕"釐，王刍"：《尔雅·释草》文。《唐本草》注、《证类本草》、《本草纲目》、《植物名实图考》都解释"王刍"是禾本科的荩草(Arthraxon hispidus)。但禾本科植物不可能和藜相似，则《诗义疏》所指王刍是另一种植物。

〔4〕兖州：南朝宋州治在今山东兖州。

〔5〕谯：谯郡，东汉置，故治在今安徽亳州。　　沛：沛郡，东晋郡治在今安

徽宿州西北。　　鸡苏:即唇形科的水苏,已见"藻(七〇)"。

〔6〕茱萸:是芸香科植物,和谯、沛人称为"菜"的水苏都有辛香气味,所以《三仓》将菜和茱萸连类并列。按:《三仓》是以单字排列的古代识字课本,本来没有上下字的解释关系,也即"菜、茱萸"不是"菜,茱萸也"之意。茱萸别名为"菜",因读成字典式则"菜"和"茱萸"牴牾,故清孙星衍辑佚本《仓颉篇》改为"菜,茱萸",值得商榷。

【译文】

《诗经》说:"北边的山上有菜。"《诗义疏》说:"菜,就是藜,茎叶都像'蒙,王刍'。现在兖州人蒸来作菜吃,叫作'菜蒸'。谯郡、沛郡人叫鸡苏为'菜',所以《三仓》'菜、茱萸'〔连类排列〕。这鸡苏和藜两种植物是不同的,但名称相同。"

蕎(七七)

《广志》云:"蕎子[1],生可食。"

【注释】

〔1〕蕎(jú)子:卷八《作酱等法》和《八和齑》都用作调味料,未悉是何种植物。

【译文】

《广志》说:"蕎子,可以生吃。"

薕(七八)

《广志》云:"三薕[1],似𦱫羽[2],长三四寸;皮肥细[3],缃色。以蜜藏之,味甜酸,可以为酒啖。出交州。正月中熟。"

《异物志》曰:"薕实虽名'三薕',或有五六。长短四五寸,薕头之间正岩[4]。以正月中熟,正黄,多汁。其味少酢,藏之益美[5]。"

《广州记》曰:"三薕快酢。新说,蜜为糁乃美。"

【注释】

〔1〕三薕(lián)：廉是棱角，由于其果实有棱，故加草头作"薕"。三薕即酢浆草科的五敛子(Averrhoa carambola，敛亦"棱"意)，也叫阳桃、羊桃。浆果通常5棱，间或3—6棱。

〔2〕似翦羽：像箭羽。指五敛子果实上的翅状棱角有些像箭杆上箭羽的形状。

〔3〕"肥"，疑应作"肌"。

〔4〕薕头之间正岩：薕道攒聚的地方像岩崖。指五敛子下端棱道攒聚成一尖锐的短角突起。

〔5〕"藏"上应脱"蜜"字。

【译文】

《广志》说："三薕，像箭羽，三四寸长；皮肉细，浅黄色。用蜜渍藏，味道甜酸，可以下酒吃。出在交州。正月中成熟。"

《异物志》说："薕的果实虽然名叫'三薕'，但有的也有五六道'薕'的。有四五寸长短，薕道攒聚的地方像岩崖。正月中成熟，颜色正黄，液汁多。味道有点酸，〔蜜〕渍过更好吃。"

《广州记》说："三薕很酸。新近有人说，用蜜煮成蜜饯，就很好吃。"

<h2 style="text-align:center">蘧　蔬(七九)</h2>

《尔雅》曰⁽¹⁾："出隧，蘧蔬⁽²⁾。"郭璞注云："蘧蔬，似土菌⁽³⁾，生菰草中。今江东噉之，甜滑。音氍毹。⁽⁴⁾"

【注释】

〔1〕引文见《尔雅·释草》。末三字是郭璞给"蘧蔬"作的音注。"毹"明抄讹作"毡"，金抄脱，据郭注补正。

〔2〕蘧(qú)蔬：是禾本科的菰(Zizania caduciflora)，即茭白的嫩薹，所谓长在"菰草"中。

〔3〕土菌：指蕈类，肥白的薹柄和菰的畸形菌瘿相像。茭白"如小儿臂"，故又名"菰手"。

〔4〕氍(qú)毹(sōu)：疑为"氍毹(shū)"之误。

【译文】

《尔雅》说："出隧，是蘧蔬。"郭璞注解说："蘧蔬，像土菌，长在菰草中。现在江东人吃它，味道甜滑。蘧蔬音氍毹。"

芺(八〇)

《尔雅》曰〔1〕："钩，芺〔2〕。"郭璞云："大如拇指，中空，茎头有薹〔3〕，似蓟〔4〕。初生可食。"

【注释】

〔1〕引文见《尔雅·释草》，正注文并同《要术》。

〔2〕芺(ǎo)：是菊科的苦芺(Cirsium nipponicum)。

〔3〕薹：即薹。凡草、菜长花时抽出的中心嫩茎都叫薹，也叫"蓊薹"。《广雅·释草》："蓊，薹也。"清王念孙《广雅疏证》："今世通谓草心抽茎作华者为薹矣，蓊之言郁蓊而起也。"这里指蓟和苦芺的顶生头状花序，两者相似。

〔4〕蓟(jì)：菊科的大蓟(Cirsium japonicum)，亦单称"蓟"，与苦芺同属。

【译文】

《尔雅》说："钩，是芺。"郭璞注解说："〔茎〕像拇指粗，中心空，茎头上抽薹，像蓟。初生时可以吃。"

苀(八一)

《尔雅》曰〔1〕："苀，萹蓄〔2〕。"郭璞云："似小藜〔3〕，赤茎节，好生道旁。可食。又杀虫〔4〕。"

【注释】

〔1〕引文见《尔雅·释草》，今本"苀"作"竹"，同音借用，但易与竹混淆，

不如《要术》所用古本。郭注同《要术》。

〔2〕萹（biān）蓄：是蓼科的Polygonum aviculare，又名"扁竹"。一年生平卧草本，原野杂草。

〔3〕小藜：是藜科的Chenopodium ficifolium。

〔4〕《神农本草经》称萹蓄"杀三虫"。陶弘景注："煮汁与小儿饮，疗蚘虫有验。"现在也用为驱除蛔虫药，也用于小便淋沥涩痛等病。

【译文】

《尔雅》说："筑（zhú），是萹蓄。"郭璞注解说："像小藜，茎和节都是赤色，喜欢长在路边上。可以吃。又可以杀虫。"

蘸 芜（八二）

《尔雅》曰[1]："须，蘸芜[2]。"郭璞注云："蘸芜，似羊蹄[3]，叶细，味酢，可食。"

【注释】

〔1〕引文见《尔雅·释草》，正注文并同《要术》。

〔2〕蘸（sūn）芜：是蓼科的酸模（Rumex acetosa），多年生宿根草本。嫩茎叶可以吃。

〔3〕羊蹄：与蘸芜同属的R. japonica。

【译文】

《尔雅》说："须，是蘸芜。"郭璞注解说："蘸芜，像羊蹄，叶子细些，味道酸，可以吃。"

隐 荵（八三）

《尔雅》云[1]："茗，隐荵[2]。"郭璞云："似苏，有毛，今江东呼为隐荵。藏以为菹；亦可瀹食。"

【注释】

〔1〕见《尔雅·释草》,正注文并同《要术》。

〔2〕隐荵(rěn):古书或释为桔梗科的桔梗(Platycodon grandiflorum),但桔梗全株光滑无毛,恐非。李时珍说:"隐忍非桔梗,乃荠苨(nǐ)苗也。荠苨苗甘可食,桔梗苗苦不可食,尤为可证。"(《本草纲目》卷一二上"荠苨")荠苨是桔梗科的Adenophora remotiflora,又名"甜桔梗"。

【译文】

《尔雅》说:"荞(páng),是隐荵。"郭璞注解说:"像紫苏,有毛,现在江东称为'隐荵'。可以渍藏作菹菜,也可以焯过吃。"

<h2 style="text-align:center">守　气(八四)</h2>

《尔雅》曰〔1〕:"皇,守田〔2〕。"郭璞注曰:"似燕麦〔3〕。子如雕胡米,可食。生废田中。一名'守气'。"

【注释】

〔1〕见《尔雅·释草》,正注文并同《要术》。

〔2〕守田:一名"守气",是禾本科的菵草(Beckmannia syzigachne),又名"菵米"、"水稗子",多生于水田或水边潮湿处。

〔3〕燕麦:禾本科的Avena sativa,即"皮燕麦"。

【译文】

《尔雅》说:"皇,是守田。"郭璞注解说:"像燕麦。子实像雕胡米,可以吃。生在废田里。又名'守气'。"

<h2 style="text-align:center">地　榆(八五)</h2>

《神仙服食经》云:"地榆〔1〕,一名'玉札'。北方难得,故尹公度曰〔2〕:'宁得一斤地榆,不用明月珠。'〔3〕其实黑如豉,北方呼'豉'为'札',当言'玉豉'。与五茄煮〔4〕,服之可神仙。是

以西域真人曰:'何以支长久? 食石畜金盐⁽⁵⁾;何以得长寿? 食石用玉豉。'此草雾而不濡,太阳气盛也,铄玉烂石⁽⁶⁾。炙其根作饮,如茗气。其汁酿酒,治风痹,补脑。"

《广志》曰:"地榆可生食。"

【注释】

〔1〕地榆:蔷薇科,学名 Sanguisorba officinalis,多年生草本。根粗壮,功能凉血。夏末秋初开花,花小形多数,密集成顶生的长圆形短穗状花序,暗紫色,形色像桑椹。《本草图经》说:"七月开花,如椹子,紫黑色。"比下文比作"黑如豉"更像些。华北、华南均有分布,所谓"北方难得"是"服食家"故意说得"名贵"的。

〔2〕尹公度:即传说与老子一道西出函谷关的尹喜。今传《关尹子》的书就是伪托他写的。

〔3〕《证类本草》卷一二"五加皮"引东华真人《煮石经》有与《神仙服食经》相类似说法,这几句是:"昔尹公度闻孟绰子、董士固共相与言曰:'宁得一把五加,不用金玉满车;宁得一斤地榆,安用明月宝珠?'"吾点校《要术》在"珠"上加"宝"字(未说明根据),《渐西》本据加。

〔4〕五茄:即五加科的五加(Acanthopanax gracilistylus)。其根皮入药,即五加皮。

〔5〕金盐:是五加的别名,见《证类本草》卷一二引《煮石经》。

〔6〕玉、石:指"服食家"所服的矿物类药"石药"。魏晋南北朝间盛行服食金石类药以求"长生",往往热毒发狂,称为"石发",甚者至死。地榆有凉血作用,五加去风湿,舒筋骨,并有强壮作用。配合这两种药以消解石药的热毒,故有"铄玉烂石"之说。

【译文】

《神仙服食经》说:"地榆,又名'玉札'。北方难得,所以尹公度说:'宁可得到一斤地榆,也不要夜明珠。'它的果实黑色像豆豉,北方叫'豉'为'札',实际该叫'玉豉'。将它和五茄同煮,吃了可以成仙。因此,西域真人说:'怎样能够保持长久? 食石药要用金盐;怎样能够得到长寿? 食石药配用玉豉。'这种草雾气不能沾湿,因为它蕴含着旺盛的太阳热气,所以它有熔玉烂石的功效。将它的根炙过作饮料,像茶叶的气味。用它的液汁酿酒,可以治风邪痹症,也可以补脑。"

《广志》说:"地榆可以生吃。"

人 苋(八六)

《尔雅》曰[1]:"蒉,赤苋。"郭璞云:"今人苋赤茎者[2]。"

【注释】

〔1〕引文见《尔雅·释草》。"今人苋",今郭注作"今之苋","之"是"人"字之误。

〔2〕人苋:即苋科的苋菜(Amaranthus tricolor)。茎叶紫红色者名"赤苋";对赤说,茎叶浅绿色者俗名"白苋"。《本草纲目》卷二七"苋"李时珍说:"老则抽茎如人长。"

【译文】

《尔雅》说:"蒉(kuài),是赤苋。"郭璞注解说:"就是现在赤茎的那种人苋。"

莓[1](八七)

《尔雅》曰[2]:"葥,山莓[3]。"郭璞云:"今之木莓也。实似藨莓而大[4],可食。"

【注释】

〔1〕"莓"目,与"莓(一〇一)"标目相同,《学津》本、《渐西》本改此目为"葥",黄麓森改为"山莓"。《要术》常采用郭注为标目,也可能是"木莓"脱"木"字。

〔2〕引文见《尔雅·释草》。郭注作"亦可食",余同。

〔3〕山莓:是蔷薇科悬钩子属的Rubus corchorifolius,又名木莓。落叶灌木。

〔4〕藨(biāo)莓:见"藨(九〇)"注释。

【译文】

《尔雅》说:"葥(jiàn),是山莓。"郭璞注解说:"就是现在的木莓。果实像蘡莓，不过大些，可以吃。"

鹿　葱（八八）

《风土记》曰[1]："宜男[2]，草也，高六尺，花如莲。怀妊人带佩，必生男。"

陈思王《宜男花颂》云："世人有女求男，取此草食之，尤良。"[3]

稽含《宜男花赋序》云[4]："宜男花者，荆楚之俗，号曰'鹿葱'。可以荐宗庙。称名则义过'马舄'焉[5]。"

【注释】

〔1〕《御览》卷九九六"萱"引《风土记》多"又名萱草"句。

〔2〕宜男：是百合科的萱草（Hemerocallis fulva），除宜男外，还有"鹿葱"、"忘忧"的异名。花漏斗状，不怎么像荷花。花蕾蒸熟晒干是"金针菜"的一种。

〔3〕《曹子建集》卷七《宜男花颂》及《类聚》卷八一"鹿葱"引《宜男花颂》都只是四言韵文，无此三句。此三句应是《颂》的序文。

〔4〕《御览》卷九九四"鹿葱"引稽含此《序》较详，末后多"世人多女欲求男者，取此草服之，尤良也"，与曹植文相同。稽含，西晋人，曾任襄城太守（郡治在今河南襄城），后被表荐为广州太守，但未赴任便被人害死，所以他没有到过广州。新旧《唐书》经籍志均著录《稽含集》十卷，《宜男花赋》当在《集》中，今已佚。今本《南方草木状》，旧题稽含撰，实为伪书。该书"水葱"记载："妇人怀妊，佩其花生男者，即此花，非鹿葱也。"不但以水葱（Scirpus tabernaemontani，莎草科）当宜男花，并且指明鹿葱不是宜男花，与《宜男花赋序》自相矛盾，只能说明《南方草木状》不是稽含的书。《要术》引及其《序》，但无一字引及其书，也足以说明这一问题。

〔5〕马舄（xì）：是车前科的车前（Plantago asiatica）。《诗经·周南·芣苢》毛《传》："芣苢（fú yǐ），马舄；马舄，车前也。宜怀任焉。"《名医别录》："车前子……令人有子。"萱草和马舄都宜于怀孕妇人，但萱草径直名为"宜男"，所以稽含说名称比"马舄"好。

【译文】

《风土记》说："宜男是一种草，有六尺高，花像莲花。怀孕妇人佩带这花,必定生男儿。"

曹植《宜男花颂》说:"人们有了女儿,想求男儿,拿这草〔煮了〕吃,非常好。"

嵇含《宜男花赋序》说:"宜男花,荆楚地方习俗称为'鹿葱'。可以作为祭品进献宗庙。宜男的名称,含义比'马舄'要好。"

蒌　蒿(八九)

《尔雅》曰[1]:"购,蔏蒌。"郭璞注曰:"蔏蒌,蒌蒿也[2]。生下田。初出可啖。江东用羹鱼。"

【注释】

〔1〕见《尔雅·释草》,正注文并同《要术》。

〔2〕蒌蒿:菊科,学名 Artemisia selengensis。

【译文】

《尔雅》说:"购,是蔏(shāng)蒌。"郭璞注解说:"蔏蒌,就是蒌蒿。生在低下田里。初生时可以吃。江东人用来调和鱼羹。"

薅(九〇)

《尔雅》曰:"薅,麃。"[1]郭璞注曰:"薅即莓也,江东呼'薅莓'[2]。子似覆葐而大[3],赤,酢甜可啖。"

【注释】

〔1〕"《尔雅》曰:'薅,麃。'",金抄、明抄脱,他本都有,应有。

〔2〕薅莓:据李时珍就实物验证,就是"薅田薅"(《本草纲目》卷一八上"蓬虆")。蔷薇科悬钩子属(Rubus)的茅莓(Rubus parvifolius),别名薅田薅,小灌木,有刺。果实球形,红色,酸甜可食。

〔3〕覆葐(pén):即蔷薇科与茅莓同属的覆盆子(Rubus idaeus),落叶灌木,有刺。果实近球形,红色。

【译文】

《尔雅》说:"薡,就是麃(biāo)。"郭璞注解说:"薡,就是莓,江东叫它'薡莓'。子实像覆葐,但大些,红色,味道酸甜,可以吃。"

蓁(九一)

《尔雅》曰[1]:"蓁,月尔。"郭璞注云:"即紫蓁也[2],似蕨,可食。"
《诗》曰[3]:"蓁菜也[4]。叶狭,长二尺,食之微苦,即今英菜也。《诗》曰:'彼汾沮洳,言采其英。'[5]"一本作"莫"。

【注释】

〔1〕见《尔雅·释草》,正注文并同《要术》。
〔2〕紫蓁(qí):即蕨类植物紫萁科的紫萁(Osmunda japonica),嫩叶可食。
〔3〕"《诗》曰",应是"《诗疏》曰",脱"疏"字。
〔4〕蓁菜:就是"莫菜"。据《诗经·魏风·汾沮洳》孔颖达疏引陆机《疏》所言莫菜是蓼科的酸模(Rumex acetosa)。基出叶具长柄,叶狭长形,嫩茎叶可食。生于山野,湿地生长更好。
〔5〕这是《诗经·魏风·汾沮洳》的诗句,"英"作"莫"。下云"一本作'莫'",那个《要术》本子是对的。

【译文】

《尔雅》说:"蓁,是月尔。"郭璞注解说:"就是紫蓁,像蕨,可以吃。"

《诗〔义疏〕》说:"就是蓁菜。叶子狭长,有二尺长,吃着有点苦味,就是现在的〔莫〕菜。《诗经》说:'那汾水浸润的地带,有人在那儿采〔莫菜〕。'"有一个本子作"莫"。

覆 葐(九二)

《尔雅》曰:"茥,蒛葐。"郭璞曰:"覆葐也。实似莓而小,亦

可食。"⁽¹⁾

【注释】

〔1〕见《尔雅·释草》,正注文并同《要术》。

【译文】

《尔雅》说:"莙(guī),是蕡(quē)蕏。"郭璞注解说:"就是覆蕏。果实像蘼莓,但小些,也可以吃。"

翘 摇⁽¹⁾(九三)

《尔雅》曰:"柱夫,摇车。"⁽²⁾郭璞注曰:"蔓生,细叶,紫华。可食。俗呼'翘摇车'。"

【注释】

〔1〕翘摇:是豆科的紫云英(Astragalus sinicus),就是"苕(六八)"的"翘饶"、"苕饶"。

〔2〕见《尔雅·释草》,文同。

【译文】

《尔雅》说:"柱夫,是摇车。"郭璞注解说:"蔓生,叶子细小,花紫色。可以吃。俗名叫'翘摇车'。"

乌 茋音丘(九四)

《尔雅》曰⁽¹⁾:"茛,蘥也⁽²⁾。"郭璞云:"似苇而小,实中。江东呼为'乌茋'。"

《诗》曰:"葭、菼揭揭。"⁽³⁾毛云:"葭,芦;菼,薍。"《义疏》云:"薍,或谓之荻;至秋坚成即刈,谓之'萑'。三月中生。初生其心挺出,其下本大如箸,上锐而细,有黄黑勃,着之污人手。把取，正白，噉之甜脆。一名'蒧蕱'。扬州谓之'马尾'。故《尔雅》云：'蒧蕱，马尾'也。幽州谓之'旨苹'。"

【注释】

〔1〕引文见《尔雅·释草》，无"也"字。郭注同《要术》。《义疏》所引，同出《释草》。

〔2〕荚(tǎn)、薍(wàn)：都是禾本科的荻(Miscanthus sacchariflorus)的别名。分开来说，古时在秀前(孕穗前)叫"荚"或"薍"，也叫"蒹"(jiān)或"蔗"(lián)；坚成后叫"萑"(见下文)。与荻同科相似的芦(Phragmites communis，通称"芦苇")，在秀前叫"葭"或"芦"，坚成后叫"苇"。但荻茎也是中空的，李时珍说有一种最短小而实心的，那却是"蒹"、"蔗"。

〔3〕《诗经·卫风·硕人》的一句。

【译文】

《尔雅》说："荚，是薍。"郭璞注解说："像苇，不过短小些，〔茎〕实心。江东叫它'乌苬'(qiū)。"

《诗经》说："葭和荚长得长又长。"毛《传》说："葭，是芦；荚，是薍。"《诗义疏》说："薍，或者又叫荚；到秋天，长坚实成熟，就收割，这时叫'萑'(huán)。三月中长出。刚长出时茎端挺出，它下部像筷子粗，上端尖细，〔箬叶上〕有黄黑色的茸毛，碰上会粘污在手上。扒开土取得〔根茎〕，颜色正白，吃起来味道甜而脆。又名'蒧蕱(tǎng)'。扬州人叫它'马尾'。所以《尔雅》说：'蒧蕱，就是马尾。'幽州人叫它'旨苹'。"

槚(九五)

《尔雅》曰[1]："槚，苦荼[2]。"郭璞曰："树小似栀子[3]。冬生叶，可煮作羹饮。今呼早采者为'荼'，晚取者为'茗'，一名'荈'。蜀人名之'苦荼'。"

《荆州地记》曰："浮陵茶最好[4]。"

《博物志》曰："饮真茶，令人少眠。"

【注释】

〔1〕"《尔雅》曰",金抄、明抄题作"郭璞曰",连《尔雅·释木》的正文也属于郭注,显系窜误,今从他本作"《尔雅》曰",郭注下移(文同《要术》)。本目所有"荼"字,都读chá音,即今"茶"字(去掉一横作"茶"始于唐)。

〔2〕苦荼:即今山茶科的茶(Camellia sinensis)。

〔3〕栀子:即茜草科的栀子(Gardenia jasminoides)。

〔4〕"浮陵",无此地名,应是同音的"涪陵"之误,或是借用字。涪陵,郡名,三国蜀置,郡治在今四川彭水,晋移治今四川涪陵境。古荆州原包括今两湖及四川、广西边隅等地,"竹(五一)"引《荆州记》即及于广西贺县(今为八步区)。

【译文】

《尔雅》说:"槚,是苦荼。"郭璞注解说:"树小,像栀子。冬月生的叶子,可以煮作羹汤来喝。现在叫早采的为'荼',晚采的叫'茗',又叫'荈'(chuǎn)。蜀人叫它'苦荼'。"

《荆州地记》说:"浮陵(?)的荼最好。"

《博物志》说:"喝了真荼,使人睡不着觉。"

荆 葵〔1〕(九六)

《尔雅》曰:"菺,戎葵。"郭璞曰:"似葵。紫色。"〔2〕

《诗义疏》曰〔3〕:"一名'芘芣'。华紫绿色,可食。似芜菁〔4〕。微苦。《陈诗》曰:'视尔如荍。'〔5〕"

【注释】

〔1〕荆葵:是锦葵科的锦葵(Malva sylvestris var. mauritiana)。

〔2〕《尔雅·释草》郭注是:"今荆葵也。似葵。紫色……"《要术》既标明"荆葵",应脱"今荆葵也"句,应照补。

〔3〕《御览》卷九九四"荆葵"引《诗义疏》只是"荍,一名楚葵"五字。下引《陈诗》是《陈风·东门之枌》的一句,孔颖达疏引陆机《疏》是:"芘芣,一名荆葵。似芜菁。华紫绿色,可食,微苦。"《御览》卷九七九"葵"引陆机《毛诗疏义》作:"……一名楚葵。似芜菁英……"按:"荆"、"楚"古人互称,则"荆葵"、

"楚葵"亦得互名,未必是误字。水芹别名"楚葵",非此所指。

〔4〕"似芜菁",金抄、明抄作"华似芜菁","华"不但重复,而且是错的,他本无"华"字。按:荆葵即锦葵,初夏开花,簇生于叶腋,直径寸许,花瓣倒心脏形,淡紫红色,有浓紫纹,美丽,崔豹《古今注》所谓"花色夺目"。但芜菁春日开花,花小,黄色,总状花序,似芸薹花。两者的花绝不相似,但荆葵幼株略似"芜菁英",则"似芜菁"应如陆机《疏》倒前作:"一名芘芣。似芜菁。华紫绿色,可食,微苦。"

〔5〕视尔如荍:这句《陈风·东门之枌》的诗是把一同跳舞的姑娘比作像锦葵花(荍花)一样美丽。

【译文】

《尔雅》说:"荍(qiáo),是蚍衃(pí fú)。"郭璞注解说:"〔就是现在的荆葵,〕像葵。〔花〕紫色。"

《诗义疏》说:"〔荍,〕又名'芘芣'(pí fú)。(像芜菁)花紫绿色,可以吃,稍微有点苦。《诗经·陈风》说:'把你看作像荍一样。'"

窃　衣(九七)

《尔雅》曰〔1〕:"蘮蒘,窃衣〔2〕。"孙炎云:"似芹,江河间食之。实如麦,两两相合,有毛,着人衣。其华着人衣,故曰'窃衣'。"

【注释】

〔1〕引文见《尔雅·释草》。《御览》卷九九八"窃衣"引孙炎注是:"江淮间食之。其花着人衣,故曰窃衣。"今本郭璞注是:"似芹,可食。子大如麦,两两相合,有毛,着人衣。"《要术》所引孙注,"着人衣"前指果实后指花,不协,明显是郭注混入孙注的。

〔2〕窃衣:是伞形科的窃衣(Torilis japonica),二年生草本。果实为双悬果(两两成对),椭圆形,外被具钩的短刺毛,易粘附在动物身体和人衣服上。

【译文】

《尔雅》说:"蘮蒘(jì rú),是窃衣。"孙炎注解说:"像芹菜,江河之间的人吃它。果实像麦子,两个两个成对地长着,有毛,容易粘附在人衣服上(?)。它的花会粘在人衣上,所以叫'窃衣'。"

东　风（九八）

《广州记》云[1]：“东风[2]，华叶似‘落娠妇’[3]，茎紫。宜肥肉作羹，味如酪，香气似马兰[4]。”

【注释】

〔1〕《广州记》此条，《广韵·平声·一东》“东”字下、《北户录》卷二“蕹菜”崔龟图注、《御览》卷九八〇“冬风”都有引到，内容相同，文字互异。《本草纲目》卷二七“东风菜”引唐苏敬《新修本草》：“此菜先春而生，故有‘东风’之号。一作‘冬风’，言得冬气也。”《要术》同一菜而分引于两处〔“冬风菜”引于“菜茹（五〇）”〕，当是出自二种《广州记》。

〔2〕东风：即菊科的东风菜〔Doellingeria scaber (Aster scaber)〕，也叫“冬风菜”。

〔3〕落娠（shēn）妇：有同音的落新妇，虎耳草科，学名 Astilbe chinensis。但落新妇不能和菊科的东风菜相像，则“落娠妇”自是另一种植物，未详。

〔4〕马兰：菊科，学名 Kalimeris indica，俗名“马兰头”。但此草不香，惟嫩叶作菜微有腥香气，所谓“香气”或指此？又，鸢尾科的马蔺〔Iris ensata (Iris lactea var. chinensis；I. pallasii var. chinensis)〕，有香气，而“兰（蘭）”与“蔺”形似，除两宋本《要术》作“马兰”外，他本均作“马蔺”，可能是后人因马兰不香而改的。

【译文】

《广州记》说：“东风，花和叶都像‘落娠妇’，茎紫色。宜于掺和在肥肉里作羹吃，味道像酪，香气像马兰。”

菫[1]丑六反（九九）

《字林》云：“草，似冬蓝[2]。蒸食之，酢。”

【注释】

〔1〕菫（chù）：该是蓼科的酸模（Rumex acetosa），叶、茎味酸。古籍一般则指同属的羊蹄（Rumex japonica）。

〔2〕冬蓝：是爵床科的马蓝（Strobilanthus cusia）。

【译文】

《字林》说："是草，像冬蓝。蒸了吃，味道酸。"

藬^{（1）}而兖反（一〇〇）

"木耳也。"
按：木耳，煮而细切之，和以姜、橘，可为菹^{（2）}，滑美。

【注释】

〔1〕此条至"蘴（一〇三）"，均引《字林》文。藬（ruǎn），木耳。
〔2〕菹：菹菜。卷九《作菹藏生菜法》有贾氏本文的"木耳菹"，作法相同，记述较详，并加入醋，成为酸菹。

【译文】

"就是木耳。"
〔思勰〕按：木耳，煮过，切细，和上生姜和橘皮，可以作菹菜，味道嫩滑美好。

莓亡代反（一〇一）

"莓^{（1）}，草实，亦可食。"

【注释】

〔1〕莓：是蔷薇科草莓属（Fragaria）的植物，多年生草本。品种很多。这里是泛指，与郭璞注《尔雅》指定为"蘽莓"者不同。

【译文】

"莓，是草的果实，也可以吃。"

莨音丸(一〇二)

"莨⁽¹⁾,干堇也。"

【注释】

〔1〕莨：堇菜科堇菜属的 Viola vaginata。据《字林》则是指干了的堇叫作"莨"。

【译文】

"莨,是干堇。"

蕲(一〇三)

蕲⁽¹⁾,《字林》曰："草,生水中,其花可食。"

【注释】

〔1〕蕲(sī)：《史记·司马相如列传》中《子虚赋》有"葴、蕲、苞、荔",裴骃《集解》引徐广解释"蕲"与《字林》相同。《文选·子虚赋》"蕲"作"薪"(sī),同音,李善注说："薪,似燕麦也。"两种解释完全不同,有所未详。

【译文】

蕲,《字林》说："是草,生在水中,它的花可以吃。"

木(一〇四)

《庄子》曰⁽¹⁾："楚之南,有冥泠一本作"灵"者,以五百岁为春,五百岁为秋。"司马彪曰⁽²⁾："木,生江南,千岁为一年。"

《皇览·冢记》曰⁽³⁾："孔子冢茔中树数百,皆异种,鲁人世世无能名者。人传言：孔子弟子,异国人,持其国树来种之。故有柞、枌、雒离、女贞、五味、毚檀之树⁽⁴⁾。"

《齐地记》曰⁽⁵⁾："东方有'不灰木'。"⁽⁶⁾

【注释】

〔1〕引文见《庄子·逍遥游》，文同。司马彪是《庄子》注者。

〔2〕司马彪（？—约306）：西晋史学家，晋代皇族。曾给《庄子》作注。又著有《续汉书》，其中纪、传部分早佚，仅存八志三十卷。南朝宋范晔（398—445）写《后汉书》，原拟写十志，未成而卒。宋代开始将司马彪的八志补入范《书》合为一部刊行，这就是现在通行的《后汉书》，所以其中《志》的部分是属于司马彪《续汉书》的。

〔3〕《皇览》：三国魏曹丕时王象等编集的我国最早类书，据称"八百余万字"，已佚。《冢记》（《冢墓记》）是其中的一个分篇项目。

〔4〕柞：应是山毛榉科的Quercus acutissima，也叫麻栎，不是大风子科的柞木（Xylosma japonicum）。　枌：是榆科的白榆（Ulmus pumila）。　雒离：未详。《文选·子虚赋》有"檗、离、朱杨"，郭璞注引张揖："离，山梨也。"推测"雒"可能指洛水，"雒离"是从洛水引种来的山梨。　女贞：是木犀科的Ligustrum lucidum。但有异说，《史记·孔子世家》司马贞《索隐》说："女贞，一作'安贵'，香名，出西域。"则"女贞"可能是"安贵"残烂后错成的，未详。　五味：应是木兰科五味子属（Schisandra）的植物，产于我国北方的有北五味子（S. chinensis）。　毚（chán）檀：古人解释是檀的别名。檀不是檀香科的檀香，是豆科的黄檀（Dalbergia hupeana）。

〔5〕《齐地记》：《御览》卷九六〇引作伏琛《齐地记》，则撰者为伏琛，但伏琛籍里生平均无可考。书已佚。

〔6〕《御览》卷九六〇木部"胜火"引作伏琛《齐地记》："东武城东南有'胜火木'，方俗音曰'挺子'。其木经野火烧，炭不灭，故东方朔谓之'不灰之木'。"卷八七一"炭"也引到，末句也是"东方有不灰之木"。按：不灰木，石棉（某些硅酸盐矿物的纤维丝）有此异名，可能是指石棉。

【译文】

《庄子》说："楚国的南方有一种冥泠树，'泠'，另一个本子作'灵'。它以五百年为一春天，五百年为一秋天。"司马彪注解说："这树生在江南，以一千岁作为一年。"

《皇览·冢记》说："孔子坟墓地中有几百棵树，都是异常的树种，鲁地的人多少世代都不知道叫什么树。有人传说：孔子的学生有鲁国之外的别国人，把该国的树移种到这里来。因此就有了柞、枌、雒离、女贞、五味和毚檀这些树。"

《齐地记》说:"东方有'不灰木'。"

桑(一○五)

《山海经》曰:"宣山……有桑,大五十尺,其枝四衢。"言枝交互四出。"其叶大尺。赤理。黄花,青叶。名曰'帝女之桑'。"妇人主蚕,故以名桑。""[1]

《十洲记》曰:"扶桑,在碧海中。上有大帝宫,东王所治。有椹桑树,长数千丈,三千余围。两树同根,更相依倚,故曰'扶桑'。仙人食其椹,体作金色。其树虽大,椹如中夏桑椹也,但稀而赤色。九千岁一生实,味甘香。"[2]

《括地图》曰[3]:"昔乌先生避世于芒尚山,其子居焉。化民食桑,三十七年,以丝自裹;九年生翼,九年而死。其桑长千仞。盖蚕类也。去琅邪二万六千里[4]。"

《玄中记》云:"天下之高者,'扶桑'无枝木焉:上至天,盘蜿而下屈,通三泉也。"[5]

【注释】

〔1〕引文见《山海经·中山经》"中次十一经"。"叶大尺"下有"余"字,"青叶"作"青柎",比较合适。注文是郭璞注,文同。

〔2〕《十洲记》:《隋书·经籍志二》著录,注明"东方朔撰"。今本作《海内十洲记》,据考证是六朝人依托之作。《类聚》卷八八、《御览》卷九五五"桑"引《十洲记》稍有异文。"大帝"均作"天帝","金色"《类聚》作"紫色","体"《御览》作"椹体",则指椹,非指仙人。

〔3〕《括地图》:隋唐书经籍志不著录,惟类书等每有引录。时代作者都不明。书已佚。《类聚》卷八八、《御览》卷九五五引《括地图》只有中间几句(从"化民"至"而死"止)。"盖蚕类也",宜与"其桑长千仞"倒换位置。

〔4〕琅邪:郡名,以有琅邪山得名。琅邪(琊)山在山东胶南县(今属青岛市)南,濒临黄海。所谓离开"二万六千里",实际还是《梁书》记载的那个"扶桑国",而加以神化。参看"椹(三九)"注释〔2〕。

〔5〕《御览》卷九五五引《玄中记》同《要术》。

【译文】

《山海经》说:"宣山山上……有一种桑树,有五十尺高,枝条向四面伸展开。〔郭璞注解说:〕"四衢是说枝条四面交叉着伸展开。"叶子有一尺〔多〕大。木理红色。开黄花,叶片青色。名为'帝女之桑'。〔郭璞注解说:〕"因为妇女主持养蚕,所以这桑树就叫'帝女桑'。""

《十洲记》说:"扶桑这地方,在碧茫茫的大海中。上面有大帝的宫殿,是东王治理政事的地方。那里有长椹的桑树,树几千丈高,三千多围粗。两棵桑树同一株根,互相依傍扶持着,所以叫'扶桑'。仙人吃了它的椹,形体成为金黄色。桑树虽然很大,可桑椹却像中华桑椹的大小,不过长得稀些,颜色是红的。这桑树九千年结一次果实,味道又甜又香。"

《括地图》说:"从前有个乌先生隐居在芒尚山,儿子也住在一起。化作山民吃桑叶,吃了三十七年,吐丝裹着自己的身体;九年之后长出翅膀,再过九年死去(,原来是蚕一类的)。那桑树有八千尺高。那里离开琅邪有二万六千里。"

《玄中记》说:"天下最高的,莫过于'扶桑'这没有分枝的树,它上至青天,下面盘纡曲折地穿通三重黄泉,很深很深。"

棠 棣(一〇六)

《诗》曰⁽¹⁾:"棠棣之华⁽²⁾,萼不韡韡⁽³⁾。"《诗义疏》云:"承花者曰萼。其实似樱桃、薁⁽⁴⁾;麦时熟,食,美。北方呼之'相思'也。"

《说文》曰:"棠棣,如李而小,子如樱桃。"⁽⁵⁾

【注释】

〔1〕今《诗经·小雅·常棣》作:"常棣之华,鄂不韡韡。"

〔2〕棠棣(dì):一般认为是蔷薇科的郁李(Prunus japonica)。落叶小灌木。

〔3〕不:花蒂。"不",郑玄解释该作"柎"(柎),就是"鄂足",即"萼足",就是花蒂。今人于省吾(1896—1984)《泽螺居诗义解结》解释"'鄂不'犹言胡不",就是"怎么不"的意思。不过,《说文》、《要术》等引《诗经》和《诗义疏》的解释自作"萼"。   韡(wěi)韡:光明美丽的样子。

〔4〕薁：蘡薁，见"薁（二八）"注释〔1〕。

〔5〕今本《说文》是："栘（yí），棠棣也。""棣，白棣也。"与《要术》所引迥异。《尔雅·释木》"常棣，棣"邢昺疏引陆机《疏》则称："许慎曰：'白棣树也。'如李而小，子如樱桃，正白……"则"如李而小……"应是陆机的话。但此条也可能是《诗义疏》所引，许慎在别的书上有这个说法，而《诗义疏》误题作《说文》。

【译文】

《诗经》说："棠棣的花，花萼和花蒂托着，多么灿烂美丽啊！"《诗义疏》说："托着花的叫作萼。棠棣的果实像樱桃、蘡薁；收麦的时候成熟，吃起来，很好。北方人管它叫'相思'。"

《说文》说（？）："棠棣，树像李树，但矮小，果实像樱桃。"

棫（一〇七）

《尔雅》云〔1〕："棫，白桵〔2〕。"注曰："桵，小木，丛生，有刺。实如耳珰，紫赤，可食。"

【注释】

〔1〕引文见《尔雅·释木》。注是郭璞注。

〔2〕桵（ruí）：同"蕤"。《植物名实图考》卷三七"蕤核"："今山西山坡极多，俗呼'蕤棫'。"李时珍认为《尔雅》的"棫"就是蕤核。蕤核是蔷薇科的 Prinsepia uniflora。落叶灌木，叶腋有短刺，核果球形，微椭圆，直径1—1.5厘米，如珰珠，熟时紫黑色，与郭璞所记相符。

【译文】

《尔雅》说："棫（yù），是白桵。"〔郭璞〕注解说："桵是小树，丛生，有刺。果实像耳珰，紫红色，可以吃。"

栎（一〇八）

《尔雅》曰〔1〕："栎，其实梂〔2〕。"郭璞注云："有梂彙自裹[3]。”孙炎云:“栎实,橡也。”

周处《风土记》云:“《史记》曰:‘舜耕于历山。’[4]而始宁、邳、郯二县界上[5],舜所耕田,在于山下,多柞树。吴越之间名柞为栎[6],故曰‘历山’[7]。”

【注释】

〔1〕引文见《尔雅·释木》,正注文及邢昺疏引孙炎注并同《要术》。

〔2〕栎(lì):即山毛榉科(壳斗科)的 Quercus acutissima,也叫柞树、橡树。其果实名“梂”(qiú),郝懿行《尔雅义疏》:“栎实外有裹橐,形如彙毛,状如球子。”

〔3〕彙(wèi):《尔雅·释兽》:“彙,毛刺。”邢昺疏:“彙,即蝟也,其毛如针。”是彙即刺蝟,这里是形容栎的壳斗上的毛刺犹如刺蝟的针刺。

〔4〕《史记·五帝本纪》:“舜耕历山。”

〔5〕“始宁、邳、郯”,有误。按:始宁,古县,在今浙江上虞。邳,古邳国,秦为下邳县,在今江苏邳州。郯(tán),汉置的县,在今山东郯城。邳、郯二县虽相邻,但与上虞不相侔。东晋亦侨置郯县,在今江苏镇江,虽在江南,也和上虞无法在“二县界上”,而且置郯县时周处早已去世。《水经注》卷四《河水》及《御览》卷九五八“柞”引《风土记》都是“始宁、剡二县界上”,剡(shàn)县,秦置,汉晋因之,即今浙江嵊州,与上虞正相邻。据此,“邳”衍,“郯”是“剡”字之误。

〔6〕栎:栎树。《水经注》卷四《河水》及《御览》卷九五八引《风土记》均作“枥(lì)”,同“栎”,并与“历”同音,故名“历山”。

〔7〕历山:很多,大率以舜耕于历山而得名。其较著者有六:二处在山东;二处在山西;在吴越间的有二处(一在江苏无锡,即惠山,又名历山;一在浙江上虞四明山区,即是周处所指者)。但《水经注》作者郦道元斥周处此说为不近人情。

【译文】

《尔雅》说:“栎,它的果实叫梂。”郭璞注解说:“梂外面有刺蝟一样的刺包裹着自己。”孙炎注解说:“栎的果实,就是橡子。”

周处《风土记》说:“《史记》说:‘舜耕田于历山。’现在始宁和〔剡县〕交界的地方,〔还留有〕舜所耕的田的遗迹,在山脚下,那里有不少柞树。吴越之间叫柞树为栎树,所以把那山叫‘历山’。”

桂(一○九)

《广志》曰[1]:"桂[2],出合浦。其生必高山之岭,冬夏常青。其类自为林[3],林间无杂树。"

《吴氏本草》曰:"桂,一名'止唾'[4]。"

《淮南万毕术》曰:"结桂用葱[5]。"

【注释】

〔1〕《类聚》卷八九、《御览》卷九五七"桂"引《广志》末尾都有"交阯置桂园"句。

〔2〕桂:即樟科的肉桂(Cinnamomum cassia),常绿乔木。

〔3〕其类自为林:启愉按:这就是排挤异类,最后形成清一色的纯粹桂树林。植物之间有互利互抑作用。有些植物通过根系、茎、叶向周围环境分泌出特有的有机物质,这些物质对其他植物或者促进其生长,或者抑制其生长,有的甚至是致命的因素,例如"藤(七五)"的"钟藤"就是这样。桂树的树皮、小枝、叶、花梗、果实都含有桂皮油,其主要成分为桂皮醛,树皮中含量高达70%—90%,初结的果实和花梗中更有过之。这是一种挥发性芳香物质,可以抑制其他树种的生长,时间一长,导致植物群落结构的变化,最后形成纯粹桂树林。这种现象已被古人发现,是合科学的。但不始于《广志》,《吕氏春秋》已明确记载"桂枝之下无杂木"。

〔4〕《名医别录》记载桂有"止唾"的功效。

〔5〕"服食家"服桂后"石发"(发大热)弄出"结毒"病来,据说用葱汁可以缓解。《抱朴子》卷一一和《名医别录》都有记载。

【译文】

《广志》说:"桂,出在合浦。它生长的地方,一定在高山岭上,冬夏常绿的。它自己同类形成树林,林子中间没有别的杂树。"

《吴氏本草》说:"桂,又名'止唾'。"

《淮南万毕术》说:"服桂结毒,用葱汁来消解。"

木 绵(一一○)

《吴录·地理志》曰:"交阯定安县有木绵树[1],高丈。实如酒杯，口有绵，如蚕之绵也。又可作布，名曰'白緤'[2]，一名'毛布'[3]。"

【注释】

〔1〕"定安县"，《御览》卷九六〇"木绵"引《吴录·地理志》同，应是"安定县"倒错。因为汉在交趾所置的安定县（在今越南北境），至南朝宋才改名"定安"（《后汉书·郡国志》、《晋书·地理志》都是"安定"原名），而《吴录》作者张勃是西晋初人，无由得知"定安县"。 木绵树：这里当是锦葵科的一种棉花（Gossypium arboreum），即亚洲棉，也叫"中棉"。一年或多年生亚灌木或灌木，所以也叫"树棉"，但在我国为一年生草本。不是木棉科的大型乔木的木棉（Bumbax malabaricus），也叫"攀枝花"、"英雄树"。

〔2〕"緤"（dié），历来的解释同"绁"，是系牲畜的绳索，也是缧绁。音均为xiè。只有唐释慧琳《一切经音义》卷四〇《曼殊室利菩萨阎曼德迦忿怒真言仪轨经》"渍其氈"注：氈，《经》本作'緤'。"说明"緤"同"氈"。又卷六四"白氈"注："音牒。按氈者，西国木绵花如柳絮，彼国土俗皆抽撚以纺为缕，织以为布，名之为氈。"是白緤即白氈，也写作"白叠"、"帛叠"，都是棉布的古名。据此，故本书音dié（此音义大型字书如《辞源》、《辞海》等均未采入）。

〔3〕毛布：棉布的古代别名。

【译文】

《吴录·地理志》说："交趾〔安定〕县有木绵树，有丈把高。果实像酒杯的形状，口上有绵，像蚕吐的绵絮。又可以用来作成布，叫作'白緤'，又叫'毛布'。"

穰 木（一一）

《吴录·地理志》曰："交趾有穰木[1]，其皮中有如白米屑者，干，捣之，以水淋之[2]，似面，可作饼。"

【注释】

〔1〕穰（xiāng）木：李时珍认为就是"莎木"（《本草纲目》卷三一"莎木

面"）。清李调元《南越笔记》卷一六"异饭"："琼州以南椰粉为饭,曰椰霜饭。……性温热补中,本草以为莎木面也。"是莎木就是南椰。启愉按：棕榈科的西谷椰子（Metroxylom sagu）,常绿高大乔木,马来语叫sagu,明张燮《东西洋考》卷三记载"其树名沙孤",就完全和sagu对音,则所谓櫰木或莎木也是从sagu转译来的,那么这两种名称也就是西谷椰子。它的茎干中心有白色的髓,可提取淀粉,制成"西谷米",也可以作饼食。

〔2〕指澄取淀粉。清谢清高《海录》记载西谷米的制法：将树髓取出春成碎末,用水冲洗,去掉渣滓,澄取淀粉,晒干捏成粉,再洒上些水,就可制成"米"。

【译文】

《吴录·地理志》说："交趾有一种櫰木,它树中心有一种像白米粉屑的东西,晒干,捣细,用水淋洗出来,像面一样,可以作饼。"

仙　树（一一二）

《西河旧事》曰⁽¹⁾："祁连山有仙树⁽²⁾。人行山中,以疗饥渴者——辄得之。饱不得持去。平居时,亦不得见。"

【注释】

〔1〕《西河旧事》：《新唐书·艺文志二》著录《西河旧事》一卷,无撰人姓名。据胡立初考证,当是记载汉晋时代凉州一带地方事情的书。今已佚。《御览》卷九六一"仙树"引《西河旧事》脱"祁"字,就不可解。清张澍辑佚本却即据《御览》此条辑入。

〔2〕唐段成式《酉阳杂俎》卷一八记载祁连山上有"仙树","其实如枣",用各种材料的刀切,有各种味道,说得更奇异。祁连山,在今甘肃酒泉南。

【译文】

《西河旧事》说："祁连山上有一种仙树。人们从山中走过,需要解决饥渴时,就可以得到〔它的果实〕,但吃饱了不能带走。平常时候也是见不到的。"

莎　木（一一三）

《广志》曰[1]："莎树多枝叶[2]，叶两边行列，若飞鸟之翼[3]。其面色白。树收面不过一斛。"

《蜀志记》曰[4]："莎树出面，一树出一石。正白而味似桄榔[5]。出兴古。"

【注释】

〔1〕《御览》卷九六〇"莎木"引《广志》末尾尚有："捣筛，乃如面，不则如磨屑，为饭滑软。"《证类本草》卷一二"八种海药余"的"莎木"引《广志》则是："作饭饵之，轻滑美好，白胜桄榔面。"

〔2〕莎树：即欀木，见"欀木（一一一）"注释〔1〕。

〔3〕启愉按：西谷椰子为羽状复叶，丛生于茎顶，即《御览》卷九六〇引《蜀志》所说"峰头生叶"。小叶多数，排列在叶轴的两侧，成羽状，所以说像飞鸟的羽翼，相当形象。

〔4〕《蜀志记》：《御览》卷九六〇引作《蜀志》，可能是同一书。《隋书·经籍志二》著录"《蜀志》一卷，东京武平太守常宽撰"。常宽是东晋时人。书已佚。《御览》卷九六〇引《蜀志》是："莎树大四五围，长五六丈。峰头生叶。出面，一树出一石，正白而味似桄榔。"《证类本草》卷一二"莎木"引《蜀记》则是："生南中八郡。树高数（疑衍）十余丈，阔四五围。叶似飞鸟翼。皮中亦有面，彼人作饼食之。"

〔5〕桄榔：棕榈科的 Arenga pinnata，常绿高大乔木。其髓心亦可提取淀粉，称"桄榔粉"；割开肉穗花序所流出的液汁，可蒸发成砂糖，其树又名"砂糖椰子"。

【译文】

《广志》说："莎树，多枝条，多叶，叶子两边分开成行列，像飞鸟的羽翼。它〔树中心〕的面白色。一株树收得的面不过一斛。"

《蜀志记》说："莎树出的面，一棵树可以出一石。面的颜色正白，味道像桄榔面。出在兴古。"

桄　多（一一四）

裴渊《广州记》曰："桄多树[1]，不花而结实。实从皮中出[2]。

自根着子至杪，如橘大。食之。过熟，内许生蜜[3]，一树者，皆有数十[4]。”

《嵩山记》曰：“嵩寺中忽有思惟树，即贝多也。有人坐贝多树下思惟，因以名焉。汉道士从外国来，将子于山西脚下种，极高大。今有四树，一年三花。”

【注释】

〔1〕桫多树：是桑科无花果属的菩提树（Ficus religiosa），又名“思惟树”，常绿乔木。下文引《嵩山记》的“贝多树”也是此种。启愉按：此树梵文名Pattra，全音译为“贝多罗”，贝多、桫多或多罗（南宋僧法云《翻译名义集》卷三：“多罗，旧名贝多。”），都是Pattra的省译。菩提则是梵文Bodhi的音译，意译为“觉”、“道”等。另有棕榈科的贝叶棕（Corypha umbraculifera），有“贝多”的共名，非此所指。又椴树科的Tilia miqueliana，由于果实可作念珠，也叫“菩提树”，亦非此所指。

〔2〕实从皮中出：果实从树皮中冒出来。无花果属的植物为隐头花序，其花聚生于肥厚肉质化的呈囊状的花序托里面，所以外面只看见结果而看不到花。其着生方式也很特别，着生于叶腋，特别是着生于老枝或无叶的枝上，都没有果梗，而紧贴在树枝皮上，很像从树皮中突然冒出来的，就是“古度（一三二）”所说的“枝柯皮中生子”。

〔3〕“生蜜”，疑应作“生虫”，指寄生于花序托内的瘿蜂（Cynips spp.），参看“古度（一三二）”注释〔2〕。

〔4〕“数十”，应指瘿蜂，但一株树“自根着子至杪”，果实很多，瘿蜂岂止“数十”，故疑为“数千”之误。

【译文】

裴渊《广州记》说：“桫多树，不开花就结果实。果实从树皮中冒出来。从根部到树梢都长着果实，像橘子大小。可以吃。熟过头了，里面会生〔虫〕，一株树上，都有几十（？）只。”

《嵩山记》说：“嵩山寺中，忽然出现了‘思惟树’，就是‘贝多树’。有人坐在贝多树下思惟〔得道〕，所以就叫‘思惟树’。汉时有个道士从外国来到嵩山，带来了种子，在山的西面脚下种了，长得很高大。现在还有四棵树，一年开三次花。”

緗（一一五）

顾微《广州记》曰:"緗[1],叶、子并似椒;味如罗勒[2]。岭北呼为'木罗勒'。"

【注释】

〔1〕緗:緗树,疑是芸香科花椒属(Zanthoxylum)的植物。

〔2〕罗勒:唇形科的Ocimum basilicum,芳香草本。

【译文】

顾微《广州记》说:"緗树,叶和子实都像花椒;气味像罗勒。因此岭北人管它叫'木罗勒'。"

娑 罗（一一六）

盛弘之《荆州记》曰:"巴陵县南有寺[1],僧房床下,忽生一木;随生旬日,势凌轩栋。道人移房避之,木长便迟,但极晚秀[2]。有外国沙门见之[3]:'名为娑罗也[4]。彼僧所憩之荫。常着花,细白如雪。'元嘉十一年[5],忽生一花,状如芙蓉[6]。"

【注释】

〔1〕巴陵县:晋置,即今湖南岳阳。

〔2〕晚秀:按:娑罗并非常绿乔木,所谓"晚秀",应指入秋很晚叶子还是绿的,就是落叶很晚的意思。

〔3〕《御览》卷九六一"娑罗"引盛弘之《荆州记》作"有西域僧见之曰",则"外国"是指西域。

〔4〕娑罗:是龙脑香科的Shorea robusta,落叶大乔木。分布于南亚热带地区,至今仍是南亚地区重要经济树种。其木材俗名"柳安木",在印度等地是次于柚木的重要木材。

〔5〕元嘉十一年:元嘉,南朝宋文帝年号,此年为公元434年。

〔6〕芙蓉:此指锦葵科的木芙蓉(Hibiscus mutabilis)。花白色或淡红色。

【译文】

盛弘之《荆州记》说:"巴陵县南有个寺庙,庙里和尚住房床下,忽然长出一棵树来。长出十来天,长势猛,简直要冲出栏杆到屋梁。和尚移出住房避它,树便长得慢了,但是很晚还绿。有个外国和尚来到寺里看到了,就说:'这树名叫娑罗,是那地方的和尚借以休息的树荫。这树常常开花,花细小,像雪一样白。'元嘉十一年,忽然生出一朵花,样子像芙蓉花。"

榕(一一七)

《南州异物志》曰:"榕木[1],初生少时,缘榑他树[2],如外方扶芳藤形[3],不能自立根本,缘绕他木,傍作连结,如罗网相络,然后皮理连合[4],郁茂扶疏,高六七丈。"

【注释】

〔1〕榕木:即桑科榕属的榕(Ficus microcarpa),常绿大乔木。枝干生气根,下垂至地,如长入土中,粗似支柱,很多,一株可覆盖很广的地面。但与《南州异物志》所记不符合,疑所记是榕属的某些种,是一种"绞杀植物",非一般所称的Ficus microcarpa。

〔2〕"榑"(fú),金抄如字,他本作"搏",《御览》卷九六〇"榕"引《魏王花木志》(与《南州异物志》相同)作"縛"。按:《淮南子·览冥训》:"朝发榑桑。"即扶桑。这里"榑"即借作"扶"字。

〔3〕扶芳藤:见下条"杜芳(一一八)"注释〔1〕。

〔4〕"然后皮理连合",原作"然彼理连合",不通。下条"杜芳"同出《南州异物志》即作"然后皮理连合",这里"彼"是"後"字烂去右半部只剩下彳旁,次一"皮"字就上窜与彳旁误合为一"彼"字。

【译文】

《南州异物志》说:"榕木,刚长出来还幼小的时候,缠附着其他的树,像外地扶芳藤的形状,不能自己立稳根基,要缠绕着别的树,依傍着缠连在一起,〔长出气根,〕像罗网相络绕一样,然后〔树皮和被缠的树的〕木理相结合,茂盛地生长,向四面散开,可以达到六七丈高。"

杜 芳(一一八)

《南州异物志》曰:"杜芳[1],藤形,不能自立根本,缘绕他木作房[2],藤连结如罗网相胃[3],然后皮理连合,郁茂成树。所托树既死,然后扶疏六七丈也。"

【注释】

〔1〕杜芳:应即是"扶芳"。扶芳藤,据本条和古文献所记,应是桑科榕属(Ficus)的植物,而且是一种大型的常绿"绞杀植物",被缠之树既死,而后自成一大乔木。现在植物分类学上定名为扶芳藤者是卫矛科的Euonymus fortunei,为匍匐灌木,非此所指。

〔2〕"作房",各本同,这里应作依傍讲,疑是"作傍"之误。又,本条与上目的"扶芳藤形"以下可说完全相同,"杜芳"应即"扶芳"(或系习俗异呼,或系形似致误),同出一书,不应有此重沓,疑上条和本条在传抄中已有窜乱。

〔3〕胃(juàn):缠绕。

【译文】

《南州异物志》说:"杜芳,是藤形的植株,不能自己立稳根基,要缠绕着别的树为〔依傍〕,藤蔓连结起来像罗网相缠络一样,然后藤皮和〔被缠的树的〕木理相粘合,茂盛地长成树。所寄托的树既已死去,于是它才分披四散开来,长成六七丈高的大树。"

摩 厨(一一九)

《南州异物志》曰:"木有摩厨[1],生于斯调国[2]。其汁肥润,其泽如脂膏,馨香馥郁,可以煎熬食物,香美如中国用油。"

【注释】

〔1〕摩厨:李时珍认为与"齐暾果"是同一类植物(《本草纲目》卷三一"摩厨子")。"齐暾"是阿拉伯文Zaytun的古代译音,即木犀科的木本油料植物Olea europaea,今名油橄榄,果实可榨油,即"橄榄油"。但同类并不相等,摩厨不能确指是何种植物。

〔2〕斯调国：古国名，其地一般认为在今斯里兰卡。

【译文】

《南州异物志》说："树中有一种摩厨，生在斯调国。它的液汁肥润，润泽得像脂肪一样，香气浓烈，可以煎熬食物，香美像中国用的油。"

都 句（一二〇）

刘欣期《交州记》曰："都句树^{（1）}，似枏榈。木中出屑如面，可啖。"

【注释】

〔1〕都句树：李时珍认为可能就是㯕木，见"㯕木（一一一）"注释〔1〕，未知究竟怎样。

【译文】

刘欣期《交州记》说："都句树，像棕榈树。树里面出一种粉屑像面一样，可以吃。"

木 豆（一二一）

《交州记》曰："木豆^{（1）}，出徐闻^{（2）}。子美，似乌豆。枝叶类柳。一年种，数年采。"

【注释】

〔1〕木豆：是豆科的木豆（Cajanus cajan）。直立小灌木，产于两广、云南等地。叶似柳叶。荚果和种子供食用，种子又可榨油、磨豆腐或作豆蓉。

〔2〕"徐闻"，原作"徐门"。按：《御览》卷八四一"豆"引《魏王花木志》转引《交州记》作"徐僮（zhuàng）间"，卷九四六"蜘蛆"引有刘欣期《交州记》："大

吴公，出徐闻县界。取其皮，可以冠鼓。"徐闻，县名，汉置，在今广东海康，古属交州。

【译文】

《交州记》说："木豆，出在徐闻。种子美好，像乌豆一样。枝叶像柳枝。一年种下去，可以采摘几年。"

木 堇(一二二)

《庄子》曰[1]："上古有椿者，以八千岁为春，八千岁为秋。"司马彪曰："木堇也，以万六千岁为一年，一名'蕣椿'。"

傅玄《朝华赋序》曰："朝华，丽木也，或谓之'洽容'，或曰'爱老'。"[2]

《东方朔传》曰："朔书与公孙弘借车马曰：'木堇夕死朝荣[3]，士亦不长贫。'"

《外国图》曰："君子之国，多木堇之花，人民食之。"[4]

潘尼《朝菌赋》云[5]："朝菌者，世谓之'木堇'，或谓之'日及'，《诗》人以为'蕣华'。"又一本云："《庄子》以为'朝菌'。"

顾微《广州记》曰："平兴县有花树[6]，似堇，又似桑。四时常有花，可食，甜滑，无子。此蕣木也。"

《诗》曰："颜如蕣华。"[7]《义疏》曰："一名'木堇'，一名'王蒸'。"

【注释】

〔1〕引文见《庄子·逍遥游》，"椿"作"大椿"。陆德明《音义》引有"司马云"，即司马彪注，只是："木，一名橁。橁，木槿也。"

〔2〕《御览》卷九九九"蕣"引傅玄语末尾多"潘尼以为'朝菌'"句。

〔3〕木堇：即锦葵科的木槿（Hibiscus syriacus），落叶灌木。花单生于叶腋，花冠有红、紫、白等色，大而美丽（有重瓣者），朝开暮落，故有"朝华"、"朝菌"、"蕣华"、"日及"等别名。"舜"者取义于"转瞬"之间，加草头作"蕣"；"日及"也是不出当天就萎谢的意思。

〔4〕《类聚》卷八九"木槿"引《外国图》末尾多"去琅耶三万里"句,其说与慧深说"扶桑"相似。

〔5〕《类聚》卷八九引作晋潘尼《朝菌赋序》,应是序文。其文曰:"朝菌者,盖朝华而暮落。世谓之'木槿',或谓之'日及',诗人以为'舜华',宣尼以为'朝菌'。其物向晨而结,逮明而布,见阳而盛,终日而殒。不以其异乎?何名之多也!"则后人所见潘尼序文有"宣尼"和"《庄子》"之异。宣尼,汉平帝追赠孔子的谥号见《汉书·平帝纪》。

〔6〕平兴县:南朝宋置,故城在今广东肇庆东南。

〔7〕《诗经·郑风·有女同车》的一句,"蕣"作"舜"。

【译文】

《庄子》说:"上古有一种椿树,以八千年为一个春天,八千年为一个秋天。"司马彪注解说:"就是木堇,以一万六千岁作为一年,又名'蕣(shùn)椿'。"

傅玄《朝华赋序》说:"朝华是花美丽的树,或者叫作'洽容',或者又叫'爱老'。"

《东方朔传》记载:"东方朔写给公孙弘借车马的信说:'木堇花傍晚萎谢了,明天早上又开茂盛了,读书人也不会老是贫寒的。'"

《外国图》说:"有德行的人当权的国家,木堇花开得很多,人民可以采来吃。"

潘尼《朝菌赋〔序〕》说:"朝菌,世俗人叫它'木堇',或者又叫'日及',写《诗经》的人以为是'蕣华'。"另一个本子又说:"《庄子》以为是'朝菌'。"

顾微《广州记》说:"平兴县有一种开花的树,像堇木,又像桑树。一年四季常常有花,花可以吃,甜而柔滑,没有子。这就是'蕣木'。"

《诗经》说:"脸蛋儿颜色像蕣华。"《诗义疏》说:"蕣华,一名'木堇',又名'王蒸'。"

木 蜜(一二三)

《广志》曰:"木蜜〔1〕,树号千岁,根甚大。伐之四五岁,乃断取不腐者为香。生南方。"

"枳,木蜜,枝可食。"〔2〕

《本草》曰[3]："木蜜[4]，一名木香。"

【注释】

〔1〕木蜜：本目所引三种"木蜜"，实指三种植物而同名者。本条的木蜜是瑞香科的沉香（Aquilaria agallocha）或同属的白木香（A. sinensis）。启愉按：著名熏香料的"沉香"是沉香树的含树脂的心材，其在树干或根部伤口处天然凝结着的多量树脂，年久转为优质沉香，古文献叫作"熟结"；人工采制则是斫伤树干或凿出树孔（俗称"开香门"），使逐渐分泌树脂，若干年后削取之，或将大树砍倒，若干年后取其不朽心材，古文献叫作"生结"。由于年份久暂和树体部位的不同，树脂含量有多寡，品质有优劣，加上形状不一，因而有沉香、栈香、马蹄、鸡骨等多种品名，而以坚黑沉重含树脂量特多的心材（或节）入水即沉者为"沉香"，最名贵。再，"沉香"的来源有二：一即沉香（A. agallocha），产于越南、印度、马来西亚等地，我国古时不产；一是白木香（A. sinensis），产于海南岛、广西、台湾等地，以其产于我国，别名"土沉香"，以别于进口的 A. agallocha。原文只说"出在南方"，因此这两种都有可能。

〔2〕"枳"这条原接写在《广志》下面成为《广志》文，但这是指枳椇，下条就有《广志》记"枳椇"文，则此条不应是《广志》文，故为提行另列，但脱去书名。可《御览》卷九八二"木蜜"引《魏王花木志》转引《广志》末句有"其枝可食"，这是错误的，因为枳椇的"枝"（肉质的扭曲的果柄）可食，沉香的枝不可食，《魏王花木志》误同名异物的"木蜜"为一物。枳椇单名为"枸"，《要术》"枳"疑应作"枸"。木蜜，此处应指鼠李科的枳椇，见下目注释〔1〕。所谓"枝条"，是其扭曲的肉质果柄，味甜，可以吃。

〔3〕《御览》卷九八二引《本草经》是："木蜜，一名蜜香。味辛温。"名称与《要术》不同。

〔4〕木蜜：这里指菊科的云木香（Aucklandia lappa），多年生高大草本。原产印度，我国云南、广西、四川等地早有栽培。其主根粗壮木质化，具特异香气，原名"蜜香"，又名"木香"，因与沉香的别名相同，又改呼此为"广木香"、"南木香"以别之。

【译文】

《广志》说："木蜜，它的树号称可以活上一千年，根很大。砍断四五年之后，才斫取里面不腐烂的部分来作'香'。生在南方。"

"枳〔椇〕，就是木蜜，它的'枝条'可以吃。"

《本草》说："木蜜，一名木香。"

枳 椇(一二四)

《广志》曰:"枳椇[1],叶似蒲柳[2];子似珊瑚,其味如蜜。十月熟,树干者美[3]。出南方。邳、郯枳椇大如指[4]。"

《诗》曰:"南山有枸。"[5]毛云:"椇也。"《义疏》曰:"树高大似白杨,在山中。有子着枝端,大如指,长数寸,啖之甘美如饴。[6]八九月熟。江南者特美。今官园种之,谓之'木蜜';本从江南来。其木令酒薄[7];若以为屋柱,则一屋酒皆薄。"

【注释】

〔1〕枳椇(jǔ):即鼠李科的枳椇(jǔ)(Hovenia dulcis),落叶乔木。果实着生在分枝而扭曲的花梗上,近球形而小,不能吃。其扭曲的肉质果柄味甜可食,别名"木蜜"、"木饧",因其味甘;又名"鸡爪子"、"金钩子"、"木珊瑚",因其形象。据说"木珊瑚"就是因为《广志》有"似珊瑚"而来的。所谓"子",非指果实,实指着子之果柄。

〔2〕蒲柳:是杨柳科的水杨(Salix gracilistyla)。叶长椭圆形,跟广卵形的枳椇叶基本相似。

〔3〕干:扬雄《方言》卷一〇:"干……老也。"指老熟,非指干燥。

〔4〕邳(pī):即今江苏邳州。 郯(tán):故城在今山东郯城北,与邳州相邻。但都不能说成"在南方",有窜误。《御览》卷九七四引《广志》无"邳、郯",应是。

〔5〕《诗经·小雅·南山有台》的一句。枳椇单称为"枸"(jǔ),本此。今毛《传》文是:"枸,枳枸。"

〔6〕描写"子"的这几句,《御览》卷九七四"枳椇"引《诗义疏》是:"子着支端,支柯不直,啖之甘美如饴。"启愉按:枳椇的花梗分枝而扭曲,熟时肉质红棕色,味甜可食,这就成为其果实的肉质果柄,则"大如指"应指"枝",非指"子","枝"应重文。而《广志》所谓"子似珊瑚",则是径指果柄。《御览》所引"支(枝)柯不直"才是正确的。

〔7〕此木能使酒味变淡,本草书上都有这样的说法,并用以"解酒毒"。它的果实,现在也用为利尿和解酒毒的药。上文"枝"指可以吃的肉质果柄。

【译文】

《广志》说:"枳椇,叶子像蒲柳;'子'像珊瑚,味道甜得像蜜。十月成熟,在树上自己老熟的更美好。出在南方。邛、郑(?)的枳柜像手指一样粗。"

《诗经》说:"南面的山上有枸。"毛《传》说:"就是〔枳〕柜。"《诗义疏》说:"这树高大像白杨树,生长在山中。有种子着生在'枝'的顶端,〔枝〕像手指粗细,有几寸长,吃起来像饴糖一样甜美。八九月成熟。产在江南的特别美好。现在官园里有种着,叫作'木蜜',原来是从江南引进来的。枳柜木能使酒味变淡;如果用它来作房屋柱子,那整个房子里的酒都会变淡。"

杬(一二五)

《尔雅》曰[1]:"杬[2],鱼毒。"郭璞云:"杬树,状似梅。子如指头,赤色,似小柰,可食。"

《山海经》曰:"单狐之山,其木多杬[3]。"郭璞曰:"似榆,可烧粪田。出蜀地。"

《广志》曰:"机木[4],生易长。居,种之为薪,又以肥田。"

【注释】

〔1〕引文见《尔雅·释木》,正注文并同《要术》。

〔2〕杬(qiú):李时珍以为就是山楂,有两种,一种小的,"山人呼为'棠杬子'";一种大的,"山人呼为'羊杬子'"(《本草纲目》卷三〇"山楂")。所指二种是蔷薇科的野山楂(Crataegus cuneata)和山楂(C. pinnatifida),或其变种山里红(var. major)。

〔3〕"其木多杬",今本《山海经·北山经》作"多机木"。郭璞注也是"机木",并注音"音饥"。《御览》卷九六一"机"引《山海经》也是"机"而不是"杬"。这两个字是两种植物,如果贾氏所见《山海经》原作"杬",那是错字。山楂的叶和花绝不像榆树。机木即桦木科的桤(qī)木(Alnus cremastogyne),落叶乔木,极易长大。成都的田垄河岸间颇多。木材轻软,主要用作柴薪。嫩叶可以代茶。《广志》的机木同此。

〔4〕明抄仍作"杬木",但金抄作"机木",应是"机木"(即桤木)。《要术》引《山海经》和《广志》的机木都列在"杬"目,是混列,贾氏似不至于如此,可能由于字形极相似,后人误"机"为"杬"而混并入"杬"目,而原有的"机"目

被夺失。

【译文】

《尔雅》说："杌，是檕（jì）梅。"郭璞注解说："杌树，形状像梅树。果实像手指头大小，红色，像小的柰子，可以吃。"

《山海经》说："单狐山中，树木多〔机木〕。"郭璞注解说："像榆树，可以烧成灰来肥田。出在蜀地。"

《广志》说："机木，容易长大。住在那地方的人，种来当柴烧，又可以〔烧了〕肥田。"

夫 栘(一二六)

《尔雅》曰[1]："唐棣[2]，栘。"注云："白栘。似白杨。江东呼'夫栘'。"

《诗》云："何彼秾矣，唐棣之华。"[3] 毛云："唐棣，栘也。"《疏》云："实大如小李，子正赤，有甜有酢；率多涩，少有美者。"

【注释】

〔1〕引文见《尔雅·释木》。今本郭注无"白栘"，但《经典释文》引郭注有，作"今白栘也"，今本似脱。

〔2〕唐棣：和"栘"（yí）、"夫栘"，异名同物，就是蔷薇科的唐棣（Amelanchier sinica），落叶小乔木。梨果小，近球形或扁圆形，紫黑色。《诗义疏》所描述者，即是此种。但郭璞解释"像白杨"，白杨为高大落叶乔木，柔荑花序，种子具白毛，则大异，为白杨类树木，非此种。

〔3〕《诗经·召南·何彼秾矣》句，"秾"（nóng）通"襛"。

【译文】

《尔雅》说："唐棣，是栘。"〔郭璞〕注解说："就是白栘。像白杨，江东叫它'夫栘'。"

《诗经》说："怎么那样美丽呀！这唐棣的花啊！"毛《传》说："唐棣，就是栘。"《〔诗义〕疏》说："果实像小李子大小，颜色正赤，有甜的有酸的；但味道大都是涩的，少有美好的。"

楮_{音诸}(一二七)

《山海经》曰："前山，有木多楮。"⁽¹⁾郭璞曰："似柞，子可食。冬夏青。作屋柱难腐。"

【注释】

〔1〕引文见《山海经·中山经》"中次十一经"，文作："前山，其木多楮。"楮(zhū)，同楮，即山毛榉科的楮(Quercus glauca)和它的近亲种，常绿乔木。

【译文】

《山海经》说："前山，树木多楮树。"郭璞注解说："像柞木，果实可以吃。冬夏常绿。木材作屋柱，不易腐朽。"

木　威(一二八)

《广州记》曰："木威⁽¹⁾，树高大⁽²⁾。子如橄榄而坚，削去皮，以为粽⁽³⁾。"

【注释】

〔1〕木威：是橄榄科的乌榄(Canarium pimela)，常绿乔木。很早以其果实榨油，为我国华南特有的木本油料树种。

〔2〕"树高大"，金抄如文，明抄作"树高丈"，《御览》卷九七四"木威"引顾微(鲍崇城刻本)《广州记》作"高丈余"。按：木威树高可达10米以上，应作"高大"（《北户录》卷三崔龟图注引顾微《广州记》同）。

〔3〕"粽"，应作"糍"，同"糁"，指蜜饯。

【译文】

《广州记》说："木威，树高大。果实像橄榄，不过坚硬些，削去外皮,可以作蜜饯吃。"

榠 木(一二九)

《吴录·地理志》曰[1]:"庐陵南县有榠树[2],其实如甘焦[3],而核味亦如之。"

【注释】

〔1〕原题作"《吴录》曰《地理志》曰",据《御览》卷九七四"榠木"引作"《吴录·地理志》曰",删去前一"曰"字。

〔2〕"庐陵南县",《御览》引作"庐陵南部雩都县",《要术》脱"部雩都"三字。庐陵,郡名,郡治在今江西泰和西北。雩都县,即今同省于都,属庐陵郡。　　榠(yuán)树:未悉是何种植物。

〔3〕"甘焦"即"甘蕉"(《御览》引即作"蕉"),但甘蕉果内不含种子(含种子的是另外的蕉类,一般不好吃),且古有称硬壳为"核",无称果肉为"核"者。因此,"而核味亦如之",就很难想像,未知"甘焦"是否"焦甘"倒错。"焦甘"即"蕉柑",是芸香科柑(Citrus reticulata)的优良变种(var. tankan)。否则,疑此句有脱讹。

【译文】

《吴录·地理志》说:"庐陵南面〔雩都〕县有一种榠树,果实像甘蕉(?),其中核(?)的味道也像甘蕉。"

韶[1](一三〇)

《广州记》曰:"韶,似栗[2]。赤色,子大如栗[3],散有棘刺。破其外皮,内白如脂肪,着核不离,味甜酢。核似荔支。"

【注释】

〔1〕标目和引文的"韶"字,原均作"歆",误,据《御览》卷九六〇"韶"引裴渊《广州记》及各书所记改正。

〔2〕"韶,似栗",据《御览》所引及《本草拾遗》引《广志》应作"韶,叶似栗"。韶,此指无患子科的海南韶子(Nephelium lappaceum var. topengii)。叶椭

圆形或矩圆形,与栗树叶相似。果实椭圆形,红色或橙黄色,密被软刺,刺先端钩状。假种皮与种子密着不离。果实味酸甜,可食。产于云南、广东、海南等地。其正种韶子(N. lappaceum)产于印度、马来西亚,我国不产。

〔3〕"赤色",指果实,应作"子赤色,大如栗"。

【译文】

《广州记》说:"韶,〔叶子〕像栗树的叶。(果实)赤色,像栗子大小,散布着棘刺。破开外皮,里面的肉像脂肪一样白,与核紧密相连不分离,味道甜酸。核像荔枝的核。"

君 迁(一三一)

《魏王花木志》曰〔1〕:"君迁树细似甘焦〔2〕,子如马乳。"

【注释】

〔1〕《魏王花木志》:《隋书·经籍志》等不著录,惟《御览》等有引录。撰人不详,"魏王"亦不知为何人。书已佚。

〔2〕君迁:即柿树科的君迁子(Diospyros lotus)。"树细似甘焦",君迁子树不能像甘蕉,有脱误,也许"甘焦"仍是"焦甘"倒错,疑应作:"君迁树,叶似焦甘,子细如马乳。"

【译文】

《魏王花木志》说:"君迁,树像甘蕉(?),果实(细小)像马奶头。"

古 度(一三二)

《交州记》曰:"古度树〔1〕,不花而实。实从皮中出,大如安石榴,正赤,可食。其实中如有'蒲梨'者〔2〕,取之数日,不煮,皆化成虫,如蚁,有翼,穿皮飞出。着屋正黑〔3〕。"

顾微《广州记》曰:"古度树,叶如栗而大于枇杷。无花,枝柯皮中生子。子似杏而味酢。取煮以为粽〔4〕。取之数日,不煮,化为飞蚁。

"熙安县有孤古度树生[5]，其号曰'古度'[6]。俗人无子，于祠炙其乳，则生男。以金帛报之。"

【注释】

〔1〕古度树：据所记明显是桑科无花果属（Ficus）的植物，参看"榠多（一一四）"注释〔2〕。

〔2〕蒲梨：即《尔雅·释虫》的"蒲虑"，郭璞注："即细腰蜂也。"启愉按：无花果属植物的花序托中有雄花、雌花，还有瘿花。瘿花是花组织受到瘿蜂（Cynips spp.）的侵害后，细胞加速分裂而成的一种畸形构造，其花为瘿蜂所盘踞，瘿蜂在里面产卵，待其幼虫羽化为成虫时，就像有翅蚂蚁那样，穿透果皮飞了出来。

〔3〕"着屋正黑"，《永乐大典》卷一四五三六"古度树"引《要术》转引《交州记》作正文，《植物名实图考长编》卷一六"古度"引亦作正文。

〔4〕"粽"，沿讹字，应作"粽"，同"糁"。

〔5〕熙安县：始置于南朝宋，故治在今广东番禺。

〔6〕"古度"，此指"古度庙"，此句当脱祠庙字。

【译文】

《交州记》说："古度树，不开花却结果实。果实从树皮中冒出来，像安石榴大小，颜色正赤，可以吃。果实里面有像'蒲梨'那样的东西，采下来隔几天不煮，就化成了虫，像蚂蚁，有翅膀，都穿透果皮飞了出来。满屋子钉着，颜色黑乎乎的。"

顾微《广州记》说："古度树，叶子像栗树叶，而比枇杷叶要大。没有花，却从树枝的皮中冒出果实来。果实像杏子，味道酸。采下来可以煮成蜜饯。采下来过几天不煮，里面便化成了会飞的蚂蚁。

"熙安县有独棵的古度树长着，〔人们在那里建造祠庙，〕称为'古度祠'。老百姓没有儿子，就去祠里烧炙一下〔神像的〕乳，便会生男孩。人们就用金钱绢帛报答它。"

系　弥（一三三）

《广志》曰："系弥树[1]，子赤，如椹枣[2]，可食。"

【注释】

〔1〕系弥树：很像"杋（一二五）"所讲的"杋，檕梅"，即山楂。

〔2〕檕枣：即君迁子。

【译文】

《广志》说："系弥树，果实赤色，像檕枣，可以吃。"

<h2 style="text-align:center">都　咸（一三四）</h2>

《南方草物状》曰："都咸树[1]，野生。如手指大，长三寸，其色正黑。三月生花色，仍连着实。七八月熟[2]。里民噉子[3]，及柯皮干作饮，芳香。出日南。"

【注释】

〔1〕都咸树：未详是何种植物。

〔2〕"三月生花色……七八月熟"，宜在"如手指大……"之上，因为"如手指大"云云是指果实。

〔3〕"噉子"，《御览》卷九六〇"都咸"引徐衷《南方记》作："取子及树皮，曝干作饮，芳香。"《本草拾遗》引《南州记》同《御览》。《要术》"噉子"未知是否"取子"之误。

【译文】

《南方草物状》说："都咸树是野生的。〔果实〕像手指粗细，三寸长，颜色正黑。三月展放花朵，接着不久就结果实。七八月成熟。当地老百姓吃它的果实，以及用树枝的皮晒干冲水作饮料，气味芳香。出在日南郡。"

<h2 style="text-align:center">都　桷（一三五）</h2>

《南方草物状》曰："都桷树[1]，野生。二月花色，仍连着实。八九月熟。一如鸡卵[2]。里民取食。"

【注释】

〔1〕都桷树：这和"桷（"桷"之误）（四二）"、"都昆（一四九）"应是同一种植物，但难以确指是何种植物。

〔2〕"一如鸡卵"，《御览》卷九六〇"都桶（"桷"之误）"引《魏王花木志》转引《南方草物状》作："子如鸭卵，民取食之。其皮核滋味酢。出九真、交趾。"《本草拾遗》所记也是"子如卵"。"一如"也许是"子如"之误。

【译文】

《南方草物状》说："都桷树是野生的。二月展放花朵，接着不久就开始结果。八九月成熟。很像鸡蛋。当地人采了来吃。"

夫　编—本作"徧"〔1〕（一三六）

《南方草物状》云："夫编树〔2〕，野生。三月花色，仍连着实。五六月成子，及握〔3〕。煮投下鱼、鸡、鸭羹中，好。亦中盐藏。出交阯、武平。"

【注释】

〔1〕金抄作"编"，明抄作"徧"，均非，实际是"漏"字错成。

〔2〕夫编树：应该就是《御览》卷九六〇"夫漏"引徐衷《南方记》（《南方草物状》亦徐衷所写）的"夫漏树"。唐陈藏器《本草拾遗》说："无漏子……生波斯国，如枣，一云波斯枣。"唐刘恂《岭表录异》卷中记载他曾在广州吃到外国来的波斯枣，并曾收其果核种下去，结果"久无萌芽，疑是蒸熟也"。按：无漏子即棕榈科的海枣，学名 Phoenix dactylifera，别名椰枣、波斯枣。常绿大乔木。浆果长椭圆形，形似枣子，味甘美。原产非洲北部和亚洲西南部，为伊拉克特产之一，故又名"伊拉克蜜枣"。现在很多热带地方有栽培。但那时交阯、武平（今越南北部）是否有野生海枣，值得考虑，则所记又未必是海枣。

〔3〕"及握"，可以解释果实的大小"盈握"，但有些勉强。《御览》卷九六〇"夫漏"引《南方记》作"如术有"，"术有"是"枣"字拆开后错成，《本草拾遗》即作"如枣"，则"及握"应作"如枣"。其致误之由，或系由"州树（一三八）"有"五六及握"，却和这里的"五六月"看混了错写在这里，而"如枣"原文被夺。

【译文】

《南方草物状》说："夫编树，野生的。三月展放花朵，接着不久就开始结实。五六月成熟〔，像枣子〕。果实煮过放进鱼羹或鸡、鸭羹里，味道好。也可以用盐腌着保藏。出在交趾、武平。"

乙 树(一三七)

《南方记》曰[1]："乙树[2]，生山中。取叶，捣之讫，和繻叶汁煮之，再沸，止。味辛。曝干，投鱼、肉羹中。出武平、兴古。"

【注释】

〔1〕《南方记》：不见各家书目著录，惟《御览》等有引录。与《南方草物状》同为东晋到刘宋时的徐衷所撰。二书关系，究竟如何，是徐衷先写了《南方记》，后来作修改，改名《南方草物状》，还是《南方草物状》在抄写流传过程中又变名《南方记》，不得而知，只能说二书同出一人手笔。书已佚。

〔2〕乙树：连下文的"州树"、"前树"、"国树"、"柠"，都未详是何种植物。

【译文】

《南方记》说："乙树，生在山中。采取叶子，捣烂了，混和着叶汁一起煮，煮到两次沸腾，停止。味道辛辣。晒干了，放进鱼、肉羹里吃。出在武平、兴古。"

州 树(一三八)

《南方记》曰："州树，野生。三月花色，仍连着实。五六及握，煮如李子[1]。五月熟。剥核，滋味甜。出武平。"

【注释】

〔1〕"煮"，费解，疑"着"之误。

【译文】

《南方记》说:"州树,野生的。三月展放花朵,接着不久就开始结果。果实五六个满一把,〔着生在树上〕(?)像李子。五月成熟。剥去硬壳吃,滋味甜。出在武平。"

前　树(一三九)

《南方记》曰:"前树,野生。二月花色,连着实,如手指,长三寸。五六月熟。以汤滴之⁽¹⁾,削去核食。以糟、盐藏之,味辛可食。出交阯。"

【注释】

〔1〕"滴",疑"渫"之误。

【译文】

《南方记》说:"前树是野生的。二月展放花朵,接着不久就结果实。果实像手指粗细,三寸长。五六月成熟。用沸水〔焯〕过,削去〔软化的〕硬壳吃。用酒糟、盐腌过,味道辛辣,也可以吃。出在交阯。"

石　南(一四○)

《南方记》曰:"石南树⁽¹⁾,野生。二月花色,仍连着实。实如燕卵,七八月熟。人采之,取核,干其皮⁽²⁾,中作肥鱼羹,和之尤美。出九真。"

【注释】

〔1〕石南树:有蔷薇科的石楠(Photinia serrulata),常绿灌木或小乔木。小梨果球形,极小(直径5—6毫米),熟时红色或紫褐色,有"鬼目"之称。本目说"果实像燕蛋",又可以作调味料,显然和石楠不像,并且也不像石南科的石南,

未悉究为何种植物。

（2）"干其皮"以下《御览》卷九六一"石南"引《魏王花木志》转引《南方记》是："干取皮，作鱼羹，和之尤美。出九真。"无"肥"字。

【译文】

《南方记》说："石南树，野生的。二月展放花朵，接着不久就结果实。果实像燕蛋，七八月成熟。人们采来，取出核，把皮晒干，可以下在鱼羹里使味道肥美（？），用来调味尤其美好。出在九真。"

国　树（一四一）

《南方记》曰："国树，子如雁卵。野生。三月花色，连着实。九月熟。曝干讫，剥壳取食之，味似栗。出交阯。"

【译文】

《南方记》说："国树，果实像鸿雁的蛋。树是野生的。三月展放花朵，接着不久就开始结果。九月成熟。晒干之后，剥去外壳拿肉来吃，味道像栗子。出在交阯。"

楮（一四二）

《南方记》曰："楮树⁽¹⁾，子似桃实。二月花色，连着实。七八月熟。盐藏之，味辛。出交阯。"

【注释】

〔1〕楮树：这不是桑科的构树（Broussonetia papyrifera），而与"桷（"桷"之误）（四二）"、"都桷（一三五）"和"都昆（一四九）"，花期、果期、果形以至盐藏，完全相同，应是同一种植物。《御览》卷九七二引陈祁畅《异物志》有"榖子"，说明与可以作纸的"榖树"同名，"而实大异"。这里"楮树"，应即陈祁畅所指的这种，亦即"桷"、"都桷"。桑科的构树，亦名"楮树"，也是和本目的"楮

树"同名异种的。但难以确指为何种植物。

【译文】

《南方记》说:"楮树,果实像桃子。二月展放花朵,接着不久就开始结果。七八月成熟。用盐腌着保藏,味道辛辣。出在交趾。"

栌(一四三)

《南方记》曰:"栌树,子如桃实,长寸余。二月花色,连着实。五月熟,色黄。盐藏,味酸似白梅。出九真。"

【译文】

《南方记》说:"栌(chǎn)树,果实像桃子,一寸多长。二月展放花朵,接着不久就开始结果。五月成熟,颜色黄。用盐腌藏,味道酸,像干制的白梅。出在九真。"

梓棪(一四四)

《异物志》曰:"梓棪[1],大十围,材贞劲,非利刚截,不能克。堪作船。其实类枣,着枝叶重曝挠垂[2]。刻镂其皮[3],藏[4],味美于诸树。"

【注释】

〔1〕清李调元《南越笔记》卷一三"海枣"说:"海枣,俗名'紫京',坚重过于'铁力木'。铁力木不甚宜水,此则入水及风雨不朽。"这里"梓棪(yǎn)",木质极坚,宜于作船(紫京也不怕入水),果实又像枣子,也许和紫京同类相似,但未悉是何种植物。

〔2〕"曝",疑是"累"字之误。

〔3〕刻镂其皮:这是一种"藏"的加工程序,如果是蜜藏,则是将果肉细划,使糖分易于渍入。南宋周去非《岭外代答》卷八:"人面子……肉甘酸,宜蜜钱:镂为

细瓣,去核,按扁,煎之。微有橘柚芳气,南果之珍也。"清吴震方《岭南杂记》卷下亦载:"人面子……或刻作花毬,蜜渍充馈。"有些像今天作蜜枣的方法。人面子是漆树科的 Dracontomelom duperreanum,果实扁球形,核有数孔,似口、鼻,故名。

〔4〕"藏"上疑脱"蜜"、"盐"一类字。

【译文】

《异物志》说:"梓棪,树干有十围大,木材坚硬,不用锋利的钢刀来砍,不能砍进去。可以作船。它的果实像枣子,着生在枝叶间重叠〔累累〕地弯曲悬垂着。刻划果实的皮,〔用蜜〕渍藏,味道比各种树的果实都美好。"

萪 母(一四五)

《异物志》云:"萪母[1],树皮有盖[2],状似栟榈;但脆不中用。南人名其实为'萪'。用之,当裂作三四片。"

《广州记》曰:"萪,叶广六七尺,接之以覆屋。"

【注释】

〔1〕萪(gē)母:未详是何种植物,可能是棕榈科的。

〔2〕树皮有盖:该是指套在茎干外的纤维质长叶鞘,像棕榈的茎干被长叶鞘形成的棕衣所包的样子。

【译文】

《异物志》说:"萪母,树皮有盖,形状像棕榈树;可是树干脆弱不中用。南方人把它的果实叫作'萪'。用起来,要撕开作三四片。"

《广州记》说:"萪,叶子有六七尺宽,把它连接起来,可以盖屋顶。"

五 子(一四六)

裴渊《广州记》曰:"五子树[1],实如梨,里有五核,因名'五子'。治霍乱、金疮⁽²⁾。"

【注释】

〔1〕五子树：果实为梨果，当是蔷薇科植物，但记述过简，未详何种。下目"白缘"，亦未详。

〔2〕古所谓"霍乱"，泛指剧烈吐泻、腹痛、抽筋拘挛等症，不同于现代所称的急性传染病的霍乱（Cholera，译名"虎列拉"）。

【译文】

裴渊《广州记》说："五子树，果实像梨子，里面有五颗核，所以叫'五子'。可以治霍乱、刀伤。"

白　缘（一四七）

《交州记》曰："白缘树，高丈。实味甘，美于胡桃。"

【译文】

《交州记》说："白缘树，有丈把高。果实味道甜，比胡桃还美好。"

乌　臼（一四八）

《玄中记》云："荆、扬有乌臼⁽¹⁾，其实如鸡头。迳之如胡麻子，其汁味如猪脂。"

【注释】

〔1〕乌臼：树名，即大戟科的乌桕（Sapium sebiferum），落叶乔木。种子外层被白色蜡质，炼制成的白色脂肪为桕脂，其种仁榨得的油为青油，为干性油。

【译文】

《玄中记》说："荆州、扬州有乌臼树，它的果实像芡子。榨起来，像榨芝麻子；它的汁，味道像猪油。"

都　昆（一四九）

《南方草物状》曰："都昆树^{〔1〕}，野生。二月花色，仍连着实。八九月熟，如鸡卵，里民取食之，皮核滋味醋。出九真、交阯。"

【注释】

〔1〕都昆树：这和"桶（应是"桷"）（四二）"、"都桷（一三五）"应是同一种植物。

【译文】

《南方草物状》说："都昆树，野生的。二月展放花朵，接着不久便开始结果。八九月成熟，像鸡蛋的形状，当地人采来吃，皮和核味道酸。出在九真、交阯。"

附　录

西汉、魏晋、后魏度量衡亩折合今制表

西汉制	折合今制
1尺	231毫米（0.69市尺）
1升	200毫升（0.2市升）
1斤	240克（0.48市斤）
1亩	0.69市亩
魏晋制	
1尺	242—245毫米（约0.73市尺）
1升	200毫升（0.2市升）
后魏制	
1尺	280毫米（0.84市尺）
1升	400毫升（0.4市升）
1石（斛）	40升（4市斗）
1斤	444克（0.89市斤）
1亩	1.016市亩

修订后记

　　我父亲缪启愉先生一生主要从事古农书的整理研究工作，先后发表农业史、水利史论文五十多篇，出版了十多本书，六百多万字。其中《齐民要术译注》是父亲已过古稀之年，仍辛勤耕耘的最后一部重要著作，也是对《齐民要术》研究的最完整最系统的总结。

　　《齐民要术译注》2009年由上海古籍出版社出版，由于出版社的重视，责任编辑的认真负责，差错比较少，深受读者欢迎。

　　这次再版，我完全忠实地依据我父亲的原稿进行认真地校阅，改正了一些错字，增补了部分注释，应该说更完善一些。

　　在这里，我特别感谢国家古籍整理出版规划小组、上海古籍出版社对我父亲研究的支持和重视，给予再次出版他的著作。

　　同时还要特别感谢袁啸波、钮君怡先生为本书把关、审稿，使得本书如期出版！

　　最后特别向关心《齐民要术译注》（修订本）的读者说明：近一年来，我虽然是完全按父亲原稿进行再三校对，但受水平所限，难免有漏校之处，欢迎指正！

缪桂龙

2017年11月28日于南京